海藻栽培学

何培民　张泽宇　张学成　马家海　主编

科学出版社
北　京

内 容 简 介

本书主要介绍了海带、裙带菜、羊栖菜、鼠尾藻、条斑紫菜、坛紫菜、龙须菜、麒麟菜、石花菜、红毛菜、礁膜、浒苔12种我国常见大型海藻栽培技术，包括了各海藻栽培产业发展概述、生物学研究、苗种繁育、栽培技术、病害与防治、收获与加工、品种培育等内容。

本书可作为高等院校水产养殖专业本科生教材，也可作为相关专业研究生、科技工作者的参考书。

图书在版编目(CIP)数据

海藻栽培学／何培民等主编. —北京：科学出版社，2018. 11

ISBN 978-7-03-059150-0

Ⅰ. ①海… Ⅱ. ①何… Ⅲ. ①藻类养殖 Ⅳ. ①S968. 4

中国版本图书馆CIP数据核字(2018)第242264号

责任编辑：陈 露／责任校对：谭宏宇

责任印制：黄晓鸣／封面设计：殷 靓

科学出版社 出版

北京东黄城根北街16号

邮政编码：100717

http://www.sciencep.com

南京展望文化发展有限公司排版

江苏凤凰数码印务有限公司印刷

科学出版社发行 各地新华书店经销

*

2018年11月第 一 版 开本：787×1092 1/16

2018年11月第一次印刷 印张：28 1/2

字数：700 000

定价：98.00元

(如有印装质量问题，我社负责调换)

《海藻栽培学》编辑委员会

主编 何培民　张泽宇　张学成　马家海

编委 （按姓氏笔画排序）

朱文荣　朱建一　刘建国　刘　涛　孙庆海

孙　彬　李信书　李美真　陈伟洲　周志刚

赵素芬　骆其君　谢恩义　谢潮添　戴卫平

序　一

十分高兴我国新版《海藻栽培学》教材终于2018年正式出版。我国曾经先后出版过《藻类养殖学》(1961)、《海带养殖学》(1962)和《海藻栽培学》(1985)等多部教材。这些教材在培养我国高级教学、科技和行政人才,推动建立和快速发展我国海藻栽培产业都曾经发挥了巨大的作用,并影响至今。我国海藻栽培生物学基础与应用研究始于20世纪50年代初,到1985年为止的35年间取得了巨大的进步和发展。理论与实践相结合,中国海藻栽培研究和栽培业从无到有,取得了长足进步。以上3部高质量教材的出版就是对前期海藻栽培产业和相应科研成果的回顾和总结。自1985年至今又一个33年过去了,在此期间中国海藻栽培生物学基础和栽培业继续取得了骄人的进步,在许多方面甚至走到了世界前列。对这一历史时期的成果和业绩进行及时回顾和总结是历史的使命,因而几年前就将再版《海藻栽培学》列入有关部门规划教材的决策是完全正确的。由上海海洋大学何培民教授领衔组织中国海洋大学、大连海洋大学、集美大学、宁波大学、广东海洋大学、汕头大学、常熟理工学院、淮海工学院、中国科学院海洋研究所、山东省海水养殖研究所、浙江象山旭文海藻有限公司等13个单位的有关教学、科研专家学者和工程技术专家一起联合编著,经过多年的努力终于完稿,圆满地完成了这一巨大工程。

本书从理论联系实际出发,主要以我国科技成果为素材,参考国际上的最新科技成果,比较全面地总结了自1985年以来33年间我国在海藻栽培科学技术和栽培生产取得的最新成果和进展。与前面提到的3部代表性高等教材相比,它具有以下特色:其一,本书继承了我国藻类科技为国民经济建设服务,理论联系实际的一贯优良传统,科研课题密切结合生产的问题和需求,解决问题需要经过生产实践反复检验,证明是否有效、可靠、可操作,且先小试、中试,再推广;其二,在发展上敢作敢为,充分利用我国优良的自然海况条件多样化,从陆地农牧业的先进科技吸取营养,不失时机地将成熟科技成果转化为群众性的规模化大生产,实现育苗产业良种化,栽培加工产业机械化,把一家一户小规模低效率海藻生产模式转化成高效率大规模集约化生产模式;其三,在创新上不遗余力,在各级政府部门支持和养殖企业的推动下,实行产学研相结合,终于在我国特有且极其严峻的自然海况条件下,克服了种种技术困难,成功地完成了海带、紫菜和龙须菜大规模异地栽培，通过品种改良和生态调控，使这些物种在远离原栖息海域实现了高水平的人工栽培。这一成就可以把它看成中国海藻栽培业最重要创新亮点之一。

本书编写内容偏重于中国海藻栽培应用基础研究及技术应用推广，满足了当代中国海藻栽培科技和生产进一步发展的迫切需求，为我国海藻科技和生产健康发展及今后提升起到了极大推动作用，具有明显的中国特色。科学技术发展和提高是无止境的，与世界上最先进国家相比，包括育苗、栽培、产品加工和市场等 4 大栽培生产环节的发展还是极不平衡的，尤其后两个环节仍然处于中低档水平，我国向国内和国际市场提供的基本上还只是附加值偏低的原料级初级产品，离开健康环保和高附加值仍有较大距离，迫切需要尽早解决这个难题。任重而道远，热切期望新一代的中国藻类栽培学专家学者群体能够通力合作，在不远的将来尽快地解决这些难题，并写出更高水平并兼有中文英文版具有普遍国际意义的新一代海藻栽培学巨著来，使中国藻类栽培学理论建树和产业发展都能够屹立于世界民族之林。

中国科学院海洋研究所 费修绠

2018 年 4 月于青岛

序　二

1985年，曾呈奎院士和我及吴超元等多位藻类学家主编了我国第一部《海藻栽培学》教材，深受广大藻类学工作者和学生及从事海藻栽培技术人员喜爱，一直沿用至今，为我国海藻栽培产业发展和专业人才培养做出了巨大贡献。时隔33年，我们第二代和第三代藻类学家共同努力，历经10年，编写出版了第二部《海藻栽培学》教材，值得庆贺。我相信这部新教材的出版，将为我国海藻栽培产业发展及优秀专业人才培养做出更大贡献。

我国海藻栽培产业最初是从20世纪50年代创建的。曾呈奎院士等老一辈海藻学家们为我国海藻栽培产业发展做出了重大贡献。1955年我国创建的海带夏苗培育法以及1958~1959年我国创建的紫菜半人工采苗技术和全人工采苗技术，为我国海藻栽培产业蓬勃发展奠定了强大基石。我国早已是海藻栽培大国，位居世界第一，2016年我国海藻栽培面积 140 hm^2，产量达到217万t(干品)。早在1981~1985年，我国海带栽培产量为20~25万t(干品)，其栽培面积和产量均跃居世界第一，目前我国海带年产量已高达136~140万t(干品)。2000年，我国大陆紫菜产量为48万t鲜藻，已超过日本位居世界第一，目前我国紫菜栽培产量为11~12万t(干品)。2005年，我国以龙须菜为代表的江蓠栽培年产量已跃为世界第一，2016年江蓠栽培产量已近30万t(干品)。2011年，我国羊栖菜栽培产量已超越韩国，位居世界第一，2016年我国羊栖菜栽培面积达到1 231 hm^2，产量1.9万t(干品)。目前我国裙带菜栽培年产量为30~40万t(鲜品)，也已位居世界第一。海藻栽培种类也由原来的海带、紫菜、裙带菜等5~6个种类发展为12个具有一定规模栽培种类。

目前我国海藻栽培产业正在迅速发展。我国海带栽培技术已实现了苗种繁育规范化、筏式栽培模式化、采收集约化，并带动了褐藻胶产业链发展。我国条斑紫菜栽培技术已实现采苗半自动化、采收机械化、加工全自动化、交易规范化。我国已形成了龙须菜南方海区冬季—春季栽培、北方海区夏—秋季栽培新模式，且以南北方互为苗种基地的大格局。并且我国已重视新品种培育，已选育出多个抗逆境、高产量优良品种和品系，为今后海藻栽培产业快速发展奠定了基础。

我国大型海藻栽培产业发展为我国海洋“蓝色粮仓”做出了重大贡献。首先，海区大规模栽培的大量海藻生物质,可以作为海产保健品直接食用,提高人们生活质量。其次,海藻中藻胶和特殊药用和营养成分,可以作为医药、化工、食品工业、农业、能源等重要原料,制备和提取高附加值产品及绿色产品。第三,大型海藻栽培产业是碳汇产业,每年从海水中吸收大量氮、磷、碳等物质,很大程度上减低了我国近海富营养化,且抑制了赤潮发生,为我国近海生态环境保护和生态修复及恢复做出了重大贡献。

本书共编写了12种我国大型海藻栽培技术,其中褐藻4种,红藻6种,绿藻2种。本书收集了我国及国外大型海藻栽培最新技术,且图文并茂,是一部适合高等院校、科研院所本科生及研究生的很好的教科书,也可作为广大第一线栽培技术人员、企业家和政府行政管理部门人员的参考书。为此,我十分感谢本书作者们所做出的辛苦劳动,更欣慰我国海藻栽培产业兴旺发达,后继有人。

上海海洋大学教授 王素娟

2018年4月

前 言

海藻栽培(seaweeds cultivation)是在人工控制下海藻繁殖、生长的生产过程。我国以海带为代表的海藻栽培业始于20世纪50年代,相关专著和教材始于20世纪60年代,如1961年山东海洋学院和上海水产学院编著的《海藻养殖学》,1962年曾呈奎、吴超元等编著的《海藻养殖学》,1985年曾呈奎、王素娟等编著的《海藻栽培学》,以及多所水产院校编辑出版的海藻栽培的教材和讲义。这些专著、教材和讲义总结了我国海藻栽培生产的实践,满足了水产院校教学的需要,推动了我国海藻栽培产业的普及和发展。

改革开放以来,我国海藻栽培业取得了长足的发展,在栽培规模、产量、产值、从业人员、栽培种类等各方面都是世界之最。其中,海带和条斑紫菜栽培是两个典范。海带是我国第一个率先进行人工栽培的物种,实现了苗种繁育规范化,筏式栽培模式化,采收集约化,并且带动了褐藻胶产业链发展,还进行了深入的医药开发。我国条斑紫菜栽培技术发展最快且最完善,目前已实现采苗半自动化、采收机械化、加工全自动化、交易规范化,也是我国大农业最完整的产业链之一。据2017年《中国渔业统计年鉴》记载,2016年我国的海带、裙带菜、紫菜、龙须菜、麒麟菜、羊栖菜等海藻栽培面积140 815 hm^2,年产量达到2 169 262 t(干品)。从南海、东海、黄海到渤海,海藻栽培已经成为许多沿海县市的支柱产业,吸纳了大量劳动力,经济收入稳定增加,人民生活富足安康。海藻是海洋生态系统中的初级生产力,海藻栽培业是碳汇产业,从海水中汲取大量的氮磷,减缓了近岸水质富营养化。海藻栽培业带来了丰硕的社会效益、生态效益和经济效益,因而是永久的朝阳产业。

科学技术是第一生产力。海藻栽培学是建立在分类学、形态学、生态学等学科基础上的应用学科,基础研究的进步推动了栽培业的发展。例如,大多数经济海藻栽培都是从孢子开始的,孢子的数量和质量、孢子的生长和发育与栽培产业的成败密切相关。孢子的基本生物学性质,如孢子的种类、有性生殖产生的孢子还是无性生殖产生的孢子、单倍体孢子还是二倍体孢子、孢子与减数分裂的关系等,这些问题都与海藻的经济性状紧密相关,这些问题的答案更是深入基础研究的结果。海藻栽培的发展离不开品种培育,而现代生物技术在海藻新品种培育中发挥了关键作用。

全书共有12章，第一章海带栽培由上海海洋大学周志刚教授和中国海洋大学刘涛教授撰写，第二章裙带菜栽培由大连海洋大学张泽宇教授撰写，第三章羊栖菜栽培由宁波大学骆其君教授和温州海虎海藻养殖有限公司董事长孙庆海撰写，第四章鼠尾藻栽培由宁波大学骆其君教授和山东省海水养殖研究所李美真研究员撰写，第五章条斑紫菜栽培由上海海洋大学何培民教授、常熟理工学院朱建一教授和淮海工学院李信书教授撰写，第六章坛紫菜栽培由集美大学谢潮添教授和上海海洋大学何培民教授撰写，第七章龙须菜栽培由汕头大学陈伟洲教授和中国海洋大学张学成教授撰写，第八章麒麟菜栽培由广东海洋大学赵素芬副教授和中国科学院海洋研究所刘建国研究员撰写，第九章石花菜栽培由广东海洋大学谢恩义教授和温州海虎海藻养殖有限公司董事长孙庆海撰写，第十章红毛菜栽培由集美大学谢潮添教授撰写，第十一章礁膜栽培由广东海洋大学谢恩义教授和上海海洋大学马家海教授撰写，第十二章浒苔栽培由象山旭文海藻开发有限公司总经理朱文荣和上海海洋大学何培民教授撰写。本书编写并得到了中国海洋大学隋正红教授、臧晓南教授和徐涤副教授，中国科学院海洋研究所王广策研究员、逄少军研究员和庞通副研究员，天津师范大学丁兰平教授，江苏省紫菜协会戴卫平高工，大连海洋大学李晓丽博士，上海海洋大学孙彬博士、蔡春尔副教授、黄林彬博士及白凯强、段元亮、康新宇、包炎琳等硕士、博士研究生的大力支持，封面坛紫菜栽培图片以及二维码彩图部分海带和坛紫菜栽培图片由何兴水提供，在此一并表示感谢。为了全面地叙述海藻栽培产业发展情况及相关研究的进展，我们力求理论和实践有机结合，且力求图文并茂。本书主要研究方面包括栽培产业发展概述、生物学研究、苗种繁育、栽培技术、病害与防治、收获与加工及品种培育。但是，由于不同种类产业背景及发展规模迥异，生物学基础及相关研究深度和广度的不同，各章节的结构和内容难免存在差异。

欢迎有关院校的师生、海藻研究和栽培工作者及广大读者对本书提出宝贵意见。

《海藻栽培学》编著组

2018年6月

目　录

第一章　海带栽培

第一节　概　　述

一、产业发展概况

海带(*Laminaria japonica/Saccharina japonica*)是我国及全球重要经济海藻栽培种类。海带栽培主要集中在西北太平洋沿岸,主要产地为中国、日本、韩国、朝鲜及俄罗斯等国家。北太平洋和大西洋的温带—暖温带海域潮下带为其主要自然分布区。日本人称海带为"真昆布",韩国则称为"Dasima"。

据联合国粮食及农业组织(FAO)统计显示,我国是世界上最大的海带栽培国,2015年我国海带产量占全球的87.9%,朝鲜、韩国和日本分别占6.1%、5.5%和0.5%。海带栽培也是我国生产规模及产量最大的海藻产业,根据《中国渔业统计年鉴》数据,1958年我国海带栽培总产量仅为6 106 t(干品),20世纪70年代初期我国海带栽培总产量已达到30万t(干品),当时震惊了世界海藻栽培学界。1977~1990年,我国海带栽培产量为20万~25万t(干品),其栽培面积和产量均跃居世界第一。1996~2010年,我国海带栽培产量基本维持在80万~90万t(干品),而2014年后我国海带栽培产量已提高至136万~140万t(干品)(图1-1)。

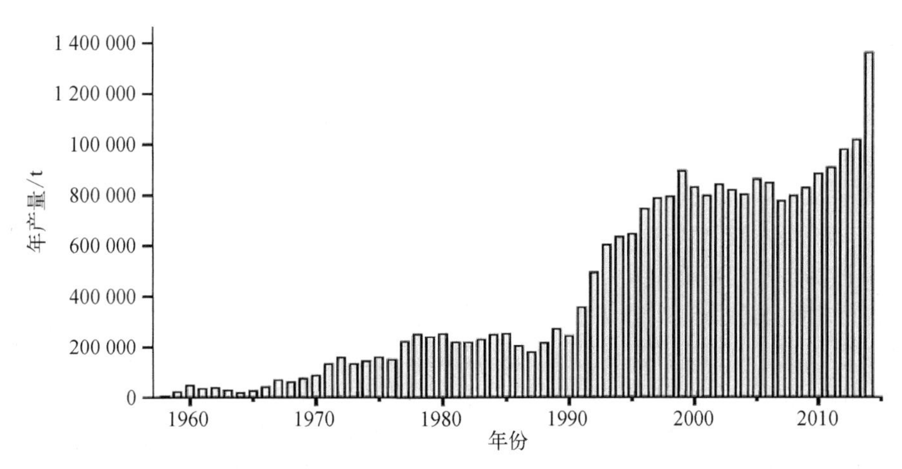

图1-1　1958~2014年我国海带年栽培产量(引自《中国渔业统计年鉴》,2014)

日本和韩国有较长的海带栽培历史。2015年,日本和韩国的海带栽培产量分别为38 700 t和442 637 t。日本海带产区主要集中在北海道地区,由于自然资源丰富,故栽培产量较小,栽培品种90%以上为真昆布。韩国海带栽培产量中约90%出自全罗南道,栽培种类为海带,近年来栽培成本逐步下降,约60%被用作鲍鱼饲料。

二、经济价值

海带是一种营养丰富的食用海藻，同时兼具一定的药用价值。海带在日本被誉为“长寿菜”，冲绳等地居民常食用海带等海产品，素有“长寿县”之称。我国早在明代《本草经疏》中便就有记载：“昆布（即海带），咸能软坚，其性润下，寒能除热散结，故主十二种水肿、瘿瘤聚结气、瘘疮”。李时珍《本草纲目》中也记载道：“对项下臃肿，其囊渐大欲成瘿者”、“治膀胱结气，急宜下气，用高丽昆布，白米泔浸一缩，洗去咸味……调和食之”，说明我国古代中医便已用海带治疗甲状腺肿，即“项下臃肿”的“大脖子病”等疾病了。每 100 g 海带中含有蛋白质 8 g、脂肪 0.1 g、胡萝卜素 0.57 mg、维生素 B_1 0.09 mg、维生素 B_2 0.36 mg、烟酸 1.6 mg、铁 50 mg、磷 216 mg、钴 22 μg 及一定量的维生素 C 等。海带富含碳水化合物及膳食纤维，蛋白质和脂肪含量较少，是一种低热量海藻，且维生素 C、钙、铁含量均高出菠菜、油菜等陆地蔬菜几倍甚至几十倍。海带碘含量高达 0.3%~0.5%，曾为我国制碘工业原料。海带中富含岩藻多糖，具有调节血液酸碱度、软化血管等保健功效。研究发现，海带具有降血脂、降血糖、调节免疫、抗凝血、抗肿瘤、排铅解毒和抗氧化等多种生物功能。

海带中富含褐藻胶、甘露醇等重要成分，我国及其他亚洲国家均主要用海带作为提取褐藻胶、甘露醇等成分的工业原料。目前我国褐藻胶年产量占全球总产量的 60% 左右。褐藻胶具有溶于水、黏度高等特性，广泛应用于食品、纺织、橡胶、医药等工业，可作为食品的增稠剂、乳化剂、品质改良剂等，医药的代血浆、止血剂、胶囊等，日用化工的美容美发剂、洗涤剂等，农业的杀虫剂、促生长剂、保水剂等，水处理的硬水软化剂、除垢剂等。

海带是海洋初级生产力，为海洋动物提供饵料和生活场所，在海洋生态系统起着固定光能合成有机物质、吸收 CO_2、释放氧气、净化水质、维持生态平衡等重要作用。以每 100 g 干海带含碳 31.2 g（罗丹等，2010）、含氮 1.36 g（纪明侯，1997）来计算，2014 年，我国生产的海带可以固碳 21.2 万 t，吸收氮近万吨，这对于人类赖以生存的海洋环境可持续发展有着重要的意义。

三、栽培简史

我国人民普遍喜食海带，但我国并非海带原产地。全球人均消费海带最多的国家是韩国和日本。根据史料记载，早在 1 500 年前（南齐和唐朝时代），我国已经开始从朝鲜进口海带，后来几百年则多从日本、朝鲜等国进口。

我国海带栽培发展分为 4 个阶段：

第一阶段为自然增殖及半人工栽培阶段（1927~1942 年）。我国最早于 1927 年或 1928 年（并未有准确记载，具体发现时间是由日本技师回忆整理的，存在争议），在辽宁大连寺儿沟沿岸潮下带首次发现了海带自然群体分布。种藻被认为是 1914~1925 年，日本人修筑寺儿沟栈桥时，由日本来往商船或木料带来的。此后日本人从北海道青森、岩手县等地又引进了一批种海带，先后在大连的寺儿沟、大沙滩、星个浦、黑石礁一带沿海进行绑苗投石海底繁殖增殖试验（李宏基，1996）。2017 年，中国科学院海洋研究所海藻种质库科研团队与日本北海道大学 Yotsukura 教授合作，利用高多态性微卫星标记对我国代表性海带群体（包括栽培和自然群体），以及俄罗斯、韩国、日本北海道的代表性自然群体进行了比较和溯源研究，初步证实我国海带群体来源于日本北海道。

第二阶段为海带全人工栽培技术探索阶段（1943~1952 年）。1943 年，在山东烟台芝罘湾内开始浮筏栽培试验，但因结冰，海带秋苗未能培育成功。1946 年，辽宁大连成立水产养殖处，开始收割海底自然繁殖的海带。山东烟台成立水产试验场,开展了海带人工栽培。1949年冬,在烟台港内进行了人工采苗筏式栽培,成功地获得了幼苗。1950年春,将海带幼苗从竹枝上剥离下来,夹在绳上培育,首次进行幼苗分散栽培尝试。1950年,山东青岛成立了水产养殖试验场,进行海带栽培试验并获得成功,海带幼苗栽培3个月长至2 m以上。1952年收获鲜海带62.2 t。

第三阶段为海带全人工栽培模式理论与技术体系建立与完善阶段(1953～1962年)。20世纪50年代,我国藻类工作者解决了一系列海带栽培的理论性问题,并在此基础上创建了一系列关键性栽培技术。这些技术主要有:① 完善了海带筏式栽培的技术体系,扩大了栽培规模;② 创建了海带夏苗培育法,实现了种苗的全人工集约化、工厂化培育;③ 创建了施肥栽培法,解决了贫营养海区不能栽培海带的问题,扩大了栽培范围;④ 实现了海带南移栽培,改变了北纬36°以南不能进行商品海带栽培的传统观点;⑤ 开展了海带遗传学的初步研究,为海带优良品种的选育奠定了基础。除此之外,还进行了切梢增产、病害防治等研究,使我国海带栽培由辽宁和山东南移至浙江、福建甚至广东,单位面积产量也大为提高(吴超元,2008)。1962年,《海带养殖学》的出版与发行,是海带全人工栽培模式理论与技术体系建立的集中体现。

第四阶段为现代海带栽培技术的推广、转型阶段(1963年至今)。该阶段的主要成果有:海带经典遗传学理论的建立与初步完善;利用细胞工程技术,开展了海带配子体无性繁殖系育苗与育种工作;分子生物学技术在海带基础理论与应用研究中的运用;组学在海带遗传育种等方面的尝试运用等。这些都极大地推动了海带栽培理论的更新、栽培技术的转型及知识的进一步创新。

海带栽培业的发展是我国水产养殖业的里程碑,以海带为核心的海藻栽培业被誉为我国海水养殖"第一次浪潮"。正是海带栽培业的蓬勃开展,有效地促进了我国相关产业发展,尤其是形成了一个以海带为主要原料的海藻化工业,产业规模居世界首位。海藻化工业的发展不仅形成了褐藻胶、甘露醇和农业绿肥等出口畅销产品,且海带制碘也在我国医药保健工作方面发挥了重要作用,我国甲状腺肿的患病率显著降低,并为我国海水养殖"第二次浪潮"(贝类养殖)、"第三次浪潮"(对虾养殖)及"第四次浪潮"(鱼类养殖)提供了成熟经验与技术模式,在海洋经济动物育苗设施和海上筏式养殖设施设计方面,均大量借鉴和参照了海带栽培的相关工程技术。50多年的海带栽培也带动并促进了坛紫菜、条斑紫菜、裙带菜、龙须菜、羊栖菜、麒麟菜、卡帕藻等10余种大型海藻人工栽培的发展,丰富了我国大型海藻栽培种类结构,形成了具有我国特色的经济海藻栽培业。

第二节 生 物 学

一、分类地位与分布

海带隶属于褐藻门(Phaeophyta)褐藻纲(Phaeophyceae)海带目(Laminariales)海带科(Laminariaceae)海带属(*Laminaria*),该属包括近50个物种。自2006年开始,国际上已趋向将原海带属分为 *Laminaria* 和 *Saccharina* 等2个属(Lane *et al.*,2006),我国长期栽培的海带等18种被划分在 *Saccharina*。本书根据我国《中国海藻志》(丁兰平,2013,科学出版社)定名,仍沿用传统的分类,将海带归属于海带属(*Laminaria*)。

海带分类地位为：

褐藻门（Phaeophyta）

　　褐藻纲（Phaeophyceae）

　　　　海带目（Laminariales）

　　　　　　海带科（Laminariaceae）

　　　　　　　　海带属（*Laminaria*）

　　　　　　　　　　海带（*Laminaria japonica*）

原海带属藻类约有50种，广布于南、北半球的高纬度海域，主要生长于太平洋和大西洋北部沿岸地区，其中太平洋西北部沿岸海域是海带属藻类的主要栖息地，分布着该属约半数的物种。海带属藻类多生长于潮间带下部和低潮线以下8～30 m深的海底岩礁上，其自然垂直分布主要受海水透明度限制，藻体不耐高温和干露。在地中海和巴西等水质极其清澈的海域，部分种类甚至能分布于120 m深处。

分布于亚洲东部的主要经济物种主要有：海带、长叶海带（*L. longissima*）、拟菊海带（也称卷边海带，*L. cichorioides*）、皱海带（*L. religiosa*）、狭叶海带（*L. angustata*）、短柄海带（也称鬼海带，*L. diabolica*）、利尻海带（*L. ochtansis*）等。其中，本属代表种——海带主要分布于俄罗斯东部、韩国东部和南部、日本北部和中国。我国仅分布海带一物种，它原产于太平洋西北部，最高月平均水温在20℃以下（8月）海域，包括日本海、鄂霍次克（Okhotsk）海等沿岸，盛产于日本北海道东岸，为亚寒带性藻类。由于多年栽培驯化及品种改良，现也能在最高月平均水温23℃左右的亚热带海域生长。

欧洲沿海分布的常见种包括糖海带（*L. saccharina*）、极北海带（*L. hyperborea*）、掌状海带（*L. digitata*）等，主要集中在英国和爱尔兰等国沿海地区。此外，在德国、西班牙、巴西、美国、加拿大等国沿海也有这些种类的分布。

目前，全球（主要是中国、日本、韩国、朝鲜、俄罗斯）进行人工栽培的种类主要有海带、长叶海带和利尻海带等少数物种。

二、形态与结构

1. 藻体形态结构

海带具有由大型孢子体与微型配子体构成的异形世代交替生活史。孢子体为薄壁组织构造，其带状叶片与柄之间具居间分生组织，可维持叶片生长。雌、雄配子体由孢子体上的成熟孢子囊产生的游孢子发育而成，为单个细胞，或由数个细胞构成的分支丝状体。配子体细胞经过分化，分别发育为卵囊及精子囊，精卵结合完成有性生殖过程后，发育为孢子体。

（1）形态

海带孢子体由三部分构成：叶片、柄和固着器（图1-2）。叶片形态是区分不同种类海带的重要特征。海带藻体叶片呈带状，无分支，褐色而富有光泽。叶片基部早期为楔形，厚成阶段为圆形至心脏形。多数海带有两条浅的纵沟贯穿叶片的中部，从而形成较厚的中带部。一年生海带的纵沟较明显，两

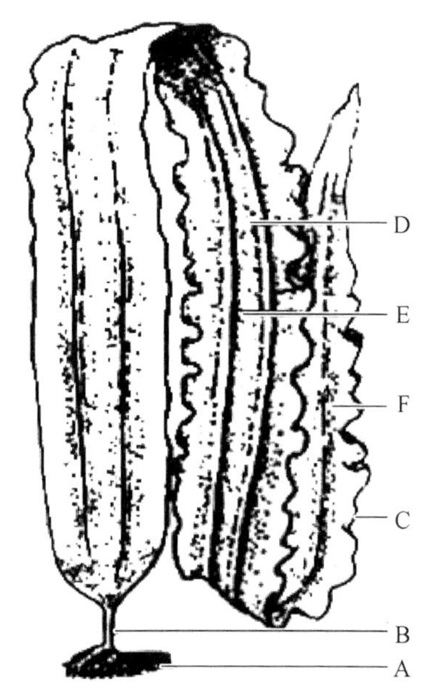

图1-2　海带孢子体形态

A. 固着器；B. 柄；C. 叶片；D. 纵沟；E. 中带部；F. 叶缘

年生海带则不明显。叶片正反面常因受光不同，而使分裂速度呈现差异，凸面为里面或背光面，凹面为外面或向光面。叶片两侧边缘薄而软，呈波褶状。野生一年生海带，叶缘波褶小而少，筏式栽培的海带，波褶大而薄。两年生海带较厚，波褶不甚明显。栽培海带成体叶片一般长 2~4 m，宽约 40 cm。海带叶宽与叶长之比通常在 1/9~1/12，与长叶海带有着明显不同。长叶海带叶片长而窄，叶边缘无波褶，叶片中带部与叶缘部在厚度上无明显差异，且叶宽与叶长比通常在 1/30~1/50。

固着器位于藻体下端，由许多自柄基部生出的、多次二歧分支的圆柱形假根组成，其末端有吸盘，以固着在岩礁或栽培绳上。海带幼孢子体固着器早期为盘状，后期不断分生出分支。

海带的柄呈圆柱形或扁圆柱形，表面光滑深褐色，与叶片连接的地方呈圆形，一般长 5~6 cm。不同种类的海带，其柄的形态和长度也不同。

（2）结构

1）叶片：海带的柄及叶片内部构造均可分为表皮、皮层和髓部三部分（图 1－3），且种间差别不大。

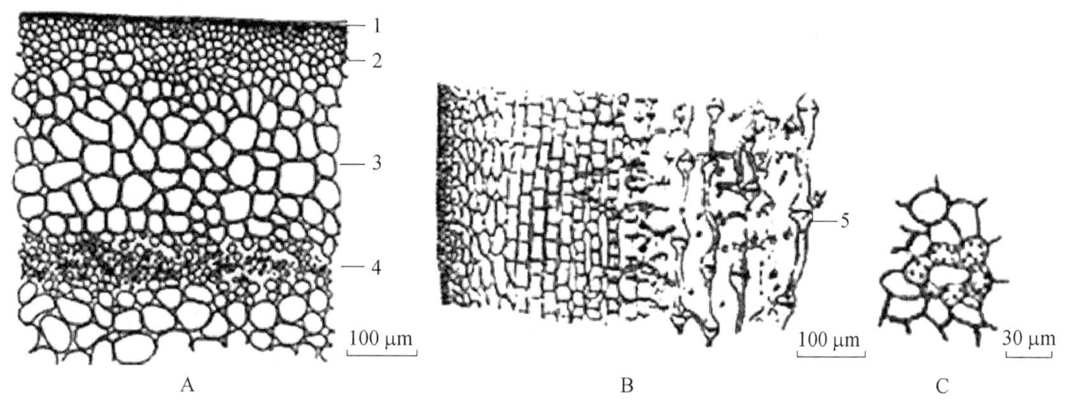

图 1－3　海带叶片的内部结构（曾呈奎和吴超元，1962）

A. 海带叶片的横切面；B. 海带叶片的纵切面；C. 黏液腺及腔体

1. 表皮分生组织；2. 外皮层；3. 内皮层；4. 髓部；5. 喇叭丝细胞

表皮：孢子体最外一层为表皮分生组织。表皮细胞个体小，如栅栏状整齐而紧密地排列在藻体表面（图 1－3A）。在藻体横切面上呈正方形，纵切面上呈长方形。电镜观察显示，细胞内色素体呈粒状的长椭圆形，集中分布于靠近体表一侧，这样可更有效地进行光合作用。细胞内具一个较大的细胞核，在生长部的表皮细胞内尤为明显，占据细胞体积的 1/3，位于与色素体相对应的一端，形状不规则。较大的线粒体分布于细胞周围，呈长椭圆形，内嵴多而明显。液泡大，位于细胞内侧。表皮细胞外侧覆盖有胶质层，幼嫩时较薄，随着生长期的延长，胶质膜不断增厚。

皮层：皮层细胞位于表皮分生组织下方，分为外皮层和内皮层（图 1－3A）。外皮层细胞呈长柱状，大小不等，排列不整齐，细胞壁薄。内皮层细胞大小相近，排列较整齐，细胞壁含胶质较多。电镜观察发现，皮层细胞内色素体占细胞体积的比例减少，有一大的长形细胞核。皮层明显的特征是：在大的液泡中有较浓厚的贮藏物质及嗜碱性很强的圆球形或不规则的内含物，说明该层具有贮藏物质的功能。

髓部：髓部主要由喇叭丝和髓丝组成（图 1－3A）。喇叭丝是由一列首尾相连的内皮层细胞分化形成的管状组织(图 1－3B)。开始分化时,细胞先延长,继而在细胞连接处细胞壁逐渐膨大,形成一个筛管,筛板上有很多小孔。同时,细胞本身继续伸长形成一细长管状体,从而形成喇叭丝细胞,它们彼此相连在髓部构成了管状组织。喇叭丝有分支,在两列喇叭丝之间可形成横联系丝,这些横联系丝也可转变成喇叭丝。在喇叭丝丝体的横切面上,可看到形状不同的壳纹。放射性同位素示踪技术实验证明,喇叭丝是海带叶片中的主要输导组织。

在内皮层内部,两列细胞间可形成横联系丝。在横联系丝细胞的连接处,细胞壁消失,但细胞核并不融合。内皮层细胞还可以直接分裂出一种髓丝,由许多细胞首尾相连而成,丝状体的顶端直接插入髓部。

电镜观察海带基部的髓部细胞,可看到 1 个较大的核位于细胞中央,沿细胞膜周围分散有多数线粒体,近核附近有高尔基体及大小泡囊,仍可见不成熟的色素体,类囊体仅数条。说明髓部并非进行光合作用的场所,故色素体处于发育早期。

黏液腔(图 1－3C):是一种能分泌黏液的圆形中空腺体,分布于叶片、柄和固着器的表皮和皮层,由许多分泌细胞组成。分泌细胞具有较大的细胞核和丰富的细胞质,能分泌黏液。黏液腔上端呈管状,开口于表皮并与黏液腔道相连。黏液腔道网状,分布于叶片表皮分生组织下部,腔道内有黏液。在小孢子体中,黏液腔在表皮分生组织下。在较大的孢子体中,由于表皮分生组织不断分裂,增加了外皮层的细胞,使得黏液腔的位置逐渐下移,深埋于外皮层内,有时几个黏液腔连在一起,形成一个形状不规则的大黏液腔。

2) 柄:柄与叶片一样,由表皮分生组织、皮层和髓部组成。皮层有内、外皮层之分。幼小时,柄的髓部不发达,在生长过程中皮层细胞不断分裂出许多喇叭丝和髓丝,充实与扩大了髓部。在大型的孢子体中,髓部充满喇叭丝和髓丝,胶质很少(曾呈奎等,1985)。

3) 固着器:假根由表皮分生组织和内、外皮层构成,无髓部。假根形成时,先由柄基部的表皮分生组织和外皮层细胞开始分裂,产生一个小突起,逐渐长大形成一个由表皮分生组织和内皮层组织构成的尖端二歧分支假根,顶端有吸盘。

2. 细胞结构

对海带属等褐藻的细胞结构及主要细胞器的了解,始于透射电镜的应用,相关的观察研究主要集中在 20 世纪 70 年代前后(Motomura,1990;Izquierdo *et al.*,1997)。总体而言,异型鞭毛和 3 个一组平行排列的类囊体,是海带属种类区别于其他近似物种的主要特征。该属藻类的典型细胞结构,可参考 Bouck(1965)提出的模型(图 1－4)。

(1) 细胞壁

除生殖细胞(如游动孢子、成熟的精子及释放的卵)外,海带属所有藻体的细胞,均至少被有两层结构的壁包被(Fletcher,1987;Lee,2008)。内壁主要是由纤维素构成的骨架,外层则由褐藻酸等成分构成。通过组织化学及放射自显影技术检测获知,细胞壁含有大量褐藻酸、岩藻多糖等无定形组分,细胞间组分以岩藻多糖为主。

细胞间具有胞间连丝,其结构与维管植物简单类型的胞间连丝相同,仅为相邻细胞间连续质膜充斥的通道,但没有扁压的内质网(endoplasmic reticulum,ER)。海带胞间连丝缺乏绿色植物胞间连丝所具有的连丝微管,因此被认为不具备信号通信功能。但它在营养细胞之间,以及从光合作用活跃的细胞向其他细胞(如皮层和髓层)之间具有运输无机和有机化合物的功能,可促进生长及生殖细胞发生。因此,胞间连丝在丝状体、叶状体不同组织,以及细胞间的物质输送过程中具有重要作用。

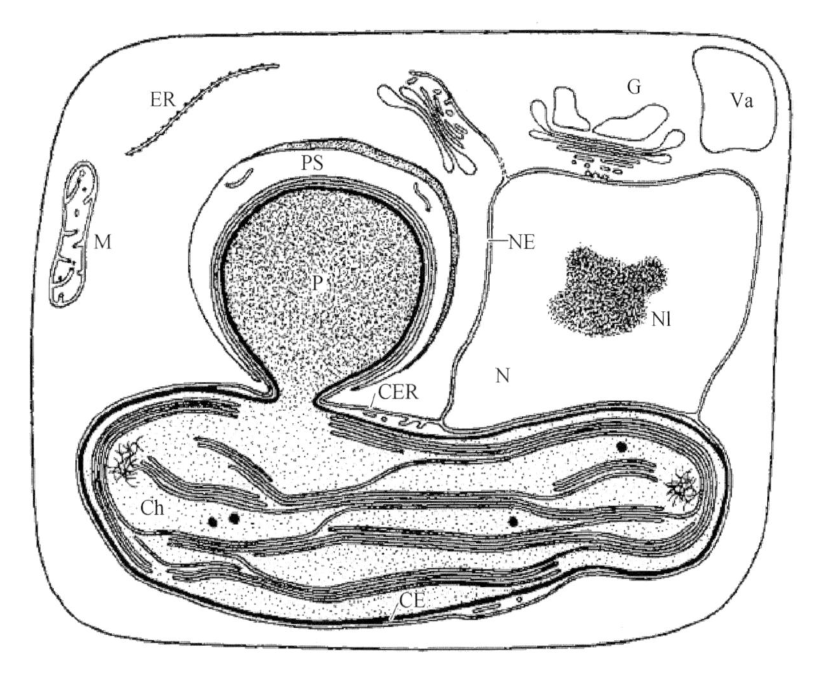

图 1-4 海带细胞结构及细胞器之间联系的示意图(Bouck,1965)

CE. 质体膜;CER. 质体内质网;Ch. 质体;ER. 内质网;G. 高尔基体;M. 线粒体;N. 细胞核;NE. 细胞核膜;Nl. 核仁;P. 蛋白核;PS. 蛋白核囊;Va. 液泡

(2) 质体

质体也称为色素体。海带细胞内具有 1 个或 2 个盘状质体,位于质膜周围。质体内的类囊体通常 3 个一组平行排列,质体外部由质体膜及两层质体内质网膜包被。其中,外层的质体内质网膜不与细胞核的核膜相连。质体内含有叶绿素 *a*(chlorophyll *a*)、叶绿素 *c*1 与叶绿素 *c*2 等 3 种叶绿素,以及 β-胡萝卜素(β-carotene)、墨角藻黄素(fucoxanthin)、紫黄素(violaxanthin)、花药黄素(antheraxanthin)、玉米黄素(zeaxanthin)等类胡萝卜素。这些色素的含量比例决定着藻体的颜色。当细胞衰亡时,类胡萝卜素最先被降解,因此藻体呈现绿色。

(3) 鞭毛与眼点

海带属藻类无眼点,鞭毛仅存在于游动孢子和精子中。梨形的精子前端侧生 1 根流苏状茸鞭形鞭毛和 1 根短的反向尾鞭形鞭毛,其中前端鞭毛具三节结构茸毛。在精子内未发现眼点,可能是由于精子的游动为趋化型(Henry and Cole,1982),也可能是精卵结合只在黑暗条件下才能发生的原因(Lüning,1981)。游动孢子与精子相似,单侧着生两根异型鞭毛,不同的是向前的茸鞭形鞭毛明显长于尾鞭形鞭毛。

(4) 蛋白核

海带属不同种类及发育时期蛋白核的分布不同。除了精子,海带藻体其他时期常有蛋白核分布,它位于质体附近,数量及形态在生活史的不同阶段,甚至不同生活条件下均有所变化。电镜下,蛋白核是一个颗粒状、染色较深的小体,分布于质体外部并与质体内质网膜相连。

(5) 藻泡

海带等褐藻具有一类特殊的囊泡,称为藻泡(physodes)。藻泡是具有嗜锇酸性质的不规则囊泡,通常认为其与维管植物的单宁液泡相同,光学显微镜下染色证明其具有酚类还原性质的成分。

(6) 染色体

海带孢子体世代的核相为 $2n$,配子体世代为 n。在孢子体和配子体世代交替过程中,伴随着核相交替。

海带属部分种类的染色体数目见表 1-1。在染色体制备技术尚不完善时,不同物种甚至同一物种的染色体数目差异较大。但之后的多数实验结果表明,海带属各物种单倍体的染色体数目分别集中于 $n=22$ 和 $n=31$。通过压片及荧光染色观察,一个细胞中的大多数染色体大小在 0.4~0.7 μm(图 1-5;Liu *et al.*,2012)。

表 1-1 海带属(*Laminaria*)部分物种的染色体数目

物　　种	单倍体	二倍体	文　献　来　源
狭叶海带(*L. angustata*)	22		Nishibayashi and Inoh,1956
	32	约 60	Yabu and Yasui,1991
鬼海带(*L. diabolica*)	22		Yabu,1958
鬼海带 *longipes* 变型	32	约 60	Yabu and Sanbonsuga,1990
海带(*L. japonica*)	22	44	Yabu,1973
	32 或 34	约 60	Yabu and Yasui,1991
	31		Zhou *et al.*,2004
	31	62	刘宇等,2012
糖海带(*L. saccharina*)	13	26	Magne,1953
	27~31		Naylor,1956
	31	62	Evans,1965
长柄海带(*L. longipedalis*)	约 30		Ohmori,1967
奥霍海带(*L. ochotensis*)	32	约 60	Yabu and Yasui,1991
皱海带(*L. religiosa*)	32	约 60	Yabu and Yasui,1991
远籐海带(*L. yendoana*)	约 30		Ohmori,1967
	32	约 60	Yasui,1992

三、生长发育

不同的生长发育时期,海带的外部形态存在着明显的差异。根据我国筏式栽培一年生海带的外部形态变化和生理特征,可人为地将其划分为 6 个时期(曾呈奎和吴超元,1962)。

幼龄期:从受精卵开始形成核相为 $2n$ 的孢子体,长至 5~10 cm 为幼龄期。该时期的特点是叶片薄而平滑,无凹凸,无纵沟,无中带部。受精卵到 100 个左右细胞的孢子体时,尚未分化出生长部,生长是依靠每个细胞的分裂及自身体积的增加。至 5 cm 长时,生长部在柄与叶片连结处分化出来,不断分生新细胞,使叶片长度增加,此后海带生长主要依靠居间生长。5 cm

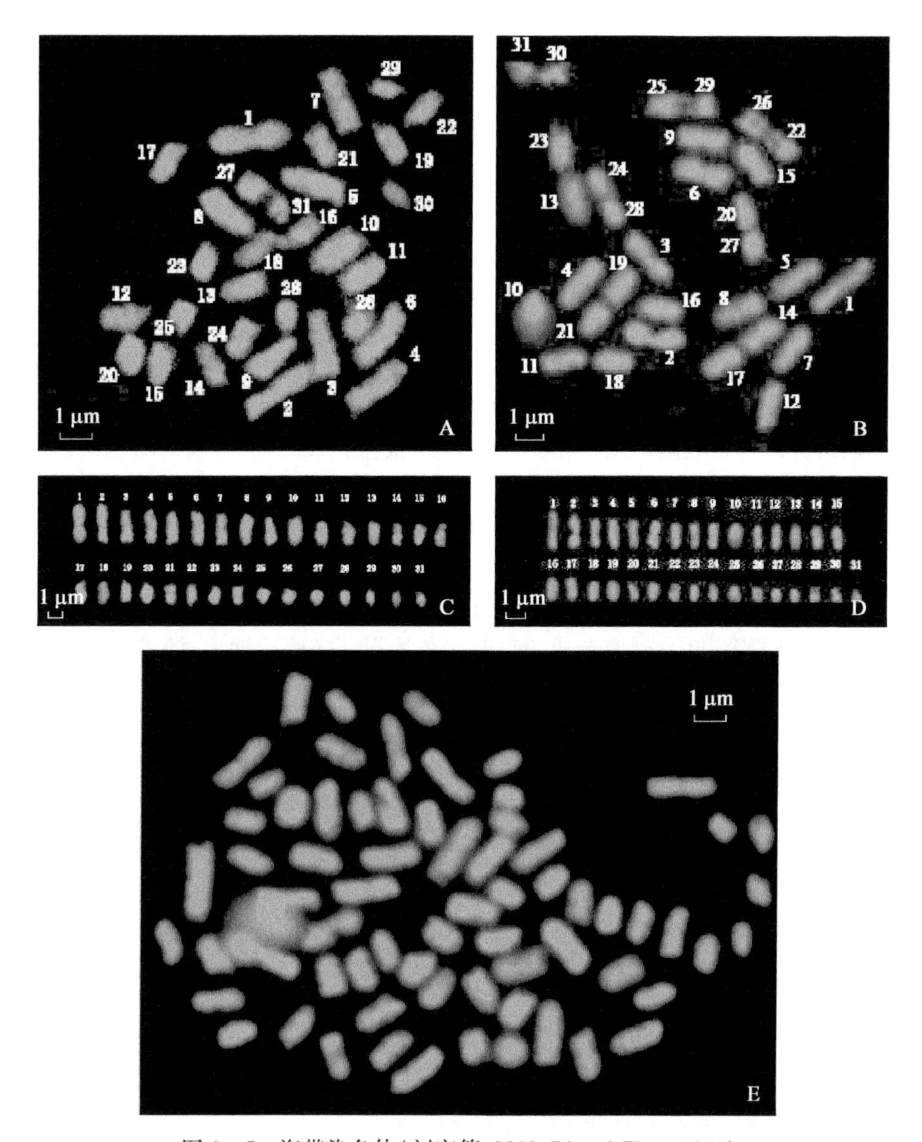

图 1－5　海带染色体(刘宇等,2012;Bi and Zhou,2014)

A. 雄配子体染色体;B. 雌配子体染色体;C. 雄配子体染色体核型;D. 雌配子体染色体核型;E. 孢子体染色体

幼龄期海带的生长主要依靠叶片基部到基部以上 2.5 cm 部分的延长。15 cm 以下的小海带叶梢不存在老化脱落的现象,因细胞不断分裂和增大而有所增长,15 cm 以上的海带叶梢开始有不同程度的脱落。

凹凸期: 又称小海带期。当海带长至 15 cm 以上时,可明显观察到叶片中带部两侧出现方形凹凸,故此称为凹凸期。凹凸分为两行,纵列于叶片上,是由于表皮分生组织的细胞分裂速度不均等造成的。凹凸期的海带长度增加较慢,但随着海带叶片长度的增加,凹凸部位逐渐向梢部和中带部两侧靠近。凹凸的深浅程度和过程长短,与光线强弱和水质肥瘦有密切关系。强光或贫营养的水环境中栽培的海带凹凸期会延长。凹凸期的海带藻体长度一般在 30 cm 以上。叶片不同部位皮层细胞厚度也不同,梢部尖端皮层细胞最薄,中部皮层细胞较厚,而基部皮层细胞最厚。15~30 cm 海带的生长部在基部以上 3~6 cm 范围内。凹凸期海带基部以上

4 cm 处,藻体皮层和髓部都很发达,喇叭丝细胞较大,细胞中部直径为 22~25 μm。藻体长至 50 cm 以上时,海带的髓部除了包括一般的喇叭丝细胞外,还有一种大型的喇叭丝细胞,直径可达 44.8 μm。凹凸期海带生长部和髓部细胞之间的胞间连丝非常明显,有利于细胞之间的物质互相交换,线粒体多位于胞间连丝附近。

脆嫩期:又称薄嫩期。海带长至 1 m 左右,叶片生长部及新形成的组织使叶片厚度增加,叶片表面变为平直,叶片两边缘的波褶程度也随之减轻。凹凸部分因为生长,逐渐推移至藻体末梢。叶片长度不断增加的同时,宽度也逐渐增加,柄部变粗,固着器分支发达。这个时期,叶片长度增加速度最快。主要特征是藻体基部呈楔形,含水量多,质地脆嫩,极易折断,故名脆嫩期。脆嫩期的海带藻体,生长和叶梢脱落速度均加快。该时期的海带生长部位一般在藻体基部至基部以上 10 cm 左右。叶片基部楔形的角度相应地反映出生长速度的快慢。在生长后期,速度减缓,叶片基部也逐渐增宽,呈圆形。在这个快速生长时期,生长部颜色通常为淡黄褐色,藻体不宜接受过强的光照。

厚成期:随着海区水温的升高,海带进入厚成期,生长速度迅速下降。到厚成期的晚期,海带叶片梢部脱落速度开始大于海带叶片增长速度,海带长度明显缩短。厚成期的海带叶片宽度及厚度基本不再增加。厚成期海带藻体开始积累大量的有机物质,含水量相对减少,干重迅速增加,干鲜比逐渐提高,叶片硬厚老成,有韧性,色浓褐。在厚成期内,海带便可进行大规模收获。

成熟期:孢子体在厚成期后,随着水温的增加,叶片的表面开始产生孢子囊群,表明藻体不再继续生长,进入成熟期。孢子囊群是孢子体的繁殖器官,常在叶片中带部的表面产生且略高于表面的斑状结构。一般来说,靠近叶片基部的孢子囊群要多于梢部,中带部多于叶片边缘。

衰老期:海带孢子囊群放散孢子以后,生理机能及活力逐渐衰退。叶片表面粗糙且藻体纤维质化,孢子囊群放散后变为黄褐色或浅黄色,局部细胞衰老死亡。固着器和柄部出现空腔,且空腔程度逐渐增加,藻体腐烂。自然繁殖的海带,通常大部分藻体叶片脱落,仅在基部留存 1~2 cm 生长点细胞,待冬季水温降低后,又可生长出新的叶片。

四、一年生与两年生海带

野生海带一般可以跨 3 个年度,成为两年生的海带;筏式栽培的海带由于环境条件特别是光线的改变,一般只能跨两个年度,长成一年生的海带。

野生的两年生海带一般在 10~11 月成熟形成孢子囊群,游动孢子放散后,经过两个星期左右形成孢子体。在我国黄海区,海底的环境条件(特别是受光条件)不太适宜,孢子体生长缓慢,在夏季来临之前,不能长成肥大的藻体,叶片长度一般只能达到 0.5 m。到了夏季,水温升高,生长速度下降,叶片梢部的自然衰老部分出现组织脱落的现象。秋季水温下降到 23℃以下时,部分叶片可形成孢子囊群,并放散游动孢子。之后,藻体生长速度逐渐加快,在新生叶片与旧叶片之间出现一明显界限。到第三年 3~4 月,生长速度达到最高峰,6~7 月,藻体可达最大长度(3 m 左右)、宽度和重量,并在梢部形成孢子囊群。藻体在第三年度夏时由于梢部脱落,藻体长度缩短。秋季水温下降之后,叶片全面形成孢子囊群,于 10~11 月大量放散游动孢子后,叶片迅速衰老,在 12 月左右死亡流失。

筏式栽培的一年生海带,在 10~11 月也能形成孢子囊群并放散孢子。新长成的幼孢子体在第二年的 3~4 月,生长速度达到最高峰,长度一般可达 2~3 m。至 5~6 月,叶片产生孢子囊群,以正常的方式放散游动孢子。夏季水温升高时,叶片梢部大量脱落,孢子囊群逐渐被破坏,不能继续放散游动孢子。秋季水温下降至21℃以下时，叶片大面积产生孢子囊群，并于10~11月大量放散游动孢子，随后迅速衰老、死亡。因此，筏式栽培的海带只能跨两个年度，存活13~14个月。

五、繁殖与生活史

1. 繁殖

(1) 无性繁殖

无性繁殖指藻体产生的雌、雄生殖细胞不经过结合，直接萌发成藻体的繁殖方式。在海带属中，孢子体叶片浅表细胞通过分裂可产生一个基细胞和一个侧丝(图1-6)，基细胞横向增宽而侧丝纵向伸长，而后侧丝细胞末端膨大并具黏液，在基细胞上形成一保护表层，基细胞紧邻侧丝分化发育成单室孢子囊(Lee,2008)。在孢子囊内，孢子母细胞进行第一次和第二次减数分裂，分裂成4个单倍性的细胞核，随后连续进行3次有丝分裂，共分裂成32个核。与此同时，周围的色素体也分裂。新分裂出来的细胞核最初在孢子囊的中央，随后逐渐向四周移动，每个核与一个色素体及其周围的原生质组合，最后形成32个游动孢子(Fletcher,1987)，此时孢子囊的顶端加厚呈帽状。游动孢子梨形，长6.9~8.2 μm，宽4.1~5.5 μm，具两条侧生不等长的鞭毛，长的指向前方，17.8~19.6 μm，短的指向后方，6.9~8.2 μm(吴超元,2008)。32个游动孢子中，16个发育成雄性配子体，另外16个发育成雌性配子体，从而确保雌、雄性配子体性别比为1∶1(Schreiber,1930)。

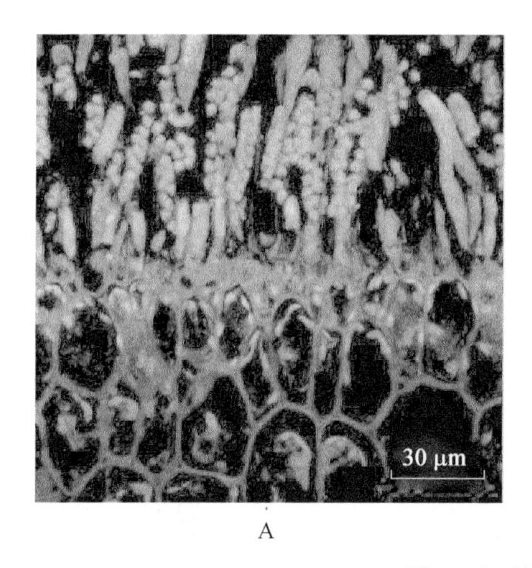

A

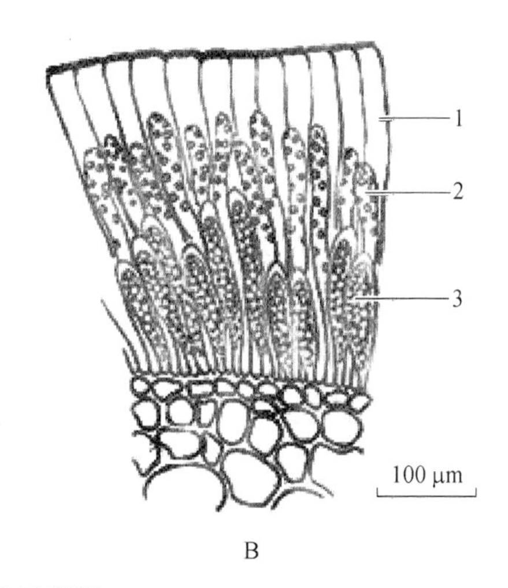

B

图1-6　海带孢子囊群

A. 横切(由Jim Haseloff提供);B. 示意图(曾呈奎等,1985)
1. 黏质套;2. 隔丝;3. 孢子囊

(2) 有性生殖

有性生殖指藻体产生两性生殖细胞(即配子)并结合成合子，然后萌发成新的藻体。在海带属中，有性生殖方式为卵式生殖，即雌配子(卵)较大，不能游动，而雄配子(精子)相对较小，可自由游动。海带属种类的精子和卵分别产生于不同性别的配子体，为雌雄异体。

绝大多数种类的配子体在正常环境条件下细胞数目和大小无明显差异。海带成熟雄配子体个体通常为由3~10个细胞组成的丝状体，细胞直径4~8 μm。雌配子体多为1个细胞，球形或梨形，成熟时细胞直径为 11~22 μm。

卵由雌性配子体细胞发育分化成的卵囊产生，每个卵囊产生 1 个卵。精子由雄性配子体细胞分化发育成的精子囊产生，每个精子囊也只产生 1 个精子。精子囊往往易于在较短分支的配子体末端形成，成熟的精子囊在顶端产生一个显著而透明的帽状突起，从而使精子囊呈瓶状，长 9~14 μm，基部直径 4 μm。在配子体细胞间的细胞形成精子囊时，常在其侧面形成帽状突起(Maier and Müller，1982)。

海带精子释放与有性结合受控于一种称为 lamoxirene 的信息素(Maier，1982；Maier *et al.*，1996，2001)。相同条件下，精子囊比卵囊早成熟 3~5 d(Yabu，1964；Hsiao and Druehl，1971)，卵在释放过程中，向其周围释放这种信息素，促使精子的大量释放，并将精子吸引到卵的周围以完成受精过程。这种性信息素的有效作用范围为 0.5 mm(Müller *et al.*，1985)。

2. 生活史

(1) 异形世代交替生活史

海带属藻类具大型的孢子体(二倍体)与微型的配子体(单倍体)异形世代交替的生活史(图 1-7)。海带性成熟时，在叶片上产生深褐色的孢子囊群。孢子囊群外形因种类不同而异，一般呈斑块状，有的可连成片状。孢子囊母细胞经过减数分裂及有丝分裂产生 32 个游孢子，放散游动一段时间后，停止游动并失去鞭毛，同时从孢子内释放出糖蛋白等物质(Oliveira *et*

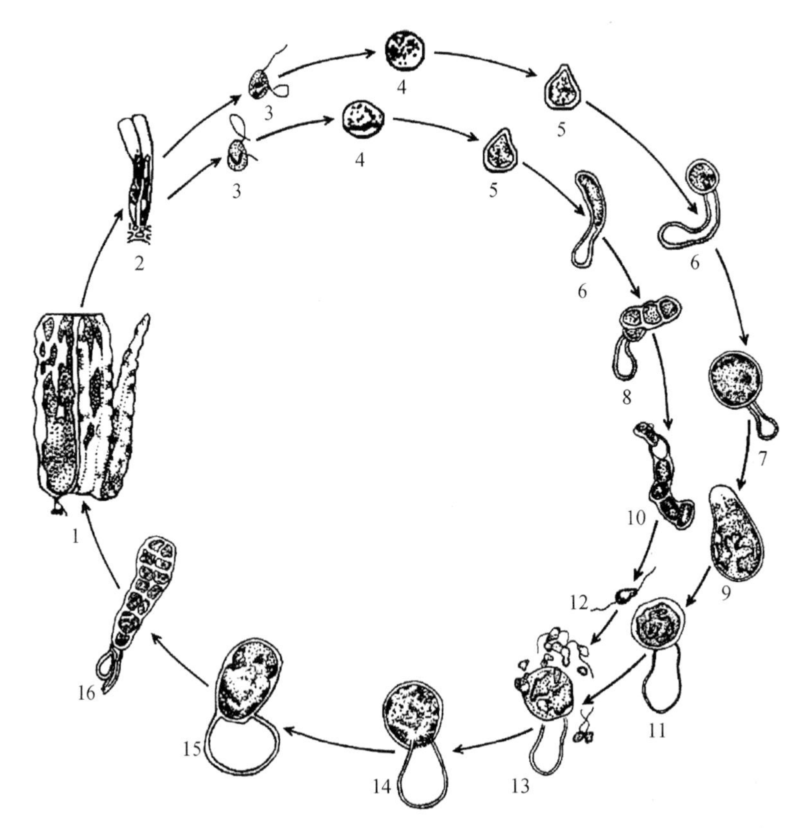

图 1-7　海带异形世代交替生活史(曾呈奎和吴超元，1962)

1. 成熟海带叶片上长有孢子囊群；2. 孢子叶横切面；3. 游孢子；4. 胚孢子；5. 胚孢子开始萌发；6. 形成配子体；7. 雌配子体；8. 雄配子体；9. 开始排卵；10. 开始排精；11. 卵；12. 精子；13. 受精；14. 合子；15. 合子开始分裂；16. 7 个细胞的小孢子体

al.，1980)，便于孢子附着于基质上形成圆形的胚孢子。附着后的孢子分泌纤维素等物质生成薄而可塑性强的细胞壁，并形成细长的萌发管。游动孢子的原生质随后移至萌发管，从而使其末端膨大，接着在原来的孢子与膨大部分之间产生隔膜及新的细胞壁。这个位于膨大部分的新细胞，经正常的有丝分裂形成单倍性的配子体。丝状配子体常具分支，略微轴向伸长的细胞内，携带数个不同大小近似盘状的叶绿体。配子体生长通常较慢。一般来说，雄性配子体较雌性的分支更明显，细胞数目多且体积小，颜色稍淡(Fritsch，1945)。

相比较而言，配子体末端的细胞更容易分化发育成配子囊(即卵囊与精子囊)。在长光照条件下，海带游动孢子在形成配子体 8～10 d 后，大部分卵在黑暗后的前 30 min 内自卵囊中释放出来(Lüning，1981)。卵的释放所需要的黑暗处理时间与光照时间成反比，即光照时间长，所需的黑暗时间就短，光照时间短，则需要的黑暗时间就长。通常情况下，卵先排放，排放的卵仍停留在原来的卵壳上，作为精卵结合的受精平台。在释放的同时，卵向体外分泌 lamoxirene 性信息素，刺激精子囊释放大量精子，并吸引精子至卵周围，以确保受精过程顺利完成。受精作用一般在 5 min 内完成。狭叶海带受精时，精卵原生质融合后，便开始形成细胞壁，同时细胞伸长，叶绿体从中央向周围移动，精核逐渐靠近卵核，两核融合从而形成真正的合子。来自精子的线粒体被内质网膜包被直至消失，而来自精子的叶绿体既不与卵的叶绿体融合也不分离，仅增加体积(Motomura，1990)。在早期的合子中，存在两对中心粒，分别来自精子和卵，只有那对来自精子的遗留下来，按正常的有丝分裂向两极分离和复制(Motomura，1990)。不经休眠的合子就这样直接萌发长成二倍性的孢子体，从而完成海带属种类经典的异形世代交替生活史。

(2) 单性生殖

雌、雄配子不经过结合而直接萌发成新的藻体，并完成生活史的过程称为单性生殖。在海带属中，由雌配子体进行的孤雌生殖是一个比较普遍的现象。1930 年，Schreiber 便在糖海带中发现该现象，随后又在海带等其他物种中得到多次证实(Yabu，1964；戴继勋和方宗熙，1976)。戴继勋等(1992)认为能正常生长且成熟并释放游孢子的孤雌海带，雌配子体的染色体需自然加倍，才能确保孢子形成过程中，染色体能正常进行减数分裂，这样产生的游孢子所形成的配子体均为雌性。

海带的雄性配子体也可以进行无配生殖。戴继勋等(1997，2000)经过多次实验证实，雄性配子体无配生殖所产生的叶状体，因染色体未经自然加倍，不能进行正常的减数分裂，所以无法形成孢子囊并产生游孢子。

六、海带生长发育与环境因子的关系

海洋中各种物理、化学及生物因子的变化直接或间接地影响着海带的生长发育，而海带对周围环境的变化又表现出一定的适应性，这样，海带的生命活动与其周围的环境就存在着必然的联系。人工筏式栽培的海带，是在人工创造的栽培条件下进行生产的，有生长快、个体大、成熟早的特点。研究海带不同生长阶段的生理特点，必须与其生活条件相联系，才能掌握海带生长发育所必需的条件，从而创造有利因素，控制不利因素，以适应海带生长发育的需要。

1. 与光照的关系

光是藻类生长不可或缺的环境因子。海水中的光照强度及光谱组成随水深和水中含有的物质而变化。海带在不同生长发育期对光照条件的要求也不同。实验结果表明，自然条件下，从发生至 1～2 cm 以下的孢子体能适应较强的光照；而当孢子体超过 1～2 cm 时，若继续培养在浅水层，其长度生长速度便会因光照过强而下降。在室内静水条件下，初期幼孢子体在

80 μmol/(m^2·s)光照条件下生长良好,当幼孢子体长至 0.8 mm 时,光照过强反而会造成色素变淡及藻体死亡,到后期光强若超过 60 μmol/(m^2·s),则幼孢子体全部死亡。因此,在静水条件下培育幼孢子体,光强以 20~40 μmol/(m^2·s)为适宜。但自然光育苗实验又证明,在流水条件下气体交换良好时,中午光强达到 80 μmol/(m^2·s)甚至 120 μmol/(m^2·s)时,对幼孢子的生长也不会造成明显的不良影响。可见,光强的适宜与否还与其他条件相关。在自然光育苗中,早期通常控制光强,而后期则大幅提高光强,以适应自然海区较强光照。

对于凹凸期和薄嫩期海带,过强的光照能够使长度生长减慢,生长部尤其不耐强光。当遮盖生长部时,长度的生长便可超过对照组(即不遮被的海带),且遮盖的部分越大,长度增长越明显。遮光之所以生长加快,是因为生长部受到了保护,从而保持了旺盛的细胞分生能力。自然条件下,海带生长在海底形成藻场,藻体生长部相互遮阴而叶面受光,因此生长部不耐强光,这一现象也是长期生长在干潮线下的适应性进化结果。光合生理的实验结果可知,占海带全长 2/3 叶片的中上部分,在生长最快期间所进行的光合作用强度是生长部的 2~3 倍,由此可见,生长部本身不需强光。从形态上看,生长部在旺盛生长过程中的鲜嫩色泽,也反映出其生理特性。因此,在人工筏式栽培中如何保护生长部,与提高海带产量和质量息息相关。人工筏式栽培时,海带呈固着器朝上而叶片朝下的颠倒状态,生长部所处的水层浅于叶片,容易接受过强的光照而受到伤害,因此在凹凸期和快速生长的薄嫩期应注意水层深浅的调节,保护生长部不受强光照射。不同地区海水透明度差异很大,因此,应根据海带的生理要求进行水层调整,使海带始终能在适宜光照的水层中生长,以达到最大的长度和宽度。凹凸期若受光过强,则往往使凹凸面加大,凹凸期延长,难以形成平直部,导致藻体短小,固着器和柄部颜色加深成黑褐色,叶片生长速度迟缓,甚至停止生长。

厚成期,海带的长度生长基本停止,这时藻体主要进行厚度增长及有机物质积累,色素明显增多,颜色加深,光合作用强度增强。因此,光照强度成为这个时期有机物积累以致快速厚成的关键因素。同一根苗绳上,通常上端几棵受光强、厚成快,而下面的海带则因遮光而厚成不好。此时如把上面几棵割去,则由于受光条件的改善,下面的海带也能很快厚成。因此,生产上采取间收的方法,即先收割上端的海带,过一段时间再收割下面的海带,使制干率得到提高,产量增加。在厚成期,海带梢部的细胞因衰老而加快脱落,同时,光照的加强也能促使脱落。但若为了减慢脱落,而下调水层以降低光照强度,则可能会因小失大,因有机物积累减少而厚成缓慢。因此,减慢衰老脱落的积极措施应增加营养以增强藻体活力,而不应调低水层。若收割来不及,为了避免脱落的加速,可适当调低水层。

成熟期海带的碳水化合物积累是不可缺少的,较强的光照能够促进光合作用以积累有机物质。在筏式栽培时,浅水层培育的海带孢子囊群的面积要远大于深水层培育的。据中国水产科学研究院黄海水产研究所实验,挂在 50 cm 水层藻体上的孢子囊群面积,要比挂在 200 cm 处的藻体多 4 倍。由此可见,光照明显促进了孢子囊群的形成。

海带孢子体生长发育的各个时期,对光强的需求不同。人工栽培中合理利用光线,是提高单位面积产量的重要措施之一。因此,应根据海带孢子体不同生长发育时期对光的要求,因地制宜地调节水层满足其生理上的需要,才能达到高产、优质的目的。

2. 与温度的关系

温度对藻类的生理机能有广泛的影响。通常将温度对藻类的影响,分为“最低点”“最适点”和“最高点”三个基本点。这三个基本点均指一个变化的范围,并非固定的点,尤其是“最适点”的范围较大。温度对藻类的影响,不仅要考虑基本点的温度如何,还要考虑其延续的时间长短，例如，超过最高点且延续时间长，则会造成藻体的死亡。通常情况下，温度升高至最高点或降低至最低点时，藻体会停止生长，但不一定死亡。不同藻类对温度的要求，取决于其所处的生活环境。海带原产地位于太平洋西岸，该海域水温很低，冬季结冰，夏季最高水温不超过 23℃，一般均在 20℃以下，因此海带要求低温的条件。高水温往往是海带地理分布的限制因素，因海带不耐高温，在夏季高水温期便停止生长并加快衰老，所以说海带是喜冷怕热的海藻。

温度对海带的影响还因孢子体的大小而异，小型孢子体较耐高温，1 m 左右的藻体在 18~19℃时仍可继续生长，而大型藻体的生长速度则在水温升至 15℃时急剧下降，20℃被认为是海带生长的最高温度。即使在 0℃以下，海带仍可生长，且日生长速度较快。1975 年在威海测定的结果表明，在-1.35℃情况下，海带平均日生长速度可达 1.98 cm，从而推定海带生长温度最低点在 0℃以下，至少可以延伸至-1.35℃。

根据温度对海带生长的影响，加强低水温期的栽培管理，充分发挥海带生长潜力，是取得高产的一项重要措施。目前我国沿海从分苗开始，水温均适于海带生长，最适宜的生长水温往往在当地低水温期前后，所以低水温的栽培管理工作必须特别加以重视。

水温对海带孢子囊群的形成也有影响。种藻在人工控制的 13~18℃水温范围内，14 d 内可形成孢子囊群，而在自然界高温条件下，水温必须降至 22℃以下，孢子囊群才能形成，说明高温可阻碍海带孢子囊形成。一般而言，在 5℃以下出现孢子囊群的个体很少，15~20℃时出现孢子囊群的个体最多、面积最大，该范围是孢子囊形成的最适温度。

3. 与海流的关系

流水条件对海带生长发育的影响很大。生产中，同样管理水平下，海带在水深流大的海区生长快、个体大、产量高、质量好。即使在同一海区，流水较畅通的边缘处或筏架两端的海带生长较好，而中间区或筏架中部的海带生长较差。

不仅栽培时海带需流水条件，即使在育苗室内，海带生长也需有一定的水流。海带所需水流的大小随其生长而增加，叶片越大要求水流越大。育苗室内时，随着孢子体的增加而加大流量。尤其幼苗长至 1 cm 以上后，如流水量不大，新海水不多，则易发生病烂现象。其原因是藻体增长，新陈代谢增加，与环境之间的物质交换增多，如物质交换受阻，便会阻碍海带的正常生理活动。生产实践证明，育苗时单位时间内水体交换量多，则幼苗健壮、附着力强、脱苗少、密度大，病烂轻或不发生；反之，则幼苗体质差、脱苗多、密度小，同时病烂也严重。

夏苗暂养时，也需要一定的流水条件，尤其连日晴天、海面平静、透明度增大时，流水作用便愈加重要。在水流缓慢海区，海带小苗受光抑制较显著，易发生卷曲或点状白烂。在流水十分畅通海区则较少出现类似情况。

海流畅通具有较多的优点：① 流水畅通的海区，单位时间内通过的水体多，可以提供丰富的营养，同时带走新陈代谢废物，使藻体始终生活在较好的环境中，保证生理活动正常进行，保持了旺盛的生命力。② 流水畅通可使海带叶片漂动，改善叶片的受光状况，使受光比较均匀，增强光合作用的强度。③ 流水畅通，浮泥不易附着，因此叶片干净，能正常吸收营养。

海流畅通对安全生产不利。大面积栽培时，若要达到流水畅通的目的，则需将筏架搭建在浪大流急的外海。但这样，筏架易遭受风浪及海流的损害，因而必须加固，以致增加了材料等的成本。此外，流向也影响海带的受光状况，当流向与平挂的苗绳方向一致时，则海带藻体易互相遮阴；若流向与苗绳垂直，海带藻体被斜向托起，受光条件可以得到改善。因此搭建筏架时，必须考虑海区海流方向与风向。

4. 与营养的关系

矿物质营养是植物生长与发育所必需的。碳、氮、磷被称为藻类的三大营养元素，自然海区中氮和磷的不足，往往成为限制海带生长发育的因素。生产实践证明，氮含量对海带生长影响极大。

(1) 氮

不同海藻对海水中含氮量高低的反应不同。在含氮量很低的海水中，马尾藻可正常生长，但海带生长缓慢。在含氮丰富的肥沃海区栽培的海带生长正常，藻体色泽浓褐，个体大，叶片平直而厚，产量和质量都很好。在含氮很少的贫瘠海区，海带生长非常缓慢，藻体色泽淡黄，个体短小，叶片薄而凹凸，产量低且质量差，经济价值不高。

(2) 磷

磷是细胞核的重要组成成分，在海带生长发育中也是不可缺少的，但因为需要量比氮低，所以未被重视。在自然海水中氮和磷的比例通常是 7∶1，但沿岸海区该比例变动较大。根据生产实践经验，海区平均磷含量达 4 mg/m^3 以上时，海带可正常生长。在我国北方贫营养沿海区，施肥后可促使海带生长至商品标准。但是，有少数海区在海带生长期中，海水含磷量几乎为零，施氮肥后，海带仍生长缓慢且难以长大，因此必须考虑海水磷含量不足对海带生长的影响。这方面的研究工作不多，今后有必要加强。

吸收磷酸盐时，海带可同时吸收海水中的砷酸盐。新鲜海带叶片中带部砷含量高于边缘，梢部至固着器砷含量逐渐升高。日本 Hakodate 的 Ishizaki 海岸生长的海带中，藻体砷含量随季节发生明显变化，3~7 月，6 月的含砷量最高，砷含量的变化与叶片长度的变化成正相关。据此推测砷及其化合物可能参与海带分生组织的旺盛代谢过程(Kitazume *et al.*，1988)。鉴于砷的毒性及海藻中普遍存在元素砷(Edmonds *et al.*，1993)，作为海产品的海带属等藻类，其中的砷含量及砷化合物类型等研究就格外引人注目。对 4 份市售海带丝不同形态的砷含量分析结果表明，总砷含量均值为 30.31 mg/kg，而无机砷含量均值只有 0.75 mg/kg，说明海带藻体中的砷主要以无毒的有机形式存在。在这些有机砷中，大部分通过五价砷与呋喃核糖结合形成砷糖(arsenosugar)(Edmonds *et al.*，1993)。

(3) 二氧化碳

在海水的温度、盐度条件一致时，pH 可直接反映海水中游离 CO_2 浓度的大小。pH 上升表明存在 CO_2 不足的可能。在育苗室中，到育苗后期海带幼苗长大后，育苗池中海水 pH 上升很快，说明缺乏游离 CO_2。海带生产过程中，曾经很少考虑碳素营养，一般认为海水中含有的重碳酸盐可以补充碳源的不足。近年来，碳素营养问题逐渐引起重视。

(4) 碘

海带是地球上吸收并浓缩碘的能力最突出的生物，掌状海带 3~4 年的成熟藻体中，碘含量约占藻体干重的 0.4%，15 cm 以下小苗的碘含量更可达藻体干重的 4.7%，相当于将海水中的碘浓缩了 150 000 倍(Küpper *et al.*，1998)。海带中，88.3%的碘以 I^- 形式存在，10.3%为有机碘，而 IO_3^- 只占 1.4%(Hou *et al.*，1997)。在海带的有机碘化合物中，含碘氨基酸占 51%，其中 96%为游离氨基酸(大部分为二碘酪氨酸)，4%为结合态；50%左右的含碘有机化合物为非氨基酸类(韩丽君等，2001)。海带叶片基部有机碘相对碘总含量的比值较高(韩丽君和范晓，1999)。

自然分布的海带种群中，随海水深度的增加，碘含量有增加的趋势。生长在外海的种类，其碘含量较港湾内生长的丰富；在不同的生长阶段中，幼嫩藻体的碘含量较高(Shaw，1962；Ar Gall *et al.*，2004)。

在法国 Roscoff 附近 Sieg 海域生长的掌状海带，从冬季到春季碘含量持续下降，即从 1 月占干重的1.06%，一直下降到5月的0.46%和6月的0.32%，随后在夏、秋两季，处于增加状态，至11月末，其含量可达干重的0.88%。整体而言，掌状海带冬季（1.02%±0.04%干重）和秋季（1.24%±0.05%干重）的碘含量，几乎是春季（0.57%±0.04%干重）和夏季（0.51%±0.04%干重）的2倍（Ar Gall *et al.*，2004）。

新鲜海带叶片中，边缘含碘量较高，几乎是中带部的2倍；越靠近固着器，碘含量越低，叶梢部位的碘含量最高，占鲜重的0.183%（王孝举等，1996）。此规律与1年生掌状海带的碘含量较类似（Küpper *et al.*，1998）。但在糖海带中，固着器与叶片基部之间分生组织的碘含量最高，成熟叶片的碘含量较低（Amat and Srivastava，1985）。

李永祺等（1985）利用^{131}I放射性同位素技术探讨海带对碘的吸收和转运机制时，发现海带叶片梢部对^{131}I的吸收能力最强，其次是中部和基部；吸收后的碘快速转运到叶片基部的生长点并累积，其中基部和叶柄外层的^{131}I明显高于内层。同时，海带对^{131}I的吸收，与光合作用及水环境中的重金属等元素含量有关，吸收过程呈现一定的节律性。Amat和Srivastava（1985）利用^{125}I研究了碘在糖海带藻体中的转运，发现将^{125}I放在成熟叶片的梢部时，所吸收的碘被单向转运至叶片基部的分生组织，若将^{125}I放在叶片基部的分生组织上，吸收的碘则不存在转运现象。碘在藻体中的转运速度是2~3 cm/h。两个不同种类的实验结果都说明了藻体在吸收碘后，都按"源-库"的原则进行转运。

Ar Gall等（2004）对1999年7月在法国Roscoff附近Sieg海域采集的掌状海带叶片不同部位卤素过氧化物酶活性、碘含量及吸收速率进行研究后，发现叶片的碘吸收速率与卤素过氧化物酶活性成正比，但与叶片的碘含量无关。Küpper等（1998）通过底物浓度、H_2O_2的抑制或促进等实验，认为掌状海带孢子体对碘的吸收符合酶催化反应的米氏酶动力学，其中质外体的氧化作用在碘的吸收过程中起着非常重要的作用，从而在此基础上提出了海带属种类碘吸收的机制模型。尽管该模型尚有许多问题需要解决，但其较Shaw（1959）模型更加明确地指出了质外体氧化酶及卤素过氧化物酶在碘吸收中的作用，可能更合理地解释了藻体主动吸收碘的机制。

（5）重金属元素

重金属元素是海带金属结合蛋白等生物酶的组成部分，也是褐藻酸结合的金属离子（二价阳离子）。海带栽培海域为近海，易受人类生活和生产活动所产生的汞、镉、铅、铬、铜、钴、镍等重金属污染，而海带藻体又具有选择性吸收和富集的特性，因此藻体内含有或多或少的重金属元素。不同海区生长的海带所含重金属元素的量差异较大（表1－2），同一海区不同研究者因检测方法或采样时间不同，所得结果也有较大差异。

表1－2　不同海区生长海带中铜、铬等7种重金属元素的含量（μg/g干重）

	铜	铬	铅	镉	镍	钴	汞	文献来源
广东梅州	6.12	ND	2.18	0.39	1.95	0.66	ND	Gao and Zou，1994
辽宁大连	5.3	7.03	5.11	0.448	4.11	0.935	0.001	刘福纯等，1995
辽宁大连	12.5	34.15	3.4	ND	66.15	3.65	ND	洪紫萍和王贵公，1996
山东青岛	ND	1.99	ND	ND	ND	0.27	ND	Hou and Yan，1998
日本Fujiya食品	0.5	1.0	0.22	0.02	0.05	0.449	0.40	Van Netten *et al.*，2000

注：ND表示没有数据

（6）其他大量及微量元素

海带所含的大量金属元素，在不同海区，甚至在同一海区变化也较大。相比较而言，钾、钠、钙、镁等含量较高，而铁、锌、锰、铝等含量较低。掌状海带的大量及微量元素含量与海带相似，其中钾、钠、钙、镁等元素含量在659~11 579 mg/100 g 干重，铁、锌、锰等元素含量在0.5~3.29 mg/100 g 干重(Rupérez,2002)。

Sato 和 Tanbara(1980)通过切片及电镜探针分析海带中金属元素的组织分布，发现叶片中的钙含量在皮层与中间(主要是髓部)组织之间几乎无差异，但钙在皮层组织多糖中的含量显著高于中间组织。海带中的钠、钾和镁在中间组织中的含量较高。陈云弟和秦俊法(1996a)对海带多糖组分中的钙、镁和磷等元素的含量分析后，发现82%的钙和90%的镁均与多糖结合，其中钙主要存在于褐藻糖胶中，镁在褐藻糖胶、褐藻酸及褐藻淀粉中的含量几乎一致。通过细胞器的分离及元素分析，还发现以相对蛋白质的量计算，钙和镁在胞质溶胶中的含量较高，在细胞核和叶绿体中的相对含量高于线粒体(陈云弟和秦俊法,1996b)。

第三节　苗种繁育

我国自开展海带人工筏式栽培以来，先后试验和生产了秋苗、夏苗、早秋苗、度夏苗、春苗和二年苗，均以采苗时间和培育季节的不同而定名。若按培育方法，仅分为两类：一类是在海上直接培育的方法，如秋苗、春苗和二年苗；另一类是在室内人工条件下培育的方法，即用自然光、低温、流水的方法，如夏苗、早秋苗和度夏苗。秋苗在20世纪60年代初以前，是我国栽培海带的主要苗源，其后才逐步被夏苗所取代。

一、基本设备

夏苗育苗室即自然光低温育苗室，是育苗场的中心部分。育苗场应建于靠近海岸的地方，以便取水。同时，为确保育苗用水洁净、浮泥杂藻少，育苗场应远离港湾、河口、工矿区和人口密集区，还应面临水流通畅的外海，选择底质为岩礁或沙质的海区，避开淤泥浅滩和杂藻繁茂区。此外，育苗场建设时还需考虑交通、电力和淡水使用是否方便，同时应尽量靠近栽培区集中的地方。

海带育苗的基本设施主要包括制冷系统、水处理系统、育苗室三部分(图1-8)。

1. 制冷系统

目前育苗生产上一般采用氨压缩机制冷海水的方法降低育苗水温。利用液态氨在低压蒸发器中蒸发成气态氨时需要吸热的特性，降低制冷槽中海水的温度。

2. 水处理系统

进行海水的抽取、沉淀、过滤、输送、回

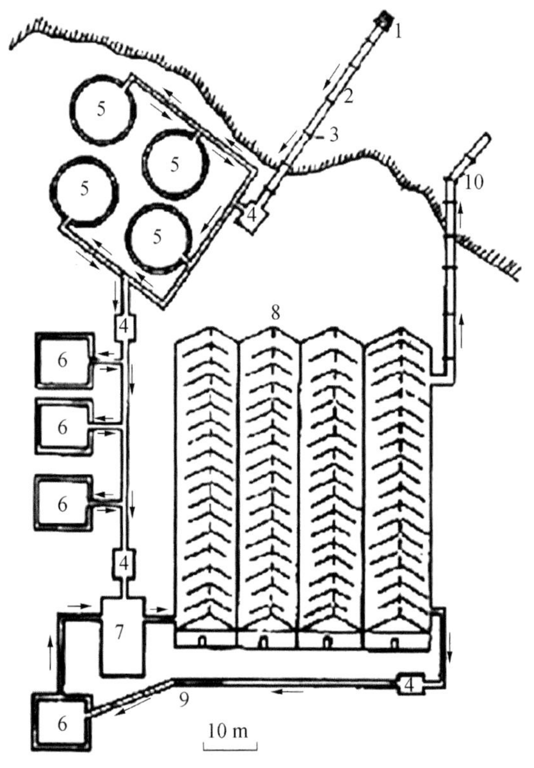

图1-8　自然光低温育苗的主要设施及水循环系统示意图(Scoggan *et al.*,1989)

1. 铁丝网；2. 进水管；3. 水泥固定装置；4. 泵站；5. 沉淀池；6. 过滤池；7. 水混合池；8. 玻璃育苗室；9. 循环水系统；10. 废水排放管

收、排放等工序的设备，称为水处理系统。

（1）沉淀池

从海区抽取的水被直接送入沉淀池，使水中的浮泥、生物杂质等沉淀。沉淀池必须有盖，使海水处于黑暗的条件下沉淀，既可防止水温升高，又能使浮游植物等自养型生物不能生长，进而使异养型生物难以生存。沉淀池容量应与用水量相配合。为保证育苗用水，沉淀池容量不能小于育苗总用水量的1/2。

（2）沙滤罐

海水经黑暗沉淀后，仍有一些悬浮性的杂质，需进行过滤净化。目前生产上常用的是砂石过滤法。这种沙滤罐设备简单，经济实用，其外观多为圆柱形或上部圆锥状（图1－9），靠近下部具有孔的水泥板。水泥板上自下而上依次铺设不同规格的滤料（表1－3），用水泵加压使海水通过砂层滤净。

图1－9　过滤塔

表1－3　沙滤罐不同规格材料及组成

材料名称	材料规格/cm	铺设厚度/cm
卵石	5	5
卵石	2~3	5
粗砂	1	10
粗砂	0.5	15
细砂	0.07	10
石英砂	0.03	40~50

在水泥板下设有反冲水管，其上有喷水孔。过滤器在使用一段时间后，过滤层沉积被滤出的杂物，可利用反冲装置自下而上给水反冲，使杂物随废水经排污管排走。

目前生产上常使用两套过滤器，一套用于过滤沉淀后的海水，另一套用于过滤冷却后的海水。经两次过滤后，基本上可滤除各种颗粒杂质。

(3) 制冷槽

制冷槽为水泥结构的方形池,内装有氨蒸发器,过滤后的海水流经制冷槽时,通过热量交换被冷却。为保持低温,制冷槽一般建在室内,其上要封盖、四壁应填充隔热材料。

(4) 混合池

混合池是将经制冷槽冷却后的海水与自育苗池经循环系统返回的海水进行混合的水泥池,一般建在地下并严密封闭,以利保温。混合池里的水可以供给育苗室直接使用。

(5) 回水池

育苗使用后的水并非全部排掉,每天只排放少部分,剩余大部分海水还应回收利用,以降低制冷费用。回水池便是用来回收和储存这部分海水的水池,一般也建在地下。

(6) 水泵与供排水管道

从海区向沉淀池抽水的水泵,应放在专门建设的水泵间,它需靠近海边,妥善安置。水泵的大小和台数应根据抽水量及抽水时间而定,需留有足够的余地。给排水系统的各个部分,一般由 PVC 管道相互连接,并用水泵输送。

3. 育苗室

海带育苗室(图 1-10)也称育苗库,结构类似温室。海带夏苗培育利用的是自然光,所以修建育苗室时,首先考虑的是要保证在育苗的各个阶段,育苗室内各处均可获得较均匀且有一定强度的光照。

图 1-10 海带夏苗培育室

育苗室屋顶一般采用两面坡形式,四周及屋顶可采用玻璃或玻璃钢波形瓦(李明聚等,1990)。在屋顶及四周加竹帘或者布帘,便于育苗期间调节光线,也有助于保持室内温度。

育苗池一般平面铺设于地面上,它长 8~10 m,宽 2.2~2.3 m,深 0.3~0.4 m。整个池底应当向排水沟方向有 5 cm 的高度倾斜,从而形成水流,也便于洗刷池子时排出污水。

北方育苗池与南方育苗池排列方式不同。北方为阶梯式排列,进水口在最高处的育苗池顶部,纵向排列的育苗池之间有水道或水管,利用阶梯落差实现海水流动。南方育苗池采用串联的排列形式,呈阶梯形,进、出水口位于育苗室的两端,上下各排相对应的育苗池彼此串联,每排育苗池有 40~70 cm 高度差,这种排列形式的优点是能将一定的供水集中使用,从而加大了流量,但串联进水时,各排育苗池间有一定的温差,因此串联的育苗池通常不能超过 6 个。也可采用并联的排列形式,育苗池为水平排列,在每排育苗池两侧均有进水口和出水口。通常 2 个育苗池 1 组,进水口处装有搅拌机,促进水流;同时在远离进水口侧,也装有搅拌机,用于促进 2 个育苗池之间的水循环流动。

二、采苗设施

采苗设施主要有育苗器、滤网和搅拌杆。

1. 育苗器

育苗器是海带游孢子的附着基质。室内育苗是一种集约式的培养方式,因此应选择表面附着面积大而体积小,且便于生产操作的材料制作育苗器,以便在一定面积的水池内放入更多的育苗器,从而提高育苗数量。目前北方海带育苗生产使用的育苗器材料多为直径 0.5~0.6 cm 的红棕绳,将其编制成育苗帘使用(图 1-11)。南方使用的育苗器材料是直径 0.1~0.2 cm 的维尼纶绳,缠绕在 PVC 框内制成育苗帘。

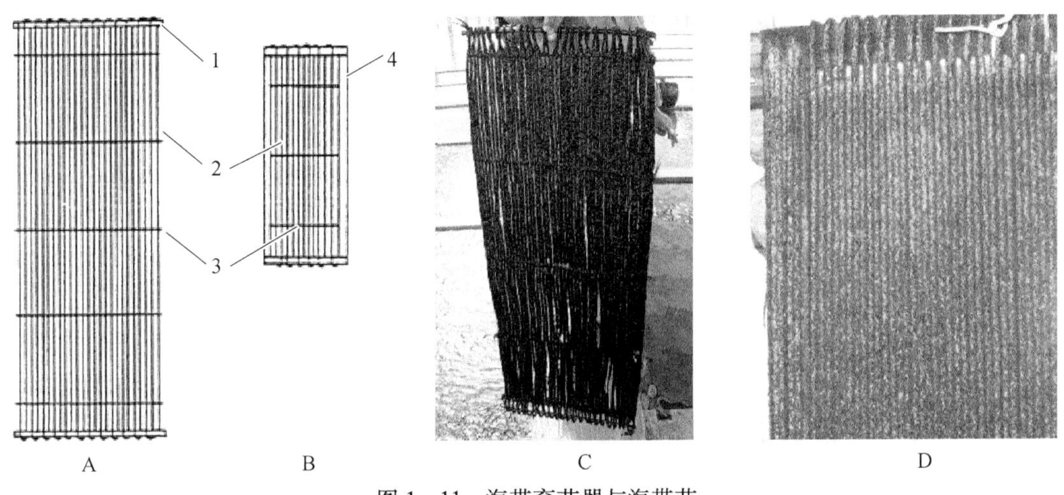

图 1-11　海带育苗器与海带苗

A. 竹竿棕绳帘式育苗器;B. 木框苗绳框式育苗器;C. 育苗器实物;D. 着生海带幼苗的育苗器
1. 竹竿;2. 苗帘棕绳;3. 交联棕绳;4. 木框

红棕绳的优点是质地坚硬,浸出物少,较容易处理。因需长期浸泡在育苗池内,所以红棕绳需事先经过处理,以减少后期幼苗的脱落,而后才能编织成育苗器。进料时,一般应选择老成色浓的红棕绳,要求棕丝长不少于 30 cm,且不夹棕股、棕片,每 10 cm 有 13~14 个花,底劲要松,外劲要紧,棕绳直径 0.7 cm 左右较适宜(刘敏和沈连进,1993;焦自芸,2001)。

红棕绳可采取以下步骤处理:① 干捶:目的是去掉棕丝上连带的棕皮和纺绳时夹带的棕皮和泥土等,且捶打可以使棕绳柔软,便于以后使用。一般采用专门的捶绳机捶打,每次放两把苗绳,捶打 700~800 下,直到干净柔软为止。② 浸泡:捶好的红棕绳,应用淡水浸泡 1 个月,浸泡时可适当添加 0.5%的纯碱(丛沂滋,1990)。每 10 d 换水一次,以浸出棕绳内的棕榈酸、单宁等有害物质。③ 湿捶:浸泡后的棕绳,为进一步清除有害物质,还需进行湿捶。湿捶与干捶相同,也是采用捶绳机,边捶打边淋水,一般每次捶两把,捶打时间 3 min 左右,以滴水清亮为度。④ 蒸煮：经过湿捶后的棕绳，放在盛有淡水的锅中煮沸消毒，要求煮沸后再煮3~5 h，然后停火焖泡一夜，第二天早晨出锅，并用清水洗干净。⑤ 伸绳：放在太阳下伸直、晒干，然后一根根接起来用缠绳机缠成绳球，再用清洁淡水浸泡湿透，以便编帘。按照育苗池的大小，把红棕绳编织成帘子即编帘。按照帘子的大小（一般 1 m×0.5 m），先制一木质或铁质的编帘框，框的两端固定。编帘时，取绳球的一头，拴绑在编帘框的一端，然后迂回缠绕。绕完后，再用细红棕绳顺次一根一根编连起来，便成为一个育苗帘。育苗帘编好后，因附着于细棕毛上的孢子长成幼苗后易掉落，所以应先烧掉细棕毛，此过程称为燎毛。燎毛时应依据苗帘的干湿程度，太干可浸水燎，太湿可甩干水燎，掌握旺火、慢火的燎速，按顺序均匀地两面燎，眼观苗绳无毛且无燎焦现象即可（刘敏和沈连进，1993）。为彻底消毒，还应将苗帘再煮沸一次，随后放在烈日下晒干备用。育苗前，需将 8~10 层平铺叠放整齐的苗帘浸泡在海水中，供采苗用。

维尼纶绳育苗器处理工艺简单，仅用海水浸泡后编制到 PVC 框内即可。

2. 滤网

滤网为自制，规格和尺寸不同。通常按照育苗池宽度制成长方形木框，高度为育苗池高度的 1.2 倍。将双层窗纱网或 50 μm 孔径的筛绢缝制在木框上。可在木框两侧加装木杆或尼龙绳便于推拉。采苗时，用于过滤游孢子水中的杂质、破碎藻体和黏液。

3. 搅拌杆

搅拌杆为自制，通常为直径 5 cm 的塑料管，末端焊接 10 cm×20 cm 的塑料板（厚度为 0.5~1.0 cm），用于搅拌和混匀游孢子水。

三、采苗方法

1. 采苗前的准备

育苗生产前，除预先完成各系统维修保养之外，应用 80 mg/L 的漂白粉或 50 mg/L 的高锰酸钾对水循环系统和育苗池进行彻底消毒，以消除微生物、杂藻和其他有害杂物。消毒之后，还需用过滤海水冲洗 1~2 遍，然后才能用于育苗。

采苗前 1~2 d，便需要准备好冷却水，水温控制在 8℃左右，输送到育苗池进行循环。一般要求开始采苗时，储水池应注满冷却水，随着冷却水的消耗，应及时补充。

2. 采苗时间

海带采苗时间主要根据种藻成熟度来确定，同时还需要兼顾往年海带苗出库时间，安排生产，保证育苗的有效时间。自然海区中，15~20℃是种海带孢子囊群形成的最适温度，水温超过 23℃游孢子放散量少，甚至不放散。目前，北方海带育苗时间一般为 7 月末和 8 月上旬，此时海水温度上升至 22℃。但生产上确定采苗时间需从两方面考虑：第一，是否能采到大量健康的孢子，取决于种海带的成熟度；第二，应在自然水温升至 23℃前完成采苗，否则将影响采苗质量。在上述两个前提下，应尽量推迟采苗时间，以缩短室内低温培育时间，降低生产成本。

3. 种海带培育

进行人工采苗，必须有足够数量且充分成熟的种海带，才能采到大量健康孢子。

种海带的培育方法各地不一。一种是采用专人培育的方法，即在海带分苗时便选择优良海区，配备经验丰富的工人专门培育种海带。另一种是在采苗前进行大田选种，再经过短期培育的方法。

在培育前需对种海带进行处理。将藻体上附着的浮泥、杂藻清除后，剪去叶片边缘、梢部等无孢子囊部分及丛生的假根，只保留主根，重新单夹于栽培绳上（株距约 10 cm），并放到水深流大的海区，以促使其伤口愈合和孢子囊的形成。在这期间应精心管理，并经常洗刷以减少浮泥沉积和杂藻附着。我国南方采用室内培育的方法培育种海带。当初夏水温上升至 23℃左右，从海上选出那些叶片肥厚、柔韧、平展、中带部宽、色浓褐、有光泽、柄粗壮、附着物少、没有病烂且尚未形成孢子囊群的个体，移入室内继续培育。培育条件为水温 13～18℃，光强 20～30 μmol/(m²·s)，使用经过净化处理的海水。经过 30 d 左右的流水式培育，叶片上便能大量形成孢子囊。

种海带成熟时，孢子囊群明显突出表皮之外，颜色深浓，表面粗糙不光亮，容易干燥，用手摸有黏腻感。表面往往有一层黄白色的薄膜开始脱落，俗称“脱皮”，这样的种海带可以大量放散游孢子。

种海带的选用量应根据育苗任务和海带的成熟情况来确定。一般 5～8 个育苗器需 1 棵种海带。

种海带培育期间，应定期对成熟度进行检测。可用阴干刺激法检测游孢子放散状况。将洗刷过的种海带放置在温度为 15～20℃的空育苗池中数小时，使叶片适当干燥。将阴干处理的海带重新放入海水中时，表面的孢子囊会大量吸水膨胀，从而促使游孢子大量释放。阴干时，每隔一定时间于海带孢子囊群上滴水检查，若在显微镜下（8×15 倍），一视野中有 20 个以上的活泼游孢子，即可停止阴干。阴干刺激的时间要适当，不可过长或过短，一般 3～4 h 即可达到要求。阴干不可超过 8 h，否则会因失水过多，影响海带游孢子的放散及活力，甚至造成游孢子大量死亡。种海带在长距离运输后，可能不需阴干刺激，也容易出现大量释放孢子的现象。

4. *种海带的运输*

采苗时间确定后，即可把在海上洗刷干净的种海带运至育苗室。为避免阳光刺激，应在日出前或日落后运输，白天运输时可遮盖篷布或草帘，并适当浇水以保持海带湿润。进行超过 4 h 的长途运输时，应将温度控制在 10～20℃。

5. *种海带的洗刷*

种海带运至育苗室后，应立即放入沙滤海水（也可为制冷水）中进行洗刷，或用水枪进行冲洗，去除较大型的附着物。将初步清洗的种海带移入育苗室内后，还应在育苗池中再次集中洗刷，用海绵、棉花或布，将黏附在海带表面的杂物除去。

早期海带采苗前，还需单独进行种海带的阴干刺激。但在目前的采苗生产中，种海带运输时，实际已起到了阴干刺激的作用。因此，种海带在洗刷后，可直接进入游孢子放散。

6. *游孢子放散*

经过洗刷后的种海带，即可放入事先注好冷却海水的育苗池中，让其放散游孢子。放散游孢子的水温一般控制在 8～10℃。每个育苗池种海带的数量一般为 100～150 株。

投入种海带时，应均匀地铺放在池内，避免挤压在一起。种藻应全部浸入水中，以保证每棵海带都能正常放散游孢子。为促进放散并使已经放散的游孢子分布均匀，需用搅拌杆搅动池水或手握苗绳在水中拖动。同时，应用显微镜检查游孢子放散的数量。当孢子水浓度达到每 100 倍视野内有 15～20 个活泼的游孢子时，即可结束放散。

一般而言，充分成熟的种海带，孢子的放散速度很快。若放散池内海水变成黄褐色，说明海水中孢子的密度已经很大。正常情况下，放散 20～30 min 即可达到放散要求。

经过一次放散的种海带，可移入另外的放散池中进行第二次放散，第二次放散所需要的时间比第一次短。种海带连续放散的次数不能超过3次，因为大部分成熟的、健康的游孢子在较短的时间内已放散出来，后放散的游孢子，大部分运动能力较弱、不健康，用这部分孢子采苗，虽可以附着，但萌发时往往容易出现畸形苗，且畸形苗的比例较高。

放散过程中还应密切关注水温与水质的变化。

7. 采苗

游孢子放散结束后，需将杂质与黏液清除。将育苗池中的游孢子水用滤网过滤1~2次后，用搅拌杆再次混匀。如有必要可用显微镜再次检查游孢子密度。

附着时，将预先浸泡好的育苗帘（棕帘）整个浸泡在孢子水中，以免附着不均匀甚至出现空白区。一般来说，可将8~10层育苗帘均匀堆叠铺放，这样一个采苗池可以采8~10个育苗池的育苗帘。维尼纶帘通常是10个1组立放于孢子水中。

直接检查育苗帘上的孢子附着密度难度较大，但可通过间接检查载玻片上孢子的附着密度以反映苗绳上孢子的附着密度。因此为了方便检查，在铺放育苗帘的同时，应在采苗池的不同角落和层次放置载玻片。孢子附着密度，与配子体的生长发育乃至出苗率关系极大，因此，孢子附着密度的控制是整个采苗过程的关键所在。

一般来说，每100倍显微镜视野下，孢子附着密度控制在10~20个较为合适。若密度较小，会影响将来的出苗量，且苗帘上留有空隙，其他杂藻易附着生长，从而影响到海带孢子体幼苗的生长。如果密度过大，也会妨碍后期幼孢子体的生长，甚至引起脱苗。

海带孢子的附着能力随附着时间的延长而增强。一般来说，附着后2 h，孢子便已经很牢固地附着在基质上，可以换水移帘，即把育苗帘从采苗池中移入已放好水的育苗池中培育。根据孢子附着情况，生产上可适当延长附着时间。

四、育苗方法

游孢子附着于育苗帘后，便可分池培育。为使育苗帘处在理想的水层而不是在育苗池池底进行培育，应在育苗池中设置好撑杆和托绳。将由木棍或竹竿制成的撑杆固定在育苗池两侧池壁预留的孔洞上，孔洞间隔2 m左右，再将直径为0.4 cm左右的聚乙烯托绳横向绑在池内的各个撑杆上，一般每个育苗池绑拴10根托绳，托绳之间的距离约20 cm。将采苗后的苗帘，分两排横向摆放在托绳上，使其悬浮在育苗池内的海水中。育苗帘所处水深可以通过调节撑杆的高度进行调节，一般要求距水面8~10 cm。

夏苗培育的整个过程是在室内人工控制的条件下进行的。因此应根据幼苗生长发育不同阶段对温度、光强、水流、营养盐等条件的要求，进行人工调节控制。

1. 水温的控制

在整个培养过程中，5~10℃的水温条件下，苗长得好，出苗率高。水温偏高，幼苗虽生长较快，但容易出现病害；水温偏低，幼苗生长缓慢，出库时难以达到生产要求的标准，且降温使成本增加。

海带幼苗在生长发育的不同阶段，对水温的要求也不同。在6~10℃水温范围内，应根据幼苗的生长发育情况加以调整和控制。

在海带育苗期间，要求水温条件相对稳定，因此降温和升温应缓慢进行，幅度不可太大。育苗早期水温通常为6~9℃。育苗后期，为使幼苗下海后能尽快适应自然海区的较高温度，可将水温逐渐提升至10~12℃。我国南北海区水温差异较大，培育幼苗的时间长短也不一。南方育苗一般在室内，时间较长，为了控制幼苗的生长，需控制光强、温度等条件。由于降温的成本太高，多采用调节光强加以控制。南北方海带水温控制基本相似。

2. 光照的控制

20～80 μmol/(m^2·s)是海带幼苗的适宜光照强度范围。在该范围内，育苗时应按各时期幼苗大小给予不同的光照强度。孢子的萌发阶段大约一周，光照强度需控制在4～10 μmol/(m^2·s)；第二周，配子体开始生长，可逐步提高到20 μmol/(m^2·s)左右；半个月后，逐步提高到30～50 μmol/(m^2·s)，便于配子体发育；8月底后，逐步提高至50～60 μmol/(m^2·s)，促进幼苗生长；出库前，可再提高到60～120 μmol/(m^2·s)，以适应下海后自然光照强度。以自然光来培育海带夏苗，光照时间以10 h为适宜。

自然光的强度远远超过育苗的实际需要，且光照强度会随天气、云量、太阳位置等因素而变化，所以严格控制和调节光照强度，是海带育苗期间一项重要的、经常性的管理工作。借助光照度计，通过收放育苗室屋顶及四周的调光帘以调节光照强度。

调节光照强度要求做到准、勤、稳、均和细。准就是要制定准确的调光幅度；勤就是要按规定定时测光，随天气变化及时调光，尤其是在天气多变的情况下，要勤测、勤调；稳就是在制定调光措施时，每次调光的幅度不可太大，以勤提、稳提为好；均就是要尽可能地做到育苗室内各个位置的光照强度均匀一致，如经常调整育苗器的位置；细就是调光工作必须认真仔细。

3. 营养盐

海带幼苗的生长，会不断地吸收周围环境中的矿物质元素。室内育苗时，水体小、幼苗密度大、海水交换差，幼苗所需营养盐难以满足，所以必须施肥，幼苗才能正常生长。在海带所需要的矿物质元素中，K、Ca、Mg、S等大量存在于海水中，但自然海水中N和P的含量远不能满足海带幼苗生长的需要，因此，在夏苗培育过程中，应不断地补充育苗用海水中N和P的含量。

施肥的总原则是前期少后期多。配子体阶段，施氮肥1～1.5 mg/L，磷肥0.1～0.15 mg/L；海带幼体刚刚长出至体长2 mm阶段，施氮肥2～3 mg/L，磷肥0.2～0.3 mg/L；幼苗长至2 mm以上后，施肥量进一步增加到氮肥3～4 mg/L，磷肥0.3～0.4 mg/L。

不能使用尿素、硝酸铵、硫酸铵等含铵的化肥作氮肥。因制冷系统中蒸发器若漏氨，则会使海水中氨含量增加而产生毒害作用；不用含铵的化肥，便于对漏氨进行监测。生产上一般采用硝酸钠作氮肥，磷肥一般选用磷酸二氢钾。

施肥时，应先将肥料溶化配成母液后，滴流到制冷槽或者储水池中。育苗用水是循环使用的，所以施入的肥料一般只按更换新海水的量加以计算和补充。此外，还应定期对育苗水进行水质分析，以便根据实际情况及时调整施肥量。

我国南方海区虽然水质较肥沃，但含氮量仍在0.05～0.3 mg/L范围内，难以满足育苗的需要，因此在育苗期间也需补充肥料。

育苗后期，当幼孢子体长到一定大小之后，由于光合作用不断加强，水体中的游离CO_2无法满足需要，导致碳酸盐不断分解，pH上升。因此，在后期增加CO_2或加大换水量，可促进幼苗生长，避免白尖。

4. 水流的调节

海带夏苗培育是高密度、集约化的。在这种生产方式下，如果海水静止不动，不但水温难以稳定，而且不利于幼苗的新陈代谢，从而阻碍其生长。不仅如此，静水中的厌氧微生物也将大量繁殖，从而增加了幼苗的发病率。

海水的不断流动，可使育苗池内的水温保持稳定；水流使幼苗不停地漂动，从而受光均匀，便于吸收各种营养成分，及时带走代谢废物；水流还能促进假根生长，提高幼苗的固着力，降低了幼苗下海后的掉苗率；此外，流水也能降低幼苗的发病率。

因此，适当地加大流速，是促进海带幼苗健康生长的有效措施之一。育苗生产中，控制流量时多为前期小，后期大。一般来说，1 mm 以内幼苗，流速可控制在每小时交换池水总量的 1/5~1/4，以后可逐步加大到 1/3~1/2。

海带夏苗培育过程中，海水在水循环系统中反复循环，其中的营养物质不断被海带苗吸收而逐渐减少，水质也逐渐恶化。为了让海带幼苗能正常生长，必须及时更换适量的新鲜海水。

鉴于人工降低水温的成本较高，一般育苗初期，每天更换的新鲜海水为育苗总水体的 1/6~1/5；随着幼苗的生长，对营养的需求量增加，水质恶化的程度也加重，当幼苗长到肉眼可见大小时，每天换新水量应为总水体的 1/5~1/4；育苗后期增加到总水体的 1/3。

5. 育苗器的洗刷

海带育苗所用海水虽然经过沉淀、过滤等净化处理，所有器材也经过处理，但仍不可避免会有部分硅藻、杂藻孢子等随水进入育苗池。杂藻的繁殖与生长，不仅侵占了海带幼苗的生长空间，还附着在幼苗藻体上，与幼苗争夺营养盐和光照，严重时会造成幼苗腐烂。因此在海带幼苗培育过程中，需经常洗刷育苗帘以清除杂藻。此外，洗刷育苗帘还可排放藻体上因光合作用产生的气泡，避免直射光的聚焦对藻体产生的光伤害；同时还可以促进幼苗假根的生长，增强幼苗的附着能力，大大降低幼苗在室内和下海后的掉苗率。洗刷育苗帘的工作一般从采苗后 5~6 d 开始，每周一次，后期应增加洗刷的频率。

洗刷育苗帘主要有涮洗、喷刷、提帘等几种方法。

涮洗法：洗刷时，将玻璃钢水槽放满海水后，由两人用钩子抓住育苗帘两端的小竹竿，扯紧育苗帘在水面上冲撞拍击。要求用力均匀、适度，由轻而重。

喷刷法：两人抓住育苗帘两端的小竹竿，另外一人手持装有花洒喷头的塑料高压喷水管，将水流正对育苗帘来回喷刷。要求喷刷均匀，正反两面都应喷刷。

提帘法：在海带苗的培育过程中，特别是中后期，由于苗已较长，光合作用强度加大，产生的氧气大量增加，这些氧气会形成大量的小气泡附着在海带幼苗上。这些气泡如不及时排除，便很容易使海带苗产生“光伤害”，即部分藻体脱色变白，引起细胞及组织的死亡和腐烂。尤其在中午前后光合作用强度较大时，须安排人员进行提帘，即将育苗帘用带钩子的小竹竿提起，再重新摆放好。另外，在育苗过程中，由于水流的冲击或其他原因，造成育苗帘摆放不整齐甚至露出水面，也应利用提帘进行整理。

6. 移池

育苗过程中，育苗帘在育苗室的位置不同，光照、水温及水流（营养）等情况均不同，因此，应根据幼苗生长情况进行移池。通常是根据光照差异进行整体移动，并同时清理育苗池。

7. 水质的监测

育苗水质的监测，是在整个育苗过程中，要掌握水环境的各种理化、生物等因子的具体情况，判断是否适合海带幼苗的生长，并根据实际情况进行调整。

夏苗培育过程中用氨冷却海水，由于冷却设备可能存在氨泄露问题，因此育苗过程中，除了对水的密度、酸碱度、营养盐、溶解氧等进行化验分析外，还应对水中的氨含量作细致的监测，确保育苗水质适合幼苗生长。

育苗池一般 15 d 左右清洗 1 次，即清洗浮泥、杂藻。应保持育苗室内环境卫生，防止油类、尘土等杂质污染水质。另外，进水或排水管、沉淀池、过滤池、储水池、回水池等，也应定期洗刷，清除杂质、污泥，以确保育苗用水的清洁。

五、出库暂养

在海带夏苗的培育过程中，随着藻体的长大，室内的环境条件越来越不能满足其生长的需要，此时应及时将幼苗移至自然海区，改善幼苗的生活条件，促进幼苗生长、提早分苗、节省育苗成本。把幼苗从室内移至海上培育的过程，称为出库。幼苗在海上生长至分苗标准的培养阶段，称为幼苗暂养。

1. 出库

海带幼苗在北方和南方分别经过 120 d 和 150 d 左右的室内培养，到自然海水温度下降至 20℃左右时（北方在 10 月中下旬，南方则在 11 月中下旬），即可出库暂养。各育苗场对出库时幼苗大小的要求不同，北方一般较大，2～3 cm，南方较小，1～2 cm。

对夏苗本身来说，出库暂养使其生活环境发生了很大的变化。为了避免培育条件的突然变化对幼苗产生的不良影响，出库前便应有计划地逐步提高水温、光强等至接近自然状况。生产实践表明，要保证幼苗下海后不发生或少发生病烂，一定要考虑两点：① 必须待自然水温下降到 20℃以下，且不再回升；② 应在大潮汛期或大风浪天气后出库，在小潮汛期也尽量不要出库。大潮汛期，水流较好，风后水较浑，透明度较小，营养盐含量也较高，幼苗此时出库可避免强光刺激及减轻病害发生。

但在水温适宜的情况下，应尽早出库，以使幼苗快速生长，提早分苗，提高幼苗利用率。

2. 海带苗的运输

海带苗在少于 12 h 的短途运输时，可不必采取特殊措施。长距离运输则要采取降温措施。运输幼苗时，将幼苗、苗帘用低温海水浸泡后装入泡沫箱中，用胶带密封运输，一般 10～20 h 下海即可。

六、幼苗暂养

1. 选择海区

应选择风浪小、水流通畅、浮泥和杂藻少、水质比较肥沃的安全海区。在水流通畅的海区，幼苗受光均匀，容易吸收营养盐并排出代谢废物。浮泥、杂藻过多，不仅影响到幼苗的光合作用，也与幼苗争夺营养盐，影响幼苗生长发育。

2. 及时拆帘

海带苗下海后，随着幼苗的长大，育苗帘上很快出现藻体过于密集而相互遮光的现象，从而影响到幼苗的均匀生长和出苗率。因此下海后应尽快拆帘，即将整个育苗帘截成几段，轻轻地拆开，展开后成为一根独立的苗绳。

3. 调节水层

初下海或初拆帘时，水层略深为宜。因为幼苗在室内受光较弱，需要一段适应期；幼苗在帘上密集生长时相互遮光，拆帘疏散后也需要一段适应期。但在逐渐适应环境后，幼苗开始生长，对光的要求也逐渐增加，此时水温与光照强度又逐渐下降，所以应逐渐提升水层，促进小苗生长，分苗前的小苗可处于较浅的水层。

夏苗下海后应马上调节水层至适宜的深度，为当地透明度的 1/2～1/3。透明度偏小的海区，初挂水层可在 50～80 cm，10 d 内逐渐提升至 20～30 cm。透明度偏大的海区，初挂水层可在 100 cm 左右，而后逐渐提升至 30~40 cm。

纵向的浮绠上，每隔 20 cm 拴有一根 50~80 cm 长的小绳，称为吊绳。通过吊绳，便可以调节海带苗的入水深度。将苗绳两端系在吊绳上，绳下坠石，确保苗绳能稳定在一定的水层内。每根吊绳间隔 20 cm，可确保苗绳在风浪中难以互相碰撞、缠绕。

4. 抓紧施肥

在贫营养海区暂养夏苗，施肥是十分重要的环节。幼苗期时，需肥量虽不大，但要求较高的氮肥浓度。氮肥充足，幼苗生长快、色浓，可以达到提前分苗的目的。

暂养阶段的施肥量应不少于栽培海带总施肥量的 15%~20%。施肥以挂袋(缸)法为主，即每个塑料袋装尿素 0.15 kg，用针扎两个孔，绑在苗绳上，然后沉入水中。挂袋时应注意尽量使肥袋靠近幼苗，少装、勤换或采取浸肥的方法，以利于充分发挥肥效。

5. 及时洗刷

幼苗下海后，应及时洗刷，以清除浮泥和杂藻，促进幼苗生长。一般而言，下海后的前 10 d 管理较重要。幼苗越小越应勤洗，当幼苗长到 2~3 cm 时，可适当减少洗刷次数。幼苗长到 5 cm 以上时，可酌情停止洗刷。

6. 清除敌害

幼苗下海后，会遭遇麦杆虫、钩虾等食藻动物的敌害。特别是刚下海的幼苗，由于个体小，所受危害更大。生产时常用尿素配制成浓度为 1/300 的肥料水，通过浸肥法清除育苗绳上的敌害。

7. 及时分苗

幼苗下海后长至 10 cm 以上时，便可分苗。应及时将符合标准的幼苗摘下进行分苗，以便促进小苗生长，提高幼苗利用率。

七、配子体细胞工程育苗技术

海带夏苗培育技术是以群体(种群)为基础的孢子采苗和育苗工艺。生产中，海带孢子来源于近千棵种海带，常出现品种混杂、性状退化等问题。另外，孢子体育苗还存在劳动强度大、种海带需海上栽培、育苗时间长、易发生病害和能源消耗大等缺点，不适应现代海水养殖业的发展。海带育苗方法由传统方式向细胞生物工程转化已成为必然趋势。20 世纪 60~80 年代，海带配子体克隆的培育及育种应用为海带杂种优势利用奠定了重要的基础。方宗熙等(1979，1983a，1985)最早报道了海带杂种优势发现及育种应用的研究工作。20 世纪末期，随着海藻生物技术的发展，海带配子体细胞工程苗种繁育从早期的理论探讨进入到生产实践阶段。

20 世纪 90 年代，吴超元及其团队率先提出了海带配子体无性繁殖系育苗的概念(王素娟，1994)，并对该技术进行了较系统的研究(周志刚和吴超元，1998；Li *et al.*，1999；Zhou *et al.*，2000；李大鹏等，2003)，证实了其可行性。张泽宇等(1998，1999a，2000)和王军等(1999)研究了长海带和利尻海带雌、雄配子体培养的温度和光照等条件，并进行了育苗和栽培工作，指出利用配子体育苗，45 d 便可达到商品苗规格，从而将常规的育苗时间缩短 30 d 以上。

中国海洋大学及山东东方海洋科技股份有限公司联合攻关，不断完善并推进该技术的发展(刘涛等，2002；李志凌等，2003；张全胜等，2005)，目前已成功地利用海带配子体克隆进行育苗(图 1-12)。该技术的优点主要体现在工艺简单、品种纯度高、育苗时间短、不受季节限制、成本低等方面(Li *et al.*，1999；李大鹏等，2003；李志凌等，2003；张全胜等，2005)，且在育种方面的优势更加明显(张全胜等，2001；Li *et al.*，2007，2008；Zhang *et al.*，2007)。但该育苗技术

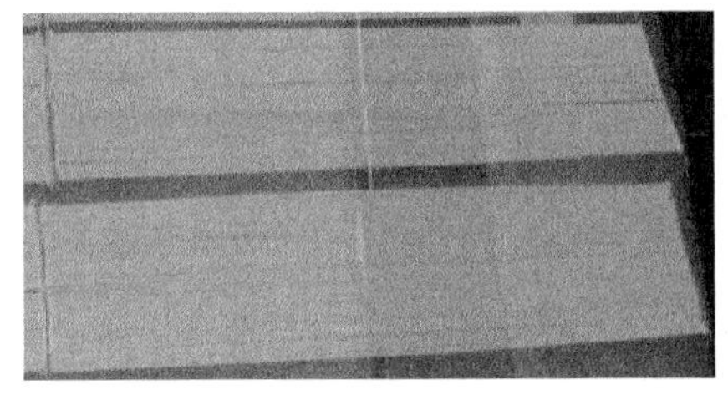

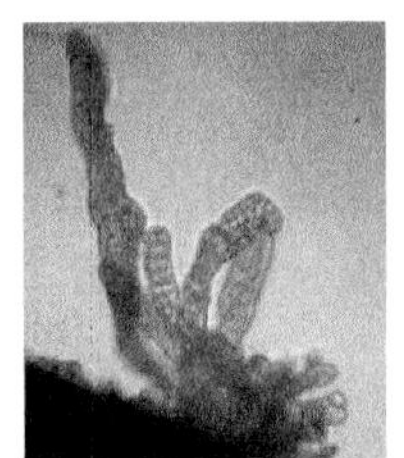

图 1－12　海带配子体无性繁殖系育苗帘和幼苗(上)及育苗室(下)

也存在着不均匀及商品苗种缺苗率和脱苗率高等缺点。

海带配子体细胞工程育苗技术主要包括大规模配子体培养、采苗、幼苗培育等步骤。

1. 配子体无性繁殖系的建立

将包含大量游动孢子的 PES 培养基或灭菌海水及时倒入备有载玻片的染色缸中,使游动孢子附着于载玻片上形成胚孢子。以日光灯作光源,在 50 μmol photons/($m^2 \cdot s$)光照和 8~17℃的光温条件下培养 15 d,即可形成无性繁殖系(即克隆)。一般而言,此时的雌配子体细胞直径较大、深褐色。在显微镜下辨别并分离出雌、雄性配子体克隆,分别于 PES 培养基或灭菌海水中,在上述同样的光温条件下,连续通入过滤空气培养,每天光照 16 h,每星期更换培养基一次。

2. 配子体无性繁殖系大规模培养

丝状配子体在营养生长时很容易形成松散的细胞团,为了使这些细胞获得充分的营养盐及光线,接种之前应将细胞团打碎。一般来说,用 200 W 的粉碎机粉碎 10 s,便可将这些丝状体切割成 200 μm 长的细胞段,即能满足接种的需要(李志凌等,2003)。

接种密度的深入研究目前还欠缺。尽管密度越低,生长越快(李志凌等,2003),但太低的密度不仅使藻细胞的生长表现出明显的延缓现象,且在规模化培养中因优势种得不到体现而容易引起污染。因此必须有一个适宜的接种密度。在 20 L 的纯净水瓶中(培养基体积 15 L),接种密度为 0. 35 g/L,1 个月后全部粉碎并分瓶培养,分瓶时的密度为 1. 5 g/L,每周更换培养基(含 NO_3^-－N 6~10 g/m^3、PO_4^{3-}－P 1~2 g/m^3 及 Fe 0. 1 g/m^3 的天然灭菌海水)1 次,3 个月后的平均密度达到 22. 8 g/L,生物量基本每周翻一番(李志凌等,2003)。若接种密度为 5 g/L,3 个月后的平均密度可达 24 g/L(Zhang *et al.* ,2008)。

常规的光温条件分别为 50 μmol/($m^2 \cdot s$)和(17±1)℃,以日光灯为光源,光周期为 16 h∶8 h(光∶暗)。虽然 17℃是常用的培养温度,但李志凌等(2003)的实验结果证明在 10~15℃内,配子体的生长并没有显著差异。据此,为了减少杂藻及微生物的污染,他们建议规模化培养时的温度为 10℃。

培养时,常通入过滤空气使配子体细胞悬浮于培养基中,以便充分接受光线,也能为藻细胞生长提供部分碳源。通入的空气最好经过 1%的硫酸铜过滤,以减少微生物等的污染。

3. 采苗

将分别培养的雌、雄配子体无性繁殖系按1∶1～3∶1的比例混合，于组织匀浆机中打碎，经300目或500目的筛绢过滤后，接种到育苗器上。为增加光照强度，编织育苗器可用维尼纶绳代替红棕绳（图1－12上）。接种方法主要有以下3种。

（1）干帘喷洒法

按3 g湿细胞/育苗器的量，用喷雾器将制备的细胞液喷洒在未浸水的育苗器上，然后移入已注满水的池中培育（王素娟，1994）。

（2）干帘浸蘸法

将未浸水的育苗器在备好的细胞液中浸泡，达到与干帘喷洒法等量密度时移入已注满水的池中培育（张全胜等，2005）。

（3）间接喷洒法

首先将备好的育苗器伸直，单层、水平而整齐地摆放于已加满低温海水（6℃）的池中，然后按3 g湿细胞/育苗器的量，用喷雾器将制备的细胞液均匀喷洒在摆好育苗器池子的水面上。这些配子体细胞因重力自然沉降到育苗器上，相对均匀；且由于育苗器已静置在海水中，可避免因挪动而引起的配子体脱落，确保幼苗均匀而牢固地附着（张全胜等，2005）。

4. 幼苗培育

（1）孢子体的诱导

不同于配子体生长的条件，低温、短日照和高光照强度是诱导孢子体的关键条件。温度一般在6～13℃（稍低可能更有利），光照强度为60～80 μmol/（m^2·s），每天光照10 h。接种后3～5 d需静置培养，然后连续通入过滤空气或流水培养。若进行充气培养，则应每星期更换培养基2～3次。同时镜检观察孢子体的发育情况，一般在12～14 d，便可以镜检到幼孢子体。

（2）培育与管理

育苗室（图1－12下）内进行的幼苗培育及后续的管理与上述常规的夏苗相同。

第四节　栽培技术

浅海浮筏式栽培是目前最先进的海藻栽培方式，是我国海带栽培过程中的创造发明。用浮绠悬挂着苗绳在海水中进行栽培，人工可控性高，能充分利用各种水域，可不断扩大生产面积。我国于20世纪40年代后期在山东烟台海区开始海带的浮筏式栽培试验，将海带孢子附着在竹帘上以后，架设浮绠，使竹帘悬浮水中，进行海带栽培。1952年取得试验成功，使人们摆脱了自然条件对海带生产的限制，为海带栽培开创了新局面。栽培海带的浮筏最初是在海面设两条浮绠，浮绠上用粗竹筒做浮子，在浮绠的两端绑以石锚，使浮绠固定在海上。两条浮绠之间挂上采好海带孢子的竹帘，进行水平栽培，后来演变成将竹帘垂挂在浮绠上进行垂直栽培。在此基础上，通过生产实践，进一步做到了待幼苗长至一定大小进行分散，并用绳夹苗，逐渐由垂挂栽培改为平挂栽培，使产量大大提高。随着生产的发展，浮子改为玻璃球或塑料浮子，既轻便又增加了浮力。浮绠也逐渐由粗笨的麻绳改为聚乙烯绳，逐渐演变成现在的浮筏结构。在南方，由于海水透明度较小，一般进行水平栽培。

浮筏式栽培的优点是：海带悬浮于水中生长，可任意调节水层，使光照强度更适合海带的光合作用，从而更好地生长，极大地提高了单位面积的产量；浮筏可在各种类型的海区设置，打破了海带自然生长对如深度、透明度、波浪、潮汐等海区条件要求的局限性，扩大了生产面积。

海带浮筏式栽培，满足了海带生长所需的条件，使一年幼苗当年养成商品海带（将海带生活周期由 2 年缩短为 1 年），极大地推动了我国海带栽培产业的发展，使产量显著增加。在海带栽培管理方面，尤其注重细节管理与整体效益的发挥。例如，海带分苗工作由一次分苗转变为内海暂养后多次分苗、分大苗的方式，加快幼苗早期生长；海上养成由最初的平养先后发展出了垂养、“一条龙”养成法等，提高整个海带苗绳的受光率；利用海带生长点在基部的特点，进行切尖收获，增加产量；通过合理密植、倒置苗绳等措施，促进海带整体生长，增加单位产量和质量。

一、栽培海区与浮筏

浮筏式栽培法（图 1－13）是一种可立体利用水域的海带栽培方法，经不断改进与提高，已成为我国海带栽培的重要形式。

图 1－13　海带栽培海区与筏架

1. 海区的选择

勘察并选定海区，是浮筏式栽培中首先要进行的一项工作（李凤晨和李豫红，2003）。根据历史资料和各海区海带生产情况，可把海带栽培海区划分为三种类型。① 一类海区：在大汛潮期的最大流速可达 30～50 m/min，低潮时水深 20 m 以上，不受沿岸流影响；透明度比较稳定，在一个季节内变化幅度在 1～3 m；含氮量一般保持在 20 mg/m^3 以上，亩[①]产量为当地最高的海区；底质为泥底或泥沙混合。② 二类海区：大汛潮期最大流速在 10～20 m/min，低潮时水深 15 m 左右；一个季节中透明度变化范围在 1～5 m，受沿岸水流的影响较大；栽培期间含氮量一般保持在 5～10 mg/m^3，亩产量居当地的中等水平。③ 三类海区：流速较小，在大汛潮期未设筏的最大流速在 10 m/min 以下，设筏架后，流速只有 2～5 m/min；低潮时水深 10 m 以下；透明度变化范围在 0～5 m 及以上，有风浪时海水特别浑浊，风后或无浪时的海水清澈，有时可见底，有的常年浑浊称浑浊区，受大小潮的影响很大，大汛潮较浑，小汛潮较清；含氮量一般低于 5 mg/m^3，属于低产海区。由海区分类可见，底质、水深、潮流、透明度、水质和营养盐等环境条件是选择海区的主要标准。

（1）底质

海区底质以平坦的泥底和泥沙底最好，较硬的沙底次之，凹凸不平的岩礁海底不适合设置筏架。在泥沙底的海区，可打橛桩固定筏架。过硬的沙地，可用石砣、铁锚等固定筏架。

（2）水深

一般在冬季大干潮时能保持 5 m 以上水深的海区，均可以进行海带栽培。水深 10～20 m 的海域最为合适。

① 1 亩≈666.7 m^2

（3）潮流

理想的栽培海区是流大、风浪小且具往复流的海区，这样海区较少。水深流大的外海区，一般风浪均较大，但如果做好安全工作，外海也是很好的栽培海区。在选择海区时，应特别重视对冷水团和上升流的利用。有冷水团控制的海区，水温较稳定，冬季不会太低，且春季又能控制水温的缓慢回升。上升流能将海底营养盐带至表层，且透明度也较稳定，有利于海带的生长。

海水的流向与筏架的设置关系十分密切，如顺流筏要求筏架设置的方向与流向一致，横流筏则要求筏架方向垂直于流向。在选定海区时，要求用海流计准确地测出该海区的流向、流速，为生产提供依据，不但有利于安全生产，且对海带的受光、防止相互之间的缠绕也都是有利的。

另外，应根据水流大小计划设置筏架的数量。流缓的海区，应多留航道，以保证潮流畅通。

（4）透明度

水色澄清、透明度较大且变化不大的海区更有利于海带进行光合作用。较理想的栽培海区，透明度应保持在2~4 m。在海水较浑浊、透明度不到1 m的海区，可以采用短苗绳浅挂平养。

透明度的大小决定了不同水深光能量的多少。从理论上讲，透明度越大，光进入海水的深度也越大，可用于栽培海带的水层越深。透明度的相对稳定是海带生产的关键。水浑、透明度小，但若相对稳定，则也是较理想的栽培海区。例如，我国的浙江象山港和福建省大部分沿海均属于低透明度海区，采用短苗绳浅挂平养，同样可保证海带得到充足的光照。水清、透明度大而稳定的海区，可采用长苗绳深挂栽培，保护海带不受强光刺激。海带若栽培在近岸海区，环境条件变化很大，透明度极易发生变化。透明度不稳定，忽高忽低，变化幅度很大的海区，则因无法掌握适宜于海带受光的水层，最易出现光线过强抑制海带生长的现象，甚至发生病害。因此，掌握海水透明度的变化规律，对指导生产是很有意义的。

（5）水质

海带栽培应选择生态环境良好，未被工业“三废”及农业、城镇生活、医疗废弃物污染的水域。栽培区域内及上风向应没有对环境构成威胁的污染源。海水密度变化大的河口区也不适宜海带栽培。

栽培海区水体在感观上不应有异色、异味，水面不得出现明显油膜或浮沫等漂浮物质，不得有人为增加的悬浮物质。

（6）营养盐

海水中营养盐的含量，尤其是氮和磷，对海带的生长发育有很大的影响。因此，在选择海区时，应调查清楚该海区营养盐含量及其变化规律，为合理施肥提供可靠依据。根据海带日生长速度对氮肥的需要，海水中总无机氮含量高于100 mg/m^3 时，才能满足海带正常生长的需要。

2. 浮筏的结构和设置

（1）浮筏的结构

浮筏基本上分为单式筏（又称大单架）和双式筏（又称大双架）两大类。有的地区又因地制宜改进为方框筏、长方框筏等。经长期生产实践证明，每台独立设置的单式筏受风流的冲击力较小，抗风流能力较强，因此比较牢固、安全，特别适用于风浪较大的海区。

浮子过去多用毛竹，现改用玻璃球、塑料球或聚乙烯泡沫。球直径不一，一般在15~20 cm，每台筏架需浮子20~40个。

浮绠长度各地也不统一，一般净长60 m。过去多使用油草绳或青麻绳，现普遍使用聚乙烯或聚丙烯绳索，直径1~1.5 cm；大风浪海区，可使用直径为1.5~2 cm的绳索。聚乙烯或聚丙烯绳索不仅抗腐蚀能力强、拉力大、经久耐用，且操作方便。

橛缆也多采用化学纤维绳索，其长短、粗细因海区而异。其直径通常略大于浮绠，2 cm左右。橛缆的长短与浮筏的安全有关，橛缆的长度应根据水深确定。橛缆的水平夹角越小，则垂直分力越小，橛缆的水平分力大于垂直分力，减少了拔橛子的力量，拔橛子的可能性也就越小；橛缆长度增加，浮筏较松弛，抗风浪的能力也就增强。一般橛缆长度为平均深度的2倍，橛缆的水平夹角为30°。

1）单式筏（软架子）：目前生产上应用的浮筏主要是单式筏（图1－14），在南方则称为软架子，主要由两条粗橛缆、一条浮绠和若干浮子构成。浮子绑在浮绠上构成筏身，浮在水面上用以悬挂海带苗绳，橛缆连接筏身和固定在海底的橛（木桩）以固定筏身。

单式筏的两端均用木橛固定，比较安全。由于单独构成一台筏子，稳定性较好，装船、下筏等操作均较方便，也容易调节设置方向，以减少浪、流的压力。

单式筏优点虽明显，但由于目前栽培形式多半为平挂苗绳，从而将筏身连成一片，导致两侧筏架受力增加。若有一台拔橛或断缆，则邻台的压力就倍增，从而造成一区的筏架都可能被损坏。因此两侧应有加固横缆，同时也不宜将太多筏架相连。

在潮差大（6~7 m）或风浪大的海区，缆绳往往出现受力过大的情况。“活浮”有助于解决该问题。“活浮”就是浮子不直接绑在浮绠上，而是用吊绳连接浮子与浮绠，这样浮架比较软而灵活，有助于抗击风浪。也可在橛缆下端绑一石块，以此来减轻风浪的压力，使浪的能量消耗在提升石块上。

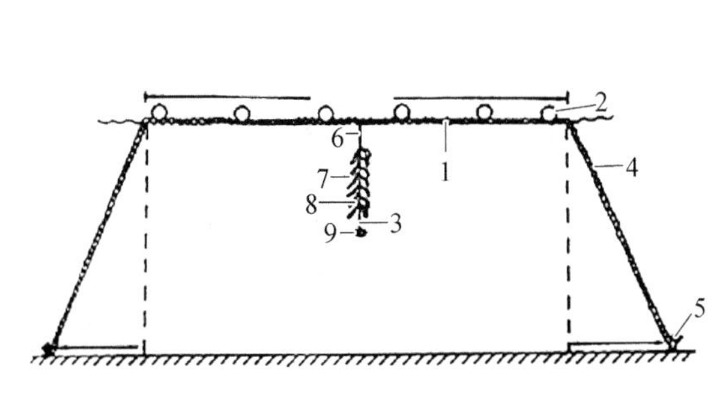

图1－14 单式筏示意图（Scoggan *et al.*，1989）

1. 浮绠；2. 浮子；3. 垂石绳；4. 橛缆；5. 橛（木桩）；6. 吊绳；7. 海带幼孢子体；8. 苗绳；9. 垂石

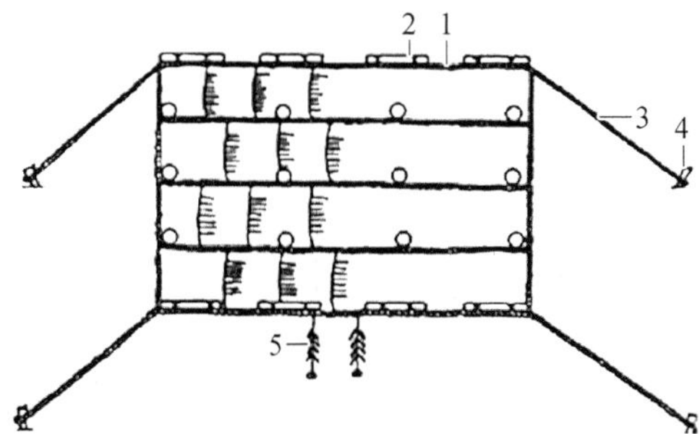

图1－15 大方框式浮筏示意图（Scoggan *et al.*，1989）

1. 浮绠；2. 浮子；3. 橛缆；4. 木橛；5. 垂挂苗绳及海带

2）大方框：大方框（图1－15）是在内湾风浪较小的海区常使用的一种筏架形式，根据所需筏距，将筏身两端固定在横的绷缆上。如筏距的大小为6 m，则在横绷缆上每隔6 m绑一台筏身。横绷缆的两端用双橛固定，而在横绷缆上每隔3~4台另打边橛加固。这样便形成了大方框的形式。

这种形式省工、省料、操作方便，同时宜于稳定筏架，确保筏间距的一致，但不耐风浪，只适合内湾浪小海区或栽培海区的内区。

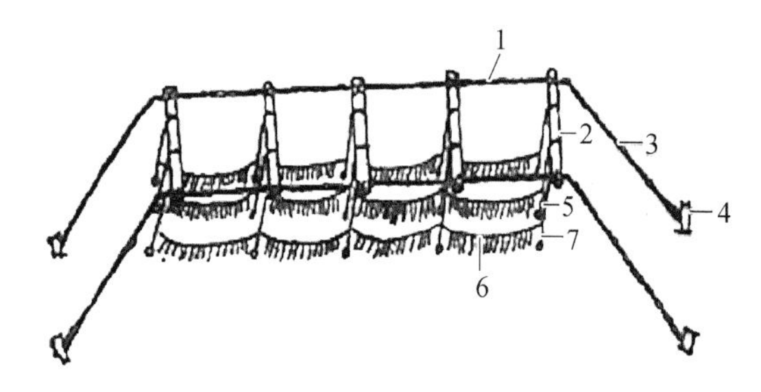

图 1－16　双式筏结构示意图(Scoggan *et al.*,1989)

1. 浮绠;2. 浮竹;3. 橛缆;4. 橛;5. 吊绳;6. 苗绳;7. 坠石

3）双式筏(图 1－16)：用 2 m 长的浮竹,等距离固定于两根浮绠上。近些年在生产上很少用双式筏进行海带栽培,而多用于栽培外区作为保护筏。

（2）浮筏的设置

1）划分海区、定位置(俗称下水线)：海区选定后,便可按照季节的风向与潮流情况考虑浮筏设置的方向。若风浪的威胁大于潮流,应采取顺风方向设置,反之则顺着潮流的方向设置。若浮筏受风浪与潮流的威胁均较大,则应首先考虑解决潮流问题。

浮筏的方向确定后,应确定筏长及橛间距。一般平均干满期(平潮)时,橛缆水平夹角保持在 30°为宜,风浪大的海区夹角可小些。以 30°夹角计,若水深 10 m,则橛缆纯长度为水深的 2 倍,根据直角三角形勾股定理可知水平直角边的长度,从而就可计算出橛间距。

根据橛间距及筏间距,便可在海面标定位置(即下水线),供打橛用。水线应尽量拉直。

2）打橛：打橛所用器械如图 1－17 所示。橛子一般由竹子和木材制成,坚固的、不易腐烂的木材如杨木、柳木等最好。一般海区木橛长 100 cm,粗 15 cm。风浪大的海区木橛要长一些、粗一些。木橛顶部有一圆洞,深约 10 cm,称顶眼。木橛中央还有一用于穿橛绳的圆孔,称圆眼(图 1－17A)。

打橛的工具称为引杆,是由斗子与木杆两部分组成。木杆的长度依水深而异,斗子重约 60 kg。斗子上有一活动芯,能插入木橛的顶眼中。引杆向上提时,芯子不会从橛子的顶眼中掉出,从而可固定橛的位置,引杆下落时,由于斗子重力的冲击,将木橛钉入海底。

木橛按水线上标定的位置被打进海底,橛缆的上端则被绑在浮子上,准备下筏时使用。

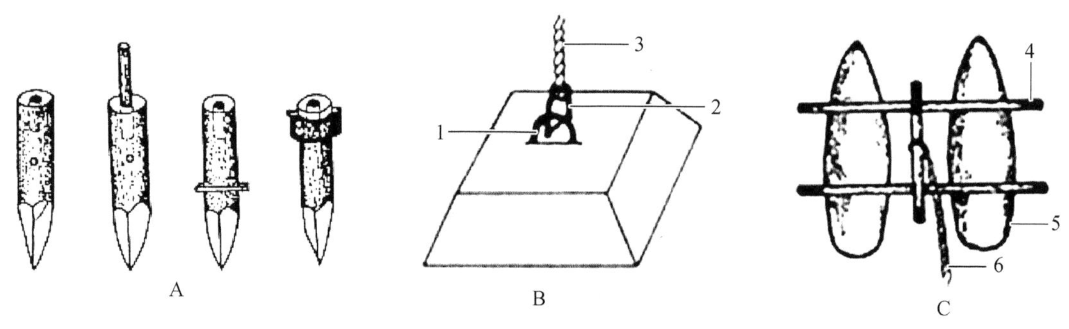

图 1－17　打橛以固定浮筏时使用的器械(Scoggan *et al.*,1989)

A. 木橛;B. 石砣;C. 用木杆绑在一起的木船

1. 铁环;2. 镰刀形铁钩;3. 橛缆;4. 将船绑在一起的木杆;5. 船;6. 橛绳连着斗杆

3）下砣：在地质坚硬无法打橛的海区,可下石砣固定筏架。石砣(图 1－17B)可用石材制成或用钢筋水泥构件,重 1 000~2 000 kg,形状以薄而宽为好,石砣上用水泥固定一铁环或留一石环。

下砣前将两只大舢板用硬质木材连在一起,间距 1 m(图 1－17C)。将石砣移至干潮线,用橛缆将其吊绑在竖木橛桩上。涨潮时石砣随船浮起,船开到标定好的海区后,按指定位置将石砣放到海底。

4）下筏：浮筏一般净长 60 m。扎筏时将浮绠拉直，绑上浮子，按顺序堆积好放入船内。下筏时按风浪及潮流的方向将筏子的两端分别与两个橛缆连接好。再整理松紧不一的浮筏，使每台浮筏的间距一致。浮筏不宜过紧，过紧筏身受力大，在大风浪中因没有起伏的余地，易遭受破坏。

浮筏应排列整齐，行间和区间应该留有航行道。航行道不仅使航道不受阻碍，且使潮流畅通，以满足海带生长的需要，提高产量。两筏间距依海况而定，过去多采用 4 m，现在多为 6～7 m。依据海况每 30～50 台浮筏作为一小区，每两小区间留 20 m 左右的航道。多个小区连成一大区，大区间也应留有区距。区距要求里区大而外区小，内湾里区距应适当宽些，20～40 m 为宜。在外区，尤其采用顺流筏时，必须加固横缆，必要时在筏架的两端用双橛加固，以确保安全。

二、分苗

1. 分苗的意义

水温降至 19℃以下时，夏苗出库暂养。此时，水温开始降低，越来越适合海带生长。在短短 1 个月的时间内，海带苗便可密集地生长在育苗绳上，长度由几厘米增加至十几厘米。这时需要分散海带幼苗，栽植到适宜的生长基上，这个工作称为分苗。

海带的生长发育与农作物一样，需要一定的空间。若育苗的丛生状况始终不变，则无法长成宽厚肥大的商品海带，且大部分幼苗将因长期受光不足且水流不畅而腐烂死亡。分苗的目的就是有计划地改善海带的生活环境，使海带有规则地分布在一定的水体中，充分利用光强、肥料、水流等条件，快速、良好地长成商品海带。

2. 分苗时间和幼苗大小

（1）分苗的时期

幼苗大小达到分苗标准后，分苗越早，海带产量越高、质量越好。因此，暂养阶段促进幼苗的生长和集中人力分苗，是增产的一项重要措施。

（2）幼苗大小标准

实验结果显示，30 cm 以内的海带幼苗，越大生长越好。但海带幼苗密集生长在育苗绳上，若一味追求大苗，则由于生长速度不均，大苗遮蔽光线，影响小苗生长，从而导致分苗期推迟。因此，海带分苗需要一个适宜的大小标准。

目前认为藻体长 10～15 cm 时分苗为宜。因为这样规格的小苗，已有一定长度的柄及盘状固着器，夹苗时不致夹伤生长部，夹苗后也不易脱落。另外，这样规格的苗摘除后，不会影响其他小苗的生长。

（3）分苗前的准备工作

分苗前应做好准备工作。在海区设置好的浮筏上应按计划预先绑好吊绳，用来挂分苗绳。目前吊绳多使用 3 mm 粗的聚乙烯绳。

分苗就是把海带幼苗按一定距离夹在分苗绳上，使其逐渐固着并生长。夹苗能否成功和分苗绳的质地有很大关系。一般选用在海水中抗腐蚀、不分泌有害物质、掉苗率少的材料作为分苗绳，多选用红棕绳、青麻绳和聚乙烯绳。

分苗绳的直径 1～1.2 cm，长度根据筏距确定。目前多采用平挂法，因此，分苗绳的长度基本等同筏距。在透明度大的海区，分苗绳长度应略长于筏距。

分苗绳的捻度应适宜,太松易掉苗,太紧易夹伤假根。分苗前 10~15 d 应将分苗绳放入海水中浸透,利用分泌物较多的材料制成的分苗绳更应如此。

3. 分苗的操作

(1) 剔苗

剔苗就是在海上将符合标准的小苗(10~20 cm)从育苗绳上剥离下来,顺序摆放进苗筐内。操作时用手握住少量小苗,左右摆动使固着器脱离苗绳。对暂时还未达到标准的海带苗,经过 5~10 d 的生长,再分苗一次。如此连续 2~3 次,便可完成分苗工作,海带苗才能被充分利用。

剔苗是一项细致的工作,及时剥下大苗,留下的小苗才能更快生长。因此剔苗的好坏关系到海带苗的利用率和分苗速度。剔苗时应注意:① 操作时,不得损坏幼苗柄部。② 剔苗过程中,应尽量缩短幼苗的离水时间,或不离水剔苗。③ 剔苗动作要快,使幼苗在手中把握的时间不要过长,以防损伤幼苗。④ 做到勤剔、少剔,一次剔苗时,在一处附苗器上不应剔得过多,需勤剔,这是提高幼苗利用率、避免浪费太小苗的关键。⑤ 按当天分苗量的多少安排剔苗,尽量做到当天剔的苗当天夹好并挂到海上去,否则小苗易受伤,下海后需很长时间才能恢复生长。

(2) 运苗

剔好的幼苗应及时运回陆地,以便尽快夹苗。运苗应注意:① 装苗筐需用海水浸泡并浇湿及垫好草席后使用,这样既可防止磨伤小苗,又可保持一定的湿度。② 每筐装苗量不宜过多,以防互相挤压,小苗因呼吸作用而发热伤亡。③ 运输中需用草席覆盖,防止日晒风吹,还应经常浇水。④ 及时运输,不要积压,勤剔勤运。

(3) 夹苗

目前夹苗仍停留在手工阶段,如果使用夹苗板(图 1-18),一人便可操作。用手将分苗绳拧开,将幼苗的根部夹于湿润的分苗绳圆心深处,整齐地夹在苗绳的同侧。夹苗过深,会直接影响海带生长点的细胞分裂而成畸形甚至死亡;过浅则苗会脱落。同一根分苗绳上,幼苗的大小应尽量一致;夹苗密度要严格掌握,2 m 长苗绳夹苗 30~40 株(以 35 株为宜),否则会影响海带的产量甚至质量。除夹苗板外,也可选用其他的夹苗器(王行,1960;马祖达,1980)或夹苗钳(徐学渊,1991)等工具。

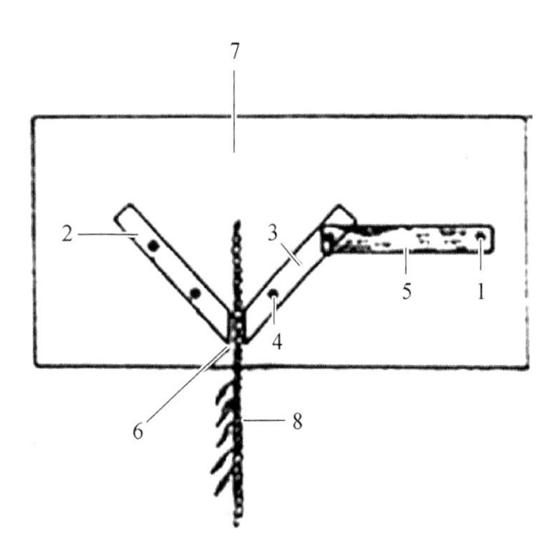

图 1-18　夹苗板(Scoggan *et al.*,1989)

1. 铆钉;2. 固定板;3. 绕轴转动板;4. 转轴;5. 橡皮筋或弹簧;6. 钳夹;7. 工作台;8. 分苗绳

夹苗时,分单夹和簇夹两种方法。簇夹是在分苗绳上每隔一定距离夹一簇,即 2~3 棵;单夹即只夹 1 棵。目前基本的夹苗形式为单夹。

在夹好苗后,应仔细检查密度。密度过大,则要疏散;密度过小,可适当增加。

夹苗时应注意:① 夹苗前,需先将苗绳在海水中浸泡洗刷,这样,苗绳不仅清洁,潮湿的苗绳对幼苗还能起到一定的湿润作用,不致损伤幼苗的柄和根部。② 幼苗根部必须夹于苗绳的圆心处;如采用簇夹法,则每簇幼苗的根部,必须调整一致后再夹于绳上;夹苗过深或过浅都将造成严重的掉苗现象。③ 夹于同一根苗绳上的幼苗,大小不可相差过大,小苗若夹在大苗下方或中间,由于受大苗的遮光等影响，长势必然不好，甚至死亡脱落。④ 每绳的簇数、每簇的棵数和每簇之间的距离，均根据栽培密度来确定，应严格掌握。⑤ 夹苗的每一个操作步骤（如夹苗、供苗、检验苗绳、存放苗绳等），均应尽量避免或缩短幼苗在冷空气中的暴露时间。因为冷空气对离开海水的幼苗伤害很大，严重时幼苗会立即被冻坏变绿，轻微时尽管冻伤无法即刻呈现，但受了冻伤的幼苗，需要相当长的时间才能恢复正常，从而影响了海带分苗后的生长速度。⑥ 叶片梢部被折断，剩余的带假根部分，若长度达到分苗标准，仍可使用；但缺乏假根部的幼苗不宜夹苗，此类幼苗夹上后容易脱落。⑦ 苗绳下海后，部分幼苗会脱落，应及时补上，否则将会影响产量；补夹的苗与苗绳上的苗不可相差太大，应尽量大小一致，否则就失去了生产的意义。

4. 挂苗

苗夹好后，需及时挂于海中的浮筏上，即为挂苗。挂苗水层应取决于栽培方法、栽培密度和海水的透明度。一般而言，初挂水层应深于小苗的暂养水层，因为密集生长在苗绳上的海带幼苗，一旦被夹到分苗绳上，若放在原暂养水层，则由于受光过强而生长被抑制，严重时则会发生卷曲病。一般来说，海区透明度 1 m 左右，初挂水层为 80~120 cm。

挂苗的基本形式有两种。最常用的是平挂法，即将分苗绳的两端分别挂到两台筏子相对应的吊绳上。另一种是先垂后平的挂法，也就是将分苗绳先垂挂一段时期后，再将相对两根的分苗绳连接起来变成平挂的形式。

挂苗时应认真仔细，除结扣牢固外，还应轻拿、轻放、快运、快挂，防止伤苗、脱苗和漏挂。挂苗时应注意：① 每次出海挂苗所取的数量不可过多，若数量过多，挂苗时间过长，因受冷空气影响，幼苗易受冻害，尤其是最后挂的苗。② 运输过程中，需用草席将苗盖好，避免风吹日晒。③ 挂苗操作时，应仔细认真，除绑扣要牢固外，还要取放轻缓，有条不紊，避免磨损、折断幼苗。④ 应严格按照挂苗密度挂苗，这与栽培密度密切相关。

三、海上栽培管理

1. 栽培形式

（1）垂养

垂养（图 1－19）的基本形式是在分苗后将苗绳垂直地挂在浮绠的下方。在培育后期，可将相邻两筏间相对应的两根垂挂苗绳连接起来平置受光，促进厚成。但海带主要的生长时期是以垂挂的形式度过的。

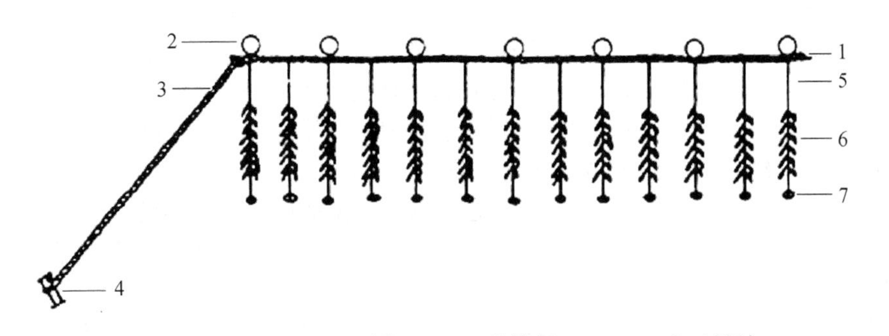

图 1－19　垂养（Scoggan *et al.*，1989）

1. 浮绠；2. 浮子；3. 橛缆；4. 木橛；5. 吊绳；6. 苗绳及海带；7. 坠石

垂养的海带，随着个体的长大，苗绳上部的藻体因光线充足而生长迅速，中下部的个体由于被遮盖，受光不足，生长缓慢，如不采取人为措施，中下部的藻体便生长受阻，严重时发生绿烂而死亡。通常的做法是将苗绳分成三节，根据海带的长势，将各节苗绳轮换倒置，使海带均匀生长，达到理想的生产目的。

垂养海带的缺点是不能充分利用光照。轮换倒置虽然解决了受光不均的问题，但过于耗费人工，且在倒置中藻体也易受损伤，光能的利用仍不充分，因此海带产量和生产效率仍不太理想。生产试验结果表明，在相同的条件下，平养形式比垂养可增重 35%～40%，因此生产中平养已代替了垂养。

（2）平养

平养（图 1－20）是将海带分苗绳平挂在两筏之间，使海带互不遮盖地悬垂在水中，是一种能很好地利用水体及光照的培育形式。

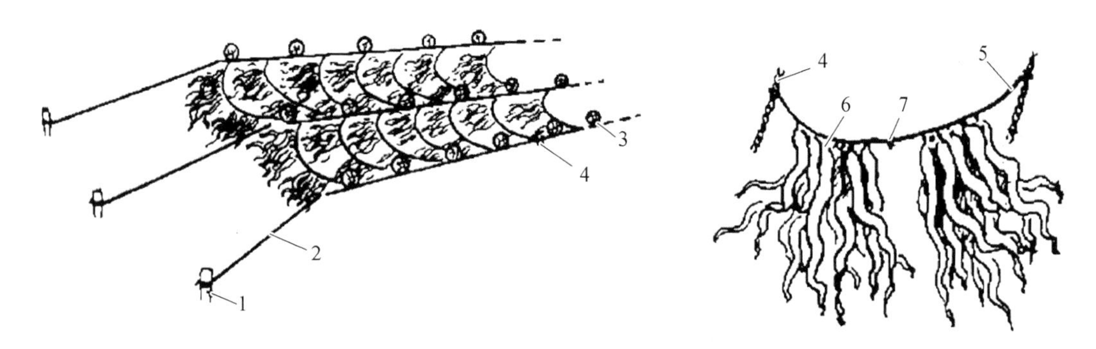

图 1－20　平养（Scoggan *et al.*，1989）

1. 木橛；2. 橛缆；3. 浮子；4. 浮绠；5. 吊绳；6. 苗绳及海带；7. 平起绳

除应用长方架等硬架外，苗绳平挂在两筏之间均有一明显下凹的弧度。这样，海带就分布在不同深度的水层中，因此仍存在生长不均的问题，但不如垂养突出。一些生产单位也采取轮换倒置的措施，但多数的做法是调节吊绳的长短来控制水层，以达到理想的生产目的。

1）小连平：俗称“一管二”，即每台筏架上的吊绳分左右挂分苗绳。分苗绳呈“一”字形挂列，两绳之间有一通道，有利于水流通畅。

2）大连平：大连平是在小连平的基础上，加长了分苗绳，使其连接成一条，如此便能充分利用吊绳下方的水体。

3）间隔平：即每台筏架上的吊绳均为单根，与邻台筏架上吊绳的位置间错配置，如此分苗绳便可间隔开。这种形式比较挡流，在流大的海区采用，能够较有效地利用人工施洒的肥料。

平养的最大优点是合理利用了光能，藻体之间互相遮盖的情况大为减轻。藻体受光均匀，且便于人为调节水层，以满足海带生长各阶段对光的需求。平养提高了水体的利用率，因而可以增加每台筏架的苗量，不仅提高了产量，还相对节约了物力与人力。

平养的主要缺点是海带个体的受光情况与自然状态下不同。在平挂中，海带生长点部位暴露在较强光照条件下，而需要较强光照的叶片中、上部却处于较弱的光照条件下。因此，在平养中如果光照强度调节不适宜，便容易使海带受光过强而生长缓慢、个体短小、柄部色黑、叶片失去柔韧性。同样，固着器也不适应强光，否则容易掉苗。可以采取较深的初挂水层克服该缺点。平养的另一缺点是藻体相互缠绕现象较严重，尤其在浪大流急处更严重，目前采用顺流设筏，大大减轻了缠绕现象。

(3) 斜平养

斜平养(图 1－21)是垂养与平养的结合。通常是分苗初期垂养,以后用平起绳将两根相对应的分苗绳连接,使其成斜平的形式。斜平的角度可通过调节平起绳的长短控制,更符合海带生长对光的需要。分苗初期,海带不喜强光,此时垂养,除了上端几棵海带生长点受到强光外,其余藻体的生长点被叶片遮盖,得到保护,而叶片则受光较好,符合自然受光情况。同时,在遮光情况下,假根生长较好,固着快,掉苗少。当长到一定大小时,下层藻体对光的要求增强,此时将苗绳斜平起来,便能使海带受光情况得到改善。根据海带对光的需要,缩短平起绳,使斜平角加大,苗绳平起,到厚成期前与平养基本一致。

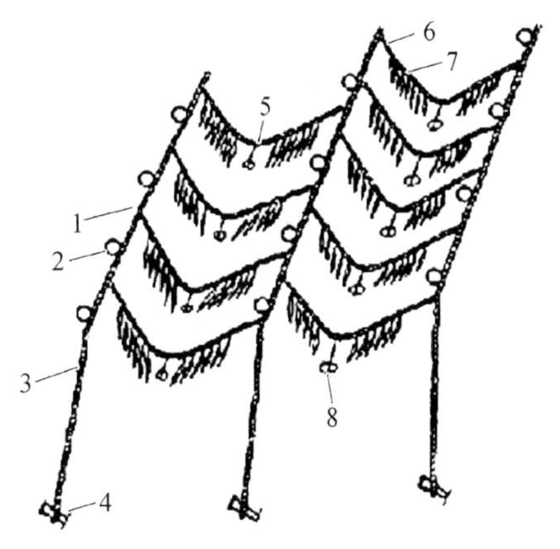

图 1－21　斜平培育形式(Scoggan *et al.*,1989)

1. 浮绠;2. 浮子;3. 橛缆;4. 木橛;5. 平起绳;6. 吊绳;7. 苗绳及海带;8. 坠石

斜平养克服了幼苗时期受光过强的缺点,弥补了平养的不足,适用于透明度大的海区,但该法增加了平起绳的用料及人工。

(4) 一条龙培育法

横流设筏,将分苗绳平挂在浮绠下,一根吊绳同时吊挂两根分苗绳的一端,使一台筏架的所有苗绳连成一根与浮绠平行的长苗绳,称为“一条龙”培育法(图 1－22)。这种培育法必须横流设筏,在水流的带动下,每棵海带都被浮起,受到均匀的光照。为避免缠绕,在大流海区筏距不应小于 6 m,在急流海区不应少于 8 m。为便于操作,分苗绳净长 2 m,两吊绳距离 1.5 m,使得分苗绳有一适宜弧度,不仅不互相缠绕,还增加了可用苗绳的长度。为了稳定,分苗绳应挂坠石(≥0.5 kg),挂于吊绳与分苗绳的连接处。

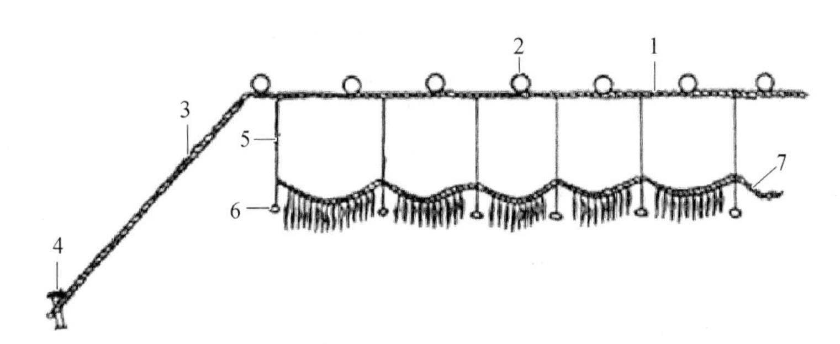

图 1－22　一条龙培育法(Scoggan *et al.*,1989)

1. 浮绠;2. 浮子;3. 橛缆;4. 木橛;5. 吊绳;6. 坠石;7. 苗绳及海带

一条龙培育法的优点是使海带都能处于适光水层,不相互遮盖,因而生长快、个体大、厚成均匀、成熟早、收割早。由于台挂分苗绳少,负荷小、安全性大,适合于外海浪大流急的海区。缺点是增加了筏绳使用量,提高了成本。但在充分利用外海海区以扩大栽培面积方面,具有重要的意义。

2. 栽培密度

大面积人工栽培的海带,是个体密集的群体。因此,想获得高产、优质的海带,必须充分发挥群体与个体的生长潜力,这就关系到密植问题(索如瑛,1960)。栽培密度过大,藻体间相互遮光,不管是群体还是个体都得不到充足的阳光,再加上营养盐等限制,导致群体与个体生长均受限。若密度过小,虽然光照条件较好,个体生长充分,但由于群体株数少,不能充分利用水体,同样得不到高的产量。因此,合理密植就是在一定条件下,群体与个体矛盾的统一,以获得最高的单位面积产量与理想的质量。

理论上,若群体的生长潜力能得到充分发挥,则个体受抑制的栽培密度较适宜。但由于栽培海带的产量,不止与密度有关,还与海区环境条件、海区大小及分苗早晚和栽培方式等有关(索如瑛,1960),因此对各具体海区而言,合理的栽培密度要通过综合因子的试验才能得出。

海带栽培的密度,主要由苗数、苗距、绳距、筏距等决定。目前我国北方一般采用 2 m 长苗绳,绳夹苗数 25~30 株,每亩挂 400 绳,亩放苗量 10 000~12 000 株,对多数海区而言这样的密度是合适的。

3. *水层调节*

调节栽培水层实际上是调节海带的受光条件,在栽培过程中,调节水层是一个比较复杂的问题。因为海水中的光线与海水的透明度和流速有关,同时海带的受光情况还与栽培形式和密度有关。因此,需根据海区特点和栽培方式,确定调光办法。下列措施可供参考。

(1) 初期密挂暂养

海带幼苗期不需强光,对水流的要求也低,因此分苗后可采取密挂暂养的方法,既可充分利用肥区、集中使用肥料,又可避免前期的生长受到强光的抑制。此时可采取增设临时筏架和集中挂苗两种方法进行密挂暂养。

密挂暂养后,随着藻体的长大,相互遮光、阻流等现象日趋严重,此时应及时疏散。一般待藻体长至 1 m,叶片基部已形成一定的平直部分时即可疏散。

(2) 倒置

倒置是一种使藻体轮流受光的方法,目前仍是调节海带均匀受光的一项有效措施。

1) 倒置时间

掌握适宜的倒置时间非常重要。若过早倒置,即苗绳上端的海带苗对强光照刚刚适应,正开始生长,而下端的苗尚未被上、中部海带遮盖,则达不到倒置的目的。若倒置太晚,即上端苗已相当肥大,下端苗受上、中部海带长期遮盖,藻体已变成淡黄色时再进行倒置,不仅起不到作用,且倒置后易发生“白化”。合适的倒置时间应在苗绳上部与下部海带的长度接近时,或下层海带刚由正常的褐色向淡黄色转变时进行。

2) 倒置次数

应根据海带的生长情况确定倒置的次数,但不宜过多,过多反而对生长不利。在垂养情况下,一般倒置 5~6 次,平养 2~3 次即可,“一条龙”培育法可以不倒置。

3) 倒置方法

为了倒置,完全垂养时采用多节苗绳栽培,因此除了整绳倒置外,还需分节倒置。平养一般只有一节苗绳,只需整绳倒置即可。

(3) 后期受光促成

光线是增加干物质积累、促使海带厚成的重要因素。但在海水温度尚不适宜厚成时,光线只能促使海带局部厚成。因此在利用光线促进海带厚成的同时,还需考虑海水的温度。待海水温度上升至适宜厚成时,受光较弱个体的厚度生长也加快。苗绳上端受光较好的藻体或靠其基部处,往往厚成较好、叶片较厚、色泽较深;下端的海带因受上端的遮盖,厚成较差。一般水温达 8~10℃时,海带便进入厚成期。当水温达到适合厚成生长时,应及时调整光线,促使其厚成。这样既避免过早提升水层抑制生长,又能防止过晚提升水层阻碍厚成。

4. 其他管理工作

(1) 注意安全,经常检查

经常检查筏绳与橛缆的牢固程度,确保筏架松紧一致、齐整,缠绕的苗绳应及时解脱,浮子也需及时补足。分苗初期,由于藻体小,使用的浮子少,一般 60 m 长的筏绳上设置 20 个浮子;随着藻体的长大需不断增加浮子,一般增至 40 个左右。原则上应使筏绳漂浮于水面不下沉,否则水层加深将影响海带的生长。

(2) 及时补苗

在生产过程中,因分苗操作不当、运输过程中幼苗损伤、挂苗水层不适及风浪冲击等都会引起苗绳上的幼苗掉落。因此需及时补苗,否则会由于苗量不足而减产。一般在分苗结束后应立即补苗。补苗用的幼苗应选比已分的苗略大,否则在生长过程中后补的苗长得慢,将遭自然淘汰而失去补苗的意义。

(3) 洗刷浮泥

在浑水区或内湾水流不畅的海区,往往有浮泥沉积在海带叶片上,影响海带光合作用及呼吸作用的正常进行,甚至导致叶片腐烂。还可能将整台筏架压沉水下,特别在平挂栽培中,因夹苗密度大更易发生,因此必须勤洗刷浮泥。洗刷时将苗绳提起在海水中摆动,使浮泥被水流带走。洗刷的次数根据浮泥沉积情况决定。通常选择大潮汛时洗刷,此时水流大,洗刷下的浮泥不易再沉积。

(4) 防冰措施

北方海区海面有时会结冰,甚至厚达 30 cm 以上。化冻时流动的浮冰常把浮子带走,甚至搅乱筏架,使生产受到损失。较有效的防冰措施是在筏绳上增加大沉石(重约 10 kg)与小沉石,间隔绑于浮子下方,使整区筏架同时下沉,但应确保干潮时筏架离水面 20 cm 左右。下沉的时间不能太早,否则会影响海带生长。一般当海区岸边稍有结冰,海区水温降至 2℃左右,在寒流侵袭的前一天,将筏子迅速下沉。起水同样也要掌握时机,应在岸边冰块基本流尽,水温回升到 0℃以上时起水。

四、施肥

无机氮及无机磷平均含量分别高于 100 mg/m^3 及 4 mg/m^3 的海区,海带才能正常生长。20 世纪 50~70 年代,我国近海水域氮、磷含量普遍在该水平以下,因此必须进行人工施肥。但生产实践证明,海区施肥的损耗较大、成本较高,且进入 21 世纪后,我国近海多数海区氮磷富营养化现象多发,因此目前海带栽培生产中不再进行施肥。本章将简述海区施肥的主要原理及方法。

1. 施肥方法

(1) 挂袋施肥

早在 20 世纪 50 年代初,我国海藻学家便积极开展了海带施肥的研究(曾呈奎等,1955)。利用水势差原理及陶罐的多孔性特点,发明了“陶罐施肥法”(图 1－23),创造性地解决了当时海带栽培海区海水营养盐贫乏的问题。该技术很快得到了完善并推广,为我国海带栽培业的发展和壮大奠定了雄厚的技术基础(曾呈奎和吴超元,1962)。但陶罐本身质量大,壁孔容易被沉淀物堵塞,不但增加了浮筏的负荷,而且操作不便,肥料也得不到有效利用,因此后期改用塑料袋代替陶罐,称为挂袋施肥法。

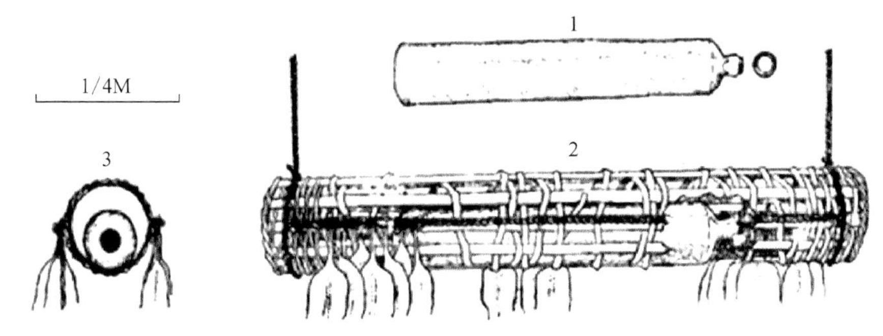

图 1－23　栽培篓与施肥罐(曾呈奎等,1955)

1. 施肥罐侧面图,附罐口横断面;2. 栽培篓侧面图,内放施肥罐一个,篓的两侧各绑苗绳一根,密夹海带苗若干棵;3. 栽培篓、施肥罐及苗绳的横断面,两侧各有海带一棵

塑料袋重量轻、货源充足、加工方便,可以分散多挂,增加了肥料的扩散面积。每袋装肥 0.25~0.5 kg,视海区肥瘦及海带生长情况,每台筏子挂 20~30 个,通常挂在吊绳下端。装肥前,先用小针在袋上刺 3~4 个小孔,装肥加海水后将袋口扎紧挂在筏架上。肥料因水势差由小孔逐渐向外扩散,被周围的海带吸收。可采用少装勤换、间隔轮换的方法,使肥料均匀地向外扩散,克服初期浓度大、吸收不了而流失的缺点。施肥时应注意以下几点:① 勤换、缩短施肥间隔时间,可使海带吸肥均匀;② 间隔换袋,可隔台换或隔袋换,借助水流,提高肥料利用率;③ 轮挂,在间隔的基础上,在一排筏架中隔台施肥,使整个栽培区内的海带每天都能吸收到新鲜的肥料(卢书长,1964)。

(2) 泼肥

挂袋施肥劳动强度大,肥料扩散不均匀,因此在大面积栽培时,特别是从垂挂改为平挂后,泼肥效果便更为突出。泼肥的优点是每日无间隔,可根据具体情况灵活施肥;施肥面积大,肥料分散均匀,较短时间内可形成大面积的肥沃水面,使绝大多数海带受益。多使用机动船泼肥(山东省荣成县水产研究所,1974),采用 195 型柴油机带动 4B－20 水泵,每小时排水约 60 t,肥液浓度为 6 000 : 1,喷肥扫海宽度 20 m。肥料浓度低,海带对肥料吸收率高。每天用肥量则依海区状况及生长季节而异,参照潮流与天气等情况灵活掌握。一般从流头开始泼,天气晴朗、小潮多泼;在边缘区或外排流大区,为了减少肥料流失量,则可挂袋不泼。

(3) 浸肥

根据海带能一次吸收大量肥料供数天生长之用的特点,可以将海带浸泡于肥料中,以减少肥料的流失,达到施肥的目的。浸泡时一般配制 500 : 1 的肥料水,浸泡海带 3~5 min 后,再放到海水中。每隔 5~6 d 浸泡一次,适用于海带幼苗阶段或水流急、肥料流失量大的海区。浸泡方法虽能节约肥料,但操作烦琐且易损伤藻体,所以不常应用。

2. 提高肥效的措施

(1) 施肥时间与用量

施肥时间与用量应根据海带自身需要及外界环境条件而定。海带快速生长的薄嫩期需要大量氮、磷以满足细胞分裂及生长所需,因此该阶段是施肥的重点时期。分苗后海带便进入了适宜生长的时期,此时藻体小,吸收的肥料相对较少。进入 1~2 月,水温低,藻体已长大,这时是快速生长期,如不施肥,海带生长速度便会降低。因此,3 月底前应当施用肥料的 70%,边夹苗边施肥,使小苗在分散后就得到充足的肥料;重点放在海带的快速生长期,加大施肥量,促进海带的生长;3 月底以后逐渐减少用肥量,收割前根据海区状况少施肥或不施肥。

（2）利用良好地形，提高肥效

在贫营养海区应充分利用港湾栽培海带。口袋形的海湾内水流往往是回旋的，因此可以达到保肥效果。只需合理布局，使潮流畅通，便会达到较好肥效。

在中肥海区，利用外排水流大的特点，水体中的含氮量能够满足海带生长的需要，可不施肥。一般认为在水深流大的海区，只要海水能够经常保持 6~10 mg/m^3 的 $NO_3^- - N$ 量，便可以满足海带正常生长的需要而不施肥，低于这个数值，则需人工施肥，否则将造成减产。

（3）集中施肥，适时分散

幼小藻体新陈代谢弱，所需空间也小，此时可密集栽培。例如，夏苗在海上暂养阶段，通过在两台筏架之间增加一台小筏架集中施肥，可节约肥料。大面积栽培时，可利用湾内保肥的特点，在航道边增加小筏栽培小海带，便于集中施肥，提高肥效；待海带长至 1 m 左右，及时疏散到外海区，可收到良好的效果。

（4）根据海带生长情况，挂、泼结合

将化肥或易扩散的肥料加工成缓释营养颗粒（于会霆等，2000），采取挂袋法，用于海带育苗和幼小时的海上栽培。当海带长至 1 m 以上，需要较大量的肥料时，采取泼肥法，以充分发挥肥效。

（5）间歇、局部施肥

根据海带可以在短时间内吸收大量肥料，以及饥饿海带能够迅速吸收肥料的特点，采取间歇施肥，大潮、大流及阴雨、风浪大的日子不施肥，以减少肥料的流失（张海灵，2001）。也可将肥料袋直接挂在苗绳上，局部施肥，以取得良好效果。这不仅降低了栽培成本，提高了肥效，同时也降低了对近海环境产生负面影响的可能性。

五、切梢

海带的生长方式为居间生长。据计算，收割全长 4 m 的海带，其在全部生长过程中，有约 1 m 的叶片已从尖端脱落。若能设法在适当的时候将叶梢切下加工，便可以减少不必要的损失，从而增加单位面积的产量。切梢的大小和时间若合适，不但不会阻碍海带的生长，而且还能增加产量、提高质量。切梢的生产意义在于：① 提高海带的质量与产量。切梢后由于改善了光照、水流等条件，促进了干物质的积累，从而使产量与质量都有所提高。② 防止病烂的发生。在栽培后期，因藻体较大、阻流严重，流水很难使叶片漂浮起来受光，同时叶片上还有大量浮泥，尤其在凹凸和边缘部位，不但增加筏架负荷，对安全不利，而且极易产生病烂。切梢可改善海带的受光条件，使单位水体中的海带数量减少，阻流减轻，水流通畅。将已经开始或即将病烂的梢部切下，消除隐患，可防止病烂的发生。③ 减轻筏架的负荷，有利于后期的生产安全。到了栽培后期，筏架的负荷增大，安全系数降低。如果适时地切梢，便可减轻筏架负荷，从而提高了安全系数（曾呈奎和吴超元，1962）。

切梢必须适量，如果切得过多，光合面积减少，制造的有机物便少，叶片基部生长点部位获得的有机物也随之减少，导致生长受阻；切得过多，海带商品等级也下降，从而降低了质量。但切得过少，海带还会继续脱落与病烂，无法达到切梢的目的。一般来说，早、中期的海带以切去叶片全长的 2/5~1/2、晚期苗以切去 1/3 为宜（谢土恩，1995）。切梢的时间，主要依分苗早晚、海区条件和海带生长、病烂等情况确定。原则上在藻体生长速度开始下降、叶片尖端开始脱落时进行切梢。在辽宁、山东等北方地区，2 月下旬开始切梢，3 月中旬结束（程振明等，2005）。

目前海带栽培生产中，因人工成本较高，已基本不再进行切梢生产活动。部分生产单位采用间收的方式，在海区内选择个体较大的海带先进行收获，也能够起到一定增产效果。

第五节　病害与防治

随着集约化程度的增加，在海带的育苗与栽培过程中，病害发生日趋严重。因此，加强病害防治，是确保海带增产、增值的重要举措之一（周丽等，1996）。

一、夏苗培育期间病害及其防治方法

海带夏苗培育期间，气温和水温都较高，加之在人为控制的环境下集中培育大量幼苗，因此应高度注意温度控制、光照强度调节、新鲜海水补充、育苗池海水流速、营养盐补充等环节，避免病害发生。

1. 胚孢子和配子体死亡及幼孢子体变形病烂

（1）主要病状

胚孢子萌发不正常，大量发病死亡；配子体细胞分裂不规则，生长期加长，难以转化为幼孢子体；幼孢子体尖部畸形并出现死亡（吴超元等，1979）。

（2）病因

主要病因为种海带未成熟或成熟过度、采孢子时不动孢子比例过大、棕帘等附着基处理不好、水质恶化、配子体细胞发育为精子囊或卵囊阶段受强光刺激等（胡敦清等，1981）。

（3）防治方法

选用成熟度适中的种海带作为亲本采游孢子，加强棕帘的清洗和处理，保持良好的育苗水质，避免强光刺激。发病后应采取降温、洗刷、隔离等措施。

2. 绿烂病

（1）主要病状

叶片从尖部开始变绿变软，逐渐腐烂。

（2）病因

受光不足。

（3）防治方法

控制采苗密度，使游孢子附着密度适中；及时根据幼孢子体发育状况调节光照强度，增强洗刷力度，增加换水量并加大育苗池水流量。

3. 白尖病

（1）主要病状

藻体尖部细胞色素分解、变白，细胞仅留存细胞腔壁。

（2）病因

受光突然增强。

（3）防治方法

控制采苗密度，使游孢子附着密度适中；降低光照强度使之均匀适宜，防止幼苗突受强光刺激，增加水流量，及时洗刷苗帘。

4. 脱苗

（1）主要病状

幼孢子体大量脱落，并存在藻体分解现象。

（2）病因

幼孢子体固着器发育不良，或育苗水体中褐藻酸降解菌大量繁殖导致水质恶化（陈羽等，1984）。

（3）防治方法

减少孢子附着密度，增加水流量，及时洗刷苗帘。在育苗过程中应及时清除脱落苗体及清除水体中泡沫状污物；若有发病征兆，应提高苗帘清洗频率。调节光照使之均匀适宜，防止幼苗突受强光刺激。

二、海上栽培期间发生的病害及防治

海上栽培期间发生的病害也称养成期病害，主要有绿烂病、白烂病、点状白烂病、泡烂病、卷曲病、柄粗叶卷病和黄白边病等，每年均有不同程度的发生。对生产威胁较大的病害，主要是绿烂病、白烂病、点状白烂病和黄白边病。

1. 绿烂病

（1）主要病状

绿烂病是海上栽培期间常见的一种病害，往往给生产带来很大损失。通常从藻体梢部边缘开始变绿、变软，或出现一些斑点，而后腐烂，并由叶缘向中带部、由尖端向基部逐渐蔓延扩展，严重时使整棵海带腐烂。从切片观察，发病部位的组织细胞发生病变，胞内原生质不丰富。表皮细胞色素体有分解现象，类胡萝卜素被破坏，仅剩叶绿素，组织呈现绿色，细胞之间疏松（王丽丽等，2003）。

绿烂病一般发生在每年的4~5月，天气长期阴雨多雾、光线差，或海水浑浊、透明度小时易发生。主要现象包括：① 绿烂病几乎全是从每根苗绳下部的海带开始，且水层愈深，发病愈重，苗绳上部水层浅处发病较轻；② 苗绳上下遮光轻者发病轻，苗绳上下遮光重者发病重；③ 悬挂水层深，斜平角度小的海带病烂严重；④ 每绳夹苗和单位面积内夹苗密度大者病烂严重；⑤ 大面积栽培的中心及潮流小的近岸区病烂严重。

（2）病因

从绿烂病的发病规律和病理解剖分析，一般认为绿烂病是由光照不足而引起。因海带所制造的有机物不敷体内消耗，藻细胞的活力逐渐变弱，直至原生质破坏，最后死亡。在这个过程中，水溶性的藻褐素首先被分解，显示出叶绿素的颜色，使叶片呈现绿色，附带黏性腐烂现象。由于海带尖端部分组织细胞年龄较大，活力较弱，对不利环境适应力差，加之浮筏式栽培的海带叶片下垂，叶梢受光弱，因此绿烂病一般从尖端开始。

（3）防治方法

提升水层或倒置：根据具体情况，垂养苗绳需立即进行倒置，或调为斜平。平养苗绳初挂水层较深者，可上提到适当的水层。

切梢与间收：发生绿烂病时，海带长度若适合切梢，应立即切梢；海带大小若适合间收，应进行间收。此外，还可将苗绳上腐烂较重的小苗剔除。

疏散苗绳：将病区的苗绳进行适当的疏散，最好移到水深流大的外区。

洗刷浮泥：海带叶片上易附着一些悬浮颗粒物质（俗称浮泥），影响海带叶片正常的光合作用和营养物质的吸收，对海带病害的发生和发展起着推波助澜的作用。因此在采取其他措施的同时，还应及时洗刷浮泥。

2. 白烂病

（1）主要病状

白烂病通常先发生于叶片尖端，藻体由褐色变为黄色、淡黄色以至白色。然后由尖端向基部、由叶缘向中带部逐渐蔓延扩大，同时白色腐烂部分大量脱落。严重时，凹凸部藻体全部腐烂脱落，仅剩色浓质韧的平直部。有的小海带全叶烂光，白色腐烂部分有时全变为红褐色。病烂部分的切片观察结果显示，发病部分的组织中，细胞原生质消失，表皮细胞没有或仅有少量色素体，细胞仅剩空壁。细胞形态在发病前期没有显著变化，发病后期腐烂脱落。

白烂病多发生在浅水层，一般在五、六月，天气长期干旱、海水透明度大、营养长期不足的情况下易发生。在水质极贫或不肥沃海区易发病，自然肥区很少发生。苗绳上端的海带病烂严重，苗绳下端的海带病烂较轻，甚至不烂。浅水区、大面积养殖的中心区发病重；水深流畅的边缘区发病轻或者不发病。平直部小、叶缘大，藻体薄的海带病烂严重；相反则轻。

（2）病因

白烂病是细胞的色素被分解，呈现白色致死的现象。类胡萝卜素较易被分解，过强的光照又容易使叶绿素分解，因此最终呈现白色。往年发病情况表明，白烂都是苗绳上部重而下部轻，同时又多是海带长到一定大小、水温上升至一定程度，且海水透明度突然增大时才会发生。因此，光照过强是发生白烂病的重要原因之一。此外，白烂病多发生在缺氮的贫营养区，因氮元素是构成蛋白质的主要成分，蛋白质不仅是原生质中最重要的组成部分，也是多种维生素的合成元素，因此营养不足就必然会使其生长发育受到影响。在这种情况下，光照过强就更容易引发白烂病。总之，营养条件不佳和光照过强，是发生白烂病的主要原因。

（3）防治方法

加强技术管理，增强海带活力，提高海带的抗病能力，是预防白烂病的根本措施。实践证明，小海带期长、凹凸部大、叶缘部宽的海带易发病；平直部大、叶缘小、藻体厚的海带不发病或很少发病。因此，应尽量缩短小海带期，减少凹凸部长度，增加海带厚度。生产实践表明，只要加强幼苗培育，早分苗，分壮苗，适时调整光照强度，便能有效地预防白烂病。

保持水流畅通，也是预防白烂病的重要措施。流水稳缓，海带发病重，在大面积栽培的中心区尤其明显。因此应尽量保持流水畅通，可采用缩小栽培区面积、加大区间距、留流道、适当减少中心区筏架等措施。

根据海况变化，合理调整光照，是预防白烂病的关键措施。因此，每年、每月制订生产计划前，均应事先了解天气和风浪的变化趋势。并根据天气和风浪的变化情况，推断透明度的可能变化范围。再根据海带的需要调整光照强度。

当白烂病发生后，可采取以下措施：① 降低栽培水层：把苗绳下降到白烂病较轻或未发生白烂病的较深水层，但必须随时注意防止绿烂病的发生。② 适施肥料：适当施加氮肥，充分满足海带对营养的需求。③ 切梢和洗刷：凡可以进行切梢的，应立即切梢，同时抓紧洗刷浮泥，以防白烂病后细菌感染。

3. 点状白烂病

（1）主要病状

点状白烂病也是一种常见的病害（索如瑛等，1965）。该病发生突然，且发展速度相当快，3~5 d内便能使海带严重病烂，对生产危害很大。点状白烂病一般先从叶片中部叶缘发生，或同时于梢部叶缘出现一些不规则小白点，随着白点的逐渐增加和扩大，使周围叶片变白、腐烂或形成一些不规则孔洞，并向叶片生长部、梢部或中带部发展，严重者使整个叶片腐烂。白色腐烂部分有时微带绿色。从切片观察,刚出现白点时,仅向光面组织细胞内原生质和色素体减少或无,细胞形态并没有其他变化,仅表皮细胞稍疏松。白烂扩大并烂成孔洞时,洞外残存的细胞形态模糊,严重的细胞已腐烂脱落,在孔洞周围有一圈颜色明显加深的色素环,其中色素体位于四周,病灶呈浓褐色。色素环部分的细胞有半溶解现象。

点状白烂病多发生在5月前后,且多发生在浅水层,有时夏苗暂养期间也有发生。在海水透明度突然增大、天晴、强光、风和日暖的情况下易发,且透明度越大、持续时间越长,病烂越重。点状白烂病多发于薄嫩期或凹凸期含水分较多的藻体上,色浓质韧的海带发病轻或不发病。水浅、流缓的大面积栽培中心区发病重;水深、流畅的边缘区发病轻或不发病。苗绳上部的海带发病重,下部的海带发病轻或不发病。

(2) 病因

从点状白烂病的症状和发病规律判断,该病主要是光线突然增强引起的。当光照强度突然增大,海带局部生活力弱的细胞适应不了,便会造成细胞的破坏及死亡。在此过程中,由于色素体被分解,藻体出现白点并溃烂。

(3) 防治方法

点状白烂病是一种强光性病害,因此预防应从光线入手。

通流:通流的目的在于改善海带的受光条件和加强物质交换。可采取缩小栽培小区的面积及加大区间距、降低放苗密度(特别苗绳量的减少)、及时切梢、在流速较大的海区进行栽培等措施。

控制养育水层:在易于发病期的前10~15 d(4月下旬至5月中旬),将栽培水层控制在100 cm以下,以避免突然受光过强引起发病。但当藻体快进入厚成期且没有发病现象时,应及时逐步提升水层,以促进藻体充分厚成,从而提高产量和质量。

加强幼苗管理:尽量提早分苗,分苗后及时施肥,适时倒置以调整海带受光情况,从而促进藻体提早进入厚成期。

4. 泡烂病

(1) 主要病状

泡烂病主要发生在一些有大量淡水注入的海区或降水量较大的地区,该病对海带生产也能造成很大损失。发病时在海带叶片的部分部位发生很多水泡,水泡破裂后,因沉积浮泥而变绿甚至腐烂成许多孔洞,严重时叶片大部分腐烂。

(2) 病因

大量淡水使海水密度急剧降低,因渗透压突然改变,使海带细胞失去了正常的渗透能力而渗入了过多的水分,从而引起泡烂。

(3) 防治方法

该病多发生在有大量淡水注入的浅水薄滩海区。淡水密度小,大量注入后,表层海水密度最小,海水越深密度越大。因此,在大量降雨前,可下调苗绳的水层,以防淡水侵害。

5. 卷曲病

(1) 主要病状

卷曲病通常发生在生长部周围,发病症状有两种:其一,向光叶缘或中带部变为黄色或黄白色,随后在叶缘出现豆粒大的凹凸,网状皱褶,或由叶缘向中带部卷曲扭转(王祈楷等,1980),严重的叶缘卷至中带,卷曲部分叶片腐烂;其二,生长点出现"卡腰"现象,基部伸长,局部肥肿,叶基加宽,藻体生长停止。从切片观察,发病部位向光面的表皮细胞甚至皮层细胞呈点状或片状死亡。细胞内原生质减少,色素体被破坏,有的仅剩形态上收缩的细胞外廓。严重时,细胞壁碎裂脱落。

卷曲病的发病时间范围较广,10 月至翌年 4 月上旬均可发病,易发生在浅水层。在天气晴朗、无风、海水透明度大的小潮汛期易发。该病多发生于藻体长度一般为 80 cm 的小海带期。一般苗绳上端的海带发病重,下端的海带发病轻微或不发病。水浅、潮流小、大面积栽培的中心区发病重,远岸边区发病轻微或不发病。

(2) 病因

从发病规律来看,初步认为卷曲病是因为突然受光过强所致。因处在小海带期的藻体具有喜弱光的特性,当海水透明度突然增大时,水层较浅的小海带便会无法承受超过其光合作用光饱和点的强光刺激,导致向光面表皮细胞的大量伤害或死亡。此时背光面细胞由于继续生长,两面细胞生长失去平衡,从而呈现出卷曲现象。同时,由于此时期海带个体小,生长部细胞幼嫩,对强光适应力差,因此卷曲病发生在生长部。

(3) 防治方法

夏苗暂养区,特别是水浅流缓、挂苗集中的海区,应适当外移(但应注意防风浪损害)。栽培区应合理安排,畅通流水、改善受光条件。若卷曲病发生,必要时可向水深、流大的海区搬移。

栽培初期(叶片在 100 cm 以内)密挂,将 2 亩或 1.5 亩的苗绳,暂时密挂于 1 亩水面筏架上,藻体可互相遮挡,避免强光。

应根据透明度的大小,控制恰当的栽培水层。栽培初期,一般应掌握在 80 ~ 100 cm 及以下。

适当增施肥料,增加海带对光能的利用和适应能力。

6. 柄粗叶卷病

(1) 主要病状

柄粗叶卷病(郭宣锬,1980)既发生在暂养苗绳的小苗上,也会发生在分苗后的藻体上。发病轻的小苗能随着个体的长大而逐渐好转,但对脆嫩期海带危害最大。发病时基部粗肿,假根部萎缩,根系分枝少,形似鸡爪。叶片发生多种类型的卷曲,有的左旋,有的右旋。卷曲严重的形似花状,俗称灯笼海带。患病后的藻体发脆易断,叶片上有条纹状的痕迹,构成网状皱褶,藻体增厚。由于卷曲,有时叶片基部纵裂分离为二。

发病的时间与海区水温有一定的相关性,发病的高峰多在春节前后的低温时期。在暂养绳上的海带,发病水温限在 8℃左右,分苗后养育的海带在 6℃左右。发病同栽培海区的环境条件及栽培方式均有密切关系,水深、流大、光照差、贫营养的海区,海带发病早,发病率高;分苗晚、栽培水层深、密度大,均发病早,病情较重,反之,发病晚,病情较轻。

(2) 病因

有研究表明,该病是一种类菌质体(mycoplasma organisms,MLO)侵染而引起的传染性病害,其发生和发展与海况条件及栽培方式密切相关,但也可能是环境因子导致的生理性病害。

(3) 防治方法

更换种海带。将携带病原体的种海带淘汰,选用未发病地区且不携带病原体的种海带育苗,从根本上予以防除。

根据发病与海区条件的关系,积极改善海区流水、光照、肥力等,提高海带的抗病能力。如里区外移疏散筏架、合理布局等,争取透光通流较好。

根据发病与栽培方式的关系,改善栽培方式,纠正栽培水层过深、密度过大、施肥管理过差的倾向。实行加大筏距、区距、绳距和苗距等措施，进行浅水层栽培。

三、敌害动物防治

1. 枝角类海蚤

把 1 kg 晒干后的山羊花（生长在浙江温州地区，春季开黄花的野生草本植物）放入 20 kg 海水中煎煮，滚沸后冷却并带至海区。将整条苗绳在其中浸泡 1.5 min，海蚤全部死亡而海带苗无丝毫影响（徐国林，1959）。

2. 日本尾突水虱

6~10 月是海带幼苗培育时期，此时水温在 15~26℃，日本尾突水虱活力最旺盛。因喜食鲜嫩海藻幼苗，故多分布于浅水层。可用甲醛、硝酸铵各 5‰的混合溶液处理苗绳 30 s，2~3 d 后再处理 1 次，即可杀灭水虱。若在育苗时出现，也可以用这种混合溶液处理 10 min，基本上可以达到防治或杀灭水虱的目的（李顺志等，1993）。

3. 钩虾、麦杆虫

海带苗暂养期间，麦杆虫、钩虾等可摄食海带幼苗，在生产上可用 1/300 的铵肥水浸泡清除这些育苗绳上的敌害生物。

第六节　收 获 与 加 工

我国栽培海带的收割期，因南北环境差异而不同。北方一般在每年的 5~7 月收割，南方则在 4~5 月收割。

一、收割期

收获过早或过晚，对海带的产量和质量均有损失，因此收割必须适时才能获得高产。当海带叶片明显增厚，藻体长度达到 1.5~2 m 即可开始收割。

收割过早，海带含水量大、制干率低、质量差；收割过晚，则海带又会因大量腐烂而造成损失。此外，收割过晚，叶面上沉积的大量浮泥和附着的生物，给加工增加麻烦；且海带生长后期常为多台风季节，因此收割必须适时。当海带已达到一定厚成程度后，在台风和多雨季节来临之前，应集中人力收割海带。随着有机物质积累的增多，海带在外形上也有一定程度的变化，叶片基部呈圆形，色泽浓褐并有一定的厚度，用手握海带生长部时也能感觉到有一定的韧性，这些形态特征标志着海带已经厚成适于收割。

收割期除应根据海带的厚成情况为主要指标外，还应考虑外部条件。例如，内湾或近岸水流缓慢的海区应早收，水流畅通的海区可晚收。在大量生产时，收割和加工不是在短时间内能完成的，因此还必须根据人力、物力、晒菜场地和加工方法等制订收割计划。若等海带充分厚成时才开始收割，则后期收割的海带便会因时间过晚而遭受损失。因此，开始收割时鲜干比和干品等级标准的要求可稍低一些，中期要求合乎标准，后期可要求高一些。筏式栽培的海带一般至少应达到 8 kg 鲜菜晒成 1 kg 干菜的要求。收割时间一般从 5 月开始，先收内湾、里区、上层的成熟海带。因南方水温升高得快，收割开始较早，3 月下旬即可开始。

收割期也与加工利用方式有关，如辽宁大连地区主要是加工盐渍海带，4 月下旬就开始收割，一般早于同属北方地区的山东荣成。

我国当前养殖鲍、海参时，也需要投喂海带。一般是在海区作业船上利用小型切割机将收割的新鲜海带破碎成块状,直接投喂鲍;或将整棵海带用粉碎机打成浆状,再掺入其他饲料,用于海参饵料。鲜活饲料生产则是根据投喂对象的摄食需求来确定海带收割时间的。

二、收割方法

收割海带是一项繁重的体力劳动。北方在生产上常采用间收的方法,将成熟的海带自柄基部用刀割下或连根拔下后,装船运至岸边(图 1-24),或由空中索道运上岸进行加工。研制适合浮筏式栽培的海带收割机,是减轻繁重体力劳动及提高生产效率的有效途径之一。

图 1-24　海带采收

1. 间收

所谓间收,即成熟一棵收一棵、成熟一绳收一绳。同一根苗绳上因光照条件不同,海带厚成时间并不统一。采用间收法收割,不仅可提高产量和质量,还能改善光照、水流等条件,促使未厚成的海带尽快厚成。实践证明间收效果明显,但生产效率相对较低。

间收的优点在于: ① 可提高产量。由于多次间棵收割,海带逐渐稀疏,改善了光照、水流、营养盐等条件,从而加速了海带厚成,提高了产量。② 可提高质量。由于海带厚成条件好,中带部大而厚、色泽浓褐、质量好、等级率高。③ 有利于安全生产。海带愈接近收割期重量愈大。而筏架等栽培设施经过一年的浸泡腐蚀,抗风浪能力逐渐降低。间收海带可逐渐减轻筏架负荷,相对提高了生产安全。④ 增加收入。因收割时间延长,可充分利用菜场多晒淡干品,从而保证了质量。

因间收的生产效率较低,在目前雇工成本较高的情况下,间收的方式在海带栽培生产上应用的不多。目前仅在山东长岛应用较为广泛,主要用于早期(5~6 月)生产出口淡干海带。

2. 批量采收

目前海带栽培生产中,主要采取整条苗绳集中收割的方法进行采收。因采收效率较高,较适宜于大规模栽培收获,尤其是盐渍海带加工生产。

三、初级加工

收割后的海带主体包括淡干法和盐渍法 2 种初级加工方式。

1. 淡干法

利用阳光使收割上岸的海带自然干燥的方法即淡干法,淡干海带的含水量一般在 15%左右。该方法具有质量好、色泽纯、省工省盐、便于加工和较少破坏营养成分等优点。因此,有条件的地方应多加工淡干品。

淡干海带主要靠太阳晒干,受天气和晒菜场所等条件的限制。

(1) 晒场的选择

最好选择海边由卵石、石砾等铺齐压平的空地,便于干燥,晒干的海带较平整且杂质少。有矮小青草的地方也可,虽然干燥慢,但干菜较干净。不宜选用有细沙的地方作为晒场,否则干菜上黏附的沙粒比较多,将影响产品质量。总之,晒场以向阳、适当通风、排水好且平坦为宜。

(2) 加工方法

淡干加工方法较简单,把海带运到晒场后就地铺晒即可。但应注意以下几点:① 收割时最好在海水中清洗去除浮泥,运输中切勿拖土黏泥,以免影响质量。② 晒菜时单棵摆晒,不要折叠。梢部薄,干得快,因此当梢部晒干后,应将没晒干的基部压在梢部上,这样不仅促使干燥,也避免梢部被晒得过干而断裂、破碎。③ 收割的海带应尽量当天晒干入库,要早收早晒,或前一天下午收割,第二天一早就晒。菜切勿晒得过干,否则容易破碎。

南方海带因在浑水区浅水层培育,全绳海带厚成较均匀,藻体也较短小,所以晒干时常将整绳吊挂起曝晒。这种方法对晒场要求不高、占场地少,在山坡上或草地上均能晒菜。

2. 盐渍法

盐渍法是海带目前主要的粗加工方式,相对淡干加工方法而言,其工艺过程较为简单且机械化程度高,劳动强度较小,在我国北方地区应用比例越来越高。

加工时将新鲜海带整绳简单清洗后,在漂烫机的 80~90℃沸水中煮烫 2~3 min,然后用传送带送至搅拌机中沥水并掺入原盐(俗称大粒盐),将盐渍好的海带平整后运输到冷库中进行贮藏,待后续进一步加工为海带丝、海带结、海带片、海带卷等食品。

第七节　品 种 培 育

我国是世界上最早开展海带遗传改良的国家(Patwary and Van der Meer,1992)。20 世纪 50 年代末期,我国已开始海带的遗传学及遗传育种的研究(方宗熙,1983)。海带叶片长度、柄长、叶片厚度等性状的数量遗传学研究,为海带遗传育种学奠定了基础理论与方法,并通过定向选育培育出首例海带新品种"海青 1 号"。这种根据数量性状遗传特征建立的海带定向选育技术,被广泛应用于后来的海带育种工作。70 年代中期,海带配子体克隆的培育及海带单性生殖现象的发现,开辟了海带细胞工程育种新时代。以海带配子体克隆为育种材料,先后建立了单倍体育种、种间和种内杂交育种、杂种优势利用等技术,培育出"单海 1 号""单杂 10 号""荣海 1 号""远杂 10 号"等新品种,为我国现代海带栽培业的蓬勃发展奠定了重要的良种支撑基础。80 年代以来,海带遗传资源的收集与保存,尤其是国外优良种质资源的引进,为海带杂交育种研究提供了丰富的亲本材料。“901”“东方 2 号”“荣福”“东方 3 号”“爱伦湾”“三海”“黄官”“东方 6 号”“东方 7 号”“205”等全国水产原种和良种审定委员会认可的水产新品种的培育与应用,使得海带栽培业成为我国海水养殖业中良种化最高的产业,持续提升了我国海带栽培业的生产能力与效益(刘涛等,2011)。

一、经济性状遗传学

1. 质量性状遗传

生物的质量性状是指由一对等位基因控制的性状。关于海带的质量性状,至今也只有一例报道(方宗熙等,1982a)。通过配子体无性繁殖系(即配子体克隆)的孤雌生殖,于 1977 年获得了 1 株孤雌生殖孢子体(突变体),其叶面粗糙、有明显凸起的色素斑。与其他雌性孢子体一样,这株突变体产生的孢子全部萌发为雌配子体,并可以孤雌生殖产生同样性状的孢子体。这些后代都具有轻微隆起的深褐色斑点,叶片色泽较深、粗糙,柄较短、横切面呈扁平状,叶片后期无小凹凸。无法耐受较高温度,在生长后期于褐斑处发生白化、易脱落。到 1980 年,这个突变型仍保持着稳定的性状,说明这一突变株系是能稳定遗传的。

通过与其他 2 个叶片光滑且没有凸起色素斑的孢子体进行杂交,其后代的孢子体叶片均光滑,均没有出现突变体的色素斑。通过子一代自交,在子二代又出现少量的突变型海带,表明该性状为隐性遗传性状。

2. 数量性状遗传

(1) 海带叶片长度的遗传

海带属藻类的孢子体呈带状,其叶片长度是一个重要的经济性状,通过连续测定叶片长度可以评价海带生长速度。温度、光照强度、营养盐和生长密度等环境因子对海带的叶长虽然存在着重要的作用,但叶长仍主要受控于遗传。

方宗熙和蒋本禹(1963b)研究了海带不同自交系和杂交群体(混合采孢子)叶片长度的遗传。发现海带原始种群和自交种群在叶片长度上都呈连续变异,各变异的频率只有一个高峰,大致为正态分布,说明海带的叶长受多基因控制,且效应是微弱的、累加的,属于典型的数量性状遗传。进一步对“海青 1 号”(宽叶品系)、“海青 2 号”(长叶品系)及“海青 3 号”(厚叶品系)等 3 个连续自交与定向选择所形成品系的亲本,及其后代叶长分布频率进行比较研究,结果表明海带亲本及其后代叶长之间的相关系数 $r=0.69$(自由度为 10,$P\approx0.01$);通过“海青 3 号”与自然种群海带叶长变量的估算,可知海带叶长的遗传力为 55.6%,也就是说海带叶长的变异至少 50%受遗传制约(方宗熙等,1965)。陈家鑫(1983a)通过 6 个不同纯系海带及其杂交后代的叶长比较,计算了海带叶长的广义及狭义遗传力,分别为 72.1%和 74.5%,说明该性状受环境的影响较小,而主要由基因的加性效应所决定。

控制海带叶长这些数量性状的基因,在不到 100 个细胞的幼孢子体时期就产生相应的表型,且一直延续到整个生长期(方宗熙等,1965)。

(2) 海带叶片厚度的遗传

通过比较分析多个连续自交系后代及自然种群后代的叶片厚度,张景镛和方宗熙(1980)发现亲本叶片较厚的自交系,其子代叶片平均厚度均较厚;反之,亲本叶片较薄的自交系,其子代叶片平均厚度均较薄。海带叶片厚度变异频率的分布曲线表明,无论自交系还是自然种群,其叶片厚度都呈连续变异,呈现出正态分布。因此海带叶片厚度也是一个典型的数量性状。亲本海带的叶片厚度和它们自交所得子代叶片的平均厚度成正相关,其相关系数 $r=$

0.82(自由度为9,P在0.01~0.001)。这些结果表明海带叶片厚度是受遗传制约的。通过对"海青3号"(厚叶品系)与"海青4号"(薄叶品系)组织切片的比较观察,张景镛和方宗熙(1980)认为控制海带叶片厚度的遗传因子决定了皮层细胞的层数和大小。

王清印(1984)选取5个海带孤雌生殖群体及"860"和"1170"两个自交系,研究了叶长、叶宽、叶厚、鲜重和干重等5个性状的遗传力和遗传相关性。遗传力由高到低分别为叶宽>鲜重>干重>叶长>叶厚。不同性状的变异范围存在显著差异,鲜重和干重的变异幅度最大,其次为叶长和叶宽,叶厚变异幅度最小。海带叶片长度和宽度的相关系数普遍较高(正相关),表型相关性达到了极显著水平,与鲜重和干重等产量性状的相关系数都很高,且其遗传力较高,易通过自交和杂交实现育种目标,可以作为选择优良亲本的主要标准。

(3)海带柄长的遗传

方宗熙等(1962a)研究了海带自然种群和自交群体柄长的遗传,确认柄长不是定向变异和诱发突变的结果;海带的柄长是一个呈连续变异的数量性状,呈正态分布,且长柄对短柄具有一定的显性作用。多个遗传因子影响柄长的发育,亲本柄长和子代柄长之间存在高度的相关性:即在同一生长条件下的海带,若亲本的柄长,其后代的柄也长;若亲本的柄短,其后代的柄也短。因此,通过连续自交和定向选择,可以从原始种群分化出短柄种群和长柄种群。

生长密度和光照强度影响海带的柄长性状,生长较密和光线较弱都会使柄变长。Parke(1948)观察到,潮间带的糖海带到生长的第2年结束时,柄长不足10 cm,而在有遮蔽海区的潮下带生长的糖海带柄长同年可达130 cm,说明光照强度越弱,柄就越长。"海青1号"在不同生长密度下,柄长也发生类似的现象:过分密植会导致柄长增长44%(表1-4)(方宗熙和蒋本禹,1963a)。通过对暴露在海浪或有遮蔽海区的简单型海带的柄长进行遗传分析后,Chapman(1974)计算得出柄长的广义遗传力为42%。这些结果说明,海带的柄长受环境因子的影响较大。

表1-4　"海青1号"海带在不同生长密度下柄长的比较(方宗熙和蒋本禹,1963a)

亲本		后代			
来源	柄长/cm	培养条件	总数	柄长[a]/cm	变异系数
"海青1号"61-252-1	5.0	密植	35	7.6±1.46	13.2%
"海青1号"61-252-6	6.5	密植	18	8.7±1.48	17.0%
合计			53	7.8±1.47	18.8%
"海青1号"61-252-1	5.0	不密植	29	5.5±0.66	12.0%
"海青1号"61-252-6	6.5	不密植	31	5.3±0.47	8.9%
合计			60	5.4±0.56	10.2%
对照		不密植	46	3.0±0.63	21.0%

a. 平均数±标准差

(4)海带碘含量的遗传

对连续自交及筛选获得的高碘品系"860"和"1170"及其后代的碘含量进行分析,发现高碘个体后代种群的碘含量均较高,低碘个体后代种群的均较低(表1-5),说明高碘含量是一个遗传性状(中国科学院海洋研究所和青岛海洋水产研究所,1976)。高碘含量品种与当地种群(对照组)的碘含量在种群中呈连续分布,说明高碘含量性状是一个多基因控制的数量遗传性状(中国科学院海洋研究所和青岛海洋水产研究所,1976)。

表 1-5 高碘含量海带个体的自交2代在不同地区的碘含量比较
(中国科学院海洋研究所和青岛海洋水产研究所,1976)

品 种	辽宁大连		山东青岛		浙江温岭	
	棵数	碘含量[b]/‰	棵数	碘含量[b]/‰	棵数	碘含量[b]/‰
860	41	5.47±1.00	52	6.46±0.92	42	5.17±1.10
1170	39	4.91±1.05	30	7.05±1.31	42	5.39±1.20
856(低碘对照)[a]	70	3.90±0.98	65	3.86±1.00	72	3.39±0.67
当地种群	49	4.25±1.21	62	5.71±1.33	68	4.51±1.06

a. 856是1967年选自浙江省南麂岛经累代自交后形成的自交系
b. 平均数±标准差

陈家鑫(1983a)通过比较6个不同自交系海带及其杂交后代的碘含量,发现海带碘含量性状的广义遗传力处于中等水平(50.1%~62.1%),但其狭义遗传力却偏低(h_N^2=34.1%),属于非加性作用效应。因此,碘含量作为一种经济性状,不仅受环境影响,更易受海带的生长率、干物质积累速率等多个关联性状影响。根据海带对海水中碘的富集能力主要依赖于碘氧化酶活性和藻体累积能力,陈家鑫(1983b)进一步研究了上述实验材料碘吸收速率与碘含量的关系,发现品系间碘吸收速率差异比碘含量差异更为灵敏,仅反映出较小的变异系数和较高的遗传力(h_B^2=96.47%),提出以碘吸收速率选育高碘品种海带可能仅比以碘含量的表型值更为有效。

(5) 海带黏液腔的遗传

通过对东加拿大Newfoundland海区的有黏液腔或无黏液腔群体及Nova Scotia海区的无黏液腔群体的简单型海带属种类进行的杂交实验,Chapman(1975)发现子一代(F_1代)叶柄中的黏液腔发育与其亲本没有明显的正相关,但叶片中的黏液腔发育与其亲本有一定的正相关,不过其遗传力也只有29%。说明环境因子对海带黏液腔的影响较大,也间接表明黏液腔的性状不太适合作为海带属分类的主要依据。

二、遗传育种

1. 选择育种

选择育种是以自然变异为基础对材料进行选择的育种方法。方宗熙等(1962b)首次报道了自交选择培育出"海青1号"海带新品种之后,利用该技术继而培育出了"海青2号"(长叶品系)、"海青3号"(厚叶品系)和"海青4号"(薄叶品系)(方宗熙等,1965,1966)。中国科学院海洋研究所和青岛海洋水产研究所(1976)报道了从海带南移群体中连续选育出"860"高碘海带新品种的工作。

田铸平等(1989)报道了以早厚成性状为目标,自交选育出"早厚成1号"的工作。其特点是收割早,叶片厚,中带部偏宽,边缘部较小,藻体韧性较大,色泽浓褐,藻体脱落较轻,抗强光,可增产8%~45%,适于浅水层栽培。缪国荣和丁夕春(1985)报道了荣成海带育苗场和荣成水产养殖场采用同一海区养殖群体和自然群体混采孢子后,连续自交培育"荣一"海带新品种的工作。

2. 单倍体与单倍体育种

单倍体育种具有基因型快速纯合化从而提高选择效率的优点,因此在高等作物育种研究中得到了广泛重视与应用。单倍体育种的基础是单性生殖过程的发现、单倍体材料的获得及染色体加倍方法的利用。

（1）配子体克隆的培养与应用

海带生活史是由大型孢子体世代和微型配子体世代构成的。通常情况下，采苗后经过7~20 d培养，海带便结束配子体世代，进入孢子体世代。方宗熙等（1978b）通过分离培养的方式，阻断了配子的发生，用毛细吸管分离单个配子体，在低温和弱光条件下培养，使其进行营养生长。配子体细胞不断分裂，经过1个月左右，便可长成肉眼可见的多细胞丝状体，形成配子体克隆。由海带配子体分离培养而来的克隆具有遗传物质一致、保持雌雄性别、保持全能性等特点，可分别发育为单性孢子体。崔竞进和欧毓麟（1979）通过2年的实验，进一步验证了这种分离培养的配子体克隆可进行长期保存，并能保持良好的活力。海带配子体克隆的分离培养，成为继海带数量性状遗传与选择育种之后，海带遗传育种研究史的又一里程碑。配子体克隆的培育成功，标志着海带育种工作进入细胞工程育种新阶段。

（2）配子体克隆的单性生殖与单倍体育种

Schreiber（1930）在欧洲海带属的2物种中发现了雌性配子体的孤雌生殖现象。Yabu（1964）报道了包括海带在内的海带目9物种的孤雌生殖。这些研究发现，由孤雌生殖产生的孢子体绝大多数在形态上是畸形的，但对孤雌生殖孢子体的倍性及其后代的遗传特性并未进行探讨。海带配子体克隆的培育成功，无疑为海带单性生殖研究提供了便利的材料。戴继勋和方宗熙（1976）利用分离培养的雌性配子体克隆，通过孤雌生殖发育成为正常幼孢子体。方宗熙等（1978a）报道了海带雌性孢子体的培育工作，证明孤雌生殖的幼孢子体能够长成正常、成熟的孢子体，且形成的孢子全部发育为雌配子体，由此在国际上首次完成了海带雌性生活史。戴继勋和方宗熙（1979）及戴继勋等（1992）通过染色体核型分析，证实海带孤雌生殖发育，为雌性孢子体期间发生了染色体自然加倍现象。蒋本禹和唐志洁（1979）报道了海带雄性配子体克隆经过无配生殖发育为雄性叶状体。但戴继勋等（1997，2000）研究了海带雄配子体克隆的发育，发现无配生殖雄性叶状体的染色体为单倍体，不能形成孢子囊。上述海带配子体的孤雌生殖与无配生殖研究，不仅为海带单倍体育种提供了依据和方法，同时也为海带杂种优势研究提供了重要的材料，从而大大加快了海带杂交育种的进程。

3. 诱变育种

诱变育种是人为诱导生物产生变异，从而获得育种材料。20世纪20年代及40年代先后发展的辐射诱变及化学诱变等技术的应用，为生物遗传学和育种学研究提供了丰富的变异材料。

方宗熙等（1961）首次研究了X射线对海带配子体和幼孢子体的影响，发现配子体30 d半致死剂量为2 000 R（$1\ R=2.58\times10^{-4}\ C/kg$），幼孢子体半致死计量为3 000 R左右；低剂量的X射线不仅可促进幼孢子体细胞分裂以促进其快速生长，还在促进雌配子体发育的同时，对其子代幼孢子体生长也具有显著的促进作用。方宗熙和蒋本禹（1962）进一步研究了低剂量X射线对海带配子体的刺激效应，发现在不同海带自交系和杂交系处理组中，幼孢子体和大孢子体均存在着一致的反应，低剂量X射线能够明显提高海带的产量。江乃萼等（1982）研究了X射线对海带雌性配子体克隆的影响，得到了与方宗熙等一致的研究结论，同时发现高剂量X射线除了导致雌配子体发育延迟和死亡外，其子代孤雌生殖幼孢子体还产生了大量的畸形。中国科学院海洋研究所和青岛海洋水产研究所研究人员（1976）以4 000 R的X射线诱变海带单株放散配子体，经过连续3代选择培育出“1170”高碘海带新品种。

方宗熙等（1963，1964）分别研究了$^{60}C_O\gamma$射线对海带配子体和幼孢子体的影响，发现海带幼孢子体较配子体具有较强的抗性,低剂量射线刺激细胞分裂促进了幼孢子体的生长,而高剂量射线则通过细胞膨大促进个体的增大。

方宗熙和蒋本禹(1962)研究了紫外线对海带雌配子体的影响,尽管随着照射剂量的增加雌配子体死亡率明显增高,但与X射线和$^{60}C_0\gamma$射线不同的是,在实验范围内,紫外线对海带幼孢子体的形成和生长都存在不良的影响。伊玉华和王仁波(1989)研究了紫外线对海带雌配子体的诱变效应,认为低剂量紫外线有促进海带雌配子体发育和孢子体生长的作用。李修良(1990)研究了紫外线对单倍体、自交系和杂种海带配子体的影响,发现除了导致配子体与孢子体死亡、孢子体畸形外,紫外线辐射能够广泛地促进子代孢子囊的提前形成。

4. 杂交育种

杂交育种是指利用不同基因型个体进行杂交,并在其杂种后代中通过选择而育成新品种的方法。杂交可以使生物的遗传物质从一个群体(或物种)转移到另一群体(或物种),是增加生物变异性的一个重要方法。杂交育种根据杂交亲本来源可分为近缘(主要指种内不同品种)杂交和远缘(指种间甚至属间等以上分类单位)杂交。

(1) 近缘杂交育种

在早期海带叶片长度的遗传研究中,方宗熙等(1963)利用了长叶海带和短叶海带孢子体混合采孢子的方式,获得了杂交群体并作为实验材料,这是最早的,有目的地获取特定性状的尝试。同样,将生长于Helgoland的光滑型与生长于Isle of Man的具泡状的糖海带进行杂交,Lüning(1975)发现杂交孢子体的叶片也具有泡状。其后,方宗熙等(1983b)利用海带雌性配子体与杂种海带雄配子体杂交,经过4代连续单棵自交选育,培育出“单海1号”海带新品种,成为海带杂交育种的首次报道,并且也是海带单倍体(配子体克隆)应用于海带育种中的首个成果。缪国荣和丁夕春(1985)报道了中国科学院海洋研究所在1977~1982年利用“860”和“1170”品种杂交培育“海杂1号”的工作,“海杂1号”较亲本具有更好的生长势和较高的产量。

(2) 远缘杂交育种

通过对来自东北太平洋的*Laminaria setchellii*、*L. bongardiana*,以及来自北大西洋的*L. hyperborea*、掌状海带、*L. ochroleuca*等掌形的海带进行种间杂交,tom Dieck(1992)发现杂交的后代不可育,说明太平洋与大西洋掌形的海带之间在遗传距离上是相当远的。在南大西洋的几种掌形的海带中,通过*L. pallida*×*L. schinzii*、*L. pallida*×*L. abyssalis*和*L. schinzii*×*L. abyssalis*的种间杂交,可以获得它们正常的F_1代孢子体;同样的杂交F_1代孢子体,可以自掌状海带(北大西洋)×*L. pallida*(南大西洋)及掌状海带(北大西洋)×*L. abyssalis*(南大西洋)中获得,说明北大西洋的掌状海带与南大西洋掌形的海带仍非常相似(tom Dieck and de Oliveira, 1993)。

对生长于北大西洋东西部简单型的糖海带及*L. longicruris*等进行杂交,均能获得相应的F_1代孢子体(Lüning *et al.*, 1978)。对生长于大西洋及太平洋简单型的糖海带、*L. longicruris*及*L. ochotensis*等种类进行杂交,多数能获得F_1代孢子体,甚至在来自Helgoland的糖海带与东加拿大的*L. longicruris*杂交中,还获得了F_2代的配子体(Bolton *et al.*, 1983)。因此,相对掌形的物种来说,简单型海带的杂交更容易成功,表明它们之间的遗传距离相对较近。

张泽宇等(1999b)报道了日本群体海带、鬼海带、利尻海带、长叶海带、狭叶海带和皱海带等6个物种配子体的种间杂交工作;在24个杂交组合中获得了18组的F_1代孢子体,其中有13个杂交组合叶片长度表现出超亲优势,9个组合叶片宽度表现出超亲优势。不同杂交组合的受精率差别很大，狭叶海带和海带的雌配子体与其他物种雄配子体杂交受精率超过 80%，具有较好的杂交亲和性。张学成等(2005)认为上述实验中不同杂交组合的受精率差异、子代杂种优势及部分杂交劣势的出现，在一定程度上受细胞质基因影响。

张全胜等(2001)和 Zhang 等(2007)报道了烟台市水产技术推广中心于 1991～1996 年，利用长叶海带雌配子体与"早厚成 1 号"品种杂交后连续自交，培育出"901"海带新品种的工作。

刘涛等(2000)报道了中国海洋大学曾利用大西洋(德国)分布的掌状海带、糖海带和皱海带 3 个种，与太平洋中国海区分布的海带和日本分布的海带、狭叶海带、皱海带和利尻海带的配子体克隆的杂交结果，在德国与日本海带的 20 个远缘杂交组合中获得了 12 组的杂交 F_1 代，而我国海带种群与德国的 3 物种均可产生 F_1 代。其中，中国海带种群雌配子体克隆与德国糖海带雄配子体克隆杂交表现出较强的杂种优势，并可产生 F_2 代配子体。利用该杂种优势子代与海带品种杂交，进一步改良了叶片厚度性状，产生了良好的增产效果。经过连续 2 代选育，培育出"单海 10 号"新品系。他们还同时利用太平洋海带雌配子体克隆与大西洋糖海带雄配子体进行杂交，经连续选育，培育出"远杂 10 号"海带新品种，较普通品种增产 30%左右，成为海带种间远缘杂交育种研究的首例新品种。

5. 杂种优势利用

杂种优势是指杂种一代较亲本具有强盛生长势的现象。杂种优势的利用建立在纯系杂交的基础上，海带雌性孢子体及配子体克隆的培育，为海带杂种优势的研究及利用提供了便利的材料与方法。

方宗熙等(1979)在以 15 个海带雌性孢子体为母本，与 2 个海带品种作为父本的杂交工作中，发现部分组合的 F_1 代孢子体在叶片长度、宽度、厚度和质量等方面存在着全面优势，同时指出杂种优势并非普遍存在于海带杂交组合中。

方宗熙等(1983a)利用中国海带种群的雌性配子体克隆，与日本种群雄性配子体克隆杂交，获得的杂交 F_1 代孢子体形态非常一致，体现出子代群体一致的基因型。在叶长、叶宽、叶厚和根系等方面表现出明显的超亲优势，与同期栽培的"860""1170""青岛老种""单海一号"等海带品种相比较，其生长速度、叶片长度和宽度、鲜重和干重等性状均体现出明显优势。方宗熙等(1985)进一步开展了杂种优势利用的育种实验，建立了利用配子体克隆培育杂种优势品种"单杂 10 号"的技术方法。利用 F_1 代自交法获得了性状分离情况复杂的 F_2 代群体，证实该杂种优势仅能应用于 F_1 代。在多地连续对比的栽培测试中，叶长、干重、干鲜比等产量性状均明显优于"860""1170""荣一"等生产品种，增产 60%以上，同时，具有显著耐高温的抗逆特性。海带杂种优势的发现及"单杂 10 号"杂种优势海带的培育为海带育种开辟了一条新的途径，该技术方法仅需要保存和培养雌、雄两套配子体克隆，方法简便，纯系保存和杂交易于进行，对指导我国海带育种工作具有重要的理论和实践价值。

刘涛等(2005)报道了配子体克隆的大规模培养，以及利用不同品系杂交组合规模化培育海带杂种优势苗种的工作。李晓捷等(2006)和 Li 等(2007)报道了烟台国家级海带良种场利用海带的雌配子体克隆和长叶海带的雄配子体克隆杂交，获得了具有显著杂种优势的"东方 2 号"杂交海带，杂种优势率达 56.5%，较长叶海带和海带分别增产 40.8%和 76.3%。"东方 2 号"杂交海带是首个在生产中大规模应用的杂种优势海带新品种。2007 年，烟台国家级海带良种场利用长叶海带雌配子体与海带"早厚成 1 号"品种杂交选育后代的雄配子体克隆，与海带雌配子体克隆杂交，获得了"东方 3 号"杂交海带，它较父本和母本分别增产 60.7%和 74.1%(Li *et al.*，2008)。

6. 转基因育种

随着基因工程技术的快速发展,转基因等遗传转化技术具有使特定对象获得未有性状、导入速度快、育种目标性强等特点,获得了育种界的广泛重视和应用。20 世纪 90 年代中期以来,我国的科学工作者率先开展了海带转基因理论及其技术探索。秦松及其合作者(Qin *et al.*, 2005)先后构建了以海带配子体、配子体原生质体、愈伤组织为受体的遗传转化模型,并认为海带雌配子体是较理想的转化受体,因为它们在转化后可通过孤雌生殖获得孢子体植株。出于转基因生物环境释放风险的考虑,多数研究仍集中在利用海带配子体细胞营养生长的特性,通过生物反应器培养转基因配子体细胞以获取目标产物,而海带转基因育种工作仍处于技术积累与探索阶段。

7. 多倍体育种

多倍体是指具有三套或三套以上完整的单倍体染色体数目的生物体。生物体的多倍化是自然界普遍存在的现象,在生物进化中起到了重要的作用。染色体的多倍化增加了基因剂量,使多倍体植物通常表现出产量性状增强、生长优势明显等特点,因此得到育种工作者的广泛重视。

海带多倍体研究起源于 20 世纪 70 年代发现孤雌生殖海带染色体加倍形成雌性孢子体的工作,戴继勋和方宗熙(1976,1979)在研究海带孤雌生殖孢子体过程中,发现幼孢子体中存在单倍体、二倍体的同时,还出现了四倍体和嵌合体,这可能是在幼孢子体有丝分裂过程中,细胞核分离而细胞不分裂导致了染色体加倍的现象。Lewis 等(1993)也在海带孤雌生殖孢子体中发现了多倍体化现象,出现了 $3n$、$4n$ 和 $5n$ 细胞,并认为这可能是导致孤雌生殖孢子体畸形的主要原因。Ar Gall 等(1996)报道了掌状海带孤雌生殖孢子体出现 $2n$、$4n$ 和 $8n$ 的现象。

方宗熙等(1982b)在海带孢子体组织培养的研究工作中,发现体细胞存在 2 种发育分化途径,即类愈伤组织和丝状体,其中丝状体可以分别形成卵囊和精子囊,因此,这些丝状体被认为是分化出的海带雌、雄配子体。这种多途径的分化方式体现出海带作为一种原始生物的细胞发育全能性。但对于由孢子体体细胞分化出的丝状配子体,学界仍存在着是单倍体还是二倍体的不同分歧。Asensi 等(2001)研究了掌状海带孢子体组织培养丝状体及其再生孢子体,通过流式细胞仪测定丝状体的 DNA 含量为 2 C,而再生孢子体的 DNA 含量为 4 C,但未观察到染色体数目的增加,这种情况被认为与染色体的多线性有关。海带细胞直径较小,染色体数目众多且个体较小(被称为"颗粒状染色体"),且褐藻胶、多糖含量高均给染色体制片和观察增加了不小的难度,是为海带多倍体育种研究提供直接的细胞遗传学证据需要解决的主要难题。

三、我国育成的主要海带品种及其性状特点

海青 1 号、海青 2 号: 自交种(中国种群,海带)。1958 年从分布于青岛的海带自然群体中选择 1 株性状优势明显的个体作为亲本,分别进行连续 3 年的选育,或经高温选择,进行连续 6 代选育而成。"海青 2 号"成熟速度较"海青 1 号"早。分别增产 56%和 35%(青岛团岛湾养殖情况)。

860: 自交种(中国种群,海带)。自 1959 年起,在广东汕头取海带南移群体,经 4 代自交选育出长叶品系,自 1970 年起,又增加碘含量作为选育指标,于 1974 年经 15 代连续自交和筛选而育成的高碘品种。叶片长、较高温度下叶长生长速度快、高产、含碘量高、含水量少,叶片基部楔形、中带部宽、叶缘波褶小,藻体韧性较大,孢子囊面积小。平均碘含量 4. 61‰(干藻,

1973 年，烟台长岛)。中试栽培平均亩产淡干品 1 211 kg，同比增产 40%(1974 年，威海)。叶片长(429.0±73.79)cm，叶片宽(32.5±4.73)cm，中带部宽(8.23±0.37)cm，中带部厚(0.169±0.022)cm，平均亩产淡干品 1 721.27 kg(1982 年，荣成俚岛湾)。鲜干比 5.5∶1(1973 年，青岛太平湾)。

1170：自交种(中国种群，海带)。1970 年，在浙江温岭县选取 1 棵海带孢子体，利用 4 000 R 的 X 射线诱变其配子体，促使发生不定向遗传变异，结合选择育种技术，于 1974 年育成高碘品种。较高温度下，叶长生长速度快、中带部宽而不明显，藻体韧性较大、浓褐色，碘含量 6.28‰(干藻)，平均亩产淡干品 1 513 kg，同比增产 8%(1973 年，烟台长岛)。鲜干比 4.6∶1(1973 年，青岛太平湾，育种试验)。叶片长 348.2 cm，叶片宽 32.0 cm，中带部厚 0.330 cm，单棵干重 0.333 kg，鲜干比 6.29∶1(1983 年 6 月 15 日，青岛太平角，育种比对试验)。

单海 1 号：单倍体育种(中国种群，海带)。以雌性孢子体产生的配子体为母本与野生海带杂交，经过 5 年的连续自交选育，于 1983 年育成的海带品种。叶片较厚、厚成较好、叶柄扁圆、叶片基部圆形，中带部较宽，藻体韧性大、后期脱落较轻、抗烂能力强，成熟较早、孢子囊面积大。叶片长(392.1±51.24)cm，叶片宽(35.55±2.80)cm，中带部宽(10.05±0.81)cm，中带部厚(0.175±0.026)cm，平均亩产淡干品 1 957.16 kg(1982 年，荣成俚岛湾)。平均亩产淡干品 2 239.50 kg，干藻褐藻酸钠含量 26.86%、可溶性碘含量 5.39‰、甘露醇含量 21.3%(1983 年，荣成俚岛湾)。

单杂 10 号：杂交种(中国地理种群与日本种群杂交，海带)。利用海带中国地理种群雌性配子体克隆与日本种群雄性配子体克隆杂交，于 1983 年培育出的高产、高碘杂交种。假根发达、柄粗壮扁平，叶片基部楔形、叶面平直、中带部不明显、干鲜比高，晚熟、养殖后期藻体脱落轻。叶片长 431.3 cm，叶片宽 36.7 cm，中带部厚 0.305 cm，单棵干重 0.250 kg，鲜干比 5.70∶1(1983 年 6 月 15 日，青岛太平角)。干藻碘含量 7.73‰(1983 年 7 月，青岛太平角)。

远杂 10 号：早期称为“远杂 2 号”，远缘杂交种。利用海带中国种群的雌配子体克隆与糖海带雄配子体克隆杂交，经连续 5 年选育，于 1993 年育成的高产早熟种。藻体褐色，假根发达、柄扁圆、叶基部半圆形，叶片长(352.5±52.63)cm、叶片宽(29.5±5.12)cm、中带部明显[约占叶宽的 1/2，(17.1±3.21)cm]，叶片厚(0.237±0.021)cm，叶缘呈大波褶状，厚成早(5 月初)、孢子囊发达(7 月下旬孢子囊面积占叶片面积 60%以上)，孢子放散速度快，单棵鲜重(1.115±0.18)kg，鲜干比 5.8∶1(2002 年，荣成俚岛湾)。干藻褐藻酸钠含量 31.7%、可溶性碘含量 4.16‰、甘露醇含量 21.6%(2003 年 7 月，荣成俚岛湾)。

荣福：杂交种。利用海带福建种群雌配子体克隆和“远杂 10 号”雄配子体克隆进行杂交，获得杂种 F_1 代，经过 6 年的选择育种，于 2003 年育成的耐高温、高产品种。藻体浓褐色、假根发达、柄扁平、基部圆平、藻体较宽、中带部明显。叶片长(334.1±50.16)cm、叶片宽(距叶柄 30 cm 处)(42.3±4.23)cm，叶片厚 0.39 cm，单棵鲜重(1.49±0.23)kg，鲜干比 5.3∶1，21℃下藻体形态完整(2004 年 7 月 24 日，荣成俚岛湾)。干藻的褐藻酸钠含量 30.8%、可溶性碘含量 2.88‰、甘露醇含量 23.4%(2003 年 7 月，荣成俚岛湾)。经过 4 年的生产性对比试验，平均亩增产 25%~27%(淡干品)。2004 年通过全国水产原种和良种审定委员会审定，获得国家水产新品种证书。

早厚成 1 号：也称为早厚成，自交种(中国种群，海带)。选择水温 7.4℃时鲜干比为 5.7∶1 的海带，进行连续 5 代的选育，于 1987 年育成的厚成早的海带品种。藻体色泽浓厚、假根发达，基部圆形，成熟期具凹陷，叶片厚、藻体韧性强、叶缘波褶小且窄。叶片长(248.7±

41.6)cm,叶片宽(29.3±3.2)cm,叶片厚(0.25±0.01)cm,单棵鲜重0.808 8 kg,鲜干比7.64∶1(1987年4月24日,威海孙家疃)。干藻的褐藻酸钠含量27.89%、可溶性碘含量3.29‰、甘露醇含量22.1%(1987年6月,威海孙家疃)。

901:种间杂交种。日本长叶海带雌配子体克隆与海带早厚成品种雄配子体克隆杂交,经连续5年的自交选育,获得的生长速度快的品种。色泽浓褐、个体宽大、纵沟较明显、基部终身楔形,近基部1 m处呈微弧形。叶片长(624.45±49.0)cm,叶片宽(39.1±2.8)cm,无中带部,叶片厚(0.205±0.019)cm,单棵鲜重1.50 kg,鲜干比7.5∶1(1994年6月13日,烟台)。干藻的褐藻酸钠含量31.40%、可溶性碘含量3.40‰、甘露醇19.37%(1994年6月30日,烟台)。1997年通过全国水产原种和良种审定委员会审定,获得国家水产新品种证书。

东方2号、东方3号:杂种优势利用。为利用长叶海带雄配子体克隆与海带雌配子体克隆杂交,以及利用海带改良品系雌配子体克隆和长叶海带与早厚成1号杂交后代雄配子体克隆杂交育成的海带品种。均具有产量高、抗强光特点。分别于2004年和2007年通过全国水产原种和良种审定委员会审定,获得国家水产新品种证书。

爱伦湾:杂交种,利用海带福建种群雄配子体克隆和"远杂10号"雌配子体克隆进行杂交,后进行自交。自2006年起结合长度、宽度、鲜重、生长和脱落速度等性状指标,经连续5代选育获得的高产品种。在山东威海地区栽培测试表明,该品种具有加工率高、产量大、增产效果较明显等优点。藻体较宽,中带部明显。同对照组相比,平均亩增产可达25%以上,褐藻胶含量高。孢子囊发达,适于育苗生产采苗。2010年通过全国水产原种和良种审定委员会审定,获得国家水产新品种证书。

黄官:自交种(福建省连江县海带栽培群体,海带),自2001年起,选择耐高温、成熟晚的个体作为亲本,以叶片肥厚、中带部宽、叶缘窄且厚、成熟晚、耐高温、出菜率高等特征为选育标准,经连续6代选育而成。与大连、山东当地栽培海带相比,该品种叶片平整、宽度明显增大;耐高温、生长期长、抗烂性强。产量提高27%以上,食用海带出菜率提高20.1%以上。适宜在福建、辽宁和山东等地海水水体中养殖。2011年通过全国水产原种和良种审定委员会审定,获得国家水产新品种证书。

三海:杂交种,是以福建栽培海带群体(母本)与"荣福"海带(父本)杂交产生的子代为基础群,以藻体宽度和鲜重为选育指标,经连续6代群体选育而成(图1-25)。该品种兼具了父本的叶片长、干鲜比高,以及母本的叶片宽等特点。同时,具有可明显区别于双亲的纵沟性状。根据福建莆田、广东汕头、浙江苍南、山东荣成等海带主产区的示范性栽培结果,该品种与我国南方主要海带栽培品种相比,其平均单株鲜重增幅达11.10%以上。适宜在我国海带栽培海域栽培。2012年通过全国水产原种和良种审定委员会审定,获得国家水产新品种证书。

东方6号、东方7号:杂种优势利用品种。分别以分布于韩国沿海的野生海带个体的雌配子体单克隆作为母本,以长期保存在山东烟台海带良种场种质资源库中的福建栽培海带个体的雄配子体单克隆为父本,杂交获得的F_1代;以及以我国宽薄型海带种群(♀)和韩国海带地理种群(♂)的杂交子代为亲本群体,以藻体宽度等适宜加工性状为选育指标,采用群体选育技术,经连续4代选育而成的品种(图1-25)。因能耐较高温度和光强,可适当延长生长周期,分别提高淡干亩产产量的36.1%和25.0%以上。适宜在我国北方沿海栽培。分别于2012年和2013年通过全国水产原种和良种审定委员会审定,获得国家水产新品种证书。

205:杂交种(荣成栽培海带群体和韩国海带自然种群,海带),是以荣成栽培海带群体后

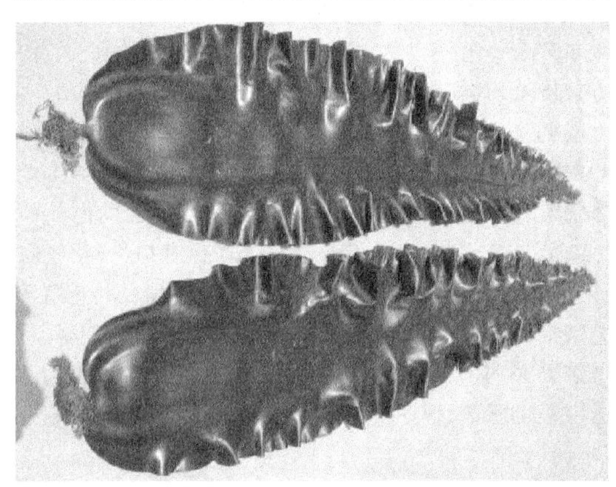

图 1－25　“三海”（左上和右上）、“东方 6 号”（左下）和“东方 7 号”（右下）优良品种

代个体的雌配子体，与韩国海带自然种群后代个体的雄配子体杂交产生的后代群体为亲本群体，以藻体深褐色、叶片宽大和孢子囊发育良好为选育指标，采用群体选育技术，经连续 4 代选育而成。与普通海带品种相比，相同栽培条件下，水温 6℃左右（4 月上旬）可开始收获，收获期可延续至水温 19℃左右（7 月中下旬），产量提高 15.0%以上，抗高温、高光能力较强，淡干海带色泽墨绿。适宜在我国辽宁和山东沿海栽培。2013 年通过全国水产原种和良种审定委员会审定，获得国家水产新品种证书。

参 考 文 献

陈驹，刘秀云，刘秀珍，等. 1984. 褐藻酸降解菌的研究Ⅲ. 海带育苗系统中脱苗和烂苗原因分析及其预防措施[J]. 海洋与湖沼，15(6)：581－589.

陈家鑫. 1983a. 海带几个主要数量性状遗传的研究. Ⅰ：叶长、干物质含量、碘含量的遗传参数的估算及分析[J]. 海洋水产研究，(5)：95－101.

陈家鑫. 1983b. 海带几个主要数量性状遗传的研究. Ⅱ：碘吸收速率的测定及应用[J]. 海洋水产研究，(5)：103－107.

陈云弟，秦俊法. 1996a. ICP－AES 法检测 Sr、Ca、Mg、P 在海带多糖中的分布[J]. 广东微量元素，3(10)：52－54.

陈云弟，秦俊法. 1996b. ICP－AES 法检测 Sr、Ca、Mg 在海带亚细胞组分中的分布[J]. 广东微量元素，3(11)：66－68.

程振明，邱东，王琦，等. 2005. 海带切梢增产试验[J]. 齐鲁渔业，22(4)：18－19.

丛沂滋. 1990. 关于海带夏苗脱落的研究[J]. 齐鲁渔业，(4)：8－9.

崔竞进,欧毓麟. 1979. 弱光保存海带配子体的初步实验[J]. 山东海洋学院学报,(1): 132－137.
戴继勋,崔竞进,韩宝芹,等. 2000. 海带雄配子体单性生殖叶状体的特性[J]. 海洋通报,19(2): 20－24.
戴继勋,崔竞进,欧毓麟,等. 1992. 海带孤雌生殖和染色体自然加倍的研究[J]. 海洋学报,14(1): 105－107.
戴继勋,方宗熙. 1976. 海带孤雌生殖的初步观察[J]. 遗传学报,3(1): 32－38.
戴继勋,方宗熙. 1979. 海带雌配子体和幼雌孢子体的细胞分裂[J]. 山东海洋学院学报,(1): 123－127.
戴继勋,欧毓麟,崔竞进,等. 1997. 海带雄配子体的发育研究[J]. 青岛海洋大学学报,27(1): 41－44.
段德麟,缪国荣,王秀良. 2015. 海带养殖生物学[M]. 北京: 科学出版社.
方宗熙,崔竞进,欧毓麟,等. 1979. 海带杂种优势的初步实验[J]. 遗传学报,6(1): 68.
方宗熙,崔竞进,欧毓麟,等. 1983b. 海带"单海一号"新品种的选育——用海带单倍体材料培育新品种[J]. 山东海洋学院学报,13(4): 63－70.
方宗熙,戴继勋,崔竞进,等. 1978a. 海带雌性孢子体的首次记录[J]. 科学通报,23(1): 43－44.
方宗熙,蒋本禹,李家俊. 1962a. 海带柄长的遗传[J]. 植物学报,10(4): 24－34.
方宗熙,蒋本禹,李家俊. 1965. 海带叶片长度遗传的进一步研究[J]. 海洋与湖沼,7(1): 59－66.
方宗熙,蒋本禹,李家俊. 1966. 海带长叶品种的培育[J]. 海洋与湖沼,8(1): 43－50.
方宗熙,蒋本禹. 1962. 紫外线对海带雌配子体的影响[J]. 山东海洋学院学报,(1): 20－23.
方宗熙,蒋本禹. 1963a. 密植对海带柄长影响的初步观察[J]. 山东海洋学院学报,(1): 68－74.
方宗熙,蒋本禹. 1963b. 海带叶片长度的遗传[J]. 海洋与湖沼,5(2): 172－182.
方宗熙,李家俊,陈登勤. 1964. Co^{60} γ 射线对海带幼孢子体的影响[J]. 海洋科学集刊,(6): 27－32.
方宗熙,李家俊,江汉泽. 1963. 海带配子体对 Co^{60} γ 射线的放射敏感性及其遗传差异[J]. 海洋科学集刊,(3): 62－69.
方宗熙,欧毓麟,崔竞进,等. 1978b. 海带配子体无性生殖系培育成功[J]. 科学通报,23(2): 115－116.
方宗熙,欧毓麟,崔竞进. 1982a. 海带的一个自然突变型[J]. 海洋学报,4(2): 201－208.
方宗熙,欧毓麟,崔竞进. 1983a. 海带杂种优势的实验[J]. 海洋通报,2(6): 57－61.
方宗熙,欧毓麟,崔竞进. 1985. 海带杂种优势的研究和利用——"单杂十号"的培育[J]. 山东海洋学院学报,15(1): 64－72.
方宗熙,吴超元,蒋本禹,等. 1962b. 海带"海青一号"的培育及其初步的遗传分析[J]. 植物学报,10(3): 197－209.
方宗熙,吴超元,蒋本禹. 1961. X 射线对海带幼体的影响[J]. 科学通报,12(8): 42－45.
方宗熙,阎祚美,王宗诚. 1982b. 海带和裙带菜组织培养的初步观察[J]. 科学通报,27(11): 690－691.
方宗熙. 1983. 我国海带的遗传学研究[J]. 海洋学报,5(4): 500－506.
郭宣锬. 1980. 海带柄粗叶卷病的发病试验报告[J]. 大连水产学院学报,(1): 108－114.
韩丽君,范晓,李宪璀. 2001. 海藻中有机碘的研究Ⅱ. 存在形态及含量[J]. 海洋科学集刊,(43): 129－135.
韩丽君,范晓. 1999. 海藻中有机碘的研究Ⅰ. 海藻中有机碘含量测定[J]. 水生生物学报,23(5): 489－493.
洪紫萍,王贵公. 1996. 海带中微量元素含量研究[J]. 广东微量元素科学,3(7): 66－68.
胡敦清,刘续炎,索如瑛. 1981. 海带幼孢子体"畸形分裂症"的病因和防治[J]. 海洋湖沼通报,(4): 43－52.
纪明侯. 1997. 海藻化学[M]. 北京: 科学出版社.
江乃萼,阎祚美,方宗熙. 1982. 海带雌配子体对 X 射线的反应[J]. 山东海洋学院学报,12(3): 39－42.
蒋本禹,唐志洁. 1979. 从海带雄配子体培养出大孢子体[J]. 科学通报,24(15): 713－714.
焦自芸. 2001. 海带附着基——棕帘[J]. 齐鲁渔业,18(3): 21.
李大鹏,吴超元,刘晚昌,等. 2003. 海带单倍体无性繁殖系育苗技术的研究[J]. 海洋学报,25(5): 141－145.
李凤晨,李豫红. 2003. 海带筏式养殖技术要点[J]. 河北渔业,(3): 17,20.
李宏基. 1996. 中国海带养殖若干问题[M]. 北京: 海洋出版社.
李明聚,施定,李明德. 1990. 全玻璃钢围护结构海带(鲍鱼、扇贝)育苗室的设计[J]. 齐鲁渔业,(5): 3－6.
李顺志,王亮,丛沂滋,等. 1993. 日本尾突水虱对海带苗的危害和防治方法研究[J]. 齐鲁渔业,(1): 15－18.
李晓捷,丛义周,杨官品,等. 2006. 东方 2 号杂交海带与亲本和生产种性状的比较研究[J]. 海洋与湖沼,37(增刊): 41－47.
李修良. 1990. 紫外线辐射海带(*Laminaria japonica* Aresch)配子体的初步实验[J]. 中国海洋药物,(2): 37－40.
李永祺,胡增森,朱永新,等. 1985. 海带对 ^{131}I 吸收的研究[J]. 水产学报,9(4): 339－351.

李志凌，张全胜，杨迎霞，等. 2003. 海带配子体克隆大规模培养技术的研究[J]. 齐鲁渔业，20(5)：1-3.
刘福纯，赵永魁，陈连山，等. 1995. 大连湾、星海湾海域贻贝、海带、裙带菜体内 25 种元素含量的分析探讨[J]. 海洋环境科学，14(4)：34-38.
刘敏，沈连进. 1993. 海带育苗苗帘棕毛过多防止措施[J]. 中国水产，(10)：32.
刘涛，崔竞进，戴继勋，等. 2000. 海带配子体克隆的培养及应用[J]. 青岛海洋大学学报，30(2II)：203-206.
刘涛，王翔宇，崔竞进. 2005. 海带杂种优势苗种繁育技术研究[J]. 海洋学报，27(1)：145-148.
刘涛，赵翠，池姗，等. 2011. 海带遗传改良技术现状及发展趋势[J]. 中国农业科技导报，13(5)：111-114.
刘宇，毕燕会，周志刚. 2012. 海带染色体的 DAPI 染色及核型初步分析[J]. 水产学报，36(1)：50-54.
卢书长. 1964. 谈谈养殖海带的施肥方法问题[J]. 中国水产，(8)：11-12.
卢书长. 1996. 对山东省海带收割时间的探讨[J]. 齐鲁渔业，13(2)：17-18.
罗丹，李晓蕾，刘涛，等. 2010. 我国发展大型海藻养殖碳汇产业的条件与政策建议[J]. 中国渔业经济，28(2)：81-85.
马祖达. 1980. 海带夹苗机的研究[J]. 渔业机械，(3)：15-16.
缪国荣，丁夕春. 1985. 我国海带育种的成果及其评价[J]. 齐鲁渔业，2(2)：15-18.
山东省荣成县水产研究所. 1974. 水泵喷肥船[J]. 渔业机械仪器，(4)：22-23.
索如瑛，郭占明，徐兆庆，等. 1965. 关于海带“叶片点烂病”的初步研究[J]. 水产学报，2(3)：25-36.
索如瑛. 1960. 谈谈海带密植问题[J]. 中国水产，(2)：10.
田铸平. 1989. “海带早厚成品系一号”新品种选育试验报告[J]. 海水养殖，(1)：7-16.
王军，张泽宇，张晓东. 1999. 温度和照度对利尻海带配子体及幼孢子体的影响[J]. 中国水产，(2)：39-41.
王丽丽，唐学玺，王蒙，等. 2003. 褐藻酸降解菌在海带绿烂病发生中的作用[J]. 中国海洋大学学报（自然科学版），33(2)：245-248.
王祈楷，徐绍华，刘如臻，等. 1980. 海带（*Laminaria japonica* Aresch.）叶卷病的研究——病原体的电子显微镜检查[J]. 中国科学，10(6)：587-591.
王清印. 1984. 海带几个经济性状遗传力和遗传相关的研究[J]. 山东海洋学院学报，14(3)：65-76.
王素娟. 1994. 海藻生物技术[M]. 上海：上海科学技术出版社.
王孝举，娄清香，严小军. 1996. 新鲜海带中碘的含量与分布[J]. 海洋科学集刊，(37)：73-77.
王行. 1960. 不要小看海带分苗中新创的两件小工具[J]. 中国水产，(8)：16.
吴超元，高难生，陈德成，等. 1979. 海带幼体畸形病的研究[J]. 海洋与湖沼，10(3)：238-247.
吴超元. 2008. 海带养殖//刘焕亮，黄樟翰. 中国水产养殖学[M]. 北京：科学出版社：946-983.
谢土恩. 1995. 平养条件下海带切尖增产试验[J]. 海洋水产科技，(1)：15-17.
徐国林. 1959. 温州地区养海带点滴[J]. 中国水产，(15)：22.
徐学渊. 1991. 海带夹苗钳的设计和应用[J]. 浙江水产学院学报，10(2)：106-109.
伊玉华，王仁波. 1989. 紫外线对海带雌配子体诱变效应的研究[J]. 大连水产学院学报，4(1)：46-48.
于会霆，王哲江，姜雪铃，等. 2000. 多元素缓释营养粒在海带育苗生产中的应用试验[J]. 齐鲁渔业，17(6)：29-30.
曾呈奎，孙国玉，吴超元. 1955. 海带养殖的施肥研究[J]. 植物学报，4(4)：375-392.
曾呈奎，王素娟，刘思俭. 1985. 海藻栽培学[M]. 上海：上海科学技术出版社.
曾呈奎，吴超元. 1962. 海带养殖学[M]. 北京：科学出版社.
张海灵. 2001. 海带的科学施肥[J]. 水产养殖，(6)：17.
张景镛，方宗熙. 1980. 海带叶片厚度遗传的初步研究[J]. 遗传学报，7(3)：257-262.
张全胜，刘升平，曲善村，等. 2001. “901”海带新品种培育的研究[J]. 海洋湖沼通报，(2)：46-53.
张全胜，唐学玺，张培玉，等. 2005. 海带配子体克隆育苗生产中采苗技术的研究[J]. 高技术通讯，15(1)：89-92.
张学成，秦松，马家海，等. 2005. 海藻遗传学[M]. 北京：中国农业出版社.
张泽宇，范春江，曹淑青，等. 1998. 长海带的室内培养与育苗的研究[J]. 大连水产学院学报，13(4)：1-6.
张泽宇，范春江，曹淑青，等. 1999a. 长海带海区暂养与栽培技术的研究[J]. 大连水产学院学报，14(1)：16-21.
张泽宇，范春江，曹淑青，等. 1999b. 海带属种间杂交育种的研究[J]. 大连水产学院学报，14(4)：13-17.
张泽宇，范春江，曹淑青，等. 2000. 利尻海带的室内培养与栽培的研究[J]. 大连水产学院学报，15(2)：102-107.
中国科学院海洋研究所，青岛海洋水产研究所. 1976. 高产、高碘海带新品种的培育[J]. 中国科学，6(5)：512-517.

周丽,宫庆礼,俞开泰,等. 1996. 海带的病害[J]. 海洋湖沼通报,(4): 38-43.
周志刚,吴超元. 1998. 海带无性繁殖系的形成及孢子体诱导[J]. 生物工程学报,14: 109-111.
Amat M A, Srivastava L M. 1985. Translocation of iodine in *Laminaria saccharina* (Phaeophyta) [J]. Journal of Phycology, 21(2): 330-333.
Ar Gall E, Asensi A, Marie D, *et al*. 1996. Parthenogenesis and apospory in the Laminariales: a flow cytometry analysis [J]. European Journal of Phycology, 31(4): 369-380.
Ar Gall E, Küpper F B, Kloareg B. 2004. A survey of iodine content in *Laminaria digitata* [J]. Botanica Marina, 47(1): 30-37.
Asensi A, Ar Gall E, Marie D, *et al*. 2010. Clonal propagation of *Laminaria digitata* (Phaeophyceae) sporophytes through a diploid cell-filament suspension[J]. Journal of Phycology, 37(3): 411-417.
Bi Y H, Zhou Z G. 2014. What does the difference between the female and male gametophytes of *Saccharina japonica* remind us of[J]. Algological Studies, 145/146: 65-79.
Bouck G B. 1965. Fine structure and organelle associations in brown algae[J]. Journal of Cell Biology, 26(2): 523.
Chapman A R O. 1974. The genetic basis of morphological differentiation in some *Laminaria* populations [J]. Marine Biology, 24(1): 85-91.
Chapman A R O. 1975. Inheritance of mucilage canals in *Laminaria* (section Simplices) in eastern Canada[J]. British Phycological Journal, 10(3): 219-223.
Edmonds J S, Francesconi K A, Stick R V. 1993. Arsenic compounds from marine organisms[J]. Natural Product Reports, 10(4): 421-428.
Evans L V. 1965. Cytological studies in the Laminariales[J]. Annals of Botany, 29(116): 541-562.
FAO. 2016. http://www.fao.org/fishery/statistics/global-aquaculture-production/en[2016-9-21].
Fletcher R L. 1987. Seaweeds of the British Isles. Vol 3. Fucophyceae (Phaeophyceae). Part 1. British Museum (Natural History)[M]. London: Pelagic Publishing: 1-67.
Fritsch F E. 1945. The Structure and Reproduction of the Algae. Vol II. Foreword, Phaeophyceae, Rhodophyceae, Myxophyceae[M]. Cambridge: The University Press: 192-290.
Gao S Y, Zou D L. 1994. Heavy metal concentration and its evaluation in the organisms from Meizhou Bay[J]. Chinese Journal of Oceanology and Limnology, 12(4): 325-330.
Henry E C, Cole K M. 1982. Ultrastructure of swarmers in the Laminariales (Phaeophyceae). II. Sperm. [J]. Journal of Phycology, 18(4): 570-579.
Hou X, Chai C, Qian Q, *et al*. 1997. Determination of chemical species of iodine in some seaweeds(I) [J]. Science of the Total Environment, 204(3): 215-221.
Hou X, Yan X. 1998. Study on the concentration and seasonal variation of inorganic elements in 35 species of marine algae [J]. Science of the Total Environment, 222(3): 141-156.
Hsiao S I C, Druehl L D. 1971. Environmental control of gametogenesis in *Laminaria saccharina*. I. The effects of light and culture media[J]. Canadian Journal of Botany, 49(8): 1503-1508.
Izquierdo J L, Perezruzafa I, Gallardo T. 1993. An anatomical study of *Laminaria ochroleuca* (Laminariales, Phaeophyta)[J]. Nova Hedwigia, 64(1): 51-66.
Kitazume H, Fukunaga K, Takama K. 1988. Seasonal changes of arsenic distribution of kombu, *Laminaria japonica* [J]. Bulletin of the Faculty of Fisheries Hokkaido University, 39(2): 160-166.
Küpper F C, Schweiger N, Ar Gall E, *et al*. 1998. Iodine uptake in Laminariales involves extracellular, haloperoxidase-mediated oxidation of iodide[J]. Planta, 207(2): 163-171.
Lane C E, Mayes C, Druehl L D, *et al*. 2006. A multi-gene molecular investigation of the kelp (Laminariales, Phaeophyceae) supports substantial taxonomic re-organization[J]. Journal of Phycology, 42(4): 493-512.
Lee R E. 2008. Phycology. 4th ed. [M]. Cambridge: Cambridge University Press: 426-483.
Lewis R J, Jiang B Y, Neushul M, *et al*. 1993. Haploid parthenogenetic sporophytes of *Laminaria japonica* (Phaeophyceae)[J]. Journal of Phycology, 29(3): 363-369.

Li D, Zhou Z G, Liu H, *et al.* 1999. A new method of *Laminaria japonica* strain selection and sporeling raising by the use of gametophyte clones[J]. Hydrobiologia, 398/399: 473 - 476.

Li X, Cong Y, Qu S, *et al.* 2008. Breeding and trial cultivation of Dongfang No. 3, a hybrid of *Laminaria* gametophyte clones with a more than intraspecific but less than interspecific relationship[J]. Aquaculture, 280(1 - 4): 76 - 80.

Li X, Cong Y, Yang G, *et al.* 2007. Trait evaluation and trial cultivation of Dongfang No. 2, the hybrid of a male gametophyte clone of *Laminaria longissima* (Laminariales, Phaeophyta) and a female one of *L. Japonica*[J]. Journal of Applied Phycology, 19(2): 139 - 151.

Liu Y, Bi Y H, Gu J G, *et al.* 2012. Localization of a female-specific marker on the chromosomes of the brown seaweed *Saccharina japonica* using fluorescence *in situ* hybridization[J]. PLoS One, 7(11): e48784.

Lüning K, Chapman A R O, Mann K H. 1978. Crossing experiments in the non-digitate complex of *Laminaria* from both sides of the Atlantic[J]. Phycologia, 17(3): 93 - 298.

Lüning K. 1975. Crossing experiments in *Laminaria saccharina* from Helgoland and from the Isle of Man[J]. Helgoländer Wissenschaftliche Meeresuntersuchungen, 27(1): 108 - 114.

Lüning K. 1981. Egg release in gametophytes of *Laminaria saccharina*: induction by darkness and inhibition by blue light and U. V. [J]. British Phycological Journal, 16(4): 379 - 393.

Magne F. 1953. Méiose et nombre chromosomique chez les Laminariaceae [J]. Comptes Rendus de l'Académie des Sciences, 236: 515 - 517.

Maier I, Hertweck C, Boland W. 2001. Stereochemical specificity of lamoxirene, the sperm-releasing pheromone in kelp (Laminariales, Phaeophyceae)[J]. Biological Bulletin, 201(2): 121 - 125.

Maier I, Müller D G. 1982. Antheridium fine structure and spermatozoid release in *Laminaria digitata* (Phaeophyceae) [J]. Phycologia, 21(1): 1 - 8.

Maier I, Pohnert G, Pantke-Böcker S, *et al.* 1996. Solid-phase microextraction and determination of the absolute configuration of the *Laminaria digitata* (Laminariales, Phaeophyceae) spermatozoid-releasing pheromone [J]. Naturwissenschaften, 83(8): 378 - 379.

Maier I. 1982. New aspects of pheromone-triggered spermatozoid release in *Lamanaria digitata* (Phaeophyta) [J]. Protoplasma, 113(2): 137 - 143.

Motomura T. 1990. Ultrastructure of fertilization in *Laminaria angustata* (Phaeophyta, Laminariales) with emphasis on the behavior of centrioles, mitochondria and chloroplasts of the sperm[J]. Journal of Phycology, 26(1): 80 - 89.

Müller D G, Gassmann G, Lüning K. 1979. Isolation of a spermatozoid-releasing and-attracting substance from female gametophytes of *Laminaria digitata* [J]. Nature, 279: 430 - 431.

Müller D G, Maier I, Gassmann G. 1985. Survey on sexual pheromone specificity in Laminariales (Phaeophyceae) [J]. Phycologia, 24(4): 475 - 477.

Naylor M. 1956. Cytological observations on three British species of *Laminaria*: a preliminary report[J]. Annals of Botany, 20(3): 431 - 437.

Nishibayashi T, Inoh S. 1956. Morphogenetical studies in the Laminariales. I. The development of zoosporangoia and the formation of zoospores in *Laminaria angustata* Kjellm[J]. Biological Journal of Okayama University, 2: 147 - 158.

Ohmori T. 1967. Morphological studies on Laminariales[J]. Biological Journal of Okayama University, 13: 23 - 84.

Oliveira L, Walker D C, Bisalputra T. 1980. Ultrastuctural, cytochemical, and enzymatic studies on the adhesive 'plaques' of the brown algae *Laminaria saccharina* (L.) Lamour. and *Nereocystis luetkeana* (Nert.) Post. et Rupr [J]. Protoplasma, 104(1 - 2): 1 - 15.

Parke M. 1948. Studies on British laminariaceae. I. Growth in *Laminaria saccharina* (L.) Lamour[J]. Journal of the Marine Biological Association of the United Kingdom, 27(3): 651 - 709.

Patwary M U, Van der Meer J P. 1992. Genetics and breeding of cultivated seaweeds[J]. Korean Journal of Phycology, 7(2): 281 - 318.

Qin S, Jiang P, Tseng C. 2005. Transforming kelp into a marine bioreactor[J]. Trends in Biotechnology, 23(5): 264.

Rupérez P. 2002. Mineral content of edible marine seaweeds[J]. Food Chemistry, 79(1): 23 - 26.

Sato S, Tanbara K. 1980. Distribution of metal and composition of polysaccharide in the fronds of tangle, *Laminaria japonica* [J]. Bulletin of the Japanese Society of Scientific Fisheries, 46(6): 749 – 756.

Schreiber E. 1930. Untersuchungen über parthenogenesis, geschlechtsbestimmung und bastardierungsvermögen bei laminarien [J]. Planta, 12(3): 331 – 353.

Scoggan J, Zhuang Z, Wang F. 1989. Culture of kelp (*Laminaria japonica*) in China [M]. FAO: Training Manual 89/5.

Shaw T I. 1959. The mechanism of iodide accumulation by the brown seaweed *Laminaria digitata*. The uptake of ^{131}I [J]. Proceedings of the Royal Society of London. Series B: Biological Sciences, 150(940): 356 – 371.

Shaw T I. 1962. Halogens. *In*: Lewin R A. Physiology and Biochemistry of Algae[M]. New York and London: Academic Press: 247 – 253.

Tom Dieck I, De Oliveira E C. 1993. The section Digitatae of the genus *Laminaria* (Phaeophyta) in the northern and southern Atlantic: Crossing experiments and temperature responses[J]. Marine Biology, 115(1): 151 – 160.

Tom Dieck I. 1992. North Pacific and North Atlantic digitate *Laminaria* species (Phaeophyta): Hybridization experiments and temperature responses[J]. Phycologia, 31(2): 147 – 163.

Van Netten C, Cann S A H, Morley D R, *et al*. 2000. Elemental and radioactive analysis of commercially available seaweed [J]. Science of the Total Environment, 255(1 – 3): 169 – 175.

Yabu H, Sanbonsuga Y. 1990. Mitosis in the female gametophytes and young sporophytes of *Laminaria diabolica* f. *longipes* Miyabe et Tokida[J]. Bulletin of the Faculty of Fisheries Hokkaido University, 41(1): 8 – 12.

Yabu H, Yasui H. 1991. Chromosome number in four species of *Laminaria* (Phaeophyta) [J]. Japanese Journal of Phycology, 39(2): 185 – 187.

Yabu H. 1958. On nuclear division in the zoosporangium of *Laminaria diabolica* Miyabe [J]. Bulletin of the Japanese Society of Phycology, 6: 57 – 60.

Yabu H. 1965. Early development of several species of Laminariales in Hokkaido[J]. Memoirs of the Faculty of Fisheries Hokkaido University, 12(1): 1 – 72.

Yabu H. 1973. Alternation of chromosomes in the life history of *Laminaria japonica* Aresch[J]. Bulletin of the Faculty of Fisheries Hokkaido University, 23(4): 171 – 176.

Zhang Q S, Qu S C, Cong Y Z, *et al*. 2008. High throughput culture and gametogenesis induction of *Laminaria japonica* gametophyte clones[J]. Journal of Applied Phycology, 20(2): 205 – 211.

Zhang Q S, Tang X X, Cong Y Z, *et al*. 2007. Breeding of an elite *Laminaria* variety 90 – 1 through inter-specific gametophyte crossing[J]. Journal of Applied Phycology, 19(4): 303 – 311.

Zhou L R, Dai J X, Shen S D. 2004. An improved chromosome preparation from male gametophyte of *Laminaria japonica* (Heterokontophyta)[J]. Hydrobiologia, 512(1 – 3): 141 – 144.

Zhou Z, Li D, Wu C, *et al*. 2000. *Laminaria* gametophyte clone culture and its application in sporeling cultivation [J]. Acta Oceanologica Sinica, 19(2): 89 – 95.

第二章　裙带菜栽培

第一节　概　　述

一、产业发展概况

裙带菜(*Undaria pinnatifida*)是我国、日本和韩国大规模栽培的大型经济褐藻,在法国、西班牙、新西兰等国家也有少量栽培。我国野生裙带菜分布于浙江舟山及嵊泗海域,现辽宁及山东半岛地区分布的裙带菜是早年由日本经朝鲜半岛移植而来的。宋代《证类本草》中称为"莙荙菜",后音变为"裙带菜",辽宁、山东和浙江沿海称为海芥菜。日本称其为"若布"或"和布"。

目前我国裙带菜栽培规模约 6 670 hm^2(10 余万亩),年产量为 30 万~40 万 t(鲜品),位居世界第一,仅次于海带。栽培区主要集中于辽宁和山东两省,主产地为辽宁大连,产量约占全国总产量的 90%。我国裙带菜产品主要出口日本,市场产品占有率达 70%以上,少量出口欧美。其中叶片以干燥品和盐渍品,孢子叶以速冻品和盐渍品形式出口,裙带菜梗(中肋部分)除少量以盐渍丝、段等产品出口外,大部分在国内销售。

日本列岛裙带菜分布较广,除寒流直接影响的北海道中北部和暖流直接影响的冲绳县外,北起北海道南部,南至鹿儿岛沿海均有分布。日本是裙带菜消费大国,自古以来就有食用裙带菜的传统,是当地人民喜食的海产品之一。除裙带菜酱汤、拌菜、拉面等传统料理外,近年来还开发了裙带菜色拉及调味裙带菜等新的菜式,且作为健康食品被广泛地应用于快餐面、快餐汤和各种日本料理中,使裙带菜消费量大幅度增加。目前日本年消费量始终稳定在 32 万~35 万 t(鲜品),居世界首位。

韩国是仅次于日本的第二大裙带菜消费国,具有悠久的栽培历史和多样的食用文化,不仅在各类韩国拌菜和汤食中大量使用裙带菜,且广泛地使用于海藻色拉、拉面和各种韩国料理中。除食用外,还有相当数量被用作鲍鱼饲料,目前韩国年消费量保持在 25 万~30 万 t(鲜品)。

与日本和韩国相比,我国裙带菜的消费量较低,仅北部沿海部分地区有食用习惯。近年来,随着国民生活水平的提高,国内裙带菜消费量呈逐年上升趋势。目前国内裙带菜梗市场已经形成,盐渍后的梗段、梗丝被用于各种特色拌菜、汤食、火锅食材及各种菜肴中,消费区域遍布于东北、西北、华北和华南地区,消费量较大。但国内叶片裙带菜市场尚处于起步状态,且品种较少,仅为拉面的配料和汤料等,消费量不高。目前我国裙带菜叶片及孢子叶产品销售主要依赖于日本市场。由于销售市场单一,且我国裙带菜产品质量与日本、韩国尚有差距,市场竞争激烈,产品价格不仅大幅低于日本本国产品,也明显低于韩国产品。因此,开发国内消费市场和提高产品质量是今后我国裙带菜栽培产业的重要任务。

二、经济价值

裙带菜营养丰富,干品中含蛋白质 11%以上(最高可达 22%)、糖分 35%~40%、脂类 0.5%~3%、灰分 20%~38%。裙带菜含有多种人体必需氨基酸,富含维生素 C、维生素 A、维生素E、维生素K及B族维生素,其中维生素K_1含量可达8 μg/g。由于其纤维素含量仅为干重的3%左右,因此易于被人体消化,被誉为“海中蔬菜”。研究表明,裙带菜含有多种不饱和脂肪酸,其中三烯和六烯不饱和脂肪酸含量最高,可达10 μg/g。裙带菜中多糖含量丰富,尤其孢子叶多糖含量较高。裙带菜多糖组分比较复杂,以岩藻糖、半乳糖、3,6-脱氢半乳糖为主,这些多糖能够增强人体免疫力,从而起到预防和抑制癌症的作用。裙带菜还具有降血压、降血脂和抗氧化的功能,因此,除了可供食用外,裙带菜还具有很高的药用和保健价值。

三、栽培简史

我国裙带菜生物学及增殖技术研究始于20世纪40年代,50年代初期已采用小规模的人工投石和种藻移植等手段增加自然资源。70年代后期,开始进行裙带菜栽培理论和栽培技术的研究,并进行了小规模栽培试验。80年代初期,为了将裙带菜产品进入需求量大、价格高的日本市场,大连水产养殖公司开发了裙带菜半人工育苗技术,采用人工采孢子海区育苗的方法培育出裙带菜幼苗,解决了规模化栽培生产的苗种问题,开启了裙带菜规模化栽培的新篇章。

借鉴海带的栽培技术,我国开发了裙带菜浮筏平挂式培育栽培方式,裙带菜栽培产量和质量获得大幅度提高。同时,开发了针对日本市场的盐渍品加工技术,形成了由苗种生产、浮筏栽培、盐渍品加工等生产过程构成的完整产业链并初具规模,且产品打入日本市场,结束了我国出口产品仅仅依赖采集野生裙带菜的历史,并成为裙带菜规模化栽培的主要国家。

20世纪90年代初,随着裙带菜栽培业的发展,半人工育苗技术的缺点也日益凸显出来,成为制约裙带菜栽培业发展的瓶颈:一是出苗不稳定,幼苗在海区培育期间,受海区水温变化、附着生物和天气状况影响,出苗时好时坏,无法有效地为栽培业提供足够的苗种;二是栽培密度难以控制,因为半人工育苗是将孢子直接采集在栽培苗绳上的育苗方式,难以有效控制幼苗栽培的合理密度,栽培苗绳上的幼苗常密疏不匀,不仅直接影响了栽培裙带菜的产量,质量也无法保证,导致在日本市场的竞争力下降。因此,开发人工控制程度高、出苗稳定,能够替代半人工育苗技术的裙带菜全人工育苗技术势在必行。

20世纪90年代中期,我国完成了裙带菜全人工育苗技术研究并大规模投入苗种生产。该项技术在采孢子时间、密度等采苗技术研究的基础上,重点进行了室内培育技术的研究,针对我国北方沿海的海域特点,将整个培育期划分为配子体生长期、配子体休眠期、配子体成熟期和幼孢子体生长期4个时期,并完成了各个时期的培养技术研究,使裙带菜人工育苗技术达到了工厂化生产水平。与半人工育苗技术相比,全人工育苗技术全程均在人工控制的室内条件下进行,具有人工控制程度高、出苗稳定等优点,可有效地为栽培业提供足够的苗种。另外,该技术培育的苗种需经分苗后才能进入栽培阶段,因此可有效地控制栽培密度,大幅度提高了裙带菜的产量、质量和在日本市场的竞争力。全人工育苗技术的研究成功及产业化应用,从根本上解决了大规模生产的苗种问题,我国的裙带菜产品开始大量进入日本市场,裙带菜栽培业进入了稳定发展时期。

进入21世纪后,随着苗种生产技术、栽培技术和加工技术的日趋完善及日本市场需求量的增大,我国裙带菜栽培业迎来了快速发展时期。利用在水深流大海域栽培的裙带菜产量高、质量好的特点,相关企业开发了深水海区浮筏设置技术,将栽培海区从浅海和内湾置换至深水海区,形成了内排浮筏栽培海带,外海浮筏栽培裙带菜的海藻栽培新格局。同时,与深水海区浮筏栽培相适应的水平式栽培方式和栽培技术也被广泛使用,使得裙带菜栽培区整体向外海移动,水深30~40 m海区成为裙带菜浮筏栽培的主要海域。深水海区浮筏栽培技术的开发和应用,不但极大地拓展了栽培海域,使裙带菜栽培规模迅速扩大,栽培产量达到历史最高水平,而且大幅度提高了裙带菜质量,在日本市场的竞争力进一步增强,产品占有率迅速升高,成为日本裙带菜市场的主导产品。

日本开展裙带菜栽培技术研究始于20世纪40年代,50年中期开始产业化苗种生产技术研究。1965年全人工育苗技术研究成功并大规模应用于栽培生产,解决了由于夏季持续高水温而无法进行半人工育苗地区裙带菜栽培的苗种问题,栽培区由本土北部沿海迅速向中南部地区沿海延伸,栽培规模和产量均迅速增加,70年代中期年产量最高可达17万t鲜品。进入90年代以后,由于日本国内劳动力价格的提高和中韩两国裙带菜产品对市场的冲击,日本国内产量逐年下降,仅为10万t以内。目前,日本国内裙带菜人工栽培区集中在本土北部、中南部太平洋一侧沿海及四国和九州地区沿海,产量为5万~6万t鲜品,主产地是本土北部的三陆地区,其产量占日本全国总产量的50%左右。日本生产的裙带菜无法满足其国内市场年均消费30余万t鲜品的需求,目前主要依赖从我国和韩国进口。

韩国也是裙带菜生产大国,三面环海的海域环境和适宜的气候条件,使得裙带菜的自然资源非常丰富,具有几十年的栽培历史和较高的生产量。裙带菜是韩国生产量最高的海藻,20世纪70年代初期应用人工育苗技术开始大规模栽培生产后,栽培产量大幅度提高,栽培区除东海岸的中北部、西海岸的北部外,几乎遍布韩国沿海,主产地是日光、机张和莞岛等地区沿海。据统计,1997年韩国的裙带菜产量为43万t鲜品,达到历史最高水平,以后逐年降低,目前每年产量维持在20万t鲜品左右。韩国生产的裙带菜主要在本国市场消费,在产量高的年份可出口日本市场,出口量最高达10万t(鲜品)左右。近年来,由于韩国国内产量的降低和日本市场价格低迷,出口量逐年降低。

第二节　生物学

一、分类地位

裙带菜属(*Undaria*)在生物学自然分类系统上属于褐藻门(Phaeophyta)褐藻纲(Phaesporeae)海带目(Laminariales)翅藻科(Arariaceae)。裙带菜属共有3个种,分别为裙带菜[*Undaria pinnatifida* (Harvey) Suringar]、阔叶裙带菜[*U. undarioides* (Yendo) Okamura]、绿裙带菜[*U. peterseniana* (Kjellman) Okamura]。

裙带菜[*Undaria pinnatifida* (Harvey) Suringar]分类地位为:

褐藻门(Phaeophyta)
　褐藻纲(Phaeophyceae)
　　海带目(Laminariales)
　　　翅藻科(Arariaceae)
　　　　裙带菜属(*Undaria*)
　　　　　裙带菜(*Undaria pinnatifida*)

裙带菜叶片具有明显的中肋,两侧形成羽状裂片,形似裙带,故名裙带菜。阔叶裙带菜具有明显的中肋,叶片椭圆形,没有裂叶。绿裙带菜的中肋变为较宽的中肋区,位于叶片的下方,藻体较细长,同样不形成裂叶。后两种裙带菜主要分布在日本列岛和朝鲜半岛,我国沿海未发现。与裙带菜相比,它们的藻体较厚且较硬,食用价值较低。

裙带菜属于广温性藻类,世界分布极广,自然水平分布北限为冬季水温2℃以上,南限为冬季水温14℃以下。在亚洲主要分布于朝鲜半岛、日本列岛,以及我国辽宁、山东、江苏、浙江等省沿海。裙带菜喜水深流大的海域环境,一般在水流通畅的外海型近岸和海湾的湾口处海底岩礁上形成大的藻场。垂直分布据海区的透明度不同差异较大,一般从潮间带下部至水深十余米处均可生长,大规模群体往往集中在深度5~10 m处的海底岩礁上。

二、形态与构造

1. 形态与分布

裙带菜的大型叶状体为孢子体,分为叶片、柄部和固着器三部分(图2-1)。叶片由中肋和羽状裂叶组成,幼苗期叶片为椭圆形或披针形,进入裂叶期后在中肋两侧形成具有缺刻的羽状裂叶。固着器又称假根,位于柄的基部,由柄基部生出的多次叉状分枝的圆柱形假根组成,假根末端略粗大,具有吸盘,可吸附于岩石或苗绳上。柄宽3~10 cm,位于叶片和固着器之间,在幼苗期呈圆柱形,随着藻体的生长,逐渐变为扁圆形并逐渐伸长,中间略隆起,在裂叶期变为扁形并延伸贯穿叶片的中央形成中肋,藻体发育后,在柄部两侧形成木耳状重叠的孢子叶。

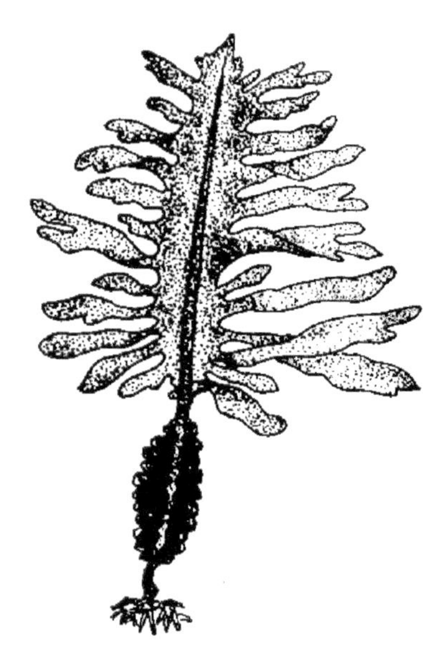

图2-1 裙带菜孢子体

裙带菜因分布海区纬度不同,生长周期也不同,形态差异较大。由于长期的地理隔离,不同海区生长的裙带菜各自形成固定的形态并可以稳定遗传,成为特征明显的地区种。目前,根据我国裙带菜分布区域的不同被分为北方型种(*Forma distans* Miybe et Okam)和南方型种(*Forma typica* Yendo)两种类型(图2-2)。北方型种自然分布在纬度较高的北方沿海,生长周期长、个体大,一般藻体的长度在1.5 m以上,宽80~100 cm,个别藻体长度可达3 m以上,宽超过2 m。北方型种主要特征是藻体较细长,羽状裂叶多且缺刻较深接近中肋,柄部和中肋扁形、平直,柄部较长,孢子叶位于柄的下部靠近固着器处,片层较大且层数较多,下宽上窄呈塔状,辽宁和山东沿海生长的裙带菜属于此种类型。南方型种自然分布在纬度较低的南方沿海,藻体长度一般在1.0 m左右,形态与北方型种相反,藻体较短小、羽状裂叶少且缺刻较浅、柄部较短,孢子叶生于柄的上部靠近叶片处,片层较小且层数较少,我国浙江等地沿海生长的裙带菜属于此种类型。一般情况下,北方型裙带菜藻体较大、产量高、质量也较好,市场价格较高;南方型裙带菜藻体较小,叶片色泽及弹性较差,市场价格较低。我国栽培的裙带菜多为北方型种。

裙带菜广布于日本列岛,北方型裙带菜主要集中分布于青森县、岩手县和宫城县的三陆地区,又称"三陆裙带菜"。该型种适应在水深流大的海区生长,耐低温、生长速度快、个体较大,一般藻体长度在2 m以上,最大长度超过4 m,藻体色泽较好、具有弹性、质量好、市场价格较高,在日本北方沿海有较大的栽培规模。南方型裙带菜则主要分布在九州、四国等地区,相对藻体较小,在日本的南部沿海有一定的栽培规模。另外,在日本中部的鸣门地区由于水深流大等特殊的海域环境,裙带菜藻体形态明显不同于北方型种和南方型种,又称"鸣门裙带菜"。其

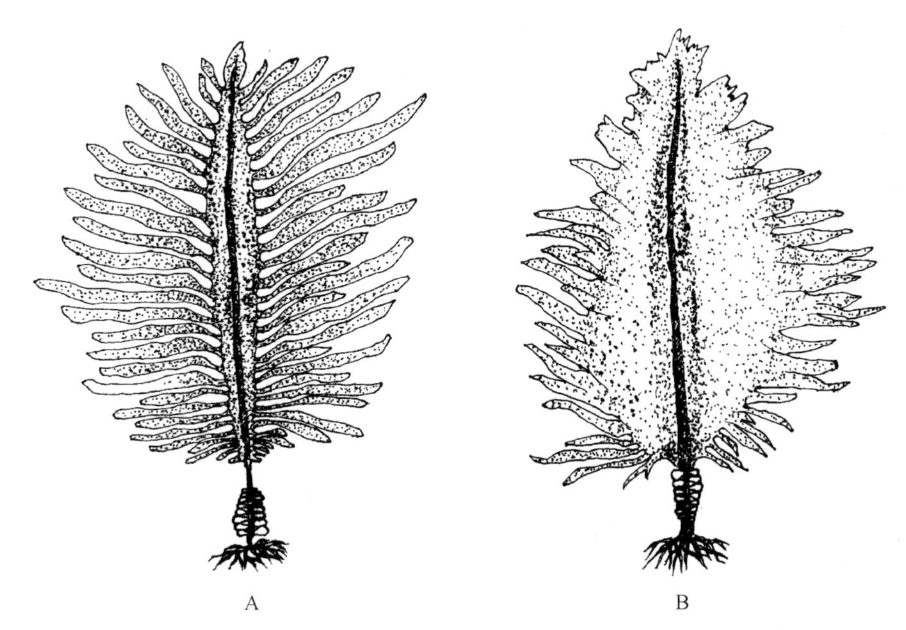

图 2－2　北方型种和南方型种外观比较

A. 北方型种；B. 南方型种

特点是个体大，一般藻体长度 2 m 以上，柄部较长、中肋较宽、孢子叶发达，适宜在水温较高的海区生长。“鸣门裙带菜”的优点是耐高温、秋季出苗早、生长速度快、收获期比较早，产品质量也较好；缺点是不耐低温，在大连等地沿海冬季的低温期内生长缓慢，适于在水流较小的浅水区和内湾海区栽培。以上 3 个地区种在日本均有一定的栽培规模，其中“三陆裙带菜”栽培规模最大，是日本北部地区栽培的主要地方种，年产量占日本总产量的 50%左右。目前我国栽培的裙带菜几乎全部为日本引进种，主要是“三陆裙带菜”和“鸣门裙带菜”种群。

2. 内部构造

裙带菜的内部构造与海带相似，由表皮、皮层和髓部三部分构成。藻体最外层为表皮，由一层排列紧密的方形细胞组成，内含质体，是光合作用的主要部位，又称光合作用层。表皮下为皮层，由排列较疏松的多层圆形或椭圆形薄壁细胞组成，由表皮细胞产生，含少量质体，是有机物合成和储存的场所。皮层下面是髓部，由无色髓丝横纵相连而成。髓部细胞相连处两端膨大形成喇叭丝，是叶片的主要输导组织。一般情况下，裂叶中髓部占主要空间且皮层很薄，因此较柔软，中肋则因皮层很厚而相对较硬。

此外，裙带菜的特征构造还有黏液腺和丛生毛（图 2－3）。黏液腺由表皮细胞形成，是存在于皮层中的多角形或椭圆形腺体，腺体内含有黏液。从藻体表面观察，可见黏液腺多为多角形小孔，四周表皮细胞以小孔为中心成放射状排列，腺体中的内含物为无色透明颗粒，干露时极易变成黏液渗出体外。黏液腺广泛分布于皮层中，在邻近几个细胞同时转化为黏液腺后，细胞壁融合成为一个大的腺体并开口于藻体表面，在藻体表面形成大量肉眼可见的亮晶黑点。

丛生毛为叶片表面出现的丛生无色毛体，是裙带菜的特殊构造，生于内陷在叶片表面的毛窝内。窝内丛生毛的数量少则七八根，多则十余根，一般在藻体长度达 30 cm 以上的叶片中上

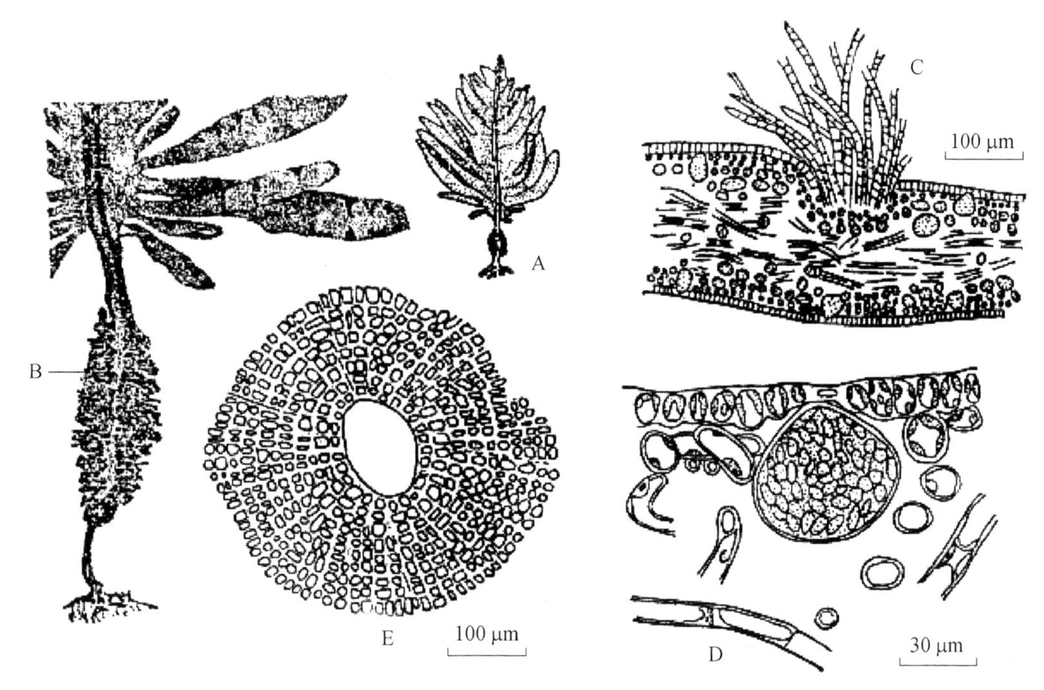

图 2-3 裙带菜孢子体及内部结构(仿曾呈奎等,1985)

A. 外形;B. 孢子叶;C. 内部构造及丛生毛;D. 黏液腺横切面;E. 黏液腺表面观

部开始出现,随着藻体的生长,丛生毛数量也逐渐增加,特别是当裙带菜进入繁殖期,藻体生长趋于停止后,丛生毛开始大量出现,严重时可布满叶片的表面,使裙带菜失去商品价值。丛生毛是衡量裙带菜产品质量的一个重要指标,它的大量出现标志着裙带菜生长期的结束,因此,生产上把丛生毛大量出现的时间定为裙带菜收获期的截止时间。丛生毛是藻体老化的主要标志,出现时间及长短除藻体遗传因素外,主要与繁殖有关。一般情况下,处于生长期的裙带菜,叶片上的丛生毛少且短,当孢子叶开始发育后,丛生毛开始在叶片上大量出现。另外,丛生毛出现时间和长短还与水温、营养盐含量等海区环境条件密切相关:在水温较低和营养盐含量较高的海区,丛生毛较短,大量出现的时间也较晚;水温较高和营养盐含量较低的海区,丛生毛较长,大量出现的时间也较早。另外,海水透明度对丛生毛大量出现的时间也有一定的影响,一般情况下,海水透明度超过 10 m 的海区,丛生毛出现的时间早,毛体的长度也较长,产品质量较差。

3. 生长发育分期

裙带菜的孢子体形态变化很大,依据其不同时期的形态特征及生产管理需要,可分为着囊期、出苗期、幼苗期、裂叶期、成熟期和衰老期 6 个时期。

(1) 着囊期

自幼孢子体形成至藻体生出假根细胞前,依靠卵囊袋附着在基质上的这段时期,称为着囊期。雌配子体排出的卵受精后横分裂为 2 个细胞,成为幼孢子体。幼孢子体首先增加藻体长度,经过 3 次细胞横分裂,形成 7~8 个细胞的单列叶片状藻体后,除基部细胞外,其他细胞开始纵分裂增加藻体宽度,再经过细胞的多次纵横分裂,形成基部由 1~2 个细胞组成的上宽下窄的多细胞藻体。此阶段主要特征为藻体长度一般 1 mm 以内,单层细胞,无叶片、柄和假根区别,藻体依靠空的卵囊袋附着于基质上。后期可见由藻体基部细胞生出多条透明的假根丝延伸到基质表面并附着在基质上。

此阶段在生产上属于裙带菜育苗的前期，是雌雄配子体成熟排出精卵后，卵受精形成幼孢子体的重要时期。在大连地区，此阶段正处于水温由22℃下降至21℃左右的9月上旬，也是夏秋交际气温变化比较激烈的时期。着囊期的幼孢子体较脆弱，对温度、盐度、光照等环境的变化非常敏感，特别是温度和盐度稍有变化就会造成幼孢子体大量死亡。因此，半人工育苗要在水温降至22℃前完成苗绳的清洗工作，同时应提高水层，改善苗绳上配子体和幼孢子体的受光条件，促进配子体成熟和幼孢子体生长。在室内人工育苗生产中，此阶段需适当地提高光照强度，为配子体成熟和幼孢子体生长提供适宜的光照条件，同时应尽量保持水温的稳定，特别要防止水温回升，以免引起幼孢子体大量死亡导致育苗失败。

(2) 出苗期

裙带菜幼孢子体生出假根丝至幼苗肉眼可见的时期称为出苗期。此期藻体长度在1~10 mm，幼孢子体的基部细胞先向下凸出，生出多条透明的假根丝并延伸至基质表面，以取代空的卵囊袋附着在基质上。随着藻体的生长，基部细胞逐渐拉长形成短柄。此阶段的主要形态特征是藻体有固着器(假根)、柄和叶片的初步区分，叶片呈椭圆形或披针形，柔软而光滑，柄椭圆形、较短，圆球状固着器生出数条假根丝附着在基质上。

在大连等北方海区，此阶段处于9月中旬至10月中旬，海水温度20~18℃的1个月左右。此时幼孢子体生长较快，是生产上育苗管理的重要时期。半人工育苗要在水温20℃左右时将苗绳悬挂方式由垂挂改为平挂，以便给予幼苗充足的光照，促进幼孢子体快速生长。全人工育苗此时正值海区幼苗暂养期间，需通过提升水层、施肥和洗刷浮泥等措施为幼孢子体提供适宜的生长条件，促进幼孢子体快速生长，尽快达到分苗标准，实现早出苗、出大苗的目标。

(3) 幼苗期

当幼孢子体藻体长度达到1 cm以上时，藻体固着器、柄、叶片区分明显，成为裙带菜幼苗，进入幼苗期。此阶段幼苗长度为1~15 cm，叶片为长叶形，变厚，有表皮、皮层和髓部的分化。柄逐渐拉长、变粗、圆形或扁圆形，固着器上生出多条带有吸盘的叉状假根牢固地固着在基质上。

在大连地区，此阶段为水温18~16℃的10月下旬至11月中旬。进入幼苗期，标志着裙带菜育苗阶段结束和浮筏栽培的开始，因此，半人工育苗此时应进行栽培苗绳的筛选，将幼苗数量达到栽培密度要求的栽培苗绳平挂在浮筏上；全人工育苗的苗种需及时分苗，进入海区栽培阶段。进入栽培阶段后，幼苗生长易受光照、水流等环境条件限制，为了促进幼苗快速生长，生产上一般采用提高水层和施肥等措施提高幼苗的生长速度，使其尽快进入裂叶期。

(4) 裂叶期

从藻体生出中肋和羽状裂叶至收获前这段生长时期称为裂叶期，此时由于中肋和裂叶的形成，使藻体具备了固着器、柄及贯穿叶片的中肋和羽状裂叶等裙带菜的基本形态。中肋是由柄形成的，而裂叶则是由中肋形成的。当幼苗长度达到15 cm左右时，藻体的形态开始发生变化，首先是柄部显著拉长并变宽，由扁圆形变为扁形，其上端逐渐延伸至叶片内，形成1条贯穿叶片中央的中肋。随后，在位于叶片下部的中肋两侧产生锯齿状翼状膜，翼状膜生长后形成羽状裂叶，原始叶片被推向叶片梢部，藻体进入裂叶期。刚进入裂叶期的裙带菜柄部短而窄，裂叶形成的数量较少，缺刻也较浅。随着藻体生长，柄部连同中肋逐渐拉长变宽，裂叶的数量也快速增加。当藻体长度达到30 cm左右时，柄部、中肋、裂叶及固着器分化完成，当藻体长度达到 60 cm 以上时，在柄的两侧产生木耳状皱褶，进一步生长后形成孢子叶。

裂叶期是裙带菜栽培中重要的时期之一。在大连等北方沿海，裙带菜一般在水温 15℃左右的 11 月下旬进入裂叶期，随着水温的下降藻体生长加快，即使在水温 2℃左右的低温期内也保持较快的生长速度，在适宜的海区条件下每天可生长 2 cm 以上，是生长最快的时期。因此，在生产上要加强管理，给予足够的光照、营养盐以促进裙带菜生长。翌年 3 月下旬，经过近 4 个月的海区栽培后，藻体长度可以达 2 m 以上，达到个体生长的最大值。而后随着孢子叶开始发育，藻体的生长逐渐减慢，叶片梢部开始溃烂脱落，藻体长度变短，当孢子叶逐渐发育成熟后便进入成熟期。

（5）成熟期

成熟期又称繁殖期，大连地区浮筏栽培的裙带菜在海水温度达到 12℃左右的 5 月中旬，陆续发育成熟进入繁殖期。成熟的孢子叶呈深褐色，叶片厚且富黏质，切片观察可见孢子叶表面的隔丝腔内有大量的孢子囊形成，阴干刺激后可放散大量孢子。此阶段藻体生长停止并明显老化，叶片表面出现皱褶，除中肋外大量出现丛生毛，叶片梢部溃烂且大量脱落，藻体长度变短。后期可见孢子放散后，在孢子叶表面出现的灰白色斑点。

进入繁殖期就意味着裙带菜采苗的开始，为了获得大量健壮的孢子，在采苗前应定期测定孢子的放散量及活力，确保采苗在孢子叶发育的最佳时期进行。

（6）衰老期

裙带菜的成熟后期就是衰老期。其主要特征是藻体明显老化，叶片表面皱褶增多，粗糙呈黑褐色，自梢部开始溃烂脱落速度加快，藻体长度迅速变短。放散完孢子的孢子叶表面出现大量白斑，柄和假根出现空腔，溃烂后藻体死亡脱落流失。

三、繁殖及生活史

1. 无性繁殖

裙带菜的无性繁殖是通过游孢子进行的，产生游孢子的孢子囊由孢子叶的表皮细胞形成（图 2-4）。在大连等北方沿海，一般在每年的 2 月下旬，当藻体生长到 60 cm 左右时，在藻体柄部的两侧开始形成木耳状重叠的孢子叶，随着水温的升高，孢子叶的面积和层数逐渐增加，孢子叶逐渐增大。进入 4 月后，孢子叶开始发育，表皮细胞逐渐拉长并横分裂，形成上下 2 个细胞，上面的细胞向表面延伸成为棒状的隔丝，在其顶端形成胶帽；下面的细胞也向上延伸，在两个隔丝间的隔丝腔内发育成孢子囊母细胞，孢子囊母细胞经减数分裂形成孢子囊。孢子囊在水温 12℃左右的 5 月下旬逐渐发育成熟，经阴干刺激后，孢子囊壁破裂放出游孢子。

裙带菜孢子囊具有陆续成熟和放散的特点。一般情况下，孢子叶靠近固着器处的片层先成熟，最上部的片层成熟最晚，在整个繁殖期内始终有一定数量的孢子放出。因此，在育苗生产中，为了获得大量的孢子，一般采用阴干刺激的方法促进孢子大量集中放散，以满足育苗生产对孢子附着密度的要求。放散过孢子的孢子叶移至海区培育一周左右，经阴干刺激后，仍可放散相当数量的孢子，在生产上可以二次使用。

裙带菜的繁殖期因海区纬度不同差异较大，日本学者认为裙带菜一般在水温 14℃左右时开始放散孢子进入繁殖期，孢子放散高峰期为 17~20℃，水温达到 23℃后繁殖期结束。我国裙带菜分布区域较广，一般认为野生裙带菜的繁殖期在海水温度为 14~21℃的 4~7 月，在海水温度为 17~20℃的 5 月下旬至 7 月中旬，孢子达到放散高峰。野生北方型裙带菜的繁殖期在 5~

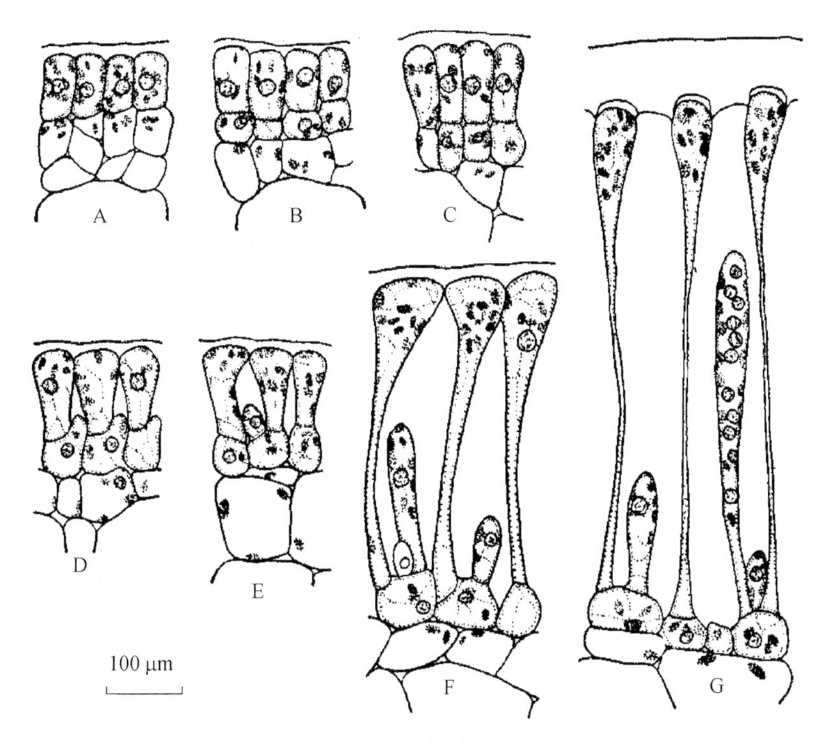

图 2－4 孢子囊形成（仿殖田三郎等，1963）

A. 1 层细胞的表皮细胞；B. 分裂成上下 2 个细胞的表皮细胞；C. 上面细胞拉长成隔丝细胞；D. 下面细胞形成孢子囊母细胞；E. 隔丝腔内孢子囊母细胞形成；F. 隔丝腔内发育的孢子囊；G. 发育成熟的孢子囊

7 月，孢子的放散高峰为 6 月下旬至 7 月中旬；野生南方型裙带菜的繁殖期为 4～6 月，孢子的放散高峰为 5 月下旬至 6 月上旬。目前在北方沿海育苗生产所使用的种藻为浮筏栽培的裙带菜，由于海流和受光条件的改善，孢子叶提前成熟，从而使繁殖期大幅度提前。经测定，在水温 12℃的 5 月中旬，部分浮筏栽培裙带菜的孢子叶阴干刺激后便有孢子放散，孢子的放散高峰为海水温度 15～17℃的 6 月下旬至 7 月上旬。海水温度超过 18℃后，孢子放散量急剧下降，到海水温度升至 20℃的 7 月中旬已达繁殖后期，孢子叶上出现大量灰白色斑点，绝大部分孢子已经放散（图 2－5）。

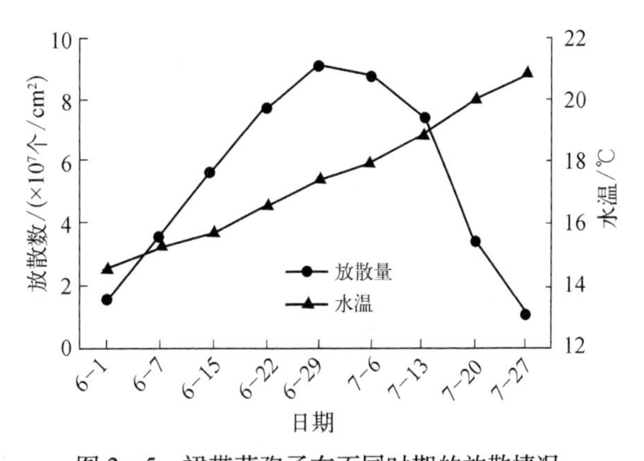

图 2－5 裙带菜孢子在不同时期的放散情况

常用计算孢子放散量的方法有两种：一种是按裙带菜孢子叶的重量来计算，以“g”为单位，此方法的优点是测定简单，但因孢子叶大小不同，厚度和重量有很大差异，从而导致计算误差较大；另一种是按孢子叶的表面积来计算，以“cm^2”为单位，此方法相对较烦琐，但因孢子囊只有一层且分布在孢子叶表面，故相对准确，目前在生产中一般采用这种方法。

裙带菜孢子的放散量因孢子叶的成熟状况而异，孢子叶的成熟则主要受海区温度的影响。经测定，在大连海区，海水温度 14~21℃，孢子的放散量为 500 万~9 800 万个/cm²，最多时 1 cm² 孢子叶的放散量可达 1 亿以上。日本学者在裙带菜的繁殖高峰期内，将成熟的孢子叶阴干 1 h 后放入水槽内进行孢子放散，1 h 内孢子叶累计孢子放散量达到 $2×10^7$ 个/g。除温度外，海区的透明度和营养盐含量对裙带菜孢子叶的形成和成熟也有很大的影响，海水透明度较高和营养盐含量丰富的海区孢子叶的个体较大，孢子囊的成熟率高，孢子放散量也较高；相反，海水透明度较差和营养盐含量较低海区的孢子叶则个体较小，孢子的放散量也较低。

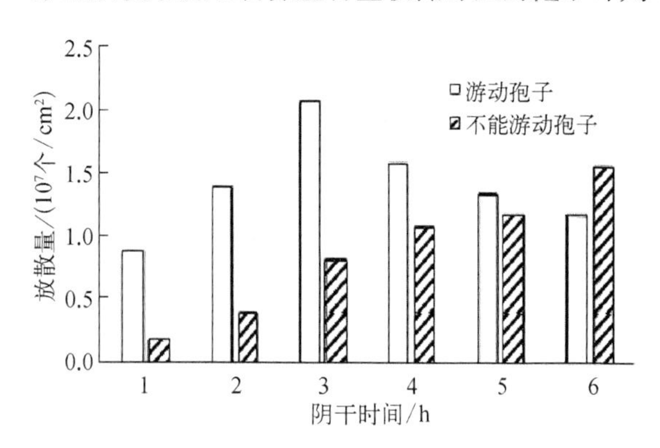

图 2－6　不同阴干时间与孢子放散量的关系

另外，孢子叶的阴干时间对孢子的放散量也有较大的影响(图 2－6)。一般情况下，适当延长孢子叶阴干时间会使孢子的放散量升高，但随着阴干时间的延长，孢子活力下降、游动时间变短，孢子叶阴干过长则会使孢子失去活力，放出圆形不能游动的孢子，这种孢子的萌发率很低。虽然延长阴干时间会提高孢子的放散量，但不能游动的孢子比例也逐渐增大。因此，生产上在孢子放散高峰期采苗时，孢子叶的阴干时间可短一些，孢子放散高峰期的前期或后期采苗时，孢子叶的阴干时间可长一些。

裙带菜游孢子呈梨形[(8~9)μm×(5~6)μm]，具 1 个杯状质体，侧生两条不等长鞭毛，指向前端的鞭毛长约 17 μm，为尾鞭型；指向后端的鞭毛约 12 μm，为茸鞭型。孢子无眼点，具有明显的负趋光性，游孢子放出后，依靠前端鞭毛的摆动进行波浪式游动一段时间后，向光弱处集中并开始附着。附着时首先是指向前端的长鞭毛与基质接触，孢子快速旋转的同时将鞭毛收回体内，细胞接触基质后变圆，成为圆形的胚孢子附着在基质上。

孢子游动速度和时间长短与孢子的成熟状况和温度有关。一般成熟的孢子较健壮，放出后马上进行快速的游动，游动时间也较长；成熟度差的孢子经阴干刺激放出后虽能游动，但游动速度较慢且短时间游动后马上附着。利用孢子游动时间的差异，在裙带菜采苗时先让孢子游动一段时间，待不健壮孢子附着后再放附着基，便可达到采集大量健壮孢子的目的。

刚附着的胚孢子圆球形，直径 5~8 μm，与基质接触的面积较小，随着时间的延长，胚孢子与基质接触的面积增大，变为椭圆形。随后，胚孢子开始萌发，首先细胞拉长成长圆形，一端产生透明突起，伸长后形成细长透明的萌发管，萌发管在继续拉长的同时前端逐渐膨大，使细胞呈哑铃状，胚孢子内的原生质向膨大细胞内移动并产生细胞隔阂，新细胞与胚孢子壳分隔，细胞增大，细胞内颜色变深形成配子体，进入配子体阶段。

2. 有性生殖

刚形成的配子体为单个细胞，逐渐发育成个体数约为 1：1 的雌、雄配子体。雌雄配子体在适宜的温度和光照条件下迅速生长，随着雌配子体细胞的增大和雄配子体细胞数量的增多，配子体藻落迅速增大，在水温 20℃、光强 40 μmol/(m²·s)的培养条件下培养 1 个月后，肉眼清晰可见雌雄配子体藻团。

雌配子体由 3~5 个细胞组成，细胞呈长圆形或椭圆形，长 12~20μm，宽 8~12μm，细胞内含数个盘状质体和浓厚的原生质，呈褐色。雄配子体由 5～10 个细胞组成，细胞长 8～15μm，宽 3～5μm，内含 1 个盘状质体，呈浅褐色，部分雄配子体细胞可聚集生长形成细胞团。

进入夏季后，当水温超过 23℃时配子体停止生长，细胞壁增厚，以休眠状态度过夏天。秋季水温下降后，配子体从休眠状态恢复生长，并逐渐开始发育成熟。雌配子体细胞前端逐渐延长并膨大，细胞内原生质向膨大部分移动，当原生质全部移动到膨大处后形成褐色且有光泽的卵囊，卵囊成熟后将卵排出，挂在透明的卵囊口处等待受精。雄配子体在细胞周缘产生多个乳状突起，延长后形成透明状多室精子囊，每个室内形成 1 个精子，精子囊成熟后前端破裂放出精子。

刚排出的卵呈圆形，直径 25～40 μm，内含 1 个盘状质体，原生质浓厚呈褐色；精子呈梨形，长约 5 μm，宽约 3 μm，腹部生有两条不等长鞭毛，细胞内没有质体，呈透明状，一般比较难于观察。卵受精后进行横分裂成为幼孢子体（图 2－7）。

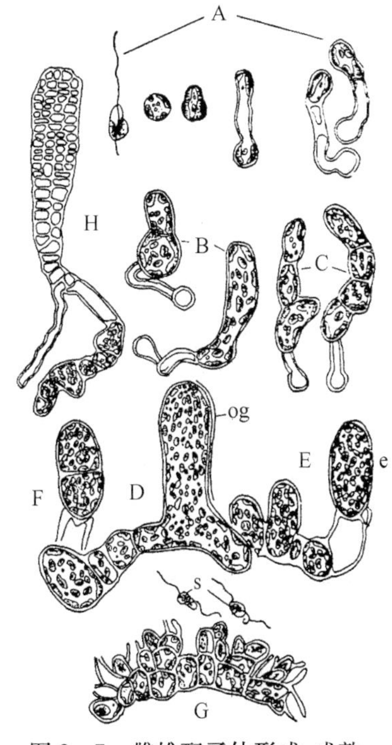

图 2－7　雌雄配子体形成、成熟及卵受精（仿殖田三郎等，1963）

A. 游孢子、胚孢子及配子体形成；B. 雌配子体；C. 雄配子体；D. 雌配子体形成卵囊（og）；E. 卵囊成熟排出卵（e）；F. 卵受精；G. 雄配子体形成精子囊并放出精子（s）；H. 幼孢子体

3. 配子体分期

根据裙带菜配子体在不同生长发育阶段的形态变化及对温度等环境条件的不同需求，可将配子体划分为配子体生长期、配子体休眠期和配子体成熟期 3 个时期。

（1）配子体生长期

配子体形成至配子体休眠前处于生长状态的时期称为配子体生长期。在生产上一般是自孢子采集后至水温上升至 23℃前，在大连等北方沿海一般在 6 月下旬至 7 月末，是配子体生长较快的时期。刚形成的配子体仅为 1 个细胞，个体较小，雌雄难以区分。随着培养时间的延长，配子体的体积逐渐增大并开始性分化，显微镜下可清楚分辨雌雄配子体。处于生长期的雌雄配子体在适宜的温度和光照条件下生长迅速，一般经过 1 个月左右的培养，雌配子体便可生长至 3~5 个细胞，雄配子体细胞数可达到 5～10 个，开始进入发育阶段。此阶段的主要特征是：配子体处于良好的生长状态，雌配子体细胞较长，细胞内盘状质体清晰可见；雄配子体细胞细长，呈浅褐色，枝端细胞尖细。当海水温度升高至 22℃左右时，配子体的生长速度减慢，细胞颜色逐渐变暗进入休眠期。

配子体生长期是指采苗后至配子体休眠前的配子体培养时期，在裙带菜育苗生产中处于育苗前期，此时的配子体培养状况将直接影响出苗时间和育苗效果。配子体生长期的海水温度非常适于配子体的生长，利用配子体在生长期内生长速度快的特点，在培育中给予适宜的光照和营养盐条件，促进配子体快速生长，使配子体在休眠之前生长到足够的大小并达到开始发育成熟的水平。因此，在半人工育苗生产上应及时提高水层，改善光照条件促进配子体快速生长；在全人工育苗中除适当提高光照强度外，还需加大施肥量，使配子体处于良好的生长状态。

（2）配子体休眠期

配子体休眠期又称配子体度夏期，一般在培养水温达到 23℃以上时，裙带菜配子体生长停止，以休眠方式度过夏季的高温期。休眠期的起始时间及长短因地区纬度不同差异较大，在我国沿海海区纬度越低休眠期越长，纬度越高休眠期越短。大连等北方沿海一般在 8 月上旬海水温度达到 23℃以上，在 9 月上旬水温降至 23℃以下，因此，整个休眠期约持续 1 个月，而在南方沿海休眠期可长达 3 个月以上。休眠期间配子体停止生长，细胞长度变短，细胞壁增厚使配子体细胞膨起变为椭圆形，细胞失去光泽呈暗褐色，细胞内质体模糊不清。由于细胞壁增厚使配子体细胞硬化，因此，处于该阶段的配子体附着能力降低，极易从附着基上脱落。

配子体休眠期在生产上处于育苗阶段的中期，为了使配子体在相对稳定的环境条件下顺利度过夏季的高温期，半人工育苗一般采用下调水层的方法，将苗绳下降到一定的水深，减少杂藻附着和保持稳定的水温；全人工育苗则需用布帘遮盖，使配子体在半黑暗状态下度过高温期。为了防止配子体脱落，半人工育苗应尽量避免移动苗绳，全人工育苗应暂停洗刷苗帘。

需要注意的是，不同海区配子体休眠时间不同，因此，度夏的方法和效果有很大的差异。一般情况下，度夏期间配子体所经历的高温时间越长，度夏的效果越差，裙带菜半人工育苗的成功率也将随之降低，这也是半人工育苗只适用于夏季高温期较短的北方沿海的原因。由于南方沿海配子体的度夏时间较长，在全人工育苗的度夏阶段，为了防止杂藻大量繁衍和配子体死亡，采用黑暗培养的方法可取得较好的度夏效果。

（3）配子体成熟期

当秋季水温降至 23℃时，雌雄配子体逐渐从休眠状态复苏，镜检可见配子体的细胞壁逐渐变薄，藻体颜色由褐色转为浅褐色，细胞长度开始增加。随着水温的下降，雄配子体细胞逐渐变短并在表面产生乳状突起的多室精子囊；雌配子体的两端细胞逐渐膨大，形成卵囊并排出卵，进入成熟期。刚进入成熟期的配子体形成卵囊和精子囊的数量较少，随着水温的降低形成数量快速增多，在成熟高峰期内几乎所有的雌雄配子体都形成了卵囊或精子囊。此阶段的主要特征是：镜检可见雄配子体上大量形成精子囊，雌配子体大量形成卵囊和挂在卵囊口处的卵，以及卵受精后形成的幼孢子体。在相同培养条件下，裙带菜雄配子体比雌配子体提前 2～3 d 成熟，表现出雄性先熟的特点。关于裙带菜配子体成熟的适宜温度，一般在水温 22℃时进入成熟期，大量成熟则是在水温 21℃左右，但南方型和北方型裙带菜略有差异，一般情况下，南方型裙带菜配子体开始成熟的温度比北方型高 0.5℃左右。

卵受精后萌发为幼孢子体，绝大多数未受精的卵一般在排出 2～3 d 后从卵囊口上脱落死亡，少数可孤雌生殖形成畸形幼孢子体。

处于成熟期的配子体和刚形成的幼孢子体要求相对稳定的温度、照度等环境条件，特别是对温度升高非常敏感，已经形成卵囊的雌配子体在温度超过 23℃或照度降低时，会停止排卵并恢复生长，刚形成的幼孢子体也会大量死亡。因此，在育苗生产中，维持配子体成熟阶段温度、照度、营养盐等环境条件的稳定是提高出苗率的重要技术措施之一。

4. 生活史

裙带菜生活史类型与海带目其他种类相同，即由宏观的二倍孢子体世代和微观的单倍配子体世代相互交替所组成。二倍幼孢子体从秋冬季开始在自然海区出现，经过冬季和春季生长成为大型孢子体后，在柄部形成特殊的生殖器官——孢子叶。在春夏交际时孢子囊母细胞经减数分裂后，在孢子叶表面形成大量孢子囊，成熟后放出单倍的游孢子，游孢子附着形成胚孢子后萌发形成单倍的雌雄配子体。雌雄配子体经生长后以休眠状态度过夏季的高温期，在秋季发育成熟，雌配子体形成卵囊并排出卵，雄配子体形成精子囊并放出精子，卵受精后形成二倍幼孢子体（图 2－8）。

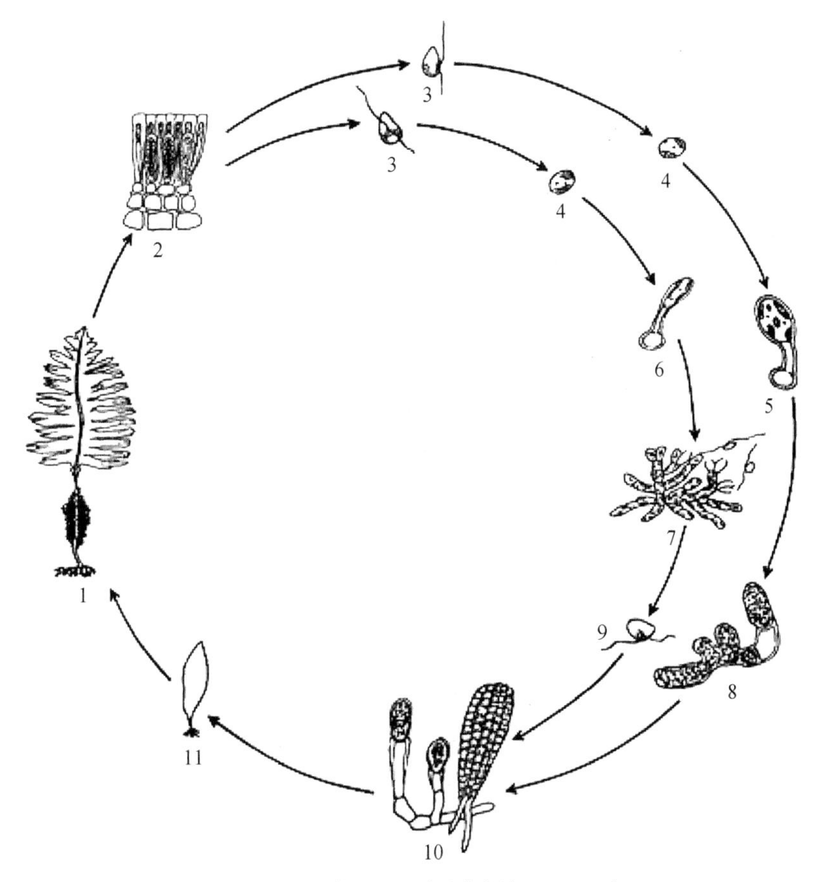

图 2-8　裙带菜生活史(仿堀辉三,1993)

1. 孢子体;2. 孢子叶横切面;3. 游孢子;4. 胚孢子;5. 刚形成的雌配子体;6. 刚形成的雄配子体;7. 雄配子体形成精囊并放出精子;8. 雌配子体形成卵囊并排出卵;9. 精子;10. 受精卵萌发成幼孢子体;11. 幼苗

四、生态与环境

裙带菜是生长速度较快的大型褐藻,在适宜的环境条件下,从 1 cm 幼苗至 1 m 以上的商品规格,生长期仅需要 70 d 左右。与海带相比,裙带菜栽培对海区的温度、透明度、海流、营养盐含量等环境因子有更加严格的要求。分布在不同纬度的裙带菜,适宜其生长发育的环境条件不同,同一区域裙带菜的不同生长发育阶段,其适宜环境条件也有很大的差异,影响裙带菜生长发育的环境条件主要有物理因子(温度、光照、水流、干露)、化学因子(营养盐、碳元素、盐度)等。

1. 物理因子

(1) 温度

温度决定裙带菜的水平分布,也是影响裙带菜生长发育的主要因子。海区水温的变化对野生裙带菜的生长和藻场形成有较大的影响。一般情况下,在夏季高温期较长的南方沿海,因生长周期较短,裙带菜孢子体出现的时间比较短,形成的藻场也较小。北方沿海因夏季高温期时间较短,裙带菜的生长周期较长,孢子体存活的时间较长,形成的藻场规模也比较大。近年来,日本学者采用分析夏季和冬季的水温变化来评价裙带菜的资源量和栽培产量。多年的生产实践表明，冬季水温升高预示着北方适宜裙带菜生长的时间将会延长，有利于北方海区大规模种群形成和获得较高的栽培产量，但对南方海区则预示资源量和栽培产量的减少。夏季水温过高或高温期持续时间过长，则影响度夏期间配子体的存活率，从而影响裙带菜的出苗率或推迟出苗时间，预示第二年裙带菜产量的降低。同样，在裙带菜的繁殖期内，如果低于17℃或高于21℃的天数增多，特别是高于21℃的天数增多，将影响孢子的放散和萌发，预示第二年资源量的降低；在1~3月裙带菜的生长期内，如果高于裙带菜生长适宜温度(12℃)的天数增多，也意味着生产量的降低；在4~5月裙带菜的发育期内，如果水温升高过慢，则预示繁殖期延后，导致第二年资源量减少和栽培产量降低。

裙带菜属于广温型藻类，自然分布跨越的地理纬度较大，不同地区种生长发育所适应的温度条件也不同。一般情况下，北方型裙带菜只适应在较高纬度的北方海区生长，将其移植到南方海区栽培往往达不到预想的效果。将南方型裙带菜移至北方海区栽培也是同样的结果。同一地方种在不同生长发育时期的适宜温度条件也有较大的差异。试验结果表明，着囊期和出苗期藻体所需适宜温度较高，在21~18℃生长迅速，最适温度为20℃左右。随着藻体的生长，其生长适宜温度逐渐降低，进入裂叶期后，生长适宜温度范围降低为15~5℃，且藻体越大，生长适宜水温越低，1 m以上的藻体即使在水温低于2℃的低温期内也能很好地生长，但小的藻体在此温度下则会停止生长或死亡。

温度对裙带菜孢子叶的形成和生长影响不显著。一般藻体达到1 m以上时，即使在低温期内也能形成孢子叶并很好地生长。但温度对孢子囊的发育影响较大，即使孢子叶的个体已经很大，在低于其发育的温度下，孢子囊不会发育；相反，若孢子叶的个体还较小，但水温已达到其发育的温度时，孢子囊则会大量形成。关于孢子囊开始发育的温度，普遍认为在10℃左右，我国北方沿海一般在5月上旬开始形成孢子囊，大量形成在水温为15~18℃的6月中旬至7月中旬。

孢子囊成熟的温度范围为12~21℃，在此温度范围内孢子囊均能够成熟。由于野生裙带菜所受光照弱于浮筏栽培裙带菜，因此在相同温度条件下，其孢子囊形成和成熟的时间相对延后10~15 d。

温度对裙带菜游孢子的放散影响不显著，在适宜孢子放散的12~21℃，成熟的孢子囊都能正常地放散游孢子。但温度对孢子的游动速度及时间有显著影响，试验结果表明，在适于孢子放散的温度范围内，温度越低孢子游动的速度越快，游动的时间也越长；反之，温度越高孢子游动的速度越慢，游动的时间也越短，超过20℃后，游孢子的游动时间只有十几分钟。

胚孢子萌发的适宜温度基本与游孢子的放散温度相同，在游孢子放散适宜温度范围内，胚孢子均能萌发，且温度越高萌发速度越快。在20℃培养温度下，胚孢子萌发仅需1 d，而在低于10℃培养温度下，胚孢子萌发速度明显减慢，需4~5 d的时间。当培养温度高于23℃时，胚孢子基本不萌发，开始陆续死亡。

配子体生长的适宜温度范围为10~21℃，在较高的温度条件下生长较快，最适温度为18~20℃。培养水温低于10℃或达到22℃后，配子体生长速度明显减慢。水温超过23℃时配子体停止生长并进入休眠期，但可以长时间存活，水温超过28℃后配子体开始死亡，超过30℃后大量死亡。

配子体发育的适宜温度范围为10~22℃，同样，在较高的温度条件下发育较快。北方型和南方型裙带菜配子体发育的温度高限略有差异，南方型为22℃，北方型为21℃左右。配子体发育的最适温度为18~20℃，随着温度的降低，配子体发育速度逐渐减慢，在相同的照度和营养盐条件下,10℃时配子体发育成熟的时间要比 20℃时慢一倍以上。

研究结果表明,夏季海水水温高于 23℃的起始时间及延续时间长短,是影响裙带菜幼孢子体形成及幼苗出苗时间的主要因子,夏季海区水温高于 23℃的时间越早、持续时间越长,则出苗的时间越晚;相反,在夏季水温超过 23℃时间较晚,持续时间较短的我国北方沿海,裙带菜幼苗的出苗时间较早。因此,日本南部的生产厂家为了获得早出苗、出大苗的育苗效果,将产于九州的孢子叶运到没有裙带菜分布的北海道东部进行采苗及海区育苗,由于当地夏季最高水温只有 22℃,配子体可不经过度夏直接发育成熟,幼苗出苗的时间早、个体大,待水温适宜后运回九州海区栽培,取得了良好的结果。

(2) 光照

光照条件由光质、光强和光时 3 个因子组成,决定裙带菜的垂直分布,也是影响裙带菜生长发育的主要因子。裙带菜细胞内含有大量叶黄素等类胡萝卜素,主要吸收可见光中的橙色和部分黄色光,相对分布的水层较深。自然海区内光照的强弱主要取决于海水的透明度,因此,在水质清澈、透明度较高的海区,裙带菜可分布在水深十几米以下的海底,在海底岩礁上形成大面积藻场。相反,在透明度较小的浑浊海区,裙带菜分布较浅,甚至仅能分布在几米深的潮下带。由于光照不足,生长在浑浊海区的裙带菜往往藻体比较细长,个体小,颜色较浅、色泽较暗、品质较差。

裙带菜自然分布的水层较深,因此适应在较弱的光照条件下生长发育,光补偿点较低,但孢子体生长的光饱和点却很高,可达 200 μmol/(m^2·s),属于生产力水平较高,生长速度较快的喜光性藻类。通过浮筏栽培,将裙带菜从光照较弱的海底移至光强较强的海面生长,极大改善了裙带菜的受光条件,充分发挥了个体的生长潜力,在适宜海区条件下从幼苗至商品规格,仅需两个多月的生长时间,产量也比野生裙带菜提高一倍以上。

裙带菜的生长对栽培海区的透明度有严格的要求。生产实践表明,要生产达到出口标准的裙带菜,一般要求栽培海区的透明度达到 3 m 以上,适宜的海区透明度为 7~10 m,透明度低于 3 m 的海区栽培的裙带菜,往往在藻体长度、厚度、色泽等方面达不到要求。但是,透明度太大的海区同样不适于裙带菜栽培,如果海区海水的透明度超过 10 m,裙带菜生长会因光照过强而受到抑制,不仅藻体小、色泽差,且丛生毛出现的时间早,品质较差。目前,我国裙带菜栽培区主要集中在大连南部海区,除水温、营养盐等条件外,适宜的海区透明度也是重要原因之一。

裙带菜不同生长发育阶段对光照的要求也不同,试验结果表明,着囊期的幼孢子体的适宜光强较弱,在 30~40 μmol/(m^2·s)的照度下生长良好。如果光照过强,不但无法促进幼孢子体的生长,还会造成硅藻、蓝藻等杂藻大量繁衍,给育苗生产增加难度。随着幼苗的生长,其适宜的光强逐渐增高。在海区透明度 7~10 m 时,幼苗期的适宜水层为 1 m 左右,裂叶期以后裙带菜生长适宜水层则升高至 0.5 m,在此水层中生长的裙带菜个体大,质量好。

裙带菜孢子叶形成及生长需要较高的光照条件,一般情况下,平挂栽培时,苗绳上部藻体的孢子叶的形成时间早,生长速度也较快,孢子叶个体较大;水层较深的苗绳中部藻体的孢子叶相对形成的时间较晚,个体也较小。光照对孢子囊形成和成熟有显著影响,在透明度较高的海区,裙带菜孢子囊形成和成熟的时间早,透明度较低海区形成的时间晚,数量也较少。在同一海区,生长在水层较浅的苗绳上部的裙带菜,孢子囊形成和成熟的时间早,数量也多。生产实践表明,在孢子囊发育的适宜温度范围内,提高光强可以促进孢子囊的形成和成熟。因此,为了促进生长在苗绳中部藻体孢子囊的发育和成熟,生产上一般会在水层较深的苗绳中部增加一个吊浮,使其水层提高,从而改善生长在苗绳中部裙带菜的受光条件,促进孢子囊的形成和成熟。一般情况下，生长在弱光下的裙带菜即使形成了孢子叶或孢子叶个体较大，但光照不足时也不能形成孢子囊。

光照对孢子的放散和游动有一定的影响。采孢子时突然给予强光，可刺激孢子囊内的成熟孢子游动，导致孢子囊膜在短时间内破裂，促使孢子的大量集中放散。放出的孢子具有负趋光性，在暗光下游动时间长且分布均匀。当光强超过 40 μmol/(m^2·s)时，孢子向背光处集中并附着，光强超过 100 μmol/(m^2·s)后，孢子停止游动并立即在背光处附着。因此在半人工育苗采苗时，室内采苗池一般都设在暗光处，小船室外采孢子时要用草帘、编织袋等遮盖物遮盖，以免光强过强导致孢子附着不匀影响采孢子效果。

光照对胚孢子的萌发影响不显著，在适宜的温度条件下，胚孢子一般 24 h 后便能够萌发，形成配子体。

光照对裙带菜配子体的生长发育有显著影响。配子体生长期需要较强的光照，在适于配子体生长的 18~20℃，光强小于 120 μmol/(m^2·s)时，配子体生长与光强成正比，且光照时间越长，配子体生长越快。因此，在全人工育苗和半人工育苗生产中，此阶段应适当给予足够的光强以促进配子体的生长。进入休眠期后，配子体停止生长，所需光照较弱，此时光照过强会导致杂藻繁衍和配子体死亡，生产上一般采用降低光强和缩短光照时间的方法控制光照。全人工育苗可用竹帘、布帘覆盖育苗室屋顶及门窗，将光强控制在 6~10 μmol/(m^2·s)，日本南部沿海的全人工育苗则采用黑暗度夏的方式使配子体度过夏天；半人工育苗则采用下降苗绳的方式降低光照，大连沿海一般将苗绳降至 3 m 以下，日本北部海区将苗绳降到十余米深水层度夏也取得了良好的效果。

配子体发育的适宜照度范围为 40~80 μmol/(m^2·s)。80 μmol/(m^2·s)以上配子体发育速度不仅不会增加，反而会因光照过强导致死亡。配子体成熟期应适当提高光强促进雌雄配子体成熟，在较短的时间内促进雌雄配子体大量形成卵囊和精子囊。另外，短日照能促进裙带菜配子体的发育，在全人工育苗中适当缩短光照时间也可以促进卵囊和精子囊的形成。

(3) 水流

水流是影响裙带菜生长发育的重要因子之一。野生裙带菜一般生长在近岸附近海底的岩礁上，大规模栽培区则集中在水深 40 m 以内的近海海区，因此，裙带菜生长发育主要受近岸流的影响，其特点是流向与海岸线平行，与大洋流相比，流向较规范且有规律，流速也相对较小，为栽培浮筏的设置提供了便利的条件。适宜的海流可促进孢子的传播，有利于增加沿岸裙带菜的资源量。水流可使栽培裙带菜漂浮生长、改善受光条件、冲刷掉藻体上的代谢产物和浮泥、补充营养盐，使裙带菜处于良好的生长状态。因此，在海流通畅海区栽培的裙带菜生长速度快、个体大、质量好。相反，在内湾等水流较小海区栽培的裙带菜，由于藻体表面细菌的大量繁衍和浮泥的附着，生长受到抑制，往往生长速度较慢、个体小、叶片较薄、弹性差，浮泥的长期附着导致藻体带有泥臭味，商品价值较低。

胚孢子萌发和配子体生长也需要一定的水流条件，在水流较小的内湾海区，由于浮泥的覆盖，胚孢子萌发率及配子体成活率均较低。若流速过大，不仅会造成胚孢子和配子体的流失，也会影响配子体的生长，配子体个体小，成熟较晚。在水流较大的海区，雌雄配子体虽能成熟排出卵和放出精子，但因流速过大影响卵的受精率，导致相对出苗率较低。另外，水流对着囊期和出苗期幼苗根系的形成有很大的影响，一般情况下，适当的水流能够促进幼苗根系发育和幼苗生长，生长在流速较大海区的幼苗为了防止被水流冲掉，往往先形成发达的根系，待附着牢固后再生长叶片，因此出苗时间晚于内湾和流速较小的海区。在全人工育苗后期的幼孢子体生长阶段要给予一定时间的流水培育促进根系发育,以适应幼苗下海暂养后的海区条件,可有效地防止幼苗脱落。幼苗暂养对海区的水流条件也有严格的要求,刚下海暂养时幼苗的个体较小,在水流较小的海区会因浮泥杂藻的覆盖导致出苗率下降,而在水流过大的海区会造成幼苗脱落,因此,目前在生产上的暂养区一般选择水流适宜的中排海区。

裙带菜栽培区应选择流向和流速适宜的海区。流向应确保是规范的沿岸流,涨潮流和退潮流的流向稳定规范。一些海区流向较乱,易造成栽培苗绳绞缠,不适于作为裙带菜的栽培区。流速大小是裙带菜栽培区选择的一项重要指标,生产实践证明,选择最大流速为 20~60 cm/s 的海区作为裙带菜的栽培区较适宜。流速低于 20 cm/s 时海区内浮泥较多,裙带菜生长缓慢、个体小、质量差;最大流速超过 80 cm/s 后,流速过大易使浮筏长时间沉于水下,藻体生长状态差、产量低。另外,不同水深对裙带菜的生长也有较大的影响,在相同流速下,水深较深的海区更适宜裙带菜生长。大连等地区在水深为 15~30 m 的栽培区内生长的裙带菜个体大、质量好,是裙带菜栽培的适宜水深。

(4) 干露

自然生长或栽培裙带菜其生活区域在潮下带或浅海,一般不存在干露问题,少数生长在低潮带的裙带菜,即便在大潮时短时间干露,也不会对其生存和生长造成太大的影响。但干露时间对孢子的放散量和成活率有较显著影响。孢子的放散量与孢子叶的阴干时间关系密切,一般情况下,孢子叶阴干时间与孢子的放散量成正比,即孢子叶阴干时间越长,孢子的放散量越大,但阴干时间超过 2 h 后,随着孢子叶阴干时间的延长,所放散出的孢子中失去鞭毛,不能游动的孢子数量也增加,萌发率降低。试验结果表明,在裙带菜的繁殖期内,孢子叶阴干 5 h 后,在放出的孢子中不能游动孢子的数量为 30%,10 h 后达到 80%,15 h 后达到 90%以上。因此,孢子叶应尽量避免长途运输,最好将运输的时间控制在 5 h 以内。

另外,气温等天气状况和孢子囊的成熟程度也是决定孢子叶阴干时间的重要因素,在气温较高、晴朗有风的天气里,孢子叶阴干的时间应短一些,而在阴雨无风的天气里,阴干的时间要长一些;孢子叶成熟状态好时阴干时间应短一些,成熟状态差时阴干时间要长一些。

与孢子一样,裙带菜的胚孢子耐干露的能力也较弱。一般情况下,将附着胚孢子的苗绳干露 4~5 h,会造成胚孢子大量死亡,如果将苗绳暴露在较强的阳光下,胚孢子在 1~2 h 内就会大量死亡。裙带菜配子体同样不耐干露,干露 2 h 后,可见配子体明显失水收缩,5 h 后,配子体细胞褐色素分解变绿死亡。

裙带菜幼苗对干露具有较强的耐受能力。0.5~1.0 cm 的幼苗干露 10 h 后,放入海水中仍可以正常生长,干露对其几乎没有影响;干露 15 h 后,在海水中培养 2~3 d 时可见藻体梢部出现绿烂,但能在短时间内恢复生长;干露时间若超过 24 h,则绝大部分幼苗变为绿色,藻体死亡。另外,幼苗大小不同其耐受干露的能力有明显的差异。藻体长度 0.5~3.0 cm 范围内,藻体越大耐干的能力越强,藻体长度小于 0.5 cm 或大于 3.0 cm 的幼苗其耐干的能力明显降低。鉴于幼苗耐干能力较强的特点,目前从日本引种多以引进幼苗的方式进行,国内大规模幼苗运输也采用使幼苗处于湿润状态的湿运法。如果距离较远,运输时间较长,可采用冰袋降温的方法提高幼苗的成活率。一般情况下,用冰袋将保温箱内的温度保持在 5℃左右,运输时间在 15~20 h 时,幼苗仍可保持较高的成活率。

2. 化学因子

(1) 营养盐

按照藻类的生理和生长要求,可将海水中的营养盐划分为大量元素和微量元素。大量元素是指藻类生长发育需要量大、不可或缺的元素，如果海水中大量元素不足则会影响藻类的生长发育，使其产量和质量降低；微量元素是指藻类生长发育中需求量较小，但同样不可或缺的元素，对藻类的生长发育起促进作用，如果在培养中微量元素缺乏或不足，将会使藻类产生生理障碍，影响藻类的生长发育或发生病害。

影响裙带菜生长发育的大量元素主要有 N(氮)和 P(磷)。在我国北方沿海，海水中 N 和 P 的比值一般为 7∶1，裙带菜对 P 的需求量较少，因此，海区内的 P 含量能够满足裙带菜生长发育的要求。N 在裙带菜生长发育过程中需求量较大，而不同海区 N 的含量又有较大差异，因此，海区内的 N 含量往往成为裙带菜生长发育的限制因子。

海水中的含 N 量通常用总 N 量来表示，是由 $NO_3^- - N$、$NO_2^- - N$ 和 $NH_4^+ - N$ 3 种不同形态的氮素组成。一般情况下，$NO_3^- - N$、$NH_4^+ - N$ 可以直接被裙带菜吸收利用，$NO_2^- - N$ 只有转化为 $NO_3^- - N$ 后才能被裙带菜吸收，因此，生产上通常将 $NO_2^- - N$ 的含量作为评价海区氮素潜力高低的重要指标。

裙带菜幼苗的生长需要较高的含 N 量，因此，半人工育苗的育苗海区和全人工育苗的幼苗暂养区，一般都选择在水质肥沃的海区。生产实践表明，在总 N 量 300 mg/m^3 以内的海区进行裙带菜的半人工育苗和全人工育苗的幼苗暂养，随着含 N 量升高，幼苗的出苗时间提前，个体也较大，相反，在含 N 量较低的海区，裙带菜幼苗出苗时间晚、数量少，个体也较小。在总 N 量低于 100 mg/m^3 的海区进行幼苗暂养时，必须施 N 肥才能获得较好的暂养效果。室内试验结果表明，在 $NaNO_3$ 浓度为 100 g/m^3 以内时，幼苗的生长速度与含 N 量成正比，$NaNO_3$ 浓度低于 20 g/m^3 时，幼苗的生长速度明显减慢。因此，目前使用的裙带菜室内培养的营养盐配方中，一般都将 $NaNO_3$ 浓度设定为 100 g/m^3 左右，全人工育苗中，则将 $NaNO_3$ 的浓度设定为 10~40 g/m^3。

在栽培期间，海区中的含 N 量对裙带菜孢子体的生长影响很大，特别是进入裂叶期后，裙带菜的生长速度明显加快，在适宜的海区条件下，藻体长度每天可增加 2 cm 以上。生产实践表明，在含 N 量超过 200 mg/m^3 的海区，即使不施肥，裙带菜也能很好地生长，且生长速度快、个体大、产量高、质量好；含 N 量为 100~200 mg/m^3 的海区，在栽培后期适当施肥，也可以获得较高的产量和质量；含 N 量为 50~100 mg/m^3 的海区，必须在栽培期间全程施肥，才能达到产品的质量要求；而含 N 量在 50 mg/m^3 以下的海区，即使施肥也很难栽培出合乎产品质量要求的裙带菜，因此不适于作裙带菜栽培区。我国北方沿海有些海区裙带菜不能很好地生长，无法形成大规模栽培区，除海水透明度较低因素外，海水中含 N 量较低也是主要原因之一。

此外，海水中的含 N 量对丛生毛出现的时间和数量有较大的影响。一般情况下，生长在高含 N 量海区的裙带菜丛生毛较短、较细，出现的时间也晚；而在较低含 N 量的贫瘠海区，裙带菜丛生毛较粗、较长，出现的时间也比较早。大连地区沿海部分含 N 量较低的海区，在每年的 3 月上旬开始大量形成丛生毛，到 3 月下旬丛生毛已经布满叶片的表面，从而失去商品价值。

裙带菜孢子叶的生长发育与海区中 N 的含量有密切的关系。一般情况下，生长在含 N 量较高海区的裙带菜孢子叶个体大，成熟后形成孢子的数量多；相反，贫瘠海区的裙带菜孢子叶往往个体小，形成的孢子数量也较少。含 N 量也会影响孢子叶的发育，在相同的温度和透明度条件下，生长在贫瘠海区的裙带菜虽然孢子叶个体较小，但往往提前发育，成熟的时间较早；而生长在肥沃海区的裙带菜孢子叶，经过充分生长后再发育，与贫瘠海区生长的裙带菜相比，孢子叶成熟的时间较晚。

雌雄配子体生长也需要较高的含 N 量，在半人工育苗生产中，在肥沃海区培育的配子体成活率高、生长速度快、个体大，秋季水温下降时，配子体能够在短时间内大量成熟，获得早出苗、出苗齐的育苗效果。相反，在含 N 量较低的贫瘠海区，配子体成活率低、生长慢且个体间差异较大，会导致出苗不齐和低出苗率。

全人工育苗中，配子体一般都采用室内止水培养的方法，配子体对海水中含 N 量的要求高于自然海区。试验结果表明，$NaNO_3$ 浓度在 100 g/m^3 以内时，海水中 N 的含量越高，配子体生长速度越快，个体也越大。

P 对裙带菜生长发育也有较大的影响，尤其对发育影响较大。若在培养液中只加 N 不加 P，配子体不但生长速度降低，而且影响其发育，不能形成卵囊和精子囊。海水中 P 含量低于 10 mg/m^3 时，配子体的发育时间延长或不能排卵。因此，生产上为了促进裙带菜雌雄配子体的发育，在配子体成熟期要加大培养液中 P 的浓度，使雌雄配子体在短时间内大量形成卵囊和精子囊。

海水中的微量元素对藻类生长有明显的促进作用，影响裙带菜生长发育的微量元素主要有 Cu、Zn、Fe、Mn、Si 等。海水中均含有这些微量元素，且裙带菜对这些元素的需求量较少，因此，在自然海区栽培时，这些微量元素一般不会缺乏。在室内培养中，会因对培养用海水的灭菌，造成部分微量元素的流失，或因配子体、幼孢子体的消耗造成微量元素含量不足，此时必须及时补充。

（2）碳元素

裙带菜是对碳需求量较大的海藻，其有机物组成中碳的含量可达 30%左右，属于碳含量较高的藻类。探讨碳对裙带菜生长发育影响的研究较少，其原因主要是学者普遍认为海水中的碳酸盐系统可以有效地补充碳源的不足。CO_2 是海水碳酸盐循环系统的组成部分，也是藻类光合作用的重要原料。海水中游离 CO_2 的浓度一般在 0.3~0.5 ml/L。由于海水中游离态的 CO_2 与空气中的 CO_2 保持着动态平衡，在自然海区内通过海流和波浪的作用，海水中与空气中的 CO_2 进行着频繁的交换，裙带菜栽培区一般不会发生 CO_2 的缺乏。

室内人工育苗中，由于受培养水体限制及维持水温的需要，在育苗后期往往换水量较小，在一些培养水体较小且幼苗密度较大的育苗池中，会出现 pH 升高，幼苗生长缓慢甚至大量死亡的现象；培养在烧瓶内的自由配子体若长时间不更换培养液，pH 也会迅速升高，同样也会引起配子体的大量死亡。在海水温度、盐度无显著变化的情况下，CO_2 不足是导致 pH 升高的直接原因，而 CO_2 缺乏是造成裙带菜幼苗和配子体死亡的主要原因。

解决 CO_2 不足的有效方法是更换新鲜海水和添加碳酸盐类，目前在裙带菜人工育苗生产中一般采用更换海水的方法。

（3）盐度

裙带菜自然生长在潮下带和浅海区，属于狭盐性藻类，与生长在潮间带的藻类相比对盐度的变化适应范围较窄，适应能力也较弱。裙带菜孢子体生长要求相对稳定的海区环境，对海水盐度的变化较敏感，尤其对低盐度环境适应性较差，且藻体越大适应能力越低。如果在裙带菜栽培期间因大的降雨或淡水流入使海区内盐度降低，往往会造成藻体细胞质壁分离，在藻体表面形成大量水泡，溃烂后引起藻体死亡。因此，河口附近等盐度变化较大的海域不适于栽培裙带菜。

配子体的生长发育期在夏季，因此对海水盐度的变化适应能力相对较强，其生长发育的适宜盐度范围也较广。试验结果表明，盐度在 18~42 范围内，配子体均可生长并发育成熟，生长最适盐度为 28 左右。根据配子体生长发育对盐度的要求，在室内培养中，可在培养液中添加少量淡水;在有一定数量淡水流入的肥沃海区进行半人工育苗时,往往会获得较好的育苗效果。

盐度变化对孢子的放散有明显的影响。在裙带菜的繁殖期内,孢子囊大部分已经成熟或接近成熟时,若有降雨或淡水流入,导致海水盐度降低,可使孢子囊囊膜吸水膨胀后破裂,促使孢子的大量集中放散。因此,雨后是孢子放散量最低的时期,人工采苗要尽量避免在雨后进行。生产上为了保证苗绳上所采集孢子的数量,一般将采苗时间定在雨后一周左右,待孢子囊重新发育成熟后再进行采苗,也可获得较好的采苗效果。

盐度降低虽然可以促进孢子放散,但低盐度对孢子的附着有显著影响。据日本学者报道,海水盐度低于 8.5 时,孢子基本不附着。

第三节 苗种繁育

苗种繁育又称幼苗培育,是指在人工干预下将采集的孢子或配子体培育为幼苗的过程。苗种繁育是海藻栽培生产的基础,裙带菜的规模化栽培生产是建立在稳定的苗种生产技术基础之上的。

裙带菜采苗及幼苗培育方式因地区纬度不同有很大的差异,按采苗方式不同,可分为孢子采苗、配子体采苗和无性繁殖系采苗 3 种。孢子采苗是将从成熟种藻获得的孢子附着在基质上;配子体采苗和无性繁殖系采苗是将室内培育的配子体或无性繁殖系切碎撒在基质上使其附着。按育苗培育方式可分为半人工育苗和全人工育苗两种方式。半人工育苗又称人工采孢子海区育苗,其特点是陆地人工采孢子后,在自然海区进行育苗;全人工育苗又称室内人工育苗,采孢子和幼苗培育均在室内进行。目前,国内外裙带菜的苗种生产主要采用半人工育苗和全人工育苗方式,全人工育苗生产中主要采用孢子采苗方式。配子体采苗、无性繁殖系采苗及育苗方式规模较小,主要为半人工育苗和全人工育苗提供种藻。

裙带菜全人工育苗中,根据培育中降低温度与否又分为低温育苗和常温育苗两种方式。低温育苗指在幼苗培育中将水温控制在适于裙带菜配子体成熟和幼孢子体生长的温度范围,或在夏季的高温期内将水温控制在配子体成熟和幼孢子体生长的适宜范围内,使配子体不度夏,直接进入成熟阶段的育苗方式。低温育苗方式延长了幼孢子体生长时间,幼苗出库时个体大、成活率高;缺点是大规模生产成本较高。

常温育苗指在幼苗培育期间不进行温度控制,育苗的全过程是按照自然水温的变化进行幼苗培育的育苗方式。其优点是幼苗培育过程全部在自然水温状态下进行,培育的幼苗较健壮,但由于秋季室内水温下降较慢,与自然海区相比水温较高,因此出苗时间相对较晚。因为裙带菜育苗期间用水量较大,大规模生产降低水温成本太高,目前裙带菜全人工育苗基本上为常温育苗。

一、半人工育苗

半人工育苗又称人工采孢子海区育苗,是一种较原始的育苗方式,主要适于夏季水温较低、高水温时间较短的北方沿海,是日本北部沿海主要采用的育苗方式,在大连等我国北方沿海也有一定的使用规模。半人工育苗的特点是将裙带菜孢子直接采集到栽培苗绳或棕绳编成的苗帘上,然后将栽培苗绳或苗帘挂在海区浮筏上进行自然海区育苗。待幼苗肉眼可见后,将达到幼苗密度的栽培苗绳直接平挂在浮筏上,或将长有幼苗的棕绳切成小段夹在浮筏大绠上进入栽培阶段。大连等我国北方海区夏季最高水温通常不超过 27℃,一般在 25℃以下,且

23℃以上的高温期持续时间较短，一般只有1个月左右，海水温度能够满足配子体生长发育和幼孢子体生长的要求，因此，进行裙带菜半人工育苗是完全可能的。

半人工育苗整个培育过程是在自然海区内进行，采孢子后至幼苗肉眼可见，需经历配子体生长、度夏、发育成熟和幼孢子体生长等几个阶段，在北方沿海需3个多月时间。由于海区育苗期间正值夏季，受杂藻、浮泥及紫贻贝、柄海鞘等生物的大量附着及季节风的影响，出苗不稳定，无法有效地为栽培生产供应充足的苗种。为了维持一定的幼苗密度，生产单位往往在采孢子时加大种藻使用量和增加采孢子栽培苗绳数量，造成了极大浪费。此外，由于雌配子体成熟后排出的卵是在海区内受精，栽培裙带菜易与生长在自然海区的野生裙带菜混杂，引进品种的优良性状难以维持，导致引进种退化严重，迫使生产单位频繁从日本引种，加大了生产成本。尽管如此，因该方式将裙带菜孢子直接采集在栽培苗绳上，操作简单，省略了幼苗的室内培育、暂养、分苗等程序，容易被生产单位所接受，目前在大连地区半人工苗种的使用率为20%左右。

1. 采孢子时间

选择适宜的采孢子时间在裙带菜半人工育苗生产中是至关重要的。海区纬度不同，采孢子的时间差异较大。为了保证较高的出苗率，选择采孢子时间必须遵循以下3个原则：① 要求当地水温上升至23℃之前不能大量形成幼孢子体，如果采孢子时间过早，配子体在水温23℃前大量成熟形成卵囊和精子囊，卵受精后形成幼孢子体，由于幼孢子体不耐高温，当水温超过23℃时便会大量死亡，导致出苗率降低；② 要求配子体在度夏前应经过充分的生长和发育，达到成熟或接近成熟的程度，在秋季水温下降至22℃时大量成熟排出卵和精子，形成幼孢子体，达到出早苗、出大苗的目的；③ 要获得大量健壮的孢子，采孢子时间过晚，则大部分的孢子叶已经放散过，所采集的孢子可能是第二茬、第三茬放散的孢子，孢子数量少、质量差、萌发率低，直接影响苗种质量。大连沿海一般在8月上旬自然水温达到23℃进入高温期，在6月下旬至7月下旬的水温条件下，孢子附着至配子体发育成熟约需1个月的时间。参考以上3个原则，大连地区采孢子的时间一般确定在高温期前1个月进行，生产性采孢子主要集中在水温16~17℃的6月下旬至7月上旬的裙带菜孢子放散高峰期内，在此期间采孢子均获得了较好的采苗和育苗效果。

2. 种藻及阴干刺激

（1）种藻

种藻的品质和成熟度是提高半人工育苗成功率和苗种质量的重要保证。一般应选择个体大、生长速度快、品质好的藻体作为种藻。日本的"三陆裙带菜"耐低温，生长周期长、个体大、质量好，且日本市场价格较高，是大连地区沿海栽培的主要品种。采苗所用种藻为浮筏栽培的"三陆裙带菜"，种藻的培育要选择适宜的海区，并由专人负责，分苗时应适当降低幼苗密度，确保幼苗有足够的空间充分发挥生长潜力，达到藻体生长的最大值。种藻的选择一般在4月上旬进行，将苗绳上的藻体数量控制在每绳100棵左右，选择个体大、生长状态好的藻体留作种藻。

近年来，1~2月收获的早期裙带菜在日本市场日渐畅销，价格也较高，这使得"鸣门裙带菜"出苗早、在较高温度下生长快、收获时间早的优点逐步显现出来，因此，一些生产厂家也开始引进并栽培"鸣门裙带菜"。

生产上大规模采苗时，一般采用头茬孢子。为了获得大量健壮的孢子，避免种藻成熟过早，造成孢子在海区放散，可采用下降水层，降低光照的方法抑制孢子叶成熟。采苗前两周，应定期检查孢子放散量，确保采苗在孢子放散的高峰期内进行。大规模采苗一般在上午进行，清晨出海将成熟孢子叶割下，洗净后装入编织袋中运回陆地，孢子叶数量与苗绳的比例一般为1∶1。

(2) 阴干刺激

裙带菜孢子囊随着水温升高而逐渐成熟，具有陆续成熟、陆续放散的特点。生产上多采用阴干刺激的方法促进孢子大量集中放散。孢子囊经阴干后失水收缩，重新放入水中后，孢子囊膜吸水膨胀破裂，将大量孢子放出。阴干时将孢子叶散铺在阴凉通风处晾干，生产上则是在海边或采苗池前临时搭建阴干棚，阴干时间的长短主要取决于孢子叶的成熟程度和天气状况，如孢子叶成熟情况好，天晴有风时阴干时间应短一些，反之则长一些。

一般采用触摸法、滴水法和孢子放散法检查孢子叶阴干效果。触摸法即用手指触摸孢子叶表面，若手指粘有明显的黄褐色孢子斑迹则表明阴干效果较好，如手指上有明显的水迹，则表明阴干的时间不足。滴水法指用吸管吸取少量的水滴在孢子叶上，略微搅拌后再将水吸至载玻片上，镜检孢子的放散量，如有大量孢子放出则达到阴干要求，如孢子数量较少则需延长阴干时间。孢子放散法指取小块孢子叶放入添加海水的容器中，经搅拌后若有大量孢子放出，孢子水呈褐色且镜检可见有大量孢子活跃游动，表明阴干效果较好，无色或颜色很浅则需延长阴干时间。一般情况下，成熟度好的孢子叶阴干 2~3 h 均能达到较好的效果。

3. 采苗

采苗又称采孢子，指采取人工措施，使孢子大量集中放散并使其附着在基质上的过程。生产上使用的附着基为长 8 m、直径 3 cm 的聚乙烯混纺栽培苗绳。聚乙烯苗绳表面的光滑程度对孢子的附着有较大影响，苗绳表面越光滑，孢子的附着率越低，因此，新苗绳孢子附着量通常较少。使用前将新苗绳铺在道路上经汽车碾压后，能获得较好的采苗效果。

为了便于操作，可将两根苗绳重叠扎成长 2 m 的小捆，提前 2 d 浸泡在海水中备用。

生产上的采苗设施主要有采苗池和作业船。

采苗池通常为水泥池，一般要求设置在室内，体积 50 m^3 左右为宜。为了便于苗绳和孢子叶搬运，池深应小于 2 m，一般为 1.5 m。为了防止由于游孢子的负趋光性导致附着密度不匀，采苗池应设在暗处，若采苗池周围较明亮，采苗时则需用黑布等遮盖。大连地区的许多生产单位，将加工裙带菜使用的盐渍池作为采苗池使用，为了防止盐度过高，采苗前应充分浸泡和洗刷。采苗用水需使用经沉淀过滤后的清洁海水，一些生产单位没有海水沉淀过滤设施，则应在海水水质较清时采苗，如水质浑浊则会影响采苗效果。

作业船采苗一般在海边进行，所用海水多为岸边海水，因此，采苗应尽量避开降雨及岸边海水较浑浊的时间。由于作业船体积较小，船内舷及船底易附着大量孢子，孢子消耗较多，为保证苗绳上的孢子附着密度，应加大孢子叶的使用量，以免苗绳上孢子附着数量不足导致育苗失败。另外，作业船采苗在室外进行，虽然采苗时船上会用草皮或布帘遮光，但由于室外光照太强，仍存在中下层苗绳孢子附着多，上层孢子附着少的问题，与室内采苗池相比，采苗效果要差一些。

采苗池采苗前应先洗刷干净，苗绳放入的数量因采苗池的大小和孢子叶的成熟状况而异。孢子放散量大时，苗绳可多放一些；孢子放散量不大时，苗绳应少放。一般情况下，在生产性采苗时，采苗池每立方米水体以放入 20 根苗绳为宜。

采苗池采苗时，先取 1/3 左右阴干后的孢子叶倒入池中，添加海水浸没孢子叶后，派人进入池内进行搅拌，当见到因孢子大量放出使池水呈褐色，镜检孢子水浓度达到每个视野(100 倍)20 个以上时，取 1/3 苗绳按顺序摆放在池内。然后再倒入 1/3 左右孢子叶，重复以上步骤两次。最后添加海水浸没苗绳，将剩余的少量孢子叶撒在苗绳上面，再用木板、水泥块等重物将苗绳压实，在池内四周及中央放入数个检查孢子附着密度用的玻璃片，进入孢子附着阶段。

作业船采苗法基本与采苗池相同。由于作业船体积较小，采苗时一般将大部分阴干后的孢子叶放入船舱中，添加海水浸过孢子叶后，在舱内搅拌促进孢子放散，当舱内孢子水达到一定浓度呈浅褐色后，可将栽培苗绳摆放入船舱中，添加海水浸过苗绳，再将剩余的孢子叶放在苗绳的上面，然后用木板等压在苗绳上面。同样，在船舱的中央和四周放入检查孢子附着密度的玻璃片，最后在船舱上盖上草帘、黑布等遮盖物即可。

孢子的附着与孢子的游动时间有关，而孢子的游动时间又与水温关系密切。在适宜孢子放散的裙带菜繁殖期内，孢子的游动时间与水温有关。在水温较低的 6 月下旬采苗时，孢子的附着时间会较长，一般需要 3 h 以上，进入 7 月后采苗，则孢子的附着时间可缩短。

裙带菜半人工育苗采孢子的适宜密度，因育苗海区不同而有很大的差异。在风浪较小、水质清洁、营养盐较丰富的内湾和浅海海区，配子体生长发育较快，形成卵和精子后卵受精率高，采孢子的密度可以小一些；在风浪和水流较大的海区，配子体损失较多，形成精卵后卵受精率也较低，采孢子的密度应大一些。多年的生产实践表明，若要达到栽培生产所要求的出苗率，栽培苗绳上的胚孢子附着密度需达到每视野（100 倍）20 个以上，适宜附着密度为每视野（100 倍）40~50 个。若胚孢子附着密度达每视野（100 倍）100 个以上时，则为密度过大，栽培期间需进行间苗，给生产管理带来困难。若胚孢子附着密度小于每视野（100 倍）20 个，则可能出苗率无法达到栽培生产的要求，原则上应将苗绳捞出重采。

检查孢子附着密度一般在采苗 2 h 后进行，使用显微镜检查玻璃片上胚孢子的数量。若胚孢子的附着密度达到每视野（100 倍）20 个以上，且确认池水中已没有孢子游动后，即达到生产要求。

采完孢子的苗绳会立即移至自然海区内培育，因此，胚孢子附着牢固与否直接影响出苗率。出苗前，取出附着胚孢子的玻璃片，在显微镜下计数附着在玻璃片的胚孢子数目后，将玻璃片在海水中摆动数下，再放在显微镜下计数，若摆动后玻璃片上胚孢子数量为摆动前的 90% 以上时，则表示胚孢子已基本附着牢固，可将苗绳移至海区培育。

为了解决下海后胚孢子脱落问题，提高采苗质量，也可在傍晚采苗，待孢子附着后，将苗绳在育苗池中放置一夜，延长孢子的附着时间，第二天清晨再将苗绳出池挂到海区培育。此法能较好地解决孢子的附着问题，特别是在孢子放散量不大，采苗质量难以保证的情况下，往往能获得较好的采苗效果。需要注意的是，采苗池中苗绳及孢子叶的数量均较多，在池内放置一夜，极易造成水质腐败，导致胚孢子死亡，因此，生产上要求在午夜时将采苗池的海水更换 1 次。

苗绳出池应先放干池水，再将苗绳按顺序取出装入筐内，以草帘遮盖后，用汽车或索车运至海边的作业船上；使用作业船采苗的，应将舱水排出，用草皮等遮盖苗绳后，将苗绳垂挂在海区的育苗浮筏上。

刚附着的胚孢子不耐干露，加之挂苗绳时正值中午时分，阳光长时间照射会使筐中或船舱中苗绳的温度升高，高温及干露时间过长会导致胚孢子死亡。因此，应尽量缩短苗绳暴露在空气中的时间。生产上要求苗绳应少拿勤挂，作业船采苗应先将苗绳成捆绑在浮筏上，使苗绳浸泡在海水中，然后再逐一将苗绳垂挂在浮筏上，进入海区育苗阶段。

4. 海区育苗

海区育苗是指将附着在苗绳上的胚孢子,在海区条件下培育至 1 cm 左右裙带菜幼苗的过程。海区育苗的时间因海区纬度而异,纬度越高,育苗的时间越短,随着纬度降低,海区育苗的时间延长,大连地区沿海裙带菜的海区育苗时间一般需 3 个月左右,因此,选择适宜的育苗海区和育苗期间的管理工作是非常重要的。

(1)育苗海区的选择

选择适宜的育苗海区是决定裙带菜半人工育苗成功与否的重要因素之一,也是提高海区育苗出苗率的重要保证。应选择水质清洁、肥沃,杂藻、浮泥较少,透明度及水流适宜的海区。育苗区应尽量远离大河大江入海口,虽然裙带菜的配子体和幼孢子体对低盐度有一定的适应能力,但海区育苗期间正值雨季,应避免因雨后盐度大幅降低造成配子体和幼孢子体大量死亡。多年的经验表明,水流较大的高排海区和水流较小的内湾和浅水低排海区都不适宜作育苗海区。流速过大影响配子体的生长和发育,配子体成熟时间延后,出苗时间晚。同样,即使雌雄配子体成熟,过大流速也会导致受精率大幅度降低,影响出苗率;流速过小则利于浮泥杂藻大量附着,直接影响配子体生长发育和幼孢子体的生长,降低幼苗的成活率,难以获得较好的育苗效果。因此,育苗海区一般选择风浪较小、水流适宜、水质肥沃、浮泥杂藻较少的中排海区。

除考虑盐度、海流等环境因素外,选择半人工育苗的育苗区时还应考虑当地野生紫贻贝、柄海鞘、海绵等敌害动物的生物量及繁殖期。在大连沿海,每年的 7~8 月也是紫贻贝、柄海鞘、海绵等动物的幼体大量出现并附着的时期,若不采取有效措施,这些动物幼体的大量附着将会严重影响裙带菜的出苗率。海绵幼体一般附着于光线较弱的海底附近,对裙带菜苗绳影响不大,但紫贻贝和柄海鞘幼虫附着与生长的适宜水层,也是裙带菜配子体生长发育和幼孢子体生长的适宜水层,对裙带菜海区育苗影响较大。因此,育苗区应选择紫贻贝、柄海鞘生物量较少的海区,更应远离紫贻贝养殖区。

(2)培育方式及密度

海区育苗期间,初期苗绳的培育方式为垂挂培育。将 2 m 长的苗绳小捆用吊绳连接,垂挂于浮筏的大绠上,下端系以坠石,以免苗绳间相互绕缠。苗绳的垂挂密度因海区条件而异,在风浪和水流较大的海区,为了防止苗绳相互绞缠,苗绳的间距应相对大一些,反之则应小一些。考虑到雌配子体排出的卵在海区内有一个受精过程,育苗区内苗绳的密度增大将有助于提高受精率,因此,各生产单位的育苗区都相对集中在一个区域内,有的单位还在筏距 8 m 的两台浮筏之间临时增加 1 台浮筏,以增加育苗区内的苗绳数量。一般情况下,吊绳的间距以 40~50 cm 为宜。

(3)育苗管理

海区育苗期间主要管理工作有育苗水层调节、清除敌害生物和平挂苗绳等。

1)水层调节:所谓水层调节即调节裙带菜配子体、幼孢子体的受光条件。通常采用延长或缩短吊绳的方式进行,是裙带菜海区育苗期间的重要管理工作之一。应依据海区海水的透明度及育苗期间配子体生长、休眠、成熟和幼孢子体生长不同时期对光照强度的要求,科学合理地调节水层,给配子体生长发育和幼孢子体生长提供良好的光照条件。目前在生产上各阶段光照条件控制情况如下。

① 配子体生长阶段:采苗后至配子体度夏前为配子体生长阶段,在大连等北方沿海为从采苗后至 7 月末约 1 个月的时间。配子体生长需要较强的光照条件,大连沿海在海区透明度 6~10 m 条件下,垂挂水层为 1.0~1.2 m,在适宜配子体生长的温度条件下给予足够的光照,使

配子体在度夏前完成生长阶段，达到成熟或接近成熟的程度。

② 配子体度夏阶段：随着水温的升高，配子体生长速度减慢，海水温度超过 23℃时，配子体进入休眠期，在大连等北方沿海一般为 8 月初至 8 月末约 1 个月的时间。进入休眠期的配子体生长停止，为了有效地防止杂藻大量繁衍，保持苗绳清洁，使配子体处于一个相对水温较低且稳定的条件下度过夏季高温期，目前国内外均采用降低水层的方法。

苗绳下降的深度，国内外有较大的差异。大连等北方沿海，适宜育苗海区的深度较浅，生产上要求吊绳的有效长度为 3 m 左右。为了避免突然的光照变化引起配子体死亡，苗绳分 2 次下降，首先在 8 月上旬将吊绳的有效深度降至 2 m 左右，至 8 月中旬再降至 3 m 左右。而日本北部沿海则一般将吊绳的有效深度降至 10 m 以下。

③ 配子体成熟阶段：当海水温度降至 23℃左右时，配子体开始从休眠状态中复苏，并恢复生长发育，进入成熟阶段。配子体发育成熟必须给予一定的光照条件，根据其在暗光下始终处于生长状态、基本不发育的特点，大连等北方海区一般在 8 月下旬将吊绳的有效长度提升至 2 m，促进配子体从休眠中复苏并恢复生长。在 9 月上旬海水温度降至 22℃左右，配子体开始大量成熟时，再将吊绳的有效长度提高至 1 m，给予较强的光照促进配子体大量集中成熟。

海区育苗期间的水层调节，除考虑配子体生长发育的要求外，还应尽量降低紫贻贝、柄海鞘等敌害生物附着的影响。如前所述，在大连等北方沿海，裙带菜半人工育苗与紫贻贝、柄海鞘、玻璃海鞘和海绵等动物幼体附着的时期相同。虽然因海区不同，附着生物的种类和数量有所不同，但多数海区内紫贻贝、柄海鞘的生物量较大，预防紫贻贝、柄海鞘幼虫的大量附着仍然是裙带菜半人工育苗期间管理工作的重点之一。日本北部沿海柄海鞘和海绵附着的影响较大，在裙带菜海区育苗期间以防止柄海鞘和海绵幼体附着为主，因此将配子体度夏的水层控制在柄海鞘、海绵幼体较少的 10 m 以下较深水层中。

2）清除敌害生物：尽管采取了预防措施，但海区育苗期间苗绳上仍会附着大量杂藻、紫贻贝、柄海鞘及海绵等敌害生物，极大影响了配子体的生长发育和幼孢子体的生长，必须及时清除。生产上采用清洗苗绳的方式清除紫贻贝等敌害生物。清洗时间一般在度夏阶段后期，即 8 月下旬左右为宜，此时附着在苗绳上的紫贻贝壳长 2～3 mm，壳色为白色，足丝尚未生出，容易除净。清除时可采用木棒敲击、摔打苗绳或洗刷等方式进行。苗绳清洗应在一周内完成，生产上要求一次洗净。

除苗绳上的敌害生物应及时清理外，栽培浮筏由于常年设置在海区内，杂藻、紫贻贝及柄海鞘等敌害生物常年附着在浮筏上，生物量较大，造成浮筏负荷加重，不但给管理工作带来了麻烦，而且造成无法有效控制水层，因此，浮筏大缨和浮子上的敌害生物也应及时清理。

3）平挂苗绳：在大连等北方沿海，进入 9 月后，随着海水温度的下降，配子体逐渐发育成熟，雌雄配子体开始大量形成卵囊和精子囊，卵受精形成幼孢子体，即进入幼孢子体生长阶段。与配子体成熟阶段相比，幼孢子体在生长阶段需要较强的光照，如不及时调整水层，会造成幼苗生长差异，苗绳中下端幼苗较小，不但会影响出苗时间和出苗率，导致出苗不齐，而且会影响幼苗生长，延后收获时间。此时，苗绳垂挂方式已无法满足幼孢子体生长对光照的需求，应及时将苗绳平挂在两台浮筏之间，由垂挂方式改为平挂方式。

平挂苗绳的时间因海区纬度不同而有所差异，若平挂苗绳的时间过早，会因光照过强引起幼孢子体大量死亡；过晚则会影响幼孢子体生长，延后出苗时间，因此，选择适宜的平挂时间在海区育苗中是非常重要的。多年的生产实践表明，水温降至 21℃左右是平挂苗绳的适宜时间，此时正处于出苗期，生长在苗绳上的幼孢子体大部分在 1 mm 左右，部分幼苗已肉眼可见，适宜较强的光照条件。大连沿海一般在9月中下旬平挂苗绳,操作时将苗绳捆打开,每两根苗绳系在一根吊绳上,平挂在两台浮筏之间,吊绳的长度为1 m左右,要求苗绳中间最深处距水面的垂直深度为2.0~2.5 m为宜。

苗绳平挂后,幼孢子体在适宜的水温和光照条件下生长迅速,经1个月左右的培育,至10月中下旬,幼孢子体的平均长度便可达1 cm以上,大的藻体长度接近10 cm,成为裙带菜幼苗,标志着海区育苗阶段结束。此时可进行栽培苗绳的筛选,进入浮筏栽培阶段。

4)苗绳筛选及单绳平挂:苗绳筛选是指筛选出幼苗密度达到生产要求的栽培苗绳,单绳平挂是将筛选出来的栽培苗绳以单根的形式平挂在两台浮筏之间。苗绳单绳平挂后意味着裙带菜栽培阶段的开始,生产上要求吊绳长度为0.5 m左右,苗绳最深处距水面的垂直距离要求在2 m以内。

对于有一定幼苗数量但密度未达到生产要求的栽培苗绳,可采用两根并挂的方式进行栽培。幼苗数量较少的苗绳可收回陆地,洗净晒干后下次采苗使用。

半人工育苗也是日本北部沿海裙带菜苗种生产的主要方式。采苗时间一般在7月中下旬,采孢子使用的附着基多为用直径0.5 cm棕绳编成的长度为1.5 m、宽度为0.8 m的苗帘。成熟的孢子叶经阴干后,移到水槽内进行孢子放散,孢子水经过滤后放入苗帘进行孢子附着,附着密度一般要求以10个/视野(100倍)为宜。附着孢子的苗帘在水槽内垂挂4~5 h,待胚孢子附着牢固后,垂挂在海区浮筏上,吊绳的有效长度约1 m,进入海区育苗阶段。

进入夏季后,当海区水温超过23℃时,将吊绳分2~3次下降至5 m水深以下,在杂藻及海鞘等生物量较大的海区,甚至要下降至十余米以下的水层中进行配子体度夏。当初秋海水温度降至23℃以下时,再将吊绳分2~3次提升到1 m左右,并洗刷苗帘。一般在10月上旬,幼苗长度可达1 cm以上,此时可将长有幼苗的棕绳切段夹在浮筏大绠上,再将夹有幼苗的大绠设置在海区内进行吊浮培育进入栽培阶段。

二、全人工育苗

全人工育苗又称室内人工育苗,采孢子及幼苗培育的全过程都在人工控制的室内条件下进行,具有育苗密度大、出苗稳定和管理操作简单等优点,是一种先进的育苗方式。全人工苗于20世纪60年代在日本中南部开发成功并投入生产后,极大地促进了日本裙带菜栽培业的发展。借鉴日本的技术,韩国在20世纪70年代初期开始进行规模化全人工育苗生产,目前也是韩国裙带菜苗种生产的主要方式。我国于20世纪90年代初期全人工育苗试验成功并大规模投入生产。目前仅大连地区每年生产的裙带菜苗种绳即可达200万m左右。全人工育苗技术的研究成功和大规模投入生产,从根本上改变了我国裙带菜栽培生产单纯依赖半人工苗种的状况,不但有效弥补了半人工苗种生产不稳定造成的苗种数量不足问题,而且通过分苗有效地控制了栽培密度,极大地提高了栽培裙带菜的产量、产品质量及日本市场竞争力,促进了我国裙带菜栽培业的快速发展。目前大连地区栽培裙带菜中,全人工苗种的使用率约占80%。

1. 育苗设施及育苗器

裙带菜全人工育苗设施又称育苗室,主要由供排水系统和育苗间组成。育苗用水的质量与育苗效果直接相关,因此,应选择在水深、水流通畅、水质较清海区附近修建育苗室。

(1)供排水系统

裙带菜育苗室的供排水系统基本与海带育苗室相同,主要由沉淀池、过滤罐、净水池和进排水管线组成。

1）沉淀池：沉淀池一般建在育苗室的高处，其功能是在过滤之前沉淀海水中的泥沙及悬浮物，为过滤减轻压力。沉淀池的另一个功能是清除海水中的浮游动植物，采用黑暗处理使浮游植物死亡，切断浮游动物的食物链，从而达到清除浮游动植物的目的。因此，一般情况下，沉淀池应建在地下，如建在地上则需加盖。沉淀池体积与育苗室的日用水量有关，要求为日最大用水量的两倍。为了保证沉淀时间和效果，生产上一般采用分期沉淀的方法，因此，沉淀池应隔断成几个单独的池子，每个池子内海水的沉淀时间必须保证在 48 h 以上。

沉淀池还应设有进水口和排污口，进水口一般设在沉淀池的上方，排污口设在池底，位于进水口的对面，为了便于排污，池底面向排污口方向应有一定的倾斜度。

2）过滤罐：沉淀后的海水需经过滤罐过滤。目前生产上均采用封闭式沙滤法，用钢板制成圆柱状或两面锥形罐体，两端连接进水管和排水管，下端留有排污口和反冲筏。充填过滤罐时，先在距罐底 1 m 处，沿罐内壁周长，焊接数个角钢扶手，将用直径 3 cm 钢筋制成的圆形篦子镶在扶手上，再将扶手和篦子焊接牢固。篦子上盘绕两层由废旧聚乙烯渔网拧成的直径约 10 cm 的粗绳，并用铁丝固定。为了防止沙子下漏，可在粗绳上再铺两层 120 目筛绢网，并用聚乙烯管或木方固定在罐壁上，在筛绢网上面铺放 80~100 cm 的细纱即可。

罐的大小根据滤水量要求不同而异，目前多使用直径 2 m、高 4 m 的两面锥形过滤罐。为了方便维修及沙子更换，在沙滤罐中上部应留有圆门，使用沙滤罐时，将圆门垫上胶垫后用螺栓把紧以免漏水。沉淀后的海水经水泵打入沙滤罐，过滤后经出水管流入净水池，供育苗使用。

3）净水池：净水池是贮存滤后海水的地方，设计时应考虑育苗用水的自流，其位置应高于育苗间。净水池一般也建在地下，有利于水温的恒定，如在地上也需加盖。由于沙滤水可以随时补充，净水池的体积不宜过大，储水量为育苗室 1 d 的用水量即可。

4）进排水管线：进排水管线指连接育苗室各设施的管线，一般情况下，泵房及水下管线通常使用铸铁管，陆上管线使用聚乙烯管。

（2）育苗间

育苗间是培育幼苗的场所，其规模大小据育苗数量而异，要求东西走向，以便于采光。育苗间普遍为水泥框架结构，屋顶及框架四周镶嵌毛玻璃，类似温室的构造。若是砖瓦结构的育苗间，侧窗面积应较大，屋顶覆盖玻璃钢瓦，晴朗天气时室内的光照强度应达 200 $\mu mol/(m^2 \cdot s)$ 以上。屋顶需备有竹帘，室内屋顶及两侧需挂有调控光照用的黑白两层布帘。

育苗池在育苗间内，设两排，靠近两边侧窗，中间设排水沟。为便于保温，育苗池应全埋或半埋于地下，一般长 6 m、宽 2 m、深 1 m，池底及池壁贴白色瓷砖或粉刷白色涂料。进水管设在育苗池的上方，位于排水沟相对一侧，排水口设在池底，位于靠近排水沟一侧。为了方便育苗池的洗刷，进水管至排水口池底面应有一定的坡度。

（3）育苗器

育苗器又称苗帘，由苗绳和聚乙烯框架组成。苗绳为直径 3 mm 的维尼纶捻绳，聚乙烯框架由长 80 cm、高 60 cm、直径 2 cm 的聚乙烯管组装而成，在长管外缘刻有 0.5 cm 间距的缺刻。制作苗帘时，按框架上的缺刻，将维尼纶苗绳缠绕在框架上，每帘可缠绕苗绳长度为 108 m。苗帘缠好后，框架缺刻处的苗绳，应用尼龙绳或维尼纶绳进行固定。目前，大连地区裙带菜全人工育苗普遍使用维尼纶绳的苗帘，山东等地有的企业使用直径 0.5~0.6 cm 棕绳苗帘进行育苗，但由于棕绳颜色较深，难以观察幼苗生长状况，且光照也难以控制。

缠好的苗帘需燎毛，即用火将维尼纶绳主绳外的细毛燎掉。采苗前应将苗帘在淡水中浸泡一周后，晒干备用。

2. 采孢子时间及方法

(1) 采孢子时间

全人工育苗的采孢子时间基本与半人工育苗相同。近年来，为了使配子体在度夏前充分生长，度夏后可直接进入成熟阶段，从而达到早出苗、出大苗的目的，育苗厂家普遍提前采苗。大连地区全人工育苗的采苗时间一般在水温15℃左右的6月20日前后。

(2) 采孢子方法

1) 种藻及其阴干刺激：种藻为自然海底生长或浮筏栽培的成熟裙带菜，大连地区使用的种藻为浮筏栽培的“三陆裙带菜”和“鸣门裙带菜”孢子叶。与半人工育苗相比，全人工育苗使用的种藻数量相对较少，因此，一般选择个体大、成熟好及地区种特征明显的藻体作为种藻。采集种藻时，先在海上切去叶片和固着器，将孢子叶洗净后装入编织袋中运回育苗室使用，孢子叶数与苗帘数的比例为1∶1。

全人工育苗种藻的阴干方法也基本与半人工育苗相同，但因其种藻使用量较少，所以一般将种藻摆放在育苗室内的过道上进行阴干。阴干时间一般为2 h左右，多采用孢子放散法检查阴干效果，当孢子的放散量达到生产要求后便可开始采孢子。

2) 孢子水制作及采孢子：孢子放散和采孢子的水池分别称为放散池和采苗池，在生产上一般使用育苗池代替。按采苗池水体不同，孢子水有两种制作方法。一种是孢子水过滤法，适用于水体较小的玻璃钢水槽或小型水泥采苗池，操作时先将阴干后的孢子叶放入池中，添加海水后进行搅拌促进孢子放散，当池水变为黄褐色或褐色，成为浓度较大的孢子水后，用200目筛绢网将放散池内的孢子水过滤至采苗池(槽)中，调节为适宜的浓度后，再将苗帘摆放在采苗池(槽)中采孢子；另外一种是直接采孢子法，放散池也是采苗池，适用于水体较大的水泥采苗池，操作时将阴干后的孢子叶装入120~200目筛绢网制成的网袋内，每袋100个，采苗时将网袋放入池中，添加海水后摆动网袋并搅拌海水使孢子放散，当孢子水浓度达到要求后，将网袋捞出，调整孢子水浓度后，放入苗帘采孢子。

采苗时，将苗帘垂直摆放在采苗池(槽)内并浸没于孢子水中，同时放入玻璃片检查附着密度，采苗后应用黑布遮盖采苗池。

采苗池内的孢子水浓度因不同地区育苗时间和苗绳种类的不同略有差异，生产上要求胚孢子的附着密度应在50~100个/视野(×100)。北方地区育苗时间短，采孢子密度可大一些；南方地区育苗时间长，配子体个体大，形成的卵和精子较多，密度可小一些。维尼纶苗绳较细，采孢子密度可大一些；棕绳苗绳较粗，密度可小一些。

孢子的附着时间主要受水温影响，水温16℃时孢子附着的适宜时间为2~3 h。当镜检胚孢子附着密度达到生产要求且池(槽)水中无游动孢子时，可将苗帘移入育苗池中培育。

3. 室内培育

裙带菜苗帘的培育方式为垂挂式，在苗帘的两根长管上系上细绳，用聚乙烯竿或竹竿串起来垂挂在育苗池内，苗帘的间距为20 cm。幼苗室内培育期间的主要管理工作有光照调节、海水更换、营养盐添加、苗帘的倒置与洗刷等。根据培育期间的水温变化及配子体生长发育和幼孢子体生长对培养条件的不同需求，可划分为配子体生长、配子体度夏、配子体成熟、幼孢子体生长四个阶段，各阶段管理工作分述如下。

(1) 配子体生长阶段

采孢子后至水温升至23℃前为配子体生长阶段。该阶段在北方沿海一般为采孢子后至

7月底或8月初一个月左右的时间。在水温16~17℃条件下，胚孢子24 h后产生萌发管，48 h后形成单细胞配子体，随即进入配子体生长阶段。刚形成的配子体个体较小，不需要较强的光照，一般以20~30 μmol/(m^2·s)为宜。随着配子体的生长，所需要的光照逐渐增强。18~22℃是裙带菜配子体生长的适宜水温，在此期间给予较强的光照可促进配子体生长。一般将光照强度控制在30~40 μmol/(m^2·s)，低于30 μmol/(m^2·s)配子体的生长速度明显降低，而高于50 μmol/(m^2·s)时，配子体的生长速度虽略有增加，但易造成硅藻等杂藻大量繁衍，为以后的培养带来困难（图2-9）。在此条件下培养1个月后，配子体长度可达到25~30 μm，雌、雄配子体形态区分明显，个别配子体开始成熟，形成卵囊和精子囊。此阶段每3 d全量更换海水1次，换水后添加20 g/m^3 $NaNO_3$及5 g/m^3 KH_2PO_4，每4~5 d倒置1次苗帘。当水温超过22℃时，配子体的生长速度减慢或停止，细胞颜色逐渐加深，呈褐色，开始进入度夏阶段。

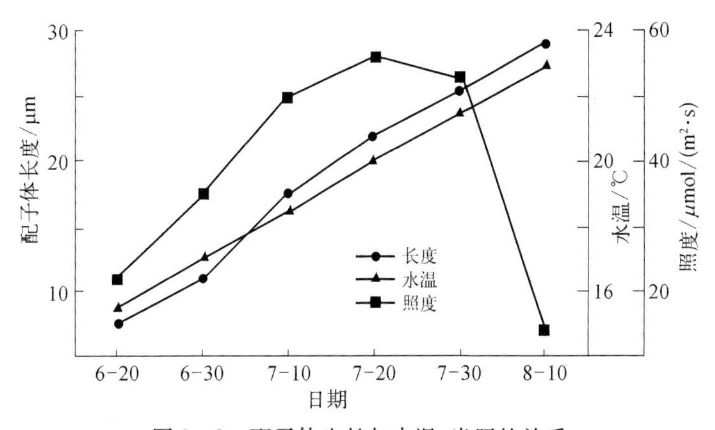

图2-9 配子体生长与水温、光照的关系

（2）配子体度夏阶段

当培育水温达到23℃以上时，裙带菜配子体进入度夏阶段。此阶段起止时间的早晚和持续时间的长短因地区纬度不同而异，辽宁和山东一般为8月初至9月初。进入度夏阶段的配子体生长停止，细胞壁增厚，失去光泽呈暗褐色。此时光照强度应分2~3次逐渐降低为6~10 μmol/(m^2·s)，生产上一般控制在6 μmol/(m^2·s)左右。每2 d全量换水1次，换水后添加10 g/m^3 $NaNO_3$及5 g/m^3 KH_2OP_4。水温超过24℃以上时，应及时添加部分新鲜海水或开窗通风降低育苗池水温。在度夏期间，由于配子体柔韧性降低，附着能力减弱，为了防止配子体脱落，可停止苗帘的倒置及洗刷。

此阶段的重要工作是光照强度的控制。光照过低会使配子体失去活力，水温下降后配子体恢复的时间较长，成熟时间延后；光照过强将造成硅藻的大量繁衍，影响育苗效果。

不同纬度地区裙带菜配子体的度夏时间差异较大，度夏期间的管理方法也有很大不同。日本的中南部地区由于水温维持23℃以上的时间较长，往往采用配子体黑暗度夏的方法度过夏季的高温期，此法又称为封闭培养。操作时，在水温超过23℃后，将屋顶的竹帘和室内布帘全部挂起，育苗池用黑布遮盖，使配子体在黑暗状态度夏。在此期间，约半个月全量换水1次，几乎不添加营养盐，待水温降至23℃左右时，再打开遮光物，逐渐提高光强，使配子体从休眠中复苏，进入配子体生长和成熟阶段。

此法的最大优点是在黑暗状态下，附着在苗绳上的硅藻死亡并脱落，苗绳上杂藻较少，为度夏后的培养提供了便利的条件。另外，减少了配子体度夏期间的管理工作，节省了人力物力。缺点是配子体从休眠状态恢复生长发育的时间较长,成熟时间延后,幼苗出库晚,个体也较小。

(3) 配子体成熟阶段

9月初,培育水温降至23℃以下,裙带菜配子体逐渐从度夏阶段转入成熟阶段。此时的配子体逐渐恢复细胞活力,细胞壁变薄,配子体呈浅褐色并富有光泽。雌配子体的圆形细胞逐渐拉长,呈椭圆形,前端膨出形成卵囊并排出卵;雄配子体在细胞周缘产生乳状突起形成精子囊并放出精子。卵受精后萌发为幼孢子体。水温23~22℃为配子体发育时期,是配子体恢复细胞活力后,能量积累的重要时期。由于刚解除度夏,为了避免过强的光照刺激引起配子体大量死亡,光照强度一般控制在20~30 μmol/(m^2·s)。22~21℃是配子体的成熟时期,此期间雌雄配子体大量形成卵囊和精子囊。试验结果表明,雌雄配子体成熟需要较强的光照条件,在40~50 μmol/(m^2·s)光照强度下培养1周,雌雄配子体的成熟率达80%以上。为了使雌雄配子体在短时间内大量成熟,生产上一般给予较强的光照,以60 μmol/(m^2·s)左右为宜。每天全量更换海水1次,换水后添加20 g/m^3 $NaNO_3$ 及10 g/m^3 KH_2PO_4,苗帘每3 d倒置1次。

(4) 幼孢子体生长阶段

受精卵经过多次细胞分裂后,成为多细胞的幼孢子体,进入幼孢子体的生长阶段。在大连等北方沿海一般为9月上旬至9月末。培育水温的变化及光照强度的控制,对幼孢子体的生长有很大的影响。随着秋季气温的下降,可采用夜间开窗通风或更换新鲜海水的方法降低培育池水温,使幼孢子体在适宜的水温条件下快速生长。在19~21℃水温条件下,将光照强度控制在60~80 μmol/(m^2·s)能促进幼孢子体快速生长。此阶段每天全量更换海水2次,或进行短时间的流水刺激,以促进幼孢子体假根系生出。换水后添加40 g/m^3 $NaNO_3$ 及10 g/m^3 KH_2PO_4,每3 d倒置一次苗帘。在此条件下培育,受精10 d后幼孢子体可生长至120 μm,15 d后达到200 μm,达到出库标准后便可陆续下海暂养,进入幼苗的海区暂养阶段。

在室内培育期间,苗帘、池壁及池底会附着一些微藻(主要为硅藻)和沉积浮泥,影响育苗效果,需及时洗刷。沉淀池、静水池也应定期洗刷,以保证为育苗生产提供足够的清洁海水。

另外,为了适应生产厂家栽培早苗、大苗的需求,大连的一些育苗室采用制冷机降低海水温度或使用深井低温海水的方法,将度夏后期的培育水温降至18~21℃,使配子体在8月中旬大量成熟,至9月中下旬出库暂养时幼苗已肉眼清晰可见,不但提高了出苗率,而且缩短了暂养时间,使分苗时间提前10~15 d。

三、自由配子体采苗及育苗

裙带菜配子体生长发育适应的温度范围较广,较适宜室内培养保存。自由配子体又称游离配子体,是将附着在烧瓶或培养皿等基质上生长的配子体剥离,变附着培养为悬浮培养的配子体。自由配子体具有以下优点:一是培养密度大,通过连续扩增的培养方式可在短时间内获得一定数量的配子体;二是可将雌雄配子体进行分离培养,有利于杂交和良种培育。一般情况下,处于生长状态的配子体只进行旺盛的细胞分裂增加细胞数量,不发育成熟,只有将配子体切碎后,才能由生长状态转化为发育状态,且切碎的配子体藻段越小,雌雄配子体发育越早,形成的卵囊和精子囊越多。

自由配子体采苗及育苗,是指在室内条件下人工大量增殖自由配子体,在适宜的时候,采用自由配子体切碎的方法,使配子体段依靠破碎细胞溢出的原生质附着在基质上,并在室内人工条件下培养出裙带菜幼苗的过程。

与孢子采苗相比,配子体采苗的优点是采苗时间不受种藻繁殖季节限制,可根据生产需要随时进行。研究结果表明,在适于配子体发育成熟的温度条件下,雌雄配子体切碎1周左右便可发育成熟,形成卵囊和精子囊,卵受精后形成幼孢子体。由于在育苗中省略了配子体生长、度夏等阶段,直接进入配子体的成熟阶段,因此从采苗至幼苗出库仅需30余天,大幅缩短了室内育苗时间,降低了育苗成本,提高了人工育苗的成功率。另外,由于裙带菜雌雄配子体在室内培养的状态下可以长期保存,因此可从根本上解决苗种退化和引种问题。其缺点主要是由于培育的配子体数量有限,难以达到较大的育苗生产规模。

在室内育苗时间较长的日本中南部地区,此种采苗方式在大规模生产中得到广泛使用并取得良好的育苗效果。自由配子体采苗技术在我国北方沿海过去主要用于培育种藻,现在也已进入一定规模的产业化生产阶段。配子体采苗及育苗主要包括以下几个步骤。

1. 种藻处理及采孢子

采孢子的时间一般选择在裙带菜繁殖期的前期进行,应选择藻体大、孢子叶成熟度高的浮筏栽培成藻作为种藻。种藻处理时,剪下孢子叶小片,用纱布蘸灭菌海水擦洗孢子叶表面后,放在阴凉处阴干1 h。孢子放散在烧杯内进行,将处理好的若干孢子叶小片放入数个200 ml或300 ml烧杯内,添加灭菌海水后用玻璃棒搅拌促进孢子放散,当烧杯内海水呈浅褐色,镜检可见有大量孢子游动时,用吸管吸取孢子水,滴入添加培养液的培养皿中静置培养。采集孢子的培养皿数量可根据自由配子体需要量确定。若自由配子体需要量大,且需在较短的时间内完成培养时,也可从烧杯中捞出孢子叶小片,将孢子液倒入3 000~5 000 ml烧瓶中,添加培养液后移至配子体培养室内培养。

2. 配子体培养

配子体培养一般在恒温培养室内进行,根据配子体的生长状态可划分为两个阶段:从孢子附着到配子体生长至1 mm左右的附着藻团,为附着配子体培养阶段,在适宜的温度、光照和营养盐条件下约需1个月的时间。第二个阶段为自由配子体培养阶段,是指将配子体从基质上剥离成为自由配子体,进行游离培养的阶段。

(1) 附着配子体培养

附着配子体的培养需要良好的培养条件,即培养室的温度设置为20℃,光照强度为40 μmol/(m^2·s),光照时间为12 h/d。自然海水经过滤后,每升添加$NaNO_3$ 100 mg、KH_2PO_4 20 mg及微量元素PI溶液1 ml,加热消毒后用作培养液,培养液每周全量更换1次。上述条件下培养1周后,肉眼隐约可见培养皿底面或烧瓶内壁及瓶底出现大量浅褐色斑点。培养2周后,配子体藻团已清晰可见,1个月后,配子体藻团直径可达1 mm左右,镜检可清晰辨别雌雄配子体。

配子体附着培养阶段的主要难点是防止杂藻污染。虽然采孢子时孢子叶经过了擦洗处理,但仍会有硅藻等杂藻混入,必须及时清除。杂藻清除主要在配子体的附着培养阶段进行,当观察到培养皿底面、烧瓶的底部及瓶壁出现黄褐色硅藻藻落时,培养皿底面上的硅藻藻落可用纱布直接擦掉;烧瓶内的硅藻,则需先将培养液倒掉,再用绑上棉球的玻璃棒将硅藻藻落擦掉,最后用培养液反复冲洗烧瓶几次即可。一般情况下,硅藻等杂藻多附着在烧瓶的底部,当烧瓶底部出现较多的硅藻藻落时,可将烧瓶底部的硅藻连同配子体全部擦掉,用培养液将烧瓶冲洗干净后,留下附着在瓶壁上的配子体继续培养。若培养皿内的硅藻较多,应将培养皿洗净后重新采孢子。

（2）配子体剥离

附着生长的配子体藻团直径达到 1 mm 以上后，培养皿底面或烧瓶的瓶壁和瓶底等表面已无法满足大量培养配子体的需要，应及时剥离，将配子体从附着状态的平面培养转为游离状态的立体培养。配子体剥离应选择生长状态好、生长速度快、无杂藻污染的配子体。操作时，用灭菌毛刷将配子体团从培养皿底面刷下，连同培养液移至新的烧瓶内游离培养。生长在烧瓶瓶底及瓶壁上的配子体被刷下后，会沉落在瓶底成为游离配子体，添加培养液后，可在烧瓶内继续培养，进入自由配子体培养阶段。

（3）自由配子体培养

自由配子体培养阶段一般为静置培养，培养条件及管理工作与附着培养阶段相同。为了改善配子体的受光条件，在培养中可定期摇动烧瓶和延长光照时间，以提高配子体的生长速度。一些单位采取充气培养的方法使配子体悬浮滚动生长，但此方法的最大缺点是极易混入杂藻，增加了培养难度，因此生产上使用较少。自由配子体培养阶段最大的问题是硅藻污染，可采用 GeO_2 清除。

自由配子体在适宜的培养条件下生长迅速，培养 1 个月后可见自由配子体生长成为 2~3 mm 圆球形藻团，雌雄配子体已肉眼可辨，雌配子体藻团呈褐色，藻丝较粗；雄配子体呈浅黄色，藻丝较细，此时可进行配子体增殖。

3. 自由配子体增殖

目前国内外普遍采用配子体切碎培养的方式增殖裙带菜自由配子体。自由配子体切碎有两种方法。一种是手切法，适用于自由配子体的少量增殖。操作时取数个自由配子体藻团置于灭菌的载玻片上，用双面刀片将其切碎，然后用灭菌海水冲洗到培养皿内，添加培养液后进行增殖培养。另一种方法是机械切碎法，通常使用组织捣碎机，适用于自由配子体的大量增殖。操作时将自由配子体连同烧杯内的培养液倒入组织捣碎机中打碎，然后将配子体液倒入多个培养皿中，添加培养液后进行增殖培养，培养条件与配子体附着培养条件相同。当配子体长满培养皿底面后，可将配子体剥离，移到烧瓶内进行自由配子体的游离培养，反复几次便可获得大量自由配子体。

自由配子体增殖通常采用雌雄配子体混合增殖的方式进行。进行品种选育和杂交育种时，也可将雌雄配子体分离后分别增殖，采苗时按市场的需求进行不同品系和地区种的雌雄配子体杂交，培育出可满足市场需求的杂交种幼苗。

抑制配子体的发育，使其始终处于良好的生长状态是自由配子体增殖期间的关键技术。尽管游离培养时藻团的滚动使细胞受光条件不稳定，难以集中能量进行发育，对配子体的发育有较好抑制作用，但仍有部分自由配子体在增殖培养中发育成熟，延缓了配子体的生长速度，难以达到理想的增殖效果。目前在自由配子体室内培养和大量增殖中，主要通过物理或化学的方法抑制配子体发育。

物理方法是通过调节温度和光照抑制配子体发育。与发育相比，配子体生长对温度、光照要求的范围相对较宽，因此采用高于发育温度和低于发育光照的培育条件，可以有效抑制配子体成熟。目前使用较多的化学方法是维尼纶绳浸出液，将维尼纶绳放在烧杯内煮沸后可得乳白色浸出液，在培养液中添加少量的维尼纶绳浸出液，对抑制配子体成熟有明显效果。

研究结果表明，在适宜的温度、光照及营养条件下，裙带菜的配子体可存活数年，甚至可达十几年。但随着培养时间的增长，配子体成熟所需要时间延长，配子体成熟率也逐年降低。培养十几年的配子体几乎不成熟，不形成卵囊和精子囊。因此，为了提高育苗的成功率，需经常更新自由配子体,原则上大规模采苗应使用培养时间小于 3 年的自由配子体。

4. 自由配子体采苗

自由配子体采苗是将配子体切碎,依靠破碎细胞溢出的原生质附着在苗绳上的过程,采苗一般在玻璃钢水槽内进行,水槽体积以 1~2 m^3 为宜。不同采苗时间对出苗率和幼苗出库时间有很大影响,采苗过早,因配子体大量成熟时水温偏高,会造成幼孢子体大量死亡,出苗率降低;过晚则配子体成熟晚,幼苗出库时间延后。适宜的采苗时间一般在海水温度下降至 23℃前 1 周左右,大连等北方沿海在 8 月 20 日前后,使用的苗帘及其处理方法与全人工育苗的苗帘相同。

自由配子体切碎使用组织捣碎机,操作时取自由雌雄配子体 10 g(湿重),移入添加 300 ml 海水的组织捣碎机中切碎,采苗数量大时可使用数台组织捣碎机同时切碎,然后将配子体液移入采苗水槽中,搅拌调整配子体液浓度后,将苗帘交错重叠平铺在水槽中进行采苗。切碎的配子体藻段落在苗绳上后,依靠破碎细胞溢出的原生质黏附其上。静置 3 d,当配子体附着牢固后,重复上述过程,在苗帘的另一面采苗,同样静置 3 d 后,将苗帘垂挂在育苗池内进行培育。

配子体附着期间应减少移动苗帘,以免造成配子体脱落。为防止因光合作用过强,配子体细胞挂满气泡而浮上水面,光照强度应控制在 20 μmol/(m^2·s)以下。

自由配子体的切段长度对配子体的附着率有较大影响。试验结果表明,自由配子体切碎后的藻段长度越长,附着率越低,育苗期间配子体脱落率越高;相反,藻段长度越小,附着率越高,配子体附着越牢固,但破碎和受伤的细胞也随之增多,配子体的死亡率也增高,破碎细胞溢出的原生质还会引起细菌大量繁衍,增加了育苗的难度。目前在生产上配子体适宜的切段长度为 120~200 μm,大于或小于这个长度,采苗效果均不理想。

由于切碎后的配子体分枝较多,一个雌配子体可形成多个卵,因此自由配子体采苗时密度不宜太大,一般以每视野(100 倍)20 个为宜。

自由配子体的生长状态对切碎后配子体的成熟影响较大。生长状态好的雌雄配子体切碎后,在 1 周内便可成熟,形成卵囊和精子囊;生长状态差的自由配子体,切碎后需培养十余天才能成熟。因此,在采苗前半个月应将培养液每 7 d 更换 1 次改为每 3 d 更换 1 次,增加培养液更换次数,将自由配子体调整到良好的生长状态。

配子体采苗后,苗帘培育期间的管理工作,与全人工育苗方式中的配子体成熟阶段的培育方法相同。附着在维尼纶绳上的雌雄配子体,在 9 月初水温降至 22℃左右时开始大量成熟,雌配子体形成卵囊并排出卵,雄配子体形成精子囊并放出精子,卵受精萌发为幼孢子体。到 9 月中旬,幼孢子体的长度达到 200 μm 以上,可出库下海暂养(表 2-1)。

表 2-1 不同采苗时间与雌雄配子体的成熟率(%)

采苗时间(月-日)	配子体	测定日期及水温			
		9-5 21.8℃	9-10 21.2℃	9-15 20.6℃	9-20 20.2℃
8-10	♀	28	80	95	100
	♂	36	85	100	
8-20	♀	24	78	90	100
	♂	30	84	100	

（续表）

采苗时间（月-日）	配子体	测定日期及水温			
		9－5 21.8℃	9－10 21.2℃	9－15 20.6℃	9－20 20.2℃
8－27	♀	12	52	82	100
	♂	18	68	90	100
9－02	♀	0	18	52	78
	♂	0	24	74	92

四、无性繁殖系采苗及育苗

裙带菜无性繁殖系采苗及育苗，是我国20世纪90年代初开发的新技术。该方法采用充气和控制温度等手段，将从种藻获得的孢子在室内培育成无性繁殖系，在适宜的时候采用切碎的方法进行无性繁殖系采苗和室内育苗。优点是可以大幅度缩短室内育苗的时间，降低了育苗成本，提高了育苗的成功率。

1. 无性繁殖系的培养

选择个体大、藻体健康的成熟裙带菜作为种藻，将其孢子叶用灭菌海水洗净后，切成4 cm^2 的小块，短时间浸泡在次氯酸钠溶液中灭菌，取出经阴干后，将孢子采集到烧瓶中。采用微充气的方法，在培养温度为20～25℃、光照强度为40 μmol/(m^2·s)条件下游离培养胚孢子。两周后，胚孢子萌发成圆球形的配子体，形成无性繁殖系。随着培养时间的延长，配子体处于较旺盛的细胞分裂状态，细胞团的体积逐渐增大，可适时调整培养密度，进行分瓶扩增培养。

培养期间每7 d全量换培养液1次，在采苗前为了促进配子体发育，培养液每3 d换1次。

2. 采苗

采苗是将无性繁殖系切碎并使其附着在苗帘上的过程。适宜的采苗时间是秋季水温下降至22℃左右时的8月下旬或9月上旬。采苗时，用组织捣碎机等机械将无性繁殖系打碎，均匀地洒在苗帘上。采苗后的苗帘静置3 d，待配子体附着牢固后移到培育池内垂挂培养，培育方法与全人工育苗方式中的配子体成熟阶段相同。

第四节　栽培技术

一、栽培海区与浮筏

1. 栽培海区

裙带菜虽然自然分布区域较广，但选择栽培海区时需考虑以下3个条件。一是海区的深度和流速，因裙带菜自然生长于低潮线下岩礁上，喜水深流大的水域环境。从生态学角度看，海水深度的增加有利于水体的上下交换，增加了栽培区的营养盐含量，流大可使裙带菜漂浮生长，改善受光条件。目前，大连沿海在水深30 m，流速超过60 cm/s的海区内栽培的裙带菜藻体大、质量好，明显优于浅水区。二是海区的透明度，裙带菜是生长速度较快的藻类，较好的光照条件可促进其快速生长。生产实践表明，在透明度超过3 m的海区，栽培裙带菜都能很好地生长。三是栽培海区的营养盐含量。海区营养盐含量高，裙带菜的产量高，质量好；营养盐含量低的海区藻体小、色泽差、丛生毛出现的时间早、质量差。在大连沿海，总氮量超过 200 mg/m^3 的海区为一类海区，裙带菜即使不施肥也可获得较高的产量和质量。总氮量 100~200 mg/m^3 的海区为二类海区，栽培裙带菜时需适当施肥。总氮量 100 mg/m^3 以下的海区为三类海区，其中 50 mg/m^3 左右的海区只有大量施肥，裙带菜才能达到商品标准，而 50 mg/m^3 以下海区栽培的裙带菜利用价值较低。

“三陆裙带菜”和“鸣门裙带菜”原产地纬度不同，各自适应的海区条件也不同。“三陆裙带菜”耐低温、生长周期长，中后期收获产量高、质量好，适宜栽培在水深流大的海区。“鸣门裙带菜”生长周期短、适宜在较高的温度下生长，收获期早，一般在近岸水浅流小或内湾海区栽培。

2. 栽培浮筏

裙带菜栽培所使用的浮筏与海带栽培浮筏相同，均由大绠、橛缆和橛子（砣子）三部分构成。大绠上系有浮子使其成为浮绠漂浮于水面，下面悬挂生长裙带菜的苗绳，沉在海底的砣子或打在泥里的橛子通过橛缆与大绠连接，将大绠固定在水面上成为浮筏。大绠直径因使用材料和海区的流速、流向及栽培方式不同而异，一般情况下，近岸和流速较小的海区大绠可以细一些，相反，水深流大海区要粗一些。在生产上浮筏大绠一般使用直径 3~5 cm 的聚乙烯绳，大连地区大绠长度一般为 60~80 m。

橛缆的材料与大绠相同，其长度与水深和流速有关。一般海区橛缆的长度为平均水深的 2 倍，橛缆与海底橛子（砣子）形成的夹角为 30°。目前裙带菜浮筏设置的最大水深已超过 40 m，由于海流的流速较快，为了浮筏的安全，一般要求橛缆要适当加长，橛缆与海底橛子（砣子）夹角要求在 25°左右。

裙带菜栽培浮筏的设置方向分为顺流筏和横流筏两种。顺流筏是指浮筏的设置方向与海流的流向相同，即涨潮流和退潮流为东流和西流的海区按东西方向设置浮筏，浮筏与流向平行。顺流筏主要适于裙带菜的平挂式栽培方式，其优点是平挂的苗绳与海流的流向垂直，海流可使藻体漂浮，改善了受光条件，有利于裙带菜的生长。缺点是来流时浮筏一端的橛子（砣子）和橛缆受力，海流过大时易拔起橛子或折断橛缆，导致浮筏毁坏。因此，顺流筏适于设置在水流较小的浅海和内湾海区，为了降低浮筏的负荷，浮筏长度应相对短一些，大连地区顺流筏的长度一般为 60 m。

横流筏的设置方向与海流的流向垂直，由于浮筏两端的橛子（砣子）及橛缆同时受力，因此浮筏的安全系数较高，适于在海流较大的海区设置，是我国北方沿海裙带菜栽培浮筏设置的主要方式。横流筏的缺点是浮筏上平挂苗绳与流向平行，来流时藻体会相互重叠，部分藻体被海流冲到浮筏下方，影响受光，造成个体差异较大，藻体大小不匀。横流筏抗风浪和海流的能力较强，浮筏的长度可以长一些，大连地区横流筏的长度一般为 80 m。

筏距指两台浮筏间的距离。裙带菜栽培浮筏的筏距因栽培方式不同而异，大连地区平挂式栽培的筏距一般为 8 m，各海区差异不大。水平式栽培的筏距则因海区状况和浮筏长度不同差异较大。一般情况下，水流较小的浅海和内湾海区筏距可小一些，水深流大的海区相应大一些；较长的浮筏，筏距可大一些，较短的浮筏，筏距可小一些。例如，日本北方沿海裙带菜水平式栽培浮筏的长度为 200 m，为防止来流时浮筏绞缠，筏距一般在 25~30 m。大连地区裙带菜水平式栽培浮筏的长度一般为 100~120 m，通常筏距为 10~15 m。

二、幼苗暂养

幼苗暂养是将室内培养的幼苗培育至达到分苗标准的海区培育过程，是裙带菜全人工育苗的重要环节。苗帘出库和暂养所需时间因海区纬度不同而差异较大，纬度较高的北方海区，秋季水温下降的时间早、苗帘出库时间早，暂养所需时间短；相反，在纬度较低的南方海区，由于秋季水温下降的时间较晚，苗帘出库时间较晚，暂养需要的时间也比较长。在我国北方沿海裙带菜幼苗暂养需 25~30 d。

1. 出库

（1）出库时间

幼苗出库暂养的时间主要取决于以下两个条件。一是自然海区的海水温度要降至 21℃以下，且要保持稳定不能回升。生产实践证明，在此温度下出库暂养时间越早，幼苗生长速度越快，暂养所需时间越短。苗帘下海后，若海水温度高于 21℃，会使幼苗生长缓慢，超过 22℃则会引起幼苗大量死亡。因此，我国北方沿海苗帘下海暂养的时间约为 9 月中旬以后（图 2－10）。

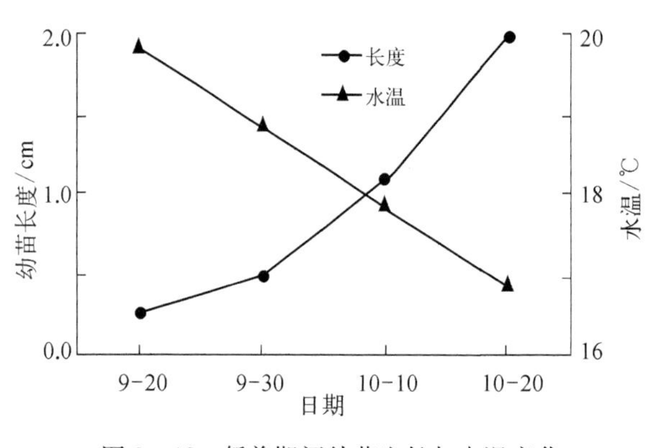

图 2－10　暂养期间幼苗生长与水温变化

决定幼苗出库暂养时间的另一个重要条件是幼苗的大小。若出库时幼苗个体较小，下海后因浮泥和杂藻的覆盖，会使出苗率降低；相反，如果要求出库时幼苗大小要达到肉眼可见，则延长了室内培育时间，出库时间较晚，且大苗在室内培育中因培育水体的限制易发生病害，反而降低了出库幼苗的质量。试验结果表明，当出库幼苗长度在 200 μm 以下时，幼苗藻体越大，暂养所需时间越短，暂养后幼苗的出苗率越高；相反，出库时幼苗越小，则暂养所需要的时间越长，暂养后出苗率越低。当出库幼苗长度达到 200 μm 以上时此差异不明显，均能获得较好的暂养效果。因此，生产上一般要求出库幼苗的长度以达到 200 μm 左右为宜。

另外，不同采苗方式培育的幼苗，出库暂养所要求的藻体大小也不同。孢子采苗所形成的配子体在苗绳上附着较牢固，出库时幼苗可以小一些，一般在着囊期出库暂养；配子体采苗和无性繁殖系采苗时，其配子体是依靠破碎细胞溢出的原生质黏附在苗绳上，附着极不牢固，稍有水流冲击便会引起配子体和幼苗大量脱落，因此，其出库暂养的适宜时间应在藻体生出假根丝后的出苗期为宜。

（2）苗帘处理

目前生产上多采用垂挂摆动式培育方式进行幼苗暂养。出库前将苗帘框架上苗绳未固定一端割断，拆去框架。在苗绳固定端的聚乙烯管上绑一根铁棍增加重力，然后在该聚乙烯管两端各系一根吊绳，垂挂在浮筏上进行摆动式培育。铁棍的重量因暂养海区不同而异，一般以 0.5 kg 左右为宜，在风浪、水流较大的海区铁棍的重量需重一些，在风浪、水流较小的海区可轻一些。

垂挂摆动式培育方式使苗绳在水中可随海流漂浮摆动，不但较好地抑制了杂藻和浮泥的附着，提高了出苗率，而且改善了幼苗的受光条件，使苗绳上下的幼苗生长均匀，出苗早、出苗齐。

苗帘的垂挂密度主要依据海区的风浪和水流条件，以降低苗帘的绞缠为原则，一般生产上苗帘的间距以 50～60 cm 为宜，长度 60 m 的浮筏可挂 35～40 个苗帘。

2. 暂养海区

暂养海区应选择风浪较小、水流通畅的海区，如果风浪和水流过大会使苗绳绞缠导致暂养失败。

近岸及河口附近海区杂藻和浮泥较多，大量附着会严重影响出苗率，应尽量避开。因此，目前在生产上一般幼苗暂养均选择风浪较小、水流通畅、杂藻较少的中排海区。

幼苗暂养期间面临的最大问题是风浪引起的苗绳绞缠。为使苗绳漂起和防止绞缠，暂养使用的浮筏原则上要求必须是横流浮筏。为了降低风浪时浮筏的上下抖动，浮筏上的浮子不宜太多。在一些风浪较大的海区，在浮子下方绑上沙袋或砖块，以提高浮筏的稳定性。日本的中南部地区裙带菜幼苗暂养使用的浮筏多为吊浮式浮筏，为了增加浮筏的稳定性。在吊浮连接的大绠处绑上沙袋或砖块，可有效缓解波浪引起的浮筏的浮动，较好地解决了苗绳绞缠问题。

3. 管理工作

暂养期间管理工作主要有水层调节、苗帘洗刷和施肥等。

（1）水层调节

苗帘的初挂水层因海区透明度不同而异。刚出库的幼苗个体较小，适应较弱的光照条件，因此初挂苗帘以较深的水层为宜，在大连海区透明度 6～10 m 的情况下，初挂水层为 2.0 m 左右。随着幼苗生长，适应的光照强度逐渐增强，可适当提升水层。生产上一般在暂养 10 d 后，将苗帘水层提高 0.5 m。暂养 20 d 左右时，再将水层提高 0.5 m。

（2）苗帘洗刷

幼苗暂养期间也是水云等杂藻的繁殖季节，苗帘下海后便有大量的杂藻、浮泥附着于苗绳上，如不及时清除便会遮盖幼苗，轻者影响幼苗生长，重者会引起幼苗大量死亡，因此必须及时清洗。

苗帘下海的最初几天是苗帘洗刷的重点时间。刚下海的幼苗个体较小，对海区环境的不适应往往生长缓慢，容易被杂藻和浮泥遮盖，因此，生产上要求在暂养的前 3 d 每天洗刷 1 次。经过 3 d 的缓苗与生长，幼苗的长度已经达到 300～400 μm，水云等杂藻和浮泥的影响逐渐降低，可以适当减少洗刷次数，改为每 3 d 洗刷 1 次，至幼苗肉眼可见。

一般使用拍洗法洗刷苗帘，操作时抓住聚乙烯棒在海水中拍动苗绳，洗掉附着在苗绳上的杂藻和浮泥，要求洗至露出苗绳的本色为止。

（3）施肥

施肥是裙带菜暂养期间的重要管理工作之一，也是提高出苗率和培育大苗、壮苗的重要技术措施，特别是对一些较贫瘠的暂养海区而言更为重要。目前在生产上主要施用氮肥，主要有硝酸铵、硫酸铵、氯化铵、尿素等。施肥量视当地海水中含氮量而异，水质贫瘠的海区施肥量需大一些，而水质肥沃的海区暂养期间可少施或不施肥。

生产上使用的施肥方法主要有两种：挂肥料袋法和浸肥料水法。

挂肥料袋法是将肥料装在专用塑料袋中，用聚乙烯绳等扎紧袋口，再用针在袋上扎几个孔后，将肥料袋挂在苗帘的吊绳上。此法优点是肥料在塑料袋中缓慢溶解，肥效时间较长，缺点是肥料袋容易与苗帘绞缠。

浸肥料水法是将肥料溶解在船舱中制成肥料水，将聚乙烯管连同苗绳放在肥料水中浸泡数秒后放回海水中即可，肥料与海水的重量比一般以1∶100左右为宜。

幼苗在适宜的水温、光照、营养盐等环境条件下生长很快，经过25～30 d的海区暂养，我国北方海区一般在10月中旬左右，幼苗长度即可达0.5～1.0 cm，达到分苗标准，可分苗栽培。

三、分苗

达到分苗标准的幼苗应及时分苗，否则不仅会因苗绳上幼苗的密度较大而影响生长，还会造成大量脱苗。分苗前，将苗帘从浮筏上解下，用草皮等遮盖后运回陆地进行分苗。一些距离育苗室较远的生产厂家，还需使用车船等进行幼苗运输。

1. 幼苗运输

暂养后的幼苗需运输到各地进行分苗栽培，选择适宜的运输方法是非常重要的。目前幼苗的运输方法主要有水运法和湿运法两种。

水运法是使幼苗处于海水中进行运输的方法，将生长幼苗的苗绳放入装有海水的塑料袋中，扎紧袋口后放进装有冰袋的泡沫箱内，盖上箱盖并密封后进行运输。此法的关键问题是箱内水温的控制，如将温度控制在5～10℃，即使运输时间为2～3 d，幼苗仍可保持较高的成活率。若箱内的水温超过15℃，幼苗便开始死亡，超过20℃后，幼苗将全部死亡。其优点是在基本保持温度恒定的条件下，幼苗运输的时间长，可运输的距离较远。缺点是运输幼苗的数量少、成本较高，一般适于长途运输和引种，大规模生产使用较少。

湿运法是根据裙带菜幼苗在湿润状态下耐干露能力较强的特点，使幼苗处于湿润状态下进行运输的方法。其优点是运输幼苗的数量大，如果在气温较低的早晨和夜晚运输，即使运输时间达到15 h，幼苗也可保持较高的成活率，因此，较大规模的幼苗运输时多采用这种方法。此法的缺点是对幼苗的规格有严格的要求，生产实践表明，0.5～1.0 cm是运输的适宜长度，大于或小于这个规格，幼苗的成活率均明显下降。

湿运法一般多使用汽车运输，如条件允许，最好使用冷藏车，车厢内的温度控制在10℃左右为宜。若没有冷藏车，用货车运输也可以，但要用苫布将车厢封闭，以免汽车在行驶中幼苗风干。采用湿运法时，先将浸透海水的草皮铺在车厢上，再将苗帘从水中捞出，经数分钟阴干至苗帘不再滴水后，将苗帘重叠摆放在草皮上。如果运输的苗帘数量较多，可将苗帘和草皮间隔铺放，最后在苗帘上方盖上草皮即可。

抵达目的地后，应立即将苗帘移至海区浮筏上进行缓苗。如遇到夜晚或风浪天气等特殊情况必须在室内缓苗时，原则上要求必须加大流水量，否则会造成幼苗大量死亡。

2. 分苗

分苗又称幼苗疏散，是将苗种绳上的幼苗以合理的密度移植到栽培苗绳上的过程，以发挥裙带菜个体和群体的综合生长潜力，获得较高的产量和质量。

（1）分苗时间

暂养后苗绳上幼苗的密度很大，如不及时疏散将会影响幼苗生长。生产实践证明，在适于幼苗生长的水温条件下，分苗时间越早，藻体生长越快，产量越高。因此，当幼苗达分苗标准后应及时分苗。裙带菜分苗的适宜时间，因地区纬度和栽培方式不同差异较大，日本北方沿海一般在10月下旬至11月上旬，在大连等我国北方沿海，分苗时间集中在10月中下旬。

（2）分苗方法

暂养后苗绳上的幼苗密度差异较大，为了便于栽培期间幼苗密度的控制，生产上将幼苗密度20棵/cm以上苗帘定为一类苗，10～20棵/cm为二类苗，小于10棵/cm为三类苗。幼苗密度不同，分苗方法也不同。

分苗使用的苗绳与半人工育苗使用的苗绳相同，为长8 m、直径3 cm的聚乙烯混纺绳，分苗前栽培苗绳需进行充分的海水浸泡后方可使用。

裙带菜的分苗主要有夹苗种段法和缠苗种绳法两种方法。夹苗种段法适用于幼苗密度较大的一、二类苗的苗种绳，分苗时将苗种绳剪成3 cm左右的小段，然后以25～30 cm间距夹在栽培苗绳上。夹苗时要求苗种段要倾斜夹入栽培苗绳内1/3，露出2/3，苗种段与栽培苗绳倾斜的夹角越小，越有利于幼苗的假根附着，如果将苗种段垂直夹在栽培苗绳上，则因幼苗的根系无法附着，易被海流将苗种段抽出造成缺苗。缠苗种绳法适用于幼苗数量较少的三类苗的苗种绳。分苗时将苗种绳按一定的间隔缠绕在栽培苗绳上即可。

近几年来，大连沿海一些生产单位借鉴海带分苗经验，将裙带菜幼苗单棵夹在栽培苗绳上在水流较大海区栽培，也获得了较高的产量和质量。

四、栽培形式及栽培密度

1. 栽培形式

目前我国北方沿海裙带菜的栽培形式主要有以下几种。

（1）平挂式栽培

平挂式栽培是我国北方沿海普遍采用的裙带菜栽培方式，将生长幼苗的栽培苗绳平挂于两台栽培浮筏之间，苗绳两端通过吊绳与浮筏连接，使苗绳在水中呈弧形延绳状（图2－11）。此方式的优点是每台浮筏幼苗栽培数量多、产量高。但由于栽培苗绳在水中呈弧形，缺点是苗绳两端水层较浅处藻体大、质量好；苗绳中部水层最深处藻体小、质量差。

为了解决苗绳中部水层深，裙带菜生长速度慢，个体小的问题，一些生产单位在每根苗绳的中间系一个浮子，使栽培苗绳在水中呈"W"状，改善了苗绳中部幼苗的受光和水流条件，获得了良好的栽培效果。

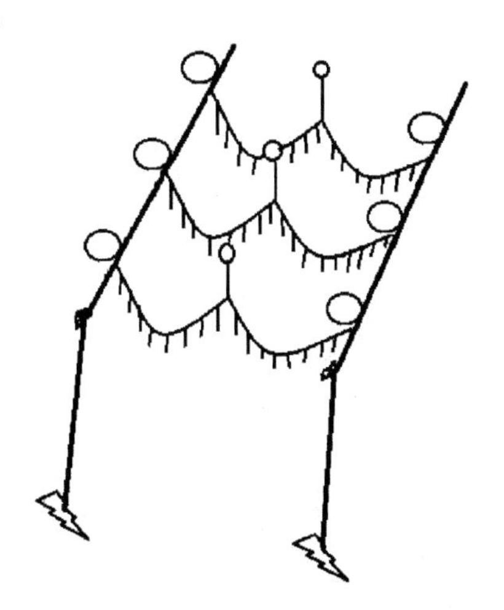

图2－11　平挂式栽培

（2）水平式栽培

水平式栽培使用的浮筏为吊浮式浮筏，浮筏的大绠也是附着基，分苗时将生长幼苗的苗种绳段夹在大绠上，浮子通过吊绳连接大绠，将幼苗控制在适于生长的水层进行水平培育的栽培方式（图2－12）。水平式栽培源于日本，目前也是日本和韩国的主要栽培方式。该方式尤其适宜于在水深流大海区进行裙带菜栽培，裙带菜生长速度快、藻体大且整齐均一，产品质量好，市场价格较高。缺点是单位面积水体内裙带菜的栽培数量较少，产量较低。

近几年来，大连一些生产厂家在水平式栽培的基础上，每间隔4 m平挂1根延绳式苗绳，此法将平挂式与水平式栽培相结合，因此又称为平挂水平式栽培，不仅克服了水平式栽培幼苗数量少、裙带菜产量低的问题，更兼顾了平挂式栽培和水平式栽培优点，获得了较高的产量和质量。

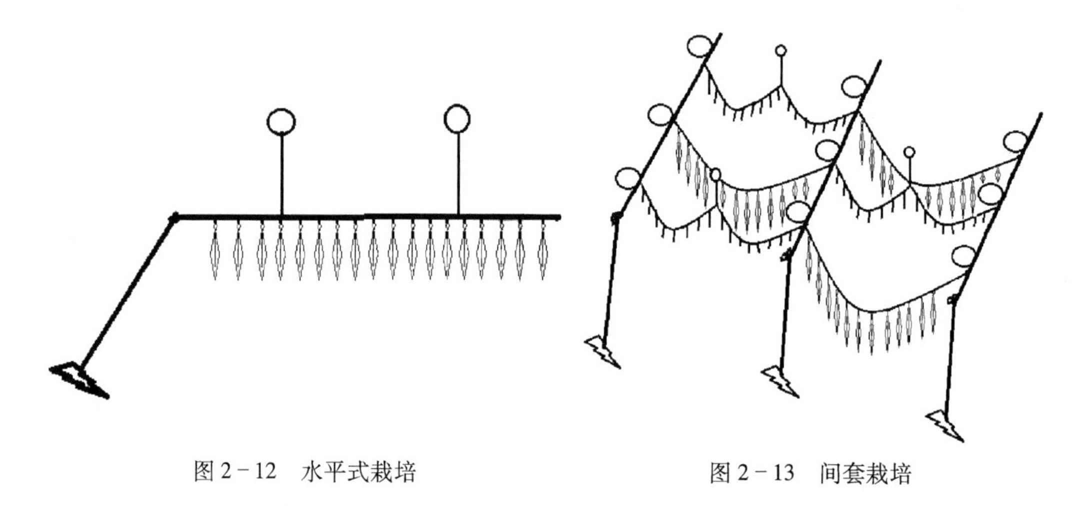

图 2－12　水平式栽培　　　　图 2－13　间套栽培

（3）间套栽培

扇贝、鲍等经济贝类与海带、裙带菜等藻类的套间养殖或栽培，是利用不同种类栽培（养殖）的时间和空间差，提高水域使用效率和经济效益的有效方法（图 2－13）。裙带菜生长周期短，是进行间套栽培的适宜种类。目前，在裙带菜大规模生产中进行间套栽培的主要种类有海带和扇贝等。

裙带菜和海带间套栽培，是大连等北方沿海目前普遍采用的栽培形式，主要适用于水深较浅、水流较小的中低排次和内湾海区。裙带菜和海带均为冬春季生长的大型褐藻，利用裙带菜生长速度快、生产周期短和收获期早；海带生长周期长、厚成期前不需要强光的特点，进行裙带菜、海带的间套栽培。操作时，在长度 60 m 浮筏上交替各悬挂 20 根裙带菜和海带苗绳，海带苗绳位于裙带菜苗绳下方。3 月下旬裙带菜收获后，将海带苗绳水层上提增强光照，促进海带有机物的积累。该方法既有效利用了水体，又充分发挥了裙带菜和海带的生长潜力，使两种海藻均获得较高的产量和质量。除海带外，在大连沿海与裙带菜进行间套养殖的还有虾夷扇贝、栉孔扇贝等贝类。

2. 栽培密度

栽培密度对裙带菜的生长发育有较大的影响。栽培密度过大，藻体较小，产品质量较差；栽培密度太小则产量降低。因此，合理的栽培密度能够充分发挥裙带菜个体和群体的综合生长潜力，是提高栽培裙带菜产量和质量的关键。裙带菜栽培的适宜密度因海区状况和栽培方式不同而异，一般内湾和近海海区栽培的裙带菜藻体较小，栽培密度可大一些；水深流大海区栽培的藻体较大，栽培密度可小一些。平挂式栽培的幼苗数量较多，每根苗绳上的幼苗数量可少一些；水平式栽培幼苗的数量相对较少，每延长米栽培幼苗的数量可多一些。

在生产上，用于平挂式栽培的栽培苗绳长度为 8 m，每绳的幼苗数量以 300～400 棵为宜，近岸和内湾海区一般要求两苗绳间距为 1.5 m 左右，水深流大海区的绳距一般为 2 m。

水平式栽培因浮筏长度不同而差异较大，一般以每延长米计算幼苗密度和产量，适宜的栽培密度为每延长米 50～60 棵幼苗。

五、栽培管理

分苗后至收获前的海区培育过程为裙带菜的栽培期。栽培期的长短因栽培海区不同差异较大，一般情况下，北方沿海裙带菜栽培期较长，从10月中下旬至翌年3月下旬，长达5个月；南方沿海较短，只有3个月左右。另外，即使相同海区内，海水透明度适宜、营养盐丰富区域裙带菜的栽培期相对较长；透明度较大、水质贫瘠海区的栽培期较短。裙带菜栽培期间的管理工作主要有栽培密度调节、水层调节及施肥等。

1. 栽培密度调节

分苗后将栽培苗绳上的幼苗调节至适宜的栽培密度是提高裙带菜栽培产量和质量的重要技术环节。半人工育苗由于无法有效控制幼苗密度，有些苗绳会出现一段或数段无苗，而部分苗绳幼苗密度又太大的现象；全人工苗种分苗后也难免有部分幼苗从苗绳上脱落。因此，应及时调节栽培密度，进行补苗和间苗，否则会严重影响裙带菜的产量和质量。

（1）补苗

补苗是将幼苗夹在缺苗的栽培苗绳上，使栽培苗绳上的幼苗密度达到要求。是否需要补苗，取决于栽培苗绳上的缺苗量，一般缺苗率在20%以内的可不补苗，因为现有的幼苗数量也可以获得较高的产量。如果栽培苗绳上的缺苗数量超过20%，则必须补苗，否则影响栽培产量。适宜的补苗时间一般为幼苗长至10 cm左右时，此时的幼苗柄已伸长，假根仍为球状，假根丝尚未生出，补苗时幼苗成活率高，缓苗时间短。由于新补充的苗需要一定的缓苗时间，因此，生产上要求新补的苗需大于苗绳上的苗。

补苗用的苗源一般采自栽培苗绳上幼苗密度较大部位的幼苗，根据缺苗数量的不同，补苗时可单株补苗（将单棵幼苗夹在缺苗的栽培苗绳上），也可以簇夹补苗（将几棵或十几棵一簇的幼苗夹在缺苗的栽培苗绳上）。一般情况下，簇夹补苗的效果要好于单株补苗。

补苗一般以作业船为单位在海上进行。对于缺苗比较多的栽培苗绳，为了提高工作效率，可取回陆地补苗，然后再将栽培苗绳挂回到浮筏上。

（2）间苗

间苗一般在每年11月进行，对一些幼苗密度较大的栽培苗绳，如不及时进行密度调节，会严重制约裙带菜生长，影响裙带菜的产量和质量，因此必须进行间苗。

半人工育苗栽培苗绳的间苗一般采用分段间苗法。用电气焊在镰刀中部割出1个与栽培苗绳直径相同的半圆孔，制成间苗器。间苗时以20 cm为单位，间隔刮除栽培苗绳上的幼苗，直至达到栽培密度的要求。使用全人工育苗苗种夹苗的栽培苗绳则要求每绳夹25个左右的苗种绳段，每段幼苗密度以15棵左右为宜，间苗时将多余的幼苗间掉即可。

2. 水层调节

栽培水层的调节实际上就是调节裙带菜的受光条件。不同栽培海区透明度不同，适宜裙带菜生长的水层也不同。裙带菜的不同生长发育阶段对光照的要求也不同，因此，应根据不同的海区和裙带菜不同的生长发育阶段进行栽培水层的调节。一般情况下，分苗后处于幼苗期的藻体较小，适于弱光下生长，培育水层应深一些。进入裂叶期后，藻体进入快速生长阶段，适当提高水层以增加光强，可促进藻体快速生长。特别是在收割前的1个月，增加光强能较大幅度地提高裙带菜的成品率和产品质量。因此，大连沿海生产上初挂水层一般为1.5 m，1个月后提高水层0.5 m，再过1个月后再提高0.5 m，共2次将水层提高至0.5 m。

3. 施肥

施肥是提高裙带菜产量和质量的重要措施。在肥沃海区栽培的裙带菜一般藻体大、叶片厚、丛生毛出现的时间晚，加工后的产品质量较好。而贫瘠海区栽培的裙带菜则藻体小、叶片薄、丛生毛出现时间早且长，加工后的产品质量较差，特别是在三类海区，若不施肥将很难达到合格的产品质量。

目前生产上使用的肥料主要是氯化铵和硫酸铵,施肥量无固定要求,以栽培出优质高产的裙带菜为标准。目前在生产上使用的施肥方法主要有以下几种。

(1) 机动船喷肥法

机动船喷肥法适用于浮筏较集中的大规模栽培区。机动船多为拖带作业船的拖船,船上配有水泵及胶管,施肥前先将化肥在船舱内溶解成肥料水,然后用水泵通过胶管将肥料水喷施在栽培区内。

(2) 作业船泼肥法

作业船泼肥法适用于浮筏数量较少的栽培区。施肥时先在船舱将肥料溶解为肥料水,作业船在浮筏间穿行,将肥料水泼在栽培区内。

(3) 作业船浸肥法

作业船浸肥法适用于水流较大的栽培区。在海区慢流时,先将作业船固定在浮筏上,拉近另一台浮筏,并用长度为 1 m 左右两端带钩的铁棍钩住浮筏和船舷,使浮筏间的栽培苗绳处于松弛状态,然后在船舱内放入化肥溶解为肥料水,将栽培苗绳拉入船舱内浸泡 3~5 s 后,再放回海水中。生产上使用的肥料水浓度一般为(100~150):1。

此外,裙带菜栽培期间还应定期整理浮筏,包括将紫贻贝、柄海鞘等敌害动物和杂藻清除,添加浮子及紧固筏架等。

在大连等北方沿海经过 3 个月左右的海区栽培,大部分裙带菜的藻体长度可达 1 m 以上,达到了市场要求的产品规格,可以进行选择性收获。

第五节　病害与防治

与作物栽培相同,裙带菜在栽培期间也有病害发生,由于每年水温等海区状况不同,裙带菜发病的种类和程度也有很大的差异。我国北方沿海裙带菜规模化栽培以来发生的病害,主要有微生物致病的病害和敌害生物附着引起的病害两种类型。

一、微生物病害

1. 绿烂病

绿烂病是我国北方地区沿海严重危害裙带菜的病害之一。自 20 世纪 90 年代以来几乎年年发生,轻者影响裙带菜的产量和质量,重者造成大规模减产,甚至绝产。绿烂病发病主要集中在两个阶段,一个是每年 12 月下旬至翌年 2 月上旬的成藻栽培阶段;一个是每年 10 月中旬至 11 月中旬的幼苗阶段。

(1) 发病时间及病状

幼苗阶段绿烂病的发病时间一般在 10 月中旬。发病时,长度已达 0.5 cm 左右的幼苗生长停止,藻体颜色变淡呈浅黄色,随后自梢部开始变绿,向内卷曲呈黏稠状,随后溃烂脱落至藻体烂光。该病暴发时正值幼苗海区暂养和分苗阶段。2015 年大连地区发生的幼苗绿烂病,使处于栽培前的裙带菜幼苗大量死亡,造成栽培苗种严重不足,导致产量不足往年的 50%,给栽培业带来了重大损失。

成藻栽培期的发病时间一般在 12 月下旬至翌年 2 月上旬。首先叶片的梢部变绿卷曲,呈黏着状并溃烂脱落,随后病区快速向叶片中上部蔓延,严重时整个叶片烂光,只剩下中肋,使裙带菜失去商品价值。大连沿海在1996年春季曾发生大规模裙带菜绿烂病,造成产量大幅降低。

绿烂病传染性强,发病速度快、危害严重,从开始发病至叶片烂光,幼苗期仅需数天,成藻期需20余天的时间。其发病具有一定的规律:水流通畅的高排海区较轻、水流较小的中内排海区较重,特别是浮泥较多的内湾发病严重;营养盐含量高的海区轻、贫瘠的海区重;同一海区水层浅的较轻、深的较重;栽培密度小的轻,栽培密度大的重。此病在韩国和日本也屡有发生,是严重影响当地裙带菜栽培的主要病害之一。

(2) 病因及防病措施

绿烂病也是日本北部地区栽培裙带菜的常见病,我国和日本的学者均有关于该病的研究报道。据日本学者报道,该病由弧菌(*Vibrio* sp.)等革兰氏阴性细菌感染引起的。我国的学者通过从病藻分离的细菌对健康藻体的感染试验,确定裙带菜绿烂病的病原菌为火神弧菌(*Vibrio logei*)。

火神弧菌属于嗜冷性细菌,为海水中常见菌,在裙带菜生理活动能力较低的低温期内大量繁衍引起发病。药敏试验的结果表明,新霉素、庆大霉素、氯霉素、红霉素、丁胺卡那、妥布霉素、链霉素等7种抗生素类对火神弧菌有明显的抑制作用。

目前在生产上对于幼苗期发病尚无有效的防治方法。但在成藻栽培期间,采用加大筏距使水流通畅,降低栽培密度,浅水层栽培和加大施肥量等项措施有一定的防病效果。

2. 斑点烂病

斑点烂病是由细菌引起的病害,也是裙带菜栽培期间危害较大的病害之一。细菌侵入裙带菜叶片的表面细胞后,感染周围细胞,使病区的细胞大量死亡,叶黄素等褐藻色素分解,叶绿素显露出来,在叶片表面形成大量绿色斑点。随着病情加重,斑点变为白色并溃烂成洞,严重时病洞连接造成叶片断裂流失。斑点烂病的最大危害是使裙带菜失去商品价值,造成大规模绝产。在日本,该病也是对栽培裙带菜危害较大的病害,据报道,以宫城县气仙沼湾为中心的裙带菜栽培区,斑点烂病发病已经有多年的历史,对该地区裙带菜栽培业造成较大的损失。

(1) 发病时间及病状

我国于1992年在大连南部海域初次发现裙带菜斑点烂病,其病状首先是藻体的叶片出现大量绿色的斑点,随后斑点逐渐增大、变白、溃烂脱落成孔,整个叶片呈筛网状。在发病严重的海区,患病裙带菜的病烂区扩大至中肋及孢子叶,整个藻体溃烂成孔,最后病烂孔相连,使叶片断裂流失,造成裙带菜大规模绝产。

近十几年来,该病在大连沿海地区虽没有大规模暴发,但在某些海区屡有轻度发生,个别海区发病严重,对裙带菜的产量和质量造成较大的影响,且存在着随时发病的潜在威胁。

斑点烂病的发生时间一般在水温回升的2月下旬至4月上旬,发病没有固定的规律,在发病海区的高排和中低排次几乎同时发病,与海区环境条件关系不明显。此病的特点是蔓延速度快,往往在1~2周的时间内大面积发病,使生产单位来不及收割而造成巨大的损失。

(2) 病因及防病措施

有关裙带菜斑点烂病病因的研究较多,日本学者认为该病是由*Pseudomonas*、*Maraxella*、*Vibrio*和*Flavobacterium*等多属细菌感染造成的,没有发现特定的细菌,并认为这些细菌都是海水中的常见菌,发病的原因可能是环境恶化导致裙带菜生理机能降低,海水中常见的细菌大量繁衍,由革兰氏阴性细菌感染引起裙带菜发病。我国学者在斑点烂病发病的高峰期从患病裙带菜叶片上分离出致病菌,在进行感染试验的基础上,确定裙带菜斑点烂病的致病菌为美德利菌(*Deleya venusta*)。

目前国内外针对裙带菜的斑点烂病还没有有效的防治方法,生产上采用施肥和降低栽培密度等增强裙带菜体质的措施,对抗病有一定的效果。

二、敌害生物及清除

敌害生物是指在裙带菜生长发育期间对其产生影响的附着生物。不同海区附着生物的种类不同,裙带菜不同生长发育阶段,敌害生物种类也不同。同样是幼苗培育,因育苗方式不同,影响配子体生长发育和幼孢子体生长的生物种类也有较大的差异。从影响程度看,附着生物对幼苗培育期间的影响远大于栽培期间的影响。在大连等北方沿海,对裙带菜影响较大的敌害生物主要有紫贻贝、柄海鞘、玻璃海鞘、薮枝螅(*Oblia*)、海筒螅(*Tubularia*)等动物,以及海带、节荚藻等大型藻类及水云、蓝藻、硅藻等小型或单细胞藻类。其中,半人工育苗的海区育苗期间的主要敌害生物是紫贻贝、柄海鞘和海绵等;栽培期间主要的敌害生物是海带、紫贻贝等;全人工育苗期间的主要敌害生物是硅藻和蓝藻;海区幼苗暂养期间的敌害主要是薮枝螅、海筒螅和水云等。

紫贻贝、柄海鞘、玻璃海鞘均为大连沿海当地种,自然分布主要集中在黄海一侧的大连南部沿海岩礁上。近年来,随着大连南部海域栽培浮筏的大量增加,为紫贻贝、柄海鞘等附着生物的幼虫附着提供了附着基,造成这些生物的生物量大幅度增加,现在已经成为大连南部海域的优势种。

紫贻贝在大连沿海每年春季和夏秋季各有一次繁殖期,近年来随着资源量的增大,两个繁殖期已经连接在一起,自 5 月开始进入繁殖期,一直持续到 9 月上旬繁殖期才结束。柄海鞘的繁殖期主要在 6~7 月。因此,裙带菜半人工育苗的海区育苗期间,也是紫贻贝和柄海鞘等生物幼虫附着的时期。裙带菜栽培苗绳为幼虫附着提供了适宜的附着基,导致大量的幼虫附着在苗绳上生长成为紫贻贝幼贝和柄海鞘幼体,严重影响了裙带菜配子体的生长发育和幼孢子体生长。为了提高裙带菜育苗的出苗率,生产上一般采用摔打和砸洗的方法清除苗绳上的紫贻贝和柄海鞘,但在清洗苗绳的过程中也清洗掉了大量的配子体,导致裙带菜出苗率大幅降低。

在海区栽培期间影响裙带菜生长发育的主要敌害生物是海带、紫贻贝等。海带是分布在大连沿海的优势藻类,在南部沿海的海底岩礁和浮筏上大量生长,生物量很大。海带每年 10 月成熟后,放出的孢子便附着在苗绳和浮筏大绠上,至 12 月生长成为海带幼苗。在适宜的温度和光照条件下,海带生长很快,不仅遮光和吸收营养盐影响裙带菜的生长发育,还增加了浮筏的负荷。同样,紫贻贝的大量附着不但影响裙带菜的出苗量,而且随着紫贻贝的生长,使浮筏的负荷增加,清除浮筏上的海带、紫贻贝等附着生物花费了大量的人力和物力,增加了工人的劳动强度。

裙带菜室内人工育苗期间的主要敌害生物是硅藻和蓝藻等附着藻类。虽然育苗用水经过沉淀过滤,但仍然有相当数量附着在孢子叶上的硅藻和蓝藻,在采孢子时被带进育苗池并附着在苗绳上。硅藻和蓝藻在适宜的光照条件下可快速繁衍,严重时硅藻会覆盖维尼纶苗绳表面,蓝藻则在苗绳的表面形成大量蓝色的斑点。裙带菜配子体生长发育和幼孢子体生长对硅藻和蓝藻较敏感,硅藻附着量大时,配子体生长缓慢,影响配子体发育,卵囊和精子囊的形成率降低,幼孢子体表面附着大量硅藻会使藻体死亡。此外,蓝藻繁衍时还能产生毒素,使周边的配子体和幼孢子体死亡。

目前育苗生产上对硅藻和蓝藻的清除还没有有效的方法,GeO_2 虽然可以杀死硅藻,但大规模育苗生产成本太高。生产上通常采用降低光强的方法抑制硅藻繁衍。试验结果表明，在 20 μmol/(m^2·s)光照下硅藻的繁衍速度明显减慢，在 10 μmol/(m^2·s)光照下硅藻在一周内死亡脱落。因此，在室内人工育苗的配子体度夏阶段，将光强控制在 6 μmol/(m^2·s)以下，对杀死硅藻有明显的效果。

蓝藻属于原核生物，对环境的适应能力极强，目前还没有有效的药物杀死蓝藻，育苗生产上一般采用降低光强抑制蓝藻的繁衍。如果在苗绳上形成蓝色的斑点，为了防止蔓延到其他苗帘上，通常用蘸满乙醇的棉球擦洗，以杀死蓝藻。

幼苗暂养期间的主要敌害生物是水云和薮枝螅、海筒螅等。大连沿海一般在 9 月中下旬将全人工育苗培育的苗帘移到海区浮筏上进行暂养，此时也是水云的繁殖期。水云的生活史类型属于双相世代型中的同形世代交替，孢子体和配子体外形相同，因此，成熟藻体放出的孢子可以直接萌发成水云藻体，放出的配子结合后的合子也可以萌发形成水云藻体，生物量增加极快。刚下海暂养的裙带菜幼孢子体个体较小，一般在 200～500 μm，由于水云的生长速度远快于裙带菜幼孢子体，一般在下海 3 d 左右，水云就可以长满苗绳表面，将裙带菜幼孢子体覆盖在下面。此时如不及时洗刷掉水云，将会造成幼孢子体的大量死亡。因此，在苗帘下海暂养后应及时洗刷清除水云，当幼孢子体的藻体长度达到 1 mm 以上，幼苗的长度和生长速度均优于水云后，可减少洗刷次数或停止洗刷。

薮枝螅、海筒螅是大连沿海的优势种，它们的繁殖期正值裙带菜幼苗暂养期间，大量的浮浪幼虫附着在苗帘的苗种绳上发育成薮枝螅和海筒螅，迅速增大的螅根将幼苗的假根挤掉，造成幼苗大量脱落。同时，由于薮枝螅和海筒螅的生长速度远远快于裙带菜幼苗的生长速度，因此随着螅茎的快速延长和螅枝的增多将幼苗覆盖住，导致幼苗大量死亡。由于大连南部海域薮枝螅和海筒螅的生物量巨大，其繁殖期和附着水层又与裙带菜幼苗暂养时间和暂养水层相重叠，从根本上避开和防止薮枝螅和海筒螅幼虫附着难度很大。目前薮枝螅和海筒螅在生产上尚无十分有效的防治方法，在暂养初期采用苗帘浸肥的方法可以杀死附着初期的薮枝螅和海筒螅，使用的肥料多为 $NaNO_3$，肥料水的浓度为 50∶1。一些单位苗帘下海暂养一周后，在浮浪幼虫刚附着时采用搓洗苗绳的方法将其洗掉，对降低薮枝螅和海筒螅的危害有一定效果，但在搓洗时也将苗绳上的幼苗洗掉，影响了出苗率。

除此之外，还有一些在裙带菜生长的某一阶段产生危害或对裙带菜产品质量产生影响的病害。其中，在裙带菜幼苗期危害较大的是由壶菌(*Olpidiopsis* spp.)感染引起的壶菌病。壶菌是海水中的常见菌，在水温 16℃以下时大量繁衍，侵入裙带菜幼苗的细胞内后快速生长，随后形成孢子囊并放出孢子感染其他幼苗，造成出苗期幼苗的大量死亡。该病在日本宫城县、岩手县经常出现，对当地裙带菜栽培也造成一定的损失，目前在我国还没有发现。

影响裙带菜产品质量的主要病害是褐斑病，该病是拟锈孢扭线藻(*Streblonema aecidioides*，一种小型褐藻)寄生在裙带菜的表皮和皮层细胞内并快速生长导致的，病原藻在裙带菜叶片的表面形成大量茶褐色的斑点，严重时会造成细胞死亡而使裙带菜叶片溃烂成洞，表面上看与斑点烂病非常相似。褐斑病的最大危害是影响裙带菜的产品质量，肉眼可见患病鲜菜叶片内茶褐色的斑点，经煮菜后可见绿色的叶片表面大量褐色斑点，使裙带菜的产品质量大幅度降低。该病在 20 世纪 70 年代在日本的岩手县、宫城县、福岛县被发现，现在已经蔓延到日本全国各地。我国 20 世纪 90 年代末在大连的一些内湾和水较浅的近岸海区发现了褐斑病，近年来随着裙带菜栽培规模的扩大，该病蔓延较快，目前已经成为影响裙带菜产品质量的重要病害之一。

第六节　收获与加工

一、收获

裙带菜达到商品规格后，应适时进行收获。收获的时间、规格和数量除依照日本市场需求外，还应合理规划收获期，从而获得较高的产量。与海带相比，裙带菜的栽培密度相对较大，即使生长在同一根苗绳上的裙带菜其个体的差异也较大，因此适时地收获大的藻体，有利于较小藻体的生长，获得较高的栽培产量和质量。

1. 收获期

裙带菜的收获期因栽培海区状况差异很大。收获期的起止及持续时间，主要取决于藻体达到商品规格的时间、藻体老化程度及丛生毛大量出现的时间。一般北方海区因春季水温上升速度较慢，收获期较长；南方海区收获期则相对较短。内湾及贫瘠海区收获的时间早，收获期持续时间短；水深流大和肥沃海区收获的时间晚，收获期持续时间长。大连地区收获期一般集中在1月上旬至4月上旬。

2. 收获规格与数量分配

裙带菜的收获规格主要依据日本市场的等级来确定。对于盐渍裙带菜而言，一级菜的叶片长度要求达到60 cm以上，因此，生产上要求收割时藻体的长度应达到1 m以上。

不同等级裙带菜的市场价格差别较大，不同时间收获的相同等级产品，其市场价格也有很大的差异。一般而言，早期收获的裙带菜，市场需求量较大，价格也相对较高，但单位面积产量较低；相反，如果将收获期延后，虽可获得较高的产量，但因集中收获不仅会对加工造成较大的压力，且产品价格也相对较低。因此，收获期间需合理分配收获量，根据市场对不同收获时间产品的需求量和价格情况，做到科学合理收获。大连等北方沿海一般将裙带菜的收获期分为前、中、后三个时期，收获前期为开始收获至2月上旬，收获中期为2月中旬至3月中旬，3月中旬以后为收获后期。各时期收获量分别为总收获量的1/4、1/2和1/4。

3. 收获方法

裙带菜收获主要采用选择性的间棵收割法，选择达到商品规格的藻体。收割时先从假根上部将整个藻体割下，再将孢子叶割下，割掉老化的叶片梢部后，将叶片和孢子叶运回陆地加工。

二、加工

收获上来的裙带菜鲜藻应立刻加工，主要的加工产品有盐渍品、干燥品和速冻品等。盐渍品是裙带菜加工的初级形式，干燥品是在盐渍品的基础上进行再加工而成，速冻品则主要是孢子叶的加工。

1. 盐渍裙带菜的加工

盐渍裙带菜加工指盐渍叶片、梗和孢子叶的加工，是裙带菜初级产品的主要加工形式，也是精加工前裙带菜保存的基本形式。其优点是加工程序简单、便于操作，适合于大规模生产，但加工后的产品必须在低温条件下保存。盐渍加工的主要机械和设施有煮菜机、拌盐机、盐渍池等。目前盐渍裙带菜加工主要包括以下几个工序：

（1）煮菜及冷却

煮菜所使用的煮菜机，主要由煮菜槽和冷却槽两部分组成，其规格因加工量不同而异，槽内铺有链条式传送带。煮菜槽与蒸气锅炉的管线连接，通过蒸气提升煮菜槽内水温。冷却槽与贮存海水的贮水池的管线连接，用于冷却煮好的裙带菜。

煮菜所用热水为90℃左右的升温海水，目前在大连地区裙带菜加工生产中，前期菜由于藻体较薄，煮菜水温一般为85℃左右；中期菜要求煮菜水温90℃左右；后期菜煮菜水温92~93℃。

收获上来的裙带菜通过传送带被运到煮菜槽内，为了防止因煮菜时间过长使藻体失去光泽和弹性降低，生产上要求藻体在煮菜槽中停留时间为10余秒，一般不超过20 s。煮后要求叶片由褐色变为鲜绿色且具有弹性。煮菜过程中要注意保持水温和放入的藻体数量，同时进行搅拌，以防止水温偏低和叶片相互重叠造成脱色不充分，叶片出现褐色斑点影响产品质量。

煮好的裙带菜被运出煮菜槽，进入冷却水槽进行冷却。藻体应冷却彻底，冷却后的藻体温度要与冷却水温度相同。为防止冷却水温度升高，应不断向冷却槽内补充新鲜海水。

（2）拌盐及盐渍

冷却后的裙带菜要进行拌盐和盐渍。拌盐使用的拌盐机，形状和功能类似于混凝土搅拌机。裙带菜盐渍使用的食盐为精盐，用量为与煮后裙带菜的重量比为1∶1。冷却好的裙带菜经传送带送入拌盐机内，人工添加食盐，拌盐机转动使裙带菜与食盐混合均匀后，在出口处将拌盐后的裙带菜接入编织袋内，移入盐渍池中进行盐渍。

盐渍池一般以40~50 t为宜，为了便于操作，盐渍池不宜太深。盐渍时将编织袋整齐地排放在池内即可。经盐渍后的藻体大量失水，形成高盐度的盐渍水，盐度要求在波美度22~25度。生产上要求盐渍水应浸过编织袋，以确保裙带菜得到充分的盐渍，盐渍时间一般为4~5 d。

（3）脱水

盐渍后的裙带菜需进行脱水。脱水前将裙带菜从编织袋中倒出，用盐渍水洗净后再装入新的编织袋内进行脱水。一般采用重物挤压的方法进行脱水，将装有盐渍裙带菜的编织袋在特制的铁架上摆放成垛，在垛的上面放上水泥块等重物，通过重力使藻体内的水分脱出。脱水时间一般为3~4 d，脱水后的藻体含水量应低于30%。

（4）撕菜及选菜

撕菜是将裙带菜的裂叶和梗（中肋）分开的过程，目前生产上仍采用人工方式进行。将脱水后裙带菜的两片裂叶从中肋上撕下，裂叶和梗（中肋）分别放入不同的塑料箱内供选菜使用。

选菜是按照产品要求区分等级和除去杂质、异物的过程。盐渍梗主要检查杂质和异物，合格后可装箱运到冷库保存或在国内市场销售。

日本市场将盐渍裙带菜叶片按不同长度分为三个等级：叶片长度60 cm以上为一级菜、30~60 cm为二级菜、30 cm以下的为三级菜。分好等级的裙带菜要扎成把，放在塑料箱内准备装箱。

（5）包装与保存

分好等级的叶片先装入塑料袋内，然后再装入纸箱内捆包封箱，每箱15 kg，标明产地和生产日期后放入冷库内进行保存。保存温度要求为-18℃以下，保质期为1年。

保存期间，根据市场需求，可以盐渍裙带菜叶片的产品形式销售，也可作为干燥裙带菜原料进行再加工。

2. 干燥叶片的加工

干燥叶片也是裙带菜产品加工的主要形式之一。叶片通过烘干，产品的体积和重量得到进一步优化，可以在常温下长期保存，极大地降低了低温保存的成本。另外，干燥叶片食法简单,食用时用水泡开即可,极大地方便了消费者,市场消费量逐年增大,目前已经成为出口日本的主要产品形式。

盐渍裙带菜叶片经洗净、切块、烘干等工序加工成干燥叶片。烘干一般使用专用的裙带菜烘干机,有的单位使用烘茶机进行裙带菜叶片的干燥加工,产品质量较差,价格较低。

3. 孢子叶的加工

孢子叶是出口创汇的重要产品之一,产品主要出口日本。孢子叶的加工产品主要有以下几种:

(1) 速冻孢子叶

速冻孢子叶是目前我国对日本出口数量最大的孢子叶产品。将孢子叶用清洁海水洗净,用刀片将木耳状叶从茎上割下,放在阴凉处自然脱水后装入塑料袋内装箱,放入-20℃以下冷库内保存即可。

(2) 冷冻孢子叶丝

孢子叶的处理方法与速冻孢子叶基本相同,在脱水前用切丝机将孢子叶切成2~3 mm细丝后,再装入塑料袋内入箱冷冻,保存温度与速冻孢子叶相同。

第七节 品种培育

我国裙带菜育种研究起步较晚,除因我国裙带菜栽培的历史较短外,主要原因是产品以出口日本为主,苗种生产使用的种藻几乎全部从日本引进以适应日本市场对产品质量的要求,因此我国在育种理论与技术研究等方面相对滞后。2013年和2014年中国科学院海洋研究所培育的"海宝1号""海宝2号"裙带菜新品种分别通过全国水产原种和良种审定委员会审定,获得国家水产新品种证书,开启了我国裙带菜良种化栽培的新进程。

一、杂交育种

日本在裙带菜杂交育种方面起步较早,在种间杂交育种研究中,使用裙带菜属内的裙带菜、阔叶裙带菜和绿裙带菜的雌雄配子体进行了种间正反杂交,培育出 F_1 杂交种幼苗并在海区浮筏上栽培为成体。杂交后的 F_1 杂交种在藻体形态上明显介于父母本之间,在藻体长度、宽度和厚度生长方面也表现出杂种优势,呈现出良好的杂交效果。在对 F_1 杂交种进行4代的继代培养中发现,藻体长度、宽度和厚度等经济性状随着培养代数的增加而降低,表明在裙带菜属的种间杂交中,利用 F_1 杂交种可以提高裙带菜的产量。由于食用习惯和营养等,以上杂交种没有在栽培生产中应用。

另外,日本学者使用"三陆裙带菜"和"鸣门裙带菜"的雌雄配子体进行了两个地区种的正反杂交,所获得的 F_1 杂交种在藻体形态上介于父母本之间,表明由于长期地理隔离,"三陆裙带菜"和"鸣门裙带菜"已经形成各自固定的藻体形态,而且可以稳定地遗传。但在藻体长度、宽度和厚度生长方面,F_1杂交种的杂种优势并不明显。

中国科学院海洋研究所逄少军等利用大连栽培裙带菜群体为亲本,分离培养单倍体的配子体克隆后,进行不同克隆细胞系间的杂交,获得多个组合的杂交子代。以孢子体长度、鲜重及成熟时期为选育指标,通过连续4代选育,培育出具有产量高、菜型好、早期生长速度快、出菜率高等显著特点的"海宝1号"新品种(水产新品种登记号:GS-01-010-2013)和晚熟高产的"海宝2号"新品种(水产新品种登记号:GS-01-013-2014),与普通栽培品种相比,晚熟新品种收割期可延长至5月上旬，具有加工出成率高、产量高、菜质好等优点。

二、多倍体育种

多倍体是指体细胞内染色体组多于2*n*的生物体，多倍体技术是通过生物染色体的倍性操作进行育种的细胞工程技术。与高等植物和海洋贝类相比，藻类的多倍体研究开始较晚，目前尚处于起步阶段。裙带菜多倍体研究始于20世纪80年代末，经过近30年的研究和开发，在2*n*雌雄配子体诱导技术，配子体的保存培养和大量增殖技术，杂交技术和三倍体、四倍体幼苗室内培育技术等关键技术方面取得了重大突破，目前已经进入产业化应用阶段。

多倍体技术主要是大量制备三倍体的技术。由于裙带菜三倍孢子体的细胞中具有3套染色体，在孢子体开始发育后，孢子囊母细胞减数分裂时多余的一套染色体无法有效地进入细胞某一极，致使三倍孢子体不能正常地形成孢子囊，导致育性降低或不育，使藻体用于孢子囊发育阶段所需要的能量转化为细胞生长，延长了裙带菜孢子体的生长周期，避免了由于藻体发育造成的叶片老化和丛生毛的大量出现，使栽培裙带菜的产量和质量得到大幅度提高。试验结果表明，裙带菜三倍孢子体的个体大、质量好，与普通裙带菜相比，生长周期要延长1个月以上。

与海洋贝类等直接制备三倍体的方法不同，裙带菜多倍体技术的特点是先诱导产生2*n*雌雄配子体，再采用2*n*雌雄配子体与正常的单倍配子体杂交的方法培育三倍体幼苗，其三倍体的倍化率可以达到100%，不仅克服了使用化学或物理的方法直接制备三倍体倍化率低和不稳定的缺点，也为该项技术的产业化应用提供了便利条件。

1. 2*n*雌雄配子体诱导

裙带菜多倍体技术的核心是2*n*雌雄配子体的诱导。采用调节温度、光照等物理方法，以及降低或升高盐度、降低营养盐含量等化学方法均可从裙带菜幼苗的体细胞诱导产生2*n*雌雄配子体，目前使用较多的是切根诱导法。

将1.0~3.0 cm裙带菜幼孢子体的固着器切除，在温度10~20℃，光强40 μmol/(m^2·s)，光照时间12 h/d条件下培养约1个月后，显微镜下可见叶片的大部分细胞已经死亡，少数细胞的体积增大，色素体消失，原生质充满整个细胞，使细胞呈浓褐色。随后在细胞的一端或两端产生小的棒状突起，并逐渐生长形成丝状体。

由体细胞形成的丝状体有三种类型，其中10%左右为细胞直径10~15 μm的粗大丝状体；80%左右为细胞直径3~4 μm的细长丝状体；另外还有极少数细胞直径介于两者之间的丝状体。将上述丝状体切碎培养后发现，粗大丝状体的枝端形成卵囊并排出卵，细长丝状体在细胞表面形成精子囊并放出精子，卵受精后萌发为幼孢子体。因此，可以断定从幼孢子体体细胞所产生的丝状体是2*n*雌雄配子体。

2. 雌雄配子体分离与培养

将诱导产生的雌雄配子体从藻体表面剥下，在显微镜下区别雌雄后分别移到培养皿内培养，培养条件与配子体采苗及育苗中配子体的培养方法相同。当雌雄配子体生长成为肉眼可见的藻团后，将藻团用双面刀片在载玻片上切碎，或用组织捣碎机打碎，移到多个培养皿中进行增殖。雌雄配子体达到一定数量后，可移至烧瓶内，以自由配子体的形式进行游离保存培养。

3. 杂交及多倍体幼苗培育

多倍体杂交组合设定为2*n*♀×*n*♂、*n*♀×2*n*♂和2*n*♀×2*n*♂，采苗时间在8月中旬。3*n*孢子体杂交是取分离培养的 $2n$ 雌雄配子体分别与正常雌雄配子体按 1∶1 混合后，用组织捣碎机切碎，然后将配子体液洒在苗帘的苗绳上。$4n$ 孢子体是将 $2n$ 雌雄配子体混合切碎洒在苗绳上，待配子体附着牢固后，将苗帘移到适于配子体发育成熟的温度、光照条件下培养。10 d 后雌雄配子体开始发育成熟，雌雄配子体分别排出卵和精子，卵受精形成 $3n$、$4n$ 幼孢子体。培养 1 个月后，幼孢子体的长度达到 200 μm 以上，经过海区暂养后长成藻体长度为 0.5～1.0 cm 的 $3n$、$4n$ 多倍体裙带菜幼苗。多倍体幼苗的倍性检测是将藻体长度 1.0 cm 左右 $3n$ 孢子体经乙酸-乙醇固定液固定，用 Wittmann 法染色后置于显微镜下观察，可见其细胞内染色体数目为 90 条，而普通的 $2n$ 孢子体为 60 条。

4. 海区栽培及性状

分苗时间为 11 月上旬，此时苗种绳上 $3n$、$4n$ 孢子体幼苗的藻体长度为 0.5～1.0 cm。分苗采用夹苗种段的方法，将苗种绳切成 3 cm 苗种段，按照 40 cm 间距将苗种段夹在栽培苗绳上，再将栽培苗绳平挂在浮筏上进入海区培育阶段。$3n$、$4n$ 孢子体经过近半年的浮筏栽培生长为成体。

试验结果表明，在整个栽培期间，$3n$ 孢子体两个组合在藻体长度、宽度和重量生长方面一直优于普通裙带菜，并且随着藻体的增大其生长优势愈加明显，两个组合间无显著差异。与普通的裙带菜相比，$3n$ 孢子体生长最快的时期是 3 月 20 日至 4 月 20 日的 1 个月，此期间正是 $2n$ 孢子体的孢子叶快速发育形成孢子囊，生长速度明显减慢的时期。由于 $3n$ 孢子体不育，此时期仍保持较快的生长速度，藻体的长度和重量的月增长达到最大值，呈现良好的生长优势。

在进入繁殖期的 5 月上中旬，裙带菜生长停止，孢子囊大量成熟并放出孢子后进入衰老期。但 $3n$ 孢子体此时仍处于生长状态，藻体的长度和重量仍在增加，在 5 月 20 日达到个体生长的最大值，藻体平均长度超过 3 m，重量达到 2.5 kg，表现出明显的生长优势。与对照组的普通裙带菜相比，生长期延长 1 个月以上，且叶片表面光滑具有光泽，仍保持较好的产品质量，显示出良好的产业应用前景。

经海区浮筏栽培后，多倍体裙带菜表现出明显的不育和低育特性。多数 $3n$ 孢子体在茎的两侧仅形成 1 排波折状翼状叶，没有孢子叶形成。少数藻体形成了孢子叶，但孢子叶片层普遍小而少，没有孢子囊形成，显示出不育的特性。$4n$ 孢子体则表现出明显的低育性，在茎的两侧虽然能够生长孢子叶，但孢子叶的层数少，片层大而薄，排列疏松，颜色也较浅。在繁殖期内经切片观察，可见孢子叶表面有大量隔丝形成，但隔丝腔内孢子囊形成的数量非常少，经阴干刺激虽有个别孢子放出，但孢子几乎不游动，附着后陆续死亡，没有获得配子体。

$4n$ 孢子体通过海区栽培表现出明显的生长速度慢、生长期短的劣势，在整个栽培期间，其生长速度始终慢于对照组的普通裙带菜，藻体长度和重量生长的最大值出现在 3 月中旬，进入 4 月后藻体生长停止，叶片表面粗糙，失去光泽，呈黑褐色，梢部大量脱落。在 5 月上旬观察时，叶片大部分已经脱落，柄部和假根出现空腔，藻体已经死亡。

参考文献

方宗熙，戴继勋，陈登勤. 1979. 裙带菜的孤雌生殖及其后代的遗传特性[J]. 遗传学报，6(1)：66.
方宗熙，戴继勋，王梅林. 1984. 裙带菜若干纯系雌性孢子体的观察[J]. 海洋通报，3(2)：103－105.
方宗熙，阎祚美，王宗诚. 1982. 海带和裙带菜组织培养的初步观察[J]. 科学通报，27(11)：690－691.
胡敦清，刘绪炎，雷霁霖，等. 1981. 裙带菜配子体和孢子体的形态[J]. 海洋水产研究，(1)：27－39.
姜静颖，马悦欣，张泽宇，等. 1997. 大连地区裙带菜“绿烂病”组织病理的研究[J]. 大连水产学院学报，12(3)：7－12.

李大鹏,邓海临,李慧,等. 2016. 裙带菜(*Undaria pinnatifida*)配子体对氨态氮和硝态氮的吸收利用比较[J]. 海洋与湖沼,47(4): 847－853.
李大鹏,李文茹,邓海临,等. 2011. 裙带菜(*Undaria pinnatifida*)雌诱激素在有性生殖过程的作用及影响其分泌的环境条件[J]. 海洋与湖沼,42(2): 305－308.
李大鹏,刘海航,彭光,等. 1999. 日本品系裙带菜无性繁殖系生产性育苗技术[J]. 海洋科学,5: 4－5.
李大鹏,熊艳. 2005. 裙带菜(*Undaria pinnatifida*)配子体对四种抗生素的敏感性研究[J]. 海洋与湖沼,36(3): 255－260.
李宏基,李庆扬. 1965. 裙带菜的配子体在水池度夏育苗的初步试验[J]. 水产学报,2(3): 37－48.
李宏基,李庆扬. 1966. 裙带菜孢子体的生长发育与温度的关系[J]. 海洋与湖沼,8(2): 140－152.
李宏基,宋崇德. 1966. 海带筏间养殖裙带菜的试验[J]. 水产学报,3(2): 119－129.
李宏基,田素敏. 1982. 温度对裙带菜配子体生长发育的影响[J]. 海洋湖沼通报,2: 38－45.
李伟新,朱仲嘉,刘凤贤. 1982. 海藻学概论[M]. 上海: 上海科学技术出版社: 192－194.
李晓丽,张泽宇,曹淑青,等. 2011. 裙带菜孤雌生殖幼孢子体体细胞诱导 2*n* ♀ 配子体[J]. 中国水产科学,18(2): 400－406.
刘佰先,赵焕登. 1991. 裙带菜常温育苗试验[J]. 海洋湖沼通报,3: 73－79.
刘焕亮,黄樟翰. 2008. 中国水产养殖学[M]. 北京: 科学出版社: 910－1045.
刘焕亮. 2000. 水产养殖学概论[M]. 青岛: 青岛出版社.
马悦欣,张泽宇,范春江,等. 1997a. 大连地区裙带菜斑点烂病病原菌的研究[J]. 中国水产科学,4(3): 62－65.
马悦欣,张泽宇,刘长发,等. 1997b. 大连地区裙带菜绿烂病病原的研究[J]. 中国水产科学,4(5): 66－69.
逄少军,单体峰,刘明泰,等. 2011. 辽东半岛裙带菜室内常温全人工育苗: 双高光控制、温度变化和配子体发育[J]. 渔业科学进展,32(5): 74－83.
逄少军,肖天. 2000. 裙带菜雄配子体营养生长过程中的营养吸收[J]. 海洋与湖沼,31(1): 35－38.
逄少军. 1996. 日光照时数对裙带菜配子体发育的影响[J]. 海洋与湖沼,27(3): 302－307.
逄少军. 1998. 裙带菜种内杂交研究——幼孢子体形态和生长速度的变异(英文)[J]. 海洋与湖沼,29(6): 576－581.
孙树本. 2014. 海藻学[M]. 青岛: 中国海洋大学出版社: 650－653.
吴少波. 1988. 裙带菜原生质体的分离和培养[J]. 青岛海洋大学学报,18(2): 57－65.
许淑芬,李丹,张喜昌,等. 2015. 裙带菜“海宝 2 号”[J]. 中国水产,11: 55－57.
曾呈奎,王素娟,刘思俭,等. 1985. 海藻栽培学[M]. 上海: 科学技术出版社.
曾呈奎,张德瑞,张竣甫,等. 1996. 中国经济海藻志[M]. 北京: 科学出版社.
曾呈奎. 1999. 经济海藻种质苗种生物学[M]. 济南: 山东科学技术出版社.
曾呈奎. 2009. 中国黄渤海海藻[M]. 北京: 科学出版社: 357－358.
张栩,李大鹏,蔡昭铃,等. 2002. 气升式光生物反应器培养裙带菜配子体的初步研究[J]. 海洋科学,26(6): 39－43.
张栩,李大鹏,施定基,等. 2004. 裙带菜配子体和幼孢子体的光合作用特性[J]. 海洋科学,28(11): 20－27.
张栩,李大鹏,谭天伟. 2006. 光质对裙带菜配子体发育的影响[J]. 海洋科学,30(10): 44－48.
张亦陈,高江涛,张喆,等. 2007. 裙带菜配子体基因工程选择标记的研究[J]. 海洋科学,31(12): 64－68.
张泽宇,曹淑青,邵魁双,等. 1999a. 裙带菜配子体采苗及育苗的研究[J]. 大连水产学院学报,14(3): 19－24.
张泽宇,曹淑青,由学策,等. 1999b. 裙带菜室内人工育苗的研究[J]. 大连水产学院学报,14(2): 7－12.
张泽宇,李晓丽,柴宇,等. 2007. 裙带菜 3*n*、4*n* 幼孢子体的人工育苗和海区栽培[J]. 水产学报,31(3): 349－354.
张泽宇,李晓丽,刘洋,等. 2009. 用裙带菜孤雌生殖的幼孢子体体细胞诱导雌配子体的研究[J]. 大连水产学院院报,24(6): 482－486.
张泽宇. 1999. 裙带菜幼孢子体营养细胞多倍体育种[J]. 中国水产科学,6(3): 45－48.
川嶋昭二. 1993. 日本産コンブ類図鑑[M]. 札幌: 北日本海洋センター: 158－161.
德田广,大野正夫,小河久郎. 1987. 海藻资源养殖学[M]. 東京: 绿书房: 133－142.
崛辉三. 1993. 藻類の生活史集成. 第 2 卷. 褐藻・红藻類[M]. 東京: 内田老鶴屋: 137－138.
能登谷正浩. 1997. 有用海藻のバイオテクノロジ—[M]. 東京: 恒星社厚生阁: 9－20.
三浦昭雄. 1992. 食用藻类の栽培[M]. 東京: 恒星社厚生阁: 35－42,101－105.

西澤一俊，千原光雄. 1979. 海藻研究法[M]. 東京：共立出版：281－293.

殖田三郎，岩本康三，三浦昭雄. 1963. 水产植物学[M]. 東京：恒星社厚生阁：526－541.

Endo H, Okumura Y, Sato Y, *et al.* 2016. Interactive effects of nutrient availability, temperature, and irradiance on photosynthetic pigments and color of the brown alga *Undaria pinnatifida*[J]. Journal of Applied Phycology, 29(3): 1－11.

Li J, Pang S J, Shan T F, Liu F, *et al.* 2014. Zoospore-derived monoecious gametophytes in *Undaria pinnatifida*[J]. Chinese Journal of Oceanology and Limnology, 32(2): 365－371.

Niwa K, Kobiyama A, Fuseya R, *et al.* 2017. Erratum to: Morphological and genetic differentiation of cultivated *Undaria pinnatifida* (Laminariales, Phaeophyta)[J]. Journal of Applied Phycology, 29(3): 1483.

Pang S J, Wu C Y. 1996. Study on gametophyte vegetative growth of *Undaria pinnatifida* and its applications[J]. Chinese Journal of Oceanology and Limnology, 14(3): 205－210.

Sato Y, Yamaguchi M, Hirano T, *et al.* 2016. Effect of water velocity on *Undaria pinnatifida*, and *Saccharina japonica* growth in a novel tank system designed for macroalgae cultivation[J]. Journal of Applied Phycology: 1－8.

Shan T F, Pang S J, Gao S Q. 2013. Novel means for variety breeding and sporeling production in the brown seaweed *Undaria pinnatifida* (Phaeophyceae): Crossing female gametophytes from parthenosporophytes with male gametophyte clones[J]. Phycological Research, 61(2): 154－161.

Shan T F, Pang S J. 2010. Sex-linked microsatellite marker detected in the female gametophytes of *Undaria pinnatifida* (Phaeophyta)[J]. Phycological Research, 58(3): 171－176.

Yamanaka R, Akiyama K. 1993. Cultivation and utilization of *Undaria pinnatifida* (wakame) as food[J]. Journal of Applied Phycology, 5(2): 249－253.

第三章　羊栖菜栽培

第一节　概　　述

一、产业发展概况

羊栖菜(*Hizikia fusiformis*)是我国重要的大型经济海藻。新鲜藻体肉质肥厚多汁,营养丰富,可直接食用,干品能够长期保存,可加工为多种形式产品,也用作中药。羊栖菜主要分布于北太平洋西部的暖温带水域,生长在潮间带下部岩石上。在我国分布很广,北起辽东半岛,南至福建和广东的浅海海域及滩头均有生长。广东称其为海草、玉茜、海菜芽,福建称其为六角菜、胡须泡,浙江称其为海大麦、大麦菜、山头麦,辽宁称其为鹿角尖、羊奶子。

"羊栖菜"一名,最早见于明嘉靖九年(公元1530年)的福建《漳浦县志》:"羊栖菜生海石上,长四五寸,色微黑。"此后,在《闽书》及《漳州府志》上亦有记载。20世纪初,随着海藻资源开发利用热潮的兴起,因羊栖菜富含营养和生物活性成分,引起了人们极大的研究兴趣。日本称其为"长寿菜",每年大量从我国进口。

我国羊栖菜资源十分丰富,建有大型的人工栽培基地,但由于对羊栖菜的研究起步较晚,国内的羊栖菜尚处于粗加工阶段,主要以出口日本为主。传统羊栖菜产品主要为干制品,经浸泡、烹调后方可食用,非常不便。随着生活节奏的加快,即食产品逐渐成为新的发展趋势。目前,我国羊栖菜人工栽培技术研究不断创新和生产应用,推动了具有地方特色的苗种繁育、海区栽培、农产品收购、加工与贸易、食品、保健品和药品开发等产业链逐渐形成和发展。

1988年以来,浙江省洞头县羊栖菜年产量均占全国95%以上,内销企业11家,出口企业8家,产品多加工成小包装,90%出口日本,羊栖菜干制品出口稳步发展,市场前景广阔,经济效益可观。羊栖菜即食产品在我国中西部市场享有较高美誉度。栽培产量保持良好的增加趋势,产业稳定增长,逐步形成了涵盖育苗、栽培、加工、销售的完整产业链。2016年,我国羊栖菜栽培面积达到1 231 hm^2,产量18 991 t。

二、经济价值

羊栖菜是我国、日本、朝鲜和韩国沿海人民的传统美食,藻体肉厚多汁,营养价值高,被推崇为海洋蔬菜和健康长寿食品。在日本,羊栖菜是一种高档的食用海藻,身价数倍于海带。福建福鼎妇女在分娩时食用羊栖菜;宁德、福安等地将羊栖菜与鱼同煮,冷却成冻,切成碎块食用;平潭将羊栖菜煮后切碎做馅蒸包子。

羊栖菜是一种高蛋白、低脂肪、低热量、高碳水化合物的海藻,且含有丰富的矿物质和人体必需的多种微量元素。羊栖菜含有丰富的褐藻氨酸、硫酸多糖、甘露醇、粗蛋白,以及碘、钾等成分。其中,蛋白质为17.45%,脂肪为0.4%,灰分为18.4%。羊栖菜的维生素 B_1、维生素 B_2、维生素 C 含量分别为 87 μg/100 g、35 μg/100 g、113 μg/100 g，且含有大量的纤维素，具有很高的营养价值。羊栖菜的含碘量很高，能预防缺碘而引起的甲状腺肿及儿童智力低下、痴呆等症。此外，由于热量较低，也可用于减肥产品。

羊栖菜药用价值也很高，全藻均可入药，应用极其广泛。在南齐陶弘景所著《神农本草经》及李时珍所著《本草纲目》中均有记载，有主治"瘿瘤结气""利小便"和"治疗奔豚气、脚气、水气浮肿、宿食不消"等功效。此外，羊栖菜还可"软坚散结、消痰、清凉解毒、破血祛瘀、利水消肿，用于瘿瘤、睾丸肿痛、痰饮水肿等症"，与另一种马尾藻科植物海蒿子同被中国药典收载作为药用，中药中的"海藻"，实际上指的就是羊栖菜。

动物试验结果表明，羊栖菜水提取物有明显的纠正血脂代谢异常、改善血管内皮细胞功能及抗自由基损伤的功效。1981 年，Siegel 等提出"红细胞免疫系统"的概念，开拓了免疫学的新领域，季宇彬等（1994，1995，1998）研究发现羊栖菜多糖能显著提高荷瘤小鼠红细胞的免疫作用，且能提高白血病 L615 小鼠超氧化物歧化酶（SOD）和过氧化氢酶（CAT）的活性，同时减少脂质过氧化物（LPO）的含量，进而抑制红细胞膜蛋白与收缩蛋白的交联高聚物（HMP）。此外，羊栖菜多糖还能提高红细胞膜上的 Na^+/K^+ - ATP 酶的活性，提高动物细胞免疫能力。羊栖菜中的硫酸多糖具有很强的抗凝血活性，其活性强于肝素。

三、栽培简史

我国对羊栖菜的研究始于 20 世纪 50 年代末，兴起于 20 世纪 80 年代后期。

1959 年，上海水产学院利用浙江舟山海带栽培筏架，在国内首先开展了羊栖菜发育生物学研究。我国从 1973 年开始羊栖菜的开发研究，但由于加工技术未过关，一直没有得到较大发展。1983 年，浙江省洞头县元觉乡的吕子远，开创性地完成了首批野生羊栖菜出口日本的商品交易，从而促进了我国羊栖菜栽培业迅速发展。

1983 年，山东省荣成县石岛海带育苗场，开展了羊栖菜人工繁育种苗研究，并于 1988 年发表论文《羊栖菜人工育苗的初步研究》。1988～1994 年，羊栖菜人工栽培的苗种主要依赖于自然野生苗，随着栽培面积的逐年增加，羊栖菜野生资源被过度采挖而受到严重破坏，部分渔民甚至前往国外采集自然野生苗，暂时缓解了羊栖菜种苗的短缺。1995 年，创建了假根度夏的规模化培苗。2000 年，解决了人工规模化培育假根再生苗技术。羊栖菜育苗技术取得的一系列重大突破，促进了羊栖菜栽培规模的扩大。

1988 年，我国浙江洞头首次开展羊栖菜人工栽培试验，并获成功。1989 年，羊栖菜人工栽培技术研究被列入温州市科技发展计划，当年冬季全县放养面积 5.7 hm^2（86 亩），翌年平均每公顷产 2 505 kg。1990 年，羊栖菜栽培面积为 11.5 hm^2（172.5 亩），平均每公顷可产干品 1 252.5 kg，经粗加工后的产品全部出口日本。1991 年，羊栖菜栽培面积达到 110 hm^2（1 650 亩），单位面积产量也增加了近一倍，并开始建立半成品加工厂。1992 年，洞头县羊栖菜产业被列入浙江省"火星"计划项目，栽培面积得到进一步扩大。姜存楷（1996）等针对羊栖菜自然野生苗种短缺而引发的栽培面积趋于缩小的状况，提出了假根度夏"留一陪三"的苗种培植观点，于 1996 年在洞头列岛得到了实际应用和推广，有效解决了苗种短缺的问题，降低了栽培成本。李生尧（1996，2001）在羊栖菜有性繁殖、营养繁殖和海区栽培方法与技术方面取得了阶段性成果，为羊栖菜规范性育种和海区栽培管理积累了宝贵经验。1993 年，陈秋萍、李生尧和李昌达等合作研究的软式筏架单绳平挂法或蜈蚣架平挂法，有效提高了海区栽培羊栖菜保种率。1995 年，假根度夏规模化培苗的创建，使羊栖菜栽培面积扩大为 371 hm^2（5 565 亩），建立了羊栖菜加工基地。2000年，人工规模化培育假根再生苗技术的成功实现与应用，基本上能够满足羊栖菜栽培苗种供应的需求，栽培面积达到600 hm^2（9 000亩），2005年增加到1 000 hm^2（15 000亩）。据《中国渔业统计年鉴》（2017年）记载，2016年，我国羊栖菜栽培面积为1 231 hm^2（18 465亩），鲜藻产量达到18 991 t。

第二节　生　物　学

一、分类地位

羊栖菜最初的拉丁名为[*Sargassum fusiforme*（Harv.）Setch.]，关于羊栖菜在分类上归属于马尾藻属（*Sargassum*），还是羊栖菜属（*Hizikia*），学术界尚有争议。美国藻类学家Setchell（1931）研究了羊栖菜的形态发生，认为与马尾藻属相同，将其归属于马尾藻属反曲叶亚属中。而日本藻类学家冈村（1932）和Yoshida（1998）建议将其单独列为羊栖菜属（*Hizikia*）。因此，羊栖菜学名在日本、韩国多采用*Hizikia fusiformis*，且得到了曾呈奎和陆保仁（2000）的支持。但近年对鼠尾藻、铜藻、瓦氏马尾藻、半叶马尾藻和羊栖菜的繁殖生物学比较研究及分子生物学研究结果认为，将羊栖菜归于马尾藻属中也是合理的。目前，日本藻类学家又主张将羊栖菜归属到马尾藻属，且近年发表论文及专著等也多采用*Sargassum fusiforme*作为羊栖菜的学名。因形态与分子生物学研究有异议，故关于羊栖菜的分类归属尚无定论。本书根据《中国海藻志　第3卷褐藻门　第2册墨角藻目》（曾呈奎和陆保仁，2000），羊栖菜拉丁文学名采用（*Hizikia fusiformis*）。

羊栖菜（*Hizikia fusiformis*）在自然分类系统上属于：

　褐藻门（Phaeophyta）

　　褐藻纲（Phaeophyceae）

　　　墨角藻目（Fucales）

　　　　马尾藻科（Sargassaceae）

　　　　　羊栖菜属（*Hizikia* Okamura）

羊栖菜属只有1个物种，即羊栖菜（*Hizikia fusiformis*）。

二.、分布

羊栖菜属暖温带性大型海藻，是北太平洋西岸特有种类。分布于日本北海道南岸、本州至九州沿岸、朝鲜半岛沿岸及中国沿海。我国自辽东半岛、山东半岛东南岸至浙江、福建、广东雷州半岛东岸均有分布。

三、形态与结构

1. 形态

藻体黄褐色，高40~100 cm，最高可达2 m以上。固着器为圆柱形的假根，长短不一，分叉或不分叉，在基质上匍匐蔓延。主枝直立圆柱形，从顶部长出数条主分枝，初生枝圆柱形，长可达100 cm以上，直径3~4 mm，表面光滑；次生分枝和初生分枝相似，较短，长5~10 cm，互生。幼苗基部有2~3个初生叶，初生叶扁平，肉质，中肋不明显。初生叶渐长则脱落，但南方温暖海水中，存在时间长。叶片变异大，长短不一，细匙形或线形，匙形叶的两缘常有粗的锯齿或波状缺刻,长 3~5 cm,宽 2~3 mm,其上有许多需借放大镜才能看到的毛窝。气囊的形状变化较大,纺锤形或梨形,长 15 mm,直径 4 mm,囊柄长短不一,最长可达 2 cm。枝、叶和气囊不一定同时存在于同一藻体中,有些生境下,终生只具三者之一或之二。

2. 结构

主枝分表皮、外皮层、内皮层和髓部等结构。横切面显示表皮由 1 层小而排列紧密的长圆形细胞组成,细胞长 26~30 μm,宽 6~8 μm。外皮层细胞较圆,直径 24~30 μm,藻体幼小时由 1~2 层细胞组成,后增至 3~4 层,细胞内含色素体;内皮层由 8~12 层圆形细胞组成,一般径长 40~50 μm,可达 80~100 μm,排列较松散。纵切面观察显示,内皮层细胞长椭圆形或长筒形,排列整齐,细胞长 100~140 μm。髓部由 3~4 行或 4 行以上的丝状细胞组成,细胞大小不等,长 100~200 μm,宽 10~20 μm,具喇叭丝,但不明显(图 3-1A)。

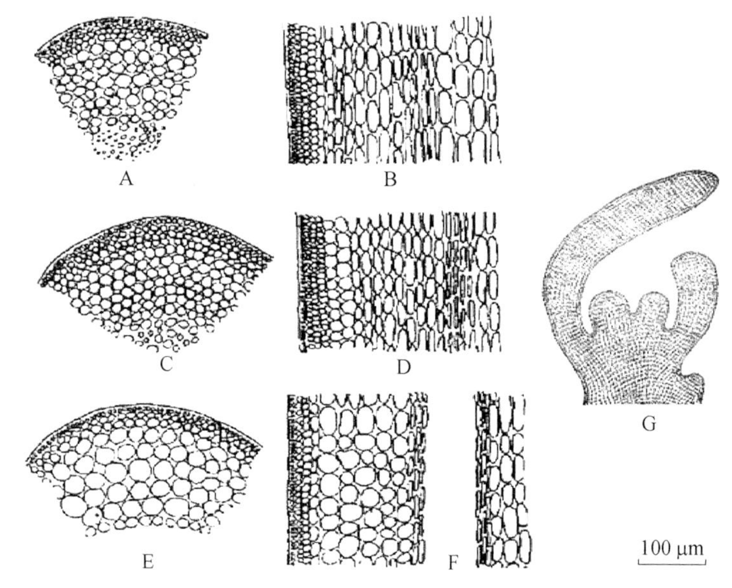

图 3-1 羊栖菜的结构(朱家彦和刘凤贤,1973)

A. 主轴横切面;B. 主轴纵切面;C. 叶横切面;D. 叶纵切面;E. 气囊横切面;F. 气囊纵切面;G. 气囊顶端纵切面

线形叶内部构造基本与主轴相似。叶片自顶端作一纵切,可见髓部纵行细胞是由皮层细胞处开始产生的,约自顶部表面细胞向下数至第 5 或第 6 层处开始,髓部周围的皮层由圆形细胞组成。匙形叶、扁卵圆形叶,在外形上虽与圆柱形叶有差别,但内部构造基本相同。

气囊的纵、横切面可观察到髓部处裂开而形成的大空腔,在内皮层的最内缘,有时可见到 1~2 层遗留下来的髓部细胞,紧靠着空腔处的内皮层细胞内,还残留着输送的营养物质。内皮层细胞比叶少 7~8 层。

假根皮层细胞的大小比较均匀,髓部细胞致密,同化层仅 2 层。

羊栖菜依靠顶端细胞的分生作用而生长。主轴顶端生长点纵切面,除可见生长点的分生细胞外,还可看到分出枝叶的情况(图 3-1G)。

四、繁殖与生活史

1. 繁殖

（1）营养繁殖

羊栖菜可通过假根萌发幼苗的方式进行营养繁殖。野生羊栖菜生长在潮间带下部和大干潮线下的迎浪岩石上。生长和繁殖季节随着地区而不同，黄渤海地区的幼苗初见于8～11月，翌年5～10月成熟；东海的幼苗见于9月至翌年2月，4～6月成熟；南海的羊栖菜成熟期很早，一般为2～4月。浙江海区栽培的羊栖菜11月进行幼苗夹苗，翌年4～6月成熟。藻体成熟后，枝叶流失，固着器保存，能够再生幼苗，作为新种群的来源。

通过野外定点观察发现，浙江海区羊栖菜假根1年内出现2个相对集中的萌发再生苗时期，形成“春假根苗”和“秋假根苗”。前者以幼苗形式度夏、量少；后者量大，生命力强，是翌年种群的主要组成部分，这表明羊栖菜的假根再生苗是延续种群的重要途径。

（2）有性生殖

羊栖菜雌雄异株，可通过精卵结合的方式进行有性繁殖。生殖托位于叶腋处，基部有柄，单条或数条，圆柱状，顶端钝。初期表面光滑，色泽单一，成熟受精后，出现色斑。一般雄托细长，4～10 mm，直径1～1.2 mm；雌托粗短，托长2～4 mm，直径1.5～2 mm。

生殖托最初发育时，叶腋处近表皮的1个皮层细胞原生质逐渐变得浓厚丰富，分裂后形成上、下2个细胞，随后变为卵形或梨形，在马尾藻属中称为舌形细胞（图3－2A～E）。舌形细胞形成后，有时可见到其上方有1个卵形或舌形细胞，随后该细胞脱离生殖层，游离而成为失去作用的细胞，直至最后在生殖窝中消失（图3－2F～I）。

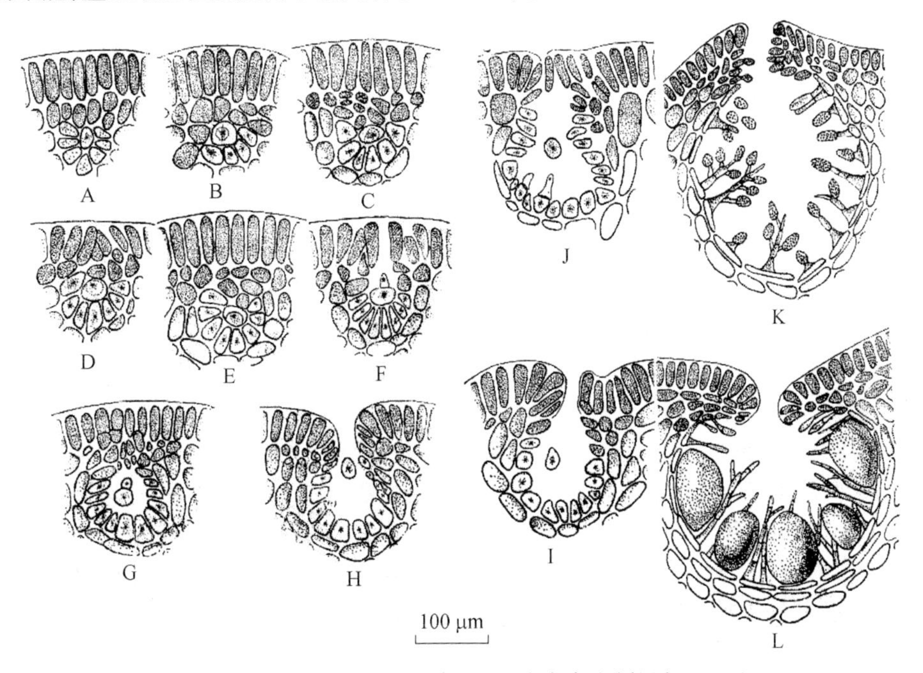

图3－2　羊栖菜生殖托发育过程（朱家彦和刘凤贤，1973）

A～E. 舌形细胞及生殖细胞层形成过程；F～G. 生殖层上面舌形细胞分裂为2个的情况；H～I. 生殖窝已开孔，见A游离舌形细胞；J. 生殖层上长出单列细胞的隔丝；K. 雄性生殖窝；L. 雌性生殖窝舌形细胞下方的细胞形成生殖层母细胞，分裂形成生殖层，由于生殖层细胞不断分裂，生殖窝亦随之逐步扩大，同时表皮细胞下陷，形成生殖窝的开孔（图 3－2H～I）。发育过程中，生殖层细胞上先长出单列隔丝，随后隔丝形成分枝（图 3－2J～K）。雄性藻体精子囊生于隔丝分枝的侧面或顶端，近卵圆形，内含许多颜色透亮的精子；雌性藻体的卵囊长在分枝隔丝的基部，直接由生殖层上长出。在雌性生殖窝中，未成熟卵囊中的卵仅含 1 个大核，位于中央。此核逐渐分裂成为 2 核、4 核、8 核。卵的发育过程中，有 6 核及 7 核的情况出现，可能是在分裂到 4 个核时，出现先后分裂，如 4 核中 2 核先分裂，则出现 6 核；3 核先分裂，则出现 7 核。正常的卵，最后均为 8 核（图 3－3）。

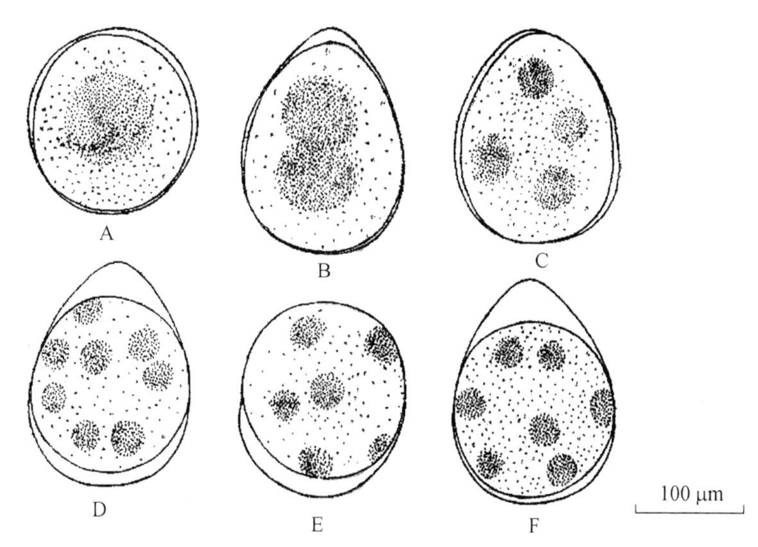

图 3－3　羊栖菜卵核分裂（朱家彦和刘凤贤，1973）

A. 卵内含 1 核；B. 卵内分裂成 2 核；C. 卵内分裂成 4 核；D. 卵内分裂成 8 核；
E. 卵内分裂成 6 核；F. 卵内分裂成 7 核

羊栖菜雌性藻体自生殖窝孔放出成熟的卵，黏着于生殖托外围，等待受精。成熟的雄性精子囊一般都在夜间排出生殖窝，精子破囊逸出，在其周围游动，遇到卵后，进行受精。受精时 8 个核中仅 1 核受精，其余 7 个核消失。受精卵称为合子。由合子进行分裂，核分裂时，色素体及细胞壁亦随之分裂为 2 个细胞，继续分裂成为 4 个、8 个等多个细胞，直至长成具假根的幼孢子体（图 3－4）。

在自然条件下，羊栖菜生殖托于 5 月上旬（水温 15℃左右）形成。当水温上升到 22～25℃时，开始由基部向顶端逐渐成熟。每个生殖托上生有 70～100 个生殖窝，窝孔直径 135～148 μm，上部的窝数多于下部。不同生态环境条件下，生殖托数、长度略有差异，经测定，生殖托总重量占种藻的 15%～20%。栽培的羊栖菜在 6 月初成熟，繁殖盛期为 6～7 月，出现 2～3 次集中放散，每次可持续 2 d，室内蓄养条件下，1 个雌托每次排卵 100～600 粒，平均 410 粒。种藻排卵量为 120 万～200 万个/kg，放散后的生殖托逐渐失去褐色光泽，然后流失。羊栖菜卵近圆形，直径 135 μm 左右，外被透明的胶样膜。卵从生殖窝排出后，黏附于雌托表面，等待受精（图 3－5A～B）。随着等待时间的延长，6 h 后受精率明显降低。

受精卵完成第 1 次分裂，成为二胞体，此后继续分裂，并出现单列透明假根丝，从托表面自然脱落（图 3－5C～E）。幼孢子体附托时间（包括受精卵分裂期在内）在室内一般为 24～34 h，在海区的岩礁和栽培筏架上一般为 6～12 h。

羊栖菜的生殖与水温、潮汐等环境因子关系密切，在水温 22.5～25.5℃的 6 月上旬至 7 月

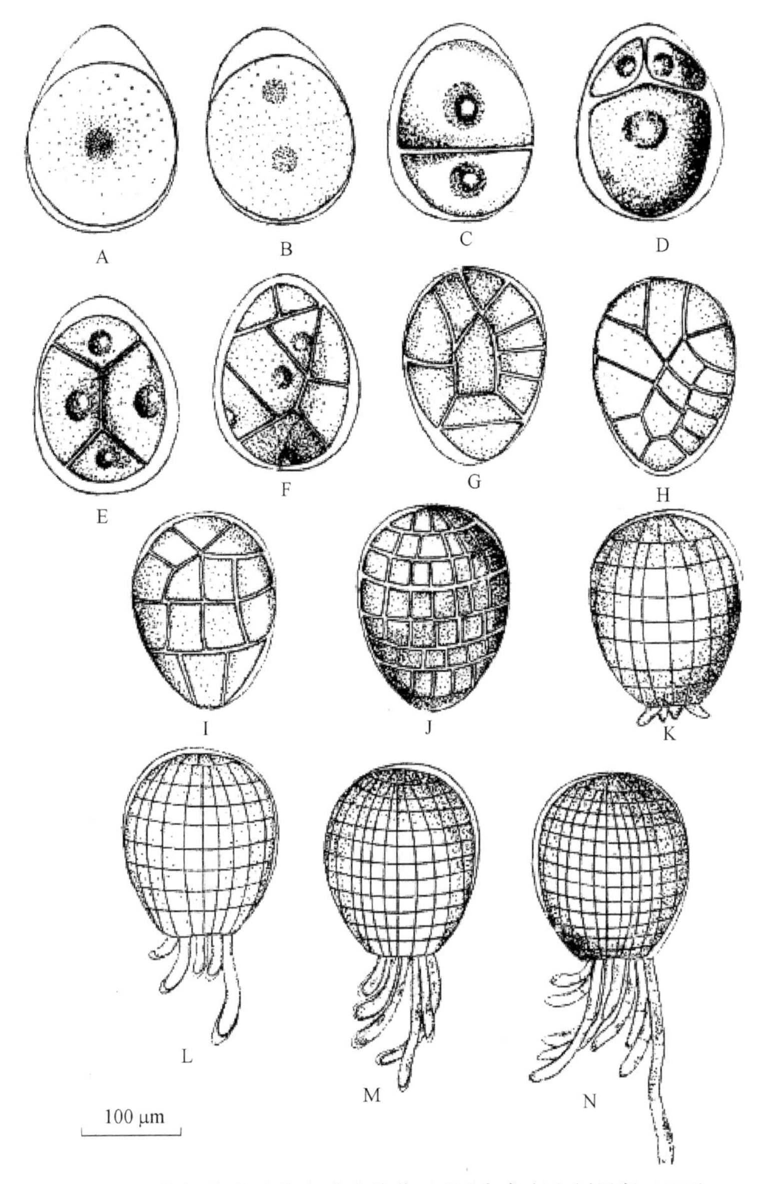

图 3－4　羊栖菜合子萌发形成幼苗过程(朱家彦和刘凤贤,1973)

A. 合子;B. 核分裂为 2,色素体及细胞壁随之而分裂为 2 个细胞;
C~N. 从二细胞期至形成具有假根的幼孢子体

中旬为精卵排放盛期,一般在大潮汛期排放量较大。生长在大风浪海区岩礁上的羊栖菜,生殖托成熟期与风浪小处相同,但精卵排放盛期提前 10~15 d。水流较小(3~7 m/min)海区筏养的藻体,生殖托成熟期比水流较大(9~21 m/min)海区提前 1 个月,而排放期则提前 10~20 d。

幼孢子体从生殖托表脱落的时间有明显的规律性,一般在午夜前后到翌日凌晨较为集中。落在附着基质上的幼孢子体,经过 30 多小时后可附着牢固(图 3－5F)。

2. 生活史

羊栖菜种群繁衍方式有 2 种,其一是以假根再生苗为核心的营养繁殖,其二是以幼孢子体苗为核心的有性生殖(图 3－6)。两者都同样具有繁殖后代、维系种群繁衍的功能,子代植株没

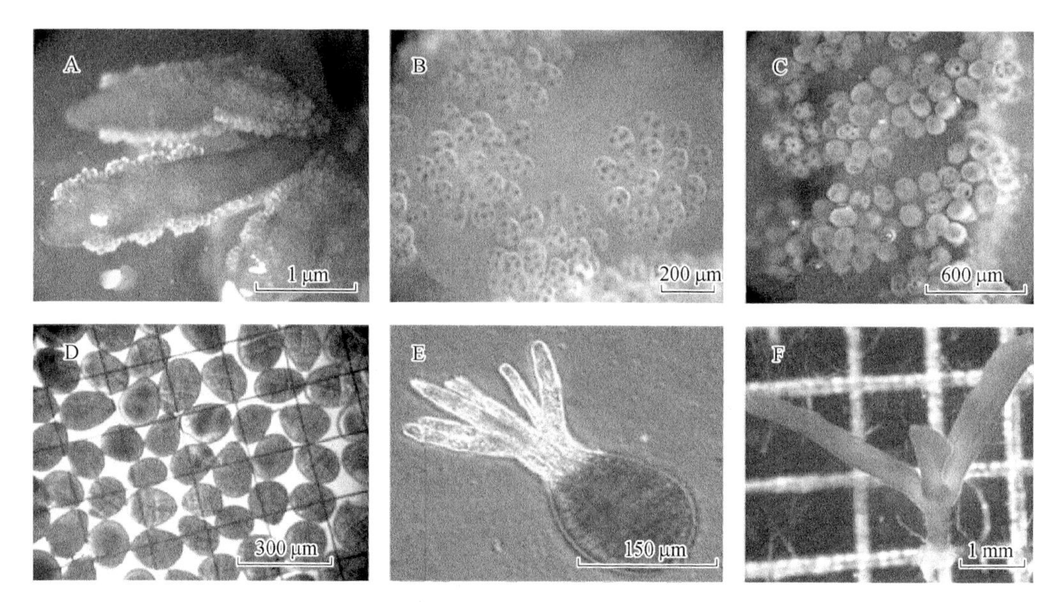

图 3-5　羊栖菜受精卵发育进程(陈秋萍,1993)

A. 生殖托表面同步排出大量卵;B. 生殖窝排出的卵;C. 未受精的卵(有多个核)和受精的卵;D. 受精 18 h 后自然附着的幼苗;E. 受精 24 h 后长出假根的幼苗;F. 受精 37 d 后长出 3 片叶的幼苗

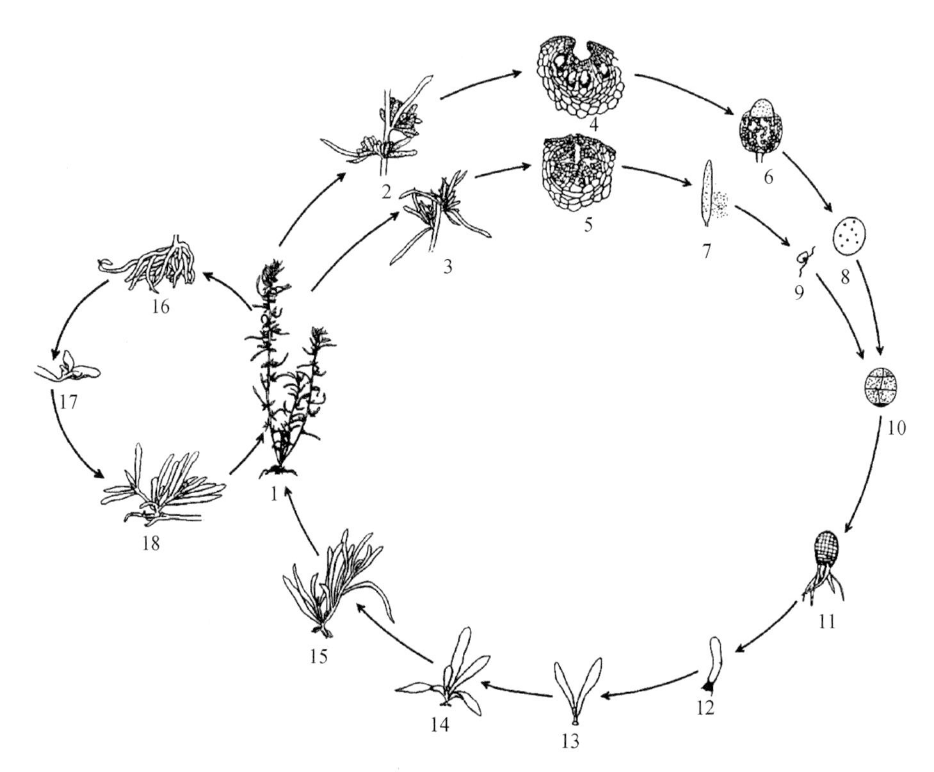

图 3-6　羊栖菜生活史

1. 成熟藻体;2. 雌生殖托;3. 雄生殖托;4. 雌生殖窝;5. 雄生殖窝;6. 放散卵子;7. 放散精子;8. 卵;9. 精子;10. 卵胚;11. 幼孢子体;12. 第一初生叶幼孢子体;13. 幼藻(夏);14. 幼藻(秋);15. 幼藻(冬);16. 茎和分枝流失;17. 新芽(夏);18. 新芽(秋)

有明显区别。经过多代栽培,与幼孢子体苗相比,假根再生苗产量与品质呈现退化现象。而在自然群体中,羊栖菜主要以假根繁殖为主,有性生殖为辅,共同维系种群繁茂。

第三节　苗 种 繁 育

"羊栖菜苗种问题是一个世界性难题,日本和韩国2个主要开展羊栖菜人工栽培和利用的国家也没有很好地解决这个问题"(逄少军等,2001)。1993年以前,我国羊栖菜栽培生产主要依靠采集自然幼苗,这是以牺牲自然资源为代价的生产方式。1994年人工育苗技术取得突破性进展后,至2000年,苗源中自然苗、假根度夏苗和人工育苗占比为2∶4∶4。近年来,由于人工育苗的苗种产量与质量明显高于野生苗和假根苗,因此已不再使用野生苗。但假根苗有投资少、操作简单等优势,仍然还占有一定的比例。目前,羊栖菜栽培苗源中,假根苗和人工育苗的比例为1∶9,彻底解决了我国羊栖菜苗种问题。

一、人工育苗

1. 育苗设施

羊栖菜育苗设施包括育苗池、沉淀池、过滤池、进排水和电力系统。

育苗池:室内、室外水池均可,长宽不限,高0.5 m左右。光照强度需达到80 μmol/(m^2·s)以上。室外露天水泥池用于采苗、附苗及幼苗培育时,需在水泥池上方设棚架,用遮阳率为80%的黑色农用遮阳网遮蔽直射光,且能防止水温变化过快。

羊栖菜幼孢子体培育采用常温、自然光培育形式,培育时间只有7~15 d,因此紫菜、海带和鱼虾类闲置育苗设施稍作改进即可用于羊栖菜育苗(图3-7A)。

图3-7　羊栖菜幼孢子体苗种培育

A. 培养用水泥池;B. 育苗前收集受精卵的容器;C. 在水泥池底部的苗帘;
D. 接种到苗帘苗绳上的受精卵(标尺代表1 cm)

2. 附苗器

羊栖菜幼孢子体脱落苗对附着基没有选择性,无论是玻璃、贝壳、棕绳、竹片、木片,还是化纤材料,均能很好地附着,但培育结果却迥异(表3-1)。目前经常采用的附苗器有:① 维尼纶带(宽2 cm)制2 m×0.4 m布苗帘,两端用直径10 mm外包塑管钢筋固定。② 维尼纶、聚乙烯加强绳(直径0.3 cm)编制的1 m×0.5 m绳苗帘,四周为直径10 cm塑管钢筋框。这两种附苗器结构合理,使用方便,具有附苗均匀牢固、耐用、耐虫蛀、拉力强等优点,目前也在马尾藻属鼠尾藻、铜藻、瓦氏马尾藻等种类的人工育苗中普遍采用。无论选用哪一种材料的附苗器,使用之前都必须经过充分浸泡去毒及燎毛处理。

表3-1 各种基质育苗效果(李生尧,1991)

材料	附苗效果	育苗2个月	海上培育1个月
的确良布条	附着良好	生长良好,附着牢固	生长良好,植物性附着物为主,危害不大
白聚乙烯绳	附着特好	生长缓慢,有脱苗	脱光
青聚乙烯绳	附着良好	生长缓慢,脱苗严重	脱光
混纺维尼纶绳	附着一般	生长良好,附着牢固	生长良好,动物性附着
棕绳	附着一般	生长缓慢	
文蛤壳	附着良好	生长良好,附着牢固	生长良好,动物性附着严重
石片	良好	生长缓慢,附着牢固	生长缓慢,动物性附着
竹片	良好	生长良好,附着牢固	生长良好,检出船蛆水管
玻片	良好	脱苗严重	脱光
陶瓷片	良好	脱苗严重	脱光

3. 种藻

通常,羊栖菜育苗所需的种藻选自海区栽培的羊栖菜。人工栽培的藻体在生长过程中接受光照时间长且均匀,因此其生殖托大、卵量大,精卵排放时间相对同步且集中。此外,种藻采集不受时间、潮汐限制。一般在5月中下旬,水温升至20℃时,在育苗车间准备采苗工作的同时,应开始巡视栽培海区,掌握种藻成熟情况。

成熟种藻的雌生殖托手感黏滑,表面有颗粒状突起,应及时采集,暂养于室内育苗池,微水流蓄养或充气培养。一般2 d内出现排卵挂托,在水面形成1层白膜,生殖托表面有黏液,卵挂托部分显得更加粗壮,此时可马上进行采苗。

采苗前应先对雌雄藻体进行阴干刺激,以促进雌雄生殖细胞的同步放散。气温低于26℃时,只要将种藻挂在空气流通的阴凉处,阴干1 h,即可进行采苗。为了增加幼孢子体的附着量,控制附着密度,必须制备密度较高的孢子体水。

4. 幼孢子体采苗

1) 种藻:挑选成熟优质健壮的栽培藻体作为种菜,镜检挂托受精卵已发育为多细胞手雷状,具假根丝的幼孢子体,经清洗除杂后待用。

2) 铺放附苗器:将附苗器铺放在采苗池池底(图3-7C),添加海水浸过附苗器15~30 cm。

3) 附苗:有2种采苗方法。

直接附苗法:将种藻分散移入铺设有附苗器的采苗池中,密度为1~2 kg/m^2,雌雄比约为10∶1,使自然脱落的幼孢子体附着于附苗器上。采苗过程中,要经常翻动种藻,使幼孢子体附着均匀,次日上午捞出种藻,添加海水至 40 cm 左右进行幼苗培育。

幼孢子体水附苗法：将种藻集中蓄养,密度为 5 kg/m^3,雌雄比例为 10∶1,通过充气促进幼孢子体脱落,脱落后的幼孢子体经 200 目筛绢收集,用清洁海水冲洗数次后,加水制成幼孢子体水均匀地泼洒在附苗器上。

4）附苗密度：幼孢子体附着密度要求 50~100 个/cm^2,如果密度不够,可进行补采。

5. 室内培育

采苗结束后 30 h,幼孢子体的假根已牢固附着于附苗器上(图 3-7D)。此时方可移动附苗器,进行清洗与清池换水。此后 7~10 d 的日常管理工作主要包括观察幼苗生长发育情况、清洗附苗器、调节遮阳网及记录天气状况、水温等。

6. 海区中间培育

由于室内人工培育的环境条件难以满足羊栖菜幼苗的生长需求,因此一般在水池中培育 7~15 d 后,可下海暂养。

（1）海区选择

羊栖菜育苗海区培育时间为 6~9 月,正值浙江沿海台风活动频繁期,设置筏架海区应选择风浪较小、海底较平坦,底质为泥沙或沙泥,海水透明度大于 30 cm,盐度 20~33,夏季水温不超过 27℃的海区。

（2）筏架设计

以蜈蚣式筏架为宜,长 70 m 左右,宽 3~4 m,可用竹竿撑开,筏架间及苗帘间应留有一定的空间以防止相互摩擦。

（3）苗帘和假根苗绳运输

运输时应将附苗帘置于泡沫箱内,途中浇洒海水保持苗帘潮湿即可。假根度夏苗绳采用冷藏保温车带冰干运,即在密封车厢底部先铺放一层冰块,冰块的上方铺垫一层复合薄膜塑料布或地毯之类的编制物,以防羊栖菜与冰块直接接触,车厢内温度应保持在 20℃左右,最长运输时间可达 36 h。

（4）苗帘下海张挂

苗帘下海培育时将附有幼孢子体的一面向上,张开平挂于筏架上,水层控制在水面以下 10~20 cm 即可。

7. 日常管理

（1）苗帘清洗

苗帘清洗是日常管理的主要工作,一般在苗帘下海 3~4 d 后开始清洗,直至分苗结束。清洗的目的是防止污泥、杂藻及其他敌害生物附着于附苗器或幼苗藻体上,影响幼苗正常生长。小规模清洗,可采用晃动苗帘以去除污泥,并拔去杂藻;大规模清洗,则需用高压水枪冲洗。高压水枪冲洗时,前期采用较小冲洗压力,之后可逐渐增大,以既能清洗干净又不冲掉幼苗为适。当附苗器上出现大量杂藻,无法冲洗干净,将会对幼苗生长产生较大影响,此时还需采取其他辅助清除方法。

（2）水层调节

在浙南海区育苗阶段,前期水温低于 25℃时可置于水表层,当水温超过 27℃,海水透明度提高时,需适当下降水层。秋季水温回落降至 27℃以下后,可再提升至水表层。

（3）敌害生物防治

羊栖菜幼苗海区暂养,正值 7~9 月的高温季节,敌害生物繁多,要及时清除。

经过3~4个月海区培育与精心管理,苗帘上幼苗可长到1 cm以上,假根度夏培育幼苗大苗可达3~5 cm,但此时适值盛夏高温,敌害生物繁多,热带风暴频繁侵袭,往往大量脱落流失。可采用小苗密挂暂养,并从苗帘、苗绳上间采大规格幼苗进行分苗暂养,以解决小苗脱落流失问题。小苗密挂暂养的操作方法是:苗距1.5~2 cm,将夹有小苗的苗绳8~10条为一束平挂,束距20 cm以上,或者将苗绳密挂于筏架上,借助苗绳与苗绳之间的轻微摩擦,减轻其他生物的危害。进入秋季,水温下降后,幼苗长到2 cm以上,可按栽培密度间苗。

二、假根度夏培苗

假根度夏培苗是根据羊栖菜假根再生苗营养繁殖特性,在采收成菜时,将假根保留在苗绳上,再放回海区培育度夏(6~9月),秋季假根萌发形成幼苗的苗种生产技术。其生产流程如下:

采收时将假根完整保留在苗绳上—带有假根的苗绳返回海区密集挂养于适当水层—度夏假根营养繁殖萌发出幼芽—幼芽长成小苗分苗夹到苗绳上进行栽培。

假根度夏培苗比孢子体人工育苗的操作更为简单。近年来,随着优质高产人工苗的大规模应用,加之采用升降筏架装置及开辟山东沿海进行中间培育等措施,提高了幼苗的成活率,一般1 hm^2 假根苗绳培育的苗种可供7 hm^2 成藻栽培。虽然羊栖菜假根度夏苗种品质不如人工育苗的苗种,但该方法操作简单、管理方便、推广迅速,渔民为了节约生产成本,仍作为栽培补充苗源之一。假根度夏培苗的日常管理,除不需清洗外,其他管理基本与人工育苗相同。

三、异地采苗与培苗

洞头地处浙南沿海,夏秋季受水温高、台风活动频繁、水体浑浊、敌害生物繁多等诸多不利环境条件的影响,给育苗工作带来很大困难。为了规避不利培苗的环境条件,从2003年开始,采用假根度夏培苗北上山东沿海进行中间培育,取得良好效果。2005年以来,每年5月中旬至6月中旬,将洞头培育的苗帘低温干运到山东沿海进行海区中间培育,10~11月运回洞头、苍南沿海栽培,形成了羊栖菜"北育南养"模式,并逐渐覆盖了主要的栽培海区。

近年来,在"北育南养"基础上发展的"本地培育本地栽培"新模式逐渐形成规模,该技术降低了包装、陆—海之间运输等风险,避免了两地两套培育设施,产生了巨大的经济与社会效益。该技术关键在于加强了培苗海区的水层管理与泥沙沉积的清理工作,保证了幼孢子体的健康生长。

第四节　栽 培 技 术

一、影响羊栖菜生长发育的环境因素

羊栖菜生长和发育随着生长的环境而不同,孙圆圆(2009)研究结果表明,羊栖菜重量与长度呈正相关,长度增加是促进重量增长的重要因素。从表3-2可见,春季快速生长期,平均日增重明显超过长度的平均日生长。在生长后期,长度生长趋于停滞,重量仍保持较快的增幅,表明羊栖菜重量的增长并不单纯取决于长度,还有其他的影响因素。据实验观察,羊栖菜重量的增长是长度和枝、叶及生殖托等繁茂生长的集中表现,是反映羊栖菜生长的综合指标。因此,以鲜重增长来衡量羊栖菜生长,较之单以长度作生长指标,更切合实际和具有代表性。

表 3－2　羊栖菜藻体长度与重量增长关系(孙建璋,1996)

测量日期	2006		2007						结束数据
	10.27～11.29	12.27	1.29	3.12	3.28	4.28	5.27	6.15	
原长度/cm	2.3±1.3	4.8±1.8	14.6±3.9	21.2±9.2	36.0±8.7	72.7±17.3	132.4±38	143.4±21.7	141.0±18.8
长度平均日生长/cm	0.08	0.04	0.03	1.06	2.30	1.93	0.38	-0.13	
生长长度/cm	2.5	9.8	6.6	14.8	36.7	59.7	11.0	-2.4	
原株重/g	1.2	3.3	10.8	46.7	160.0	325	683.3	1 333.3	1 426.3
重量平均日增长/g	0.06	0.27	1.09	8.1	10.3	11.5	20.1	5.4	
重量增长/g	2.1	7.5	35.9	113.3	165.0	357.7	650	103.4	
平均水温/℃	21.6	14.2	10.2	9.7	12.8	15.2	19.7	22.4	
水温范围/℃	23.2～17.0	16.8～12.0	11.9～10.1	10.3～9.3	10.7～14.5	13.0～17.4	17.8～22.2	21.3～25.4	

1. 温度对羊栖菜生长的影响

羊栖菜在我国分布很广,北起辽东半岛的大连沿岸,海洋岛、獐子岛,南至广东雷州半岛东岸的硇洲岛都有生长,以浙闽沿海为主产区。辽东半岛北部的石城岛、庄河、东港至丹东口一带,因冬季海水结冰,没有羊栖菜分布记录。有资料显示,海洋岛(123°09′12″E,39°04′22″N)年均表层水温 13℃,1 月为最低温月,月平均 2℃。这一温度指标可视为羊栖菜自然分布的北界。硇洲岛 1971～1982 年年平均水温 24℃,7 月为高温月,平均 28.8℃,而高温月平均水温 29℃以上的海南岛未见羊栖菜记录,因此推断其分布温度范围为 2～28.8℃(陈冠贤等,1997)。

曾呈奎和张峻甫(1962)对黄渤海沿岸海藻区系温度性质分析研究指出,羊栖菜在上述海区可全年生长,生长盛期 5～6 月,期间平均水温 17.1℃,繁殖时间 5～7 月,生长繁殖适温为 17.1℃。孙建璋等(1996a)对浙南沿海羊栖菜繁殖生物学进行的研究提出,浙南沿海羊栖菜生殖适温为 15～25℃,生殖盛期水温为 22.5℃,假根再生苗出现两个相对集中生长期,即水温回升和下降期间形成春再生苗和秋再生苗。褚永红等(1997)在山东海阳栽培试验中,发现羊栖菜一年有两个生长适温期,即 9 月中旬至 12 月下旬和 3 月中旬至 7 月上旬,水温分别为 25～4℃和 4～25℃。李生尧(1991)在浙南洞头试验得出羊栖菜在水温 7～23℃条件下均能生长,最适水温为 18℃。顾晓英等(2002)在浙北象山港试验结果表明,羊栖菜生长有明显的季节性,即 10～12 月和 4～6 月,水温 15～23℃为其快速生长期。朱仲嘉和陈培明(1997)的研究结果表明,室内培养条件下,羊栖菜光合作用最适水温为 20℃。以上研究内容说明,羊栖菜生长的温度范围为 4～25℃,每年有秋、冬两个最佳生长季节,快速生长期出现时间则因海区而异。

孙圆圆(2009)的研究结果表明,从 2006 年 10 月 27 日分苗至 2007 年 5 月 27 日,7 个月的栽培期内,经历了水温从 21.6℃下降到 9.7℃,再上升至 19.7℃的变化过程。水温升至 13℃左右时,羊栖菜藻体长度开始快速增加,平均日增长达 2 cm,高峰出现在水温 20℃左右的 5 月中下旬。通过不同日龄藻体在不同温度条件下特定生长率(specific growth rate, SGR)的测定结果表明,秋末藻体出现第一个快速生长期,SGR 接近 4,期间日均水温为 21.6℃左右。入冬后水温下降到10℃左右,长度增加缓慢。整个冬季SGR为1.1~1.23。开春后随着水温回升长度生长加快,在水温13℃左右出现第二个快速生长期,SGR达到4.4,水温升至20℃以上时,长度增加趋于停滞。随着繁殖期结束,藻体进入衰败期(表3-3,图3-8)。羊栖菜重量增长曲线和长度生长曲线比较接近,同样具有秋、春两个增长峰值。重量峰值出现在5月底至6月中旬,水温21℃左右。春季的快速生长期比秋季长,重量增长SGR达到4.7,与羊栖菜的枝叶生长及生殖托大量形成有关。应用补间法得出水温23.5℃时的重量特定生长率接近低适温的平均值,因此23.5℃可作为羊栖菜生长适温上限。因该实验最低水温为9.7℃,实际上羊栖菜的生长适温下限可能更低,作者认为4℃作为生长适温低限较为符合客观实际。因此,羊栖菜生长适温范围为4~23.5℃。

表3-3　羊栖菜不同日龄藻体特定生长率(SGR)

时　间	逐月值		累计值	
	平均长度/cm	平均重量/g	平均长度/cm	平均重量/g
2006.11.29	2.23	3.11	2.23	3.11
2006.12.27	3.97	1.84	3.03	2.53
2007.01.29	1.13	1.30	2.36	2.10
2007.03.12	1.26	2.43	2.02	2.20
2007.03.28	4.39	4.72	2.27	2.47
2007.04.28	1.93	3.54	2.21	2.65
2007.05.27	0.28	2.33	1.95	2.60
2007.06.15	-0.094	0.42	1.79	2.43

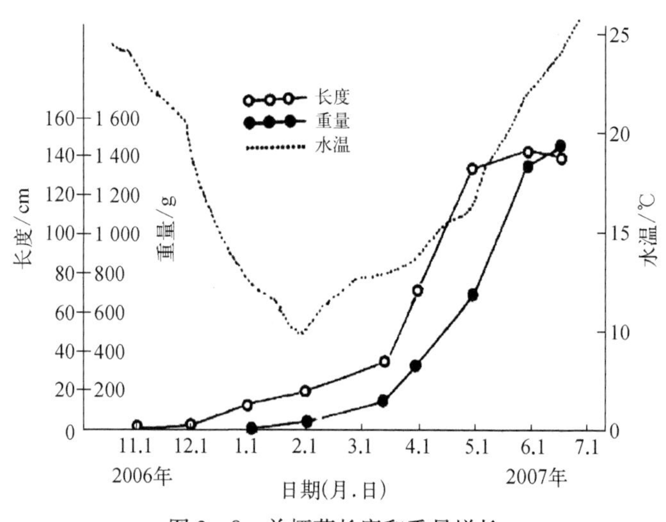

图3-8　羊栖菜长度和重量增长

羊栖菜鲜重平均日增长最大值分别出现在平均水温21.6℃(秋)和14℃(春),秋季的幼苗期和春季的成藻期分别在21.6℃和12.8℃出现特定生长率(SGR)最高值(图3-9),由此推断,14~21.6℃为羊栖菜生长的最适温度范围,生长适温为17.8℃,与曾呈奎和张峻甫(1962)研究结果较为接近。

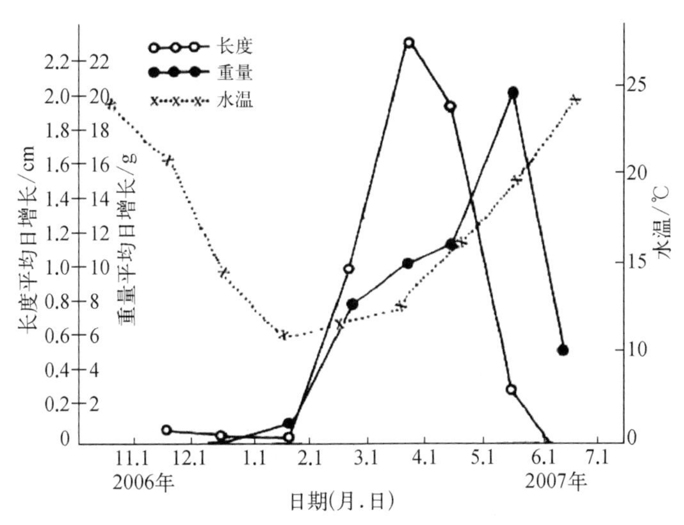

图 3－9　羊栖菜长度平均日生长和重量平均日增长

2. 光照对羊栖菜生长的影响

羊栖菜是喜光性海藻，栽培水层越浅生长越好已成为共识。通过对不同栽培水深藻体的生长情况比较，发现栽培在 0.5 m 水深的羊栖菜光合作用速率较低，大多为单主枝延伸生长，新生藻叶和新生小分枝很少发生，连续阴雨大风天气，海水浑浊，初生叶和小分枝凋落，直至藻体流失，存活率仅 24%；0.25 m 水深栽培的藻体，前期维持着缓慢生长，随着气囊形成，藻体直立水体中，主枝生长加快，同时长出新生枝叶；10 cm 水深的羊栖菜经过恢复适应后假根蔓延生长，主干顶端长出数个主枝，呈丛生状，叶、气囊始终生活在水体表层。收获时，不同水层培育的羊栖菜海藻鲜重、株高差异甚大（表 3－4）。

表 3－4　羊栖菜在不同水层的生长情况

培育水层/m	株数		存活率/%	平均株鲜重/g		平均株高/cm	
	分苗	收获		分苗	收获	分苗	收获
0.10	50	47	94	1.1	1 375	2.1	141.2
0.25	50	33	66	1.3	627	2.4	103.4
0.50	50	12	24	1.2	78	2.3	30.1

注：平阳县南麂岛马祖岙海区，冬秋季海水透明度 0.7～1 m，春末夏初 1.0～2.0 m。2004 年 10 月 30 日分苗，2005 年 5 月 30 日收菜

羊栖菜生殖托光合作用产生的能量，不仅供其生长，还要确保有性生殖顺利进行，因此生殖托具有更强的光合能力。在不同光周期条件下离体培养羊栖菜生殖托的实验结果表明，长光照周期可明显促进卵的排放，延长卵存活的时间，提高受精率，有利于合子的发育与生长（表 3－5）。

在人工育苗种菜蓄养过程中，可适当增加光照时间，从而促进精子和卵细胞健康发育，排放时间集中，提高合子产生的数量及成活率。

表 3-5 不同光照周期条件下合子的产生和发育情况

项 目	光照周期(L∶D)		
	9 h∶15 h	12 h∶12 h	15 h∶9 h
合子落托时间	第 9 天	第 7 天	第 7 天
合子数量/个	300	1 200	2 800
合子大小/mm	0.15	0.2	0.35

注：合子落托的时间为培养第 0 天到合子从生殖托脱落的时间，合子数量与合子大小为合子形成并培养 10 d 后测得，合子的长度不包括假根

卵受精后形成合子，很快便可进行光合作用，为自身生长提供能量，适宜的光照强度是确保合子健康生长的必需因素。幼苗在流水状态下，光合作用在 10~25℃都能很好进行，可耐受的最高光照强度达 250 μmol/(m^2·s)。

3. 波浪与潮流

自然生长的羊栖菜生长于海流较大的海域，人工栽培羊栖菜群体密度大，产生了消浪阻流的作用，水体交换率大为降低，营养盐补充受阻。同时，羊栖菜难以漂流生长，浮泥沉淀在藻体上，一些不喜好风浪的内湾性敌害生物大量繁殖(如硅藻大量附着在羊栖菜藻体上)，危害程度加重，严重影响了产品质量。

羊栖菜适温、适光范围广的特性在筏式栽培中得以充分发挥。而其对风浪和潮流的需求只能靠人为措施来调节，通过选择水流通畅的海区、留足航道，筏架区间错开排列等措施为羊栖菜提供良好的生长环境。

二、栽培海区与筏架设置

1. 栽培海区

为保证羊栖菜产品质量，栽培海区应设置在无城市污水、工业污水及河流淡水排放的海域。由于羊栖菜对重金属有较强的富集能力，在选择栽培海区时，对海水重金属含量应予以重视。

栽培在潮流通畅，经常出现破碎型风浪，流速超过 0.6 m/s 海区的羊栖菜生长良好，黏附物等敌害生物少，有利于获得高产。

育苗筏架常设置在潮流弱、风浪小的地方，且筏架的负载轻，可采取抛锚等方式固定，但栽培筏架需要打桩固定，因此，应选择适于打桩设筏的泥沙底质海区。

由于羊栖菜的藻体长度能够达到 1 m 以上，有时可超过 2 m，为避免藻体接近海底黏附污泥，造成藻体损伤而影响生长，栽培海区大干潮时水深应大于 3 m。

栽培期间海水盐度应在 20 以上，透明度大于 30 cm，且无大幅度变化。水下的光线弱时，藻体容易下沉，若不能及时上浮，将影响光合作用的进行。表层海水流动情况良好时，羊栖菜生长快，生长期长，产量高，硅藻不易附着，鲜菜质量好，但水流过大，则容易造成损失；而水流不畅时，叶状体易被硅藻附着，藻体提早老化以致影响产量和质量。

2. 筏架设置

筏架设置与海带类似，采用单式筏。主要由浮绠、桩缆、桩(或石砣)、浮子、吊绳等组成。浮绠通过浮子浮力漂浮于海面，苗绳悬挂其上。长度为筏身长，50~70 m。材料为植物纤维或化学纤维绳。桩缆和桩(或石砣)用于固定筏身，桩缆材料与浮绠相同，一头与浮绠相连，另一

头系在海底桩上，桩可为木桩和竹桩。石砣可用石材制成，也可用钢筋水泥构件。浮子为缆绳提供浮力，可采用毛竹筒、玻璃球、塑料球及聚乙烯泡沫等。

筏架一般长 50～70 m，宽 3～4 m。主要有 2 种类型：一种是蜈蚣式筏架，采用毛竹作为撑杆，苗绳平挂在相邻的毛竹之间，苗绳与浮绠平行；另一种是张力型筏架，在浮绠固定塑料浮子增加浮力，苗绳与浮绠成垂直，挂在平行的两浮绠之间。张力型筏架依靠浮绠和锚缆连接处绑泡沫浮子（圆柱形，直径 45 cm，长 0.8 m）增加浮力，低潮时收紧锚缆，使整个筏架张开，浮在水体表层。设筏方向要考虑风向、水流及藻体受光状况。

海区布局要统一规划，合理布局。要考虑通流、安全、操作方便。划定排次，组成区间。栽培筏架可设置为“田”“品”布局。蜈蚣式筏架间距为 15～20 m。张力型筏架以 100 m×100 m 为一区，区间距为 20～50 m。此外，苗帘之间应留有一定的空隙，不得碰撞摩擦。例如，筏架长 60 m，绑泡沫浮子（直径 10 cm）40～68 个，筏距 3.5 m，长 3.6 m，有效长度 3.3 m。以 15 000 m 有效苗绳长度计算为 1 hm^2 栽培面积。

鉴于栽培时间为每年的 10 月到次年的 6 月，除了上述需要考虑的要素外，还应注意筏架等栽培设施抗风浪的问题。特别在 5～6 月，筏架上的藻体生物量大，经过了半年多的浸泡、相互摩擦，在连接处磨损严重，容易出现倒架，直接影响收益及后续生产。

三、放养密度

密挂暂养苗绳上幼苗长到 2 cm 以上后，便可进行间苗、疏苗、分苗。夹苗分单夹与簇夹。单夹苗距以 10～12 cm 为宜，单夹生长速度较快，但成活率较低。簇夹，每簇 3～6 棵，簇距 15 cm。带假根幼根可夹住根部，无根幼苗可夹在藻体的中间部位。

苗绳单挂 1 条为单绳养，绳距 80～120 cm。2 条苗绳合挂为双绳养，绳距 100～200 cm。若采用单绳养，旁边还需要附上 1 条稍短的保险绳，否则单条苗绳挂养容易脱苗。

四、栽培管理

1. 栽培观测

带假根幼苗夹苗 1 周后，直接夹在苗绳中的假根两侧被挤压成扁平，呈棕土色，有粗糙不规则的小突起附着在苗绳上；2 周后，夹苗部位苗绳的两侧或一侧可观察到鲜嫩圆锥形假根尖，随后匍匐蔓延生长在苗绳上，生长旺盛的假根往往从两侧包围苗绳形成球状。夹苗时，假根若穿过苗绳裸露在外，则假根互相附着缠绕成球状。假根尖可发育成幼苗，成为来年成藻的重要组成部分。冬季很少观察到假根再生苗的萌发，入春后，假根再生苗萌发数量也较少。5～6 月收获时，假根再生苗可长至 3～15 cm，假根占藻株鲜重的 5%左右。不带假根的幼苗被夹部分和基部无法再生假根。

羊栖菜幼孢子体苗在分苗后，即开始快速生长，没有明显的恢复期，这可能和羊栖菜生长在潮间带，对干燥耐受力较强有关。入冬后，生长明显趋缓，在主枝上分生出粗短的分枝。冬末，分苗时的一株苗已分生出少则五六个，多则 10 多个分枝，形成一簇丛。入春后，随着水温回升，羊栖菜进入快速生长期，和秋末快速生长期不同的是除长度生长外，枝、叶、气囊及生殖托也大量发生、分枝密集，节间距离仅 2～3 cm，还常观察到假互生、假对生的分枝现象。羊栖菜初生叶长椭圆形，随着主枝生长渐次脱落，下部残留初生叶残痕和棍棒状次生叶。初春生长的藻叶肥厚，呈边缘具稀疏锯齿的披针形或麦粒状，麦粒状气囊多发生在藻株上部，由麦粒状藻叶逐渐中空形成，气囊使藻株直立水中或漂浮水面。

2. 海上管理

栽培期间的主要管理工作包括检查筏架、补苗、洗刷苗绳及调节水层等。

1) 检查筏架：栽培期间应经常下海检查，及时平整缏索、苗种，发现筏架缆绳松动或磨损折断，要及时扎紧绑好或更换新绳。对容易拔起的桩要重新加固，防止逃架。栽培后期，藻体重量大，对风大、浪大流急的海区要及时加固筏架。

2) 补苗：对因苗种假根折断、风浪冲击、苗绳夹不紧而造成苗种流失，需及时补苗。

3) 洗刷苗绳：定期清除附着在苗绳上的污泥、杂藻和敌害动物，改善藻体受光条件。

4) 调节水层：视筏架浮沉情况，及时调节栽培水层，使藻体始终处于适宜生长的水层。

栽培期间还需定期检测栽培海域的水质状况，对藻体生长情况进行检查，发现情况及时采取措施。

春末，羊栖菜生长繁茂，藻体肥厚多汁、脆嫩、互相缠绕，加之风浪冲击，极易折断。栽培区和邻近海域到处漂浮着流失的残枝，应适时设置拦菜网。拦菜网绕栽培区外围，高出筏架0.3~0.5 m，定期收集拦网内藻体。

此外，还应在栽培海区设立航道标记和夜间灯光标记，防止来往船只撞缠。

第五节　病害与防治

羊栖菜自然生长在潮间带，恶劣的环境条件使野生羊栖菜极少发生病害。全浮动筏式人工栽培虽然为羊栖菜提供了进行高效光合作用的条件，但同时也给多种海洋生物栖息、生长营造了相对稳定的水环境，从而导致敌害生物滋生，危害羊栖菜育苗、养成和产品质量。

一、常见敌害生物种类

在羊栖菜栽培筏架上，鉴定出常见和有区系意义生物66种，其中：硅藻8种；大型海藻28种（其中蓝藻1种、红藻14种、褐藻4种、绿藻9种）；动物30种（其中腔肠动物5种、苔藓动物2种、环节动物3种、软体动物9种、节肢动物8种、尾索动物1种、脊索动物2种）。大多为广温、广盐、广布种，具有明显的河口性区系特点（表3－6）。

表3－6　洞头羊栖菜栽培常见敌害生物种类分布与丰度（李生尧等，2009）

序号	种类	鹿西	龙头岙	三盘港	大门
	硅藻 Bacillariophyta				
1	海生斑条藻 *Grammatophora mariuna*	+	+++	+	++
2	加利福尼亚楔形藻 *Liemophora celiforica*		+	+	+
3	多枝舟形藻 *Nanicula ramosissma*		+++		+
4	舟形藻 *Navicula* spp.	+	++	+	++
5	菱形藻 *Nitzschia* spp.		+		+
6	龙骨藻 *Trropidoneis* spp.		++		
7	盾卵形藻 *Cocconeis* sp.				++
8	硅藻群体 *Diatoms* spp.	+	++	+	+
	海藻 Algae				
9	半丰满鞘丝藻 *Lyngbya semiplena*	+	++	+	+

（续表）

序　号	种　　类	鹿　西	龙头岙	三盘港	大　门
10	坛紫菜 *Porphyra haitanensis*	+		+	
11	条斑紫菜 *P. yezoensis*	+	+	+	
12	蜈蚣藻 *Grateloupia filicina*		+		
13	舌状蜈蚣藻 *G. livida*	+	+	+	+
14	带形蜈蚣藻 *G. turuturu*	+	+	+	+
15	珊瑚藻 *Corallina officinalis*		+		
16	叉节藻 *Amphiroa ephedraea*		+		
17	脆江蓠 *Gracitaria bursa-pastoris*		+	+	
18	密毛沙菜 *Hypnea boergesenii*	+		+	
19	角叉菜 *Chondrus ocellatus*	+	+	+	
20	链状节夹藻 *Lomentaria catenata*		+		
21	对丝藻 *Antithamnion cruciatum*	+		+	
22	绒线藻 *Dasya villosa*		+	+	
23	日本多管藻 *Polysiphonia japonica*	++	++	++	++
24	水云 *Ectocarpus conferooides*	++	++	++	++
25	粘膜藻 *Leathesia difformes*	+			
26	囊藻 *Colpomenia sinuosa*	+	+	+	+
27	鹅肠菜 *Endarachne binghamiae*	+	+	+	+
28	条浒苔 *Enteromorpha clathrata*	+	+	+	+
29	缘管浒苔 *E. linza*	+	+	+	+
30	浒苔 *E. prolifera*	+++	+	+++	++
31	裂片石莼 *Ulva. fasciata*	+++	++	+++	++
32	孔石莼 *U. pertusa*	+	+	+	
33	螺旋硬毛藻 *Chaetomorpha spiralis*				+++
34	海绿色刚毛藻 *Cladophora glaucescens*	+	+	++	+
35	羽藻 *Bryopsis*spp.	+	+	+	
36	刺松藻 *Codium fragile*	+		+	
	腔肠动物 Coelentera				
37	曲膝薮枝螅 *Obelia geuiculata*	+	++	+	++
38	真枝螅 *Endendrium* sp.	+	+	+	+
39	中胚花筒 *Tubularia mesembryanthemum*	++	+	++	++
40	太平洋侧花海葵 *Anthopleura pacifica*	+	++	+	++
41	纵条矶海葵 *Haliplanella luciae*	+	+	++	+++
	苔藓动物 Bryozoa				
42	厦门膜孔苔虫 *Membrawipora amoyensis*	+		+	
43	西方三胞苔虫 *Tricellaria occidentalis*		+		+
	环节动物 Annelida				
44	盘管虫 *Hydroides* sp.	+	++	+	+++
45	旗须沙蚕 *Nereis vexillosa*		+		+
46	游沙蚕 *N. pelaqica*	++	++	++	+++

（续表）

序　号	种　　类	鹿　西	龙头岙	三盘港	大　门
	软体动物 Mollusca				
47	日本菊花螺 *Siphonaria japonica*	+	+	+	
48	荔枝螺 *Thais* sp.	+	+	+	
49	丽核螺 *Pyrene bella*	+	+	+	
50	青蚶 *Barbatia virescens*	+	+	+	+
51	厚壳贻贝 *Mytilus coruscus*	+	+	+	
52	翡翠贻贝 *Perna viridis*	+	+	+	
53	褶牡蛎 *Ostrea plicatuta*	+	+	++	+
54	团聚牡蛎 *O. glomerata*			+	+
55	中华不等蛤 *Awomia chiwensis*	++	+	++	
	节肢动物 Arthropoda				
56	糊斑藤壶 *Balanus ciratus*	+	+	+	+
57	泥藤壶 *B. uliginosus*	+	+	+	+
58	网纹藤壶 *B. reticulatus*	+	+	+	+
59	麦杆虫 *Caprella equilibra*	+	+	+	
60	光辉团扇蟹 *Sphaerozius nitidus*	+	+	+	+
61	锯额瓷蟹 *Pisidia serratifrans*	+	+	+	+
62	慈母互敬蟹 Hyastenus pleione	+	+	+	+
63	强壮藻钩虾 *Ampithoe valida*	+	+	+	
	尾索动物 Vrochordat				
64	柄海鞘 *Styeta clava*	+	+	+	+
	脊索动物 Chordata				
65	褐蓝子鱼 *Sigarnus fuscescens*	+	+	+	
66	长鳍蓝子鱼 *S. canaliculatus*（黄斑蓝子鱼 *S. oramin*）	+	+	+	

注：随生物丰度的加大，“+”号增加

二、主要敌害生物及防治

1. 底栖性硅藻类

海生斑条藻等单细胞底栖性硅藻，繁殖快，能在短期内形成危害，是人工栽培羊栖菜的主要敌害之一。硅藻附着于羊栖菜藻体上，遮挡光源，影响羊栖菜生长。此外，死亡的海生斑条藻不会脱落，羊栖菜加工成商品后呈白色，被称为“白菜”“白条”，商品价值大为降低。附着硅藻危害主要发生在羊栖菜养成中后期，进入春季后，随着水温回升，危害加重，在潮流平缓，栽培密度大的海区尤为严重（表 3－7）。

表 3-7　附生性硅藻检测结果(李生尧等,2009)

种　类	龙　头　岙		大　门　岛	
	数量/万个	密度/(cell/L)	数量/万个	密度/(cell/L)
海生斑条藻	174 000	560 万	11 400	56 万
多枝舟形藻	15 600	50 万	1 800	88.3 万
加利福尼亚楔形藻	530	1.7 万	450	2.2 万
龙骨藻	6 700	21.6 万		
盾卵形藻			4 100	20.1 万
舟形藻(spp.)	4 800	15.5 万	7 000	4.3 万
菱形藻(spp.)	2 500	8.1 万		
其他种	7 600	25 万	5 400	26.5 万
合　计	211 730	62.4 万	30 150	20.1 万

洞头龙头岙海区属半封闭型海湾,是洞头羊栖菜重点产区,栽培密度较大。栽培户一般在 2~3 月将内海区羊栖菜迁移至水体交换较好的外海区,不仅能促进羊栖菜的生长,也可减轻附生硅藻的危害。

近年来,洞头羊栖菜收获一般在 5 月上旬结束,较以往提前 10~15 d,也可使"白菜"现象显著减少。

2. 大型杂藻类

刚毛藻类丝状绿藻、日本多管藻(俗称"红毛")、水云(俗称"猴子毛")及渔民俗称的"鼻涕泥"(镜检为浒苔幼体,羽藻幼体、硅藻群体及半丰满鞘丝藻类多种蓝藻混生)附着、缠绕、覆盖、黏附于羊栖菜幼苗,影响幼苗生长甚至使幼苗脱落或死亡。刚毛藻分枝繁茂,生长迅速,一经发现便应设法彻底清除,可采用手工摘除或化学药杀。试验表明,用 5%~10%硫酸铵海水浸泡幼苗 5~10 min,可杀灭刚毛藻,且对羊栖菜幼苗无不良作用(表 3-8)。

表 3-8　硫酸铵药杀刚毛藻试验(李生尧等,2009)

浓　度 / 浸泡时间/min	20%	10%	5%
2	完全褪色	中上部藻枝褪色、基部褪色不明显	中上部少量藻枝褪色
5	完全褪色	基部大部褪色	中上部藻枝褪色、基部褪色明显
10	完全褪色	完全褪色	中上部藻枝褪色、基部尚有少量藻枝未褪色

浒苔、石莼等绿藻的大量附着不仅增加了筏架负荷,还和羊栖菜竞争光照、肥料。观察发现,少量石莼类绿藻附着对羊栖菜幼苗有保护作用,作为生物防治有待进一步研究。浒苔受生长适温限制,呈现自然消长,严重时可手工摘除。如果浒苔大量附着危及幼苗生长,还可用 8%~9%柠檬酸海水浸泡幼苗 5~6 min,或以 8 mmol/L 次氯酸钠处理 18 min(表 3-9),均可以

杀灭浒苔，且不影响幼苗生长。但操作过程中必需严格控制时间，处理结束后迅速返回海水中清洗，去除残留药物。

表 3－9　次氯酸钠药杀浒苔试验（李生尧等，2009）

活性氯/（mmol/L）	10 min	30 min	60 min	恢复 24 h 后
0	0.58（±0.01）	0.59（±0.01）	0.58（±0.01）	0.53（±0.01）
9	0.52（±0.01）	0.52（±0.01）	0.45（±0.02）	0.53（±0.01）
18	0.52（±0.02）	0.37（±0.03）	0.22（±0.02）	0.33（±0.05）
36	0.29（±0.01）	0.14（±0.01）	0.04（±0.01）	0
73	0.11（±0.03）	0.03（±0.01）	0.02（±0.01）	0
146	0	0	0	0

注：① 表中数值为：平均数（±标准差），$n=6$；② 供试材料为羊栖菜 10 日龄幼苗；③ 中国科学院海洋研究所海洋生物种质库提供

3. 敌害动物

羊栖菜栽培中的敌害动物主要包括麦杆虫、藻钩虾、沙蚕、海葵及植食性鱼类等。

麦杆虫俗称海藻虫或竹节虫，为季节性种类，出现季节主要在 5～6 月和 9～11 月。麦杆虫用具钩的步足附着于羊栖菜小枝上，数量多时使羊栖菜呈紫红色。时聚时散，往往随风浪潮汐消失得无踪无影，集聚时妨碍羊栖菜光合作用，尚未明显观察到咬食羊栖菜现象。

藻钩虾多在羊栖菜枝丫或叶腋间做窝，巢居，巢为黏性很大的茧形小泥团，一般不移动。以羊栖菜幼嫩枝叶为食，数量大时危害性不可小觑，泥巢也给日后产品加工带来麻烦。

沙蚕栖居于羊栖菜假根和苗绳浮泥沉积处，穴居，栖居密度可达≥100 尾/m 苗绳。沙蚕咬食羊栖菜幼苗假根、主枝基部和基部小枝，对夏秋季羊栖菜人工苗海区中间培育和假根再生苗培育危害很大，特别是风浪和流速较小的海区，沙蚕数量大，危害尤为严重。大门岛豆岩是沙蚕危害重灾区，渔民采用淡水浸泡，改变渗透压后，沙蚕严重不适而纷纷窜出巢窝，落入淡水中死亡。浸泡过程也清除了部分钩虾、海葵、硅藻等敌害生物。试验表明，淡水浸泡 1 h，就可达到防治目的，对羊栖菜幼苗无不良影响（表 3－10）。目前，淡水浸泡驱除沙蚕的方法已全面推广。

表 3－10　淡水浸泡驱除沙蚕实验（李生尧等，2009）

浸泡时间/min	观察情况	移入海水
10	入淡水 2 min 后沙蚕开始不安、窜动	恢复正常
25	游离附着基，脱落	恢复正常
40	个别出现死亡	5 h 死亡 90%
55	死亡 50%	8 h 全部死亡
80	全部死亡	

注：水温 19.6℃，沙蚕体长 7～15 cm，$n=10$

纵条矶海葵对夏秋季羊栖菜人工苗培育和假根度夏培苗危害较大,海葵附生挤占幼苗附着基,影响幼苗生长发育,同时使附苗器重量增加而下沉。防除方法主要是提高培苗水层,避开海葵附着水层,也可用淡水浸泡,使海葵不适而脱落。大多固着性动物,如藤壶、牡蛎、草苔虫等一般不危及羊栖菜附着、生长、发育,其危害在于增加器材负荷,摩擦损坏器材,或给产品加工带来麻烦和影响质量(如薮枝螅类)。

蓝子鱼俗称"海峰"(南麂),为近海暖水性鱼类,常栖于岩礁和珊瑚丛中,以附着礁上的藻类为食。南麂岛曾发现蓝子鱼掠食海带幼苗、羊栖菜成藻及铜藻幼苗。2003 年 7 月初,洞头大瞿海区下海人工苗 1 000 余片(200 cm×40 cm/片),一周内被掠食殆尽,失去继续栽培价值。

第六节　收获与加工

一、营养价值

羊栖菜是一种高蛋白、低脂肪、低热量、高多糖含量的海藻,含有丰富的矿物质和人体必需的多种微量元素。羊栖菜蛋白质含量为 7. 96%~9. 38%,脂肪为 0. 89%~1. 0%,灰分为 23. 9%~30. 1%。主要营养成分见表 3-18、表 3-19、表 3-20、表 3-21。

羊栖菜含有包括人体必需的 8 种氨基酸在内的多种氮基酸。其中异亮氨酸、亮氨酸、苏氨酸、赖氨酸、苯丙氨酸、缬氨酸、色氨酸含量都很高,氨基酸比例基本合理,符合人体氨基酸模式,说明羊栖菜是一种良好的植物蛋白源。

羊栖菜的脂肪酸含量为 0. 24%~0. 3%,脂肪酸组成与陆生植物有明显的区别。在羊栖菜脂肪酸中,不饱和脂肪酸含量较高,尤其是具有特殊营养功能的花生四烯酸(C20∶4),此外还含有 0. 16%~0. 17% 的二十碳五烯酸(EPA,C20∶5)和 1. 79%~2. 84% 的二十二碳六烯酸(DHA,C20∶6)。EPA 和 DHA 通常在鱼类,特别是海水鱼中含量很高,在陆生植物中尤为罕见。EPA 和 DHA 具有降血压、防止动脉硬化、防治老年性痴呆等功能,由此可见羊栖菜具有较高的营养和保健功能。

二、收获

羊栖菜收获时间主要根据水温而定,一般当水温升至 23℃时,藻体生长速度减慢,因此应在水温 25℃之前采收完毕。合理掌握采收时间十分重要,过早采收不但不能充分利用最适生长期,而且藻体尚未成熟,鲜干比较大,从而影响产量;推迟收获则往往因藻体开始衰老,气囊、叶片脱落流失,同样会降低产量,且后期藻体表面附着物大量附生,会造成干品质量下降。

采收应在晴天、风浪较小时进行,方法主要有两种:① 与海带采收方式相同,将藻体连同苗绳整体收获,该方法适用于利用无假根苗进行栽培的海区;② 剪收法,即将假根留存于苗绳,仅剪收藻体部分。留存于苗绳上的假根度夏后,至白露左右时,可见幼苗生出。

洞头羊栖菜 5 月中旬开始收获,其间水温 18~20℃,菜品鲜干比 7∶1 左右,收获延续到 6 月下旬,其间水温 23~25℃,菜品鲜干比 6∶1 左右。前期收获藻体主要用于蒸煮后盐腌或冷藏作加工即食产品;后期收获藻体晒干用于加工干品。原藻收获时,海区收获及藻体运输过程中必须保持洁净,避免藻体受到外来污染。

三、加工

1. 干制品加工

羊栖菜的加工制品主要为干制品和即食品，前者主要供出口日本。即食品供内销，根据客户要求加工风味即食羊栖菜。近年来，即食羊栖菜需求增长很快，已形成数家颇具规模的专业加工企业，消费量占羊栖菜总产量的15%左右。

干品羊栖菜根据出口羊栖菜（干制品）生产工艺技术路线组织生产（图3-10），等级标准主要从以下4个方面进行衡量：

1）色泽：优质品应呈黑色、黑褐色。

2）气味：具有羊栖菜固有的鲜腥味。

3）组织状态：呈短条散状，不允许结块。

4）杂质：无金属、毛发、沙子等杂质。

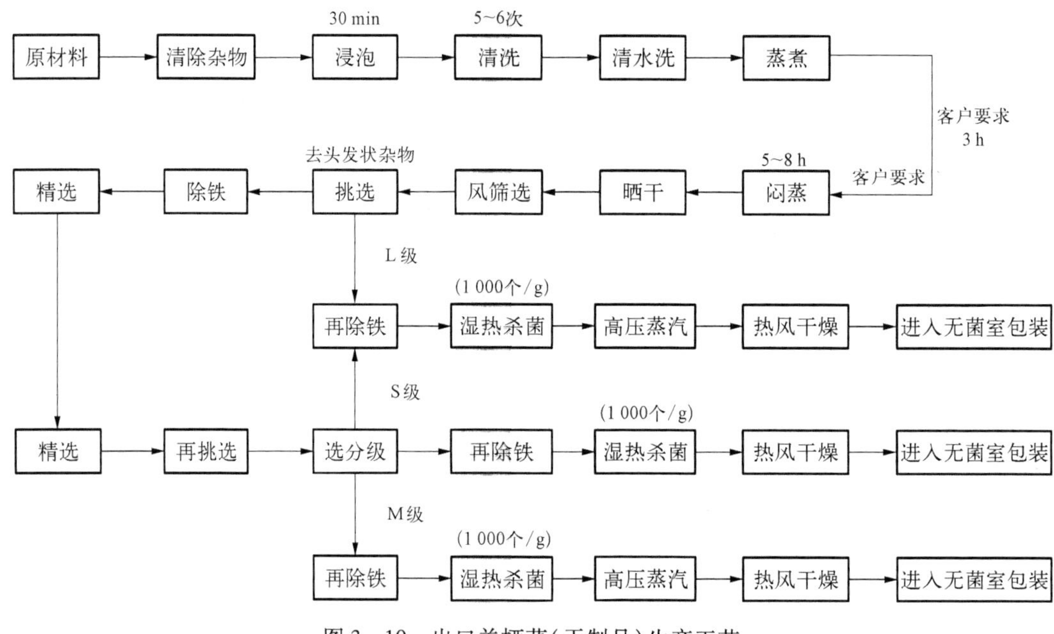

图3-10　出口羊栖菜（干制品）生产工艺

2. 即食产品加工

即食羊栖菜生产工艺技术路线如图3-11所示。烫菜要求淡水煮，水温70~80℃，过热水时间要短，控制在0.5~1 min，菜在水中应充分搅拌。热水烫过的菜要随即移入淡水流水中冷却，流水量要大，冷却要充分，动作要迅速，要使藻体彻底冷却。烫菜、冷却、沥水3道工序目的在于使藻体脱水，压缩原料体积，便于储藏。传统储藏方法是冷藏法，近年来开发的盐腌法有能耗少、成本低的优点。沥水后按菜量的30%用盐，充分搅拌后，放入池中腌渍，菜的上部以池盖加重压实，避免日光照射，使菜腌透。出池前以池中浓盐水洗之。腌菜存放一年开池时，羊栖菜鲜腥味扑鼻，菜色浓褐色。盐腌法原菜出池后要过淡除杂，3~5遍清水清洗。即食羊栖菜调味的调味品添加应客户要求和市场信息反馈确定，已有近100个花色，分为休闲、佐餐、火锅三大系列。

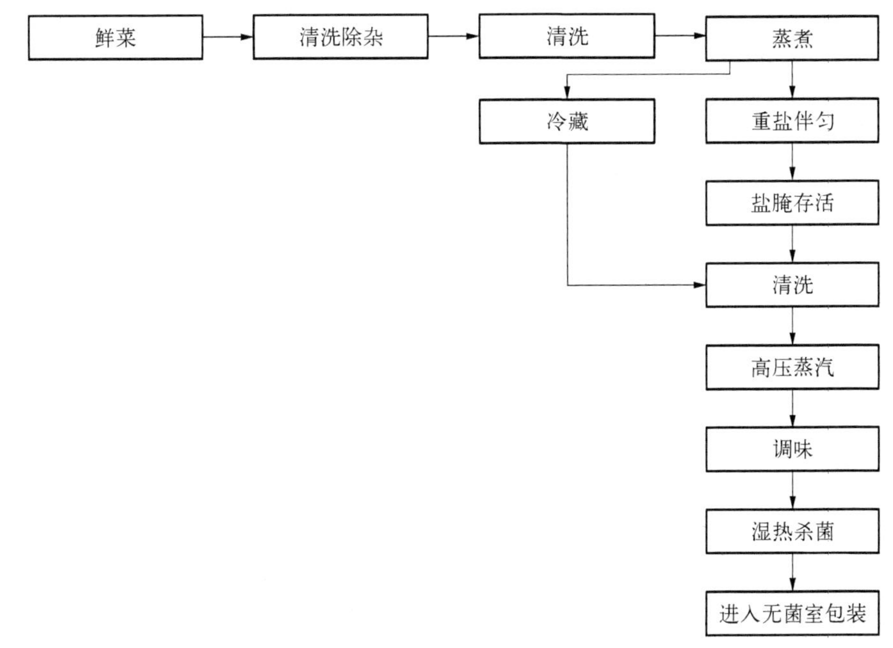

图 3－11　即食羊栖菜生产工艺技术路线

第七节　品 种 培 育

一、品系与个体遗传分析

1995 年前后，洞头羊栖菜栽培苗源主要为野生苗，采集范围北起辽宁，南至雷州半岛南北沿海，并以假根度夏培苗形式，部分地满足了次年的苗种需要。生产实践中发现，不同海区羊栖菜的地方种群具有各自固定的形态，并可稳定遗传。单体锋等(2009)对洞头栽培的 12 个羊栖菜品系的主要形态特征和经济性状特性进行了比较研究，ANOVA 分析结果显示，在决定羊栖菜最终生物产量的特征上，如全长、总鲜重、侧枝长、侧枝鲜重、侧枝密度、侧枝生殖托数等，该 12 个品系存在显著差异($P<0.05$ 或 $P<0.01$)。例如，品系 127 的全长平均达到 161.2 cm，但是侧枝稀疏且质量小，导致总鲜重并不高，而品系 141 虽然平均长度只有 70.5 cm，但侧枝稠密且粗壮，因此生物量远大于品系 127(表 3－11)。各品系的生殖托大小有差异，成熟时间也不同步。3 个代表性品系的外形比较如图 3－12 所示。

表 3－11　2007 年浙江洞头县 12 个羊栖菜品系形态性状特征的比较($n=6$; $x±SD$)(单体锋等，2009)

品　系	全长 /cm	侧枝长 /cm	侧枝密度 *	侧枝鲜重 /g	总鲜重 /g	每个侧枝的生殖托数
127	161.2±21.4	8.5±5.0	11±4	1.8±1.0	77.2±35.9	**
140	113.5±9.9	9.9±1.8	16±3	2.0±0.4	79.7±11.8	**
141	70.5±5.6	8.5±1.0	22±1	3.4±1.1	121.8±33.8	144±32

（续表）

品　系	全长 /cm	侧枝长 /cm	侧枝密度 *	侧枝鲜重 /g	总鲜重 /g	每个侧枝 的生殖托数
142	138.2±39.3	10.7±8.3	19±6	2.9±2.3	129.5±67.1	**
143	76.7±19.2	5.0±1.3	17±5	0.7±0.4	23.7±9.7	无
144	54.7±11.4	4.6±2.0	21±3	1.1±0.7	22.9±13.0	无
145	147.5±50.5	7.9±3.0	21±5	2.0±1.4	105.8±78.4	无
146	121.3±19.9	6.9±1.5	18±6	2.1±0.3	103.5±33.2	无
147	142.0±8.5	8.5±1.8	14±1	2.1±0.6	80.2±19.5	无
179	116.5±15.5	9.7±1.6	11±4	2.9±1.0	93.3±45.2	无
188	53.0±22.8	3.4±0.8	28±7	0.6±0.1	26.5±13.5	无
189	96.2±27.6	7.5±4.3	15±8	2.0±1.4	50.0±27.6	无

注：* 侧枝密度为羊栖菜主枝中段 30 cm 的侧枝数；** 生殖托出现，但太小，无法计数

图 3－12　羊栖菜 3 个代表性品系外形比较

A. 品系 140；B. 品系 141；C. 品系 179

单体锋等(2009)利用 AFLP 技术对浙江洞头多品系羊栖菜混杂栽培群体的遗传背景进行了分析，通过 8 对引物组合，在 27 个羊栖菜栽培个体中扩增出 198 个片段，其中多态性片段为 166 个，遗传多样性高达 83.8%（表 3－12，图 3－13）。

表 3－12　27 个羊栖菜栽培个体遗传多态性分析

引　物　组　合	总条带数	多态片段	多态片段比例/%
EcoR Ⅰ－AAC/Mse Ⅰ－CAA	26	18	69.2
EcoR Ⅰ－AAC/Mse Ⅰ－CAC	29	24	82.7
EcoR Ⅰ－AAC/Mse Ⅰ－CCA	31	22	71
EcoR Ⅰ－AAC/Mse Ⅰ－CCT	26	23	88.5

（续表）

引物组合	总条带数	多态片段	多态片段比例/%
EcoR Ⅰ - AAG/Mse Ⅰ - CAA	15	15	100
EcoR Ⅰ - AAG/Mse Ⅰ - CAC	18	13	72.2
EcoR Ⅰ - AAG/Mse Ⅰ - CAG	15	13	86.6
EcoR Ⅰ - ACC/Mse Ⅰ - CAA	38	38	100
平均	24.8	20.8	83.8

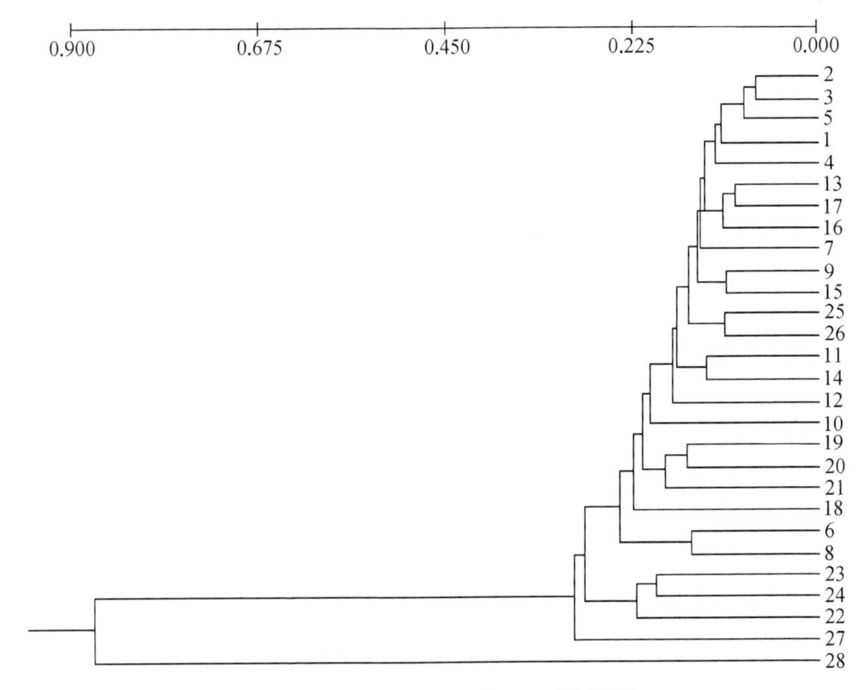

图 3-13　羊栖菜 UPGMA 法系统树图

1~27. 羊栖菜不同个体；28. 铜藻

形态特征量化和分子标志的建立，揭示了浙江洞头的羊栖菜栽培群体具有很高的遗传多样性，为品种培育提供了数据支持。遗传背景丰富的种质资源为优良品种培育提供了充足的亲本材料来源。

二、“鹿丰 1 号”选育

为解决羊栖菜栽培生产所需优良苗种，洞头县鹿丰羊栖菜研究所、洞头县水产技术研究所和中国科学院海洋研究所合作，采用有性生殖方式进行定向选育，经过多年努力，成功培育出羊栖菜“鹿丰 1 号”品系。该品系具有枝叶粗壮繁茂、气囊产生早、颗粒大、产量高等优良性状（表 3-13，表 3-14，表 3-15）。经过栽培检验，目标性状表现稳定。2008 年栽培实验中，“鹿丰 1 号”比对照组野生种增产 167.68%，产量明显高于野生种群。

表 3-13 "鹿丰 1 号"种苗生长测定(李生尧,2010)

测量日期	测量内容	1组		2组	
		鹿丰 1 号	野生苗	鹿丰 1 号	野生苗
2007.08.30	平均株长/cm	1.1	1.0	—	—
2007.09.20	平均株长/cm	2.0	1.7	—	—
2007.11.03	平均株长/cm	4.98	3.43	—	—
2007.11.23	平均株长/cm	11.77	9.21	0.68	0.68
2008.01.05	平均株长/cm	24.43	19.49	3.5	2.1
	平均株重/g	25.3	9.5	1.37	0.51
2008.02.17	平均株长/cm	38.05	34.58	9.55	8.75
2008.03.01	平均株长/cm	44.49	40.37	16.92	12.25
	平均株重/g	60.0	36.6	7.33	4.81
2008.05.15	平均株重/g	1 141	403	166.6	40.0
2008.05.31	平均株重/g	—	—	351.6	141.7

表 3-14 羊栖菜"鹿丰 1 号"(F_7)与野生型形态比较(李生尧,2010)

组号	名称	气囊			主枝			侧枝		
		直径/cm	长度/cm	质量/g	直径/cm	长度/cm	质量/g	直径/cm	长度/cm	质量/g
1组	选育种 F_7	3.4	2.8	0.043 8	2.8	91	91.2	2.03	20.0	4.4
	野生种	2.8	2.2	0.039 4	2.0	81	52.3	1.59	11.5	1.15
2组	选育种 F_7	3.3	2.6	0.043 6	2.7	62	62.2	2.0	15.0	3.42
	野生种	2.2	2.4	0.024 8	2.3	65	16.8	1.7	3.4	0.78

表 3-15 2001~2007 年间羊栖菜"鹿丰 1 号"养殖检验结果(李生尧,2010)

序号	采苗年份	附苗面积/m^2	养殖面积/hm^2	产量/(kg/hm^2)	未选育种/(kg/hm^2)	增幅/%
1	2001	64	—	—	—	—
2	2002	128	1.0	6 405	3 758	70.45
3	2003	128	2.1	5 812	3 375	72.22
4	2004	192	2.5	6 180	3 993	54.77
5	2005	320	6.3	5 325	2 307	130.81
6	2006	510	10.7	6 795	3 700	83.6
7	2007	570	18.0	6 702	3 825	75.21
8	2008	—	18.7	6 560	2 505	161.85
合计		1 912	59.7	6 468	2 346	64.9

注:2001 年育苗,养殖面积和产量为跨年度统计在 2002 年,以此类推

三、"浙海 1 号"选育

羊栖菜的主要栽培海区在浙江海域和福建北部海域,受长江、钱塘江和瓯江等水系所携带的大量泥沙的影响,栽培海区海水浑浊,透明度差。在潮流、风浪作用下,砂质颗粒对该海区栽培的羊栖菜具有较大的冲击力,藻体如果不能及时漂浮,则接受的光照减弱,光合效率下降,从而造成减产。

浑水区这种特殊的生境对当地的羊栖菜品种选育提出了新要求。培育适合浙闽海域浑水区栽培的高产、优质羊栖菜,对提高海区利用率与产量质量均有重要意义。藻体基部固着牢固,气囊大、数量多、浮力强,能够漂浮在海水表层,色素含量高、生长快等,是适应浙闽海域浑水区栽培生产的新品种所必需的性状。

目前,由浙江省海洋水产养殖研究所与宁波大学承担的优质高产羊栖菜良种生产技术集成推广等工作,以藻体枝干粗、气囊大、气囊数量多为主要性状的种菜亲本,开展群体间杂交和性状定向选育,初步选育出抗风浪强、复水率高、枝干粗壮和大气囊羊栖菜品系"浙海 1 号"(简称为 ZH－01)。

栽培比较实验结果显示,"浙海 1 号"的平均亩产鲜重、株高、株鲜重、主枝直径、气囊直径等,比本地栽培种均有较大幅度的提升,表现出优良性状(表 3－16,表 3－17,图 3－14)。

表 3－16　2013 年"浙海 1 号"(ZH－01)与当地栽培种(BD－1)形态比较

组号	名称	气囊		植株		侧枝		生殖托个数
		直径/cm	长度/cm	质量/g	长度/cm	质量/g	长度/cm	
1 组	ZH－01	3.8	2.6	1 597	236.4	40.2	16.5	179
	BD－1	2.6	2.1	1 310	201.0	33.1	14.9	107.6
2 组	ZH－01	4.0	2.6	306.7	136.3	37.8	15.3	—
	BD－1	2.9	2.4	254.8	120.4	32.4	12.7	—

表 3－17　"浙海 1 号"(ZH－01)与当地栽培种(BD－1)藻体各组分比例和密度

	各部分所占比例/%		各部分密度/(g/cm³)	
	ZH－01	BD－1	ZH－01	BD－1
气囊	0.402±0.098*	0.296±0.047	0.474±0.572*	0.760±0.143
叶	0.298±0.070	0.316±0.084	1.078±0.125	0.992±0.123
茎	0.300±0.070*	0.388±0.047	1.131±0.117	1.028±0.126

注：* 表示 ZH－01 与 BD－1 在组分方面差异显著

比较"浙海 1 号"与当地栽培种的主枝横切面可见(图 3－15A,图 3－15B),"浙海 1 号"主枝直径有明显优势,"浙海 1 号"主枝中空腔较多,通过计算像素比例,"浙海 1 号"空腔面积较横切面积比例为 20%～22%,而当地栽培种仅为 6%～8%。"浙海 1 号"气囊中的空腔与细胞的比例为 50%～52%,气囊壁约由 12 层细胞组成;而当地栽培种气囊中的空腔与细胞的比例为 59%～61%,气囊壁约由 7 层细胞组成,"浙海 1 号"中间的气腔横切面积比当地栽培种的高出 50%～52%。这些性状均表明"浙海 1 号"藻体具有较丰富的气腔、气囊结构中有较大的空腔,

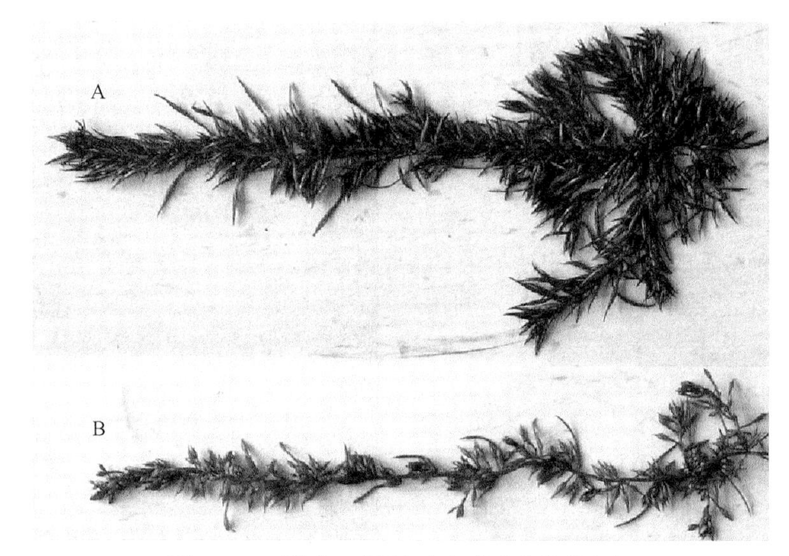

图 3-14 “浙海 1 号”(A)与当地栽培种(B)

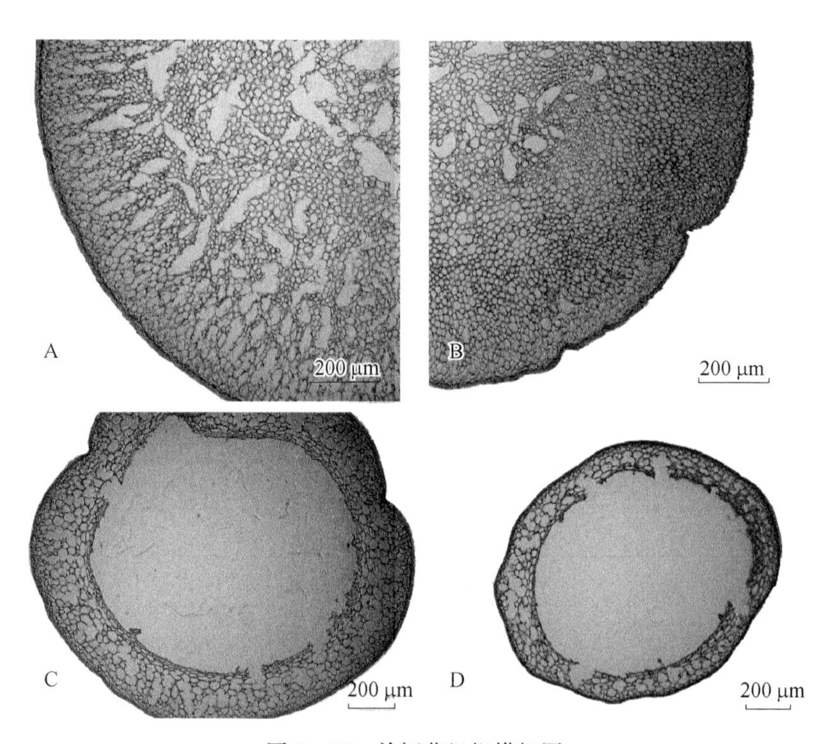

图 3-15 羊栖菜组织横切图

A. ZH-01 主枝 1/4 横切面;B. BD-1 主枝 1/4 横切面;C. ZH-01 气囊横切面;D. BD-1 气囊横切面

比当地栽培种浮力更大(图 3-15C、D)。

对海区栽培成熟采收后的“浙海 1 号”与当地栽培种进行成分分析(表 3-18,表 3-19,表 3-20,表 3-21),结果显示,“浙海 1 号”的蛋白质含量比当地栽培品种提高了 17.54%,粗脂肪含量提高 12.36%,碳水化合物、还原糖及灰分含量均低于当地栽培种。可见,“浙海1号”不仅形态上比当地栽培种更适合在浑水区栽培，而且在营养成分含量上也优于当地栽培种。

表3-18　“浙海1号”(ZH-01)与当地栽培种(BD-1)氨基酸含量

氨基酸种类	含量/%	
	ZH-01	BD-1
天冬氨酸(ASP)	0.803 4	0.692 4
苏氨酸(THR)	0.332 8	0.264 8
丝氨酸(SER)	0.275 5	0.244 5
谷氨酸(GLU)	1.123 0	0.862
甘氨酸(GLY)	0.394 4*	0.257 4
丙氨酸(ALA)	0.827 8*	0.308 2
胱氨酸(CYS)	0.066 0	0.033
缬氨酸(VAL)	0.434 3*	0.360 3
蛋氨酸(MET)	0.156 5	0.111 5
异亮氨酸(ILE)	0.354 1	0.301 1
亮氨酸(LEU)	0.533 3*	0.414 3
酪氨酸(TYR)	0.158 0*	0.079
苯丙氨酸(PHE)	0.334 3	0.321 3
赖氨酸(LYS)	0.381 0*	0.307
组氨酸(HIS)	0.126 4	0.102 4
精氨酸(ARG)	0.333 2*	0.263 2
脯氨酸(PRO)	0.255 9*	0.078 9
氨基酸总量	7.283 3*	5.001 3

* 表示“浙海1号”(ZH-01)与当地栽培种(BD-1)差异显著($P<0.05$)

表3-19　“浙海1号”(ZH-01)与当地栽培种(BD-1)几种营养成分比较

检测项目	检测值		检验依据
	ZH-01	BD-1	GB/T 18246—2000
水分/%	23.5	23.7	GB/T 6435—2006
粗灰分/%	28.9	30.1	GB/T 6438—2007
粗纤维/(g/kg)	39*	38.2	GB/T 6434—2006
粗蛋白/%	9.38*	7.98	GB/T 6432—1994
粗脂肪/(g/kg)	1*	0.89	GB/T 6433—2006

* 表示“浙海1号”(ZH-01)与当地栽培种(BD-1)差异显著($P<0.05$)

表 3－20 “浙海 1 号”(ZH－01)与当地栽培种(BD－1)的金属含量

检验项目	检测结果/(mg/kg)		检验依据
	ZH－01	BD－1	
硒	0.060 2*	0.057 8	GB/T 13883—2008
铁	256.4*	247.1	GB/T 13883—2003
锰	15.66	16.19	
锌	11.79*	10.55	
铜	8.95	9.07	
钾	6.73×10^{4}*	6.15×10^{4}	
钠	1.55×10^{4}	1.81×10^{4}	
钙	6.24×10^{3}*	5.17×10^{3}	
镁	5.69×10^{3}*	4.15×10^{3}	
碘	388*	319	GB/T 13882—2010

* 表示“浙海 1 号”(ZH－01)与当地栽培种(BD－1)差异显著($P<0.05$)

表 3－21 “浙海 1 号”(ZH－01)与当地栽培种(BD－1)的各脂肪酸含量

项目名称	检测结果		检测方法
	ZH－01	BD－1	
总脂肪酸/(g/100 g)	0.3	0.24	GB/T 5009.6—2003
123 棕榈油酸(C16：1n7)/(mg/100 g)	8.19	8.34	GB/T 22223—2008
油酸(C18：1n9c)/(mg/100 g)	18.6*	16.2	GB/T 22223—2008
亚油酸(C18：2n6c)/(mg/100 g)	9.68	10.03	GB/T 22223—2008
γ－亚麻酸(C18：3n6)/(mg/100 g)	5.54*	4.67	GB/T 22223—2008
α－亚麻酸(C18：3n3)/(mg/100 g)	14.4*	12.97	GB/T 22223—2008
二十碳三烯酸(C20：3n6)/(mg/100 g)	9.04	8.34	GB/T 22223—2008
花生四烯酸 ARA(C20：4n6)/(mg/100 g)	40.2	36.97	GB/T 22223—2008
二十碳五烯酸(C20：5n3)/(mg/100 g)	17.0*	15.5	GB/T 22223—2008
肉豆蔻酸(C14：0)/(mg/100 g)	16.2	17.1	GB/T 22223—2008
棕榈酸(C16：0)/(mg/100 g)	58.4	60.1	GB/T 22223—2008
二十二碳酸(C22：0)/(mg/100 g)	2.84*	1.79	GB/T 22223—2008

* 表示“浙海 1 号”(ZH－01)与当地栽培种(BD－1)差异显著($P<0.05$)

羊栖菜当地栽培种干品价格在 3 800～6 000 美元/t,“浙海 1 号”的价格则要高 35%以上。食材或食品原料的复水率与膨胀率是食品加工的重要指标,通过对比研究表明,价格差异的主要原因是“浙海 1 号”茎叶粗壮、气囊粒大而壁厚,复水率、膨胀率高。

“浙海 1 号”与当地栽培种的复水率比较结果见表 3－22。2013～2016 年,“浙海 1 号”复水率均高于当地栽培种,平均高出 21.7%,存在显著差异($P<0.05$)。

表 3－22　ZH－01 与 BD－1 复水率比较

年　份	2013	2014	2015	2016
ZH－01	0.845±0.090 9*	0.805±0.093 6*	0.810±0.089 6*	0.836±0.085 1*
BD－1	0.668±0.086 6	0.660±0.063 6	0.709±0.057 6	0.693±0.077 9
提高比例/%	26.5	22.0	14.2	20.6

注：通过双样本双侧 t 检验（$P<0.05$），* 表示 ZH－01 与 BD－1 在复水率差异显著（$P<0.05$）

由于在采收时假根多数遗留在苗绳中，作为培苗的材料，因此茎、气囊、叶三部分作为产量的主要组成。茎、气囊、叶各个组分复水率差异明显，依次为气囊>叶>茎，气囊对复水率的贡献率在各组分中最高。“浙海 1 号”与当地栽培种的成熟藻体各组分复水率比较结果表明（表 3－23），藻体的茎粗细虽然差异明显，但在复水率上并无明显差异，“浙海 1 号”的叶与气囊的复水率高于当地栽培种。

表 3－23　“浙海 1 号”与当地栽培种成熟藻体不同组分复水率比较及贡献率

品种及部位	复　水　率	贡献率/%
ZH－01 气囊	1.05±0.092 5*	40.3
BD－1 气囊	0.880±0.089 1	32.4
ZH－01 叶	0.831±0.047 2*	31.9
BD－1 叶	0.790±0.034 1	36.1
ZH－01 茎	0.723±0.052 3*	27.8
BD－1 茎	0.767±0.069 8	31.5

* 表示 ZH－01 与 BD－1 各部分复水率差异显著（$P<0.05$）

经测定，“浙海 1 号”的膨胀率为 4.59 mL/g，当地栽培种膨胀率为 3.46 mL/g（表 3－24），“浙海 1 号”各部分膨胀率均高于当地栽培种。其中茎与叶的标准差较小，说明膨胀率比较稳定。

表 3－24　“浙海 1 号”与当地栽培种成熟藻体不同组分膨胀率比较

品　种	膨　胀　率　均　值/（mL/g）		
	茎	气　囊	叶
ZH－01	6.45±0.196*	9.40±3.96*	9.23±0.466*
BD－1	4.82±0.285	5.66±1.43	5.36±0.371

* 表示 ZH－01 与 BD－1 不同部位膨胀率差异显著（$P<0.05$）

参 考 文 献

陈百尧，胡希亮. 1999. 羊栖菜系子体人工育苗试验[J]. 现代渔业信息，14(11)：26－28.

陈冠贤，等. 1997. 中国海洋渔业环境[M]. 杭州：浙江科学技术出版社.

陈秋萍. 1993. 羊栖菜人工栽培技术的初步研究[J]. 浙江水产学院报,12(4): 277-283.
褚红永,衣景来,张学仁,等. 1997. 羊栖菜筏式养殖试验报告[J]. 齐鲁渔业,14(4): 16-18.
戴志远,洪泳平,张燕平,等. 2002. 羊栖菜营养成分分析与评价[J]. 水产学报,26(4): 382-384.
单体锋,李生尧,孙建璋,等. 2009. 浙江洞头不同羊栖菜品系的形态特征及一个代表性养殖群体的 AFLP 分析[J]. 中国水产科学,16(1): 61-68.
顾晓英,林霞,郑忠明,等. 2002. 象山港羊栖菜养殖的初步研究[J]. 浙江海洋学院学报(自然科学版),21(3): 282-284.
顾晓英,林霞,郑忠明. 2000. 羊栖菜苗种培育及在栽培业应用的技术[J]. 海洋渔业,22(2): 76-77.
季宇彬,孔琪,孙红,等. 1998. 羊栖菜多糖对 P_{388} 小鼠红细胞免疫促进作用的机制研究[J]. 中国海洋药物,17(2): 14-18.
季宇彬,杨书良,谷春山. 1994. 羊栖菜多糖对 L_{615} 小鼠 LPO 含量及 GR、GSH—PX、CAT 和 SOD 活性的影响[J]. 中国海洋药物,(02): 20-23.
季宇彬,张海滨,刘中海,等. 1995. 羊栖菜多糖对荷瘤小鼠红细胞免疫功能的影响[J]. 中国海洋药物,(02): 10-14.
李广斌,郑从义,唐兵. 1998. 低温生物学[M]. 长沙: 湖南科学技术出版社.
李生尧,叶定书,郭温林,等. 2009. 羊栖菜栽培敌害生物调查及其防治[J]. 现代渔业信息,24(9): 19-22.
李生尧. 1991. 羊栖菜海上筏式养殖技术[J]. 中国水产,11: 32-33.
李生尧. 1994. 羊栖菜附苗器: 94243005[P]. 1994-10-6.
李生尧. 2001. 羊栖菜生产性育苗技术研究[J]. 浙江海洋学院学报(自然科学版),2(3): 251-255.
李生尧. 2007. 羊栖菜生产性人工育苗方法: 200710067895[P]. 2007-4-1.
李生尧. 2010. 羊栖菜"鹿丰 1 号"人工选育养殖中试[J]. 渔业资源研究进展,31(2): 88-94.
林少珍,骆其君,张立宁,等. 2011. 一种羊栖菜幼孢子体苗的度夏培育方法: 201110109783[P]. 2011-4-29.
林位琅. 2005. 羊栖菜 *Sargassum fusiforme* (Harv.) Setch 浮筏栽培技术初步探讨[J]. 现代渔业信息,20(12): 29-30.
林霞,顾晓英,郑忠明,等. 2001. 羊栖菜栽培中常见敌害生物及防治初探[J]. 水产科学,20(6): 26-27.
骆其君,林少珍. 2014. 羊栖菜——海岛洞头的金名片[M]. 北京: 海洋出版社.
骆其君,严小军,裴鲁青,等. 2005. 一种羊栖菜幼孢子体苗的保存方法: 200510050823. 6[P]. 2005-7-22.
骆其君. 2001a. 羊栖菜人工育苗的附着基筛选[J]. 水产养殖,(3): 12-13.
骆其君. 2001b. 羊栖菜幼孢子体苗海区培育的研究[J]. 海洋湖沼通报,(3): 17-21.
骆其君. 2002. 赤潮对羊栖菜产量构成的影响[J]. 中国水产科学,9(3): 95-96.
逄少军,陈兰涛,孙建璋. 2004. 褐藻羊栖菜生殖诱导和利用调控受精进行种苗生产的方法: 20041002586. 6[P]. 2004-7-30.
逄少军,费修绠,肖天,等. 2001. 通过控制卵和精子的排放实现羊栖菜人工苗种的规模化生产[J]. 海洋科学,25(4): 53-54.
逄少军,张志怀、张玉荣. 2008. 一种羊栖菜受精卵和胚胎保存方法: 200810249547[P]. 2008-12-23.
钦佩,左平,何祯祥. 2004. 海滨系统生态学[M]. 北京: 化学工业出版社.
荣成县石岛育苗场. 1988. 羊栖菜人工育苗的初步研究[J]. 海洋湖沼通报,(2): 82-85.
阮积惠,徐礼根. 2001. 羊栖菜(*Sargassum fusiforme* Setch)繁殖与发育生物学的初步研究[J]. 浙江大学学报(理学版),28(3): 315-320.
史永富. 2006. 羊栖菜[*Sargassum fusiforme* (Harv.) Stechel]的研究现状及前景[J]. 现代渔业信息,21(5): 20-23.
孙建璋,方家仲,朱植丰,等. 1996a. 浙南沿海羊栖菜繁殖生物学的初步研究[J]. 海洋渔业,(3): 106-110.
孙建璋,方家仲. 1997. 羊栖菜苗种技术初步研究[J]. 中国海洋药物,(2): 39-43.
孙建璋,李生尧,方家仲,等. 1996b. 羊栖菜(*Sargassam fusiforme* (Harve) Setch)繁殖生物学的初步研究[J]. 浙江水产学院报,15(4): 243-248.
孙圆圆,孙庆海,孙建璋. 2009. 温度对羊栖菜生长的影响[J]. 浙江海洋学院学报,28(3): 342-347.
王伟定. 2003. 浙江省马尾藻属和羊栖菜属的调查研究[J]. 上海水产大学学报,12(3): 227-232.
王云,郑升阳. 2003. 羊栖菜的人工栽培[J]. 齐鲁渔业,20(3): 20.
严少军. 2011. 浙江海藻产业发展研究纵览[M]. 北京: 海洋出版社.

曾呈奎,陆保仁. 2000. 中国海藻志 第二卷,第三卷[M]. 北京: 科学出版社.
曾呈奎,王素娟,刘思俭,等. 1985. 海藻栽培学[M]. 上海: 上海科学技术出版社.
曾呈奎,张峻甫. 1962. 黄海西部沿岸海藻区系性质的分析研究 I . 区系的温度性质[J]. 海洋与湖沼,4(2): 49-59.
曾呈奎. 1962. 中国海藻志[M]. 北京: 科学出版社.
曾呈奎. 1999. 经济海藻种质苗种生物学[M]. 济南: 山东科学技术出版社.
张鑫,邹定辉,徐智广,等. 2008. 不同光照周期对羊栖菜有性繁殖过程的影响[J]. 水产科学,27(9): 452-454.
张玉荣,逄少军. 2010. 羊栖菜受精卵/胚胎低温保存合成活和发育[J]. 海洋科学,34(12): 70-74.
张展,刘建国,刘吉东. 2002. 羊栖菜研究评述[J]. 海洋水产研究,23(3): 67-74.
周峙苗. 2004. 羊栖菜多糖的提取和纯化研究[D]. 浙江工业大学.
朱家彦,刘凤贤. 1973. 羊栖菜生物的初步研究[J]. 厦门水产学院科技情报,养殖专集(二).
朱仲嘉,陈培明. 1997. 羊栖菜马尾藻光合作用与水温、光照的关系[J]. 水产学报,21(2): 165-170.
邹定辉,高坤山. 2010. 羊栖菜离体生殖托低温超低温的保存[J]. 水产学报,34(6): 935-941.
邹定辉,阮禄禧,陈伟洲. 2004. 干出状态干羊栖菜的光合作用特性[J]. 海洋通报,23(5): 33-39.
冈村金太郎. 1936. 日本海藻志[M]. 東京: 内田老鹤圃.
猪野俊平. 1947. 海藻的发生[M]. 東京: 北隆馆.
Hwang E K, Kim C H, Sohn C H. 1994a. Callus-like formation and differentiation in *Hizikia fusiformis* (Harvey) Okamura [J]. Korean Journal of Phycology, 9(1): 77-83.
Hwang E K, Cho Y C, Sohn C H. 1999. Reuse of holdfasts in *Hizikia* cultivation[J]. Journal of Korean Fisheries Society, 32(1): 112-116.
Hwang E K, Park C S, Sohn C H. 1994b. Effects of light intensity and temperature on regeneration differentiation and receptacle formation of *Hizikia fusiformis* (Harvey) Okamura[J]. Korean Journal of Phycology, 9(1): 85-93.
Pang S J, Chen L T, Zhuang D G, *et al.* 2005. Cultivation of the brown alga *Hizikia fusiformis* (Harvey) Okamura: enhanced seedling production in tumbled culture[J]. Aquaculture, 245(1): 321-329.
Pang S J, Gao S Q, Sun J Z. 2006. Cultivation of the brown alga *Hizikia fusiformis* (Harvey) Okamura: controlled fertilization and early development of seedlings in raceway tanks in ambient light and temperature[J]. Journal of Applied Phycology, 18(6): 723-731.
Pang S J, Liu F, Shan T F, *et al.* 2009. Cultivation of the brown alga *Sargassum horneri*: sexual reproduction and seedling production in tank culture under reduced solar irradiance in ambient temperature[J]. Journal of Applied Phycology, 21(4): 413-422.
Pang S J, Shan T F, Zhang Z H, *et al.* 2008. Cultivation of the intertidal brown alga *Hizikia fusiformis* (Harvey) Okamura: mass production of zygote-derived seedlings under commercial cultivation conditions, a case study experience[J]. Aquaculture Research, 39(13): 1408-1415.
Pang S J, Zhang Z H, Zhao H J, *et al.* 2007. Cultivation of the brown alga *Hizikia fusiformis* (Harvey) Okamura: stress resistance of artificially raised young seedlings revealed by chlorophyll fluorescence measurement[J]. Journal of Applied Phycology, 19(5): 557-565.

第四章 鼠尾藻栽培

第一节 概 述

一、产业发展概况

鼠尾藻(*Sargassum thunbergii*)是北太平洋西部特有的一种暖水性大型褐藻,在我国有悠久的食用及药用历史。随着水产动物养殖业的迅速发展,鼠尾藻的应用领域得到了进一步拓展,市场需求量也成倍增加。在主要依赖鼠尾藻自然资源的阶段,掠夺式的采收方式导致其野生资源遭到很大破坏,种群规模和数量不断减小,由此引起的资源退化也亟待解决。

近年来,随着对鼠尾藻人工育苗及栽培技术研究的不断深入,鼠尾藻人工栽培的产业规模也在不断扩大,鼠尾藻的供需矛盾有望得到更好的解决。自20世纪90年代中期以来,鼠尾藻的应用研究和市场需要呈现出相互促进、共同进步的可喜局面。应用研究为鼠尾藻开拓了新的用途和市场,而市场又促进了鼠尾藻研究深度和广度的拓展。这种局面将鼠尾藻的产业地位逐步确立起来。据资料显示,2012年我国北方试点海域的亩产量已经达到2 000 kg以上,藻体长度2 m以上。现在,我国鼠尾藻的规模化栽培主要分布于山东、辽宁、浙江等海区。

二、经济价值

鼠尾藻经济价值较高,其叶片鲜嫩柔软、营养丰富。研究表明,鼠尾藻含有丰富的必需氨基酸、不饱和脂肪酸、矿物质及微量元素。其蛋白质含量为19.1%,高于海带和裙带菜,粗脂肪为2.5%,粗纤维为6.2%,V_{B_1}为0.33 μg/g,V_{B_2}为5.7 μg/g,岩藻黄素为4.5 mg/g,褐藻多酚为6.48 mg/g,甘露醇为0.44%。在医药、保健、水产养殖及化学工业等行业中均具有极大的开发潜力。

鼠尾藻多糖类物质常被用作免疫增强剂,对预防肿瘤与心血管疾病、降低血糖和延缓衰老均有一定的效果。高分子量的褐藻多酚具有较强抗氧化活性,是一类潜在的海洋生物天然抗氧化剂,能清除细胞内的自由基。此外,鼠尾藻中含有凝集素,可有效缩短凝血时间。鼠尾藻胶经加工后制成的褐藻胶代血浆,具有不在体内积蓄、不影响内脏器官、对循环系统有改善作用并加快排出体内毒素等特点,升压效果明显,能防止血液浓缩,并能加速组织胺的排除。鼠尾藻含有抗菌活性物质,且不同季节、不同产地的藻体,以及藻体不同部位的抗菌活性差异较大。其提取物对革兰氏阳性菌如枯草芽孢杆菌、金黄色葡萄球菌都显示了不同程度的抗菌活性。我国传统中医认为,鼠尾藻药性咸、寒,具有软坚、散结、利尿、消痰等功效,可用于治疗甲状腺肿大、淋巴结核、心绞痛。

由于鼠尾藻藻胶含量少,易消化吸收,是海参的最佳天然饵料。随着海参养殖业的发展,鼠尾藻的需求量也逐年加大,其作为海参和鲍鱼等的优良饵料来源也越来越受到人们的关注。海参保苗后期采用新鲜海泥及鼠尾藻磨碎液混合投喂,可使海参幼虫变态率明显提高。以鼠尾藻磨碎物投喂壳长1 cm左右的鲍鱼,能促使鲍鱼营养全面、增强体质和提高抗病力。鼠尾藻还可以分别配以动植物蛋白质、脂肪、维生素、矿物质等研制微细配合饵料,已完全代替单胞藻,成为饲育海湾扇贝的亲贝和面盘幼虫的饵料。

鼠尾藻可抑制赤潮生物生长,是海洋牧场中藻场建设的重要种类。鼠尾藻生长周期长,藻体不易腐烂,且生物量大,在其生长过程中,可大量吸收水体中氮、磷等营养盐,因此对于降低海区的富营养化负荷具有重要作用。同时,藻体富集无机砷的能力强,对金属铬和铅这两种重金属均具有很好的吸附效果。鼠尾藻作为马尾藻属中的重要经济种类,具有良好的聚集鱼群的作用,可成为其他海洋生物天然的索饵场、产卵场、运动场和栖息场。在水产生物养殖池塘中栽培鼠尾藻,富营养化的池水被净化后排入大海,不污染环境,有利于海水养殖健康持续发展及保护海洋环境。对养殖生态系统而言,鼠尾藻具有生物修复和饵料生产两种特殊功能,是理想的海洋牧场功能藻之一。

近年来,大量人为采集使我国鼠尾藻野生资源遭受严重破坏,有些海区已近枯竭。为了满足日益扩大的市场需求,必须恢复鼠尾藻的自然资源,并在我国沿海迅速发展鼠尾藻栽培业。

三、发展简史

1989~1990 年,郑怡和陈灼华(1993)对福建省平潭岛的鼠尾藻生长和生殖季节进行的观察研究结果表明,鼠尾藻生殖季节为 4~7 月;7 月藻体初生枝达最长,生物量最大;藻体初生枝长度和生物量与波浪冲击度有关,浪冲击度越大,藻体初生枝越长,生物量也就越大。

我国在鼠尾藻的人工栽培养殖和育苗技术研究始于 21 世纪初。刘涛等(2005)的研究成果——“一种基于体细胞育苗技术的鼠尾藻苗种繁育方法”申请并获得了国家发明专利。邹吉新等(2005)将野生鼠尾藻夹到养殖栽培苗绳上进行筏式栽培养殖,也获得了较好的生产效果。原永党等(2006)在山东的威海地区,利用鼠尾藻多年生、多分枝、离体可以正常生长的特点,进行了鼠尾藻的劈叉筏式栽培养殖试验,生产试验连续进行了两年,也同样获得了成功。刘启顺等(2006)在山东威海培育出数百万株高 3.5 mm 的鼠尾藻苗。詹冬梅等(2006)研究了鼠尾藻生殖规律及人工育苗中的培养条件。

王飞久等(2006)通过海上及室内培养相结合的方法,观察到鼠尾藻性成熟特征、受精卵分裂特点及幼孢子形成过程,首次报道了鼠尾藻生殖细胞的形成、受精卵发育及假根形成。在基本掌握鼠尾藻繁殖习性的基础上,用维尼纶绳和棕绳进行了苗种培育试验,并取得了理想的附苗效果。张泽宇等(2007)研究了贝壳做基质的鼠尾藻人工育苗技术。潘金华等(2007)在室内进行了鼠尾藻有性生殖和幼孢子体发育的形态学观察,详细描述了卵排出后至受精的过程,揭示了鼠尾藻卵排出后并非直接受精,而需从 1 核分裂至 8 核(约需 4 h)后,才受精。王增福和刘建国(2007)进行了鼠尾藻人工育苗试验,在培养箱和大池中得到鼠尾藻 1 mm 以上幼苗。Zhao 等(2008)在实验室条件下进行了鼠尾藻的早期发育研究,并探讨了温度和光照对幼苗生长的影响。李美真等(2009)利用浙江人工栽培鼠尾藻和山东人工促熟的种藻,进行了北方海区大规格苗种提前育成研究,共培育出大规格苗种 3 373.7 万株,经海上中间培育 3 个多月后,幼苗生成直立枝 3~4 根、长度可达 4~6 cm。总体来看,我国沿海各地学者对鼠尾藻人工育苗研究较多、成果颇丰,但尚存在室内人工育苗中高温季节幼苗死亡率较大、海上中间暂养中敌害较多、管理有待加强等问题。

鼠尾藻的栽培试验表明,在浅海浮筏栽培中,长度与鲜重均比自然岩礁上的提高 3 倍左右,固着器发达,并能够萌发新芽(邹吉新等,2005)。人工栽培的鼠尾藻生长到一定长度即可收获，收获时保留固着器，藻体可继续生长，培育一次苗种可栽培2~3年。在人工栽培过程中，无论是人工苗种，还是野生苗种，其生长速度均明显快于自然生长，因此鼠尾藻人工栽培产业有一定的发展潜力。

第二节　生 物 学

一、分类地位与分布

鼠尾藻(*Sargassum thunbergii*)在自然分类系统上属于：

褐藻门(Phaeophyta)

褐藻纲(Phaeophyceae)

墨角藻目(Fucales)

马尾藻科(Sargassaceae)

马尾藻属(*Sargassum* C. Ag)

鼠尾藻(*Sargassum thunbergii*)属暖水性海藻，集生于潮间带中下部的岩石上，在潮间带中上部的水洼或石沼中也有分布，退潮后较长时期暴露于日光下亦可生长。鼠尾藻是太平洋西部特有种，分布于千岛群岛、库页岛(萨哈林岛)南部、朝鲜半岛和日本列岛，我国北起辽东半岛，南至雷州半岛的硇州岛均有分布，是沿海常见的一种经济褐藻。鼠尾藻全年可见，生长盛期为3~7月。

二、形态与构造

鼠尾藻藻体为孢子体，缺少配子体阶段，无世代交替。雌雄异株，藻体深褐色，形似鼠尾，故得名。藻体主要分为主干、分枝、叶、气囊和固着器，一般高30~50 cm，最高可达120 cm。主干短粗，圆柱形，有数条纵走浅沟，其上有鳞状叶痕。主干顶端生出数条初生分枝，个体外形因分枝长度和节间距离变化而有较大差异。藻体幼期，鳞片状小叶密集排列在主干上，形似小松球。初生分枝的幼期也覆盖以螺旋状重叠的鳞片叶，次生分枝自叶腋间生出，有时次生分枝甚短，不能伸长，枝上有纵沟纹，沟纹常自各叶基部下行。叶为丝状、披针形、斜楔形或匙形，边缘全缘或有粗锯齿，长4~10 mm，宽1~3 mm。气囊小，窄纺锤形或倒卵圆形，顶端尖，具长短不等的囊柄。固着器盘状至圆锥状。生殖托为圆柱形，顶端钝，表面光滑，单个或数个着生于叶腋间。雌托粗短，长3~5 mm，直径约1.2 mm；雄托细长，长10~15 mm，直径约1 mm。

目前我国鼠尾藻主要的栽培种类为采自辽宁大连旅顺、山东威海、浙江洞头等地的野生藻体。通过不同地理种群组合杂交育种，有望培育优良品系，提高鼠尾藻栽培水平。

三、繁殖

鼠尾藻自然繁殖方式有2种，即营养繁殖和有性生殖。以固着器再生植株的营养繁殖方式为主，有性生殖为辅。

1. 营养繁殖

鼠尾藻的盘状固着器为多年生，其营养繁殖是以固着器再生植株进行的。

2. 有性生殖

鼠尾藻为雌雄异株，在繁殖季节，雌、雄株藻枝的叶腋间分别生出单个或数个雌、雄生殖托,生殖托为棒球棍状,顶端钝,表面光滑。雌性生殖托内的生殖窝中形成卵,雄性生殖托内的生殖窝中形成精子囊。青岛海区在6月中旬时,雌性生殖窝孔附近已有卵形成,生殖窝切面观显示其中含卵3~8个,一般6个,卵直径为170~200 μm,围绕生殖窝孔排列。每个生殖托内生殖窝的数量因生殖托大小而异,雌性生殖托内生殖窝的数量为60~120个,雄性则为80~150个。

野生鼠尾藻的繁殖季节因地而异,多为一年一次,在春季或夏季进行。水温为13~23℃时,雌株经阴干刺激均有一定数量的卵放出。日本海舞鹤湾鼠尾藻夏季成熟,长崎南部野母崎的成熟季节为4月末至6月初。我国浙江海区栽培的鼠尾藻成熟时间为5~7月,一般在5月中下旬准备育苗材料,6月初开始采集受精卵及幼孢子体,附苗并培育。山东和辽宁为6~8月,比浙江沿海延后1个月。福建沿海鼠尾藻成熟时间为4~7月。

青岛海区鼠尾藻集中排卵的时间主要集中于水温为22~27℃的6月底至7月中旬,此期间雌雄藻体大量排卵放精。数天内生殖窝内的卵基本排放完毕,少量未排放完全的卵集中于生殖托顶端部的1/3处。7月中下旬后,剩余的卵也排放完毕,但排放量已远不及前期。一个生殖托上生殖窝中的卵一年只成熟一次,排放分数次进行。排放完毕后不久,生殖窝便溃烂脱落。

另外,不同水域、不同水层的鼠尾藻排卵时间也有差异。潮位较高,低潮时干露时间较长、水温较高的海区,鼠尾藻的成熟时间较早,排卵也早,大部分在6月底至7月初已排放完毕;低潮时仍处于水中或干露时间较少的藻体,则排卵较晚,在7月中上旬才开始大量排卵。

(1) 精卵排放

鼠尾藻孢子体在成熟时,从叶腋处生出生殖托,通常雌托粗短,雄托细长(图4-1),但是大多区别不明显。青岛海区在6月下旬,随着藻体的成熟,进入精卵排放高峰期。有的生殖托上的卵整托排放,有些则为基、中部排放,顶部1/3处的卵在数天后排放。在实验室条件下,顶部1/3处残留的卵,甚至在第6天才排放。排放时,精卵通过生殖窝孔排出体外。排放后的卵附着于生殖托表面等待受精,显微镜下可清晰见到卵内有8个细胞核;雄性生殖托中窝内的精子囊成熟后,从生殖孔将精子液放出,精子依靠鞭毛的摆动游向卵,并与其结合。卵受精后7个细胞核消失,成为单核的合子(受精卵),并开始进行细胞分裂。随后,受精卵逐渐失去黏性,固化并从生殖托上脱落,附着于合适的固着基后,幼孢子体开始生长。

图4-1　鼠尾藻繁殖期的藻枝外观(孙修涛,2006)

A. 雄性藻枝上萌发雄性生殖托;
B. 雌性藻枝上萌发雌性生殖托

研究显示,一株成熟藻体具10~15个分枝,每个分枝有40~60个次生分枝,每个次生分枝可生成20~40个生殖托,每个生殖托内有60~120个生殖窝,每个生殖窝内可形成3~8个卵(一般为6个)。由此估算,每株雌性藻体卵最大排放量约为2 500万个。每株藻体的分枝数量、长短及次生分枝数均不相同,因此每株雌株的排卵量也不同。

(2) 受精卵的分裂发育

受精卵形成后便进入合子的分裂阶段。合子第1次分裂为横分裂,约1 h后形成2个细胞。第2次分裂发生于合子的下端,仍为横分裂,1.5 h后形成一个小型的假根细胞及一个体细胞。第3次分裂后合子形成4细胞结构,常见有两种方式:一是与假根相对一端的细胞进行纵分裂;二是与假根细胞相邻的、位于中间的细胞进行纵分裂。之后每隔2~3 h完成1次分裂,逐渐形成多细胞梨形的幼孢子体。

(3) 假根的形成

受精卵形成约20 h后,基部假根细胞向下形成4~8个突起,这些突起就是假根雏形。假根突起生长发育速度很快,约24 h后,形成较明显的假根,长度可达幼孢子体长度的1/3。之后假根逐渐展开,36 h后长度已经超过幼孢子体本身的长度,48 h后假根长度约达幼孢子体长度的3倍。此阶段的假根生长速度远远超过幼孢子体本身的生长速度,有利于幼孢子体附着在基质上。

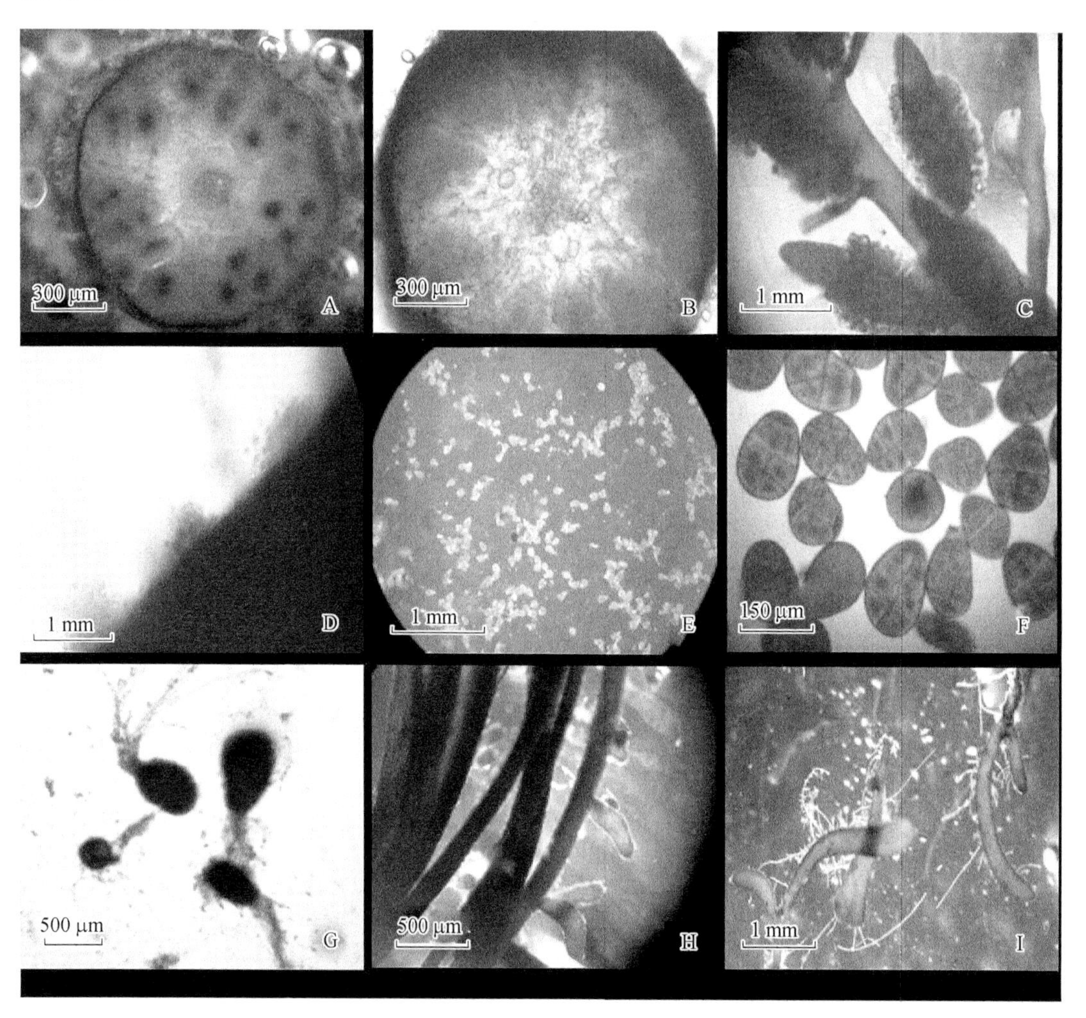

图4-2　鼠尾藻繁育生物学显微观察(詹冬梅等,2006)

A. 雌性生殖托横切面;B. 雄性生殖托横切面;C. 雌性生殖托挂卵现象;D. 雄托排放精子;E. 刚脱落的受精卵;F. 受精卵发育为多细胞;G. 幼孢子体已长出假根;H. 附着在棕绳上的幼苗;I. 培育20 d的幼苗已产生分枝

（4）幼孢子体生长

假根的发生标志着完整幼孢子体的形成，萌发 48 h 后已附着牢固，可耐受一定的水流冲击。经过 10~15 d 的生长，幼孢子体平均长度约为 1.0 mm，25 d 后达到 2.0 mm，此时在藻体上端产生突起并形成初生叶。培育 48 d 后，初生叶的平均长度达 1.0 mm，再经过数天的生长，初生叶已肉眼可见。

四、生活史

鼠尾藻的生活史（图 4－3）属于二倍体单世代型，只有孢子体阶段，无世代交替现象。鼠尾藻雌雄异株，繁殖方式有两种，即有性生殖和营养繁殖，以假根再生植株的营养繁殖方式为主，有性生殖为辅，共同维系种群的繁衍。

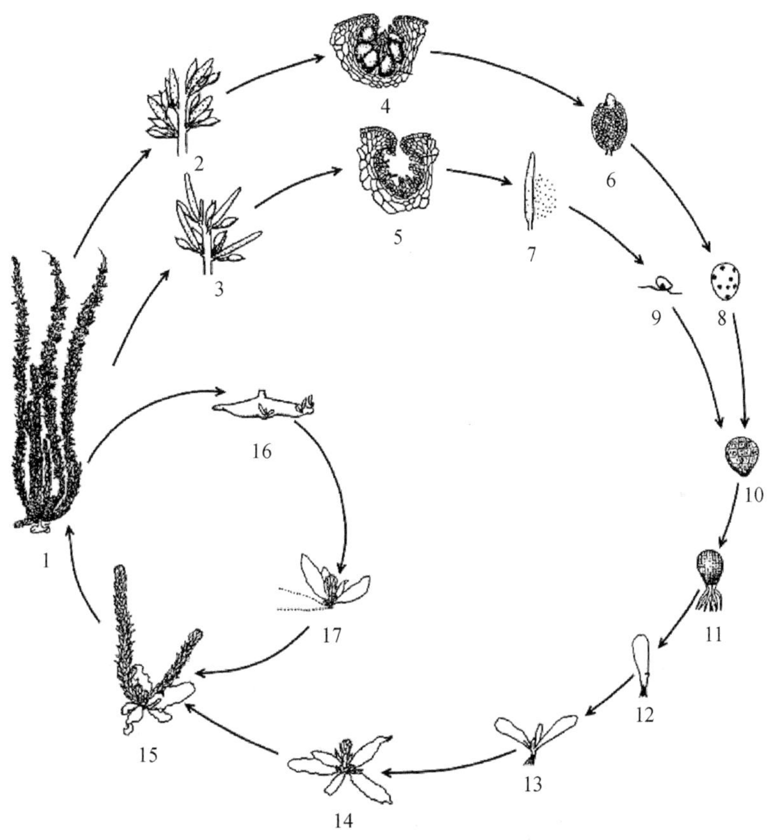

图 4－3　鼠尾藻（*Sargassum thunbergii*）的生活史（仿堀辉三，1993）

1. 成熟藻体；2. 雌生殖托；3. 雄生殖托；4. 雌生殖窝；5. 雄生殖窝；6. 放散卵子；7. 放散精子；8. 卵；9. 精子；10. 卵胚；11. 幼孢子体；12. 第一初生叶幼孢子体；13. 初生叶幼藻Ⅰ；14. 初生叶幼藻Ⅱ；15. 鳞片状叶幼藻；16. 茎和分枝流失；17. 假根幼苗

五、生态与环境

王增福和刘建国（2007）以青岛太平角左侧的海岸潮间带（北纬 36°2′，东经 120°21′）为观测地点，描述了鼠尾藻生长的生态环境。观测点为北温带季风区域，属温带季风气候，岩石底质，常年有大量鼠尾藻密集生长。潮汐属正规半日潮型，潮差为 1.9~3.5 m，高潮位平均

3.85 m,低潮位平均1.08 m。夏季表层海水温度16~25℃,最高温度在9月15日前后,冬季表层海水温度为2.6 ~16℃,最低温度在2月10日前后,表层水温3℃以下最长时间20 d。通过室内培养与野外考察相结合的方法,观测鼠尾藻在不同季节和时间的生长发育状况。

从2006年5月下旬开始每隔几天进行一次野外观测,根据观察的结果,鼠尾藻的营养生长见表4-1。

表4-1 鼠尾藻在有性生殖前的生长发育状况(王增福和刘建国,2007)

日期(月-日)	温度/℃	藻长/mm	生殖托长度/mm	
			♂	♀
5-24	20.8	162±9.1	—	
5-30	21.2	226±8.0	—	
6-8	22.8	265±12.9	<0.5	
6-14	22.4	334±23.0	0.84±0.13	
6-23	22.6	400±20.5	1.22±0.17	
6-28	23.2	423±24.2	2.32±0.92	
7-6	24.1	436±23.1	4.83±0.06	
7-11	24.8	431±15.0	9.37±0.59	3.16±0.52
7-15	26.2	438±14.7	10.28±0.39	3.25±0.44
7-18	25.5	441±24.0	10.29±0.41	3.21±0.39
7-21	26.0	438±27.4	10.67±0.64	3.28±0.43

注:温度是观察采样时海水的即时温度,藻长是选用生长发育较为一致的有代表性的藻株,藻长和生殖托长度的样本数均为5,a系由于雌、雄生殖托大小出现明显分化导致该结果数据之间差异较大

水温21℃左右时,藻体长度增加较快,但生殖托肉眼不可见。当水温超过22℃,藻体长度继续增加的同时,生殖托的长度也明显增长。当海水温度超过23℃,藻体长度的增加减缓,而生殖托生长速度加快,到6月28日,生殖托平均长度达到2.32 mm时,通过对生殖托切片的观察可较清楚地区分雌雄藻株,但从外观上仍很难判断。当水温达24℃时,藻体长度的增加很少甚至停止,而生殖托生长速度达到最快,并很快达到成熟时的长度(雄托约10 mm,雌托约3 mm);7月11日,雄、雌生殖托平均长度分别达到9.36 mm和3.16 mm,且从外观可基本区分(雄生殖托较为细长、表面光滑,雌生殖托较粗短、表面粗糙),雌雄生殖托发育已接近成熟,但生殖细胞尚未完全成熟。7月15日开始海水温度超过25℃,至7月21日水温达到26℃,开始大量集中排卵,进行有性生殖。

2006年8月到9月中旬,到海区近岸的海水温度基本上都维持在25℃以上,个别的天气和时段,水温可超过30℃,而在某些小石沼,在中午太阳直射时水温甚至超过35℃。2006年8月上旬,青岛太平角观察区域大部分鼠尾藻有性生殖过程均已结束。尽管生殖托的颜色从外观上看没有太大的变化,但生殖窝内的卵和精子都已基本上排放干净,仅有极少部分位于生殖托顶部的生殖窝内,有少量残存未排尽的卵和精子。8月10日以后,生殖托的颜色已经由鲜亮的淡黄色转为暗黑色,渐渐失去了光泽,极易脱落,而藻体初生分枝的顶部也已经开始腐烂脱落。至8月20日左右,初生分枝顶端有的已经变得光秃,其上的次生分枝腐烂、流失;至9月初,已经进行过有性生殖的初生分枝有的腐烂流失,有的残存基部,而顶部光秃。其后,进行过有性生殖的初生分枝基本上全部腐烂流失,夏季未进行过有性生殖的初生分枝开始生长、伸长,长度平均达到3 cm,成为藻体的主要部分。

10月以后，鼠尾藻的形态特点及性状与夏季的有很大的区别：藻体变为暗褐色，初生分枝粗短，表面也有密集的鳞片状小叶分布，次生分枝极短或不可见，气囊消失。而整个鼠尾藻种群内的个体差别也很大，有的藻株的初生分枝较长，而有的极短；有的藻体只残存固着器部分，而有的个体上仍存在未进行过有性生殖的初生分枝。11月以后，有性生殖产生的幼孢子体苗肉眼可见，还可观察到盘状假根基部有嫩芽生出，这些假根上面的营养体有些已全部脱落，有些还留有夏季的初生分枝。进入12月，随着气温和海水温度的降低，鼠尾藻的生长进入停滞状态。幼孢子体苗的群体不断壮大，成为整个鼠尾藻种群的重要组成部分。幼孢子体苗依靠假根固着在岩石上，4片较大的叶呈“十”字形紧贴地面，中间的嫩芽呈花朵状，深黄褐色，随后基部的叶片干枯脱落，中间的嫩芽逐渐生出初生分枝，产生3~5个小的初生分枝，在低潮时，有的幼孢子体苗脱水严重，藻体叶片萎缩，但在涨潮后可恢复原来的形状。有些区域幼孢子体苗密度较大，可超过5 000株/m^2。随着时间的推移，幼孢子体苗颜色变深，呈暗褐色，与周围成体的颜色非常接近。而成体有性生殖之后发育的初生分枝表面，覆盖着排列紧密的鳞片状叶片，有的叶片边缘为枯黄色，藻体为黑褐色。1月以后，成体初生分枝上部鳞片叶的顶端开始膨大，叶片逐渐散开，呈细长的绒毛状。2月，随着天气的转暖，成体和孢子苗都开始了新一轮的生长，初生分枝开始伸长，表层的鳞片状叶开始蓬松，排列已经不那么紧密，藻体颜色也开始变浅，渐渐由黑褐色变为黄褐色。进入3月以后，初生分枝进一步伸长，节间距离不断增大，藻体变得细长，顶端生长点生长活跃，次生分枝开始发育，气囊逐渐形成，且数量不断增加。

选择4处有鼠尾藻密集生长的礁石，在鼠尾藻完成有性生殖、侧枝开始腐烂脱落时，将两处礁石上生长的鼠尾藻连同固着器一起清除，另两处礁石不做处理。几个月后观察这些礁石上鼠尾藻幼苗的生长状况和鼠尾藻种群的组成。在其中一处清礁礁石上，11月时出现了大量的鼠尾藻小苗，而另一处情况却相反，仅有少量的鼠尾藻小苗出现。鼠尾藻的有性生殖成苗率并不稳定。到第2年3月时，对第一处礁石上的鼠尾藻进行的观察结果表明，藻体数量较年前有很大下降，仅为年前的1/10，若排除人为因素造成的破坏（此处为旅游区，人为破坏的可能性存在但不大）或敌害的影响，可以说明鼠尾藻小苗在越冬中大量死去，鼠尾藻小苗的成活率并不高。另外两处礁石上的情况类似，年前和年后都始终维持了较大的种群数量，且种群中有大量的小苗存活和生长。鼠尾藻的有性生殖在自然条件下的成活率并不是很高，而且越冬后的成活率也很低，但是考虑鼠尾藻有性生殖的繁殖能力非常巨大，在种群数量的维持和发展中仍然占有重要的地位，可以得出，鼠尾藻的有性生殖与营养繁殖共同承担种群繁衍。

鼠尾藻在青岛太平角海区周年均有分布，在某些区域为潮间带海藻群落的绝对优势种。主要分布在潮间带中下部的岩石或石沼中，在岩石的背阴面也有大量的分布，另外在潮间带上部也有零星分布（王增福和刘建国，2007）。

第三节　苗 种 繁 育

一、育苗设施

1. 育苗设施

鼠尾藻育苗设施包括育苗池、沉淀池、过滤池、进排水和电力系统等，常规的褐藻育苗室均可以用于鼠尾藻育苗。室内或室外水池均可用作育苗池，长度和宽度不限，深度为0.5 m左右即可。鼠尾藻育苗期间对光照强度要求较高，需80 μmol/(m^2·s)以上。若使用室外露天水泥池，需在水泥池上方搭棚架，用遮阳率为80%黑色农用遮阳布遮蔽直射光，且能防止水温变化过快。

鼠尾藻采幼孢子体的育苗时间10～15 d，常温、自然光（避直射光）下即可进行，紫菜、海带和鱼虾类闲置育苗设施稍作改进、修缮后，均可用于鼠尾藻育苗。

2. 附苗器

鼠尾藻幼孢子体均能很好地附着在玻璃、贝壳、棕绳、竹片、木片、化纤材料等附着基上，目前经常采用的附苗器主要有：① 维尼纶带（宽2 cm）制作的2 m×0.4 m布苗帘，两端用直径10 mm外包塑管钢筋固定。② 维尼纶、聚乙烯加强绳（直径0.3 cm）编制的1 m×0.5 m绳苗帘，四周为直径10 mm塑管钢筋框。这两种附苗器结构合理，使用方便，具有附苗均匀牢固、耐用、耐虫蛀、拉力强等优点。附苗器不论选用哪一种材料，在使用之前都必须经过充分浸泡去毒及燎毛处理。其中维尼纶带已广泛应用于鼠尾藻的规模化育苗，并形成了制作、处理产业体系。张泽宇等（2007）研究了以虾夷扇贝壳为基质进行鼠尾藻采苗，也获得了较好的结果。

二、育苗方法

1. 种藻的选择及运输

生殖托的发育程度是决定鼠尾藻采苗成败的关键因子，当雌性藻体的生殖托表面形成粒状突起、开始大量分泌黏液时，表明鼠尾藻的卵已经成熟，可以进行采苗。种藻的生殖托外最好有挂托卵。在5月中下旬鼠尾藻繁殖盛期之前，选海面筏养的藻体健康、色泽鲜亮、生殖托发育良好、无杂藻及病虫害的成熟种藻，雌、雄比按10∶1，装入塑料泡沫箱中，保鲜运至采苗地点。

2. 卵的放散

鼠尾藻排出的卵呈圆形，浅褐色，直径150～170 μm。大连市大砣子岛的鼠尾藻放散试验结果显示，繁殖初期，雌性种藻的卵放散量很少，仅为10万粒/g左右；随着水温的升高（水温15℃），卵放散量迅速增加到120万粒/g；7月15日前后（水温17℃）进入卵放散高峰，此时大部分种藻已经成熟，经阴干刺激后有大量的卵放出，一周累计卵放散量为300万粒/g；随后，鼠尾藻卵的放散量开始缓慢下降，7月31日（水温21℃）放散量降至250万粒/g，显微镜下可见雌性生殖托基部生殖窝内的卵已经放完；随着水温的升高，卵的放散量迅速降低，8月15日放散量仅剩70万粒/g，显微镜下清楚可见生殖托表面几乎所有的生殖孔均已扩大，上面粘有少数的卵，繁殖期已接近尾声（图4－4）。

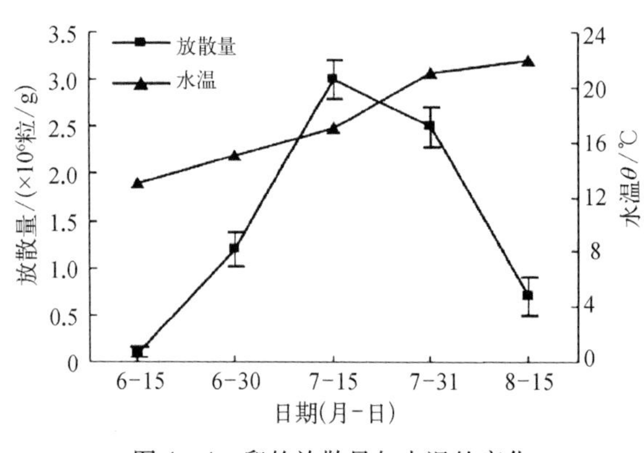

图4－4 卵的放散量与水温的变化（张泽宇等，2007）

3. 受精卵的采集（采苗）

（1）直接采苗

将处理好的附苗器铺在清洗消毒后的采苗池中，注入沉淀过滤后的新鲜海水至30 cm。将清洗干净的成熟种藻均匀铺撒在附苗器上，或在水面上层用栽培绳夹养鼠尾藻种菜，令受精卵自然脱落并附着在附苗器上。在采苗过程中，经常翻动种藻，可加快受精卵脱落并使之附着均匀。附苗器雌株种藻用量为0.5～1 kg/m^2，雌雄种藻按（6～10）∶1搭配。24 h后将种菜捞出，并缓慢换水。

（2）受精卵喷洒采苗

将种藻集中在某个水池中集中放散，之后用300目筛绢收集脱落的受精卵及幼孢子体，放入定量的小水体中，清洗去除杂物。计数后按拟定的采苗密度，将受精卵或幼孢子体均匀地泼洒在附苗器上。

4. 人工苗种室内培育

（1）苗帘培育条件

若选用较深培育水池（8m×1m×0.8m），应在水池中设置竹竿绳索将苗帘架起，使每个苗帘拉紧绷直悬浮于水表层（图4－5），以便幼苗更好地接受光照，且苗帘绷紧拉直后有利于洗刷污泥及杂藻，促进幼苗生长发育。培育海水为沉淀24 h砂滤后的新鲜海水，充气、流水培育，水温18~23℃，采用自然光照，强度控制在300 μmol/（m^2·s）以下。

图4－5　鼠尾藻苗帘车间培育
（李美真等，2009）

图4－6　附着在棕帘上的鼠尾藻幼苗
（李美真等，2009）
室内培育10 d下海后20 d，叶片达到5 mm以上

（2）苗帘洗刷

采苗2~3 d后，开始每天轻轻拍洗苗帘，一周后采用电动压力喷水洗刷器喷刷苗帘，压力由弱到强，以幼苗不被冲掉为准，每隔1 d喷刷1次。幼苗下海后，采用柴油动力压力喷水器冲刷苗帘，隔天1次，可有效清除污泥、杂藻及无脊椎动物幼虫的附着。

（3）不同采苗时间对育苗效果的影响

2006年在山东荣成俚岛海区进行的规模化育苗试验，于7月20日采苗，此时为北方海区传统的采苗时间，正值鼠尾藻成熟盛期。利用潮间带野生鼠尾藻作为种藻采苗后，幼苗在室内培育期一切正常，室内培育30 d后幼苗长度平均达到2.5 mm。但当幼苗下海后，正值海上高温期，苗帘大量附着各种杂藻、污泥和无脊椎动物幼虫，加上管理措施不当，苗帘被大量杂藻覆盖，使幼苗窒息死亡，导致苗帘上的幼苗大量脱落，育苗失败。针对以上技术瓶颈，及时调整技术路线，在2007年的生产性育苗试验中，进行了不同采苗时间对育苗效果影响试验，利用南方成熟早的鼠尾藻种藻及课题组提前人工促熟的当地鼠尾藻种藻，比传统采苗时间提前50 d，并采取缩短室内培育时间及合理的海上培养管理措施，最终培育出大规格健壮幼苗300多万株，至7月23日苗帘上的幼苗叶片长度已达5 mm以上，并有多个初生叶片产生（图4－6）。表4－2列出了不同采苗时间对育苗效果的影响。

表 4-2　不同采苗时间对育苗效果的影响(李美真等,2009)

批次	采苗时间(月-日)	种藻来源	卵质量、受精卵附着率/%	培育时间/d	幼苗生长情况		
					下海后脱苗率/%	长度/mm	幼苗密度/(株/cm²)
1	5-30	浙江海区筏养	正常,98	30	5	3.2	110
2	6-5	浙江海区筏养	正常, 95	30	7	3.0	104
3	6-15	浙江海区筏养	正常,86	30	15	2.5	77
4	6-28	人工促熟的本地种藻	正常,88	30	12	2.5	93
5	7-10	人工促熟的本地种藻	正常,95	30	13	2.8	103
6	7-22	本地野生种藻	正常,95	30	10	2.8	83
7	7-28	本地野生种藻	正常,60	30	40	2.5	30
8	8-5	本地野生种藻	受精卵极少且发育不正常	—	—	—	—

(4) 室内幼苗培育时间

室内幼苗培育一般需 10~20 d,不同室内培育时间及不同下海时间,对幼苗生长发育均有重大影响。山东省海洋生物研究院藻类中心,在 2006 年的生产性育苗试验中,采苗后于车间水池流水培育 30 d 才下海,此时正值 8 月中下旬,车间水温较高达到 27℃以上,造成室内培育后期幼苗生长缓慢,并有杂藻附着,有些幼苗开始出现腐烂现象,下海后幼苗大量脱落,最终导致育苗失败。在 2007 年生产性育苗试验中,进行了不同下海批次试验,结果表明,越早下海的幼苗生长速度越快,说明室内育苗池的培育条件,不能满足鼠尾藻幼苗的生长发育需要。幼苗早下海,不仅可节约育苗成本,还可促进幼苗在高温季节到来之前快速生长,达到较大规格,有效抵御各种不良环境的影响并形成种群优势,减少杂藻的附着(图 4-7)。

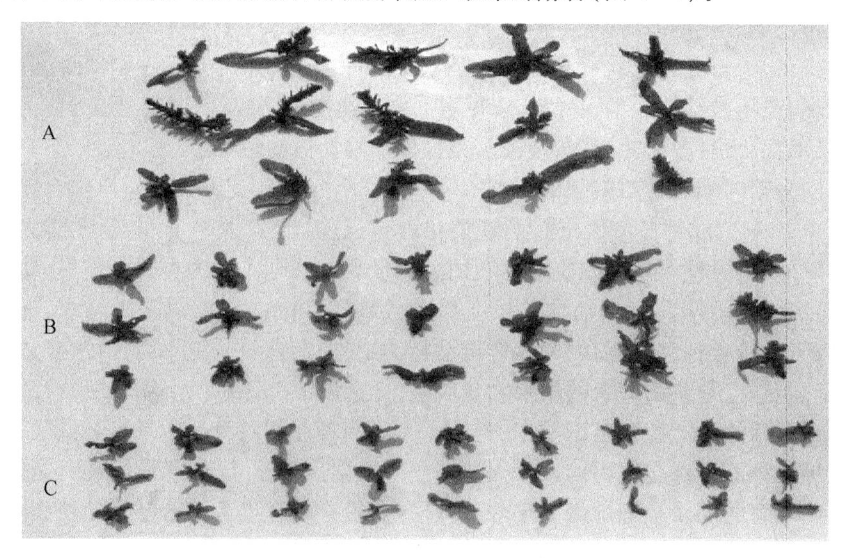

图 4-7　不同下海期幼苗海上暂养 2 个月后幼苗生长大小(李美真等,2009)

A. 室内培育 15 d;B. 室内培育 20 d;C. 室内培育 30 d

室内采苗后至水温22℃期间,幼苗生长良好。培养10 d后,幼苗的长度为200 μm左右,已肉眼清晰可见;20 d后,幼苗的长度达到1 mm;30 d后,幼苗的长度达到2.0 mm;随着水温的升高,幼苗生长速度明显下降(水温>23℃),且趋于停止;水温下降至22℃,幼苗缓慢地恢复生长(图4-8)。

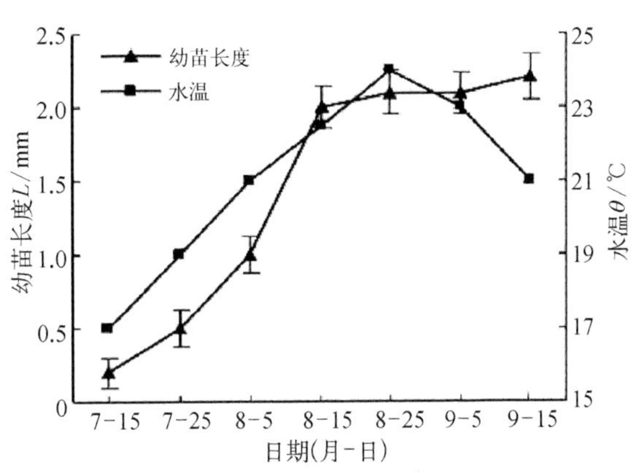

图4-8 室内培育期间幼苗生长与水温的变化(张泽宇等,2007)

5. 鼠尾藻人工苗种海上保苗方式

(1) 筏架设置及苗帘挂养模式

在两根浮绠之间,每隔3 m架设一根长3 m的粗竹竿(或直径5 cm的钢管),使每2根竹竿之间形成3 m×3 m的水面,其间可挂养化纤布苗帘4个或棕绳苗帘6个。用吊绳将苗帘两端拉紧绷直,悬挂于海水表层(图4-9),光照强度大于1 000 μmol/(m²·s)时,可将苗帘下降至水下30 cm。

图4-9 鼠尾藻苗帘海上挂养(李美真等,2009)

(2) 出海张挂

鼠尾藻幼苗在苗帘上附着后,下海张挂的时间对育苗成败具有重要影响。若下海过早,则因假根生长不够充分而附着不牢,掉苗严重,成活率低;下海过迟,在室内培养时间长,幼苗生长受到影响,不利于当年获取大苗。鼠尾藻出海张挂时间不但与幼苗大小有关,更与假根多少有关,只有假根生长充分,幼苗附着的牢固度才强,下海后才不易掉苗。据多年试验观察,室内培养10~15 d,幼苗生假根15根以上,平均株高2 mm以上时下海有利于幼苗生长。室内培育时间不可过长,超过30 d可能会影响鼠尾藻后期的生长(图4-7)。

(3) 幼苗下海后的生长发育情况

下海后,在适宜的海区条件下,幼苗的长度和宽度快速增加。同时,藻体的形态也逐渐发

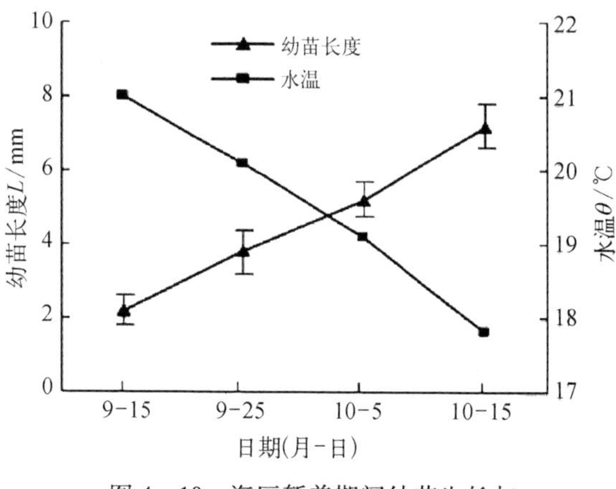

图 4-10　海区暂养期间幼苗生长与水温的变化(张泽宇等,2007)

生变化。藻体长度为 3 mm 左右时,由圆柱形变成扁圆叶片状。随后,叶片前端细胞纵分裂速度加快。长度达 6~7 mm 时,藻体变成上宽下窄的叶状体。暂养初期,由于受到杂藻和浮泥的影响,幼苗生长较慢,随着藻体的增大,对环境逐渐适应,生长速度明显加快。暂养 10 d 后,幼苗的平均长度为 3.2 mm;20 d 后,幼苗的长度增至 5.2 mm;30 d 后,幼苗的长度达到 7.2 mm,可分苗进入栽培阶段(图 4-10)。不同海区对暂养效果有一定的影响。

(4) 保苗水层

鼠尾藻室内育苗阶段,幼苗新生枝条适于较强光照,其最适光强可超过 80 μmol/(m^2·s)。刚出海时的光照强度与室内培养时光照强度差别不能太大,但初期应放置在水深较深处,待鼠尾藻苗适应 3 d 后再提高水层。

(5) 鼠尾藻幼苗的暂养海区、栽培海区选择

鼠尾藻喜好水清流大的海区,风浪越大,越利于藻体生长,但风浪太大、水流太急的海区易掉苗,因此,幼苗应栽培于海湾中部风浪较小处。刚下海的鼠尾藻幼苗只有 2 mm,假根附着不牢,在水深流大的地方,摆动剧烈易脱落。近岸处水流不畅、透明度低,也不适合幼苗生长。保苗时应选择在水流大的过水圈或水深 2 m 以上的池塘进水口处暂养。

第四节　栽培技术

一、海区选择

鼠尾藻全人工栽培过程中,小苗密挂暂养和养成时间有重叠,在实际工作中,运用间疏分苗法,可缓解筏架不足(图 4-11)。

栽培海区的具体要求:无城市污水、工业污水及河流淡水排放的海域;潮流通畅,流速超过 0.6 m/s,破碎型风浪为主;泥沙底质,适于打桩设筏,大干潮水深 2 m 以上;冬春季海水透明度 30 cm 以上,海水盐度 20 以上。

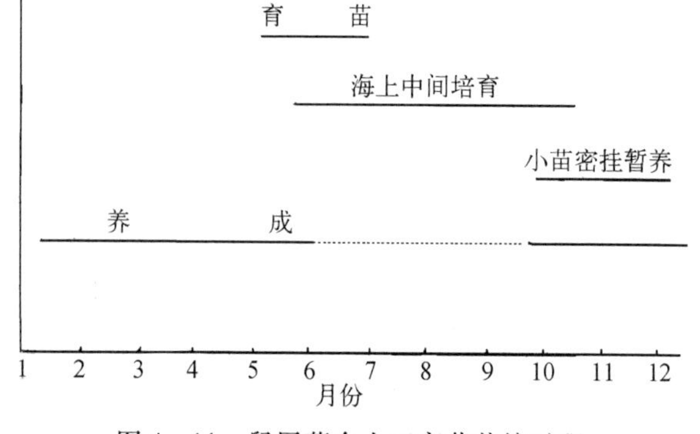

图 4-11　鼠尾藻全人工育苗栽培过程

二、栽培设施

鼠尾藻的海区栽培设施常与育苗设施相衔接,因此具有组合式筏架和单排式筏架。

组合式筏架是栽培羊栖菜的主要类型。筏架由大浮子、小浮子、桩、桩缆、主浮绠、浮绠、苗绳等部分组成,与紫菜全浮动式筏架类似,鼠尾藻栽培中用苗绳代替网帘(图 4-12)。由主浮

绠围成方形,四角通过 8 条桩缆固定。桩缆上系大浮子(圆柱形,直径 45 cm,长 0.8 m),以增加浮力。低潮时收紧锚缆,使整个筏架张开,浮在水体表层。浮绠与主浮绠相接,苗绳与浮绠垂直,以苗绳的两端系在浮绠上,挂在相邻平行的浮绠之间。浮绠系有塑料小浮子,随着栽培的进程需要增加小浮子的数量。筏架一般长 60~100 m,宽 3~4 m。如筏架长 60 m,绑泡沫浮子(直径 10 cm)40~68 个,筏距 3.5 m,长 3.6 m,有效长度 3.3 m。以 15 000 m 有效苗绳长度计为 1 hm^2。筏架为软式栽培设施。苗绳的走向一般与潮流方向一致。

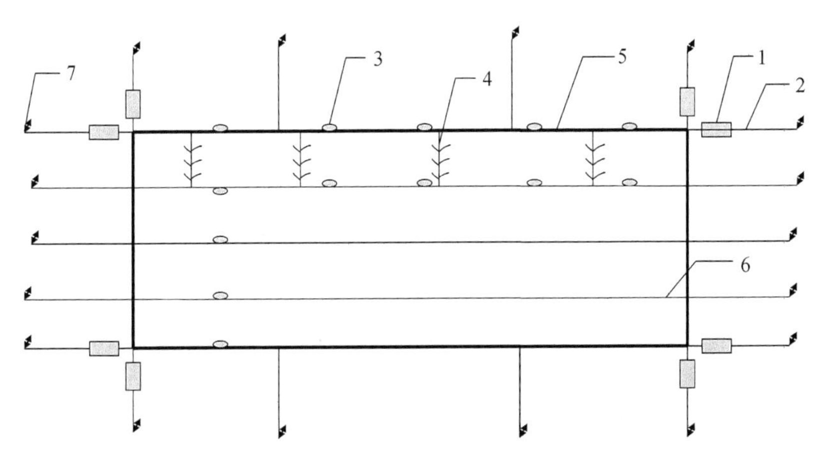

图 4-12　组合式筏架结构示意图

1. 大浮子;2. 桩缆;3. 小浮子;4. 苗绳;5. 主浮绠;6. 浮绠;7. 桩

栽培筏架在海区设置为“田”字形布局,组合式筏架以 100 m×100 m 为一区,每区的区间距为 20~50 m。此外,苗帘之间也应留有一定空隙,确保不碰撞摩擦。通过合理的框架化减少风浪阻力,适用于浅海的抗风浪栽培。在大风浪时期,海水表面剪切力增大,会直接破坏海藻的附着,因此应局部沉入水下,以保证安全。组合式筏架由于面积大,管理方便,适于规模化栽培。

单排式筏架由撑杆、小浮子、桩、桩缆、浮绠、苗绳等部分组成。单排式筏架采用毛竹作为撑杆和浮子,苗绳平挂在相邻的毛竹之间,与浮绠平行,长 4~5 m(图 4-13)。单排式筏架与紫菜全浮动翻板式或半浮动式筏架类似,采用苗绳代替网帘,栽培海区一般有 20~40 个区间。单排式筏架由 2 条浮绠围成方形,两端通过 2 条桩缆固定。低潮时收紧锚缆,使整个筏架张开,

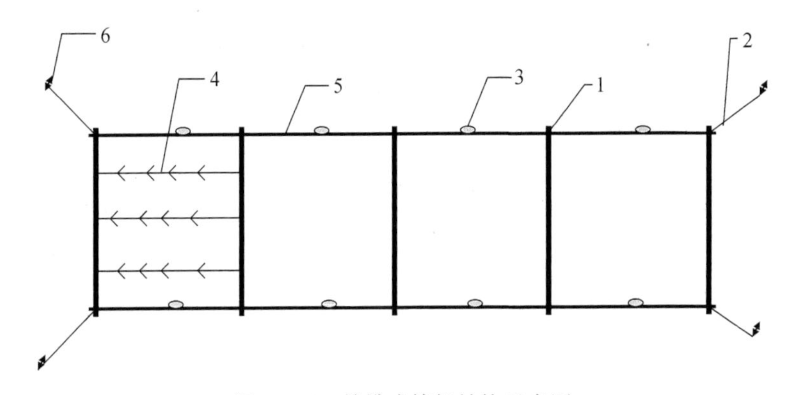

图 4-13　单排式筏架结构示意图

1. 撑杆;2. 桩缆;3. 小浮子;4. 苗绳;5. 浮绠;6. 桩

浮在水体表层。浮绠系有塑料小浮子,随着栽培的进程,筏架上藻体重量的增加,需要适当增加小浮子的数量,以避免筏架下沉。苗绳的走向一般与潮流方向一致。栽培筏架在海区设置为条状的布局,每个单排式筏架间距为 20 m,此外苗帘之间也得留有一定的空隙,任何时间不得碰撞摩擦。通过合理的长条式来减少风浪阻力,这样的方式适用于浅海的栽培方式。

采用单排式筏架栽培的海区,管理船只出入方便,适用于鼠尾藻的海区出苗及相继的栽培,出苗完成后,可以用苗绳代替布帘进入栽培阶段。

三、放养密度

暂养苗绳上的幼苗长度超过 2 cm 后,便可进行间苗、疏苗、分苗、夹苗,苗距 10 cm 左右。单绳养绳距 80~120 cm,双绳养绳距 100~200 cm。如果是单条苗绳挂养,旁边还需要附上一条稍短的保险绳,否则单条苗绳挂养容易打转脱苗。

四、养成

1 周后,夹于苗绳中的假根开始有粗糙不规则的小突起附着在苗绳上;2 周后,生长旺盛的假根在苗绳上长成盘状固着器。不带假根的幼苗被夹部分和基部终生不发生假根。秋末附着生长在苗绳上的假根长出鲜嫩的圆锥形突起,继而长成幼苗,成为来年成藻的重要组成部分,冬季假根再生苗基本不发生。入春后,假根再生苗发生数量仍较少,到 5~6 月收割时,苗长度只有 3~15 cm。

鼠尾藻分苗后即开始快速生长,没有明显的恢复期。入冬后,生长明显趋缓,在主枝上分生出粗短的分枝。冬末,分苗时的一株苗已形成一簇丛,包括分枝和假根苗,少则五六个,多则十余个。入春后,随着水温回升,鼠尾藻进入下一轮快速生长期。

在北方海区中栽培鼠尾藻时,由于冬季海区水温较低,需采取一定方式辅助藻体越冬,以免藻体受到冬季较强冷空气影响而导致损伤。研究表明,不同越冬方式及不同夹苗模式对鼠尾藻藻体生长影响较大。

1. 不同越冬方式对鼠尾藻生长的影响

越冬期中,按不同方式越冬的藻体存活及生长情况效果见表 4-3。从表 4-3 中的数据可见,鼠尾藻苗帘适宜越冬水层为 50~100 cm,幼苗存活率较高,色泽、生长状况良好。鼠尾藻苗帘在池塘 1 m 以下水层也可安全越冬,但相较海上越冬的苗帘,幼苗相对较弱小,色泽较淡,有少量脱苗现象。海上表层越冬的鼠尾藻苗帘,由于受冬季风浪和低温影响,幼苗大量脱苗,长度也明显降低,存活率只有 20%。在室内水池中越冬的苗帘,效果最差,越冬期过后,幼苗几乎全部脱落或烂掉。

表 4-3 鼠尾藻幼苗不同越冬方式研究

越冬方式	幼苗存活生长状况	幼苗平均长度/cm	幼苗存活率/%	杂藻附着情况
海上表层	幼苗出现负生长,大量脱苗现象,存活较少	5	20	有石莼、多管藻等
水下 30 cm	幼苗生长缓慢或负生长,有部分脱苗现象	7	70	杂藻较少,少量石莼、红皮藻等

（续表）

越冬方式	幼苗存活生长状况	幼苗平均长度/cm	幼苗存活率/%	杂藻附着情况
水下 50 cm	幼苗缓慢生长，脱苗很少	9	85	杂藻较少，少量石莼
水下 100 cm	幼苗缓慢生长，脱苗很少	8	90	杂藻较少，少量石莼
池塘越冬（池底）	幼苗可以存活，有缓慢生长，有少量脱苗	6	80	大量杂藻，主要是石莼等绿藻
室内水池	幼苗几乎不生长，藻体瘦弱，最后大量脱落	—	0	硅藻、水云等

越冬时间：2007. 12. 20 至 2008. 3. 5

2. *不同夹苗模式养成试验*

表 4 - 4 为鼠尾藻人工培育的幼孢子体苗，采用不同夹苗培育方式时，海上栽培的结果。

表 4 - 4　鼠尾藻幼苗不同夹苗方式培育的结果

实验组别	3 月绳重/kg	7 月绳重/kg	重量增长率/%	特定增长率/%	亩产量/kg
双绳单株	1. 34	6. 22	3. 64	1. 279	995. 2
双绳双株	2. 45	12. 19	3. 98	1. 337	1 950. 4
双绳三株	2. 62	11. 76	3. 49	1. 251	1 881. 6
双绳四株	3. 86	11. 24	1. 91	0. 891	1 798. 4
单绳单株	0. 54	2. 56	3. 74	1. 297	819. 2
单绳双株	1. 22	5. 94	3. 87	1. 319	1 900. 8
单绳三株	1. 45	5. 83	3. 02	1. 160	1 865. 6
单绳四株	1. 46	5. 75	2. 94	1. 142	1 840
对照组（双绳双株）	2. 37	11. 17	3. 71	1. 292	1 787. 2

由表 4 - 4 可知，3～5 月藻体鲜重增加趋势平缓，生长速度较慢；5～7 月藻体湿重增长较大，生长迅速。试验范围内，增重最大的一组为双绳双株夹苗组，3 月初至 7 月藻体鲜重增加 9. 74 kg，平均月增重 2. 44 kg，重量增长近 4 倍；单绳双株夹苗组藻体鲜重增长 3. 87 倍；对照组较差，野生苗种双绳双株夹苗组藻体鲜重增长 3. 7 倍。生长效果最差的为双绳四株组，藻体鲜重仅增长 1. 9 倍，主要是由于栽培后期大量脱苗造成的。

五、海上管理

海上管理是涉及栽培成功的重要环节，特别是在养成后期，筏架的承载量增大，桩基经过了一个栽培季节，难免松动，一旦海区风浪较大，很可能出现整个栽培小区倒架，甚至颗粒无收。主要的海上管理措施包括：检查筏架、及时补苗、洗刷苗绳、调节水层、水质监测、安全标记及拦菜网。

1. *检查筏架*

应定期下海检查，及时平整绠索、苗种，发现筏架缆绳松动或磨损折断，要及时扎紧绑好或更换新绳;对容易拔起的桩要重新加固,防止筏架漂离。栽培后期,鼠尾藻个体较大,在风浪冲击下,容易出现断枝,或倒架的现象。应定期检查筏架程度稳固,确保筏架安全。一旦遇到风暴潮,需提早采收。

2. 及时补苗

对因苗种假根折断、风浪冲击、苗绳夹不紧而造成的苗种流失,应及时补苗。

3. 洗刷苗绳

定期清洗污泥,清除附着杂藻和敌害动物,改善藻体受光条件。

4. 调节水层

视筏架浮沉情况,及时调节栽培水层,利于藻体生长。

5. 水质监测

定期对栽培海域水质及藻体生长情况进行监测,发现情况及时采取措施。

6. 安全标记及拦菜网

春末,鼠尾藻生长繁茂,藻体肥厚多汁、脆嫩、互相缠绕,加之风浪冲击,极易折断。栽培区和邻近海域到处漂浮流失残枝,应适时设置拦菜网。拦菜网绕栽培区外围,高出筏架 0. 3~0. 5 m,定期收集拦网内藻体。

此外,还应在栽培海区设立航道标记和夜间灯光标记,防止来往船只撞缠。

第五节　收获与加工

一、采收

鼠尾藻应该适时采收,防止过迟。南方鼠尾藻 5 月中旬开始收割,北方山东等地一般在 6 月中下旬。鼠尾藻的加工制品主要为干制品,一般作为水产饵料收割。收割期间水温 18~20℃,可延续至水温 23~25℃。根据水温的不同,各个地方的收割时间也有一定差异,但主要集中在 5 月。

二、加工

近些年,随着对鼠尾藻的开发及研究,鼠尾藻的利用范围得以不断拓展,鼠尾藻的利用率也在不断升高。在这样的发展趋势下,鼠尾藻的加工技术研究不断深入。

1. 鼠尾藻饲料加工

我国北方海区鼠尾藻收获后,多加工为干品。如经高温杀菌、超微粉碎等工艺加工成鼠尾藻粉,用于海参等水产育苗饵料。鼠尾藻是一种高蛋白、低脂肪、低热量、高碳水化合物的海藻,含有丰富的矿物质、多种微量元素及维生素。将鼠尾藻粉添加在饲料中能够改善饲料的营养结构,提高饲料利用率,调节水产动物机体代谢,提高水产动物免疫力和抗病能力,促进生长,具有其他高蛋白饲料无法比拟的营养价值。

然而,目前水产养殖中鼠尾藻的利用率仍处于较低水平,原因是鼠尾藻中含有的大量抗营养物质阻碍了动物对其的消化吸收。王昌义(2012)通过研究,设计了对鼠尾藻粉中抗营养物质和营养物质具有综合酶解效果的复合酶(包括纤维素酶 40 U/ml、木聚糖酶 40 U/ml、β-葡聚糖酶 40 U/ml、中温淀粉酶量 80 U/ml、中性蛋白酶 160 U/ml),并通过对其酶解作用条件进行优化,显著提升了鼠尾藻的酶处理效率。

2. 鼠尾藻食品加工

目前鼠尾藻在食品方面的加工研究进展缓慢。鼠尾藻富含多种氨基酸,风味独特,钾、钙等无机元素及膳食纤维含量很高,还有低脂肪、高蛋白等特点,是一种对人体有益的藻类食品,但因口感粗糙、腥味过重等问题,一直处于低价值利用的阶段,这也是鼠尾藻食品加工受限的主要因素。许鹏等(2017)将鼠尾藻经分拣清洗、脱腥、烘干、初级粉碎、分级筛选、超微粉碎等工艺制得鼠尾藻粉,再利用研究出的膳食配方对鼠尾藻粉进行处理,以保留其特有香味并改善口感,使其能作为主要原料生产脆片。经过试验得出的最佳配方为:鼠尾藻粉 20 g、水 65 g、油脂 15 g、蛋液 14 g,140℃焙烤 15 min。得到的产品具有口感酥脆,色泽匀称,海藻鲜味明显,无起包焦煳现象等优点。且产品经过检测符合藻类制品国家标准,为今后鼠尾藻开发利用开辟了一条路径。

3. 鼠尾藻有效成分提取

许多新技术的开发和利用,使鼠尾藻的营养成分提取效率得以有效提升。

鼠尾藻多糖能促进人粒细胞超氧阴离子自由基的释放,提高超氧化物歧化酶活性。以往关于鼠尾藻多糖提取方法的研究不多,主要采用的是热水浸提法,这种方法存在耗时、耗能、得率低等缺点。近年来微波技术在天然产物成分提取领域得到了广泛应用,微波加热具有穿透力强、有效破裂植物细胞壁、加热效率高、耗能低、操作简单、省时易行等特点。潘路路等(2011)、黎庆涛等(2011)利用微波提取工艺对鼠尾藻多糖提取加以研究,通过改进提取条件,多糖得率为 6.5%,相比常规水提法省时、省力,有效提高了鼠尾藻中多糖的提取效率。随后,罗巅辉等(2016)发明的一种鼠尾藻多糖的提取方法,同样有效解决了以往技术中的提取方法耗时、耗能、得率低的问题。

鼠尾藻多酚有着很强的清除自由基的能力,作为海洋天然产物,与合成抗氧化剂相比有着明显的优势,是很有开发潜力的抗氧化物质。鼠尾藻的褐藻多酚提取物对革兰氏阳性菌和革兰氏阴性菌都具有一定的抑菌作用,尤其对两种海洋菌的抑菌效果十分明显。对它的提取工艺多为传统的乙醇提取法。2010 年,欧阳小琨等研究以微波辅助提取鼠尾藻多酚的工艺条件,探讨了微波功率、微波提取时间、料液比及乙醇的浓度对鼠尾藻多酚的提取率和纯度的影响,发现微波提取最佳条件为:微波提取功率 700 W,乙醇浓度 15%,液固比 25∶1(ml/g),微波处理时间 40 s。

岩藻黄质在鼠尾藻中含量较高,是一种广泛存在于各种藻类、海洋浮游植物与水生贝壳类动物中的一种类胡萝卜素,参与光合作用,具有很好的抗癌、减肥及抗氧化作用。王银羽(2015)研究了超声辅助提取法和加速溶剂萃取法提取鼠尾藻中岩藻黄质的工艺参数。通过将由鼠尾藻提取的岩藻黄质与葡萄籽提取物按 1∶1 混合后研究发现,其对高脂血症老鼠的血脂水平、脂肪细胞和肝脏细胞具有一定的改善作用。

4. 鼠尾藻保存工艺

考虑到对鼠尾藻营养物质的保存及充分利用,鼠尾藻的加工及保存过程中的保鲜保质问题越来越受到关注。丁刚等(2013)发明的一种鼠尾藻鲜料加工及贮存工艺,是将鼠尾藻和石莼、蟹壳混合后进行粉碎加工,使其成为颗粒及藻液的混合液,经灭菌海水稀释后,密封进行保存。该项发明制备的鼠尾藻鲜料冷冻产品,可保持鲜料冷冻前的营养成分,具有鼠尾藻营养平衡、全面的特点,同时将石莼引入鲜料中部分替代鼠尾藻,原料来源较为广泛,且对石莼进行了综合利用,完全体现了绿色、安全的优点。添加的蟹壳粉可以有效地维持鲜料液的缓冲体系,防止鼠尾藻发生降解。整套制备方法方便易行,仅需要简单的粉碎设备、冷冻设备和低温保存冷库即可达到鼠尾藻的加工及贮存过程中保鲜保质的要求。

参 考 文 献

包杰,田相利,董双林,等. 2008. 温度、盐度和光照强度对鼠尾藻氮、磷吸收的影响[J]. 中国水产科学,15(2): 293-299.

丁刚,王翔宇,吴海一,等. 2012. 一种鼠尾藻鲜料及其制备和保存方法: 201210556815.9[P]. 2012-12-20.

关春江,王耀兵,李清波,等. 2006. 海参(*Sea cucumber*)养殖水体生物修复(Bioremediation)功能藻(Function macro-algae)的选择[J]. 现代渔业信息,21(12): 17-18.

韩晓弟,林岚萍. 2005. 鼠尾藻特征特性与利用[J]. 特种经济动植物,8(1): 27.

姜宏波,包杰,邹吉新. 2008. 鼠尾藻人工育苗关键技术[J]. 科学养鱼,(11): 66.

姜宏波,田相利,董双林,等. 2009. 温度、盐度和光照强度对鼠尾藻氮磷吸收的影响[J]. 应用生态学报,20(1): 185-189.

黎庆涛,潘路路,黄康宁,等. 2011. 微波法提取鼠尾藻多糖的工艺研究[J]. 天然产物研究与开发,23(6): 1160-1162.

李美真,丁刚,詹冬梅,等. 2009. 北方海区鼠尾藻大规格苗种提前育成技术[J]. 渔业科学进展,30(5): 75-82.

林超,于曙光,郭道森,等. 2006. 鼠尾藻中褐藻多酚化合物的抑菌活性研究[J]. 海洋科学,30(3): 94-97.

刘启顺,姜洪涛,刘雨新,等. 2006. 鼠尾藻人工育苗技术研究[J]. 齐鲁渔业,23(12): 5-9.

刘涛,崔竞进,王翔宇. 2005. 一种基于体细胞育苗技术的鼠尾藻苗种繁育方法: 200510136352.0[P]. 2005-12-23.

刘玮,吴海一,徐智广,等. 2014. 适于北方海区鼠尾藻养殖的苗帘及固定结构和养殖结构: 201320634068[P]. 2014-07-30.

刘尊英,毕爱强,王晓梅,等. 2007. 鼠尾藻多酚提取纯化及其抗果蔬病原菌活性研究[J]. 食品科技,32(10): 103-105.

罗巅辉,王昭晶,袁秀梅,等. 2016. 一种鼠尾藻多糖的提取方法: 105418788A[P],2016-03-23.

欧阳小琨,郭红烨,杨立业,等. 2010. 微波辅助提取鼠尾藻多酚及抗氧化活性研究[J]. 中国民族民间医药,19(15): 19-21.

潘金华,张全胜,许博. 2007. 鼠尾藻有性繁殖和幼孢子体发育的形态学观察[J]. 水产科学,26(11): 589-592.

潘路路,张明玉,黎庆涛,等. 2011. 鼠尾藻多糖的微波提取工艺研究[J]. 安徽农业科学,39(30): 18495-18497.

孙修涛,王飞久,梁洲瑞,等. 2013. 一种利用地下咸水陆地上进行鼠尾藻保苗的方法: 201310089367.0[P]. 2013-03-20.

孙修涛,王飞久,刘桂珍. 2006. 鼠尾藻新生枝条的室内培养及条件优化[J]. 海洋水产研究,27(5): 7-12.

王昌义. 2012. 酶制剂在鼠尾藻粉预消化中的应用研究[D]. 烟台: 烟台大学.

王飞久,孙修涛,李锋. 2006. 鼠尾藻的有性繁殖过程和幼苗培育技术研究[J]. 海洋水产研究,27(5): 1-6.

王银羽. 2015. 鼠尾藻中岩藻黄质的提取工艺优化及降血脂作用的研究[D]. 杭州: 浙江工业大学.

王增福,刘建国. 2007. 鼠尾藻(*Sargassum thunbergii*)有性生殖过程与育苗[J]. 海洋与湖沼,38(5): 453-457.

吴海一,詹冬梅,刘洪军,等. 2010. 鼠尾藻 *Sargassum thunbergii* 对重金属锌、铬富集及排放作用的研究[J]. 海洋科学,34(1): 69-74.

许鹏,冒树泉,胡斌,等. 2017. 鼠尾藻粉脆片的配方研究[J]. 科学养鱼,(3): 72-74.

于曙光. 2003. 褐藻多酚化合物提取、纯化及生物活性研究[D]. 青岛: 青岛大学.

原永党,张少华,孙爱凤,等. 2006. 鼠尾藻劈叉筏式养殖试验[J]. 海洋湖沼通报,2: 125-128.

詹冬梅,李美真,丁刚,等. 2006. 鼠尾藻有性繁育及人工育苗技术的初步研究[J]. 海洋水产研究,27(6): 55-59.

张尔贤,俞丽君,范益华,等. 1994a. 鼠尾藻醇提取物的生理活性和若干生化性质研究[J]. 药物生物技术,1(1): 30-34.

张尔贤,俞丽君,肖湘. 1994b. 鼠尾藻醇提取物的生理活性和生物化学研究[J]. 中国海洋药物,(3): 1-10.

张尔贤,俞丽君,肖湘. 1995. 鼠尾藻多糖清除氧自由基作用的研究——Ⅰ对 O_2 和 OH 抑制活性的评价[J]. 中国海洋药物杂志,(1): 1-4.

张尔贤,俞丽君. 1997. 鼠尾藻多糖清除氧自由基作用的研究——Ⅱ UVc 鼠尾藻对多糖抗氧化作用的研究[J]. 中国海洋药物,(3): 1-4.

张泽宇,李晓丽,韩余香,等. 2007. 鼠尾藻的繁殖生物学及人工育苗的初步研究[J]. 大连水产学院学报,22(4):255-259.

郑怡,陈灼华. 1993. 鼠尾藻生长和生殖季节的研究[J]. 福建师范大学学报(自然科学版),9(1):81-85.

邹吉新,李源强,刘雨新,等. 2005. 鼠尾藻的生物学特性及筏式养殖技术[J]. 齐鲁渔业,22(3):25-29.

Chu S H, Zhang Q S, Tang Y Z, *et al*. 2012. High tolerance to fluctuating salinity allows *Sargassum thunbergii*, germlings to survive and grow in artificial habitat of full immersion in intertidal zone[J]. Journal of Experimental Marine Biology & Ecology, 412: 66-71.

Li X M, Zhang Q S, Tang Y Z, *et al*. 2014. Highly efficient photoprotective responses to high light stress in *Sargassum thunbergii* germlings, a representative brown macroalga of intertidal zone[J]. Journal of Sea Research, 85(1): 491-498.

Yu Y Q, Zhang Q S, Tang Y Z, *et al*. 2013. Diurnal changes of photosynthetic quantum yield in the intertidal macroalga *Sargassum thunbergii* under simulated tidal emersion conditions[J]. Journal of Sea Research, 80(7): 50-57.

Yu Y, Zhang Q, Lu Z, *et al*. 2012. Small-scale spatial and temporal reproductive variability of the brown macroalga *Sargassum thunbergii* in contrasting habitats: A study on the island of Xiaoheishan, Changdao Archipelago, China [J]. Estuarine Coastal & Shelf Science, 112: 280-286.

Zhao Z G, Zhao J T, Lu J M, *et al*. 2008. Early development of germlings of *Sargassum thunbergii* (Fucales, Phaeophyta) under laboratory conditions[J]. Journal of Applied Phycology, 20(5): 925-931.

第五章　条斑紫菜栽培

第一节　概　　述

一、产业发展概况

条斑紫菜(*Porphyra yezoensis*)是我国重要的大型经济红藻。藻体薄而柔嫩,营养十分丰富,为北太平洋西部特有紫菜种类,也是中国、日本、韩国等东南亚各国人们十分喜爱食用的紫菜种类,且欧美西方人也开始食用,消费市场已遍及五大洲80多个国家和地区。

紫菜生长在浅海岩礁上,颜色为红紫或绿紫或黑紫,干燥后呈紫色,由于可以当菜食用,故名紫菜。日本称紫菜为"のり"(Nori)或"海苔",欧美称为"Laver",我国称为"紫菜"。紫菜是世界上产值最高的栽培海藻,日本最早开始栽培,20世纪70年代成为我国和韩国的重要栽培对象,栽培区域主要集中在中国、日本、韩国、朝鲜。2000年,我国大陆紫菜产量以48万t鲜藻位居世界第一,其次为日本和韩国,2005年我国大陆紫菜产量达到80万t鲜藻。仅中国、日本、韩国三国紫菜的初级加工产品年产值便可超过20亿美元。目前全世界每年条斑紫菜消费量达250亿标准张(3 g/张),日本和韩国是最主要的消费国。日本每年条斑紫菜的需求量超过80亿标准张,加工产值达10亿美元。韩国每年需求量约为80亿标准张,产值为6亿~7亿美元。我国近年条斑紫菜产量已超过50亿标准张,国内消费市场正在以每年10%以上的速度快速增长。

我国条斑紫菜人工栽培产业经过了40年的发展,已经形成从苗种培育、海区栽培、原藻加工、食品加工到产品贸易包括产业设备配套齐全的产业链。江苏省沿海是我国条斑紫菜主产地,2016年江苏省条斑紫菜产量(干紫菜)已达到44.6亿标准张(13 380 t),占全国条斑紫菜总产量的99%以上,其中出口约25亿标准张,主要出口至美国、加拿大及东南亚等60多个国家和地区。

二、经济价值

紫菜是营养价值很高的健康食品。条斑紫菜蛋白质含量为25%~50%,优质产品超过40%,游离氨基酸含量达到50%,富含丙氨酸、天冬氨酸、谷氨酸和甘氨酸等多种氨基酸,牛磺酸也高达1.2%。碳水化合物百克含量为31~50 g,其中多糖含量为20%~40%,属半乳糖硫酸酯。脂肪含量仅1%~3%,且不饱和脂肪酸比例较高,其中二十碳五烯酸(EPA)约占50%。条斑紫菜100 g干品中,维生素B_2高达1.68~2.21 mg,是牛奶的20倍、蛋类的10倍以上,维生素B_{12}含量为51 μg左右,其中腺苷钴胺素和甲基钴胺素达60%(Watanabe *et al.*,2000)。此外还有维生素B_6、泛酸、叶酸等。条斑紫菜矿物质含量为7.8%~26.9%,1张3 g产品所含的Ca和Fe分别是1个鸡蛋含量的30%和50%~100%(马家海和蔡守清,1996)。此外,还富含胡萝卜素等物质,其中核黄素含量达到2~3 mg/100 g干品。故紫菜又有"营养宝库"美称。市场上销售的即食"海苔"产品及寿司均是用条斑紫菜生产的。

近年的研究发现，紫菜能消解血液中的胆固醇，预防动脉硬化，尤适于生长发育期的儿童和年老体弱者食用。条斑紫菜含有胆碱和二十二碳六烯酸（DHA），可增强记忆、防止记忆衰退，高含量的EPA可降低胆固醇、有效阻止血液凝固、增强血液中脂肪酸。海藻纤维和牛磺酸能抑制胆固醇的合成和吸收、降低血浆胆固醇含量，钙和膳食纤维的协同作用也有利于血压降低。每100 g条斑紫菜中含碘7.452 μg，对甲状腺肿有一定疗效。研究表明，肥胖病、高胰岛素血症和糖尿病等与人体内的镁代谢失调有关，缺镁使得胰岛素敏感性下降，而每100 g紫菜干品中含镁105 mg，被誉为“镁元素的宝库”。日本一些紫菜加工企业已制成紫菜防晒化妆品系列，其护肤防晒、抗紫外线效果均优于同类产品。含量丰富的藻红蛋白，可作为天然色素添加于食品、化妆品等，并可用于制备荧光标记探针。此外，藻胆蛋白具抗氧化、抗肿瘤、抗病毒、消炎、护肝、护神经、抗紫外线、减缓动脉硬化、激活表皮生长因子等保健功效，甚至在光学信息存储与处理、快速光电探测、人工神经网络等方面也具有潜在的应用前景。

三、栽培简史

1949年，英国藻类学家Drew首次揭开紫菜生活史之谜，发现海边贝壳中的壳斑藻就是紫菜果孢子萌发的丝状体。1953~1954年，日本藻类学家黑木宗尚和中国藻类学家曾呈奎几乎同时完成甘紫菜（*P. tenera*）生活史研究。该研究为紫菜的“种子”来源、人工育苗奠定了重要理论基础，现代紫菜人工栽培技术从此开始迅速发展。

我国条斑紫菜栽培最早是在青岛和大连开展试验的。1971年由山东引进来的条斑紫菜苗网首次在江苏启东市吕四海区栽培试验成功，1972年，我国条斑紫菜人工育苗技术和栽培技术在该海区建立并试验获得成功，随后在江苏、山东沿海逐步推广。70年代末，江苏省沿海10个县的条斑紫菜栽培面积达到333 hm^2。1982年，我国江苏通过补偿贸易从日本引进半自动加工机，加工的条斑紫菜产品出口日本。80年代末从日本引进全自动加工机后，条斑紫菜价格在海藻中跃为最高，促使我国紫菜产业迅猛发展，条斑紫菜栽培面积已达667 hm^2。1994年我国开始试验冷藏网技术，1996年开始大面积推广该技术。2002年我国自行研发出第1台国产全自动加工机，逐步推广并取代进口全自动加工机，使我国紫菜产业更加精准，栽培面积迅速扩大。2008~2010年，我国生产的全自动加工机叩开日本市场大门，海区栽培基本实现采收船采收原藻。近几年已有部分条斑紫菜育苗场采用全自动冲水系统采苗，很大程度提高了采苗效率和质量。2016年我国条斑紫菜育苗面积48.6 hm^2，栽培面积达32 533 hm^2（488 000亩，180 m^2网帘/亩）。

日本紫菜栽培始于17世纪，起初用竹枝和树枝采集自然苗，1925~1930年开始使用竹帘、网帘栽培，栽培种类较少，几乎全为甘紫菜（*P. tenera*）。1955年后插竹枝式被网帘式栽培取代，同时将原产于日本北部的条斑紫菜移植至南部栽培海区，并逐步扩大到日本南部沿海盐度较低且较温暖的内陆海湾。1958年开始实行全人工采苗。1960年起，甘紫菜被更能耐受恶劣环境的条斑紫菜所取代。1968年开始普及冷藏网技术和“浮流”养殖法。1971年通过选择性培育出大叶甘紫菜（*P. tenera* var. *tamatsuensis*）和奈良轮条斑紫菜（*P. yezoensis* f. *narawaensis*），并大规模栽培。1974年开始实行计划生产，1980年全面推行全自动加工机械，1991年起开始新一轮新品种开发。现已形成年产干紫菜80亿~100亿标准张，产值1 000亿日元的产业规模。

韩国紫菜人工栽培于20世纪70年代初开始得到迅速发展，1977年采用机械化生产加工，并引进日本技术实现了全自动紫菜加工机的国产化。目前韩国的干紫菜年产量已达到90亿标准张，形成年产值1兆5 000亿韩元的产业规模，成为紫菜生产与消费大国。

第二节 生物学

一、分类地位

1753年瑞典科学家林奈(Linne)最早把紫菜等所有薄叶状体的海藻统归于石莼属(*Ulva*)。1824年Agardh划定紫菜属(*Porphyra* C. Ag.)，该属是红藻门中最大的属之一。近年来，通过分子生物学方法，发现紫菜属为多系起源(polyphyletic)，并将紫菜属(*Porphyra*)重新划分为*Boreophyllum*、*Clymene*、*Fuscifolium*、*Lysithea*、*Pyropia*、*Porphyra*、*Miuraea*、*Wildemania*、*Neothemis*等9属(Sutherland *et al.*，2011；Sanchez *et al.*，2014)。其中条斑紫菜归属于*Pyropia*(赤菜属)，属名缩写用*Py.*表示。本书根据《中国海藻志》第2卷红藻门第1册(郑宝福和李钧，2009)定名，仍把条斑紫菜归属为紫菜属(*Porphyra*)。

根据叶状体营养细胞层数和色素体个数，紫菜属可分为3个亚属：真紫菜亚属(*Euporphyra*)，藻体为单层细胞，每个细胞具1个色素体；双皮层紫菜亚属(*Diploderma*)，藻体为2层细胞，每个细胞具1个色素体；双色素体紫菜亚属(*Diplastidia*)，藻体为单层细胞，每个细胞具有2个色素体(Kjellman，1883；Rosenvinge，1893；Tokida，1935)。我国发现的紫菜全部属于真紫菜亚属。

我国藻类学家曾呈奎、张德瑞根据藻体边缘细胞有无刺状突起的特点，又将真紫菜亚属分为3个组：全缘紫菜组(Sect. *Edentata*)，边缘细胞排列整齐，如条斑紫菜、甘紫菜等；边缘紫菜组(Sect. *Marginata*)，边缘由数排退化细胞所组成，如边紫菜；刺缘紫菜组(Sect. *Dentata*)，边缘锯齿状，具有1至数个细胞所构成的锯齿，如坛紫菜、圆紫菜等。

条斑紫菜(*Porphyra yezoensis* Ueda)在分类地位上现归属于：

红藻门(Rhodophyta)
　红藻纲(Rhodophyceae)
　　红毛菜亚纲(Bangiophycidae)
　　　红毛菜目(Bangiales)
　　　　红毛菜科(Bangiaceae)
　　　　　紫菜属(*Porphyra*)
　　　　　　真紫菜亚属(*Euporphyra*)
　　　　　　　全缘紫菜组(Sect. *Edentata*)

传统紫菜种类主要根据藻体雌雄同株还是异株、果孢子囊和精子囊器的分裂形式和分布位置、藻体的营养细胞层数、体细胞内色素体的个数、藻体边缘细胞组成进行区分。现代已开始应用分子生物学技术进行分类。

二、种类与分布

紫菜广泛分布于寒带到亚热带沿海的潮间带，多数分布于北半球。近年来，南半球的紫菜研究也逐渐增多。目前已发现紫菜属藻类约134种(Yoshida，1997)，其中日本28种，欧洲和美洲的北大西洋海岸30种，加拿大和美国所在的太平洋海岸27种。以经典形态分类标准划分的物种已超过150种(Brodie *et al.*，2008)，Algaebase网站中罗列了269个分类单位，其中仅

119 个被认为是确定存在的物种(Guiry and Guiry,2015)。

我国紫菜分布在辽宁、河北、山东、江苏、浙江、福建、广东和海南沿海,已定名的紫菜种类有 24 种或变种(郑宝福和李钧,2009):长紫菜(*P. dentata* Kjellm)、单孢紫菜(*P. monosporangia* Wang et Zhang)、绉紫菜(*P. crispata* Kjellm)、福建紫菜(*P. fujianensis* Zhang et Wang)、广东紫菜(*P. guangdongensis* Tseng et Chang)、圆紫菜(*P. suborbiculata* Kjellm)、圆紫菜青岛变种(*P. suborbiculata* var. *qingdaoensis* Zheng et Li)、多枝紫菜(*P. ramosissima* Pang et Wang)、坛紫菜(*P. haitanensis* Chang et Zheng)、坛紫菜养殖变种(*P. haitanensis* var. *culta* Zheng et Li)、坛紫菜巨齿变种(*P. haitanensis* var. *grandidentata* Zheng et Li)、少精紫菜(*P. oligospermatangia* Tseng et Zheng)、深裂紫菜(*P. schistothallus* Zheng et Li)、柔薄紫菜(*P. tenuis* Zheng et Li)、青岛紫菜(*P. qingdaoensis* Tseng et Zheng)、条斑紫菜(*P. yezoensis* Ueda)、甘紫菜(*P. tenera* Kjellm)、列紫菜(*P. seriata* Kjellm)、铁钉紫菜(*P. ishigecola* Miura)、半叶紫菜华北变种(*P. katadai* Miura var. *hemiphylla* Tseng et Chang)、边紫菜(*P. marginata* Tseng et Chang)、刺边紫菜(*P. dentimarginata* Chu et Wang)、越南紫菜(*P. vietnamensis* Tanaka et Phan)和坛紫菜裂片变种(*P. haitanensis* var. *schizophylla* Zheng et Li)。

条斑紫菜自然分布于我国浙江舟山群岛以北的东海、黄海和渤海沿岸,以及朝鲜半岛和日本沿海。我国北方主要栽培种类为条斑紫菜(*P. yezoensis*),南方则主要栽培坛紫菜(*P. haitanensis*)。

三、形态与结构

条斑紫菜生活史存在 2 个形态构造完全不同的生长发育阶段,即叶状体和丝状体阶段(图 5-1)。

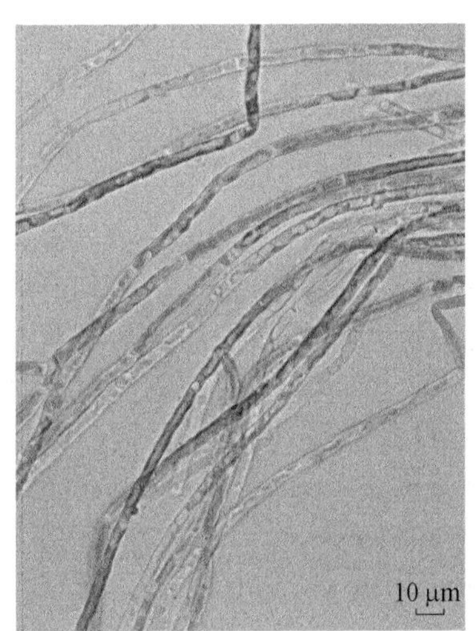

图 5-1　条斑紫菜叶状体(左)和丝状体(右)形态

1. 叶状体

条斑紫菜叶状体(thallus)是丝状体放散的壳孢子(conchospores)萌发而形成的膜状体,由叶片、柄、固着器 3 部分组成。藻体多为长条形或长卵形,野生条斑紫菜长度一般为 10~25 cm,人工栽培时则可达 1 m 以上。叶片薄膜状,由单层细胞组成,营养细胞呈多角形或不规则四角形,排列不规则,厚度为 30~50 μm,栽培种类为 25~30 μm。一般靠近基部最厚,中部次之,边缘较薄,未成熟的边缘部最薄。叶片边缘无突起,有皱褶,细胞排列紧密平整,故归属全缘紫菜组。条斑紫菜幼苗叶片顶端营养细胞在适当条件下可产生单孢子(monospores),每个单孢子释放后可萌发形成叶状体,且可反复循环下去。叶状体基部楔形或心形,基部细胞较大,多为倒卵形或椭圆形。且每个基部细胞形成1根由单细胞首尾相接而成细长的假根丝,根丝细胞无色素呈透明状,无横隔膜,分枝或不分枝。假根丝末端聚集且膨大为圆盘状,构成固着器。基部与固着器之间的部位则称为柄,是由许多假根丝聚集而成。叶状体依赖固着器固着于基质上。

条斑紫菜叶状体富含叶绿素a、藻红蛋白、藻蓝蛋白、别藻蓝蛋白和类胡萝卜素等,藻体为紫红色、紫褐色或紫黑色。幼小紫菜颜色呈红紫色,以后逐渐为深紫红色,衰老时紫菜颜色转为黄紫色。生长在肥沃海区的藻体颜色浓紫,具光泽,加工后呈黑紫色;生长在贫瘠海区的色浅而带黄褐色,缺乏光泽,加工后呈黄棕色或黄绿色。

条斑紫菜营养细胞为不规则多角形,中央具1短腕星状双膜结构的叶绿体,占据细胞中央大部分空间。叶绿体中央有1个大的蛋白核,类囊体11~16条且平行排列,且有多条类囊体伸入蛋白核中。细胞核1个,呈梭形、椭圆形,位于叶绿体与细胞膜之间。核中央有大的核仁,核膜、核膜孔均清晰可见。细胞液泡较小,且有少量线粒体、红藻淀粉和脂质体等位于原生质体外围及叶绿体腕之间。

一般把条斑紫菜叶状体生长发育分为萌发期(germination)、幼苗期(young sporelings)、小苗期(sporelings)、成叶期(adult)、成熟期(mature)和衰老期(senescence)6个时期。

2. 丝状体

条斑紫菜丝状体(conchocelis)由叶状体放散的果孢子(carpospores)萌发形成,呈细丝树枝状。自然界果孢子随海水漂流,遇石灰质基质(如贝壳)便附着萌发生长,形成斑点状或斑块状的藻落,故也称为贝壳丝状体,曾被误定名为壳斑藻(*Conchocelis rosea* Batters)。在人工培养系统中,果孢子也可附生于人工基质表面并萌发,刮落后可悬浮生长形成藻球,称为自由丝状体(free-living conchocelis)。条斑紫菜丝状体颜色一般为紫红色、紫褐色或紫黑色,因品系差异较大。

丝状体一般处于丝状藻丝阶段。丝状藻丝由单个柱状形的藻丝细胞组成的,每个藻丝细胞直径为3~5 μm,长度为直径的5~20倍。细胞内有1个长椭圆形细胞核,位于细胞中央,带状叶绿体浅色,沿长轴侧生分布,类囊体为周边且密集。细胞和细胞之间有一孔状联系,称为纹孔连接结构(pit connection)。叶状体细胞没有纹孔连接结构。

除贝壳紫菜(*P. tenuipedalis*)是由丝状藻丝直接长出叶状体外,大多数紫菜丝状体生长发育均经历果孢子萌发(carpospore germination)、丝状藻丝生长(filamentous conchocelis growth)、孢子囊枝形成(sporangia branchlet formation)、壳孢子囊形成(conchosporangium formation)和壳孢子放散(conchospore releasing)等5个阶段。

四、生长与发育

1. 叶状体生长与发育

条斑紫菜自壳孢子(包括单孢子)萌发到衰老为止,可分为萌发期、幼苗期、小苗期、成叶期、成熟期和衰老期6个时期。

(1) 萌发期

萌发期是指从壳孢子或单孢子附着开始至形成4细胞幼苗为止。条斑紫菜叶状体发生是从壳孢子萌发开始的。丝状体成熟后，当海水温度逐步降低至25℃以下时，则开始放散壳孢子。放散出壳孢子为圆球形，直径一般为8～12.5 μm。在适宜条件下，壳孢子附着在基质上，细胞开始拉长萌发，形成极性并一分为二，附着部位一侧呈透明状，发育为藻体的基部细胞，向下伸出假根丝，逐渐形成柄部和固着器。另一侧细胞的原生质浓厚，将来发育为叶片细胞（图5－2）。

图5－2　条斑紫菜壳孢子（A）与单孢子（B）萌发与幼苗形成（朱建一等，2016）

A. 壳孢子萌发与幼苗形成过程；B. 单孢子萌发与幼苗形成

现已证明,条斑紫菜壳孢子萌发时的第1次和2次细胞分裂为条斑紫菜生活史的减数分裂(meiosis)位置(Ma and Miura,1984),也即壳孢子为二倍体,萌发经过第1次和第2次细胞分裂后为单倍体,即进入配子体世代。因此,壳孢子($2n$)处于生活史中孢子体世代向配子体世代过渡的重要位置,壳孢子苗则经历了由二倍体($2n$)向单倍体($1n$)动态转变。

(2)幼苗期

幼苗期是指壳孢子或单孢子4细胞苗生长至长为1 mm左右肉眼可见苗的过程,需12~20 d。条斑紫菜叶状体幼苗的细胞分裂前阶段均为横分裂,形成10~20个细胞串联组成的单列细胞苗。此后才开始在单列细胞苗的中部或前段开始纵分裂。幼苗不断纵、横分裂和生长,逐步形成整个藻体形态。一般纵分裂比较少的幼苗为长叶形,较多的幼苗为阔叶形。

幼苗生长至数十个细胞,且水温较高,为18~23℃时,藻体大量放散单孢子。当水温降至15℃左右时,藻体长度可达1 cm以上,单孢子放散量逐渐减少。最初由壳孢子苗放散的单孢子萌发形成的幼苗,也可以继续放散单孢子,且1株壳孢子苗或单孢子苗可放散大量的单孢子,如此循环下去,单孢子苗数量呈指数级增加。值得注意的是,在同样温度条件下,单孢子苗生长要快于壳孢子苗,因此,单孢子苗的多少直接关系到条斑紫菜栽培产量。因此,合理利用壳孢子苗和单孢子苗,在条斑紫菜栽培技术上具有很重要的战略意义。

(3)小苗期

小苗期是指1 mm长幼苗生长至2~3 cm长小苗的过程。该期常因气温上升影响,易造成绿藻旺盛生长及紫菜苗出现病害烂苗现象。为了清除苗网杂藻和防止烂苗病害,生产上通常采用将苗网放进冷库进行冷藏,以避开高温,减少绿藻及病害带来的损失。

(4)成叶期

成叶期是指2~3 cm的苗生长为20 cm以上叶状藻体的过程。条斑紫菜叶状体生长方式为散生长,无明显的生长部位,叶面积长宽的增长是细胞不断分裂的结果,影响紫菜成体生长发育快慢的主要因子为温度、光照、营养盐和水流。温度、光照十分重要,过低、过弱或过高、过强均对叶状体生长不利。根据中国科学院海洋研究所的海上实验结果,成叶期生长适宜温度为3~5℃,日本专家认为,7~8 cm长藻体的生长适温为6~8℃。根据寺本和木下(1974)的室内水槽培养测定,条斑紫菜的光照时间以每天9~10 h为最适,成叶期的平均光照度以100~140 μmol/(m^2·s)为最适。此外,海区氮、磷缺乏或多度密植、海水流动性不好,将导致藻体生长缓慢,叶表面附生附着物,出现病烂现象。

(5)成熟期

成熟期以叶状体藻体开始出现生殖细胞为标志,叶状体细胞成熟过程均为成熟期。条斑紫菜叶状体栽培过程中,当外界环境条件适宜(温度和光强提高)时,叶片开始成熟,部分营养细胞逐步转变为生殖细胞,最终形成精子囊器和果胞,精子囊器释放精子,与果胞受精后形成果孢子囊并释放果孢子。

(6)衰老期

衰老期指叶状体藻体停止生长直至死亡的过程。当温度和光强进一步提高时,成熟后的藻体不再生长,逐步开始负生长,最终腐烂死亡。

2. 丝状体生长与发育

条斑紫菜丝状体生长发育过程可以分为果孢子萌发、丝状藻丝生长、孢子囊枝形成、壳孢子囊形成与壳孢子放散5个时期(图5-3)。

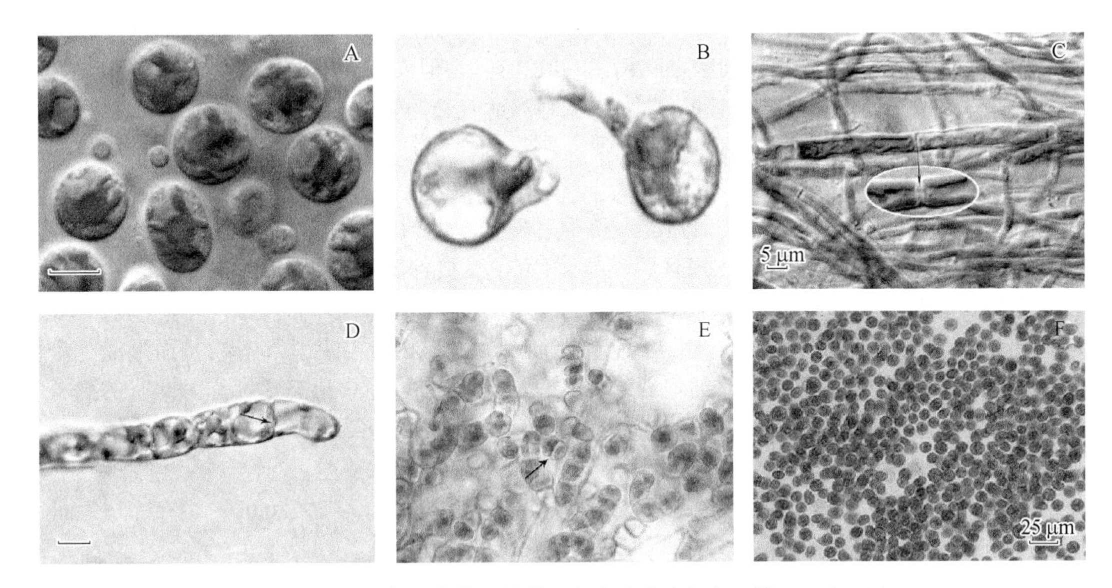

图 5-3　条斑紫菜丝状体生长与发育(朱建一等,2016)

A. 果孢子放散;B. 果孢子萌发;C. 丝状藻丝生长;D. 孢子囊枝形成;E. 壳孢子囊形成;F. 壳孢子放散

(1) 果孢子萌发

在自然界,果孢子钻入贝壳萌发生长为丝状藻丝。果孢子附着在贝壳上后开始萌发,萌发管以垂直方向钻入贝壳内,而后在贝壳内向各个方向伸长生长。

果孢子萌发适宜温度为 15~20℃。显微镜观察显示,果孢子附着后立即开始萌发,首先细胞一端细胞壁消失,向外形成管状突起,随着管状突起延长,果孢子中的原生质流入萌发管内。细长的萌发管不断伸长,并不断形成新的细胞壁,在果孢子与萌发管之间也有细胞壁形成。整个萌发体为球拍状。

(2) 丝状藻丝生长

果孢子萌发管不断伸长生长,形成单列细胞组成的丝状藻丝(filamentous conchocelis)。丝状藻丝生长方式为顶端生长和侧枝生长,最终形成树枝网状结构。

当丝状藻丝切段为几个至十几个细胞的藻段时,均可像果孢子一样钻入贝壳生长发育,因而可作为良种种质,先在适宜条件下大量扩增自由丝状体,再切割为藻丝段进行苗种繁殖。

条斑紫菜丝状藻丝在温度 20~25℃、光照强度 60~100 μmol/(m^2·s)、长日照 14 L∶10 D 条件下生长迅速。在低温 4~10℃、低光强 5~6 μmol/(m^2·s)、长日照 14 L∶10 D 条件下,自由丝状体生长十分缓慢,可作为种质长期保存活体培养条件。

(3) 孢子囊枝形成

在适宜条件培养下,条斑紫菜丝状藻丝直径变粗形成孢子囊枝(sporangia branchlets),又称膨大藻丝,藻丝细胞宽度(即藻丝直径)由原来 3~5 μm 变粗增大为 10~16 μm,细胞长度逐步变短,最短可达 20 μm,细胞呈长方形。在培养前期,从丝状藻丝顶点、某些侧枝点开始形成膨大细胞,这些膨大细胞及粗短细胞均称为不定形细胞,均可通过生长发育逐步形成为孢子囊枝。在培养后期,藻丝部分或整体变粗形成孢子囊枝。孢子囊枝由单列细胞组成,生长方式也是顶端生长和侧枝生长,逐步发展为不规则分枝状,每个分枝由几十个单列细胞组成。

孢子囊枝细胞中央具一砖红色星状色素,个体大且颜色鲜艳,可作为孢子囊枝形成的重要标志。叶绿体中部具 1 个蛋白核。当孢子囊枝成熟时,直径逐渐增大,变为粗短,细胞为正方形,颜色也逐渐加深。孢子囊枝细胞之间仍然有纹孔连丝,但没有周围类囊体。

条斑紫菜孢子囊枝形成的适宜温度为 20~25℃,适宜光照强度为 30~60 μmol/(m^2·s),日光照时间为不超过 12 h 的短日照。

(4) 壳孢子囊形成

在自然界,条斑紫菜孢子囊枝细胞进入秋季后随着温度的下降进一步经过"双分"发育形成壳孢子囊(conchosporangia)。在短日照诱导下,孢子囊枝细胞形态由长方形转变为正方形,星状色素体颜色更加鲜艳,表明生长发育已进入成熟期。每个正方形细胞通过对等分裂,一分为二,形成 2 个大小相等的子细胞,各自具有细胞膜,同时又被共同细胞膜包被,从而形成 1 个壳孢子囊,在显微镜下呈现"双分"细胞现象,为壳孢子囊形成的重要形态学标志。此时的孢子囊枝则称为壳孢子囊枝(conchosporangium branches)。如果条件合适,壳孢子可放散,若条件不合适,壳孢子细胞就在囊枝管内收缩溶解,少量的还可形成丝状藻丝。

壳孢子囊形成的最适温度为 17.5~22.5℃,最适光照强度为 15~20 μmol/(m^2·s),适宜日光照时间为短日照(10~12 h)。

(5) 壳孢子放散

条斑紫菜壳孢子放散最适温度为 17~23℃。当外界温度逐步下降时,条斑紫菜壳孢子囊中的 2 个子细胞逐步变圆形成壳孢子(conchospores)。当温度下降至 25℃以下时,条斑紫菜壳孢子囊枝细胞之间的横隔膜逐步消失,并打通形成壳孢子管,最终在管中形成 1 串金黄色的壳孢子。此时在壳孢子管的顶端形成 1 个放散孔,也可在中间部位形成放散孔,壳孢子囊枝中的壳孢子开始有序地从放散孔向外释放,管中的一些黏液也随之排放出来。当壳孢子全部释放出后,则变为空管。

五、生殖

条斑紫菜生殖主要分为有性生殖、无性生殖和营养繁殖等。

1. 有性生殖

紫菜有性生殖是指精子与果胞结合的生殖方式。叶状体为单倍体,可进行有性生殖。丝状体为二倍体,不进行有性生殖。叶状体性成熟后,藻体前端或边缘部分的营养细胞通过多次纵横分裂和质的变化,逐步分化转变为有性生殖器官,即雄性的精子囊器和雌性的果胞。条斑紫菜叶状体雌雄同株,成熟的同一株藻体上雌雄生殖细胞混生(图 5-4A)。雄性生殖细胞区域为金黄色或浅黄色的条纹带,镶嵌于暗紫红色的果孢子囊区中形成鲜明的条斑,条斑紫菜由此而得名。紫菜生殖器官的排列方式,可以用 $A_xB_xC_x$ 表示,称为分裂式,紫菜果孢子囊和精子囊器的分裂式是种类鉴别的重要依据(Hus,1902)。精子囊器内的精子囊数目是种类鉴定的重要依据,一般为 32 个、64 个、128 个和 256 个。

条斑紫菜雄性生殖细胞为精子(sperm)。藻体营养细胞在转变为精子囊母细胞前,先产生新壁,随后进行 1 次水平分裂,接着数次垂直和水平分裂,最终形成精子囊器(图 5-4B)。条斑紫菜每个精子囊器具有 64 或 128 个精子囊(spermatangium),可释放 64 或 128 个不动精子。细胞分裂式为 ♂ $A_4B_4C_8$ 或 ♂ $A_2B_4C_8$。随着分裂,细胞内色素逐渐淡化呈浅黄绿色或白绿色。精子囊器形成过程中,超微结构显示:① 类囊体逐渐减少,高尔基体和粗面内质网发达,产生囊泡,囊泡的合并与释放有助于精子囊破壁而出。② 核在细胞内占据空间逐渐增大,核膜上出现很多小孔。③ 精子囊细胞内容物大部分被小泡囊所占有,核膜不明显,叶绿体中存在着很多嗜锇性颗粒。成熟释放的精子细胞为球形，直径 3~5 μm。

条斑紫菜雌性生殖细胞为果胞(carpogonium)。未受精的果胞与营养细胞形态上很难区别。藻体横切面可见到成熟的果胞原生质体出现 1 端或 2 端临时性突起，称为原始受精丝(prototrichogyne)(图 5－4C)。原始受精丝可协助精子受精(图 5－4D)，受精以后会逐渐收缩消失。这与真红藻的受精丝有质的不同，真红藻受精丝是雌性细胞外的特有结构，并具有细胞核。原始受精丝只对受精起辅助作用，但并非必需的，在没有原始受精丝的情况下，精子也能与果胞受精。

条斑紫菜精子囊器释放出来的精子与果胞结合的过程，称为受精(fertilization)。成熟的精子细胞冲破母体漂游于水中，在水流的带动下首先附着于果胞外面胶质层上的原始受精丝，将部分胶质溶化后，形成 1 条管状结构伸入果胞内部，这一细长管状结构称为"受精管"(fertilization canal)或"精子管"(spermatial tube)。精子通过这一管道将其内容物释放到果胞中，精核与果胞核融合形成合子或受精卵。

条斑紫菜受精后的果胞进行多次有规律的分裂后形成果孢子囊(图 5－4E、F)。通常先在叶片顶端形成，然后逐渐向中部扩大。条斑紫菜受精卵的融合核先进行二分裂，然后细胞质再二分裂，成为 2 个细胞；随后上下两细胞的核各一分为二，细胞质行垂直分裂，形成 4 个子细胞；之后再经过 2 次分裂形成 16 个果孢子，表面观 4 个，分裂式为♀$A_2B_2C_4$。果孢子囊内的果孢子数是分类和种类鉴定的重要依据，1 个果孢子囊经过数次分裂后，一般可形成 16 个、32 个、64 个果孢子。随着合子不断分裂，果孢子囊细胞逐渐变小，细胞颜色也更显红褐色。电镜观察表明，当果孢子囊表面观分裂为 2~4 细胞时，其叶绿体相对比营养细胞小，呈不规则腕状枝，叶绿体内含蛋白核，稀薄可见发达的粗面内质网和高尔基体，还有纤维大囊泡和小囊泡，小囊泡的中心部电子密度很高，而周围呈透明状。核膜具有较多小孔，核膜外侧有沉淀颗粒。细胞壁由 2~3 层高电子密度层和低电子密度层重叠而成。细胞分裂临近结束，果孢子尚未放散之前，细胞内大量形成小囊泡，使果孢子囊内的细胞膨润。

果孢子囊成熟后释放果孢子于海水中。刚放散的果孢子红褐色，不定形，无游动能力，逐

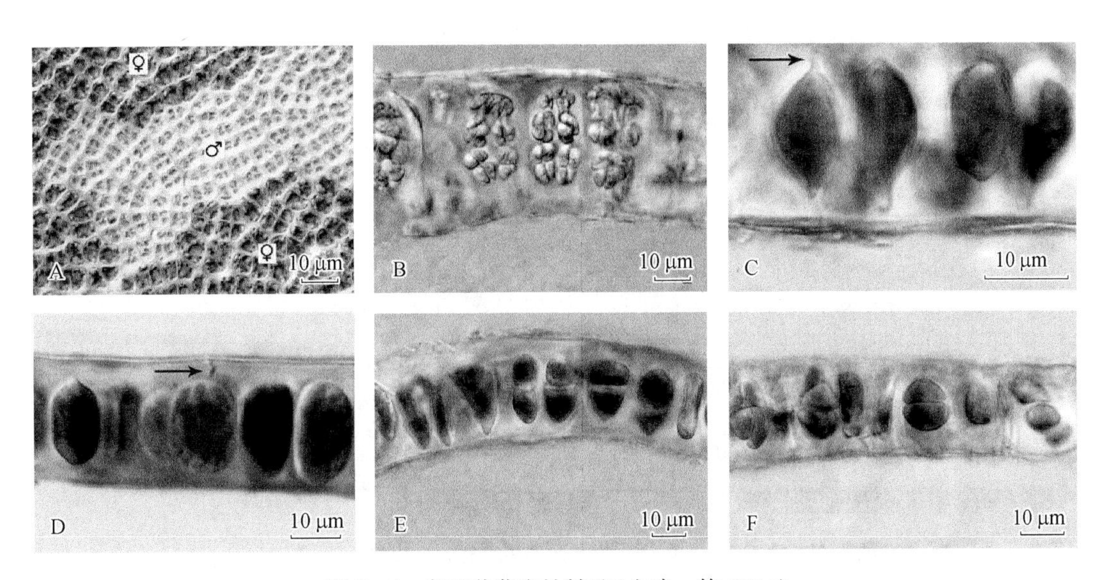

图 5－4　条斑紫菜有性繁殖(朱建一等，2016)

A. 叶片雌雄生殖细胞(平面)；B. 精子囊器(横切)；C. 果胞及受精丝(横切)；
D. 果胞与精子受精(横切)；E、F. 果孢子囊发育(横切)

渐变为球形，直径 10～13 μm，有膜无壁。显微镜下，果孢子中央具一星状叶绿体。电镜观察显示，刚放散的果孢子细胞壁尚未形成，叶绿体星状，腕足略短，无围周类囊体。数小时后，果孢子逐步形成新的细胞壁。在自然界，果孢子随水漂流，附着在含碳酸钙的基质上（通常为软体动物的贝壳）后，随即萌发，并逐渐钻入贝壳内部生长成丝状体。

2. 无性生殖

条斑紫菜除了有性生殖外，叶状体世代还可通过产生单孢子（monospores）进行无性生殖。Nelson 等（1999）将这种单孢子称为原孢子（archeospores）。幼苗期或小叶期的条斑紫菜叶状体顶端营养细胞，在一定条件下可分化形成单孢子囊（archeo sporangium）或单孢子母细胞，每个单孢子囊只含 1 个孢子，故称单孢子。放散后的单孢子可萌发形成新的叶状体。单孢子与营养细胞显微结构最明显的不同之处，在于单孢子有大小 2 种不同的囊泡，大囊泡内充满纤维状结构，小囊泡球形或长椭圆形，中央电子密度高，周围薄，中央呈纤维状构造。条斑紫菜营养细胞转变为单孢子母细胞时，细胞内高尔基体增加，出现较多红藻淀粉，位于叶绿体或液泡空间，叶绿体不规则腕缩短变粗，周边出现内质网，类囊体平行排列，条数减少，细胞核周位，核膜上小孔增多，核与核仁变大。单孢子囊成熟后，细胞壁溶解放出单孢子，或通过单孢子囊壁上的孔隙将单孢子挤出。刚释放出的单孢子无壁，圆形或不规则形，可作短期变形运动。条斑紫菜单孢子形状与果孢子和壳孢子相似，直径大约为 14 μm。放散出的单孢子附着于基质后，很快形成细胞壁，进行两极分裂萌发，下细胞形成假根，上细胞不断横分裂，继后纵分裂形成叶状体。一般情况下，在秋季至初冬时期（水温为 12～20℃），幼苗期或小叶期叶状体不断形成并放散单孢子，在附近周围形成密集丛生的群体。同时，藻体顶端也会因单孢子大量放散，而形成平直状或半截藻体（图 5－5）。单孢子是条斑紫菜栽培种苗的重要补充来源。

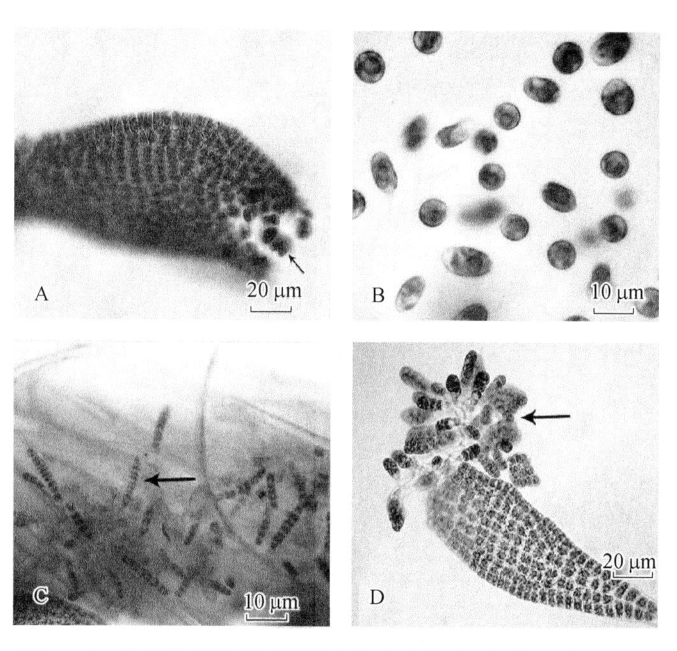

图 5－5　条斑紫菜单孢子放散及萌发为幼苗（朱建一等，2016）

A. 条斑紫菜幼苗藻体顶端开始释放单孢子（箭头）；B. 示释放出来的单孢子；C. 单孢子苗（箭头）在网绳上成簇生长；D. 幼苗藻体顶端也会因单孢子大量放散，而形成平直状或半截藻体。且单孢子释放过程中，伴随组织碎片脱落（箭头）

3. 营养繁殖

条斑紫菜叶状体和丝状体可以通过营养繁殖的方式增加个体数量，对于条斑紫菜良种培育、保存和应用具有重要意义。

叶状体营养繁殖，是指通过切割获得小组织片，或通过酶解获得单个细胞或原生质体，经过适当条件培养后再生出新幼苗的过程(图5-6)。最早采用研磨法(赵焕登和张学成，1981)、细菌混合液等方法(卢澄清，1983)获得条斑紫菜叶状体单个细胞或原生质体，并通过细胞培养证实条斑紫菜细胞均具有再生叶状体植株的能力。随后，何培民和王素娟(1991，1992，2000，2004)采用酶解技术高效大规模制备出条斑紫菜叶状体离体单细胞，通过单孢子或细胞团分化发育途径，培养出离体细胞再生苗，并进一步尝试生产性中试附网育苗和下海栽培，获得成功。这种新育苗方式称为"单细胞育苗技术(breeding with single cells)"。条斑紫菜叶状体组织切片在培养条件下，其营养细胞也可通过细胞团(或孢子囊)分化发育出叶状体小苗。这种新育苗方式称为"组织切片育苗技术(breeding with tissue sections)"。在组织和细胞培养过程中，叶状体营养细胞(n)可以未经雌、雄配子结合途径，直接形成丝状体($2n$)，这种无配生殖的方式是目前条斑紫菜种质制备和良种选育研究经常采用的方式。

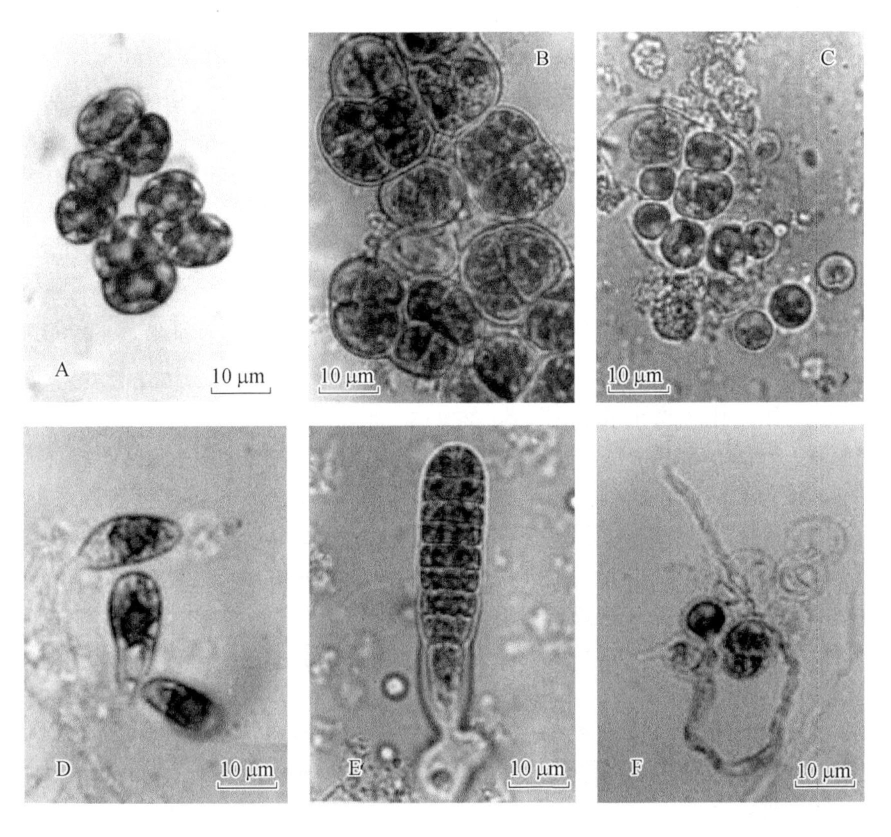

图5-6　条斑紫菜叶状体酶解离体营养细胞再生幼苗过程(何培民和王素娟，1992)

A. 酶解离体营养细胞；B. 细胞分裂为细胞团；C. 细胞团释放孢子；D. 孢子开始萌发；
E. 萌发形成的幼苗；F. 细胞直接萌发形成丝状体

条斑紫菜丝状体营养繁殖，是指自由丝状体（free-living conchocelis）可通过切断和培养方法来增加个体数量。切割后的藻丝段可经过室内悬浮培养，或育苗池贝壳丝状藻丝培养达到增殖效果。丝状体是紫菜生活史的特有现象，为现代紫菜人工育种创造了独特的保种捷径。目前我国条斑紫菜一般通过叶状体显性选育，而选育的优良品种或品系的种质则是通过丝状体纯系培养保存，静置培养其少量丝状体，可达到长期保存目的。需要时只需取出小部分丝状体放入适宜条件下，便可快速增殖出大量优良品种或品系的丝状藻丝应用于生产。

六、生活史

1949 年，英国女藻类学家 Drew 首次在 *Nature* 上发表紫菜生活史研究文章，最早解开紫菜生活史之谜。在海边散步时，她发现捡到的贝壳里面生长有玫瑰色的壳斑藻（*Conchocelis rosea*），便带回实验室培养。一段时间后，她惊奇地发现培养容器里长出了很多脐形紫菜（*P. umbilicalis*）幼苗，通过进一步研究，发现紫菜幼苗是由贝壳上的壳斑藻放散出来的，从而确认壳斑藻实际上是紫菜生活史的丝状体阶段，并将 Batters（1892）定名的壳斑藻（*Conchocelis rosea*）改为紫菜的丝状体，仍称为 conchocelis。这一重大发现，开启了紫菜生活史研究。

日本藻类学家黑木宗尚（1953）、我国藻类学家曾呈奎和张德瑞（1954）几乎同时分别发表了甘紫菜生活史的研究成果，证实了紫菜丝状体阶段确实存在，并观察到从丝状体的孢子囊中释放出孢子，这种孢子可萌发成紫菜叶状体。曾呈奎和张德瑞（1954）将这种孢子命名为壳孢子（conchospore），得到了国际藻类学界的普遍承认，并沿用至今。这些研究成果不仅明确了紫菜生活史中具有 2 个明显的世代交替（即配子体世代的叶状体和孢子体世代的丝状体），同时也明确了紫菜人工栽培中的“种子”实际上就是壳孢子，故具有里程碑式的历史意义。

随着研究的不断深入，发现紫菜生活史比较复杂，且还以各种孢子进行无性繁殖和营养繁殖。马家海等（2005）依据孢子的特点，将紫菜生活史分为 3 个主要类型：有单孢子型生活史，如条斑紫菜和少精紫菜（*P. oligospermatangia*，$n=3$）；无单孢子型生活史，如坛紫菜（*P. haitanensis*）和半叶紫菜华北变种（*P. katadai* var. *hemiphylla*，$n=5$）；无壳孢子型生活史，如贝壳紫菜（*P. tanuipedalis*）。关于紫菜的核相，现已达成共识：紫菜叶状体世代为配子体（单倍体，n），丝状体世代为孢子体（双倍体，$2n$）。每种紫菜都具有一定数目的染色体，并且染色体的大小和形态结构等都有一定的特征。Kito 等（1967）及 Yabu（1969，1971，1972）共研究了 20 多种紫菜的染色体数目，$n=1\sim7$ 均有，其中 $n=3$ 为多数，其次为 $n=4$、5、2。张学成等（2005）统计显示，紫菜属已有 53 个物种、变种或品种进行了染色体计数，28 种为 $n=3$，15 种为 $n=4$，11 种为 $n=5$，6 个种为 $n=2$，3 个种分别为 $n=1$、$n=6$ 及 $n=7$。条斑紫菜叶状体具 3 条染色体（$n=3$），丝状体具 6 条（$2n=6$）。许璞等（2013）和朱建一等（2016）观察了叶状体和丝状体营养细胞有丝分裂前期、中期、后期、末期全过程，其中分裂中期可清晰见到叶状体营养细胞的 3 对染色单体，以及丝状体营养细胞的 6 条染色体和 12 条染色单体（图 5－7）。

关于紫菜属物种减数分裂的发生阶段，学术界争论了很长时间，以前一直推测减数分裂发生在丝状体壳孢子囊形成（双分现象）时期。1984 年，马家海教授与日本 Miura 教授通过反复观察与分析，确定减数分裂是发生在壳孢子萌发的第 1 次、第 2 次分裂阶段（Ma and

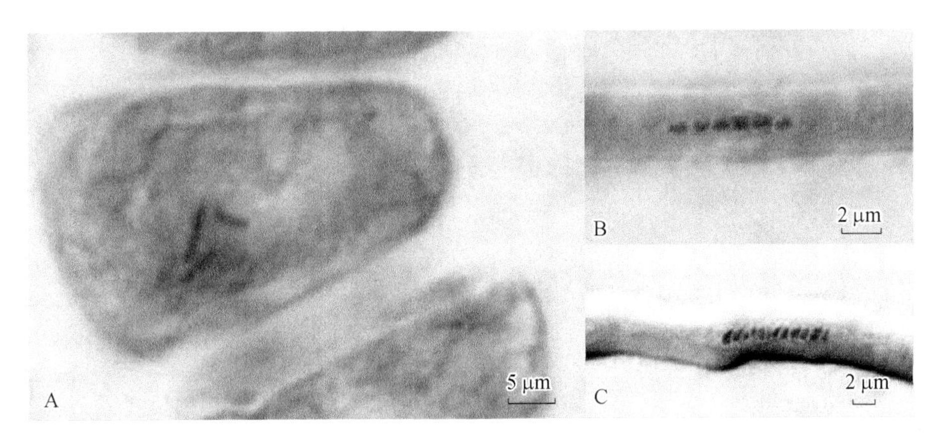

图 5-7　条斑紫菜细胞染色体(朱建一等,2016)

A. 叶状体细胞染色体($n=3$);B. 丝状体细胞染色体($2n=6$);
C. 丝状体细胞染色体(中期,示 12 条染色单体)

Miura,1984)。随后,其他紫菜属物种(*P. torta*、*P. purpurea* 和 *P. haitanensis*)的减数分裂研究,均证实是发生在壳孢子萌发的第 1 次和第 2 次分裂阶段。即由丝状体刚放散出来的壳孢子具有双核相,壳孢子萌发时最初的连续 2 次分裂为减数分裂,继而生长发育为单倍体的叶状体。条斑紫菜和坛紫菜色素突变体研究进一步证实了这一观点,2 种不同色素突变体杂交后,其壳孢子萌发经过减数分裂形成 4 细胞小苗,这 4 个细胞会出现 2 种颜色镶嵌的现象,发育形成色素突变嵌合体。许璞等(2002)采用色素突变体杂交实验,进一步直观地证明了条斑紫菜减数分裂发生的位置。2 个不同类型的色素突变体杂交产生的丝状体成熟后,放散出的壳孢子绝大多数在萌发时出现了 2 个、3 个或 4 个色块色素嵌合体的叶状体,未发现有超过 4 个色素块的嵌合体。壳孢子萌发第 1 次分裂形成 2 个子细胞,第 2 次则形成 4 个细胞,有时基部细胞不再分裂则形成 3 个细胞,也即 2 次分裂的每个细胞可形成 1 个色素块,这也就充分印证了叶状体幼苗为何会出现 2 个色块、3 个色块或 4 个色块色素嵌合体。

条斑紫菜生活史由叶状体和丝状体 2 个异形世代交替构成。每年秋季,条斑紫菜叶状体幼苗大量产生,并可生长到翌年春季。在这期间,叶状体(特别是幼苗期)在适宜条件下由营养细胞不断形成大量单孢子,单孢子可直接萌发形成叶状体幼苗。入冬后,水温下降,紫菜叶状体进入快速生长期,至翌年初春,水温上升,叶状体逐渐成熟,藻体部分营养细胞逐步形成雌性生殖细胞(果胞)和雄性生殖细胞(精子囊母细胞)。精子囊母细胞形成精子囊器并释放精子,果胞受精后分裂形成果孢子囊,果孢子囊成熟后释放果孢子,此时叶状体逐渐衰老消亡。释放出的果孢子钻入贝壳萌发成丝状体。丝状体在贝壳里生长并度夏,逐渐由丝状藻丝发育为孢子囊枝,至秋季发育形成壳孢子囊,成熟后放散出壳孢子,壳孢子再萌发成紫菜叶状体幼苗。由此重新进入下一个循环。

条斑紫菜栽培整个过程可分为丝状体培育与叶状体栽培 2 个阶段(图 5-8)。

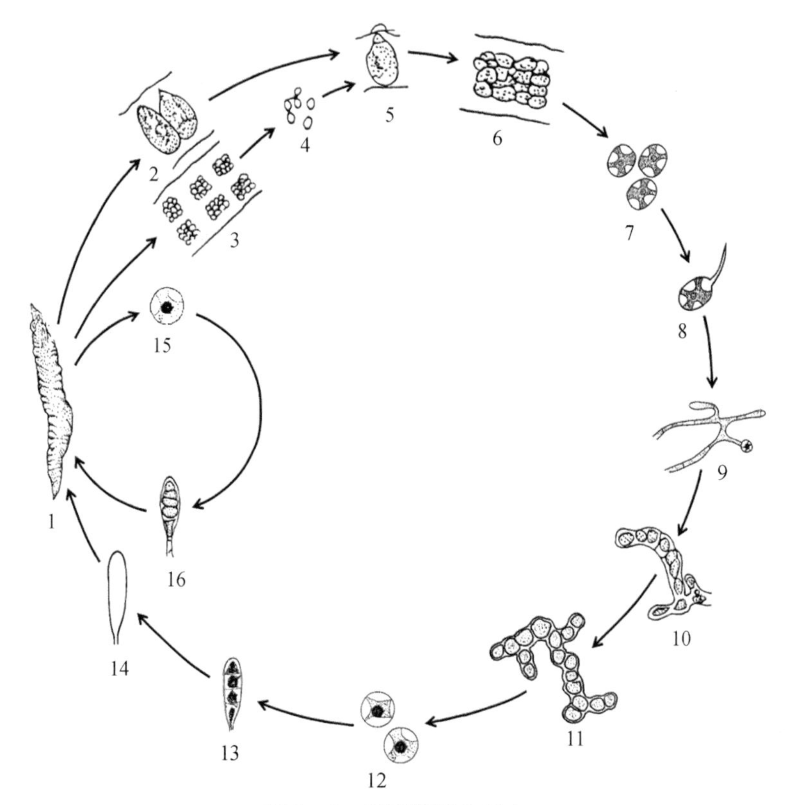

图 5－8　条斑紫菜生活史

1. 叶状体；2. 果胞；3. 精子囊器；4. 释放的精子；5. 受精卵；6. 果孢子囊；7. 释放的果孢子；8. 开始萌发；9. 丝状藻丝；10. 孢子囊枝；11. 壳孢子囊枝；12. 释放的壳孢子；13. 壳孢子萌发经减数分裂为 4 细胞苗；14. 叶状体幼苗；15. 单孢子；16. 单孢子苗

第三节　苗 种 繁 育

条斑紫菜苗种繁育即丝状体培育，是通过人工采集果孢子，培育丝状体形成孢子囊枝，最后形成并放散壳孢子的过程。条斑紫菜育苗生产上，丝状体生长在贝壳的珍珠层中，每年 4、5 月至 9 月在育苗室进行培育。传统的“贝壳丝状体育苗（breeding with shell conchocelis）”，采用果孢子接种贝壳培育丝状体的方法。随着良种化栽培的推广，已开始采用良种自由丝状体替代果孢子接种贝壳，称为“自由丝状体贝壳育苗技术（breeding with free-living conchocelis on shells）”。

一、贝壳丝状体育苗设施

条斑紫菜贝壳丝状体培养与育苗的基本设施主要有育苗室、培养池、沉淀池及供排水系统。

1. 育苗室

条斑紫菜育苗室的建造地点，应选择在水质环境好、常年盐度为 20～35（密度 1.016～1.025）的海区近岸，按海上栽培生产规模所需种苗量决定育苗室的面积和形式，并应留有一定的余地。根据生产经验，可按每平方米贝壳丝状体供应 180～216 m^2 网帘（2 700 m^2 网帘＝

1 hm^2)考虑育苗室的大小。育苗室东西走向较为适宜,以天窗和侧窗采光,天窗面积占培养池面积的1/3~1/2,侧窗除采光外的另一个重要作用是通风。室内光线应尽量均匀,避免直射光。需设置黑、白色窗帘布,根据天气情况调整光照强度。

2. 培养池

条斑紫菜育苗一般采用平养式,即将贝壳平铺于池底培养。果孢子接种、丝状体培育、壳孢子采苗均在培养池中完成。培养池以深度30~35 cm的长方形水泥池为好,宽度主要以便于操作及充分利用培养室面积为准则,一般面积30~80 m^2(图5-9)。池与池之间最好有孔洞相连,便于培养期间流水循环。也可采用玻璃钢水槽作为培养池,这种水槽一般容积较小,十分轻巧,便于搬动,但成本较高。不论是哪种培养池,池底纵向应有0.1%~0.2%坡度,以便排水。

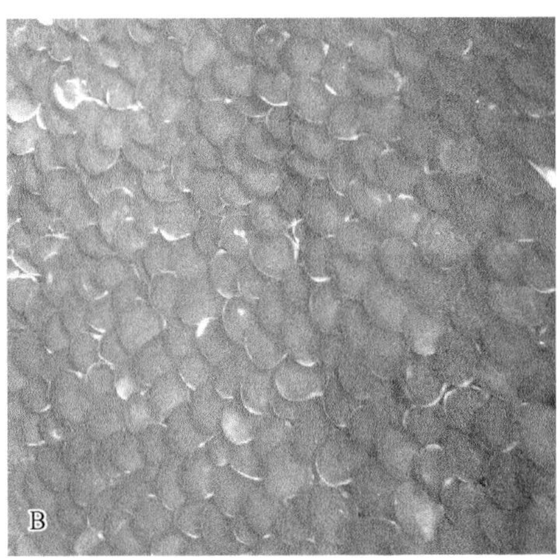

图5-9　条斑紫菜贝壳丝状体培养池(A)与文蛤壳培养基中生长繁茂的丝状体(B)

当年新建培养池进行丝状体培育,或利用新建海水沉淀池蓄水培育时,池水极易泛碱,pH常升高,造成贝壳丝状体生长缓慢甚至大量死亡,因此新建培养池必须先去除碱性后才能使用。处理方法一般采用浸泡和干出相结合。进水浸泡一周后,放干水进行干燥,使之泛出一层白碱,洗刷后,再进水浸泡几天,再干燥,再洗刷,反复数次,直至pH下降到8.5以下,进行消毒和清洗后才能使用。如果时间紧迫,为不误采集果孢子季节,也可在新建池中铺置无毒塑料薄膜隔开使用,或涂刷专用水产漆,晾干后使用。

目前大部分育苗单位的培养池都配有流水系统。60~80 m^2培养池可以配置1台功率为750 W的潜水泵,使培养池的水体在池内循环流动,以促进贝壳丝状体健康生长发育,并可通过定时装置控制每天流水时间。

3. 沉淀池

沉淀池为沉淀、贮存海水之用。海水经过黑暗静置,可使海水中悬浮的泥沙、藻类及微生物沉淀,减少贝壳丝状体培养时的杂藻滋生和病害发生。培苗用海水要求黑暗沉淀1周以上为好。沉淀池容量应以全部培养池一次用水量的3~5倍及以上配备,建造应分隔2~3个小池,以方便调配使用。宜建在高处,可利用地势差自动供水。

目前江苏省沿海有部分条斑紫菜育苗室已安装了“冷热交换机”,可以充分利用地下深井水全程自动精准调控水温,尤其可使后期的促熟及壳孢子采苗不受外界气温的影响,避免冷空气来临时造成“流产”或持续高温而影响壳孢子放散。

二、贝壳丝状体育苗技术

条斑紫菜贝壳丝状体育苗生产，一般从4~5月开始接种果孢子，至9~10月采壳孢子苗，经历4~6个月时间。贝壳丝状体育苗主要分为4个重要环节：① 果孢子接种与萌发；② 贝壳丝状藻丝生长；③ 孢子囊枝发育调控及壳孢子囊枝形成；④ 壳孢子放散与采苗。

温度和光照是条斑紫菜贝壳丝状体育苗技术最关键因子。近年来，我国江苏沿海已有部分条斑紫菜育苗室充分利用地下深井水温差，通过“冷热交换机”装置冷热对流可实时调节育苗室水温，误差可控制在±0.5℃以内，实现了自动调控育苗池水温，以保持贝壳丝状体始终处于适温条件下培养，从而摆脱了外界温度波动对育苗和采苗的影响，特别是可避免遇冷空气导致“流产”现象发生。一旦可自动调控光照强度，则可实现条斑紫菜贝壳丝状体智能化育苗技术。

1. 果孢子接种与萌发

（1）藻种与贝壳准备

1）种藻准备：条斑紫菜叶状体从12月开始至翌年4月持续形成果孢子。但成熟早的藻体产量不高，因而通常选择2~3月的藻体作为种藻，此时藻体生长旺盛，且果孢子成熟比较集中。

一般直接从栽培筏架上挑选种藻，尽量选择成熟度较高、叶型较长、个体大且薄、色泽黑亮等特征明显的藻体。采集的种藻用沉淀海水充分清洗，脱水机脱水后，摊放在竹帘或纱布上，置阴凉处阴干数小时后，即可用于放散果孢子。如未到适宜接种时间，也可以将藻体阴干至含水量为20%~30%（具有较好弹性即可），尽快用塑料袋分装密封，放入冰箱冷冻（-18℃）保藏，待果孢子接种季节使用。一般1 000 m^2 培养池需要1.5~2.5 kg种藻。

若采用自由丝状体接种，应预先准备好所需的丝状体品种（系）及足够的用量。

2）贝壳准备：条斑紫菜贝壳丝状体培养基质主要为文蛤壳和牡蛎壳，也可使用淡水珍珠蚌壳和扇贝壳（图5-10）。贝壳需用海水浸泡清洗干净，必要时用漂白粉海水（有效氯浓度为1 ppm）浸泡1 d消毒。条斑紫菜贝壳丝状体育苗一般采用平铺式，即将洗净的贝壳珍珠层面朝上，呈鱼鳞状排列于培养池中。果孢子采苗前一天或当天，再注入10~15 cm深的海水。一般1 000 m^2 培养池需要文蛤壳9 t左右。

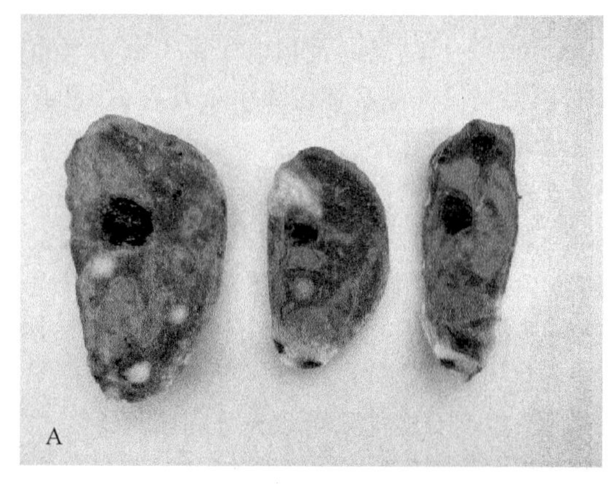

图5-10　牡蛎壳（A）和三角河蚌壳（B）基质培育条斑紫菜丝状体

（2）果孢子放散

1）接种采苗时间：条斑紫菜果孢子萌发的适宜温度为15～20℃，我国江苏、浙江、山东南部4月中旬至5月上旬的平均水温均在此范围内。因此，每年4月至5月上旬适宜果孢子接种采苗。

2）果孢子放散：将预先采集冷冻或阴干保存的种藻放入盛有海水的大桶中，每隔一定时间搅拌1次，藻体上成熟果孢子囊吸水后迅速涨破，开始大量放散果孢子。

3）果孢子液过滤：用显微镜检查果孢子放散情况，当果孢子数量达到要求后（低倍镜下每视野10个以上），可将种藻取出，用筛绢或3～4层纱布过滤除去破碎组织块，即得果孢子水。种藻可再次阴干重复使用。

4）果孢子计数：用移液枪及浮游生物计数框（0.1 ml或0.2 ml）准确计数，并计算出每毫升果孢子数量，根据果孢子水体积计算出果孢子放散总量。

（3）果孢子接种

1）果孢子接种所需总量：根据育苗池面积与接种密度，可计算出果孢子接种所需总量。计算公式：果孢子接种所需总量=池面积（cm^2）×投放密度（个/cm^2）。

2）每池果孢子液投放量：根据采果孢子的水池面积和果孢子水中果孢子的密度，可计算出每个池子的果孢子水使用体积数。计算公式：

果孢子液投放量（ml）=池面积（cm^2）×投放密度（个/cm^2）÷每毫升果孢子数（个/ml）。

3）果孢子接种密度：果孢子接种采苗（或自由丝状体切段接种采苗）密度需根据具体采苗日期确定，通常条斑紫菜果孢子采苗时间在4月中旬至5月上旬，采苗密度一般在100～300个（段）/cm^2；5月中下旬采苗密度可增至300～500个（段）/cm^2。果孢子萌发率与种藻的健康程度及保存是否得当，采果孢子时的水温、pH、盐度等环境条件密切相关。在采果孢子时应仔细加以考量后，确定合适的采苗投放密度。

4）喷洒果孢子接种：将果孢子水适当稀释后，用喷壶多次均匀喷洒在培养池中贝壳上方的水体中，此时水体静止，果孢子缓缓落在贝壳珍珠层面，数日内便可萌发并钻入贝壳内。

（4）果孢子萌发

1）果孢子萌发检查：果孢子接种采苗后约2周，肉眼可依稀见到贝壳珍珠层表面出现小红点，即为果孢子萌发生长的丝状体藻落。果孢子接种是否成功，与温度和光照强度密切相关。在温度为15～20℃、光照强度40 μmol/（m^2·s）条件下，果孢子萌发率为20%～60%。

2）果孢子萌发温度：条斑紫菜果孢子萌发适宜温度为15～20℃，其中20℃萌发率最高，20℃以上萌发率下降，升高至27～28℃时，果孢子死亡。

3）果孢子萌发光照：果孢子萌发受光照强度影响较大，而与光照时间关系并不密切。在一定光强范围内，高光强比低光强的萌发率高。日最高光照强度为15～120 μmol/（m^2·s），条斑紫菜果孢子萌发率均较高，其中以60 μmol/（m^2·s）为适宜。

4）果孢子萌发密度：生产上果孢子萌发密度，一般要求前期达到5～10个/cm^2、后期达到10～20个/cm^2或以上即可。可凭借放大镜随时观察果孢子萌发密度，并确定是否需要补采。

（5）贝壳丝状体生长发育检查方法

贝壳丝状体生长发育状况检查主要有目视检查和显微镜检查两种方式。

1）目视检查：十分简便，一般贝壳丝状体的壳面颜色能显示丝状体生长发育状态，可通过壳面星点、斑块大小及颜色观察出果孢子萌发率、丝状体藻落生长发育是否正常、是否染病等，并根据生长发育情况及时调整培育条件，以获得最佳培育效果。

2）显微镜检查：可细致观察丝状体生长发育状态，主要包括壳孢子囊枝出现时间和数量、在视野中所占面积比例、壳孢子形成时间和数量及双分的壳孢子囊占孢子囊枝比例等。进行显微镜检查时,需用溶壳剂将贝壳珍珠层溶解后才能进行,所以也称为“溶壳”检查。常用溶壳剂有2种:① 柏兰尼液:由10%硝酸4份,95%乙醇3份和0.5%铬酸3份混合配制而成;② 乙酸溶液:由5%~7%乙酸配制而成,配制简单,但会使丝状体细胞轻微收缩,使用效果不及前者。用溶壳剂溶解贝壳珍珠层后,可用薄竹片小心地将丝状体刮落,转移到载玻片上,放在显微镜下观察。

2. 贝壳丝状藻丝生长

(1) 温度条件

条斑紫菜丝状藻丝生长温度范围较广,5~30℃均能生长。最适宜温度为20~25℃,15℃次之,5~10℃和25~30℃时生长较慢,30℃时虽能生长,但易出现异常现象。在20~25℃,条斑紫菜丝状藻丝分枝长度和形成分枝的速度最快。

育苗生产中,贝壳丝状藻丝培育温度一般为18~22℃。

我国贝壳丝状体通常在自然温度下进行培育,主要依靠开关门窗调节室内温度。目前,现代化育苗场已配备温控装置,可保证紫菜育苗生产不受外界温度变化干扰。

(2) 光照条件

条斑紫菜丝状藻丝在光照强度5~100 μmol/(m^2·s)均能生长(曾呈奎等,1999)。其中,贝壳丝状藻丝生长的适宜光照强度为30~60 μmol/(m^2·s)(许璞等,2013)。通过不同日最高光照强度对比实验,结果表明60 μmol/(m^2·s)下丝状藻丝生长最好,采苗1个月后,藻落直径可达1.5 mm(曾呈奎等,1999)。

条斑紫菜贝壳丝状体育苗生产中,一般培养条件为温度18~22℃、光照强度50~60 μmol/(m^2·s)、长日照14 L∶10 D,此条件下丝状藻丝可快速扩增。

生产上,若果孢子接种贝壳早或密度大,易出现生长过快现象,可适当降低光强抑制藻丝生长;反之,采苗密度小或藻丝生长缓慢,可通过提高光强,并增加洗刷、换水次数促进藻丝生长。高光强易使藻丝钻入贝壳深处,藻丝层加厚,而弱光照强度则正好相反,但藻丝过密或藻丝层过厚,往往壳孢子采苗效果并不理想。此外,光强过高易引起杂藻(尤其是蓝藻)大量繁殖,将增加洗刷的难度和工作量,且影响藻丝正常生长。育苗期间光强可通过育苗室窗帘人工调节,通常以12~15 d壳面出现硅藻为合适光照强度。育苗期间还应避免强光和直射光对丝状体伤害。

(3) 换水与洗刷

定期洗刷贝壳及换水是丝状体培育期的主要工作。采苗2~3周后,进行第一次贝壳洗刷,用软毛刷或海绵洗刷贝壳上的浮泥、硅藻,并换水。以后约每半个月洗刷、换水一次。每次洗刷时应调换贝壳的位置,以使贝壳丝状体生长均匀。洗刷时应避免损伤壳面,同时还应防止贝壳露出水面过久。用淡水洗刷贝壳和培养池,对防病有很好的效果。当培养池杂藻附生严重时,可用含有效氯28%的漂白粉配制成100 mg/L的消毒淡水洗刷,冲洗干净后,再换上新鲜的沉淀海水。若培养池碱性过高,应增加换水次数,以确保丝状体生长不受影响。换水对丝状体的生长发育有较明显的促进作用,可作为调控丝状体生长的重要方法。

保持水质新鲜清洁,注意海水密度与pH,是管理工作中非常重要的一环。培养用水除经过黑暗沉淀,还可使用二氧化氯(1~2 g/t海水)等消毒剂进行消毒,以减少丝状体的病害发生。换水时应注意水温和海水密度需与原池水接近,以免因环境突变引起病害发生与丝状体死亡。

(4) 施肥

海水中的氮、磷常为藻类生长的限制因子,在培养海水中添加氮、磷可促进紫菜丝状体的生长。在一些缺肥海区，育苗室中培养丝状体如不进行施肥，丝状藻丝会十分纤细、生长缓慢、色泽淡、藻丝层薄，孢子囊枝细胞和壳孢子形成的数量也相对减少。因而生产中应采用换水施肥，以满足丝状体各阶段生长发育需要。

我国条斑紫菜丝状体培育中，采用半培养液施肥法和全培养液施肥法，即壳面见到藻落后至孢子囊枝细胞出现之前，施半培养液 7 mg/L 氮和 1.5 mg/L 磷；7 月底至 8 月底孢子囊枝细胞出现后，施全培养液 14 mg/L 氮和 3 mg/L 磷。生产性培育对肥料的种类没有严格要求。

（5）流水及 pH 控制

实践证明，海水流动对丝状体生长发育有很好的促进作用，目前育苗生产单位均采用流水方式培育贝壳丝状体。对生长不良、采苗过迟或萌发密度较低的贝壳丝状体，采用勤换新鲜海水，并结合适当流水等方式，可促进贝壳丝状体生长。

正常海水 pH 为 8.0~8.3，有些育苗生产单位由于条件限制，使用开放式池塘海水，因藻类大量繁殖而引起的水体 pH 上升，会影响贝壳丝状体培育效果，故需要定期检测培养池水 pH，如发现 pH 上升到 8.5 以上应换水加以改善。

（6）贝壳丝状体生长状态评判

在育苗过程中，壳面藻落偏红色，若无水质方面问题，大都表明培育光照强度过强，应立即降低；青灰色表明缺肥，应施肥。通过目视检查可及时发现病害，如壳面出现砖红色斑块，可能是泥红病，出现黄色小斑点则可能是黄斑病等。一旦发现病害发生，应及时采取治疗措施，否则会因疾病快速传播造成贝壳丝状体大面积死亡。图 5－11 显示丝状体不同生长状态。

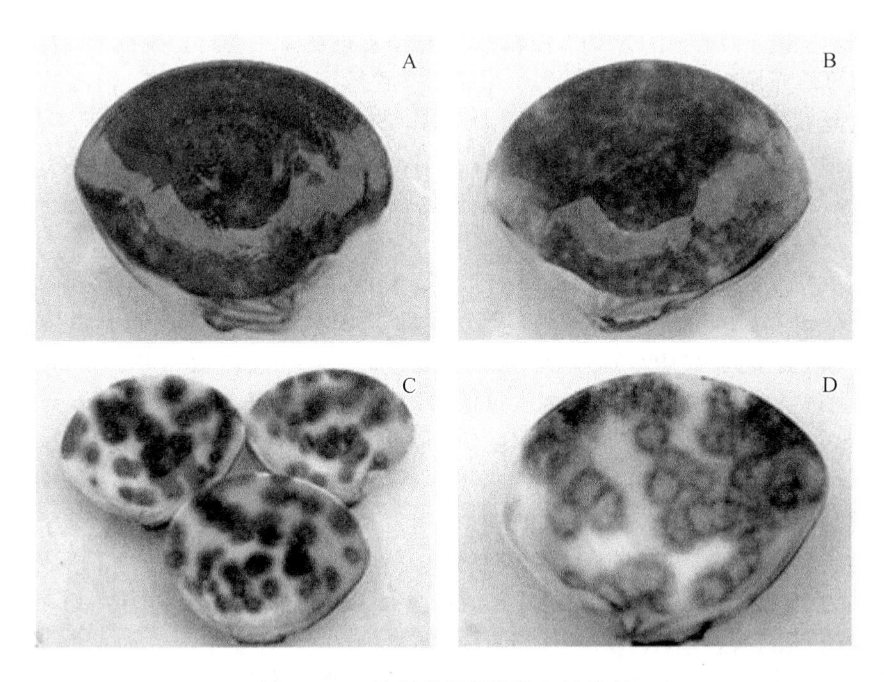

图 5－11　条斑紫菜丝状体生长状态

（资料来源：江苏省海洋水产研究所，南通市紫菜联合会）A. 丝状体生长分布均匀，藻丝层厚薄适宜；B. 丝状体生长分布均匀，藻丝层厚薄适宜，但色泽偏红；C. 丝状体生长分布均匀，藻丝层厚薄适宜，但未全部布满；D. 丝状体藻落已出现病灶

3. 孢子囊枝发育调控及壳孢子囊枝形成

条斑紫菜孢子囊枝发育期包括了孢子囊枝形成和壳孢子囊形成,是条斑紫菜贝壳丝状体育苗技术最关键的一环,直接关系到壳孢子采苗是否顺利。在贝壳丝状体育苗后期,可采用温度、光照强度、光照周期、流水、氮磷营养盐浓度等因子调控孢子囊枝发育及壳孢子囊枝的形成,既要避免壳孢子提前大量放散的“流产”事故,又要防止壳孢子囊成熟度不够难以大量放散的现象出现。

(1)孢子囊枝发育调控

当水温达到20℃以上,条斑紫菜丝状藻丝开始形成孢子囊枝(许璞等,2013)。日本学者木下和寺本(1974)认为,在24~25℃培养条斑紫菜丝状藻丝,可大量形成孢子囊枝。任国忠等(1979)和曾呈奎等(1999)进一步研究显示,形成孢子囊枝细胞的温度范围为12.5~30℃,其中以20~25℃为最适温度(许璞等,2013),该温度范围内,丝状藻丝形成孢子囊枝时间短,仅需15~20 d,且孢子囊枝数量增长率高(任国忠等,1979)。低于12.5℃,丝状藻丝基本上不能形成孢子囊枝。

光照时间对丝状藻丝形成孢子囊枝影响不大,8~24 h光照时间均能形成孢子囊枝(曾呈奎等,1999),但短日照形成孢子囊枝数量更大。郑宝福等(1980)和曾呈奎等(1999)研究显示,在60~100 μmol/(m^2·s)光照强度范围内,光照强度越强,孢子囊枝生长越快。

育苗生产中,一般采用的培养条件为温度20~25℃、光照强度30~60 μmol/(m^2·s)、短日照(不超过12 h),此条件下丝状藻丝可以大量形成孢子囊枝(曾呈奎等,1999;许璞等,2013)。

育苗生产上,为防止过早形成孢子囊枝,确保后期壳孢子放散,一般将光强控制在20~30 μmol/(m^2·s),并逐渐降至20 μmol/(m^2·s)左右。9月开始自然日照时间已短于12 h,育苗室光补偿点以上的光时已减缩为10 h左右,适宜孢子囊枝发育,一般不必对光照时间作特别减缩处理。过度缩光易造成“流产”,不利于采苗季节壳孢子持续大量放散。但在计划采苗前15~20 d,若丝状藻丝过多,则需要进行缩光处理,以抑制丝状藻丝生长。

(2)壳孢子囊发育调控

壳孢子囊形成与温度和光照密切相关,昼夜温差、光照时间及光强缩减对壳孢子囊形成影响很大。

可形成壳孢子囊的温度范围为12.5~22.5℃,适温为17.5~22.5℃(许璞等,2013),最适温度为17~18℃(木下和寺本,1974)。当温度低于10℃或高于25℃,孢子囊枝细胞不转变为壳孢子囊(曾呈奎等,1999)。因此,提高温度(25℃以上)会减缓壳孢子形成速度,即使给予刺激,壳孢子也不能集中放散。温度过低(12℃以下),孢子囊消失,丝状体变得粗壮色浓。夜间降温有利于壳孢子形成,夜间温度低于白天2~3℃易形成壳孢子,相反不能形成壳孢子。

短日照是壳孢子形成的必要条件,在光照时间为8~10 h的短日照条件下,孢子囊枝可大量形成壳孢子囊,而14~24 h的长日照则抑制壳孢子囊形成(曾呈奎等,1999)。形成壳孢子囊的适宜光强为15 μmol/(m^2·s)左右,低于2 μmol/(m^2·s)或超过20 μmol/(m^2·s)壳孢子囊形成量均很少(曾呈奎等,1999;许璞等,2013)。

条斑紫菜育苗生产上,最高光强在7月初至8月初应调节为30 μmol/(m^2·s)左右,8月初到9月初调节为15 μmol/(m^2·s)左右,这样可保证8月中下旬大量形成壳孢子囊枝,并可在采苗季节大量放散壳孢子。8月下旬至9月底,水温逐渐下降,光照时间缩短为8~10 h,同时减弱光强[15 μmol/(m^2·s)左右],可促进大量壳孢子形成。如果在8月高温期前就形成大量孢子囊枝,则往往不能大量形成壳孢子,将影响当年的生产。

壳孢子形成后,条斑紫菜贝壳丝状体由深紫红色变为鸽灰色。此时应特别注意保持培养条件稳定,以免壳孢子放散“流产”而影响全年生产计划。

（3）换水与流水

换水和流水是促使孢子囊枝发育的重要辅助手段。孢子囊形成时期需氧量和营养盐需求均比前面几个阶段高。因此,海水的更换和流动对孢子囊枝发育调控具有积极作用。

一般来说,光照和温度是贝壳丝状体生长发育的 2 个主要调控因子,但光照和温度随天气状况变化不定,调控空间有限,属长效应调控,难以在短时间内产生调控效果。相比之下,池水交换与运动对丝状体生长发育更具有明显的促熟作用,特别在光温稳定条件下,可在短时间内获得显著的调控效果。因此,在后期管理中,应结合镜检结果重点采用。其要点是:

1）早熟品系或孢子囊枝形成量大者,在计划采苗前 10～15 d 应避免多次换水,也不宜流水;在水温 24℃以下时特别不宜采取流水措施。

2）孢子囊枝形成量偏少的,在计划采苗前 10～15 d 可换水数次,并在 24℃以上或采苗前一周根据视镜检结果采取流水措施。

3）晚熟品系或孢子囊枝形成速度较慢者,应在计划采苗前 10～15 d 多作换水与流水,并根据镜检结果在临近采苗的 3～5 d 昼夜流水。

4）当丝状体已经发生严重“流产”时,应采取换水、流水等促生长、促成熟的补救措施,避免因消极“保苗”举措给采苗效果带来负面影响。

（4）施肥

前已述及,可根据不同生长期按一定比例施用氮肥和磷肥。贝壳丝状体培育后期如过早停施氮肥、降低光照,则会抑制藻丝向孢子囊枝形成,藻丝过早枯萎,易“流产”,采苗时壳孢子放散高峰短。因此,后期磷施全肥,氮施半肥或全肥(视贝壳丝状体长势),可避免上述现象出现。

（5）壳孢子囊枝发育状态检查

通过镜检,及时了解后期孢子囊枝和壳孢子囊发育调控状态,并采取相应的措施。

后期丝状体生长发育几种情况:

1）孢子囊枝(膨大细胞)形成量较少,一般不超过检测视野的 30%。说明前、中期管理得当,后期一般不做特别举措即可实行顺利采苗。

2）孢子囊枝占视野约半数,其他藻丝正从营养藻丝向“不定形”细胞转化。丝状体显示早熟特征,进入 9 月若遇上持续 3～5 d 的低水温期(23℃左右),容易提前放散。

3）孢子囊枝占位多,细胞膨大色泽较深,这是早熟种质的特征,若加上减缩光、减停氮肥等调控举措,进入 9 月即使温度变化正常,也极易提前放散。

4）镜检视野中以“不定形”细胞为主,一般极少见到孢子囊枝细胞,除非特殊情况,是较晚成熟品系或原产地野生种质的发育特征。这些丝状体经过适当调控,可顺利采苗。

5）孢子囊枝数量多,但仍有为数众多的丝状藻丝,这说明前阶段有不当的调控举措。处于该状态的丝状体在后期管理上有较多困难,一般较难顺利采苗。

4. 壳孢子放散

当壳孢子成熟将要放散时,孢子囊枝的横壁融化、消失,整个囊枝成为孢子管,壳孢子可以从孢子囊枝顶端细胞或中间细胞的壁融化形成的不定形放散孔依次释放(He and Yarishi,

2006;朱建一等,2016)。刚放散的壳孢子尚未形成细胞壁,直径 8~12.5 μm。色素体轴生星状,会短时间作变形运动,然后附着在基质上并开始萌发,先为梨形,并逐步形成新的细胞壁(许璞等,2013)。

(1) 光照周期对壳孢子放散的影响

光照周期对条斑紫菜壳孢子放散影响很大。壳孢子囊的形成是在夜间黑暗条件下完成的,见光大约 2 h 后就开始放散壳孢子,所以壳孢子放散一般是在每日白昼上午进行,上午 8:00~10:00 是壳孢子放散高峰时间(费修绠,1999;许璞等,2013)。马家海和蔡守清(1996)认为正常情况下成熟的贝壳丝状体只要一见光就会集中大量放散。但与光照强度关系不大,如果把正常光照强度培养的壳孢子囊枝分别放在黑暗、10 μmol/(m^2·s)、20 μmol/(m^2·s)条件下培养,黑暗组日放散高峰向后推迟,10 μmol/(m^2·s)、20 μmol/(m^2·s)组日放散高峰无大差异。郑宝福等(1980)研究证明,光照强度从 15~120 μmol/(m^2·s)范围均适宜条斑紫菜壳孢子放散。杨玲等(2004)自由丝状体培养实验也显示低光强和高光强均不利壳孢子放散,而 57 μmol/(m^2·s)条件下壳孢子放散最好,放散量多且集中。

(2) 温度对壳孢子放散的影响

条斑紫菜壳孢子放散的适温范围与形成壳孢子囊的温度基本一致,为 17~23℃(朱建一等,2016)。条斑紫菜育苗后期,25~24℃是敏感温度值,持续 24℃培养 5~7 d,壳孢子可能会大量放散,若未到采苗季节则易形成"流产"。当水温高于 25℃,通常不会大量集中放散壳孢子。对于晚熟品系的丝状体培育,在开始采苗的前一周,需保持水温处于 23℃以下,以促进壳孢子形成。

我国大多数育苗室不具备控温条件,育苗室水温主要随天气情况变化,条斑紫菜育苗十分被动。持续阴雨天、冷空气和台风等气候变化易降低育苗室水温。紧闭育苗室门窗、调用沉淀池较高温度的蓄水是主要保温调控手段,但调控效果有限。目前,部分育苗室已采用"冷热交换机"进行水温调控,误差在±0.5℃以内,可以实现水温精准调控,从而促使壳孢子大量同步放散,并摆脱了温度波动对育苗的影响。

任国忠(1979)研究表明,条斑紫菜丝状体放散壳孢子的温度是 12.5~22.5℃,低于或高于这一范围都不放散,放散量最多的是 15~20℃,与壳孢子形成的温度一致。没有形成壳孢子囊枝的丝状体在 15~20℃的条件下经过 25~44 d 可以放散壳孢子,已形成壳孢子囊枝的丝状体在 15~20℃条件下经过 6~7 d 便可放散壳孢子,25℃水温既能抑制壳孢子的形成又能抑制壳孢子的放散。马家海和蔡守清(1996)研究表明,15~21℃是壳孢子放散的理想温度范围,11~15℃的放散效果亦可,而在 21℃以上,温度越高,壳孢子放散效果越差。正在顺利放散的贝壳丝状体,如果置于 23~25℃,还能放散一定数量的壳孢子。在一定温度范围内,升温抑制壳孢子放散,降温促进壳孢子放散。

果孢子接种的贝壳丝状体在水温 23℃以下,无需流水刺激就可放散,日放散量为 10~200×10^4 个/壳,放散持续时间 14~16 d,每个标准贝壳的壳孢子放散总量至少在 2 000 万个(曾呈奎等,1999;许璞等,2013)。

(3) 流水对壳孢子放散的影响

海水的流动对壳孢子的形成与放散具有重要作用。丝状体在产生壳孢子囊,但尚未形成壳孢子时,一般培养在静止海水中,各个发育阶段能顺利度过,但在壳孢子形成或放散时期,海水的流动有很重要的作用。研究结果表明壳孢子形成时期需氧量比前面几个阶段多两倍,海水流动增加了氧的供给。丝状体形成壳孢子囊枝后,海水流动不但可促进壳孢子的形成与放散，且使原生质浓厚饱满，提高壳孢子的利用率。

（4）海水盐度对壳孢子放散的影响

海水盐度影响壳孢子囊枝与壳孢子的形成，进而影响壳孢子的放散。试验证明条斑紫菜与坛紫菜丝状体各生长阶段的适宜盐度基本相同，为26.2~32.74，盐度低于19.89或高于36.65时，对壳孢子的放散有不利影响。在适宜范围内，盐度越高，壳孢子附着效果越好，壳孢子有效利用率越高。

（5）淡水对附着壳孢子的影响

紫菜是生长在潮间带的海藻，在低潮干出时可能会受到雨水的直接冲刷，因而叶状体对低密度海水和淡水具有较强的耐受能力。但是，在采苗中，刚刚附着的壳孢子对淡水的抵抗力很弱，淡水浸泡10 min会造成3/4的壳孢子死亡，在淡水中处理6 h后，壳孢子全部死亡。因此，采壳孢子苗后，若遇雨天，应尽量避免下海张挂，以免造成不必要的损失（马家海和蔡守清，1996）。

（6）促进壳孢子放散的方法

1）降温、换水：降温处理对促进紫菜壳孢子放散有明显效果，无论是对成熟或未成熟的丝状体均有促进作用。处理时将水温从24℃以上下降2~3℃，如果具控温设备，则比原水温降低5℃效果更好。海水盐度26.2~32.74、光强60~100 μmol/(m^2·s)条件下，降温培养4~5 d后可使壳孢子大量放散。降温处理时，要更换新鲜海水，换水越勤，效果越好。但换水水温应与降温温度相近，否则效果不明显。

2）流水刺激：采取降温结合流水效果更好。在室内安装造成水流的动力装置，形成人工水流，刺激丝状体贝壳。

三、自由丝状体贝壳育苗技术

自由丝状体贝壳育苗技术既是对传统的贝壳丝状体育苗技术的创新，也是选育优质品系、保存优良纯系的最好途径。目前自由丝状体贝壳接种育苗技术十分成熟且已大规模应用，自由丝状体经培育直接放散壳孢子育苗技术等，因技术要求非常高，目前尚未大面积推广应用。使用自由丝状体贝壳接种育苗技术，可保证栽培品系的优良化。60年代初，建立了自由丝状体培养方法，并将丝状体切成小段放置在贝壳上，藻段也能像果孢子一样钻入贝壳生长。因此，可以将获得的优良品种丝状体进行贝壳接种育苗，从而实现大面积推广。

自由丝状体接种育苗技术（breeding with free-living conchocelis seeding）由日本建立，我国在20世纪70~80年代引入。1963年日本爱知县实验场首先采用人工培养的丝状体接种贝壳，但因技术不成熟未能推广。1970年日本紫菜研究中心进行大面积育苗和接种成功，于1971年首次育出84.1万个贝壳，1973年育出235.7万个贝壳，约占当时日本丝状体贝壳的2.4%。目前日本和韩国多采用此技术以保证栽培品系的优良化。浙江省海洋水产研究所1976年接种奈良伦条斑紫菜丝状体1.2 m^2贝壳。80年代后期有关单位开始推广条斑紫菜自由丝状体接种育苗技术，并应用该项技术不断推广紫菜优良品系（费修绠，1999）。

1. 丝状体藻段切割

选用正在旺盛生长的丝状藻丝，用组织捣碎机或家用食品捣碎机切割。通常每次粉碎3~5 s，断续粉碎30 s。然后用筛绢过滤，获得长度为100~200 μm藻丝段，用消毒海水冲洗至过滤液无色。用计数板计算藻段数量，按所需用量和密度配置成自由丝状体藻段移植液。为保证丝状体藻段的钻孔能力，尽量现切现用。

2. 丝状体藻段移植

以 100~200 藻段/cm^2 密度均匀喷洒在贝壳上,光强 30~60 μmol/(m^2·s)培养。2 周后肉眼可见红色丝状体藻落。一般 1 g 优质健康的丝状藻丝,可接种移植 5~10 m^2 贝壳。

弱光有利于丝状体下沉钻孔萌发。如光线太强,自由丝状体会因光合作用产生的气泡而上浮,影响丝状体藻段接种率。为防止粉碎的自由丝状体见光漂浮于水面,接种后 3 d 内关闭育苗室门窗、拉上窗帘,或者黑暗 1 d,以便使其下沉,充分均匀地与贝壳接触并钻入贝壳中。

自由丝状体在水温 10~23℃的情况下,能够正常萌发、生长发育。

其他步骤,如丝状藻丝培育、孢子囊枝发育调控、壳孢子囊枝形成与放散、壳孢子采苗等步骤与贝壳丝状体育苗基本相同。

根据生产观察,自由丝状体接种的贝壳丝状体壳孢子放散需具备 2 个条件:一是流水刺激 2~3 d;二是温度应在 20.5℃以下,以 18~19℃水温放散、附着效果最好。日放散量为(200~400)×10^4 个/壳,持续时间 5~10 d。

四、壳孢子采苗设施

条斑紫菜壳孢子采苗主要利用原有的育苗室、培育池、进排水系统等设施进行原位采苗。采苗方法也相对简单,有通气搅拌式、冲水式、流水式、回转式等采苗方法。其中,通气搅拌式采苗需要空气压缩机、鼓风机等充气设施。冲水式采苗需要潜水泵等设备。流水式采苗需要电动叶轮等设备。回转式采苗需要高位育苗池和电动转轮等设施。

采壳孢子苗的网(附着基)为维尼纶绳网帘(详见本章第四节)。

我国江苏条斑紫菜多采用冲水式采苗,而日本、韩国多采用回转式采苗方法。一般 60~80 m^2 育苗池可以配置 1 台功率为 750 W 的潜水泵用以冲水,1 台潜水泵可配置 2 条长水管进行喷洒,以便使壳孢子更均匀附着在网帘上。

近年来,江苏沿海有部分条斑紫菜育苗室已安装了全自动冲水系统,每个育苗池配备 1 套全自动冲水系统,其中进水管为 1 条软管,出水管为 2 条,通过程序控制前后推进冲水系统,可以控制 2 条出水管左右甩动,使水柱可以均匀喷洒到每一排和每个点,从而提高了条斑紫菜采苗效率采苗均匀度。

五、壳孢子采苗技术

1. 采苗时间

条斑紫菜壳孢子采苗时间,应根据栽培海区水温和贝壳丝状体成熟情况确定,过早过晚均不利于当年栽培产量。条斑紫菜采苗时间,以栽培区海水表层温度降至 20℃左右时为好。若海水温度较高,苗网下海易发生烂苗症、赤腐病等病害,且易附绿藻等杂藻,导致栽培无法继续。如海水温度较低,则不利于壳孢子萌发、幼苗生长,以及单孢子的放散和附着,影响栽培产量。因此,育苗生产单位需根据当地栽培海区水温及天气状况,精确调控贝壳丝状体发育节奏和壳孢子放散时间,以保证紫菜高产稳产。

2. 壳孢子放散日周期性

条斑紫菜壳孢子放散具有明显的日周期性。一般在晴朗天气,天亮以后开始放散壳孢子,在 6:30~10:00 达到高峰,下午、晚上基本不放散。阴雨天时放散高峰往往推迟,完全黑暗可很大程度抑制孢子放散。根据这些特点,生产上采壳孢子多在上午进行。

自然条件下,条斑紫菜壳孢子在每个大潮有 1 次放散高峰,可能是由于大潮期间的振动力大、海水交换充分，易促使壳孢子放散，掌握潮汐周期现象对自然采苗和半人工采苗具有重要意义。室内人工培养的壳孢子放散与潮汐关系并不明显。

每天每个丝状体贝壳放散的壳孢子量，称为日放散量。日放散量的多少与丝状体的质量、采壳孢子时的水温及丝状体的生长密度等有密切的关系。水温适宜时，成熟的壳孢子就开始逐渐放散出来，但开始时一般数量很少，每壳仅数百或数千个。然而，这往往是壳孢子大量放散的先兆，之后很可能迅速地发展为数万乃至十万个量级及以上的大量放散。纵观壳孢子日放散量的全过程，整个放散日程中往往会出现 2 个高峰期，高峰时期的出现与当年的水温环境条件、丝状体培养和成熟度一致性密切相关。质量好的丝状体，高峰延续时间长、放散量高。条斑紫菜每天每个贝壳放散的壳孢子数量可达数百万个，最高接近 2 000 万个，少的仅几千或几百个孢子，甚至不放散。当有万级放散量出现时，可开始试采壳孢子。日放散量达到 10 万级以上时，便可以正式采孢子，100 万级以上时，可采多批网帘。

条斑紫菜壳孢子在采苗季节一般都可以形成放散高峰，大量放散时间的早晚主要与丝状体的培养状况和气候条件有关。壳孢子放散的延续时间很长，但后期放散的孢子附着率和萌发率一般都较差，尤其个体大小相差悬殊的壳孢子，在生产上利用效率很低。

3. 壳孢子附着萌发条件

在全人工采苗过程中，必须使壳孢子有效地附着在基质上，这是紫菜人工栽培的重要生产环节之一。在采壳孢子苗期间，常见壳孢子放散量很多，但附着量很少，或者很难附上，表明放散出的孢子质量较差或外界条件不适宜；有时还发现采苗时壳孢子放散和附着的数量都不少，但是下海出苗不理想。造成这种情况的原因往往很复杂，不仅与采壳孢子苗时的光强、海水搅动的流速、网帘的摆放有关，同时也与网帘下海过程中干燥时间的长短、阴雨天淡水的影响，以及海区水温等密切相关。

（1）光照强度对壳孢子附着的影响

光照强度对条斑紫菜壳孢子附着影响较大。在采苗开始前，便要考虑光强。一般来说，黑暗条件下壳孢子基本不附着，壳孢子采苗期间，育苗室光强需控制在 60 μmol/(m^2·s) 以上。李世英(1979)研究表明，光强在 50~100 μmol/(m^2·s)，条斑紫菜壳孢子附着总量较好。如果过低[如 30 μmol/(m^2·s)]，附着量明显下降；如果过高[如 200 μmol/(m^2·s)]，附着量也会有所下降。阴雨天也容易造成壳孢子附着率和萌发率差。下层网帘光照不足，水交换缓慢，壳孢子附着少，需要经常翻转上下层网帘，使上下层网帘附苗尽量均匀。下午停止采苗后，应尽量将采苗网帘移开，让贝壳丝状体见光培养 3~4 h。

（2）温度对壳孢子附着的影响

右田清治(1972)研究表明，在 60 μmol/(m^2·s) 光照下，20℃时壳孢子附着最多，如果将 20℃时附着量定义为 100%，则 25℃时壳孢子的附着率减少到 98%，15℃时减少到 57%，5℃时仅为 3%。但陈美琴(1985)和马家海和蔡守清(1996)都证明 15℃时的附着率大于 25℃时的附着率。

在壳孢子采苗过程中，温差对壳孢子放散的影响很大。一般来说，在一定范围内温差越大，壳孢子放散量越大。因此，应每天注意天气，防止冷空气造成育苗水温下降幅度太大。在一般情况下，沉淀池的水温比育苗池的水温略高，采苗期间水温稍有回升，壳孢子放散量就减少，所以应尽量防止水温的回升。

采苗时间过早，海水温度偏高，不但影响壳孢子下海后的出苗率，而且易大量附着杂藻，降低苗网质量，同时高水温也是致病的重要因素。采苗时间过迟，水温偏低，幼苗生长缓慢，将明显降低产量。江苏省沿海适宜的采苗时间是 9 月下旬至 10 月中旬以前，水温在 16~22℃。生产实践表明，紫菜幼苗下海后的生长速度，与采苗时间的早晚有着密切的关系：9 月下旬下海的幼苗 45~60 d 可采收，10 月上旬至中旬下海的幼苗 60~80 d 可采收，10 月中旬或以后下海的幼苗则需 90 d 左右才能采收。

（3）流水对壳孢子附着的影响

紫菜壳孢子的比重略大于海水，由于壳孢子没有游动能力，紫菜丝状体放散出的壳孢子在静止的培养池内，均沉积在贝壳的凹陷处或池底。自然条件下，波浪潮流等因素可帮助壳孢子散布到各处，附着于基质上。在室内人工采孢子时，只有人为搅动海水，壳孢子才能漂浮起来，因此冲水在育苗过程中具有重要作用，通过冲水可将沉积在池底的壳孢子搅起，使壳孢子与网帘充分接触、附着、萌发，同时流水可以刺激壳孢子成熟、放散，缩短壳孢子的采苗时间。一般说水流越畅通采孢子的效果越好。从室内流水式的采苗方法来看，水池中水流急的位置，壳孢子附着多，相反，在网帘摊放的中央部位，水流变慢，壳孢子附着量就明显减少。冲水也可将贝壳上的浮泥等附着物洗刷干净，有利于放散的壳孢子脱离贝壳表面。实验和生产实践表明，高流速刺激 24 h，比刺激 12 h 的放散效果好，在刺激过程中，若更换 1~2 次新鲜海水，效果更好。

现阶段，大多数育苗场仍采用人工冲水方式，成本高且不可控因素较多，冲水效果不佳。为获得更好的育苗效果，部分育苗室已引进全自动冲水系统（图 5－12A），不但大幅降低生产成本，且可使水流流速及冲水时间得到更精确的控制，显著提高了冲水效率。

图 5－12　条斑紫菜自动冲水式（A）和自动回转式（B）采苗方式

为了促使壳孢子集中大量放散，在采苗前 2~3 d，进行通风降温的同时，夜间要用水泵进行流水刺激。

每天正常采苗时间是 6:00~11:00。具体要根据壳孢子的放散量及天气情况而定，放散高峰时，冲水时间最多可以延长到 15:00。

右田清治（1972）曾经就水流对条斑紫菜壳孢子附着的影响做了研究，结果显示，如果将水流速度达 90 cm/s 时，1 h 后壳孢子附着量定为 100%的话，那么水流为 68 cm/s 时，壳孢子附着率则减少到 84%。由此可见，随着水流速度的减弱，壳孢子的附着量也相应减少。因此，在全人工采苗过程中，掌握好搅拌海水的力量，并使池内各个位置的流速尽可能均一极为重要，只有这样才能使壳孢子更多地接触并均匀地附着到附苗基质上，从而增加壳孢子的利用率，达到附苗密度。

（4）海水盐度对壳孢子放散与附着萌发的影响

在适宜范围内，盐度越高，壳孢子附着效果越好，壳孢子有效利用率越高。

右田清治(1972)报道,温度 17℃,60 μmol/(m^2·s)光照条件下,壳孢子在盐度 24.80 时附着率最高,达到 100%,其次是 32.74 时(86%),在 19.89 时为 63%,12.85 时为 35%。

马家海和蔡守清(1996)认为盐度 26.2~32.74 时条斑紫菜壳孢子的萌发率最高,达 65%~70%,19.89 时为 49%,12.85 时仅为 22%。江苏沿海滩涂的丝状体育苗室往往从沿岸的积水塘或岸边挖的咸水井抽取海水,这种海水盐度一般都高于 36.65,若不降低其盐度则不利于育苗,也不利于采壳孢子苗。相反,在采苗季节若恰逢雨季,栽培海区会出现低盐度的情况,将严重影响壳孢子萌发,应予以重视。

(5) 壳孢子附着的持续时间

壳孢子放散后的附着速度很快,一般放散高峰以后紧接着就出现附着高峰。在自然海区,紫菜丝状体一般都生长在潮下带石灰质基质中,但大量繁生叶状体却分布于潮间带,高于丝状体生活的潮位。壳孢子从潮下带向潮间带的推移是借助于潮流和波浪的运动,且需要一定的时间。因此可以从紫菜壳孢子自然习性推测,至少在壳孢子放出后的一段时间内仍具有附着萌发的能力。马家海和蔡守清(1996)的试验结果表明,虽然放散数小时后壳孢子仍有一定的附着萌发能力,但附着能力明显下降,24 h 后基本失去附着能力。

(6) 附着壳孢子的耐干能力

马家海和蔡守清(1996)曾进行过瞬间(10 min)附着的壳孢子耐干(阴干和晒干)力的试验,结果表明,刚附着壳孢子的耐干力是很弱的,日晒 15~30 min 萌发数就下降接近一半,曝晒 2 h 后,附着的壳孢子基本死光;阴干的损害也较大,阴干 4 h 后附着壳孢子基本灭绝。因此,在室内采壳孢子苗时,采苗人员应在采苗结束后,将网帘在暂养池内暂时放置一段时间,以利于提高附着壳孢子的萌发率。此外,采苗后如果在海水中浸泡(即暂养)一段时间,壳孢子对抗干燥的能力会有很大的提高。试验结果表明,采苗后浸泡 4 h 左右或尽量保持湿润,壳孢子抗干燥的能力就有显著的提高。在生产实践中,海上挂网是十分重要的环节,管理人员在网帘下海时应尽量缩短干出时间,最好做到边涨潮边挂网。

(7) 淡水对附着壳孢子的影响

紫菜叶状体对低比重海水和淡水具有较强的耐受能力,但刚刚附着的壳孢子对淡水的抵抗力很弱,淡水浸泡 10 min 会造成 3/4 的壳孢子死亡,在淡水中处理 6 h 后,壳孢子全部死亡。因此,采壳孢子苗后,若遇雨天,应尽量避免下海张挂,以免造成不必要的损失(马家海和蔡守清,1996)。

4. 采壳孢子方法

在采壳孢子前,应先对丝状体的成熟度进行检查。成熟度是指壳孢子形成量(俗称双分孢子)在壳孢子囊枝细胞和壳孢子形成总数中所占百分比。采壳孢子苗时,每天都需要大量海水,因此,采苗前务必提前清洗沉淀池和储备足够的海水。同时,在避免阳光直射的前提下,尽可能加大育苗池的光照度,这样将有利于壳孢子的附着与萌发。采苗方法一般采用室内人工采苗。

采苗在室内进行的,称为室内人工采苗。有些采苗方法是在陆上室外水池中进行的,所以,相对海上人工采苗而言又称陆上人工采苗或水池人工采苗。室内人工采苗都是在人工控制条件下进行的,壳孢子利用率较高,附苗密度易掌握,不受海上气候条件变化影响,计划性和可靠性较大,是目前紫菜人工栽培主要的采苗方法。一般 1 m^2 贝壳丝状体可以采苗 180 m^2 网帘,甚至 1 500 m^2 网帘。

室内人工采苗主要有 4 种方式:

1）通气搅拌式：又称气泡式。这种方法是用空气压缩机向采苗池中的通气管压进空气，造成自下而上的气泡从而推动海水运动，使壳孢子能均匀地附着于网上。为防止上、下层网帘附苗不均，还需对调翻动网帘。此法目前较少使用。

2）冲水式：条斑紫菜采壳孢子多用此法，操作时先将网帘均匀地平铺在贝壳丝状体上，每 3~4 m^2 铺放 180 m^2 网帘，池水需浸没网帘。采苗时，用水泵冲水，为使网帘附苗均匀，冲水时，要搅动池内的各个位置，借以将壳孢子全面搅动，冲（泼）水可从清晨 6 点开始进行，每冲一遍可停一段时间再冲，到中午停止冲水，完成本日采苗工作。在采苗过程中，应进行 1~2 次上、下层网帘的翻动，冲水可以间歇停止，但在放散高峰时应抓紧冲水。该方法操作简单，设备投资少，孢子附着效果也不错，是目前常用的一种采壳孢子苗方法。目前，我国已有部分育苗室安装了自动冲水装置，可节省人力成本且不间断冲水，采苗效果更佳。

3）流水式：用固定在池一端的电动叶轮搅动池水，形成定向水流，壳孢子随水流附着于网上。应注意池水不可过深，网帘数量要适度，以免影响壳孢子附着。目前使用此法者已不多。

4）回转式：是日本、韩国多采用的一种陆上采苗方法（适合细网线、大长网），在采苗池上设有一定大小的转轮（水车形式），转轮下缘浸入海水中，在转轮上固定网帘（图 5－12B）。贝壳丝状体放在池底。采苗时，电动转轮原位转动，网帘依次浸入池中的孢子水，孢子附着于网上，一定时间后进行镜检，达到附着密度即可停止采苗，另换新网采苗。这种方法投资不大，简单易行，壳孢子附着比其他方法均匀。我国也有育苗室已安装了自动回转式采苗系统，采用自动回转式采苗方式。

5. 采壳孢子的密度与检查

（1）采壳孢子密度

影响紫菜栽培产量的因素很多，采壳孢子密度是重要因素之一，采苗密度越高，下海见苗时间越短，反之则越长。但采苗密度过大，将抑制单孢子放散，不仅浪费苗源，且容易造成脱苗、病害，影响栽培产量。

条斑紫菜幼苗能放散单孢子进行无性繁殖。随着幼苗的生长，单孢子放散量不断增加，一个壳孢子萌发成的小叶状体周围，可有数百株由单孢子萌发的幼苗生长。应根据条斑紫菜这种特点来决定合适的采孢子密度。北方生产上认为，出苗量达到能覆盖全部网线的程度，紫菜生产才能高产，这种采壳孢子密度称为“全苗”。按照国标，聚乙烯醇缩甲醛纤维（维尼纶）单丝散头附壳孢子苗量以 50~100 个/cm 为宜；网线附苗量以 5~10 个/视野（10×10）为宜。有些条斑紫菜品系的单孢子放散量小，则应适当提高采壳孢子密度。

（2）附苗密度的检查

附苗密度的检查可采用筛绢法、纱头法和绳段法。筛绢法是在采壳孢子时，将 200 号筛绢剪成小条（宽 0.7~1 cm，长 4~5 cm），夹在网帘之间，与网帘一起放入采苗池内，作为取样检查之用。因筛绢为尼龙做成，和网帘的材质存在差异，故附苗的条件和密度也会不同，有时差异很大，所以采用此法需结合纱头法和绳段法校正后使用。南通地区多采用纱头法，即剪取网帘绳上散开的纱头，在显微镜下计数。由于机织的网帘很少有散开的纱头，故多采用绳段法。绳段法是任意剪取约 2 cm 长的网帘绳在显微镜下检查，此法会破坏网帘。以上方法虽不一致，但在计算时均只计算附着萌发的孢子数，游离的孢子不计入内。

在壳孢子采苗的高峰期，当网帘上伸长的壳孢子密度达到或超过采苗要求时，即可出池。也可停止冲水一段时间，将出池的网帘放在原采苗池暂养 15 min 以上，待网帘上的壳孢子基本拉长萌发后再出池。

6. 壳孢子苗网暂养与运输

出池的网帘如不能及时下海张挂,则需进行暂养。暂养时将采好苗的网帘放入盛有洁净海水的露天或有较好光照的室内池中,海水需漫过网帘。网帘以散开暂养为好,以使其受光均匀。池中的海水最好保持流动,以提供壳孢子苗充足的营养。暂养的网帘应尽快下海,如因风浪等耽搁,也不应超过3 d。每天翻动暂养网帘,防止局部受光不足而影响壳孢子苗的存活。如不具备暂养条件,也可将采好苗的网帘放在庇荫通风处,不时浇海水保持苗网湿润。

采好孢子苗的网帘运输到海上张挂时,应用布帘等物遮盖,防止雨淋和日晒。如运输时间长,还应喷洒海水保持网帘湿润。

第四节　栽 培 技 术

条斑紫菜叶状体海上栽培工作即将幼苗培养至成体及收获的过程,主要包括:栽培海区的选择,筏架结构设置与布局,网帘下海与出苗管理,以及包括分苗、水层调节的成叶期栽培管理和收获等。

一、海区选择

栽培海区选择主要考虑海区的方位、风浪、底质、坡度、水质、潮流及潮位等各个因素。

1. 方位和风浪

条斑紫菜叶状体生长需要一定的风浪,在保证栽培筏架安全的前提下,选择冬春季有西北风、东北风的海区。风浪小、潮流不畅的内湾,不适宜大面积栽培紫菜。风浪太大,虽然海水流动畅通,但易摧毁筏架、破坏器材,使生产遭受损失。

2. 底质和坡度

底质是影响条斑紫菜生长的因素之一,同时也影响到筏架设置、管理、收割等工作。半浮动筏只能在适合打桩、下砣、不易损坏器材的底质,如沙质、泥沙质、泥质海底和砾石质海底进行。若底质太软,不仅在低潮干出时活动不便,且涨潮后水质浑浊,网上附泥多,对出苗有一定影响,因此选择海区时以泥沙底或硬泥底为好。泥沙底为主的海区不仅便于安排筏架,还可以调节海水中的营养成分,当营养贫乏时,泥沙可以释放营养成分,对条斑紫菜叶状体生长有利。岩礁底质不易打桩和设置筏架。全浮动筏式栽培可在与海带栽培相同的海区进行。同时,栽培海区要求平坦、坡度小,利于增加栽培面积,使条斑紫菜生长均匀。近年来,一些主要条斑紫菜产地,沿岸滩涂的潮间带不但已被利用,更出现不合理的超负荷开发现象,因而如何开拓外海海区就成为各地亟待解决的问题。不论是近岸还是外海,沙滩底质往往由于筏架的设置,潮流受阻变缓,而出现地形的升降,这种底质的变动极大地影响了紫菜的生产,必须及时进行适当调整。

3. 水质

栽培海区的营养盐是影响条斑紫菜生产的重要因素,可采样分析海水中的$NO_3^- - N$、$NH_4^+ - N$与$PO_4^{3-} - P$等主要营养盐类。海水中含氮量越多,紫菜生长越好,产量也较高。一般而言,海水中总氮含量($NO_3^- - N$、$NO_2^- - N$和$NH_4^+ - N$的总和)低于50 mg/m^{3}为贫瘠海区,100 mg/m^{3}左右为中肥海区,200 mg/m^{3}以上为肥沃海区。肥沃海区的条斑紫菜生长快,叶片大,色泽深且有光泽。在自然海区中,钾、钙及其他微量元素一般均能满足需要。但对于条斑紫菜栽培密集的海区,在生长旺盛的季节仍有缺肥的可能性。实践证明,有适量淡水汇入的海区条斑紫菜生长较好。

栽培海区的海水应有一定的浑浊度,海水过于清澈反而不利于紫菜生长,在强烈的阳光下容易发生光氧化现象,使紫菜出现生理性代谢障碍。

沿海城市及现代化工业的迅速发展会带来一些负面影响,如酸、碱性物质、重金属污染物及农药等有机污染物的排放。有些有害物质可能影响条斑紫菜的生长,有些则可能在藻体内富集而使产品失去食用价值。据测定,若海区 COD 较长时间超过 3 mg/L 就会对紫菜产生危害;超过 4 mg/L 则不能在该海区进行栽培,藻体易出现缩曲、斑纹,或出现"癌肿病";超过 5 mg/L 时,藻体萎缩、枯死。不同种类的紫菜在不同生长阶段对海水温度要求也不一样。条斑紫菜成叶期适宜生长的海水温度较低,为 8~10℃,温度上升会加快成体生长,导致提前衰老,且易发病,而温度下降出现冰冻也会使叶状体严重受损。因此,冬季温度较高的南方海区和常见冰冻的北方海区都不宜栽培条斑紫菜。

4. 潮流

潮流对紫菜营养盐的补给和吸收、气体交换、温度调节、改善受光状况、增强光合作用都有重要的影响。流动的海水可不断为紫菜补充营养盐,带走代谢废物。潮流畅通的海区紫菜生长快、质量好、硅藻不易附着、可收割次数多,产量也高。海水流动不畅,藻体易被硅藻附着,提早老化,从而影响产量和质量。流速小、海水交换不足,紫菜不能吸收足够的营养盐并及时排泄废物,生长受到抑制,易发生各种病害。栽培海区流速以 30~50 cm/s 为宜,营养盐丰富的海区流速 30 cm/s 便可满足需要,营养盐较贫瘠的海区流速则需达到 50 cm/s,潮流太大会使筏架不易浮起,影响光合作用。从海区布局来看,栽培区中心部位的一般发病最早、病情最严重,这些都说明潮流的通畅对提高紫菜的产量、减少病害的发生是十分重要的,东、北朝向海区由于其风浪较大,水体交换快,一般比朝南和内港海区水流通畅,但这些海区对筏架的安全性要求比较高。此外,栽培密度过大会导致水流不畅,使产量降低,病害多发。

5. 潮位与干出

潮位高低是筏架设置的重要参数之一。自然条件下,紫菜生长在潮间带,适宜生长潮位为小潮干潮线到小潮满潮线略下的潮位。紫菜不同生长期耐干力是不同的,因此潮位不同,其出苗、生长及产量均有明显差异。根据紫菜这一特性,在紫菜栽培生产中,常把干出作为一项不可缺少的生产环节,尤其是在出苗期,为了培育健壮幼苗及提高品质,更是把它作为必须实施的手段。

干出的意义在于: ① 适当干出可增强细胞壁韧性,使细胞液泡变小、原生质充实,大量淘汰弱苗,使生活能力强的紫菜个体旺盛生长,从而筛选培育出抗病、耐干的健壮苗;② 清除杂藻,增强紫菜苗对杂藻的竞争力;③ 抑制和清除不耐干燥的病菌,减少病害发生。幼苗下海初期的干出尤为重要,可除去附着污垢及硅藻、浒苔等敌害生物,防治烂苗病害。实践证明,壳孢子采苗后,1~10 个细胞的幼苗受阳光照射 1 h 以上便会全部死亡。当小苗达到 1 mm 以上,可忍耐数小时直射光照射和长时间干燥。紫菜幼苗的干燥程度,还与光照量和风力有显著关系。

条斑紫菜养成期栽培区的潮位应适中,过高、过低都会影响紫菜生长和质量。潮位过高,紫菜附苗少,见苗迟,生长慢,单产低;潮位过低,敌害生物多,易附杂藻,衰老提前,管理、收割也不方便。适合条斑紫菜栽培的潮区有 2 种: ① 大潮时网帘干出(离滩面 35 cm)时间为 2~4.5 h 的海区;② 以小潮干潮线为基准,将末排网帘设在小潮线上下,冬季小潮有 1~2 d 不干出,最上一排的网帘设在小潮线以上 2/3 的中潮带。前者可以插竹实地测量,后者可按农历初八、二十三最低潮线作准。根据条斑紫菜自然分布情况,比较合适的潮位是大潮时干出 3~

4.5 h 的潮区。

潮位选择时还应综合考虑不同季节潮位的差异，我国沿海冬季潮差较春季大。近年来，我国在一些潮差较小的海区，采用了可调节网帘悬挂高度的支柱式栽培，从而可以根据潮汐的大小随时调整控制干出的时间，扩大了筏架放置的潮位。一些退潮时不能干出的浅海海区和外海区则可采用全浮动筏式栽培，开发这些海区，不但可以提高紫菜产量，而且质量很好。

6. 天气

条斑紫菜属于适应高光强的藻类。在适当温度下，长日照能促进叶状体成熟，光线越强生长越快。因此雨、雾、阴等天气对条斑紫菜生长不利，台风等恶劣天气也会影响生长。

1）降雨量：过大或过小的降雨量不仅影响栽培海区的盐度，也是条斑紫菜病害的诱发因子，直接影响条斑紫菜品质。

2）连续阴雨天气：连续阴雨天气对需要干出的出苗期藻体尤为不利，长时间得不到干出会使网帘上杂藻繁生，干扰和抑制条斑紫菜出苗，甚至使出苗失败。此外，如果阴雨天时间过长，对条斑紫菜生长发育影响很大，易发生病害，且影响品质。

3）雾天：雾天影响条斑紫菜叶状体光合作用和干出，更重要的是雾天环境污染加剧，雾中含有较多的二氧化硫，可引起叶状体癌肿。

4）台风：台风等恶劣天气，会直接作用于条斑紫菜栽培设施，造成断缆绳、拔桩、网帘倾翻、割断条斑紫菜叶片等。

二、叶状体栽培方式

条斑紫菜栽培方式主要有半浮动筏式、全浮动筏式和支柱式三种方式。

1. 半浮动筏式栽培

在我国广泛采用，是我国独创的、适合潮差较大的潮间带海区的一种栽培方法。半浮动筏的筏架兼有支柱式和全浮动筏式的特点，涨潮时整个筏子漂浮在水面，退潮后筏架又可用短支架支撑于海滩上，使网帘干出。因而硅藻等杂藻生长少，对条斑紫菜早期出苗尤其有利，具有使条斑紫菜生长快、质量好、生长期延长的优点。每平方米网帘可生产干紫菜 500～1 000 g。但此方式只能在潮间带中部附近实施，栽培面积受到很大限制。

2. 全浮动筏式栽培

该法是在离岸较远、退潮后不干出的海区进行栽培的一种方式。日本称为“浮流养殖”。栽培海区在低潮线以下的浅海，不管是涨潮还是落潮，紫菜网帘始终浮在海水表面。如果出苗好，管理得当，产量高于半浮动筏式。但由于网帘不干出，对叶状体的健康生长和抑制杂藻的繁生不利，且需要换网生产。因此，日本和韩国发展为翻板式全浮动筏式栽培，并取得了很好效果。这种形式最大的优点是不受潮间带的限制，发展潜力很大。但筏架需有一定的抗风浪能力，在一些风浪过急、潮差很大的海区尚需慎用。

3. 支柱式栽培

支柱式栽培是一种将网帘吊挂在深插于海区的毛竹或玻璃钢材料制作的支柱上，随潮水涨落而漂浮或干出的紫菜栽培方式，日本最早发明应用，现在我国连云港海区也已广泛应用，规模已近 13 330 hm^2。该法具有可扩大栽培海区、减轻晒网、调网和收菜的劳动强度等优点。栽培场地的底质要求以沙泥或泥沙底和硬泥底为主，潮位为大潮干出 4 h 至大潮低潮线下水深 2 m 为宜。涨潮时利用船只收割，可进行全天候作业，劳动效率得到了提高。

三、栽培设施

条斑紫菜栽培筏架由网帘和浮动筏两个部分组成，前者是条斑紫菜附苗生长的基质，后者是张挂网帘的架子，并兼有浮子的作用。

1. 网帘

网帘由网纲和网片组成。网纲由直径 5~6 mm 的聚乙烯绳做成，一般为网片绳直径的 2 倍。网片由网绳（线）编织而成。以维尼纶和尼龙的附苗效果为好，但尼龙价格较高，因此网绳一般由易附苗的维尼纶和抗拉强度好的聚乙烯单丝混捻而成。现在也开发出了树脂网，即在聚乙烯等制成的网绳上涂一层极易附苗的树脂，可显著提高壳孢子和单孢子的利用率。日本在树脂中加入微量营养成分，栽培时缓慢释放，可提高紫菜品质，减少病害发生。网绳的粗细一般视抗风浪的需要而定，太粗沥水性差，干出不够，藻体不健康。网目大小以 30~34 cm 为宜，网目太小可导致附苗过多，叶状体相互遮挡，潮流不畅，产量下降；网目过大也不利于提高产量。

网帘的规格各地并不一致，主要有以下几种：① 方形网：有 2.3 m×2.3 m、2.5 m×2.5 m 等规格。② 长方形网：有 3 m×1.8 m、6 m×1.8 m、10 m×2 m、10 m×2.2 m、3 m×2.3 m、4 m×2.5 m 等规格，工厂化生产的网帘多为 9 m×1.6 m、18 m×1.6 m 等。③ 日本、韩国用的网帘大多为 18.2 m×1.2 m 和 18.2 m×1.6 m。随着今后紫菜生产向机械化发展的需要，网帘规格必然会逐步趋于统一。

新编成的网帘需在清水中充分浸泡和洗涤，除去有毒的物质，否则会影响附苗。使用过的旧网帘，应堆积在土坑内使残留的藻体和杂藻等自然腐烂，洗净晾干再用。

2. 筏架

栽培筏架根据栽培方式可分为 3 种类型：半浮动筏、支柱浮动筏和全浮动筏架。

（1）半浮动筏

半浮动筏架一般由桩（橛）、橛缆、浮筏和浮绠组成。栽培海区中筏架的设置方向应与潮流方向一致或基本一致，这样有利于水体交换和提高筏架的抗浪能力。

1）桩（橛）：根据底质特点选用，如沙或沙泥底质的江苏南通、盐城地区，多采用废网或轮胎制作。

2）橛缆：用于固定浮动筏，使桩和浮绠连在一起。每台筏架有 4 条橛缆，一般用聚乙烯绳制作，长 3~5 m。

3）浮绠：每台筏架设有 2 条浮绠，用直径 18~22 mm 的聚乙烯绳制作，长度为 150~180 m。挂帘太多有拔桩、断绠的危险，浮绠太长也容易在大风时造成筏架翻倒。

4）筏架：由浮竹和支脚（80~120 cm）组成，浮竹长 2.4 m 到数米不等。网帘缚于浮竹和浮绠上保持张开状态。退潮后筏架靠高的支脚支撑在滩涂上，使网帘干出。每排筏架的两端多采用双架，以增加稳定性和浮力。也有在两端增设浮子，以保证满潮时两端的网帘浮近水面，不致影响紫菜的光合作用。

（2）支柱浮动筏

支柱式栽培与半浮动式栽培设施结构的主要差别在于：后者有高的支脚，退潮时支撑网帘不致着泥，而前者不用支脚架，以整枝毛竹或玻璃钢杆作为插杆，插杆上端缚扎吊绳，每根插杆与浮竹或浮绠相吊连，呈斜拉索状，退潮时使网帘悬空。每台两端用桩梗打桩固定。插杆一般直径 10~15 cm，长度视潮差大小而定，一般为 5~10 m，其中 1.5~2 m 打入海底。设置帘架时应把海区分为若干个小区，各小区最好按“品”字形排列。用桩绳加固插杆，用浮绳与吊绳连接网帘与插杆，吊绳长度应可调节，以便根据不同海区、潮位、时间、季节与晒网需要调整网帘干出时间。

（3）全浮动筏架

适用于潮间带以下深海区的栽培方式。由于潮间带面积有限，采用此方式可以大大扩展紫菜栽培面积。全浮动筏结构与海带栽培的浮筏相似，日本称为“浮流养殖”，是日本紫菜栽培三项新技术之一，在日本和韩国已占紫菜栽培面积的2/3。他们还采用适合该方式栽培的紫菜新品种、冷藏网技术、酸处理等措施来克服其不足。我国也有部分海区采用此种栽培方式，但长期不能干出导致藻体易附生硅藻、中后期藻体老化品质下降等问题限制了其发展。

有的全浮动筏架还设有三角架式、翻板式、平流式等干出装置，可定期将网帘提升至水面以上露空晒网，晒完后再放入水中。

三角架式：由青岛第二海水养殖试验场于1973～1974年试制。是两条浮绠构成的筏架，筏架浮绠长60 m，桩缆长27 m（可根据当地潮差调节），每台筏架用直径27 cm的浮子32个，直径3 cm、长1.6 m的浮竹62支。桩间距应适当放长，以利操作。紫菜网帘长12 m，宽2 m，网目27 cm，网帘的中部增设一条网绳。每台筏架张挂网帘5张，网帘和两边浮绠间空隙宽度为40～50 cm，两条浮绠之间，每隔4 m有一带钩的长绳，位于网帘下方靠玻璃浮子处。为防止网帘中部下沉，在网帘中部的网绳上，还可以加几个小浮子。操作时依次拉紧带铁钩的拉绳把小钩挂在浮绠上。在两条浮绠靠拢的过程中，将浮竹和网帘向上提起形成三角形使网帘出水干出。结束时只要取下挂钩，筏架即恢复原状（图5-13）。

图5-13　条斑紫菜栽培方式

A. 半浮动筏式栽培；B. 支柱浮动筏式栽培；C. 三脚架式栽培；D. 翻板式

翻板式：在宁波一带比较成熟，其结构主要由两条浮绠形成一行（浮绠长80~90 m），可挂4张网帘，浮绠中每隔2 m固定一条直径3~4 cm、长2 m的竹竿，可使浮绠和网帘水平展开。竹竿两头各固定一个泡沫塑料浮子，浮子呈实心圆柱状，直径30~40 cm，高60~80 cm。平时浮绠、网帘、竹竿均浸在水中，浮子在水面上。操作时，把浮架翻转，浮子在下，托起浮纲、网帘和竹竿，使紫菜和网帘干出，结束后重新把浮架翻转过来即可。

平流式：平流式结构接近翻板式，主要由两条浮绠形成一行，将网帘固定于浮绠中间，网帘与浮绠保留20~30 cm间距。在两条浮绠上适当布置实心圆柱状泡沫塑料浮子25~30个。该方式不设干出装置，只需每水采收紫菜完毕后，把网帘运到岸上干出1~2 d，再重新挂到海区，直到下次采收。

3. 海上设置和布局

筏架的海上设置是紫菜栽培十分重要的环节。当前一些主要栽培海区超负荷开发，紫菜的质量、产量均有所下降，若海况条件不利，会使病害肆虐，给紫菜栽培带来严重的损失。

合理的布局应当考虑潮流的方向和筏架设置的密度。这样既能保证潮流的畅通，合理利用栽培海区，提高生产力，同时又能保证筏架的安全。为此一般筏架都采用正对或斜对海岸，与风浪方向平行或成一个小夹角。栽培小区、大区之间都应留出一定的通路或航道。

为了改善海区的潮流状况，达到合理放置的目的，半浮动筏式栽培应限制在可栽培面积的1/9以下，支柱浮动筏式则限制在1/6以下，全浮动筏式限制在1/14~1/10或以下较为合理。

四、栽培管理

条斑紫菜叶状体栽培生产通常分为出苗期、小苗期和养成期，而理论研究一般分为萌发期、幼苗期、小苗期、成叶期、成熟期、衰老期6期（表5-1）。获得更多单孢子苗、调整干出时间及采用冷藏网是条斑紫菜栽培重要管理措施。

表5-1　条斑紫菜叶状体栽培生产管理与理论研究分期对应表

生产管理分期	理论研究分期
1. 出苗期：指壳孢子采苗后下海栽培至肉眼可见苗（1 mm），包括萌发期和幼苗期	1. 萌发期：指壳孢子萌发至分裂生长为4细胞苗 2. 幼苗期：指4细胞苗生长至长度达到1 mm苗
2. 小苗期：指肉眼可见苗（1 mm）生长至2~3 cm长的苗	3. 小苗期：指肉眼可见苗（1 mm）生长至2~3 cm长的苗
3. 养成期：指2~3 cm长的苗生长至20 cm以上的藻体，包括成叶期、成熟期和衰老期	4. 成叶期：指2~3 cm长的苗生长至20 cm以上的藻体 5. 成熟期：指成叶藻体发育出雌雄生殖细胞 6. 衰老期：指藻体开始负生长至死亡

干出是指退潮后紫菜露出水面的过程。紫菜叶片耐干性极强，生长在岩礁与网帘上的紫菜，退潮后即使被太阳晒干变脆，涨潮后仍能恢复正常。紫菜生长适宜潮位不是固定不变的，不同干出时间对不同时期的藻体生长有很大影响。

条斑紫菜叶状体出现于秋末冬初，至翌年春末消失，在0.5~18℃均能生长，较低温度生长更好。条斑紫菜生长在中高潮线，是一种喜光性红藻。光照强度100 μmol/(m^2·s)以下，随着光强增加藻体生长加快；若超过100 μmol/(m^2·s)，光合作用开始受抑制。在适宜光强范围内,每日光照3~9 h即可。紫菜喜生长在潮流畅通、有一定风浪的肥沃海区,在盐度为12.85~32.74的海水中均可生活,在缺氮肥的海区,叶片色淡无光、细长。

1. 出苗期管理

从网帘下海到出现肉眼可见的幼苗(大约1 mm),这期间称为紫菜的出苗期。出苗期管理十分重要,直接关系到早出苗、出壮苗、出全苗。半浮动筏式栽培条斑紫菜一般10~20 d可见苗。

(1) 挂网

经暂养的壳孢子苗网帘运至海区后,应在涨潮前及时张挂。可将3~5张苗网重叠张挂在筏架上,以节省时间和空间。张挂时应将网帘拉平、吊紧。若张挂后,距涨潮仍有较长时间,则必须在网帘上喷洒海水,防止网帘干燥影响壳孢子苗的成活率。重叠张挂可少占用筏架,减少前期工作量,便于苗期管理,同时有利于单孢子集中放散和附着,提高单孢子利用率。

(2) 干出

半浮动筏式和支柱式筏架可根据潮水涨落自动干出。一般大潮干出4.5 h为紫菜出苗适宜潮位。生产上先把采好壳孢子的网帘挂在每潮汛(半个月)有5~8 d干出、每天干出时间为2~3 h的低、中潮位培养,有助于网帘见苗快、出苗齐。全浮动筏式干出时间可根据幼苗大小及天气状况而定:出苗期每2~3 d干出1~1.5 h。必要时可用人工泼水或机械方法去除网帘上的浮泥,促进条斑紫菜壳孢子苗生长和单孢子放散。

2. 小苗期管理

见苗后便进入小苗期栽培阶段,这一时期管理的好坏,关系到紫菜的产量,特别是出苗期的管理,出苗的好坏直接关系到栽培产量。由壳孢子长到1~3 cm的小苗,条斑紫菜需30~45 d。

(1) 补苗

一般苗网下海20 d仍不见苗或苗量很少,应及时镜检,若确认苗量严重不足,则要及时补采单孢子苗,以免延误栽培季节。为了使幼苗出苗早,日本和韩国均在使用一种含无机营养盐成分的紫菜网酸处理剂,不仅有消灭杂藻(特别是绿藻)的作用,还有施肥促长的功效,但会对环境造成较大的破坏。

(2) 干出

幼苗长大后,每隔3~4 d干出1~2 h。对于杂藻附着严重的网帘,在潮间带不能干出清除的情况下,可取上岸晒网,然后重新放回海区,亦能起到一定的效果。但晒网时应注意,此时紫菜幼苗很小,耐干力较差,因此,不能晒得太久,一次晒3~4 h即可。挂回海上后,过4~5 d再晒一次,如此反复几次,便能保持网帘无杂物且不伤幼苗。在分网张挂前可选择晴朗天气干出3~5 h,以消除或减轻杂藻的影响。

(3) 分网

栽培网长成2~3 cm小紫菜(也即形成全苗网),即可转移到成菜栽培海区进行单网栽培。网帘下海后,通常采用数网重叠进行出苗培育。见苗后,如不及时疏散网帘,幼苗互相摩擦、遮光、争肥,不仅影响幼苗生长,还会掉苗。因此应及时分网,单网张挂。

(4) 冷藏网

每年11月左右均会出现连续高温天气,浒苔等绿藻生长极快,且小苗也易发病烂苗。因此,为了解决这两个问题,我国江苏条斑紫菜栽培均采用冷藏网技术(详见本节"五、冷藏网技术"),以抑制绿藻生长和防止烂苗病害发生。

3. 养成期管理

养成期管理工作主要有稳固筏架、调节潮位等。

（1）稳固筏架

白天退潮后，管理人员必须下海巡视，尤其遇到风浪时，更要加强防范。巡视内容如下：

1）检查帘架：结扎修理松散、破损的帘架，重新编排被风浪推挤成一堆的竹架与网帘；修理或调换帘脚；纠正高低不平的帘架，使其保持在一个平面上。

2）检查固定装置：检查竹、木桩或石砣是否移动，桩缏和浮缏有无磨损与断裂，发现问题及时调换加固。

3）调整行距：经过一段时间风浪、潮流的冲击，缏索伸长，相邻行容易发生碰撞或翻架，应收紧浮缏，保持原有行距。

4）防范风浪：养成阶段沿海常有 8～9 级大风，还会遇到台风侵袭，因此应每天注意天气变化，作好防护工作。风浪过大，有拔桩毁架危险，可采取加固帘架或放松浮缏等方法防风抗浪，也可把帘架移至避风处，但应注意保持网帘润湿，待大风过后再搬下海。养成阶段污泥沉积，易造成紫菜萌发困难和腐烂脱落，因而应在涨潮时经常冲洗网帘，保持网帘干净。

（2）调节潮位

北方支柱式栽培条斑紫菜，12 月至翌年 2 月生长最适潮位可调为 0.8～1.1 m；2～3 月，随着藻体不断长大，最适生长潮位为 1.1～1.5 m；3 月下旬，最适生长潮位为 1.8～2.1 m。

不同潮位栽培产量差异较大。紫菜生长到 3～6 cm 时，日生长速度快，一般下海栽培 50～60 d 后便可进行第 1 次采收。此时一般低潮位产量高于高潮位，采收 1～2 次后，低潮位干出时间不足，藻体易附着杂藻并老化，质量最差，而中潮位藻体质量最好，高潮位次之。定期将高潮位和低潮位网帘对调，可取得良好栽培效果。

五、冷藏网技术

冷藏网技术是将栽培的紫菜苗网从海上收回，放到冷库中储存起来，待需要时出库张挂栽培的方法。冷藏网技术在生产上的应用始于 20 世纪 60 年代，是日本紫菜栽培的三大技术革新之一。其应用与普及使日本紫菜产业趋向于有计划地生产，极大地提高了紫菜的质量。冷藏网技术可使紫菜正常生长，达到减害避灾、稳定生产的目的。我国藻类工作者在研究防治紫菜苗期病害发生时，发现采用冷藏网技术可以规避栽培前期高温、杂藻和病害对紫菜出苗期的严重影响，保障栽培生产的正常进行（马家海等，1998）。目前，冷藏网技术已成为条斑紫菜栽培管理的重要技术措施之一。

1. 入库冷藏

（1）入库幼苗规格与时间

条斑紫菜的幼苗具有较强的耐冻性，长度小于 1 mm 的幼苗至 2～3 cm 的小苗均可以实施冷藏。若藻体太大（如大于 5 cm），在冷藏过程中干燥、收网等操作中易损伤藻体。在入库幼苗规格的选择上，除考虑耐冻性外，更重要的是出库后确保最适合的栽培时间。我国江苏沿海一般选择 10 月上旬至 11 月上旬进行冷藏网操作，并要求苗网出苗均匀，网线附苗达到 300～500 株/cm。

（2）干燥

海上经风干后带回陆地的紫菜，含有很多水分，如果直接进行冷藏，紫菜周围和细胞内会形成很多结晶冰，这些结晶冰会损伤紫菜细胞，影响紫菜细胞的正常生长。因此，在紫菜苗网入库冷冻之前,必须使紫菜苗网充分干燥,再将干燥的紫菜苗网放入尼龙袋密封保存,方能冷藏。

一般来说,除去表面的附着水后,紫菜的含水率约为 90%,其中约 55%是自由水,真正维持细胞生存所必须的结合水约为 15%。因此,冷藏紫菜的干燥应在充分考虑到结合水的基础上干燥到含水率达到 20%~40%。冷冻前含水率若高于 40%,复苏后细胞外观虽然正常,但酶解后存活率低,发育迟缓;若低于 20%,复苏后在叶状体上可见成片细胞死亡,色素弥散,形成红色斑块,酶解后细胞死亡率高。

干燥时应在尽可能短的时间内风干,可在海区退潮时,先行干燥,或将湿的未经风干的苗网带上岸,先离心脱水,再阴干。低温风大的天气风干 4~5 h 后,含水率为 30%左右。一般可用肉眼估算紫菜的含水率,叶状体表面可见盐的结晶,光泽好,拉扯时如橡皮筋般具有弹性时,含水率为 20%~40%。

(3) 密封

冷库空气中的水分被凝结成冰霜,因而非常干燥,若直接将紫菜网入库冷藏,叶状体便会进一步干燥,如过分干燥,紫菜将因失去维持生命所必需的水分而死亡。因此,为了使紫菜能保持适当的干燥程度,必须将紫菜网装进聚乙烯薄膜袋,扎口密封进行冷藏。

在冷藏袋放入冷库后,含水率低的冷藏袋是透明的,很容易辨别出袋中紫菜网的状况,这样的紫菜网成活率高,冷藏效果好;含水率高的冷藏袋内侧会有凝水的结晶,呈不透明状态,这样的紫菜网成活率低,冷藏效果差。

(4) 冷藏温度

紫菜干燥后,细胞的原生质充分浓缩使冰点下降。在-34~-33℃的低温速冻时,紫菜的整个细胞都呈现冰晶。-30~-20℃冷藏时,紫菜的成活率高达 90%以上,即使长时间保存,也能保持高的成活率。因此,以-20℃快速冷冻最为理想。冷冻速度越快,紫菜细胞在冷冻期间的干燥和变化就越少,紫菜细胞内外形成冰晶颗粒数量多,小而均匀,不易损伤细胞。经速冻后的紫菜网可移入温度控制在-18℃以下的冷藏库中保存。

2. 出库下海张挂

冷藏网出库入海,主要是根据生产计划、海况和紫菜生长条件等因素而定。紫菜病害一般发生在水温回升的 11 月,12 月后海区恢复正常,翌年 1 月海区便更加安全。此时出库挂网,可用于替换病烂网,还可用于更新老化的秋苗网。但是幼小苗冷藏网的张挂应避开低水温期,待 12 月中旬,或水温上升的 2 月中旬以后,再挂到海上。

刚出库下海的冷藏紫菜颜色近锈红色,且略带腥味。但是在海上挂网数小时后,颜色即恢复正常,且具光泽。此后冷藏紫菜的生长、繁殖等生活机能与普通秋苗网紫菜无异。

冷藏网成败的关键还在于出库后放入海水中栽培的时间。出库后,在常温下放置的时间不宜过长,从密封袋内取出后,应先放入海水中浸泡,待紫菜吸收海水自行散开后,再开始挂网,最迟应在 3~4 h 内张挂完毕。

紫菜幼苗在冷藏中消耗了相当多的能量,因此出库挂网后最好避免抑制生长的干出,还应注意避免气温急剧下降造成苗网冻伤。挂网后 4~5 d,待紫菜逐渐适应栽培海区的环境后,再调整水层。

3. 冷藏网的应用

我国应用冷藏网技术既有助于规避高温、防止病烂,又可抑制硅藻、绿藻繁生,稳定生产,提高产品质量。自 20 世纪 70 年代初开始,经过反复试验,至 90 年代中期技术基本稳定,目前苗期进库冷藏已成为江苏沿海条斑紫菜栽培区生产的重要管理环节，从而避免了紫菜栽培的严重失收或绝收。

第五节　病害与防治

一、常见敌害与防治

条斑紫菜栽培期间常见的敌害有：硅藻、绿藻、鱼类、油污等。

1. 硅藻

硅藻是条斑紫菜栽培的主要敌害，日本将硅藻附着症列为紫菜主要病症之一（马家海，1996b）。风平浪静、流速缓慢、富营养化的海区，条斑紫菜藻体易大量附着硅藻，特别是干出不足的低潮位海区、难以干出的全浮动筏式栽培，硅藻附着尤为严重。硅藻附着可致使条斑紫菜生长受阻，还往往并发其他病害，严重时造成极大经济损失。

采苗期间，因网帘未清洗干净而带有硅藻，如直链藻、桥弯藻等，俗称"油泥"，会直接影响壳孢子附着与萌发，网帘下海后应适当干出或每隔 4~5 d 冲洗 1 次，能减轻其危害。如附着过多，可将网帘运上岸晒 1 d。

海区栽培期间，硅藻易大量附生在叶状体上。初始阶段，大部分硅藻附着在叶状体边缘，形成一簇簇深褐色的斑点，严重时整个叶状体均会被硅藻覆盖。研究发现，针杆藻、桥弯藻等通过分泌黏质丝黏着在藻体上，短纹楔形藻（*Licmophora abbreviata*）则借助壳面基部分泌出来的柄黏着，往往形成分枝，每簇上有多个楔形藻，形成群体。在硅藻大量附生的藻体上，硅藻密集黏着，细菌大量繁殖，导致紫菜细胞色素消退，光合作用受阻，生长变得十分缓慢，甚至停止，随之大幅度减产。附生硅藻的紫菜加工后藻片呈灰白色，严重时为棕褐色，即使除去硅藻，藻体也失去光泽，食后有涩味，商品价值极低。

硅藻可用冷藏网法、酸碱法和干出法去除。硅藻不耐冻，低温冷冻可以有效去除条斑紫菜苗网的附生硅藻。条斑紫菜细胞壁透过性较低，能耐受一定酸、碱，但硅藻细胞壁透过性很高，酸、碱忍耐力远低于紫菜，因而可用酸碱清除硅藻。此外，硅藻不耐干出，如果连续干出 6 d，每天干出 4 h，硅藻脱落率可达 99.58%。日本曾用二氧化锗和多种除草剂除硅藻，但使用这些药剂处理不仅存在食品安全问题，还会提高栽培成本。

2. 绿藻

绿藻也是条斑紫菜栽培的主要敌害。绿藻中以浒苔（*Ulva prolifera*）、扁浒苔（*Ulva compressa*）、曲浒苔（*Ulva flexousa*）、缘管浒苔（*Ulva linza*）最为常见。浒苔属俗名青菜或青苔，生长潮位与条斑紫菜相当。我们监测发现，海区浒苔等绿藻孢子或配子繁殖体全年均存在，极易附生在条斑紫菜栽培筏架上。浒苔常在 9 月下旬出现，11~12 月到翌年 2~4 月为生长旺季。特别是在紫菜出苗期，如遇高水温，浒苔往往会大量附在网帘上，从而抑制条斑紫菜单孢子苗的生长，导致紫菜大面积失收。紫菜加工时还要花费大量人力和时间剔除浒苔，这样不仅提高了成本，条斑紫菜质量也难以保证。

绿藻防治应从条斑紫菜丝状藻丝阶段开始。果孢子采苗前，清除育苗池内积水，用石灰水浸泡池底和清洗池埂，并曝晒池子，以杀灭育苗池中的绿藻。果孢子采苗时，应采用经过 15 d 暗沉淀的海水。

在栽培海区，可利用干出和冷藏网技术清除绿藻。与条斑紫菜相比，浒苔不耐干燥和冷冻，当其在网帘上肉眼依稀可辨时，将网帘干出晒帘或冷冻，效果很好。晒帘时选择晴天和北风天气，小苗晒半天至 1 d，1 cm 以上的苗可晒 2 d。如效果不明显，可继续晒网。冷冻也是一种非常有效的方法，南通地区已全部采用冷藏网方式去除绿藻。将杂生绿藻的网帘收下，脱水后放入冷冻袋内，置于 -20℃冷库冷冻 10 d 以上，可获得好的杀灭效果（具体见本章第一节“五、冷藏网技术”）。此外，还可采用酸处理法，浒苔细胞壁透过性高，酸处理后容易死亡。酸处理剂应采用柠檬酸、苹果酸等天然食品中含有的有机酸配制。在生产上一般用 1% 的柠檬酸，浸泡苗网 0.5~1 h，即可以收到效果。但是酸处理应务必谨慎，如果大量使用，易造成海区酸污染，对鱼、虾、贝等生长造成损害。处理完的酸液不能倒入海中，必须带回陆地经中和后，方可弃置。日本和韩国已采用半自动船载酸液喷洒系统，也可以在收割紫菜同时喷洒酸液，使绿藻清除更加高效并节省成本。我国江苏也已开始应用半自动船载酸液喷洒系统处理绿藻。

3. 鱼类

在冬季的晴好天气，海上风平浪静，海面上会有成群的鲷科和鲻科鱼类向紫菜栽培海区袭来，大量吞食紫菜，对紫菜幼苗的危害尤其严重。在鱼类较多的海区栽培紫菜时，应加强监视，特别在采苗后 10 d 左右，可在栽培区周围装置网片减少鱼群进入，也可组织捕捞除之。

4. 油污

渔区常有大量机帆船停泊和行驶，帘架易受油污污染，采苗期造成采苗失败，养成期影响条斑紫菜生长，降低产品质量。应发动群众做好废柴油、废机油、机舱污水处理工作。已污染的网帘，如 2~3 d 内有大风浪，可利用风浪冲走油污，风平浪静天气则可利用退潮海水冲洗。

二、病害发生原因

条斑紫菜病害大致可以分为 3 种类型：第一种是由病原菌侵袭引起的，如由紫菜腐霉菌、壶状菌及变形菌引起的赤腐病、壶状菌病及绿斑病等；第二种是由于环境条件不适宜而引起生理失调所造成的病害，如常见的缺氮绿变病，由网帘受光不足、海水交换不足及海水比重偏低引起的白腐病、烂苗病、孔烂病等；第三种是由海水污染引起的，如某些化学有毒物质含量过高或赤潮所致的病害，如缩曲症、癌肿病等（阎咏和马家海，2001）。

水质贫瘠、潮流不通、水体污染、温度不适、致病菌大量繁殖及栽培管理不当等是引发紫菜病害的重要原因。因此，紫菜病害的发生与蔓延，不仅与海况条件有关，还与苗种品质老化、栽培管理等密切相关。

1. 海况条件不利

紫菜的病烂和环境条件有着密切的关系，如气候的变化可导致一些病害的发生和蔓延。影响紫菜生长的环境条件主要有温度、潮汐和降雨量。

温度影响紫菜病害的发生有三种情况：一是作为直接的病因，如退潮后干出的紫菜直接受其影响；二是作为助长因素，加剧病害的发展，如环境温度刚好适合致病菌的繁殖，若此时藻体本身抗病能力弱，便会导致紫菜病烂的发生；三是温度影响环境条件，间接导致病害，如每年的 11~12 月，紫菜处于生长旺期，海上无风浪，海区水温回升，水体交换很差，营养盐不能满足藻体生长的需要，造成藻体生理失调，间接导致病害发生。

潮汐直接影响紫菜的干出时间，干出长短不仅影响紫菜的生长，也是紫菜发病的原因之一。如在低潮区，因干出时间短，紫菜白烂病和绿变病的发病率均高于高潮区。

降雨量会影响海水比重，降雨量大，海水比重降低，低盐度适于一些致病微生物生长繁殖，紫菜易发生病烂。

2. 栽培密度过高

台筏设置、网帘布局过密，附苗密度过大等会严重阻碍海区潮流的畅通，水体得不到充分交换，破坏了紫菜正常的生长环境，沉积在叶状体表面的淤泥杂质得不到海水的冲刷，造成叶状体溃烂，易引起病害的蔓延。因此海区的栽培密度、筏距、台距等应合理布局，防止过密。

3. 种质退化及苗种质量下降

若育苗一直沿用本地种菜，这样“近亲结合”的后代将导致种质退化，紫菜本身抗病能力减弱，适应环境能力差，产品质量下降。因此，解决种质退化问题，选育出适合海区环境的抗病、优质、高产的地方性新品种，可提高紫菜抗病能力，增加产量和质量。

4. 提前壳孢子采苗时间

栽培技术及方式上，如采苗时间和方法、栽培密度等也会成为病害发生与发展的主要原因。壳孢子采苗时间被人为提前，有可能造成病害丛生、减产或绝收。其原因主要有三点：一是水温高、光照强；二是无风浪，如筏架浮在水表层或干出时，受强光直射曝晒，经常造成网帘阳面死苗现象；三是敌害生物的危害，立秋、处暑前后，正是早秋浮游生物繁殖高峰期，一旦在网绳上大量附生，即导致采苗失败，或覆盖于紫菜幼体上使之窒息死亡。因此要根据气象情况，加强育苗室规范管理，在适宜的时间采苗，采苗时应尽量避免遇到高温等恶劣天气，以免影响紫菜的正常生长。

三、叶状体病害与防治

刘怡敬(1981)报道了1972~1974年，闽东北海区连续发生的坛紫菜大面积烂菜，并对病烂进行了一些初步的观察，记载了红泡病、绿斑病、肿瘤病等。1982年，刘怡敬等又对条斑紫菜的病烂原因与防治进行了研究，指出1976年江苏启东出现的大面积病烂有两种病症：第一种藻体皱缩、失去光泽、无弹性，像口香糖；第二种藻体出现许多大小孔洞，孔洞扩大连成一片，藻体断折流失。孔洞边缘细胞糜烂呈绿色，并有透明菌丝。经调查、分析，初步认为，病烂与温度、营养盐、盐度的关系不大，主要致病因素是筏架设置不合理和密度过大，使栽培海区海流减弱，紫菜得不到充分的营养盐补给，代谢产物不能及时排除，而酿成的紫菜病害。

我国紫菜病害的研究起步较晚，有关病害的研究报道屈指可数，但是1993~1994年度席卷全国的紫菜病害已引起了各级水产行政部门和研究单位的高度重视。随着紫菜栽培业的发展及对病害研究的深入，也许还会出现更多的病害，为了有利于今后紫菜病害的研究和预防治疗措施的实施，下面对在我国已经观察到的或者已有报道过的几种病害加以简扼的介绍。

1. 赤腐病

赤腐病是由腐霉菌寄生引起的。该病最初由新崎盛德报道，之后研究报道不断出现，1970年，高桥等将这种病原菌正式定名为紫菜腐霉(*Pythium porphyrae*)。高水温是导致该病多发的首要环境条件，水温达12~15℃或者超过15℃时，特别是天气晴朗、暖和无风，水温趋于上升，若再加上干出不充分(包括小潮低挂、全浮动栽培等)时尤为多发。另外，在低盐度海区或大雨后盐度下降时也易发病。海区管理方面，过度密植(包括附苗过密)、管理不善也是诱发和助长该病发生蔓延的重要因素。发病盛期一般在10月下旬到12月，严冬的低温期病势受到抑制，春暖之后又有再度蔓延的可能。

紫菜腐霉的丝状菌丝侵袭并穿透紫菜细胞，导致色素溶出，细胞萎缩，最后死亡。紫菜腐霉发育到一定阶段，在菌丝末端形成孢子囊，孢子囊成熟后，形成排放管，放出游孢子，游孢子可以再次侵袭紫菜细胞。在一定条件下，紫菜腐霉可以进行有性生殖，通过藏精器与藏卵器结合，形成卵孢子，卵孢子沉入海底，在条件适宜时可再次萌发（马家海，1996a；Ding and Ma，2005；丁怀宇，2006）。发病的叶状体上出现圆形的红锈色斑点，这些病斑快速扩大，互相愈合形成5～20 mm的红锈圆斑。随后这些病斑由绿黄色变成淡黄色，病斑中央部分逐渐褪色，边缘有一轮红色环，该环的存在说明病情在发展中，波及整个叶面，已脱色的病斑逐渐腐败脱落，如果病变扩展到藻体基部时，紫菜藻体就脱落流失。病势进程迅猛的话，在发病后的2～3 d便可变成空网。如病势受到控制，藻体虽仍然残留在网帘上，但会留下许多大小不一的空洞、缺口。赤腐病初期一般始于大型藻体，随着病势的加快，小藻体或幼苗均可被波及。

防治的方法有干燥法、冷藏网法和药物治疗三种。

1）干燥法利用腐霉病菌不耐干燥的特性，将网帘高吊或进行晒网，在发病初期有一定的效果。

2）冷藏法亦可除去部分病菌，冷冻7～10 d可杀死腐霉病菌。在发病期，可将采收过的网帘经脱水阴干后，短期冷冻1周左右，也可除去部分病菌。在发病严重期，可考虑将网帘收入冷库暂放，待发病期过后，再出库下海张挂。使用冷藏网可以阻止病害的蔓延，并能提高紫菜品质。

3）药物治疗主要用酸碱性表面活化剂、非离子表面活化剂等杀死菌丝；使用多种有机酸混合而成的药剂，处理浓度1%，浸网20 min，可有效抑制病菌生长。

2. 壶状菌病

此病为新崎盛德（1960）首先报道，之后不少学者对这种病害的病症、发生情况及环境条件进行了较深入的调查研究。马家海（1992）通过近三年的研究观察，证实了我国江苏南部沿海栽培的条斑紫菜存在此病。

此病为拟油壶菌属（*Olpdiopsis*）细菌寄生于紫菜细胞内引起。该菌菌体大小不一，直径为5.8～18.2 μm，为一椭圆形或球形的原生质团，完全包埋在紫菜细胞内部。寄生菌体内有大小颗粒和油滴，呈稍带发亮的淡绿色或黄绿色，与正常紫菜细胞有明显区别。菌体在藻体细胞内经反复多次分裂形成游孢子，游孢子通过伸出藻体表面的排放管放出，着生于紫菜叶状体后立即长出萌发管穿入紫菜细胞壁，在细胞内部形成菌体。据太田扶桑男（1980）报道，该病菌易寄生在幼芽（1～10 mm）和幼苗（10～30 mm），并引起严重的危害，在紫菜成叶体上却很少寄生。由于藻体上寄生菌体的细胞数一般都不超过10%，且菌体的着生位置大都在藻体的梢部边缘，偶尔基部也有出现，因此只是在一些严重患病的藻体上可见到若干病烂的空洞。贮存2个月的冷藏网上仍可检出该病菌，说明其对低温、干燥具有较强的耐受力。

将低盐度发病的苗网移到高盐度的海区进行栽培，或将网帘高吊或低挂都难抑制该病的发生和蔓延。在发病初期，迅速将紫菜苗网送入冷库冷藏，以降低海区内游孢子传染的可能性。10月下旬至11月底需每日进行镜检，一旦确证壶菌的存在并构成较大威胁时，便应迅速将网帘收入冷库冷藏。作为预防的措施，在海区布局上，需防止过度密植，注意流通，出苗期充分的干出，努力育出健壮的苗网是极为重要的。

3. 绿斑病

绿斑病在紫菜整个栽培期间均可发生。一般在高水温，特别是降雨或采收后极易发生。该病多发生在营养丰富的内湾或有机物废水多的外海海区，由丝状细菌等引起，多见于幼叶或成叶阶段，在很小的幼叶或幼苗阶段几乎没有。在发病初期，主要是在叶状体上部出现直径1 mm的红色或淡红色小斑。小斑呈半球状，在叶状体表面隆起，脆弱而易破裂，而后变为绿色的小斑。发生在叶状体内侧的病斑，在病情继续发展时形成鲜绿色的圆斑，当病情严重时病变部分周围出现宽1 mm至数毫米的鲜绿色带，内部呈白色。若发生在叶状体边缘，则病变部分呈半圆形,许多半圆形相互连在一起,叶状体边缘变白,其内侧呈缺口状,颜色鲜绿。在幼叶期,病变部分大量发生在叶状体边缘时,有时也可看见残留的健康部分呈剑状。关于绿斑病的机制,特别是细菌对细胞的膨胀、溶胶、收缩、变色等过程的影响尚不清楚。细菌繁殖的原因,尤其是环境因子的影响尚不清楚,待今后进一步研究。

4. *白腐病*

白腐病主要发生在早期幼小叶状体,特别是低潮位生长快的叶状体发病严重。该病的起因是干出不足、水流不畅及光照不足等导致的紫菜生理障碍,一般认为是一种生理病。发病初期叶状体尖端变红,后由黄绿变白,从尖端叶缘部分开始解体溃烂,经过 2~3 周时间便发展到固着器,进而整个叶状体坏死。预防的办法是:筏架和网帘的密度要适当,网帘不可松弛,确保足够的干出时间,及时采收,保持紫菜受光良好,确保紫菜所处的大环境和微环境水流畅通。一旦出现白腐病,若发病量不足 30%,可短期冷藏,待环境好转后再出库栽培;若超过 30%,应将网撤去。

5. *缩曲症*

正常的条斑紫菜叶状体呈披针形、长卵形,中后期一般表现为亚卵形或卵形,紫红色或略带蓝绿色,表面光滑,具光泽。缩曲症发病初期,叶片上有很多细小的斑状或山脉状突起,藻体难以展平,表面粗糙不平,呈泡泡纱状。严重时藻体呈木耳状,无光泽,弹性很差,固着力明显减弱,最终流失。该病病因目前尚不清楚,右田清治曾指出其病因很可能是工业污水、化学因子或细菌等环境因子的诱导,紫菜细胞分裂发生异常,细胞形成多层,排列混乱,持续下去叶片便发生缩曲。从海区的发病情况来看,10~11 月的幼苗和成菜期藻体基本没有发现或很难发现患病的藻体。随着紫菜的生长,一些藻体颜色转暗紫红色,光泽变差,呈现初期症状,之后,发病的个体逐渐增多,与正常紫菜混生;到了紫菜生长季节的中后期,发病紫菜成簇成堆,此时藻体往往为亚卵形或卵形。从海区的分布情况来看,偏高潮位筏架上的紫菜发病较低潮位严重;每一筏架上的向光面比背光面藻体患病严重;每张网帘上四周网框上的藻体发病较中间下垂部分严重,若中央部分开始流失,网框四周的患病紫菜已流失殆尽(马家海等,1999)。因此,光照过强、潮位偏高有可能是该病的诱导因素之一。暖冬季节和污染严重的海区也较多发,因此可认为海况环境条件是缩曲症的又一诱发因子。另外,实验室培养时,也有极少量的紫菜产生了缩曲症的典型症状,因而可以认为紫菜存在个体差异、本身可能也具有潜在的发病机制。

由于该症在采苗时遇到高温的年份和在污染严重的海区较为多发,因此适时采苗,避开污染严重的海区进行育苗栽培,对缩曲症的防治有一定的效果。

6. *癌肿病*

癌肿病发病初期,叶状体两面产生小突起,后波及整个叶面,藻体皱缩、色黄带黑、无光泽、呈厚皮革状。此病多由工厂废水排放污染海水引起,无任何防治方法,只能通过消除海区污染源或避免在这些海区进行栽培来降低危害。

7. *色落症*

色落症是一种常见的生理性病害,主要发生在贫瘠、高比重的海区。在天气晴朗、光强、无风的小潮,海区温度回升很快或持续不降,此时尽管紫菜生理作用旺盛,但海区营养成分急剧消耗,若未能及时补充,往往最易出现该病(梁丽等,2006)。患病藻体光泽很差,初期藻体颜色接近紫棕色或黄绿色,最后呈黄白色。患病海区的网帘上有不同程度的脱苗现象,患病藻体阴干或制成紫菜片时,呈草席色。

发生色落症的原因是多方面的,最主要的是海水中营养盐缺乏导致的各种色素含量降低。

由于氮、磷及其他营养盐不足，氨基酸及蛋白质的合成受到抑制，以致几乎不能合成色素，光合作用明显减弱。只要及时进行施肥或者移至肥区，症状一般均能很快消失，从而恢复正常生长。若患病时间过长或不及时采取措施，将会导致紫菜品质下降和歉收，严重影响经济效益。

四、紫菜丝状体病害与防治

丝状体培育时间长达半年，这期间较易出现各种病害（图5－14）。丝状体病害主要有三大类：第一类是传染性病原病害，如黄斑病、泥红病等；第二类是由于环境条件不适所引起的病害，如绿变病等；第三类是由于丝状体贝壳自身理化性质变化而引起的病症，如白雾病、鲨皮病等。从整体情况来看，国内外对丝状体病害研究尚不充分，至今有些传染性病原尚不明确，许多病症还不清楚。

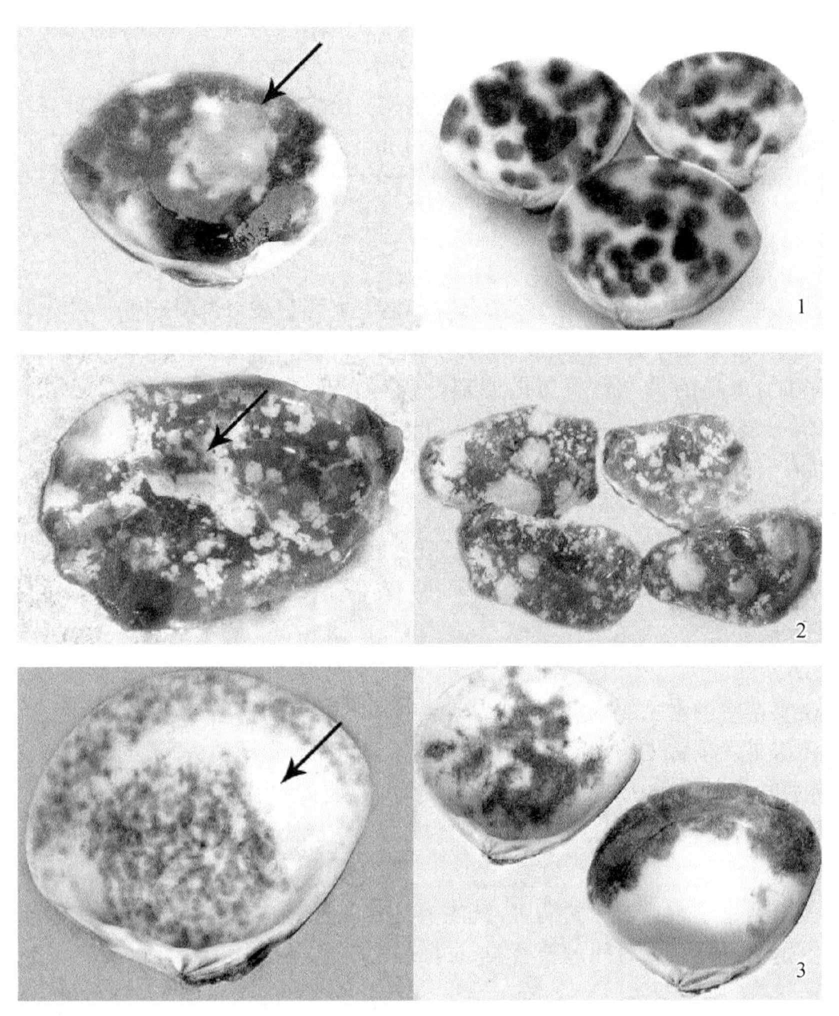

图5－14　条斑紫菜贝壳丝状体病害（朱建一等，2016）

1. 泥红病贝壳（箭头示病灶）；2. 黄斑病贝壳（箭头示病灶）；3. 白斑病贝壳（箭头示病灶）

1. 黄斑病

黄斑病是丝状体培育种最常见也是最严重的一种病害，病原体是一种好盐性细菌。在水温20~30℃时易发病，初见于6月，盛夏7~8月的光线偏强，盐度上升，是发病的盛期。发病时先在贝壳边缘或磨损处的壳面上生出2~5 mm的黄色小斑，后逐渐增多和扩大，互相连成大斑，大黄斑边缘变红，中心发白，可导致丝状体全部死亡，危害极大。

由于该病的传染性极强，应在发病初期尽早采取措施。治疗时可用低盐度海水(6.49~12.85)浸泡2~5 d，或用淡水浸泡1 d，至黄斑变成白斑为止；也可用2 mg/L高锰酸钾液，或100 mg/L对氨基苯磺酸浸泡15 h。防治措施包括：培养紫菜丝状体的海水必须经过充分暗沉淀，光线、盐度应在适宜范围内；保持室内池水清洁，及时消毒，同时避免贝壳表面丝状体受伤。

2. 泥红病

泥红病出现于高水温期，由微生物引起。发病初期丝状体成片出现红砖色(故又称红砖病)，不久转为橙色和黄白色。患病贝壳的壳面黏滑，有腥臭味，培养的海水也稍带白浊。最初发生在育苗池的边缘和角落，很快蔓延到池中央，并扩散至全池。在酷暑高水温时，往往短时间内造成贝壳丝状体的大量死亡。

预防措施主要是保持培养池的明亮和良好通风。治疗方法有：① 将患病贝壳丝状体置于盛有海水的容器中，使贝壳表面受光，日晒20~30 min，然后换水；② 在大量发病时，用万分之一漂白粉液冲洗贝壳，并用漂白粉消毒育苗池，然后换水；③ 少量发病时，可将患病贝壳丝状体放入淡水浸泡2 d。

3. 白圈病

白圈病由微生物引起，初期不易察觉，有时在整个贝壳出现好几处白圈后才发现。主要病症为白圈不重叠，相交处有明显的界线，并杂有黄色小斑点。未发病的丝状体仍能形成和放散壳孢子，发病和治愈早的贝壳丝状体白圈部分仍可长满藻丝。防治和治疗方法：① 用2~5 ppm漂白粉液浸泡20 min；② 日晒15 min(贝壳置于水中)。

4. 龟裂病

龟裂病又称龟甲病，发病时贝壳丝状体似覆上一层灰色或灰黑色的物体，起初可分辨出1~2根白线，而后可见贝壳部分或整个壳面出现白色龟纹，龟纹处丝状体死亡、纹间丝状体色淡。该病由微生物引起，主要发生在高温期间，对育苗结果影响不大。若使用暗沉淀海水进行育苗，会减少发病。

5. 鲨皮病

鲨皮病是育苗室中常见的一种病害，为碳酸钙在贝壳表面附着造成。外表色黑、生长茂盛的丝状体贝壳极易发生鲨皮病。病症表现为病壳表面粗糙，光泽消失，形同鲨皮。光线过强的地方，或不换水时易发此病。掌握好采果孢子密度，控制光照强度和氮肥的施用量，使藻丝不过度生长，能有效避免该病发生。

6. 白雾病

白雾病是育苗室中常见的一种病害，其主要症状是丝状体贝壳的表面覆盖着一层白色的雾状物。白雾病与贝壳存放时间过长有关，对育苗效果影响不大。

第六节　收获与加工及贸易

一、紫菜采收

采收大面积栽培的紫菜是一件工作量很大的经常性工作，应妥善安排，勤收、及时采收。

1. 采收原则

紫菜生长到一定长度后开始老成,藻体变硬,质量下降。另外,如不及时采收,藻体太长易被风浪打断流失。因此,合理收菜既是提高产量的重要措施之一,又是保持原藻鲜嫩的重要手段。

紫菜采收还必须从保持网帘的再生产能力出发,做到合理采收。采收的合理与否直接影响到紫菜的质量和单位面积的产量。采收时的藻体长度,应根据栽培海区的环境条件决定。在风浪较大的海区,当藻体长 15~20 cm 时,便应采收;在风浪较小的栽培海区,藻体可适当长些再采收,但也不宜过长,否则会降低原藻的质量。紫菜采收后留下的长度,应掌握在 5~7 cm,前期可留长些,后期则留短一些。当网帘上的紫菜由于干出已经变干燥时,应停止采收,以避免在采收过程中将黏附在一起的小紫菜拔掉,影响网帘再生产能力。

采收紫菜还应密切注意天气,做到晴天多收,阴雨天少收,大风前及时抢收。收获的紫菜应当天加工,如不能及时加工,可用海水将紫菜洗净,摊放在通风阴凉处。

2. 采收时间

正常情况下,在采壳孢子 50~60 d 后的 11 月下旬至 12 月上旬,网帘上紫菜藻体长至 15~20 cm 时便可采收第一水菜。之后视水温和藻体生长速度,每隔 15~20 d 采收一次。一般来说,浙江栽培的条斑紫菜可采收 4~5 次,江苏可采收 8 次左右。

半浮动筏式栽培采收紫菜的时间因潮水涨落而定,在潮位较低的海区,适合机械作业。全浮动筏式全部采用机械式采收,一般不受潮水的限制。

随着采收次数的增加,紫菜的颜色、光泽、味道逐渐变差,硬度也增加。第一水采收的紫菜幼嫩且柔软,随着采收次数的增加,质量逐渐变差。一水紫菜的蛋白质、氨基酸含量最高,以后逐渐减少。碳水化合物、游离糖则随着采收次数的增加而增加。一般来说,第一至三水的紫菜质量都较好,差别也不大。日本为了保证紫菜的质量,往往只采收三次就撤网,换上冷藏网,进行二茬或三茬生产。

3. 采收方法

(1) 手工采收

手工采收只适用于半浮动筏式栽培,劳动强度大、效率低,且易造成紫菜基部和幼苗损伤,不利于后续生长,目前逐渐被机械式采收所代替。手工采收主要有采摘法和剪收法两种: 采摘法是手工将紫菜整株拔除;剪收法则是用剪刀剪取藻体大部分,留下的部分可继续生长。

(2) 泵吸采收

利用泵的吸力驱动水中的转子,通过装在转子上的刀具进行收割,紫菜与海水一起被吸上船,经过清洗后收入船舱。该法主要应用在全浮动栽培紫菜采收中,也可用在涨潮时采收半浮动筏架。这种方法劳动负荷重,作业时大量吸进海水,效率低下,目前已很少使用。

(3) 机械船型紫菜收割机

机械船型紫菜收割机主要利用滚刀进行采收,3~4 片滚刀装在固定于转轴上的圆筒外侧。当动力机械或液压马达驱动转轴时,滚刀随之旋转并触及网帘上的紫菜,达到一定转速时,便可将紫菜采收下来。利用这种方式采收,藻体只被切断一处,细胞损伤较轻,采收作业性能稳定。但是,机械船型紫菜收割机需配备专用船,收割时也需要有把网帘抬高起来的设施,不仅有一定的劳动强度,也要操作人员熟练操作。更重要的是,由于滚刀在工作时高速旋转,小船随海浪摇摆,操作人员具有一定的危险性。

(4) 高速采摘船

20 世纪 80 年代开发出的高速采摘船,适用于全浮动筏式栽培紫菜的采收。船体前沿装置一台液压控制的收割机,可由轴带驱动,也可自带动力驱动,船尾设有船只驱动机械。高速采摘船能自动将采收下来的紫菜收集于船舱。目前我国已自主研发出全浮动筏式和半浮动筏式栽培紫菜高速采摘船,并在江苏沿海条斑紫菜栽培区域广泛使用(图 5-15)。

图 5-15 连云港海区(A)和大丰海区(B)条斑紫菜高速采摘船

二、冷藏保鲜

原藻采收后,正确保存对干紫菜的商品价值具有重要影响。

1. 紫菜采收后冷藏保鲜的重要性

紫菜采收后仍为活体,依旧在进行呼吸和新陈代谢,需要消耗大量的氧气。因此,通常 24 h 之内必须进行加工处理。

栽培紫菜是季节性生产,在大量采收的季节,为了保证全自动紫菜加工装置 24 h 连续运转,需要将采收的鲜菜暂存起来。鲜菜从海上至运回晾菜场暂存过程中,要经过 2~3 h 的日晒。有不少厂家对鲜紫菜暂存的重要性认识不足,大量紫菜采收后随意在地上堆积乱放,由于附着细菌的繁殖和酶的作用,导致堆积紫菜内部温度升高,引起藻体死亡,继而腐败变质。另外,采收时菜体的切段面和伤口会慢慢溃烂,对淡水的抵抗力减弱,结果导致加工出的紫菜颜色较暗,失去光泽,味道也受到很大影响,从而等级大大下降。为了使藻体新鲜度得到很好的保存,可在晾菜间里用竹帘架设晾菜架,将采收回来暂不能加工的鲜菜薄薄地铺在架上,经剔除泥沙、杂物后,尽快进行洗菜加工。

此外,在采收后的紫菜内加入制冷剂,或把紫菜高速脱水后,放入塑料筐送进冷库进行冷藏保鲜,也能有效地改变紫菜的性状,大大延长紫菜在加工前的保鲜时间,防止腐败,并可合理有效地调节人力、物力,充分发挥加工机械的效能。实验表明,加制冷剂使原藻内部的温度降至 5℃后保存 3~6 h,加工制品的质量均较好,保存 24 h 以上则质量明显下降。而且在降至 -20℃的过程中,温度越低,呈味氨基酸的保存率越高,但糖的情况却相反,呈逐渐降低的趋势。

2. 冷藏保鲜工艺流程

图 5-16 为紫菜冷藏保鲜工艺流程图。

(1) 海水清洗

海上采收的紫菜含有泥沙和杂藻,对冷藏和加工不利,需进行清洗。接触淡水后的紫菜原藻腐烂过程加快,不利保存。因此通常先用海水清洗采收的紫菜,并人工分拣剔除杂物。在紫菜加工场通常设有圆槽式清洗池或串联流动清洗池。

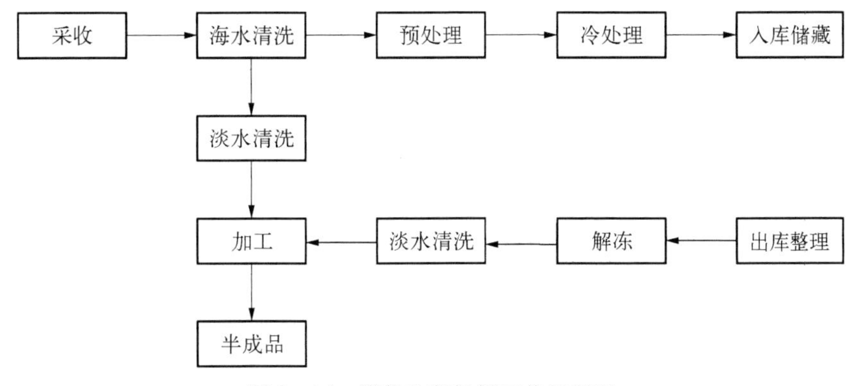

图 5-16　紫菜冷藏保鲜工艺流程图

圆槽式清洗池为直径 3~5 m 的混凝土水池,中心设电动搅拌器,上方有一分流口,底部为圆锥形,中心设有排污口。原藻放入清洗池后,随着搅拌器的旋转,藻体漂浮于上方,泥沙沉淀于池底,清洗后的紫菜通过上方分流口流出。底部的泥沙通过排污口定时排放,以保持水质的清洁。

串联流动清洗池由多个矩形小方池串联一排,每个小方池之间通过分流口连接,搅拌器为卧式螺旋杆,每一小方池的紫菜流出口为下一小方池的流入口,以保证紫菜实现多道清洗,提高清洁度。

(2) 预处理

预处理主要是紫菜脱水和手工分拣残留的杂藻,并整理分盘以备入库。脱水充分与否是成功与否的关键,脱水不充分会产生冻死现象。紫菜的冷藏保鲜以平铺分盘为佳,采用带网格的托盘,将紫菜均匀平铺在上面,并注意上下的通风换气。预处理的过程应在较短时间完成,最好不超过 2 h,以防止紫菜质量的下降。

(3) 冷处理和入库储藏

冷处理和储藏的冷库库温,对紫菜的保存时间影响较大。冷处理的方法主要有两种:一是逐渐均匀降温,将紫菜直接入库,温度随着库温逐步下降,由外及内,紫菜采取分盘存放。该方法简单有效、成本低,但需要占用大量的库容,主要用于短时间保存紫菜。二是速冻冷藏,首先将整理成盘的紫菜经过速冻预处理,在极短的时间内将紫菜的温度从环境温度降至冷藏温度,然后再分盘存放。这种方法对紫菜内部损伤较小,可保存较长的时间,且适宜堆放、节约库容,但成本较高,需配置速冻盘等速冻设备。

(4) 出库整理和解冻

冷藏保鲜的紫菜加工前需进行出库整理和解冻,可采用逐步升温或直接升温解冻。逐步升温法是根据加工的时间和日程安排,合理调度紫菜的出库时间和数量,逐步从低温库区向高温库区转移,直至达到环境温度,这种方法过程持续时间长,管理和运输的成本较高。直接升温法是直接将紫菜从冷库中取出置于环境温度下,自然升温。

(5) 淡水清洗

淡水清洗是紫菜加工前的最后一道工序,用于除去藻体表面多余的盐分。全自动加工机组中,淡水清洗通常是组成部分之一。淡水清洗池使用流动的淡水,对藻体进行漂洗。淡水管路的连接采用串、并联方式,使部分水流实现内循环,这样既可以保证充分清洁藻体,又可节约淡水资源。

三、加工

我国生产的条斑紫菜产品大部分用于出口,产品主要是干紫菜和调味紫菜。条斑紫菜全藻均可食用,整个栽培周期采收的藻体全部加工为食品。紫菜采收后含水量高,必须经过加工处理为干紫菜。鲜紫菜制成干品的过程称为原藻加工(又称一次加工)。原藻加工后的产品为干紫菜(Dried nori),为 19 cm×21 cm 的纸状片张,平均每张重 3 g。干紫菜经过食品加工(二次加工)处理后主要形成两个品种,即烤紫菜和调味紫菜(Seasoned nori)。烤紫菜不加调料,在包装上一般分为 4 切、8 切和整张,主要用于做寿司、包饭团。调味紫菜加调料,包装上一般分为 12 切、8 切等,包装形式多样,主要为休闲食品。

江苏生产的条斑紫菜片张规格为 19 cm×21 cm,采用自动烘干机加工,产品主要出口欧美和日本。2000 年,以马家海教授为首席专家的项目组在承担农业部"跨越计划"项目"紫菜养殖加工出口产业链开发"期间,研发出了我国第一台全自动紫菜加工机,结束了我国紫菜加工机单纯依靠进口的历史,随后我国制造的紫菜全自动加工机得到长足发展,并且出口销售到韩国和日本。

1. 条斑紫菜全自动加工生产流程

条斑紫菜全自动加工生产流程主要为:

原藻采收清洗→切菜和洗净→制饼→脱水→烘干与剥菜→分级包装。

(1) 原藻采收清洗

全浮动筏式栽培的原藻附着硅藻较多,若清洗不净,原藻变质较快,且会造成干紫菜光泽度下降(可见白色小斑点)、剥菜困难甚至破菜。因此,采收后的紫菜必须用海水洗净,该工序称为初洗(清洗)。洗涤时间一般为 20~30 min,当日采收的应及时加工,来不及加工的应采取措施妥善保存,避免原藻品质下降,影响紫菜产品质量。

(2) 切菜和洗净

紫菜切碎机的结构类似于绞肉机,切碎能力因原藻质地而异,切菜的粗细与干紫菜的柔软度和口感关系密切。幼嫩紫菜可切成 1 cm^2 菜块,随着采收次数增加菜块应逐渐减小。切菜粗细(孔盘大小)与脱水效果、帘子的附着力成反比,与紫菜的光泽度成正比。菜块粗,产品光泽好,但易产生破洞;菜块细,虽不易产生破洞,但光泽较差。切菜机的刀片与孔盘搭配不当,或刀刃迟钝,均会造成藻体损伤、死细胞增加,导致产品中出现白色线条等。切菜后需进行清洗,既是降低干菜中含盐量的有效手段,也是提高紫菜品质的重要方法之一。经切碎的紫菜要求用 8~10℃的淡水洗净,其目的主要是洗净盐分,去除泥沙杂质。试验表明,二水菜以 55 L/min 的用水量,清洗 5 min,四水菜以 120 L/min 的用水量,清洗 10 min 左右时,干紫菜的光泽度最好。

(3) 制饼

制饼也称浇饼,是将切碎的鲜菜制成菜饼的过程。制饼帘、柜和制饼机均要相互配套。常用的制饼帘有 29 cm×25 cm 和 100 cm×25 cm 两种。人工倒入制饼浆时应用力均匀,以使厚薄一致,至有一定高度后进行沥水。用制饼机制饼时,要随时注意调整紫菜浆的浓度,浇注不当,干燥后产品会有空洞。

紫菜组织浸入淡水后,由于渗透压变化,造成显味成分(谷氨酸等)、水溶性色素等溶解分离出来,使制饼用水变色,原藻质量下降。特别是水温过高时,原藻的藻红素更易溶解出来。试验表明制饼用水的温度以 8~10℃为宜。

（4）脱水

制饼后，紫菜饼连同制饼帘附着大量水分，需进行脱水处理，以防止在干燥过程中菜饼变形、卷缩或脆裂，以及初期干燥时间长而引起产品变质。

加工机的脱水是利用海绵的毛细管原理进行的。脱水海绵的孔径为 40～60 μm，鲜菜经过清洗和切菜等过程后，残留的少量硅藻可被脱水海绵吸附。脱水海绵被污染后脱水效果会显著下降，进而影响到干燥的温度、速度等。应在保持紫菜平整度的同时，根据需要调节脱水压力。脱水时，将浇好饼的紫菜帘叠放整齐，放在离心机的特制铁架上，用橡皮筋绑紧，然后以 108 r/min 左右的速度转动铁架 3～5 min，便可将紫菜饼和浇帘上吸附的大部分水分除掉。

一水原藻极其柔软，随着采收次数的增加，紫菜的光泽、色素总量、味道等都逐渐下降。采收次数增加后，干紫菜原藻积层逐渐变少，一水菜的积层每张 20～25 层，而四水菜的积层仅为 10～15 层。脱水机使用挤压式脱水，水分沿着紫菜碎片的切面被挤出，因此脱水效果与叶体厚薄、切菜的大小等关系密切。

（5）烘干与剥菜

脱水后重量为 45～50 g 的菜饼进入烘干机，干燥温度为 60℃，时间以紫菜到帘架的反转部时已干燥 65%～75% 为标准。烘干过程由干燥温度、湿度及时间三要素决定，此外天气等外部环境对干燥条件的控制均有影响。干燥后剥菜，并检查干紫菜有无破损。如干紫菜发生破损，应先从以下几个方面进行检查后再决定是否需要调整剥菜装置：切菜大小是否合适、是否洗净；制饼用水的含盐量是否过高；橡胶保水袋、目板有无污染；脱水海绵是否清洁、脱水压力是否合适；干燥时的湿度、温度与进、排气的关系及干燥机内导风板的调整；帘子的选择是否适宜，张挂是否标准等。

（6）分级包装

初步烘干的产品进入分级室，室温 25℃，相对湿度 50% 左右。分级时，按成品质量标准要求先进行整理，剔除大小块和残留杂质，理齐压平。紫菜分级后，需检查是否干燥。再干燥时，每百张以硬纸板分隔后装入再干箱内，每屉装入 2 400 张。再干温度与时间设定为：第一档 40℃，时间 25 min；第二档 55℃，时间 35 min；第三档 70℃，时间 60 min；第四档 85℃，时间 150 min。再干后的紫菜含水率一般为 3%～5%，这样包装后的紫菜在保存过程中不易变质。二次烘干后得到紫菜片张，立即用塑料袋包装、加入干燥剂后封口，再将小包装干紫菜放入铝膜牛皮纸袋，封口。然后装入瓦楞纸箱密封。江苏的包装规格，内销有 250 g、50 g 装，外销产品有 250 g、10 张贴装等数种。

烘干后的紫菜可直接食用，因此除了加工中各个环节注意卫生外，还应做好包装密封，并保存在 10℃以下黑暗干燥的地方，可保持 8～12 个月风味不变。

目前条斑紫菜加工普遍采用全自动加工机，极大地提高了加工质量。紫菜用淡水清洗后便进入全自动紫菜加工机开始加工。原藻由泵吸入后，经过串联于管路中的切碎机，将紫菜切成小碎块，并随水流经管路进一步输送至紫菜分配箱，此时紫菜在水流中呈均匀混合状，菜水比例约为 1∶3，含水紫菜经过紫菜分配箱分批注入烘干网帘，滤去水分，形成一薄层，再经高温烘干后便形成半成品紫菜饼。

以上加工后的紫菜完成一次加工，经过深加工后可以加入各种显味显色成分，制成各类调味小包装品、着色小包装品、紫菜糜类制品、罐头填充剂、饮料、汤料、茶类制品、糕饼、糖果等。另外，还可开发烤紫菜片、紫菜汁、紫菜酱、紫菜果冻、紫菜酱油、紫菜饼干、紫菜面条等紫菜食品。

2. 烤紫菜加工流程

烤紫菜为二次加工产品,加工流程如下:将一次加工后的干紫菜放入烤菜机中烘烤。烤制时将紫菜放在金属架上,利用空气吸力,将紫菜逐张送上传送带,按一定速度进入机内,烘烤后从另一端传出。烤菜机中烘烤温度为130~150℃,紫菜在机内传送时间为7~10 s。每台烘干机每分钟能烤紫菜220张。

烤紫菜包装通常有整张袋装、金属罐装和玻璃瓶装三种。所有包装在密封前均按比例装入干燥剂,常用干燥剂有硅胶、氯化钙、生石灰等,其中生石灰效果较好。

3. 调味紫菜加工流程

调味紫菜目前在江苏启东、浙江舟山、福建晋江等地发展较快,大多参考或引进日本的加工设备和技术。调味紫菜有特殊的香味,呈绿色,味道鲜美。

调味紫菜的生产工艺,是在烤紫菜机的烘柜后安装1套自动滴加调味液装置。工艺流程为:

干紫菜原料→调味液配制→调味→焙烤→切片→包装。

各公司调味液配制方法不尽相同,主要成分有食盐、砂糖、味精、鱼汁、虾汁、海带汁等,一般不加酱油,以免影响紫菜的色泽。调制后需放置2周再用。将事先配制好的调味液由储液箱经输液嘴滴加到海绵滚筒上,烤紫菜经过海绵滚筒时均匀地吸入调味液,每张可吸入1 g,再进入第二流水线烘烤,温度为85~90℃。干紫菜由自动送料装置加到不锈钢丝网输送带上,进入烘烤箱内,经150~170℃烘烤30~60 s后,使紫菜的水分含量下降到3%左右。烘烤后每张调味紫菜重量约为4 g,经切片后,制成每片0.3 g的小片。调味紫菜根据不同要求进行包装,通常有三种形式:其一为整张袋装:每袋3张;其二为金属罐或玻璃瓶装,每张紫菜切成10片,每件装30~50片;其三为狭长小塑料袋装,每袋装0.3 g的紫菜小片4~6片。

四、条斑紫菜质量和技术标准

紫菜的品质直接影响到紫菜的商品价值。鉴别紫菜的等级主要采用感官法,目测区别饼菜的颜色、光泽、厚薄、破裂的程度、空洞的大小和数量及混有绿藻和杂质的情况等,加上口感香味,进行分级。

紫菜产业的发展,已经形成了栽培—加工—流通—出口的产业链。各主要紫菜生产地区相继制定了各种生产标准以提高产品质量,保证产品安全。紫菜生产标准的制定涉及紫菜产前、产中、产后的种藻、育苗、海区栽培、冷藏网栽培、一次加工、调味紫菜、出口等完整的紫菜产业链,这些标准的制定,具有可操作性和先进性,可以规范过去分散的、小规模的、互不联系的粗放型生产经营状况,使紫菜生产向专业化大生产发展。表5-2为国家质量监督检验检疫总局、农业农村部、江苏、广东、福建、山东等出台的相关标准列表。

表5-2 条斑紫菜相关标准列表

颁发地	标准号	标准名称
国家质量监督检验检疫总局、国家标准化管理委员会	GB/T 2146—2007	条斑紫菜
国家质量监督检验检疫总局、国家标准化管理委员会	GB/T 23597—2009	干紫菜

（续表）

颁 发 地	标准号	标 准 名 称
国家质量监督检验检疫总局、国家标准化管理委员会	GB/T 23509—2009	海苔
国家质量监督检验检疫总局、国家标准化管理委员会	GB/T 32712—2016	条斑紫菜种藻
国家卫生和计划生育委员会、国家质量监督检验检疫总局	GB 19643—2016	食品安全国家标准 藻类及其制品
国家质量监督检验检疫总局、国家标准化管理委员会	GB/T 35899—2018	条斑紫菜 海上出苗培育技术规范
国家质量监督检验检疫总局、国家标准化管理委员会	GB/T 35907—2018	条斑紫菜 冷藏网操作技术规范
国家质量监督检验检疫总局、国家标准化管理委员会	GB/T 35938—2018	条斑紫菜 丝状体培育技术规范
国家质量监督检验检疫总局、国家标准化管理委员会	GB/T 35897—2018	条斑紫菜 半浮动筏式栽培技术规范
国家质量监督检验检疫总局、国家标准化管理委员会	GB/T 35898—2018	条斑紫菜 全浮动筏式栽培技术规范
农业农村部	SC/T 3014—2002	干紫菜加工技术操作规程
农业农村部	NY/T 1709—2011	绿色食品 藻类及其制品
江苏省	DB32/171—2004	条斑紫菜干紫菜加工操作规程
江苏省	DB32/162—2005	条斑紫菜种藻
江苏省	DB32/163—2005	条斑紫菜栽培种质操作规程
江苏省	DB32/169—2005	条斑紫菜丝状体培育操作规程
江苏省	DB32/170—2005	条斑紫菜半浮动筏式栽培技术规程
江苏省	DB32/121—2005	条斑紫菜冷藏网技术操作规程
江苏省	DB32/T 1135—2007	条斑紫菜种质保存操作规程
江苏省	DB32/ T 887—2007	条斑紫菜全浮动筏式栽培技术规程
江苏省	DB32/T 1136—2007	条斑紫菜出苗期海上培育操作规程
江苏省	DB32/T 1021—2007	条斑紫菜干紫菜等级
江苏省	DB32/T 173—2008	干紫菜
江苏省	DB32/T 174—2008	烤紫菜
江苏省	DB32/T 175—2008	调味紫菜
江苏省	DB32/T 172—2009	条斑紫菜 调味紫菜加工操作规程
江苏省	DB32/T 530—2009	条斑紫菜种质检测技术规范
江苏省	DB32/T 2694—2014	地理标志产品大丰东沙紫菜

（续表）

颁 发 地	标准号	标 准 名 称
江苏省	DB32/T 2169.6—2015	食用农产品备案基地生产管理规范 紫菜
江苏省	DB32/T 3172—2017	条斑紫菜栽培苗网技术要求
江苏省	DB32/T 3173—2017	条斑紫菜种质扩繁技术规范
江苏省	DB32/T 3174—2017	紫菜产品铅限值控制技术规范
江苏省	DB32/T 3175—2017	紫菜种质管理规范
江苏省	DB32/T 3176—2017	鲜条斑紫菜冷冻保藏技术规范
山东省	DB37/T 472—2004	条斑紫菜加工技术规范

江苏自1997年开始便出台了多项条斑紫菜生产的地方标准，后随着技术改进，相继出台及补充修改到目前的十多项标准。山东等紫菜生产地也结合当地的情况出台了相应的地方标准。紫菜标准化是推广应用科研成果和先进技术，为大面积紫菜生产提供技术依据的手段，同时也是实现紫菜生产产业化的技术保证（表5-2）。表5-3为条斑紫菜加工后营养成分检测数据。

表5-3 条斑紫菜营养成分列表（每100 g干品含）

成分名称	含 量	成分名称	含 量	成分名称	含 量
可食部	100	水分/g	3.77	能量/KJ	1456.8
能量/kcal	346.2	碳水化合物/g	18.0	灰分/g	10.6
蛋白质/g	47.8	脂肪/g	6.2	EPA/g	4.22
总膳食纤维/g	13.60	不溶性膳食纤维/g	4.02	叶酸/ug	180
牛磺酸/g	1.65	胡萝卜素/mg	23.7	维生素 A/mg	0.0241
硫胺素/mg	0.30	核黄素/mg	0.90	维生素 C/mg	535.7
维生素 E(T)/mg	6.17	钙/mg	129.36	磷/g	0.86
钾/mg	3739.24	钠/mg	460.46	镁/mg	285.04
铁/mg	16.11	锌/mg	5.0	硒/ug	22
铜/mg	0.81	锰/mg	2.31	碘/ug	350

* 资料来源：北京市营养源研究所分析室检测报告

五、条斑紫菜贸易

17世纪中国、日本、韩国几乎同时开始紫菜栽培，1960年以后，紫菜人工苗种培育试验成功，人工栽培产量快速增加，成为世界上最有影响的海藻生产种类。我国是世界第一紫菜栽培大国，也是紫菜出口贸易第一大国，产品销往美国、韩国、日本、东南亚等国家及我国台湾。表5-4为世界主要紫菜栽培地区产量和产值。

表 5-4　世界紫菜栽培总产量和总产值及主要紫菜栽培地区产量和产值一览表*

	全球		亚洲		中国大陆		日本		韩国	
	产量/t	产值/千美元	产量/t	产值/千美元	产量/t	产值/千美元	产量/t	产值/千美元	产量/t	产值/千美元
2007	1 510 911	1 403 891	1 510 911	1 403 891	904 170	417 727	395 777	777 148	210 956	208 870
2008	1 377 443	1 385 863	1 377 443	1 385 863	814 660	459 468	338 523	746 429	224 242	179 811
2009	1 628 814	1 606 780	1 628 814	1 606 780	1 074 750	609 383	342 620	856 415	211 444	140 982
2010	1 636 584	1 753 516	1 636 584	1 753 516	1 072 350	614 457	328 700	939 468	235 534	199 591
2011	1 636 240	1 655 608	1 636 240	1 655 608	1 027 450	607 223	292 345	848 734	316 428	199 425
2012	1 814 715	2 058 711	1 814 715	2 058 711	1 123 290	675 097	341 580	1 137 109	349 827	246 267
2013	1 860 778	1 688 913	1 860 778	1 688 913	1 139 000	697 068	316 228	741 918	405 526	249 645
2014	1 815 702	1 687 319	1 815 702	1 687 319	1 141 710	706 718	276 129	687 529	397 841	292 819
2015	1 845 204	1 642 940	1 845 204	1 642 940	1 158 750	713 790	297 370	648 055	389 077	281 018
2016	2 062 945	1 939 707	2 062 945	1 939 707	1 352 520	825 037	300 683	729 066	409 724	385 420

* 资料来源：联合国粮食及农业组织 2017 年数据

江苏沿海是我国主要的条斑紫菜产区，由于条斑紫菜无沙且质地细腻，原藻由自动加工机加工，为我国紫菜出口的主要品种，作为主要生产加工基地的南通、连云港、大丰等市，有 80%以上的产品出口到日本、韩国、美国、加拿大、澳大利亚、欧盟及东南亚等 20 多个国家和地区。紫菜出口的一次干品为 19 cm×21 cm 的纸状片张，平均每张重(3±0.3)g。二次干品或调味紫菜一般分为 4 切、8 切、12 切和整张，晒干品则常被制成圆盘薄片。紫菜按不同品质分为 A、B、C、D、E 五级 21 档，每标准包装箱 12.6 kg，总计 4 200 张。

江苏省紫菜协会由重点生产企业发起和组织，是包括育苗、栽培、加工、营销、机械制造、科研等相关企事业单位及个人自愿组成的一个具有独立法人资格的协会，是一个发挥自主、自律、自养、自强的纯民间新型行业协会。通过该协会的组织运作，江苏紫菜业已发展形成育种、栽培、加工、贸易、行业配套设施等产业化程度较高的、完整的产业链。2003 年 5 月，在江苏如东建成了我国最大的紫菜交易市场。同时，为了规范市场，江苏紫菜行业协会制定了《江苏省紫菜交易市场交易规则》，根据这项规则，江苏所有紫菜交易必须在启东、如东、海安、大丰、连云港和赣榆的 6 个省属紫菜交易市场内进行。根据公平、公正、公开的原则组织交易活动，实行紫菜产品现货明码标价制，按制定的统一规格区分等级，并在统一印制的装箱标签上标明生产序号、生产单位、原藻栽培海区、等级和数量等，交易会以公开招标的方式进行。制定了全省统一规范的市场交易规则，制止压级压价的无序竞争行为。

江苏省紫菜协会为提高干紫菜加工企业分级管理水平，专门成立了江苏省紫菜交易市场管理委员会和咨询委员会，制定了《江苏省干紫菜规格等级划分标准》，将正品划分为 7 个等级，副品划分为 6 个等级、30 个等次，为规范干紫菜分级管理提供了依据。紫菜新标准的出台和全省紫菜交易市场的成立，标志着江苏省紫菜事业进一步走向成熟，对紫菜事业的健康、稳定和可持续性发展将发挥重要作用。随着各地重视紫菜交易市场的建设，重视交易规则的制定和执行，以大市场拉动大流通，使紫菜行业的交易、管理上升到一个新水平。

第七节 品种培育

一、育种研究概况

在紫菜育种研究中，新崎敏盛（1957a，1957b）最早发现紫菜栽培群体中某些个体生长特征是可遗传的，从而提出了紫菜遗传育种的概念。日本最早开展了甘紫菜育种试验（1962），1969年又进行了条斑紫菜栽培群体选育研究。经过反复筛选，成功培育出具有稳定遗传性状的栽培良种“奈良轮条斑紫菜”（*P. yezoensis* f. *narawaensis*）和“大叶甘紫菜”（*P. tenera* var. *tamatsuensis*）。这2个栽培品种对当时日本紫菜产业发展起到了重要的推动作用。

我国于20世纪80年代初，由中国水产科学研究院黄海水产研究所选育出了1个长型条斑紫菜品种，并在生产上得到很好应用和推广（张佑基等，1987）。当时的紫菜育种也基本沿用农业育种的选育方法，主要以自然种质为基础加以选育利用。

随着对紫菜生物学及遗传学特性的深入探索，研究结果显示，紫菜果孢子是受精的产物，由它萌发长成的丝状体是二倍体。由丝状体得到的紫菜“种子”，即壳孢子，仍具双相核，壳孢子萌发经减数分裂长成的紫菜叶状体属单倍体，但它极有可能是最多具4种不同遗传背景组织的嵌合体（四分体）。以条斑紫菜为例，其属雌雄生殖细胞混生型种类，自交率达到50%，因而它们的后代具很高亲缘性。紫菜叶状体个体发生与生长机制、繁殖能力等独特遗传学机制的阐明，特别是紫菜减数分裂位置的确定，丝状体可以作为紫菜“种子”进行保存并提供种源，这些研究结果对紫菜育种理论及技术方法产生了非常重要影响。

日本藻类学家三浦昭雄最早认识到单倍体育种方法对紫菜育种技术发展的重要影响作用，他的学生申宗岩（韩国藻类学家）在利用色素突变体杂交培育新品种过程中，成功培育出色泽优、产量高的第1个人工紫菜新种质“晓光”，并成为90年代中后期日本国最为盛行的栽培品种。

20世纪90年代起，我国江苏省海洋水产研究所藻类工作者，通过对条斑紫菜细胞学及色素突变体的系统研究认识到，由于紫菜物种利用的是叶状体所表达的经济性状，而叶状体是单倍体，不具有二倍体的性质，因此，认为条斑紫菜育苗不能简单通过不同基因个体之间的交配而获取某些双亲基因功能复合的“共效”性质，并提出建立了以单倍体育种方法为主导的条斑紫菜育种学理论，并且提出在育种过程中，突变性状的选择、诱变及遗传重组是条斑紫菜的重要育种方法。期间，他们以叶状体为材料，通过诱变和选育，并以其丝状体进行保种，获得了一批稳定的育种材料及优质抗逆品系。这些种质材料已保存在“国家级紫菜种质库”，其中“苏通1号”（江苏省海洋水产研究所）、“苏通2号”（常熟理工学院）分别于2014年、2015年获得国家条斑紫菜新品种证书（图5－17）。同时研究形

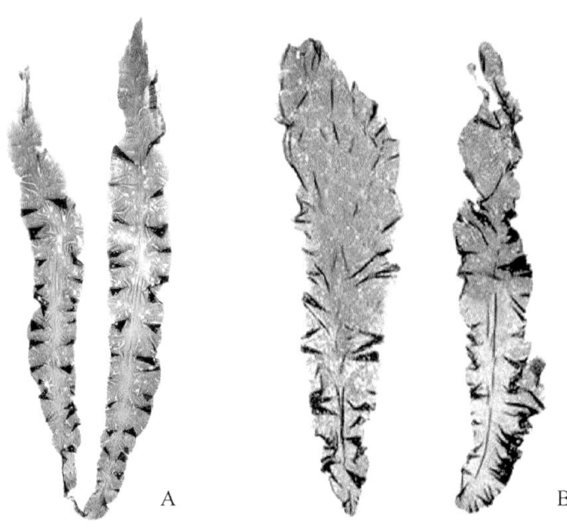

图5－17 我国条斑紫菜良种“苏通1号”（A）和“苏通2号”（B）（朱建一等，2016）

成的可操作、实用的条斑紫菜细胞育种技术（包括无配育种及诱变育种两种技术方法），为我国紫菜遗传育种研究起到了推动作用。

二、条斑紫菜遗传学特性

条斑紫菜是具有十分独特遗传机制的海藻。条斑紫菜生活史显示其叶状体世代具有性和无性两种生殖方式，叶状体由壳孢子（$2n$）萌发生成，当壳孢子幼苗（n）分裂至数十个细胞及以上时，即开始形成并放散单孢子（n），单孢子经萌发又可长成小藻体（n）。因此，自然界生长分布的条斑紫菜叶状体是由壳孢子与单孢子两种不同性质的孢子分别萌发生成。藻类研究者通过对条斑紫菜不同时期细胞核分裂观察，以及对色素突变标记壳孢子萌发过程观察的研究结果显示：

1）壳孢子萌发形成的叶状体是嵌合体。条斑紫菜壳孢子萌发经过最初的 2 次分裂，形成最多由 4 个不能自由分离的细胞呈直线排列的嵌合体，并且这 4 个细胞可能具有不同的遗传背景，后续的叶状体生长就由这 4 个细胞不断分裂形成。这样的线性排列的嵌合体直观地表达了条斑紫菜减数分裂的位置在壳孢子萌发初始的 2 次分裂，以及壳孢子减数分裂过程和基因分离状态。

2）初始发生细胞分裂所处位置对叶状体的建成有重要影响。当壳孢子完成减数分裂后，通常位于附着基质的细胞在壳孢子第 2 次分裂后分裂缓慢，并逐渐向下伸出假根丝成为基部细胞，组成叶状体的柄部和假根附着在基质上。而其他 3 个细胞主要负责叶片形态建成。

3）优势生长细胞对叶状体形态建成有主要贡献作用。减数分裂形成的嵌合体其基部上端的 2 个或 3 个细胞，由于不同的遗传背景，在生长过程中往往呈现不一致，也就是说，具生长优势的细胞将是紫菜叶状体形态建成的主要贡献者。

4）条斑紫菜早期叶状体为线性生长发育类型。条斑紫菜壳孢子细胞分裂以横分裂开始，至 10 多个细胞后才出现纵分裂，显示了其早期发育的模式为线性发育类型。

5）单孢子萌发生成的叶状体为同型单倍体植株。当壳孢子幼苗分裂至数十个细胞及以上时，即开始形成并放散单孢子（n），并萌发长成小藻体，单孢子具单倍体核，由其萌发的个体与壳孢子生成的个体不同，为同型单倍体植株。

三、条斑紫菜育种方法

条斑紫菜叶状体世代的有性生殖和减数分裂使其遗传显得多样化。无性繁殖又导致个体遗传性状的分离和纯合，使紫菜的世代维持和群体扩大及其性状呈现多样化。因此，紫菜的繁殖、遗传特性显示，与其他大型经济海藻的育种技术不同，紫菜育种技术不能受限于作物或二倍体物种的育种理论与认识。目前，条斑紫菜育种主要是以叶状体为材料，育种方法大致有以下 4 种。

1. 选择育种

选择育种是通过从现有条斑紫菜叶状体群体中选择符合育种目标的类型，从而培育出新品种的方法。大多数情况下，选育是对紫菜重组优势个体的选择（包括生长势、藻体颜色、厚薄及繁殖情况等），就单一性状而言，连续多代严格的自交即可得到高度稳定的保存系。例如，日本的奈良轮条斑紫菜和大叶甘紫菜，我国早年的长叶型条斑紫菜品系。对条斑紫菜选育来说，如果是由单孢子生成的个体自交，当代就可达到纯合的目的。因此，条斑紫菜选育有 2 种叶状体材料来源。

（1）壳孢子来源优势叶状体株系的选育

选择来自壳孢子萌发形成的、具有生长或抗逆优势性状的目标叶状体株系，藻体经过单株隔离培养至成熟，形成的果孢子（$2n$）可能是杂合或纯合，由这些果孢子萌发形成的丝状体（$2n$）相应形成杂合或纯合丝状体。因此，由这些丝状体培养成熟放散壳孢子是杂合还是纯合均需要进一步选择验证。

1）壳孢子（杂合）→叶状体（杂合性状嵌合体）→需对目标性状进行第 2 代至 n 代选择→获取种质丝状体。

2）壳孢子（纯合）→叶状体（同型性状嵌合体）→对目标性状进行第 2 代、n 代选择→获取种质丝状体。

（2）单孢子来源生长优势叶状体株系的选育

选择来自单孢子或单离营养细胞生成的具有生长或抗逆优势性状的目标叶状体株系，又称同配型叶状体选育。藻体经过单株隔离培养至成熟，形成的果孢子（$2n$）为纯合的，果孢子萌发形成的丝状体（$2n$）也是纯合的，丝状体放散的壳孢子（纯合）萌发形成的叶状体为同型性状藻体，以这样的叶状体制备获取的种质丝状体即为纯系种质。

2. 无配生殖育种

无配生殖是指取紫菜属物种叶状体的营养细胞或组织，在隔离的组织培养中，细胞或组织未出现有性生殖，而是直接萌发形成丝状体，且该丝状体可以完成生活史的过程。

条斑紫菜无配生殖育种技术被证实是一种实用、可靠的紫菜育种方法，用该方法创建的种质纯合程度很高，可作为种源长年保存，并可随时扩增使用。无配生殖育种方法缩短了获得紫菜纯系种质的时间，简化了紫菜种质制备程序。目前已成为国家级紫菜种质库条斑紫菜种质制备的主导技术体系，成功地应用于条斑紫菜育种实践。

3. 诱变育种

诱变育种是采用物理或化学的方法对条斑紫菜不同生长阶段材料进行处理，诱发其产生突变，通过选择而获取新品种的方法（许璞等，1994，1997，2002）。

（1）诱变方法

1）化学诱变：一般采用甲基亚硝基胍（MNNG）诱导出紫菜色素突变体。

2）物理诱变：一般选择$^{60}Co-\gamma$射线外照射方法诱导出紫菜色素突变体。

（2）诱变材料

条斑紫菜不同生长阶段材料对诱导剂的敏感差异较大。

壳孢子对诱变剂反应敏感，最易发生突变。由于壳孢子是二倍体，其突变效应在减数分裂后才能表达出来。因此，突变只与壳孢子萌发最初的 2 次细胞分裂有关，其幼苗为嵌合体。

叶状体对诱变剂敏感度次于壳孢子，且诱变剂仅致使单个营养细胞发生突变，诱变后为含有多个突变细胞块的嵌合体，可见叶状体诱变显示典型的单倍体细胞突变效果。

丝状体对诱变剂最不敏感，诱变后发生 2 种突变：

1）高剂量诱变易发生显性突变，藻丝直接发生颜色突变，由其产生的叶状体仍与丝状体突变颜色保持一致，且突变表达与壳孢子萌发分裂无关。

2）低剂量诱变易发生隐性突变，藻丝颜色未显示突变，但藻丝成熟后产生的壳孢子萌发分裂时，突变出现分离表达，产生大量突变叶状体，且易形成野生型与突变型嵌合的个体。因丝状体适宜保存，诱变操作简单，其切段可接种于贝壳上继续培养，更便于突变观察和遗传分析。因此紫菜采用丝状体开展诱变育种更为合适。

(3) 定向诱导育种

条斑紫菜诱变育种中可结合定向逆境胁迫条件的选择培养,即可获得更多理想的育种材料。遗传多样性种质材料经诱变,致变丝状体经过培养,形成并放散出壳孢子,壳孢子刚萌发即进入胁迫条件培养(如强光照、长光时、高温等处理),可能仅个别藻体存活,存活藻体培养后再进入选育程序。根据选育性状也可加强(包括重复)诱变、定向诱导作用,从而获得对条件如强光、低温显示抗逆性(光合效率差异显著)的新种质。

4. 遗传重组育种(杂交育种)

作物育种学提出的杂交育种是指:将两个或多个亲本品种的基因结合于同一个杂种个体中,以便于培育出具有亲本综合优良性状的新品种。但紫菜生物遗传特性显示,紫菜叶状体是单倍体,丝状体是二倍体。若将2种来自不同具优良性状叶状体的生殖细胞杂交,其杂合的优势仅在丝状体生长阶段表现,进入叶状体阶段其性状易分离,因此紫菜栽培上无法直接利用杂交优势。紫菜遗传学研究显示,其杂交后代进入叶状体可能获得遗传重组性状,尽管杂交性状在后代中受四分子分析方法支配进行性状分离,但杂交后代会产生表现出多种重组性状。对紫菜育种来说,可采用多种方法,如目标性状分离选育、无配生殖育种或者条斑紫菜的单孢子"簇群"生长优势、"簇群"抗逆特性利用等,对遗传重组后出现的新的或特异性状进行探寻与认识,并使这些新性状得以保存与应用。

四、条斑紫菜种质技术方法

紫菜种质操作技术是围绕如何获取纯系种质丝状体而开展的。目前,具实际应用意义的技术方法主要有三种:① 对选育对象作连续多代的自交纯化,得到性状较为稳定的良种种质。② 选取育种目标的叶片组织块,经自交或亲缘交配,直接制备获取性状较为稳定的良种种质(曾呈奎等,1999);或由选定的单孢子发生植株,切取组织块自交产生同型接合的纯系种质。③ 对选择对象的叶片组织作微小切块,在控制条件下培养,使这些切块细胞经类似于愈伤组织的途径,直接转化成丝状体。后两种方法是国内近年发展起来的种质操作技术,对国家级紫菜种质库的建立及遗传育种研究等起到了推动作用。

1. 种质制备

条斑紫菜育种种质制备包括3个方面的工作内容:① 种藻选择采集;② 种质制备与保存;③ 种质丝状体的增殖培养。

2. 种藻采集

种藻的选择采集通常在藻体生长最旺盛、材料最充分的时期进行。如果种藻是用来收集果孢子的,则生殖细胞形成的区域宜不超过藻体面积的1/3。种藻选择内容包括:外观形态符合条斑紫菜分类学特征,藻体生长势、长宽比、色泽、藻体厚薄、单孢子释放量、有性繁殖,以及进一步生化分析显示的藻体蛋白质、氨基酸及特殊成分含量指标等方面。应对采用的每一株种藻作详细记录。

3. 制备与保存

条斑紫菜种质丝状体制备主要根据紫菜的生物学特点,按照育种的目的对所采集的藻体材料分别进行操作处理,最终制备成丝状体的保存株系。

(1) 制备

根据制种目的与用途,依次对所选用的种藻进行清洗、干燥、冷冻、藻体表面清洗、消毒海水漂洗,有些步骤需反复进行。对处理干净的材料作合适的组织切块后,将切取的组织微片放入培养瓶进行组织培养。

（2）培养

切取的微片组织置于培养皿、小型试剂瓶或三角烧瓶内，进行分离、静置培养。通常，切取的营养组织切块在较弱的光照和较高的温度下[15～18℃，20～40 μmol/（m^2·s），12 L：12 D]，经类愈伤组织途径，直接长出丝状体并形成藻球的时间为2个月或更长一些。而成熟组织切片经20～30 d的培养，就可获得合适的丝状体藻球。需要注意的是无论用于何种目的的切块材料，均必须在隔离的环境中培养制备成种质丝状体。小型培养一般采用光照培养箱较为合适，较大规模的可利用有温控条件的培养室进行。

（3）分离

当培养至微片组织出现合适的藻球，且培养容器中无杂藻藻落出现时，即可进行丝状体分离。即将原培养瓶中的丝状体藻球取出，放入新的培养瓶中培养。分离操作应在超净工作台内进行，所有操作器械均需煮沸消毒。分离后的丝状体再经20～30 d培养，确认无杂藻污染、生长健康的丝状体就可转入长期保存程序或进入扩增繁殖。

（4）保存

条斑紫菜种质丝状体在低温、低光照的条件下可长期保存。根据国家级紫菜种质库种质保存的实践，可采用液相（试管+藻球+保存液）或半固相（试管+琼脂培养基+藻球+保存液浸没斜面）方法进行。长期保存的条件为：5～10℃，光强5 μmol/（m^2·s）左右，光期12 L：12 D。通常采用普通的市售低温食品陈列柜作为保存系统较为合适。

4. 增殖培养

通常种质制备后形成的丝状体或保存系统的丝状体种质数量极少，必须经过逐级增殖培养才能达到满足生产需要的数量。

紫菜丝状体增殖培养需有专门的培养空间及设施。基本需求为培养室、培养台、培养架、配套的光源设施、小型气泵及温控设备等。培养环境条件一般采用温度15～18℃，光照40～60 μmol/（m^2·s），光时14～16 h。目前，促使种质丝状体增殖以悬浮培养方式为宜，采用分级培养和大量培养逐级进行。培养液一般为煮沸或微孔滤膜处理的自然海水（盐度26～29或比重1.020～1.022），添加PES培养液或其他有效营养盐。培养所需气体可由小型观赏鱼用气泵供给，气体经1%～2%硫酸铜溶液过滤。20 d左右更换一次培养液。增殖培养的关键是防止污染，以取得良好的培养效果。

分级培养：将保存系统取出的丝状体小藻球，放入小型试剂瓶或三角烧瓶，置于增殖培养的条件下静置培养，待藻球生长至0.5～1 cm大小，用食品粉碎机略作切割，再转至500 ml或1 000 ml三角烧瓶培养。

大量培养：由分级培养提供一定数量的丝状体，再用食品粉碎机切割分散，并按1：（200～300）（g/丝状体：ml/海水）的比例放入5 000 ml或10 000 ml透明玻璃瓶进行培养。光生物反应器等特殊培养装置有更高的培养效率。

5. 条斑紫菜良种应用

在条斑紫菜栽培生产上，如何有效利用种质资源的遗传性状十分重要。

（1）引种与驯化

在紫菜栽培中，引种与驯化是必经之路。以江苏条斑紫菜栽培为例，江苏沿海不是条斑紫菜的原产地，初期依赖于从山东青岛采集的野生种群收集果孢子接种贝壳，培育丝状体获取壳孢子开展条斑紫菜的栽培。通过从青岛引种，经种苗培育及海区栽培这一驯化过程，人们认识到，利用野生种源的第一年，通常不能获得理想的壳孢子采苗量及栽培产量，但是经过一年的“驯化”，第二年采用该经过栽培后成熟的叶状体做种藻，采集果孢子、培育丝状体及海区栽培，则往往可以取得较好的收获。并且还认识到，如果在一区域连续累代采用同一种源，则不可避免地会发生栽培种质退化现象。同样，条斑紫菜栽培有全浮动筏式、支柱式、半浮动筏式等不同的栽培方式，每种栽培方式应该都有其适用的栽培种质，否则未必会有理想的栽培效果。因此，引种不能盲目，需预先了解该品种的遗传、发育特性及适用性，原产地与引种地之间，影响作物生产的主要因素应尽可能相似，再进行本区域的栽培驯化和选育才能获得理想的栽培结果。

(2) 关于群体遗传性状的利用

目前栽培生产中的种苗培育常用“种菜”作为种源，由于其自交的频率对选择作半数保留，且具有最大的遗传多样性，其实质也是对群体遗传性状的利用，这在栽培环境不稳定的情况下较为有利。特别是我国条斑紫菜潮间带半浮动筏式栽培的生态条件极为严酷，这也可能是生产上延续至今仍使用“种菜”这一选种方法的重要原因之一。但是，这种方法的不确定性也是显而易见的，单一性状选育表现出的年景波动及对栽培环境适应性减弱的效应将直接影响栽培效果，即生产中不能连续累代采用同一种源，以避免发生种质退化现象。因此，从同一生长群体选择众多优势个体，采用遗传学方法就某一性状或多个性状进行利用较为合适。这也是目前国内外最常用、最具实用价值的育种方法。

紫菜栽培优良品种是一个具有经济价值的群体，应该具有新颖性、一致性和稳定性。同时，任何优良的栽培品种均有时间性和区域性，且也不可能集所有良种性状于一身。因此，应根据栽培环境与气象、作业方式与条件，以及种质资源的特性，合理搭配多个品种才能取得良好的栽培结果。

参 考 文 献

陈美琴，郑宝福，任国忠. 1985. 温度对条斑紫菜壳孢子和单孢子附着的影响[J]. 海洋湖沼通报，3：66－69.
陈骁，左正宏，姚继承，等. 2005. 几种紫菜种质资源遗传多样性的 RAPD 分析[J]. 海洋科学，29(4)：76－80.
陈小强，龚兴国，梁倩，等. 2005. 三种藻胆蛋白对人乳腺癌 Bcap－37 细胞的光动力杀伤效果[J]. 浙江大学学报(理学版)，32(4)：438－441，447.
崔灵英，许璞，朱建一，等. 2006. 4 种紫菜叶状体的 ISSR 分子标记分析[J]. 中国水产科学，13(3)：371－377.
戴继勋，包振民，唐延林，等. 1988. 紫菜叶状体细胞的酶法分离及其养殖研究[J]. 生物工程学报，4(2)：133－137.
戴继勋，沈颂东. 1999. 紫菜的细胞遗传学研究现状及展望[J]. 青岛海洋大学学报(自然科学版)，29(4)：637－642.
丁怀宇. 2006. 紫菜腐霉侵染条斑紫菜叶状体过程研究[J]. 淮阴师范学院学报(自然科学版)，5(1)：69－73.
丁兰平，黄冰心，谢艳齐. 2011. 中国大型海藻的研究现状及其存在的问题[J]. 生物多样性，19(6)：798－804.
范晓，韩丽君. 1993. 我国常见食用海藻的营养成分分析[J]. 中国海洋药物，12(4)：32－38.
方宗熙，戴继勋，唐延林，等. 1986. 紫菜营养细胞的酶法分离和在水产养殖中的应用[J]. 海洋科学，3：46－47.
费修绠，逄少军. 2006. 海洋生物种质库种质技术研究进展 III——紫菜单孢子无贝壳育苗研究进展[J]. 海洋科学，30(2)：85.
费修绠. 1999. 第三章紫菜的苗种生物学基础//曾呈奎. 经济海藻种质苗种生物学[M]. 济南：山东科学技术出版社.
高淑清，张兵，单保恩. 2003. 条斑紫菜和坛紫菜水溶性提取液体外抑瘤实验研究[J]. 中华临床医学实践杂志，2(10)：893－895.
郭宝太，毕玉平. 1999. 紫菜总 DNA 酶切带型的发现与比较[J]. 海洋通报，18(4)：29－33.
郭婷婷，张陆曦，顾佳雯，等. 2006. 条斑紫菜粗多糖对淋巴细胞和支持细胞的增殖作用[J]. 生物技术通讯，17(3)：359－361.

杭金欣,孙建璋. 1983. 浙江海藻原色图谱[M]. 杭州：浙江科学技术出版社.
何培民,Yarish C. 2004. 海藻生物技术和生态修复在海水综合养殖循环系统的应用研究进展[C]. 中国海水健康养殖论文集. 北京：中国农业出版社.
何培民,王素娟. 1991. 条斑紫菜细胞苗培养及总氮量、氨基酸分析[J]. 水产学报,(01)：48-54
何培民,王素娟. 1992. 条斑紫菜离体细胞分化发育的研究[J]. Journal of Integrative Plant Biology,(11)：874-877,903.
何培民,王素娟. 1992. 紫菜细胞悬浮培养[J]. 海洋科学,83(5)：21-24.
贺剑云,何林文,张辛,等. 2010. 条斑紫菜(*Porphyra yezoensis*)遗传多样性的AFLP分析[J]. 海洋与湖沼,41(4)：489-494.
黄海水产研究所. 1979. 坛紫菜和条斑紫菜养殖[M]. 北京：中国农业出版社.
黄淑芳. 2000. 台湾东北角海藻图录[M]. 台北：台湾博物馆.
贾建航,王萍,金德敏,等. 2000. RAPD标记在紫菜遗传多样性检测和种质鉴定中的应用(英文)[J]. 植物学报,42(4)：403-407.
李世英,崔广发,费修绠. 1979. 温度对条斑紫菜丝状体生长发育的影响[J]. 海洋与湖沼,10(2)：183-186.
李伟新,朱仲嘉,刘凤贤. 1982. 海藻学概论[M]. 上海：上海科学技术出版社.
李永祺,胡增森,等. 1983. 紫菜叶状营养细胞的研究Ⅰ. 条斑紫菜营养细胞的分离、培养和长成小紫菜的观察[C]. 第一届中国藻类学会讨论会文集. 北京：科学出版社.
李振龙. 2005. 中国紫菜成功进入日本市场[J]. 中国水产,(7)：21.
梁丽,马家海,林秋生. 2006. 条斑紫菜叶状体色落症的初步研究[J]. 上海水产大学学报,15(4)：436-441.
刘焕亮,黄樟翰. 2008. 中国水产养殖学[M]. 北京：科学出版社.
刘恬敬,王素平,张德瑞. 1981. 中国坛紫菜(*Porphyra haitanensis* T. J. Chang et B. F. Zheng)人工增殖的研究[J]. 海洋水产研究,3：1-67.
刘宇峰,徐力敏,张成武,等. 2000. 红藻藻蓝蛋白对HL-60细胞生长的抑制作用[J]. 中国海洋药物,19(1)：20-24.
卢澄清,等. 1983. 紫菜叶状体营养细胞的研究Ⅰ. 条斑紫菜营养细胞的分离、培养和长成小紫菜的观察 [C]. 第一届中国藻类学术讨论会论文集. 北京：科学出版社：45-55.
陆勤勤,朱建一,许璞,等. 2004. 紫菜种质开发与应用[J]. 水产养殖,25(2)：18-19.
马家海,蔡守清. 1996. 条斑紫菜的栽培与加工[M]. 北京：科学出版社.
马家海,林秋生,闵建,等. 2007. 条斑紫菜拟油壶菌病的初步研究[J]. 水产学报,31(6)：860-864.
马家海,申宗岩. 1996. 贝壳紫菜单孢子和叶状体的研究[J]. 水产学报,20(2)：132-137.
马家海,许璞,朱建一. 2005. 海洋红藻遗传学——紫菜[A]. 海藻遗传学[M]. 北京：中国农业出版社：193.
马家海,张礼明,吉传礼,等. 1998. 条斑紫菜冷藏网试验及其产品质量分析[J]. 水产学报,22(1)：65-71.
马家海,张礼明,吉传礼,等. 1999. 条斑紫菜缩曲症的研究[J]. 中国水产科学,6(2)：82-88.
马家海. 1992. 江苏省南部沿海条斑紫菜壶状菌病的调查研究[J]. 上海水产大学学报,1(3-4)：185-188.
马家海. 1992. 江苏省南部沿海条斑紫菜壶状菌病的调查研究[J]. 上海水产大学学报,Z2：185-188.
马家海. 1996a. 条斑紫菜赤腐病的初步研究[J]. 上海水产大学学报,5(1)：1-7.
马家海. 1996b. 条斑紫菜硅藻附着症防治研究[J]. 上海水产大学学报,5(3)：163-169.
马家海. 1997. 浙江省象山港紫菜轮栽及其品质分析的研究[J]. 中国水产科学,4(1)：30-37.
梅俊学,费修绠,段德麟. 2003. 紫菜叶状体无性繁殖的多样性[J]. 海洋科学,27(17)：26-30.
梅俊学,费修绠,王斌. 2001. 条斑紫菜单孢子的研究[J]. 海洋与湖沼,32(4)：402-407.
梅俊学,费修绠. 1999. 形成条斑紫菜离体组织再生苗的几种方式[J]. 海洋科学,23(4)：66-68.
梅俊学,费修绠. 2000. 条斑紫菜离体组织再生苗的研究[J]. 海洋科学,24(6)：39-42.
梅俊学,金德敏. 2000. 条斑紫菜不同栽培品系的RAPD研究[J]. 山东大学学报(自然科学版),35(2)：230-234.
牛建峰,高胜寒,骆迎峰,等. 2011. 条斑紫菜低覆盖度基因组草图分析[J]. 海洋科学, 35(6)：76-81.
潘光华,杨睿灵,王广策. 2012. 条斑紫菜精子囊细胞色素含量及光合活性的研究[J]. 天津科技大学学报,27(2)：5-8.
彭国宏,施定基,潘洁,等. 1998. 条斑紫菜两种藻胆体与类囊体膜体外重组的光谱分析[J]. 科学通报,43(10)：1061-1065.

钱伟靖,胡文彬,施庆忠.1998.条斑紫菜提取液的降血脂作用及其临床观察[J].中国海洋药物,17(2):43-45.
乔利仙,戴继勋,朱新产,等.2008.分子标记技术在紫菜属中的应用现状及展望[J].海洋科学,32(9):82-87.
任国忠,崔广发,费修绠,等.1954.温度对条斑紫菜丝状体生长发育的影响[J].海洋与湖沼,3(2):28-38.
沈颂东,戴继勋,周立冉.2000.条斑紫菜(*Porphyra yezoensis*)丝状体的观察[J].海洋通报,9(3):8-45.
沈颂东,李艳燕,许璞,等.2010.五种紫菜同工酶标记的遗传分析(英文)[J].海洋通报:英文版,(1):65-78.
石金锋,贾建航.2000.紫菜无性系特异分子标记的获得[J].高技术通讯,10(10):1-3.
宋金明.2004.中国近海生物地球化学[M].济南:山东科技出版社:184-186.
孙爱淑,曾呈奎.1987a.紫菜属(*Porphyra*)的细胞学研究——丝状体阶段的核分裂[J].科学通报,32(9):707-710.
孙爱淑,曾呈奎.1987b.紫菜属的细胞学研究——膨大细胞和壳孢子萌发核分裂的观察[J].海洋与湖沼,18(4):328-332.
孙爱淑,曾呈奎.1996.悬浮生长的条斑紫菜膨大藻丝无性系的培养及产生壳孢子的研究初报[J].海洋与湖沼,27(6):667-669.
孙雪,骆其君,杨锐,等.2007.紫菜(*Porphyra*)遗传差异的ISSR分析[J].海洋与湖沼,38(2):141-145.
汤晓荣,费修绠.1998.温度和光照对条斑紫菜壳孢子苗生长和单孢子形成放散的影响[J].水产学报,22(4):378-381.
唐延林.1982.紫菜营养细胞和原生质体的分离和培养[J].山东海洋学院学报,12(4):37-50.
王海明,周彦钢,任玉翠.1997.条斑紫菜营养成分分析[J].浙江省医学科学院学报,(2):24-25.
王金锋.2007.红毛菜科海藻色素突变特征及其配子体初期发育模式的研究[D].南京:南京师范大学.
王娟,戴继勋,张义听,等.2006.紫菜的生殖与生活史研究进展[J].中国水产科学,13(2):322-327.
王璐,刘力,王艳梅,等.2001.几种红藻琼脂的组分结构及理化性质的比较[J].海洋与湖沼,32(6):658-664.
王素娟,何培民.1992.条斑紫菜固定化细胞育苗技术的应用实验[J].水产学报,16(3):265-268.
王素娟,何培民.1992.条斑紫菜细胞直接附网育苗和下海养殖试验[J].上海水产大学学报,(Z2):174-179.
王素娟,沈怀舜.1993.条斑紫菜自由丝状体无性繁殖系快速培养及其养殖[J].上海水产大学学报,2(2):1-5.
王素娟,郑元铸,马凌波等.2000.Gamma-rays induction of mutation in conchocelis of *Porphyra Yezoensis* [J].中国海洋湖沼学报(英文版),1:47-53.
王素平,姜红如.1983.条斑紫菜游离丝状体生态的研究[J].海洋水产研究,(5):79-94.
王鑫,王珊瑛,王苗苗,等.2013.紫菜不同品系的AFLP遗传差异性分析[J].江苏农业科学,41(5):38-41.
魏玲.2012.条班紫菜和坛紫菜遗传多样性分析[D].北京:中国海洋大学.
伍华菊,张建平,夏安东,等.1994.条斑紫菜中R-藻红蛋白的生化特性[J].生物化学与生物物理学报,(5):491-498.
肖美添,杨军玲,林海英,等.2003.紫菜多糖的提取及抗流感病毒活性研究[J].福州大学学报(自然科学版),31(5):631-635.
徐涤,宋林生,秦松,等.2001.五个紫菜品系间遗传差异的RAPD分析[J].高技术通讯,11(12):1-3.
许璞,张学成,王素娟,等.2013.中国主要经济海藻的繁殖与发育[M].北京:中国农业出版社.
许璞.1997.紫菜色素突变体诱导与遗传特征[D].青岛:中国科学院海洋研究所.
许璞.2010.紫菜属海藻性别表现特征研究[J].常熟理工学院学报,24(10):8-13.
严兴洪,江海波.1993.盐度对条斑紫菜体细胞生长发育的影响及耐低盐应变异体的初步观察[J].上海水产大学学报,2(1):34-40.
严兴洪,刘新轶,张善霹.2004.条斑紫菜叶状体细胞的发育与分化[J].水产学报,28(2):145-154.
严兴洪,王素娟.1989.紫菜体细胞发育分化的研究[J].海洋科学,13(6):28-32.
阎咏,马家海,许璞.2002.1株引起条斑紫菜绿斑病的柠檬假交替单胞菌[J].中国水产科学,9(4):353-358.
阎咏,马家海.1985.条斑紫菜主要病害及其防治[J].北京水产,4:45-46.
杨玲,何培民.2004.温度、光强和密度对条斑紫菜壳孢子放散的影响[J].海洋渔业,26(3):205-209.
杨玲,何培民.2004.温度、光强和密度对条斑紫菜壳孢子放散的影响[J].海洋渔业,3:205-209.
杨锐,刘必谦,骆其君,等.2005.利用AFLP技术研究条斑紫菜的遗传变异[J].海洋学报,27(3):159-162.
杨睿灵,乔洪金,周伟,等.2011.条斑紫菜叶状体不同区域光合活性的研究[J].海洋科学,8:63-66.
杨贻勋,张佑基.2004.条斑紫菜果孢子和自由丝状体接种贝壳育苗的比较研究[J].海洋水产研究,26(3):205-209.

杨宇峰,费修绠. 2003. 大型海藻对富营养化海水养殖区生物修复的研究与展望[J]. 青岛海洋大学学报(自然科学版),33(1):53-57.

杨宇峰,宋金明,林小涛,等. 2005. 大型海藻栽培及其在近海环境的生态作用[J]. 海洋环境科学,24(2):77-80.

姚春燕,张涛,姜红霞,等. 2010. 条斑紫菜不同品系藻体光合包素及叶绿素荧光参数比较[J]. 南京师范大学学报(自然科学版),33(2):81-86.

姚兴存,邱春江,穆春林. 2002. 条斑紫菜营养成分与季节变化研究[J]. 水产养殖,(5):34-35.

袁昭岚,黄鹤忠,沈颂东,等. 2006. 条斑紫菜5个栽培品系的ISSR分析[J]. 海洋科学,30(7):9-14.

曾呈奎,孙爱淑. 1986. 紫菜属(*Porphyra*)的细胞学研究——中国产的七种紫菜叶状体染色体数目的研究[J]. 中国科学,31(1):67-70.

曾呈奎,王素娟,刘思俭,等. 1985. 海藻栽培学[M]. 上海:上海科学技术出版社:135-211.

曾呈奎,张德瑞,李家俊. 1959a. 紫菜半人工采苗养殖实验初报[J]. 科学通报,4(5):167-171.

曾呈奎,张德瑞,赵汝英. 1959b. 紫菜的全人工采苗养殖法[J]. 科学通报,4(5):171.

曾呈奎,张德瑞. 1954. 紫菜的研究I. 甘紫菜的生活史[J]. 植物学报,3(3):287-302.

曾呈奎,张德瑞. 1955. 紫菜的研究Ⅱ:紫菜的丝状体阶段及其壳孢子[J]. 植物学报,4(1):27-46.

曾呈奎,张德瑞. 1956. 紫菜壳孢子的形成和放散条件及放散周期性[J]. 植物学报,5(1):33-48.

曾呈奎. 1999. 经济海藻种质种苗生物学[M]. 济南:山东科学技术出版社.

张德瑞,郑宝福. 1962. 中国的紫菜及其地理分布[J]. 海洋与湖沼,4(3-4):183-188.

张寒野,何培民,陈婵飞,等. 2005. 条斑紫菜养殖对海区中无机氮浓度影响[J]. 环境科学与技术,28(4):44-45.

张陆曦,徐红丽,周赟,等. 2007. 条斑紫菜多糖PY-D2对四种人肿瘤细胞株生长的影响[J]. 生物技术通讯,18(4):608-611.

张全斌,赵婷婷,綦慧敏,等. 2005. 紫菜的营养价值研究概况[J]. 海洋科学,29(2):69-72.

张涛,沈宗根,李家富,等. 2012. 紫菜不同品系贝壳丝状体叶绿素荧光特性比较[J]. 江苏农业科学,40(11):238-242.

张涛,沈宗根,姚春燕,等. 2011. 基于叶绿素荧光技术的紫菜光适应特征研究[J]. 海洋学报,33(3):140-147.

张学成,秦松,马家海,等. 2005. 海藻遗传学[M]. 北京:中国农业出版社.

张佑基,杨以勋,王清印,等. 1987. 条斑紫菜红色变异型的分析研究[J]. 海洋水产研究丛刊,31:11-33.

赵焕登,张学成. 1981. 条斑紫菜 *Porphyra yezoensis* Ueda 营养细胞的分离和培养[J]. 山东海洋学院学报,1(1):61-66.

赵素芬. 2012. 海藻与海藻栽培学[M]. 北京:国防工业出版社.

郑宝福,陈美琴,费修绠. 1980. 培养光强对条斑紫菜丝状体生长发育的影响[J]. 海洋与湖沼,11(4):362-368.

郑宝福,李钧. 2009. 中国海藻志 第二卷 红藻门 第一册 紫球藻目 红盾藻目 角毛藻目 红毛菜目[M]. 北京:科学出版社.

郑宝福. 1981. 紫菜一新种——少精紫菜[J]. 海洋与湖沼,12(5):447-451.

中国科学院海洋研究所. 1978. 条斑紫菜的人工养殖[M]. 北京:科学出版社.

中国科学院海洋研究所藻类实验生态组,藻类分类形态组. 1976. 条斑紫菜的全人工采苗养殖[J]. 中国科学,(2):92-96.

中国科学院海洋研究所藻类实验生态组,藻类分类形态组. 1978. 条斑紫菜的人工养殖[M]. 北京:科学出版社.

周伟,朱建一,沈颂东,等. 2008. 紫菜丝状体阶段核分裂特征观察[J]. 海洋水产研究,29(1):51-61.

周伟. 2007. 紫菜核分裂特征观察[D]. 苏州:苏州大学.

周文君,李赟,戴继勋. 2006. 条斑紫菜自由丝状体的形态结构观察[J]. 中国水产科学,13(2):217-223.

朱建一,严兴洪,丁兰平,等. 2016. 中国紫菜原色图集[M]. 北京:中国农业出版社.

朱建一,郑庆树. 1997. 条斑紫菜丝状体悬浮培养研究[J]. 水产养殖,(2):12-14.

朱仁华. 1983. 海螺酶解壁作用的研究[J]. 山东海洋学院学报,13(4):47-57.

冈村金太郎. 1936. 日本海藻志[M]. 東京:内田老鶴圃.

黑木宗尚. 1953. アマノリ類の生活史の研究 第Ⅰ報 果孢子の發芽と生長[J]. 東北水研:研究報告,2:67-103.

木下祝郎,寺本賢一郎. 1974. 海苔生態と栽培の科学. 日本図書会社版.

山川健重. 1953. 海藻の化學的研究[J]. 日本水産學會誌,18:478-482.

太田扶桑男. 1980. のり检诊手引. 日本九州山口海苔增殖研究连络协议会. 26.

新崎敏盛. 1957a. アサクサノリの品种别と育种[J]. 水産增殖,4(4): 32-38.

新崎敏盛. 1957b. アサクサノリの育种学研究——Ⅰ,品种の识别法と伊势三河湾产のノリ品种[J]. 水産集成, 805-818.

新崎盛敏. 1960. アマノリ類に寄生する壶状菌について[J]. 日本水産学会誌,26(6): 543-548.

右田清治,1972. ノリ殼胞子と单胞子の着生. 長崎大学水産学部研究報告. 第33号,39-48.

Araki S, Oohusa T, Omata T, *et al.* 1992. Comparative restriction endonuclease analysis of rhodoplast DNA from different species of *Porphyra* (Bangiales, Rhodophyta)[J]. Nippon Suisan Gakkaishi, 58(3): 477-480.

Aruga Y. 1974. Color of the cultivated *Porphyra*[J]. Our Nori Res, 23: 1-14.

Batters E. A. L. 1892. Gonimophyllum buffhami: a new marine algae[J]. Journal of botany, British and foreign 30: 65-67. Coll J. & Oliveira E.

Brodie J, Hayes P K, Barker G L, *et al.* 1998. A reappraisal of *Porphyra* and *Bangia* (Bangiophycidae, Rhodophyta) in the Northeast Atlantic based on the rbcL-rbcS intergenic spacer[J]. Journal of Phycology, 34(6): 1069-1074.

Brodie J, Mortensen AM, Ramirez ME, et al. 2008. Making the links: towards a global taxonomy for the red algal genus *Porphyra* (Bangiales, Rhodophyta)[J]. J Appl Phycol, 20 (5): 939-949.

Cheney D P. 2000. Genetic transformation in the commercially valuable macroscotoic, marine red alga *Porphyra yeroensis* [R]. The 6th international congree of plant moleeular Biology, quebec, cunadu.

Conway E, Cole K. 1973. Observations on an unusual form of reproduction in *Porphyra* (Phodophyceae, Bangiales) [J]. Phycologia, 12(3 and 4): 213-225.

Ding H Y, Ma J H. 2005. Simultaneous infection by red rot and chytrid diseases in *Porphyra yezoensis* Ueda[J]. Journal of Applied Phycology, 17(1): 51-56.

Drew K M. 1949. Conchocelis-phase in the life-history of *Porphyra umbilicalis* (L.). Kutz [J]. Nature, 164: 748-751.

Drew K M. 1956. Reproduction in the Bangiophycidae[J]. Botanical Review, 22(8): 553-611.

Goff L J, Ashen J, Moon D A. 1997. The evolution of parasites from their hosts: A case study in the parasitic red algae [J]. Evolution, 51(4): 1068-1078.

Guiry MD, Guiry GM. 2015. *AlgaeBase*. World-wide electronic publication, National University of Ireland, Galway. http://www. algaebase. org; searched on 20 April 2015.

Guo T T, Xu H L, Zhang L X, *et al.* 2007. *In vivo* protective effect of Porphyra yezoensis polysaccharide against carbon tetrachloride induced Hepatotoxicity in mice[J]. Regulatory Toxicology and Pharmacology, 49(2): 101-106.

Hawkes M W. 2010. Ultrastructure characteristics of monospore formation in *Porphyra gardneri* (Rhodophyta)[J]. Journal of Phycology, 16(2): 192-196.

He P M, Yarish C. 2006. The developmental regulation of mass cultures of free-living conchocelis for commercial net seeding of *Porphyra leucosticta* from Northeast America[J]. Aquaculture, 257(1-4): 373-381.

He P, Yarish C, 2006. The regulation of free conchosporangia development and seeding in Porphyra: Applications for a finfish/seaweed recirculating aquaculture systems in an urban environment[J]. Aquaculture, 257(1-4): 373-381

He P, Yarish C. 2006. The developmental regulation of mass cultures of free-living conchocelis for commercial net seeding of Porphyra leucosticta from Northeast America[J]. Aquaculture, 257(1-4): 373-381.

Hus HTA. 1902. An account of the species of *Porphyra* found on the Pacific coast of North America[J]. P Calif Acad Sci, 2: 173-240.

Hwang M S, Kim S O, Ha D S, *et al.* 2014. Complete mitochondrial genome sequence of *Pyropia yezoensis* (Bangiales, Rhodophyta) from Korea[J]. Plant Biotechnology Reports, 8(2): 221-227.

Hymes B J, Cole K M. 1983. Aplanospore production in *Porphyra maculosa* (Rhodophyta) [J]. Japanese Journal of Phycology, 31: 225-228.

Iitsuka O, Nakamura K, Ozaki A, *et al.* 2002. Genetic information of three pure lines of *Porphyra yezoensis* (Bangiales, Rhodophyta) obtained by AFLP analysis[J]. Fisheries Science, 68(5): 1113-1117.

Iwasaki H, Matshdaira C. 1963. Observation on the ecology and reproduction of free-living conchocelis of *Porphyra tenera* [J]. Biological Bulletin, 124(3): 268-276.

Jones W A, Griffin N J, Jones D T, *et al.* 2004. Phylogenetic diversity in South African *Porphyra* (Bangiales, Rhodophyta) determined by nuclear SSU sequence analyses[J]. European Journal of Phycology, 39(2): 197-211.

Kapraun D F, Lemus A J. 1987. Field and culture studies of *Porphyra spiralis* var. *amplifolia* Oliveira Filho et Coll (Bangiales, Rhodophyta) from Isla de Margarita, Venezuela[J]. Botanica Marina, 30(6): 483-490.

Kayama M, Iijima N, Sado T, *et al.* 1985. Effect of water temperature on the fatty acid composition of Porphyra[J]. Nippon Suisan Gakkaishi: 687.

Kitade Y, Fukuda S, Nakajima M, *et al.* 2002. Isolation of a cDNA encoding a homologue of actin from *Porphyra yezoensis* (Rhodophyta)[J]. Journal of Applied Phycology, 14(2): 135-141.

Kitade Y, Nakamura M, Endo H, *et al.* 2006. Characterization of a cDNA encoding a homolog of actin-related protein 4 from a marine red alga *Porphyra yezoensis*[J]. Fisheries Science, 72(3): 639-645.

Kitade Y, Nakamura M, Uji T, *et al.* 2008. Structural features and gene-expression profiles of actin homologs in *Porphyra yezoensis* (Rhodophyta)[J]. Gene, 423(1): 79-84.

Kitade Y, Yamazaki S, Watanabe T, *et al.* 1999. Structural features of a gene encoding the vacuolar H^+-ATPase c subunit from a marine red alga, *Porphyra yezoensis*[J]. DNA Research, 6(5): 307-312.

Kito H, Yabu H, Tokida J. 1967. The Number of chromosomes in some species of *Porphyra*[J]. Bulletin of the Faculty of Fisheries Hokkaido University, 18(2): 59-60.

Kito H. 1967. Cytological studies of several species of *Porphyra*: Ⅱ. Mitosis in carpospore-germlings of *Porphyra yezoensis* [J]. Bulletin of the Faculty of Fisheries Hokkaido University, 18(3): 201-207.

Kjellman FR. 1883. The algae of the Arctic Sea[M]. Kongliga Svenska Vetenskapsakademiens Handlinger, 20: 1-350.

Kong F, Mao Y, Yang H, *et al.* 2009. Genetic analysis of *Porphyra yezoensis* using microsatellite markers[J]. Plant Molecular Biology Reporter, 27(4): 496-502.

Kong F, Sun P, Cao M, *et al.* 2013. Complete mitochondrial genome of *Pyropia yezoensis*: reasserting the revision of genus *Porphyra*[J]. Mitochondr DNA, 23(5): 344-346.

Kornmann P. 1994. Life histories of monostromatic *Porphyra* species as a basis for taxonomy and classification[J]. British Phycological Bulletin, 29(2): 69-71.

Krishnamurthy V. 1959. Cytological Investigations on *Porphyra umbilicalis* (L.) Kütz. var. *laciniata* (Lightf.) J. Ag. [J]. Annals of Botany, 23(89): 147-176.

Kunimoto M, Kito H, Kaminishi Y, *et al.* 1999. Molecular divergence of the SSU rRNA gene and internal transcribed spacer 1 in *Porphyra yezoensis* (Rhodophyta)[J]. Journal of Applied Phycology, 11(2): 211-216.

Kunimoto M, Kito H, Yamamoto Y, *et al.* 1999. Discrimination of *Porphyra* species based on small subunit ribosomal RNA gene sequence[J]. Journal of Applied Phycology, 11(2): 203-209.

Kurogi M. 1953. On the liberation of monospores from the filamentous thallus (Conchocelis-stage) of *P. tenera* Kjellm [J]. Bull Tohoku Reg Fish Res Lab, 2: 104-108.

Kurogi M. 1953. Study on the life-history of *Porphyra*: The germimation and development of carpspores[J]. Bull Tohoku Reg Fish Res Lab, 2: 67-103.

Li X C, Xing Y Z, Jiang X, *et al.* 2012. Identification and characterization of the catalase gene PyCAT from the red alga *Pyropia yezoensis* (Bangiales, Rhodophyta)[J]. Journal of Phycology, 48(3): 664-669.

Ma J H. 1984. Observations of the nuclear division in the conchospores and their germlings in Porphyra yezoensis Ueda [J]. Jpn. J. Phycol. 32: 373-378.

Mei K, Su-juan W, Yao L, *et al.* 1998. RAPD study on some common species of *Porphyra* in China[J]. Chinese Journal of Oceanology and Limnology, 16(1): 140-146.

Migita S, Fujita Y. 1983. Studies on the color mutant types of *Porphyra yezoensis* Ueda, and their experimental culture [J]. Bulletin of the Faculty of Fisheries Nagasaki University, 54: 55-60.

Migita S. 1967. Cytological studies on *Porphyra yezoensis* Ueda [J]. Bulletin of the Faculty of Fisheries Nagasaki

University, 24: 55 - 64.

Minami S, Sato M, Shiraiwa Y, *et al.* 2011. Molecular characterization of adenosine 5′-monophosphate deaminase-The Key enzyme responsible for the umami yaste of Nori (*Porphyra yezoensis* Ueda, Rhodophyta) [J]. Marine Biotechnology, 13(6): 1140 - 1147.

Miura A. 1980. Genetic analysis of the pigmentation types in the seaweed Susabi-nori (*Porphyra yezoensis*) [J]. Iden (Heredity), 34: 14 - 20.

Miura A. 1994. Mendelian inheritance of pigmentation mutant types in *P. yezoensis* (Bangiaceae, Rhodophyta) [J]. Japanese Journal of Phycology, 42: 83 - 101.

Moon D A, Goff L J. 1997. Molecular characterization of two large DNA plasmids in the red alga *Porphyra pulchra* [J]. Current Genetics, 32(2): 132 - 138.

Murakami Y, Tsuyama M, Kobayashi Y, *et al.* 2000. Trienoic fatty acids and plant tolerance of high temperature[J]. Science, 21(287): 476 - 479.

Nakamura Y, Sasaki N, Kobayashi M, *et al.* 2013. The first symbiont-free genome sequence of marine red alga, Susabi-nori (*Pyropia yezoensis*) [J]. PLoS One, 8(3): e57122.

Nelson W A, Brodie J, Guiry M D. 1999. Terminology used to describe reproduction and life history stages in the genus *Porphyra* (Bangiales, Rhodophyta)[J]. J Appl Phycol, 11: 407 - 410.

Niwa K, Furuita H, Aruga Y. 2003. Free amino acid contents of the gametophytic blades from the green mutant conchocelis and the heterozygous conchocelis in *Porphyra yezoensis* Ueda (Bangiales, Rhodophyta) [J]. Journal of Applied Phycology, 15(5): 407 - 413.

Niwa K, Furuita H, Yamamoto T. 2008. Changes of growth characteristics and free amino acid content of cultivated *Porphyra yezoensis* Ueda (Bangiales Rhodophyta) blades with the progression of the number of harvests in a nori farm [J]. Journal of Applied Phycology,20(5): 687 - 693.

Niwa K, Kato A, Kobiyama A, *et al.* 2008. Comparative study of wild and cultivated *Porphyra yezoensis* (Bangiales, Rhodophyta) based on molecular and morphological data[J]. Journal of Applied Phycology,20(3): 261 - 270.

Niwa K, Kikuchi N, Hwang M S, *et al.* 2014. Cryptic species in the *Pyropia yezoensis* complex (Bangiales, Rhodophyta): sympatric occurrence of two cryptic species even on same rocks[J]. Phycological Research, 62(1): 36 - 43.

Niwa K, Kikuchi N, Iwabuchi M, *et al.* 2004. Morphological and AFLP variation of *Porphyra yezoensis* Ueda form, narawaensis Miura (Bangiales, Rhodophyta)[J]. Phycological Research, 52(2): 180 - 190.

Niwa W, Kobiyama A. 2009. Simple molecular discrimination of cultivated Porphyra species (*Porphyra yezoensis* and *Porphyra tenera*) and related wild species[J]. Phycol Res,57(4): 299 - 303.

Noda H. 1993. Health benefits and nutritional properties of nori[J]. Journal of Applied Phycology, 5(2): 255 - 258.

Notoya M. 1997. Diversity of life history in the genus *Porphyra*[J]. Nat Hist Fes, 3: 47 - 56.

Notoya M. 1999. ' seed ' production of *Porphyra* spp. by tissue culture [C]//Sixteenth International Seaweed Symposium. Springer Netherlands: 619 - 624.

Ohme M, Kunifujj Y, Miura A. 1986. Cross experiments of color mutants in *Porphyra yezoensis* Ueda[J]. Japanese Journal of Phycology, 34: 101 - 106.

Ohme M, Miura A. 1988. Tetrad analysis in conchospore germlings of *Porphyra yezoensis* (Rhodophyta, Bangiales) [J]. Plant Science, 57(2): 135 - 140.

Ohme M. 1989. Genetics of *Prophyra yezoensis*[J]. Kaiyo,21: 350 - 354.

Orfanidi S. 2001. Culture studies of *Porphyra leucosticte* (Bangiales, Rhodophyta) from the gulf of the ssaloniki, Greece [J]. Botanica Marina, 44(6): 533 - 539.

Park E J, Fukuda S, Endo H, *et al.* 2007. Genetic polymorphism within *Porphyra yezoensis* (Bangiales, Rhodophyta) and related species from Japan and Korea detected by cleaved amplified polymorphic sequence analysis[J]. European Journal of Phycology, 42(1): 29 - 40.

Piriz M L. 1981. A new species and a new record of *Porphyra* (Bangiales, Phodophyta) from Argentina[J]. Botanica Marina, 24: 599 - 602.

Reynolds A E, Chesnick J M, Woolford J, *et al.* 1994. Chloroplast encoded thioredoxin genes in the red algae *Porphyra yezoensis* and Griffithsia pacifica: evolutionary implications[J]. Plant molecular biology, 25(1): 13－21.

Roberts E, Roberts A W. 2009. A cellulose synthase (CESA) gene from the red alga *Porphyra yezoensis* (Rhodophyta)[J]. Journal of Phycology, 45(1): 203－212.

Rosenvinge LK. 1893. Gronlands Halvalger. Meddelelser om Gfonland, af Kommissionen for Ledelsen af de geologiske og geographiske Undersogelser i Gronland, 3: 765－981.

Shin J, Miura A. 1990. Estimation of the degree of self-fertilization in *Porphyra yezoensis* (Bangiales, Rhodophyta) [J]. Hydrobiologia,204(1): 397－400.

Sutherland JE, Lindstrom SC, Nelson WA, et al. 2011. A new look at an ancient order: generic revision of the Bangiales (Rhodophyta)[J]. J Phycol, 47(5): 1131－1151.

Sánchez N, Vergés A, Peteiro C, et al. 2014. Diversity of bladed Bangiales (Rhodophyta) in western Mediterranean: recognition of the genus Themis and description of T. iberica sp. nov., and Pyropia parva sp. nov. [J]. J Phycol, 50(5): 908－929.

Sánchez N, Vergés A, Peteiro C, et al. 2014. Diversity of bladed Bangiales (Rhodophyta) in western Mediterranean: recognition of the genus *Themis* and description of *T. iberica* sp. nov., and *Pyropia parva* sp. nov. [J]. J Phycol, 50(5): 908－929.

Tokida J. 1935. Phycological observations. II. On the structure of *Porphyra onoi* Ueda[J]. T Sapporo Nat Hist Soc, 14: 111－114.

Tseng C K, Sun A. 1989. Studies on the alternation of the nuclear phases and chromosome numbers in the life history of some species of *Porphyra* from China[J]. Botanica Marina, 32(1): 1－8.

Uji T, Sato R, Mizuta H, *et al.* 2013. Changes in membrane fluidity and phospholipase D activity are required for heat activation of PyMBF1 in *Pyropia yezoensis* (Rhodophyta)[J]. Journal of Applied Phycology, 25(6): 1887－1893.

Wang J, Dai J, Zhang Y. 2006. Nuclear division of the vegetative cells, conchosporangial cells and conchospores of *Porphyra yezoensis* (Bangiales, Rhodophyta)[J]. Phycological Research, 54(3): 201－207.

Wang L, Mao Y, Kong F, *et al.* 2013. Complete sequence and analysis of plastid genomes of two economically important red algae: Pyropia haitanensis and *Pyropia yezoensis*[J]. PLoS One, 8(5): e65902.

Wang M, Hu J, Zhuang Y, *et al.* 2007. In Silico screening for microsatellite markers from expressed sequence tags of *Porphyra yezoensis* (Bangiales, Rhodophyta)[J]. Journal of Ocean University of China, 6(2): 161－166.

Watanabe F, Takenaka S, Katsura H, *et al.* 2000. Characterization of a vitamin B12 compound in the edible purple laver, *Porphyra yezoensis*[J]. Biosci BiotechnolBiochem, 64(12): 2712－2715.

Xing H Y, Yusho A. 1997. Induction of pigmentation mutants by treatment of monospore germlings with NNG in *Porphyra yezoensis* Ueda (Bangiales, Rhodophyta)[J]. Algae, 12(1): 39.

Xu P, Shen SD, Fei XG, et al. 2002a. Induction effect and genetic analysis of NG to conchospores of Porphyra[J]. Marine Science Bulletin,4(2): 68－75.

Xu P, Shen SD, Fei XG, et al. 2002b. Induction effect and genetic analysis of NG to thallus of Porphyra[J]. Marine Science Bulletin,4(2): 76－82. Yabu H. 1969. Mitosis in *Porphyra tenera* Kjellm[J]. B Fac Fisheries Hokkaido Univ,20(1): 1－7.

Yarish C, Chopin T, Wilkes R, *et al.* 1999. Domestication of nori for northeast America: The Asian experience[J]. Bull AquaculAssoc, 99(1): 11－17.

Yoshida T, Notoya M, Kikuchi N, et al. 1997. Catalogue of species of Porphyra in the world, with special reference to the type locality and bibliography[J]. Nat Hist Res, 3: 5－18.

Yoshizawa Y, Ametani A, Tsunehiro J, *et al.* 1995. Macrophage stimulation activity of the polysaccharide fraction from a marine alga (*Porphyra yezoensis*): structure-function relationships and improved solubility [J]. Bioscience, Biotechnology, and Biochemistry, 59(10): 1933－1937.

Zhang B Y, He L W, Jia Z J, *et al.* 2012. Characterization of the alternative oxidase gene in *Porphyra yezoensis* (rhodophyta) and cyanide-resistant respiration analysis[J]. Journal of Phycology, 48(3): 657－663.

Zhang B Y, Yang F, Wang G C, *et al*. 2010. Cloning and quantitative analysis of the carbonic anhydrase gene from *Porphyra yezoensis*[J]. Journal of Phycology, 46(2): 290-296.

Zhang T, Li J, Ma F, *et al*. 2014. Study of photosynthetic characteristics of the *Pyropia yezoensis* thallus during the cultivation process[J]. Journal of Applied Phycology, 26(2): 859-865.

Zhang T, Shen Z, Xu P, *et al*. 2012. Analysis of photosynthetic pigments and chlorophyll fluorescence characteristics of different strains of *Porphyra yezoensis*[J]. Journal of Applied Phycology, 24(4): 881-886.

第六章　坛紫菜栽培

第一节　概　　述

一、产业发展概况

坛紫菜(*Porphyra haitanensis*)原产于我国南方沿海潮间带的岩礁上,是我国特有的暖温带性种类。由于具有最适温度高、生长速度快和产量高等特点,目前在福建、浙江和广东北部等南方沿海被广泛栽培。近年来,坛紫菜在江苏海区的栽培面积也逐年扩大,2016 年栽培面积已达$(6\sim8)\times10^3$ hm^2(90 000~120 000 亩)。根据《中国渔业统计年鉴》(2017)资料显示,至 2016 年年底,我国坛紫菜栽培面积已超过3.0×10^4 hm^2(450 000 亩),年产坛紫菜干品约1.05×10^5 t,占全国紫菜总产量的 75%以上。半个多世纪以来,坛紫菜栽培产业逐渐发展壮大,已形成苗种培育、海区栽培、加工、贸易和休闲旅游等配套齐全的完整产业链,仅福建省 2016 年整个坛紫菜产业链的总产值就接近 100 亿元,从事坛紫菜生产的人员超过 10 万人。

二、经济价值

坛紫菜味道鲜美,营养丰富、全面。在中国饮食文化中,自古便是制汤上品和佐餐佳品。早在 1 000 多年前,《齐民要术》就在其第十卷中引用《吴郡缘海记》的记载"吴都海边诸山,悉生紫菜",并且提到了油煎紫菜和紫菜汤的烹饪方法。隋唐时期,孟诜在《食疗本草》一书中指出:紫菜"生南海中,正青色,附石,取而干之则紫色。"而早在宋朝太平兴国三年,坛紫菜就被列为贡品上贡朝廷。据测定,坛紫菜干品中的蛋白质含量可达 30%以上,远高于一般蔬菜;并且富含人体所必需的全部氨基酸,且比例均衡合适,接近联合国粮食及农业组织(FAO)提出的理想蛋白质氨基酸的含量比例;富含维生素,为其他食品所不及,因而紫菜又被称为"维生素的宝库";每百克干紫菜含碳水化合物 45 g 以上,同时还富含磷、胡萝卜素等物质,其中核黄素的含量达到了每百克 1~2 mg,居各种蔬菜之首;此外,坛紫菜还富含 K、Na、Mg、Fe、P、Zn 等无机离子和膳食纤维。目前,坛紫菜已被加工成各种汤料食品和即食休闲食品,在国内广泛销售,并已开拓国际市场,产品出口东南亚等国。

坛紫菜还具有广泛的医用和保健价值,我国利用其作为药物的历史源远流长。公元 533~544 年,北魏的贾思勰在《齐民要术》中就已记载了紫菜,明朝的李时珍在《本草纲目》提到紫菜可以"主治热气,瘿结积块之症";有报道显示,常食紫菜可以降低血清中的胆固醇含量、软化血管和降低血压;中医上有利用紫菜来治疗甲状腺肿大、颈淋巴结核、慢性支气管炎、咳嗽、水肿、脚气、烦躁失眠、小便淋痛、泻痢等病症;坛紫菜中的琼胶对脑膜炎病毒、流感病毒及流行性腮腺炎病毒都有程度不同的抑制作用。

坛紫菜栽培还在促进海洋碳循环,增加碳汇,降低海区富营养化风险,防止赤潮暴发等方面发挥着重要的生态作用。坛紫菜可以通过光合作用利用海水中的 HCO_3^- 和 CO_2,将其转化为有机碳并释放出氧气，从而一方面可以直接吸收海水中的CO_2，有利于大气中的CO_2向海水中扩散，减少大气中的CO_2；另一方面伴随着坛紫菜的收获，大量的碳直接从海水中移出，这势必会增加栽培海区及邻近海区海洋碳汇的强度。坛紫菜在生长过程中还能大量吸收水体中的氮和磷，降低海区的富营养化程度，防止赤潮的发生。

此外，利用坛紫菜作为工业原料提取的琼胶，在医药、食品、化工上有着广泛的用途。琼胶，又称琼脂、冻粉、燕菜，是一种极有经济价值的多糖。用作工业原料的紫菜主要是末水坛紫菜，其藻体生长期长、质地硬、口感差，不适合食用，琼胶得率一般在12%~17%，色白，胶凝性好。从紫菜中提取出来的琼胶既可作为工业原料，也可用于生物技术研究，作为微生物和细胞的培养基和固定基质，或者作为亲和吸附剂，用于分离核酸，纯化蛋白质、酶等，还可用来做免疫亲和色谱，进行血液灌注。此外，还可以从坛紫菜中制备防晒化妆品，其护肤防晒、抗紫外线效果超过同类产品。

三、栽培简史

我国劳动人民利用和栽培坛紫菜已有相当久的历史，积累了丰富的生产经验，最原始的办法是采用简单工具清除或火把烧除的方法，清除岩礁上的杂藻和野贝来增殖坛紫菜，但这种方法只能清除大的杂藻和野贝，小的藻类仍可生长，并且会影响壳孢子附着，坛紫菜的产量很低。在300~400年前，在福建平潭发展出了用石灰水处理岩礁的杂藻、野贝来增殖坛紫菜的方法，就是用石灰水把岩礁上生长的藻类、贝类杀死，给坛紫菜壳孢子的附着提供良好的生长基。这一方法后来传至福建莆田、东山和广东汕头等地，直至20世纪60年代，坛紫菜养殖一直沿用这种传统方法。当时人们虽然还不清楚坛紫菜的生活史，但是，劳动人民在长期生产实践中积累了丰富的经验，在一定的季节人工处理岩礁而获得自然孢子的附着，这虽然有一定的科学性，但在很大程度上仍然是靠天吃饭。紫菜种子（孢子）的来源没解决，影响了坛紫菜生产的发展。

新中国成立后，坛紫菜生活史的阐明开启了坛紫菜人工育苗和栽培的大门，并逐步形成了规模巨大的坛紫菜人工栽培产业。1950~1958年，浙江、福建和广东等省开展了以自然附苗为主的实验，创造了浮动筏式竹帘栽培坛紫菜的方法。1964年，由国家科委水产组和水产部领导的黄海水产研究所、中国科学院海洋研究所等12个单位科研人员参加的“紫菜歼灭战小组”成立；1964~1969年，在福建沿海开展了坛紫菜人工育苗与栽培的攻关实验研究，主要进行了野生紫菜的生态调查和丝状体生长发育同环境的关系、壳孢子成熟、放散、附着等实验生态学的系统研究；解决了坛紫菜丝状体大面积培养、叶状体半人工与全人工采苗栽培的整套技术措施，将坛紫菜的苗种生产提高到了全人工控制的水平。在生产上推广后，形成大批育苗室网点，同时将菜坛式附礁生产推进到网帘式半浮动式生产，扩大了可养水域，取得了坛紫菜半人工与全人工育苗、栽培的成功。紫菜全人工育苗的成功，使得坛紫菜大规模栽培在福建、浙江和广东沿海迅速推广。21世纪以来，紫菜栽培业继续快速发展，紫菜人工丝状体培育和采苗、体细胞育苗、固定桩悬浮式栽培、半浮动筏式栽培、冷藏网等技术的出现和发展，确立了我国坛紫菜高产、优质、高效的产业基础。

特别值得一提的是，坛紫菜栽培种质的不断更新保证了21世纪以来坛紫菜产业的持续稳定发展。20世纪80年代以前，栽培坛紫菜所需要的种菜一般来源于海边潮间带岩礁上生长的野生紫菜，80~90年代，随着坛紫菜栽培面积的迅速扩大，野生种菜供不应求，只能用人工栽培网帘上的坛紫菜作为种菜，而且有的养殖户连续多年自养自留，每年随意从海区取一些坛紫菜就作为种菜，没有经过严格的挑选和种质改良，造成坛紫菜种质持续退化，表现在藻体变厚，蛋白质含量低,味道差,产量下降,而且对病害和不良生态条件的抵抗力显著下降,生产上几乎每年都发生一定规模的烂菜和掉苗灾害,严重时造成上万亩的养殖网掉苗,经济损失十分惨重。2000 年以后,国家开始重视坛紫菜的育种研究,经费投入不断增加,先后启动了多项坛紫菜育种相关的重大研究计划,国内的藻类研究者纷纷开展坛紫菜的育种研究,使得坛紫菜的优良栽培品种不断出现,目前已经有 4 个坛紫菜新品种通过了全国水产原种和良种审定委员会的审定。此外还有多个坛紫菜新品系正在进行大规模的生产性中试。这些坛紫菜新品种(系)的大规模推广应用或中试,在很大程度上推动了我国坛紫菜产业的良种化进程,使得产量不断提高,质量不断提升。

第二节　生 物 学

一、分类地位

紫菜的分类最早源于 18 世纪,1753 年瑞典科学家林奈(Linne)把具有紫菜等薄叶状体的藻体统归于石莼属(*Ulva*)种类,直至 1824 年 Agardh 正式将其定为紫菜属(*Pophyra* C. Ag.),属于红藻门(Rhodophyta)原红藻纲(Protoflorideae)红毛菜目(Bangiales)红毛菜科(Bangiaceae),并沿用至今。而最近,结合形态学上的特征和分子生物学证据,国际上进一步将原来的紫菜属(*Porphyra*)重新划分为 8 个属。本书根据《中国海藻志》(郑宝福和李钧,2009)定名,仍把坛紫菜归属为紫菜属(*Porphyra*)。

根据紫菜叶状体细胞是 1 层还是 2 层,以及营养细胞的色素体是 1 个还是 2 个,紫菜又可以分为 3 个亚属。真紫菜亚属(*Euporphyra*),藻体由 1 层细胞组成,每个细胞具有 1 个色素体;双色素体紫菜亚属(*Diplastidia*),藻体由 1 层细胞组成,极少数个体局部双层细胞,每个细胞有 2 个色素体;双皮层紫菜亚属(*Diploderma*),藻体由双层细胞组成(图 6-1)。我国的紫菜都属于真紫菜亚属。我国的藻类学家曾呈奎和张德瑞又根据紫菜叶状体的边缘形态和细胞结构将真紫菜亚属分为全缘紫菜组(section Edentata),边缘细胞排列整齐;边缘紫菜组(section Marginata),边缘由数排退化细胞组成;刺缘紫菜组(section Dentata),边缘呈锯齿状,锯齿由 1 个或数个细胞组成,如坛紫菜(图 6-2)。

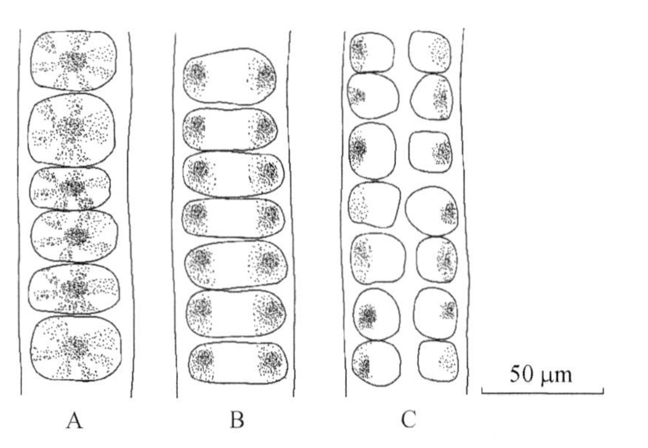

图 6-1　紫菜三亚属细胞横切面(仿曾呈奎和王素娟,1985)

A. 真紫菜亚属;B. 双色素体紫菜亚属;C. 双皮层紫菜亚属

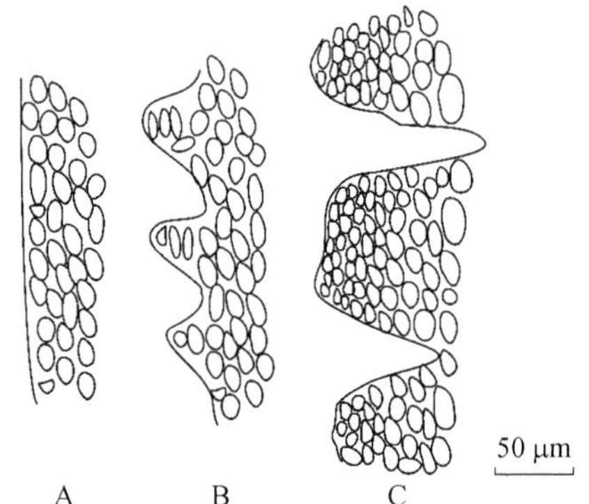

图 6-2　紫菜属的三种边缘细胞(仿曾呈奎和王素娟,1985)

A. 全缘紫菜组;B. 刺缘紫菜组;C. 边缘紫菜组

坛紫菜(*Porphyra haitanensis* Chang et Zheng)在系统分类学上属于:

红藻门(Rhodophyta)

红藻纲(Rhodophyceae)

红毛菜亚纲(Bangiophycidae)

红毛菜目(Bangiales)

红毛菜科(Bangiaceae)

紫菜属(*Porphyra*)

真紫菜亚属(*Euporphyra*)

刺缘紫菜组(Section Dentata)

二、种类与分布

紫菜种类分布全球,从南半球到北半球,从热带到寒带均有紫菜分布,据不完全统计,世界上分布的紫菜,被确认肯定存在的超过 110 种,我国有记载的紫菜物种或变种近 30 个。

我国紫菜分布北起辽宁,南至海南岛,其中主要栽培种类是北方的条斑紫菜和南方的坛紫菜。条斑紫菜起源于北太平洋西部,主要分布于我国渤海、黄海、东海北部沿岸和日本列岛、朝鲜列岛沿岸,是我国山东、辽宁、江苏和日本、韩国的主要紫菜栽培种类。坛紫菜原产于福建沿海,是我国特有的暖温带性种类,长期被误作为长紫菜(*Porphyra dentata*)采用半人工的方法进行增殖,直至 1960 年,张德瑞等才将其与长紫菜区分开来,确定为一个新种,并正式定名为坛紫菜,目前已成为福建、浙江南部和广东北部沿海的主要紫菜栽培种类。

三、形态结构

坛紫菜的生活史包括宏观的叶状体世代(配子体)和微观的丝状体世代(孢子体)。叶状体(thallus)就是常见的紫菜,是由丝状体放散出来的壳孢子萌发、生长发育而成的膜状物。丝状体(conchocelis)是由雌性叶状体受精后放散果孢子萌发,生长发育形成的树枝状藻丝。自然界中多数丝状体钻入贝壳中生长,所以又称壳斑藻(*Conchocelis rosea* Batters)。丝状体耐高温,能自然度过夏秋高温期,秋末成熟时放出壳孢子,萌发成长为叶状体,叶状体在秋末、冬、春初低温下生长。

1. 叶状体的形态构造

坛紫菜叶状体为薄膜状,单层细胞结构,大体上可分为叶片、柄和固着器三部分(图 6-3)。

(1) 叶片

坛紫菜叶片(通常又称为“藻体”)的形态一般呈披针形、亚披针形或长卵形,边缘细胞具锯齿,基部较宽,为心脏形,少数为圆形或脐形(图 6-4)。但叶片形状并不是固定不变的,易受环境条件的影响而发生变异。生长在自然海礁上的野生坛紫菜长度一般为 12~18 cm,少数成体叶片能长到 30 cm 以上,而人工栽培的坛紫菜长度可达 1~2 m,个别可达 4 m 以上,宽度一般 3~5 cm,有的达 8 cm 以上。

一般幼小的坛紫菜藻体颜色呈浅粉红色,以后逐渐转化为深紫色,衰老后则逐渐转为紫黄色。紫菜的色泽主要由藻体中含有的藻红蛋白(R-phycoerythrin, RPE)、藻蓝蛋白(R-

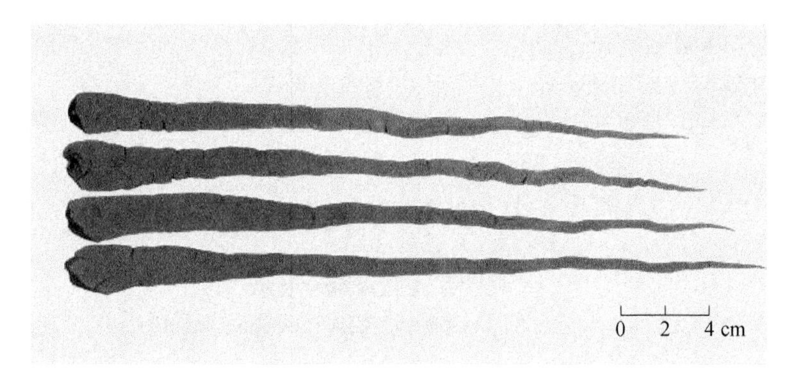

图 6－3 坛紫菜叶状体

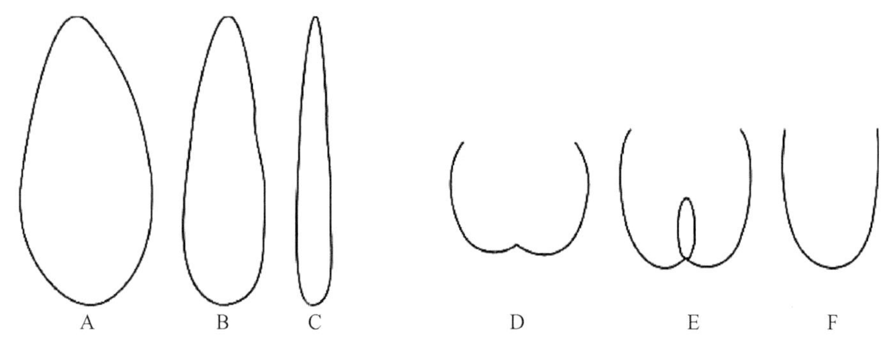

图 6－4 坛紫菜藻体形状及基部模式图(仿曾呈奎和王素娟,1985)

A. 长卵形;B. 亚披针形;C. 披针形;D. 心脏形;E. 脐形;F. 圆形

phycocyanin,RPC)和叶绿素 a(chlorophyll a,Chla)的含量及组成比例所决定。除了遗传因素外,藻体颜色也会随着环境的变化而发生改变,肥水区生长的坛紫菜颜色鲜艳、具有光泽;贫瘠海区生长的坛紫菜,则色浅而带黄绿色,缺少光泽。

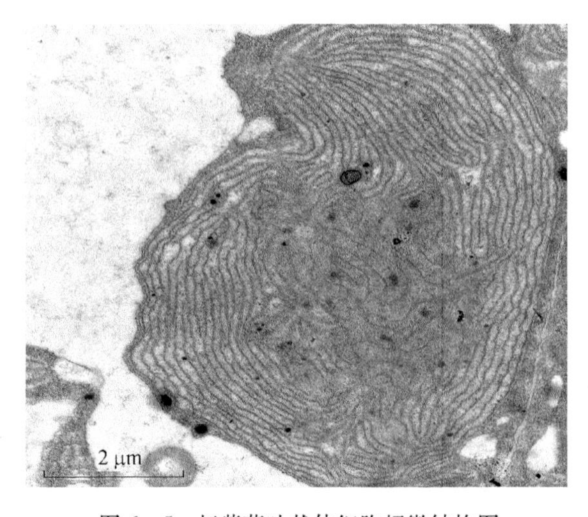

图 6－5 坛紫菜叶状体细胞超微结构图

坛紫菜藻体由单层细胞构成,外被胶质层,一般厚 40～110 μm,部分人工选育的新品系厚度可达 30 μm 左右,但同一株藻体的不用部位,厚度也有差异。一般来说藻体基部最厚,随着藻体延伸逐渐变薄,尖端最薄;叶片中央比边缘略厚。

坛紫菜叶片细胞经电镜观察,细胞中均具有一个星状色素体,色素体占据细胞中央大部分空间,包有双层膜,类囊体平行排列,中央为蛋白核,有多条类囊体伸入其中,液泡小,置于原生质体外围,有少量线粒体、红藻淀粉和脂质体。核位于色素体和细胞膜之间,呈梭形、圆形,中央有大的核仁(图 6－5)。

（2）柄

柄是叶片基部与固着器之间的部分，由根丝细胞集聚而成。坛紫菜的柄通常退化而不明显。

（3）固着器

坛紫菜的固着器是由基部细胞延伸出的根丝集合而成（图 6－6），借以固着在生长基上。根丝细胞无色呈透明状，无横隔膜，分枝或不分枝，末端膨大。

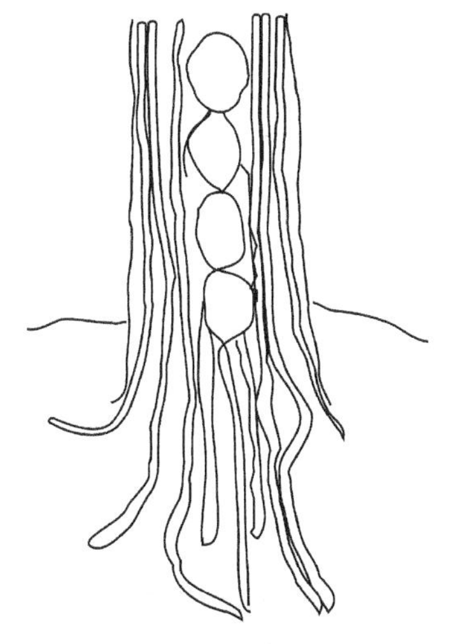

图 6－6　坛紫菜固着器根丝图（仿曾呈奎和王素娟，1985）

2. 丝状体的形态构造

紫菜雌性藻体成熟后边缘营养细胞发育成为生殖细胞，即果胞，果胞受精后细胞多次分裂形成果孢子（carpospore），果孢子放散后萌发而成的一种纤细藻丝就是丝状体。丝状体很小，直径只有 2～16 μm，只有形成藻丝交错的藻落时肉眼才能观察到。自然界中，果孢子放散后，随着海水漂流，当遇到贝壳等石灰质基质时就附着，并钻入其内部蔓延生长，形成丝状体藻丝（图 6－7）。在室内人工培养条件下，丝状体也可以附着在玻璃等人工基质表面，或是游离在海水培养基中，成为自由丝状体（free-living conchocelis）。丝状体在形态、构造、繁殖及生态方面都与叶状体有着很大的区别；在不同的生长发育时期，丝状体形态和生理生化也有明显的差别，对外界条件的要求也有所不同。根据不同阶段的形态特点，通常将丝状体阶段分为 5 个时期（表 6－1），即果孢子萌发、丝状藻丝期、孢子囊枝形成期、壳孢子囊枝形成期和壳孢子放散。

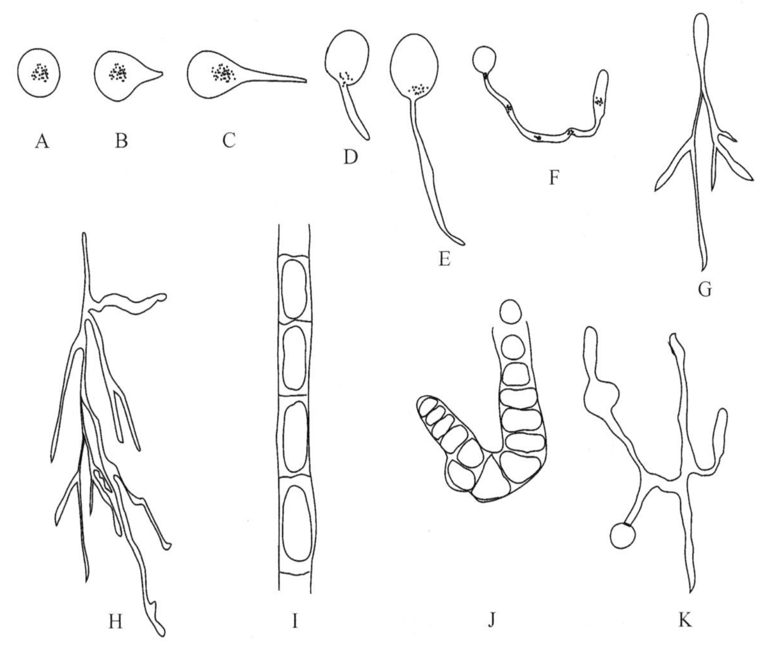

图 6－7　坛紫菜丝状体的形态

A. 果孢子；B～F. 果孢子萌发；G～H. 丝状藻丝；I. 壳孢子囊枝细胞；J. 壳孢子形成和放散；K. 不定形细胞

表 6-1　坛紫菜丝状体不同发育阶段形态结构比较

发育阶段	形　状	细胞长、宽/μm	长宽比	色素体形状	颜　色
果孢子萌发	圆球形	10~13	/	星状	深红
丝状藻丝期	细圆柱形	10~50、2~6	(5~10)∶1	侧生带状	鲜红色
孢子囊枝形成期	长圆柱形	20~30、10~16	(2~3)∶1	星状	深红色
壳孢子囊枝形成期	扁椭圆形	11~15	/	弥散状	土黄色
壳孢子放散	圆球形	10~13	/	星状	/

(1) 果孢子萌发

紫菜雌性叶状体成熟受精后形成果孢子囊，果孢子囊成熟后，果孢子便从囊中排出，散落到大海中去。刚放散的果孢子为球形，直径 10~13 μm，颜色深红，具有星状或弥散状色素体，无细胞壁，具有溶解碳酸钙的特殊能力(图 6-8)。果孢子没有纤毛，无游动能力，但是可以做轻微的变形运动，由于比重比海水重，在静置的海水中会自然下沉，遇到软体动物的贝壳便可以附着在壳面上，伸出萌发管，细胞内的原生质体逐渐融入管内，细胞膜残留在壳外，果孢子进入贝壳后向四周蔓延生长，形成丝状藻丝，这就是果孢子的萌发。果孢子还可以附着在玻璃或塑料的表面生长形成丝状体，也可以悬浮在海水中培养，只要环境条件适宜，这些生长的丝状体均能正常生长发育，这类丝状体称为“自由丝状体”。

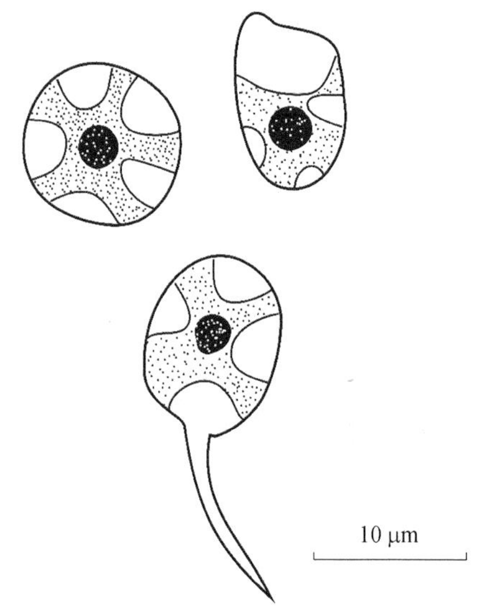

图 6-8　坛紫菜果孢子(仿曾呈奎和王素娟，1985)

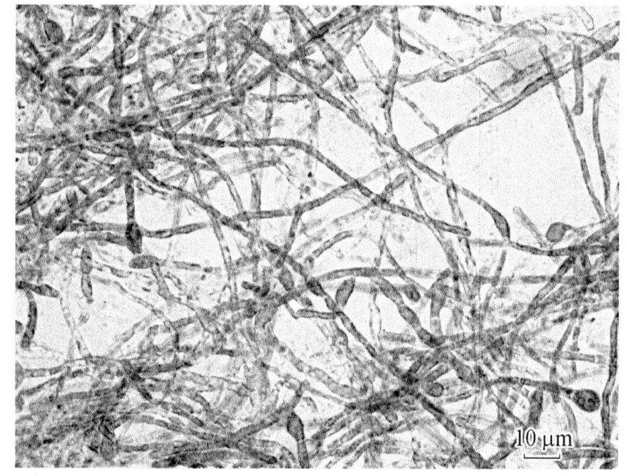

图 6-9　坛紫菜丝状藻丝

(2) 丝状藻丝期

坛紫菜的丝状藻丝(图 6-9)与其他紫菜的丝状藻丝从形态上看基本一致，外表上看不出有明显的差别。一般都作不规则的弯曲与分枝，细胞的粗细长短很不一致，粗的直径可达 5~6 μm，细的只有 2 μm 左右，长的可达 50 μm，短的只有 10 μm 左右。在光学显微镜下观察，丝状藻丝的色素体呈侧生带状，有 1 个中生液泡，1 个细胞核，丝状体细胞和细胞之间有孔状联系。随着生长时期的不同，丝状藻丝的部分分枝，其细胞会逐渐增大，变成纺锤形或不定形。这两种细胞尽管在形状和宽度上相差很多，但其横壁一般都比较狭窄，有时要比细胞中部的直径小75%以上。有时还能在细胞与细胞之间的横壁上见到孔状联系，色素体多呈带状或不规则的块状，有时几乎充满了整个细胞的内腔，好像色素体弥散在整个细胞里。

1个果孢子可以通过萌发生长而形成1个藻落，藻落的形态与颜色因种类不同而异，有时因环境条件不同也会有所差异。有的藻落成疏松一团，有的成小簇状，有的分枝少，有的分枝繁密，藻落的颜色因种类不同而呈深红色、浅红色、深蓝色或黑紫色。颜色的变化常与光线、营养盐有关。紫菜的丝状藻丝阶段可以通过营养繁殖不断增加生物量，可以通过组织粉碎机将坛紫菜自由丝状体粉碎直接进行增殖，这对种质保存、扩繁和自由丝状体育苗具有重要意义。

（3）孢子囊枝形成期

孢子囊枝又称膨大藻丝（图6－10），随着丝状藻丝的生长，部分细胞直径逐渐变大，由原来的2～6 μm增大到10～16 μm，长度可达20 μm以上，在光学显微镜下观察细胞呈长圆柱形，色素体由原来的浅色带状转化为深红色星状，这种色素体的变化可作为孢子囊枝形成的标志。孢子囊枝的细胞壁厚而且有隆起，细胞之间也具有孔状联系。未成熟的孢子囊枝长度可为宽度的2～3倍，在适宜的条件下，孢子囊枝不断增殖，细胞逐渐变宽、变短、变小，细胞的长度逐渐接近等于宽度，这时丝状藻丝就开始向孢子囊枝转化，接近成熟。

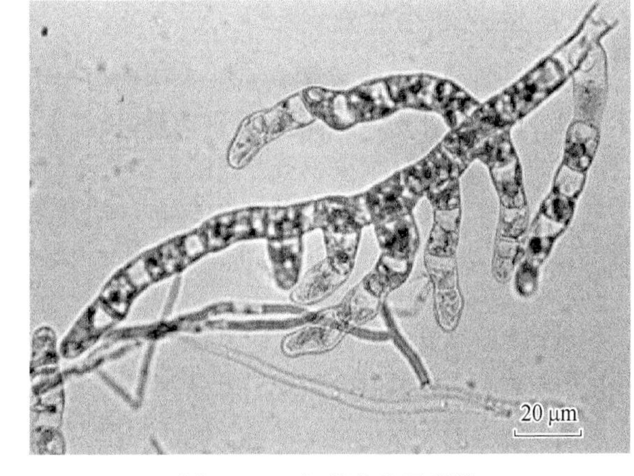

图6－10　坛紫菜孢子囊枝

自然条件下，坛紫菜孢子囊枝形成通常在夏末初秋期间，一般先在丝状藻丝的侧枝形成膨大细胞分枝，即膨大藻丝。早期的孢子囊枝只有几个或十几个细胞作单行排列，比较成熟的孢子囊枝可有十几个至数十个，甚至百个以上的细胞作不规则的分枝。膨大细胞各具单一星状色素体，色素体中央有一蛋白核，在形态上同叶状体阶段的细胞色素体并没有什么不同之处。孢子囊枝细胞形成温度为23～30℃，最适温度为25～28℃，小于21℃不形成，高于31℃时，部分藻丝开始死亡。

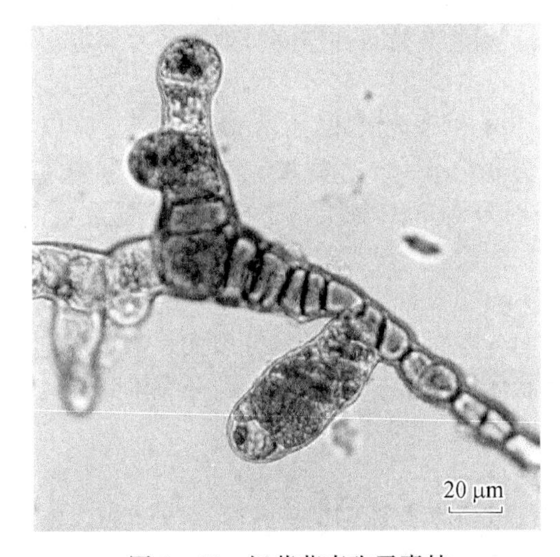

图6－11　坛紫菜壳孢子囊枝

（4）壳孢子囊枝形成期

当孢子囊枝发育到一定阶段，细胞变粗、变短，细胞的长宽比由原来的长大于宽转为长宽相等，条件适宜时，大部分粗、短的孢子囊枝细胞开始分裂，形成2个或4个壳孢子（绝大多数为双分细胞，每一个称为壳孢子），故这一时期又常称为双分孢子期、壳孢子囊枝期（图6－11）。形成的双分细胞内星状色素体颜色更加鲜艳，逐渐集中于细胞中央，呈不规则状。这一时期的壳孢子囊枝会伸出贝壳外，呈一层薄薄的"绒毛状"，伸出壳面的壳孢子囊枝细胞形状细长，有较淡的星状色素体，基部细胞双分为二。绒毛形成是坛紫菜壳孢子囊枝成熟的标志，意味着可以开始进行壳孢子的放散。

自然界中，坛紫菜壳孢子形成期一般发生在秋季水温下降时期，形成的温度范围为20～30℃，适宜温度为25～28℃，而以27～28℃时形成量最多。坛紫菜壳孢子囊枝要求在12 h以下的短光照中形成，10～20 μmol/(m^2·s)的弱光照有利于其形成。

(5) 壳孢子放散

双分孢子形成后，膨大藻丝的细胞横壁融化消失，壳孢子枝顶端的细胞壁融化形成不定形的放散孔。当条件适宜时，壳孢子由接近贝壳面的囊管破口逸出，随海水漂流，一旦触到适合附着的基质，便立即附着，并作短时间的变形运动后固着。固着后，略呈倒梨形，两极分化而萌发，经不断分裂长成叶状体。

壳孢子刚放散时为变形体，无细胞壁，不久变为球形，具星状色素体，一般大小为10～13 μm。

四、生殖与生活史

生殖是生命过程的基本特征之一，生物通过生殖完成生活史过程和遗传物质的传递。由于紫菜在藻类进化中地位特殊，且种类繁多，其生殖对策和生活史过程也表现出多样性，以适应不同的生活环境。紫菜生殖方式的多样性不仅仅表现在不同的物种采用不同的生殖方式，而且表现在同一物种可以采用多种生殖方式繁衍后代。总的来说坛紫菜属于典型的世代交替藻类，其生活史包括单倍体的叶状体阶段(配子体)和二倍体的丝状体阶段(孢子体)。

1. 叶状体的性别

纯合的坛紫菜叶状体性别均为雌雄异体，而野生群体中有部分藻体为雌雄同体，是由不同性别的坛紫菜藻体段嵌合而成。坛紫菜的生殖细胞由藻体边缘两侧形成，逐渐向中间发展。生殖细胞生成的顺序是精子囊器先形成、放散，使后形成的果胞受精分裂形成果孢子。形成的精子囊器呈乳白色或乳黄色，果孢子囊呈红褐色或深紫红，肉眼即可分辨雌雄。

2. 生殖细胞的形成

紫菜雄性和雌性生殖细胞分别为精子囊器和果胞，均是由叶状体营养细胞在一定条件下转化成精子囊母细胞和果胞后经过多次有规律的分裂所形成。精子囊器和果孢子囊器(受精后的果胞)分裂方式与次数因紫菜的种类不同而不同。因此其数目和空间排列在各种间也有所差异，可以作为紫菜分类的重要依据之一。

精子囊器和果孢子囊器的空间排列(图6－12)和数量可以用分裂式表示，即以♀/♂$_r$A$_x$B$_y$C$_z$形式表示，将紫菜的精子囊器和果孢子囊器看作一个立体，A和B是以藻体表面为平面的水平轴，C轴是垂直藻体向内的轴，x、y、z分别为A、B、C轴上精子或果孢子的数量，计数时将x、y、z相乘就是精子囊和果孢子囊的总数r。坛紫菜精子囊的分裂式为♂$_{128}A_4B_4C_8$或♂$_{256}A_4B_4C_{16}$，果孢子囊的分裂式大部分为♀$_{16}A_2B_2C_4$，少数为♀$_{32}A_2B_4C_4$。精子囊母细胞和受精的果胞先是在水平方向分裂，而后再向各方向分裂，紫菜的分裂式是指叶状体完全成熟放散前的最大分裂式，但实际上有的紫菜叶状体往往由于环境等因素，分裂不到最大分裂式就放散出果孢子。

3. 有性生殖

坛紫菜有性生殖的过程包括：首先叶状体营养细胞分化为果胞和精子囊器，精子囊器成熟释放精子与果胞受精，果胞经多次分裂形成并释放果孢子。果孢子发育成丝状体，进入生活史

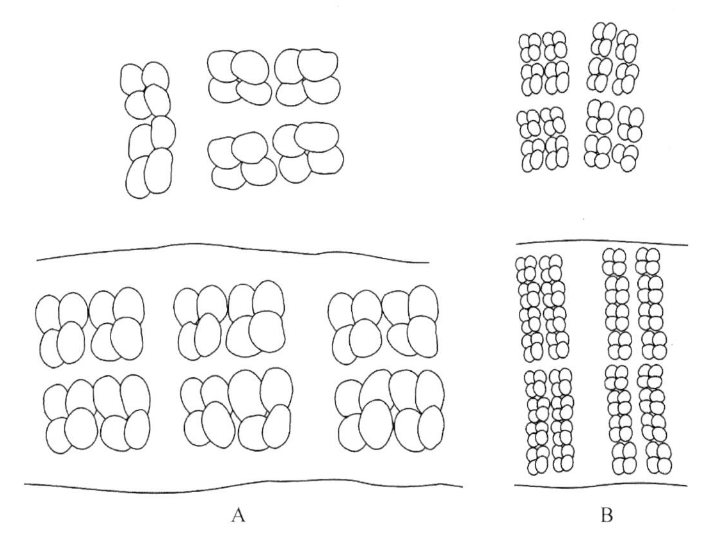

图 6－12　坛紫菜果孢子囊和精子囊器的空间排列

A. 果孢子囊；B. 精子囊（上图为藻体表面观，下图为藻体横切面观）

中的丝状体阶段。

到了繁殖期，叶状体的营养细胞转化为生殖细胞。雌性的生殖细胞为果胞，成熟的果胞在垂直于叶片一端或两端长出突起，称为原始受精丝，它不是独立细胞，属于果胞的一部分，是果胞产生的临时性突起，起帮助受精的作用，受精后逐渐萎缩。雄性的生殖细胞为精子囊母细胞，经过多次分裂形成精子囊器。精子囊器成熟后放散出球形精子，由于精子无鞭毛，不能运动，只能随海水漂流到雌性藻体的果胞上，在受精丝的帮助下进行受精。受精后的果胞经过多次分裂形成果孢子囊，呈红褐色或深紫红，果孢子囊成熟后释放出果孢子，果孢子随着水流运动，遇到贝壳等石灰质基质，立即溶解其表面并钻入生长发育成丝状体，以度过夏天。

4. 营养繁殖

坛紫菜叶状体细胞不能放散单孢子，没有无性生殖过程，但坛紫菜叶状体细胞具有全能性，单个体细胞具有全部的遗传信息并可以发育成完整的叶片，利用海螺酶等单一酶类或混合酶酶解坛紫菜叶状体，得到的单细胞可发育成完整的叶状体植株和丝状体。现在在坛紫菜育种上，经常采用该方法进行品系的纯化。坛紫菜体细胞再生培养的工艺流程为：叶状体→表面洗净和消毒→除去盐分→切碎藻体→加入细胞壁降解酶→酶液中保温→细胞过滤和洗涤→获得细胞和原生质体悬浮液→再生培养→植株。

5. 单性生殖

将坛紫菜雌性叶状体小碎片在室内培养皿进行长时间静置单独培养，可以观察到雌性叶状体的梢部或边缘细胞颜色会逐渐变浅，色素体开始缩小并由星状色素体逐渐变成圆盘状，颜色由褐红色变成浅黄褐红色，不久大量的细胞从梢部边缘游离出来，这些游离出来的细胞萌发后会长成丝状体。有时，叶片梢部的细胞逐渐褪至浅黄褐红色后，部分细胞的色素体又重新变成较深的褐红色，细胞不释放出来，而在体内直接发育成丝状体，等丝状体长到一定大小就伸出叶片表面。

坛紫菜雄性叶状体在梢部形成大量精子囊，随着精子囊的成熟，颜色也逐渐变淡。但是，在精子囊之间有极少量的细胞不发育为精子囊，其颜色反而加深变红，这类细胞有时也可再分裂 1 或 2 次，但不形成果孢子囊那样的构造。它们在四周精子囊成熟放散精子后，颜色变得更红，逐渐长出萌发管，发育成丝状体。

与有性生殖产生的丝状体相比，单性生殖产生的丝状体的颜色、生长、分枝、成熟等方面均没有明显差异，它们成熟释放出大量的壳孢子也发育成形态和生长正常的叶状体。此外，单雌生殖产生的后代叶状体其性别全部为雌性；而单雄生殖产生的后代叶状体其性别均为雄性；且单性生殖产生的后代叶状体，其颜色和形态非常一致。由单雌和单雄生殖产生的后代叶状体可以进行有性杂交产生杂合丝状体，其 F_1 叶状体的生长和发育均正常、可育。

6. 生活史

对于紫菜的生活史过程，早期人们并未把叶状体和丝状体两个阶段联系在一起，直至 1949 年英国藻类学家 Drew 对脐形紫菜（*P. umbilicalis*）果孢子萌发过程进行研究时，发现钻入贝壳的果孢子发育成的藻类其实就是之前报道的壳斑藻（*Conchocelis rosea* Batters），这就把两种认为是独立的藻类联系在了一起，这是紫菜生活史研究中的一个突破性发现。之后，Kurogi（1953）及曾呈奎等（1955）均在实验室内完成了紫菜的整个生活史循环，证实了紫菜生活史存在丝状体和叶状体两个阶段。

坛紫菜的生活史（图 6－13）与条斑紫菜相似，也是由叶状体（配子体，$n=5$）和丝状体（孢子体，$2n=10$）构成的不等世代交替的生活史。与条斑紫菜不同的是，坛紫菜叶状体不放散单孢子，没有无性生殖过程。

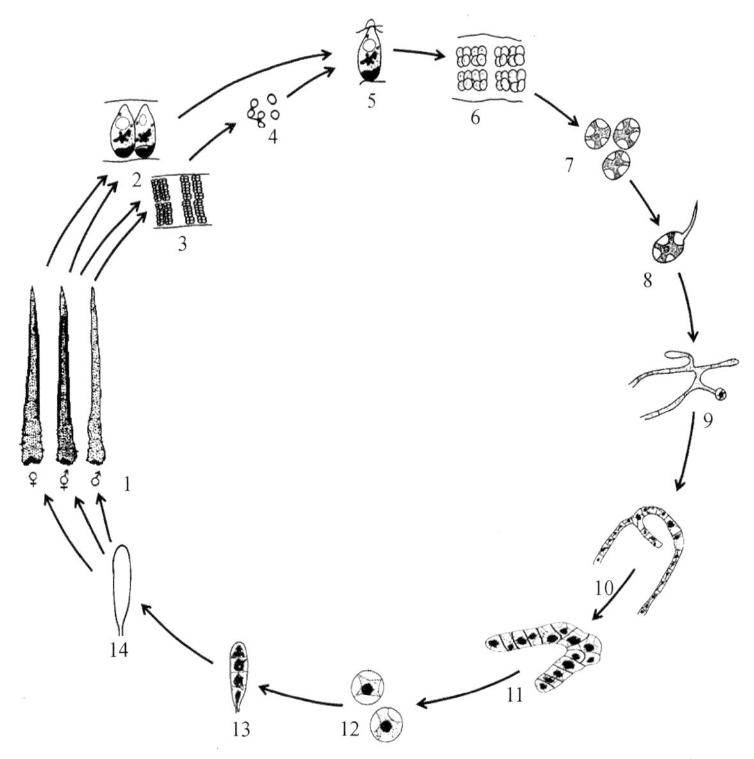

图 6－13　坛紫菜生活史

1. 坛紫菜叶状体；2. 果胞（横切面）；3. 精子囊器（横切面）；4. 精子；5. 受精卵；6. 果孢子囊；7. 果孢子；8. 开始萌发；9. 丝状藻丝；10. 孢子囊枝；11. 壳孢子囊枝形成与壳孢子放散；12. 壳孢子；13. 四细胞叶状体；14. 叶状体幼苗

自然条件下,坛紫菜的叶状体是一年生的,在每年农历的白露至秋分季节,生长在贝壳或碳酸钙基质里的丝状体发育成熟,开始放散壳孢子。壳孢子附着在潮间带的岩礁或菜坛上,萌发生长形成叶状体。叶状体繁殖的旺盛期从每年的11月开始(浙江海区由于水温较低,繁殖的旺盛期要推迟至1月左右开始),到第2年的二三月藻体逐渐衰老,并腐烂流失。雌性叶状体释放的果孢子随潮流漂浮,遇到贝壳等碳酸钙基质即钻入萌发生长,并历经丝状藻丝和孢子囊枝形成,度过炎热的夏季,至秋季壳孢子形成,并成熟放散壳孢子,壳孢子再萌发形成叶状体,由此周而复始,代代相传。而在实际栽培生产中,根据不同年份的气候特点,坛紫菜一般从白露过后开始采壳孢子苗,苗帘下海养殖,叶状体生长至一定时期,叶片边缘营养细胞转化为精子囊器或果胞,果胞受精后分裂发育成果孢子囊器,此时的叶状体即可收回作为种藻用于采果孢子育苗。采果孢子一般在每年的12月至第2年的2月进行,采集的果孢子钻入贝壳基质中进行丝状体阶段的生长和发育,并至白露节气前后发育成熟,放散出壳孢子,附着在网帘上萌发成幼苗,长大成为新一代的坛紫菜叶状体。

五、生长发育与环境

1. 叶状体生长发育

根据坛紫菜叶状体的生长发育特点,可以将紫菜叶状体分为壳孢子萌发期、孢苗期、幼苗期、成叶期和衰老期5个时期。壳孢子萌发期,从壳孢子附着到开始萌发;孢苗期,壳孢子萌发至10个细胞以下,肉眼看不见;幼苗期,肉眼可见苗至5 cm大小;成叶期,5 cm大小叶片到长出生殖细胞;衰老期,叶片停止生长,开始腐烂流失。

叶状体生长在海洋中,海洋环境和叶状体的生长发育密切相关,直接影响它的产量和质量。因此为了收获优质坛紫菜,必须了解坛紫菜各生长发育阶段的生长习性和对环境的要求。坛紫菜叶状体在海洋环境中进行光合作用、呼吸作用和氮同化作用,阳光、二氧化碳是光合作用的必要条件;呼吸作用需要氧气;氮同化作用必须有氮、磷和硫、铁、钾、钙、镁等营养盐。这些物质均来自海水中的不断提供,因此,海水运动是影响紫菜叶状体生长发育的重要因素,同时水温、风浪、气候等也作为紫菜生长环境的重要因子也影响着紫菜的生长。

(1) 温度

坛紫菜在海水中生长,水温是影响其生长发育的重要因素。一般来说,成叶期所要求的水温比孢苗期、幼苗期低些。壳孢子的萌发期、孢苗期、幼苗期的水温不适宜,将推迟幼苗生长速度,延长见苗时间、甚至发生烂苗。2000年以来,就多次发生因出苗期水温不合适引起坛紫菜大面积烂苗的事件,给坛紫菜栽培产业带来了巨额损失。当然,成叶期的温度不适宜同样会影响其生长速度,导致藻体提早衰老,并且易发生病害。

坛紫菜壳孢子萌发与孢苗的生长适温为25~28℃;幼苗期的生长适温为23~26℃;自5 cm生长到20~40 cm的10月,水温为22℃左右。若水温低于12℃,则生长缓慢,来年水温回升时,生长有所好转,但藻体接近衰老,生长速度变慢、厚度增长,品质下降。

最适温度是指在光、氧气、二氧化碳、营养盐等所必需的因素都充分满足的情况下,生理作用进行最旺盛时的温度。在最适温度条件下,处于最适温,紫菜的生理作用最旺盛,所以海水中的必要成分在微观环境中(二氧化碳、氧气、营养盐等)被急剧消耗,这些成分补充跟不上后就会引起营养失调,时间久后藻体就会腐烂;同时适温往往也是微生物、病原菌大量繁殖生长的适温,病菌会趁藻体枯萎时侵入藻体,从而导致病害的发生。因此,生产上,通常控制坛紫菜在稍低于其最适温度的情况下生长。从坛紫菜叶状体对水温的要求来看,生产上最好在适温期上限尽早采壳孢子，以便能早出苗，有利于幼苗的生长，这样可以提早采收。如果采壳孢子时间晚，水温下降，影响孢苗期和幼苗期的生长，待其长到采收标准时，生长季节已经占去大半，适于成叶生长的适温期缩短，会影响坛紫菜的产量。

水温除了影响坛紫菜叶状体的生长外，还会影响叶状体雌雄生殖细胞的形成。人工栽培的坛紫菜一般在每年的10月下旬开始出现精子囊和果孢子囊，此时水温约为23℃。若水温低于10℃，形成的果孢子量非常少。

（2）光照

坛紫菜叶状体是生长于潮间带中高潮区的一类大型红藻，从生态条件看属于好光性藻类，但它对弱光也有很强的适应能力，这时因为坛紫菜的光补偿点很低，只有6～10 μmol/(m^2·s)。光强为10～100 μmol/(m^2·s)时，光合作用速率会随光强的增加而逐渐增加，并达到最高值，当光强高于100 μmol/(m^2·s)，甚至把光强提高至400 μmol/(m^2·s)，光合作用仍能进行，只是光合速率降低。坛紫菜在潮间带生长尽管没有因为强光而受害的现象，但在幼苗期应注意防止光照过强，产生光氧化而受到伤害。

从光照时间看，幼苗每天光照15～18 h，成叶期每天光照12～15 h，这样的光时都能促进坛紫菜叶状体的生长，但在适宜温度条件下，进行长日照处理会促使叶状体成熟，使生殖细胞提早形成，相对地使生长停止。因此，在生产上以每天光照8～10 h为最佳。

（3）营养盐

碳、氮、磷、微量元素等是坛紫菜生长发育的必需元素。坛紫菜干品含碳40%，加之呼吸作用所需要的碳，每克紫菜干品生长发育所需要的碳约为500 mg。氮、磷是构成细胞的重要元素，参与了光合作用、呼吸作用、能量储存和传递、细胞分裂、细胞增大和其他一些过程。坛紫菜藻体的蛋白质含量在30%以上，8种人体必需氨基酸含量为13%～16%（干重），在营养丰富、风浪大的海区养殖的坛紫菜则可达19%～21%（干重）。因此，在紫菜的生长过程中，二氧化碳的补给非常重要，氮、磷的补充也必不可缺。自然海区的肥瘦可以用海水中氮的含量来划分（主要以NO_3^-－N和NH_4^+－N形式存在），贫瘦海区海水中的氮含量<40 mg/m^3，中等肥区40～200 mg/m^3，肥区>200 mg/m^3。在肥沃海区生长的坛紫菜，生长速度快、叶片大、色深而富有光泽，显微镜下观察细胞大且原生质浓。贫瘦海区生长的坛紫菜生长速度慢，叶片呈黄绿色而无光泽，细胞液泡大，如果长时间缺乏营养盐则叶片颜色逐渐变浅，由黄绿色变为淡白色，从而死亡。但在坛紫菜叶片颜色呈黄绿色时及时施肥，叶片很快即可转变成正常颜色。施肥要考虑用速效肥，如硫酸铵等，不要用尿素，因为尿素是靠细菌分解的慢性肥，肥效还来不及发挥作用就已被海水稀释。南方海域海水含氮量比较高，水质比较肥沃，坛紫菜栽培期间一般不用施肥，或只施少量肥。紫菜在缺氮时会发生绿变病，氮含量小于22 mg/m^3，叶片开始变绿；氮含量继续降低小于10 mg/m^3时，绿变严重，此时及时施氮肥就会明显好转，颜色恢复正常。但需注意的是如果海水不流动，则施肥的效果不大，因为不流动的水域往往是缺乏二氧化碳的，二氧化碳缺乏，光合作用就不能进行，也就不能充分形成糖类，因此紫菜体内接受氮的状态就不完备，过剩的氮甚至可能会引起中毒现象。

（4）海水流动

坛紫菜是一种好浪性的藻类，其生长的好坏与海区海水流动的状况有很大关系，因为海水流动直接影响坛紫菜的光合作用、呼吸作用和氮同化作用。在海水畅通的海区，坛紫菜光合作用的原料可以源源不断地得到补充，因此生长速度快、质量好、生长期长、产量高。而海水运动差的海区，二氧化碳、氮、磷等得不到及时补充，坛紫菜生长期短、早衰老、品质差、容易发生病害。

海水流动包括潮汐的水平流和风浪引起的垂直流。风浪不但可以扩大接触空气的水面积,增加水中的二氧化碳的溶解量,满足坛紫菜生长的需要,而且风浪促进了水的流动与交换,使氮、磷等营养盐得到及时补充,同时又带走代谢后的废物及藻体表面的沉积污泥和附着性硅藻,使藻体保持光洁。因此,判断一个紫菜养殖区有无利用价值,不能光看营养盐的含量多少,还要根据水流状况来决定。测定养殖海区海水的流速可以用海流计进行测量。

(5) 干出

坛紫菜自然分布于潮间带中高潮区的岩礁上,随着潮水的涨落,每天一般都有 1~2 次的干出,每次干出的时间又随着大小潮及潮区的不同而有差异。在高潮区生长的紫菜,干出时间可达 6 h 以上,而且只有大潮时才被海水淹没,小潮时都处于干出阶段,在强烈阳光曝晒下,体内水分大量消耗,涨潮后仍可正常生长。生产上处理网帘上的浒苔等杂藻附着时,可采用将网帘曝晒,或较长时间阴干的方法使杂藻死亡,而坛紫菜仍可正常生长。这说明坛紫菜可以忍受长时间的干出,具有很强的耐失水能力。但是刚附着的壳孢子耐失水能力较差,在太阳光直射下,1 h 就死亡,当长成 1 mm 以上大小时,就可以忍受数小时甚至几天的干出。

在坛紫菜人工栽培过程中,不同时期的紫菜在不同潮位里的生长速度是不同的,通常出苗期低潮位幼苗生长速度快,高潮位则因干出时间长、出苗晚、生长较慢,但杂藻繁殖比较少;幼苗期低潮区坛紫菜干出时间不足,杂藻繁生生长速度逐渐变慢;养殖中期中潮位紫菜生长好,原因是干出时间适当,既能杀死杂藻,又能促进坛紫菜快速生长;而到了养殖后期,则高潮位的坛紫菜生长好。因此,坛紫菜栽培时,应充分利用中潮区的有利海区,并在可能的情况下,使低潮区和高潮区的网帘定期对调,解决早期和后期出现的问题。

同时养殖潮位不同还会直接影响坛紫菜生殖细胞出现的时间和数量,一般干出时间短的低潮位或潮下带全浮动筏式栽培的坛紫菜,生殖细胞出现的时间较早,且数量较多,而高潮位养殖的坛紫菜则生殖细胞出现较晚,衰老也较迟。

适当的干出对于提高坛紫菜的产量和质量,延长坛紫菜生长周期,减少病害等也具有重要意义。干出可以淘汰幼苗,培养健壮的紫菜苗;杀死硅藻和其他杂藻,防止紫菜早生硅藻早衰老;增强藻体抗病能力,防止病害发生,有利于紫菜正常生长;增强紫菜色质,提高坛紫菜制成品的质量。因此,在坛紫菜栽培过程中,使其始终处于合适的潮位并得到适宜的干出时间是提高坛紫菜栽培产量和质量的主要措施之一。

(6) 海水盐度

坛紫菜对海水盐度的变化有很强的适应能力,具有耐低盐的特性。将坛紫菜叶片置于盐度为 9 的海水中培养 7 d,仍可继续生长,而在淡水中可正常生存 1 d,如果时间延长则变成红色,但如果再放回海水中,又可恢复正常,因此低盐度的雨季并不会发生坛紫菜大量死亡的现象。实践表明,良好的坛紫菜养殖区往往位于河口区,这是因为坛紫菜具有较强的耐低盐能力,河口区水流速度较快,且有陆地径流带来的丰富营养盐,可以充分满足坛紫菜对营养盐的需求。

海水盐度还会影响坛紫菜叶状体果孢子的放散。海水盐度为 13~38 时,果孢子均能正常放散,最适宜海水盐度为 26~34,盐度低于 13 或高于 38 时,果孢子的放散量明显减少。

2. *丝状体生长发育*

(1) 温度

丝状体各生长发育阶段对温度的要求不同(表 6-2)。果孢子萌发对温度的要求较广,一般来说在一定水温范围内,随着水温上升,果孢子放散量大,附着能力强,萌发较快。坛紫菜果孢子萌发的适宜水温为 7~26℃,在这个温度范围内,水温低萌发速度慢,但萌发率高;水温高,萌发速度快，但萌发率低；萌发的最适水温为12~17℃，因此每年的2~3月采果孢子最合适。

表6-2　坛紫菜丝状体生长发育对温度的要求

	果孢子萌发	丝状藻丝生长	孢子囊枝形成	壳孢子形成	壳孢子放散
适宜水温/℃	7~26	7~31	22~30	24~30	17~28
最适水温/℃	12~17	20~25	25~30	27~28	23~25

坛紫菜丝状藻丝的耐高温能力要强于叶状体，适于生长的温度范围也比较广，是坛紫菜度夏的有利形式。坛紫菜丝状体在7~31℃均能正常生长，最适生长温度为20~25℃，在这个温度范围内，形成分枝和增长速度最快，形成的孢子囊枝时间短、数量多，如果水温超过31℃则停止生长，藻红素溶解消失，呈黄绿色。

坛紫菜壳孢子开始形成的水温在24℃左右，水温在24~30℃时均可大量形成壳孢子，最适为27~28℃，高温有利于壳孢子的形成。壳孢子放散的温度比壳孢子形成的温度要低，低温会抑制壳孢子形成，但不会抑制壳孢子放散。坛紫菜壳孢子在17~28℃都能放散，最适放散温度为23~25℃。

（2）光照

光照强度和光照时间对坛紫菜丝状体各生长发育阶段均有影响，只是影响效果各有不同，不同阶段所需的光照强度和光照时间也各不相同（表6-3）。

表6-3　坛紫菜丝状体生长发育与光照的关系

	果孢子萌发	丝状藻丝生长	孢子囊枝形成	壳孢子形成	壳孢子放散
光时/h	/	10~24	10~12	8~10	/
光强/[μmol/(m^2·s)]	40~60	60	20~30	10~20	60

果孢子及其萌发期，光照时间对其萌发影响不大，光照强，萌发速度快，生长也快；反之亦然。坛紫菜果孢子在光强为40~60 μmol/(m^2·s)时萌发最好。

丝状藻丝阶段，光照时间长，藻丝分枝快、密度大；光照时间短，藻丝分枝慢，密度小，因此，这一阶段的光照时间不得小于10 h，以全日照为宜。坛紫菜丝状体的光补偿点低，能长时间忍受低光，在黑暗条件下培养2个月，藻丝仍可维持正常生长。正常温度条件下，丝状藻丝生长的最佳光强为60 μmol/(m^2·s)。在实际生产中，可以通过控制光强来调节丝状藻丝的生长。对果孢子采苗密度大、萌发率高、采苗时间早的丝状体，可以通过降低光强来控制其生长；而对果孢子采苗密度低、萌发率低或采苗时间较迟的丝状体，则可通过提高光强来促进其生长。但光强过强，会造成藻丝色泽偏红；强光时间过长，会使丝状体褪色，绿藻等杂藻繁生而抑制藻丝生长。光照强时，可加大藻丝在贝壳基质中的钻入深度，增加藻丝层的厚度，但生产实践证明，藻丝密度过大、藻丝层过厚，壳孢子采苗效果并不理想。这一阶段丝状藻丝生长的好坏直接影响后续壳孢子的形成，因此在这一阶段应给予丝状藻丝最适宜的光强和光时等条件，以保证丝状藻丝的健康生长。

研究表明，直射光对丝状藻丝有伤害作用。在水温20~23℃条件下，光照直射1~1.5 h，丝状体变为红黑色；直射3 h，转为鲜桃色，之后迅速脱色，趋于死亡。

孢子囊枝的生长发育与光照强度和光照时间密切相关，低光照有利于孢子囊枝的形成，形成孢子囊枝的最佳光强为20~30 μmol/(m^2·s)；孢子囊枝在短光照条件下大量形成，而在长光照条件下形成的藻丝数量少，连续光照不形成孢子囊枝，最佳光时为10~12 h。

壳孢子是在孢子囊枝生长发育的基础上形成的。坛紫菜光时 12 h 以下,特别是 8~10 h 的短光照和低光强内开始形成壳孢子,连续光照和强光是抑制壳孢子形成的条件,但是不抑制壳孢子的放散。坛紫菜形成壳孢子最适光强为 10~20 μmol/(m^2·s),当光强大于 20 μmol/(m^2·s)时形成量少。在实际生产中的育苗后期,一般采用降低光照强度、减少光照时间(也就是通常所说的缩光)的方法促进壳孢子的形成。缩光的时期早晚,不但与壳孢子囊枝形成有关,而且还要考虑到秋季采壳孢子的时间。如果缩光太早,丝状藻丝的生长不充分,则形成壳孢子囊枝的数量较少;缩光太迟,则会推迟采壳孢子苗的时间。生产实践表明一般在采壳孢子前 30~35 d 开始缩光比较合适。

光照强度大小对壳孢子放散没有影响,黑暗不影响放散,只会推迟放散高峰期。通过缩光可以使壳孢子放散时间提前,也可以增加壳孢子的放散量。光照对壳孢子的附着也有一定的影响,在生产实践中,如果进行室内采壳孢子苗,需要把育苗室的光照调到最高光强,一般要求在 60 μmol/(m^2·s)以上为宜。

(3) 营养盐

坛紫菜丝状体生长发育需要大量的氮和磷。添加氮肥,可明显促进丝状藻丝生长,利用缺氮海水培养的丝状体,形成孢子囊枝的数量明显减少;施加磷肥,可明显促进孢子囊枝的成熟和壳孢子的形成。除了氮和磷之外,铁、锰、硫等元素对丝状体的生长发育也有一定影响,特别是一些氨基酸、维生素和植物激素对丝状体的生长有明显的促进作用。不过,利用自然海水培育丝状体,添加氮、磷已经足够。丝状体生长发育的不同阶段对氮和磷的需求量并不一致,丝状藻丝期需要氮肥量大,孢子囊枝和壳孢子囊枝形成阶段需要磷肥量大,具体可见表 6-4。生产上增加营养盐主要是施硝酸盐和磷酸盐。

表 6-4　坛紫菜丝状体生长发育对氮、磷营养盐的需求　　单位: mg/L

	NO_3^-(氮)	PO_4^{3-}(磷)
丝状藻丝早期	5	0.5
丝状藻丝旺盛期	10~15	2~3
孢子囊枝形成期	10~15	3~5
壳孢子形成期	2~3(或不施肥)	15~20

(4) 盐度与 pH

海水盐度会影响果孢子的钻孔和萌发,以及丝状体的生长,还会影响孢子囊枝和壳孢子的形成,进而影响壳孢子的放散。坛紫菜果孢子在盐度 26~33 时均能正常萌发,盐度小于 19 时萌发较差。丝状体对盐度的适应范围较广,盐度 7~40 时均能正常生存,最适盐度为 19~33。在盐度为 7 的海水中可以生存 15 d,在淡水中也能存活几天。孢子囊枝在盐度 7~33 均能形成,只是盐度越低形成越慢。育苗时,若出现盐度不适,应及时调整。

丝状体生长发育的最适 pH 为 7.5~8.2,过高或过低都不利于其生长发育。自然海区的 pH 一般较为稳定,但在新建的育苗池,或靠近工厂附近的海边,海水 pH 会发生较大幅度的变化,对丝状体各阶段的发育会造成不利影响。新建的育苗池,一般应经过一个月以上的浸泡和换水处理,待海水 pH 稳定后才能使用。

(5) 海水流动

流水对壳孢子的形成和放散具有重要影响,生产中丝状藻丝和孢子囊枝阶段均在静水中培养，海水流动与否对这两个阶段的生长发育影响不大。但在壳孢子的形成与放散期，尤其后者，海水的流动有重要作用，因此生产上常利用新鲜海水和流动海水刺激壳孢子，一般在采壳孢子苗之前下海利用自然海水刺激一个晚上，促使壳孢子的放散。在壳孢子囊枝形成以后，海水流动不但可以促进壳孢子的形成与放散，而且可以避免壳孢子囊枝产生空泡现象，促使原生质浓厚饱满。

（6）干出

自然生长的丝状体都生长在低潮线以下，在整个生长发育过程中基本不干出，因而对干出的适应能力很差。试验表明，将带有丝状体的贝壳表面水分擦去之后，在室外干出 15 min 或在室内干出 30 min 就有部分丝状体发生死亡，在室外干出 30 min，会造成丝状体全部死亡。因此，在进行丝状体培育时，尤其是在洗刷和换水时，都要尽量减少丝状体的干出时间。

第三节 苗种繁育

坛紫菜人工栽培的苗种繁育大体经历了自然附苗、半人工育苗和全人工育苗 3 个发展阶段。

1）自然附苗：主要依靠采集自然壳孢子，在自然条件下养成。坛紫菜菜坛附苗法就是在繁殖季节自然孢子放散之前，先清除天然礁石上的大型敌害生物，再用石灰水去除微小生物，以利自然孢子的附着与萌发生长。这种方法附苗效果好，坛面附苗密度可达每平方厘米 18~20 株，最多达 40 株以上，亩产干紫菜可达 50 kg 以上。

2）半人工育苗：半人工育苗方法最早由曾呈奎等（1959a）报道，该方法是在采壳孢子季节，把室内人工培育成的苗种（贝壳丝状体）装入竹制或塑料制的种子箱，放回海上促熟，使放散的壳孢子附着于人工基质上加以育成。采用这种方法时，育苗全过程的一半工序处于人工控制下，其余在自然条件下完成。

3）全人工育苗：全人工育苗方法同样也是由曾呈奎等（1959b）最早报道，该方法是将海上成熟的坛紫菜种藻经优选后，置于室内水池中使其放散果孢子，并使果孢子附着在人工基质上（棕绳、竹筷、贝壳或维尼纶帘）进行丝状体培育，经过一段时间，丝状体成熟后，采用人工方法促使其放散壳孢子，放散出的壳孢子附着在栽培网帘上，育苗全过程都在室内人工控制的条件下进行。育苗期内的人工控制主要根据坛紫菜不同生活史阶段的生态要求进行，着重于调整温度、光照、营养盐含量及水流状况等。为防止杂藻与敌害生物的繁殖，育苗用海水须经沙滤、紫外光消毒等净化处理。这种育苗方式生产效率较高，可大量而稳定地提供幼苗，是目前主要的育苗方式。

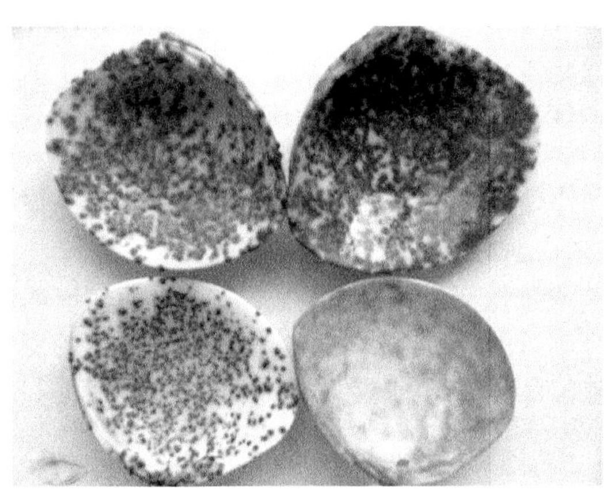

图 6－14　坛紫菜贝壳丝状体

从育苗的方式来看，坛紫菜的全人工育苗目前主要有贝壳丝状体育苗和自由丝状体接种育苗两种方式。

1）贝壳丝状体育苗：紫菜贝壳丝状体（图 6－14）育苗是中、日、韩三个主要紫菜生产国一致采用的紫菜育苗技术，也是坛紫菜全人工育苗的主要方式。传统的贝壳丝状体育苗以紫菜的生活史为依据,利用生长在贝壳中的丝状体,进行育苗。基本过程包括:种藻选择—果孢子放散和采果孢子—丝状体生长—孢子囊枝形成—壳孢子形成—壳孢子采苗(图6-15);基本育苗设施包括培养室、培养池和沉淀池等。该方法存在许多不足,主要表现在周期长(7~8个月)、育苗效率低(一般1 m^2 贝壳丝状体采苗0.067 hm^2)、专用育苗池占地面积大(过了育苗季节不能留作他用)、需耗费大量贝壳等。

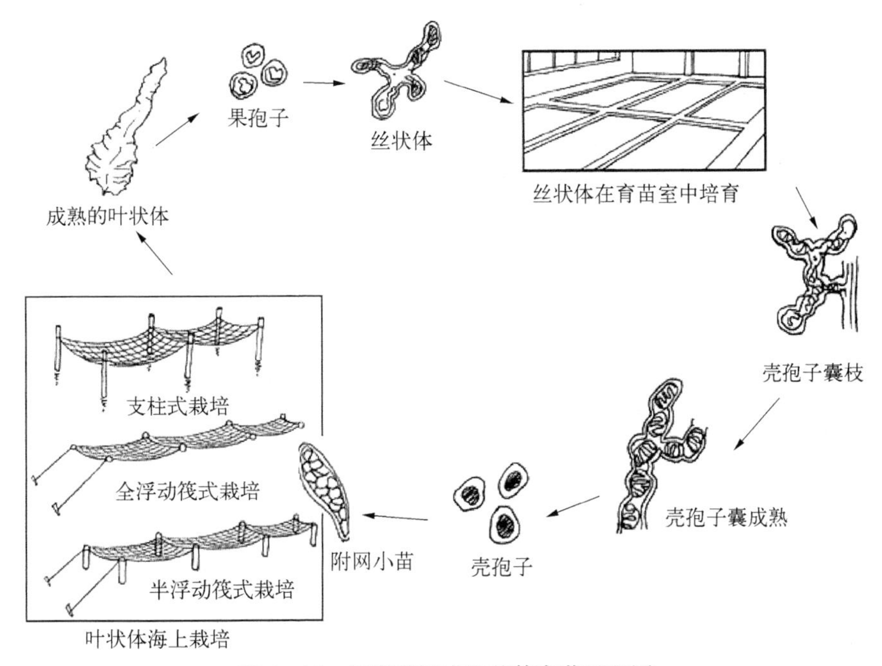

图6-15　坛紫菜贝壳丝状体育苗过程图

2）自由丝状体接种育苗:该方法采用人工培养的丝状体代替果孢子接种贝壳,然后按照贝壳丝状体育苗的一般流程进行育苗。近年,采用该方法在坛紫菜的良种培育和推广上取得了显著效果。但由于自由丝状体育苗需在室内培育大量的自由丝状体,培育自由丝状体对环境条件的要求较高,且需要一定的技术,一旦污染,就会被淘汰,而且后续育苗阶段仍需要耗用大量贝壳,因此该技术在基层育苗室中尚没有得到大规模应用。

由于贝壳丝状体育苗费时费力,育苗周期长、费用高。自由丝状体接种育苗技术要求相对较高,且最后阶段也需要耗用大量贝壳。因此,国内的藻类学者在坛紫菜全人工育苗技术的研究上,还先后开展了叶状体体细胞育苗和自由丝状体无贝壳育苗等技术的研究,但由于各方面的原因,这些技术均未在坛紫菜育苗的实际生产中得到应用。

一、育苗的基本设施

1. 育苗室

育苗室一般应选址在远离河口、周围无污染、海水获取方便、交通便利且靠近栽培海区的沿海地区,福建还应有淡水水源,以备日常用水和防治病害的需要。

育苗室的规模由实际生产所需的种苗量决定,平面采苗的,一般按每平方米培养的贝壳丝状体供应0.067~0.1 hm^2 栽培面积的比例建造;而立体吊挂采苗的,则一般按每平方米培养的贝壳丝状体供应0.133~0.2 hm^2 栽培面积的比例建造。育苗室的建造方向一般以坐北朝南、东西走

图 6－16　坛紫菜育苗室及育苗池

向为宜，且层高不低于 2.5 m(图 6－16)。

根据坛紫菜丝状体既需要适宜的光照，又要避免直射日光长时间照射的特点，在设计育苗室时，如果育苗室规模较小，通常以开天窗作为主要采光方式，再辅以侧窗。天窗总面积占屋顶总面积的 1/3～1/2；如果育苗室规模较大(超过 300 m^2)，则天窗和侧窗均作为主要采光方式，天窗总面积占屋顶总面积的 1/3～1/2，侧窗数量(总宽度)占南北墙长度的 1/3～1/2。天窗和侧窗的内侧要安装窗帘，外侧可涂刷石灰水或涂料等，以调节光照的强度，使光照均匀并防止阳光直射。

2. *育苗池*

立体吊挂育苗池的大小应根据育苗室的规模和具体需要确定，形状一般为长方形，以池长 8～15 m、宽 1.5～2 m、深 0.6～0.7 m 为宜，池与育苗室平行或垂直。池底应有 2%～3%的坡度，排水口处应设 0.5 m×0.5 m，深为 0.1～0.2 m 的凹井。进排水管可用聚乙烯或 PVC 管。新建育苗池需浸泡等去碱处理后，使池水的 pH 稳定在 8.0～8.5 方可使用。旧池洗刷干净即可使用。

3. *沉淀池*

为了减少杂藻，浮泥和致病微生物对丝状体的危害，培养丝状体用的海水需要经过净化处理，生产上常用黑暗沉淀法：将过滤海水抽进沉淀池内，池口封盖，在完全黑暗的条件下经过 3 d 以上的沉淀，即能满足生产的要求。

沉淀池的大小需根据育苗池的用水量来决定，一般沉淀池的贮水量应为育苗池总用水量的 2 倍以上为佳，并将沉淀池分隔成 2～3 个小池，轮换使用。

二、采果孢子

1. *生长基质的选择及其处理方法*

坛紫菜的果孢子和丝状体都具有溶解碳酸钙的能力，遇到碳酸钙的基质就会钻进去在里面蔓延生长。由于含有碳酸钙的贝壳本身组成不同且薄厚不一，会对丝状体的生长和蔓延造成很大影响，因此作为育苗用基质的贝壳，应采用壳面大、凹面小且平滑的贝壳，这类贝壳受光均匀，且光滑的贝壳不易附着污泥和杂藻，有利于丝状体均匀生长发育；而壳面太小的贝壳，操作麻烦，洼陷太深的贝壳由于受光不均匀，易造成附苗不均，且易出现阴影，对丝状体的生长发育不利，这两类贝壳均不宜采用。因此从丝状体生长发育和管理两方面考虑，文蛤壳是首选培养基，较大的牡蛎壳次之。近年，部分单位也采用扇贝壳作为育苗用基质，但在坛紫菜育苗仍然普遍采用立体吊挂采苗的情况下，在绑结成串时，扇贝壳不容易形成平面，采苗时易造成果孢子的浪费。

作为育苗基质的贝壳应做预处理，首先应清洗干净并且剔除闭合肌等，然后在太阳下曝晒并用 50 mg/L 有效氯的消毒液泡几小时，再用淡水冲洗干净备用，最后将贝壳按照大小归类打孔串好，每串 6～7 对贝壳，总长度 35～40 cm，挂于竹竿上，每平方米育苗池吊挂 70～80 串；平养的贝壳则呈鱼鳞状单层排列于育苗池中，每平方米铺放贝壳 600～1 000 只，注入沉淀海水以待采果孢子。

2. 种藻的选择与处理方法

采果孢子前要将坛紫菜藻种准备好，选用优良的种藻，果孢子放散的数量多，而且健壮，大小一致，萌发率高，丝状体生长好，抗病力强，可增加坛紫菜的产量。优良的藻种藻体大，完整，色泽光亮，无硅藻等附着物，具有大量成片的果孢子囊区。

坛紫菜选藻种时间一般在每年的12月至翌年1月进行，果孢子囊成熟的适宜温度为18~20℃，在种藻选择前要停止大量剪收，让果孢子囊大量形成。南风天，海区表层水温高，可以促使果孢子囊大量形成，因此要在南风天做好种菜的选择和采收工作，选藻一般在上午进行。种藻选好后，用海水洗干净，挂在竹帘上，放在通风处阴干一个晚上，使种藻失去30%~50%的水分即可。

为了避免后期种菜质量差或者没有种藻，也可提早选择种藻，阴干至含水率为20%~30%，装入塑料袋，压去袋中空气，将袋口扎紧，置于-20~-15℃冰箱中冷冻保存备用。使用冷冻藻采苗需注意：阴干后，第1次放散的果孢子液不可用（因有一部分种藻被冻伤），第2次放散的才可用；第2次阴干时，不能晒太阳，要放在通风处阴干，新鲜的种藻可以晒太阳。

3. 果孢子的放散特点及采果孢子时间

坛紫菜种藻具有可以多次连续放散的特点，一般第一次放散量比较少，第2~3次放散量比较大，每次放散后的种藻可以再阴干、再放散、再采苗，种藻可以多次使用。

采果孢子苗太早必然延长丝状体的培育时间，造成人力、物力的浪费，而且由于丝状体生长早，往往招致较早发生病害。太迟采果孢子，容易因为丝状体培育的时间短，影响丝状体的生长质量。现在生产上，坛紫菜采果孢子的时间一般为12月至翌年1月，最迟不超过翌年3月，在浙江海区则可延迟到清明节前后接种果孢子。适宜的采苗水温为11~17℃。

4. 果孢子液的制备和投放密度

将阴干的种藻放到盛沉淀海水的水缸内（每千克种藻加水100 kg）进行放散。放散过程中应不断搅拌海水，并不断吸取水样镜检。当果孢子放散量达到预定要求时。即将种藻捞出，用4~6层纱布将孢子水进行过滤，并计算出每毫升孢子水内的果孢子数，并按所需的投放密度计算每个育苗池所需的果孢子水量。放散后的种藻还可以重复阴干使用多次。

投放密度是指单位面积的贝壳上投放的果孢子数目。主要根据种藻的优劣、萌发率来计算。如果种藻新鲜、萌发率高，投放果孢子的密度可相对少一些，如果种藻差，萌发率低，投放量可适当增加。一般坛紫菜果孢子的萌发率按25%~30%计，果孢子投放密度以500~600个/cm^2（丝状体密度150~200个/cm^2）为宜。

5. 采果孢子的方法

目前坛紫菜采果孢子的方法，结合丝状体的培育方式大体分为平面采果孢子、立体吊挂采果孢子和先平面采果孢子后立体吊挂培养3种。

（1）平面采果孢子

平面采果孢子就是将准备好的贝壳，凹面向上呈鱼鳞状一个个贝壳铺放在育苗池底部（图6-17）。注入经沉淀的海水20~30 cm，计算所需的孢子水量，加入干净海水适当稀释后，均匀喷洒在已排好的

图6-17　坛紫菜平面采果孢子

贝壳表面,使果孢子自然沉降附着于贝壳表面即可。采用该方法进行果孢子采苗,采苗均匀,密度容易控制,培育的丝状体生长也比较均匀,但需要占用较大的育苗室面积。

采用该方法采果孢子,所需的果孢子量需根据育苗池的面积、萌发率和要求萌发密度进行计算。例如:一个育苗池长 700 cm,宽 160 cm,果孢子的萌发率 40%,要求实际萌发数 200 个/cm^2,果孢子水的浓度为 2 万个/ml。求这个育苗池共需要多少毫升果孢子水。

解:池子面积=长×宽=$700\times160\ cm^2$

投放的果孢子数(个/cm^2)=萌发数/萌发率=200/40%=500 个/cm^2

一个池子所需的果孢子数=$700\times160\times500$ 个=5.6×10^7 个

一个池子所需的果孢子水量(ml)=$700\times160\times500/20\,000=2\,800$ ml

(2)立体吊挂采果孢子

立体吊挂采果孢子是将已绑结成串的贝壳用小竹竿垂挂于育苗池中,进行多层立体采苗(图 6-18)。采果孢子之前先将洗干净的贝壳在壳顶打眼,并根据壳面大小进行归类,成对绑结成串,每对贝壳间距 6 cm 左右,一般每串贝壳挂 6~7 对贝壳,总长度 35~40 cm,成串后应在绑绳两端留等长(约 6 cm)的环扣,以便吊挂在竹竿上。贝壳串挂完毕后,将育苗池注满经沉淀后的干净海水,并仔细检查每个贝壳的凹面是否都朝上,然后按照计算后所需的果孢子水数量,加入干净海水适当稀释后,均匀喷洒在育苗池表面,随即用竹竿搅动池水,使果孢子均匀分布于育苗池内的水体中,并最终自然沉降附着于贝壳表面即可。采用该方法进行果孢子采苗,速度快、效率高,而且占用的育苗室面积小,但采苗密度不易控制,而且后期培养时,需要经常对贝壳进行倒置,需要的人力较多。该方法是目前生产上坛紫菜采果孢子苗的主要方法。

图 6-18 坛紫菜立体吊挂采果孢子

采用该方法采果孢子,所需的果孢子量需根据育苗池的体积、壳间距、萌发率和要求的萌发密度进行计算,要先算出每立方厘米的投放数目。例如:育苗池长 700 cm,宽 160 cm,深 50 cm,萌发率 30%,要求实际萌发数 150 个/cm^2,壳距 6 cm,果孢子液 2 万个/ml。求这个育苗池共需要多少毫升果孢子液?

解:池子体积=长×宽×深=$700\times160\times50\ cm^3=5.6\times10^6\ cm^3$

每平方厘米投放数=萌发数/萌发率=150/30%=500 个

每立方厘米投放数=500/6=83.3 个/cm^3

1 个池子所需的果孢子数=池子体积×83.3 个=$5.6\times10^6\times83.3=4.7\times10^8$ 个

1 个池子所需的果孢子量(ml)=1 个池子所需的果孢子数/20 000 ml=$4.7\times10^8/20\,000=2.35\times10^4$ ml

(3)先平面采果孢子后立体吊挂培养

由于平面采果孢子和立体吊挂采果孢子两种采苗方法均各有优缺点,为避免采苗不均匀及过多占用育苗室,现在有部分生产单位,尤其是在新品种示范应用时,采用先平面采果孢子,待 1~2 周后果孢子已完全钻入贝壳开发萌发后,再将贝壳绑结成串,进行立体吊挂培养。

三、贝壳丝状体的培育管理

1. 培育条件

(1) 丝状藻丝生长阶段

根据试验发现1 d即有个别的果孢子萌发钻入贝壳内,3 d左右有半数的果孢子钻入壳内,随着时间的延长,萌发钻入的个数也逐渐增加,一周就基本都已钻入贝壳内。当果孢子钻入贝壳后,光照强度保持40~60 μmol/(m^2·s)为宜,尽量保持光线的稳定,如果碰到多日阴雨天后放晴,应调节育苗室的光强,防止光线突然增强,光时以全日光照为宜,15 d左右肉眼就可以看到壳面的丝状体藻点(图6-19)。立体吊挂培养的丝状体贝壳容易上下受光不均匀,需要适时将上下贝壳进行倒挂。丝状体藻丝阶段对氮肥要求较高,磷肥需求量低,从肉眼可见藻点开始到孢子囊枝形成之前可以施氮肥10~15 mg/L、磷肥1 mg/L。

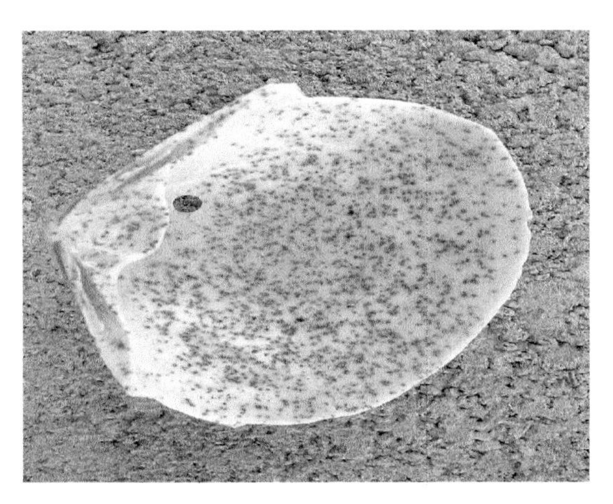

图6-19　坛紫菜贝壳丝状体藻点

(2) 孢子囊枝形成阶段

7月上旬左右,营养藻丝快速生长,到达高峰后,开始形成孢子囊枝,此时光照减弱,光时缩短,可以促进它形成。坛紫菜如果在8月高温前就已形成孢子囊枝,往往会影响后期壳孢子的放散。因此通常在8月初高温期前将丝状体的光照强度控制在20~30 μmol/(m^2·s),光时10~12 h,8月初至9月初控制光照强度15 μmol/(m^2·s)左右,这样有利于后期的壳孢子囊枝的形成及放散,并且可以抑制杂藻快速生长。7月至9月上旬正值酷暑炎热季节,丝状体容易发病,为了减少病害的发生,通常需要开窗通风,坛紫菜培养水温保持在29℃以下,此时对营养盐要求是氮肥10 mg/L、磷肥1 mg/L。

(3) 壳孢子囊枝形成阶段

8月下旬开始壳孢子囊枝逐渐形成,坛紫菜贝壳丝状体颜色由深紫红色变为土黄色,并且肉眼可见有绒毛状的壳孢子囊枝伸出壳面,此时为了防止壳孢子因温度降低而提前放散,在冷空气来临之前需注意关窗保温,并且要停止更换海水及清洗贝壳,防止刺激壳孢子放散。

壳孢子囊枝形成阶段对氮肥的需求量低,磷肥的需求量高,此时营养盐应施氮肥1~2 mg/L、磷肥15~20 mg/L。

2. 日常管理

(1) 洗壳

贝壳丝状体生长一段时间之后,贝壳表面就附生有硅藻等杂藻,影响光合作用,并且会与丝状体争夺营养盐。此外未钻进贝壳的果孢子残骸等也容易污染水质,因此必须进行洗壳。洗壳的方法有手洗和喷洗两种,手洗一般采用纱布或软质泡沫塑料擦洗贝壳表面;喷洗则采用水管激烈喷水冲洗贝壳表面,牡蛎壳小,常用此法。

2~3月水温低,硅藻繁殖慢,洗壳次数可以少一些;4~5月水温上升快,硅藻繁殖快,一般10 d至半个月即需要洗壳一次。洗壳的次数主要根据贝壳表面的硅藻繁殖生长及清洁度而定。

洗壳时应当注意,开始缩光或贝壳表面已经长出绒毛时,不能洗壳;丝状体耐干燥能力差,室外 15 min,室内 30 min 就会有部分丝状体死亡,室外 30 min 以上可全部死亡,因此在洗壳和换水时要特别注意防止贝壳干燥。

由于桡足类具有能摄食贝壳壳表面附着的微型杂藻和其他附着物,使贝壳表面保持干净,又不影响贝壳丝状体发育的特点,现在生产上有部分单位将桡足类应用于坛紫菜的育苗过程,变害为宝,既可以随时保障坛紫菜丝状体进行正常的光合作用和发育生长,又可以减少或免去烦琐的人工洗壳。既节约费用,又提高苗体质量,效果非常理想。具体方法如下:

将一定数量的桡足类加入坛紫菜育苗池后,坛紫菜育苗的全部操作规程不变,完全根据丝状体生长发育的需要确定所采取的相关措施,桡足类自然同步繁殖生长,一般经过 6~10 d 的同步培育,桡足类的数量即可满足本池需要。其中有两项关键工作必须注意: ① 调节光照。保持正常的光照,对于桡足类的繁殖生长至关重要,强弱光照突然变化,将导致桡足类繁殖能力减弱,摄食量减少,活动停止甚至死亡。因此应根据气象条件随时调节光照,始终保持桡足类活跃、旺盛的食欲和繁殖能力,充分发挥其破坏性功能,达到有效清除苗壳表面附着物的目的。② 讲究换水方法。育苗过程进行换水时,避免桡足类在育苗池水体交换时随水流失和死亡的办法是: 应根据桡足类具有明显的趋光性,活动摄食时多在迎光面,栖息时多附背光面,光照正常活跃,光照减弱附壁等特点,选择阴天或一天中光照最弱的某一时间进行换水。放水时,应靠近仔细观察池中桡足类活动与附壳附壁的比例,若大部分桡足类都附于苗壳上或池壁上,可大胆放水;反之,应改为他时或他日进行。这样可留住大部分桡足类满足本池连续性的除杂去污需要。育苗过程切不可用高压水管冲洗,否则附在苗壳上的桡足类将被冲掉。另外,从苗壳离水后,冲洗池底沉积物及注水回池等都需要一定的时间,如不注意,一旦苗壳表面水分晾干,桡足类也将死亡,前功尽弃。因此,应当在苗壳干出时,用花喷向苗壳上均匀喷水,始终保持苗壳湿润,避免桡足类死亡。

(2) 换水

换水一般和洗壳同时进行。可以采用不脏、不洗、不换水的原则。在水源不太方便的地方可以少换或部分换水。换水应注意水温、盐度的变化。在梅雨季节,海水盐度低,病原菌多,这时换水容易引起丝状体的病害。应在梅雨季节到来之前,换水一次,并存储清洁海水备用。在夏季高温期,育苗池的海水由于蒸发,盐度增加,而海区的海水盐度低,在换水前,应先补充育苗池中蒸发掉的水量,徐徐加入淡水,经几天后,让丝状体适应正常的盐度后,再全部换水。壳孢子囊枝形成时,不要换水,防止已经形成的壳孢子提前放散。

(3) 倒置、移位

倒置: 平面培养不存在倒置的问题,立体吊挂培养时,由于贝壳上下遮光,上层的贝壳因受光好,丝状体生长快,而下层的贝壳受光差,丝状体生长不好,所以上、下层贝壳的丝状体发育情况差别较大,应进行倒置,轮流受光,使下层贝壳丝状体移至上层后,受光条件改变,生长加快,待生长均匀时,再倒回来,根据生长情况,一般 1 个月倒置 1 次。

移位: 倒置是 1 串贝壳上下层之间进行交换(垂直方向),移位(水平方向)是育苗池不同角落的贝壳丝状体受光不同,进行移动位置。靠近窗户的贝壳生长好,池子角落的贝壳因背光,光线差,这时,要把光照弱的 1 串贝壳或 1 杆贝壳移到光线强的地方生长,使整个池子的贝壳丝状体生长均匀。

(4) 光照调节

应根据丝状体不同生长发育阶段对光照的要求,进行光照调节。可用白布窗帘遮窗,降低光照强度时，用大的黑布盖在池子上或用黑布遮窗，每天光照时间控制在 8～10 h，其余时间处于黑暗。生产上，利用适当的光照调节，还可以控制藻丝生长的速度和密度，密度过大时，应以弱光控制，反之可给以强光培养。同时也可以调节光照来处理某些病害的发生和发展。

育苗过程，如果没有照度计测量光照强度，可以根据壳面硅藻的生长情况和贝壳丝状体色泽的变化进行调节，壳面生长绿藻，表明光照过强；壳面长期不长硅藻，表明光强太弱，凡是早期在 10 d 以上，中期在 20 d 以上，壳面上长一层黄色“油泥”（硅藻），光强降低后，壳面上不再长油泥，就说明光照合适。

（5）水温控制

生产上贝壳丝状体的培育一般都是利用自然水温。但在丝状体培育过程，如果碰上“倒春寒”等气温下降较明显时，可以关闭育苗室的门窗进行保温，保证贝壳丝状体的正常生长；而到了夏季高温季节，则需要开窗通风，以免高温引起病害的发生。当壳孢子大量形成时，如果碰上水温下降较快，则应及时关闭门窗保温，避免壳孢子提前放散。

（6）丝状体检查

丝状体检查分为肉眼观察和显微镜检查两种。前期主要是用肉眼观察丝状体的萌发率、藻落生长及色泽变化等，后期则应加强显微镜检查，观察丝状体生长发育的情况。

显微镜检查首先要溶壳去钙。溶壳剂有两种，一种为柏兰尼液，它是由 10% 硝酸 4 份、95% 乙醇 3 份和 0.5% 乙酸 3 份配制而成；另一种是 7% 乙酸海水溶液，虽然配制简单，但检查效果不如柏兰尼液，它会使丝状体细胞轻微收缩，并脱色。溶壳时首先要把待检查的含丝状体贝壳剪成小块，倒入柏兰尼液，过几分钟，将藻丝层剥下，置于载玻片上，用镊子撕碎，盖上盖玻片，挤压使藻丝均匀散开，然后再置于显微镜下观察。观察的主要内容是：丝状藻丝不定形细胞的形态及发育情况，并记录膨大藻丝出现的时间和数量，“双分”（开始形成壳孢子）出现的时间和数量。孢子囊枝以占视野面积的百分数表示，“双分”则以占孢子囊枝细胞的百分数表示。一般发育成熟的贝壳丝状体，其双分孢子应占膨大藻丝细胞的 40%～60%。

肉眼观察主要观察丝状体颜色的变化，然后判断丝状体的发育情况。例如，丝状体发生黄斑病，壳面上会出现黄色小斑点；发生泥红病的壳面会出现砖红色的斑块；氮肥缺乏时，壳面为灰绿色；光照过强的呈粉红色并在池壁和贝壳上长有很多的绿藻和蓝藻。发育良好且成熟的贝壳丝状体，壳面呈土黄色，此时由于膨大藻丝大量长出贝壳外，在阳光下可以见到 1 层棕褐色的“绒毛”，如果用手指擦去“绒毛”，可以看到许多红褐色的斑点分布在贝壳的表面。

3. 调控贝壳丝状体成熟和放散的技术措施

在坛紫菜育苗生产中，都希望采苗时壳孢子能够集中且大量放散，并能附着在网帘上。但是由于培养条件和培养技术不同等的影响，丝状体往往无法如期成熟和放散，需要采取一些技术措施调控贝壳丝状体的发育与成熟，使其在需要时能够集中大量放散壳孢子，以便有计划地安排生产。

（1）促熟

如果采苗季节已到，但贝壳丝状体尚未发育成熟，为了不影响生产，就要采取相应的技术措施促使丝状体在短期内成熟。坛紫菜丝状体的促熟措施主要有以下几种。

1）增施磷肥或单施磷肥（不施氮肥）：壳孢子囊枝形成、生长和发育都需要大量的磷肥，8 月中下旬，孢子囊枝开始形成壳孢子囊枝时，磷肥量加大，对双分孢子的形成有利。此时磷肥浓度可提高到 15～20 mg/L。

2）缩短光照时间和降低光照强度：壳孢子囊枝在弱光和短日照条件下会大量形成，因此可以通过缩短光照时间或减弱光照强度促进壳孢子囊枝的成熟，如果丝状体成熟度不够，在生产中可以在7月下旬或8月上旬开始缩光，缩光第一周，光时为10 h（7:00~17:00），其余时间用黑布遮池或遮窗；第二周起，光时控制在8 h（8:00~16:00），其余时间黑暗。光照强度控制在10~16 μmol/（m^2·s），这样经20~25 d即可见效。

3）保持较高的育苗水温（28℃）：水温在28℃时，丝状体成熟较快，由于现在大多数育苗池没有控温系统，育苗室的水温会随天气情况发生变化，在夜晚或是阴雨天、台风天和冷空气的状况下，室外气温下降时，要关窗保温。

4）下海促熟：如果上述措施不明显时，可将贝壳丝状体下海促熟，促熟的海区，要求透明度大，风浪较小，将贝壳装在网袋中悬挂在深水浮筏上，一般需7~10 d，每隔两天检查一次，如果已经形成双分孢子就要及时取回，以免孢子在海区自然放散。对于晚熟品系的丝状体培育，可将采果孢子的时间适当提前，延长丝状体的培育和促熟时间。

（2）促放（促使壳孢子大量放散）

相比条斑紫菜，坛紫菜壳孢子的放散比较困难。为了使成熟的坛紫菜壳孢子能集中大量放散，生产上往往采取以下措施进行刺激放散。

1）下海刺激：大潮时，在采苗前1天下午，把贝壳装进网袋，用船运到潮流通畅的外海，把贝壳挂在船边，船停在海上，让水流刺激1个晚上，第2天早上取回即可放散。

2）室内流水刺激：有的育苗池离海边远，挑贝壳较麻烦，也可以在室内安装造成水流的动力装置，形成人工水流（模拟海区水流）刺激贝壳丝状体，促使壳孢子在短期内达到集中大量放散。刺激24 h比12 h好，刺激过程最好能配合更换新鲜海水，1~2 d更换一次。

（3）抑制贝壳丝状体成熟的措施

如果暂时不让贝壳丝状体在短期内大量成熟，也可采取抑制成熟的方法。抑制坛紫菜贝壳丝状体成熟的主要措施有以下几种。

1）恢复全日照和提高光照强度：缩光后，丝状体迅速发育成熟，如果不及时进行采果孢子，应恢复全日照和提高光照强度至20~30 μmol/（m^2·s），即可抑制丝状体继续成熟。

2）停止施肥：不施磷肥，也是抑制成熟的方法。

3）低温处理：丝状体培育后期正处在高温季节，此时成熟最快，如在可能条件下降低培养温度，可推迟贝壳丝状体的成熟期。

（4）抑制壳孢子放散的措施

如果采苗条件不具备，需要将壳孢子大量放散时间推迟时，可用黑暗处理或干燥脱水等方法抑制壳孢子的放散。

1）黑暗处理：将贝壳丝状体放置于桶内，盖上盖子使桶内处于完全黑暗状态，置于通风阴凉处，保存15 d后取出仍然可以大量放散壳孢子，壳孢子也能正常生长发育。

2）不干燥脱水处理：用塑料袋装贝壳，加入少量海水后将袋口扎紧置于桶内盖上盖子，放置于阴凉通风处，盖上草帘，4~5 d后抑制条件解除，贝壳仍然可以大量放散壳孢子。

四、自由丝状体的培养

1. 自由丝状体的由来、优点和形态

自由丝状体是使萌发的果孢子不钻入贝壳内，而让其在人工配制的培养液中生长，成为游离状态，因此又称为游离丝状体（图6-20）。自由丝状体和生长在贝壳内的丝状体一样，也可

以形成壳孢子囊枝，放散壳孢子用于采苗生产。

自由丝状体作为种质保存的手段最大的优点是可用单株采果孢子，通过自由丝状体的扩大培养，可以获得大量的纯种。另外，也可以利用自由丝状体代替果孢子移植到贝壳上，进行贝壳丝状体育苗，推广纯种生产，更新养殖种群，并使养殖种群纯种化。

图 6－20　坛紫菜自由丝状体

由于贝壳丝状体和自由丝状体生活的环境不同，在形态上也有很大差异，自由丝状体的细胞都明显比贝壳丝状体大1~2倍，甚至2~3倍（表 6－5）。

表 6－5　贝壳丝状体与自由丝状体的形态

		贝壳丝状体/μm	自由丝状体/μm
丝状藻丝细胞	长	10~50	50~80
	宽	2~2.5	2.5~5
孢子囊枝细胞	宽	10~12	10~20

2. 自由丝状体的培育与管理

（1）准备工作

1）培养液的制备：坛紫菜自由丝状体的培养一般采用经 80~90℃加温消毒处理后的过滤海水（注意不能加温至 100℃，否则易使海水中的微量元素发生沉淀）作为培养液，使用时每升海水再添加甲乙营养盐母液（表 6－6）1 ml 即可。

表 6－6　坛紫菜自由丝状体培育的营养盐母液配方（1 L）

	营养盐	萌发期	生长期	成熟期
甲	KNO_3/g	80	60	40
	KH_2PO_4/g	10	20	30
乙	EDTA－Na_2/g	4	4	4
	维生素 B_{12}/g	0.1	0.1	0.1
	$FeSO_4$/g	5	5	5

2）培养器皿的消毒：用于自由丝状体培养的三角烧瓶、广口瓶等透明玻璃器皿，以及镊子、毛笔等都要煮沸消毒后才能使用，也可用次氯酸钠浸泡处理。

3）种藻的处理：自由丝状体培养的关键在于是否被杂藻污染，而杂藻的来源主要是由种藻带入和培养海水是否消毒干净。用于自由丝状体培养的种藻用量很少，但选择和处理必须非常严格，否则极易造成自由丝状体培养的失败。处理的方法是先将种藻无果孢子囊的藻体剪除，然后在消毒过的清洁海水进行充分漂洗，再放入装有无菌海水的白瓷盘中仔细用毛笔逐叶洗刷4~6次，再放入烧杯中，注入无菌海水用水振荡洗涤，洗净的种藻，摊在清洁的竹帘上，并盖消毒纱布进行阴干刺激备用。

（2）采果孢子的方法

用于自由丝状体培养的采果孢子方法与贝壳丝状体培养时的采果孢子方法基本相同，但要求在无杂藻污染的条件下进行。通常有以下2种方法。

1）培养瓶直接加入果孢子囊片：将经过严格消毒处理并阴干的果孢子囊片放入培养瓶中（种藻大小为瓶底面积的1/5~1/4，冷冻藻的用量为瓶底面积的1/4~1/3），注入消毒海水，并将培养瓶斜靠一面，使放散出来的果孢子能自然附着于瓶子的一面，然后再斜靠另一面，最后将瓶子放正，并去除放散后的果孢子囊片。通常如果室温为15~20℃，种藻放散2 d；如果室温<15℃，则种藻可放散3 d，放散结束后取出种藻，15 d后可看见瓶底长出一层粉红色的丝状体。

2）孢子水直接加到培养瓶中：首先将经过严格消毒处理并阴干的果孢子囊片放入大烧杯中，促使其放散制作果孢子水；制作好的果孢子水经计数后，按照所需要的果孢子水量加入培养瓶中（含400 ml培养液的培养瓶中可加入5万~10万个果孢子），搅拌均匀后将瓶子倾斜放置1 h，再调整到另一倾斜面，最后放正，15 d后同样可看见瓶底长出一层粉红色的丝状体。

（3）培养管理

自由丝状体在水温为12~30℃的条件下均能正常生长，但在水温>25℃时，应注意通风，避免温度大幅度上升；自由丝状体培养的光照强度通常控制为60~80 μmol/（m^2·s），光时12 h。

自由丝状体培养常易受硅藻、蓝藻等杂藻的危害。这些杂藻通常是由于消毒环节上的疏忽所引起的，也可能是由于空气污染而造成。在培养早期，如出现硅藻，不宜摇动，以免扩散污染，可以在刮底时，仔细将未受污染的丝状体刮下，换瓶培养；也可加入1~5 mg/L的GeO_2处理2~5 d后要全部换水，可以杀灭大部分硅藻。在培养的中期出现硅藻，一般都在瓶底，这时不要摇动，将悬浮在培养液上层的丝状体倒出，连续换瓶培养，即可清除硅藻。蓝藻的污染通常在水温高的7~8月，严重时可导致丝状体的死亡，可往培养瓶中加入50 mg/L的链霉素或2 mg/L的$CuSO_4$，处理2~5 d后要全部换水，可杀灭大部分蓝藻。

3. 自由丝状体的分级扩增

（1）初级培养

从种质保存瓶中取出丝状体小藻球，用经高温消毒过组织粉碎机切碎至藻丝大小为100~500 μm，然后置于500 ml的锥形瓶中黑暗静置培养1 d，第2天更换200~300 ml培养液后恢复正常光照静置培养。培养浓度每100 ml培养液约含1 g湿重自由丝状体，培养期间每15 d更换300~400 ml培养液。

（2）二级扩增

将经过初级培养的自由丝状体用经高温消毒过的组织粉碎机切碎至100~500 μm，然后置于2 000 ml的锥形瓶中黑暗静置培养1 d，第2天更换1 200~1 500 ml培养液后恢复正常光照静置培养，3~5 d后加入充气管进行充气培养。空气需要经过3道过滤处理，使进入瓶内的空气无污染。培养浓度每100 ml培养液含2~3 g湿重自由丝状体，培养期间每10 d更换1 200~1 500 ml培养液。

（3）大量培养

将经过二级扩增的自由丝状体用经高温消毒过的组织粉碎机切碎至100~500 μm，然后置于 10 L 的锥形瓶中黑暗静置培养 1 d,第 2 天更换 6 000~7 000 ml 培养液后恢复正常光照静置培养,3~5 d 后加入充气管进行充气培养。空气需要经过 3 道过滤处理,使进入瓶内的空气无污染。培养浓度每 100 ml 培养液含 4~5 g 湿重自由丝状体,培养期间每 10 d 更换 6 000~7 000 ml 培养液。

4. 自由丝状体的贝壳移植

自由丝状体和果孢子一样具有溶解碳酸钙的能力。将自由丝状体充分切碎后,移植到贝壳上,其同样能钻入贝壳中发育成贝壳丝状体,这种丝状体在秋季同样发育成熟,放散壳孢子,并且由于丝状体在壳层生长较浅,成熟度比较一致,壳孢子放散更为集中,有利于采苗。

移植的方法是:接种前 10 d 用消毒过的组织粉碎机将自由丝状体切碎至 2 000~3 000 μm,然后静置于玻璃瓶中黑暗培养 1 d,第 2 天更换 3/4 培养液,正常光照静置培养 3~5 d 后加入充气管进行充气培养。丝状体采苗前再用组织粉碎机将其切碎到 200~500 μm,装入喷壶,并加入新鲜海水稀释混匀后,按照采苗密度要求,将其喷洒到贝壳上。一般用过滤海水在 15~25℃的水温下培养,附着的自由丝状体藻段可以钻进贝壳中生长,一般移植后前 3 d,育苗池上应盖上黑布进行完全黑暗培养,3 d 后即可去除黑布,恢复正常光培养,20 d 左右即可见到贝壳表面上有粉红色藻点长出,其后即按常规贝壳丝状体培育的方法进行日常管理(图 6-21)。

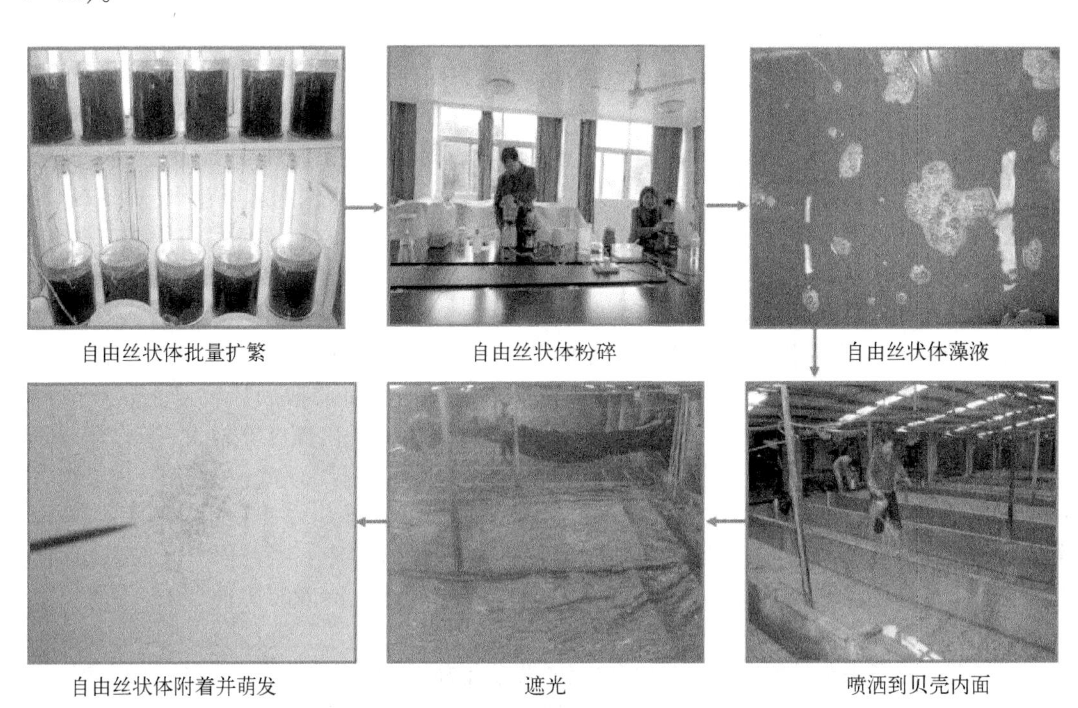

图 6-21　坛紫菜自由丝状体贝壳移植

5. 自由丝状体直接采苗

自由丝状体也可以用来直接采壳孢子苗。当秋季自由丝状体大量形成膨大藻丝细胞后,采用流水、通气和更换新鲜海水的方法,可促使自由丝状体大量形成双分孢子,并在流水刺激下,可以大量集中放散壳孢子。自由丝状体放散壳孢子,一般前 2~3 d 放散量少,随后 5~7 d 达到放散高峰期,以后放散量又减少,一般每 50 g 湿重的自由丝状体可以采 0.067 hm^2 网帘。

五、壳孢子的采集

坛紫菜栽培的关键是“种子”——壳孢子，播种就是把壳孢子经过人工处理使它附着于人工制备的基质网帘上。现在，经过多年的科学实验和生产实践，人们已经基本掌握了坛紫菜秋季壳孢子的放散和附着规律，利用秋季自然降温，促使人工培育的成熟丝状体，在预定时间内集中大量放散壳孢子，并通过人工的控制，按照一定的采苗密度，使壳孢子均匀地附着在人工基质上，这一过程就是坛紫菜的人工采壳孢子苗，通常简称为采苗。坛紫菜的采苗时间一般需海水温度稳定在28℃以下时才可以进行，根据海况和每个地区海水温度变化特点确定合适的采苗时间意义重大，如果采苗过早，海水温度高，易发生烂苗，而且容易附着绿藻、硅藻等杂藻，导致减产甚至绝收。如果采苗时间太迟，海水温度较低，不利于壳孢子的萌发和幼苗的生长，导致采收延迟，影响坛紫菜的产量。因此，壳孢子采苗是否顺利一方面取决于丝状体培养的好坏；另一方面还要掌握好采壳孢子的季节及采孢子技术。

1. 壳孢子的放散与附着

（1）壳孢子放散的一般规律

1）日周期性：坛紫菜壳孢子的放散有日周期现象，一般在每天上午8~10点以前集中大量放散，下午放散量很少，甚至不放散。天气阴晴出现放散高峰期的时间有所差异，晴天壳孢子放散的高峰期稍早一些，在上午8~9点，阴天则稍微推迟至上午9~10点，从这一规律出发，紫菜人工采壳孢子苗应该在上午进行。但是，坛紫菜壳孢子放散的日周期变化也可以通过改变光暗条件的方法加以改变。

2）潮汐的周期性：坛紫菜壳孢子的放散存在着潮汐周期性现象。自然海区的壳孢子一般集中在大潮时大量放散，小潮期间壳孢子放散量则明显减少。每次大潮时就出现一次放散高峰，主要原因是大潮期间潮汐振动力大，海水交换充分，流速也大，对丝状体产生较大的刺激，因而形成壳孢子放散高峰。掌握潮汐周期对于自然采苗（菜坛采苗）和半人工采苗有着重要意义。这就是壳孢子采苗要在大潮时进行的原因。

壳孢子的日放散量和大量放散出现的时间：坛紫菜每个丝状体贝壳每天放散的壳孢子量，称为日放散量。日放散量的计算即平均每个贝壳从开始放散到放散停止这段时间内放散的孢子总数。采苗季节，每个丝状体贝壳日放散量的变化幅度非常大，多的每天每个贝壳放散壳孢子的量可达数百万个，少的只有数千个。壳孢子日放散量的多少与丝状体的发育成熟度密切相关，直接影响坛紫菜全人工采苗的效果。因此，在采苗季节，每天测定各育苗池中丝状体贝壳的日放散量是一项非常重要的工作。当6~7 cm的文蛤壳，日放散量达到10万级以上，牡蛎壳达到0.8亿~1亿个/500 g壳及以上时，就称为大量放散，可以开始准备采苗。

坛紫菜壳孢子采苗一般在9月上旬到中旬，最晚不超过10月下旬。正常年份秋分时节，是坛紫菜采苗的最佳时节，此时海水水温约27℃，壳孢子萌发率高，萌发快，小叶状体生长迅速，可以增加采收次数和产量，因此传统坛紫菜采苗在秋分时节。现在坛紫菜栽培中，也可利用冷空气南下，将采苗提前到白露时节。同时采苗时也要考虑到壳孢子的放散量，壳孢子放散量越大，采苗就越顺利，每天可以完成的采苗网帘数也就越多，当出现百万级以上的放散量，网帘放在采苗池内只要几分钟、十几分钟就可以达到很好的附苗密度。不同地区，由于水温不同，壳孢子大量放散出现的时间会有差异。在同一地区，温度偏高的年份大量放散出现的时间稍有推迟，温度偏低的年份，大量放散出现的时间就提前。

(2) 壳孢子附着与环境条件关系

壳孢子没有细胞壁,只有一层薄薄的原生质膜,非常容易附着到岩礁、竹、木、维尼龙绳、棕榈丝等基质上。在自然海区,坛紫菜壳孢子随着潮汐和海浪漂浮在海水中,当遇到适宜的基质就附着其表面。在生产中,借助壳孢子这种特点,人为地为其创造条件,使它附着在人工编织的网帘上,然后进行人工栽培。壳孢子的附着与海水运动、温度、光照等环境因素相关。

1) 海水流动: 水流越大,附着量越大(表 6-7)。坛紫菜壳孢子细胞的密度比海水略大,在静止条件下自然沉淀于池底。在自然界中,由于潮汐、波浪、海流等的影响,可以帮助壳孢子散布到各处,接触附着基质而附着。而在静置培养池内放出的壳孢子一般沉积在贝壳的凹面或池底,只有经过人为搅动才会漂浮起来。因此壳孢子的附着与水流的大小密切相关,一般流水越畅通,采苗效果越好。

表 6-7　水流与坛紫菜壳孢子附着率的关系

水流/(cm/s)	1 h 后附着孢子数	附着率/%
0	0	0
22	237	24
45	612	62
68	834	84
90	991	100

全人工采苗过程中,通常将网帘放置于贝壳丝状体上方,用气泵搅动采苗池内的海水,使壳孢子漂浮起来,增加壳孢子接触并附着到网帘上的机会,从而增加附苗量。

2) 壳孢子的附着速度: 壳孢子附着的速度非常快,短时间内即可附着,几乎碰到基质就附着。研究壳孢子的附着速度和采壳孢子时间对提高采苗效率具有重要意义。根据试验,在一定的孢子水浓度中,充分振荡海水,壳孢子就能在短短的 5 min 内附着。网帘在水中浸泡 5 min 和 1 h,附苗量就没有多大区别。掌握了这一规律,就可以缩短采苗时间,增加采苗次数。一般认为,壳孢子放出后 2~4 h,附着能力比较高,但 4 h 以后,附着能力就明显降低。

3) 与温度的关系: 坛紫菜壳孢子在水温 20~30℃时均可附着,附着的最适温度为 23~26℃。从生产的角度出发,早采苗,早收获(延长生长期),在不影响壳孢子附着的上限温度时,应尽量争取早采苗。现在坛紫菜采苗,通常利用冷空气南下的机会,在白露时节采苗,取得了较好的效果。

4) 与光照的关系: 坛紫菜壳孢子附着需要一定光照强度,但是关系不大,晴天室外采苗和室内多层重网采苗相差不大。室外采苗时光照强度达到 200 $\mu mol/(m^2 \cdot s)$ 以上,室内多层采苗(24 张,每张折成 3 层,共 72 层),底层光线只有不到 1 $\mu mol/(m^2 \cdot s)$,但上下层附苗密度没有明显的差别。但应该指出,壳孢子萌发与光照关系密切,光照强,萌发快。

5) 壳孢子附着后的耐干力: 壳孢子刚附着时,耐干力很弱,一旦壳孢子形成细胞壁,并分裂发育成小叶状体时,耐干力就显著增强。如果采苗后需将网帘运送至离育苗场较远的地方进行栽培,则运输途中需注意保湿,防止壳孢子脱水干燥;在海区张挂网帘,也最好在涨潮时,顺着海水边涨边挂,这样可以缩短壳孢子的干出时间,否则易造成壳孢子脱水死亡;也可将 4~5 张网帘暂时重叠一起张挂,这样可以起到保湿防晒的作用,待 2~3 d 后再分开张挂。

6) 壳孢子附着与盐度的关系: 坛紫菜壳孢子附着的适宜盐度为 26~33,在河口区养殖场,在遇到大雨时，比重降低，要推迟采苗。比重在19以下和33以上都会影响壳孢子附着力和附着量。

2. 壳孢子采苗的季节

壳孢子采苗应根据不同海区及年份的水温变化特点，选择在壳孢子大量放散且自然界水温适合于壳孢子萌发成幼苗和幼苗生长的时节。坛紫菜壳孢子放散的适宜温度为24~26℃，所以过去人们认为壳孢子采苗的最佳时间是在白露过后的秋分季节，寒露次之，因为秋分季节的水温适宜壳孢子放散，但只考虑这一点还不行，应尽量在自然界水温适合于壳孢子萌发成幼苗和幼苗生长时采苗。坛紫菜采苗和下海的适宜温度为25~28℃，可在每年的白露季节趁冷空气南下时进行采苗。如果采苗时间偏晚，网帘下海后，附着的壳孢子在较低的温度下萌发出来，水温越低越不利于壳孢子的萌发生长，最后造成第1次采收时间的推迟。因此应根据具体情况选择采苗时间。

采苗应选择大潮期间进行为佳。大潮期间，海水的变动范围大，流速大，潮差大，水质、营养盐等基本条件都比较优越，采苗的效果比较好，同时大潮使贝壳丝状体大量集中放散壳孢子。小潮期间，由于海水流动，交换营养盐等比较差，再加上退潮时正值中午，烈日曝晒，容易使刚附着的壳孢子被晒死，采苗效果受影响，而大潮期间中午为涨潮，网帘浮在水面上，刚附着的苗不易被晒死。因此坛紫菜采壳孢子苗应选在大潮期间进行。

同时采苗应尽量以延长叶状体的生长期、增加产量为原则。如坛紫菜在白露期间采苗比秋分早半个月，延长了半个月的生长期，产量明显提高。但必须在壳孢子附着适温范围的上限温度内采壳孢子，现在生产上把坛紫菜采壳孢子苗提早到白露进行主要有下列根据：① 利用白露期间大潮或冷空气南下，水温稍低时采苗，有利于壳孢子的放散；② 待冷空气过后，水温升高，这时壳孢子已经萌发为两个细胞，水温高，萌发快，生长好；③ 白露比秋分早半个月，延长了半个月的生长期，提高了产量。

3. 壳孢子采苗前的准备工作

坛紫菜全人工栽培过程中，壳孢子采苗网帘下海和出苗期的海上管理，是既互相衔接又互相交替的两个生产环节。由于这两个环节季节性强，时间短，工作任务繁重，是关系到后续栽培生产的关键环节。因此在生产上必须提前做好采苗下海前的各项准备工作：

1）提前确定栽培生产计划，选好栽培海区，备齐筏架、网帘、竹竿、浮球等生产的必须材料。

2）坛紫菜栽培用的网帘必须提前进行浸泡和洗涤，将编织好的网帘先浸泡于淡水或海水中，并经搓洗、敲打和换水，直到水不起泡沫为止，晒干备用。使用前再用清水浸洗1遍。

3）采苗前两天，准备好海区栽培用的筏架。

4）采用室内采苗的，还应提前安装调试好室内采苗所必需的各种机械设备和装置。

5）检查壳孢子的放散量。采苗季节到来之前，壳孢子发育已经基本成熟，这时每天都应进行1次壳孢子放散量的检查（简称“孢情检查”）。一般情况下，同一育苗池内的丝状体贝壳放散情况大体一致，但不同育苗池的丝状体贝壳放散情况则有很大差异，因此孢情检查要以育苗池为单位，检查的结果作为安排采苗任务和衡量丝状体培养好坏的主要依据。生产上大批网帘的采苗应在每个贝壳出现几十万个以上的放散量时才能进行。

壳孢子放散量可采用覆片（或称覆壳）检查，这是生产上比较常用的1种方法。具体操作方法是在清晨任意取采苗用丝状体贝壳若干片（一般可取4~6片），以2片为1组，壳面向下，覆在放有清洁海水（海水量以刚淹没贝壳为准）的平底白色瓷盆中，静置不动，把白瓷盆放在与生产性育苗条件基本相同的窗台上，直至中午 12 点，轻轻掀起贝壳，在贝壳覆盖处，可以看到紫红色的孢子“堆”。孢子“堆”面积越大，表示丝状体成熟越好（根据对应计算，如孢子“堆”布满全壳位置，孢子放散量可达百万等级；占 1/3 以上有几十万等级；只占边缘部分有 10 万个左右）。有条件的地方，还可以在覆片前后，用量筒测出盆内海水量，在取出贝壳后，把盆内孢子“堆”搅拌均匀，制成孢子水，然后取孢子水 1 ml，在显微镜下计数，把计出数乘以水体毫升数，再除以 2（贝壳数），即可以得到 1 个贝壳丝状体的壳孢子放散量。

6）采苗前一天下午，将坛紫菜贝壳丝状体装袋并运送到水流通畅的外海区进行流水刺激，第 2 天早上取回。

4. *壳孢子采苗的方法*

坛紫菜壳孢子采苗分为室外采苗和室内采苗两种方法，室外采苗又可分为网帘泼孢子水采苗和菜坛泼孢子水采苗；室内采苗主要有流水式采苗、冲水式采苗、摆动气泡采苗等，至于哪一种方法为好，可以因地制宜，不必强求一致。

（1）室外采苗

1）海区网帘泼孢子水采苗：海区网帘泼孢子水采苗（图 6－22）就是成熟的贝壳丝状体，经过下海刺激，使其集中大量放散壳孢子，然后将壳孢子水均匀地泼洒在已预先张挂于海区筏架上的网帘上，达到人工采苗的目的。采用该方法采苗所需要的设备简单，只要有船只和简单的泼水工具即可，操作也方便，而且在进行大面积的海区采苗时，效率比较高。但该方法采苗受天气条件限制，附苗密度不容易控制，且孢子水流失严重。

图 6－22　坛紫菜海区网帘泼孢子水采苗

采苗前需要检查孢情，习惯上一般在每壳出现几十万个壳孢子时才可以开始进行生产性采苗；采苗的前一天下午，将贝壳丝状体装入网袋内下海刺激，经过 1 个晚上的海流刺激，第二天早上 6 点前取回；同时在采苗前一天下午，需事先将网帘绑到筏架上，一般将 20～30 张网帘网孔错开重叠绑到筏架上，以减少壳孢子流失；网帘不能绑得太早，否则浮泥杂藻的附着会影响壳孢子的附着；采苗时，先把下海刺激的贝壳丝状体放在船舱里，加入适量海水，并不断搅动装有贝壳的网袋，使成熟的丝状体放散壳孢子，上午 9～10 点在放散高峰期第一次泼孢子水，船舱再加点海水，让丝状体继续放散壳孢子，中午 12 点前再泼一次壳孢子水。采用该方法采苗应注意：① 当天放散的壳孢子必须当天用完，并且刚附上的壳孢子在海上必须有至少 3 h 的浸水时间。② 网帘挂养水层应掌握在表层至水深 10 cm 处，过深则不利于附苗。③ 采苗 3～5 d 后，应检查附苗密度，然后分散网帘张挂，进行分网栽培。

采苗所需的贝壳数量，如果以每个丝状体贝壳平均放散 100 万个壳孢子计算，则每亩网帘仅需 100 个丝状体贝壳，但在生产上为了避免采苗不均匀或受不良环境影响，每亩网帘常用 400～600 个贝壳，这样一般可以得到 2 亿～7 亿个壳孢子，可以保证采苗密度。

2）菜坛泼孢子水采苗：菜坛泼孢子水采苗就是将丝状体放散出来的壳孢子水均匀地泼洒

在潮间带的岩礁(菜坛)上,让其自然生长。

(2) 室内采苗

将经过流水刺激的成熟贝壳丝状体置于室内采苗池中,使其放散壳孢子,并附着于网帘上的方法就称为室内采苗。采用该方法采苗,网帘附着密度均匀,采苗速度快,且可以节约贝壳丝状体的用量,但在后续的网帘运输过程中,需注意保湿防干。壳孢子的比重略大于海水,在没有水流的条件中,放散出的壳孢子大多会沉积在池底,因此在室内采苗过程中,需充分搅动池水,让壳孢子充分接触苗绳并附着其上。通常室内采壳孢子的方式可以根据搅动池水的方法不同,分为流水式采苗、冲水式采苗和摆动气泡采苗等几种方式。

1) 流水采苗:在育苗池中间,安装马达和推进器,利用马达带动推进器,推动水流不断定向流动,进行采苗。这种方法设备比较简单,常使用较深的大采苗池,将贝壳放入池底,网帘排列在固定的网架上,该方法在坛紫菜的全人工采苗中普遍运用。

2) 冲水式采苗:贝壳丝状体放在铺好的网帘上,用水泵直接抽水,借水的冲力,使育苗池水不断流动,借水的冲力将壳孢子冲起进行采苗。冲水时要将池中各个角落的水全部搅动,冲水一般要间隔进行,一般冲 10 min,停 10 min,让壳孢子有时间附着。早上 9~10 点是壳孢子放散高峰,此时更要勤冲海水,以免错过壳孢子附着高峰。

3) 摆动气泡式采苗:将网帘固定于采苗池上端,采苗池底铺设数条与池等长的通气管,安装动力并送气于通气管内,带动通气管在池中来回摆动,使池子的海水翻动起来达到采苗的目的。这种采苗方式除了增加壳孢子附着机会外,还提供了充足的氧气,壳孢子萌发较好。

5. 附苗密度及其检查方法

在坛紫菜采苗过程中,需要经常检查壳孢子的附着量,当壳孢子的附着密度达到要求时,就可以捞起网帘,结束采苗任务。一般坛紫菜采苗壳孢子量控制在 3 亿~10 亿个/亩。一般在早上 8~10 点壳孢子放散高峰取样,如果每个贝壳放散出现百万级,这需要在池水开始搅拌 10 min、30 min 后开始取样,当发现壳孢子量到达附着要求时,可以停止采苗,在壳孢子放散高峰期采苗,所需要的时间往往很短,因此 1 批苗出苗后,马上进行第 2、第 3 批采苗任务,以免耽误生产。生产中直接计算苗绳上的壳孢子数量比较难,也不准确,因此常用维尼纶纱法和筛绢网法计算。

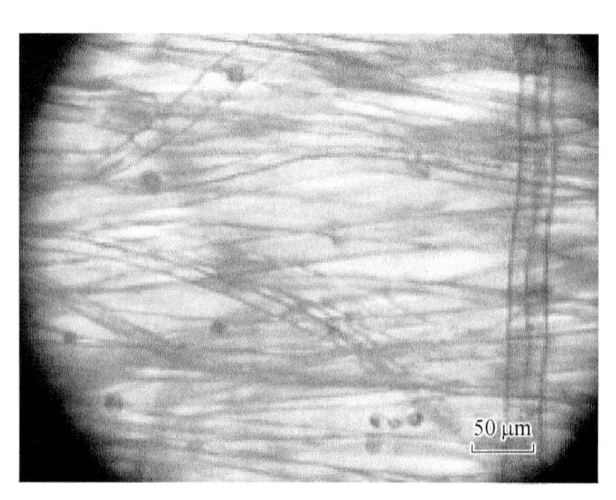

图 6-23　坛紫菜附苗密度检查

(1) 维尼纶纱法

利用维尼纶网帘上的纱头直接作为检查壳孢子附着量的材料,每次取样用剪刀剪取长约 0.5 cm 的维尼纶纱束,从中任意选取树根单纱,分别在载玻片上摊平铺开后盖上盖玻片,置于低倍镜下算出 1 个视野中的壳孢子附着数(图 6-23),共计数 10 个视野,然后再换算成单位长度维尼纶纱上附着壳孢子的数量。坛紫菜采苗密度一般要求每毫米维尼纶纱附着 20 个壳孢子以上。维尼纶纱法的换算公式为

$$N=c/d$$

式中，N 为附苗密度（个/mm^2）；c 为每个视野下壳孢子平均附着数量（个/视野）；d 为显微镜视野直径（mm）。

（2）筛绢网法

将200目筛绢剪成0.7~1 cm，长4~5 cm的小条，夹在采苗网帘上，与网帘一起放入采苗池内，每次取样时，取1小段铺放在载玻片上，用低倍镜检查筛绢上附着的壳孢子数量，首先数出每视野下的附着壳孢子数，然后换算成单位面积筛绢网的附苗量。一般1个10~20 m^2 的采苗池每次可以剪取2小块筛绢网进行检查，每块任意检查5个视野，根据10个数据的平均值，计算出附苗密度。由于各种显微镜的视野面积不同，还需要进一步测定各显微镜的视野面积，再换算成单位面积筛绢网的附苗量。换算公式为

$$N = C/A = C/(\pi d^2/4)$$

式中，N 为附苗密度（个/mm^2）；C 为每个视野下壳孢子平均附着数量（个/视野）；A 为显微镜视野面积 $=\pi d^2/4$（mm^2）；d 为显微镜视野直径（mm）。

采苗时壳孢子的附着速度很快，因此检查时应做到勤、快，否则附苗过密，不仅浪费大量孢子，降低采苗效率，也不利于后续的栽培生产；为了提高计数的准确性，取样时应取池子的不同部位分别计数，然后取平均值。

为了保持池水干净，采苗期间要勤换水，每天采苗结束后无论是否出苗都需要更换新鲜海水。在网帘出池后，需要将贝壳整理一下，清理采苗池的污物，清洗干净后注入新鲜海水，以免影响第2天采苗。

采苗过程中如果遇到壳孢子放散量不佳，没达到附苗要求，可将网帘在池中暂养，第2天再补采；室内采好孢子的网，可以暂养在水池中，等海水条件合适时，再下海张挂，最好是边涨潮边张挂，缩短干出时间，降低死亡率。

第四节　栽 培 技 术

一、海区的选择

在坛紫菜生产上，栽培效果好坏与海区条件密切相关，因此栽培海区的选择是坛紫菜栽培生产中一个至关重要的问题。对于某个具体的海区来说，常常既有优点，又有缺点，在选择作为坛紫菜栽培海区前，必须认真进行调查和反复比较后才能确定。

1. *海湾*

坛紫菜是一种好浪性的大型海藻，野生的坛紫菜多分布于风口浪尖的潮间带岩礁上，经历着风浪的不断冲刷。而在坛紫菜人工栽培中，往往东北或东向海湾栽培的坛紫菜生长速度快、产量高且质量好。因此选择坛紫菜栽培海区时，应选择风浪较大的东北向或东向海湾。

2. *底质和坡度*

底质和坡度对坛紫菜的生长影响不大，但底质对筏架的设置和成叶期的管理影响较大，软泥质底退潮后海水浑浊且浮泥容易附着在网帘上，杂藻多，管理不便。泥沙底或沙泥底较为理想，打桩方便，退潮后行动方便，有利于管理。礁岩质底不易打桩，且不平整，栽培设施不易安装，较少用于坛紫菜的人工栽培。

坡度的大小直接影响半浮动筏式栽培，对全浮动筏式栽培模式影响不大。坡度大，海水回浪大，对筏架的安全有影响。坡度平坦，浮筏安全，可用于半浮动筏式栽培的面积大。

3. 潮位

主要是对半浮动筏式栽培而言,而全浮动筏式栽培不受潮区限制。低潮区:大潮时干出1~1.5 h,坛紫菜干出时间短,生长速度快,但杂藻繁生也快,紫菜易附生硅藻而早衰老,而且对于栽培期间的管理和收割也不方便;中潮区:大潮干出1.5~4 h,干出时间最为合适,既可保证坛紫菜有足够的海中生长时间,又保证有足够的干出时间;高潮区:大潮干出4~6 h,干出时间过长,紫菜生长慢,产量低。因此,目前坛紫菜栽培区一般都选择在小潮干潮线附近开始,向高潮位方向多干出3 h的地带作为半浮动筏式栽培的适宜海区,而在退潮时不能干出的广大浅海区,则是全浮动筏式栽培的适宜海区。

4. 海水的流动

海水流动是坛紫菜叶状体生长必不可少的条件,潮流畅通能保证水质新鲜,紫菜生长快,生长期延长,而且硅藻不容易附着,紫菜质量好。潮流不畅通的海区,气体和营养盐交换差,紫菜生长缓慢,而且容易发生病害。如果海水不流动,紫菜就不能生长,因为紫菜生长所必需的营养成分都由海水带来,海水不流动,必需的营养成分就无法补充。但如果海水流动速度过快,又会对栽培器材的安全和栽培过程的管理造成困难,因此一般认为紫菜养殖区的海水流速为20~30 cm/s(12~18 m/min)比较理想。

5. 营养盐

C、H、O、N、P是藻类生长所必需的大量元素。在栽培海区,C、H、O的需求一般可以得到满足,但N、P的不足往往会成为坛紫菜生长发育的抑制因子。通常用一个海区的含氮量来衡量是否有利于紫菜栽培,紫菜对$NO_3^{2-}-N$和NH_4^+-N都可以利用,通常氮浓度超过40 mg/m^{3}的中肥区,坛紫菜生长好,氮浓度低于40 mg/m^{3}的贫瘠海区,紫菜生长发育会受到限制,甚至发生绿变病。如果缺乏海水分析数据时,可以通过观察海区中野生藻类的长势和色泽来判断,绿藻颜色深,海带呈深褐色是海区水质肥沃的象征;绿藻淡黄绿色,海带呈黄褐色,紫菜呈黄绿色,说明水质贫瘠(表6-8)。

表6-8 不同营养海区紫菜和其他海藻的色泽

种类	肥区	瘦区
浒苔、石莼	深绿色	黄绿色
海带、裙带菜	深褐色	黄褐色
紫菜	黑紫色	黄绿色

一般在河口区有陆地径流带来的大量营养盐,含氮量比较高,但是该区海水盐度的变化幅度也比较大,如果长期使紫菜处于低盐度的海水中,藻体也易发病,因此盐度在19以下的海区通常也不适宜坛紫菜的栽培。

此外,还要重视工业污染问题,栽培海区不宜设在工业污染严重的海区、航道和大型码头附近,以免受船舶油污或船只撞击筏架而造成损失。

二、栽培方式

1. 菜坛栽培

早在300多年前,福建沿海的渔民就有利用自然海区岩礁增殖自然生产的紫菜,这些岩礁被称作"菜坛",这种自然增殖的生产方式称为菜坛栽培(图6-24)。在坛紫菜全人工育苗技术尚未发展起来之前，菜坛栽培是我国坛紫菜生产的主要模式。在每年的秋季紫菜孢子大量放散前，将潮间带礁石上的各种贝类及其他藻类用各种方法清除干净，为坛紫菜壳孢子的附着准备好基质，一般在中秋节前后，即可看见岩礁上长出紫菜苗，当苗长到 10～20 cm 时开始采收。这种方法实际上是属于自然增殖的范畴。采用这种方式生长的紫菜，在过去是我国商品紫菜的主要来源，但由于菜坛面积有限，苗又是靠天然供应，容易受自然海况的影响，波动性很大，所以生产的发展受到很大限制。在坛紫菜人工育苗技术成熟后，这种模式逐渐被淘汰。但近年来，由于野生坛紫菜价格一路走高，这种菜坛栽培模式又逐渐被南方沿海的渔民采用。此外，为了恢复潮间带的坛紫菜藻场，一些科研单位和生产单位采用喷孢子水方法（人工培养的贝壳丝状体，让其放散壳孢子，然后把壳孢子液泼到菜坛上，增加壳孢子的附着量）或者在菜坛上放置丝状体贝壳的方法，对菜坛进行采苗增殖试验，改变了过去完全依靠自然的状况，这种方法已经获得成效，正在南方沿海推广。

图 6－24　坛紫菜菜坛栽培图

图 6－25　菜坛栽培清坛

菜坛栽培主要包括两方面的工作，一是清坛，用各种工具清除岩礁上附着的牡蛎、藤壶、杂藻等大的敌害生物（图 6－25）；二是洒石灰水，把一定浓度的石灰水洒在岩礁上，用以杀灭较小的杂藻及小动物，为壳孢子的附着扫除障碍，准备附着地盘（图 6－26）。洒石灰水一般需要重复 2～3 次，浓度为 8%～18%，主要根据菜坛上的杂藻多少而定，第 1 次浓度高一些，用 18%的石灰水，第 2 次可改用 8%的石灰水，第 1 次洒后 1 周再洒第 2 次，在白露前后再洒第 3 次，这时石灰水的浓度可改为 5%～6%（现在部分地方也改用低浓度的甲醛溶液代替石灰水进行喷洒，操作更为简便）。如果洒石灰水的工作做得比较适时，自然界放散的紫菜壳孢子又比较丰富，一般在最后 1 次洒石灰水后不久，在岩礁上就会长出许多紫菜小苗，一般见苗后 40～50 d，紫菜长到 10～20 cm，就可进行采收，以后每隔 30 d 收 1 次，共收 3～4 次。藻农根据紫菜幼苗出现的早晚把菜坛分为早坛、中坛和晚坛。

2. 支柱式栽培

支柱式栽培（图 6－27）是将竹竿或木桩直接固定在潮间带的滩涂上作为支柱，再将长方形的网帘按水平方向张挂到支柱上，使网帘随潮水涨落而漂浮和干出的一种紫菜栽培方式，最早在日本出现，现在坛紫菜栽培中仍被广泛应用。该种栽培模式可以减轻晒网、调网和收菜的劳动强度，但对养殖海区要求比较高，适合在内湾潮差相对较大、风浪较平静的沙泥或泥沙底和硬泥底潮间带海区栽培。

3. 半浮动筏式栽培

半浮动筏式栽培（图 6－28）是我国独创的适合在潮差较大海区栽培的一种紫菜栽培

图 6－26　坛紫菜泼石灰水或低浓度甲醛溶液清坛

图 6－27　坛紫菜支柱式栽培

模式，在坛紫菜和条斑紫菜中均被广泛应用。半浮动筏式栽培的筏架兼具支柱式和全浮动筏式的特点，即整个筏架在涨潮时可以像全浮动筏式栽培那样漂浮于海面，落潮时筏架露出水面时，它又可以借助短支架像支柱式那样平稳地支撑在海滩上，网帘干出。半浮动筏式栽培和支柱式栽培一样，由于网帘都有一定时间的干出，杂藻不易附生，有利于紫菜的生长，紫菜产量高且质量好。但此方式只能在潮间带的中潮位附近实施，栽培面积受到较大限制。

4. 全浮动筏式栽培

全浮动筏式栽培（图 6－29）适合于在不干出的浅海海域栽培紫菜，在潮间带滩涂面积不大，或近岸受到严重污染的海区，采用这种栽培方式，就可以把坛紫菜栽培向离岸较远处发展。全浮动筏式栽培的筏架除了缺少用于支撑在沙滩上的短支架外，其余结构均与半浮动筏式栽培一致。这种栽培方式，网帘水平张挂于筏架上，随着潮水升降，退潮后不干出，在日本称为“浮流养殖”，如果出苗好，管理得当，产量比半浮动筏式栽培高。但此种栽培模式由于叶状体一直浸泡在海水中，不能干出，容易附生杂藻，不利于紫菜叶状体的健康生长。因此全浮动筏式栽培的筏架必须增设干出装置，现在往往采用泡沫浮球，在需要干出时，人为用泡沫浮球将筏架架离海面，使紫菜叶状体干出，但这种方法只适用于风浪较小的海区。

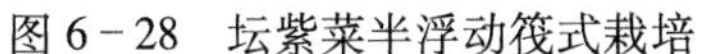
图 6－28　坛紫菜半浮动筏式栽培

图 6－29　坛紫菜全浮动筏式栽培

三、筏架结构与布局

坛紫菜的栽培筏架包括网帘和浮动筏架两个部分。

1. 网帘

网帘是紫菜附着生长的基质，网帘的好坏直接影响到紫菜的产量和质量。理想的网帘材质应具备以下特点：附苗好、杂藻和浮泥不易附着、轻便耐用、成本低廉。

坛紫菜壳孢子附着性的好坏与网线材料的物理结构和对水的结合力有关。一般网线表面由几股 100 μm 的网绳交叉形成凹凸的表面，有利于壳孢子的附着。壳孢子采苗时，网帘材料吸水性越好，则附着的壳孢子数量就越多，而对于生长期的紫菜苗，网帘的沥水性越好，则紫菜苗的生长越好。容易沥水的网线不仅可以淘汰紫菜弱苗，而且淤泥不容易附着，杂藻也不易附生。因此紫菜网帘的材料应选择既易吸水，又易沥水的材料。此外，紫菜网帘大部分时间是漂浮在海水中的，轻一些的网帘有利于日常操作，因此密度为 0.7～0.8 g/cm^3 的材料较好。壳孢子直径只有 10 μm 左右，对于网线粗细要求不大，只需从它的强度来考虑粗细即可。网帘强度包括抗张强度、反复抗弯强度和耐摩擦力三部分。紫菜网帘要适应不同栽培海区的海况，以及操作过程中网帘与网绳、浮梗、浮竹之间的摩擦，因此网帘的粗细要适当，不然网帘容易破损。考虑以上几点，并通过生产实践的验证，在紫菜栽培中，用聚乙烯和维尼纶花股混纺绳是目前较为理想的紫菜附苗器材料，绳粗在 60～90 股单线（直径 2～3 mm）。

紫菜的网帘一般由网纲和网片构成，网纲是网片四周的围绳，它承受了网帘大部分的拉力，因此需用比较粗的绳子，通常是网绳的两倍。网片是网帘的主要组成部分，是由菱形的网眼（网目）编织而成。网眼密，可以增加附苗数量，但会影响潮流，一般以网眼大小 20～30 cm 为宜。

目前，坛紫菜栽培采用的网帘形状和大小各地都不一致。按照网帘的形状，可以分为方形网和长方形网，方形网的规格一般为 1.5 m×1.5 m 和 2.0 m×2.0 m；长方形网的规格较大，小的有 1.5 m×2 m，大的有 2 m×8 m。一般规格小的网帘，操作灵活，但是耗材料、费用高；规格大的网帘，节省材料、费用低，但笨重，操作时容易磨损紫菜。随着今后坛紫菜栽培向机械化发展的需要，网帘的规格应向逐步统一的标准方向发展。

2. 竹帘

目前在坛紫菜栽培的部分海区仍然有采用竹帘作为附苗用基质的传统。竹帘一般采用毛竹、芦竹或篾黄条作为材料来编制竹帘。整个竹帘一般用55~60条,长150 cm、宽1.2~2.0 cm的竹条编成。编帘时用长3.6 m的篾片,按照顺序把竹条逐条夹住,竹条之间的距离为4~5 cm,竹帘全长约3 m。

3. 筏架

(1) 半浮动筏架和全浮动筏架

不同的坛紫菜栽培方式对筏架的要求略有不同,半浮筏栽培的筏架一般由浮梗、橛缆、桩橛、筏架组成。

浮梗:每台浮动筏架有2~3条浮绠,每条长度一般为60 m左右,不超过100 m。浮梗长可以节省橛缆材料,但是长浮梗挂太多网帘易发生拔桩、断梗的危险,风浪大时也容易造成筏架侧翻。

橛缆:用来固定浮动筏架,每台浮动筏架有2~6根,为了使筏架在高潮和低潮时都能保持绷紧状态并漂浮在水面,橛缆必需足够长,否则浮动筏和网帘的安全得不到保证,网帘上的紫菜也得不到合适的生长条件。半浮动筏的橛缆长度(又橛子或锚至第一张网帘的长度)不得少于当地最大潮差值的4倍。橛缆与浮绠的粗细应根据栽培海区水流、风浪及筏架的负荷而定,一般采用直径为16~18 mm的聚乙烯绳。

桩橛:是将浮动筏架固定在海底的设施,根据海底底质特点和各地习惯选用,泥沙底或淤泥底质的基质常常选用竹桩和木桩,砂泥底的常用石桩。底质软的基质打入桩要长,一般为1.6 m以上,硬底的稍短,一般为0.8~1 m。

筏架:由浮竹和支脚组成,浮竹一般选用毛竹,起着漂浮和支撑网帘的作用,长度比网帘宽度长30 cm左右。支脚是半浮筏栽培模式特有的,其主要作用是退潮后支起整个筏架,使网帘干出,高度一般为50~70 cm。为了增加筏架的稳定性和浮力,常在筏架两端设置双架,也有在两端设置浮子,确保涨潮时两端网帘能浮出水面。

全浮动筏架除了没有脚架外,其他和半浮动筏架的结构基本一样。为了适应网帘干出的需要,不少生产单位和科研部门进行了多种试验,创造了各种筏架结构和栽培器材,其中三角式、翻板式和平流式等全浮动筏架的性能较好。

三角式全浮动筏是由两条浮绠组成的筏架,浮绠长60 m,橛缆长27 m,每台筏架用直径为27 cm的玻璃浮子32个;直径为3 cm、长1.6 m的浮竹62支。设置筏架时应注意适当加大橛子间的距离,使橛缆呈八字形。紫菜网帘长12 m、宽2 m,网目为27 cm,网帘的中部增设1条网绳,每台筏架张挂网帘5张,总面积120 m^2。网帘和两边浮绠间的空隙宽度为40~50 cm。两条浮绠之间,每隔4 m有1带钩和长拉绳,位置在网帘下方靠近玻璃浮子处。为了防止网帘中部下沉,在网帘中部的网绳上还可以加几个小浮子。操作时依次拉紧带铁钩的拉绳把小钩挂在浮绠上。在两条浮绠靠拢的过程中将浮竹和网帘向上拱起形成三角形,使网帘出水干出。干出结束后只要取下挂钩,筏架即可恢复原状。这种筏架结构具有省料、成本低、抗风浪性能好、操作简便等优点。

翻板式在宁波一带比较成熟,其结构主要由两条浮绠形成1行(浮绠长80~90 m),可挂网帘4张,浮绠中每隔2 m固定1条直径3~4 cm、长2 m的竹竿,可使浮绠和网帘水平展开。竹竿两头各固定1个泡沫塑料浮子,浮子呈实心圆柱状,直径30~40 cm,高60~80 cm。平时浮绠、网帘、竹竿均浸在水中,浮子在水面上操作时,把浮架翻转,浮子在下,托起浮纲、网帘和竹竿离水，使紫菜和网帘干出，结束后重新把浮架翻转过来即可。

平流式结构接近翻板式，主要由两条浮绠形成1行，把网帘固定于浮绠中间，网帘与浮绠保留20~30 cm间距。在两条浮绠上适当布置实心圆柱状泡沫塑料浮子25~30个。平时网帘和浮梗一直浮在水面。该方式不设干出装置，只需每水采收紫菜完毕后，把网帘运到岸上干出1~2 d，再重新挂到海区，直到下次采收。

（2）支柱式筏架

支柱式栽培和半浮动筏式栽培的主要差别在支脚，半浮动式栽培模式具有50~70 cm的支脚，支柱式栽培不用支脚，二是以整根竹竿或是塑料杆作为插杆，用吊绳将插杆上端和浮竹相连，呈斜拉索状，退潮时使网帘悬空。插竹规格以海区而定，一般为直径10~15 cm，长5~10 m，插杆和浮竹之间的吊绳长度可以调节，可以根据不同海区、潮位、时间、季节与晒网需要调整网帘的干出时间。

4. 海上设置和布局

筏架的海上设置在紫菜栽培中十分关键。在一定面积的海区内，能够设置的筏架数量是有限的，不能无限制地增加。近年来，由于坛紫菜养殖效益较好，渔民养殖坛紫菜的积极性很高，盲目无限制地扩大养殖面积，不断缩短筏架之间的距离和增加网帘密度，造成潮流不畅，栽培培海区超负荷开发，坛紫菜的质量、产量都有所下降，若海况条件不利，会使病害肆虐，给坛紫菜栽培带来严重的损失。

在大面积栽培海区为了保证潮流通畅，应根据不同海区的海水流动状况及营养盐供应情况，对坛紫菜栽培筏架进行合理设置。一般筏架都采用正对或斜对海岸，与风浪方向平行或成1个小的角度。栽培小区、大区之间都应流出一定的通路或航道。生产上，坛紫菜栽培筏架的合理布局应当是筏架间距为8~12 m，小区（由10个筏架组成）距离为20~25 m，大区（由3个小区组成）距离为40~60 m。

四、出苗期的管理

从网帘下海到出现肉眼可见大小的幼苗，这一期间称为紫菜的出苗期。这段时间内，杂藻和浮泥对坛紫菜壳孢子的萌发、生长有较大影响，因此，出苗期要保持潮流通畅，并要经常冲洗苗帘，以保持苗帘的清洁，同时在出苗期要每次潮水有2~3 h的干出时间，这也是提高壳孢子萌发率，保持苗种健康生长的重要措施之一。

坛紫菜从采孢子到肉眼见苗，一般只需10 d左右，长到1~3 cm最多需20 d，出苗期应加强管理，力争做到早出苗，出壮苗，出全苗。

1. 掌握合适的潮位

一般潮位不同，出苗的情况也不同。潮位略高区域的紫菜网帘干出时间较长，出苗时间较迟，但是苗量多杂藻少；在最适宜潮位区域的紫菜网帘出苗早，量大，杂藻较少，一般可以不晒网，但是如果发现杂藻经汛潮干出后仍然没有晒死，可以进行适当晒网；在潮位较低区域的网帘，杂藻生长迅速，而且浮泥较多，需要经常晒网和冲洗浮泥。因此选择适当的潮位出苗，既可以节省人力，又可以获得较好的出苗效果，一般来说潮位在大潮时干出4.5 h是适于坛紫菜出苗的潮位。

2. 苗网的管理

苗网下海后的管理工作主要是清除浮泥与杂藻。坛紫菜采苗的最初几天，为了避免晒死幼苗，可在干出后不断泼水以保证幼苗湿润。壳孢子刚萌发不久的网上由于浮泥与杂藻的附着，妨碍幼苗生长，推迟见苗日期，重者全部包埋幼苗，使幼苗长时期得不到生长而死亡。应及时清洗苗帘，并进行晒网。晒网应在晴天进行，将网帘解下，移到平地上或晒架上摊平曝晒。晒网的基本原则是要把网帘晒到完全干燥，这可以根据手感进行判断，但还需要根据紫菜苗的大小情况进行不同对待。晒网结束后，应尽早将苗网挂回筏架上，如不能及时将苗帘挂回，则应将网帘卷起，暂放于通风阴凉处，切忌将大批没有晒干的网帘堆积在一起过夜。

3. 出苗前的施肥

坛紫菜栽培过程中见苗以前基本不施肥，因为我国南方沿海的海水往往比较肥沃。如果网帘下海 15 d 后仍不见苗或苗数量很少，要及时镜检，苗严重不足时，应及时重新采苗，以免延误栽培季节。

五、紫菜苗网的运输

短途运输：指采好苗的网帘需进行半天以内的运输。在途中应用湿草帘或彩条布遮盖，避免太阳曝晒，运输途中注意保湿，运到栽培海区后及时下海张挂。

长途运输：指采好苗的网帘需经 1~3 d 的运输。紫菜网帘长途运输应尽量选择刚附着好苗的网帘，采用遮光淋水的方法进行运输。坛紫菜幼苗耐干燥能力较强，因此也可以采用大苗网脱水后进行干运，一般成功率较高。

六、成叶期的栽培和管理

当坛紫菜网帘被 1~3 cm 的幼苗所覆盖后，就意味着出苗期的栽培结束，开始进入成叶期的栽培，这一时期管理得好，产量可以增加，如果管理不当，会使产量受到影响。主要的管理工作有疏散网帘、移网栽培、不同潮位网帘的对调、施肥，以及冷藏网的使用等。

1. 筏架管理

每天巡视，特别是遇到大风浪时更要加强防范。检查网帘是否拉平，绑紧、防止卷、垂，纠正高低不平的筏架，使其保持在一个平面上，重新编排被风浪挤在一堆的竹架与网帘；检查固定装置是否牢固，如竹、木桩或石砣是否移位置，桩缏和浮缏有无磨损与断裂，发现问题及时调换加固，确保生产安全。如果养成期间遇到 8~9 级大风，防护不到位可能有拔桩的危险，可采取加固筏架或放松浮缏等方法防风抗浪，也可把筏架移至避风处，但要保持网帘湿润，待大风过后再下海。出苗与养成阶段污泥沉积，易造成紫菜生长困难和腐烂脱落，所以要在涨潮时经常冲洗网帘，保持网帘干净。

2. 调整网帘

网帘刚下海时，大多采取数网重叠的方法进行培育。见苗以后，藻体逐渐长大，如不及时稀疏，幼苗互相摩擦，互相遮光，互相争肥，将严重影响幼苗的生长，严重时开始掉苗，这时首先应把网帘进行稀疏、单网张挂。在移网时最好在涨潮后进行，或边退潮边拆网。如果在干潮后，幼苗已经晒干紧贴在网线上，又互相纠缠在一起，这时拆网便容易损伤幼苗，造成幼苗的流失。

坛紫菜进入成叶期栽培以后，藻体生长的适宜潮位不是固定不变的，应根据藻体的大小，适当调整坛紫菜的干出时间。幼苗培养期间的合适潮位是大潮时干出 3~4.5 h，成菜栽培期间的潮位可以适当调整为大潮时干出 2~4.5 h，后期则可以调整为大潮时干出 5~7 h。

3. 不同潮位网帘的对调

坛紫菜下海后，出苗期藻体的生长以低潮位为最快，中潮位次之，高潮位生长最慢，低潮位是高潮位的 5~6 倍，是中潮位的 2~3 倍；至生长中期，低潮位的紫菜逐渐向宽度增长，宽度生长超过长度生长，高潮位的生长缓慢；到了后期，高、中潮位的生长相对都比低潮位的生长快，而在低潮位长期栽培的紫菜叶状体附着硅藻多，衰老提早，生产也就较快结束。若将网帘低潮位移到高潮位后，可以抑制硅藻的附着和发展，从而延长生长期，提高产量。因此，在坛紫菜栽培的过程中，应根据紫菜的生长情况及杂藻的附着情况，经常将高低潮位的网帘进行对调，以保证坛紫菜藻体又快又好地生长，提高坛紫菜的产量和质量。

4. 施肥

南方海水含氮量比较高，水质比较肥沃，一般不施肥即可进行正常生产。但实践证明施肥可以减轻绿变病的发生，可以促进坛紫菜的生长，增加光泽，提高质量，在生产上以施氮肥为主，可将肥料配成千分之五或千分之十的溶液，用水泵均匀泼洒在栽培海区上。

七、冷藏网

冷藏网技术是利用紫菜叶状体耐干和耐低温的特点，将幼苗长 3~5 cm 的紫菜网帘从海区回收，装袋密封，放到冷库中储存，待需要时出库恢复张挂栽培的方法。冷藏网技术 20 世纪 60 年代在日本普及和推广，是日本紫菜栽培的三大技术革新之一，目前也已在我国的条斑紫菜栽培中广泛应用，但目前在坛紫菜中的应用还比较少。

在坛紫菜养殖中，由于海流、气候条件的影响，坛紫菜会发生生理性腐烂和细菌性腐烂，使坛紫菜生产不能按计划进行，轻者减产，重者无收。利用冷藏网，在壳孢子附着网帘，长到一定大小后把紫菜网运上岸经过处理后置于冷藏库中保存，待海况好转，腐烂期过后再把冷藏网出库下海养殖，这样可以起到防病和稳定生产的作用。如近年来在坛紫菜栽培中频繁发生的高温烂苗事件，如果采用冷藏网，高温期将紫菜置于冷藏库中保存，待病烂期过后再出库栽培，就可以保证生产的正常进行，减少损失。同时，利用坛紫菜和绿藻耐受的温度不同，掌握冷藏的合适温度，对驱除坛紫菜苗网上的杂藻也是一种有效的方法。此外，在坛紫菜栽培中，第 1 水采收的坛紫菜往往具有产量和营养价值高、口感好等特点，利用冷藏网进行多茬养殖，可以显著提高坛紫菜的产量和质量。因此，采用冷藏网技术，可在坛紫菜栽培种的防病稳定生产和提高坛紫菜产量、质量上发挥重要作用。

1. 低温冷藏的依据

低温冷藏的依据是低温使紫菜细胞的代谢活力降低，相当于种子的休眠状态。紫菜通过干燥处理和低温冷藏时，可以起到：① 降低细胞含水量，减少细胞内冰晶体的产生，使细胞在低温时不会被冻伤。由水到冰，体积就增大，当活细胞遇到低温，细胞表面的水分先冻结，接着在细胞内产生冰晶体，体积增大，由于冰晶的机械破坏会使细胞冻伤或冻死。紫菜细胞的含水量越高，析出的冰就越多，细胞受到的破坏就越大。② 提高原生质浓度，降低冰点。紫菜藻体经过干燥处理之后，含水量减少，细胞液的浓度增大，其冰点下降，因而在相当的低温条件下，也不至于结冰，因此紫菜就不会死亡。

经过阴干的紫菜藻体原生质在−34~−33℃时才会出现结冰的状态，如果把紫菜网置于−30~−20℃下密封冷藏，紫菜的成活率可达 90% 以上，即使长期冷冻，死亡率也很低。因此可以认为紫菜冷藏网的冷藏温度以−30℃为最低界限。

2. 冷藏网制作过程

(1) 干燥

坛紫菜冷藏网在冷藏前,首先要进行脱水干燥,把细胞含水量降低到15%~20%为宜。肉眼观察干燥程度的标准是:藻体叶片发硬、手拿时叶片不会下垂,拉长时有弹性,弯曲时不易折断;叶面有光泽,表面有白色晶体盐析出。

(2) 幼苗规格

冷藏的幼苗大小以2~4 cm健康的藻体为最好。幼苗太小,出库后到采收需要较长时间,苗超过5 cm再冷冻,在干燥过程中容易受伤,而损伤的藻体对成活率有影响。

(3) 装袋密封

将阴干后的苗网装入0.2 mm厚的聚乙烯袋内,挤出空气,将袋口扎紧密封,再装入纸箱中,就可以进行冷藏。采用透明的聚乙烯袋密封冷藏,具有3个优点:① 可以保持一定的含水量(20%),使幼苗不至于过分干燥而死亡。如果不装袋密封,在冷藏中水分不断损失,使细胞赖以生存的水分都丧失,就造成叶状体因过分干燥而死亡。② 抑制呼吸作用,降低细胞自身的能量消耗。装入袋内的叶状体,吸收袋内的氧气进行呼吸,并放出二氧化碳,在袋内产生分压,而这种分压能抑制紫菜的呼吸作用,减少紫菜本身的营养消耗,因此能够保持较长的时间。③ 可以鉴别干燥程度是否适宜:0.2 mm厚的聚乙烯袋内,网帘清晰可见,说明干燥程度适宜,如果袋内看起来比较模糊,干燥差,含水量过高,易造成冷藏网出库后幼苗大量脱落死亡。

(4) 冷藏的温度

将密封包装后的网帘先置于速冻库中降温至-20℃,然后移到-22~-18℃的冷冻库冷冻保存,整个冷冻过程中,温度要保持稳定。

3. 冷藏网的出库和网帘张挂的方法

(1) 出库时间

冷藏网出库下海时间主要根据计划生产、海况、病烂和坛紫菜生长情况而定。采用冷藏网进行二茬养殖时,一般在11月下旬出库。若遇到病烂,可根据实际需要适时出库。

(2) 出库和下海方法

从冷库中取出冷藏网时,应连聚乙烯袋一起取出,并迅速浸泡于20℃左右的海水中,待网帘叶片舒张开来之后,绑挂于台架上进行栽培。在此过程中,有几点需要注意:① 冷藏网出库要避开低水温期。12月下旬以后出库,因水温低,坛紫菜幼苗生长慢,效果不太理想。② 冷藏网出库后,必须在短时间内运到海区张挂,否则将影响幼苗的成活率。③ 冷藏网从袋里取出后不要立即拆网,应浸在平静的海水里待叶片恢复后再拆网张挂。④ 出库张挂后的冷藏网在开始的4~5 d内,应尽量避免干出。⑤ 坛紫菜栽培的中、后期,可采取延长干出时间,或者下降水层减弱光照强度以降低紫菜同化作用的方法来防止紫菜过早老化。

第五节 病害与防治

一、发病原因

坛紫菜的病害很多,到目前为止,已发现十余种,其中有些病害的发病机制、症状及防治方法已经明确,但有些则尚未清楚。坛紫菜的病害大致可以分为4种类型:第1种是由病原菌的侵袭引起的传染性疾病,如由紫菜的腐霉菌、壶状菌及变形菌引起的赤腐病、壶状菌病及绿斑病等；第 2 种是由于环境条件不适宜而引起的紫菜生理失调所造成的病害，如常见的缺氮绿变病，由网帘受光不足、海水交换不足及海水盐度低引起的白腐病、烂苗病、孔烂病等；第 3 种是由海水污染引起的，如某些化学有毒物质的含量过高或赤潮所致的病害；第 4 种是紫菜种质退化引起的，多年藻种自留自用、近亲繁殖造成坛紫菜种质退化严重，抗病能力减弱，适应环境能力差，环境或其他条件稍有不适即容易引起大规模病害。除此之外人为因素也是造成或加重坛紫菜病害的诱导因素，如盲目提早采苗时间、栽培过程中的苗密、网帘密、筏架密等三密问题。

二、室内育苗阶段的主要病害

1. 黄斑病

黄斑病（图 6－30）是最常见、危害最大的坛紫菜丝状体病害之一，由好盐性细菌所引起。贝壳边缘出现黄色圆形斑点，以后不断扩大，病斑连成一片甚至遍布整个壳面，至丝状体死亡。此致病病菌是好氧性细菌，光线偏强，温度升高，盐度上升易发生。表层及中层贝壳易发病，盛夏易患此病。

图 6－30　坛紫菜黄斑病

治疗方法：此病传染性强，患病贝壳均应进行隔离培养。一旦发病可用低比重海水（1.005～1.010）浸泡 2～5 d，也可以用淡水浸泡 1 d，当病斑不再扩大或是黄色变白色时，说明病情得到控制；也可以用 2 mg/L 高锰酸钾溶液浸泡 15 h；或是用 2～5 mg/L 有效氯海水浸泡 5～7 d；1.25 mg/L 土霉素溶液浸泡，2～3 d 后换水也可达到治疗效果；100 mg/L 对氨基苯磺酸或 25 mg/L 对硝基酚处理 15～24 h 也能杀死病菌。

2. 色圈病

由微生物引起的疾病，发病初期不易观察，丝状体不同程度褪色形成同心圆圈，相交处有明显的分界线，并有 3～5 mm 的褐红色圆圈，在其外面又有一圈黄白色圈。发病和治愈得早的贝壳丝状体白圈部分仍可长满藻丝。低比重、低光照易发生，常常是底层的贝壳先发病，然后向上移动。治疗方法：可用 2～5 mg/L 有效氯海水浸泡 2～3 d；或是在不脱水的情况下，把病壳置于阳光下直射 15～20 min。

3. 泥红病（红砖病）

泥红病发病初期丝状体呈红砖色，因此也称为红砖病，是由微生物引起的。发病时壳面有泥红色或朱红色斑块，手摸有黏滑感和腥臭味，如果处理不及时，病害很快会蔓延。起初在培养池的边缘和角落发生，随后蔓延至水池中央。水质不清易发病，新的育苗池碱性强，池底易发病（光线弱），表层和中层少，8～9 月水温高，也易患此病。

治疗方法：保存室内通风，新培养池要清洗干净并用海水浸泡，如果发病可以用万分之一漂白粉冲洗病壳，并消毒培育池，然后更换新水；也可用 2～5 mg/L 有效氯的海水浸泡贝壳几天，或低比重（1.005）海水浸泡 2 d 待朱红色消失后，移回培育池；万分之一硫酸锌浸泡 6～8 h

也可治疗此病。

4. 鲨皮病

鲨皮病是贝壳丝状体培育过程中常见的一种疾病，是由碳酸钙在贝壳表面附着造成的，常见于生长密集旺盛的丝状体贝壳，光线强不常换水的贝壳丝状体易发此病。病壳表面粗糙，类似鲨鱼皮，一旦发现病壳，可采取及时换水、降低海水盐度、控制光照强度和施肥量等方法进行防治。

5. 绿变病

由于海水中营养盐不足造成的生理性疾病，发病初期贝壳表面丝状体颜色变浅，继而整个贝壳变为黄绿色，如不治疗则贝壳变白丝状体死亡。可以采取及时添加营养盐，并适当减弱光强的方法进行防治。

6. 白雾病

白雾病是贝壳丝状体育苗过程中常见的一种疾病，危害不大，主要症状是贝壳表面覆盖着一层白色的绒状物，类似白雾，当水温下降时，白雾自然会消失。

三、养成阶段的主要病害

1. 赤腐病(红泡病)

坛紫菜赤腐病在各地有不同的名称，又称红泡病、红泡烂和洞烂，是由紫菜腐霉(*Pythilum porphyrae*)感染引起的真菌性病害。该病最早由新崎盛德在条斑紫菜中发现，之后不少学者对该病的病原进行了研究，1970 年，Takahashi 鉴定并正式命名这种病原菌为紫菜腐霉。紫菜腐霉在分类学上的分类阶元为卵菌门(Oomycota)卵菌纲(Oomycetes)霜霉目(Peronosporates)腐霉科(Pythiaceae)腐霉属(*Pythilum*)。

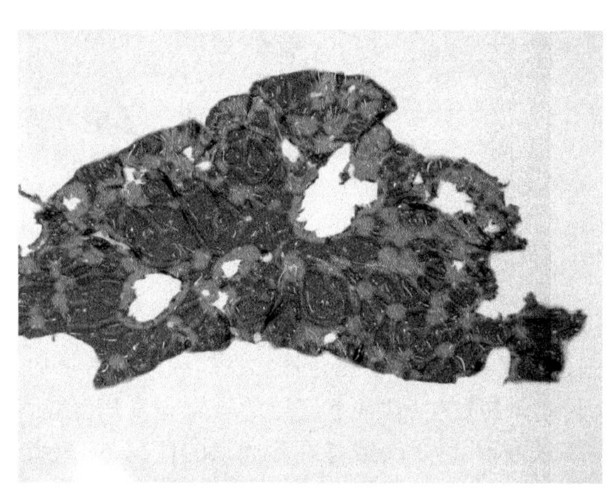

图 6－31　坛紫菜赤腐病

肉眼观察，叶片首先出现 5～20 mm 的小红点，随后出现 1～3 mm 的小红泡，小红泡不断扩大直至红泡穿孔、形成烂斑，烂斑多为暗红色，随着病情的发展，烂斑逐渐扩大，相互连接，形成大的斑块，叶片断裂流失(图 6－31)。病斑初期成为紫红色或者暗红色，随着病程的发展逐渐变为绿色、黄绿色，有时可见绿色病斑部位带有红色水泡，紫菜离水后，水泡破裂，流出红色的液体，露出绿色的病斑，此病发展迅速，从发现症状到叶片溃烂流失只需 5～7 d。

镜检观察，可以看到紫菜腐霉菌丝体穿透细胞，细胞萎缩，颜色加深，使原生质收缩，细胞壁破裂，藻红素消失，藻体溃烂成洞。1 条菌丝可以贯穿多个紫菜细胞，菌丝也可以形成分枝，侵染邻近细胞，到病程发展后期，各条菌丝交错生长，形成密集的网，因此此病发病迅速。

该种病害常出现在 11 月中下旬至 12 月的南风天，此时水温上升，风平浪静，低潮区发病重，高潮区发病轻或不发病(菌丝体不耐干燥，干出 3～4 h 后易死亡)；河口发病重(淡水注入周围，海水比重较轻)，外海区发病轻；台架中间发病重(阻流严重，密度大，潮流缓慢)，边缘轻，帘拖地发病重。

紫菜腐霉不耐低温，不耐干燥，可以利用此特性进行赤腐病的防治。① 低温冷藏：紫菜腐霉菌不耐低温，低于6℃易死亡，因此，可以把网帘进行冷藏，等发病期过后，再将网帘出库生产。② 提高养殖潮位：紫菜腐霉菌干燥4 h后死亡，根据腐霉菌不耐干燥的特性，把低潮区养殖的网帘移至中高潮区，延长干出时间杀死腐霉菌。③ 搬帘上岸阴干：发病时把网帘搬上岸，日晒5~6 h，阴干7~8 d，待海区病况好转后，再下海养殖，这样不仅可以避免病害的发生，保证紫菜继续栽培生产，此外增加干出不仅可以缓和病情，减轻病害发生，而且可以杀死硅藻、绿藻等，提高紫菜质量。④ 采用酸碱性表面活化剂、非离子表面活化剂等杀死菌丝；使用多种有机酸混合而成的药剂，处理浓度1%，浸网时间20 min，可有效抑制病菌生长。⑤ 抢收：减少病藻的传染机会，减少损失。

2. 拟油壶菌

拟油壶菌也称壶状菌病或壶菌病，是由拟油壶菌（*Olpdiopsis* sp.）寄生于紫菜细胞引起的1种真菌性紫菜病害，与赤腐病并列为紫菜栽培的两大主要病害，该病是导致网帘掉苗的重要原因之一。新崎盛敏（1960）首先报道此病并命名为壶状菌病（Chytrid blight disease），之后就沿用这种叫法，不少学者对这种病害病原、症状、发生原因等进行了研究，马家海（1992）对条斑紫菜壶状菌病进行了详细的研究，认为该菌隶属于鞭毛菌亚门（Mastigomycotina）卵菌纲（Oomycetes）链壶菌目（Lagenidiales）拟油壶菌属（*Olpdiopsis*），因此该病名应更名为“Olpidiops-disease”，中文名称应为拟油壶菌病。该菌菌体直径为5.8~18.2 μm，显微镜下观察菌体呈椭圆形或圆形，在宿主细胞内呈壶状，体内有大小颗粒和油滴，颜色稍带发亮的淡绿色或黄绿色。

该病主要发生在小苗期，发病部位不定，发病初期不易观察，病斑仅仅为针尖状的小红点，到中后期红点扩大，变为黄绿色的病斑，病斑扩大溃烂成洞，叶片被海浪冲刷流失。该病症状与赤腐病相似，有时两病同时并发。

该病菌耐低温，耐干燥，对盐度适应能力强，防治较为困难，只能以防为主。在坛紫菜栽培时，网帘、筏架不能过密，保证潮流通畅，出苗期给以充分的干出，努力培育健康的苗种。一旦发病，要迅速把紫菜苗网送入冷库冷藏，以阻止海区内游孢子传染的可能性。

3. 绿斑病

绿斑病致病菌为柠檬假交替单胞菌（*Pseudoalteromonas citrea*）。齐藤雄之助在1968年首次报道并命名了条斑紫菜绿斑病，之后多名学者对紫菜绿烂病进行了研究，指出紫菜绿烂病因多数是属于假单胞菌属（*Pseudomonas*），闫咏等（2002）分离并确定了绿斑病致病菌为柠檬假交替单胞菌。该病多见于紫菜幼叶期或成叶期，发病初期叶片靠近基部附近出现针尖状红色小斑点，而后红色小斑点变为绿色小斑，随着病情的发展变为深绿色的大斑，有的病斑周围出现1 mm以上的绿带，内部呈白色，若发生在叶片边缘则呈半圆形，病情严重时许多圆形和半圆形烂洞相互连在一起，叶片烂断脱落。显微镜下观察叶片病变部分细胞收缩，细胞发生质壁分离，部分细胞质流出，有些原生质体游离出来。此病无特效防治方法，降低栽培密度可以预防此病的发生，降温对病程有延缓。

4. 白腐病

白腐病主要发生在叶状体发育的早期，特别是低潮位生长快的叶状体发病严重。病因是网帘干出不足、水流不畅及受光不足等条件恶化引起的紫菜生理障碍，一般认为是一种生理病。发病初期叶状体尖端变红，在水中呈铁锈红色，后由黄绿变白，逐渐溃烂，患病轻的叶片上留有孔洞与皱纹，重的整个叶状体坏死。

发病规律：天气闷热，温度回升时易发病。紫菜叶状体长达2~3 cm及以上时也易发病。

预防方法：筏架和网帘的密度施放不可过密，网帘不能松弛，保持经常有干出机会，保证栽培区域潮流通畅，叶片有良好的受光。一旦出现白腐病，若发病量不足30%，可短期冷藏，栽培环境好转后出库继续栽培，如果超过30%，应将网撤去。

5. 烂苗病

烂苗病是由细菌或病毒引起的，主要由于栽培密度过大、海水污染或气候恶化所引起。其主要症状是颜色异常，逐渐褪色，不久尖端变白，藻体弯曲溃烂流失。也有的幼苗尖端生裂片，或者中间变细扭曲呈畸形。近年，福建、浙江沿海坛紫菜栽培多次暴发大面积烂苗病，损失严重，菜农只能望菜兴叹。

主要原因：① 受秋季高温气候影响：坛紫菜壳孢子采苗下海后水温持续异常偏高。据报道，坛紫菜壳孢子萌发见苗到50 mm左右的适温范围为23~25℃，水温长时间持续在27~29℃及以上时，并且有4 d以上的南风及偏南风，就会使紫菜基部先溃烂脱落。② 壳孢子苗帘附苗密度过高，海区养殖密度过高、布局不合理，直接造成潮流不畅，坛紫菜对必需的营养盐、CO_2等营养物质的补充和代谢废物的及时转移与降解受阻；同时使得表层水温快速上升；藻体易被浮泥附着，杂藻容易附生；这些都加重了紫菜的病烂。③ 网帘上附着浒苔等杂藻和污泥未能及时清洗，不利紫菜生长，易发紫菜病烂。④ 苗种多年自留自用，造成坛紫菜种质退化，苗种抗逆性减弱也是造成疾病的原因。

防治措施：采壳孢子苗时防止密度过大，合理布局，注意筏架设置与海区布局的密度，保证潮流通畅；网帘浮泥过多，会引起或加重病情，应及时冲洗附着在幼苗上的浮泥；延长干出时间，一旦发病，已发病网帘运上岸晒网1 d，再室内阴干1 d，挂回海区；扩大网目，编织方形网目网帘；加强优良品种的培育和推广。

6. 绿变病

绿变病主要是由营养盐缺乏（主要是缺氮）引起的生理性疾病。发病初期叶状体由黑紫色逐渐变为淡紫红色，藻体发软，弹性差，生长缓慢或停滞，病情进一步加重时，随着藻红素消失，藻体变为黄绿色，外观粗糙，无光泽，易断。镜检发现叶状体体细胞原生质收缩，细胞间隔增大，细胞壁明显，液泡增大，细胞中空，色素体破坏。

绿变病主要是由于营养盐不足引起的，但潮流缓慢、强光照、高透明度、低潮位等也是病害发生的原因所在。发病规律：① 主要在非河口区域大面积坛紫菜栽培区域发生，发病海区氮营养盐缺乏，未发病时$NO_3^- - N$大于30 mg/m^3；发病时$NO_3^- - N$小于10 mg/m^3；严重发病时$NO_3^- - N$为零。② 大潮发病轻或不发病，小潮发病严重；小潮时开始发病，大潮时病情减轻，这是因为小潮流速小，潮差小，营养盐交换不充分，所以发病重；大潮水流速大，单位时间里流过紫菜的海水多，营养盐补充多，所以发病轻。③ 低潮区先发病，然后向中、高潮区移动，这是由于低潮区干出时间短，营养盐含量低，而中潮区干出时间长，营养盐含量高。④ 湾口潮流大发病轻或不发病，湾内潮流小发病严重。⑤ 河口区发病轻或不发病，外海区发病严重，河口区有淡水注入，营养盐丰富，病情轻或无病，外海区，营养盐低，易发病。⑥ 海区透明度增大易发病，未发病时透明度50~100 cm，发病时透明度200~300 cm，南风天，光照强度大时易发病。

绿变病的可以根据气象条件或是指示生物等进行预测：① 根据气象，海况的变化进行判断：降雨量小，西南风，光照大，透明度突然增大，小潮有雾等天气往往是病害发生的前兆，要采取措施，缓和病情。② 通过生物指示种的颜色变化来判断海区含N量的变化：含氮量不足时，浒苔、石莼等的颜色由深绿转向黄绿，藻体发软，弹性减弱时就应引起注意。③ 海水含氮量的测定：$NO_3^- - N < 30\ mg/m^3$ 易发病，$NO_3^- - N > 38\ mg/m^3$ 逐渐好转。

防治措施：① 施肥：退潮干出后，叶状体保持湿润时，施肥1%硫酸铵或室内浸泡1%硫酸铵1~2 d，颜色好转后再取出挂在海区养殖。② 沉桩：涨潮时，不让浮筏浮在水面上，而让其下沉到水的中下层，减少光合作用时间和能量消耗，同时由于网帘处在海水的底层获得比表层更多的氮补充，故能缓和病情，根据病情一般沉桩3~5 d后，有明显效果。③ 提高养殖潮位，延长干出时间：根据高中潮区发病轻、低潮位发病重的规律，把低潮区的网帘移到中高潮区养殖，延长干出时间，减少光合作用时间，也可达到减少叶状体内能量消耗的效果，如果提高潮位后再结合施肥，沉桩则效果更好。④ 抢收：把已能抢收的藻体及时剪收，减少争肥料的藻体，同时减少潮流阻力，缓和病情。

7. *癌肿病*

癌肿病是由于栽培海区污染引起的紫菜生理性疾病，发病时叶片皱缩、无光泽、表面粗糙、呈厚皮革状、色黄带黑。此病多由工厂废水排放污染海水引起，无任何防治方法，只能通过消除海区污染源或避免在这些海区进行栽培来降低危害。

第六节　收获与加工

一、采收时间

合理采收可以提高紫菜的产量和质量。适时地采收紫菜，既可以避免紫菜被风浪打断，又可以减缓紫菜老化，直接影响紫菜产值。紫菜采收长度要根据栽培海区海况而定，风浪较大的海区，当藻体长到15~20 cm时就可以进行采收，风浪较小的海区可以适当长些再采收，但不宜过长，过长会因紫菜边缘形成生殖细胞，放散果孢子，而降低紫菜质量。坛紫菜从9月上旬开始采壳孢子，在正常的情况下，30~50 d后就可以进行第1次采收（头水）。河口区营养丰富，如果潮流畅通，30 d后就可以进行第1次采收。外海区营养盐含量稍低，45~50 d也可收获，在长达5~6个月的养殖时间，可采收6~7次。

坛紫菜最佳采收时间在上午。保证紫菜质量，应尽量避免下午采收，第2天加工。坛紫菜在快速生长期，最快日生长速度高达4~5 cm，从第2水采收开始，可以每隔7~10 d就采收一次。

为了便于后期加工，采收紫菜的时候还要密切关注天气，晴天可以多收，阴雨天少收，大风前要及时抢收，收获的紫菜如果不能及时加工，应用干净的海水将原藻洗净，沥干水，放置于通风处阴干，等待天气晴朗时再加工。

头水紫菜薄，蛋白质、呈味氨基酸含量高，纤维素含量低，随着采收次数的增加，紫菜的蛋白质、呈味氨基酸含量降低，品质逐渐变差。

二、采收方式

坛紫菜初期可以采用拔收，减少其密度，以后剪收。紫菜是散生长的藻类，藻体的营养细胞都有分生能力，根据这个特点，在藻体长到一定长度时，进行采收，留下一定长度的紫菜，藻体还可以继续生长。剪收时不能剪得太短，否则细胞数目少，长度增长慢。据报道，早中期采收的坛紫菜，剪留的长度以8 cm为宜，后期（第5水以后）紫菜长度增长慢，宽度增长快，藻体老，不能留得太长，留 5 cm 为宜。近年来，坛紫菜采苗密度大，当叶状体长度达到 10～15 cm 时，可以先拔收（不用剪收）一部分，这样可以适当地进行稀疏，减少坛紫菜的密度。

1. 手工采收

手工采收条件艰苦，劳动效率低，劳动强度大，在小面积的坛紫菜栽培中仍然普遍采用，而大面积的坛紫菜栽培已逐渐被机械采收所取代。手工采收方法有采摘法和剪收法两种，大都在干潮时间进行。采摘法就是用手将紫菜从网帘上拔下来，采收时，先把网帘上提，让紫菜下垂，在离网帘 8 cm 处用手将大的紫菜拔下，防止将小紫菜拔下，又可以使紫菜留下的部分继续生长。剪收法就是用剪刀剪收网帘上的紫菜，坛紫菜初期（第 1、第 2 水）可以采用拔收采摘法，以达到疏苗的目的，后期可进行剪刀剪收。最后 1 水的紫菜采收也可采用采摘法将紫菜全部拔尽。

2. 机械采收

高速采摘船是 20 世纪 80 年代研发出来的紫菜采收装置，最早在条斑紫菜栽培中广泛使用，近年来在坛紫菜全浮动栽培中也逐步得到了推广。它由船体和采收收割机装置组成，船体前沿装置 1 台液压控制式的紫菜收割机，收割机可轴带驱动，也可自带动力驱动，船尾设有船只驱动机械（图 6－32）。高速采摘船能自动将采收下来的紫菜收集于船舱。此种采收船适用于全浮动筏式紫菜栽培，这种采收方式省时省工、效率高，在坛紫菜栽培中具有广泛的应用前景。

图 6－32　坛紫菜高速采摘船

采用高速采摘船采收坛紫菜的一般流程是：将收割机固定安装于采收船中→将采收船开进紫菜栽培区内→关停采收船动力→拉起筏架把网帘平铺于收割机上→发动收割机配置的动力→船头船尾各站一人→拉紧浮绠横向前进。

三、运输和保鲜

采收的坛紫菜叶状体仍是活体，会进行呼吸作用，需要消耗大量的氧气，因此，采收的紫菜必须当天运上岸，24 h 内完成加工，不然积压的紫菜温度不断上升，断面伤口溃烂，用淡水冲洗后紫菜色素体容易溶解，加工后的紫菜颜色变暗，失去光泽，口感和质量下降。如果采收的紫菜需短暂存放后再加工，可将采收后的紫菜薄薄地平铺在晾菜架上，待剔除杂物和泥沙后再进行加工。

此外也可以将紫菜脱水后装入塑料筐放入冷库中冷藏保鲜。具体步骤是：① 清洗：用干净的海水清洗,去除泥沙杂质及杂藻。② 脱水：将原藻放入大口网袋中,用大型脱水机脱水,去除藻体表面水分,脱水后将原藻疏散开,疏松地放入浅口木箱或带网的托盘中风干 1 h 左右,然后把木箱或托盘放入塑料袋密封,置于 -20℃ 冷库中保存。这种方法可保存 1 个月以上。③ 解冻：将冰冻的紫菜放入干净的海水中解冻,在 30 min 内解冻完毕后,即可以进行后续加工程序。

四、加工

采摘回来的坛紫菜应在 24 h 内完成加工或是冷藏保鲜,切勿带水堆放,以免引起紫菜腐烂、变质,影响紫菜质量。坛紫菜产品基本上都是内销,加工成品多为直径 20 cm 的圆饼菜和长 30～50 cm 的方饼菜。加工方法基本采用手工操作或半自动机械加工。加工是紫菜栽培过程的最后环节,加工技术好坏直接影响质量。现在也有一些坛紫菜采用条斑紫菜加工机加工成海苔片,加工方法与条斑紫菜完全一致,这里就不再进行介绍。

坛紫菜的加工工序大致分为：洗菜、制菜饼、干燥、包装与保存。

1. 洗菜

刚采收回来的鲜菜上经常会附着泥沙、杂质和硅藻,加工前要将这些清洗干净,否则会造成干紫菜光泽度下降、品质变差。一般用干净自然海水漂洗叶状体 10～30 min,去除藻体上附着的沙、浮泥、杂藻等,具体时间视藻体上附着的泥沙和杂藻而定。

2. 制菜饼

把一定量的紫菜放在菜板上,让菜均匀分布。外销坛紫菜一般都制成直径为 20 cm 的圆形菜饼,内销的坛紫菜根据各地消费习惯一般制成直径为 30～50 cm 的方饼菜。制饼一般都采用人工进行操作,方法是将菜帘放入淡水桶中,把圆形的铁环放入帘上,取一定量的紫菜放入铁环中,抖动菜帘,使紫菜在环内均匀分布,随后平稳地提起帘子,沥干水分后将菜饼拿去晒干或是烘干。

3. 干燥

传统手工加工坛紫菜主要选择天然干燥,将脱水或沥水后的菜帘按照一定角度倾斜放置在晒架上晾晒。晾晒时,一般朝上部分菜饼先干,因此晒一定时间后应调换菜帘上下位置,使之均匀干燥。自然晒干受自然条件影响大、耗时耗工、加工效率低,因此越来越多的紫菜加工选择烘干机烘干。一般较适宜的烘干温度为 45～55℃,烘干时间为 10～150 min。

干燥后的紫菜,一级加工：烘干 1 次,含水量为 10%～15%,储存 2 个月左右,色泽和质量就会降低。二级加工：烘干两次,含水量为 2%～3%,密封后,-20℃ 可放 2～3 年不变质。

4. 包装和保存

将晒干或烘干的紫菜饼装入透明塑料袋中密封保存。

晒干后的坛紫菜非常怕潮湿,如果长期保存,必须经过 2 次干燥,使含水量降至 2%～3%,并且尽量减少与空气接触,要装在密封袋中(彻底防潮)然后装入纸箱,放在干燥的房间内保存。烘干或晒干的菜饼,含水量仍在 10%～15%,在制饼的过程中,去盐不干净的紫菜饼容易吸潮,含水量还会提高。含水量在 10% 以上的菜饼,保存时间不会很长,2～3 个月后就变质,变质的紫菜为由紫黑色变为紫红色,失去光泽,并带有霉味,避免紫菜变质的根本办法应当从加工和保存两个方面着手解决：① 降低菜饼的含水量：即对烘干或晒干的菜饼进行二次烘干,使含水量降到 5% 以下。② 使用质量好的包装袋,袋内再装上干燥剂,进行密封保存,一般可保存半年以上。

五、质量鉴别

坛紫菜的味道是由谷氨酸、丙氨酸、甘氨酸等呈味氨基酸及黄尿核苷酸、乌苷酸等核酸物质及糖类组成，一般含有上述物质的紫菜含氮量及色素含量均较高。

1. 感观鉴别

品质优的坛紫菜，颜色深（黑紫色），有光泽（亮），厚度很薄，没有绿藻混杂，可以闻到特殊的藻香味。而品质低劣的坛紫菜，则颜色浅（紫褐色带绿），光泽差，藻体厚，有绿藻混杂，闻不到特殊藻香味。

2. 烤色鉴别

将坛紫菜干品放在150℃左右的高温下烤几秒，品质优的坛紫菜，烤后呈青绿色，味道香美；而品质低劣的坛紫菜，烤后呈黄绿色，味道差；变质的坛紫菜则无论怎么烤，也不会变成青绿色或黄绿色。

3. 温水浸泡

鉴别坛紫菜质量最简单的方法是采用温水浸泡，如果紫菜在温水中很快恢复原形，说明质量好，否则质量差。

第七节　品 种 培 育

总体而言，紫菜育种技术严重落后于经济作物。早期紫菜育种技术水平较低，采用的是传统育种技术，主要以紫菜群体或个体为研究对象。最早是直接从自然群体中筛选出个体大、色泽好、藻体健壮的个体为苗种，采用果孢子采苗进行培育。随着科学技术进步，发展到从栽培群体中筛选性状优良的个体进行留种栽培，经过生产实践检验后再推广。日本紫菜育种研究工作开展相对较早，1957 年，新崎盛敏观察到紫菜栽培种群中出现可遗传的生长性状具有差异的个体，并就此提出了紫菜遗传育种的概念。1962 年，日本的紫菜研究者首次进行了甘紫菜（*P. tenera*）的育种实验，并在 1969 年开展了条斑紫菜的育种研究。他们经过多年反复筛选和生产验证，培育出具有稳定遗传性状、经济价值突出的变异种紫菜：奈良轮条斑紫菜（*P. yezoensis*. f . narawaensis）和大叶甘紫菜（*P. tenera* var. tamatsensis）。

相比其他紫菜品种，我国坛紫菜的品种选育工作开展得较晚。20 世纪 70 年代，我国坛紫菜栽培所需要的种菜一般来源于海边潮间带岩礁上生长的野生紫菜。80 ~ 90 年代，随着坛紫菜栽培面积的迅速扩大，野生种菜供不应求，只能用人工栽培网帘上的坛紫菜作为种菜，而且大部分养殖户均连续多年采用自养自留的栽培方式，也即每年随意从海区采集坛紫菜作为种菜，没有经过严格的挑选和种质改良。这种种苗培育方式最终造成坛紫菜种质持续退化，主要表现在藻体叶片较厚，蛋白质含量较低，味道较差，且产量下降。更为严重的是，坛紫菜藻体对病害和不良环境条件的抵抗力显著下降，几乎每年均会发生一定规模的烂菜和掉苗灾害，严重时造成上万亩的栽培网掉苗，经济损失十分惨重。因此迫切要求对坛紫菜进行种质改良，以培育优质、高产、抗逆的新品种，来保证坛紫菜栽培产业的健康持续发展。

2000 年后，国家对坛紫菜的育种研究开始重视，重大科研经费投入不断增加，先后启动了坛紫菜育种相关的 3 期 863 计划、农业公益性行业科研专项和一批省部级科研项目，国内的藻类研究者纷纷开始开展坛紫菜育种研究工作，使坛紫菜育种研究得到了长足发展，并取得了一系列科研成果。先后建立了坛紫菜种质资源库，阐明了坛紫菜生活史的减数分裂发生在壳孢子萌发时的第 1 次和第 2 次细胞分裂时期，掌握了坛紫菜雌雄叶状体均可通过单性生殖繁殖后代，分别建立了坛紫菜细胞诱变技术、人工色素体分离技术、单性生殖育种技术、体细胞克隆技术等系列遗传育种技术，选育出了一批各具优良性状的坛紫菜新品种（系），在生产上进行了大规模中试推广，促进了坛紫菜栽培产业的持续稳定发展。

一、坛紫菜育种技术

坛紫菜生活史具有特殊性，其壳孢子经减数分裂后萌发成四分体，进而成叶状体，而四分体细胞的发育不均衡，通常基部 1~2 个细胞严重滞育，只占成熟藻体中很小的一部分。所以每个坛紫菜叶状体的大部分是由 2~4 种遗传组成不同的单倍体细胞组成的嵌合体。这导致除了子代之间发生性状分离外，坛紫菜个体的不同细胞间也存在性状差异，这就增加了育种、保种和制种的难度。20 世纪以来，国内多个课题组开展了坛紫菜的育种技术研究，先后建立了选择育种、诱变育种、杂交育种、细胞工程育种、分子标记辅助育种等技术，广泛应用于坛紫菜的良种选育。

1. 选择育种

这是坛紫菜栽培生产中最早采用的良种选育技术，该技术从坛紫菜野生群体中筛选个体大、色泽好、性状明显的个体，或者从栽培群体中筛选性状优良的个体，经多代连续选择，直到形成性状稳定的品系。为了建立优良个体的纯系，研究人员引入了体细胞酶解和克隆纯化技术，再经多年多点的生产性状检验后推广应用。

2. 诱变育种

采用物理或化学诱变技术处理藻体，使其发生突变而产生新物种的育种技术，具有育种所需时间短、成功率较高等优点。从处理的藻体中直接挑选出目标细胞、细胞块或藻体进行扩繁，后续培养中可增加选择条件进行目标性状的筛选以获得新品种。

物理诱变方法主要是应用高能辐射，如 γ 射线、X 射线、紫外线等照射进行诱变，紫菜育种中常用放射性同位素^{60}Co 发射 γ 射线进行诱变。紫菜是一种抗逆性很强的生物，与高等植物相比，紫菜对 γ 射线有极强的耐受力，因此在辐射处理前，一般需要去除细胞壁以提高处理效果。即使如此，将坛紫菜和条斑紫菜叶状体体细胞经酶解后获得的原生质体在 1 800 Gy 的^{60}Co－γ 射线下照射 978 秒后，还有近半数细胞可以存活（匡梅等，1997）。与叶状体相比，丝状体的细胞壁较薄、胶质较少，无需去除细胞壁就可以用于 γ 射线诱变处理。利用^{60}Co－γ 射线对坛紫菜自由丝状体藻段（150~300 μm）进行诱变，剂量达到 500 Gy 时，丝状体存活率小于 50%，但经 γ 射线辐照的坛紫菜丝状体的耐受力明显提高，即使二次辐照的剂量达到 900 Gy，存活率依然高于 50%（陈昌生等，2005）。经辐射处理后的藻体，在黑暗条件下培养 24 h，再恢复正常光照培养一段时间后，即可进行目标性状的筛选，筛选的一般程序是：首先根据色泽和形态，从 γ 射线诱变处理的样品中挑选变异丝状体藻落（叶状体细胞也可以萌发成丝状体）单独培养，选择生长较快的株系进行扩大培养，接种到经消毒处理的干净贝壳上；静置 2 周，待大部分丝状体钻入贝壳后，去除贝壳表面的丝状体，将贝壳移至合适条件下促进贝壳丝状体的生长发育，待贝壳表面出现壳孢子囊枝后，进行壳孢子放散，收集萌发的子一代叶状体幼苗；酶解子一代叶状体，获得单克隆细胞，经染色体自然加倍萌发成丝状体，收集丝状体经促熟促放后即可得到子二代叶状体；然后再根据色泽、生长速度、抗逆性等性状筛选二代叶状体进行二次酶解，并经单克隆培养诱导获得纯系丝状体后作为种质，最后经多年多点的生产性状检验后再推广应用。

常用的化学诱变试剂有1-甲基-3-硝基-1-亚硝基胍(MNNG)、甲基磺酸乙酯(EMS)和秋水仙素等。诱变处理后,将变异株系转移至合适的培养条件下培养,后续选育过程与γ射线诱变相同。

3. 杂交育种

杂交育种是指以基因型不同的藻种(或品种)进行交配或结合生长成杂种,通过培育选择,获得新品种的方法。杂交育种是一种经典的育种方法,可以将多个品系的优良性状汇集到一个品系中。与条斑紫菜相比,坛紫菜的杂交育种起步较晚。陈昌生等(2007)用雌性野生坛紫菜和γ射线诱变的红色雄性坛紫菜杂交,获得的果孢子萌发成丝状体,后续选育过程与γ射线诱变相同,选育出了具有耐高温、耐低氮磷营养等优良性状的多个品系。徐燕等(2007)运用杂交育种技术获得了大量色素突变体,这些突变体的色素蛋白含量差异较大,导致色泽明显不同。此外,还可以进行种间杂交。吴宏肖等(2014)将印度产紫菜 *P. radi* 野生品系与坛紫菜诱变品系杂交,获得了一个具有生长快、品质好、壳孢子放散量大等优良性状的新品系。

4. 细胞工程育种

用细胞融合的方法获得杂种细胞,利用细胞的全能性,用组织培养的方法培育杂种植株的方法。首先将坛紫菜体细胞酶解获得原生质体,然后在合适的条件下将不同基因型的细胞融合,扩繁后即可用于育种。除了可以将不同品系的坛紫菜体细胞融合外,还可以将坛紫菜与条斑紫菜的体细胞进行融合。体细胞融合的效果不稳定,即使发生核融合,不同来源的染色体仍然会出现相互排斥现象。

5. 分子标记辅助育种

利用与重要经济性状连锁的分子标记或功能基因来改良品种的分子育种技术,该技术具有选择不受环境条件影响,选择效率和准确性高、育种周期短等优点。紫菜中常用的分子标记包括SSR(简单重复序列)标记、RAPD(随机扩增多态性)标记和AFLP(扩增片段长度多态性)标记等,新一代的SNP(单核苷酸多态性)标记尚未有在紫菜中成功应用的报道。现在紫菜育种中一般用分子标记对种质品系进行遗传多样性分析,进而为杂交育种中的亲本选择提供依据;集美大学课题组还利用分子标记技术构建了坛紫菜的遗传连锁图谱,并初步实现了藻体长度、宽度、厚度等6个性状在遗传图谱上的QTL定位。但截至目前,尚没有利用与重要经济性状连锁的分子标记或功能基因来改良品种的报道。

二、我国育成的主要坛紫菜品种及其性状特点

目前已经有4个坛紫菜新品种通过了国家水产原种和良种审定委员会的审定,它们分别是:“申福1号”、“闽丰1号”、“申福2号”和“浙东1号”。

申福1号:该品种为上海海洋大学以野生坛紫菜为对象,通过诱变和体细胞再生等技术选育而成,具有产量高、生长期长、藻体薄、耐高温性能好等优点。

闽丰1号:该品种为集美大学以采自福建省平潭岛的野生坛紫菜为对象,通过诱变、杂交和单克隆培养选育而成,具有耐高温、生长期长、生长速度快,产量高等优点。

申福2号:该品种为上海海洋大学和福建省水产技术推广总站以采自福建省平潭岛的野生坛紫菜为对象,通过诱变、单性生殖和体细胞再生等技术选育而成,具有生长速度快、生长期长、壳孢子放散量高和耐高温等优点。

浙东1号:该品种为宁波大学和浙江省海洋水产养殖研究所以采自浙江渔山岛的野生坛紫菜为亲本群体,采用体细胞工程育种技术选育而成,具有藻体厚、产量高和壳孢子放散量高

等优点。

此外,还有多个选育的坛紫菜新品种(系)正在进行生产性中试。这些坛紫菜新品种(系)在福建、浙江和广东沿海进行的大规模中试或推广应用,在很大程度上推动了坛紫菜产业的良种化进程。

参考文献

陈昌生,纪德华,王秋红,等. 2005. 坛紫菜丝状体种质保存技术的研究[J]. 水产学报,29(6):745-750.

陈昌生,纪德华,姚惠,等. 2004. 不同品系坛紫菜自由丝状体在异常条件下生长发育的比较[J]. 台湾海峡,23(4):489-495.

陈昌生,纪德华,叶红莲,等. 2005. 坛紫菜自由丝状体的γ射线辐照及培养的研究[J]. 应用海洋学学报,24(2):165-170.

陈昌生,翁琳,纪德华,等. 2007b. 冷藏保护剂对坛紫菜幼苗冷藏效果的影响[J]. 中国水产科学,14(3):450-456.

陈昌生,翁琳,汪磊,等. 2007c. 干出和冷藏对坛紫菜及杂藻存活与生长的影响[J]. 海洋学报(中文版),29(2):131-136.

陈昌生,徐燕,纪德华,等. 2007a. 坛紫菜品系间杂交藻体选育及经济性状的初步研究[J]. 水产学报,31(1):97-104.

陈昌生,徐燕,谢潮添,等. 2008. 坛紫菜诱变育种的初步研究[J]. 水产学报,32(3):327-334.

陈昌生. 1992. 坛紫菜和条斑紫菜的原生质体电融合[J]. 生物工程学报,8(1):65-69.

陈高峰,饶道专. 2013. 坛紫菜机械化收割技术应用[J]. 水产养殖,(6):37-38.

陈人弼. 1999. 坛紫菜主要营养成分的分析[J]. 台湾海峡,18(4):465-468 .

戴继勋. 2000. 用细胞工程技术发展我国的紫菜养殖业[J]. 生物工程进展,20(6):3-8.

董宏坡,左正宏,王重刚,等. 2004. 福建省平潭海区坛紫菜品质性状的分析[J]. 厦门大学学报,43(5):693-696.

费修绠. 1999. 第三章紫菜的苗种生物学基础//曾呈奎. 经济海藻种质苗种生物学[M]. 济南:山东科学技术出版社.

福建省海洋与渔业局. 2005. 福建海水养殖[M]. 福州:福建科学技术出版社.

何培民,秦松,严小军,等. 2007. 海藻生物技术及其应用[M]. 北京:化学工业出版社.

胡银茂. 2006. 紫菜育种研究历史及现状[J]. 宁波教育学院学报,8(4):22-26.

黄春恺,严志洪. 2004. 坛紫菜苗种室内培育技术[J]. 水产科技情报,31(5):200-202.

黄春恺. 2002. 坛紫菜养殖海区采苗时间的正确选择[J]. 海洋渔业,24(3):141-142.

纪德华,谢潮添,徐燕,等. 2008. 坛紫菜品系间杂交子代杂种优势的ISSR分析[J]. 海洋学报,30(6):147-153.

姜红霞,汤晓荣. 2003. 红藻育种研究进展[J]. 海洋科学,27(6):25-30.

匡梅,王素娟,许璞. 1997. γ射线对条斑紫菜和坛紫菜诱变作用的初步研究[J]. 上海海洋大学学报,6(4):241-245.

赖平玉. 2009. 2008年秋季福鼎市坛紫菜病烂情况调查与对策[J]. 现代渔业信息,24(7):6-9.

李秉钧,石媛媛,杨官品. 2008. 紫菜育种的困难与对策分析[J]. 海洋科学,32(7):85-87.

李世英,郑宝福,费修绠. 1992. 坛紫菜北移研究[J]. 海洋与湖沼,23(3):297-301.

李世英,郑宝福. 1992. 坛紫菜与条斑紫菜轮栽试验[J]. 海洋与湖沼,23(5):537-540.

林汝榕,邢炳鹏,柯秀蓉,等. 2014. 坛紫菜(*Porphyra haitanensis*)丝状藻体生长增殖的优化调控培养条件研究[J]. 应用海洋学学报,33(2):275-283.

林星. 2003. 坛紫菜的主要病害与对策[J]. 科学养鱼,2:40.

刘必谦,曾庆国,骆其君,等. 2004. 坛紫菜体细胞单克隆叶状体途径及海养殖[J]. 水产学报,28(4):407-412.

刘瑞棠. 2011. 福建坛紫菜养殖烂苗原因分析与几项预防措施[J]. 现代渔业信息,26(4):18-23.

刘孙俊. 2003. 提高坛紫菜壳孢子附着率的技术措施[J]. 海水养殖,3:59-60.

刘恬敬,王素平,张德瑞,等. 1981. 中国坛紫菜(*Porphyra haitanensis* T. J. Chang et B. F. Zhang)人工增殖的研究[J]. 海洋水产研究,3:1-67.

刘恬敬,张枯基,杨以勋,等. 1981. 坛紫菜(*Porphyra haitanensis* T. J. Chang et B. F. Zhang)菜坛幼苗出现规律的研究[J]. 海洋水产研究,(1):1-16.

刘燕飞. 2011. 坛紫菜自由丝状体的扩增与保存[J]. 江西水产科技,(1): 32-43.
刘一萌,马家海,文茜. 2012. 坛紫菜赤腐病与拟油壶菌病并发病的初步研究[J]. 大连海洋大学学报,27(6): 546-550.
刘一萌,马家海,文茜. 2013. 福建坛紫菜赤腐病的病程及病原鉴定[J]. 福建农林大学学报,42(1): 18-22.
骆其君,龚小敏. 2004. 潮间带坛紫菜的半浮动筏式育苗试验[J]. 水产科学,23(10): 16-17.
马家海,李宇航,丁怀宇. 2009. 坛紫菜(*Porphyra haitanensis*)拟油壶菌病(Olpidiops-disease)初报[A]. 水产学报, 31(6): 218.
马家海. 1992. 江苏省南部沿海条斑紫菜壶状菌病的调查研究[J]. 上海水产大学学报,1(3-4): 185-188.
潘双叶. 2006. 光照、温度对坛紫菜自由丝状体生长的影响[J]. 河北渔业,(2): 17-20.
邱新媛,汤晓荣,梁英. 2009. 对紫菜性别发育问题的思考[J]. 海洋科学,33(5): 103-104.
史修周,徐燕,梁艳,等. 2008. 坛紫菜藻胆蛋白及叶绿素 α 的测定与分析[J]. 集美大学学报(自然科学版),13(3): 221-226.
宋武林. 2006. 坛紫菜优良品系"申福 1 号"苗种培育技术研究[J]. 南方水产,2(4): 19-23.
孙霂清,李琳,刘长军,等. 2012. 坛紫菜自由丝状体移植育苗的初步研究[J]. 上海海洋大学学报,21(5): 710-714.
孙庆海,温从涨,吴伯合,等. 2011. 开敞性滩涂海区坛紫菜养殖技术研究[J]. 现代渔业信息,26(1): 22-24.
王娟,戴继勋,张义听. 2006. 紫菜的生殖与生活史研究进展[J]. 中国水产科学,13(2): 322-327.
王奇欣. 2005. 福建省坛紫菜加工产业化发展思路[J]. 福建水产,2: 71-73.
王素娟,孙云龙,路安明,等. 1987. 坛紫菜营养细胞和原生质体培养研究Ⅱ. 直接育苗下海养殖的实验研究[J]. 海洋科学,1(1): 1-9.
翁琳,陈昌生,纪德华,等. 2007. 冷藏和恢复培养温度对坛紫菜存活生长的影响[J]. 集美大学学报(自然科学版), 12(4): 97-102.
吴宏肖,严兴洪,宋武林,等. 2014. 坛紫菜与 Pyropia radi 种间杂交重组优良品系的选育与特性分析[J]. 水产学报, 38(8): 1079-1088.
谢双如. 2007. 坛紫菜几种常见病害防治技术[J]. 中国水产, 375(2): 64-65.
谢松平. 2005. 闽东地区坛紫菜秋季采苗最佳时间的研究[J]. 福建水产,(4): 50-51.
谢松平. 2005. 坛紫菜养殖技术之一: 坛紫菜固定桩悬浮式养殖技术[J]. 海水养殖,(3): 57-59.
谢松平. 2006. 坛紫菜贝壳丝状体高密度立体培育技术研究[J]. 福建水产,8(3): 45-50.
徐燕,谢潮添,纪德华,等. 2007. 坛紫菜品系间杂交分离色素突变体及其特性的初步研究[J]. 中国水产科学,14(3): 466-472.
徐燕,谢潮添,纪德华,等. 2007. 坛紫菜品系间杂交分离色素突变体及其特性的初步研究[J]. 中国水产科学,14(3): 466-472.
许璞,张学成,王素娟,等. 2013. 中国主要经济海藻繁育与发育[M]. 北京: 中国农业出版社.
许璞. 2010. 紫菜属海藻性别表现特征研究[J]. 常熟理工学院学报(自然科学),24(10): 8-13.
闫咏,马家海,许璞,等. 2002. 1 株引起条斑紫菜绿斑病的柠檬假交替单胞菌[J]. 中国水产科学,9(4): 353-358.
严小军,骆其君,杨锐,等. 2011. 浙江海藻产业发展与研究纵览[M]. 北京: 海洋出版社.
严兴洪,何亮华,黄健,等. 2008. 坛紫菜的细胞学观察[J]. 水产学报,32(1): 131-137.
严兴洪,李琳,陈俊华. 2007. 坛紫菜的单性生殖与遗传纯系分离[J]. 高技术通讯,17(2): 205-210.
严兴洪,李琳,有贺佑胜. 2006. 坛紫菜减数分裂位置的杂交试验分析[J]. 水产学报,30(1): 1-8.
严兴洪,梁志强,宋武林,等. 2005. 坛紫菜人工色素突变体的诱变与分离[J]. 水产学报,29(2): 166-172.
严兴洪,刘旭升. 2007. 坛紫菜雌雄叶状体的细胞分化比较[J]. 水产学报,31(2): 184-192.
严兴洪,张饮江,王志勇. 1990. 坛紫菜体细胞的连续克隆培养和悬滴培养[J]. 水产学报,14(4): 336-340.
严兴洪. 2013. 坛紫菜育种理论与"申福 1 号"新品种培育//王清印,等. 水产生物育种理论与实践[M]. 北京: 科学出版社: 337-365.
杨锐,徐红霞,徐丽宁. 2006. 坛紫菜体细胞的几种发育途径[J]. 海洋湖沼通报,(3): 60-66.
应苗苗,施文正,刘恩玲. 2010. 不同收割期坛紫菜挥发性成分分析[J]. 食品科学,31(22): 421-425.
曾呈奎,王素娟,刘思俭,等. 1985. 海藻栽培学[M]. 上海: 上海科学技术出版社.
曾呈奎,张德瑞,李家俊. 1959a. 紫菜半人工采苗养殖实验初报[J]. 科学通报,10(5): 169-171.

曾呈奎,张德瑞,赵汝英. 1959b. 紫菜的全人工采苗养殖法[J]. 科学通报,10(5): 171.

曾呈奎,张德瑞. 1954. 紫菜人工养殖上的孢子来源问题[J]. 科学通报,5(12): 50 - 52.

曾呈奎,张德瑞. 1955. 紫菜的研究Ⅱ. 甘紫菜的丝状体阶段及其壳孢子[J]. 植物学报,4(1): 27 - 46.

曾呈奎,张德瑞. 1956. 紫菜壳孢子的形成和放散条件及放散周期性[J]. 植物学报,5(1): 31 - 38.

曾呈奎. 1999. 经济海藻种质种苗生物学[M]. 青岛: 山东科技出版社.

张德瑞,郑宝福. 1960. 福建紫菜一新种: 坛紫菜[J]. 植物学报,9(1): 32 - 36.

张学成,马家海,秦松,等. 2005. 海藻遗传学[M]. 北京: 中国农业出版社.

张源,严兴洪. 2013. 自然条件下的坛紫菜四分体发育与性别表型观察[J]. 水产学报,37(6): 871 - 883.

赵素芬. 2012. 海藻与海藻栽培学[M]. 北京: 国防工业出版社.

郑宝福,李钧. 2009. 中国海藻志 第二卷 红藻门 第一册 紫球藻目 红盾藻目 角毛藻目 红毛藻目[M]. 北京: 科学出版社.

朱建一,严兴洪,丁兰平,等. 2016. 中国紫菜原色图集[M]. 北京: 中国农业出版社.

新崎盛敏. 1960. アマノリ類に寄生する壺状菌について[J]. 日本水産学会誌,26(6),543 - 548.

Blouin N A, Brodie J A, Grossma A C, *et al.* 2011. *Porphyra*: a marine crop shaped by stress[J]. Trends in Plant Science, 16(1): 29 - 37.

Kurogi M. 1953. Study of the little-history of porphyra I, the germination and development of carpores[J]. Bull Tohoku Reg Fish Res Lab. 2: 67 - 103.

Sahoo D, Tang X R, Yarish C. 2002. *Porphyra* — the economic seaweed as a new experimental system[J]. Current Science, 83(11): 1313 - 1316.

Sutherland J, Lindstrom S, Nelson W, *et al.* 2011. A new look at an ancient order: generic revision of the Bangiales (Rhodophyta)(1)[J]. Journal of Phycology,47(5): 1131 - 1151.

Yan X H, Li L, Aruga Y. 2005. Genetic analysis of the position of meiosis in *Porphyra haitanensis* Chang et Zheng (Bangiales, Rhodophyta)[J]. Journal of Applied Phycology, 17(6): 467 - 473.

Zhang Y, Yan X H, Aruga Y. 2013. The sex and sex determination in *Pyropia haitanensis* (Bangiales, Rhodophyta) [J]. PLoS One, 8(8): e73414.

第七章　龙须菜栽培

第一节　概　　述

一、产业发展概况

江蓠属(*Gracilaria*)海藻是我国重要大型经济海藻,我国南海、东海、黄海和渤海海区均有分布,资源十分丰富。全球江蓠属共有32个种、2个变种和2个变型,其中8个种和1个变种是我国所特有的。我国大部分江蓠属种类分布于福建、广东及海南等南部沿海,仅龙须菜(*G. lemaneiformis*)、真江蓠(*G. asiatica*)和扁江蓠(*G. textorii*)为我国沿海广布种。

目前,我国人工栽培的江蓠属海藻有9个种类,其中龙须菜栽培发展最快,栽培面积最大。龙须菜自然栖息地在山东,主要分布于青岛和威海沿海,一般生长在南向洁净的砂质海湾。20世纪末,随着龙须菜耐高温新品种"981"龙须菜选育成功,以及人工栽培产业快速发展,龙须菜栽培海区在辽宁、山东、浙江、福建和广东沿海迅速扩展开来,并成为我国继海带和紫菜栽培产业后的第三大海藻栽培产业。根据《中国渔业统计年鉴》(2017)统计资料,2016年我国江蓠栽培面积已达9 918 hm^2(148 770亩),产量已达到近30万t(干品)。

二、经济价值

江蓠属藻体内含大量琼胶(agar),是工业制作琼胶的主要原料,具有很高的经济价值。琼胶是目前世界上用途最广泛的海藻胶之一,在食品、医药、日用化工、生物工程等诸多方面均有广泛应用。琼胶具有凝固性、稳定性、可与一些物质形成络合物等物理化学性质,可用作增稠剂、凝固剂、悬浮剂、乳化剂、保鲜剂和稳定剂。已广泛用于制造粒粒橙及各种饮料、果冻、冰淇淋、糕点、软糖、罐头、肉制品、八宝粥、银耳燕窝、羹类食品、凉拌食品等。琼胶中膳食纤维含量丰富(约为80.9%),蛋白质含量较高,热量低,具有排毒养颜、泻火、润肠、降血压、降血糖和防癌作用,被联合国粮食及农业组织认定为21世纪健康食品。食品中添加琼胶,能明显改善品质,提高档次。琼胶作为培养基、药膏基等,普遍应用于化学工业、医学及生物工程科研等方面。近年来,国内外市场对琼胶需求量迅速增长,致使琼胶价位不断攀升。琼胶不能人工合成,只能从石花菜属(*Gelidium*)和江蓠属等产琼胶海藻(agarophyte)中提取。其中,江蓠属中的龙须菜生长迅速,产量较高,琼胶含量和质量在江蓠属中均居首位,经碱变性后的琼胶凝胶强度可与石花菜媲美,因此受到琼胶加工业的青睐,龙须菜已经成为琼胶加工的主要原料物种。据不完全统计,龙须菜琼胶产量已占我国琼胶产量的80%左右。

龙须菜还是一种高膳食纤维、高蛋白、低脂肪、维生素和矿物质含量丰富的海藻,因其外形细长、状似龙须而得名,有着"长寿菜"的美誉。我国沿海居民皆有食用龙须菜的习惯,可凉拌,也可清炒。汕头大学余杰等(2006)对广东南澳海域龙须菜的营养成分及其活性多糖组成进行了分析,结果表明龙须菜粗蛋白、总糖、粗脂肪、粗纤维、灰分含量(以干重计)分别为19.14%、43.76%、0.5%、4.8%、28.77%,富含人体8种必需氨基酸和牛磺酸及铁、锌等微量元素,其中钾元素含量较高,有利于改善人体钾、钠离子平衡,对于高血压和心脏病患者十分有益。龙须菜多糖和纤维素含量可达 50%,其中 85%为水溶性食用纤维,主要为琼胶和黏性多糖等成分。经常食用龙须菜可以防治肥胖、胆结石、便秘、肠胃病等代谢性疾病,还具有降血脂和降低胆固醇等功能,可以作为食用海藻进行开发利用。

我国自古便认识到龙须菜的药用价值,据中医文献记载,龙须菜"味性寒",有"软坚化痰、清热利水"等很好的保健功效。明代李时珍的《本草纲目》记载龙须菜可"治疗内热痰结、瘿瘤结气、小便不利"。龙须菜藻体中藻红蛋白(P-phycoerythrin,PE)含量较高,研究表明藻红蛋白具有抗氧化、抗畸变、提高机体免疫力和抑制肿瘤细胞生长等作用,且可作为一种新型荧光标记试剂,目前用于免疫检测、荧光显微技术和流式细胞荧光测定等临床诊断及生物工程技术。从龙须菜中提取的多糖具有抗炎、抗肿瘤、抗氧化、抗凝血、抗菌、抗病毒、免疫调节活性和降血脂等多种功能。此外,龙须菜也是海产动物养殖的优质饲料,目前已经广泛用于南北方沿海的鲍鱼养殖,其干品也可作为饲料添加剂用于鱼类养殖。

龙须菜具有生长速度快、便于栽培和采收等优点,栽培产业发展很快。规模化栽培龙须菜不仅带来显著的社会效益和经济效益,还有从海水中吸收氮磷、吸收二氧化碳释放氧气,因而有显著的生态效益。相关研究表明,以 1 hm^2(15 亩)栽培面积 3 个月产出龙须菜 50 t(鲜重)计,栽培过程中可固定碳 1 259 kg、氮 125 kg,同时释放出氧 3 333 kg。可见,大规模栽培龙须菜有利于改善近岸海水富营养化状态,修复海洋生态环境,抑制赤潮暴发,缓解全球 CO_2 升高,具有重要的生态效益。

三、栽培简史

我国先后人工栽培的江蓠属主要有龙须菜[*G. lemaneiformis* (Bory) Weber-van Bosse]、真江蓠(*G. asiatica* Zhang et Xia)、脆江蓠(*G. chouae* Zhang et Xia)、细基江蓠(*G. tenuistipitata* Chang et Xia)、细基江蓠繁枝变种(*G. tenuistipitata* var. *liui* Zhang et Xia)、缢江蓠[*G. salicomia* (C. Agardh) Dawson]、芋根江蓠(*G. blodgettii* Harvey)、异枝江蓠(*G. bailinae* Zhang et Xia)和绳江蓠(*G. chorda* Holmes)等 9 种海藻。

细基江蓠繁枝变种是我国最早开展栽培的江蓠属种类,为我国藻类学家、广东海洋大学刘思俭教授于 20 世纪 80 年代在海南岛发现。该变种具有生长迅速,适应高水温、广盐度等特性,在我国南方沿海已有 30 多年的栽培历史,形成了较大生产规模。

随着国内外对琼胶原料的需求量剧增,细基江蓠繁枝变种的琼胶含量和质量较低,难以满足琼胶生产的需求。因此,20 世纪 80 年代末开始试验龙须菜规模化栽培。龙须菜原产于我国黄海沿岸,琼胶含量为 25%以上,凝胶强度达到 1 000 g/cm^2,质量可与石花菜琼胶媲美,因而成为江蓠属中最适于栽培的物种。经过 20 多年的努力,龙须菜栽培已成为江蓠属栽培面积最大、产值最高的种类。

中国科学院海洋研究所自 20 世纪 70 年代开始龙须菜栽培生物学基础研究。由于龙须菜在北方原产地具有 2 个分隔的生长季节,无法有效积累生物量,因此最初通过异地栽培,实现了龙须菜大规模栽培。费修绠研究员等最早开展了龙须菜的南移栽培试验,即将龙须菜南移至广东、福建海区进行栽培,并首先在福建省连江县海区获得了海上生产性栽培试验的成功。因南方冬季气候温暖,龙须菜每年可从 10 月连续栽培到翌年 5 月。20 世纪 80 年代后期,在青岛海域经过多年试验,龙须菜营养枝繁殖技术和龙须菜筏式垂养技术均首获成功,这标志着我国龙须菜从野生采集到人工栽培重大转变。

1998年，中国科学院海洋研究所费修绠研究员和中国海洋大学张学成教授对野生龙须菜进行诱变育种，培育出适应南方海区高温环境的“981”龙须菜品系。于1999年11月从青岛移植至广东汕头南澳岛海区进行栽培，2000年栽培获得成功，2001年开始在福建莆田和宁德沿海推广栽培，规模不断扩大。

我国龙须菜栽培产业的创建和发展，主要依靠2项关键技术作为支柱：① 是南移栽培技术，南移栽培后的龙须菜能连续生长6个月，其生物量可扩增上百倍；② 是981龙须菜选育成功，该品种生长快、分枝多、抗逆性强。经过几年栽培实践，我国已形成了龙须菜南方海区冬—春季栽培、北方海区夏—秋季栽培新模式，且以南北方互为苗种基地的大格局。经过10多年的不断发展，广东、福建、浙江、山东和辽宁等地沿海已形成颇具规模的龙须菜栽培产业。龙须菜栽培的发展不但缓解了我国琼胶生产对原料的市场需求，也为沿海鲍鱼养殖业提供大量的优质饲料，还为发展沿海经济发展和改善近岸海域水质，带来了丰硕的经济效益和生态效益。

第二节 生 物 学

一、分类地位

龙须菜(*G. lemaneiformis* Bory)的分类地位为：

红藻门(Rhodophyta)
　红藻纲(Rhodophyceae)
　　真红藻亚纲(Florideae)
　　　杉藻目(Gigartinales)
　　　　江蓠科(Gracilariaceae)
　　　　　江蓠属(*Gracilaria* Greville)
　　　　　　龙须菜(*G. lemaneiformis* Bory)

江蓠属为Greville于1830年建立，目前包括100多个种，主要分布于热带、亚热带和温带海域。

二、种类与分布

我国南海、东海、黄海和渤海沿岸都有江蓠属物种的记录。据夏邦美(1999)报道，分布于我国沿海的江蓠属有32个种、2个变种和2个变型，其中8个种和1个变种是我国特有的。从地理分布看，大都产于南海海域，黄渤海和东海均仅有3种。分布于我国沿海的江蓠属物种有：

龙须菜[*G. lemaneiformis* (Bory) Weber-van Bosse]，分布于山东沿海。

弓江蓠(*G. acuata* Zanardini)，分布于海南岛、东沙群岛及西沙群岛。

弓江蓠异枝变种原变型(*G. acuata* var. *snackeyi* f. *rhizophora* Boergesen)，分布于海南岛、东沙群岛及西沙群岛。

弓江蓠异枝变种吸盘变形(G. *acuata* var. *snackeyi* f. *rhizophora* Weber-van Bosse)，分布于西沙群岛。

节江蓠(*G. articulata* Chang et Xia)，分布于海南省。

异枝江蓠[*G. bailinae* (Zhang et Xia) Zhang et Xia]，分布于广东省和海南省。

繁枝江蓠(*G. bangmeiana* Zhang et Abbott),分布于海南省。

芋根江蓠(*G. blodgettii* Harvey),分布于福建省、台湾省、广东省及海南省。

张氏江蓠[*G. changii* (Xia et Abbott) Abbott, Zhang et Xia],分布于广东省及广西壮族自治区。

绳江蓠(*G. chorda* Holmes),分布于海南省。

脆江蓠(*G. chouae* Zhang et Xia),分布于浙江省和福建省,为我国特有种。

伞房江蓠(*G. coronopifolia* J. Agardh),分布于台湾省和海南省。

楔叶江蓠[*G. cuneifolia* (Okamura) Lee et Kurogi],分布于海南省。

帚状江蓠[*G. edulis* (Gmelin) Silva],分布于海南省。

凤尾菜(*G. eucheumoides* Harvey),分布于台湾省和海南省的海南岛和西沙群岛。

樊氏江蓠(*G. fanii* Xia et Pan),分布于广东省,是我国特有种。

硬江蓠(*G. firma* Chang et Xia),分布于广东省及广西壮族自治区。

粗江蓠(*G. gigas* Harvey),分布于广东省。

团集江蓠(*G. glomerata* Zhang et Xia),分布于海南省,是我国特有种。

海南江蓠(*G. hainanensis* Chang et Xia),分布于海南省。

长喙江蓠(*G. longirostris* Zhang et Wang),分布于广东省,是我国特有种。

巨孢江蓠[*G. megaspora* (Dawson) Papenfuss],分布于福建省。

混合江蓠(*G. mixta* Abbott, Zhang et Xia),分布于广东省,为我国特有种。

斑江蓠[*G. punctata* (Okamura) Yamada],分布于台湾省。

红江蓠(*G. rubra* Chang et Xia),分布于海南省,为我国特有种。

缢江蓠[*G. salicomia* (C. Agardh) Dawson],分布于广东省、海南省及台湾省。

刺边江蓠[*G. spinulosa* (Okamura) Chang et Xia],分布于海南省和台湾省。

锡兰江蓠[*G. srilankia* (Chang et Xia) Withell, Millar et Kraft],分布于海南省。

细基江蓠(*G. tenuistipitata* Chang et Xia),分布于福建省、广东省、广西壮族自治区及海南省。

细基江蓠繁枝变种(*G. tenuistipitata* var liui Zhang et Xia),分布于广东省、海南省及台湾省。

扁江蓠[*G. textorii* (Suring) De-Toni],分布于辽宁省及山东省。

真江蓠(*G. asiatica* Zhang et Xia),分布范围很广,北起辽东半岛,南至广东省的南澳岛,西至广西壮族自治区的防城港市。

真江蓠简枝变种(*G. asiatica* var. *zhengii* Zhang et Xia),分布于福建省和广东省,本变种为我国特有种。

齿叶江蓠(*G. vieillardii* Silva),分布于台湾省。

山本江蓠(*G. yamamotoi* Zhang et Xia),分布于海南省,是我国特有种。

莺歌海江蓠(*G. yinggehaiensis* Xia et Wang),分布于海南省莺歌海,是我国特有种。

三、形态结构

1. 形态

龙须菜藻体直立,线形或圆柱形,顶端生长,多丛生于一固着器上(图 7 - 1)。有时可见多株龙须菜生长在一起,实际是由于它们的固着器愈合在一起,而并非一株藻体。

图 7－1　龙须菜藻体外形

龙须菜正常藻体为红褐色,但有时也会发现绿色或黄色的藻体或藻枝,这些色素突变表型的藻体或藻枝,一般为配子体。龙须菜藻枝基部略粗,枝径 0.5～2 mm,枝端逐渐尖细,但埋于沙下的藻体主干基部往往细于上部快速生长的分枝。藻体长 15～31 cm,有的可达 45 cm 以上,藻体长度和分枝多少因不同个体、生长及环境差异有很大的变异。

龙须菜的四分孢子体(tetrasporophyte)为二倍体,配子体(gametophyte)为单倍体,有雌雄之分,二者在形态上并无明显区别,只在繁殖期才能从表观进行区分。在发育成熟时,雌配子体藻枝上可观察到突起的囊果,而四分孢子体的藻体表面布满色素较深的斑点,即四分孢子囊(tetrasporangium)。

2. 结构

龙须菜藻体分枝不规则,藻枝呈圆柱形。枝顶顶端细胞有分生功能,生成外围的表皮细胞(epidermal cell)、皮层细胞(cortical cell)和中央的髓部细胞(medullary cell)。藻枝最外层为 1～2 层细胞构成的表皮,细胞的形状略拉长且缺乏次级纹孔连丝(secondary pit-connection),仅具初级纹孔连丝(primary pit-connection),其下部由以一系列次级纹孔连丝所连接的 2～5 层皮层细胞组成(图 7－2)。表皮细胞最小,直径 7～13 μm,排列紧密;皮层细胞为圆形或长圆形,直径 30～40 μm。皮层和表皮细胞多数具多核,细胞内含有大的质体,所含光合色素主要为藻胆蛋白和叶绿素 a。髓部细胞很大,直径 130～170 μm,色素很淡,可见液泡,多核,在光镜下为透明无色的薄壁细胞。

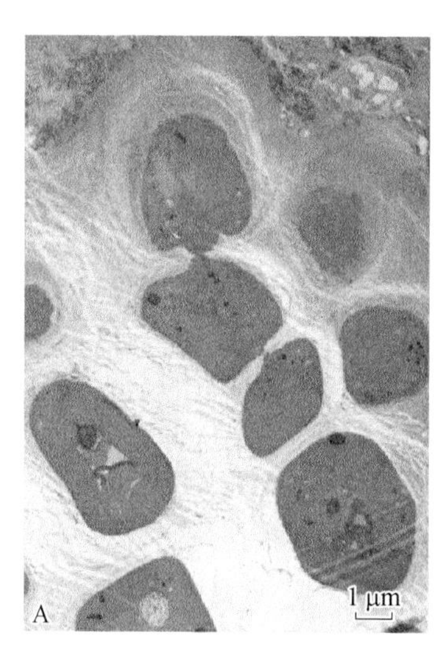

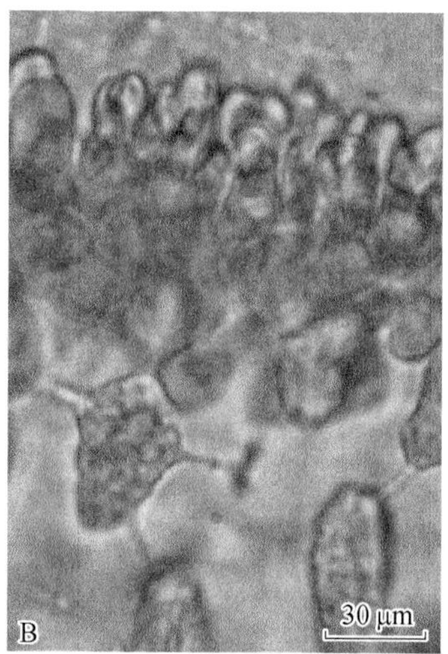

图 7－2　龙须菜的表皮和皮层细胞结构

A. 透射电镜照片,显示表皮细胞的初级纹孔连丝;
B. 光镜照片,显示皮层细胞的次级纹孔连丝

在真红藻纲(Florideophyceae)的二倍体藻体中,只有四分孢子形成时的有丝分裂(减数分裂后的第二次细胞分裂)是彻底完成的,细胞壁将 2 个子细胞分隔开;而其他营养细胞中细胞

壁并未最终完成分裂，在2个子细胞之间保留了纹孔连丝。这种在子细胞间的纹孔连丝称为初级纹孔连丝。纹孔连丝也可在非子代姊妹细胞间，甚至在红藻细胞和其寄生生物细胞间形成，称为次级纹孔连丝。典型的次级纹孔连丝，是由产生了初级纹孔连丝的2个子细胞的不平衡分裂形成的，其中较小的子细胞与附近无关细胞发生融合，并保留了与原来姊妹细胞间的纹孔连丝。但是，保留纹孔连丝并不意味着细胞质的连续，因为纹孔内具由蛋白质沉淀形成的孔塞（pit plug）。龙须菜的孔塞由塞核蛋白构成，外面包被一层外膜（图7－3）。该孔塞膜将塞核蛋白与细胞质隔离，但与细胞膜相连，因此，相邻两个细胞的细胞膜也通过孔塞膜间接连续。龙须菜藻体中纹孔连丝分布很广，在生活史的各个阶段均能发现，推测其功能可能是小分子物质的传输及信息的交流，但目前尚无实验证据支持。

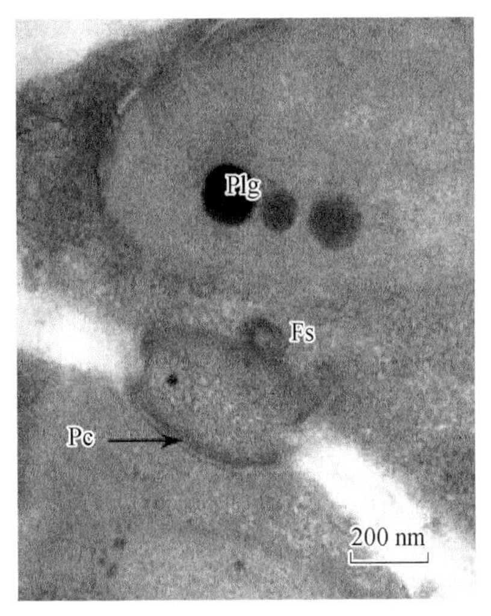

图7－3　龙须菜细胞的纹孔连丝

Plg. 质体小球；Pc. 纹孔连丝；Fs. 红藻淀粉

龙须菜表皮的营养细胞中一般含有多个盘状的质体，个体较大，不含蛋白核（pyrenoid）（图7－4）。质体内类囊体片层的表面附有藻胆体颗粒，但在染色固定时易丢失。质体中还常含有质体小球（plastoglobuli），电镜切片中表现为电子密度较深的小球，在单细胞红藻中，其作用类似于“眼点”，对光线有敏感性，但在大型红藻中的作用尚不明确。

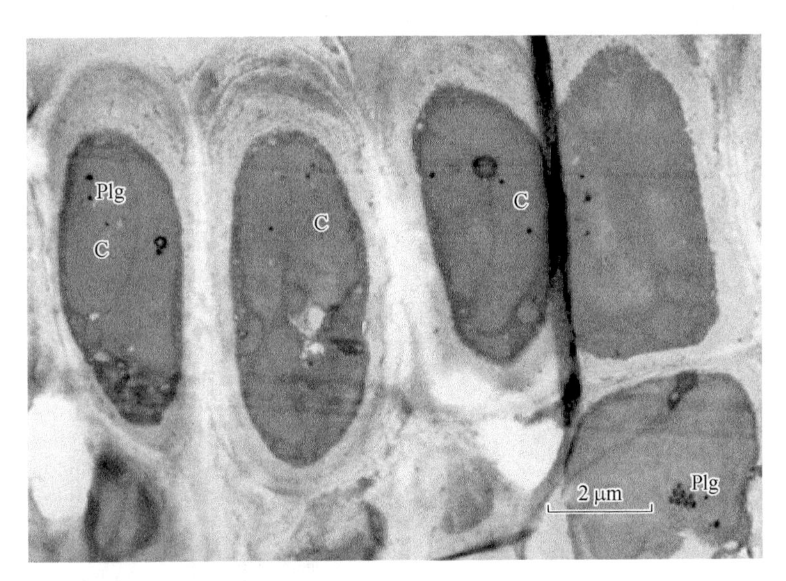

图7－4　龙须菜的表皮细胞

C. 质体；Plg. 质体小球

红藻淀粉（floridean starch）是红藻细胞中的储存物质，它不同于绿藻中的淀粉在质体中合成，而是在细胞质中合成并以颗粒的形式自由存在于细胞质中。一般淀粉由直链淀粉和支链淀粉两种成分组成，但红藻淀粉仅由类似于支链淀粉的结构组成。龙须菜中红藻淀粉颗粒呈椭圆形，电镜下显现出上面不同电子密度的条带（图7－4）。

四、生殖与生活史

1. 无性繁殖

龙须菜可通过产生四分孢子的方式进行无性繁殖。在四分孢子体(tetrasporophyte)世代，藻枝皮层细胞发育形成四分孢子囊(tetrasporangium)。四分孢子囊母细胞首先体积增大，经过减数分裂形成4个四分孢子(tetraspore)，呈十字形排列(图7-5，图7-6)。四分孢子囊在性成熟的藻枝上形成，可散布于整个表皮部位，比正常营养细胞的色素较深，而且个体较大(直径超过20 μm)，因此很容易用肉眼观察到(图7-6)。四分孢子成熟后放散到体外，膨胀为球形，体积略增大(图7-7)。

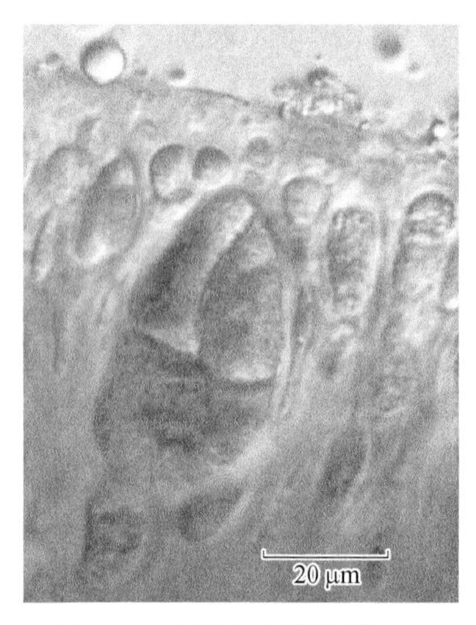

图7-5 四分孢子囊的横切面

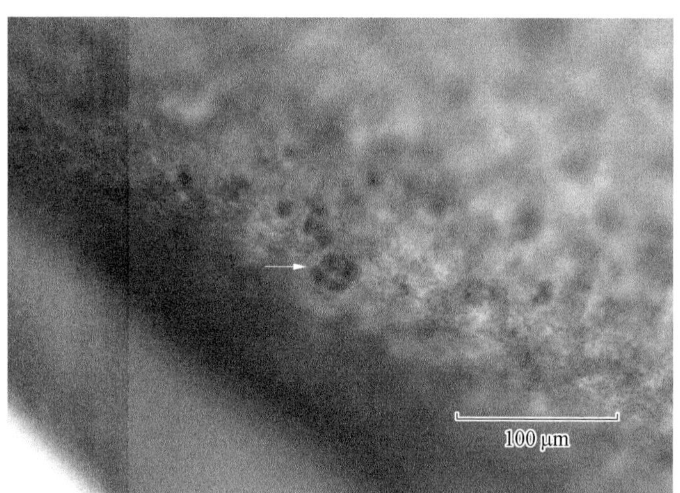

图7-6 龙须菜藻体表面的四分孢子囊

图中箭头所指为四分孢子囊

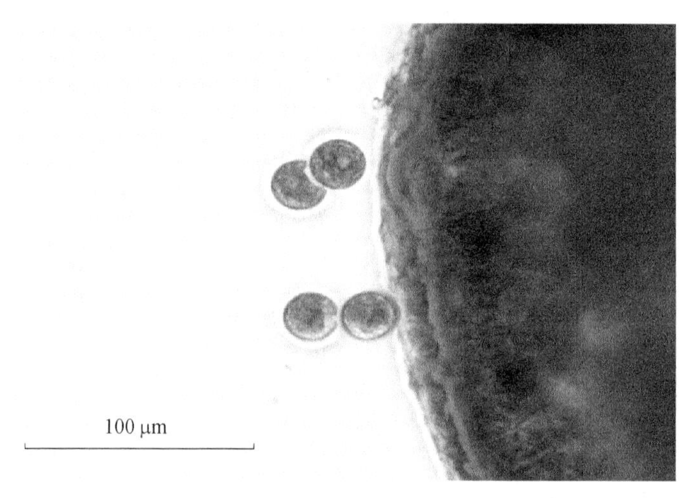

图7-7 龙须菜藻体刚释放出的4个四分孢子

另外，果孢子形成时，受精卵通过有丝分裂产生100~200个果孢子，也是龙须菜进行无性繁殖的一种方式。

四分孢子释放后停留在附着物体的表面，继而开始进行第一次横、纵分裂，但分裂并非互相垂直的，而是斜分裂为 4 个细胞。随后细胞继续分裂生长，形成多细胞团，进而发育为盘状的固着器，从固着器中央生出配子体的直立藻丝（图 7－8）。

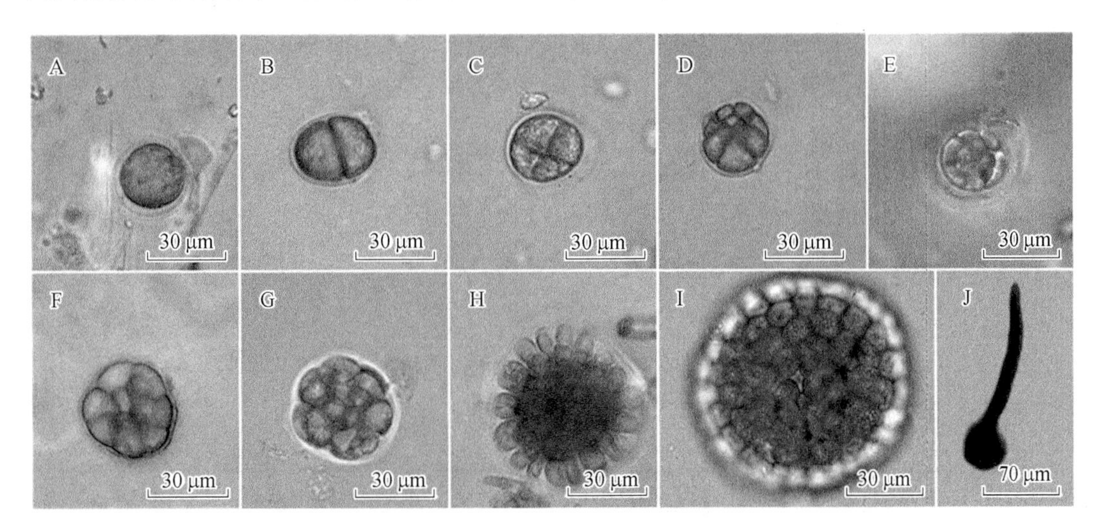

图 7－8　龙须菜四分孢子的萌发过程（周伟提供）

A. 四分孢子；B. 2 细胞阶段；C. 4 细胞阶段；D. 多细胞阶段；
E～I. 各阶段的盘状体；J. 培养 4～5 周的直立体

2. 有性生殖

（1）精子囊发育和精子的释放

1）江蓠属海藻的精子囊类型：江蓠属海藻雄配子体的精子囊可分为 C 型（Chordo type）、T 型（Textorii type）和 V 型（Verrucosa type）3 个类型（图 7－9）。C 型精子囊较原始，由表皮细胞直接转化成为精子囊母细胞，连续或不连续分布于藻体表面。这种类型的精子囊直接将精子释放到体外，同时释放出液泡中的纤维状物质，形成精子周围的胶质外壳。T 型和 V 型精子囊则形成了特化的器官——精子囊窝（spermatangial conceptacles），由拉长的细胞在藻体表面围成小窝。其中，V 型的精子囊窝较深，可穿透皮层，而 T 型的精子囊窝较浅；此外，V 型的精子囊母细胞分布于整个精子囊窝的周壁上，而 T 型仅分布于精子囊窝底部。成熟的 V 型和 T 型精子囊窝内充满了释放的精子，包裹在富含硫酸多糖的纤维质胶体中。与褐藻和绿藻的游动精子相比，红藻的精子较大（直径为 3～4 μm），但无鞭毛，为不动精子。因此，精子的散布范围可能会成为受精过程的限制因素。但是，根据对江蓠（*Gracilaria gracilis*）囊果的微卫星检测表明，可能存在特殊的机制帮助精子进行传播（Engel *et al.*，1999）。有学者推测胶质外壳对龙须菜精子在海水中的漂浮具有重要意义，此外，这层多糖类的外壳也可能在精子和受精丝之间起细胞信号识别作用。

尽管江蓠属海藻精子囊的排列类型有较大差异，但单个精子囊细胞的结构及产生精子的过程基本类似，每个精子囊母细胞（spermatangial mother cell，SMC）产生 1 个精子囊细胞（spermatangium，Spt），并且一次只产生 1 个不动精子（spermatium，Sp）。

2）龙须菜的精子囊和精子：龙须菜的精子囊为 C 型，不连续地分布于雄配子体的表面，与普通的表皮细胞彼此间隔。精子囊细胞略小于表皮细胞，由于质体退化，光镜下显示为颜色较浅的反光较强的细胞群（图 7－10）。

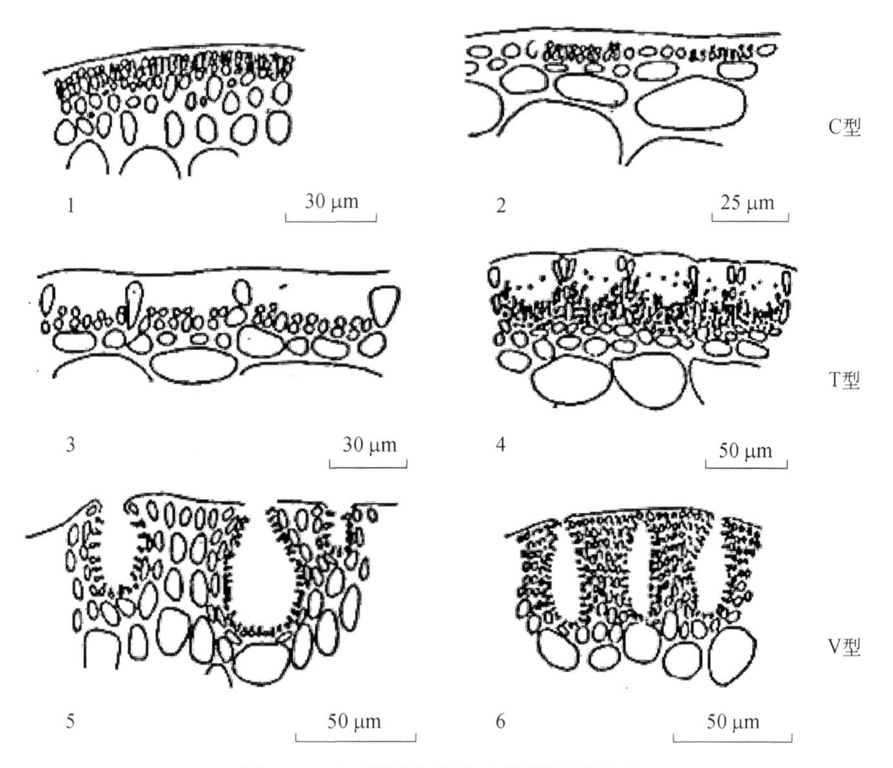

图 7－9　江蓠属海藻的 3 种精子囊类型

1、2. C 型精子囊；3、4. T 型精子囊；5、6. V 型精子囊

（引自张峻甫和夏邦美，1976）

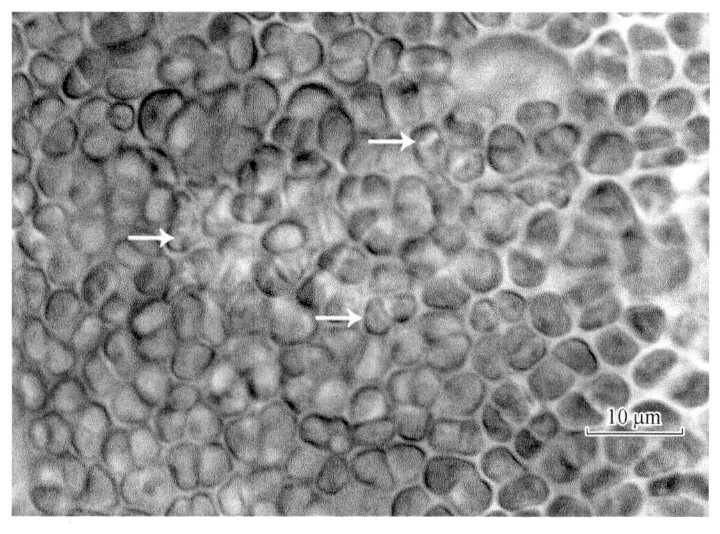

图 7－10　龙须菜精子囊的表面观

图中箭头所指为精子囊

龙须菜的精子囊母细胞,由单核的表皮细胞直接转化而来(其他的表皮细胞多为多核)。形成初期,先进行 1 次斜的纵分裂,成为 2 个精子囊母细胞(图 7－11),每个精子囊母细胞再进行 1 次不对称的横分裂,分为上下 2 个大小不相等的细胞。其中,上层的细胞为精子囊细胞(Spt),下层的细胞仍称为精子囊母细胞(SMC)(图 7－13),两者间以纹孔连丝连接。

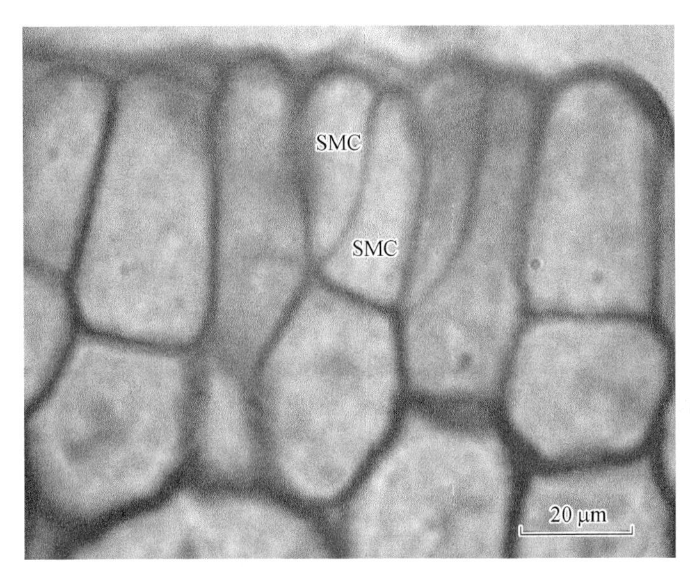

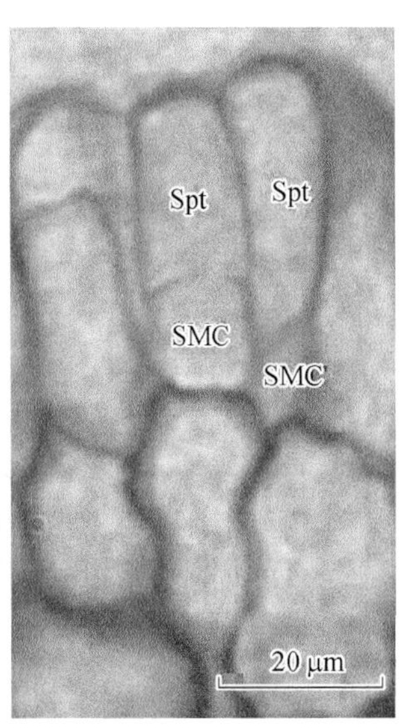

图 7－11　精子囊母细胞和精子囊的形态(以甲苯胺蓝染色)

SMC. 精子囊母细胞;Spt. 精子囊细胞

透射电镜观察结果显示,质体的差异是精子囊母细胞与周围表皮细胞最显著的差别。表皮细胞中的质体大而完整,占据了细胞内的大部分空间,质体内的类囊体发达(图 7－10);而精子囊母细胞中的质体少且退化,形状松散,类囊体大部分缺失(图 7－12)。在不对称横分裂前,精子囊母细胞的细胞核位于细胞的底部,淀粉粒分布于核的附近。此外,内质网聚集在细胞的周边,以利于形成精子囊液泡(spermatangial vesicle,SV)。

精子囊母细胞横分裂后,形成上方的精子囊细胞和下方的精子囊母细胞两部分。此时,精子囊母细胞的细胞质电子密度明显深于精子囊,且横切面呈扁长方形(图 7－13)。精子囊细胞内的质体进一步退化,进而消失。发育中的精子囊细胞被一层薄且电子密度高的细胞壁包裹。在此期间,精子囊内形成 1~2 个大液泡(SV),内含颗粒状物质,继而逐渐变为纤维状。随着精子囊的成熟,细胞核被大液泡推到细胞的顶端,使细胞极性化。

成熟精子囊没有叶绿体,细胞内有 1~2 个大液泡,细胞核在细胞的顶端(图 7－14)。精子释放前,大液泡的泡膜与细胞膜融合,将内容物释放到细胞外,并聚集在精子细胞周围。此时,精子囊细胞与精子囊母细胞之间的纹孔连丝破裂,精子从精子囊母细胞中释放出来,大液泡中的纤维状物质便成为精子的胶质外膜。

(2) 果胞的发育

江蓠属海藻雌配子体的生殖器官为果胞(carpogonium),生长在藻体的主枝和侧枝上,由支持细胞、果胞枝及营养细胞枝三部分构成。

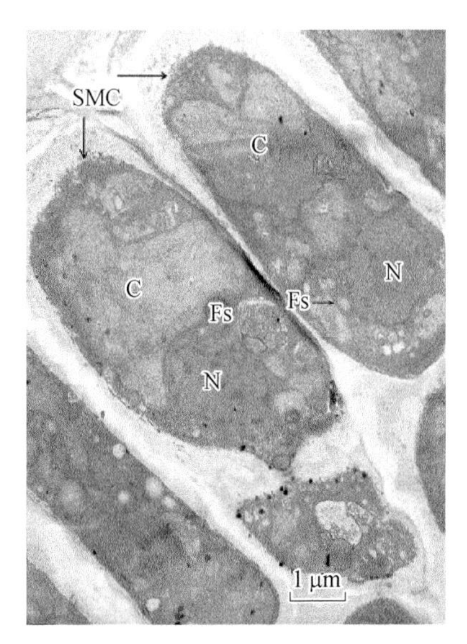

图 7 - 12　不对称横分裂前的精子囊母细胞

SMC. 精子囊母细胞；N. 细胞核；C. 质体；Fs. 淀粉粒

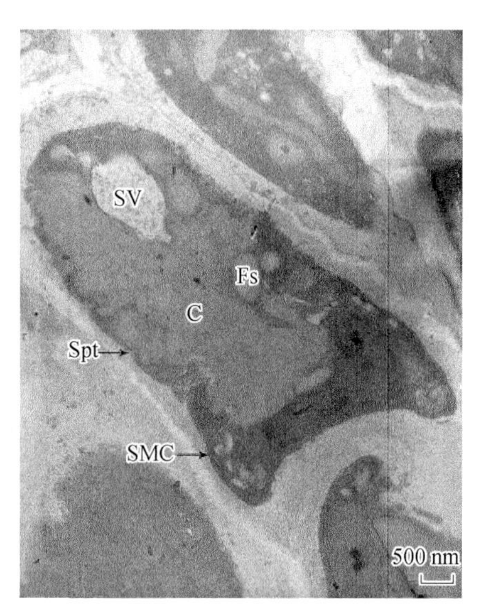

图 7 - 13　不对称横分裂后形成上方的精子囊细胞和下方的精子囊母细胞

SMC. 精子囊母细胞；Spt. 精子囊细胞；SV. 液泡；Fs. 淀粉粒

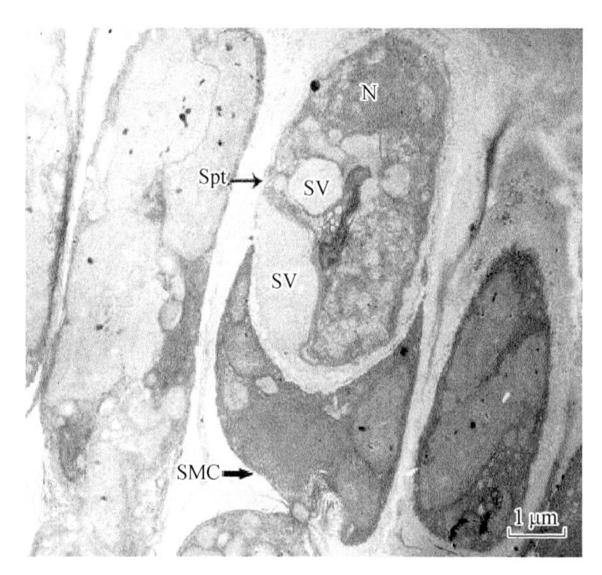

图 7 - 14　龙须菜成熟的精子囊

SMC. 精子囊母细胞；Spt. 精子囊细胞；N. 细胞核；SV. 液泡

果胞由 1 个单核的表皮细胞发育而来，首先进行不等斜分裂为上下 2 个细胞，随后下方的细胞再进行 1 次不等斜分裂，2 次分裂后最终下方形成 1 个小细胞，称为支持细胞（supporting cell），上方为 2 个大细胞，称为侧细胞。3 个细胞并通过纹孔连丝连接。随后侧细胞发育成两边 2~3 个细胞的营养细胞枝，而支持细胞再进行一次分裂，形成了二细胞的果胞枝，下方为下位细胞(hypogynous cell),最上方为锥形的果胞(图 7-15)。

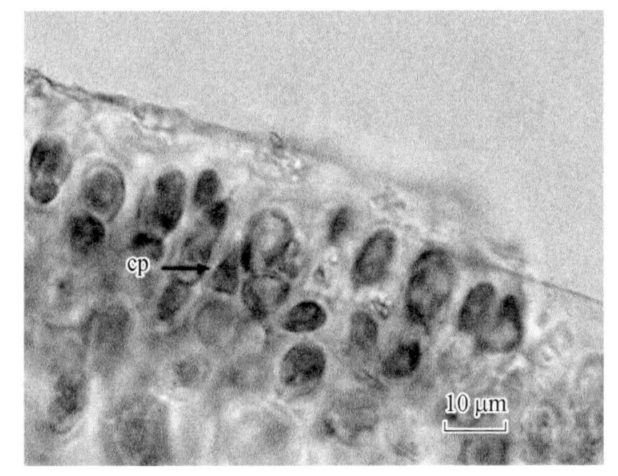

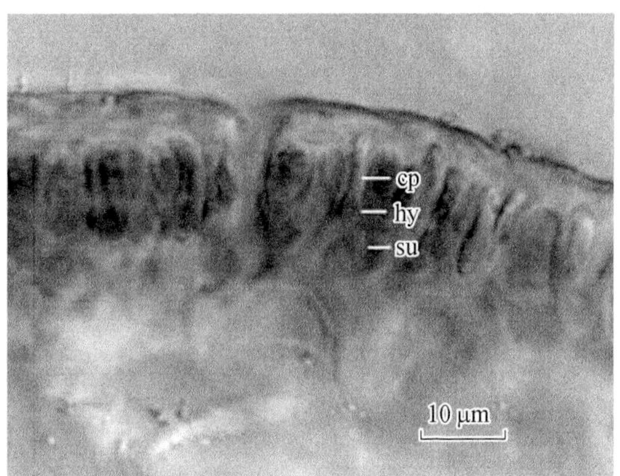

图 7-15　龙须菜雌配子体果胞枝

cp. 果胞;hy. 下位细胞;su. 支持细胞

锥形果胞的尖端继续向藻枝表面伸长,形成直的受精丝(trichogyne)(图 7-15)。尽管之前没有受精丝伸出藻枝表皮外部的报道,但观察发现受精丝可伸出藻枝表面(图 7-16),这种结构可能有利于果胞与精子的结合。

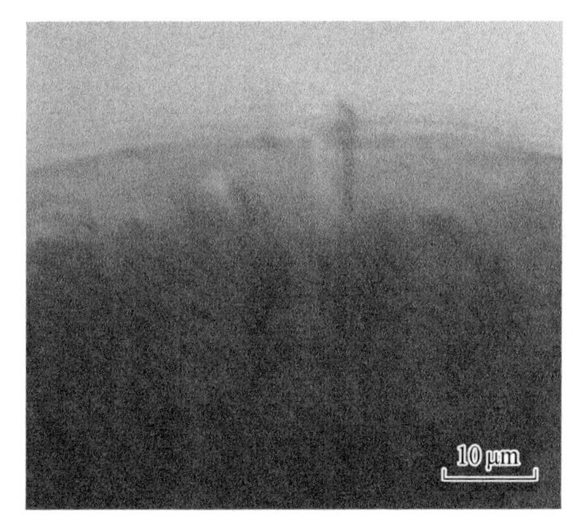

图 7-16　龙须菜的受精丝伸出藻枝的表面

3. 受精和果孢子体的发育

(1) 受精

受精时,精子首先黏附在受精丝上,溶解接触点的膜后,精子的细胞核进入受精丝,到达果胞的底部与卵核结合成为合子。受精过程促进了果胞两旁营养细胞枝及邻近皮层细胞的横分裂,在受精的果胞周围形成了多层细胞的结构,并在雌配子体的藻体表面形成圆丘形的突起。突起中央为二倍体,连同周围雌配子体的单倍体细胞构成囊果(cystocarp)(图 7-17)。囊果内部的二倍体部分即为果孢子体(carposporophyte),是龙须菜生活史中的第 3 个世代,寄生在雌配子体上。

(2) 果孢子体的发育

合子的细胞核进行有丝分裂,形成 2 个子核与随后分裂的细胞质形成 2 个子细胞,初级纹孔连丝仍然保留。新形成的 2 个子细胞,称为产胞丝前体(gonimoblast initials)。产胞丝前体细胞继续分裂,形成大量丝状且具分枝的产胞丝(gonimoblast)。产胞丝分布于原始的营养细胞的上方,充满整个囊果内的空腔(图 7-18)。下部的产胞丝以次级纹孔连丝连接,不形成果孢子囊;而上部产胞丝细胞的顶端,可通过横分裂产生果孢子囊(carposporangium),果孢子囊内形成果孢子(carpospore)(图 7-19)。成熟后囊果的外果皮,由 8~11 层排列整齐的细胞组成(图 7-18)。

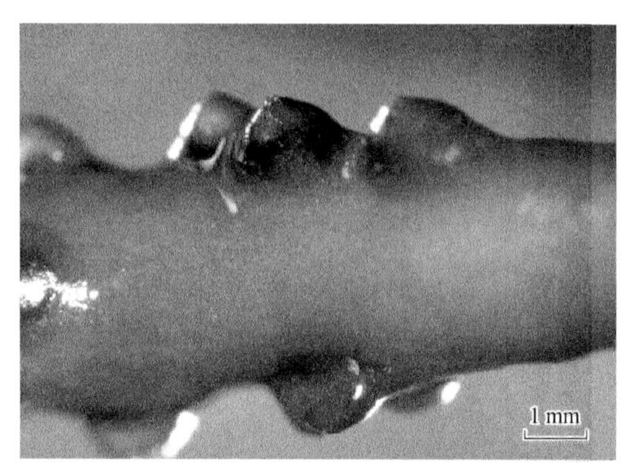

图 7－17　雌配子体上的囊果(囊果中央有小孔)

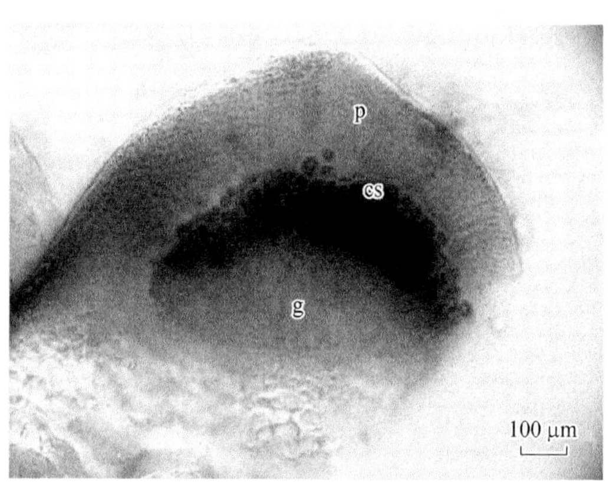

图 7－18　龙须菜果孢子体及囊果的横切面
cs. 果孢子;g. 产胞丝;p. 囊果被

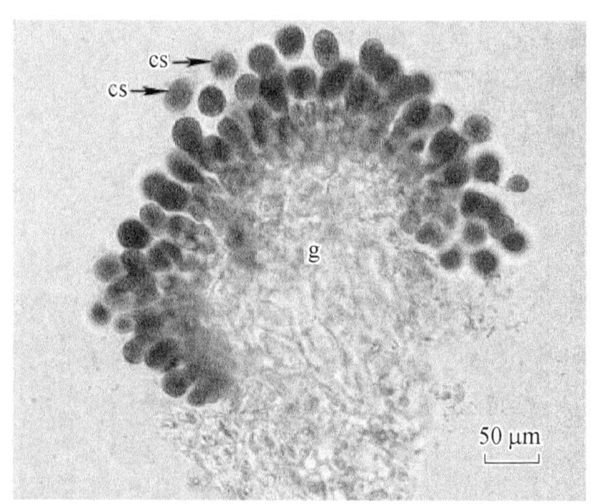

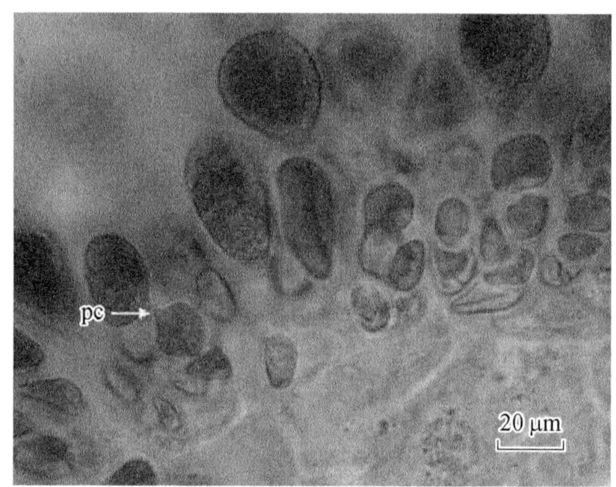

图 7－19　龙须菜果孢子体的结构
cs. 果孢子;g. 产胞丝;pc. 纹孔连丝

寄生在雌配子体上的果孢子体由果胞和囊果被两部分组成。果胞内的果孢子囊由 100~200 个细胞组成,均为二倍体细胞,从同 1 个合子通过有丝分裂发育而来,在遗传上是同质的。果胞外部为雌配子体细胞形成的囊果被,由支持细胞和表面的包被细胞等部分构成,均为单倍体细胞。

4. 果孢子的释放和萌发

囊果成熟后,在中央形成 1 个小孔(ostiole),果孢子从这个孔中放散出来。囊果在放散出果孢子的同时还会放散一些胶状物,将大量的果孢子包裹在一起。推测胶状物的黏性可能利于果孢子的附着(图 7－20)。

果孢子囊释放果孢子,进而发育成四分孢子体,这些四分孢子体都具有相同的基因型。附着后果孢子的萌发过程,与四分孢子的萌发过程相似,也是分裂后形成盘状固着器,然后长出直立藻丝,发育为二倍体的四分孢子体(图 7－21)。

五、生活史

龙须菜的生活史属于真红藻纲典型的三世代型生活史(图 7－22),由四分孢子体和果孢子

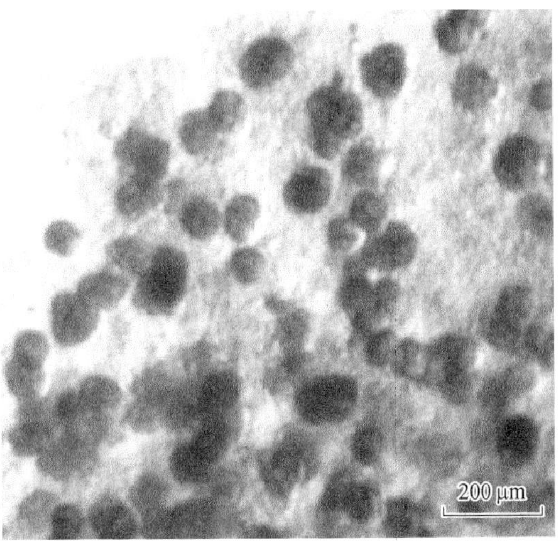

图 7－20　龙须菜果孢子的释放

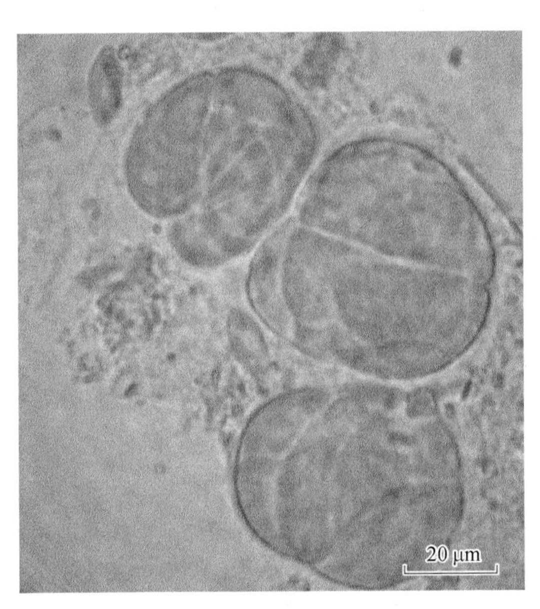

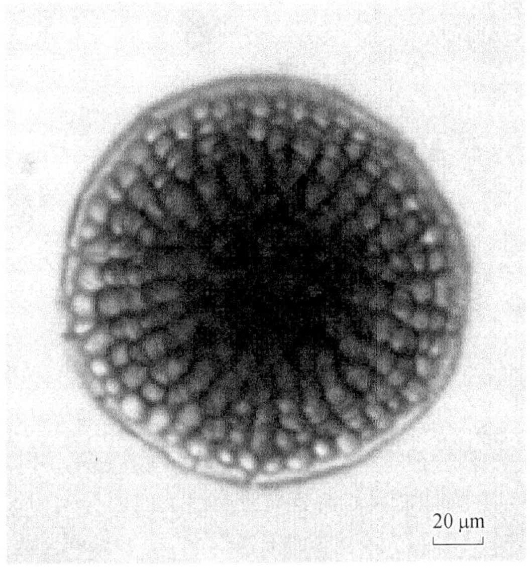

图 7－21　龙须菜果孢子的细胞分裂及其发育形成的盘状体

体 2 个孢子体世代和配子体世代组成，而且二倍的四分孢子体和单倍的雌、雄配子体具有相同的形态、生长势和细胞结构。龙须菜的四分孢子体和配子体在形态上非常相似，只有性成熟之后才能根据性器官来区分其世代及性别。

四分孢子体发育成熟后，藻体上四分孢子囊细胞进行减数分裂（一次横分裂和一次纵分裂），产生 4 个呈“十”字形排列的单倍体细胞，这就是四分孢子。这 4 个四分孢子分别萌发为 2 株雌配子体和 2 株雄配子体。配子体成熟后，雄配子体上的精子囊放散出没有鞭毛的不动精子，随水流与雌配子体上囊果内的卵结合，发育为二倍的果孢子体，寄生于雌配子体上，这就是囊果。果孢子成熟释放后发育为四分孢子体。在适宜的条件下，龙须菜可以在 5～6 个月内完成一个生活史周期。

图 7－22　龙须菜生活史

1. 四分孢子体；2. 四分孢子囊（横切面）；3. 四分孢子；4. 盘状体；5. 雌配子体；6. 雄配子体；7. 果胞枝（横切面）；8. 精子囊（横切面）；9. 卵；10. 精子；11. 合子；12. 囊果（横切面）；13. 果孢子；14. 盘状体

四分孢子体最明显的特征是性成熟藻体内有四分孢子。将性成熟的四分孢子体做徒手切片，在横切面可以清楚地看到巨大的四分孢子，表皮细胞直径仅 5~9 μm，而四分孢子的直径可达 26~52 μm，4 个子细胞呈"十"字形排列。雌配子体的特征是具寄生的果孢子体。果孢子体呈乳头状，直径 1.1~1.5 mm，其外面包围囊果被，由 8~11 层细胞组成，厚度为 120~180 μm。产孢丝细胞较小，直径 16~30 μm，其顶端形成卵形或球形的果孢子，直径 33~46 μm。囊果顶端具 1 个囊果孔，成熟的果孢子由此孔放散到体外。雄配子体的特征是性成熟后反光很强的精子囊分布于藻体表面。

红藻在所有生活史阶段细胞都没有鞭毛，这一特性对红藻的生殖进化具有深远的影响。低等的红藻纲生活史非常复杂，具有单孢子这样的无性生殖途径，而高等的真红藻纲则进化出具有 3 个多细胞阶段的独特生活史类型，提高生殖能力，作为对鞭毛缺失的补偿。

从孢子萌发到藻体性成熟之前，龙须菜四分孢子体与雌、雄配子体的形态相同，难以分辨。但是成熟后的雌配子体藻枝上，具肉眼可见的突出的囊果；四分孢子体在发育成熟后，在光线照射下，藻体的皮层细胞中可见颜色较深的四分孢子囊；而雄配子体则需要在显微镜下观察精子囊才能确定。

龙须菜还存在世代混杂的现象,即在配子体藻体上可能生长有孢子体,在孢子体藻体上也可能生长有配子体。囊果放散出的果孢子附着在母体上未脱落,由其萌发的四分孢子体附着在雌配子体上继续生长,或四分孢子附着于四分孢子体上萌发成配子体是造成世代混杂现象的主要原因。

从理论上讲,在龙须菜的自然群体中,其四分孢子体∶雌配子体∶雄配子体为2∶1∶1,但是,雄配子体一般在放散精子后生长势减弱,甚至死亡,因此雄配子体在群体中数量往往少于理论值。

六、染色体数目

1. *江蓠的染色体数目研究进展*

江蓠属海藻的染色体均很小,研究较困难,即使在减数分裂中期也很难计数。到目前为止,由于在光学显微镜下看不清染色体的形态,因此无法进行核型分析,仅10多种江蓠进行了染色体计数(表7-1)。从表7-1可见,江蓠属的染色体数目有 $n=24$ 和 $n=30\sim32$ 两种。大多数种类的染色体数目为 $n=24$,$n=30\sim32$ 的只有 *G. lemaneiformis* 和 *G. vermiculophylla* 两种。Greig-Smith(1954)对 *G. mulipartina* 进行染色体计数,结果 $n=6\sim7$,这一结果可能是由于技术错误造成的。表7-1中显示了同一个物种有不同的染色体计数结果,如在物种 *G. vermiculophylla* 中,Magne(1964)和Bird等(1982)分别研究法国Roscoff和英国South Devon的样本,得到的染色体计数结果均为 $n=32$,而加拿大和日本藻类学家的结果则为 $n=24$,很可能是所用样本来自不同的物种。

表7-1 江蓠属海藻中不同物种染色体数目

物 种	采集地	染色体数目(n)	参考文献
G. bursa-pastoris	英 国	22	Bird *et al.*,1982
G. chilensis	智 利	24	Bird *et al.*,1986
G. chorda	日 本	24	Yabu and Yamanoto,1989
G. coronopifolia	夏威夷	24	Bird and McLachlan,1982
G. foliifera	英 国	24	McLachlan *et al.*,1977
G. longa	意大利	24	Gagiulo *et al.*,1987
G. mulipartina	未标明	6~7	Greig-Smith,1954
G. lemaneiformis	中 国	29~30	Zhang and van der Meer,1988
G. sordida	新西兰	24	Bird *et al.*,1990
G. tikvahiae	加拿大	24	McLachlan *et al.*,1977
G. vermiculophylla	日 本	24	Yabu and Yamanoto,1989
G. vermiculophylla	法 国	32	Magne,1964
G. vermiculophylla	英 国	32	Bird *et al.*,1982
G. vermiculophylla	加拿大	24	Bird *et al.*,1982
G. vermiculophylla	英 国	24	Bird and Rice,1990
G. vermiculophylla	日 本	24	Yabu and Yamanoto,1988
G. vermiculophylla	意大利	24	Bird and Mclachlan,1982
G. tenuistipitata	中 国	24	Shen and Wu,1995

关于龙须菜的染色体数目的研究文章很少,Zhang 和 van der Meer(1988)报道龙须菜染色体 $n=29\sim30$,最近的研究结果证实其染色体数目为 $n=30$(臧晓南和张学成)。

2. *龙须菜染色体的检验方法*

龙须菜的染色体检验,可采用酶解、滴片后,进行 DAPI 染色,再用荧光显微镜观察。研究结果表明,龙须菜配子体细胞的染色体数 $n=30$(图 7-23),孢子体细胞的染色体数 $2n=60$。

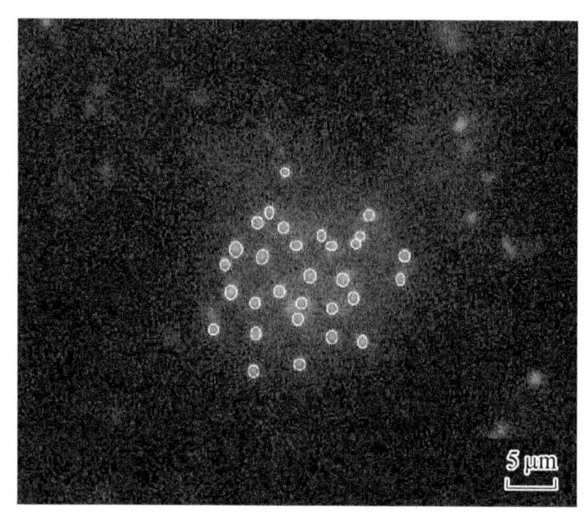

图 7-23　龙须菜配子体的染色体示意图

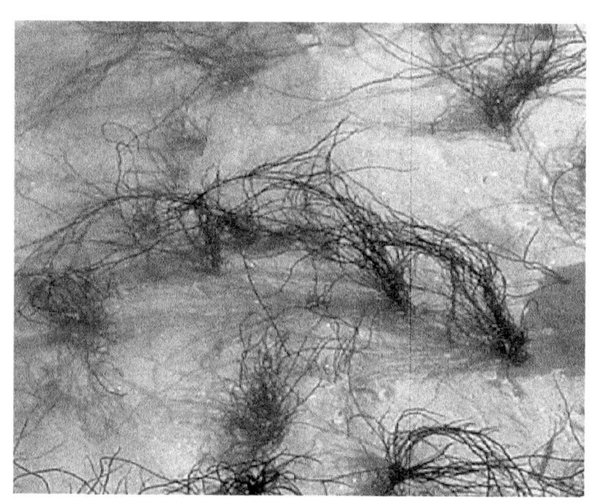

图 7-24　潮间带自然生长的龙须菜

七、生态与环境

我国龙须菜分布于山东半岛的黄海海域,通常栖息在砂质海湾内。藻体喜生长于海水水质洁净、向阳的潮间带下部至潮下带,半埋于海沙内,以固着器固着在碎石上,藻枝在沙滩上生长(图 7-24)。在生长季节,龙须菜可在几平方米至几百平方米的范围内形成优势种,呈现不连续分布,2 个生长地之间的距离可从几十到上百千米。

龙须菜的适温范围为 10~23℃,最适温度为 20~22℃,每年有 2 个旺盛生长的季节,分别为 6~7 月及 10~11 月,每次持续时间为 50 d 左右,在后期 20 d 可以采集到性成熟的藻体。龙须菜的固着器固着在砂内的小石块上,在夏季高温或冬季低温的环境下,露在砂面外部的藻体死亡,但保存于砂内的基部仍可以存活,在温度适宜的季节又能迅速长出新的藻枝,继续进行生长、繁殖并完成生活史。

由于龙须菜对生境的要求较高,目前其原产地山东半岛沿海地区,由于人为干扰(如过度采集、沿岸港口工程建设等)而导致其生境破坏,造成龙须菜自然资源量锐减,已不能形成规模的产量,只能通过栽培才能获得较大的生物量。

第三节　苗 种 繁 育

目前,在大型海藻栽培中的苗种繁殖方式有 2 种:一种是生殖细胞繁殖,如紫菜、海带和裙带菜等;另一种是营养体增殖,如江蓠属、石花菜属和麒麟菜属等。利用营养体增殖的方式进行栽培简便易行,生物量增长速度快,易推广,可进行规模化栽培生产,且有利于保持遗传性状的稳定,因此易为广大栽培户所接受。但是,营养体增殖的缺点是苗种用量大,大规模栽培生产中,苗种的供应和运输成为制约产业发展的关键因素。而采用生殖细胞繁殖,是较为成熟的栽培体系,需要对栽培对象的生活史及发育调控等方面进行深入的研究后方可进行,具有可控性高、节省劳力等诸多优点。

稳定的苗种供应,是龙须菜栽培业长足发展的重要因素之一。目前我国龙须菜栽培已经形成了南北海区互为苗种供应基地的局面。福建及广东等南方海区栽培时间从每年的10~11月至翌年的5~6月,生长期为6~7个月;山东及辽宁等北方海区的栽培时间从每年的5~6月至10~11月,生长期也是6~7个月。每年的4~5月,当北方海区的海水温度上升至10~12℃,即可以从南方运送龙须菜苗种北上,经过1个月左右的暂养,随着温度升高,龙须菜生长速度不断提高,生物量不断增加,6~8月进行第一茬栽培生产,8~10月进行第二茬栽培生产。每茬生产的栽培周期为2个月左右,龙须菜的生物量可增加100倍以上。

在南方的福建海区,每年的9~10月,当水温下降到25℃以下时,便可以开始进行龙须菜的栽培,栽培生产所需要的苗种可以从北方海区获得。例如,福建宁德海区栽培的龙须菜在下海1~2个月,生物量扩大后便可逐步收获,为福建南部和广东等海区提供栽培所需要的苗种。南方海区每年11~12月进行第一茬栽培生产,1~3月进行第二茬栽培生产,4~6月进行第三茬栽培生产,每茬的栽培周期为1~2个月,龙须菜的生物量可以增加50~100倍。

一、孢子繁殖育苗

目前,我国龙须菜栽培主要采用营养体增殖的方式。规模庞大的龙须菜栽培产业,对苗种的需求量很大,因此栽培期间的保种问题较突出。早在20世纪80年代就有利用孢子对江蓠进行繁殖的实验报道,后来对采集孢子的方式也进行过探讨,如 *G. parvispora*、智利江蓠(*G. chilensis*)等,可利用石片或苗绳进行孢子的采集,证明了利用孢子对江蓠进行繁殖的可行性。

龙须菜的孢子繁殖,可以通过四分孢子和果孢子两种途径实现。四分孢子萌发后分别发育为雌、雄配子体,而果孢子发育为四分孢子体。在海上栽培过程中,雄配子体会出现成熟早、易腐烂的问题,因此之前的孢子繁殖试验所采用的均为果孢子。但是,自然界中龙须菜的果孢子和四分孢子发育不同步,放散的时间不集中,很难在短时段内形成满足商业化需求的孢子数量。

龙须菜四分孢子体成熟时可产生四分孢子,雌配子体成熟后产生两类果孢子,两类孢子都能发育成新的藻体。因此,可利用龙须菜的无性繁殖或者有性繁殖特性,采集这两类果孢子,培育成幼苗,在海区进行栽培。采用藻体孢子育苗的缺点是孢子放散不集中,放散量较少,而且幼苗的生长发育速度较慢,苗种培育技术要求和成本较高。下面介绍龙须菜孢子育苗的技术步骤。

1. 种藻挑选

挑选粗壮、繁茂整齐,干净,颜色较深,藻体完整、无损伤,囊果或者四分孢子囊密集的成熟藻体作为种藻。

囊果和四分孢子囊可用肉眼区分,成熟的囊果明显突出藻体外,四分孢子囊对阳光观察呈小红斑点。采孢子时应检查孢子是否成熟,可根据孢子囊的特征分别加以鉴别:

囊果成熟时,突起较高,顶端平圆,呈馒头形,囊果孔透明,略带白色。若囊果的白点较大且有孔眼时,表明果孢子已放散,不宜选用。也可在显微镜下检查果孢子的饱满程度。

四分孢子囊成熟时,对日光观察红点明显且较大,分布也较均匀,在显微镜下观察,孢子囊呈“十”字形分裂,分裂沟明显。

2. 孢子采集与附着

(1) 附苗器准备

室内人工育苗,可选用石块、贝壳、竹片、棕绳和维尼纶绳等作为附苗器。附苗器必须提前进行浸泡并洗刷干净,然后并排摆放于采苗池内,注入经沉淀并过滤的清洁海水,淹没附苗器待用。

(2) 采孢子用水

育苗用海水需经过充分的沉淀和过滤,减少硅藻和原生动物密度,避免影响江蓠孢子的萌发生长。

(3) 孢子放散与附着

龙须菜育苗一般采用孢子水采苗法。用海水将种藻冲洗干净,均匀地铺开进行阴干刺激2~4 h,至藻体表面水分消失,出现皱纹。阴干刺激结束后,将种藻均匀地撒到已放好生长基的水体中,进行采孢子。一般来说,一棵成熟的龙须菜藻体可放散60 000个四分孢子或40 000个果孢子。放散的过程中应不断搅拌海水,并经常检查放散情况。当孢子放散达到预定要求时,将种藻捞出,用数层纱布过滤孢子水,然后将孢子水均匀地喷洒在附苗器上进行附着。龙须菜的生殖细胞均无鞭毛,放散出来后不能游动,只能沉淀附着在预先准备好的附苗器上。当孢子下沉接触到附苗器后便会附着,1 d后附着牢固。在自然海区孢子的萌发较快,一般5 d后形成小盘状体。

(4) 采苗量观察与检查

若附苗器上有大量红色斑点,则为孢子附着量多,否则附着量少。采苗后第2天用显微镜检查,每个视野(10×10倍)下有3~5个孢子即可达到要求。若孢子附着量不足,可将已进行第一次放散的种藻再次阴干刺激,进行第二次采孢子,以增加孢子的附着密度。当孢子附着密度达到要求后,即可进入育苗管理阶段。

3. 育苗管理

龙须菜的育苗管理阶段为1~2个月。

由于室内育苗需要一定的设备条件,成本高,生长速度也比自然海区缓慢,因此室内育苗时,通常培育1个多月,待幼苗将近直立时,便移往自然海区培育。

在筏架上育苗,可按水体透明度变化调节水层。一般水深控制在1 m左右。

二、营养体繁殖育苗

龙须菜和细基江蓠繁枝变种等江蓠属种类,虽然在生活史中能够产生四分孢子和果孢子进行繁殖,但由于在人工培养条件下难以形成囊果或四分孢子囊,无法集中放散果孢子或者四分孢子。因此,目前龙须菜和细基江蓠繁枝变种等江蓠属种类的苗种繁育方式主要通过营养藻体繁殖进行。

藻体营养繁殖苗种的优点是,用藻体的分枝切段繁殖进行生物量扩增,不经过有性生殖过程,不易发生遗传变异,可较好地保持栽培品系优良性状的稳定性。但是,其缺点是进行大规模栽培时对苗种的需求很大。

1. 苗种室内保存及培育

(1) 种藻的挑选

在海区栽培的龙须菜中挑选藻体呈红褐色、小枝分枝较密、无损伤、无敌害生物和杂藻附生的未成熟藻体作为种藻。为避免品系优良性状退化,每隔1~2年应重新选择种藻进行藻种选育。

（2）室内苗种保存条件

培养容器采用玻璃水族箱、白色塑料桶等，培养水温 18～20℃，盐度 25～32，培养密度一般为 2.0 g/L，光照强度控制在 16～20 μmol/（m²·s）。培养期间应进行充气，保持水体流动。每隔 5～7 d 全量换水，换水前后的温差不应超过±1℃。换水后施加营养盐，用量为氮肥 15 mg/L、磷肥 1 mg/L、柠檬酸铁 0.5 mg/L、维生素 B_{12} 1 μg/L。

2. 海区营养体繁殖

当海区环境条件适合龙须菜生长时，可以将室内培育保存的龙须菜苗种移至海区进行栽培。

选择温度低于 25℃，盐度 20～34，生态环境好、水流畅通的海区。利用海水养鱼网箱作为龙须菜海上培育的设施，网箱网衣采用网孔 1 cm 的聚乙烯网片制成，以防止蓝子鱼等敌害鱼类的侵入。将龙须菜苗种按 100 g/m 的密度夹到聚乙烯苗绳上，吊挂在网箱中，进行苗种扩增，培养水层保持在 0.5～1 m。

扩增期间应经常洗刷苗种，保持藻体干净，以利于其正常生长。做好培养网箱的日常检查和固定工作，避免网衣破损或者堵塞。如网箱中发现有蓝子鱼等敌害鱼类危害时，应及时捕捉干净。对于钩虾、团水虱及杂藻危害应及时清除干净，可采用在苗绳上吊挂适量敌百虫药袋的方法进行防除。一般经过 30～50 d 的扩增培养，龙须菜的生物量能够增加 30～50 倍，可为大规模栽培提供苗种。

三、苗种运输

目前龙须菜的苗种运输，均采用湿运法，即将苗种装在编织袋、网袋或者泡沫箱内，并适时淋水以保证藻体表面湿润的一种运输方法。

龙须菜的苗种可采用编织袋或网袋包装，一般以 15～25 kg/袋为宜。若将苗种直接堆积在车厢内，藻堆内部温度上升，藻体易受损害，因此运输途中应特别注意控制温度。一般在运输过程中，温度应保持在 15℃以下，最高不能超过 20℃，藻体方能保持良好的状态。装车运输前，可用 10℃左右的低温海水浸泡藻体，以保持藻体的温度和湿度。在 1～2 d 的运输途中，一般每隔 12 h 要淋低温海水 1 次，或在车厢中放置适量的海水冰块，以保持藻体的温度和湿度。

第四节　栽 培 技 术

一、栽培海区选择

适合龙须菜栽培的海水温度为 10～26℃，其最适宜生长的水温为 18～24℃。适宜的盐度为 20～34，其最适宜盐度为 23～32。栽培龙须菜的海区可选择泥沙或者砂石底质、潮流通畅、风浪大小适度的海区，水深 5～20 m，透明度 1～3 m。龙须菜栽培海区的水质还必须符合国家海水水质标准要求，应选择没有工业废水排放的海区，以避免龙须菜富集重金属离子。

选择栽培海区时，还应考虑海区的营养盐含量高低。营养盐含量高时，龙须菜的产量较高，质量较好；而营养盐含量低的海区，龙须菜的生长受到影响，藻体小、色泽差、杂藻较多、质量较差。浅海海区，尤其是水质呈富营养化状态的海水动物养殖区域（如海水鱼类网箱养殖和牡蛎等贝类吊养区），水体中大量的氮、磷等营养盐可以被龙须菜有效地吸收利用，适宜栽培龙须菜。

二、栽培设施

龙须菜栽培主要采用浮筏式栽培，其栽培浮筏设施与海带基本相同，由大绠、橛缆和橛子（或铁锚、砣石）三部分构成。固定在海底的橛子、铁锚或沉在海底的砣石通过橛缆与大绠相连接，将大绠固定在水面上成为浮筏，在大绠上系有一定数量的浮球使其漂浮于水面，浮绠上绑挂龙须菜苗绳。大绠的长度因材料和海区的流速、流向及栽培方式不同而异，一般情况下，近岸和流速较小的海区大绠可以采用细小的聚乙烯绳，而水深流急的海区要用粗大的大绠，目前在生产上，使用直径 3 ~ 5 cm 的聚乙烯绳作为大绠。不同地区大绠的长度不同，一般长度为 70 ~ 80 m。

橛缆采用与大绠相同的聚乙烯绳，其长度与水深、海区的流速有关，一般海区橛缆的长度是平均水深的 2 倍，橛缆与海底橛子（或砣石）形成的夹角为 30°。水深超过 20 m 的海区，海水流速较快，一般要求橛缆应适当加长，橛缆与海底橛子（或砣石）的夹角要求在 25°左右，以利于浮筏的安全。

龙须菜栽培浮筏的设置方向一般有顺流筏和横流筏两种，可以根据不同栽培海区的特点选择不同的方式。

顺流筏是指浮筏的设置方向与海流流向相同，浮筏与流向平行，将龙须菜苗绳平挂在两台浮筏之间进行平挂栽培。其优点是平挂的苗绳与海流的流向垂直，海流可使龙须菜漂起，改善了受光条件，有利于藻体生长；缺点是在浮筏一端的橛子（或砣石）和橛缆受力较大，海流过大时易造成橛子（或砣石）被拔起或橛缆被扯断，影响浮筏的安全。因此，顺流筏一般适于设置在水流较小的浅海和内湾海区。

横流筏是指浮筏的方向与海流的流向垂直，由于浮筏两端的橛子（或砣石）、橛缆同时受力，其优点是栽培浮筏的安全系数较高；缺点是平挂苗绳的方向与流向平行，海流使藻体相互重叠，部分藻体被海流冲到浮筏下面，影响了受光，造成生长不均匀。横流筏适于在海流较大的海区设置，是我国北方沿海龙须菜栽培浮筏设置的主要方式。

筏距指两台浮筏间的距离。龙须菜栽培浮筏的筏距因栽培方式的不同而异，一般情况下，水流较小的浅海和内湾海区筏距小一些，水深流大的海区相应大一些；长度较长浮筏的筏距可以大一些，长度较短的浮筏筏距可以小一些。各个海区因海区状况和浮筏长度的不同差异较大，如山东荣成海区平挂栽培的筏距为 6 m，福建沿海地区的筏距为 8 m，广东南澳岛海区的筏距为 5 m。

三、海上栽培

1. 栽培方式

龙须菜栽培可用浮筏平挂栽培、垂挂栽培，还可在潮间带插苗栽培。在这些方式中，浮筏平挂栽培的效果最好。另外，龙须菜还可与牡蛎等贝类套养。

（1）平挂栽培模式

平挂栽培模式是我国沿海龙须菜栽培普遍采用的栽培方式，与海带的栽培方式相同，将夹上龙须菜的苗绳平挂在两台栽培浮筏之间，苗绳的两端直接或通过吊绳与两台浮筏连接，使苗绳在水中呈弧形延绳状（图 7 – 25）。其优点是每台浮筏栽培的龙须菜苗种数量多、产量高。但由于栽培苗绳在水中呈弧形，受光强度不同，会出现苗绳两端水层浅处的龙须菜生长快、藻体长，而在苗绳中间水层最深处的生长较慢、藻体较短。

为解决苗绳中部藻体生长速度慢、藻体较小的问题，可在每根苗绳的中间系一个小浮球，提高苗绳中间部分的水层，使苗绳在水中呈“W”状，能够较好地促进苗绳中间部分龙须菜的生长。

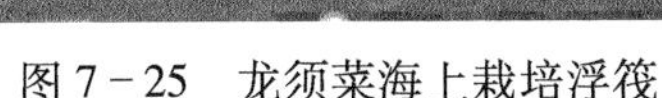

图 7－25　龙须菜海上栽培浮筏

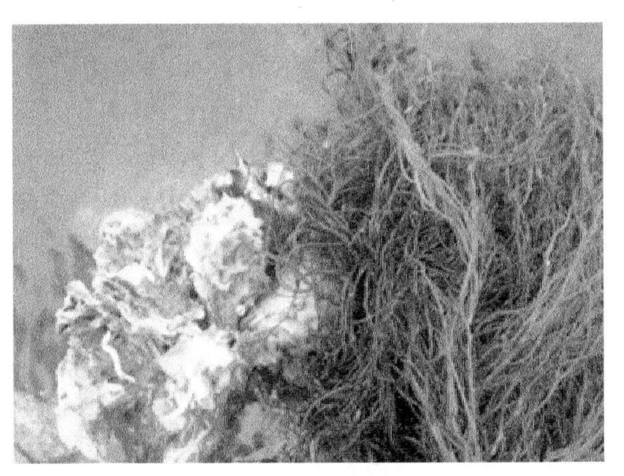

图 7－26　龙须菜与牡蛎套养

（2）龙须菜与贝类套养模式

龙须菜与贝类套养模式是将夹好龙须菜的苗绳，两端绑好固定在牡蛎、扇贝等贝类养殖筏架的绠绳上，利用藻、贝类的时间和空间差进行套养，是一种提高水域使用效率和生产效益的有效方法（图 7－26）。

具体操作时，在每 10 台牡蛎或者扇贝养殖筏架中，利用 5～6 台进行龙须菜套养，上层吊挂龙须菜苗绳，下层吊挂养殖的牡蛎或者扇贝网笼。注意需留出一定的空间，以保证海流的畅通。在生产周期上，龙须菜分苗下海的季节北方海区在夏季，南方海区在秋冬季，而贝类养殖的分苗季节一般在春季或者秋季，龙须菜和贝类的收成季节也可错开，具有可操作性。牡蛎、扇贝等贝类在养殖区滤食海水中的有机颗粒物质，消耗水体中的氧气，释放出氮、磷和二氧化碳，而栽培龙须菜可以利用海水中的氮、磷等营养盐和二氧化碳进行光合作用，转化为有机物质并释放出氧气，改善了养殖区的水质条件，从而达到生态养殖的目的。

2. 分苗

栽培密度对龙须菜的生长发育有很大的影响，栽培密度过大时藻体较小、产品质量低，密度太小则产量降低。因此，采用合理的栽培密度可保持龙须菜的生长潜力，是提高栽培产量和质量的关键环节。龙须菜栽培的适宜密度还因海区状况而有不同，一般内湾和近海海区栽培的藻体较小，栽培密度可以适当大一些；海水深度大、流速快的外海海区栽培龙须菜的个体较大，其夹苗密度可以适当小一些。

目前生产上分苗时，用适合直径的聚乙烯绳作为夹苗用的苗绳，每亩需用苗绳 1 000 m，夹苗 50～100 kg。用于平挂式栽培的苗绳长度为 5～8 m，每米苗绳的幼苗数量以 10～12 株为宜，每株幼苗重 8～10 g，苗株的间距为 8～10 cm。应注意夹苗间距过大会导致龙须菜的产量下降，还会因为附着其他杂藻而影响质量。

分苗完成后，应尽快将苗绳下海吊挂。分苗及下海过程中应避免曝晒，以免幼苗受到损伤。

下海吊挂时，将苗绳两端直接或通过系绳绑在栽培浮筏的大绠上，应根据海区实际情况调整苗绳的间距。一般内湾海区苗绳的间距为0.8~1 m,水深流大海区的绳间距一般为1 m以上。

四、栽培日常管理

分苗后至收获前的海区栽培过程为龙须菜的栽培期。栽培期的长短因地区纬度和海区状况不同有较大的差异。一般情况下,我国北方山东荣成和青岛沿海,龙须菜的栽培期从每年的5月中下旬至11月下旬,时间长达6~7个月;福建沿海地区一般在10月至翌年的6~7月,广东沿海地区一般在每年的11月下旬至翌年5月,也有5~6个月的栽培时间。由于龙须菜的生长受温度、光照和营养盐等海区环境条件的影响,栽培期间的管理工作主要有栽培密度调节、水层调节、施肥等。

1. 栽培密度调节

调节适宜的栽培密度是提高龙须菜产量的关键技术。由于分苗下海栽培时,部分藻体会被风浪冲击而脱落,苗绳上会出现一段或数段无苗的现象,因此,应及时调节苗种密度,进行补苗,否则会对产量造成严重影响。

补苗是将龙须菜幼苗夹在缺苗的栽培苗绳上,使其达到合理的栽培密度。在生产上确定是否补苗取决于栽培苗绳上的缺苗量,如果缺苗率在10%以内的可以不补苗,当缺苗数量超过20%,则必须补苗。

2. 水层调节

栽培水层的调节实际上就是对龙须菜的受光条件进行调节。应要根据不同的海区和龙须菜不同的生长发育阶段对光照的不同要求,进行栽培水层的调节。

栽培前期的龙须菜藻体较小,适应于弱光下生长,此时培育水层要深一些。当藻体进入快速生长阶段,对光照的需要增强,需要适当地提高栽培水层,以促进藻体快速生长,此时水层应浅一些。特别是在收割前的1个月,增加光强能较大幅度地提高龙须菜的琼胶含量和质量。一般龙须菜栽培的水层保持在海区透明度的1/3~1/2,如在广东南澳岛海区,透明度1.5~2 m,龙须菜的吊养水深为0.5~1 m,在下海吊挂初期时水层为0.8~1 m,后期再提高到0.5 m左右。

3. 施肥

在营养盐肥沃海区栽培的龙须菜一般藻体较长、分枝较多、呈红褐色、具有光泽、琼胶含量较高。而在营养盐贫瘠海区栽培的龙须菜则藻体较短、分枝较少、呈黄绿色、琼胶含量较低。

根据龙须菜的生长状态和海区环境条件,在营养盐含量较低时,可采取施肥的措施,促进龙须菜的生长,以达到提高产量和质量的效果。研究表明,龙须菜的不同生长期对营养盐需求不同,龙须菜生长前期对硝酸盐等氮肥的吸收较快,有利于其分枝的形成和颜色鲜艳,而在后期,施加磷肥有助于琼胶的合成。因此,在栽培前期,吊挂或喷洒含氮肥料(如硝酸铵、尿素等),可以促进龙须菜的分枝形成,提高其生长速度;而在龙须菜收获的2周前,吊挂或喷洒含磷肥料(如磷酸二氢钾、过磷酸钙等),可促进龙须菜的营养积累和成熟程度,提高其琼胶含量。

4. 适时增加浮力

随着龙须菜的生物量增加,苗绳下沉,应及时在栽培浮筏上增加浮子,维持龙须菜在水层中的深度。

龙须菜栽培期间的其他管理工作还有浮筏的整理、栽培浮筏的防风防浪、定期检查苗绳之间有无互相缠绕或脱落、加强日常管理、及时做好敌害生物和杂藻的防除工作。

第五节　病害与防治

一、常见敌害生物及其防治

龙须菜栽培生产中常见的敌害生物主要分为两大类：一类为侵食性敌害生物，如蓝子鱼（*Siganus* spp.）、金钱鱼（*Scatophagus argus*）等敌害鱼类，大量啃食龙须菜，严重影响龙须菜的正常生长；另一类为宿生性敌害生物，如藻钩虾（*Amphithoe* sp.）、团水虱（*Cymodoce* sp.）、麦秆虫（*Caprella* sp.）和多毛类（Polychaetes）等，会蚕食龙须菜的嫩芽，不利于龙须菜正常生长，尤其在潮流不通畅、栽培密度过大的海区，虫害发生尤其严重。所有的敌害生物都会对龙须菜藻体造成虫害切口，温度较高的季节，容易发生溃疡而造成藻体脱落严重，使得栽培产量减少甚至绝收。

为了防止敌害鱼类对龙须菜栽培生产的破坏，需要在对当地蓝子鱼分布进行调查的基础上，选择没有鱼群分布的海区和季节进行龙须菜栽培。蓝子鱼广泛分布于我国浙江以南海区，在福建、广东和广西沿海大量存在，主要以海藻、腐殖质等为食，在水温18℃以上的摄食行为旺盛，每年冬季水温下降时鱼群移入深水海区越冬。蓝子鱼在春季进入产卵期，每年5～6月后，大量幼鱼从外海群游到近海的栽培区，对龙须菜构成严重危害。对于成群的蓝子鱼尚无有效的防除方法，一旦发现大量的蓝子鱼幼鱼就需要尽快采收。如果是小范围的栽培，可加装防鱼网，尽量减少蓝子鱼的危害。

藻钩虾和麦秆虫等敌害生物在我国南北方海区均普遍存在，由于繁殖周期短、产卵量大，在龙须菜栽培筏架上分布的密度很高，对龙须菜的生长造成严重危害。目前对于藻钩虾、麦秆虫和团水虱等虫害的防除主要以预防为主，应特别注意栽培密度不能过高，夹苗数量不能过大，确保栽培区域的水流通畅，以避免虫害生物对龙须菜藻体的侵害。在夹苗前后，龙须菜苗种发生虫害时可以采用纯淡水浸泡5～10 min，或低温干露放置过夜的方法杀灭害虫。海上栽培发生严重藻钩虾和麦秆虫等危害时，可以采用吊挂或喷洒敌百虫、硫酸铵等药物的方法进行防除。为了保持药效持久，可在塑料袋中装上50～100 g的药物，扎口后在袋上用针扎出针眼，再吊挂到栽培海区的筏架上。吊挂药袋的数量根据海区实际面积和虫害危害情况而定。

二、常见杂藻及其防治

龙须菜栽培的杂藻危害可以分为两种：一是附生类杂藻，如刚毛藻（*Cladophora* sp.）、浒苔（*Enteromorpha* sp.）等；二是寄生类杂藻，如仙菜（*Ceramium* sp.）、多管藻（*Polysiphonia* sp.）、水云（*Ectocarpus* sp.）等。这些藻类均出现在特定的季节，通常与龙须菜具有相似的生长条件，且龙须菜的栽培为其提供了必要的生存环境。杂藻的大量繁殖可与龙须菜竞争水中的营养盐和生存空间，影响龙须菜藻体的光合作用，导致藻体生长变缓、颜色变暗、产量降低，体内琼胶含量和质量下降，降低后续加工效益。杂藻的发生有一定的季节性，浒苔与刚毛藻的发生通常在春末夏初，仙菜和多管藻等杂藻主要出现在夏末至冬季。

对于刚毛藻、浒苔、仙菜、多管藻和水云等杂藻的控制，一般采用预防为主。做好海上栽培器材的消毒和曝晒；控制龙须菜苗种所携带杂藻的传播，不用或少用带有杂藻的苗种。一旦发现苗种有杂藻附着，对于刚毛藻和浒苔等杂藻可采用0.1%的稀盐酸溶液浸泡1 min；对于仙菜和多管藻等杂藻可用淡水浸泡5～10 min进行清除处理；也可以采用低温保潮过夜处理，严重时处理 2 d。另外,通过调节龙须菜栽培水层的深浅来控制光照强度,抑制杂藻的生长,也可达到防除杂藻的效果。一般绿藻类的杂藻生长在较浅的水层,可降低筏架的水层来减少其危害。而仙菜和多管藻等杂藻,主要通过控制龙须菜的栽培密度,改善海水交换条件以避免侵害。

三、白烂病

白烂病是近年来在我国龙须菜栽培生产中常见的一种病害。该病的主要发生季节在南方海区为春季,而北方海区为夏季的升温期。此外,受虫害破坏后的第 2 周,也易发病。发病时,龙须菜藻体呈黄绿色或黄白色,局部可见浅黄色或白色斑点,严重时随处可见多处小藻段变白,藻体的色泽度和弹性下降,分枝变硬,分枝数量明显减少,易折断,分生能力下降,生长速率明显下降且脱落严重。由于白烂病的流行,使得龙须菜栽培的周期受到限制,一般在 20~30 d 就需要采收,从而导致产量和质量的下降。

白烂病的发生是由多方面原因综合引起的: ① 由于藻钩虾等敌害生物的侵食或机械损伤等导致龙须菜藻体表皮受损,而损伤部位若未能有效修复,便可引发有害微生物大量繁殖,在适宜的环境条件下进一步引起藻体表皮发白而溃烂;② 高温和高光强的条件,会对龙须菜的正常生长造成胁迫,导致藻体内大量积累氧自由基,超出其自身清除能力,过多的自由基使得藻体组织受到损伤,致使龙须菜出现白点进而溃烂脱落;③ 由于海区的栽培密度过大,局部营养盐供应不足,影响龙须菜的生理代谢,藻体的抗病能力降低,容易被致病菌感染而发生溃烂。在盲目扩大栽培面积、增大起始夹苗量等情况下,该病发生尤为严重。

为了减少白烂病的发生,应做好栽培期间的管理工作: 选用健康的苗种,避免使用病害发生区域的苗种;注意根据栽培海区光照强度和温度的变化,对栽培筏架水层的深浅进行调节;应做到适当密度栽培,及时采收;在栽培海区营养盐不足时,需要进行合理施肥。

第六节　收获与加工

一、收获方法

1. 采收时间

龙须菜一般经过 1~3 个月的养成周期,体长达到 60 cm 以上,藻体较粗,颜色紫褐,每米苗绳鲜藻重量在 1.5 kg 以上,此时便可进行收获。过早收获的龙须菜含胶量较低,因此除非病虫害严重而抢收,否则不宜过早收获。在我国南方海区,蓝子鱼鱼群在每年 4 月以后大量从外海游到沿岸海区,对龙须菜的栽培构成严重危害。因此,广东沿海地区一般 4 月开始收获,最迟不超过 6 月中旬,福建比广东推迟 1~2 个月。山东荣成等北方沿海一般在每年 5 月放苗进行海上栽培,6 月开始生长,10~11 月采收。

2. 采收方法

收获时主要靠徒手采摘,将龙须菜由栽培浮筏上采下,再运到陆地上进行处理。采收时,应将苗绳整体取上岸,不宜采取割收法而留住基部。除了部分鲜藻用于食品及饲料外,大部分龙须菜主要进行晒干处理后,作为琼胶工业原料进行销售。

晒藻时应选择晴朗无雨的天气,将龙须菜平铺在海滩或陆地上晒干,晒干后及时用麻包装封出售或自行制造琼胶,如果第一天没晒干,翌日一定要晒干。一般龙须菜的鲜干比为(6~7) : 1。

3. 产品分类和质量要求

龙须菜收获后，产品用途可分为食品、饲料和琼胶工业的原料，其具体质量要求分别为：

1）食品级龙须菜的质量要求：鲜食的龙须菜要求藻体新鲜、干净，无杂藻和杂质，无异味，不腐烂；供食用的干品龙须菜要求晒干后用塑料袋密封，干品外观呈黑色，有芳香味，无杂质和异味。

2）饲料用龙须菜的质量要求：龙须菜要求新鲜，允许带有部分杂藻和杂质，但藻体不能变红、腐烂。

3）琼胶工业的原料龙须菜的质量要求：晒干后允许带有少量的沙土等杂质，杂质含量低于 4%；不能吸潮腐烂，水分含量一般不能超过 15%。

二、加工提取方法

1. 琼胶加工

目前龙须菜的主要用途是提取制造琼胶。琼胶广泛用于食品、医药、生物技术、造纸等领域，随着社会的发展，需求量在不断增加。琼胶不能人工合成，主要从石花菜、江蓠等红藻中提取。在发明了可提高琼胶质量的碱处理方法之后，江蓠成为主要的产琼胶海藻。目前全世界琼胶的年产量约 20 000 t，其中有 2/3 以上产自江蓠属海藻。我国琼胶年产量为 8 000~9 000 t，占全世界产量的 1/2 左右。江蓠属海藻的胶质含量因种类、产地、老幼而不同，如真江蓠、龙须菜、粗江蓠的胶质含量均在 20%以上；芋根江蓠、细基江蓠约 16%；而细基江蓠繁枝变种及菊花心江蓠的琼胶含量仅为 10%左右；幼嫩藻体胶质含量低，成熟藻体含量高。

国内琼胶加工厂利用龙须菜提取琼胶的工艺流程如图 7－27 所示。

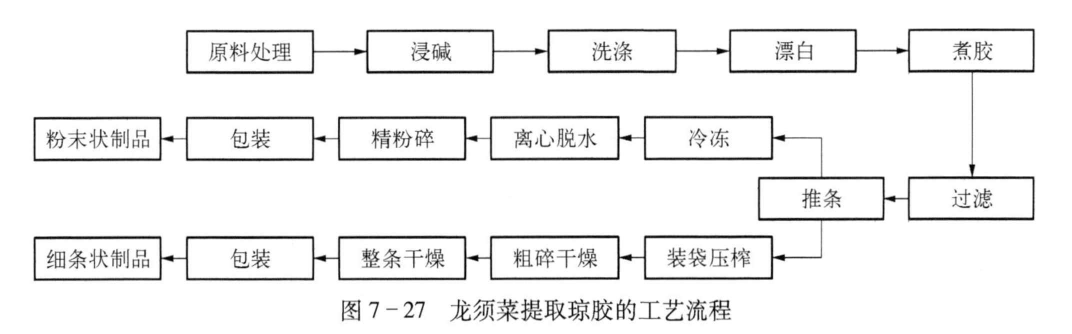

图 7－27　龙须菜提取琼胶的工艺流程

2. 食用龙须菜加工

(1) 风味食品加工

龙须菜含有丰富的蛋白质、脂肪、膳食纤维、矿物质、微量元素和维生素等。将龙须菜加工成风味食品，供人们直接食用，可提高龙须菜的利用价值，促进龙须菜栽培业的发展。工艺流程为

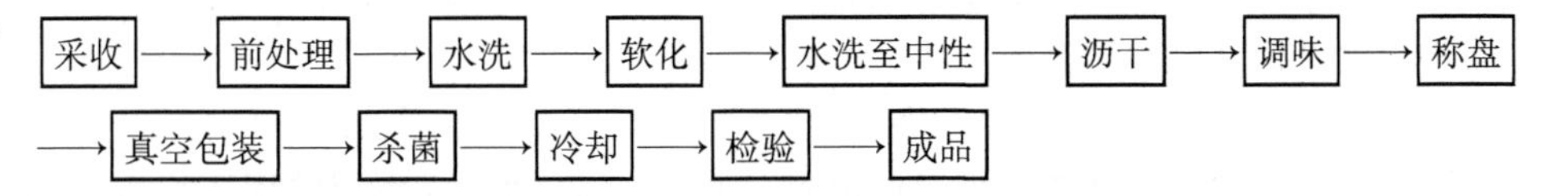

前处理：去除龙须菜中的泥沙、贝壳和杂物，放入氢氧化钠溶液中(氢氧化钠溶液的用量以浸过藻体为宜)，浸泡约 24 h 后捞出，用水清洗至接近中性。这一过程的目的主要是去掉藻体中的腥味和色素。

软化和调味：将清洗干净的龙须菜放进乙酸溶液中浸泡 0.5 h 后，用清水冲洗和浸泡，使

藻体达到中性，捞出沥干，并用调味料或调味液进行调味。

包装和杀菌：将调味好的龙须菜装进复合薄膜袋中，经真空包装后用巴氏杀菌（85℃，30 min）法进行杀菌，并在5℃条件下贮藏。

（2）海藻酱的加工

杨贤庆等（2013）研究表明，龙须菜风味海藻酱选用米曲霉和鲁氏酵母为发酵微生物，通过单因素试验和正交试验确定最优发酵条件为米曲霉接种量1.0%、鲁氏酵母加入量0.8%、发酵时间5 d、发酵温度35℃。

工艺流程：

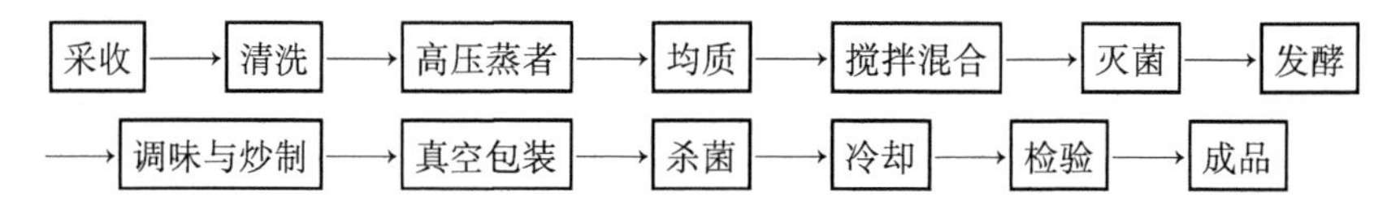

清洗：将龙须菜用自来水反复浸洗，直至水质清透，以除去其中的泥沙、贝壳。

高压蒸煮：将漂洗后的龙须菜在压力0.08 MPa、温度115℃的夹层锅中隔水高压蒸煮10 min，以达到软化和部分脱腥的目的。

均质：将蒸煮后的龙须菜与水浸泡30 min，捞出置于均质机中，按照湿藻：玉米淀粉：大豆脱脂粕=6：3：1的质量比均质搅拌成浆糊状，备用。

灭菌：在121℃条件下，高压灭菌锅灭菌20 min。

发酵：在无菌条件下，将经过三级培养活化好的米曲霉和鲁氏酵母菌菌种分别接种在灭菌过的龙须菜发酵粕上，不同条件下发酵。

第七节　品种培育

近年来，随着规模的不断扩大，龙须菜栽培生产过程中也出现了一些问题。经过多年的栽培，现有龙须菜栽培品种的一些优良性状逐步退化，受到海区环境污染等因素的影响，病害日趋严重。由于龙须菜栽培采用营养体繁殖，苗种供应速度慢，对于提高栽培产量有一定影响。建立龙须菜可持续育种体系，开展分子标记辅助选育技术研究，不断培育新的优良品种，并且在不同的海区采用不同的品种进行栽培生产，以满足不同栽培地点、不同栽培季节对于苗种的不同要求，才能满足大规模、高产高质的龙须菜产业化需求。

为了建立龙须菜可持续的育种体系，中国海洋大学、中国科学院海洋研究所等单位在国家海洋“863”项目的资助下，开展了龙须菜新品系选育技术研究和推广工作，进行了龙须菜杂种优势及其机制研究。利用化学和物理诱变的方法处理龙须菜的四分孢子体或者四分孢子，进行细胞工程育种，培育获得各种突变藻株，建立龙须菜突变体库，将突变体库中的突变体进行杂交，获得综合性状优良的龙须菜新品种。

随着我国龙须菜栽培和加工业的发展，龙须菜的不同用途将会对苗种的特性有不同的要求。因此，需要根据龙须菜产品在琼胶工业原料、饲料和食品加工等不同的用途特点，对龙须菜进行不同品系的选育，同时也要根据我国南方和北方栽培海区的不同环境条件，选育不同特性的品系苗种，才能更好地满足生产的需求，促进龙须菜产业的发展。目前，在我国沿海地区大规模栽培的龙须菜主要是经过人工选育的品系，如“981”“2007”和“鲁龙1号”等国家级水产新品种。相比于野生型龙须菜，这些新品种都具有藻体分枝较多、生长速度较快、耐高温、生长周期较长、琼胶质量优等特性。

一、“981”龙须菜

1. 品种介绍

“981”龙须菜是耐高温、高产抗逆的龙须菜新品种，由中国科学院海洋研究所和中国海洋大学在建立了龙须菜诱变育种、杂交育种、体细胞育种和分子标记辅助育种技术体系的基础上，成功培育获得的。于2006年通过国家水产新品种审定，品种登记号：GS01－005－2006。

2. 品种培育技术路线及特性

“981”龙须菜品系是以龙须菜的耐高温性为首选性状，在不同世代和性别的材料中，以具有生长优势的雌配子体和四分孢子体为选育重点，以青岛夏季海水高温(26℃)为选择压力，采用常规育种和分析标记辅助育种相结合的方法，从自然突变体中筛选出来的耐高温品系(图7－28)。与青岛湛山湾的野生型龙须菜相比，“981”龙须菜可在12～26℃温度范围内生长，比野生型的适应高温性能提高了3℃，可以延长栽培期1个月以上。其藻体的分枝显著增加，生长速度快、产量高，与野生型相比，生长速率从每天3%～5%提高到7%～9%，琼胶含量从19%提高到21.57%，凝胶强度从1 000 g/cm^2 提高到1 800 g/cm^2。

图7－28　“981”龙须菜

3. 适宜栽培海区与用途

“981”龙须菜采用营养体繁殖，栽培方式容易掌握，适宜在广东、福建、浙江、江苏、山东、河北、辽宁等沿海适宜的地区栽培，长江以北海域的栽培生产季节为每年的5～10月，长江以南海域的栽培生产季节为每年10月至翌年5月。由于具有营养成分较好、产量较高等特性，主要作为饲料和琼胶工业原料。

二、龙须菜“2007”

1. 品种介绍

龙须菜“2007”是采用亚硝基胍诱变结合L－羟脯氨酸抗性和高温筛选，获得的生长速度快、琼胶含量高、抗逆性强的新品种。该品种由中国海洋大学和汕头大学联合选育，经过11个继代的栽培测试，优良性状显著，历次栽培的产量均高于“981”龙须菜10%以上，琼胶含量和凝胶强度分别提高14.2%和11.5%。2013年11月通过全国水产原种和良种审定委员会审定，品种登记号：GS－01－011－2013。

2. 品种培育技术路线及特性

2007年，中国海洋大学张学成教授课题组与汕头大学陈伟洲教授课题组开展合作研究，利用MNNG化学诱变和脯氨酸类似物羟脯氨酸筛选相结合的方法，进行龙须菜耐高温品系筛选培育获得的龙须菜“07－2”品系，最终命名为龙须菜“2007”(图7－29)。

龙须菜“2007”品系在生长速度、琼胶含量、耐高温性等方面与“981”龙须菜和野生型龙须菜相比具有明显优势。与野生型相比，其线生长速度提高68%，光能转换效率提高17%，分枝

图 7－29　龙须菜“2007”

直径增大约 45%，分枝数增加约 324%，抗拉力提高 102%，α－半乳糖苷酶活性提高 23%。与“981”龙须菜相比，其线生长速度提高 17%，光能转换效率提高 14%，分枝直径增大约 33%，分枝数增加约 37%，抗拉力提高 10%，α－半乳糖苷酶活性提高 13%。相关研究表明，龙须菜“2007”新品系在热胁迫下具有较低的相对电解质渗出率和丙二醛含量、较高的游离脯氨酸含量和抗氧化系统活性，以及抗逆相关基因较高的表达水平，这些指标间接反映出龙须菜“2007”有较强的耐热性和抗逆性。在广东汕头南澳岛、山东荣成和江苏连云港的多年栽培中试显示，龙须菜“2007”的日平均生长速率高于“981”龙须菜，对高温和藻钩虾、团水虱具有较强的耐受能力。龙须菜“2007”的琼胶含量和凝胶强度分别比“981”龙须菜提高 14.2% 和 11.5%。研究结果表明，龙须菜“2007”具有耐受高温、生长速率快、琼胶质量好、含量高等优点，更适宜作为琼胶原料。

3. 适宜栽培海区与用途

龙须菜“2007”由于具有较好的琼胶含量和质量，目前主要作为提取琼胶的工业原料，其适宜栽培海区及生产季节均与“981”龙须菜相同。

三、龙须菜“鲁龙 1 号”

1. 品种介绍

龙须菜“鲁龙 1 号”是耐高温、高产抗逆的龙须菜新品种，由中国海洋大学和福建省莆田市水产技术推广站合作培育。中国海洋大学隋正红教授课题组基于龙须菜种质库，利用生长优势明显的雌、雄配子体作为亲本，采用随机自由杂交的方法，通过采孢子繁育途径，经过紫外诱变和初步耐高温的筛选及后期海区筛选及室内定向选择，成功得到 1 株生长性状优良、品质佳的龙须菜新品系，命名为“ZC”，最终定名为“鲁龙 1 号”。“鲁龙 1 号”于 2015 年 3 月获得国家水产新品种证书，品种登记号为 GS－04－001－2014。

2. 品种培育技术路线及特性

龙须菜“鲁龙 1 号”选育的技术路线是：先在野生的龙须菜群体中进行筛选，获得基础单倍体的龙须菜配子体群体，选育后，进行单组两两组配杂交，获得二倍体的四分孢子体，将四分孢子体进行紫外诱变后，用温度胁迫筛选出具有生长优势的单株二倍体，所获得的新品系定名“鲁龙 1 号”(图 7－30)。

图 7－30　龙须菜“鲁龙 1 号”

在相同海区相同区域下栽培，“鲁龙 1 号”生长显著快于传统品种。栽培 28~35 d 后，平均簇长是传统品种的 1.5~2.9 倍，藻红蛋白含量比传统品种增加 11% 以上，藻体颜色更深且偏红，总蛋白质含量增加 12% 以上，藻体长，更有利于海上收割。从海区栽培试验来看，在风浪大的外海区域脱苗情况少于传统栽培品种，显示出更加抗风浪的特性。2012 年开始，经过多年多个不同海区的连续栽培试验，新品种保持了良好的表型性状，藻体红褐色、有光泽，长度增长明显，可达到本地种的 2 倍。室内生长试验测得新品种的生物量累积速度和总蛋白质含量显著高于本地种，分别提高 9.45%和 12.38%，这与海区栽培试验的结果一致，证明新品种的主要经济性状表现出较好的遗传稳定性。

3. 适宜栽培海区与用途

由于具有较快的生长速度及较高的藻红蛋白含量和质量，龙须菜“鲁龙 1 号”可作为食品和鲍鱼等海产经济动物的饲料，其适宜栽培海区及生产季节均与“981”龙须菜相同。

参考文献

车轼. 2009. 海带、裙带菜、紫菜、江蓠[M]. 济南：山东科学技术出版社：256 - 277.

陈锤. 2001. 江蓠栽培[M]. 北京：中国农业出版社

陈美珍，李娟，张玉强. 2011. 龙须菜番石榴复合饮料的研制[J]. 汕头大学学报(自然科学版)，26(4)：29 - 34.

陈伟洲，徐涤，王亮根，等. 2009. 两个龙须菜新品系经济性状及琼胶特性的初步研究[J]. 中国海洋大学学报(自然科学版)，39(3)：437 - 442.

陈伟洲. 2006. 龙须菜海水栽培技术[J]. 科学养鱼，(12)：38 - 39.

程晓杰，徐涤，张学成. 2008. 龙须菜杂交和筛选及相关性状的分析[J]. 武汉大学学报(理学版)，54(4)：492 - 496.

何坤祥. 2016. 龙须菜活性组分及其功能性的研究进展[J]. 现代食品，(19)：80 - 83.

李来好，李刘冬. 2000. 龙须菜风味食品加工技术的研究[J]. 中国水产，(10)：50 - 51.

林星. 2002. 龙须菜筏式养殖技术[J]. 科学养鱼，(8)：18.

林贞贤，宫相忠，李大鹏. 2007. 光照和营养盐胁迫对龙须菜生长及生化组成的影响[J]. 海洋科学，31(11)：22 - 26.

刘树霞，徐军田，蒋栋成. 2009. 温度对经济红藻龙须菜生长及光合作用的影响[J]. 安徽农业科学，37(33)：16322 - 16324.

刘思俭. 1988. 江蓠养殖[M]. 北京：农业出版社.

刘思俭. 1989. 中国江蓠人工栽培的现状与展望[J]. 水产学报，13(2)：173 - 180.

刘思俭. 2001. 我国江蓠的种类和人工栽培[J]. 湛江海洋大学学报，21(3)：71 - 79.

罗建仁，白俊杰，朱新平. 2011. 水产生物繁育技术[M]. 北京：化学工业出版社.

孟琳，徐涤，陈伟洲，等. 2009. 龙须菜新品系 07 - 2 的筛选及性状分析[J]. 中国海洋大学学报(自然科学版)，39(S)：94 - 98.

潘江球，李思东. 2010. 江蓠的资源开发利用新进展[J]. 热带农业科学，30(10)：47 - 50.

钱鲁闽，徐永健，焦念志. 2006. 环境因子对龙须菜和菊花心江蓠 N、P 吸收速率的影响[J]. 中国水产科学，13(2)：251 - 262.

全国水产技术推广总站. 2014. 2014 水产新品种推广指南[M]. 北京：中国农业出版社：194 - 206.

全国水产技术推广总站. 2015. 2015 水产新品种推广指南[M]. 北京：中国农业出版社：320 - 331.

山东省水产学校. 1995. 海藻养殖[M]. 北京：中国农业出版社：214 - 235.

汤坤贤，游秀萍，林亚森，等. 2005. 龙须菜对富营养化海水的生物修复[J]. 生态学报，25(11)：3044 - 3051.

王安利，胡俊荣. 2002. 海藻多糖生物活性研究新进展[J]. 海洋科学，26(9)：36 - 39.

魏襄伟，张继红，吴文广. 2014. 碳酸氢铵对龙须菜(*Gracilaria lemaneaformis*)污损生物多棘麦秆虫(*Caprella acanthogaster*)的防除效果[J]. 渔业科学进展，(3)：97 - 102.

夏邦美，张竣甫. 1999. 中国海藻志 第二卷 红藻门 第五分册 伊谷藻目 杉藻目 红皮藻目. 北京：科学出版社.

徐永健，陆开宏，管保军. 2006. 不同氮磷浓度及氮磷比对龙须菜生长和琼胶含量的影响[J]. 农业工程学报，22(8)：209 - 213.

徐永健，钱鲁闽，王永胜. 2006. 氮素营养对龙须菜生长及色素组成的影响[J]. 台湾海峡，25(2)：222 - 228.

许璞，张学成，刘涛，等. 2009. 海藻技术 100 问[M]. 北京：中国农业出版社.

许璞,张学成,王素娟,等. 2013. 中国主要经济海藻繁殖与发育[M]. 北京: 中国农业出版社: 82－98.

薛志欣,杨桂朋,王广策. 2006. 龙须菜琼胶的提取方法研究[J]. 海洋科学,30(8): 72－76.

严志洪. 2003a. 龙须菜南移栽培中病虫害调查报告[J]. 科学养鱼,(10): 49.

严志洪. 2003b. 龙须菜生物学特性及筏式栽培技术规程[J]. 海洋渔业,25(3): 153－154.

杨贤庆,夏国斌,戚勃,等. 2013. 龙须菜风味海藻酱的加工工艺优化[J]. 食品科学, 34(8): 53－57.

余杰,王欣,陈美珍,等. 2006. 潮汕沿海龙须菜的营养成分和多糖组成分析[J]. 食品科学,(1): 93－97

曾呈奎,陈椒芬. 1959. 江蓠繁殖习性和幼苗室内培育[J]. 科学通报,(6): 203－205.

曾呈奎,王素娟,刘思俭,等. 1985. 海藻栽培学[M]. 上海: 上海科学技术出版社: 225－254.

曾呈奎. 1999. 经济海藻种质种苗生物学[M]. 济南: 山东科学技术出版社: 91－138.

张竣甫,夏邦美. 1976. 中国江蓠属海藻的分类研究[J]. 海洋科学集刊. 11: 91－165.

张学成,费修绠,王广策,等. 2009. 江蓠属海藻龙须菜基础研究与大规模栽培[J]. 中国海洋大学学报(自然科学版), 39(5): 947－954.

张学成,费修绠. 2008. 全国水产原良种审定委员会审定品种——981 龙须菜及其栽培技术介绍[J]. 科学养鱼,(6): 21－22.

张学成,秦松,马家海,等. 2005. 海藻遗传学[M]. 北京: 中国农业出版社: 236－243.

张学成,隋正红,李向峰,等. 1999. 龙须菜研究的新进展//曾呈奎. 经济海藻种质种苗生物学[M]. 济南: 山东科学技术出版社: 91－138.

张永雨,陈美珍,余杰,等. 2005. 龙须菜藻胆蛋白抗突变与抗肿瘤作用的研究[J]. 中国海洋药物,24(3): 36－38.

朱春霞,李钟,韩彬,等. 2014. 海藻龙须菜化学成分及其活性的研究概况[J]. 中山大学研究生学刊(自然科学与医学版),(3): 34－39.

朱地琴,唐庆九,张劲松,等. 2008. 龙须菜多糖提取工艺优化及其体外免疫活性研究[J]. 天然产物研究与开发,20(6): 983－987.

Bird C J, Mclachlan J. 1982. Some undenitilized taxonomic critrria in *Gracilaria* (Rhodophyta, gigartinales) [J]. Botanica Marina, 25(12): 557－562.

Bird C J, Mclachlan J, de Oliveira E. 1986. *Gracilaria chilensis* sp. nov. (Rhodophyta, Gigartinales), from the Pacific South America[J]. Canadian Journal of Botany, 64(12): 2928－2934.

Bird C J, Rice E L. 1990. Recent approaches to the taxonomy of the *Gracilaria ceae* (Gracilariales, Rhodophyta) and the *Gracilaria verrucosa* problem[J]. Hydrobiologia, 204－205 (1): 111－118.

Engel C R, Wattier R, Destombe C, *et al.* 1999. Performance of non-motile male gametes in the sea: analysis of paternity and fertilization success in a natural population of a red seaweed, *Gracilaria gracilis*[J]. Proceedings of the Royal Society of London, 266: 1879－1886.

Fei X G, Zhang X C. 1991. A research on the transplant of *Gracilaria lemaneiformis* [C]. A presentation at 4th International Phycological Congress.

Kain J M, Destombe C. 1995. A review of the life history and phenology of *Gracilaria*[J]. Journal of Applied Phycology, 7: 269－281.

Mclanchlan J, Edelstein T. 1977. Life-history and culture of *Gracilaria foliifera* (Rhodophyta) from south devon [J]. Journal of the Marine Biological Association of the United Kingdom, 57(3): 577－586.

Shen D, Wu M. 1995. Chromosomal and mutagenic study of the marine macroalga, *Gracilaria tenuistipitata*[J]. Journal of Applied Phycology, 7: 25－31.

Yang Y F, Chai Z Y, Wang Q, *et al.* 2015. Cultivation of seaweed *Gracilaria* in Chinese coastal waters and its contribution to environmental improvements[J]. Algal Research, 9: 236－244.

Zhang X C, Fei X G. 1990. Cultivation and hybridization experiments on *Gracilaria tenuistipitata*. Current Topics in Marine Biotechnology[M]. Tokyo: Fuji Technology Press.

Zhang X C, van der Meer J P. 1987. A genetic study on *Gracilaria sjoestedtii* [J]. Canadian Journal of Botany, 66: 2022－2026.

Zhang X C, van der Meer J P. 1988. Polyploid gametophytes of *Gracilaria tikvahiae* (Gigartinales, Rhodophyta) [J]. Phycologia, 27 (3): 312－318.

第八章　麒麟菜栽培

第一节　概　　述

一、产业发展概况

麒麟菜族藻类为热带和亚热带性大型海藻，以赤道为中心向南北延伸分布。我国麒麟菜主要自然分布于台湾岛、海南岛、西沙群岛、南沙群岛及东沙群岛，是我国重要的经济海藻，主要用于提取卡拉胶。

麒麟菜原是一个属，现已扩展为3个属，即琼枝藻属（*Betaphycus* Doty）、麒麟菜属（*Eucheuma* J. Agardh）和卡帕藻属（*Kappaphycus* Doty），并统称为麒麟菜族（Eucheumatoidae）。国际上将麒麟菜（*E. denticulatum*）商品统称为“Spinosum”，而将长心卡帕藻（*K. alvarezii*）与异枝卡帕藻（*K. striatum*）商品称为“Cottonii”。

麒麟菜族藻类是热带、亚热带海域的主要人工栽培对象，目前全球90%的卡拉胶是由中国、菲律宾和印度尼西亚等国通过麒麟菜族藻类人工栽培系统维系的。1974年，全球麒麟菜族藻类产量为8 000 t干品，1985年达到32 000 t干品。2007年之前，菲律宾麒麟菜族藻类产量均为全球最高，而现阶段，印度尼西亚的产量已远超菲律宾。目前全球麒麟菜族藻类人工栽培总产量已超过15万t干品，我国海南省已实现麒麟菜族规模化人工栽培。

卡拉胶的产量在红藻多糖产品中最高，且市场销售量仅次于褐藻胶。目前我国卡拉胶年产量居世界第一，约25 000 t，且每年以5%～10%递增，国内年销量已高达6 000 t。另外，美国、丹麦、法国也有一定的栽培规模，年产量分别为4 500 t、3 000 t、2 800 t。

二、经济价值

卡拉胶是红藻中提取的可食用多糖。20世纪50年代，美国化学学会将卡拉胶命名为“Carrageenan”，为一类含有硫酸酯的线性高分子多糖，分子中具有重复的α-1,4-D-半乳吡喃糖-β-1,3-D-半乳吡喃糖（或3,6-内醚-D-半乳吡喃糖）二糖单元骨架结构，还含有少量的葡萄糖、木糖、塔罗糖和艾杜糖等。根据化学组成、结构和凝固性能等差异，卡拉胶可分为u-、ν-、λ-、κ-、ι-、θ-和ξ-等7种类型，其中以κ-、ι-、λ-三类为主。κ-凝固性能最好，ι-其次，λ-不凝固。琼枝藻、麒麟菜、卡帕藻分别以β-、ι-、κ-型卡拉胶为主。卡拉胶已广泛应用于食品添加剂、保健食品、生物医药材料和化妆品等方面，近年来还应用于纺织印染业、农艺与园艺、制药工业等领域。

印度尼西亚和我国海南异枝麒麟菜碳水化合物含量分别为77.97%和76.99%，蛋白质含量分别为3.17%和2.23%，脂肪含量分别为0.32%和0.31%，维生素含量较低，但矿物质含量丰富，其中钙（Ca）、钾（K）、铁（Fe）、锌（Zn）含量分别为10 200 μg/g和7 775 μg/g、87 500 μg/g和137 000 μg/g、1 202.5 μg/g和680.8 μg/g、5.3 μg/g和32.5 μg/g。

据赵学敏所著《本草纲目拾遗》记载，麒麟菜“味咸性平，消痰如神，能化一切痰结痞积痔毒”。现代研究表明,麒麟菜及其提取物可用于抗肿瘤,治疗气管炎、咳嗽、痰结、痔疾和便秘等,防治高血压等心血管疾病。麒麟菜凝集素(ESA)可诱导几种克隆癌细胞 Colo201 和子宫颈癌细胞 Hela 凋亡。用卡拉胶酶分解 κ-卡拉胶获得分子量为 1 726 寡糖,注射 100 mg/kg 该寡糖,可有效抑制小鼠恶性毒瘤形成。麒麟菜膳食纤维对便秘患者具有良好疗效,其功能优于小麦麸皮膳食纤维。琼枝硫酸多糖和异枝麒麟菜硫酸多糖的抑菌谱范围随着水解程度增加而增大,异枝麒麟菜硫酸多糖部分水解产物的抑菌谱范围比琼枝硫酸多糖部分水解产物更广。

大规模栽培麒麟菜族藻类可大量吸收水体中的氮、磷等富营养物质,降低海域富营养化,净化水质和防止赤潮发生,逐步改善海洋生态环境。长心卡帕藻的磷去除率达 79.8%,铵去除率达 26.76%(Hayashi *et al.*,2008)。Rodrigueza 和 Montaño(2007)发现三种卡帕藻可降低鱼类网箱养殖水体的铵含量,消减率高达 41%~66%。

三、栽培简史

我国麒麟菜栽培始于 20 世纪 50 年代在海南琼海进行的琼枝麒麟菜栽培。1960 年,开始麒麟菜商业化栽培探索。20 世纪 80 年代初,我国海南文昌县与琼海县栽培的麒麟菜干品年产量高达 300 t,年产卡拉胶 20 t 以上。1985 年由中国科学院海洋研究所将原产自菲律宾的异枝麒麟菜[现称长心卡帕藻(*K. alvarezii*)]引入我国,并先后在海南琼海、澄迈沿海进行了生态学和人工栽培方法试验,1999 年进行了大面积人工栽培试验并获得成功。长心卡帕藻是我国目前产量较高、生长速度较快的大型海藻。现阶段我国麒麟菜栽培区域主要分布于海南的琼海、文昌和昌江等地。随着麒麟菜栽培技术的完善和推广,海南麒麟菜人工栽培基地逐渐增加。

麒麟菜的栽培模式有水泥框网片式、延绳浮筏式和绑苗播植式等。绑苗播植式是海南地区早期采用的传统栽培方法,需以珊瑚枝作为附着基质,适用于栽培琼枝麒麟菜。延绳浮筏式是将种苗绑在浮筏上生长,可摆脱附着基质的限制,适宜栽培异枝麒麟菜和长心卡帕藻。水泥框网片式是近几年发展起来的新型栽培模式,2006 年试验,2007 年在海南昌江、儋州等市县推广,此法对琼枝和异枝卡帕藻均适用,操作简单,虽初期成本投入较高,但整体效益较好。用水泥框网片代替珊瑚枝,不仅扩大了栽培规模和产量,而且减少了对珊瑚礁资源的破坏,取得了较好的经济、社会和生态效益。

第二节 生 物 学

一、分类地位

1847 年,J. Agardh 将粗壮、呈灌木状、软骨质至角质、具刺、藻体上有疣状突起的藻类归为麒麟菜属(*Eucheuma*)。随后,荷兰藻类学家 Weber-van Bosse(1928)、日本藻类学家 Yamada(1936)及 Kraft(1969)都对麒麟菜有较详细的报道(匡梅等,1999)。1985 年,美国藻类学家 Doty 和 Norris 从商业角度出发,提出了 15 种具商业价值的麒麟菜的分类标准,使麒麟菜属的分类研究获得较大进展;1988 年和 1996 年 Doty 对此再次修正,在红翎菜科内新建了麒麟菜族(Eucheumatoidae),其中除包括麒麟菜属外,又新纳入了卡帕藻属(*Kappaphycus*)和琼枝藻属(*Betaphycus*)。

本书采用《中国海藻志 第 2 卷 红藻门》(夏邦美和张峻甫,1999)定名,麒麟菜族藻类在生物学自然分类系统上归属于：

红藻门(Rhodophyta)

　红藻纲(Rhodophyceae)

　　真红藻亚纲(Florideae)

　　　杉藻目(Gigartinales)

　　　　红翎菜科(Solieriaceae J. Agardh)

　　　　　琼枝藻属(*Betaphycus* Doty)

　　　　　麒麟菜属(*Eucheuma* J. Agardh)

　　　　　卡帕藻属(*Kappaphycus* Doty)

二、种类与分布

麒麟菜族藻类主要分布在热带和亚热带海区，以赤道为中心向南北延伸，在澳大利亚、新西兰、马来西亚、日本等有自然种群分布。栽培产量居前3位的国家依次为印度尼西亚、菲律宾及我国，我国栽培海域主要为海南岛和台湾沿海，尤以海南省文昌市、琼海市最多。

世界范围内，麒麟菜族藻类包括变种及变型约有39种，其中琼枝藻属3种、麒麟菜属30种、卡帕藻属6种，我国则分别有1种、5种和3种，即琼枝(*Betaphycus gelatinae*)、麒麟菜(*Eucheuma denticulatum*)、西沙麒麟菜(*E. xishaensis*)、齿状麒麟菜(*E. serra*)、错综麒麟菜(*E. perplexum*)、珊瑚状麒麟菜(*E. arnoldii*)、长心卡帕藻(*Kappaphycus alvarezii*)、异枝卡帕藻(*K. striatum*)和耳突卡帕藻(*K. cottonii*)。

麒麟菜喜高温，一年四季均可以生长，以春、夏、秋三季生长较快，且雷雨过后，生长更快。夏季浅海区水温超过35℃时，藻体色黄、体瘦，甚至出现枯萎现象。冬季水温不宜低于20℃，由于冬季一般雨水偏少、水温较低，麒麟菜生长较慢。麒麟菜对海水比重要求苛刻，需在1.020以上，近岸河口处受雨水影响，比重下降到1.015时，短期内对藻体影响不大，但继续下降至1.010时，藻体易腐烂。

麒麟菜族藻类对水质要求较高，自然分布于透明度10 m以上、风浪较大、流水较急、水质澄清的海区，且多生长在外海珊瑚带及海沟两侧礁群上。近岸水流滞缓、浮泥较多，藻体往往生长较差。麒麟菜族藻类一般分布在大干潮线下1~3 m深处，甚至10 m深处。其中，珍珠麒麟菜多生长在大干潮线下1~2 m深处，琼枝从低潮线附近到5 m深处均有分布，其中生长在低潮线下1~2 m处较多。麒麟菜族藻类一般以珊瑚礁为生长基质，通常以鹿角珊瑚最多，其余依次为蔷薇珊瑚、菊花珊瑚、杯状珊瑚、石芝珊瑚。鹿角珊瑚分枝挺直，枝丫交错，更适合于麒麟菜族藻类附着生长。

三、形态与结构

麒麟菜族藻类的藻体外形较复杂，通常呈圆柱状、扁压至扁平，菲律宾产*K. procrasteanum*为不规则囊状、叶状。藻体肥厚多肉，二叉或不规则分枝，少数羽状分枝，分枝互相缠结形成团块，分枝上多具乳头状或疣状突起。直立或匍匐生长。固着器多为盘状，有的为圆柱状、垫状等。有些种类除基部的盘状固着器外，在分枝顶端和枝侧常生有吸盘状的附着器，借此附着于生长基质上，有利于藻体匍匐生长。有的种类基部固着器上产生分枝，彼此相连成为复杂的固着器，是重要的分类依据。藻体横切面由表皮层、厚壁细胞组成的皮层及中央髓部组成。表皮层细胞较小，通常为卵圆形，含有色素体。皮层细胞由外向内逐渐增大，一般近圆形，或略有角,无色。中央髓部由直径较小的细胞组成假根丝状或由原生的大细胞及次生的小细胞共同组成(图 8-1)。

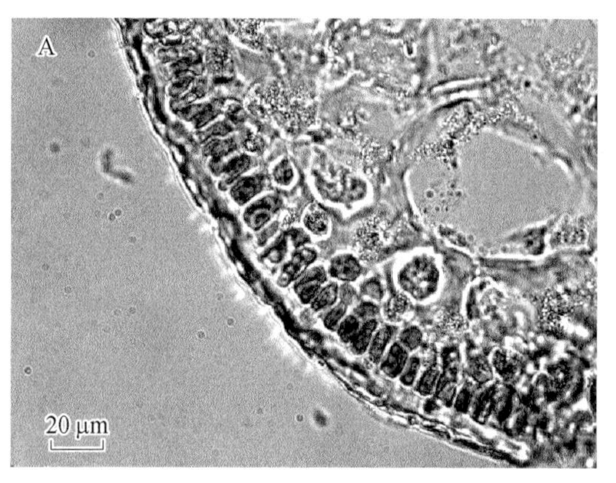

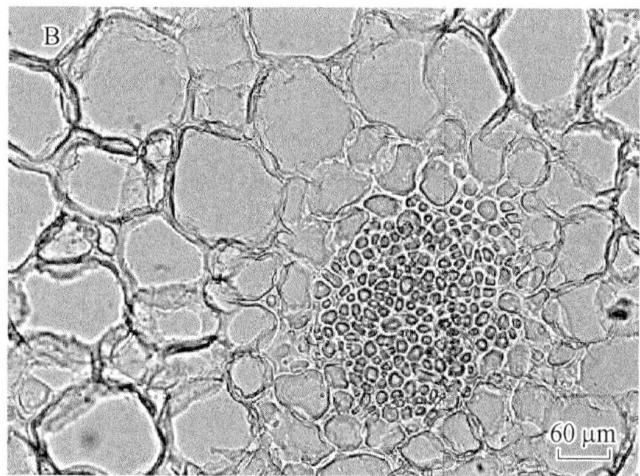

图 8-1　麒麟菜横切面结构图

A. 表皮及外皮层细胞;B. 内皮层及髓部细胞

麒麟菜族 3 属的外部形态(图 8-2)、内部构造及产生的卡拉胶主要类型不同,分属检索表如下:

1 藻体通常圆柱形或稍扁平 ………………………………………………………… 2

1 藻体由典型的扁平分枝组成,横切面髓部中心通常亦扁平。产 β-型或其他类型卡拉胶 ………………………………………………………… 琼枝藻属 *Betaphycus*

2 分枝较光滑,无刺或有非对生、轮生的突起,横切面髓部中心由大、小细胞组成,产 κ-型卡拉胶 ………………………………………………………… 卡帕藻属 *Kappaphycus*

2 分枝及刺常对生或轮生,横切面髓部中心由密集小细胞组成,产 ι-型卡拉胶 ………………………………………………………… 麒麟藻属 *Eucheuma*

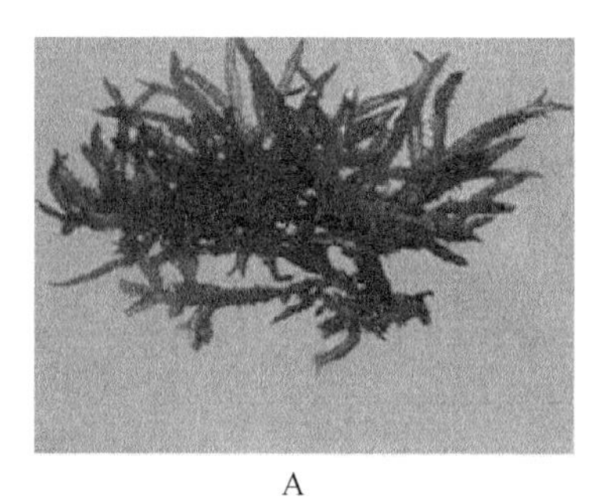

A

B

C

图 8-2　琼枝、麒麟菜和卡帕藻形态

A. 琼枝(*B. gelatinae*);B. 麒麟菜(*E. denticulatum*);C. 长心卡帕藻(*K. alvarezii*)

四、生殖与生活史

麒麟菜族藻类的生活史为三世代型,包括孢子体、配子体和果孢子体(囊果)。孢子体成熟后在表皮层细胞间形成孢子囊,孢子囊发育成熟后带形(层形)分裂产生四分孢子,放散后的孢子在适宜条件下固着、萌发,生长为雌、雄配子体(图 8－3)。出现囊果前的配子体与孢子体形态相似,为同形世代交替。雄配子体发育成熟后,在皮层细胞间形成精子囊,精子囊发育成熟后放散精子。雌配子体发育成熟后在表皮层细胞间形成果胞,不动精子在水流的作用下,与果胞结合,受精的果胞与周围组织形成融合胞,由融合胞向四周辐射状分裂产生产孢丝,产孢丝的顶端细胞发育形成果孢子囊,其外围由多层小细胞组成囊果被,由囊果被、产孢丝与果孢子囊共同组成囊果。囊果产生于雌配子体上,一般为亚球形至球形。长心卡帕藻的囊果大小为 6 mm×4 mm,通常具柄,单生或两三个合生于一个柄的突起中,外被囊果被。囊果成熟后,其顶端向下凹陷形成囊果孔,成熟的果孢子从囊果孔中排出,在适宜条件下固着萌发,生长为孢子体(图 8－3)。孢子体与囊果的出现具有季节性。Azanza-Corrales 和 Aliaza(1999)报道菲律宾海区栽培的长心卡帕藻孢子体一般在 6~8 月发育成熟,而长心卡帕藻雌配子体的囊果出现在 8~12 月。庞通等(2010)研究表明,麒麟菜与卡帕藻等热带产卡拉胶海藻的四分孢子非常稀少,在我国主要栽培苗种基地的海南陵水,只有在 4~11 月才有可能观察到。

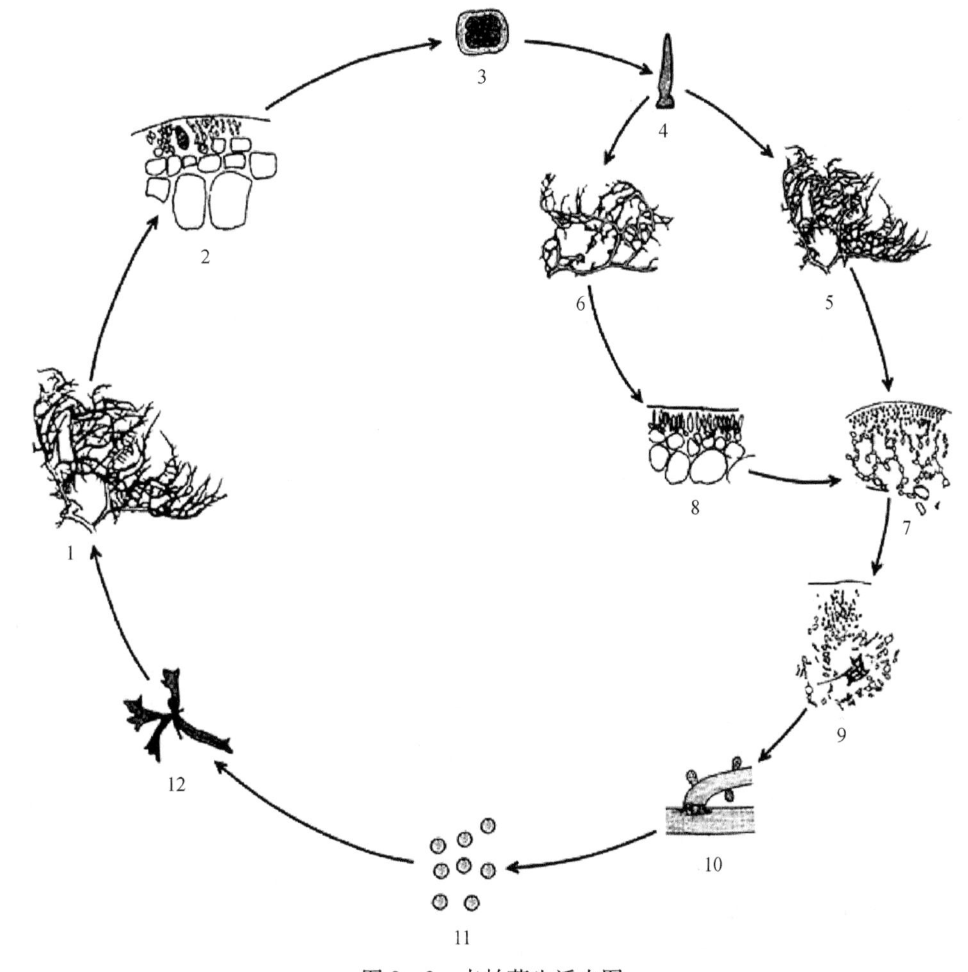

图 8－3　卡帕藻生活史图

1. 孢子体;2. 孢子囊的带形分裂;3. 放散后的四分孢子;4. 配子体幼期;5. 雌配子体;6. 雄配子体;7. 雌配子体的果胞(枝);8. 雄配子体的精子囊;9. 雌配子体上的受精果胞(枝)和辅助细胞;10. 囊果;11. 果孢子;12. 孢子体幼期

麒麟菜族藻类的繁殖方式包括无性生殖、有性生殖、营养繁殖3种。

1）无性生殖：生殖时孢子体产生四分孢子，孢子体的突起稀少，四分孢子由藻体表皮细胞特化形成，主要产生于藻体的主干与顶端。四分孢子的形成与成熟具有季节性。四分孢子囊散生在藻体皮层细胞中，刚形成时呈梭形，两端小而中间大，之后逐渐向表皮外层移动，端细胞体积也逐渐增大，到四分孢子成熟释放时，4个细胞大小基本一致。切面观四分孢子囊幼时卵圆形，成熟时长圆柱形，带形（层形）分裂，其周围的皮层细胞通常稍作延长。麒麟菜褐色品系四分孢子直径大小为13~36 μm，绿色品系的直径为15~30 μm。长心卡帕藻绿色品系四分孢子大小为（35~49）μm×（10~14）μm，红褐色品系的直径在15 μm左右。菲律宾Tawi-Tawi的野生麒麟菜族藻类以四分孢子体繁殖占优势，但菲律宾Danajon Reef的野生种中只有异枝麒麟菜和叉枝变种麒麟菜的生殖方式以四分孢子体占优势。麒麟菜的孢子繁殖过程明显退化，产生孢子的数量较少，甚至在很多季节很难找到四分孢子的存在。

2）有性生殖：麒麟菜族藻类的配子体由四分孢子萌发形成，四分孢子释放3~5 d后开始细胞分裂，10 d左右出现假根，之后逐渐浓缩变粗，培育30 d左右假根消失，40 d左右长达1.5 mm，并明显出现分枝。配子体成熟后形成精子囊和果胞。精子囊散生在藻体皮层中，一个皮层细胞发育成1~2个细长的精子囊母细胞，精子囊棍棒状，有时顶端较平。长心卡帕藻褐色品系精子囊大小为（500~580）μm×（200~410）μm，不动精子直径为11~34 μm；绿色品系精子囊大小为（500~620）μm×（400~480）μm，不动精子直径为11~34 μm。麒麟菜褐色品系精子囊大小为（350~650）μm×（300~420）μm，不动精子直径为14~29 μm；绿色品系精子囊大小为（500~625）μm×（250~412）μm，不动精子直径为14 ~37 μm。果胞受精后发育形成囊果，囊果明显突出于藻体表面，分散在藻体的各处，常呈球形、亚球形，基部缢缩或不缢缩，顶端下陷。中央为一个融合胞，从融合胞辐射状生出产孢丝和果孢子囊。长心卡帕藻褐色品系果孢子大小为18~34 μm，绿色品系为16~36 μm。二倍体的果孢子释放后萌发生长为孢子体。

3）营养繁殖：麟麟菜族藻类存在营养繁殖方式，即藻体的断枝脱离母体后，在适宜条件下可生长成完整的藻体。目前生产上此类海藻的苗种来源主要依靠其营养繁殖，从种藻上人为地分离一些小枝作为种苗，以绑苗的方式进行栽培。

五、生态与环境

1. 分布区域

麒麟菜族藻类多分布在大干潮线下水深1~3 m处，也有分布在大干潮线附近或者大干潮线下10 m深处。其分布的水层与种类有关，如珍珠麒麟菜大多分布在大干潮线下1~2 m处，而琼枝则分布较广，从大干潮线附近至潮下带5 m深处均有生长。麒麟菜为多年生海藻，其全球水平分布范围，是以赤道为中心向南北延伸，主要分布在西太平洋区的马来西亚亚区和大西洋、东太平洋区的美洲大西洋暖水亚区，可常年生长在热带与亚热带的海区范围内，印度西太平洋和大西洋东太平洋的种类几乎完全不同。本族种类的外形变异很大，即使在同一藻体的不同部位，也常存在一定程度的差异。

我国麒麟菜属种类则仅自然分布于台湾省、海南省、西沙群岛、南沙群岛和东沙群岛。

2. 生长基质

麒麟菜族藻类一般着生在珊瑚礁上，尤其在鹿角珊瑚上最多，其次是蔷薇珊瑚和菊花珊瑚，少数生长于低潮带阴暗的石缝中。

3. 风浪与水流

麒麟菜族藻类一般在风浪较大、流水较急、水质澄清的水域生长较好，而在水流缓慢、淤泥较多的水域生长较差。

4. 温度

研究表明，异枝卡帕藻与麒麟菜在30℃时达到最大光合速率，35~40℃时出现光抑制。温度<20℃或>30℃时，异枝卡帕藻的生长率下降。因此麒麟菜族藻类一般适合生长于水温20℃以上水域，适宜的水温范围为20~30℃。在我国的台湾省、海南省、西沙群岛、南沙群岛和东沙群岛等海区，冬季水温都在20℃以上，很适合麒麟菜生长。当温度低于20℃时，麒麟菜生长基本停止，高于35℃时，其生长也会受到抑制。

麒麟菜族藻类存在不同的自然突变品系，根据藻体颜色的不同，常分为红色、绿色和褐色等品系，不同品系适宜的生长条件有差异。我国1985年5月从菲律宾引进长心卡帕藻(曾用名异枝麒麟菜)，中国科学院海洋研究所在海南岛栽培结果表明：该藻在11月至翌年3月的生长速度最快，平均日增重达9%左右，每7 d左右可增重一倍；9~10月生长次之，平均日增重6%左右；4月中旬以后至8月因温度升高和鱼害问题藻体生长速度不稳定，并且容易发生冰样白化病。通过观测海面平均水温变化，发现4月至10月中旬水温开始逐渐上升至28~30℃，11月以后，水温逐渐下降到25℃左右，翌年1月水温降至最低平均水温22℃左右。长心卡帕藻的红褐色品系不耐高温，35℃条件下培养1 d便出现死亡。

5. 盐度

长心卡帕藻一般适合生长于盐度为28左右的海水中。在室内静置培养条件下，当水体盐度在28以上时，随着盐度增大，长心卡帕藻的生长率下降；当盐度32以上时，随着盐度增大，红褐色长心卡帕藻的生长率下降。在黎安湾港门码头附近长心卡帕藻主要保苗栽培区域的水文条件调查发现，该区域2004年全年各月的平均盐度基本维持在34以上，而2008年7月因为降雨导致海水盐度下降为28时，该海区除靠近主航道尚有很小部分的发病苗外，其余海区则没有任何长心卡帕藻保存下来。海水盐度进一步下降至22时，海区长心卡帕藻几乎已经烂完。表明长心卡帕藻对盐度及其变化幅度有长期生长适应现象。实验室条件下培养时，异枝卡帕藻在<24或>45盐度条件下存活不足7~14 d。

6. 光照强度

室内培养条件下，长心卡帕藻的红褐色品系喜弱光，适宜的光照强度范围为30~65 μmol/(m^2·s)，当光照强度高于30 μmol/(m^2·s)时，随着光照的增强，其平均日生长率下降。长心卡帕藻的黄绿色品系则喜强光，适宜的光照强度范围为150~200 μmol/(m^2·s)，当光照强度低于150 μmol/(m^2·s)时，随着光照强度的减弱，其平均日生长率下降。研究发现黎安湾港门码头附近在午后2点，每天太阳光线最强情况下的光照强度大多在大于2 000 μmol/(m^2·s)，在阳光灿烂的日子，光强最高可大于4 000 μmol/(m^2·s)以上。在阴雨天气，光照强度小于2 000 μmol/(m^2·s)时，短时阴雨不会影响麒麟菜的生长，但若出现连续阴雨天气，将直接影响其光合作用速率，光合代谢累积物质明显不足，一定程度上影响藻体生长，并降低藻体的抗病力。研究表明，强光照也会对藻体生长产生不利影响，该不利影响可通过减小栽培苗绳间距与苗间距加以消除。此外，藻体不同组织的光合速率也有差异，一般近顶端光合速率高。当异枝卡帕藻藻体暴露在较高水平紫外线环境中时，其体内一种能吸收333 nm紫外光的复合物含量增加。当藻体暴露在2倍于自然环境的紫外光下时，其光合色素遭到破坏。

7. 营养与水运动

麒麟菜栽培区的营养状况(包括硝酸盐、亚硝酸盐、铵、磷酸盐、总磷)具有日波动与季节波动,栽培区(离底栽培模式)沉积物营养低于非栽培区,或许这就是栽培2~3年后产量下降的原因。在自然光、温度变化和不受底物浓度限制条件下,长心卡帕藻藻体去除无机氮最大效率可维持在0.3 mmol/(kg FW·h)。栽培实验证明长心卡帕藻、异枝卡帕藻和麒麟菜的生长与水运动显著相关,长心卡帕藻对水运动的生长反应夏季比冬季大。适宜的水流有利于水体营养的补充,可将藻体代谢产生的过多氧与过氧化氢等有害物质清除,从而增加藻体内的营养含量,有利于其生长。营养丰富的水体有利于异枝卡帕藻的生长。每3 d用10 mmol/L铵盐浸泡藻体1 h,可使长心卡帕藻的生长率加倍,其C/N、卡拉胶产量与凝胶强度也得到有益影响。

第三节 苗种繁育

一、育苗设施

目前,多用浮筏作为麒麟菜的海区育苗设施。室内育苗仍处于实验阶段,不成规模,尚未推广。室内育苗多采用培养皿、三角烧瓶等小型培养容器,在培养架或培养台上,利用筛绢过滤海水或煮沸消毒过滤海水进行早期培育,然后转移至培养箱、水泥池进行中期培育,最后运至海上进行栽培。

二、采苗设施及采苗方法

麒麟菜的人工、半人工采苗方法尚处于实验阶段。人工采苗即在实验室条件下,将四分孢子体小枝用小型培养容器(如三角烧瓶)培养,使之释放四分孢子。放散后,将四分孢子液转移至新的培养容器(如烧杯)中,然后依次经过孔径为50 μm和10 μm的尼龙网过滤,收集孢子。将收集到的孢子,在F/2培养液中培育,以获得配子体种苗。半人工采苗即向麒麟菜的栽培海区投放人工基质,多为处理成一定规格和大小的珊瑚石,当海区藻体自然放散孢子时,孢子附着在人工基质上,发育成孢子苗。

三、育苗方法

麒麟菜的育苗方法包括海区培育和实验室培育。目前,麒麟菜种苗的来源有5种:① 从收获的藻体中选取种藻,将种藻分散成小苗,进行插植或绑苗栽培;② 在特定的海区建立苗种区,专门培育种苗;③ 在自然海区采集野生种作为种苗;④ 从育苗场购买种苗;⑤ 通过组织培养或人工、半人工采集孢子,培育种苗。

1. 利用营养繁殖获得种苗

从收获或专门培育的种藻中获取种苗,利用了麒麟菜族藻类能够进行营养繁殖的特性。选择种藻时,要求选择纯净、无杂藻附着,分枝粗壮,分枝的末端向四方伸展有力,呈黄绿色、红色、绿色或褐色等健康颜色的藻体。体色黄白、枝条枯萎的藻体不宜采用。种藻选取后,应立即进行分苗(又称劈苗),即将种藻按要求劈成小棵,每小棵便是一棵种苗。

若采用插植栽培或浮筏式栽培长心卡帕藻,可在船上进行劈苗。每千克新鲜藻体可劈成5~10棵种苗,每棵重100~200 g。采用插植法或绑苗投殖法栽培琼枝藻,一般在室内进行劈苗,每0.5 kg新鲜藻体可劈成50棵种苗,每棵重约10 g。

我国海南省陵水县黎安港，属内湾性海区，水深 11 m、面积 1 600 km^2，进出水口各 50 m 宽，为不规则的一日潮。水温终年保持在 20.8~31.5℃、水体比重 1.023~1.031、pH 8.0~8.5。该海区常年栽培麒麟菜，是我国其他地区栽培麒麟菜的种苗来源地，种苗培育采用浮筏式绑苗培育法。

2. 通过组织培养或采集孢子获得种苗

实验室小规模培养时，取 3~5 cm 长的藻体小枝在消毒容器中进行培养，褐色长心卡帕藻的日生长率为 0.1%~8.4%，而绿色长心卡帕藻的日生长率为 0.2%~6.3%；Dawes 等(1994)进行了长心卡帕藻的微繁实验，将藻体切成 1 mm、2 mm、3 mm 和 5 mm 各种不同长度的小段，经过 4 周的培养，生存率分别为 17%、50%、100% 和 100%；从绿色和褐色长心卡帕藻的外植体还得到了愈伤组织；单用 5 mm 长的外植体为材料进行微繁实验时，几乎 100% 获得新枝，表明愈伤组织能够再生植株。Muñoz 等(2006)用植物生长调节剂对长心卡帕藻切段进行诱导，1 mg/L 1-萘乙酸，1 mg/L 6-苄氨基嘌呤和 1 mg/L 1-萘乙酸、1 mg/L 激动素和 0.018 mg/L 精胺混合物均可诱导长心卡帕藻外植体产生愈伤组织，诱导率为 85%~129%。0.018 mg/L 精胺不仅可诱导藻体顶端、中部和基部切段产生愈伤组织，且可将诱导产生愈伤组织的时间缩短为 7 d。Salvador 和 Serrano(2005)用菲律宾的长心卡帕藻巨型变种、大型变种和野生型 3 个品种进行原生质体分离培养，其中用新鲜鲍鱼胃液提取物溶解藻体细胞壁获得了较好效果，处理条件以 25℃、pH 6.1 和处理 48 h 为最佳，每克组织最多产生 8.2×10^3 个原生质体。在 25℃、光照强度 20 μmol/(m^2·s) 和光周期为 12 L∶12 D 时原生质体的萌发率最高，达 39.8%。

庞通等(2010)以红褐色长心卡帕藻为材料，跟踪观察了四分孢子形成、释放、萌发及配子体苗的形态建成过程。结果表明，红褐色长心卡帕藻四分孢子形成和释放主要发生在夏季和秋季(2008 年 4~10 月)。人工培育条件下，四分孢子正常萌发并形成色泽出现明显分化的胚苗，有红褐色、黄绿色、深绿色、黄绿—红嵌合等不同类型。四分孢子萌发率达到 87.1%±7.2%，培养皿内胚苗平均日生长率为 6.3%±1.1%。萌发 10 d 左右假根出现，并于培养 30 d 左右消失。胚苗经过约 5 个月实验室培养，发育成的配子体苗达到了下海挂养规格，海上培养初期配子体苗日生长率大多在 10% 以上，最高可达 21.2%，但是随着藻体长大，生长速率逐渐下降。经过 4 个多月海上挂养栽培，获得了藻体分枝形态、粗细、疏密程度和生长速率等差异明显的多种类型配子体。Paula 等(1999)和 Bulboa 等(2007，2008)分别以长心卡帕藻和异枝卡帕藻绿色品系的四分孢子体为材料进行的实验结果显示，由四分孢子发育成的配子体在形态、颜色、大小和生长率等性状方面差异较大，且这些差异是可遗传的，表明孢子苗可用来进行品系筛选(图 8-4)。

Azanza-Corrales 和 Aliza(1999)在菲律宾最大的海藻栽培场进行了长心卡帕藻的半人工采孢子育苗实验，投放基质 5 个月后形成了孢子苗，当年 11 月至翌年 2 月期间苗量较多，其中 1 月达到高峰。

Luhan 和 Sollesta(2010)从野外采集带有囊果的异枝卡帕藻种藻，切下带有囊果的部分，成功进行了果孢子培苗，所得果孢子的平均直径为(40.82±1.52)μm，释放 3 d 后果孢子固定下来，8 d 后藻体上出现透明毛状物，幼苗发育为穹状时肉眼可见，培养 154 d 长达 3 mm，在 250 ml 培养瓶中培养 63 d 平均重达(0.04±0.05)g。

目前，利用麒麟菜的小枝、组织切段、原生质体育苗，或者用人工、半人工采四分孢子、果孢子的方式育苗，均处于实验阶段，生产上基本都是利用麒麟菜族藻类营养繁殖的特性，采用分

图 8－4　异枝卡帕藻褐色品系四分孢子发育形成的不同形态藻体分枝(Paula *et al.* ,1999)

苗、绑苗法进行麒麟菜栽培。但长期营养繁殖易造成麒麟菜的种群活力下降、生产力低、产量及质量下降。且在过度采收、捕捞水产动物造成的破坏和冰样化疾病暴发等自然及人为灾害条件下,麒麟菜栽培中缺乏优质种源已成为一个不容忽视的问题。

第四节　栽 培 技 术

一、栽培地点选择

选取麒麟菜栽培地点时,需要考虑麒麟菜藻体的适宜光照强度、温度、盐度、营养盐和水流等条件。一般而言,筏式栽培麒麟菜的场地应满足以下条件:

1）底质:以鹿角珊瑚最优,其次为分枝状、片状或花瓣状的珊瑚。

2）水质澄清,水体透明度大,潮流畅通,水流较急,风浪较小,海水比重全年稳定在1.020以上,最低不小于1.015,水温20~30℃。

3）低潮时水深为0.5~2 m或以上。研究发现异枝卡帕藻栽培在水深0.25~2 m处与水深2.25~3.5 m处生长无显著差异,但栽培在低潮带的长心卡帕藻与麒麟菜生长情况不及始终淹没于海水中的。水泥框网片栽培麒麟菜时对水深的要求与上述不同,要求退潮时海水保持在 10~20 cm 为宜。

4）水体营养盐丰富，特别是氮含量高。

5）杂藻少或无。

6）敌害生物特别是植食性鱼类少或无。

7）远离工业排污和陆源污水排放严重的海区及河口。

8）其他如船舶进出、物流、基础设施及人口特征对于地点选择也很重要，需加以考虑。

二、种苗来源

我国麒麟菜族藻类种苗来自以下几个方面：① 自然海区采集野生种藻；② 从栽培的麒麟菜种群中选择、保留种藻；③ 从种苗基地（图 8－5）或种苗养殖户购买种苗。

图 8－5　我国陵水育苗基地

A. 育苗场景；B. 绑苗法培育的麒麟菜苗

三、种苗选择

种藻是种苗质量的决定性因素，应选择藻体纯净，没有杂藻附着，分枝粗壮，分枝的末端向四方伸展有力，呈黄绿色、红色、绿色或褐色等健康颜色的藻体作为种藻。分下的苗要伤口少，实践中为了操作方便，通常从种藻基部撕下，这样每棵种苗只有一个伤口。种苗的大小和生长速度也有密切关系，研究发现，种苗越大，增重的速度越慢，一般以重约 150 g（麒麟菜与卡帕藻）的枝体作为苗体比较合适。

四、种苗运输

如果种苗是从即将收获的栽培种群中选择而来，一般都是从种藻中分苗后现场栽培，不涉及运输问题。

移地栽培时，多采用干运法。少量运输时，可用泡沫箱，箱内中央放置种苗袋，在箱的四周放置冰瓶，以降低箱内温度，从而降低藻体的新陈代谢水平，封箱运输，运抵目的地后，尽早将藻体入水培育，此法可以安全运输 48 h 左右。若大量运输，选择好种苗后，立刻用丝网袋进行包装，淋干水后装车，箱内控制温度 20℃左右，车厢底部先铺以经过海水浸透的其他海草或软布，一般安排在傍晚选苗包装，夜间装车，这样可以很好地保证种苗不受高温影响，次日早上运达栽培海区后，立即投入栽培。

五、分苗与绑苗

麒麟菜族藻类，特别是长心卡帕藻，直径较粗，甚至超过 2 cm，可切段进行单棵绑苗，最好从大量收获的藻体上分离新鲜的营养体作为种苗。麒麟菜族藻类藻体较脆易碎，大量处理时很容易受到损伤。

研究表明，分离异枝卡帕藻种苗时，纵向倾斜分离比横切获得的片段生长快，分苗时从藻体基部到末端依次撕开，这样就避免因为伤口过多而影响苗种的生长。实验室培养长心卡帕藻时，其伤口在 22 d 后完全愈合。分苗时将每 2 kg 种藻分为 10 棵左右种苗，每棵种苗重约 200 g。分苗时应注意：① 按照枝条伸展的方向顺次撕开，尽量减少藻体伤口的数量与面积；② 分苗过程中再一次筛选与清除杂藻；③ 分苗过程中要尽量避免日光直射，应经常泼洒海水，保持藻体湿润。

分苗完成后，每棵苗用一小段聚乙烯绳捆绑在浮绠上，棵间距约 30 cm。绑苗时力度应合适，使苗能够随着水流进行移动的松散绑法比紧固法好。一般一个工人一上午可以绑苗 2 000 棵以上，每亩海区需种苗 4 000 棵左右。

六、栽培方法

1. 插植法

插植是在船上将麒麟菜种苗劈好后，再潜水到海底，将种苗一棵棵插植到珊瑚礁缝隙中。插植时种苗分布要均匀，密度要一致。麒麟菜为多年生海藻，有不断蔓延生长的特性，因此每平方米的珊瑚礁一般插植 5~6 棵为宜(蔡玉婷，2004)。此法最早于 1966 年在海南的文昌县和琼海县的两个养殖场开始推广使用，是当时行之有效的栽培方法。

2. 投殖法

投殖法又称橡胶圈缚苗播种法。方法比较简单，用橡胶圈将种苗和人工基质(一般是直径约 1 cm 的碎珊瑚枝)绑在一起，每千克麒麟菜种藻可分苗 80~100 株，每棵苗重 10~12.5 g。分苗一般在上午进行，绑苗后潜水投放。低潮时用船装运绑好的种苗到栽培海区，由潜水者按 9~10 棵/m^2 的密度投下，每亩需 50 kg 种苗。投放后 7~15 d，种苗便可以长出固着器，牢固地附着在珊瑚礁上。自 1974 年开始，我国便采用这种方法栽培琼枝和珍珠麒麟菜，至 20 世纪 80 年代初，栽培面积约 250 hm^2。该法简单、成本低，栽培一年后增重可达 5~10 倍，两年后增重 20 倍以上。栽培一两年后收获，每公顷年产 7 500 kg 鲜藻，干重为 1 500 kg。收获时保留部分藻体作为来年的种苗(刘思俭，1984)。

3. 水泥框网片栽培

水泥框网片栽培主要用于琼枝栽培，2006 年以来，我国海南省水产技术推广部门与昌江大唐海水养殖有限公司根据本地区浅海滩涂的特点，独创了这套适合在当地推广应用的技术(郑冠雄，2008)。

水泥框网片主要有十字结构和窗框结构 2 种形式。规格为 1.0 m×1.0 m 或 0.6 m×0.6 m。水泥框为混凝土钢筋结构，方形，由两部分组成：① 水泥框体。为主体部分，起支撑和固定网片的作用。无论十字结构还是窗框结构，框体底部均开有方形孔。十字结构有 4 个孔，窗框结构有 16 个孔，以便于水体交换。② 网片。由网目为 6 cm 的聚乙烯网制成。单层或双层,安置在水泥框架上方。单层网片用尼龙扎带固定种苗,双层网片则分别盖于水泥框表面,将琼枝苗置于网片中间,用以固定与保护种苗。具体结构如图 8-6 和图 8-7 所示。

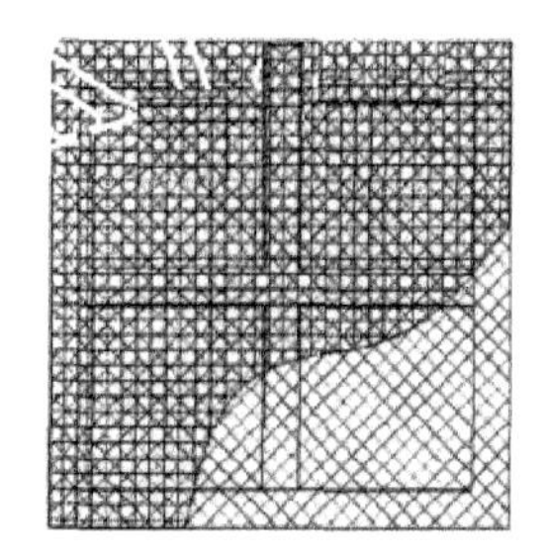

图 8-6 水泥框网片栽培的十字结构

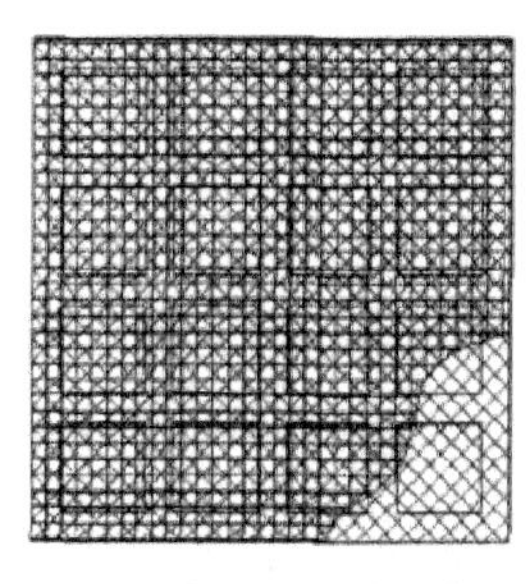

图 8-7 水泥框网片栽培的窗框结构

用船只将水泥框运至栽培海区,退潮后有序地将水泥框进行排列(图 8-8)。每 1.5~2.0 m 留一条宽 1.0~1.2 m 工作道。铺设琼枝苗可在陆上或海上进行,每框(1.0 m×1.0 m)投放 2~3 kg,即每框绑苗 80~100 株;或每框(0.6 m×0.6 m)投放 1.5 kg,即每框绑苗 60~81 株。单层网片法操作简单,将网片直接铺在框架上,然后将种苗用尼龙扎带或塑料绳固定在网片上。双层网片法则把已铺好一层网片的水泥框面朝上放在工作台上,然后将琼枝苗规则地排放,用尼龙扎带或塑料绳固定在网片上,完毕后再将另一层同样大小的网片铺在琼枝苗上方。

图 8-8 水泥框栽培琼枝

A. 用双层网固定了琼枝的水泥框;B. 将水泥框排列在海区的场景

投放密度:海底较平坦的海区每亩可投放 400 个,海底较复杂的海区每亩投放 150~200 个,一般海区每亩投放 250~350 个。经 3 个多月栽培,藻体增重 2~3 倍,平均每框收获鲜藻 6~9 kg。按每亩投放水泥框网片 300 个,每 3 个多月收获一次,一年收获 3 次,每 100 kg 鲜藻可晒制成 20 kg 干品计算,年亩产量平均可达干品 1 080 kg 以上。水泥框网片制作费用约占总成本的 26%,苗种占总成本的 45%,每千克琼枝栽培成本约 5.2 元。每千克干品能提取 0.3 kg 卡拉胶,则每亩年产值为 2.376 万元,净利润为 1.814 万元。琼枝水泥框网片栽培的生产经营安全率为 88.1%,经营状态为安全。该栽培模式最初的苗种来自当地野生种,生产出来的琼枝藻体较健壮、杂质少、色质美、含胶量高。由于有双层网片保护琼枝苗种,鱼害较少,苗种生长速度比插植法与投殖法快，产量也比插植法与投殖法高4倍以上。在没有重大自然灾害、生产经营正常情况下，琼枝水泥框网片栽培法具有投入少、利润高、风险小的特点。

4. 浮筏式栽培法

采用筏架进行麒麟菜栽培，可以完全摆脱利用珊瑚礁作为藻体附着基质的限制，使麒麟菜的栽培不再局限于珊瑚礁底质的海区，从而为麒麟菜在我国的大面积栽培创造了有利条件。该方法又包括以下几种方式。

(1) 网袋式立体栽培

用网袋式立体栽培琼枝，比用珊瑚礁平面式栽培的增产效率高，并能合理安排劳力，相应减轻潜水作业的劳动强度，还基本上解决了每年淡、旺季的问题，但是成本较高。网袋式栽培的筏架由毛竹和双浮绠构成，浮绠长12 m，下方缚以若干根长2 m的竹竿以增加浮力，两根浮绠间每隔20 cm设置一根长3 m的细竹竿，整个筏架形似梯子，故称为梯形竹筏。用胶丝织成直径30 cm，长50~60 cm，网目3 cm×3 cm的网袋，每个网袋内放置2个藤环以保持形状。每个网袋绑苗30棵(约1 kg)，挂于筏架下，网袋深度控制在0.5~1.2 m，袋距66 cm，行距75 cm。刘思俭(1984)研究表明，使用网袋式栽培3个月后，每袋平均重量达2~2.7 kg，增重110%~170%。

(2) 水下垂养法

水下垂养式栽培筏架的结构与海带栽培所用的单式筏相似，主要由两条粗橛缆，一条浮绠和若干浮子组成。橛缆将浮绠和固定在海底的橛相连，用以固定筏身。浮绠为直径16~18 mm的塑料绳，全长约100 m。为增强筏架的抗风浪性能，浮球可通过一段长约0.5 m的细塑料绳与浮绠相连。浮绠下方垂挂苗绳，由于苗绳上藻体和坠石的重量作用，浮绠自然下沉到距水体表面0.4~0.5 m深处的水层中。苗绳直径4 mm，长约2.5 m，苗间距30 cm，苗绳间距为40~50 cm，每条苗绳下端系一坠石。筏间距为4 m。研究发现，此法栽培的藻体在水温26℃左右，光强在140 μmol/(m^2·s)左右时，生长最快，日生长率可达10%左右(吴超元，1988)。

(3) 水面筏式平养法

在浅海区多用浮筏式栽培长心卡帕藻，用浮子架设浮动筏架，直接用一段绑苗绳将苗绑于浮绠上，或将绑好苗后的苗绳平挂在浮绠上，称为水面筏式平养法。栽培区设置为：每小区3亩(2 000 m^2)，每亩设6台筏架，每台筏架长80 m，筏架间距5 m。每条苗绳长5 m，苗间距30 cm，苗绳间距0.6 m，每亩实有面积2 000 m^2，共600条苗绳。此法便于栽培管理和采收，是我国目前栽培麒麟菜的常用方法(图8-9A)。

5. 国外栽培方式

菲律宾早在20世纪60年代便开始进行麒麟菜栽培。最早的栽培方法为离底栽培，即用树桩、缆绳和苗绳的栽培方法。栽培区域由许多单元组成，每个栽培区设置50个单元，每公顷面积容纳16个区。每个单元大小为2.5 m×5.0 m，平行设12根苗绳，每绳绑苗40棵。平均苗重75~100 g，离底20 cm，绳间距20 cm；或设置10根苗绳，每绳长10 m，绳间距为0.5 m，每根苗绳用聚丙烯绳绑苗30棵，每绳重150~200 g，苗密度为6棵/m^2，离底0.2~0.8 m。Lirasan和Twide(1993)报道在坦桑尼亚的桑给巴尔用海底打桩拉绳技术，提高了栽培密度，每区固定75根垂直桩，分3排，每排25根桩，50根绳，800棵苗，占地72 m^2，每公顷设96区，共计76 800棵苗。1991年和1992年干产量分别达1 514 t以上和3 000 t干重。Hurtado-Ponce(1992)在4 m×4 m浮动网箱中安置3 m×3 m的竹筏栽培长心卡帕藻，藻体的平均日生长率为3.72%~7.17%，每月每米苗绳产量为575.5~2 377 g，培养5个月后总产量约37 t干品。Hurtado-Ponce等(1996)报道在菲律宾用海底拉绳固定式(图8-9B)和长绳悬挂方式栽培长心

A

B

图 8-9　麒麟菜属和卡帕藻属海藻的栽培方式

A. 水面筏式平养法(我国);B. 海底拉绳绑苗栽培法(国外)

卡帕藻,培养 60~90 d,总产量分别为约 9.3 t 干品和 7.2 t 干品。Ohno 等(1994)将长心卡帕藻引入日本,亦采用浮筏式栽培,褐色和绿色品系的最大生长率分别达到 8.12% 和 7.3%。Ohno 等(1996)还进行池塘、潟湖、小港和近海的栽培,分别采用撒播式、撒播与离底固定单绳式、浮绳式和单绳与浮筏式栽培,其中在潟湖栽培的最大日生长率达 9%~11%,其次为在小港的 7%~9%,而在池塘中的最大日生长率较低,为 5%~6%。除了上述几种栽培方式外,还有麒麟菜与珍珠贝的混养,麒麟菜与蛤、鲍鱼及龙虾混养等方式,一方面可提高总的养殖产量,另一方面可改善单养水产动物或麒麟菜的水体环境。

国外栽培麒麟菜的方式主要是绳—绳系统(tie-tie system),表现为 3 种方式: 离底固定式、长浮动绳式和浮筏式。此系统之所以得以发展,主要原因有: ① 方法简单;② 栽培材料容易得到、成本低;③ 海藻生长良好。另外也有使用网袋与网管式栽培,但规模较小。这种绳—绳系统栽培模式,由于较耗费劳力与时间,因此成为提高栽培生产率的主要瓶颈。而网管式虽不需绑苗,但未进行商业化规模生产,原因在于: ① 海藻生长率低;② 成本高;③ 缺乏合适的栽培海区;④ 发生有害杂藻的概率高。

6. 混养

与麒麟菜进行混养的物种可选择巨蚌(蛤)、鲍和龙虾。我国与菲律宾还分别试验了麒麟菜与珍珠牡蛎和盲曹鱼[尼罗河鲈(*Lates calcarifer*)]混养。其他可与麒麟菜进行混养的动物有: 海绵、珊瑚、海青瓜、绿蜗牛和锥螺等。尽管混养模式较单养模式有很多优点,但至今没有商业规模的麒麟菜与动物进行混养。

七、栽培期间管理

在麒麟菜栽培期间及时清理杂藻、适当调节栽培密度和水层,可显著增加产量。栽培期间的管理工作主要包括以下几个方面。

1. 调节栽培密度

栽培密度包括苗间距与绳间距。不管采用哪种方式栽培,在种植后,均应经常检查藻体密度是否均匀、合适,若发现种苗流失或分布不均匀时,应及时补苗或调整。筏式栽培中还需注意检查筏架上苗绳的牢固性及种苗的附着情况,及时调整苗绳,必要时补充浮子,还应随时调整种苗在苗绳上的分布。

2. 调整栽培水层

麒麟菜的生长与光照、温度、盐度有密切关系，过强的光照、过高或过低的温度和盐度对其生长均起抑制作用；光照过弱则影响其光合作用，藻体生长慢，因此在光照强度过强、温度过高或过低、雨季或冬季表层水盐度变化幅度大时，应将筏架下沉至离水面 40 cm 处，这样藻体就不易受环境变化影响；在光照强度弱的季节，应上调浮绠位置，使藻体位于水体表层，这样藻体便不会因为光线弱而腐烂；正常光合作用下藻体所处的水层以 30 cm 左右为宜。

3. 清除杂藻和污物

在杂藻较少的海区栽培麒麟菜一段时间后，由于自然、人为或种苗不纯等原因，可导致栽培浮绠、浮子和藻体上着生杂藻，常见的杂藻有浒苔、石莼、珊瑚藻、蕨藻、毛孢藻、网胰藻和马尾藻等大型海藻，可在水体中直接手工去除，必要时应将浮绠和浮子拿到陆地上曝晒，或用塑料网刷清除杂藻，以防止杂藻大量繁生，遮盖阳光，影响麒麟菜生长。栽培麒麟菜时间久的海区或因海区底质的缘故，在浮绠、藻体上常附有污泥等其他杂物，可用工具钩住浮绠，上下、左右晃动以达到清洗去除的目的。

4. 预防台风

我国南部沿海一带台风多，台风会给生产带来一定程度的破坏，很容易引起筏架式栽培的麒麟菜藻枝折断流失，尤其是在种苗刚刚附着时。因此，在台风盛行的季节，应注意适时收获，减轻筏架的重量，必要时需将藻苗收获到岸边暂养，等台风过后再挂回海区，以减轻台风的不利影响。在台风过后应检查栽培海区，发现种苗损失严重的地方需及时补种。对于水泥框网片栽培，台风过后也应勤检查，发现有网破或缺苗现象应及时处理。

5. 预防植食性水生动物

植食性鱼类中的蓝子鱼（*Siganus* spp.）（图 8－10），尤其喜食海藻，在我国海南岛三亚海区由于鱼类对麒麟菜的摄食，迫使每年 5~9 月停止生产，在陵水县黎安港则采用拉网的方式进行小面积保种培养。

图 8－10　蓝子鱼——麒麟菜的敌害之一

6. 施肥

在水流较急的海区栽培麒麟菜，栽培期间无需进行人工施肥。在水流较缓慢的海区，由于水体交换差，营养盐不能及时得到补充，在干旱少雨的夏季，藻体颜色变黄、易烂，生长速度也会明显下降，此时需进行施肥以改善麒麟菜生长条件，以挂袋法施肥效果较好。每袋装肥料约 100 g，用铁丝绑挂在苗绳或浮绠上，袋间距约 1 m，袋口半开或在袋上扎孔，借助风浪的作用使肥料自行溢出。

7. 筏架安全检查

建造筏架时，橛缆的长度要合适，以便使藻体处于合适的水层。垂养时苗绳要稍长，不能被浮绠拉得太紧，否则部分藻体会被夹断而流失。随着藻体的生长，应及时收获或增多浮子以加强筏架的牢固性能。

8. 生长检测

栽培期间要密切关注麒麟菜藻体的生长情况，包括生长率、冰样化疾病的发生及藻体流失等，同时监测海水温度、盐度、水流与海水营养盐状况等环境因子，关注季风等天气变化，发现问题及时处理，以保持麒麟菜藻体健康、快速生长。

9. 及时分苗和收获

随着藻体的长大，要适时分苗和收获，此举能改善藻体的受光条件，维持藻体快速生长，提高产量。若不及时分苗或收获，筏架下部被遮光严重的藻体容易腐烂，进而脱落流失，导致产量降低。栽培过程中发现环境条件不利于麒麟菜生长时，也应及时收获。栽培到一定阶段，随着藻体的生长，单棵重量逐渐增大，达到一定重量时，若未能及时收获，在重力作用下，大量藻体会自行脱落，我国海南三亚栽培区曾发生因此减产的情况。水泥框网片栽培法收获时，可保留一定量的种苗，继续栽培。

第五节　病害与防治

在麒麟菜栽培过程中，常见的病害是冰样化疾病、杂藻的侵害及植食动物的侵害。

一、冰样化疾病

冰样化疾病即“ice-ice”疾病，是麒麟菜栽培中存在的主要问题之一。

1. 症状

发病初期，藻体枝端变白，然后逐渐向藻体中部蔓延，严重时整株藻体失去色素，组织变得松软、脱落，最后死亡（图 8－11）。冰样化疾病的发生具有季节性，多发于持续暴雨和高温的季节，夏秋季交换或秋冬季节转变时亦多发。

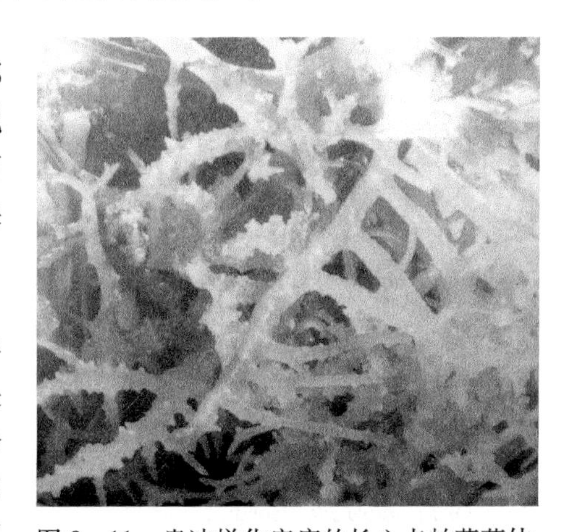

图 8－11　患冰样化疾病的长心卡帕藻藻体

2. 病因

Largo 等（1995）研究发现，机械损伤并不能导致冰样化疾病发生。造成冰样化疾病的主要原因是环境胁迫，主要包括温度、光照强度和盐度等生态条件的不适。麒麟菜在光照强度高、二氧化碳缺乏的环境中会产生挥发性的卤烃，大量的卤烃对植物体有害并会引起冰样化疾病。从菲律宾移植到日本南部的长心卡帕藻在光照强度低于 50 μmol/（$m^2 \cdot s$）和盐度≤20 时发病，藻体中部的分枝小段变白；而当温度升高到 33～35℃时，栽培藻体大规模变白，所有分枝完全被破坏，最后完全死亡。褐色麒麟菜与褐色长心卡帕藻易发生冰样化疾病，而绿色品系的长心卡帕藻相对不易发病，对环境因子变化的耐受力相对较强，细齿麒麟菜比长心卡帕藻有着明显的抗病优势。

附生藻类与冰样化疾病的发生也有直接关系。另外，某些病菌的感染也会引发冰样化疾病，特别是在受到环境胁迫时这些病菌的作用更易引发疾病。在发生冰样化疾病的藻体上会发现大量海洋细菌，日本学者研究发现，在发病枝体上的细菌数比正常健壮藻体上的多 10～100 倍，其中革兰氏阳性菌占优势，并且在发病藻枝上溶胶菌的比例增加，已鉴定出两个致病菌品系，即 P11（一种弧菌）和 P25，由 P11 引起疾病的速度比 P25 快得多，且 P11 和受到胁迫的藻体有很高的亲和力，当细菌细胞快速增殖，细胞密度达到 10^7 个/g 时，便引发疾病。

Solis 等(2010)从长心卡帕藻与异枝卡帕藻患病或健康藻体上分离出 18 个形态种 144 个品系的海洋真菌(表 8－1)，发现感染冰样化疾病藻体上的真菌数量比健康藻体多。用其中的 10 种进行冰样化疾病诱导，结果表明其中 7 种在 9 d 内使藻体的顶端与中部分枝产生白化，*Aspergillus ochraceus* G. Wilh 感染的藻体在培养 3 d 便出现症状，另外 6 种在培养 6~9 d 出现白化与破碎，培养时间越久症状越明显，*A. terreus* Thom 诱导的症状最严重。这 7 种中的 3 种能诱导健康藻体产生冰样化疾病症状，病症可发生在藻体的顶端、主枝与中部分枝等不同部位，这 3 种被鉴定为 *Aspergillus ochraceus*、*A. terreu* 和 *Phoma* sp.。研究发现这些真菌能产生水解卡拉胶和纤维素的酶，其中 3 种真菌具有水解卡拉胶酶的活性，6 种具有水解纤维素酶的活性，11 种有白明胶酶的活性(表 8－2)。这些真菌中除 *Fusarium* sp. 以外生长依靠卡拉胶作为唯一碳源，9 种能利用纤维素作为唯一碳源，7 种利用褐藻酸，只有 2 种能利用琼胶作为唯一碳源(表 8－3)。

表 8－1　从健康与感染冰样化疾病的长心卡帕藻、异枝卡帕藻体上分离的真菌种类及其数量

种　类	分离的海洋真菌品系数						真菌品系的总数
	长心卡帕藻 *K. alvarezii*		异枝卡帕藻 *K. striatum* (橙色品系)		异枝卡帕藻 *K. striatum* (绿色品系)		
	健康	患病	健康	患病	健康	患病	
Scopulariopsis brumptii Salv. -Duval	0	0	1	0	0	0	1
Cladosporium sp. 1	0	0	1	0	0	0	1
Phoma nebulosa (Pers.) Mont	0	0	1	0	0	0	1
Cladosporium sp. 2	1	0	0	4	5	0	10
Phoma lingam (Tode) Desm.	0	3	0	3	3	0	9
Aspergillus terreus Thom	0	1	0	3	2	0	6
Eurotium sp.	0	1	0	8	0	0	9
Phoma sp.	0	6	0	8	0	0	14
Aspergillus sydowii (Bainier et Sartory) Thom et Church	4	4	0	2	0	0	10
Curvularia intermedia Boedijn	0	9	0	9	0	0	18
Cladosporium sp. 3	0	12	1	2	0	0	15
Fusarium sp.	0	7	0	7	5	0	19
Fusarium solani (Mart.) Sacc.	1	7	0	0	0	1	9
Aspergillus ochraceus G. Wilh.	0	0	0	6	0	0	6
Aspergillus flavus Link	0	0	5	1	0	1	7
Penicillium sp.	2	0	0	0	0	0	2
Penicillium purpurogenum Stoll	0	0	0	1	0	0	1
Engyodontium album (Limber) de Hoog	1	1	4	0	0	0	6
总　计	9	51	13	54	15	2	144

表 8-2 海洋分离的产生海藻复合物降解酶的真菌

酶	真菌种类
卡拉胶酶	*Aspergillus ochraceus*、*A. terreus* 和 *Phoma* sp.
纤维素酶	*Cladosporium* sp. 1、*C.* sp. 2、*Phoma nebulosa*、*Penicillium* sp.、*P. purpurogenum*、*Engyodontium album*
白明胶酶	*Aspergillus flavus*、*A. ochraceus*、*A. sydowii*、*Cladosporium* sp. 2、*C.* sp. 3、*Curvularia intermedia*、*Fusarium* sp.、*F. solani*、*Phoma* sp.、*P. nebulosa*、*P. lingam*
琼胶酶	None

表 8-3 海洋分离的利用不同海藻复合物作为唯一碳源的真菌

底 物	真菌种类
卡拉胶	除 *Fusarium* sp. 外的所有种
纤维素	*Aspergillus sydowii*、*A. terreus*、*Cladosporium* sp. 1、*C.* sp. 2、*Curvularia intermedia*、*Fusarium solani*、*Phoma* Sp.，*P. lingam*、*Penicillium* sp.
褐藻酸	*Aspergillus sydowii*、*Cladosporium* sp. 1、*Curvularia intermedia*、*Penicillium* sp.、*Phoma lingam* *P. nebulosa*、*Scopulariopsis brumptii*
琼胶	*Cladosporium* sp. 1、*Phoma lingam*

此外,海藻栽培中常见的污损生物,如小钩虾,一旦寄生在麒麟菜藻体上,通过刮破藻体表皮、吮吸藻体汁液而导致藻体产生冰样化疾病,最终导致藻体脱落,产量下降。

3. *冰样化疾病防治方法*

应针对其发病原因,采取相应的措施。在栽培过程中要注意保持生态条件的稳定,将生态因子尽量控制在麒麟菜适宜的范围内。暴雨和高温多发季节,因为表层水环境变化较大,应将海藻栽培水层调整至较深处。日本学者建立了检测引起冰样化疾病细菌品系的免疫荧光探针,该探针可作为工具用于大型海藻体外细菌感染机制的研究,为进一步研究如何防治细菌性冰样化疾病奠定了基础。

二、杂藻侵害

在麒麟菜的栽培过程中,杂藻的侵害是一个难以避免、甚至影响严重的问题。通常包括两类杂藻:① 生长速率超过麒麟菜的大型海藻;② 附生在麒麟菜类藻体上的附生型丝状藻类。在菲律宾 Calaguas 岛,1999 年初次出现多管藻的附生,在随后冰样化疾病的共同作用下,导致麒麟菜产量急剧下降(Vairappan *et al.*,2006)。

1. *杂藻种类*

有关马来西亚 Teluk Lung 麒麟菜栽培场附生杂藻的研究表明,在当地 3~6 月与 9~11 月的干燥季节,麒麟菜易受杂藻感染。杂藻种类以细小新管藻(*Neosiphonia savatieri*)为优势种,在感染的高峰季节,其数量占所有杂藻的 80%~85%。此外还有数量较少的 *N. apiculata*、仙菜(*Ceramium* sp.)、鱼栖苔(*Acanthophora* sp.)和纵胞藻(*Centroceras* sp.),丰度依次递减。Wakibia 等(2006)研究肯尼亚栽培麒麟菜类海藻可行性时发现,常见的杂藻为多枝浒苔

(*Enteromorpha ramulosa*)与巨大鞘丝藻(*Lyngbya majuscula* Harvey ex Gomont);在冰样化疾病多发区的多发季节,即栽培期间的11月至翌年1月,麒麟菜藻体上密布该种鞘丝藻。

2. 危害及病因

杂藻与麒麟菜竞争营养与生存空间。杂藻大量繁生时,麒麟菜族藻类表面会因为杂藻的附生而附着污泥及其他生物,杂藻的附生还大大降低了藻体表面水流的速度和受光的强度,即使水体中富含无机氮与磷等营养物质,藻体的生长速率也降低了,甚至因为附生藻附着造成麒麟菜藻体出现伤口,进一步引起冰样白化病的发生。对感染细小新管藻的麒麟菜进行切片观察,发现细小新管藻呈单棵状生长在麒麟菜藻体的表面,依靠假根伸入麒麟菜的皮层细胞层。高峰期细小新管藻密集生长,最大密度可达40~48个/cm^2。扫描电镜观察发现,在细小新管藻生长的麒麟菜表面有轻微的损伤或破裂,从而易感染细菌。

庞通等(2011)研究表明,我国陵水黎安海湾最主要和影响最为严重的附生藻是细小新管藻 *Neosiphonia savatieri* (Hariot) Kim et Lee,附生藻病害的发生与环境因子的剧烈变化密切相关。细齿麒麟菜因其表皮结构的不同,发病率显著低于长心卡帕藻。另外,蓝子鱼害虽然可对麒麟菜产业造成不可挽回的损失,但蓝子鱼也对清除杂藻起到了有力的生物制衡作用。马来西亚 Teluk Lung 麒麟菜栽培场杂藻种类的季节变化在2003~2004年两年的研究期间是一致的,研究发现非生物因子如海水温度、盐度的突然升高(2~6月,温度从27℃上升至31℃,盐度从28升高至34)或下降(9~11月,温度从30℃下降至25℃,盐度从29下降至27),均会导致杂藻入侵。此外,海水的营养水平及光周期等也会影响杂藻病害的暴发。

3. 防治方法

要防治杂藻的侵害,对于大型藻类,首先应搞清其种类、生长繁殖的季节性与生活史过程,然后在其出现时,迅速人工去除,并将杂藻转移至陆地,或者用作堆肥,防止其繁殖和蔓延。庞通等(2011)曾经报道了用草甘膦浸泡的方法祛除附着的新管藻,并取得了良好的效果。Loureiro 等(2012)报道了利用瘤状囊叶藻(*Ascophyllum nodosum*)浸提物浸泡可有效祛除附着杂藻。然而目前最简单有效的根除办法还是将已被附生的麒麟菜收获,代之以其他地方生长的未被附生藻侵害的新藻体。在我国的生产中,由于受到种苗供应源头及栽培户生产技术的限制,通常采用人工拣除杂藻的方式降低杂藻对麒麟菜的危害。

三、植食动物侵害

1. 症状及危害

植食动物侵害一直是麒麟菜人工栽培过程中面临的主要危害之一。Ask 和 Azanza (2002)根据植食动物对麒麟菜的破坏类型,将它们分为四类:① 食尖端型。指各种鱼类,包括成体蓝子鱼,它们主要食藻体的尖端。② 侵食表皮型。指幼体蓝子鱼,吃藻体含色素的表皮层细胞。③ 食分枝型。海胆类啃食藻体分枝。④ 食整株藻体型。若排除自然灾害及冰样化疾病的缘故,则在正常生长过程中整株藻体消失可能是由于绿海龟的吞食。对于南海栽培区域,危害最为严重的植食动物为蓝子鱼。

2. 防治方法

栽培户和学者尝试了多种方法防控植食性动物:通过拉网、设笼等方式,将麒麟菜与植食动物隔开,从而避免其危害;在水下安装发声器吓鱼,利用线、塑料或木制的食肉动物模型吓鱼,以减少植食动物的侵害;利用模仿食肉动物的电信号,或利用藻类产生的复合物阻止植食动物的危害。有些栽培户甚至利用炸药和毒药的方式杀灭蓝子鱼,严重影响了生态。诸多方法中,最为常用的是围网防治鱼害,但是该方法易导致水流不畅,进而造成附生藻和冰样化疾病发病率提高,特别是在鱼群大规模到来的春夏季节,由于水温和光照的剧烈变化,加上水流缓慢,更容易引起附生藻和冰样白化病高发。因此,最为有效的方法应是避开鱼类的栖息地进行麒麟菜栽培,利用我国南北海区跨度范围较广的特点,夏季将麒麟菜族藻类移至我国北部海区进行栽培,避开南海的蓝子鱼害,秋冬季节再将藻体移回海南岛海区,该法将成为规避蓝子鱼害及其他病害最为有效的途径之一。

开发更具抗性的优良品系,也是避免各种病害的另外一种方法。优良品系可通过栽培过程中的自然选择获得,也可通过转基因方法获得。有研究指出,自从进行麒麟菜商业化栽培以来,栽培种类的抗性及卡拉胶质量均呈下降趋势。麒麟菜类的品系改良主要目标有 2 个: ① 高质量的卡拉胶含量增高;② 季节性的高生长率周年持续。品系若能保持周年高生长率,则说明该品系具备植食动物、杂藻和环境胁迫的抗性,可通过筛选野生种群、控制栽培程序、基因处理或开发转基因产品获得。抗性强、生长快、产量高的品系每天的生长率可提高 2%,培养 6 周生物量可增加 3 倍。

第六节　收获与加工

一、收获

麒麟菜的栽培方式较特殊,因此其收获的方式也与其他海藻有所不同,但同样应选择在天气晴朗的日子采收。插植法、投殖法、筏式立体栽培和海底栽培的琼枝和麒麟菜,一般在 5~7 月,采用潜水手工采收。每人带一个可浮在水面的竹筐,将之用长绳连在腰间,然后潜至海底用手抓取藻体,浮出水面,将藻体放入筐中,如此反复。一个劳动力每天可以采收 150~250 kg 的鲜藻,一些配有较好装备的潜水者每天可采收约 500 kg。浮筏式栽培的麒麟菜,一般在海面便可直接采收。采收时将浮绠拉起放在浮球上,解开绑苗绳,直接将藻体取下置于船上(图 8－12)。

图 8－12　渔民架浮板采收麒麟菜

收获麒麟菜时,应注意挑选长势良好、个体较大的藻体,作为下一栽培周期的种苗。我国三亚、新村港海区麒麟菜栽培自每年 9~10 月开始,至翌年 4 月,期间每 40 d 收获一次。

采用水泥框网片栽培时应注意留种。每亩投放 300 个 1.0 m×1.0 m 的水泥框,一般经过

3 个月栽培可进行收获，一年可采收 3 次，每框每次平均收获鲜藻 6~9 kg，每亩年产 1 000 kg 干品；若投放 0. 6 m×0. 6 m 水泥框，每个水泥框每次可收获 4 kg 鲜藻，每亩年产 720 kg 干品。收获时通常采大株留小株，1. 0 m×1. 0 m 规格留种 2. 5 kg，0. 6 m×0. 6 m 规格留种 1. 5 kg。采用水泥框网片栽培法，每亩年产麒麟菜可达 4 000~5 000 kg，是传统栽培模式——绑苗投殖法的 20 倍。

采收后的藻体运上岸后，应放在岸边沙地或水泥地上晾晒，让其自然干燥。每天翻弄几次，拣去其中的珊瑚枝、塑料绳与杂藻（图 8－13）。晾晒 3~4 d 后，即得黄色的干品，用淡水洗后呈黄白色。一般每 70 kg 鲜藻可晒成 10 kg 左右的干品，干品重约为鲜藻的 14%。

图 8－13　渔民将收获的麒麟菜摊在地上晾晒

A. 收获的麒麟菜装在网袋内；B. 收获的麒麟菜在地上晾晒

二、加工

目前，麒麟菜除了用做凉拌海味食品外，主要用来生产卡拉胶。卡拉胶是由 1，3－β－D－吡喃半乳糖和 1，4－α－D－吡喃半乳糖作为基本骨架，交替连接而成的线性多糖类硫酸酯的钾、钠、镁、钙盐，以及 3，6－脱水半乳糖直链聚合物所组成。根据半酯式硫酸基在半乳糖上所连接的位置不同，将卡拉胶分为 7 种不同组成和结构的类型。这 7 种类型分别为：κ－卡拉胶、ι－卡拉胶、γ－卡拉胶、λ－卡拉胶、υ－卡拉胶、Φ－卡拉胶、ζ－卡拉胶。目前工业生产和使用的主要有 κ（kappa）型、ι（iota）型和 λ（lambda）型三种，尤其以 κ－卡拉胶为多见。卡拉胶能形成亲水胶体，具有凝胶、增稠、乳化、成膜、稳定分散等特性，可用做胶凝剂、增稠剂或悬浮剂，起到稳定乳液、控制脱液收缩、赋形、胶结和分散的作用。卡拉胶的凝胶强度低，主要用于食品工业，可调配成果冻粉、软糖粉、布丁粉、西式火腿调配粉等，广泛应用于乳制品、冰淇淋、果汁饮料、面包、果冻、肉食品、调味品、罐头食品等方面。卡拉胶的性质和含量受海藻种类、海藻栽培时间长短、提取条件、提取方法、有无疾病感染等多种因素影响。培养环境中铵的含量富足可提高卡拉胶的凝胶强度；夏季藻体中的硫酸含量与其营养状况直接相关，而在冬季则无此特点；冬季藻体中碳水化合物的含量与光照成反比。

国外生产的卡拉胶杂质少，凝胶强度高且工艺过程不会对环境造成污染，多采用从原料中直接提取的生产工艺，该工艺对原料和设备的要求相对较高。国内提取卡拉胶多采用碱液浸泡对藻体进行预处理的方法，包括常温浓碱法，中温中碱法和高温稀碱法，其中碱处理、提胶精制及脱水干燥是生产卡拉胶过程中的关键工序。最初的碱处理工艺以 NaOH 溶液处理海藻，但是溶胶严重，造成卡拉胶损失严重，之后在碱液中加入碱金属盐或碱土金属盐可有效抑制溶胶现象，从而提高了卡拉胶的产率和凝胶强度。随着研究的深入，碱处理过程中将 NaOH－KCl 混合使用，减少了卡拉胶的溶出，之后，又用 KOH 代替 NaOH－KCl，进一步提高了卡拉胶的产率，降低了成本，碱液还可以循环使用，避免了碱液对环境的污染。

我国 20 世纪 70 年代开始在海南利用琼枝生产卡拉胶，80 年代又有厂家利用麒麟菜及沙菜生产卡拉胶，主要产品是 β－与 κ－卡拉胶。汤毅珊等（1997）认为采用高压空气提取比用水蒸气提取对卡拉胶强度破坏小，且能在短时间内获得较高产率。韩国华等（2001）研究认为用热碱预处理可从刺生麒麟菜得到较高的 ι－卡拉胶得率，其产率在 58.0%左右。李锋等（2003）试验得到耳突麒麟菜粗多糖的提取率为 46.7%，粗多糖可被 4%的 KCl 完全分级为不溶胶多糖与可溶胶多糖，不溶胶多糖占所提取粗多糖量的 83%，可溶胶多糖占 14%，不溶胶多糖的硫酸根含量低于可溶胶多糖。两种多糖经过酸水解后，3，6－脱水半乳糖和硫酸根含量下降；经过碱处理后，3，6－脱水半乳糖含量增加，但硫酸根含量显著降低。王庆荣等（2004）用直接水提法提取异枝麒麟菜活性硫酸多糖，认为温度和 KCl 质量分数是多糖得率的最大影响因素，其最佳水平分别为 125℃和 0.93%。马夏军等（2005）采用超声波辅助 H_2O_2 氧化降解异枝麒麟菜硫酸多糖，制备了相对分子质量为 5 000～40 000 的硫酸多糖，其硫酸基含量均在 18.5%以上，能较好地保持多糖中的硫酸基。梁智渊等（2005）采用“直接水提法”及“KCl 分级法”提取琼枝和异枝麒麟菜多糖，所得产率高于传统“碱处理法”，且硫酸基质量分数也明显增高；两种麒麟菜多糖均为硫酸酯基多糖，大部分都属于 κ－卡拉胶类。感染冰样化疾病的异枝麒麟菜藻体中的 ι－卡拉胶和甲基含量低于正常藻体，总产胶量、胶强度和黏性明显下降，而含水量明显增加。

目前生产卡拉胶的常用方法为恒温水浴法，或高压蒸汽及高压空气法，通常设置的提胶温度在 90～95℃，高温可加速藻体内部胶体的溶出，从而提高卡拉胶得率。

由麒麟菜加工生产卡拉胶的传统工艺如下：

1. 碱浸

将麒麟菜用 10%的 KOH 在 85℃下，或用 7%的 NaOH、5%的 KCl 在（90±2）℃的条件下浸泡 3 h。国内外对麒麟菜中多糖“碱改性”“提高凝胶强度”方面研究较多，如刘思俭等（1984）对我国海南岛琼海、文昌的麒麟菜用 36～39 度的烧碱在常温下浸泡 2～3 d 或用 31 度的烧碱在 65℃下浸泡 2 h，能提高凝胶强度。

2. 水洗

清水漂洗或加适量盐酸，将麒麟菜洗至中性。同时除去原料中的泥沙和其他杂物。

3. 煮胶

加入适量水，加热至沸腾，不断取样观察，适当时间后出料。一般加水量为原料重的 30～40 倍，保持微沸状态一定时间后，停止加热，使其自然降温。

4. 过滤

用过滤机过滤。在胶液过滤前，过滤机需用胶液进行预涂。

5. 保温

将过滤后的胶液，用泵打至保温罐中。如果采用自然冷却法则可省略该步骤。

6. 冷却

在不锈钢带上，用冷却水将胶液冷却并加氯化钾直至卡拉胶析出；或将滤液泵入凝胶槽中自然冷却后，加氯化钾至卡拉胶析出，一般冷却十几小时即可。

7. 装袋

冷却的卡拉胶装入袋中。

8. 压榨脱水

用压榨机压榨脱水至含水量为70%~75%。

9. 干燥

用烘干机烘干或在晾晒棚内晒干。

10. 粉碎

用粉碎机粉碎。经超微粉碎机粉碎为80~100目粉末。

11. 包装

将粉碎后获得的胶粉过筛后包装入袋。

参考文献

蔡玉婷. 2004. 麒麟菜的栽培技术及其经济价值[J]. 福建水产,1: 57－59.

韩国华,李海霞,吴杨桦. 2001. 菲律宾刺生麒麟菜提取ι－卡拉胶的工艺探讨[J]. 食品与机械,3: 31－32.

匡梅,曾呈奎,夏邦美. 1999. 中国麒麟菜族的分类研究[M]. 海洋科学集刊,41: 168－189.

李来好. 2005. 海藻膳食纤维的提取、毒理和功能特性的研究[D]. 青岛: 中国海洋大学.

刘建国,路克国,林伟,等. 2008. 温度、氮浓度和氮磷比对长心卡帕藻吸收氮速率的影响[J]. 海洋与湖沼,39(5): 529－535.

刘建国,庞通,王莉,等. 2009. 导致热带产卡拉胶海藻大规模死亡原因分析与藻株抗病差异性比较[J]. 海洋与湖沼,40(2): 235－241.

刘思俭,庄屏. 1984. 我国的麒麟菜栽培事业[J]. 湛江水产学院学报,1: 1－6.

庞通,刘建国,林伟. 2010. 长心卡帕藻四分孢子发育成配子体的形态建成观察[J]. 水产学报,34(4): 531－539.

庞通. 2011. 卡帕藻属和麒麟菜属的种苗选育与病害防治研究[D]. 青岛: 中国科学院海洋研究所.

汤毅珊,赵谋明,高孔荣. 1997. 麒麟菜卡拉胶提取新工艺的探讨[J]. 食品工业科技,2: 30－34.

吴超元,李家俊,夏恩湛,等. 1988. 异枝麒麟菜的移植和人工栽培[J]. 海洋与湖沼,19(5): 410－418.

夏邦美,张峻甫. 1999. 中国海藻志 第二卷 红藻门 第五册 伊谷藻目 杉藻目 红皮藻目[M]. 北京: 科学出版社: 116－132.

许加超. 2014. 海藻化学与工艺学[M]. 青岛: 中国海洋大学出版社: 101－127.

曾呈奎. 1999. 经济海藻种质种苗生物学[M]. 济南: 山东科学技术出版社.

赵素芬,何培民. 2009. 光照强度和盐度对长心卡帕藻生长的影响[J]. 热带海洋学报,28(1): 74－79.

赵素芬. 2012. 海藻与海藻栽培学[M]. 北京: 国防工业出版社: 108－147.

郑冠雄. 2008. 琼枝麒麟菜水泥框网片养殖技术与效益分析[J]. 水产科技情报,35(4): 190－193.

郑国洪. 2006. 浅海浮筏式养殖长心麒麟菜技术[J]. 中国水产,11: 58－59,80.

Andersson M, Schubert H, Pedersén M, *et al.* 2006. Different patterns of carotenoid composition and photosynthesis acclimation in two tropical red algae[J]. Marine Biology, 149: 653－665.

Ask E I, Azanza R V. 2002. Advances in cultivation technology of commercial eucheumatoid species: a review with suggestions for future research[J]. Aquaculture, 206: 257－277.

Azanza-Corrales R, Aliaza T T. 1999. In *vitro* carpospores release and germination in *Kappaphycus alvarezii* (Doty) Doty from Tawi-Tawi, Philippines[J]. Botanic Marine, 42(8): 281－284.

Bulboa C R, Paula E J, Chow F. 2007. Laboratory germination and sea out-planting of tetraspore progeny from *Kappaphycus striatum* (Rhodophyta) in subtropical waters of Brazil[J]. Journal of Applied Phycology, 19(4): 357－363.

Bulboa C R, Paula E J, Chow F. 2008. Germination and survival of tetraspores of *Kappaphycus alvarezii* var. *alvarezii* (Solieriaceae, Rhodophyta) introduced in subtropical water of Brazil[J]. Phycological Research, 56(1): 39-45.

Conklin E J, Smith J E. 2005. Abundance and spread of the invasive red algae, *Kappaphycus* spp., in Kane' ohe Bay, Hawai'i and an experimental assessment of management options[J]. Biological Invasions, 7: 1029-1039.

Dawes C J, Lluisma A O, Trono G C. 1994. Laboratory and field growth studies of commercial strains of *Eucheuma denticulatum* and *Kappaphycus alvarezii* in the Philippines[J]. Journal of Applied Phycology, 6: 21-24.

Fredericq S, Freshwater D W, Hommersand M H. 1999. Observations on the phylogenetic systematics and biogeography of the Solieriaceae (Gigartinales, Rhodophyta) inferred from *rbcL* sequences and morphological evidence [J]. Hydrobiologia, 398/399: 25-38.

Hayashi L, Yokoya N S, Ostini S, *et al.* 2008. Nutrients removed by *Kappaphycus alvarezii* (Rhodophyta, Solieriaceae) in integrated cultivation with fishes in re-circulating water[J]. Aquaculture, 277(3-4): 185-191.

Hurtado-Ponce A Q, Agbayani R F, Chavoso E A J. 1996. Economics of cultivating *Kappaphycus alvarezii* using the fixed-bottom line and hanging-long line methods in Panagatan Cays, Caluya, Antique, Philippines[J]. Journal of Applied Phycology, 105: 105-109.

José de Paula E, Pereira R T L, Ohno M. 1999. Strain selection in *Kappaphycus alvarezii* var. *alvarezii* (Solieriaceae, Rhodophyta) using tetraspore progeny[J]. Journal of Applied Phycology, 11(1): 111-121.

Kraft G T. 1969. *Eucheuma procrusteanum*, a new red algal species from the Philippines[J]. Phycologia, 8 (3/4): 215-219.

Largo D B, Fukami K, Adachi M, *et al.* 1998. Immunofluorescent detection of ice-ice disease-promoting bacterial strain *Vibrio* sp. P11 of the farmed macroalga, *Kappaphycus alvarezii* (Gigartinales, Rhodophyta)[J]. Journal of Marine Biotechnology, 6: 178-182.

Largo D B, Fukami K, Nishijima T, *et al.* 1995. Laboratory induced development of the *ice-ice* disease of the farmed red algae *Kappaphycus alvarezii and Eucheuma denticulatum* (Solieriaceae, Gigartinales, Rhodophyta)[J]. Journal of Applied Phycology, 7(6): 539-543.

Largo D B, Fukamil K, Nishijimal T. 1999. Time-dependent attachment mechanism of bacterial pathogen during ice-ice infection in *Kappaphycus alvarezii* (Gigartinales, Rhodophyta)[J]. Journal of Applied Phycology, 11: 129-136.

Larned S T. 1998. Nitrogen-versus phosphorus-limited growth and sources of nutrients for coral reef macroalgae[J]. Marine Biology, 132(3): 409-421.

Lechat H, Amat M, Mazoyer J, *et al.* 1997. Cell wall composition of the carrageenophyte *Kappaphycus alvarezii* (Gigartinales, Rhodophyta) partitioned by wet sieving[J]. Journal of Applied Phycology, 9(6): 565-572.

Lirasan T, Twide P. 1993. Farming *Eucheuma* in Zanzibar, Tanzania[J]. Hydrobiologia, 260/261: 353-355.

Loureiro R R, Reis R P, Berrogain F D, *et al.* 2012. Extract powder from the brown alga *Ascophyllum nodosum* (Linnaeus) Le Jolis (AMPEP): a "vaccine-like" effect on *Kappaphycus alvarezii* (Doty) Doty ex P. C. Silva [J]. Journal of Applied Phycology, 24(3): 427-432.

Luhan M R J, Sollesta H. 2010. Growing the reproductive cells (carpospores) of the seaweed, *Kappaphycus striatum*, in the laboratory until outplanting in the field and maturation to tetrasporophyte[J]. Journal of Applied Phycology, 22(5): 579-585.

Luxton D M. 1993. Aspects of the farming and processing of *Kappaphycus* and *Eucheuma* in Indonesia[J]. Hydrobiologia, 260/261: 365-371.

Mendoza W G, Montaño N E, Ganzon-Fortes E T, *et al.* 2002. Chemical and gelling profile of *ice-ice* infected carrageenan from *Kappaphycus striatum* (Schmitz) Doty "sacol" strain (Solieriaceae, Gigartinales, Rhodophyta)[J]. Journal of Applied Phycology, 14(5): 409-418.

Mollion J, Braud J. 1993. A *Eucheuma* (Solieriaceae, Rhodophyta) cultivation test on the south-west coast of Madagascar [J]. Hydrobiologia, 260/261(1): 373-378.

Mou H J, Jiang X L, Guan H S. 2003. A κ-carrageenan derived oligosaccharide prepared by enzymatic degradation containing anti-tumor activity[J]. Journal of Applied Phycology. 15(4): 297-303.

Muñoz J, Cahue-López A C, Patiño R, *et al.* 2006. Use of plant growth regulators in micropropagation of *Kappaphycus alvarezii* (Doty) in airlift bioreactors[J]. Journal of Applied Phycology, 18(2): 209-218.

Ohno M, Nang H Q, Hirase S. 1996. Cultivation and carrageenan yield and quality of *Kappaphycus alvarezii* in the waters of Vietnam[J]. Journal of Applied Phycology, 8(4-5): 431-437.

Pang T, Liu J, Liu Q, *et al.* 2011. Changes of photosynthetic behaviors in *Kappaphycus alvarezii* infected by epiphyte [J]. Evidence-based Complementary and Alternative Medicine,(4): 477-482.

Pang T, Liu J, Liu Q, *et al.* 2012. Impacts of glyphosate on photosynthetic behaviors in *Kappaphycus alvarezii* and *Neosiphonia savatieri* detected by JIP-test[J]. Journal of Applied Phycology, 24: 467-473.

Pang T, Liu J, Liu Q, *et al.* 2015. Observations on pests and diseases affecting a eucheumatoid farm in China[J]. Journal of Applied Phycology, 27(5): 1975-1984.

Paula E J, Pereira R T L, Ohno M. 1999. Strain selection in *Kappaphycus alvarezii* var. *alvarezii* (Solieriaceae, Rhodophyta) using tetraspore progeny[J]. Journal of Applied Phycology, 11(1): 111-121.

Qian P Y, Wu C Y, Wu M, *et al.* 1996. Integrated cultivation of the red alga *Kappaphycus alvarezii* and the pearl oyster Pinctada martensi[J]. Aquaculture, 147(1-2): 21-35.

Rodrigueza M R C, Montaño M N E. 2007. Bioremediation potential of three carrageenophytes cultivated in tanks with seawater from fish farms[J]. Journal of Applied Phycology,19(6): 755-762.

Salvador R C, Serrano A E. 2005. Isolation of protoplasts from tissue fragments of Philippine cultivars of *Kappaphycus alvarezii* (Solieriaceae, Rhodophyta)[J]. Journal of Applied Phycology, 17(1): 15-22.

Schubert H, Andersson M, Snoeijs P. 2006. Relationship between photosynthesis and non-photochemical quenching of chlorophyll fluorescence in two red algae with different carotenoid compositions[J]. Marine Biology, 149(5): 1003-1013.

Solis M J L, Draeger S, Cruz T E E. 2010. Marine-derived fungi from *Kappaphycus alvarezii* and *K. striatum* as potential causative agents of ice-ice disease in farmed seaweeds[J]. Botanica Marina, 53(6): 587-594.

Sugahara T, Ohama Y, Fukuda A, *et al.* 2001. The cytotoxic effect of *Eucheuma serra* agglutinin (ESA) on cancer cells and its application to molecular probe for drug delivery system using lipid vesicles[J]. Cytotechnology, 36(1-3): 93-99.

Timothy P. 2006. Advances in seaweed aquaculture among Pacific Island countries[J]. Journal of Applied Phycology, 18: 227-234.

Vairappan C S, Anangdan S P, Tan K L, *et al.* 2010. Role of secondary metabolites as defense chemicals against ice-ice disease bacteria in biofouler at carrageenophyte farms[J]. Journal of Applied Phycology, 18: 305-311.

Vairappan C S. 2006. Seasonal occurrences of epiphytic algae on the commercially cultivatied red alga *Kappaphycus alvarezii* (Solieriaceae, Gigartinales, Rhodophyta)[J]. Journal of Applied Phycology, 18(3-5): 611-617.

Wakibia J G, Bolton J J, Keats D W, *et al.* 2006. Factors influencing the growth rates of three commercial eucheumoids at coastal sites in southern Kenya[J]. Journal of Applied Phycology, 18: 565-573.

Yamada Y. 1936. The species of *Eucheuma* from Ryukyu and Formosa[D]. Scientific Papers of the Institute of Algological Research , Hokkaido Imperial University, 1(2): 119-134.

Zuccarello G C, Critchley A T, Smith J, *et al.* 2006. Systematics and genetic variation in commercial *Kappaphycus* and *Eucheuma* (Solieriaceae, Rhodophyta)[J]. Journal of Applied Phycology, 18(3-5): 643-651.

扫一扫见彩图

第九章　石花菜栽培

第一节　概　　述

一、产业发展概况

石花菜属(*Gelidium*)藻类是一种世界性分布的重要经济红藻。该属中已得到确认的物种数有137种,主要分布在太平洋和大西洋的暖流沿岸及印度洋沿岸。我国沿海已发现有10多种石花菜,常见的主要有石花菜(*Gelidium amansii*)、小石花菜(*G. divaricatum*)、中肋石花菜(*G. japonicum*)、细毛石花菜(*G. crinale*)等4种,资源比较丰富,北起辽东半岛,南至台湾沿岸均有分布,以山东半岛海域产量最大,又称鸡毛菜、牛毛菜、冻菜、凤尾等。

石花菜作为世界上琼胶生产的主要原料之一,用于食品、医药、纺织工业等,且用途日益旺盛。人口仅为我国1/10的日本,每年约消耗1 000 t石花菜用于凝胶食品。目前随着国际保健水平的提高,以及发展中国家保健机构的扩充,琼胶消费量也迅速增加,已形成供不应求的趋势。全世界琼胶年产量约为20 000 t,其中1/3提取自石花菜属海藻。我国琼胶年产量8 000~9 000 t,每年出口4 000 t左右,换汇3 500万美元左右,已成为海藻工业产品出口创汇主力之一。

目前世界各国石花菜总产量约为20 000 t,目前,摩洛哥和西班牙已超过日本、葡萄牙等原石花菜主产国,成为当前全球最大的石花菜生产国,西班牙位居第二。摩洛哥产量最大时为14 000 t,出于对石花菜资源保护考虑,2014年减产,为6 000 t。我国石花菜年产量约500 t,几乎全为野生资源。可见,石花菜具有相当大的市场前景,我国应加紧石花菜栽培技术研究,扩大石花菜栽培规模。

二、经济价值

石花菜是一种重要的经济海藻,夏、秋季采收,自然干燥备用。石花菜通体透明,犹如胶冻,口感爽利脆嫩,既可拌凉菜,又能制成凉粉。

除食用价值外,石花菜主要用于制取琼胶,每100 kg石花菜干品可制取26~28 kg琼胶。琼胶具有优良的凝胶、增稠和稳定性能,可用来制作冷食、果冻或生物培养基等;也可用作增稠剂、凝固剂、悬浮剂、乳化剂、稳定剂、保鲜剂、黏合剂,广泛应用于食品、日用化工、轻工、医药和现代生物技术等领域中。此外,琼胶还可进一步制成琼胶糖,琼胶糖是很好的免疫扩散介质,在临床诊断、生物化学、微生物学、免疫学的分析和研究上应用广泛。

中医认为,石花菜味甘咸,性寒滑,清肺化痰、清热燥湿,滋阴降火、凉血止血,并有解暑功效。琼胶为海洋天然多糖,含有人体必需的十多种有益矿物质元素、多糖和膳食纤维,热量低,具有排毒养颜和降血糖等许多保健效果,是优质的保健食品原料。据报道,石花菜琼脂具有明显体外延迟凝血的作用;石花菜所含的褐藻酸盐、淀粉硫酸酯等物质具有降压、降脂等功能;石花菜醇提物中的多糖具有抗菌、抗氧化活性。医用绷带添加琼胶后,具有抗凝聚性,能很快吸收细菌和白细胞,也可以作膏药药基。琼胶与淀粉煮沸溶解后凝固成薄片,可用作药物包衣。琼胶的α-半乳糖能有效地防治腮腺炎病毒,抑制B型流感病毒和乙型脑膜炎病毒。此外,琼胶本身属于海洋天然多糖物质,还可用作轻泻药,治疗食源性肥胖。

三、栽培简史

20世纪初以来,国外不少学者都进行过石花菜的栽培研究。20世纪40年代,已基本明确了孢子萌发生长的形态变化过程。西方学者对石花菜的研究侧重于环境对其生理的影响,如Bruce等(1987)研究了不同生长条件对石花菜生长、含胶量的影响等。亚洲学者侧重于栽培技术研究,日本殖田(1936)的混凝土绳采苗,滕森(1940)的"苗付式"栽培法,惠本的"擂钵式"栽培法等均是对人工及半人工育苗技术的探索,但都失败于下海后的附着物影响。自冈村金太郎(1908)在静冈县进行石花菜增养试验开始,石花菜全人工栽培一直是日本海藻学家的研究热点。日本采用的栽培方法有海底栽培、垂下式栽培(又称"捻绳法")及半人工采孢子栽培等。

我国石花菜半人工育苗始于20世纪50年代的梯田混凝土砣子育苗,此法尽管幼苗发生较好,但很快受梯田中的牡蛎及绿藻影响而消亡。人工采孢子始于20世纪70年代,但幼苗发生量少。20世纪80年代,黄礼娟等的"孢子育苗研究"报道了从孢子到成体石花菜的培育,着重于对生长过程的观察,但没有提出育苗的标准及具体技术方法。1985~1987年,黄礼娟等在山东荣成海区进行了多次重复试验,处于显微时期幼芽阶段的孢子苗虽成功着生于育苗绳上,但越冬后到翌年春季仅有少数苗绳生有稀疏的幼苗。李宏基(1983)利用自然生长的石花菜进行分枝筏养获得成功,并在黄渤海清水海区进行了验证,是石花菜栽培一个阶段性突破。1983年,孙建璋对硬框软架(筏架长36 m,由8只长4 m,宽2 m的毛竹硬框组成,台距3 m)和筏式软架(筏架长36 m,由15支2 m长毛竹浮筒撑开,台距3 m)进行冬菜、春菜和继养菜不同栽培期、不同密度及敌害防治试验,栽培209 d,亩产(1 000 m苗绳计为1亩)干品196 kg。1988年青岛沿海采用分枝筏养3.3 hm^2(50亩),春、夏、秋三茬连养,达到总产20 t的规模。

石花菜栽培方法有梯田栽培、海底栽培及筏式栽培等,近年来在劈枝养成技术上也取得了新的进展。海底栽培就是在有野生石花菜分布的海区,于5~6月石花菜繁殖的前期,清除岩礁表面的杂藻与附着生物,为石花菜孢子提供更多的附着、生长基质,相较于不清礁,清礁可增产3~4倍。海底栽培可在有石花菜资源的海区投石,扩大增殖面积,也可在没有石花菜资源的海区采用移植种藻、采苗投石、绑小枝投石等方法增殖石花菜。筏式栽培方法与海带类似,是目前普遍采用的栽培方法。石花菜具极强的分生能力,采用分枝夹苗进行筏式栽培时,我国北方海区生长适温期可达240 d左右,南方海区生长期更长。按60~70 d栽培一茬,1年可栽培3茬以上。采收时苗绳上留下一部分营养枝可作为苗种继续进行栽培。多茬栽培的苗种可来自野生藻种、采收后人工栽培的石花菜或人工育苗的苗种。

第二节 生 物 学

一、分类地位

Grubb(1932)最早报道了我国原产的一种石花菜属藻类,命名为石花菜[*G. amansii* (J. V. Lamouroux) J. V. Lamouroux],该种后由樊恭炬修订为葛氏石花菜(*G. grubbae*

Fan)(Fan,1951)。之后,我国著名藻类学家曾呈奎再次认定我国的确分布有石花菜(*G. amansii*),目前成为我国石花菜属主要栽培种类。

石花菜[*Gelidium amansii* (Lamx.) Lamx.]的分类地位为:

红藻门(Rhodophyta)

真红藻亚纲(Florideae)

石花菜目(Gelidiales)

石花菜科(Gedlidiaceae)

石花菜属(*Gelidium*)

Lamouroux 在 1813 年建立了石花菜属(*Gelidium* Lamouroux, 1813)。石花菜属是石花菜科种类最多、分布广泛的一属(Guiry M D and Guiry G M,2017),根据 2017 年藻类数据库(Algaebase)统计,目前得到承认的石花菜属藻类共有 137 种(Guiry M D and Guiry G M, 2017)。

二、分布与栽培种类

1. 分布

石花菜为世界广布种,以太平洋和大西洋暖流沿岸为中心,广泛分布于太平洋沿岸的中国、美国、墨西哥、智利、俄罗斯、日本和朝鲜等国,在大西洋沿岸的西班牙、葡萄牙、法国和丹麦也有分布。印度洋沿岸主要分布于印度、缅甸、斯里兰卡、孟加拉国、南非和马达加斯加。

我国石花菜属海藻种类丰富,从 20 世纪 30 年代至今,各国学者对我国的石花菜属海藻种类进行了大量的调查研究。著名藻类学家曾呈奎和他的同事(1938,1954,1962,1982,1983)于 20 世纪 30~80 年代陆续报道了 7 个物种,较前人的记录新增了大石花菜(*G. pacificum* Okamura)、石花菜、约翰石花菜(*G. johnstonii* Setchell & Gardner)。日本藻类学家 Okamura 从 20 世纪 40 年代开始,先后报道了产自我国的 7 种石花菜,分别是 *G. clavatum* Okamura [=*G. kintaroi* (Yamada,1941)]、宽枝石花菜(*G. planiusculum* Okamura)、*G. densum* Okamura [=*G. yamadae*,为 *G. densum* 的新种名(Fan,1951)]、*G. amansii* f. *latius* Okamura [变型拉丁名应修订为"*latioris*" (Guiry *et al.*, 2016)]、细毛石花菜[*G. crinale* (Hare ex Turner) Gaillon]、小石花菜(*G. divaricatum* G. Martens) [=*Gelidiophycus divaricatus* (G. Martens) G.H. Boo, J. K. Park & S. M. Boo (Boo et al., 2013)]及中肋石花菜[*G. japonicum* (Harvey) Okamura]。樊恭炬(1951,1961)描述了 2 个新种及 2 个新纪录种:新种为亚圆形石花菜(*G. tsengii* Fan)和葛氏石花菜(*G. grubbae*)[=*G. vagum*(张峻甫 *et al.*,1986)],新纪录种为 *G. amansii* Lamouroux f. *elegans* Okamura 和 *G. pusillum* (Stackhouse) Le Jolis。Santelices(1988)研究了我国产的 7 种石花菜,其中包括匍匐石花菜 2 个变种,即匍匐石花菜扁平变种 *G. pusillum* (Stack.) Le Jolis var. *pacificum* W. R. Taylor 和匍匐石花菜圆柱变种 *G. pusillum* var. *cylindricum* Taylor。2002 年,Xia 等重新检查了中国的石花菜类标本,认为大石花菜(*G. pacificum*)和约翰石花菜(*G. johnstonii*)在我国并不存在,同时增添了一个新种——马氏石花菜(*G. masudai* B. M. Xia & C. K. Tseng)。随后,在海南采集的沙地石花菜(*G. arenarium* Kylin)也成为我国一新纪录种(Xia et al.,2004)。2014 年,夏邦美等在西沙群岛鸭公岛海藻资源调查中,采集到一种石花菜类海藻,经鉴定为匍匐石花菜扁平变种(王旭雷等,2016)。王旭雷(2016)描述了 3 个石花菜新种,分别是:红海湾石花菜(*Gelidium honghaiwanense* G. C. Wang et X. L. Wang sp. nov.)、杨梅坑石花菜(*Gelidium yangmeikengense* G. C. Wang et X. L. Wang sp. nov.）、三亚石花菜（*Gelidium sanyaense* G. C. Wang et X. L. Wang sp. nov.），并将 *Gelidium tsengii* 修订为 *Gelidium johnstonii* 的同物异名。

综上所述，根据目前掌握的资料，我国共有 15 个石花菜属物种（变种除外）见于报道，名录如下：

1）*Gelidium amansii*（Lamouroux）Lamouroux

2）*Gelidium kintaroi* Yamada

3）*Gelidium planiusculum* Okamura

4）*Gelidium latiusculum* Okamura

5）*Gelidium yamadae* Fan

6）*Gelidium crinale*（Hare ex Turner）Gaillon

7）*Gelidium japonicum*（Harvey）Okamura

8）*Gelidium tsengii* Fan

9）*Gelidium vagum* Okamura

10）*Gelidium pusillum*（Stackhouse）Le Jolis

11）*Gelidium masudai* Xia et Tseng

12）*Gelidium arenarium* Kylin

13）*Gelidium honghaiwanense* G. C. Wang et X. L. Wang sp. nov.

14）*Gelidium yangmeikengense* G. C. Wang et X. L. Wang sp. nov.

15）*Gelidium sanyaense* G. C. Wang et X. L. Wang sp. nov.

2. 栽培种类

石花菜属于喜阴性植物，生长在水深 10 m 以内的海底岩石上。石花菜资源在我国沿海及岛屿较丰富，是广温、广布的多年生暖温带性海藻。北起辽东半岛，南至雷州半岛和海南都有分布，是我国黄、渤海沿岸习见种类，主要分布在山东半岛、浙江、福建及台湾等地。我国常见的石花菜属藻类有以下 4 种：石花菜［*Gelidium amansii*（Lamx.）Lamx.］，多年生，喜暖温，常见于黄渤海及东海；小石花菜（*Gelidium divaricatum* Martens.），属亚热带性海藻，在我国各海域都有分布；中肋石花菜［*Gelidium japonicum*（Harv.）Okam.］，亚热带性海藻，主产于福建、台湾海域；细毛石花菜［*Gelidium crinale*（Turn.）Lamx.］，亚热带性海藻，主产于福建、台湾等地。

可用于栽培的经济种类有石花菜［*Gelidium amansii*（Lamx.）Lamx.］、细毛石花菜［*Gelidium crinale*（Turn.）Lamx.］、中肋石花菜［*Gelidium japonicum*（Harv.）Okam.］等，其中石花菜个体较大，产量高，为我国主要栽培对象。

（1）石花菜（*G. amansii*）

多年生丛生藻类，紫红色，高 10～30 cm。下部枝扁压，两缘薄，上部枝丫圆柱形或扁压。羽状分枝 4～5 次，对生或互生。生长于外海区高潮线至水深 6～10 m 的岩石上。幼体多见于 9～12 月，四分孢子囊、精子囊和囊果在 7～10 月出现最多。暖温性，为我国黄、渤海沿岸习见种，也分布于东海的浙江、福建和台湾北部的基隆附近（图 9－1A）。

（2）中肋石花菜（*G. japonicum*）

多年生丛生藻类，暗紫色，软骨质，线形，高 6～12 cm，宽 2～6 mm，两缘薄，有中肋突起。叶缘和表面生有密集的副枝，副枝很短，羽状分枝 2～3 次。该种生长在中潮带至低潮线下数米深

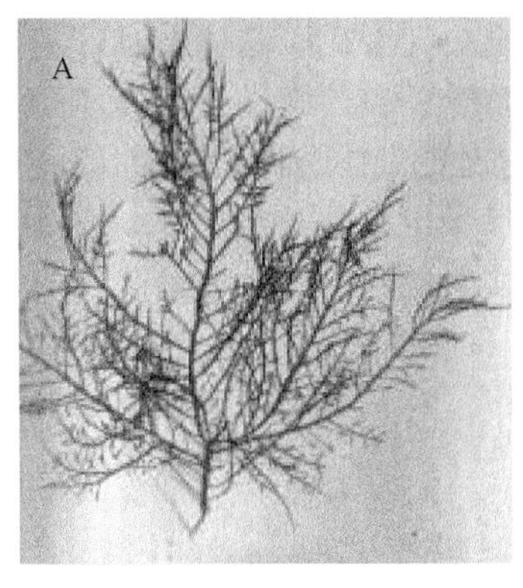

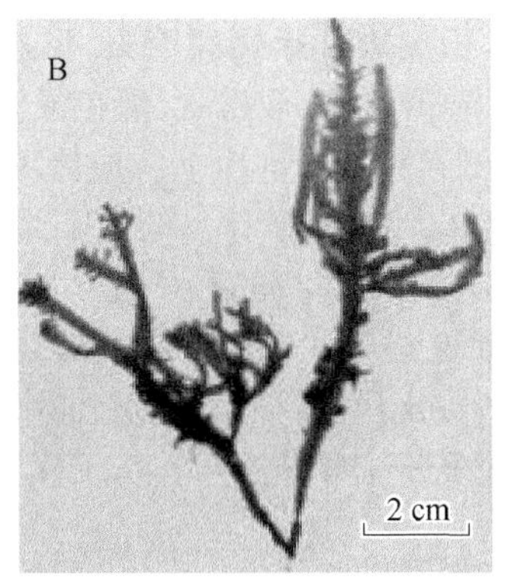

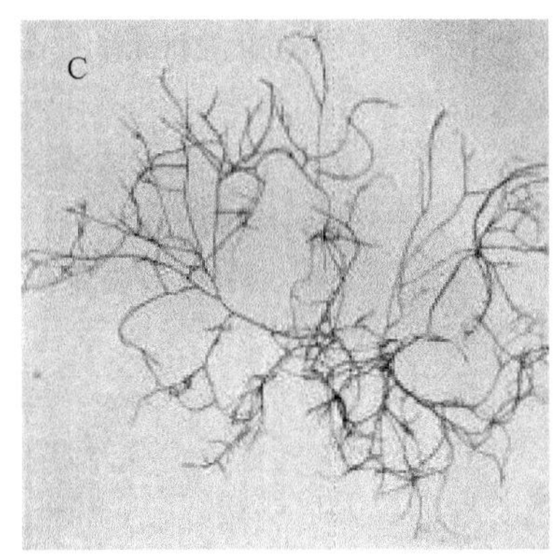

图 9－1　3 种石花菜的外形

A. 石花菜(引自曾呈奎,1983);B. 中肋石花菜(由王旭雷拍于青岛);
C. 细毛石花菜(引自曾呈奎,1983)

处的岩石上,夏季产生囊果和四分孢子囊。产于浙江、福建厦门,以及台湾的水尾、野柳、基隆、三貂角、大里和龟山等地。亚热带性,为北太平洋西部特有种(图 9－1B)。

(3) 细毛石花菜(*G. crinale*)

多年生丛生藻类,暗紫色,软骨质,高 2~6 cm,由卧生部与直立部组成。卧生部为初生枝,匍匐蔓延基质上,广角分枝。直立部为次生枝,不规则羽状分枝,互生或对生。该种生长在中潮带有泥沙覆盖的岩石上。四分孢子囊的出现期较长,在青岛以 8~9 月最多。本种生长于我国南北各地,为习见种(图 9－1C)。

我国石花菜常见经济种类的形态特征比较如表 9－1:

表 9－1　我国石花菜常见经济种类的形态特征比较

种名特征	藻体习性	大　小	分枝式	小　枝	主枝中肋状加厚
石花菜 (*G. amansii*)	直立	一般高 10~20 cm,有的可达 30 cm	羽状分枝,互生或对生	主枝及分枝上长有羽状小枝,长短枝交错	无
中肋石花菜 (*G. japonicum*)	直立	一般高 6~12 cm	不规则的羽状分枝或分裂	小枝不密接	有
细毛石花菜 (*G. crinale*)	有卧生部与直立部	体细小,一般高 2~6 cm	不规则羽状分枝,互生或对生,有时同一节具有 2~4 分枝	小枝较稀疏	无

三、形态与结构

1. 外部形态

石花菜的光合色素包括藻红蛋白、藻蓝蛋白、别藻蓝蛋白和叶绿素,由于色素含量的差异,藻体呈现紫红色、深红色、绛紫色和淡黄色等不同颜色。藻体线形,软骨质,直立,单生或丛生,4~5 次羽状分枝,互生或对生,分枝扁平或亚圆柱形。藻体分枝多,主枝上生侧枝,侧枝上又生小枝,各种分枝的末端尖,枝宽 0.5~2 mm。藻体上部分枝较密,下部略稀疏。生长初期，藻体外形呈尖锥形，随着生长尖锥外形逐渐消失，形态有较大变化。藻体有时可见宽枝折断处生出窄细新枝。基部固着器弯曲，假根状，黑色或淡红色。藻体大小因种类不同有较大差别，一般 10~20 cm 高，最高可达 30 cm 以上。成体可分雄配子体、雌配子体和四分孢子体 3 种藻体。成熟后，较易辨别出四分孢子体和雌配子体，而雄配子体很难见到。成熟四分孢子体分枝顶端膨大为长卵圆形或扁棒状的孢子囊小枝，其上生有许多十字形分裂的孢子囊群，即四分孢子囊。囊果生长在成熟的雌配子体中部以上的末次小枝上，成熟时膨大成近球形或亚球形，直径最大可达 1 mm，两面突起，各有 1 个小孔，囊果切面观大小一般为 (398~548) μm×(432~598) μm。雄配子体具精子囊，精子囊生于精子囊小枝顶端，成熟的精子囊小枝无色或粉红色(图 9－2)。

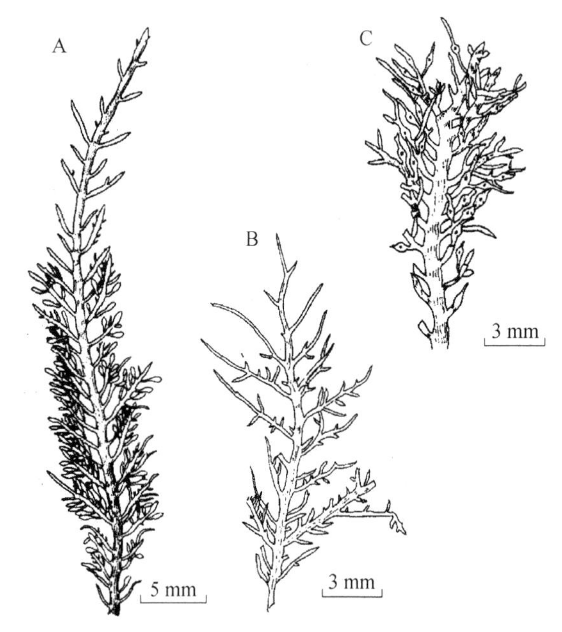

图 9－2 石花菜四分孢子体与雌、雄配子体外形的比较(黄礼娟,2010)

A. 具有四分孢子囊的小枝；B. 具有精子囊的小枝；C. 具有囊果的小枝

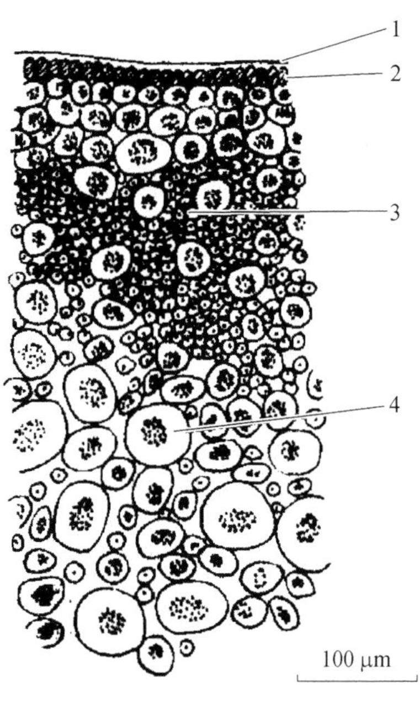

图 9－3 石花菜横切面(黄礼娟,2010)

1. 厚膜；2. 表皮层；3. 皮层；4. 髓部

2. 内部构造

石花菜藻体由皮部与髓部两部分组成。皮部由多层紧密排列的小细胞构成，分为厚膜、表皮层、皮层和藻丝；皮层细胞色素体侧位，是进行光合作用的场所；色素体含有叶绿素 a、类胡萝卜素、红藻蛋白和蓝藻蛋白等。

髓部位于藻体中央，由数十条平行纵列的长柱形细胞构成，细胞较皮部大，排列松散。髓部细胞由幼小藻体的中轴分化、分枝形成，这些细胞间的空隙充满着琼胶胶质和少量的藻丝(图 9－3)，藻丝可增加石花菜组织的坚韧度。髓部细胞向各方分枝形成的椭圆形小细胞即为皮层。

3. 生长方式

石花菜的生长方式为顶端生长。藻体借助顶端细胞的分裂、分化而进行分枝生长，每 1 个分枝的顶端，都有 1 个圆顶形的顶端细胞。顶端细胞最初分裂为次生细胞，再纵裂为中轴丝细胞,同时在顶端细胞后的1~2个细胞,经过分裂而产生四个围轴细胞,这些围轴细胞呈四方形排列于母细胞周围,并经过不断分裂和分化形成皮层及髓部组织,藻体基部的皮层再分裂形成假根,假根丝平行于中轴丝(图9-4)。

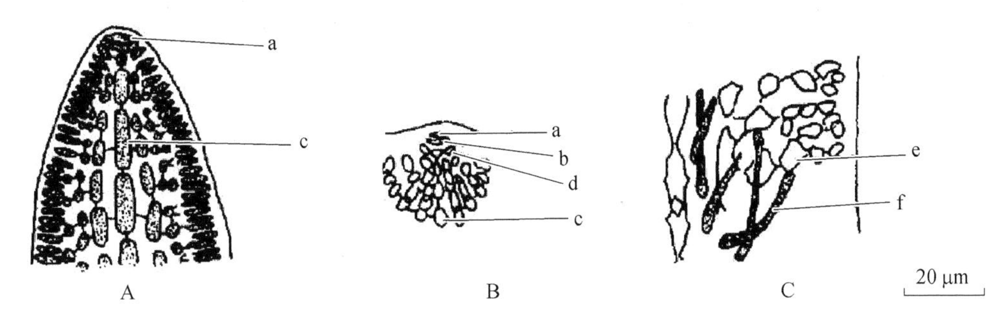

图9-4　软骨石花菜(*G. cartilagineum*)的纵切面(黄礼娟,2010)

A. 顶部纵切面;B. 主轴顶部纵切面;C. 成熟藻体纵切面,示根状丝早期形成

a. 顶端细胞;b. 次生细胞;c. 中轴细胞;d. 围轴细胞;e. 皮层;f. 根状丝

四、繁殖与生活史

1. 繁殖

石花菜可通过无性繁殖和有性生殖两种方式维系种群繁衍。在不同的生活史中,繁殖方式也有所差异。石花菜的生活史包含孢子体世代、配子体世代和果孢子体世代。果孢子体仅能出现在雌配子体上。非繁殖季节,雌配子体、雄配子体和四分孢子体三者之间不易区别,且常同时出现,但在繁殖季节,可根据生殖器官区别开来。

石花菜的有性生殖是通过雌、雄配子结合进行的。无性繁殖则是通过四分孢子体产生四分孢子进行的。这两种繁殖形式最终都产生孢子,故称为孢子繁殖。此外,石花菜还具有匍匐枝繁殖、假根繁殖和藻体再生等营养繁殖方式。营养繁殖方式因没有生殖细胞参与,实际上是一种无性繁殖方式。

(1) 无性繁殖

1) 孢子繁殖:进入繁殖期的孢子体,在分枝顶端形成粗大、长卵形的四分孢子囊枝,四分孢子囊沿着小枝扁平的一面排列。形成孢子囊的小枝称为四分孢子囊小枝。四分孢子囊早期分化时位于小枝表面,其后由于邻近的皮层营养细胞向上生长,将四分孢子囊包埋于藻体细胞中。成熟时四分孢子囊体积增大若干倍,核先经减数分裂为两个子核,再继续分裂为4个核,每个核与周围的原生质形成4个孢子,即为四分孢子。四分孢子紧密聚合在1个囊里,呈"十"字形排列。四分孢子囊成熟后,四分孢子由于孢子囊壁的胶化作用而被释放,随海水漂浮,遇到合适的基质即附着,萌发生长成雌、雄各半的配子体(图9-5)。

2) 营养繁殖:营养繁殖是利用假根、分枝等营养组织与器官繁殖藻体的方式。石花菜营养繁殖极为普遍,而且能力很强,主要包括匍匐枝繁殖、假根繁殖、营养枝繁殖及出芽繁殖等。

① 匍匐枝繁殖:殖田(1949,1963)对石花菜匍匐枝繁殖作了详细的描述。孢子萌发的幼苗长到一定大小后,直立枝基部在水平方向上长出匍匐枝,并不断匍匐、蔓延生长。匍匐枝向下生出侧假根束,向上长出直立枝,从而形成许多由匍匐枝株连的直立体小苗。由孢子萌发的匍匐枝或直立藻体凋落的单匍匐枝均可发出一株或多株的新幼苗。匍匐枝繁殖是石花菜栽培中苗种的重要来源之一。

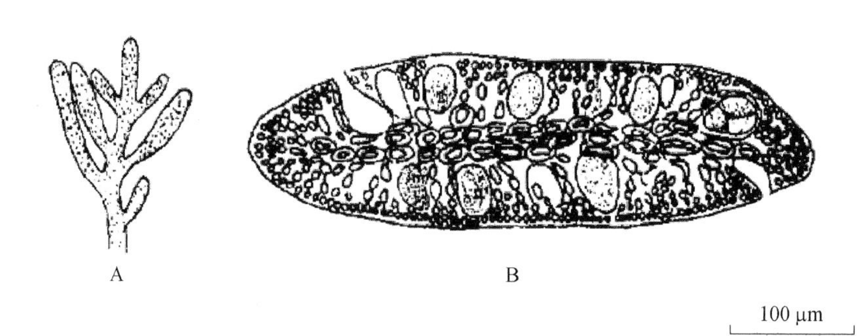

图9-5　石花菜的四分孢子囊小枝(黄礼娟,2010)
A. 四分孢子囊小枝外形;B. 四分孢子囊横切面

② 假根繁殖：李宏基等(1983a)首先发现并证实了石花菜假根的营养繁殖。石花菜假根具有色素体,可进行光合作用,长成直立个体或匍匐枝。假根尖梢部,类似于孢子萌发后生长出来的幼芽。将假根尖端切成几个1~2 mm的小段,经过一段时间的培养,这些根尖切段能够再生出匍匐枝和直立枝,并长成独立的新藻体。自然海区残存在岩石上的假根或人工采收后养成绳上度夏的残留假根,翌年往往能形成新的藻体,可继续进行多茬养成。石花菜假根被拉断时,10 d后假根有明显生长,15 d后假根变为匍匐枝,30 d后可清楚见到幼苗直立生长,某种意义上说,1次采收就是1次播种。假根繁殖也是石花菜栽培的重要苗源之一。

③ 营养枝繁殖：冈村(1922)首次证实了石花菜营养小枝的再生能力,藤森(1940)尝试过营养枝再生栽培法。1986、1987及1990年进行过石花菜切段再生附着和养成试验：室内培养15 d普遍再生假根,30 d牢固附着在基质上,海上栽培90 d,直立幼苗株高可达3.8 cm。将石花菜的分枝或主枝切除下来,在藻体的切口处,能发出新芽,长成独立的新藻体。被切除下来的枝体,如果夹在苗绳上,还会继续生长,发出新枝条。把种藻劈枝,并夹在苗绳上进行分枝筏式栽培在生产上也是可行的。

④ 出芽繁殖：分生出大量可脱离母株的新生幼苗,称“出芽繁殖”。黄礼娟等(1989)分别采集四分孢子和果孢子进行育苗,发现直立幼苗基部和假根部的分生能力很强,可以分生出大量小幼苗,并脱离母株,形成新的独立藻体,其形态与匍匐幼苗相同。石花菜丛生现象就是出芽繁殖的结果,这对苗源补充有积极作用。

(2) 有性繁殖

1) 雌、雄配子体

① 雄配子体：雄配子体成熟后,在分枝上端形成椭圆形群生精子囊。精子囊形成初期,由分枝外周内部皮层细胞伸长变为精子囊母细胞,每个精子囊母细胞经横裂形成两个精子囊。多个精子囊聚生在分枝上,形成精子囊小枝。每个精子囊只产生1个精子,精子无鞭毛,不能游动,只能随水流移动到雌配子体果胞枝的受精丝上完成受精(图9-6,图9-7)。

② 雌配子体：繁殖季节,雌配子体主枝顶端形成果胞小枝,产生果孢,即雌配子。果胞形成初期,由小枝第3或第4行围轴细胞分化为支持细胞与果胞母细胞,果胞母细胞经变态转化为果胞。果胞为单细胞,上端有1条棒状的受精丝,下具1个支持细胞。果胞枝发育过程中,由第3行围轴细胞的基部产生数行含有丰富原生质的小细胞,为产孢丝发育果孢子提供营养,这些小细胞被称为营养细胞或滋养细胞(图9-8,图9-9)。

2) 果孢子体：精子接触果胞的受精丝后,精核沿着受精丝进入果胞基部,与卵核结合形成

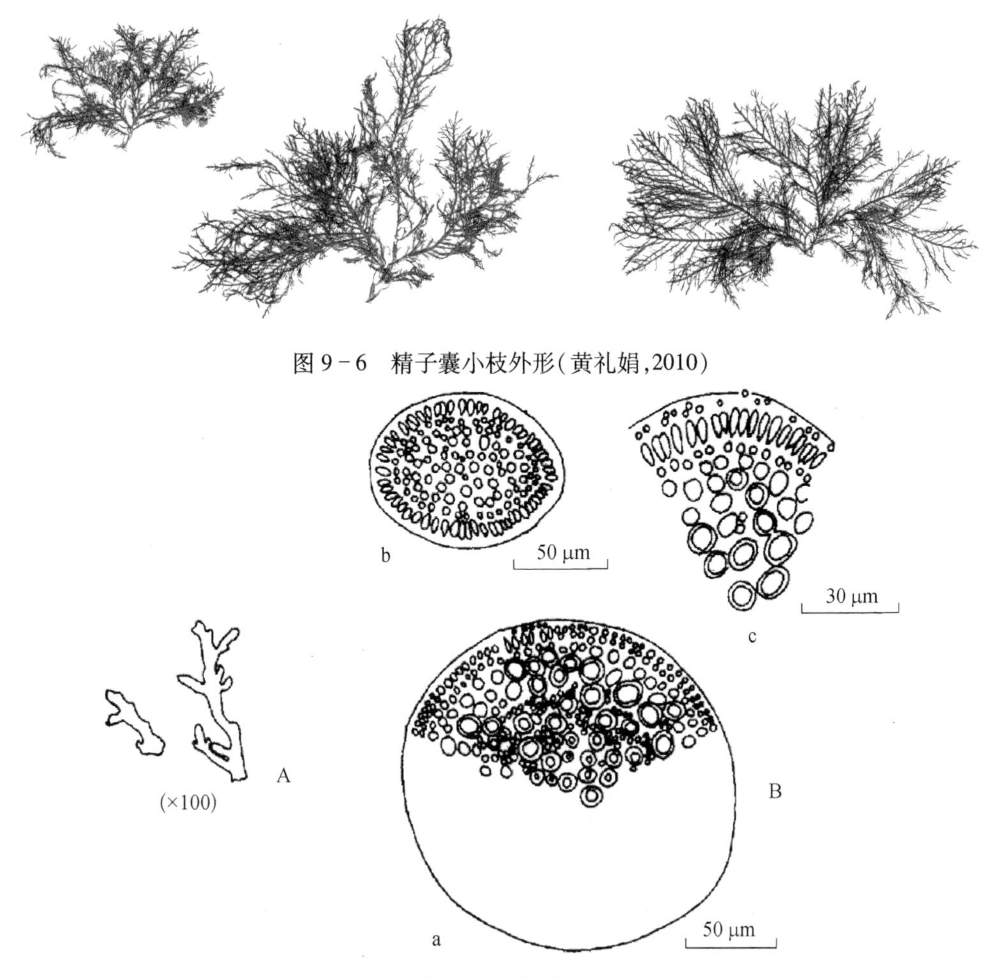

图 9－6　精子囊小枝外形(黄礼娟,2010)

图 9－7　精子囊小枝(黄礼娟,2010)

A. 精子囊小枝外形;B. 精子囊小枝横切面

a. 小枝中部横切面;b. 小枝末端横切面;c. 成熟精子囊横切面

合子。雌配子体产孢丝末端的细胞伸长、分裂成果孢子囊,合子细胞经有丝分裂形成细胞团,产孢丝外部的皮层进一步发育隆起,在藻体上形成 1 个膨大部分,称为果孢子体或囊果。囊果的开孔称为囊果孔,成熟的果孢子从囊果孔排出体外(图 9－10)。

3）果孢子发育成四分孢子体：果孢子的形成、排放、萌发、幼苗形态建成已有许多学者进行过研究(猪野梭平,1941;殖田和片田实,1943;山峻浩,1960)。石花菜果孢子的形态、大小基本与四分孢子相同。果孢子自母体排出后,随水流漂到合适的基质上,大部分可在 5~10 min 内附着,若果孢子长时间(超过 3 h)无法遇到固着基,则失去附着力。在自然海区,大部分孢子附着于母体附近,而被水流带到其他地方的孢子,则可能因放出时间过长而失去附着能力。果孢子附着后即由球状变为变形虫状,直径 27.8~36.7 μm,细胞核位于中央,核周围原生质浓厚,果孢子内弥散着红色的粒状色素体。一般果孢子放散数小时后才开始萌发。萌发时,红色色素粒先变成分散状态,同时在细胞的外侧,产生 1 个透明膨大的突起,称为萌发管。随后,果孢子内容物移入萌发管,原果孢子空囊残留在一端,空囊壁厚 1.0 μm,可长久存在。果孢子萌发约 2 h 后,萌发管与原果孢子之间产生横隔,从而形成基本细胞,该细胞呈长圆形或长卵形,

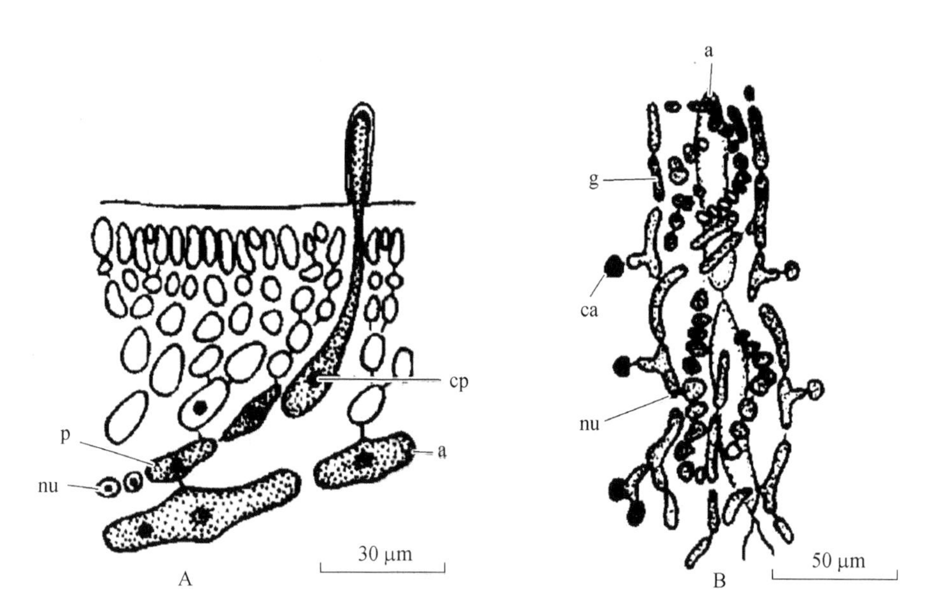

图 9-8　成熟果孢纵切面(A)和产孢丝产生幼果孢子(B)(黄礼娟,2010)

a. 中轴细胞;ca. 果孢子囊;cp. 果胞;p. 围轴细胞;g. 产孢丝;nu. 滋养细胞

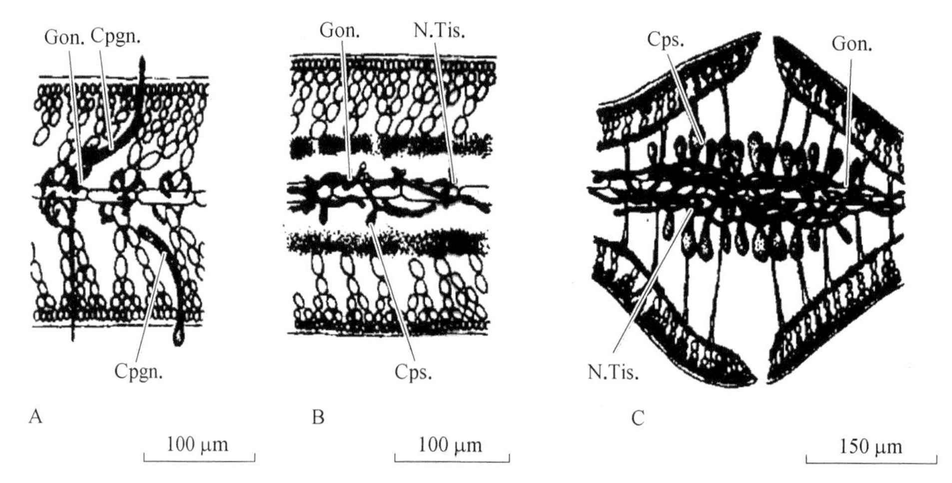

图 9-9　软骨石花菜原植体中果孢子体纵切面(黄礼娟,2005)

A. 1 个果胞和 1 个正在产生第 1 个产孢丝的果胞;B. 具有很幼小的果孢囊的果孢体;
C. 具有成熟的果孢囊的果孢体

Cpgn. 果胞;Cps. 果孢囊;Gon. 产孢丝;N. Tis. 滋养细胞

中央有 1 核,色素体稍呈网状且在细胞内分布不均匀。萌发管形成几小时后,基本细胞进行纵裂或横裂,纵裂时形成一大一小 2 个细胞,横裂时形成的 2 个细胞大小相近。纵裂形成的大细胞顶端形成 1 个几乎没有色素的透明细胞,它向前端伸长,形成第 1 初生假根,小细胞生出第 2 假根,之后在小细胞团之上,出现 1 个明亮而稍大的生长点细胞,随着生长点开始分裂,生长加快,最初 2 个大小细胞分裂区域的界限逐渐模糊或消失(图 9-11)。随后初生假根开始萎缩,被第 2 假根束或侧假根束代替,最后成为匍匐幼苗,随着匍匐枝的不断延长,直立枝不断产生分枝,侧假根束在多处发生,进而发展成直立幼苗及较大的匍匐枝藻体,成年后发育成

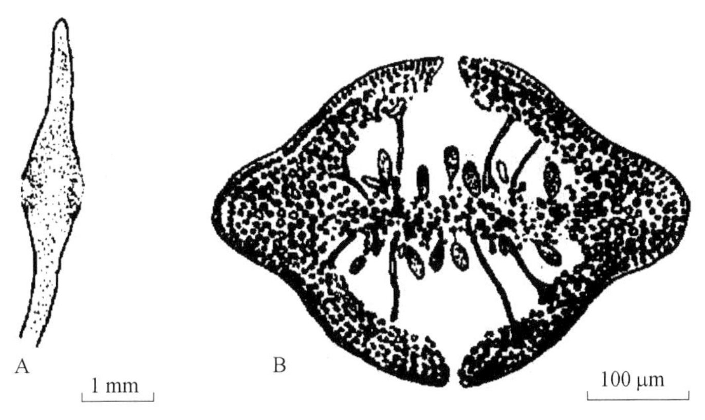

图 9－10　石花菜的囊果(黄礼娟,2010)

A. 囊果外形;B. 囊果横切面

四分孢子体。

2. 生活史

石花菜生活史中含有配子体世代、孢子体世代及寄生于雌配子体上的果孢子体世代。果孢子体为微观小藻体,与前两者形态不同,果孢子体和孢子体都为二倍体($2n$),雌、雄配子体为单倍体(n)。

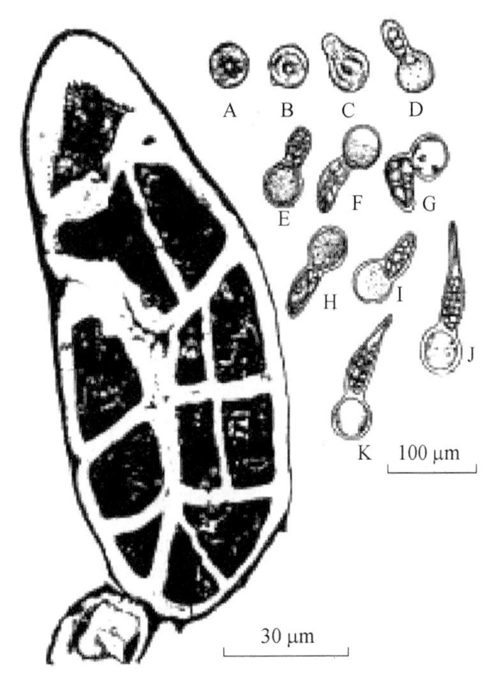

图 9－11　石花菜孢子萌发(引自王素娟等,2004)

成熟四分孢子体的皮层细胞形成双相($2n$)的孢子囊母细胞,孢子囊母细胞经减数分裂形成四分孢子(n)。四分孢子自孢子囊脱出放散后,在适宜的附着基上萌发成雌、雄配子体。雄配子体成熟后产生的精子(n)附着在雌配子体成熟后产生的果胞上,并与果胞(n)结合形成合子($2n$)。合子不离开母体萌发,由其基部产生的产孢丝末端细胞形成果孢子囊,每个果孢子囊内仅形成一个果孢子($2n$)。产生果孢子的藻体称为果孢子体($2n$),寄生于雌配子体内。成熟的果孢子体产生果孢子,由囊果孔放散后随水流而漂浮,附着于合适的基质后萌发成四分孢子体($2n$)。石花菜四分孢子与果孢子的大小、形态均相同,放散后数小时即萌发。石花菜幼体的生长可以分成 2 种:一种是直立枝生长,基部生出侧芽,向上生长成为主枝,主枝再不断分枝成为大藻体;另一种是侧芽生出后,直接向水平方向扩张伸展为匍匐枝,其基部向下生出假根,向上生出直立枝,直立枝上再生出分枝。

石花菜生活史图最早由 Kylin 于 1958 年绘制,后又经冈村、猪野、片田实等学者增补。石花菜的营养繁殖普遍,能力很强且形式多样,有假根繁殖、匍匐枝繁殖、营养枝繁殖及出芽繁殖等。假根的营养繁殖最早由我国学者李宏基等(1983a)发现并证实,假根可形成匍匐枝,也可直接由假根长成幼苗。李宏基等(1983a)对青岛沿岸石花菜种群繁殖进行了研究,绘制了石花菜循环营养繁殖图,提出石花菜“以假根再生繁殖为主,孢子繁殖和匍匐枝繁殖为辅的多种方法,共同维系种群繁茂”的推论。在自然生境中,石花菜出芽繁殖和匍匐枝繁殖不仅可增加幼苗密度,在繁茂种群中起重要作用,且对人工育苗补充苗源起积极作用,形成了石花菜生活史的支环。黄礼娟等(1992)对石花菜生活史的几个主要环节进行了较细致的观察和研究,接受日本学者须藤对石花菜匍匐枝繁殖的建议,在石花菜生活史图中增加3种幼苗出芽系列的支环和3种藻体匍匐枝的支环(图9-12)。

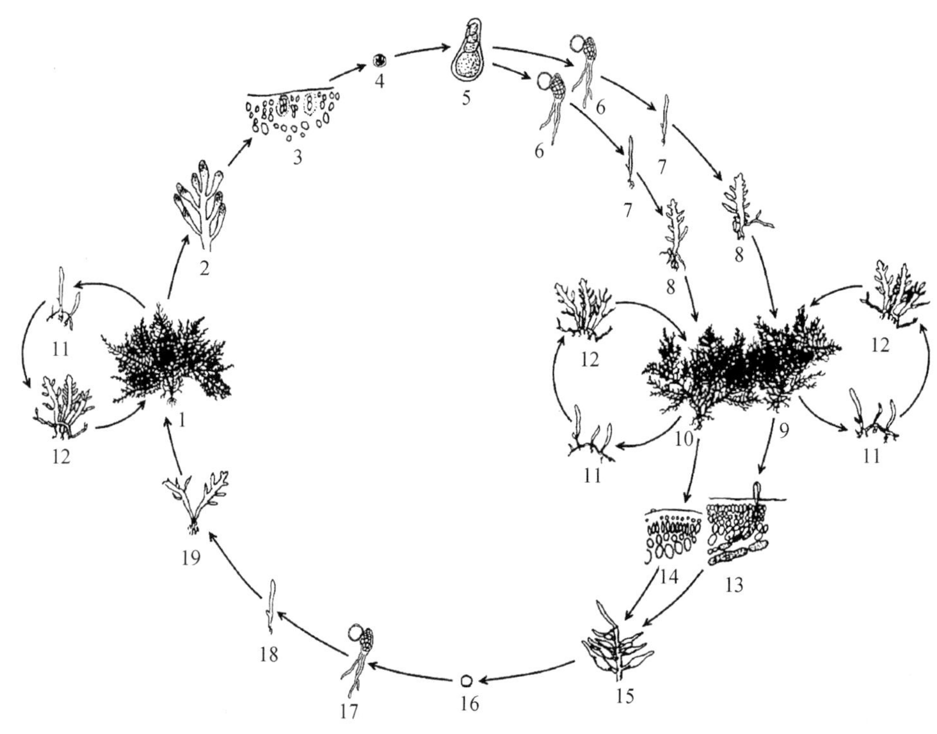

图9-12 石花菜(*G. amansii*)生活史

1. 孢子体;2. 孢子囊枝;3. 四分孢子囊切面;4. 释放的四分孢子;5. 四分孢子萌发;6. 四分孢子萌发为幼苗(雌、雄);7. 匍匐幼苗(雌、雄);8. 直立幼苗(雌、雄);9. 雌配子体;10. 雄配子体;11. 匍匐枝;12. 匍匐枝长出假根和许多直立小苗;13. 果孢枝切面;14. 精子囊;15. 受精的囊果枝;16. 释放的果孢子;17. 果孢子萌发形成孢子体幼苗;18. 孢子体匍匐幼苗;19. 孢子体直立幼苗

五、生态与环境

1. 自然分布规律

(1) 分布层

石花菜自然生长于潮间带大干潮线附近至水深6~10 m的海底岩石上,其分布范围从基准面上30 cm处开始直至潮下带,分布中心在潮下带或低潮带水深20~40 cm的石沼中。生于水清流急处的藻体较大且干净,生于水浊流缓处的藻体较小。

(2) 孢子体与配子体的分布比例

自然繁殖的石花菜群体中,存在四分孢子囊的孢子体及具囊果的雌配子体。从理论上讲,石花菜自然种群的四分孢子体、雌配子体、雄配子体的比例应为2:1:1,但是,由于雄配子藻体矮小、死亡率高,采集到雄配子体样品的概率很小。

2. 生态与生长因子

（1）光照

石花菜含有红色的R-藻红蛋白，能有效地吸收绿光，然后将吸收的光能通过藻蓝蛋白传递给叶绿素a进行光合作用，因此，它能够生长在水层较深、条件比较稳定的潮下带。一般认为石花菜是一种喜阴性的海藻，但其光合作用对光照度的变化有很大的适应性，海上养成试验表明浅水层生长的石花菜比深水层的生长好。李宏基等（1983a）、须藤（1966）实验表明，石花菜栽培的适宜水层以靠近海面到0.3 m的浅水层。1983~1990年，孙建璋观察到苍南石花菜广泛分布于低潮线附近，且以潮间带中、下部的石沼中为多，其中大的藻体可长至10 cm以上，而低潮线分布的石花菜藻体较小，这说明石花菜于浅水中亦可以生长得很好。不同潮位和不同生态环境下生长的石花菜，其光合作用同光强的关系是不同的，如生长于低潮线附近的石花菜，其光饱和点高达800 μmol/（m^2·s）以上，生长于潮下带水深10 m处的石花菜，光饱和点低于200 μmol/（m^2·s）。

（2）温度

石花菜为暖温性海藻，生长适温为10~24℃。试验及观察结果显示，石花菜在0℃时停止生长，8℃以上开始生长。幼苗生长的最适温度为20~25℃；成藻生长的适宜温度为20℃以上，22~24℃生长最快，水温超过27℃，藻体易折断腐烂。

须藤（1936）指出，石花菜未成熟藻体生长的最适温度为25℃。木下（1942）提出2℃以下的低温对石花菜有害。我国《海藻学》（郑柏林和毛筱庆，1961）记载，石花菜生长的最适温为25~26℃，最高限为28~29℃。《藻类养殖学》（张定民等，1961）一书中则认为，石花菜生长适宜温度为10~24℃。李宏基（1983）研究表明石花菜生长最快温度为24~26℃，生长的限制温度为0℃。

孙建璋于1983~1990年对石花菜分枝筏式栽培的观测发现：入冬后水温降到15℃以下时，生长缓慢，鲜重月增长15%左右；春季水温回升生长加快，5月水温20℃时鲜重月增长98.5%，7月鲜重月增长达137%，其间水温平均25℃；随着水温上升，藻体增重下降，盛夏季节表层水温高达28~29℃，随着藻体成熟，生长趋于停滞，藻体呈焦枯状，色泽鲜亮度下降，出现藻体腐烂流失现象，海藻鲜重有所下降。比较同期海上培育的幼苗，在同样高温下能保持着较快生长，据此推断不同生长发育阶段的石花菜生长最适温度不甚一致。

（3）波浪、海流与潮带

石花菜是好浪海藻，自然分布区的拍岸浪冲击度大，可冲刷掉藻体上的代谢产物和浮泥，补充营养盐。在海流或潮流大的海区，附着在海底的石花菜所需要的养分能及时得到补充，生长特别旺盛，因此不但藻体大、色泽鲜艳、分枝多，且藻体上少有附着物；海流或潮流小的海区，石花菜生长较差，藻体瘦小、色淡、分枝稀少，附着物也多。海流还能使藻体来回摆动，改善受光条件，增强光合作用。在低潮线下的个体较大，中低潮线附近的较小，而在潮间带上部的石沼中无石花菜生长。筏式栽培将石花菜与海底的摩擦关系改变为水体悬浮关系，因此附着性敌害生物较岩石上生长的野生石花菜大量增加。根据Gerstner的余摆线波理论，筏式栽培在0~0.2 m水层波浪摆动最大，利用波浪的动力和石花菜"坚韧"的藻体自动摩擦，可以起到清除和遏制敌害生物的侵入。1990年，孙建璋海区栽培试验认为分枝筏养石花菜应选择强流（=50 cm/s）、无大浪且破碎型风浪为主的海区为好。

（4）盐度

石花菜为嗜高盐的狭盐性海藻，多生长于外海盐度变化少且较高的海区。盐度高，石花菜长得大,颜色亦深;盐度低,生长得小,色淡。石花菜生长的适宜比重一般在 1.020 以上,如比重低于 1.015,除小石花菜能适应外,其他种类均不能生存。

(5) 无机盐类

海水中的 N、P 含量是影响石花菜生长的主要因素之一。石花菜幼苗培育时,在培养液中加入 $NO_3^- - N$ 2~4 mg/L 及 $PO_4^{3-} - P$ 0.2~0.4 mg/L,幼苗生长良好,色泽为紫红色。在肥沃的海区养成的石花菜,个体较大、产量较高,色泽呈紫红色。在贫瘦海区养成的,生长不好、个体小,色泽为淡黄绿色。因此,在贫瘦的海区进行石花菜栽培,应定期施肥,北方含氮、磷量较小的海区更应注意。

3. 孢子放散的规律

形成四分孢子囊枝的适宜水温为 15~20℃,形成囊果枝的适宜水温为 20~25℃,两者成熟的适宜水温均为 20~27℃,不过前者是从低温到高温的过程,后者成熟稍迟,是从高温到低温的过程。四分孢子囊枝成熟后首先排放出四分孢子囊,排放时间一般为 0.5~1 min,四分孢子囊壁破裂后放出 4 个四分孢子,上浮并向四周散开,2~2.5 min 后变形、附着、萌发。果孢子从 1 或 2 个囊果孔放出,下沉变形后附着并萌发生长。四分孢子或果孢子离开母株后,一般在 5~10 min 内附着,超过 3 h 遇不到生长基,则失去附着能力。在放散高峰期,每克四分孢子囊枝每小时可放出 1 万~5 万个四分孢子,而每克囊果枝每小时放散的果孢子为 0.5 万个左右。1984~1990 年,孙建璋在浙江苍南进行 7 年孢子采苗结果显示,繁殖盛期(5~8 月)孢子放散日周期明显,四分孢子放散高峰为 12:00~16:00;果孢子放散高峰为 11:00~14:00。高峰时放散量占日总放散量的 95% 以上。鲜重 1 g 种菜的四分孢子体和果孢子体日放散量分别为 2.5 万~4 万个和 5.5 万个左右。

孢子放散规律如下:

1) 果孢子和四分孢子每日均有 1 次时间长达 6 h 的集中放散,但放散“高峰”时间在 2 h 以内,其他时间不放散。

2) 果孢子放散时,有同步放出的倾向。

3) 果孢子放散时间比四分孢子早,果孢子和四分孢子集中放散时间及放散“高峰”时间的日周期变化随季节向后推移。如 7~8 月时果孢子集中放散一般在 10:00~16:00,“高峰”在 10:00~12:00;四分孢子集中放散时间在 12:00~18:00,“高峰”在 14:00~16:00。9 月,果孢子一般集中放散在 16:00~22:00,“高峰”在 16:00~18:00;四分孢子集中放散在 18:00~24:00,“高峰”在 22:00~24:00。10 月,孢子放散时间逐渐延迟,果孢子集中放散的时间在夜间,四分孢子集中放散时间在下午或夜间。

4) 7~8 月,孢子的放散量很大,是人工采孢子的适宜季节;而 9 月至 10 月中旬,孢子的放散量也很大,尤其是四分孢子放散量更大,但是由于此时适合幼苗生长的适温期即将接近末期,此时并不宜于采苗。

5) 11 月时,仍有每天 1 次的规律放散,但四分孢子在 10 月以后,一般每天放散 2~3 次,日周期性逐渐混乱。

4. 孢子放散与环境条件的关系

(1) 孢子放散与水温的关系

石花菜的繁殖期为 6 月下旬至 10 月下旬,水温为 20~27℃时,四分孢子和果孢子都适宜放散。水温 20~21℃时,四分孢子仅少数成熟,放散量也较少。水温 22~24℃为四分孢子放散盛期,放散量大。水温超过 25℃时,四分孢子的放散量逐渐减少,而果孢子的放散量增多。水温下降到 20℃以下时,四分孢子和果孢子的放散量都逐渐减少。水温下降到 15℃时,不再形成新的孢子,已经形成的孢子尚能继续放散,但放散量很少。水温降至 10℃以下时,则不再放散孢子。

(2) 孢子放散与光照的关系

孢子放散与光照强度的关系不大,黑暗和光照条件下,都能规律性地正常放散,两者的放散“高峰”都在 11:00~14:00。

(3) 孢子放散与干燥的关系

阴干刺激是促进一些藻类放散孢子的有效方法。由于藻体阴干后失去水分,提高了藻体细胞的渗透压,当重新浸入海水时,藻体生殖细胞吸水膨胀,孢子即破囊而出。但人工阴干石花菜种藻,会引起四分孢子放散推迟,且孢子放散量不但不增加,反而减少,因此,在生产上利用阴干的方法促进孢子的放散对石花菜是不适宜的。

5. 孢子萌发生长与环境条件的关系

(1) 孢子萌发生长与温度的关系

孢子的萌发速度直接受温度的影响。石花菜孢子属于喜高温类型,温度适宜时,孢子萌发得快,一般在 1~2 h 就可以萌发;温度过低或过高,往往 1~2 d 后才能萌发。据片田实(1955)的试验,水温为 24.5℃时,孢子萌发的速度最快;水温低于 24.5℃时,孢子的萌发速度减慢;水温低于 12.1℃时,孢子不能萌发;水温为 25~26℃时,孢子萌发速度加快,但死亡的孢子较多。如水温超过 27.8℃,孢子就出现畸形;水温高达 30.9℃时,孢子变为绿色而死亡。因此,石花菜孢子萌发的适宜温度为 22~25℃;孢子可萌发的最高温度为 28~29℃,最低温度为 12℃。

(2) 孢子萌发生长与海水比重的关系

石花菜是喜高盐海藻,海水的比重对石花菜孢子萌发有很大的影响。据片田实(1955)试验,将已经萌发的孢子放在比重分别为 1.007 5、1.010 5、1.014 0、1.017 5、1.023 0、1.026 0 的海水中培养,17 d 后,萌发的孢子在形态上有明显的差异。比重为 1.007 5 时,石花菜的孢子生长得很小,比重在 1.010 5 以上时,幼苗生长的长度虽无多大差别,但假根的伸长和发出的数目不同,比重在 1.014 0 以下时假根停止生长,且不产生第 2 次假根。

(3) 孢子萌发生长与光质的关系

不同波长的光线对石花菜孢子萌发生长的影响,依生长阶段不同而有所不同。在萌发初期,单色光妨碍其生长,但随藻体生长,单色光影响减弱,特别是蓝绿光对石花菜的幼苗生长还有促进作用。

6. 繁殖习性

(1) 主要繁殖方式

石花菜的繁殖主要依靠四分孢子进行。在自然界中具有四分孢子囊的四分孢子体自 5 月至翌年 1 月均有发现,盛期为 7~8 月;有囊果的雌配子体全年可见,8~10 月为盛期。四分孢子体及雌配子体以(2∶1)~(10∶1)的比例分布。

(2) 石花菜繁殖与水温的关系

水温 15~20℃时,石花菜开始形成四分孢子囊枝,果孢子囊也是在 15~20℃形成,但最适温度为 20~25℃。石花菜繁殖可分为 4 个时期:开始成熟期、盛期、衰退期和停止繁殖期。不同生长时期对水温的要求有所差异。

1) 开始成熟期:6 月下旬至 7 月中旬,水温 20~21℃,成熟的植株所占的百分比少,孢子放散量也少。

2）盛期：7月下旬至10月，水温为22~24℃，几乎所有植株均成熟，孢子放散量也大，果孢子体的出现比四分孢子体稍迟，果孢子囊繁殖的盛期适温为20~27℃。

3）衰退期：10月中旬，水温20℃时，四分孢子囊枝及囊果开始减少，脱落加快。

4）停止繁殖期：12月下旬至翌年6月，水温13~15℃时，孢子囊停止形成，15℃是石花菜繁殖的临界温度。

第三节　苗 种 繁 育

一、采孢子苗

1. 育苗池

采用长方形水泥池，一般长8~10 m，宽2.2~2.3 m，高50~60 cm，使用前需用高锰酸钾消毒。

2. 控制温度

石花菜孢子育苗所需的水温为20~25℃。控温的方法一是采用海带育苗用的氨压缩机制冷海水；二是采用空调控制育苗室内的温度，使水温下降，以达到需要的温度范围。

3. 净化海水

培育幼苗用的海水需经过沉淀、过滤、消毒。用水必须是经过24 h暗沉淀后的沙滤海水，消毒海水可加热煮沸或经过紫外线照射，杀灭微生物、杂藻孢子及原生动物等。

4. 采苗

（1）采苗期

石花菜四分孢子的繁殖盛期为7月中下旬、9月下旬及10月上旬，果孢子的繁殖盛期为8月上旬，采苗应在繁殖盛期内进行。实践证明，7~8月以前采苗较为适宜，因为孢子萌发后培育出的匍匐幼苗，可在秋季“适温期”内长成0.5~1 cm直立体苗。冬季停止生长后，经翌年春、夏、秋三季的生长，一般在夏季就能长成成体藻，到秋季或冬季来临之前，大部分可达到成体。若采苗过晚，如9月以后采苗，到越冬期来临之前，只能长成匍匐幼苗，翌年春天才能长成直立体苗，翌年越冬前，或者要转入第3年春季才能长成成体藻。因此，采苗宜早不宜迟。

（2）采苗时间

石花菜与其他海藻不同，采孢子时难以用阴干法集中大量放散孢子。采苗时间应在其繁殖盛期内，四分孢子和果孢子日放散“高峰”时间采集大量孢子。采苗时间的确定应注意每个月四分孢子和果孢子的日放散“高峰”时间不同，且随季节而向后推移。

（3）采苗准备

1）选择种藻：石花菜主要是用四分孢子繁殖。果孢子放散量较四分孢子少，因此在孢子繁殖中仅起次要的作用。一般选用自然种菜，由潜水员潜水捞取。种藻选择标准为：个体大、特征明显、色泽鲜艳、附着物少、藻体完整、四分孢子囊及囊果明显且多。自然生长的石花菜因其具四分孢子囊的孢子体数量较多，因此在种藻中所占比例较高。但也应尽量多选一些带有囊果的雌配子体，这样可保证来年孢子体种藻的供应。选好的种藻用过滤海水冲洗3~4遍，并浸泡于过滤海水中备用。每平方米苗帘约需种藻5 kg。

2）附苗基质的选择及处理方法：附苗基质应有利孢子的附着、萌发与生长；有利幼苗与匍匐枝牢固附着；有利清除杂藻及附生动物等敌害和栽培作业，且耐用质轻易移。石花菜孢子虽对附苗器基质无明显选择性，但不同材质的附苗器培苗结果却迥然不同，以石片、贝壳、水泥板等硬基质附着牢固，生长良好；维尼纶、维尼纶聚乙烯混纺绳较好，聚乙烯绳、聚丙烯绳次之，红棕绳易腐烂，竹片、木片易遭船蛆蛀蚀不宜选用。生产上一般采用维尼纶聚乙烯混纺绳，使用前用淡水浸泡 2~3 d，晾干备用。

3）其他条件的准备：小规模采苗可用消毒海水，大规模采苗时也可用过滤海水。海水比重为 1.020 较适宜。采用自然光源时，光线要均匀，且要避免直射光。如用日光灯作为光源，光照强度一般应为 30~50 μmol/(m^2·s)。

（4）采苗方法

采苗的方法有以下几种。

1）静置采苗法：洗刷干净采苗池或其他采苗容器后，将附着基平整地铺在底部，然后加入 30 cm 过滤消毒的海水，再将处理好的种藻均匀地撒在附苗绳表面。让孢子边放散边附着，四分孢子或果孢子在静止的海水里逐渐下沉，附着于基质上。两天后把种藻捞出，以免污染水质。这种采苗方法的缺陷是孢子附着不均匀，不仅影响到孢子萌发生长，甚至可造成孢子大批死亡。

2）充气采苗法：与静置采苗法不同的是，在采苗池装设小型充气机，微量充气使海水流动。四分孢子和果胞从母体放出后，随海水流动可均匀地散布在附着基上。

3）孢子水采苗法：把种藻放入盛有适量消毒海水的干净容器中，约经 2 h，大量的孢子集中放散后，将种藻捞出，即得孢子水。孢子水搅拌后，均匀洒到已准备好附着基的容器中，进行附着与培养。

4）网箱采孢子法：先将采苗附着基平铺池底，池中加入过滤海水 25~40 cm。随后在采苗池中放入数个适宜规格的、网目为 3 mm 的聚氯乙烯网布制成的网箱，每个网箱用 2 根小竹竿横向担在池壁上，箱底四角加小石头。箱底与采苗附着基相距 20 cm 为宜。将种藻均匀铺在箱底，每隔 0.5 h 轻轻敲打网箱撑杆，使孢子通过网目均匀筛下。其优点是孢子附着均匀，减少杂藻在苗帘上的附着繁殖，同时易于捞取种藻。

（5）采孢子密度

每视野（160 倍）20~30 个孢子。

5. 育苗

（1）石花菜幼苗生长发育的适宜条件

1）石花菜幼苗生长与温度的关系：幼苗生长的适温范围，一般在 20~25℃。温度过低，幼苗生长缓慢；过高则往往出现老化，影响幼苗的生长。夏季高温季节，育苗用水需经压缩机制冷，或利用空调机调节育苗室气温，使育苗用水降到所需温度，保证石花菜幼苗的生长。

2）石花菜幼苗与光强的关系：初期幼苗生长的适宜光线为 30~50 μmol/(m^2·s)，每天光照时间可保持 8 h 左右。低于 2 μmol/(m^2·s) 以下，孢子只萌发不生长，或生长极缓慢；低于 20 μmol/(m^2·s)，幼苗生长得细而小；光线在 50 μmol/(m^2·s) 以上，幼苗长得肥胖、粗壮，匍匐幼苗可较快长成直立体苗。

3）石花菜幼苗生长与营养盐的关系：石花菜幼苗喜大肥量，若幼苗不施肥，则长得小，发育亦差。较适宜的施肥浓度为氮 2~4 mg/L，磷 0.2~0.4 mg/L。

4）石花菜幼苗与海水比重的关系：石花菜是喜高盐的海藻，用低比重海水培养幼苗不利于幼苗生长。培养石花菜幼苗的适宜比重为1.020~1.025。

（2）育苗的方法

1）静水育苗法：培养用的容器有盆、培养缸、木槽、小水泥池等。在静水条件下培养，每隔5 d或7 d换新鲜海水一次，并不断补充氮肥及磷肥。

2）流水育苗法：流水育苗适于规模化育苗，通过海水流动培育幼苗，需配置机械抽水设备。育苗池的结构可参考海带育苗池或紫菜育苗池。

3）淋水育苗法：静水条件下培养3~5 d，当初生假根长出并附着牢固后，将附苗基质挂在淋水管下，通过水泵和淋水管循环淋水培养幼苗。淋水管为直径2 cm左右，钻有一排或2~3排小孔的塑料管。

采用淋水育苗法，不仅匍匐幼苗分枝多，且侧假根束亦多，附着牢固。淋水培育法除了能改善气体交换、增强光合作用，还能冲刷掉硅藻及浮泥杂物。

4）潮下带生态育苗法：1991年，黄礼娟以水泥板（长60 cm、宽40 cm、厚5 cm，重约50 kg）作附苗器采孢子，室内培育12 d后下海，在潮下带培养112 d，株高2.95 cm，最高达4 cm，苗体粗壮、密度大。水泥板采孢子，投放在潮下带较为平坦且底质较硬的自然海区，在浪流的冲击下，藻苗浮泥和敌害生物较少，符合石花菜生态习性，是值得进一步完善的生态育苗方法，尤其对藻场营造有积极意义。

5）栽培区自然附孢子育苗法：目前石花菜养成苗种主要有附苗绳（维尼纶和聚乙烯丝混纺绳）采孢子成苗（图9-13）和营养分枝（图9-14）两种来源。海区栽培时，因石花菜强盛的自繁能力，人工投放附苗绳后就会自然附上孢子苗，且匍匐枝较多，匍匐枝沿聚乙烯丝蔓延生长，并以0.5~1 mm间隔长出直立体。

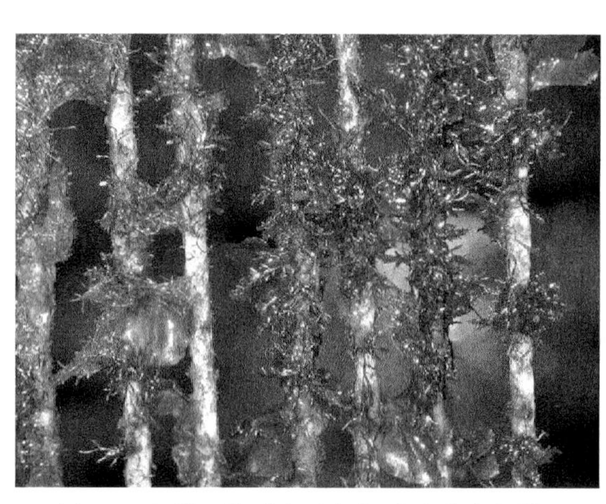
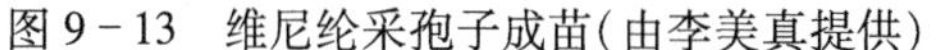

图9-13　维尼纶采孢子成苗（由李美真提供）

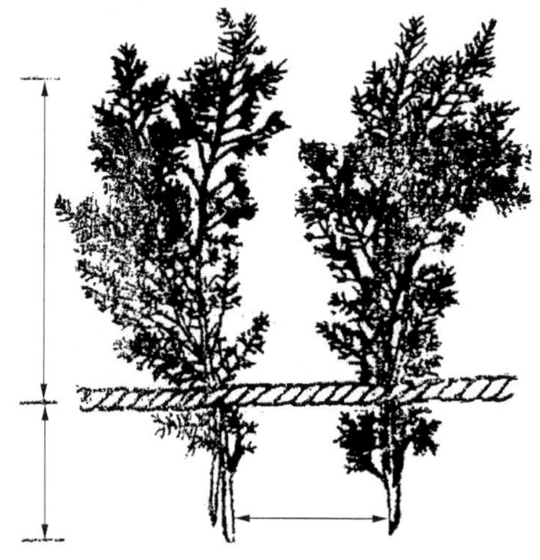

图9-14　石花菜营养分枝苗（由孙庆海提供）

1986年10月9日，孙建璋在苍南县沿浦湾清理南关青屿海区被台风损坏的石花菜栽培筏架时发现苗绳、吊绳、浮绠等各类绳索上附着有自然苗，且生长繁茂。整理有自然苗绳索60 m，进行筏养，10月25日计数测量，株高0.4~9.2 cm，平均株高2.9 cm，密度30株/cm苗绳（表9-2）。

表 9－2　自然附苗生长情况(由孙庆海提供)

株高/cm	株　数	均高/cm	株　数	均高/cm	附苗密度/(株/cm 苗绳)
>5.0	40	7.41			8
>2.0	35	3.47	75	5.42	7
>1.0	55	1.38	130	3.09	11
<1.0	20	0.52	150	2.95	4

2010 年,孙建璋先后 40 d 内在苍南县沿浦湾南关青屿海域(流速<90 cm/s,短时达 90 cm/s)和老鼠尾海域(流速 30~50 cm/s)石花菜栽培区分别投放附苗绳 150 条和 400 条,进行半人工采苗及海上成苗试验。2010 年 8 月 1 日检查南关青屿附苗绳发现红点,镜检为石花菜直立幼苗和匍匐枝,直立幼苗株高 210 μm。2011 年 2 月 27 日至 7 月 2 日检测发现,550 条附苗绳上石花菜幼苗均生长繁茂,附苗密度>600 株/m 苗绳,幼苗生长发育正常,每米苗绳上株高>5 cm 的幼苗为 30 株,>3 cm 的幼苗为 171 株(表 9－3,图 9－15)。经测算,南关青屿海上附苗时间在 7 月上中旬,老鼠尾海域附苗时间在 10 月中旬至 10 月底。

表 9－3　苍南县南关青屿和老鼠尾海区半人工采苗及幼苗生长情况(由孙庆海提供)

取样日期	每米苗绳重/g	每米苗绳幼苗数/株	苗高/cm				
			>5 cm	>3 cm	>2 cm	>1 cm	=1 cm
2011.2.27	2.55	633		10	55	238	330
4.27	7.87	851		34	47	136	350
5.24	25.2	702	5	24	95	228	350
7.2	135.5	921	30	171	173	191	350

(3) 幼苗的培育管理

1) 育苗池培育阶段:采用微流水并充气,每天施肥,保持水中氮元素、磷元素和铁元素浓度分别为 4 mg/L、0.4 mg/L 及 0.02 mg/L。定期用显微镜检查幼苗发育状况,及时调整光照、流水和水体营养。一般幼苗需在育苗池内培育 30 d 左右,待假根较为发达,变成束状,附着较为牢固时即可下海。管理工作在幼苗培育过程中至关重要,应注意以下几点。

图 9－15　附苗绳海上自然附苗成苗(由孙庆海提供)

① 调节温度:培育幼苗的适宜水温为 20~25℃,夏季水温高于 25℃时,应采取降温措施。附生的硅藻、绿藻和其他有害生物在幼苗的适宜温度下繁殖生长较快,对育苗影响较大,必须采取相应的措施去除。

② 控制光照:以自然光作光源时,应用布帘遮挡,避免光线过强和阳光直射。以日光灯作光源的,在孢子萌发生长阶段应控制光强为 30~50 μmol/(m^2·s)。到匍匐幼苗阶段提高光强,

使匍匐幼苗转为直立苗。

③ 添加营养盐：幼苗培育阶段需定期添加一定量的营养盐于培养海水中，做到薄肥勤施，保持水体氮浓度为2~4 mg/L，磷浓度为0.2~0.4 mg/L，以满足幼苗新陈代谢、生长发育所需。

④ 换水、洗刷和清池：换水的目的是保持水质清洁，减少杂藻繁生。小规模育苗时，一般3 d或一周换水一次；大规模育苗时，需流水或半流水条件。在换水的同时，应用软毛刷轻轻洗刷幼苗，流水条件下可轻微摆动冲洗。在幼苗初生假根衰退、二次假根尚未长出时，幼苗极易脱落，因此洗刷或冲洗时应特别小心，以防掉苗。石花菜幼苗对低温刺激敏感，如果在洗刷、换水时，受到冷空气刺激，生长点受到影响，幼苗会生长缓慢。因此在洗刷、换水时，应注意保持气温、水温的一致，保持幼苗良好生长。

2）海区培育阶段

① 海区选择：海区选择是出苗工作的重点，应选择风浪较小、浮泥和杂藻较少的海区。下海前几天风浪不能太大，否则容易掉苗。刚下海时可将苗帘反面朝上平挂，避免强烈阳光对幼嫩生长点的伤害，待幼苗适应新生长环境后，可翻转过来。

② 海上管理：每天晃动苗帘，去除浮泥及敌害生物，拔去杂藻。石花菜不耐干露，操作时不能让苗帘离水时间太长。可有目的地引入石莼与石花菜间养，以减少水云及浮泥对附着基及幼苗的危害。

③ 幼苗越冬方法：每年12月至翌年4月，水温下降到5℃以下后，石花菜基本不生长，此时可置于干潮5 m以下的深水区越冬，也可放入室内水泥池越冬。水泥池内海水不升温，以弱光密集培养，每天换水1次，且应经常检查苗种有无绿烂或变软等烂苗现象，及时调整光照。

6. 孢子育苗技术效果评估

孢子育苗一般以苗的大小、密度、活力3个指标衡量育苗的技术效果。李宏基（1988）根据青岛沿海石花菜幼苗越冬的需要认为，每厘米苗绳上3 cm以上苗平均1株，2~3 cm苗达2株，1~2 cm苗3株为出苗量合格。达到大小及出苗量指标的苗绳占总苗绳的80%以上为优良。

7. 育苗中存在的问题及解决办法

从石花菜育苗的过程来看，常温、自然光室内采孢子阶段技术较为成熟，室内育苗时间可从60 d缩短至4 d（黄礼娟，2010）。室内育苗设施要求简单，管理及育苗运作成本低，但幼苗室内全程培养不能成苗，大规格的苗种仍需在海区生长才能育成。海上育苗时间长，要度过高温的夏季和早秋，石花菜孢子及萌发幼体在高温期间生长缓慢，且受杂藻、鱼害、附生污损生物等敌害和浮泥、台风等因素的影响，常使育苗不稳定。因此，石花菜育苗除选择附着物少的海区，还应改良苗帘，使其增大摩擦、减轻附着物危害，有利石花菜幼苗生长。

在北方黄渤海区冬季水温低，育苗期长，幼苗不但生长缓慢，还会受低温冻坏等问题的影响。黄渤海的冬季低温期之前，当年的幼苗最快也只能长到2~3 cm，此后幼苗便停止生长，第二年水温回升到生长适温时，已是4月下旬，越冬期长4~5个月。解决办法有：

1）为争取更长的生长时间，9月中旬前后下海出苗，此时海区敌害生物较少，为水温20℃以上的生长适温期，有望越冬前达到株高2 cm，为幼苗越冬后适温期的生长打下基础。

2）北苗南育，在南方海区秋季水温下降到26℃左右时育苗，南方冬季水温一般在12℃以上，是石花菜幼苗的生长适温期，5月之后黄渤海水温升到10℃以上时再运回栽培。

3）提前促熟石花菜种菜，在5~6月采孢子，当年就可培育出大规格（5 cm）的苗种。

4）运用组织培养技术进行营养育苗，该技术的关键是要使石花菜小段长出较长的匍匐枝，且要附着牢固，不会因为海浪摩擦等大量掉苗。

二、切段再生育苗

1. 切段的制备

用清洁海水将海中采集的石花菜洗涤数次,清除藻体上的附着物,并用低浓度的铵盐或福尔马林溶液浸洗以杀死附着生物。乙醇、次氯酸钠等表面消毒剂极易渗透于组织中,切勿用于消毒石花菜。清洗后的藻体再用消毒海水冲洗,并在消毒海水中暂养。制备切段时再用消毒海水刷洗藻体各部,连续更换用水和器具以避免藻体受污染。用锋利的刀片切割石花菜的不同部位,使切口附近的细胞不受损伤,切段长度通常为2~5 mm,得到的切段或碎屑作为再生育苗培养材料。石花菜切段细而薄,易干燥,不宜长时间干露,否则影响室内培养效果。

2. 切段育苗附着基的筛选

维尼纶绳、竹片、贝壳、石块、混凝土板块等附着基经过浸泡、洗涤、除去有害浸出物后,均适于切段再生出芽,并形成匍匐体。化纤类绳索附苗器可直接用于筏式栽培,综合比较维尼纶绳、维尼纶聚乙烯丝混纺绳、聚乙烯绳及聚丙烯绳4种材料的育苗效果,以维尼纶聚乙烯丝加强混纺绳最好,孢子附着、萌发、生长和幼苗密度虽稍逊于维尼纶绳,但远胜于聚乙烯绳和聚丙烯绳,且价格远低于维尼纶绳,同时由于得到聚乙烯丝的加强,抗拉、耐磨强度大为提高。

3. 切段的培养

制备好的切段经消毒海水冲洗后置于充分消毒的附着基质上,再将附着基放入MS培养液中进行室内培养。培养液密度1.016~1.020 g/cm^3,pH 8.0~8.5,可添加必需的微量元素、维生素、生长素、EDTA钠盐等。制备培养液的海水需经暗沉淀、过滤、煮沸消毒,储藏时间不能超过1周。

切段培养过程中经历切段再生出芽、附着匍匐体形成、直立幼苗出现3个形态的变化过程。经试验得出近顶切口出芽数略多于近基切口(比值约为1.3∶1),主枝切口出芽多于侧枝,细枝切口出芽较少。

4. 切段种苗室内与海上的培育

(1) 室内培苗

用漂白粉消毒育苗池或育苗槽后,放入过滤且经漂白粉消毒的海水10~15 cm。附着基平铺于池底,如用竹片作为附着基,经海带育苗用竹筷的处理方法处理后,可将0.3 cm厚竹片用聚乙烯绳串编成3 cm×30 cm大小。维尼纶绳在使用前首先应去除油污、纤毛,并排列整齐。将置于消毒海水中备用的切段撒播在竹片或维尼纶绳等基质上,撒播密度以0.5段/cm^{2}的密度较为适宜。室内培育温度控制在14℃以上,以促进再生和匍匐体形成,于6~10月下海培苗。在再生出芽阶段可控制光照强度在10~14 μmol/(m^2·s),以后逐渐增加到40 μmol/(m^2·s),以利再生芽枝的生长和固着器的形成,提高附着率,形成匍匐体。室内培养20 d后可采用充气或流水培养,加快匍匐体的发育,增大附着强度。室内培养20~35 d,匍匐枝芽达2~4 mm时可下海进行海上培育阶段。

(2) 海上培苗

2~4 mm的匍匐体可继续浮筏式海上培苗。下海初期可选择风浪较小的海区,并防止附着基的相互摩擦,避免意外脱苗。海上培育60 d左右,直立幼苗高达2 cm以上,幼苗密度20株/cm^2,可进入养成阶段。

5. 石花菜切段育苗的特点

石花菜切段育苗为营养繁殖,可避免种质衰退,种藻用量少、生长速度较快,当年可长成成藻。育苗时间不受种藻成熟季节的限制,全年均可进行室内育苗,使幼苗直接进入适宜条件下的海上培育,是一种应用前景广阔的种苗获得途径。

第四节　栽 培 技 术

一、海区选择

适宜石花菜筏式栽培的海区需具备下述条件:

1) 底质: 以平坦的泥沙或泥底质为最好,较硬的沙质底次之,软泥质底较差。

2) 水深: 在冬季大干潮时保持水深在 1.5 m 以上。

3) 水质: 石花菜是喜肥的海藻,水质肥沃的海区,石花菜呈紫红色,贫瘠的海区呈浅黄色。

4) 潮流、波浪及透明度: 应选择潮流通畅、风浪不太大的海区,透明度为 1~1.5 m 较为适宜。

5) 比重: 海水盐度宜在 26~33(比重 1.020~1.025)。

6) 海区水质: 应选择远离城市、污染少的海区。

二、栽培设施

筏架的结构可分单架栽培筏与双架栽培筏,单架栽培筏如海带"一条龙"式栽培,由两条橛缏(橛缆)、一条浮缏和若干浮子(或浮竹)与橛子(或砣子)组成,浮缏上悬挂吊绳与苗绳(图 9-16)。双架栽培筏多用浮竹,横绑在两条浮缏之间。石花菜栽培所用器材有浮子、浮缏、橛缏、橛子和砣子(不能打橛的海区用于固定橛缏)等,其规格和设置可参考紫菜栽培一章。

图 9-16　石花菜"一条龙"式栽培

在浙江南部羊栖菜栽培常用的张力型筏架或软浮筏也可用于石花菜的栽培,它依靠在浮缏和锚缆连接处捆绑的泡沫大浮子(圆柱形,直径 0.45 m,高 0.8 m)提供浮力,低潮时收紧锚缆,使整个筏架张开,浮在水体表面,满足栽培海藻始终保持近水体表层的要求,其规格和设置可参考"第三章　羊栖菜栽培"。

三、栽培方法

石花菜养成主要采用孢子养成和分枝养成两种方法。石花菜的成体在海区有强盛的自繁能力,黄礼娟和赵淑正(1986)提出"一次采孢子育苗,多年多茬采收"的构想,并在试验中得到部分实践,但仍需进一步完善。"多年多茬采收"是在室内采孢子、海上养成或海上育苗养成的基础上才有可能,从目前进展情况看,海上育苗、养成可满足"多年多茬采收"的需要,但与采收相关的技术等还需进一步研究,如采收规格、采收时间及时间间隔、采收后苗绳养护等。1983~1990 年,孙建璋在石花菜栽培海区或筏架上投放采苗绳进行半人工采苗、海上育苗和栽培,节省了育苗室的投资,简化了技术操作程序,形成了半人工采苗—成苗—养成的石花菜人工栽培模式。

1. 筏式栽培的形式

石花菜的栽培形式有垂栽和平栽两种。垂栽式是在夹苗后，将 50 cm 左右的苗绳垂直地挂在筏架下 10~20 cm 处，可充分利用水体空间。平栽可充分利用水面的光线，夹苗后，苗绳两端平挂在两行筏架之间，将苗绳水层控制在 0.5 m 以浅，这样不仅能增强藻体的光合作用，且水面的波浪还可不断洗刷藻体，除去附着物。试验证明，平栽效果较好，当前石花菜栽培大多采用平栽。

2. 筏式栽培的类型

筏式栽培所用的苗种有两个来源，即自然苗种和人工孢子苗种，自然苗种可分为春苗、夏苗和秋苗。根据苗种的来源，筏式栽培可分为劈枝分苗筏式栽培、分枝筏式栽培和孢子育苗筏式栽培三种类型。

（1）劈枝分苗筏式栽培

由于石花菜顶端部分有很强的分化生长能力，因此切段后的藻体可很快愈合并在切口处长出新枝，劈枝分苗是基于这一理论而设计的，栽培程序如下：

1）洗刷苗种：当前栽培所需苗种仍主要来自野生石花菜，由于采集的野生石花菜往往生有许多附着物，因此分苗之前，必须将附着物洗刷干净。

2）劈枝分苗：将野生成体石花菜劈成 1~2 g 的小分枝块。每个分枝块上保持数个分枝，长度 5~8 cm。

3）夹苗：夹苗绳通常采用 180 股合成的聚乙烯绳，直径 0.5 cm。夹苗时取基部只有一个单枝柄的小分枝块，在基部 1 cm 处折回后夹在苗绳上，可避免掉苗。保留一部分假根的小分枝可直接夹住假根部。无假根且基部具多枝柄的劈分小枝，夹苗深度一般选在基部以上三分之一处。夹苗后，劈分小枝基部会长出很多新的分枝，使其更加牢固地固着在苗绳上。

4）苗绳长度和苗距：苗绳长度和苗距随栽培方法而异。垂栽时苗绳长 0.5~1 m，平栽时 2~4 m 为宜。夹苗密度以苗距 2.5 cm 为宜。

5）苗绳间距：苗绳间距一般应为 30 cm 左右，但应根据海区的光照和潮流条件适当调整。

（2）分枝筏式栽培

分枝筏式栽培是利用石花菜尖端生长的特性，以自然生长的石花菜为苗种，将长势好、分枝多的成藻分散开来，夹苗栽培于筏架上的连茬栽培方法。这种栽培方法受自然苗种的局限，同劈枝分苗筏式栽培一样无法大面积栽培。

连茬栽培中春苗附着物多、产量受到影响；夏苗生长快，产量高；秋苗生长条件适宜，产量也较高。

由于苗绳上的石花菜营养枝不停地受风浪、潮流、涌浪的冲击、摆动，因摩擦而断枝、腐烂；被风浪拔掉和杂藻附着负荷加大流失；完成生活周期自然衰老流失及苗种越冬断档等问题，目前，分枝筏养已很少采用。

分枝筏养夹苗后的掉苗问题可采用保险绳有效地解决，每条（束）苗绳加保险绳 1 条，保险绳比苗绳短 10~20 cm，使张挂水面的苗绳处于较为松弛状态，减轻了石花菜与苗绳的紧张度，同时加大了苗绳摆动幅度，增加了藻体之间的摩擦，有利于减轻敌害生物危害。

（3）孢子育苗筏式栽培

采用孢子育苗筏式栽培，可实现石花菜大面积全人工育苗栽培。孢子苗假根牢固地附着在苗绳上，直立枝基部和假根部及匍匐枝均能不断分生，使苗绳上呈现大小参差不齐、底苗充裕，生长繁茂的景象。人工孢子苗可多茬栽培、多茬采收，且苗种不受自然条件的制约，还可应用基于人工孢子苗的多种营养繁殖方式提高产量，是今后要大力发展的栽培方式。

3. 养成与管理

石花菜虽自然生长于潮下带，但它对光照有较大的适应范围，筏式栽培中栽培水层应尽量接近水面，使之受光获得较高的产量。河口、海湾或近岸海面常有许多漂浮物，应及时清理。在潮流不太畅通的海区，因附着物多，应定期清除，栽培密度也要小一些，故要选择潮流畅通的海区，这样可提高栽培密度和产量，脱苗较多的苗绳要及时补充苗种。在水浑的海区或水温较高的夏季，淤泥、附着物等妨碍石花菜的生长，甚至引发病害，栽培过程中，应采用冲洗或摆动的方法经常洗刷藻体。

第五节　病害与防治

石花菜幼苗培育及成藻栽培中的病害主要有敌害藻类、敌害动物、泥沙悬浮物等附着物和冻害。

一、敌害藻类

1. 底栖硅藻类

石花菜孢子育苗帘上和筏式栽培的苗绳或藻体上，在春秋季往往附着大量硅藻，占据石花菜生长空间，严重影响石花菜的光合作用，常使幼苗死亡或引起石花菜减产。硅藻类为单细胞藻，行分裂生殖，繁殖很快，能在短期内形成危害。死亡的硅藻仍附于藻体上呈白色，称“白菜”，影响其商品价值。石花菜在反复晒干至淡水漂洗成品菜的过程中，能彻底清除附着于藻体上的硅藻，恢复商品价值。危害较大的硅藻种类有楔形藻（*Licmophora* sp.）、针杆藻（*Synedra* sp.）、桥弯藻（*Cymbella* sp.）、舟形藻（*Navicula* sp.）和盒形藻（*Biddulphia* sp.）。无论室内苗帘还是海上苗绳，防除硅藻的方法主要是洗刷、淋水或充气，但难以根除。幼苗培养时使用蓝绿光，既可抑制硅藻等杂藻的繁生，又可促进幼苗生长。

2. 杂藻类

影响石花菜育苗栽培的主要杂藻有日本新管藻（*Neosiphonia japonica*）、多管藻（*Polysiphonia* sp.）、水云（*Ectocarpus* sp.）、囊藻（*Colpomenia sinuosa*）、黑顶藻（*Sphacelaria* sp.）、刚毛藻（*Cladophora* sp.）、浒苔（*Enteromorpha* sp.）和丝状蓝藻等。日本多管藻附着在石花菜藻体上，除影响石花菜生长外，更严重的是随着其快速生长，手工摘除很困难，化学药杀又对石花菜生长不利。可利用日本多管藻细胞大而鼓、不耐摩擦，而石花菜藻构造紧密特点，使苗绳在石块上摩擦有一定收效。刚毛藻单列细胞，分枝繁茂，生长迅速，影响幼苗生长，甚至造成幼苗脱落或死亡，一经发现就应设法彻底清除，可采用手工摘除或化学药杀。试验表明使用添加硫酸铵5%～10%的海水，药浴5～10 min可杀灭刚毛藻，对石花菜幼苗无副作用。

囊藻、黑顶藻（春季）、多管藻（秋季）和水云（冬季）都可密集地附着在石花菜的小枝或孢子育苗绳上，占据、遮挡石花菜藻体或幼苗的生长空间，使其生长缓慢甚至死亡。8月中下旬以后，丝状蓝藻开始繁殖，附着在幼苗上，影响幼苗的生长发育。防治的措施要以预防为主，需从水源及种藻上将杂藻清除干净。一旦发现蓝藻附着生长，可通过洗刷或淋水加以清除，还可适当增加肥料浓度，保持幼苗的快速生长，用以抑制蓝藻的繁殖和生长。浒苔、石莼等绿藻大量附着会增加筏架负荷，还会和石花菜争光、争肥。绿藻类虽受生长温度限制，呈现自然消长，但浒苔大量附着仍不利石花菜生长。用8%～9%柠檬酸海水药浴5～6 min，或8 mmol/L次氯酸钠处理18 min可杀灭浒苔，而无碍石花菜幼苗生长，但应严格掌握时间，处理后迅速返回海水中清洗，去除残留药物。

二、敌害动物

除藻类外，石花菜藻体上还会附着大量有害动物，它们或以石花菜为食，或以其为栖息场所，如麦杆虫（*Caprella* sp.）、藻钩虾（*Amphithoe* sp.）、薮枝螅（*Obelia* sp.）、螺旋虫（*Spirorbis* sp.）、三胞苔虫（*Tricellaria* sp.）、沙蚕（*Nereis* sp.）、藤壶（*Balanus* sp.）、牡蛎（*Ostrea* sp.）、蓝子鱼（*Siganus* sp.）等。

麦杆虫俗称海藻虫或竹节虫，季节性定居种类。在6～7月大量繁殖，用3对长的后胸足钩挂于石花菜的小枝上，数量多时石花菜外观呈紫红色，时聚时散，往往随风浪潮汐消失得无踪无影，集聚时妨碍石花菜光合作用，但尚未观察到咬食石花菜的现象。

藻钩虾巢居于石花菜中，咬食其小枝，特别是嫩枝末端的生长点，严重影响石花菜的生长。绒毛状薮枝螅着生于石花菜的老枝茎上，死后不易脱落而附着浮泥，并与石花菜粘在一起，危害也较大。夏季港湾中，龙介虫石灰质管附着在石花菜的主枝、老枝上，使石花菜产量和品质下降。9月下旬，三胞苔虫大量繁殖、固着于石花菜藻体的中部或新枝上，影响石花菜产量。夏、秋季，苔藓虫类、海鞘类、水螅类危害较重。沙蚕咬食石花菜假根、匍匐枝和基部小枝，对夏、秋季石花菜半人工苗海上中间培育和假根再生苗培育造成危害，特别是风浪和流速较小的海区，沙蚕数量大，危害尤为严重。栽培户用淡水浸泡，改变浸透压，沙蚕严重不适而纷纷窜出巢窝，落入淡水中死亡，浸泡过程也部分清除了钩虾、硅藻等敌害生物。试验表明：浸泡1 h就可达到防治目的，对石花菜幼苗则无不良影响。藤壶、牡蛎、草苔虫和海鞘类会增加器材负荷，摩擦损坏器材，抢占石花菜生长空间，影响产品质量，或给产品加工带来麻烦和影响质量（如薮枝螅类）。蓝子鱼啃食石花菜幼苗和藻体，南海海区危害较重。

三、泥沙物质

海底如果是泥多沙少的泥沙底质，海水浑浊，风平浪静时也有泥沙沉积、覆盖在石花菜藻体上，大风浪之后往往把海底更多的泥沙卷起、覆盖在藻体上，石花菜幼体会因受光不足而呈黄化现象，而且直立枝细长，侧枝生长受抑制或出现变态。在类似海区栽培时，应经常洗刷藻体。

四、冻伤

黄渤海海区大低潮线以上到中低潮线附近的石花菜，会因冬季干出及低温冻害而大部分脱落死亡。冬季的干出及低温的冻害，短时间可引起石花菜尖端及密生的外部枝变白或变绿，尚不致全株死亡。长时间的干出及低温则可使石花菜全株变白脱落死亡。

五、脱苗

石花菜被夹于苗绳上生长，因此可能会被风浪打掉，也可能因夹苗绳过紧、过松受海浪冲击摩擦等而脱苗。

第六节 收获与加工

一、石花菜的采收

分枝筏式栽培和劈枝筏式栽培的石花菜可分为春茬、夏茬、秋茬和三茬连续生产,春、秋茬栽培期为70 d左右,夏茬为50 d左右。春茬的采收季节在7月上旬,夏茬在8月下旬,秋茬在11月底或12月初采收。采收方法有间收法和全部采收法两种。连茬栽培常用间收法,采大留小,苗绳上留下的小个体石花菜在光线改善、营养充足的条件下继续生长,直至达到采收标准为止。全部采收法是当石花菜长到采收规格时,将苗绳上的所有石花菜全部采下。栽培在海底的石花菜可潜水采收,筏式栽培的石花菜可整绳采收。

孢子苗栽培的附着基除了主要的附苗绳外,还有竹片、水泥板等苗板。附苗绳上石花菜的采收以间收为主,7月下旬开始可连续采收。因为孢子育苗绳上的藻体可不断以营养繁殖的方式长出新苗,采大留小后,留下的底苗和匍匐枝可继续生长,达到规格后再采收。苗板上的苗达到筏式栽培所需苗种标准后,间收或全收后可作为三茬或连茬栽培用苗种。此外,苗板上的苗也可在长成成藻后间收,留下的底苗或匍匐枝可继续用作筏式栽培苗种或待其长成成藻后采收,达到多茬、多年利用的目的。

二、石花菜的加工

1. 琼胶的制取

新鲜采收的石花菜,应在水中清刷干净,除去附着物后,可晒干、漂白、储存或加工。石花菜主要用于制取琼胶。

制成的琼胶为植物胶状物质,其主要成分是:水分16%、蛋白质2.34%、琼脂糖及其他蛋白质的游离精炼物76.15%、醚0.30%、纤维0.80%、灰分3.85%和硅0.68%。

目前琼胶的制造方法有两种:一种是传统的利用天然冻结、日晒、融化、脱水、干燥的手工操作方法,产品为整齐的细条状或块状,常称为天然琼胶,天然琼胶的生产依赖天气条件,劳动强度大而又无法保证产品质量,因此产量逐渐减少。另一种是利用人工冻结或压力法脱水,然后人工干燥的机械化或半机械化生产方法,产品为条状或粉末状,称为工业琼胶,是目前生产琼胶的主要方法。在无冷冻设备的地方,在12月中旬至翌年2月,用自然低温凝固胶体和冻结切块。在有冷冻设备的地方,一年四季均可加工。

天然琼胶生产工艺流程如下:

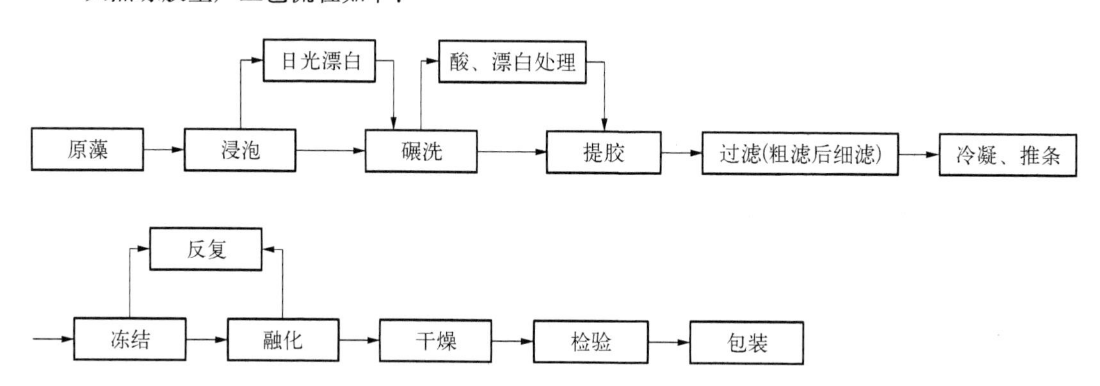

工业琼胶生产工艺流程如下：

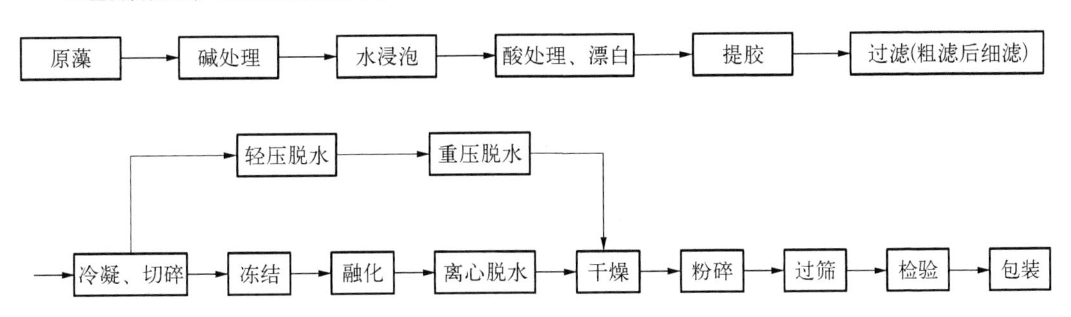

（1）石花菜的预处理

石花菜的预处理方法是琼胶制造中极其重要的一环，对琼胶的颜色、凝胶强度、出胶难易和出胶率均有很大的影响。预处理方法主要包括机械去杂质法、过氧化氢处理、连二亚硫酸钠处理、次氯酸钠加酸。机械处理杂质法较简单，但需要 1 kg/cm^2 的压力煮 3 h 以上才能出胶完全，不过琼胶颜色不好，不适合工业生产。用过氧化氢处理获得的琼胶颜色虽白，但由于过氧化氢价格太高，用量大，耗能多，加上处理后需充分洗净，故操作麻烦，不适合工业生产。用连二亚硫酸钠处理时，虽然操作简单，凝胶强度可保证在 500 g/cm^2 以上，但是连二亚硫酸钠价格高，生产的琼胶颜色淡绿，同样不适合工业生产。用次氯酸钠加酸处理，比较理想。这种方法既简便又节能，煮胶时不需要加酸调节 pH，能保证出胶完全，适合于工业生产。单独酸处理一般用 H_2SO_4 或 HCl，其作用是破坏藻体，使组织变软，琼胶容易溶出，一般采用低浓度（如 0.3%）常温酸处理，pH 一般为 1.5~3.5。漂白剂一般使用漂白粉或次氯酸钠。

研究发现用次氯酸钠加硫酸预处理石花菜后，极易出胶。次氯酸钠与硫酸的比例对凝胶强度影响不大。常压下煮 1.5 h 便可出胶完全。用此法时，处理温度应掌握在 30℃ 左右，这样可保证不同季节工艺条件一致。次氯酸钠的用量可根据石花菜需要漂白的程度增减，一般每 100 kg 石花菜需次氯酸钠 50~100 L。理论上，胶浆的 pH 愈接近中性愈好，因此酸的用量原则上应掌握在处理完毕时，处理液的 pH 在 6.6~6.8 为宜。每千克原料需用 33 kg 水、0.5 ml 浓硫酸（90%）、0.6 ml 的醋酸，所用的水必须经过软化处理，才能保证琼胶的质量。

（2）提取琼胶

提取琼胶是琼胶生产的重要环节。常用的琼胶提取方法有多种，如恒温水浴法、超声波辅助法、微波辅助法、空气高压法、蒸汽高压法、酶法等。但是由于石花菜细胞壁分为纤维素层和果胶质层，常温常压下难以破坏其纤维素层，影响石花菜琼胶的提取。琼胶必须在氧化还原条件、较高的温度或适宜的 pH 下，使藻体组织细胞和琼胶发生一定的分解才易于提取。酸性条件先可破坏纤维素层的骨架结构，加速细胞壁破裂，促使石花菜琼胶的溶出。

酸的用量对提取琼胶有很大的影响，用量过多，出胶完全，易过滤，但琼胶收率低，凝胶强度很差；用量过少则出胶很不完全，难以过滤，琼胶收率也低，但凝胶强度很好。近几年的新工艺发展为先用酸预处理，然后浸洗至近中性，再于加压罐中加热提取琼胶。提取琼胶时加水量也很重要，通常以产生的胶液中琼胶含量在 1%~1.5% 为宜。第 1 次提取琼胶后的藻渣可再提取 1 次，提取液可作为提胶用水使用。加热加压提取时 pH 为 6.6 左右，时间 1~2 h，压力为 1 工程大气压（98 066.5 Pa）左右，常压提取时 pH 为 6.2 左右，时间 0.5 h 至数小时。

（3）过滤

将提取的琼胶溶液，趁热舀入 80~100 目的粗尼龙袋中过滤。要得到透明度好的琼胶需先粗滤后细滤,细滤一般采用加压或真空吸滤。

(4) 冷凝

琼胶滤液,置于浅盘中室温下自然冷却凝固,一般需 12 h 左右。凝固后,用刀将凝胶块切成大条,然后用有小孔的漏具将其推割成细条。工业提胶有的采用管式冷却器冷却,再用压缩空气经底部网目将凝胶割成条状。有的采用传送带式冷却机,采用喷淋冷水的方式冷却,冷却的凝胶在传送带的另一端被切割成碎片。

(5) 脱水精制

为了容易过滤和得到较高的琼胶提取率,提取液中琼胶含量一般不会超过 1.5%,精制琼胶时需将多余水分脱去。目前工业制胶使用的脱水方法有 3 种,即喷雾干燥法、冻融脱水法和压力脱水法。

(6) 干燥、粉碎

常用的干燥方法有热风干燥法、日晒法、红外线干燥和微波干燥等。粉碎普遍采用锥形磨和万能粉碎机。粉碎后 60~80 目的筛网分筛。

(7) 琼胶成品

我国琼胶产品以条状为主,也有粉末状成品。在日本,除条状和粉末状外,还有碎片状及薄膜状产品。条状的用防潮纸及草席包装,每包 25 kg,内装 200 小捆,每小捆 125 g;也有不打捆而散装的。粉末状产品用袋装或瓶装,分 100 g、250 g 和 15 kg 装几种,外用木箱或纸箱包装。

2. 琼胶素的提取

1961 年,瑞典学者 S. Hgreten 从琼胶中分离出琼胶素,因其性能优于琼胶,故对琼胶素的研究日益增多。目前已大批量投入工业生产,广泛地应用于电泳、凝胶扩散、固相酶、亲和层析和凝胶层析等领域。精制的琼胶素与琼胶相比具有以下优点: ① 纯度高,灰分低,硫酸基和羧基含量甚微;② 电渗小;③ 对一些蛋白质等不吸附;④ 凝胶强度大,机械性能好;⑤ 无色,透明度高等。在临床检验、生化分析、蛋白质、酶、核酸、抗原、抗体、病毒和多糖的分离纯化,以及高级药物的制备等方面应用广泛。

琼胶素的试制方法主要包括二甲基亚砜法、聚乙二醇法、十六烷氯化吡啶法、磷酸盐法、乙二胺四乙酸二钠法、海藻原料的碱处理和琼胶的碱处理、加压处理法及 DEAE -纤维素法等。试验证明,不同方法所得产品的质量差异很大,磷酸盐法和乙二胺四乙酸二钠法效果差,二甲基亚砜法和十六烷氯化吡啶法效果较好。其中以十六烷氯化吡啶法最好,产品质量达到英国 B. D. H. 水平,但缺点是过滤困难、试剂缺、成本高。碱处理法所得产品质量取决于原料,石花菜不如江蓠效果好,而未成熟的江蓠不如成熟的江蓠效果好。原料合适者,用简单的碱处理便能得到价格低廉、质量不亚于英国产品的琼胶素。加压处理法也是一种成本低、方法简单的制造初级琼胶素的方法,但应选取合适的原料和处理条件,否则凝胶强度将较低。相比较而言,在上述 8 种方法中,以 DEAE -纤维素法最好,该法具有产品质量好、操作工艺简单、成本低等优点。

DEAE -纤维素法又分为碱- DEAE -纤维素法及单纯 DEAE -纤维素法,前者优于后者之处在于: 碱处理过程可将大部分硫酸基除去,可减少后续工序中 DEAE -纤维素的用量,且用碱处理还能提高产品的凝胶强度。此法现已应用于生产,所得琼胶素具有纯度高、电渗小、而凝胶强度又很好等优点。

碱- DEAE -纤维素法工艺流程如下:

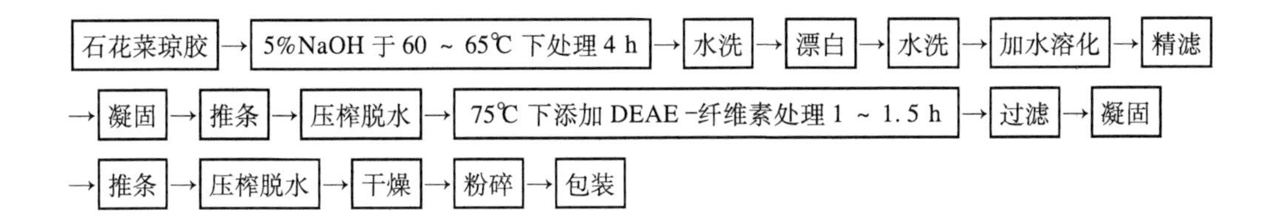

参考文献

蔡清海,吴天明. 2001. 人工养殖石花菜技术措施[J]. 中国水产,(3): 56 - 57.

崔海辉. 2011. 石花菜保健饮料的加工工艺[J]. 浙江农业科学,1(3): 590 - 592.

黄礼娟,席振乐,赵淑正,等. 1989. 石花菜繁殖方法的研究[J]. 海洋学报,11(4): 481 - 485.

黄礼娟,赵淑正,孙送,等. 1992. 有关石花菜 *Gelidium amansii* Lamx. 生活史中几个问题的探索[J]. 海洋湖沼通报,(2): 72 - 79.

黄礼娟,赵淑正,孙送. 1993. 石花菜人工栽培的研究[J]. 海洋学报,15(4): 138 - 142.

黄礼娟,赵淑正. 1986. 石花菜孢子育苗的初步研究[J]. 海洋湖沼通报,(2): 49 - 56.

黄礼娟,赵淑正. 1987. 石花菜孢子放散日周期的观察[J]. 海洋湖沼通报,(1): 68 - 71.

黄礼娟,赵淑正. 1988. 石花菜苗种培育的探讨[J]. 海洋湖沼通报,(4): 58 - 61.

黄礼娟. 1982. 石花菜幼苗生长的初步规察[J]. 海洋学报,4(2): 223 - 230.

黄礼娟. 2010. 石花菜育苗与养殖[M]. 北京: 海洋出版社: 1 - 135.

孔凡娜,茅云翔,高珍,等. 2010. 青岛石老人海域石花菜遗传多样性分析[J]. 中国海洋大学学报,40(10): 75 - 78.

李宏基,李庆扬,庄保玉. 1983a. 青岛沿岸石花菜种群繁殖方法的研究[J]. 海洋湖沼通报,(2): 51 - 57.

李宏基,李庆扬,庄保玉. 1983b. 温度和水层对石花菜生长的影响[J]. 水产学报,7(4): 373 - 383.

李宏基,李庆扬,庄保玉. 1985. 石花菜分枝筏养的养殖期研究[J]. 海洋渔业,(4): 159 - 161.

李宏基,李庆扬. 1981. 石花菜孢子放散的观察[J]. 海洋湖沼通报,(2): 28 - 33.

李宏基,戚以满. 1990. 石花菜人工育苗的试验[J]. 海洋湖沼通报,(2): 72 - 79.

李宏基. 1982. 石花菜的人工养殖研究与存在的问题[J]. 海洋科学,6(3): 53 - 56.

李宏基. 1985. 石花菜四分孢子萌发生长的观察[J]. 海洋湖沼通报,(4): 58 - 65.

李宏基. 1992. 我国石花菜养殖研究的现状与应用前景[J]. 现代渔业信息,7(4): 3 - 5.

李宏基. 1995. 裙带菜、石花菜养殖学概论[M]. 青岛: 青岛出版社: 254 - 260,279,414 - 436,457.

李美真,詹冬梅,丁刚. 2006. 石花菜生产性孢子育苗技术试验[J]. 齐鲁渔业,23(9): 46 - 49.

刘施琳,朱丰,林圣楠,等. 2016. 响应面优化石花菜琼胶提取工艺[J]. 食品工业科技,22(37): 296 - 300.

骆其君,裴鲁青,费志清. 1993. 不同世代大石花菜切段育苗的生态试验[J]. 东海海洋,11(2): 62 - 66.

骆其君,裴鲁青,费志清. 1994. 大石花菜切段密度对育苗的影响[J]. 海洋科学,(1): 13 - 15.

裴鲁青,费志清,周剑敏,等. 1989. 大石花菜 *Gelidium pacificum* Okam. 切段再生育苗的进一步研究[J]. 浙江水产学院学报,8(2): 113 - 122.

裴鲁青,骆其君,费志清,等. 1991. 石花菜切段苗种海上培育的初步研究[J]. 浙江水产学院学报,10(2): 100 - 116.

裴鲁青,骆其君,费志清,等. 1993. 筛选石花菜切段育苗的附着基试验[J]. 浙江水产学院学报,12(2): 92 - 96.

裴鲁青,骆其君,费志清,等. 1994. 温度、辐照度对大石花菜切段育苗的影响[J]. 浙江水产学院学报,13(2): 73 - 78.

石光汉,朱光福. 1982. 琼胶制造中石花菜预处理的研究[J]. 水产科技情报,1: 3 - 6.

史升耀,刘万庆,石光汉,等. 1979. 琼胶素和珠状琼胶素凝胶的研制[J]. 海洋科学, 3(1): 10 - 15.

孙杰,王艳杰,朱路英,等. 2007. 石花菜醇提物抑菌活性和抗氧化活性研究[J]. 食品科学,28(10): 53 - 56.

孙圆圆,鲍新国,孙庆海,等. 2012. 石花菜筏式栽培敌害生物及其防治[J]. 浙江海洋学院学报(自然科学版), 31(1): 79 - 84.

王素娟,裴鲁青,段德麟. 2004. 中国常见红藻超微结构[M]. 宁波: 宁波出版社.

王旭雷,王广策,夏邦美. 2016. 我国西沙群岛石花菜属一新纪录变种: 匍匐石花菜扁平变种 *Gelidium pusillum* var. *pacificum* Taylor[J]. 热带海洋学报,35(2): 68 - 72.

王旭雷. 2016. 中国海洋红藻分子系统发育初步分析及石花菜目的分类学研究[D]. 北京：中国科学院大学：101－110.
席振乐，黄礼娟，王立超，等. 1987. 石花菜孢子萌发及幼苗生长的研究初报[J]. 齐鲁渔业，(3)：44.
夏邦美，王永强，夏恩湛，等. 2004. 中国海藻志 第二卷 红藻门 第三册 石花菜目 隐丝藻目 胭脂藻目[M]. 北京：科学出版社，1－203，图版Ⅰ－Ⅻ.
夏邦美，夏恩湛，李伟新. 2004. 中国海藻志 第二卷 红藻门 第三册 石花菜目 隐丝藻目 胭脂藻目[M]. 北京：科学出版社.
许瑞波，吴琳，王吉，等. 2011. 石花菜多糖的提取工艺及其抗氧化活性研究[J]. 淮海工学院学报(自然科学版)，20(2)：38－41.
于沛民，丁刚，李美真，等. 2008. 石花菜人工育苗技术[J]. 中国水产，(2)：57－58.
曾呈奎，王素娟，刘思俭，等. 1985. 海藻栽培学[M]. 上海：科学技术出版社：212－224.
曾呈奎，张峻甫. 1962. 黄海西部沿岸海藻区系的分析研究—Ⅰ. 区系的温度性质[J]. 海洋与湖沼，4(1)：49－59.
张定民，王素娟，等. 1961. 藻类养殖学[M]. 北京：农业出版社.
张镐京，郗效. 2006. 药食同源-藻菌篇(一)[J]. 中华养生保健，(9)：44－45.
郑柏林，王筱庆. 1961. 海藻学[M]. 北京：农业出版社.
木下虎一郎. 1942. テングサの北限を制約する要因[J]. 海洋科学，2(6)，410.
山崎浩. 1960. マクサの初期発生について[J]. 日水志，26(2).
須藤俊造. 1966. 沿岸海藻類の増殖[M]. 水産増殖業書，No. 9. 日本水産資源協会.
殖田三郎，等. 1963. 水产植物学[M]. 東京：厚生阁恒星社.
殖田三郎，片田実. 1943. テングサの増殖に関する研究 マクサ及びオバクサの発生[J]. 日水志，11(5－6).
殖田三郎，片田実. 1947. テングサの増殖に関する研究(Ⅱ)マ(グ)サ発芽体の後期成長に就て[J]. 日本水産学会志，15(7)，354－358.
猪野俊平. 1941. マクサ果胞子発生に就て[J]. 植物及び動物 9(6).
Aken M E, Griffin N J, Robertson B L. 1993. Cultivation of the agarophyte *Gelidium pristoides* in Algoa Bay, South Africa [J]. Hydrobiologia, 268: 169－178.
Bruce A M, John A W. 1987. Life history and physiology of the red algae Gelidium colteri in unialgal culture [J]. Aquaculture, 61: 281－293.
Fan K C. 1951. The genera Gelidium and Pterocladia of Taiwan[J]. Laboratory of Biology Report, (2): 1－22.
Fan K C. 1961. Two new species of Gelidium from China[J]. Botanica Marina, 2: 247－249.
Fei X G, Huang L J. 1991. Artificial sporeling and field cultivation of *Gelidium* in China[J]. Hydrobiologia, 221(1): 119－124.
Guiry M D, Guiry G M. 2017. AlgaeBase. World-wide electronic publication, National University of Ireland, Galway. http://www.algaebase.org[2017－12－27].
Kang M C, Kang N, Kim S Y, *et al.* 2016. Food and Chemical Toxicology, 90: 181－187.
Melo R A, Harger B W W, Neushul M. 1991. *Gelidium* cultivation in the sea[J]. Hydrobiologia, 21: 91－106.
Melo R A, Michael N. 1993. Life history and reproductive potential of the agarophyte *Gelidium robustum* in California [J]. Hydrobiologia, 260(1): 223－229.
Melo R A. 1998. *Gelidium* commercial exploitation: natural resources and cultivation[J]. Journal of Applied Phycology, 10(3): 303－314.
National University of Ireland. 2016. Galway. http://www.algaebase.org[2016－10－11].
Pei L Q, Luo Q J, Fei Z Q, *et al.* Study on tissue culture for *Gelidium* seeding[J]. Chinese Journal of Oceanology and Limnology, 14(2): 175－182.
Qi H M, Li D X, Zhang J J, *et al.* 2008. Study on extraction of agaropectin from *Gelidium amansii* and its anticoagulant activity[J]. Chinese Journal of Oceanology and Limnolohy, 26(2): 186－189.
Ramiro R H, Nelson L M, Ramiro R O. 1996. Practical and descriptive techniques for *Gelidium rex* (Gelidiales, Rhodophyta) culture[J]. Hydrobiologia, 326－327(1): 367－370.
Santelices B. 1988. Taxonomic studies on Chinese Gelidiales (Rhodophyta) [G]//Abbott I A. Taxonomy of Economic

Seaweeds with reference to some Pacific and Caribbean species Ⅱ. California: California Sea Grant College, University of California: 91 – 107.

Santelices B. 1991. Production ecology of *Gelidium*[J]. Hydrobiologia, 221: 31 – 44.

Titlyanov E A, Titlyanova T V, Kadel P, *et al.* 2006. Obtaining plantlets from apical meristem of the red alga *Gelidium* sp [J]. Journal of Applied Phycology, 18(2): 167 – 174.

Tseng C K, Cheng P L. 1954. Studies on the marine algae of Tsingtao[J]. Acta Bot. sin, 3: 105 – 120.

Tseng C K. 1983. Common Seaweeds of China[M]. Beijing: Science Press, 66 – 67.

Tseng C, Chang C, Xia E, Xia B. 1982. Studies on some marine red algae from HongKong[J]. The Marine Flora and Fauna of Hong Kong and Southern China, 1: 57 – 84.

第十章 红毛菜栽培

第一节 概 述

一、产业发展状况

红毛菜(*Bangia fuscopurpurea*)俗称红毛苔、红毛藻、牛毛藻、红发菜,为世界性的暖温带性海藻,自然分布于北太平洋西部和北大西洋的温带和亚热带地区,是继海带、裙带菜、紫菜、江蓠等之外的又一种经济价值很高的栽培海藻。

我国是世界上唯一进行红毛菜人工栽培的国家,栽培海区集中在福建和江苏沿海,其中福建莆田沿海一带的栽培最具规模,主要分布在南日岛、泥洲岛和平潭的鹭鹅岛。目前,福建沿海红毛菜的栽培面积约 270 hm^2(4 050 亩),每亩产量约 75 kg,价值万元以上,产品主要销往东南亚和台湾地区。2016 年,"莆田红毛菜"经国家工商行政管理总局审核通过,获"国家地理标志保护产品"认证商标。

二、经济价值

红毛菜质嫩味美、营养丰富,主要成分为蛋白质和糖类,是深受人们喜爱的天然保健食品。根据马家海等(2002)测定:红毛菜的氨基酸含量为 40.27%,其中必需氨基酸含量为 20.30%,且组成十分均衡;游离氨基酸含量为 499.3 mg/100 g 干品,其中大部分是呈味氨基酸和牛磺酸;不饱和脂肪酸占总脂肪酸的比例大,达 83.99%,每 100 g 干藻中 EPA(二十碳五烯酸)含量达 437 mg 甚至更高,是目前报道的栽培海藻中 EPA 含量最高的种类。红毛菜不仅有食用价值,还具有药用价值。据报道,常食红毛菜可以消除血管壁的胆固醇、治疗高血压,具有补血降压、软化血管、滋阴去火和防治血管疾病等药用价值。

三、栽培简史

红毛菜是一种价值较高的经济海藻,近年来由于受气候、海况变化的影响,加之人为滥采和鱼、贝侵食,自然资源正日益减少,濒临绝迹。1978 年,莆田县水产技术推广站开始进行红毛菜的人工栽培试验,经过几年试验、观察和研究,对红毛菜的生殖、生态习性和采苗育苗、海区栽培及加工等方面都取得了许多经验,并建立了较为成熟的红毛菜人工栽培技术。由于红毛菜栽培具有成本低、投资风险小、周期短、资金周转快、生产管理方便等特点,从 20 世纪 80 年代开始,红毛菜人工栽培就逐渐在福建莆田沿海扩散开来,至 90 年代中期,随着市场销售量的逐渐增大,人工栽培面积随之扩大,红毛菜栽培产业达到高峰。

第二节 生 物 学

一、分类地位与分布

红毛菜隶属于红藻门(Rhodophyta)红藻纲(Rhodophyceae)红毛菜亚纲(Bangiophycidae)红

毛菜目(Bangiales)红毛菜科(Bangiaceae)红毛菜属(*Bangia*)。红毛菜属种类在淡水和海水环境均有广泛的分布,自1806年Roth首次报道一种生长在淡水中的红毛菜以来,至今Algaebase(国际上较权威的藻类数据库)中共收录红毛菜属藻类136种,但是很多种类已被合并到*B. fuscopurpurea*或*B. atropurpurea*等种中,目前得到普遍认可的红毛菜属藻类共有10种。在我国已经报道的海水种类主要有:红毛菜*B. fuscopurpurea*,分布于浙江、福建、香港;小红毛菜(*B. gloiapeltidicola*),分布于浙江沿岸,藻体小,主要附生在海萝藻体上;短节红毛菜(*B. breviaticulata*)、纤细红毛菜(*B. siliaris*)分布于浙江舟山、嵊泗列岛等地;山田红毛菜(*B. yamada*)分布于福建沿海。海水种类中以红毛菜(*B. fuscopurpurea*)为主要栽培品种,经济价值大,本文所介绍的即为该种的栽培概况。

海水红毛菜一般生长在风浪较大的高、中潮带的岩石上,往往与紫菜争夺生长基质,在紫菜栽培的筏架上经常可以见到红毛菜的分布。

二、形态与结构

红毛菜一生需经历两个截然不同的生长发育阶段:肉眼能见到的牛毛状、线形原叶体世代,即宏观阶段,为海上人工栽培的对象;钻入含有钙质的贝壳中度过炎热夏天的丝状体阶段,为微观阶段,是室内人工培养的苗种。

1. 原叶体

红毛菜原叶体(图10-1)呈线状,直立不分枝,紫红色,一般长3~15 cm,最长可达20 cm。基部由单列细胞组成,宽20~30 μm;中上部由多列细胞组成,宽30~40 μm;上部藻体宽可达70~85 μm。每个细胞中有一个星状色素体,内有一个蛋白核,被多个类囊体完全包围,含较多的红藻淀粉。藻体基部的细胞为假根细胞,假根细胞向下延伸出细长假根丝,在基部汇合形成较发达的、具有次级分枝的假根状固着器,起固定藻体的作用。假根细胞的上部是营养细胞,藻体幼嫩期,细胞单列呈直线排列;进入无性繁殖期后,部分营养细胞不断转化为无性生殖孢子或孢子囊,并沿中轴呈放射状分裂,形成多列的藻体;到了生长中后期,随着雌雄性细胞的出现,进入有性繁殖期,藻体变得更加粗大。成熟藻体的中部或末端常可见1个或2个细胞缢缩成节状,称为缢节。红毛菜藻体的长短和大小,因种类和环境条件的不同而异,生长在肥沃地区的红毛菜一般个体大、呈深紫红色,而在贫瘠海区生长的红毛菜则个体较小、呈淡紫红色。

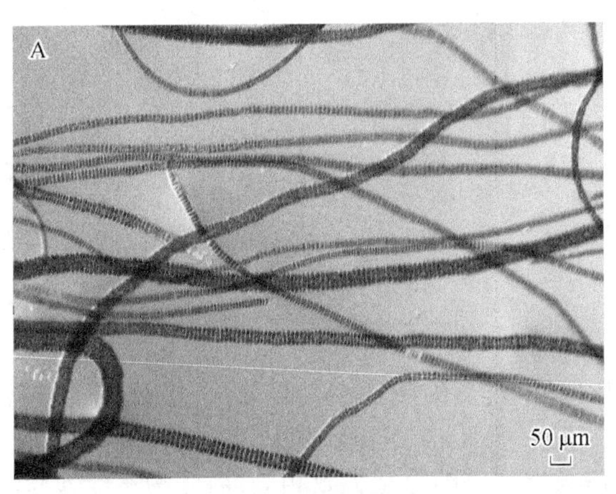

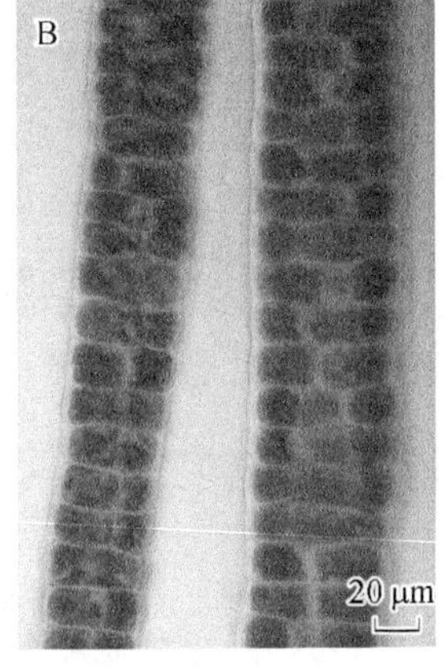

图10-1　红毛菜原叶体(A)和局部放大(B)

2. 丝状体

红毛菜藻体成熟后,雌株可大量放散果孢子(图 10-2)。刚从果孢子囊逸出的果孢子为球形,直径 11~15 μm,具有星状色素体,色泽红,无细胞壁,能做变形运动,具有溶解碳酸钙的能力,遇到贝壳便钻入其内萌发生长,成为细长、不规则分枝的丝状体。钻入贝壳后,在显微镜下可以清楚地见到残留在贝壳表面直径为 13 μm 左右的果孢子外膜,以及直径为 3~5 μm 的圆形痕迹。

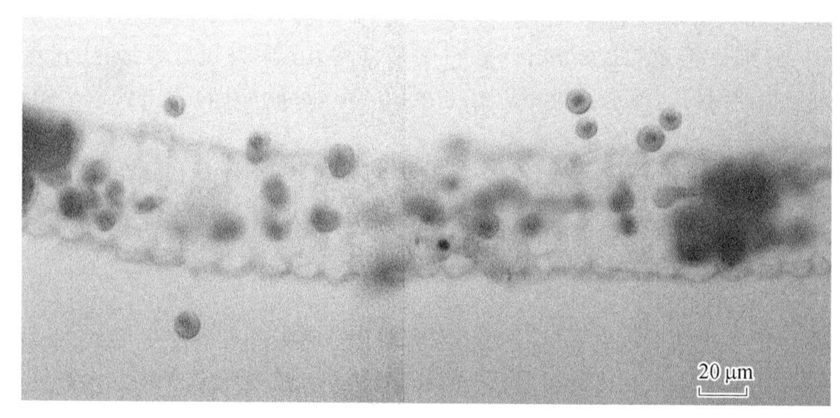

图 10-2 红毛菜成熟藻体放散果孢子

按丝状体生长发育过程形态结构的变化及其对环境因子的不同要求,丝状体分为以下几个阶段。

(1) 丝状藻丝

丝状藻丝(图 10-3)呈树枝状不规则分枝,细胞单列,粗细长短不一,宽 2.5~4.5 μm,细胞间具纹孔连丝。随着丝状藻丝的生长,部分细胞逐渐增大,呈纺锤形,生产中称为"不定形"细胞。

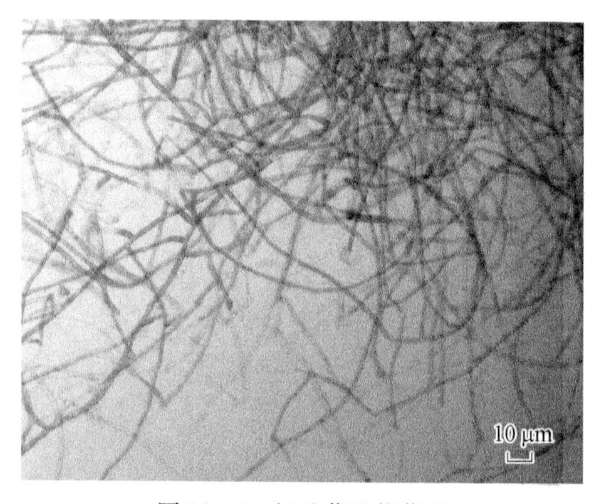

图 10-3 红毛菜丝状藻丝

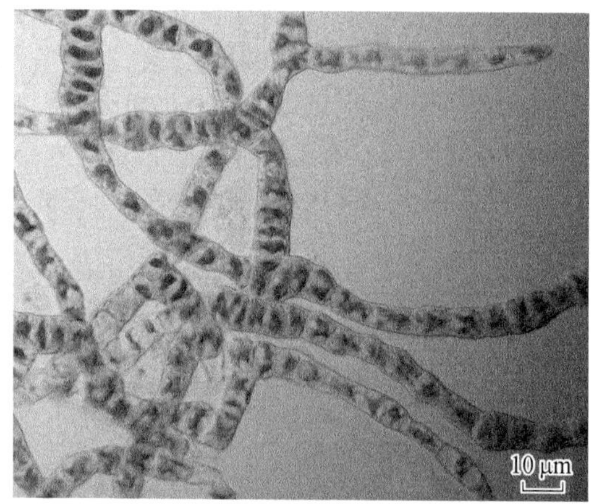

图 10-4 红毛菜孢子囊枝

(2) 孢子囊枝

每年 7~8 月,随着自然水温的升高,不定形细胞逐渐发育膨大,形成孢子囊枝分枝(图 10-4),称为"膨大细胞"。孢子囊枝细胞一般长 16.5 μm,宽 10.8 μm,细胞间同样具纹孔连丝。随着孢子囊枝细胞逐渐成熟,细胞长宽比例缩小至大致相等,内含物逐渐饱满。此时,进行溶壳镜检,可见到细胞边缘呈淡金黄色,中央呈淡紫红色。

（3）壳孢子形成与放散

每年 9 月上中旬，部分长宽相近、内含物饱满的孢子囊枝细胞逐渐成熟。在适宜的环境条件下，每个孢子囊枝细胞分裂成 2 个孢子，即壳孢子，这一现象也称“双分”。壳孢子形成之后，孢子囊枝细胞间横隔膜融化消失成管状，壳孢子自管道逸出。刚逸出的壳孢子为球形，无细胞壁，直径 13～20 μm。随海水漂流，遇到合适基质，作短时间变形运动后，便附着在基质上，萌发成为原叶体。

三、繁殖

红毛菜（*B. fuscopurpurea*）兼具有性与无性两种繁殖方式。红毛菜原叶体为雌雄异株，雌株果孢子囊呈棕褐色或深紫色，雄株精子囊呈淡黄色或米黄色，因此用肉眼就能区分。红毛菜的有性生殖器官由营养细胞转化形成，分别为雄性的精子囊母细胞和雌性的果胞。精子囊母细胞经多次分裂形成精子囊器，成熟的精子囊器表面有 8～16 个精子，放散出来的精子呈圆形，直径 3～5 μm，无鞭毛，在水中随波逐流（图 10－5）；成熟的果胞具有原始受精丝，起辅助受精的作用。当精子遇到果胞的原始受精丝，便可与果胞结合完成受精作用，成为合子，随后原始受精丝逐渐萎缩。合子经多次分裂成为果孢子囊（图 10－6），果孢子囊表面为 4～8 个果孢子，

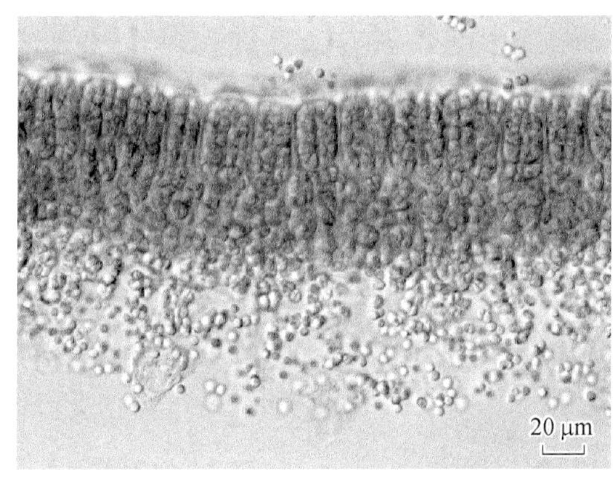

图 10－5　红毛菜成熟的精子囊器及其释放的精子细胞

（由朱建一提供）

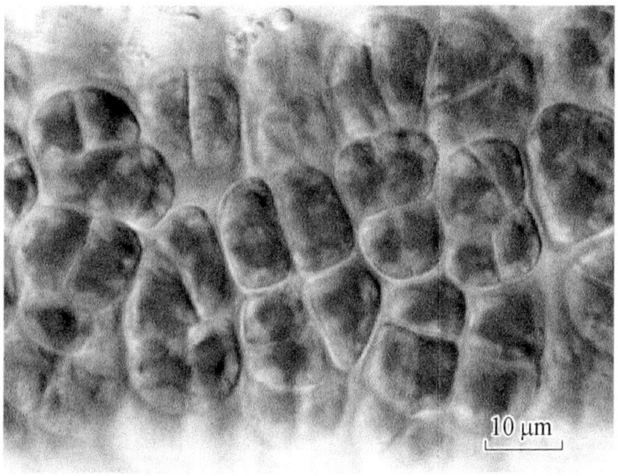

图 10－6　红毛菜果孢子囊

（由朱建一提供）

释放的单个果孢子直径 12.5～17.5 μm。精子囊器和果孢子囊的分裂方式因种而异。放散出的果孢子遇到贝壳基质，便钻入其内，萌发成丝状体。

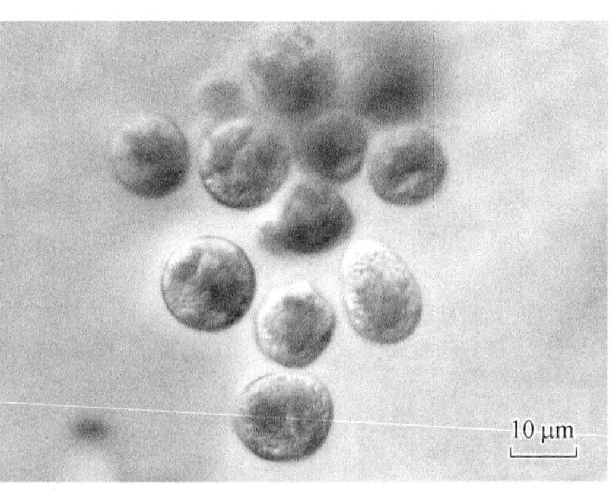

图 10－7　红毛菜放散出的单孢子

（由朱建一提供）

红毛菜的无性繁殖是通过放散单孢子的方式进行的。从几个细胞到肉眼可见的原叶体，都能放散大量单孢子进行无性繁殖，特别是幼苗期，藻体营养细胞可都转变为单孢子放出。在较大的原叶体上，营养细胞可经多次分裂形成单孢子囊，再放散单孢子，每个单孢子囊只含一个单孢子。单孢子为球形，其形状、大小与壳孢子相似，直径 14～20 μm（图 10－7）。

刚放散出的单孢子无细胞壁,可做变形运动,遇到基质附着后直接萌发成原叶体。

四、生活史

大多数红毛菜属藻类的生活史为异形世代交替,即有原叶体(配子体)和丝状体(孢子体)两个世代,兼具有性生殖和无性生殖两种繁殖方式。原叶体是人们通常肉眼可见的牛毛状线形藻体,而丝状体则生长在贝壳内,以此方式度过炎热的夏天,一般不易被人们注意。红毛菜原叶体成熟后产生雌雄生殖细胞,分别为果胞和精子,果胞受精后分裂成果孢子囊;果孢子囊成熟后从中放散出来的果孢子附着并钻入贝壳中萌发成丝状体;成熟的丝状体在每年白露至秋分期间成熟,放散出壳孢子,遇到适宜基质后,壳孢子即附着萌发成为常见的原叶体"红毛菜",至此完成一个完整的有性生活史循环(图 10-8)。此外,原叶体还可进行无性繁殖,形成和放散单孢子,由单孢子再直接萌发成原叶体。

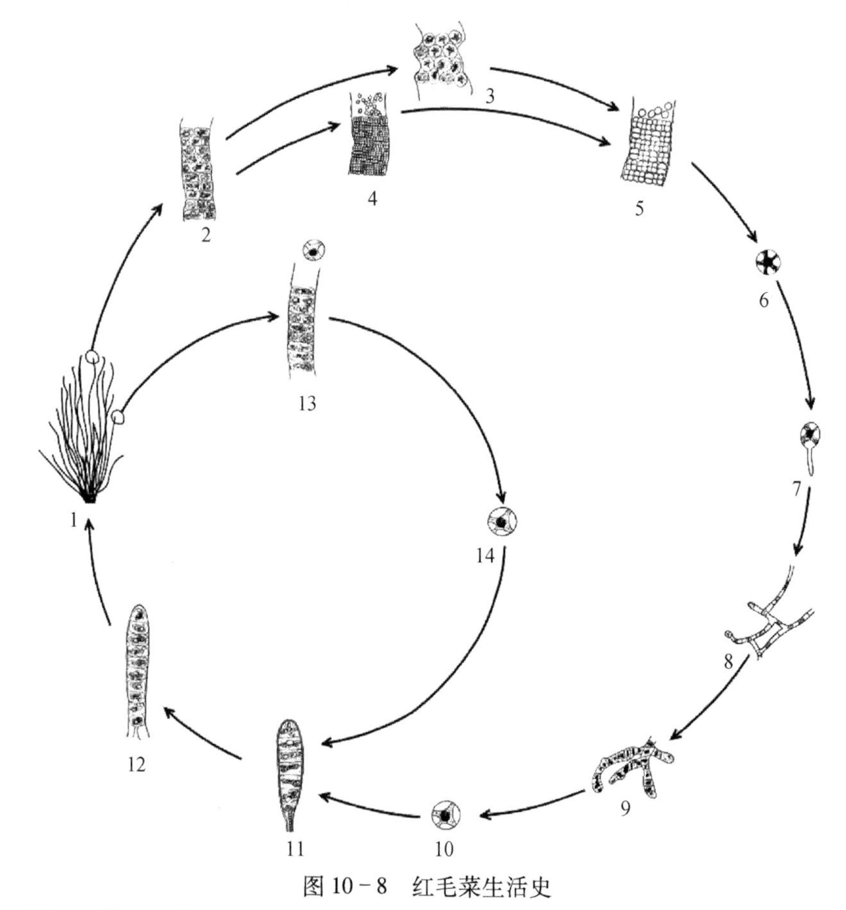

图 10-8 红毛菜生活史

1. 雌雄配子体(原叶体);2. 多列藻体;3. 果胞;4. 精子囊;5. 果孢子囊;6. 果孢子;7. 果孢子萌发;8. 丝状藻丝;9. 孢子囊枝;10. 壳孢子;11. 幼苗;12. 单列藻体;13. 释放单孢子的藻体;14. 单孢子

五、生长发育

1. 原叶体生长发育

红毛菜是一种喜浪的广温性海藻。在自然海区主要分布于潮间带,退潮后能忍受烈日曝晒、冷空气和雨水的袭击，也能适应干燥失水等变化多端的恶劣环境，一般与紫菜生长在一起。红毛菜对海区、潮流、礁石等有较严格的选择性，如海区朝北或东北、突出海岸外迎风浪的礁石上生长更好；生长水层和潮位也有限，必须在海水表层和风浪拍击的潮间带中上部的岩石上；此外，还要求肥沃水质，潮流畅通。

福建莆田沿海的野生红毛菜原叶体生长季节略早于坛紫菜，10月即可见到幼苗，繁盛期为10~11月，翌年2月前后逐渐消失。红毛菜原叶体的萌发、生长与气候和海况关系密切：在附苗期间，如遇冷空气或较强东北风，红毛菜附苗密，见苗早；如遇晴朗天气，无风闷热，水温偏高的气候，则附苗稀少，见苗迟，生长慢。可见，寒冷的气候、流急浪大的生态环境对红毛菜单孢子的放散和生长有利。

1）温度：原叶体不同生长阶段对温度的要求不同，幼苗期耐高温，随着藻体的生长，对高温的适应力减弱。从壳孢子采苗下海到肉眼见苗，这期间水温为25~28℃。10月中旬至11月下旬，福建沿海水温为20~25℃，原叶体大量形成单孢子囊，放散单孢子。10~12月是红毛菜生长的旺盛期，水温为15~25℃。1月之后，随着水温继续降低，红毛菜的生长速度逐渐减慢，藻体衰老、腐烂、流失。水温10~25℃时红毛菜均可放散单孢子，放散高峰期为水温21~25℃时，超过25℃会促使单孢子的形成和释放时间提前，但总放散量下降，且随着培养时间的延长，单孢子萌发的藻体会呈现畸形生长，部分细胞死亡。

2）光照：红毛菜是分布于潮间带中上部的红藻，对光照的要求较强，光合作用速率随着光线增强而增大，但光强超过一定界限时，会引起光氧化。从光照的时间来看，每天光照10~12 h便能满足红毛菜的正常生长，光时超过12 h会促进原叶体的成熟，提早形成有性生殖器官，使其生长速度减弱，对栽培生产是不利。

3）盐度：红毛菜对盐度的适应范围较广，盐度为22~33时均可正常生长，最适合生长的盐度为25~32。河口区营养盐丰富，红毛菜的生长速度较快、生长良好。因暴雨造成的海水盐度短时间内大幅度下降对红毛菜生长没有不良影响。

4）干露：自然海区生长的红毛菜多分布潮间带的岩石上，随着潮水涨落，每天都有两次干露。分布位置较高的红毛菜，有时干露时间甚至超过6 h。干露时，藻体经风吹日晒，水分大量散失，涨潮后，仍可正常生长，说明红毛菜原叶体具有极强的耐失水能力。成体比幼苗耐干力强，幼苗比壳孢子耐干力强。刚放散、附着的壳孢子，尚未形成细胞壁时，耐干力较弱，一旦形成细胞壁，分裂成2个以上的细胞时，耐干力就显著增强。在自然海区，红毛菜与紫菜生长在一起，耐干能力较相似。栽培生产时，定期干出对清除绿藻（浒苔、石莼）淘汰弱苗、培育健壮的红毛菜苗有很大好处。

5）风浪：红毛菜是一种喜浪性海藻，在海区朝北或东北、风浪大的礁石上生长的红毛菜，藻体大、颜色深，而在风平浪静海区生长的红毛菜，藻体小、颜色浅。

2. 丝状体生长发育

1）温度：温度对果孢子放散、附着、萌发均有一定影响。温度较高，果孢子放散速度快、数量多，但附着的数量少、萌发率低，果孢子萌发的适宜温度为11~20℃。丝状藻丝生长的适宜温度为18~24℃。当水温上升到25℃时，开始形成孢子囊枝，26~28℃时形成的孢子囊枝细胞最多。红毛菜丝状体形成壳孢子的适宜水温为26~29℃，水温低于29℃时开始放散壳孢子。

2）光照：光照强度和时间与丝状体生长发育关系极为密切。果孢子萌发时所需光强以40 μmol/(m²·s)以上为宜，光照强萌发快。丝状藻丝生长适宜光强一般为30~40 μmol/(m²·s)，藻丝随光照时间的延长生长加快、分枝增多，短光照则生长慢、分枝少，实践证明，以

8～12 h 的光照较适宜丝状藻丝生长。弱光强、短光时促进孢子囊枝大量形成，光强以 10～20 μmol/(m^2·s)、光时 8～10 h 为宜。光照强度大小、光照时间长短与孢子双分的形成也有密切关系，弱光和短日照有利于双分孢子的大量形成，适宜光强为 10～14 μmol/(m^2·s)，光时为 8～10 h。

3）盐度：丝状体在盐度为 18～34 均能正常生长，以盐度为 26～33 时生长最快，藻丝也比较健壮，盐度太高或太低均会对丝状体生长产生不良影响。壳孢子放散时若遇强降雨，盐度低于 26，会影响壳孢子放散的数量，此时应适当推迟放散时间。

4）pH：自然海区的海水 pH 一般为 7.8～8.4，能满足丝状体正常生长的需要。使用新建的水泥池进行果孢子附着和丝状体培养时，如未经充分浸泡、水泥池易泛碱使池水 pH 提高，从而引起丝状体死亡，因此，新建育苗池在使用前应充分浸泡，至 pH 下降到 8.5 以下后，才能使用。

第三节　苗 种 繁 育

红毛菜的苗种繁育通常是指人工培育贝壳丝状体，获得大量成熟的壳孢子，作为红毛菜人工栽培苗种的过程。

一、培育丝状体的基本设施

1. 育苗室

育苗室应选择在交通方便、水电充足、海水盐度稳定、周围没有污染源的海边。面积以 300～500 m^2 为宜，高度 3 m，屋顶最好为木瓦结构。东西走向，南北采光，光源以侧面光为主，天窗为辅，采光面积不少于苗房面积的 20%。

2. 育苗池

红毛菜丝状体大多采用立体吊挂培育，室内育苗池的走向与育苗室走向相同，利于立体吊挂式培育的侧面采光。育苗池深度 50～60 cm，宽 1.8～2 m，长 7～10 m。立体吊挂池的 2/3 可设置在地面以下，以减少建筑成本。

3. 沉淀池

为减少杂藻、致病微生物和浮泥对红毛菜丝状体生长的影响，贝壳丝状体培养期间所用的海水必须经过黑暗沉淀处理。沉淀池的大小由育苗池的用水量决定，一般沉淀池的贮水量为育苗池总用水量的 2 倍以上，且应将沉淀池分隔成 2～3 个小池，轮换使用。

二、果孢子采苗

1. 育苗基质

人工培育红毛菜丝状体的基质主要是文蛤壳和牡蛎壳，要求壳面大、凹面小。使用过的旧贝壳，经漂白和曝晒后可重复使用。洗净的贝壳放入 30～50 mg/L 的漂白粉溶液中消毒数小时，以防病害发生。立体吊挂培育时，需在贝壳近壳顶处打孔，再按大、中、小分别用聚乙烯线或塑料线将贝壳成对绑结成串，每串 8～9 对，长度一般不超过 35 cm。基质准备具体方法与坛紫菜丝状体立体吊挂育苗一致。

2. 采苗时间

红毛菜原叶体一般每年 11 月中下旬开始产生果孢子囊，到翌年 2 月自然消失。为了缩短室内育苗时间,节省人力物力,在不影响种藻供应的前提下,生产上通常在1~2月进行果孢子采苗。

3. 种藻选择与处理

优良的种藻放散的果孢子数量多、孢子健壮、大小一致、萌发率高,培育出的丝状体生长状况良好、抗病力强。因此,在选择红毛菜种藻时,应选择藻体较大、色泽鲜艳、孢子囊多而明显、无杂藻、成熟好的藻体作为种藻。在选择种藻前应停止剪收,为果孢子囊大量形成提供时间。南风天表层水温高,易形成果孢子囊,因此应在南风天做好红毛菜种藻的选择与采收工作。选好种藻后,用新鲜海水冲洗干净,捡除杂物、杂藻和紫菜,用纱布包裹挤干水分,放置在阴凉通风处,阴干刺激3~6 h。

4. 果孢子液制备

将阴干刺激后的种藻投入盛有新鲜海水的容器中,使其放散果孢子,海水以淹没种藻为宜。在放散过程中应不断搅拌海水,吸取水样镜检。一般经过2~3 h浸泡后,果孢子可大量放散,水色微红,此时可用100目筛绢网过滤除去种藻,获得果孢子液。取果孢子液50 μl在100倍显微镜下观测计数,重复3~5次,取其平均值,求出每毫升果孢子液中果孢子的数量。

5. 果孢子投放密度

果孢子的投放密度对丝状体的生长发育,以及双分孢子的形成、壳孢子的放散有一定的影响。生产上果孢子的投放密度计算方法与紫菜相同,一般要求投放1 000~1 500个/cm^3。

6. 采果孢子方法

先将育苗池内数根吊挂贝壳的竹竿靠拢,喷入所需数量的果孢子液,搅动水体,使果孢子液均匀分布在水池内,然后按正常的距离排放竹竿。如果孢子液搅拌不均匀,会影响附苗的均匀度和密度,从而影响秋季壳孢子采苗时的放散量。现在生产上有部分厂家采取先平面采苗,后立体吊挂的方法:先将贝壳像鱼鳞般平铺池底,泼洒孢子液,使果孢子在水中分布均匀,待数天后果孢子钻进贝壳,再用聚乙烯线串绑贝壳,吊挂在竹竿上进行立体培育。这种方法采苗密度比较均匀,生长整齐,便于管理。

三、壳孢子采苗

秋季将室内人工培育的、成熟的贝壳丝状体运至海区,经海流刺激使其大量放散壳孢子,并采用泼孢子水的方法使壳孢子附着在栽培网上的过程,称为红毛菜壳孢子采苗。自然海区红毛菜壳孢子放散早,一般在白露前后即可放散。为了避开紫菜采苗孢子的干扰,红毛菜壳孢子采苗一般推迟到9月下旬至10月上旬进行。室内培育成熟的红毛菜丝状体需要经过海上刺激一晚上才会大量放散,且具有明显的放散日高峰,一般上午不放散或少放散,16:00~18:00为大量集中放散的时间,19:00以后停止放散,夜间不放散。因此,红毛菜壳孢子采苗一般在下午进行。

1. 海区泼孢子水采苗

海区泼孢子水采苗是目前红毛菜壳孢子采苗的主要方法,具体操作与紫菜的海区泼孢子水采苗一致。采苗的前一天,在海区架设筏架,绑好网帘。为了集中使用及提高壳孢子的利用率,网帘可重叠10~12层。红毛菜贝壳丝状体需要经过海上刺激一晚上才会大量放散。通常,小潮期间下午6:00把成熟的贝壳丝状体装在尼龙网袋内,将网袋挂至船的两侧,船停泊在外海,利用自然海水流动刺激一晚,次日中午前取回贝壳丝状体放入船舱,加入海水进行壳孢子放散。当壳孢子大量放散之后,在下午5:00左右捞起贝壳,将壳孢子水搅拌均匀后,取水样计算壳孢子的放散数量。由于红毛菜藻体线状、纤细,同时也为减少栽培网上杂藻附着,壳孢子附着密度可比坛紫菜高2~3倍,每亩壳孢子用量可在20亿~30亿个。海区泼孢子水采苗应在下午7:00以前结束,使采苗后的网帘在水中浮动3~4 h,网帘浮动的水深以10 cm为宜。

2. 室内育苗池固定式气泡加冲水式采苗法

海区泼孢子水采苗,受气候、海况、潮汐和采苗技术差异的影响,采苗效果极不稳定。为此,目前有些地方采用室内育苗池固定式气泡加冲水的方法采壳孢子苗,此法需将育苗池分成放散池和采苗池。具体方法如下:

采苗前一天,将人工培育的成熟贝壳丝状体吊挂于自然海区中经海流刺激一晚,次日中午前取回,投入预先放有新鲜海水的放散池中放散壳孢子。在采苗池底的排气管上,事先铺放好多层重叠的网帘,压上竹条石块防止网帘浮动,同时在网帘中夹数块200目筛绢布,以备随时镜检附苗情况。采苗时,用水泵将放散池中的壳孢子水抽入采苗池,均匀泼洒在网帘上,然后加入新鲜海水至网帘完全淹没为止,再用潜水泵在采苗池中不断进行抽水和冲水,并不断充气。定期翻动网帘和调换网帘位置,直至镜检附苗密度符合生产要求后,结束冲水和充气,排干池水,移出网帘挂养在海区栽培筏架上。

采用该方法采苗后的网帘,应及时下海挂养,如因夜晚不便(一般采苗结束时间都在晚上9:00以后)或受气候、海况条件限制,当晚不能下海张挂时,应排干池水,注入新鲜海水,并保持海水的流动,待到次日再下海挂养。应防止把网帘浸泡在静置且不干净的池水中过夜。

四、培育管理

丝状体培育过程中的日常管理,主要是根据各个不同阶段对环境条件的要求进行相应的调节,以满足丝状体生长发育的需要。

1. 洗壳和换水

洗壳主要根据贝壳表面杂藻而定,一般2~3周洗刷一次。换水可根据池水的清洁程度而定,一般每月换一次,每次换1/3或1/2,或全换。换水时贝壳丝状体离水时间不宜过长,换水前后温差不宜过大。

2. 调节光照

在整个丝状体培育过程中,丝状藻丝阶段要求较强的光照,光照强度宜控制在30~40 μmol/(m^2·s);丝状藻丝开始向孢子囊枝过渡时,所需光强稍为减弱,应控制在10~20 μmol/(m^2·s);开始形成双分孢子时,应将光强进一步减弱为10 μmol/(m^2·s)左右。光照时间根据丝状体不同发育阶段而定,丝状藻丝至孢子囊枝前期多采用全日照,从孢子囊枝后期(8月上旬),光照缩短在10 h左右,形成双分孢子时,光照时间一般缩短为8 h左右。

3. 贝壳倒置与移位

丝状体生长过程中,因育苗池水体上层光线强、生长快,下层光线弱、生长慢。当上、下层贝壳表面的色泽差异明显时,需进行贝壳倒置,使上、下层贝壳轮流受光,丝状体生长趋于一致。在一个育苗池内,靠近池壁背光一侧的贝壳,光照不足,也需要经常进行移位和调整,以保证育苗池各个角落的贝壳丝状体生长一致。倒置与移位一般结合洗壳一起进行。

4. 施肥

丝状藻丝和孢子囊枝前期施氮肥5~8 mg/L($NO_3^- - N$),磷肥0.5~1.0 mg/L($PO_4^{3-} - P$)。孢子囊枝后期开始,磷肥可适当增加到5~8 mg/L,氮肥少施或停施。加大磷肥施肥量可促进后期丝状体的成熟,有利于壳孢子形成。施肥一般每月一次,随换水同时进行,也可用海水溶化后进行喷施。使用过磷酸钙作为肥源时,应浸泡取上清液使用,防止颗粒沉积在苗壳表面。

5. 促熟

促熟必须在苗种出库前20~30 d进行。可采用流水促熟法或单施高浓度(不宜超过10 ppm)磷肥加缩光的方法进行。通过促熟,苗壳表面颜色由鲜紫红色或紫红色变为褐灰色或紫褐色,镜检时膨大细胞达70%,双分细胞达30%以上,即符合生产上的壳孢子采苗要求。

6. 苗种出室

一般在白露至秋分时节的小潮水期间,出库进行壳孢子采苗。苗种运输时需用网袋或浸湿的麻袋装运,采用水运或湿运,途中应防干、防晒、防磨。近途可用水桶进行带水运输,运达目的地后立即下海,吊挂在潮水退不干的潮间带下部进行潮流刺激,以便次日海区采壳孢子苗。

第四节　栽 培 技 术

一、栽培场地选择

红毛菜的栽培主要是在潮间带进行,底质与坡度对红毛菜的生长影响不大,但对栽培筏架的设置、栽培管理有一定的影响。除岩石区外,底质为沙质、沙泥质及砂砾质,且地势平坦的海区均适于栽培红毛菜。软泥滩因浮泥多、易沉积在叶片上,给栽培管理带来一定的困难。

栽培的潮区宜选择在小潮满潮线至小潮干潮线附近。红毛菜是喜浪性种类,风浪大,生长快,湾口一般以朝北或东北较好,宜选择潮流畅通、风浪较大的海区作为栽培区。但风浪对浮筏器材设备的安全影响较大,栽培区的风浪应以不损坏栽培设施为宜。除此之外,还要考虑海区水中的营养盐含量。红毛菜生长发育需要的营养盐主要是N、P、K和微量元素,尤其对N的需求量较大。选择栽培海区时应先测定海区含氮量,也可以海区内浒苔、石莼的生长情况作为指标:当石莼、浒苔为墨绿色时,说明该海区含氮量高;若浒苔、石莼呈黄绿色、无光泽,表明该海区含氮量低。此外,栽培海区的海水盐度一般要求为23~33,盐度较低的河口区,或有污染排入的海区不宜作为栽培海区。

二、栽培筏架及其设置

红毛菜通常采用半浮动筏式栽培,栽培器材主要由网帘、筏架,以及固定筏架的桩、缆等组成。红毛菜为线状,使用网帘栽培易采收,一般不采用方格网。亲水性差的塑料线,聚乙烯线等附苗差,亲水性大的棉纱易附杂质和腐烂断折,木片和竹条不宜大面积使用,因此目前使用的网帘多为维尼纶和低压聚乙烯混股绳编织而成。网帘以长3 m、宽1.5 m、条距4~5 cm为宜,40片网帘为一亩。筏架起支撑网帘、保持浮动的作用,设置方法与紫菜筏架相同,但因为同样面积红毛菜的重量比紫菜轻,所以浮筏或浮力不必过大,浮筒的直径也可适当减小,一般为6~10 cm。落潮时露出水面的筏架,以短支腿平稳地架在海滩上,使网帘不拖地。

三、海区栽培

1. 分帘栽培

海区泼孢子水采苗时,为了提高壳孢子的附着率和利用率,将多层(10~12层)网帘重叠采苗。一般采苗7~10 d之后,重叠的网帘便应进行分帘,每张网帘单独挂在筏架上进行栽培。

也可采用先对分(先把采苗网帘对半分开),后单分(过数天后一片片分开挂养)的逐步分苗法进行。

2. 采单孢子苗

红毛菜原叶体可通过放散单孢子的形式进行无性繁殖,壳孢子附着、萌发为数十个细胞的原叶体后,便可开始放散单孢子,单孢子萌发成的小苗又可形成单孢子囊放散单孢子,不断循环。因此,壳孢子采苗 10~15 d 后,可定期剪取一段网帘镜检单孢子放散量,当 1 cm 网帘上红毛菜单孢子数达 1 300 个以上时,可及时将未采苗的空网帘(1~3 层)覆盖在已采苗的网帘(母帘)上,让母帘上红毛菜幼苗放散出的单孢子,附着在子帘上。单孢子放散时,以冷空气伴阴雨寒冷的小潮水期间放散量最多,当天气转晴、水温回升、风力减弱、风平浪静时,单孢子的放散量明显减少。单孢子大量放散的情况下,一般 7~10 d 采一批网帘,可连续多批采苗。采单孢子时间可延长至 11 月底,一般不超过 12 月。

3. 栽培管理

红毛菜壳孢子放散后,在未形成细胞壁之前耐干力很差,一旦细胞分裂形成 2 个细胞以上的幼芽时,耐干力显著增强。栽培过程中为了保持网帘的清洁,可利用红毛菜耐干性强这一特点,在采壳孢子苗 7~10 d 之后,将网帘拆卸下来,抬到岸上晒 1 d,去除杂藻、浮泥对网帘的覆盖。在整个栽培过程中,根据杂藻附着程度,每 7~10 d 晒帘一次。根据杂藻附着情况调整晒帘时间,去除硅藻可短一点,去除绿藻则可适当延长。除晒帘外,还可利用潮水涨落,采取冲洗和拍击的方法清除网帘上的浮泥和硅藻。操作时解下网帘的一端,手拉帘子在水中拍洗。在自然海区,红毛菜是分布在潮间带中上部,随着生长和季节变化,红毛菜生长的适宜潮区也有变动。人工栽培时,早期为了延长生长时间,红毛菜筏架一般放置在潮间带中下部;到了中后期,藻体日趋老化,代谢缓慢,加之潮间带中下部硅藻生长繁盛影响了红毛菜的正常生长,因此在中后期,可将筏架移往潮间带中上部,延长干露时间,防止红毛菜早衰老、减少浮泥和杂藻的覆盖,这样有利于延长红毛菜的生长期,提高红毛菜的质量。

第五节 病害与防治

一、苗种培育期间的病害防治

丝状体培育期间的病害主要有黄斑病和砖红病等。培育期间对病害提倡以防为主、防治结合的原则。平时做好育苗室卫生和水质管理,以及光照、室温的调节工作,努力创造适宜苗种生长的健康生态环境。同时应勤观察,发现病害苗头,及时采取防治措施。

1. 黄斑病

该病一般发生在 8~9 月高水温期。当水温超过 28℃或光照变化大时,易发病。初期贝壳上出现一些黄色小圆点,随后逐渐扩大连成片,颜色由黄转浅绿,最后因丝状体死亡而变白。

该病传染性较强,因此一旦发病,应立即隔离病壳,用淡水或严重的用 2~5 mg/L 的漂白粉水进行处理,直到黄色病斑消失为止。

2. 砖红病

该病与光照突变和水质条件有关,底层贝壳易发病。病壳呈砖红色,壳面滑腻,有腥臭味,具传染性。一旦发病,应立即隔离病壳,用淡水浸泡,或倒置、调位、换水,调整光强。症状严重时用 2~5 mg/L 的漂白粉水进行处理。当砖红色病斑转为黄绿色进而变白时,说明病情已得到控制。

二、海上养成期间的病害防治

目前对红毛菜海上栽培期间的病害研究较少,相关病害大多参照坛紫菜栽培病害进行防治。此外,红毛菜海上栽培过程中,网帘上常会附生很多杂藻,常见的有紫菜、浒苔等,需定期进行清理。可以利用其他杂藻比红毛菜耐干能力差的特点,通过曝晒的方法除去杂藻,而对于紫菜等耐干旱能力强的杂藻,可手动摘除。

第六节 收获与加工

红毛菜的采收时间因栽培海区的环境条件而异。潮流畅通、风浪大、营养盐丰富的海区,自壳孢子采苗后,经过 50 多天的生长,藻体长至 5 cm 以上,便可以开始第一次采收。第一次采收后,红毛菜每隔 1~2 周即可剪收一次,直至翌年 3~4 月藻体衰老期,整个可采收时间为 4~5 个月。

红毛菜采收的方式有拔收和剪收两种。由于红毛菜会大量放散单孢子,在 1 cm 长的网帘上,大小红毛菜苗多达数百株,大苗遮盖着小苗,影响小苗的生长。因此,第 1~2 次采收时可用拔收的方式采收大苗,这样不仅能改善小苗的受光、受流条件,有利于小苗继续生长,同时还能为新放散的单孢子提供附着空间,起到补充和增加苗源的作用。12 月之后,红毛菜放散单孢子的数量逐渐减少,这时采收的方式可采用剪收,即用剪刀将个体较大藻体的前端剪下,保留基部使其继续生长。海上的剪收方式基本与紫菜相同,不同之处在于,若遇恶劣气候,可将网帘拆下搬上岸,张挂在庭院或育苗室内,用海水喷湿藻体,使藻体湿润下垂,再进行剪收。采收过的网帘应摊开阴干,如天气晴好可日晒 1 d,再下海挂养。红毛菜的产量除与附苗密度有关外,及时剪收也是提高单产的重要措施之一。

红毛菜藻体非常纤细柔软,脱水加工难度大,不易保存。为了防止原藻变质、影响质量,从海上收割回来的红毛菜一般应当天加工完毕,以保证产品色泽光亮、口感清甜。刚收获的鲜藻用海水搅拌洗净,清除杂藻(浒苔、紫菜等)和浮泥杂物,用纱布过滤去除脏水后,再用纱布包裹挤干水分,或用紫菜加工用的脱水机脱水。

目前,红毛菜原叶体加工的方式主要有散菜、条状和菜饼 3 种。散菜即原藻用海水洗净脱水后,直接放在晒帘上晒干,没有一定形状。条状即将原藻用手搓成条形,或将原藻与海水拌成菜浆后,插入筷子,边旋转筷子边缓缓拉起,捻成条状后立即干燥。加工菜饼的方法有两种,即方块状菜饼和圆形菜饼,加工方法同紫菜。菜饼一般要求当天晒干或烘干,若中途天气变化转为阴雨,应移到室内通风处晾干。未干的菜饼切勿重叠在一起,以免温度升高造成变质。有条件的地方可利用机械加工设备进行红毛菜加工。

红毛菜富含多种微量元素、氨基酸,味道鲜美甘甜,具化痰软坚、清热利水、补肾养心功能,用于治疗甲状腺肿、水肿、慢性气管炎、咳嗽、高血压等,是一种良好的保健食品。目前国际上红毛菜需求量极大,供不应求,外销价格连年暴涨,前景看好。为了保证质量,扩大红毛菜生产加工,必须加强生产管理,严格按照生产工艺的主要技术要求进行生产,严把质量关。应及时采收,保证原料的新鲜度;及时加工烘干,保持产品油亮有光泽,口感清甜。同时要开展深加工研究,开发新产品,增加花色品种,或加工成各种调味料的小包装红毛菜、汤料红毛菜等,严格卫生管理、提高产品档次，以增加其市场的竞争力，提高经济效益。

参 考 文 献

福建省海洋与渔业局. 2005. 福建海水养殖[M]. 福州：福建科学技术出版社.

黄春恺，张春泉，程金通. 1981. 红毛菜丝状体与主要环境因子的关系—育苗试验的初步观察[J]. 福建水产科技，1(4)：25－31.

黄春恺，张春泉. 1983. 关于红毛菜丝状体放散壳孢子规律的探讨[J]. 福建水产，1：28－31.

黄春恺. 1991. 红毛菜养殖工艺流程和主要技术措施[J]. 福建水产，(4)：37－38.

黄春恺. 2002a. 红毛菜室内苗种培育技术规程[J]. 福建水产，12(4)：58－60.

黄春恺. 2002b. 红毛菜的生物学特性[J]. 海洋渔业，4：183－184.

黄春恺. 2003a. 红毛菜人工养殖中的采苗技术研究[J]. 福建农业科技，(2)：43－44.

黄春恺. 2003b. 气泡+冲水式采苗技术在红毛菜人工养殖中的应用研究[J]. 齐鲁渔业，20(6)：43－44.

黄春恺. 2004. 红毛菜苗种复壮试验[J]. 齐鲁渔业，21(8)：38－39.

黄春恺. 2006. 利用红毛菜生物学特性覆盖采集单孢子苗[J]. 海洋科学，30(1)：9－10.

黄文凤，黄建明，董飞强. 1998. 红毛菜的营养成分特征和价值[J]. 海洋水产研究，19(2)：57－61.

纪焕红，马家海. 2000. 红毛菜壳孢子的超微结构[J]. 水产科技情报，27(5)：206－209.

姜红霞，王燕，姚春燕，等. 2011. 光强和无机碳对红毛菜丝状体 PSⅡ活性的影响[J]. 江苏农业科学，1：259－261.

林玉树，吴荔芳，黄春恺. 1999. 藻类养殖新秀——红毛菜[J]. 福建农业，4：17.

马家海，李水军，纪焕红，等. 2002. 红毛菜的氨基酸和脂肪酸分析[J]. 中国海洋药物，5：40－42.

沈宗根，朱建一，姜波，等. 2013. 红毛菜丝状体核分裂研究[J]. 西北植物学报，33(2)：313－316.

孙爱淑，曾呈奎. 1998. 中国红毛菜繁殖方式和染色体研究[J]. 海洋与湖沼，29(3)：269－273.

田其然. 2004. 经济红藻红毛菜的生物学特性研究[D]. 汕头：汕头大学.

汪文俊，王广策，许璞，等. 2008a. 红毛菜生物学研究进展Ⅰ. 生活史和有性生殖研究[J]. 海洋科学，32(4)：92－97.

汪文俊，许璞，王广策，等. 2008b. 红毛菜生物学研究进展Ⅱ. 系统分类学研究[J]. 海洋科学，32(5)：73－77.

汪文俊. 2008. 红毛菜发育过程及其生理基础[D]. 青岛：中国科学院海洋研究所.

夏建荣，田其然，高坤山. 2009. 红毛菜的移栽与部分生理生化特性分析[J]. 水产学报，33(1)：171－176.

许璞，张学成，王素娟，等. 2013. 中国主要经济海藻繁育与发育[M]. 北京：中国农业出版社.

朱建一，陆勤勤，陈继梅，等. 2008. 红毛菜的超微结构[J]. 水产学报，32(1)：138－144.

扫一扫见彩图

第十一章　礁膜栽培

第一节　概　　述

一、产业发展概况

礁膜、浒苔、石莼并称为世界三大经济绿藻，产品已广泛应用于菜肴、食品、饲料、肥料和生化领域，市场不断扩大。礁膜属（*Monostroma*）藻类为海洋三大经济绿藻之一。Algaebase 中记录礁膜属藻类 69 种，其中学名已确定的有 40 种。我国曾报道该属 2 种淡水种类，张学成等（2005）报道我国有 12 种海产礁膜属藻类。

日本、韩国等早在 20 世纪 70 年代便开始了礁膜的栽培，喜田和四郎（1966，1972）早就完成了整个宽礁膜的人工育苗，经过多年的发展，日本和韩国礁膜栽培产业已较完善，栽培技术处于领先水平。日本将礁膜属藻类称为绿紫菜，目前礁膜属种类的栽培产值和栽培规模在日本海藻栽培产业中位列第 4 位，仅次于紫菜、海带、裙带菜，年产量已超过 3 000 t 干品，一次加工品年产值折合人民币 6 亿元左右。在韩国，礁膜属藻类也实现了规模化栽培，最高年产量已超过 11 500 t 鲜藻，产值超过 1 000 万美元。可见，礁膜属藻类具有较大开发利用前景。

我国礁膜研究与开发利用刚刚起步，目前主要栽培种类为宽礁膜（*M. latissimum*）和礁膜（*M. nitidium*）2 种，栽培地区仅限于浙江省玉环县和台湾省澎湖列岛沿海少数地方，最大栽培面积曾达 33.3 hm^2（500 亩），年产 10 600 t 鲜藻。在浙江等地海域已形成了一定规模的礁膜加工产业，产品不仅供内需，还远销国外。

二、经济价值

礁膜属藻类个体较大，体软、质薄、味美，营养丰富，富含糖类、脂肪酸、维生素、氨基酸、无机盐和微量元素等，是绿藻中食用价值最高的种类之一。可鲜食，也可晒干作调味品，是活性物质丰富、食用价值和深加工价值高的优质藻类资源。另外，该属种类还具有清热化痰、利水解毒、软坚散结等药用价值，可用于治疗喉炎、咳嗽痰结、水肿等。从藻体中提取的硫酸多糖更具有抗凝血、抗氧化、降血脂及抗炎活性，在海洋食品、药物和化妆品等方面具有极高的开发潜力。

宽礁膜的蛋白质、脂肪、总糖、粗纤维、灰分和水分的含量分别为 23.13%、2.64%、40.11%、5.05%、14.62%和 11.86%。其中蛋白质、脂肪含量均高于海带和浒苔，而总糖、粗纤维含量则低于二者。Kim 等（1995）研究了包括礁膜在内的 9 种海藻的多聚糖及其膳食纤维的组成分析，礁膜干物质的总纤维含量为 25.4%～38.1%，其中可溶性纤维占 43.7%～64.8%，为绿藻中最高。现代医学和营养学研究认为，膳食纤维对人体健康有很多重要的生理功能，并称为与传统的六大营养素并列的第七大营养素。

宽礁膜蛋白质含氨基酸 17 种，除色氨酸因盐酸水解被破坏未能测出外，属于完全氨基酸。在每 100 g 宽礁膜干品中，总氨基酸为 19.95 g，必需氨基酸占总氨基酸的 53.43%，必需氨基酸与非必需氨基酸之比为1.15。另外,宽礁膜游离氨基酸含量为1 271.92 mg/100 g干品,其中谷氨酸、天冬氨酸、丙氨酸和甘氨酸四种呈味氨基酸之和占总游离氨基酸的33.32%,说明宽礁膜是一种味道鲜美的海藻。另外每100 g宽礁膜干品中含161.20 mg牛磺酸,占游离氨基酸的12.67%,牛磺酸虽不参与体内蛋白质的生物合成,但与人体视觉、胎儿及幼儿的中枢神经和视网膜的发育有密切的关系,并有防止智力衰退、抗疲劳、抗动脉粥样硬化和心律失常之功效。宽礁膜的脂肪含量为2.64%,其中多不饱和脂肪酸(PUFA)所占比例很高,约占50.25%,PUFA与FA的比值为0.57,其中人体必需的C18:3n3(α-亚麻酸)占25.59%,C20不饱和脂肪酸含量为11.05%。$n-3$系列的脂肪酸对提高记忆力和视力有促进作用,同时C18:3n3可防治动脉硬化,防止血脂在血管内淤积,并有清理血管的作用。这表明宽礁膜可作为保健品和药物的原料。

宽礁膜含矿物质为14.62%,其中Mg含量高于海带和条斑紫菜,微量元素Cu、Zn、Se含量丰富。Cu可防止贫血,是一种补血的元素,Zn是一种促进智力发育的元素,而Se可增强机体免疫能力,是人体多种含硒酶的活性因子,是机体不可缺少的一种元素。

在每100 g干宽礁膜中含叶绿素a 250.46 mg,叶绿素b 479.75 mg,叶绿素总量730.21 mg,类胡萝卜素78.63 mg。光合色素含量的多少可反映产品的质量,通过产品的颜色、色泽表现出来,是产品质量感官鉴定的重要指标。

三、栽培简史

礁膜喜生长在内湾温暖的浅海水域。日本的三重、爱知、爱媛、德岛、高知、静冈等县沿海均有栽培。三重县位于日本伊势湾内,1935年开始栽培礁膜,是日本主要礁膜产地,年产干品700~1 000 t,占日本总产量的50%~70%,有46个渔业组合从事礁膜栽培。

虽然我国食用和药用礁膜的历史悠久,但是礁膜大规模人工栽培却始于21世纪初。2000年10月,开始在我国浙江省海山乡试栽宽礁膜。2001年4~5月配子体成熟,获得孢子体,孢子体培养至9月成熟后,用染网法将配子体苗采于2张旧网帘上。2001年11月4日网帘开始下海栽培,至2002年4月24日收网时,2张网(1.5 m×18 m)共收宽礁膜干品9.36 kg,干品单产为62.4 kg/亩。2002年共栽培宽礁膜30 m^2,从2002年12月至2003年4月共采收干品23.05 kg,单产为138.3 kg/亩(1亩约等于666.7 m^2)。

当礁膜藻体长到10 cm左右时,即可采收,每月采收一次(剪长留短),一般1个栽培季节可收获3~6次(12月至翌年4月),每张网[(1.2~1.5)m×18 m]的产量为6~8 kg干品。礁膜剪收后,网帘上的密度明显下降,经过3~4周的生长后,又可达到剪收的长度。采收后的鲜藻,先除掉附着生物,用海水清洗,加工时再用淡水洗涤干净。礁膜可直接鲜食作汤菜,也可脱水晒干或烘干制成干品食用,干品用封口袋密封包装,避光低温冷藏保存。暂时不能加工的礁膜,离心脱水后在-20℃低温下冷藏或晒干后备用,也可把干礁膜轧成粉储存。在中国膳食中,绿海汤、绿玉饼、海味绿菜等菜肴的主要原料就是礁膜属藻类。除鲜食外,礁膜也可晒干作调味品或作为海苔制品的原料,在日本把礁膜称为"绿紫菜",是制作"紫菜酱"的主要原料。日本规定,在紫菜产品中容许7%的绿藻(礁膜、浒苔等)存在。浙江闵南一带群众将礁膜弄碎用油煎后混入其他佐料作为春饼的调味品。

礁膜含有多种有价值的生物活性成分,可用来制作各种方便食品、旅游食品和保健食品,或把加工好的礁膜藻粉作为添加剂掺进其他食品中,如把经过加工的绿藻粉混进饼干中,做成"海洋蔬菜饼干"。

第二节　生 物 学

一、分类地位

礁膜属（*Monostroma*）隶属于绿藻门（Chlorophyta）绿藻纲（Chlorophyceae）石莼目（Ulvales）礁膜科（Monostromataceae）。该属的海藻俗称塔膜菜、绿苔，全世界共有40多种，我国礁膜属藻类的种类、分布和亲缘关系尚未达成统一意见。黄宗国（1994）记载我国分布礁膜属藻类6种，即礁膜（*M. nitidium* Wittr）、袋礁膜（*M. angicava* Kjellm）、宽礁膜（*M. latissimum* Wittr）、厚礁膜（*M. crassifolia* Tseng et C. F. Chang）、北极礁膜（*M. arcticum* Wittr）、皱原礁膜（*M. undulatum* Vinogradova）。张学成等（2005）记载我国分布有12种，即礁膜、袋礁膜、宽礁膜、厚礁膜、北极礁膜、厚皮礁膜（*M. crassidermum* Tokida）、破礁膜（*M. fractum* Jao）、格氏礁膜[*M. grevillei*（Khuret）Wottrock]、狭膜礁膜（*M. leptodermum* Kjellman）、尖种礁膜[*M. oxyspermum*（Kuetz）Doty]、薄礁膜（*M. pulchrum* Farlow）、四列礁膜[*M. quaternarium*（Kuetz.）Desmazieres]。我国沿岸常见种有3种，即礁膜、袋礁膜和宽礁膜，在分类系统里隶属于：

绿藻门（Chlorophyta）
　　绿藻纲（Chlorophyceae）
　　　　石莼目（Ulvales）
　　　　　　礁膜科（Monostromataceae）
　　　　　　　　礁膜属（*Monostroma*）

礁膜属藻类仅从形态结构较难区分，某些物种的分类一直存在诸多观点。李茹光（1964）报道了形态相似的格氏礁膜（*M. grevillei*）与袋礁膜（*M. angicava*），但苏乔（2001）根据ITS序列分析和形态特征比较，认为二者应为同一种；沈颂东和张劲（2008）亦通过5.8 S rRNA基因序列比对，支持格氏礁膜和袋礁膜为同一物种。曾呈奎等（1983）指出*M. angicava*和*M. arcticum*为同物异名，苏乔（2001）根据*M. arcticum*基本无囊状期和裂片较多的特点，决定保留*M. arcticum*这个种。沈颂东和张劲（2008）从遗传距离和NJ分子进化树结果认为*M. angicava*和*M. arcticum*为两个不同的物种。苏乔（2001）报道了中国新纪录种*M. greville* var. *vahlii*，并对*M. nitidium*的分类地位提出质疑。厚礁膜藻体因具双层细胞，分类地位尚有争议，需进一步研究确定。

二、栽培种类与分布

我国沿海从南到北均有礁膜属藻类分布，常见的有礁膜、袋礁膜和宽礁膜三种。

1. 礁膜

别名石菜（福建福安）、蛇被（福建前岐）、绿紫菜、青菜、大本青苔菜（台湾）、由菜（广东海陵岛）、纸菜（广东硇洲岛）、苔被（浙江奉化）、绿塔膜菜（山东荣成）、小黑菜（山东大钦岛）、海青菜、海白菜（辽东半岛、山东半岛）。本种是北太平洋西部特有的种类，全球广布于热带、亚热带沿岸，我国浙江、福建、台湾、广东、海南岛、香港等均有分布，日本、韩国也有分布。除鲜食作汤菜外，也可作为海苔制品的原料或调味品。礁膜是日本制作紫菜酱的主要原料。

2. 袋礁膜

别名绿塔膜菜（山东荣成）、小黑菜（山东大钦岛）、海青菜、海白菜（辽东半岛、山东半岛）、单杆藻、单柄藻。本种为世界性亚寒带性藻类，分布于中国、日本、俄罗斯、挪威等国，也是我国黄海、渤海沿岸习见种。

袋礁膜为质软、味美的食用价值较高的绿藻，可鲜食或晒干贮存食用。除用作海味汤菜外，还可以用来制作调味品、加工成海苔，也是一种很好的药物资源。

3. 宽礁膜

别名 Da-Mo、石菜（福建）、绿紫菜、青菜、大本青苔菜（台湾）。分布于太平洋中南部沿岸内湾，我国、日本、韩国等均有分布，我国见于福建、台湾澎湖、广东、香港等沿海内湾。

三、形态与结构

礁膜属藻体生活史中有配子体和孢子体之分，配子体为一层细胞构成的叶状体，丛生膜状，柔软黏滑而有光泽，藻体呈黄绿色或淡黄绿色，长 2~6 cm，退潮后粘贴于岩石上。藻体细胞表面观多为多角形、椭圆形或亚长方形；藻体中部横切面细胞为椭圆形、长方形或亚圆形，位于中央部位，与上下表面之间有间隔；基部细胞伸长，并在固着器部位形成假根状突起。藻体外形和石莼属的种类十分相似，但后者由 2 层细胞组成，且藻体较粗厚。

孢子体阶段分为 5 个时期：配子结合（配子平均大小为 7.5 μm×2.0 μm）、合子（4~20 μm）、孢子囊（18~40 μm）、游孢子形成（孢子囊大小为 35~55 μm）、游孢子放散（游孢子平均大小为 9.4 μm×3 μm）。合子专指雌雄配子结合后形成的短暂单细胞期。随着礁膜合子进一步生长发育，合子经减数分裂后形成含多个游孢子的孢子囊。游孢子形成至成熟放散需经历 1 个月左右的成熟期。

1. 礁膜（*M. nitidium*）

藻体细胞单层，膜状，黄绿色或淡黄色，体柔软而有光泽。幼体为囊状，但囊状期短，很快分裂为不规则的膜状，干燥后完全能粘在纸上。叶边缘为不规则状，且有许多壁褶（图 11-1）。体高 2~6 cm，最高可达 15 cm，体厚 24~30 μm。

藻体细胞表面观为多角形、圆形或椭圆形，有两两成对的现象；横切面观细胞多为圆形，大小为（6~9）μm×（4.5~5）μm，位于切面中央，细胞与上下表面距离各为 5 μm。

该种广布于热带、亚热带区，我国东海、南海沿岸内湾分布较广，浙江、福建、台湾、广东、海南岛、香港等均有分布。本种是北太平洋西部特有的种类，除我国外，日本、韩国也有分布。

2. 袋礁膜（*M. angicava*）

藻体单层，黄绿色至绿色，薄软而黏滑，无光泽，叶边缘无壁褶，基部双极细胞延伸假根丝组成盘状固着器（图 11-1）。幼体长囊状，故名袋礁膜。囊状期较长，囊状幼体生长一段时间后，一般在体高 1~4 cm 时，开始局部或全部破裂为细条形至不规则圆形的裂片，裂片的数目不等，通常为 3~4 个。膜状藻体中等大小，体高 5~10 cm，最高可达 26 cm，体厚 25~35 μm。

细胞表面观圆形或椭圆形，两两成对现象不明显；横切面观细胞多为长方形，大小为（12~15）μm×（17~25）μm，位于切面中央，细胞与上下表面距离较小，各为 4.5 μm。

本种为世界性亚寒带藻类，分布于中国、日本、俄罗斯、挪威等国，也是我国黄海、渤海沿岸习见种。

袋礁膜为质软味美、食用价值较高的绿藻，可鲜食或晒干贮存食用。除用作海味汤菜外，还可以用来制作调味品、加工成海苔，也是一种很好的药物资源。

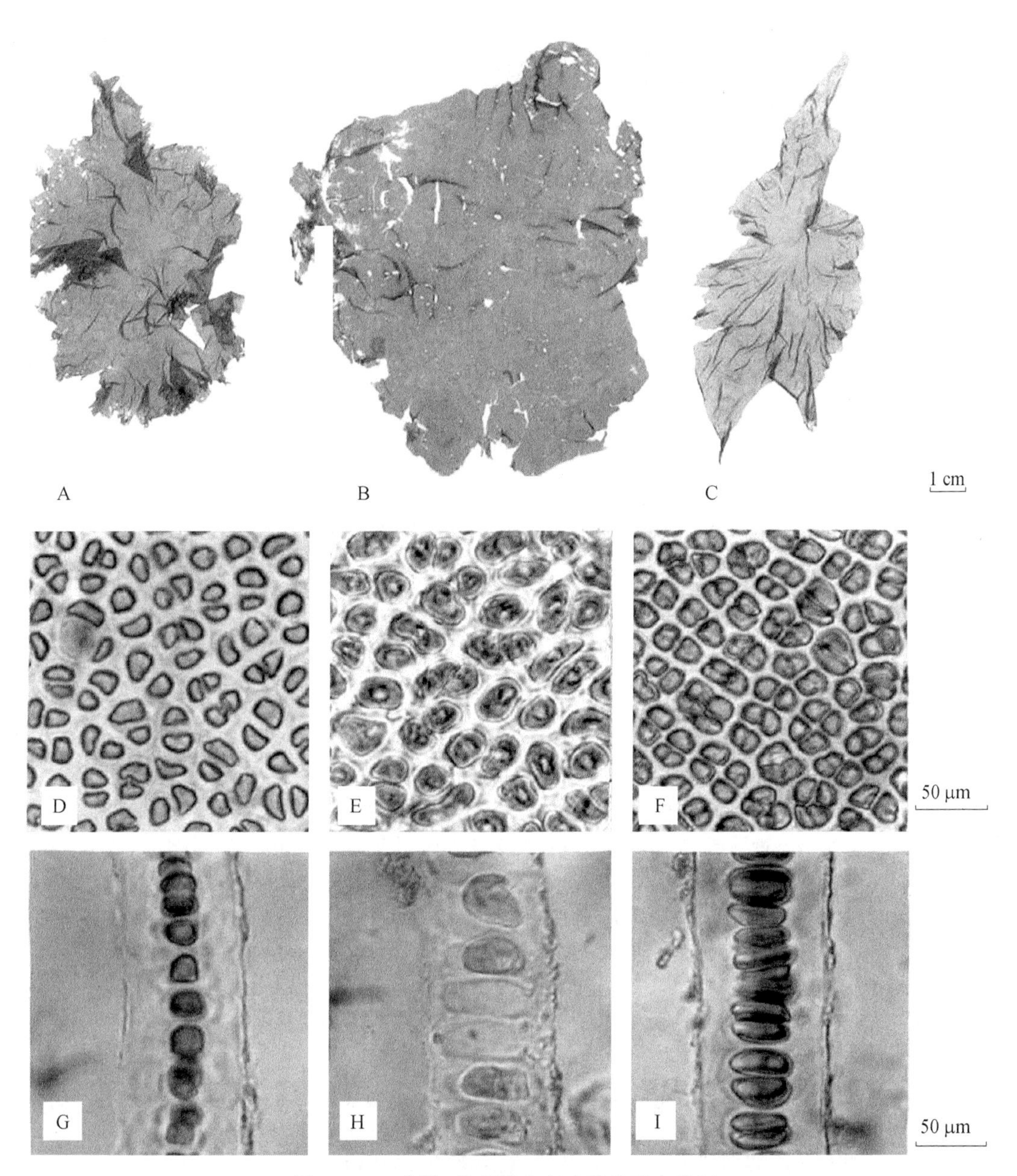

图 11－1　礁膜、袋礁膜和宽礁膜的形态特征

A. 礁膜，×1；B. 袋礁膜，×1；C. 宽礁膜，×1；D. 礁膜未成熟配子体中部细胞表面观，×500；E. 袋礁膜未成熟配子体中部细胞表面观，×500；F. 宽礁膜未成熟配子体中部细胞表面观，×500；G. 礁膜未成熟配子体中部细胞切面观，×500；H. 袋礁膜未成熟配子体中部细胞切面观，×500；I. 宽礁膜未成熟配子体中部细胞切面观，×500

3. 宽礁膜(*M. latissimum*)

藻体绿色，成熟后为黄绿色，干后暗绿色。游孢子直接发育成单层细胞的叶状体，幼体无囊状期，叶状体有或无裂片，稍黏滑，有光泽，这是区别于礁膜和袋礁膜的显著特征。叶边缘有壁褶，个体较大，体高 20 cm 以上，最大个体体高可达 60 cm 以上(图 11－2)，体厚 19～25 μm。

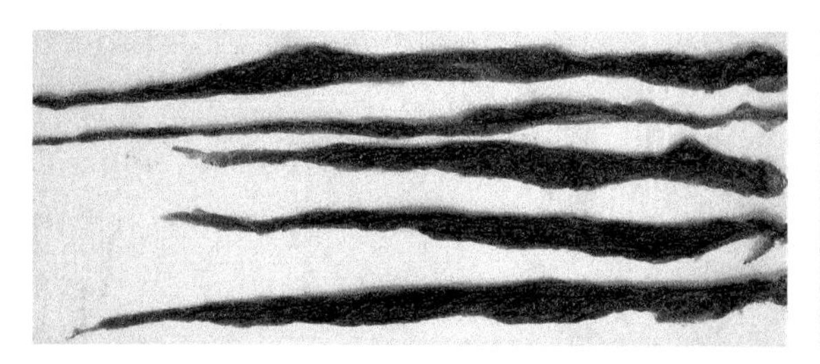

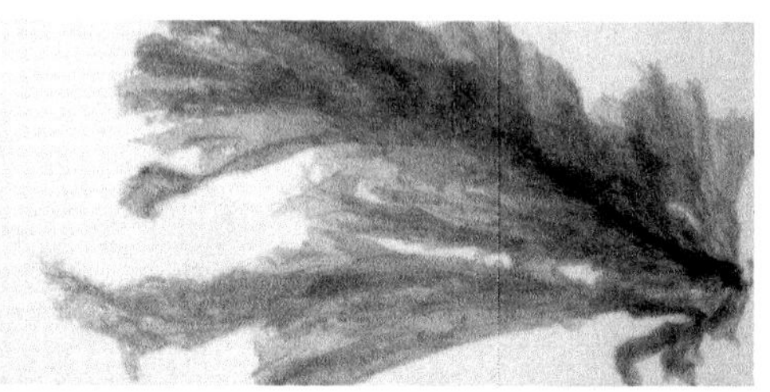

图 11-2 采集于湛江的宽礁膜

细胞表面观三角形、方形或椭圆形，有明显的两两成对现象。藻体横切面观细胞长卵圆形，大小为(9~12) μm×(4~5) μm，中央位，细胞与上下表面的距离各为 5 μm。

本种分布于太平洋中南部沿岸内湾，日本、韩国等均有分布，我国分布于福建、台湾澎湖、广东、香港等沿海内湾。

为便于区别礁膜、袋礁膜、宽礁膜，现将各种的重要特征总结于表 11-1。

表 11-1 礁膜、袋礁膜和宽礁膜的形态比较

种名	礁膜(*M. nitidium*)	袋礁膜(*M. angicava*)	宽礁膜(*M. latissimum*)
外形	叶缘有壁褶	叶缘无壁褶	叶缘有壁褶
颜色	黄绿色或淡黄色，有光泽	黄绿色至绿色，无光泽	未成熟藻体绿色，成熟藻体黄绿色，有光泽
可量性状	体高 2~6 cm，最高可达 15 cm，体厚 24~30 μm，细胞与胶质膜距离 5μm	体高 5~10 cm，最高可达 26 cm，体厚 25~35 μm，细胞与胶质膜距离 4.5 μm	体高 20 cm 以上，最高可达 60 cm，体厚 19~25 μm，细胞与胶质膜距离 5 μm
细胞形状	切面观略微圆形，表面观有两两成对现象	切面观多长方形，表面观无两两成对现象	切面观长卵圆形，表面观两两成对现象明显
分布	冷温性藻类，栖于中、高潮带，广布于我国东海、南海沿岸	亚寒带性藻类，栖于中、低潮带，广布于我国黄海、渤海沿岸	冷温性藻类，栖于高潮带，我国见于台湾、香港等沿海内湾
生活史	成熟孢子囊上无长而突出的游孢子释放管，合子始终无内容物流入的萌发管，配子放散后配子囊壁很快溶解消失，幼期囊状，但破裂甚早，幼体囊状期很短	成熟孢子囊上有长而突出的游孢子释放管，合子 1~2 d 后出现内容物流入的萌发管，配子放散后残留下空的白色配子囊壁，幼期囊状，但破裂甚晚，幼体囊状期较长	成熟孢子囊上无长而突出的游孢子释放管，合子始终无内容物流入的萌发管，配子放散后配子囊壁很快溶解消失，幼体无囊状期

四、生殖与生活史

礁膜属藻体的生活史是大型叶片状配子体和微小单细胞状孢子体的异形世代交替。礁膜属藻类繁殖方式分为有性生殖、无性生殖、单性生殖三类。宽礁膜无性配子体生态种群仅有配子体阶段，无世代交替。

单性生殖：单株藻体在培养过程中，成熟后形成配子囊，由配子囊释放双鞭毛配子，配子运动一段时间后，未经结合直接形成孢子囊附着发育。成熟孢子囊释放游孢子，再发育成配子体。并不是所有的配子都会从配子囊中释放出去,有些直接在配子囊中萌发生长成新的藻体。

无性生殖: Bast 等(2009)报道宽礁膜具有无性配子体和有性配子体 2 种生态类群。无性配子体释放的负趋光性的双鞭毛配子个体大于游孢子,无需经过孢子囊阶段可直接萌发为无性配子体,没有明显的孢子体阶段。

有性生殖: 成熟的配子体可以释放大小不同的雌雄配子,配子释放后,配子囊壁立即溶解消失,不留空壳。雌雄配子均有 2 根鞭毛和 1 个眼点,经结合形成 4 根鞭毛的合子,合子附在基质上变成圆形,并逐渐长大成为孢子体。礁膜孢子体成熟后释放 4 根鞭毛的游孢子,孢子附着后,很快就分裂为不规则的膜状,发育成幼小配子体,有明显的异形世代交替现象。

1. 繁殖

礁膜属藻类的雌、雄配子体为单层细胞构成的膜状体,在冬春季节出现,生长季节随纬度与水温稍有差别。我国自 11 月中旬起至翌年 6 月上旬均有礁膜配子体出现,4~5 月为生长繁殖盛期。成熟的配子体边缘由浅黄绿色变成淡黄褐色,形成配子囊。配子囊成熟后,放散大小不同的雌雄配子,雌配子大小为(7.9~8.4)μm×(2.1~3.4)μm,雄配子大小为(7.6~7.8)μm×(1.9~2.9)μm。配子放散时,首先配子囊壁变薄,呈透明状,从一端开始溶解破裂,配子放散出来后,配子囊壁立即溶解消失,没有留下空壳的痕迹。雌、雄配子均有 2 根鞭毛和 1 个眼点,具正趋光性,向明亮处游动聚集。大小不同的雌、雄配子接合成 4 根鞭毛的合子(5~6 μm),合子具负趋光性,附着在基质上变成球形,并逐渐长大成孢子体(40~60 μm,最大可达 80 μm),以孢子体度过夏天。入秋后孢子体发育成孢子囊,经减数分裂形成游孢子。1 个孢子囊中存在 32 个游孢子,有 16 个发育成雄配子体,另 16 个发育成雌配子体。游孢子的放散周期与潮汐相关,朔潮和望潮放散较多,周期为 14~15 d。放散后的游孢子具 1 个眼点、1 个叶绿体和 4 根鞭毛,具正趋光性,平均大小为 9.5 μm×3 μm。

合子和游孢子在海水中可水平或上下垂直运动,4~8 h 后才开始固着。游孢子附着在基质上萌发、分裂、生长为盘状体,由盘状体中央向上长出囊状幼体,囊状幼体期短,很快裂开为一层细胞构成的膜状叶状体。宽礁膜游孢子萌发为单列丝状体,不经过囊状期而直接发育为叶状体。未接合的雌、雄配子也可通过单性生殖发育形成孢子囊,成熟后放散游孢子,再发育成幼小的配子体。单性生殖的配子直接形成孢子囊,放散游孢子,再发育为单性配子体。宽礁膜无性配子体种群配子囊放散的双鞭毛负趋光性配子可直接萌发为无性配子体,没有孢子体阶段。

2. 生活史

礁膜的生活史是由大型的膜状配子体与微型的球状孢子体相互交替的异形世代交替类型(图 11-3)。宽礁膜存在无世代交替的无性配子体生态种群。雌、雄配子体为单层细胞构成的膜状体,生长季节随纬度与水温而有稍微的区域差别,我国自 11 月上旬至翌年 6 月上旬,4~5 月为生长繁殖盛期。即将成熟的配子体边缘的营养细胞转化为配子囊,成熟的雌性配子体为黄绿色,雄性配子体为黄褐色。雌、雄异株的配子体在春末(3~5 月)形成成熟的配子囊,并放散呈梨形的雌、雄配子。配子放散时,配子囊壁变薄,呈透明状,当透明囊壁从一端开始溶解破裂后,配子即放散出来,配子囊壁立即溶解消失,没有留下空壳的痕迹。雌、雄配子均有 2 根鞭毛和 1 个眼点,具正的趋光性,向明亮处游动聚集,雌、雄配子最先以前端相互结合,尔后接合成合子。合子具负趋光性,向暗处的基质上附着,6 月中下旬发育成孢子囊,孢子囊以休眠状态度过高温的夏季,初秋(9 月上旬)孢子囊开始成熟,从孢子囊内壁穹窿处形成的圆形开口放散游孢子,游孢子有 1 个眼点、1 个叶绿体和 4 根鞭毛,具正趋光性,游孢子直接发育成单层细胞的幼小配子体。未接合的雌、雄配子也可通过单性生殖直接发育成成熟的单性孢子囊，并放散单性游孢子，再发育成幼小配子体。

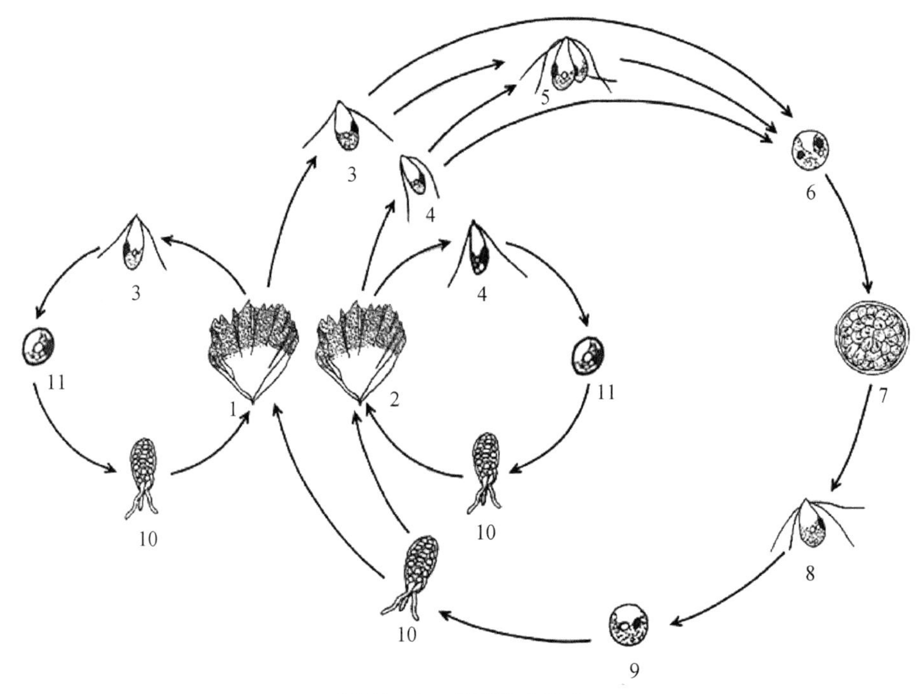

图 11－3　礁膜的生活史

1. 雌配子体；2. 雄配子体；3. 雌配子；4. 雄配子；5. 雌雄配子接合；6. 合子；7. 游孢子囊；8. 游孢子；9. 固着的游孢子；10. 幼苗；11. 单性单细胞体

五、生态与环境

1. 礁膜

礁膜属冷温性藻类。多分布于内湾缓流区的中、高潮带，喜荫蔽处，附着基质多为岩块或碎贝壳、珊瑚骨骼。

陈昌生和章景荣（1995）与陈昌生（1996）研究了礁膜配子体生长发育与温度的关系，认为礁膜叶状体幼苗在秋季水温 20～21℃时开始出现，18～20℃为其生长适温；成叶生长适温为 15～17℃，3 月是其生长盛期。成叶生长盛期的水温低于幼芽期，如果成叶期环境温度高于生长适温，将会影响叶片的生长速度，导致提早形成生殖细胞，使生长过早停止（陈昌生和章景荣，1995；刘思俭等，1996）。叶状体繁殖期的适宜温度为 20～21℃，配子释放的最适温度为 19～21℃，4 月下旬至 5 月上旬是礁膜叶状体繁殖的盛期。《藻类研究法》（西泽一俊和千原光雄，1979）记载，当水温在 20℃以上时，礁膜属配子体停止生长，叶片边缘甚至整个叶片的营养细胞颜色变浅，形成配子囊。Ohno 和 Nozawa（1972）认为 20℃，160 μmol/（m^2·s）下配子体的光合活性最强，2～27℃下配子体均能放散配子。

配子放散后发育成的微型孢子体耐高温，是礁膜度夏的有利形态，其发育适温为 22～28℃（陈昌生和章景荣，1995；西泽一俊和千原光雄，1979；喜田和四郎，1992），27～29℃是孢子体转化为游孢子囊的适宜温度。

陈昌生和章景荣(1995)与陈昌生(1996)研究了礁膜配子体、合子发育及配子的释放与光照的关系,礁膜配子体对弱光有较强的适应能力,在9.6~16.1 μmol/(m^2·s)的低光下,叶片仍能表现一定的生长势头。配子体随着光强的增大及光时的延长,生长随之加快,在光强48.1 μmol/(m^2·s)、光时14 L∶10 D下,配子体的生长率可达最大。当光强进一步加大,达到64.1 μmol/(m^2·s)时,叶片边缘逐渐由绿色变为黄绿色或黄褐色,大量形成配子囊,释放配子,配子释放的光照强度为32~80.1 μmol/(m^2·s)。Ohno和Nozawa(1972)认为,在光波长为424~501 μm时,需要1.6 μmol/(m^2·s)以上的光照强度,礁膜配子才能放散;成熟配子体黑暗处理5 d后,便不能释放配子;在繁殖季节经过黑暗处理的配子体恢复光照后,每天可放散2次。弱光和黑暗条件有利于配子的结合及合子的附着,黑暗处理时间以10~12 h为宜。48.1~80.1 μmol/(m^2·s)的光照有利于初期孢子体(直径5~10 μm)的生长发育,光强低于16 μmol/(m^2·s),孢子体死亡率高。中期孢子体(直径30~40 μm)在48.1~64.1 μmol/(m^2·s)生长快,且二分裂较多。适当降低光强[16~48.1 μmol/(m^2·s)]和缩短光时(0~6 h)有利于游孢子囊的形成和游孢子的释放。人工育苗时,早期光照不宜过强,否则合子过早形成游孢子囊并释放游孢子,游孢子因早于自然生长季节而无法生存(陈昌生,1996)。生产上,孢子体培养光照应控制在16~87 μmol/(m^2·s),而游孢子释放时需100 μmol/(m^2·s)的强光照射30 min(Ohno,1995;Ohno and Triet,1997)。礁膜叶状体需要一定的短日条件,起初中等日长下生长好,后期转变为在较短日长下生长得最好,光质对礁膜的生殖也有重要的作用,蓝光对礁膜配子的释放具有开关作用(山东省水产学校,1995)。

陈昌生(1992)研究了营养盐对配子体发育的影响,他认为在礁膜配子体发育过程中,单施氮肥或磷肥都能促进配子体成熟,但是磷肥对发育的作用大于氮肥,氮、磷混合使用时适宜浓度比为10×10^{-6}∶3×10^{-6},有机磷(如甘油磷酸钠)对配子体发育相对于无机磷具有更明显的促进作用。一般在实验条件下,用PES培养基可满足礁膜属种类配子体生长发育的要求(西泽一俊和千原光雄,昭和54年)。氮素的功能主要是加深绿色部分的色泽,加快生长速度,在生殖器官形成和发育阶段,则需要更多的磷肥。

礁膜属于沿岸性半咸水种类,对较大幅度的盐度变化有较强的适应能力。它对低盐的耐受力强,在低比重的雨季里,不会引起礁膜的死亡(陈昌生等,1992)。但礁膜配子体在淡水中不能发育形成配子囊,也不能长期存活。在淡水中培养5 d左右,除局部细胞死亡外,大部分营养细胞由绿色变为黄色或淡黄色,但并未死亡,移于正常的海水,藻体恢复颜色,并形成配子囊释放配子。礁膜配子体发育的适宜盐度为14.0~27.2,在20左右时配子囊面积和释放的配子数量均达到最大(陈昌生等,1992;陈昌生,1996)。刘思俭等(1996)在湛江港研究礁膜生态时也得到与上述类似的结果,4~5月,平均盐度为22~26时,是配子体成熟和释放配子的季节。配子释放的适宜比重为1.015~1.025(陈昌生,1996)。

礁膜干燥5 h可刺激总体光合率,6 h以上就抑制光合作用,干燥2~12 h,净呼吸率增加,净光合率下降(刘丽和高尚德,1987)。

2. *袋礁膜*

本种属亚寒带性藻类,生长于中、低潮带的岩石或石沼中,烂泥滩上的砂砾和岩石上更为繁盛。叶状体生长季节为1~5月,最盛期在3~4月,有性生殖期为1~4月。

3. *宽礁膜*

本种属冷温性藻类。配子体生长适宜温度为5~20℃,喜光,适宜光强为160~240 μmol/(m^2·s)。配子体生长初期以中等日照为好,后期转变为短日照生长好。宽礁膜属于沿岸性半咸水种类，对较大幅度的盐度变化有较强的适应能力，配子体发育的适宜盐度为14.0～27.2。藻体薄软，易碎裂，固着器暗褐色，细弱，抗风浪的能力弱，故多分布于内湾静水流区的潮间带上部，附着基质多为岩块或碎贝壳、珊瑚骨骼。

宽礁膜配子体在温度10℃，光照72.12 μmol/(m^2·s)，盐度23.5～26.1，每天干出2～3 h的室内培养条件下生长旺盛。宽礁膜配子体在光强12.82 μmol/(m^2·s)，光周期16 L：8 D，温度19℃，盐度20.9的条件下成熟最快，易于放散配子。宽礁膜配子放散没有明显的日周期性，19～21℃，光强112 μmol/(m^2·s)，盐度20.9时配子放散较多。

孢子体培养前期光强48～80 μmol/(m^2·s)、中期12.8～48 μmol/(m^2·s)、后期4.8～12.8 μmol/(m^2·s)，光周期12 L：12 D，温度16～29℃，pH 7.9～8.1，盐度22.2～26.1。在一定范围内，随着光强的增加，配子游动时间相应延长，黑暗下配子游动时间相对较短，较易接合成合子。适宜的黑暗处理可提高合子在苗板上的附着率，配子接合时的适宜黑暗处理时间为4 h左右。在早期20 d的合子培养中，随光强从16 μmol/(m^2·s)增加至80 μmol/(m^2·s)，生长逐渐加快，在80 μmol/(m^2·s)光照下生长最快；相反光照弱，合子生长速度较慢，死亡率也较大。在20～60 d的培养中，随光强从4.8～80 μmol/(m^2·s)逐渐增加，孢子体增殖数量逐渐增多，在80 μmol/(m^2·s)的光强下，孢子体增加最多。22℃时，孢子囊成熟率最高，温度达到或超过30℃时，孢子囊死亡率明显增加，盐度26.1，pH 8.2，每天干出4 h的条件下孢子囊成熟率最高。P和吲哚乙酸对宽礁膜孢子囊的成熟均有明显的促进作用，P和吲哚乙酸的浓度均在40 mg/L时孢子囊成熟率最大。较强的光照游孢子放散有明显促进作用，96～128 μmol/(m^2·s)的光强为游孢子放散的适宜光强。pH对游孢子放散的影响不大，盐度20.9，温度25℃时游孢子放散最多。

第三节　苗种繁育

礁膜的人工育苗生产包括育苗设施的准备、种藻处理及配子放散、合子附着与孢子体培养、孢子囊促熟及游孢子采集等过程。

一、育苗设施

采用室内全人工育苗方法时，育苗室要求调节光照方便、通风。育苗设施主要有各种采苗板、培养箱、照度仪等。制作苗板的材料要求无毒、较为透明、水中沉性、不易弯曲变形、较易加工成两面粗糙。附苗板材料加工得越粗糙，附苗效果越好，PVC(聚氯乙烯)苗板和PET(聚对苯二甲酸乙二醇酯)苗板均能满足生产需要，尼龙纤维板则更好(厚1 mm)。将苗板用切割机切成20 cm×10 cm的方形板，如采用吊挂培养，则需在苗板上打孔，以便用棉线悬吊；如采用培养箱底部插槽式培养，则苗板不需打孔。苗板需用钢丝刷或较粗的砂纸刷成两面粗糙。

二、种藻处理及配子放散

1. 种藻及其处理

礁膜配子放散及采集的时间一般为4月上旬，当肉眼观察到藻体由绿色变为黄绿色，边缘变为褐色并开始糜烂，镜检藻体边缘有一圈浅黄色配子囊，聚光照射有大量游动配子释放时，表明配子囊已经成熟，此时即可采配子。从野外或栽培海区采集充分成熟的藻体，清除浮泥杂藻后洗净，均匀地铺在竹帘上，于通风处黑暗条件下阴干9～18 h，使藻体含水量保持60%～

70%。运往外地的种藻，需将种藻阴干至含水量为30%～40%，用内放冰冻材料的保温箱盛放，运至目的地后立即采苗。

2. 配子放散

礁膜的配子放散具有明显的日周期性，一般上午放散量大，下午放散量减少，晚上基本不放散。礁膜种藻配子放散量的多少，主要取决于藻体本身的成熟度。成熟好的藻体放散量大，即便处于黑暗状态下仍会放散较多的配子，因此采集成熟度好的种藻，是人工育苗成功的先决和关键基础条件。为了促进配子大量集中放散，在种藻放散配子时采用充气、搅拌、强光照射、加高温蒸馏水等刺激方法可有效地获得大量配子。

生产育苗用的配子液浓度一般在 7×10^{6} ～ 11.66×10^{6} 个/mL 为宜，种藻用量一般为 25～50 g/L。

三、合子附着与培养

1. 合子附着

合子对附苗基质适应性较广，只要粗糙无毒、来源充足、成本低廉、耐用和加工操作方便，均可用作采苗基质。规模化培养时，苗板过大易弯曲变形，过小则降低育苗效率，生产上采苗板一般使用两面打磨粗糙的 20 cm×10 cm×1 mm 的纤维板、PVC 板和 PET 板等。

采苗前应将采苗板洗刷干净，用淡水或消毒海水充分浸泡。采苗箱先加满充分沉淀过滤的消毒海水，按比例加入阴干的种藻，强光照射 0.5～1 h 即有大量的配子释放。待箱内配子达到所需浓度时，用筛绢滤出种藻（种藻可连续使用 2～3 次），静置配子液 0.5 h，使释放出的配子接触形成合子。因配子在加有育苗用水的采苗箱中向光处密集并逐渐结合成合子，为使合子或尚未接合的配子均匀附于苗板上，需搅动静置过的配子液后再加入处理过的采苗板。将苗板按 1 cm 左右间隔插入插槽能极大提高育苗效率，20 L 浓度达到 10^{6} 个/ml 的配子液一次能供 120 块苗板采集合子。合子呈微小球状，有明显的背光性（负趋光性），为使合子附着均匀，合子需经遮光黑暗处理 4～8 h 后，用显微镜检查苗板上合子密度达到 1 000～2 000 个/mm^2 时，便可取出培养于加有 N、P 营养盐的海水中。

2. 孢子体培养

培养槽为 1 m×1 m×0.5 m 透明玻璃槽，每槽可垂直吊挂培养苗板 150～200 片。插槽式水平培养可用半透明塑料箱或铝质箱（100 cm×60 cm×30 cm），每箱可培养苗板 160～200 片（图 11－4）。

图 11－4　礁膜孢子体的插槽式培养

孢子体培养适宜盐度为20~34,以26为好。

培养期间可添加N、P营养液或PES营养液,每月添加1~2次。

每月换水1次(尽量少换水),培养用水需经沙滤、暗沉淀、消毒杀菌,减少培养中杂藻和附着动物的危害。

孢子体培养主要分为合子培养期及孢子囊培养期。合子形成初期水温较低,生长较快,4~6月合子从4 μm增长至40 μm,这期间光强以32~80 μmol/(m^2·s)为宜,较高光强可促进合子迅速生长发育。光线太弱,合子生长慢,死亡率高。据试验观察,培养前期光强为11~16 μmol/(m^2·s),合子大多死亡,但光线过强,则易长蓝藻、绿藻和硅藻等杂藻,难以进一步培养。

6月下旬,合子内部核质分裂形成颗粒状的孢子囊,培养便进入孢子囊培养期。此时光照强度以32~48 μmol/(m^2·s)为宜,在6~8月,孢子体直径逐渐由30 μm增长到55 μm。7~8月应缩光至4.8~32 μmol/(m^2·s),以减少杂藻附生繁殖。此间水温较高,孢子囊生长缓慢,若水温超过33℃,孢子囊不能存活。条件许可时,可在培养室内安装空调降温,使培养温度低于28℃,以减少高温期间孢子囊的死亡率。游孢子形成期(8月中下旬)光照强度以4.88 μmol/(m^2·s)为宜,使孢子囊内形成游孢子。8月底至9月初使孢子囊完全黑暗2~3周,以促使孢子囊大量的游孢子同步发育成熟。

孢子体的培养条件与生长见表11-2。

表11-2 孢子体的培养条件与生长

时间	水温/℃	光强/[μmol/(m^2·s)]	盐度	合子或孢子囊直径/μm
4月中旬至5月上旬	17.8~20.5	64.1~80.1	21~26	4~20
5月中下旬	20~23	48.1~64.1	21~26	17~30
6月	21~26	32.1~48.1	21~26	25~40
7月	23~27	12.8~32.1	21~26	30~50
8月	24~29	4.8~12.8	21~26	35~55
9月上旬	25~27	0	21~26	35~55

四、孢子囊成熟及孢子采集

1. 孢子囊成熟

孢子囊成熟需要一定时间的短日照条件,生产上一般采用10 d左右的黑暗或短日照处理,可有效地促进孢子囊成熟。8月上旬,孢子囊开始逐渐成熟并释放游孢子,经镜检观察,可见绿色孢子囊变为褐色。孢子囊平均直径为40 μm左右时,显微镜下可见每个孢子囊内有16~32个清晰可辨的游孢子,表明孢子囊已经成熟。

2. 孢子采集

(1) 采苗时间

秋季采游孢子苗的适宜时间与紫菜相同,一般北方在白露过后的9月上中旬,若采苗时间过晚,则下海栽培的苗网易附生浒苔等杂藻;南方水温下降慢,采苗时间可稍晚一些。

（2）采苗网

礁膜的栽培筏架及网帘均与紫菜相同，网帘由直径 2~3 mm 的维尼纶纤维网线或维尼纶纤维混纺聚乙烯线编织而成，长 2.0~18 m，宽 1.2~4.0 m。

（3）采苗方法

在放有成熟孢子囊苗板的水体中，加入 2 L 60.0~65.0℃的淡水，使水温上升 2℃，同时将光强增加至 100 μmol/（m^2·s），照射 0.5~1 h。当水体呈黄绿色云雾状，表明游孢子已经释放。镜检孢子水浓度达到 2×10^6~4.66×10^6 个/ml 后，搅拌游孢子水，将采苗用网帘放入游孢子水中。采苗时，孢子的附着密度以 60~100 个/cm 为宜。

3. 张挂苗网

合子附着密度达到要求后，可将采苗网捞出，放置于添加新鲜海水的水槽 12 h 使合子附着牢固，即可将采苗网张挂在海区筏架上。选择阴天或傍晚涨潮之前张挂苗网，此时由于孢子刚附着，可将网帘 4~5 张重叠密挂培育。下海的苗网经过 20~30 d 的海区培养，便可肉眼见苗，此时应及时将重叠密挂的网帘解开单张悬挂。经过 1 个月栽培后，叶状体可达 30~50 mm。

第四节　栽 培 技 术

礁膜栽培技术与紫菜相同，可采用支柱式、半浮筏和全浮筏式栽培，也可在海水塘、室内陆基水槽、塑料袋内实现工厂化栽培。礁膜喜强光，支柱式栽培可充分利用紫菜栽培不能利用的潮间带上部空间（图 11－5）。

图 11－5　象山港礁膜养殖

一、栽培设施

礁膜的栽培设施基本上与紫菜相同。

二、苗网的运输与保存

附于网帘上的礁膜幼体，对干燥有一定的耐受性。经试验，附于网绳上的幼苗在室内阴干 3 d，恢复培养后仍可成活。生产上有时需要将附苗网帘从一个海区运送到另一个海区，此种情况下，可将附苗网帘阴干至含水量为 30%~40%，用包装袋封口低温运输。运至目的地后，应赶在涨潮前张挂。

三、栽培海区的选择

适宜栽培礁膜的海区为内湾、港湾及风浪小的内海，尤其是营养盐丰富的河口区。自然海区的野生礁膜，生长在潮间带上部，在半日潮中，每天干出 4~6 h。栽培潮间带每次干出时间为 2~4 h，与紫菜栽培相同或稍久。栽培在潮间带中下部的网帘产量高于潮间带上部，但易附生硅藻、浒苔、盘苔等杂藻。

四、日常管理

栽培过程中应定期清除网帘上的杂物及附泥，应根据潮汐和日照调节网帘水层，一般冬季将网帘适当上提，春季日照增加时降低。适时采收，采收时适当保持藻体密度，过分密植可使藻体质量、产量下降，但过于稀疏，浒苔、盘苔等杂藻和藤壶易附生。常使网帘干露，以防止硅藻附着。

第五节 病害与防治

孢子体培养过程中，杂藻和微小原生动物的附生会造成较大威胁。常见杂藻有硅藻类、蓝藻类、绿藻类，吞噬孢子体的微小原生动物有纤毛虫类和腹毛虫类。培养过程中应尽量减少杂藻及敌害生物来源，改善和稳定培养条件。

育苗初期，首先应严格挑选种藻，做好清洗或消毒工作；其次应彻底净化水质，严防污染；最后应根据藻体不同生长阶段的需要，严格控制和调节好光照、温度、营养盐及水质。孢子体培养期从4月初到9月上旬，培养期较长，管理工作不能疏忽，主要是清除杂藻着生。礁膜孢子体培养当中，最大的干扰因素是浒苔孢子附生，浒苔孢子可用二分裂方式大量扩增，在适宜条件下，繁殖生长很快，抢占、替代礁膜孢子体生态位，或释放孢子萌发成小苗覆盖礁膜，使后者不能生存。人工育苗时，在早期阶段，应防止浒苔孢子过多繁生或萌发。

由于种藻上附有各种硅藻，即使洗刷种藻，用消毒过滤海水采苗，也难免在孢子体培养中附生硅藻，如直链藻、远距舟形藻[*Navicula distans* (W. Sm.)]、平片针杆藻小形变种(*Synedra tabulata* var. *parva*)、盾形卵形藻(*Cocconeis scutellum*)等。各种硅藻是借助壳面分泌的黏质物质而附生于苗板上，硅藻的附着力是随着时间的推移而增强的(梶原武，1990)，故硅藻附着症的防治，应强调早期处理的重要性。硅藻繁殖很快，几天时间即可生长为肉眼可见的黄色斑块，硅藻大量繁殖形成优势种群后，抢占了礁膜孢子体空间，覆盖孢子体，影响其光合作用，有些等硅藻，如直链藻(*Melosira*)，除了抢占礁膜孢子体着生地外，还放散有毒物质，直接杀死孢子体。洗涤培养板或短时干燥，并不能有效清除硅藻，是导致育苗失败的原因之一。

孢子体培养中对于杂藻及敌害防除的最有效方法，便是使用农用强氯精。浓度为20~30 mg/L强氯精(含氯50%)，能有效抑制或杀死蓝藻、绿藻等杂藻和其他敌害生物。当浒苔、蓝藻、硅藻等杂藻着生时，去除的方法有3种：一是采用干燥的方法，每天干出2 h以内，可在一定程度上抑制硅藻、蓝藻着生；二是控制光强，降低光照强度也可抑制杂藻着生；三是用浓度为0.5~3 mg/L的GeO_2去除附生硅藻。

当培养板上有碳酸钙沉淀时，用pH为4.6左右的海水浸泡24 h后，大部分碳酸钙会溶解或脱落，而礁膜孢子体不受影响。孢子体牢固附着后，也可定期用淡水清洗苗板来防除各种附生物。因纤毛虫、腹毛虫等繁殖时，会大量吞噬释放的游孢子，此时可将苗板放在-20℃中冰冻9~12 h，苗板上的纤毛虫类、腹毛虫类等微小原生动物均可被冻死，孢子体恢复培养后生长不受影响。

在叶状体栽培过程中，最大的障碍就是硅藻、浒苔及浮泥的附着和一些以藻体为食的小动物。因此需定期抖动网帘除去浮泥，适当干出藻体防止硅藻附着，手工清除浒苔等杂藻。

第六节 收获与加工

当礁膜叶状体长到10 cm左右时，即可采收，每月采收一次(剪长留短)。剪收后经过3~

4 周的生长,又可达到剪收的长度,一般 1 个养殖季节可收获 3~6 次(12 月至翌年 4 月)。产量一般为 1~1.2 kg 干品/m^2 网帘,每张网(1.2 m×18 m)的产量为干品 6~8 kg。

采收的藻体,除掉附着生物,用海水清洗后,加工时再用淡水洗涤干净。可直接鲜食作汤菜,也可脱水晒干或烘干制成干品食用。暂时不能加工的礁膜,离心脱水后在-20℃低温下冷藏或晒干后储存,也可把干礁膜轧成粉储存。

在我国饮食中,绿海汤、绿玉饼、海味绿菜等的主要原料就是礁膜属种类。除鲜食外,礁膜也可晒干作调味品或作为海苔制品的原料。在日本,礁膜是制作"紫菜酱"的主要原料。

日本规定,在紫菜产品中允许 7%绿藻(礁膜、浒苔等)存在。浙江闽南一带群众将礁膜弄碎用油煎后混入其他佐料作为春饼的调味品。

礁膜含有多种有价值的生物活性成分,可用来制作各种方便食品、旅游食品和保健食品,或把加工好的礁膜藻粉作为添加剂掺进其他食品中,如把经过加工的绿藻粉混进饼干中,做成"海洋蔬菜饼干"。礁膜的产品开发,略举数例如下(马贵武,1990,1992;马军和马贵武,1993)。

(1) 礁膜汤料与条片状礁膜食品

把礁膜制成美味可口的方便食品,其工艺流程如下:

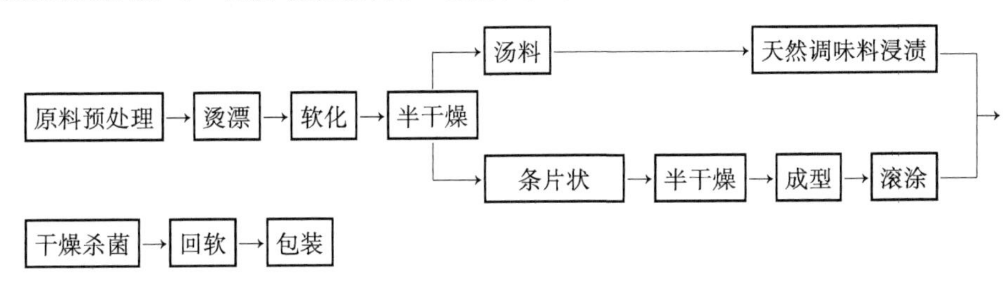

把绿藻汤料作为速食面或速食粉的调味品,改进产品风味。以礁膜为原料,经过除腥、护色、调味、成型、喷油等工序后,制得的条片状方便食品为墨绿色、口感香脆、美味可口、无腥味、耐久藏。

(2) 绿藻甜酱

工艺流程如下:

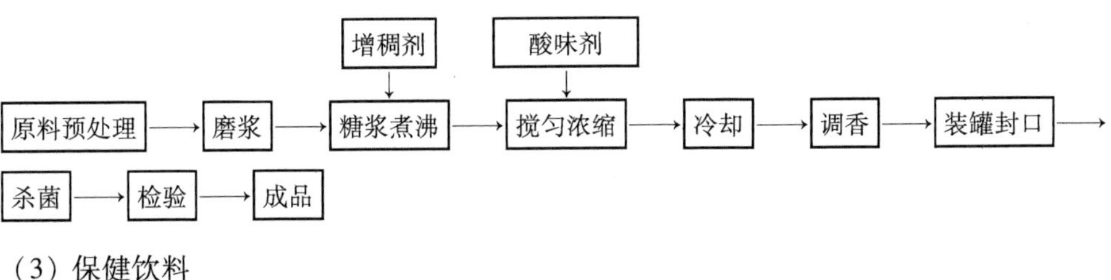

(3) 保健饮料

工艺流程如下:

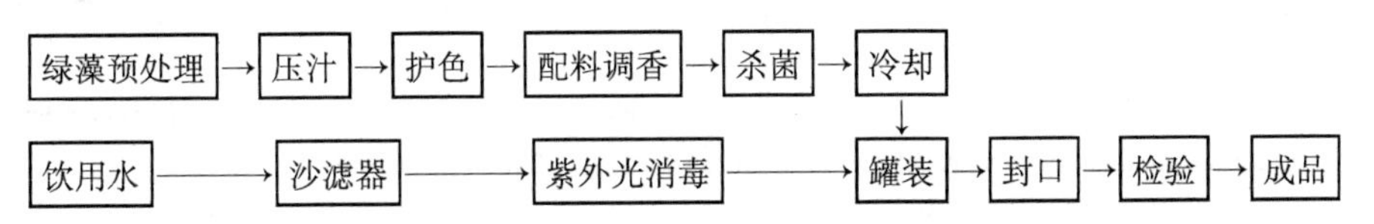

参 考 文 献

陈昌生,章景荣,张振皎. 1992. 盐度和营养盐对礁膜配子体发育的影响[J]. 水产学报,16(4):388-391.

陈昌生,章景荣. 1995. 礁膜配子体生长发育与温度、光照的关系[J]. 厦门水产学院学报,17(2): 17-21.

陈昌生. 1996. 光照对礁膜合子生长发育的影响[J]. 水产学报,20(1): 30-35.

丁兰平. 2013. 中国海藻志 第4卷 绿藻门 第1册 丝藻目 胶毛藻目 褐友藻目 石莼目 溪菜目 刚毛藻目 顶管藻目. 北京:科学出版社.

黄宗国. 1994. 中国海洋生物种类与分布[M]. 北京: 海洋出版社: 222-223.

李德,谢恩义,林皑怡,等. 2009. 生态因子对礁膜配子放散及黑暗时间对合子固着的影响[J]. 茂名学院学报,19(3): 20-23.

李晓丽,张泽宇,柴宇,等. 2006. 北极礁膜室内人工育苗的研究[J]. 大连水产学院学报,21(3): 242-246.

林增善. 1984. 日本三重县礁膜的养殖和利用[J]. 水产科技情报,(3): 10-12.

刘思俭,揭振英,曾淑芳. 1996. 湛江港浒苔、礁膜生态调查及初步采苗研究[J]. 湛江水产学院学报,16(1): 9-11.

马贵武. 1990. 开发大型绿藻的意义与途径[J]. 湛江水产学院学报,10(2): 85-88.

马贵武. 1992. 绿藻汤料的试制——绿藻系列食品研究之一[J]. 湛江水产学院学报,12(2): 65-68.

马家海,梁泽锋,谢恩义. 2007. 宽礁膜孢子体阶段的研究[J]. 水产学报,31(5): 682-686.

马军,马贵武. 1993. 条片状绿藻食品制造工艺与设备——绿藻系列食品研究之二[J]. 湛江水产学院学报,13(1): 68-71.

沈颂东,张劲. 2008. 大型海洋绿藻 5.8S rRNA 基因序列及系统发育分析[J]. 海洋与湖泊,39(4): 427-432.

孙彬,谢恩义,马家海. 2005. 宽礁膜生活史各阶段细胞的超微结构[J]. 上海水产大学学报,14(2): 116-121.

王丁晶,马家海,杜晶,等. 2015. 礁膜 *Monostroma nitidum* 的形态学观察和分子鉴定[J]. 浙江农业学报,27(9): 1593-1600.

谢恩义,马家海,陈扬建. 2002. 宽礁膜营养成分分析及营养学评价[J]. 上海水产大学学报,11(2): 129-133.

谢恩义,马家海. 2004. 礁膜原生质体的分离与培养[J]. 水产学报,28(1): 62-67.

谢恩义,马家海. 2006. 宽礁膜的人工育苗及栽培[J]. 湛江海洋大学学报,26(6): 17-21.

谢恩义,孙彬,马家海. 2005. 三种礁膜属藻类的分子遗传多样性和亲缘关系的 RAPD 分析[J]. 上海水产大学学报,14(1): 6-11.

谢恩义. 2003. 宽礁膜的基础生物学及其栽培研究[D]. 上海: 上海水产大学.

张学成,马家海,秦松,等. 2005. 海藻遗传学[M]. 北京: 中国农业出版社: 110.

赵素芬,罗世菊,陈伟洲,等. 海藻与海藻栽培学[M]. 北京: 国防工业出版社: 373-383.

西泽一俊,千原光雄. 1979. 藻类研究法[M]. 東京: 研究社印刷株式会社: 99-122.

喜田和四郎. 1966. 伊勢湾及び近傍産ヒトエグサ属の形態並びに生態に関する研究[A]. 三重縣立大學水産學部紀要[R],7(1): 82-159.

喜田和四郎. 1973. ヒトエクサの人工採苗の手引き[M]. 三重: 三重渔連: 2-16.

喜田和四郎. 1992. 食用海藻栽培[M]. 東京: 恒生社厚生閣: 25-35.

新崎盛敏. 1946. アオサ科及びヒトエグサ科植物の孢子発芽に就いて[J]. 生物,1: 5-6,281-287.

Bast F, Shimada S, Hiraoka M, *et al*. 2009. Asexual life history by biflagellate zoids in *Monostroma latissimum* (Ulotrichales)[J]. Aquatic Botany, 91(3): 213-218.

Bast F. 2011. Monostroma: The Jeweled Seaweed for Future[M]. LAP LAMBERT Academic Publishing: 1-162.

Dube M A. 1967. On the life history of *Monostroma fuscum* Wittrock[J]. Journal of Phycology, 3(2): 64-73.

Hua W, Xie E, Ma J. 2004. Life history of *Monostroma latissimum* [J]. Acta Botanica Sinica, 46(4): 457-462.

Kida W. 1990. Culture of seaweeds *Monostroma*[J]. Marine Behaviour & Physiology, 16(2): 109-131.

Kim D S,Lee D S, Cho S M. 1995. Trace components and functional saccharides inmarine algae — Dietary fiber contents and distribution of the algal polysaccharides[J]. J Korean Fish,Soc,28(3): 608-617.

Kumar G R K, Addepalli M K. 1999. Regeneration of the thallus of *Monostroma oxyspermum* (Chlorophyta) from protoplasts in axenic culture[J]. Phycologia, 38(6): 503-507.

Ohno M, Triet V D. 1997. Artificial seeding of the green seaweed *Monostroma* for cultivation[J]. Journal of Applied Phycology, 9(5): 417-423.

Ohno M. 1995. Cultivation of *Monostroma nitidum* (Chlorophyta) in a river estuary, southern Japan[J]. Journal of Applied

Phycology, 7(2): 207 – 213.

Pellizzari, FrancianeReis, Perpetuo R. 2011. Seaweed cultivation on the Southern and Southeastern Brazilian Coast[J]. Revista Brasileira De Farmacognosia, 21(2): 305 – 312.

Tatewaki M. 1969. Culture Studies on the Life History of some Species of the Genus *Monostroma* [J]. Scientific Papers of the Institute of Algological Research. Hokkaido University, 6(1): 1 – 56.

Tatewaki M. 1972. Life history and systemstics in *Monostroma*[A]. In Contributions to the Systemstics of Benthic Marine Algae of the North Pacific [C]. Bulletin. Japanese Society of Phycology, Kobe: 1 – 15.

Tseng C K. 1983. Common Seaweeds of China[M]. Beijing: Science Press: 250.

扫一扫见彩图

第十二章　浒苔栽培

第一节　概　　述

一、浒苔资源

浒苔(*Enteromorpha prolifera*/*Ulva prolifera*)是浒苔属的一种,可食用和药用。浒苔属绿藻,主要分布于沿岸海域,特别在营养丰富的河流入海口附近生长繁茂,是一种广盐性藻类。我国沿海野生浒苔属绿藻资源十分丰富,主要分布于福建、浙江、江苏沿海,特别是紫菜栽培筏架上易大量生长浒苔属绿藻。一般秋季及冬春季生长繁茂,夏季短暂消失。浒苔生长繁殖较快,日相对生长率可高达250%。

浒苔属种类藻体为管状单层细胞,原拉丁文 *Enteromorpha* 即表示为肠(enteron)形(morpha)。浙江沿海地区称浒苔为苔条,江苏沿海地区称为青苔。我国古代及近代文献中记载了浒苔的众多别名,如"干苔"(《食疗本草》),"石发"(《植物名实图考》),"肠形藻"、"柔苔"、"苔菜"(《罗源县志》),"海苔"(《海澄县志》),"海苔菜"(《漳浦县志》)等。现国际上已把浒苔属归为石莼属(*Ulva*)。

浒苔属绿藻自古以来既可食用又可药用。在浙江、福建沿海,浒苔属绿藻自古便被当作美味食品,在菜场和超市随处可见。浙江象山港滩涂野生浒苔(*E. prolifera*)具有一种独特的清香味,手工晒干的优质浒苔价格已高达80~100元/kg。最近已研制出半自动加工机,生产的干粉产品价格达4万~8万元/t,优质整藻产品可出口日本,价格高达20万~30万元/t。年产200~300 t。日本、韩国很早便开展大面积栽培浒苔属绿藻,主要供食用。目前我国福建沿海具有天然纳苗栽培产业,年产30余吨(干品),浙江、江苏沿海也逐步开始进行天然纳苗及浒苔栽培生产,产品主要为藻粉,供食用。

自2007年,我国黄海已连续10年暴发大规模绿潮,严重影响沿岸海洋生态及旅游业发展。特别是2008年,直接威胁青岛奥帆赛,其涉及面积及覆盖面积分别高达30 000 km^2 和400 km^2,令世界震惊。青岛政府动员上万人次清除沙滩上堆积的浒苔,并派出数千条船只打捞近海漂浮的浒苔,共打捞清除120万t。因条件限制,打捞清除的浒苔多被当作垃圾填埋,少量用于制作液体海藻肥料。此后黄海每年均会暴发绿潮,涉及面积及覆盖面积分别为40 000~60 000 km^2 和300~500 km^2,若能充分利用绿潮产生的大规模浒苔资源,则将变废为宝、变害为宝、变灾为宝。

二、经济价值

浒苔是一种常见的大型经济海藻,营养价值很高。福建沿海各地,自古便有食用浒苔的习俗,《罗源县志》记载:"苔菜,海苔也,绿色如乱丝,晒干可为脯。"《海澄县志》记载:"海苔色绿,如乱丝,生海泊中,晒干,炒食,性润血,消肥腻。"《漳浦县志》中记载:"海苔菜绿色,如乱丝,生海泥中,可干食,亦可温食。"浒苔的主要成分是多糖和粗纤维,其蛋白质、氨基酸和矿物质含量较丰富,脂肪含量则较低。研究表明,浒苔粗蛋白含量为12.22%~31.04%,总氨基酸中必需氨基酸含量可达 37.45%，不饱和脂肪酸以亚麻酸为主，占总脂肪酸含量的 15.98%，含铁量高达 0.9~1.4 mg/g。

《本草纲目》中记载，浒苔可"烧末吹鼻止衄血，汤浸捣敷手背肿痛"，说明浒苔自古便作为药材被广泛使用。近代研究发现，浒苔具抗肿瘤、抗氧化、抗菌、抗病毒、抗炎症、降血糖、降血脂、提高免疫力等功效。浒苔提取物可抑制 CNE－2Z、Ehrlich、SV－T2 和 K562 等肿瘤细胞，还可淬灭超氧负离子自由基、羟自由基和脂质自由基及其诱导的炎症反应，提高淋巴细胞中超氧化物歧化酶和溶菌酶活力，促进小鼠 T 细胞、B 细胞的增殖反应，增强其免疫活性。浒苔中可分离出对单胞藻、动物细胞等具凝集活性的单链非糖基化蛋白质类凝集素，还可分离出棕榈酸、7－酮基胆固醇、羊毛甾醇、β－谷甾醇、邻苯二甲酸二异辛酯、β－谷甾醇、反式－植醇正三十四烷、正十七胺和二十二烷等抗菌物质。此外，浒苔多糖还具有抗钝化烟草花叶病毒、单纯疱疹病毒和辛德比斯病毒，以及降血糖和降血脂、提高 SOD 活力和 LPO 含量等功效，自古以来即是食药一体的藻类。

三、栽培简史

目前，世界范围内进行浒苔属绿藻栽培的国家主要是日本、韩国及中国，美国及欧洲为构建生态平衡的水产养殖系统，也将浒苔栽培引入了水产养殖中。日本与韩国早已实现了浒苔或浒苔属绿藻人工栽培，而我国则主要是利用野生浒苔进行食品加工。虽然近几年福建沿海也已开展自然纳苗栽培，但产业化程度不高，因此栽培效益得不到体现，规模也不大。

早在 20 世纪 80 年代，日本便建立了浒苔的人工育苗、海上栽培和食品加工等技术体系，年产浒苔干品 200 t 左右，90 年代年产量更是达到 1 300~1 500 t（干品）（Ohno，1995），目前维持在 1 000 t 干品左右。

韩国与日本同一时期开始了浒苔的全人工栽培和加工，目前浒苔栽培几乎全部集中在全罗南道。1994 年，韩国的浒苔栽培鲜藻产量为 6 918 t（Ohno，1998）。随着栽培技术的发展，截至 2014 年，韩国浒苔栽培面积达 2 008 hm^2，年产浒苔 1 100 余吨干品，产值达 129.71 亿韩元（韩国全罗南道海洋港湾厅，2014）。

我国浒苔产业起步晚且规模较小，主要产区为浙江象山港和福建沿海，前者主要采收滩涂野生浒苔（*E. prolifera*），后者主要依靠紫菜栽培筏架和网帘进行自然纳苗和规模化栽培。20 世纪 50 年代，我国山东海水养殖场进行了浒苔栽培试验，包括筏式综合栽培、浅滩网帘栽培、潮间带岩礁栽培、投石栽培等。其中，与海带复合栽培效果很好，规模已达到 13.3 hm^2（200 亩），产量达 18 000 kg。20 世纪 90 年代至今，福建沿海相关企业利用紫菜栽培设施，进行了浒苔自然纳苗和栽培，实现了商业产业化，藻粉产量达到 10 多吨，主要用于食品。2000 年后，象山旭文海藻开发有限公司在象山滩涂开展浒苔栽培和人工育苗试验。2014~2016 年，上海海洋大学、淮海工学院、江苏盐城海瑞食品有限公司、江苏鲜之源水产食品有限公司在江苏如东、大丰、连云港等近海开展了浒苔自然纳苗和大规模栽培试验，最大栽培面积已达到了 20 hm^2（300 亩），累计栽培面积达 53.3 hm^2（800 亩），取得了很好的栽培效果。其中连云港近海栽培 4 hm^2（60 亩），一次性采收产量可达 30 t（鲜重）/hm^2，春、夏季年产量可以达到 0.75 t/hm^2。

我国浒苔人工育苗尚处于起步阶段，栽培则主要采用自然纳苗方式，育苗技术、栽培技术及加工技术和设备均相对落后。海区自然纳苗操作十分简单，但因自然苗种类混杂，纯度不高，影响了后续加工质量。目前象山旭文海藻开发有限公司已经开始尝试一种陆基栽培模式。根据该栽培模式，一年四季均可进行浒苔人工育苗栽培，通过培育系统开发及选育优良品种，可最大限度提高单位水体的栽培效率，降低生产成本，全年化采收新鲜、稳定、干净的浒苔藻体。此外,相对紫菜产业,目前我国浒苔加工技术较薄弱,大部分只能以粉状产品内销,价格普遍较低。尽快提升浒苔加工技术及产品种类,是我国浒苔栽培产业链发展的重要一环。

第二节 生 物 学

一、分类地位

浒苔原归为浒苔属(*Enteromorpha*)。按照传统分类,藻体细胞单层且中空的种类归属于浒苔属(*Enteromorpha*),藻体细胞双层且粘贴在一起的种类归属于石莼属(*Ulva*),而藻体细胞单层的种类则归属为礁膜属(*Monostroma*)。近年来石莼科绿藻 rbcL 和 ITS 序列聚类结果显示,石莼和孔石莼、肠浒苔、扁浒苔均聚类至同一进化枝上,而裂片石莼和网石莼、浒苔和缘管浒苔则聚类至另一进化枝上。从两个进化枝中的物种组成可见,浒苔属和石莼属的物种并没有完全按各自的属聚类在一起,而是交叉地分布在 2 个进化枝中。因此,很多学者都倾向于将浒苔属(*Enteromorpha*)与石莼属(*Ulva*)合并为一个属,即把浒苔属归为石莼属(*Ulva*)。本书根据我国《中国海藻志》(2013)定名,仍然将浒苔归属于浒苔属(*Enteromorpha*)。

浒苔分类地位为:

绿藻门(Chlorophyta)
　　绿藻纲(Chlorophyceae)
　　　　石莼目(Ulvales)
　　　　　　石莼科(Ulvaceae)
　　　　　　　　浒苔属(*Enteromorpha*)
　　　　　　　　　　浒苔(*Enteromorpha prolifera*)

浒苔属绿藻形态简单,但种类较多。根据传统形态学分类,浒苔属内不同种类,主要依据藻体分枝数量或叶片是否分裂、细胞直径和排列方式、细胞内淀粉核数量等特征进行鉴别。一般情况下,浒苔属种类形态鉴定较困难。

二、分布与栽培种类

浒苔属藻类为世界广布种,广盐性,主要生长于沿岸海域,在营养丰富的河流入海口附近生长尤其繁茂,有的种类在半咸水或江河中也可见到。我国沿海潮间带均有浒苔属藻类的分布,一般生长在潮间带岩石或泥沙滩石砾上,有时也可附生在其他大型海藻上。营养较为丰富的海域或局部水域均有浒苔旺盛生长,极易引起绿潮暴发,其中 2007~2016 年,我国黄海大规模暴发的绿潮便是由浒苔引发的。

世界范围内,浒苔属藻类约有 40 种,我国约分布有 11 种,常见种类有浒苔(*E. prolifera*)、缘管浒苔(*E. linza*)、扁浒苔(*E. compressa*)、曲浒苔(*E. flexuosa*)、条浒苔(*E. clathrata*)、肠浒苔(*E. intestinalis*)等。

三、形态与结构

浒苔孢子体和配子体为同形叶状藻体,较难区分。叶状体由叶片、柄部、固着器三部分组成。

叶片:单层细胞,主干及分枝的横切面观均为中空管状(图 12 - 1),有时藻体中央部位 2 层细胞相互粘连在一起,呈扁压带状,当光合速率较大时,易在管内积气膨大成气囊状。藻体亮绿色、暗绿色或黄绿色，长度与宽度变化较大，一般长 10～30 cm，最长可达 1 m 多，主干直径可达 1～1. 5 cm，体厚 10～18 μm，最厚可达 30 μm。主枝明显，弯曲或严重扭曲，细长分枝 2～3 次，顶端为单列细胞，底栖或漂浮。切面观细胞位于单层藻体的中央，呈方形、长方形、圆形或多角形，长 7～30 μm，宽 7～16 μm。表面观幼小藻体细胞纵列，成体排列不规则，基部细胞纵列，局部呈不规则排列，分枝部分细胞纵列明显。叶绿体不充满，蛋白核 1 个，少数 2～5 个。

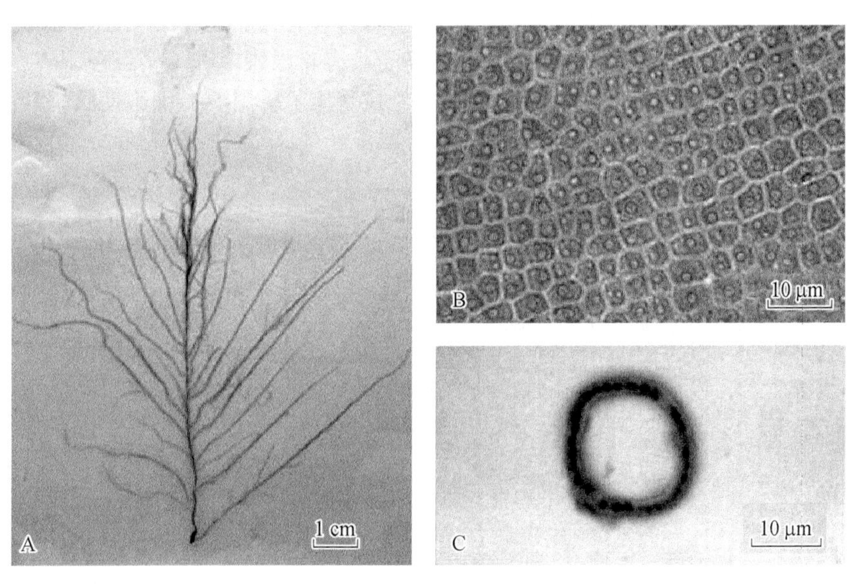

图 12－1　浒苔的形态特征

A. 藻体形态；B. 藻体表面细胞；C. 藻体横切面观为中空管状

柄部：柄部连接叶状体和基部，渐尖细，多缢缩，细胞呈细长状。

固着器：固着器盘状，由柄部细胞向下延伸的假根丝集合而成。基部以固着器附着在岩石上，生长在沿海内湾水静处中高潮带的岩石或有泥沙的石砾及滩涂上。

2008 年，我国黄海暴发了特大规模的绿潮，经分子生物学鉴定，其优势种为浒苔，因其行漂浮生长，形态与一般固着浒苔略有差异，主要体现在分枝特别多(图 12－2)。漂浮浒苔释放出的配子、孢子均可附着在亲本藻体上，并萌发出新的藻体，易形成假分枝，使其子代藻体也能够继续在海面漂浮生长。

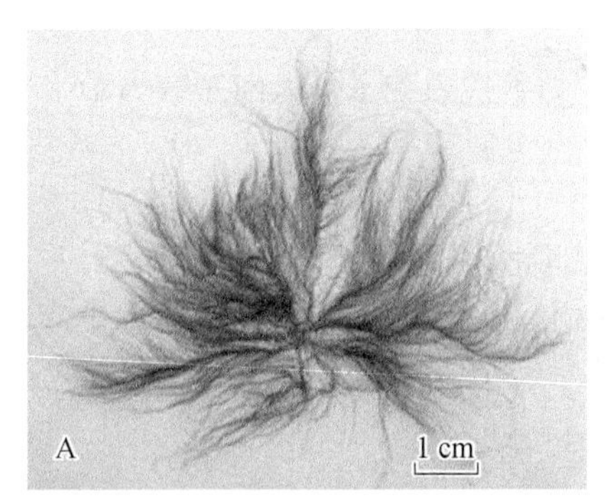

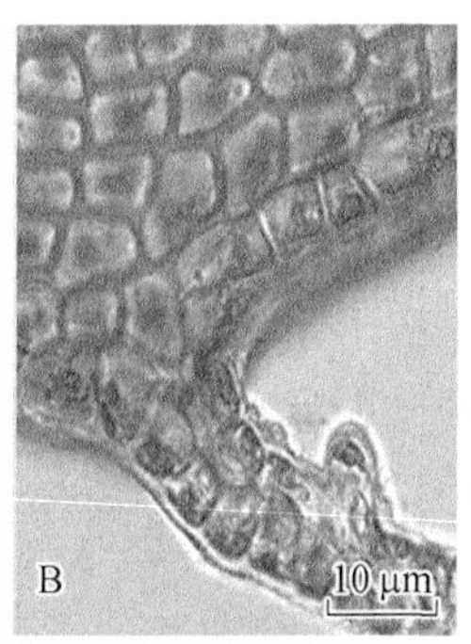

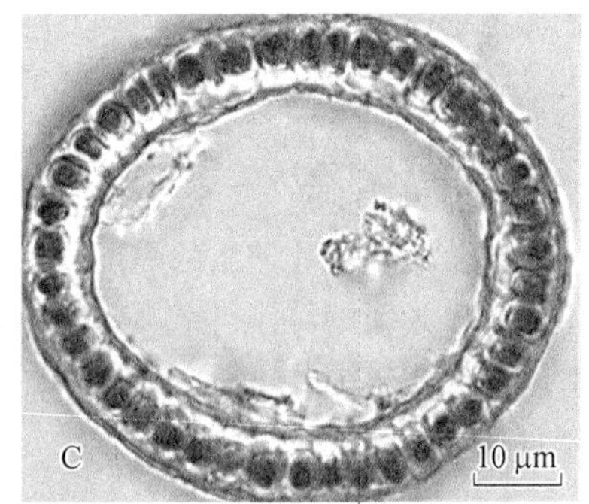

图 12－2　黄海绿潮优势种的形态特征

A. 藻体形态；B. 分枝；C. 藻体横切面观为中空管状

四、生殖与生活史

1. 生殖方式

浒苔的生殖方式主要有无性生殖、有性生殖、单性生殖、营养繁殖等。

（1）无性生殖

浒苔孢子体成熟后，除基部细胞外的藻体细胞，均可转化为游孢子囊（图 12－3）。游孢子囊母细胞经减数分裂产生许多游孢子，放散的游孢子具有 4 根鞭毛和 1 个红色眼点，呈负趋光性，经过一段时间快速旋转游动后，逐渐停止并附着在基质上。附着后细胞变圆，鞭毛消失，逐步形成细胞壁，在适宜条件下可萌发为雌配子体或雄配子体。

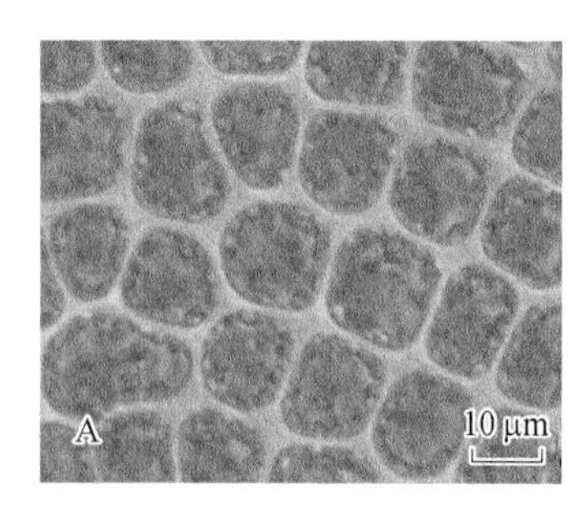

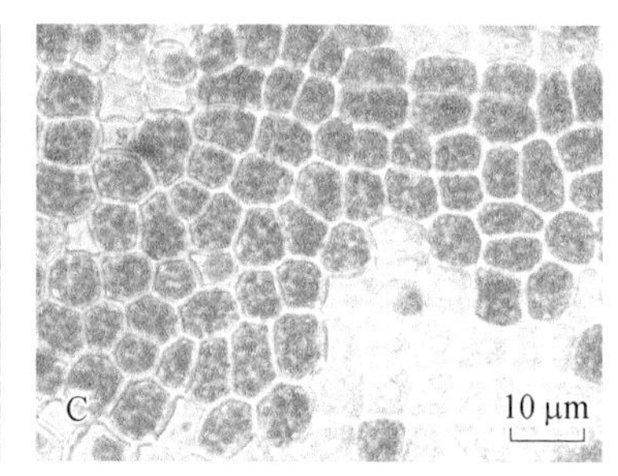

图 12－3　浒苔孢子囊的形成

A. 营养细胞；B. 营养细胞内周边颗粒化；C. 孢子囊

一般而言，每个孢子囊内含有 8 个游孢子，表面观可见 4 个孢子，切面观为 2 层，每层各 2 个孢子。

（2）有性生殖

浒苔雌、雄配子体成熟后，除基部细胞外的藻体细胞均可转变为雌、雄配子囊母细胞。经数次有丝分裂，每个雌、雄配子囊可形成 16～32 个配子，配子在囊内先慢速旋转，放散前急速旋转。成熟后，雌、雄配子囊顶端形成放散孔，雌配子囊释放雌配子，雄配子囊释放雄配子，雌配子个体稍大于雄配子。雌配子和雄配子均具 2 根顶生鞭毛及 1 个红色眼点。刚释放出来的配子快速旋转游动，逐渐停止并固定在基质上，雌雄配子相遇结合形成合子。雌、雄配子均呈很强的正趋光性，会聚集在光亮处，这种趋光特性可促进雌、雄配子结合。结合之后形成的合子则呈负趋光性，会躲避强光而聚集在阴暗处（图 12－4）。在适宜条件下，合子附着后可萌发为新的孢子体。

配子囊表面观可见配子 6～8 个，切面观为 2～3 层，故大多数成熟配子囊内配子数为 16～32 个。

（3）单性生殖

浒苔配子体放散出的雌配子和雄配子，分别运动一段时间后，可不经过结合直接萌发，并生长发育为新的藻体（图 12－5）。这种生殖方式称为单性生殖，且比例相对较高。将雄配子或雌配子进行单细胞培养，可分别萌发生长出雄配子体藻株和雌配子体藻株，并可通过配子放散一直传代下去。

（4）营养繁殖

通过各种分离方式从浒苔藻体获得的藻段、藻块、细胞，在适宜条件下均可再生出新的藻株。浒苔营养繁殖方式较多，具有藻段再生、藻块再生、单细胞再生、原生质体再生等多种方式。

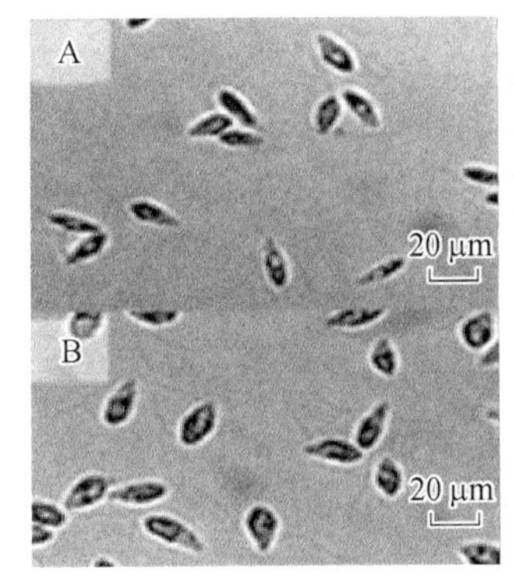

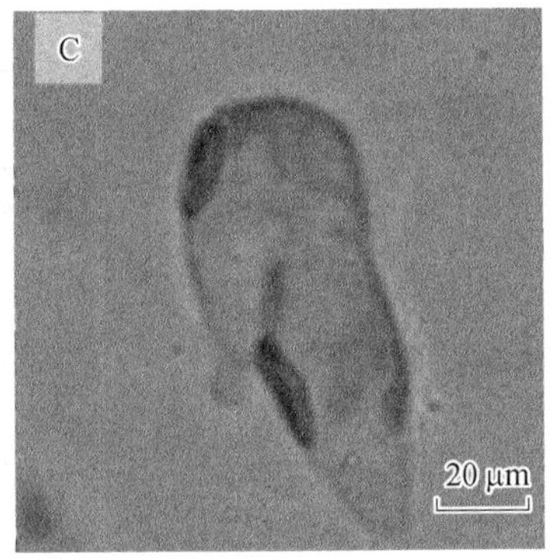

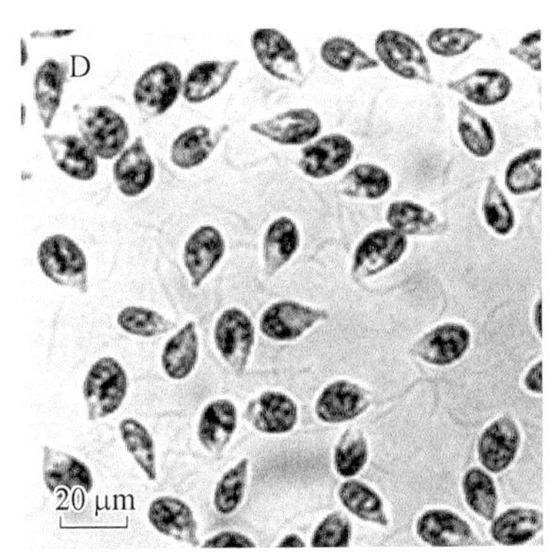

图 12－4　浒苔生殖细胞及雌雄配子结合过程

A. 雄配子（趋光性）；B. 雌配子（趋光性）；C. 雌雄配子结合；D. 四鞭毛游动孢子（逆光性）

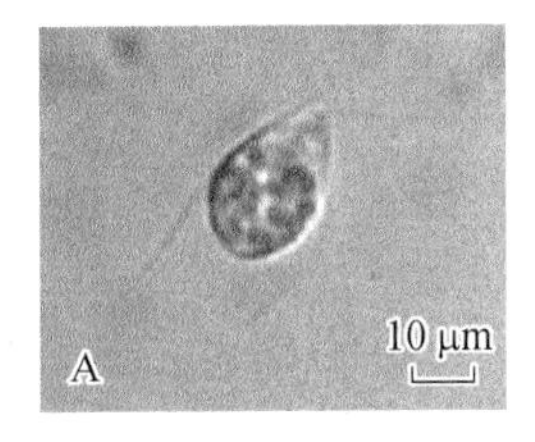

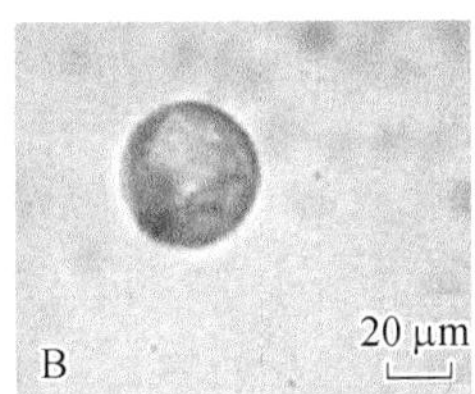

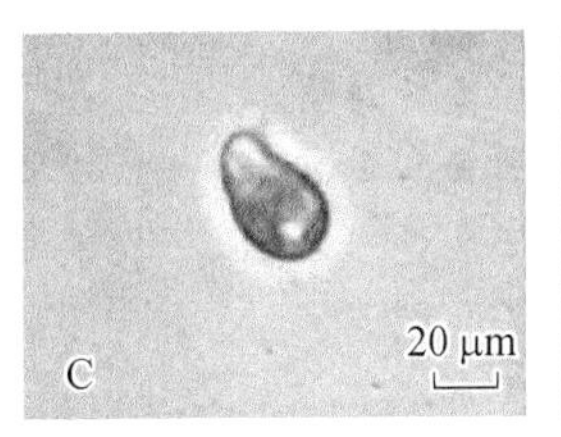

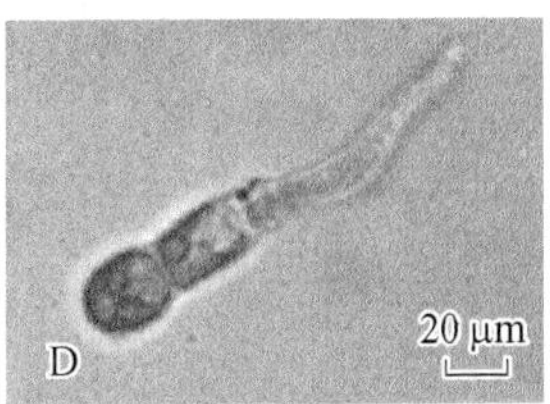

图 12－5　配子单性生殖

A. 二鞭毛配子；B. 固着配子；C. 配子开始萌芽；D. 二细胞苗

1）藻段或藻块再生：20 世纪 50 年代开始，国外众多藻类学家曾用扁浒苔（*E. compressa*）、肠浒苔（*E. intestinalis*）做切段再生实验，均发现切段的形态上端可生长出新突起或叶状体，而切段的形态下端（即基部切面）可生长出假根（Müller-Stoll，1952；Lersten and Voth，1960；Eaton *et al.*，1966；Marsland and Moss，1975）。

浒苔藻体切段培养实验结果显示，藻段或藻块再生有 4 种方式：① 管状切段结构的直径不断增大；② 管状切段在 2～4 d 内迅速释放生殖细胞；③ 管状切段侧面形成新分枝，且分枝快速生长；④ 管状切段呈现极性生长，形态学下端形成假根，形态学上端形成 10～15 个新叶状体，且新叶状体快速生长（图 12－6）。外界条件对藻段或藻块再生影响较大：低温或高温、低光强有助于维持浒苔管状结构；高温、高光强促进管状切段成熟并释放大量生殖细胞，其中 25℃与 100 μmol/（m^2·s）条件效果最显著；较高温度与适当光强促进分枝形成，20℃与 75 μmol/（m^2·s）效果最显著；较高温与低光强促进极性生长（Zhang *et al.*，2015）。

2）单细胞或原生质体再生：应用细胞酶解技术分离到条浒苔原生质体和单细胞，通过培养发现条浒苔原生质体和单细胞有 3 种再生方式：① 单细胞直接分裂再生形成单细胞苗，靠近假根部位的细胞易再生形成假根（图 12－7）；② 某些单细胞以不规则方式进行分裂，先形成细胞团，再由细胞团释放孢子萌发形成小苗或苗簇；③ 某些单细胞分裂成为孢子囊/配子囊，其子细胞不形成壁，即为孢子/配子。一个孢子囊/配子囊中可含 10 个以上子细胞，且大小不均。在较高光照强度[45 μmol/（m^2·s）]和较高温度（20℃）条件下，条浒苔细胞或原生质体更易于形成孢子囊/配子囊，并放散孢子/配子（叶静，2008）。

2. 生活史

浒苔属生活史为具配子体和孢子体的典型同形世代交替型（即双元同形），孢子体和配子

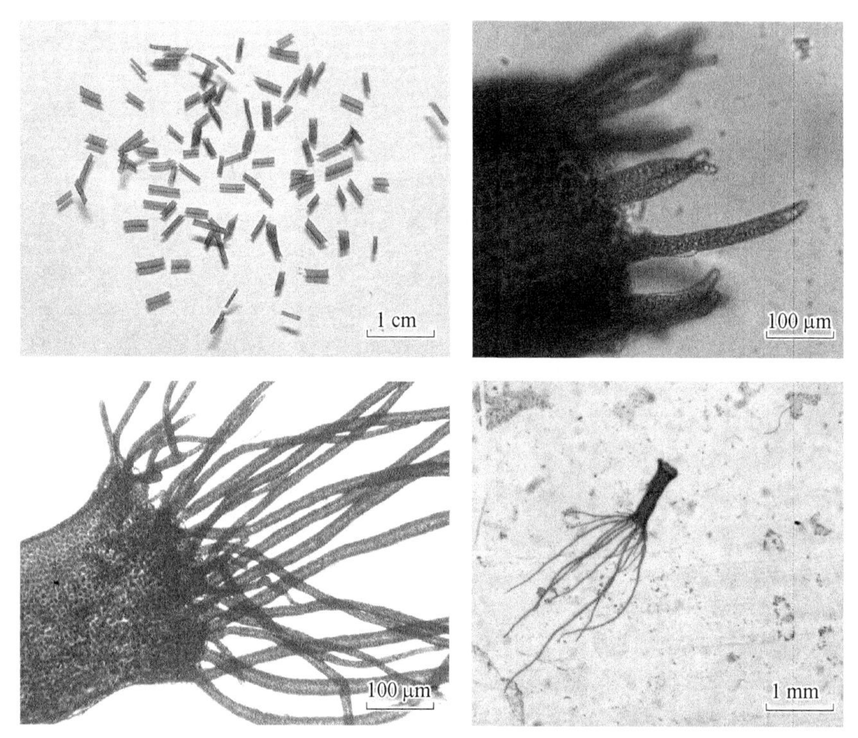

图 12－6　切段再生过程

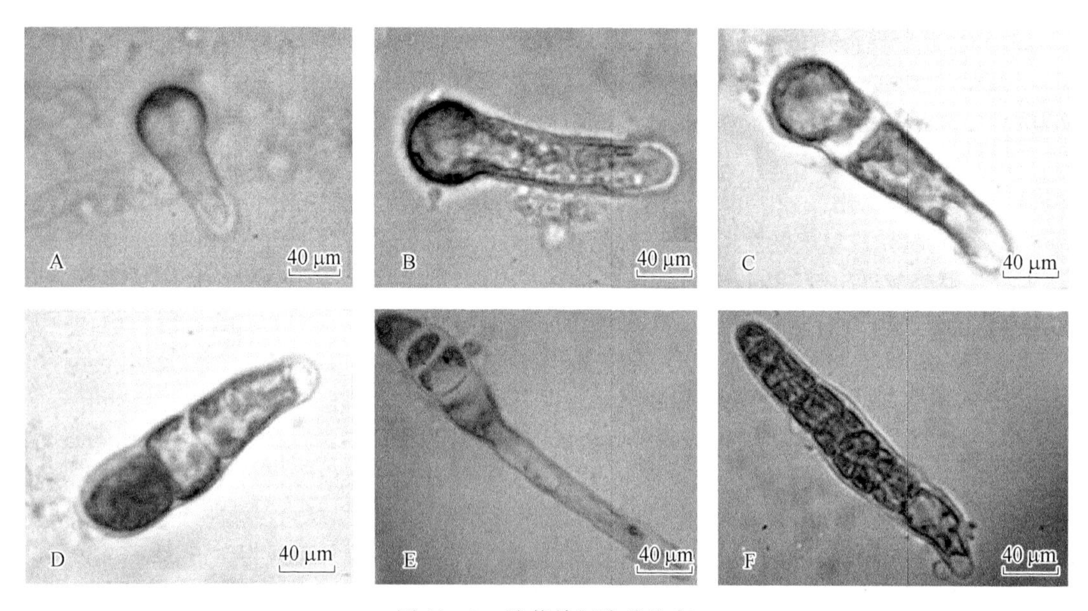

图 12－7　浒苔单细胞苗发育

A. 原生质体开始萌发；B. 萌发管继续拉长；C. 形成二细胞苗；D. 形成三细胞苗；E. 有假根细胞苗；F. 无假根细胞苗

体外形相同。

图 12－8 为浒苔(*E. prolifera*)生活史。浒苔的配子体世代指配子体形成至配子放散这一阶段,也称有性世代;孢子体世代指合子形成至游孢子放散这一阶段,也称无性世代。雌、雄配子结合后形成的合子为二倍体核型,具 4 根顶生鞭毛,游动一段时间后,固着在基质上且鞭毛消失。合子固着后可立即萌发,生长发育为孢子体。孢子体发育成熟后,藻体营养细胞转变成游孢子囊母细胞,游孢子囊母细胞经减数分裂形成 4~8 个游孢子。放散前孢子在游孢子囊中快速旋转,通过放散孔依次释放出来。游孢子为单倍体核型,具 4 根顶生鞭毛,能够快速旋转游动。当条件适合时,游孢子逐步停止游动,固着在一定基质上后,可立即萌发,生长发育为配子体。

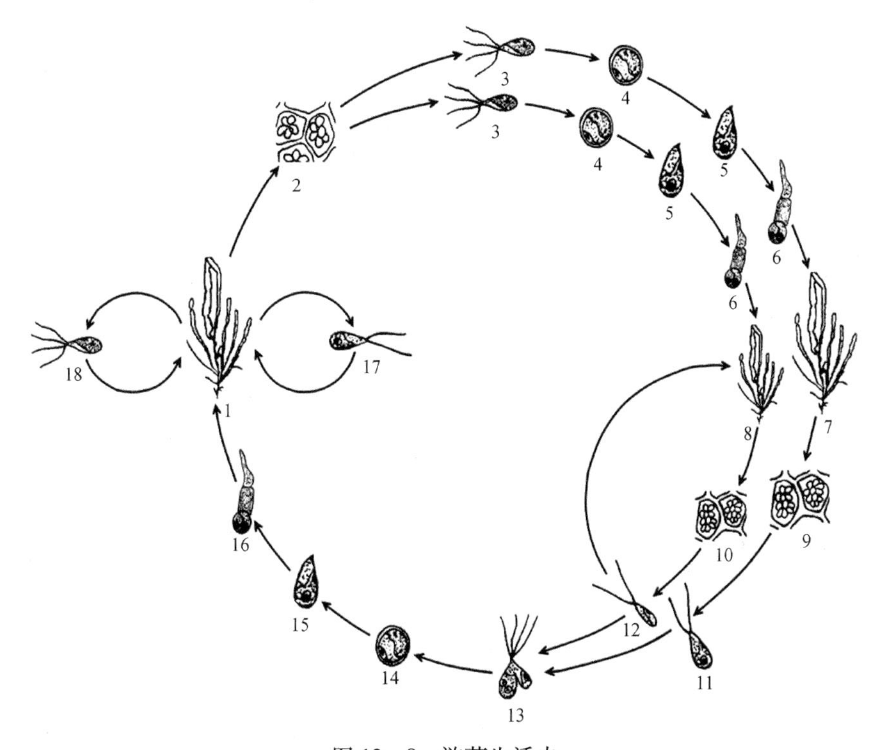

图 12－8　浒苔生活史

1. 浒苔孢子体;2. 孢子囊;3. 游孢子;4. 固着孢子;5. 孢子萌发;6. 二细胞苗;7. 雌配子体;8. 雄配子体;9. 雌配子囊;10. 雄配子囊;11. 雌配子;12. 雄配子;13. 雌雄配子结合;14. 合子;15. 合子萌发;16. 二细胞苗;17. 二鞭毛游孢子;18. 四鞭毛游孢子

配子体成熟时,藻体营养细胞转变为配子囊母细胞。1 个配子囊母细胞经多次分裂可形成 16~32 个配子,放散前在配子囊中快速旋转,成熟后配子通过放散孔依次释放。释放出的雌配子和雄配子仍为单倍体核型,均具 2 根顶生鞭毛,可快速旋转游动,当雌、雄配子相遇时,用鞭毛相互识别后,从不具鞭毛的一端侧面开始融合,雌配子和雄配子之间形成凹面,最终融合成合子。

研究发现,浒苔(王晓坤等,2007)及缘管浒苔(丁怀宇等,2006)的配子体均可进行单性生殖,即雌、雄配子不接合,可分别发育成雌配子体和雄配子体,以此完成单性生殖生活史循环。将雌配子和雄配子单独培养后,形成雌配子体和雄配子体,并分别释放雌、雄配子。释放出的雌、雄配子经过一段时间旋转游动后，活力逐步下降，鞭毛消失，大量雌配子或雄配子聚集在一起，但不发生融合，固着后配子变圆并形成细胞壁，各自呈簇萌发并形成配子体小苗。配子萌发也具有极性，不均等分裂，一端发育成叶状体，一端发育成假根。经过一段时间生长，雌、雄配子体藻体达到生殖成熟期，可继续放散二鞭毛的配子，以此循环下去。有时配子囊中未放散的配子，可以在亲本藻体上萌发和生长（马家海等，2009）。可见，孢子体后代总是配子体，而配子体则可能产生配子体和孢子体。这种由配子体再到配子体的过程即为一个单性生殖生活史循环，且均为单倍体核型。

研究还发现，浒苔的孢子体也存在无性生殖生活史。Kapraun（1970）曾报道过一株无性浒苔品系，在单株培养过程中出现藻体自身交替产生二鞭毛中性游孢子和四鞭毛中性游孢子现象。Hiraoka（2003）在研究日本四国岛地区 4 条河流中浒苔的生活史时，发现 2 种无性生殖方式：一种是通过四鞭毛中性游孢子进行无性生殖，另一种通过二鞭毛中性游孢子进行无性生殖。这些中性游孢子两两之间可不经融合即发育成新的藻体，新生藻体成熟后仍然放散二鞭毛中性游孢子后再放散四鞭毛中性游孢子，从而形成一个无性生活史循环。其后，在缘管浒苔中也得到了相同的结果。在浒苔孢子体无性生殖阶段，藻体及生殖细胞均为二倍体核型。

五、生态与环境

浒苔生命力很强，对环境的抗逆性也特别强，繁殖很快，一年四季中均可生长。为广盐性海藻，低盐和高盐均能适应，因此分布很广。浒苔还属于强光适应性海藻，大多生长于水的上层、潮间带岩石或养殖筏架上，只要透明度能达到要求，海底亦能生长。浒苔对生长基质要求较低，易附着于缆绳、竹竿、布袋、木板等表面较粗糙的基质，也可附着在岩石、砂砾、泥沙上。

1. 生境范围较广

浒苔一般生长在潮间带的砂砾、岩石上。有的可附着生长于养殖筏架，如福建和江苏近海紫菜栽培筏架上生物量非常巨大。有的则生长在泥滩上，如象山港泥滩上浒苔便非常茂盛。与石莼相反，在肥度较大的海域，浒苔生长特别茂盛且个体较大，而在贫瘠海域则生长较差。相对于石莼和礁膜，浒苔更能忍受低盐，如上海近海受长江口淡水影响，盐度一般为 5～12，其他海藻很难生长，但沿海硬质堤坝均有大量浒苔附生。

2. 温度适应性

浒苔生长适宜温度为 15～25℃，温度过高或过低均对浒苔生长不利。我国南方冬季水温为 13～16℃，浒苔生长良好，但 4 月水温上升至 18℃后，则生长缓慢并逐渐衰老。浙江和江苏沿海，初春至初夏浒苔生长最为茂盛，当夏天温度超过 25℃后，浒苔便逐步衰老死亡，待 11 月水温逐步下降后，则又开始旺盛生长。北方沿海，浒苔一般生长于晚春初夏及秋季，冬天在局部海域偶尔可见。

3. 光强适应性

浒苔对强光有很强的适应力，常分布于上层水体。光照强度越大，浒苔生长越旺盛，藻体颜色越深；光照强度较弱，则不适于浒苔生长。若海水较清澈且阳光能到达，且环境条件适宜时，海底可长满浒苔。光照强度对浒苔繁殖的影响显著，一般光照强度较大，有益藻体营养细胞成熟，向生殖细胞转化，易形成孢子囊或配子囊，同时也促进孢子和配子放散与萌发。

第三节 苗种繁殖

一、海区纳苗技术

海区纳苗技术指将空白网帘挂在紫菜或海带栽培筏架上进行自然纳苗并规模化栽培的模式,该方式十分简单且成本较低。海水中存在大量的浒苔属藻类显微繁殖体,紫菜或海带栽培筏架为其萌发生长提供了合适的附着基。在适宜的温度和光照条件下,显微繁殖体能够快速萌发和生长,利用浒苔纳苗技术可实现浒苔规模化栽培。我国相关企业于 2014~2015 年分别在江苏如东、大丰、连云港近海进行天然纳苗及栽培,取得了良好的效果。

浒苔海区栽培相对其他海藻较简单,海区周年存在大量浒苔孢子,因此不需要人工育苗,而直接将空白网帘悬挂于海区筏架上,即可附着大量浒苔孢子。网帘附着孢子后,可继续在原地栽培,日常栽培管理工作较少。浒苔生长很快,1 个月内藻体可以长至 30~50 cm。一般情况下,藻体长 20~30 cm 时,便可以开始第一次采收。

1. *如东海域翻板式栽培筏架浒苔天然纳苗试验*

2014 年 1~3 月,采用韩国翻板式紫菜栽培筏架进行浒苔天然纳苗试验,每月中旬同一栽培区域增设 1 个网帘(1.2 m×100 m)。连续观察结果显示,1 月、2 月、3 月平均水温分别为 4.5℃、5.6℃和 9.8℃,各月放置的网帘均可成功纳苗。但不同月份放置的网帘,出苗时间不同,以苗长 1 cm 为标准,1 月、2 月、3 月放置的网帘出苗时间分别需要 25 d、20 d 和 15 d(图 12-9A)。

图 12-9 江苏近海浒苔天然纳苗试验

A. 如东翻板式紫菜养殖设施纳苗试验;B. 大丰浒苔大规模天然纳苗试验;C. 连云港缘管浒苔大规模天然纳苗试验;D. 上海南汇东滩浒苔天然纳苗试验

2. 大丰海域半浮动筏式栽培浒苔大规模天然纳苗试验

2014 年,委托江苏盐城海瑞食品有限公司进行海区大规模天然浒苔纳苗试验。条斑紫菜栽培结束后,5 月 17 日采用条斑紫菜半浮动筏式栽培筏架进行天然纳苗试验。试验共放置 1 000 张新网帘(2.0 m×2.5 m)。纳苗 20 d 后,苗长可达 20~30 cm(图 12－9B),密度基本达到栽培要求,表明大丰海域在条斑紫菜栽培结束后能够进行规模化纳苗。2015 年 3 月 19 日,在大丰海域放置 1.4 hm^2 空白网帘,2015 年 5 月 3 日共采收 3 t 浒苔鲜藻。

3. 连云港海域全浮动筏式栽培筏架缘管浒苔天然纳苗试验

2015 年,在江苏连云港近海采用紫菜全浮动筏式栽培筏架进行缘管浒苔天然纳苗试验。2015 年 4 月 15 日,共使用 4 hm^2 紫菜栽培旧网帘进行天然纳苗,缘管浒苔为优势种,附苗后生长快速,栽培 22 d 后,浒苔叶片长度已达到 30~40 cm(图 12－9C)。

天然浒苔纳苗技术虽然简单、成本低,但季节性较强。不同月份近岸海水中显微繁殖体数量差异很大,需准确合理把握时间进行纳苗栽培,且不同地域海水中显微繁殖体数量随时间变化趋势也不同,增加了浒苔的纳苗栽培技术的难度。

二、全人工育苗技术

不同于天然浒苔纳苗栽培技术,全人工育苗技术是指通过人工采集浒苔孢子并使其附着于空白网帘,萌发并出苗后放入海区栽培的技术。目前,国内尚未见浒苔规模化人工育苗技术的研究报道。因此,若能系统研究浒苔规模化育苗过程中种藻孢子放散、采苗与培育所需的最适生态条件,初步建立浒苔规模化人工育苗技术,将为我国浒苔养殖产业的发展奠定基础。

1. 育苗设施

浒苔育苗设施包括供排水系统及人工育苗系统两部分。

(1) 供排水系统

供排水系统主要包括沉淀池、过滤罐、净水池等。从海区抽取海水到沉淀池内,经沉淀和暗处理后,利用过滤罐过滤,最后将洁净海水储存在净水池备用。

1) 沉淀池:沉淀池用于海水的初步净化,从海区抽取的海水含有较多泥沙和微生物等杂质,容易造成育苗过程中的污染问题。沉淀池中的天然海水经过 6 d 沉淀和暗处理后,便可以除去海水中大部分的泥沙和杂质。

2) 过滤罐:过滤罐可进一步净化海水,材质为塑料桶内装沙粒。水通过沙粒层将所含杂质分离。

3) 净水池:用于储存已过滤好的海水,可直接用于育苗。

(2) 人工育苗系统

人工育苗系统主要包括放散室、育苗室、暂养池等。

1) 放散室:放散室主要用于浒苔孢子放散,为面积 50 m^2 左右的玻璃房,放置 10 个多层培养架,培养架每层用 3 只 60 W 日光灯管控制光照强度。架上放置 30 只透明玻璃(亚克力)放散盆(1 m×0.5 m×0.3 m),并配备充气装置。

2) 育苗室:育苗室主要用于浒苔孢子附网、孢子萌发及小苗生长等,为 600 m^2 的玻璃房,室内共放置 8 个由塑料板制作而成的育苗池(12 m×4 m×0.5 m),育苗池顶棚应设置 3 块不同透光率的塑料板以控制光照强度,其中塑料板 A 为全透光,塑料板 B 和塑料板 C 分别只有塑料板 A 透光率的 1/2 和 1/3。每个育苗池均有进、排水口,其中进水口直接与净水池相连。每 4 个育苗池共用 1 个管道泵,保证育苗池内水体循环流动。放散室和育苗室均应用空调控制室内温度,育苗池内安装加热器以调控水温。

3）暂养池：育苗室内成功出苗的网帘在放入海区前可暂时放入暂养池养殖 1~2 d,以适应外界环境,提高成活率。暂养池所用海水为育苗用水,设置于光照良好的室外。没有出苗成功或出苗效果不明显的网帘需要淡水冲洗、曝晒并重复以上育苗过程。

2. 育苗技术

浒苔规模化育苗技术主要由浒苔孢子放散、附着、萌发及浒苔小苗生长等部分构成。采孢子时所用海水应经过滤加热灭菌,以除去杂质和杂藻。种藻要切碎,以加快放散。浒苔孢子放散条件为水温 25℃,藻体密度 0.8 g/L。高温、强光照能促进浒苔孢子附着,但高温对浒苔孢子萌发和小苗生长极为不利,因此在浒苔孢子附着期,育苗池内水温应控制在 25℃,晴天自然光照下进行。浒苔孢子萌发及小苗生长的最适条件相同,均为 20℃,晴天自然光照下培养。在浒苔孢子附着期之后,将育苗池水温调节至 20℃,可促进浒苔孢子的萌发和小苗的生长。

（1）育苗步骤

浒苔育苗主要包括种藻培养、孢子放散、网帘采苗、孢子萌发与生长、海区暂养等步骤。

1）种藻培养：浒苔(*E. prolifera*)种藻可采用海区滩涂采集的野生藻体,也可使用实验室内培育的藻体。滩涂采集种藻,需低温保存运回实验室,用过滤消毒海水去除藻体表面杂物和杂藻,并通过形态和分子鉴定,确定为浒苔纯种。

选取成熟藻体,充气培养于采苗室的暂养箱内,培养条件为(20±1)℃、光照强度 100 μmol/(m^2·s)、盐度 15,每 2 d 更换 1 次砂滤海水。

2）孢子放散：从暂养箱内取出一定量的浒苔成熟藻体,切成 1 mm 左右碎片,加入盛有高温消毒海水的放散盆内,在放散室内进行种藻放散。每个放散箱内放入 120 g 藻体,将温度调节为 25℃,藻体密度为 0.8 g/L,晴天自然光照。3~4 h 后,镜检发现浒苔藻体开始放散孢子,第 2 天放散量达到最高值,为 21 600 个/ml。实验结果显示,平均每克藻体约可放散 $2.7×10^7$ 个孢子。

3）网帘采苗：采苗用网帘(15 m×2 m)由聚乙烯和棉麻细绳织成,曝晒 3~4 d 后,经过淡水反复清洗,彻底除去杂藻与杂质。

每个育苗池内盛有砂滤海水 $2×10^4$ L,加入密度为 21 600 个/ml 的孢子液 400 L 后,立即重叠摆放 100 张网帘。采苗温度为 25℃,光照为太阳光。约 5 h 后,浒苔孢子开始附着,48 h 附着量达到峰值,为 533 个/cm,平均每张网附着 $8.64×10^7$ 个孢子。

4）孢子萌发与生长：孢子附着于网帘后,逐步降低育苗池水温至 20℃,全自然光下培养。育苗开始的第 4 天,浒苔孢子开始萌发,至第 7 天萌发量达到最大值,为 20 棵/cm。继续培育 1 周后,小苗长度最长可达 3 cm。根据实际需要,可继续培养或转移到海区进行养殖。

5）日常管理：育苗日常管理工作主要有施肥、换水、添加孢子液及控制杂藻污染等。育苗池主要施氮肥和磷肥,分别采用硝酸钠($NaNO_3$)和磷酸二氢钠(NaH_2PO_4)作为氮、磷肥源。在孢子附着期每 10 d 喷洒一次,萌发和生长期每 7 d 喷洒一次,每次氮、磷喷洒量分别为 168 g/池和 22 g/池。浒苔孢子附着期每 7~10 d 更换一次砂滤海水,萌发和生长期每 5~7 d 换一次,每次更换水量的三分之一。每次换水后添加孢子液,使育苗池内孢子液密度保持在 10 个/ml 左右。还应对网帘定期进行太阳曝晒和淡水冲洗,以抑制硅藻等杂藻的生长。

浒苔人工育苗时,强光照可促进浒苔孢子的释放、附着、萌发和小苗的生长。在浒苔孢子附着、萌发和小苗生长这一过程中,育苗池内网帘的颜色发生着明显的变化。孢子附着、少量萌发时,网帘由原来颜色逐渐变成为色,镜检发现,网线上附着大量杂质及杂藻,浒苔幼苗生物量较少,因此网帘显示杂藻的颜色;随着浒苔孢子大量萌发和幼苗的生长,网帘逐渐显示出绿色。因此，可根据网帘的颜色来判断浒苔育苗所处的阶段。

6）海区暂养：应选择近岸海域，泥沙质底，沙面平坦，大潮时网帘干露时间为3~4 h，且水质符合GB 3097规定的海区作为暂养海区。

采用半浮动筏式栽培。2 000张网帘（浒苔小苗密度达到20棵/cm，小苗长度最长可达3 cm），移入海区（最高水温8~10℃）栽培1周后，浒苔小苗成活率平均为78%，日生长率平均为45.39%。

（2）外界因子对浒苔育苗的影响

1）温度和藻体密度对藻体放散孢子的影响：当温度为25℃时，浒苔藻体孢子放散量为21 600个/ml，极显著高于其他温度组（$P<0.01$）；藻体密度为0.8 g/L时，浒苔孢子放散量为13 500个/ml，显著高于其他藻体密度组（$P<0.05$）。

2）温度、光照强度对浒苔孢子附着的影响：随着温度的升高、光照强度的增强，网帘上浒苔孢子附着密度逐渐升高；在30℃和塑料A（晴天全透光）条件下，网帘上浒苔孢子附着密度为640个/cm，极显著高于其他温度与光照强度组（$P<0.01$）。

3）温度、光照强度对浒苔孢子萌发的影响：随着温度的升高，网帘上浒苔孢子萌发率呈先增加后降低的趋势，15℃和20℃时萌发率为17棵/cm和20棵/cm，显著高于其他温度组（$P<0.05$）；30℃浒苔孢子不萌发。光照强度实验显示随着光照强度的提高，网帘上浒苔孢子萌发量逐渐增多，高光强组萌发率为11棵/cm。

4）温度、光照强度对网帘浒苔小苗生长的影响：温度为20℃时，浒苔小苗每天增长0.8 mm，极显著高于其他温度组（$P<0.01$）；30℃时，浒苔小苗不能生长；高光强组浒苔小苗达最大生长率，为0.2 mm/d，极显著高于其他光照强度组（$P<0.01$）。

温度和光照强度对浒苔孢子放散、附着、萌发和小苗生长均有显著影响（$P<0.05$）。王建伟等（2007）等实验结果显示，低温条件下浒苔孢子放散量显著减少。崔建军等（2014）也证明，25℃条件下浒苔孢子放散量是10℃条件下孢子放散量的50倍。浒苔孢子的附着率与温度和光照强度呈正相关，低温（10℃）和低光照强度（塑料C）显著降低浒苔孢子的附着率。室温（20℃），高光照强度（塑料A）条件下，浒苔孢子的萌发率和小苗的生长率达到最大；低温（10℃）和低光照强度（塑料C）均不利于浒苔孢子的萌发和小苗的生长；高温（30℃）条件下，浒苔孢子不能萌发，小苗不能生长。这与张晓红（2012）等实验得出的结果（浒苔最适生长温度为20℃）完全一致，与吴洪喜等（2000）实验得出的结果（浒苔最适生长温度为15~25℃）和Luo（2012）等的研究结果（浒苔生长与光照强度呈正相关）比较接近。

（3）海区暂养与出苗

表12-1为采苗网帘上不同长度的浒苔小苗在海区（最高水温8~10℃）栽培1周后的生长与成活率情况。结果显示，1~3 cm和4~6 cm长的浒苔小苗在海区栽培1周后成活率分别为81%和92%，而日生长速率分别为47.36%和50.83%。因此，当浒苔小苗在室内生长至1~3 cm时，即可移入海区进行养殖。

表12-1　浒苔小苗长度对其在海区养殖成活率的影响

实验序号	幼苗长度/cm	下海前小苗密度/（棵/cm）	下海后小苗密度/（棵/cm）	日生长速率/%	成活率/%
1	0.5~1	25±3	9±2	36.55	36
2	1~3	21.5±2.5	17.5±3	47.36	81
3	4~6	19±2	17.5±2.5	50.83	92

海区的硅藻等杂藻严重影响浒苔小苗的生长，藻体长度为 1 mm 以下浒苔小苗，在海区成活率仅有 36%，镜检网线发现，海区大量的硅藻吸附在网线上和浒苔幼苗表面，阻碍浒苔进行光合作用，抑制其生长，致使浒苔小苗在竞争中处于劣势，逐渐消亡。崔建军等（2014）室外试验显示，藻体长度为 1~3 cm 的浒苔幼苗放置海区栽培，成活率高达 81%，为海区栽培适宜藻体长度。

第四节　栽 培 技 术

浒苔栽培相对紫菜和海带栽培较落后，分为海区栽培和陆基培养 2 种方式。海区栽培指将空白网帘挂在大型海藻栽培筏架上进行自然纳苗并栽培。陆基培养是在陆地建立大型集约化培养系统进行浒苔悬浮培养，该方式较先进，且培养出的藻体洁净。日本利用深海水培养的浒苔加工后价格高达 210 万元/t。

一、海区栽培方式

目前我国浒苔海区栽培主要采用半浮动筏式栽培及全浮动筏式栽培 2 种方式。

1. 半浮动筏式栽培

浒苔半浮动筏式栽培是利用紫菜浅滩半浮动栽培筏架进行浒苔栽培。当紫菜栽培结束后，紫菜网帘被陆续收回陆地，栽培筏架仍保留在海区，此时只需将栽培浒苔的空白网帘放置在半浮动栽培筏架上即可，通过海区自然纳苗进行浒苔栽培。

网帘设放的水层一般以大潮干出不超过 2 h 为宜。网帘距海底 10~20 cm。栽培期间应定期洗刷浮泥和杂藻，必要时调节水层满足光照条件，以促进浒苔生长。

20 世纪 50 年代，山东水产养殖场曾尝试采用紫菜半浮动栽培筏架进行了浒苔栽培试验。时间为 3~10 月，栽培面积为 0.33 hm^2，平均每月每公顷产鲜藻 1.5 t。

2012~2013 年，上海海洋大学与国家海洋局东海环境研究中心对江苏省辐射沙洲海域条斑紫菜栽培筏架固着浒苔生物量进行了调查，发现该海域固着浒苔生物量巨大。2012 年 12 月至 2013 年 4 月各紫菜栽培区筏架上均分布有较多的绿潮藻（图 12－10），且筏架缆绳上生物量要明显高于竹竿。蒋家沙、竹根沙和东沙等 3 个条斑紫菜栽培区要明显高于启东近岸、腰沙和如东近岸等 3 个紫条斑菜栽培区。随着水温持续上升，蒋家沙、竹根沙和东沙

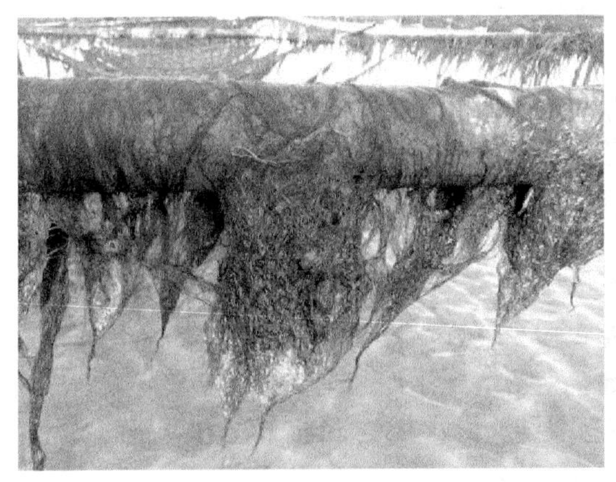
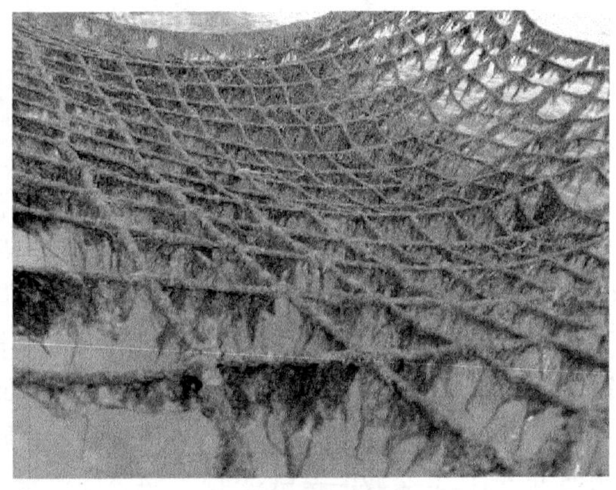

图 12－10　2013 年 4 月竹根沙条斑紫菜养殖筏架固着浒苔生长情况

紫菜筏架上绿潮藻生物量也显著增加，其中东沙紫菜筏架上绿潮藻生物量达到 3 044.59 t（鲜重）（图 12－11）。

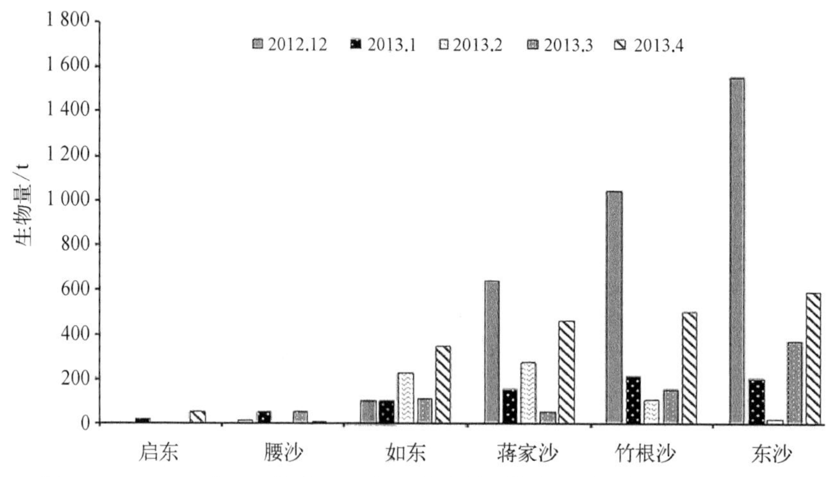

图 12－11　2012 年 12 月至 2013 年 4 月紫菜筏架绿潮藻生物量（鲜重）变化

2014 年 6~8 月，上海海洋大学与江苏盐城海瑞食品有限公司在江苏大丰东沙海域，采用条斑紫菜栽培筏架进行浒苔自然纳苗和规模化栽培，面积达到 20 hm^2。1 个多月内，浒苔叶片长度可达 30 多厘米。

2016 年，上海海洋大学与江苏鲜之源水产食品有限公司在如东近海海区采用条斑紫菜半浮动筏架进行浒苔自然纳苗和大规模栽培试验，面积达 20 hm^2。从 2 月 10 日至 6 月 10 日，共采收鲜藻 170 多吨。采用半浮动筏式栽培的浒苔产量高于全浮动筏式栽培，每公顷产鲜藻最高可达 15 t。

2. 全浮动筏式栽培

近海深海海域可利用全浮动筏架进行浒苔栽培。20 世纪 50 年代，我国山东水产养殖场于 1~3 月，利用海带全浮动栽培筏架进行了 13.3 hm^2 浒苔规模化栽培试验，每月每公顷平均产鲜藻 1.2 t，试验期间，总产量达到 1.8 t 鲜重。此次试验苗种来源主要有 2 种方式：一种是依靠海区的自然孢子附着；另一种则为在筏架上夹挂种藻，让其放散孢子附着在空白网帘或绳段上。一般每公顷需 225 kg 种藻，分散均匀夹挂在绳段或网帘上。1 个月后，藻体长至 20~30 cm，即可开始收割。一般收割藻体 2/3 部分，留下 1/3 部分使其继续生长。每月可以收割 1~2 次。

2015 年 1~6 月，上海海洋大学与江苏鲜之源水产食品有限公司合作在江苏如东近海采用韩国翻板式全浮动筏架进行浒苔栽培试验。每月将 100 m 长、2 m 宽的空白网帘放入如东近海进行自然纳苗和养殖试验，结果显示，1~3 月浒苔幼苗可附着于网帘，但因温度较低，幼苗生长十分很慢，1~3 个月后仍为 0.5~1.0 cm；而 3~4 月附着的幼苗，很快便能生长至 20~30 cm；4~6 月浒苔生长旺盛，藻体墨绿色。

2015 年 4~6 月，上海海洋大学与淮海工学院在连云港近海采用条斑紫菜全浮动筏架，进行了浒苔自然纳苗和规模化栽培，面积达到 4 hm^2。主要纳苗种类为缘管浒苔，生长十分旺盛，并有大量鱼卵产在藻体上（图 12－12），可见大规模栽培浒苔可为鱼类提供栖息和繁殖的场所。2015 年 6 月，共采收浒苔鲜藻 12 t，每公顷产量可达 3 t（鲜重）。

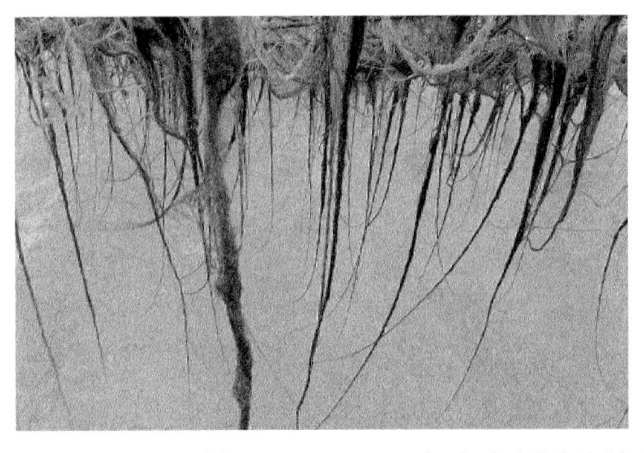

图 12－12　2015 年大丰(左)和连云港(右)近海浒苔全浮动栽培生长情况

二、陆基培养方式

日本高知县最早在 2004 年便已经建立了海洋深层水浒苔规模化陆基培养方式。该方式在陆地建立大型培养水箱,通过连通器原理抽取 200 m 以下海洋深层水用于培养水箱。深层海水温度适宜且营养盐丰富,不需额外添加营养盐,只要加入实验室培育的一定量藻种即可培养,且养成的藻体十分干净。此外,培养后的水体已几乎把氮、磷等营养盐耗尽,再放回海区,因此这种栽培方式具有很好的水质净化和生态修复效果,相当于富营养化海水过滤池。

我国浙江象山旭文海藻开发有限公司于 2012 年引进日本浒苔陆基培养技术,并采用杂交技术进行浒苔品种选育。通过多年选种及采用浅海海水,2015 年在浙江象山浒苔栽培基地完成了浒苔陆基培养全年中试,并获得了很好的试验效果(图 12－13)。

图 12－13　浙江象山浒苔陆基养殖

1. 日本高知县深层海水陆基培养模式

日本高知县建立的浒苔深层海水陆基培养模式,主要包括浒苔室内聚簇育苗技术和室外深层海水培养技术。聚簇育苗技术是指浒苔释放孢子相互附着,并悬浮聚簇萌发成苗的育苗技术。深层海水培养技术则是利用 200 m 以下的深海海水培养浒苔的技术。

(1) 室内育苗

将浒苔种藻切成1~2 mm的碎片,取100~200个藻体碎片加入盛有30 ml高温消毒海水的培养皿内。放入光照培养箱内培养,培养条件为20℃,100 μmol/(m^2·s),L∶D=12 h∶12 h。2~3 d后,孢子开始大量放散。吸取一定量的孢子液于20 ml的培养皿中(培养皿的孢子浓度大于10^4个/ml),在上述同样条件下培养。10 d后,孢子萌发,10~100个幼苗聚集在一起,呈聚簇状。取部分聚簇状幼苗用于母藻培养,剩余部分转移至盛有500 ml PES营养液的三角瓶中,在上述同样条件下充气培养。1周后,幼苗长度大于1 mm。幼苗可保存于温度为10℃、光照强度为10 μmol/(m^2·s)、光照周期为L∶D=12 h∶12 h的培养箱中,用于室外扩大培养。

(2) 室外培养

室外采用分组梯级扩大培养。每组包含1个0.1 t培养池、11个1 t的培养池、10个10 t的培养池(图12-14)。根据实际需要,可增减培养池。每个培养池安装了充气装置,以确保藻体悬浮。

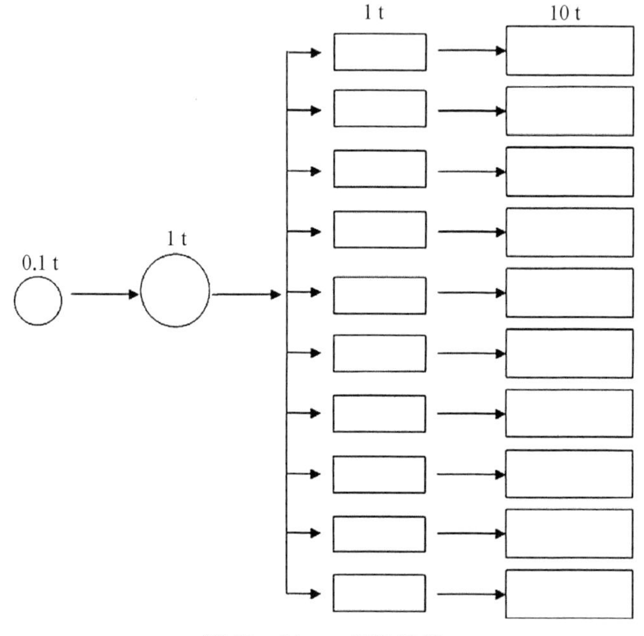

图12-14 一组培养箱

取10 g簇状小苗,转移到室外0.1 t的培养池中,充气培养。第1周过后,浒苔藻体的生物量增长为100 g左右,然后转移至1 t的培养池中,同样条件下继续培养。第2周过后,浒苔藻体生物量增长为1 kg左右。将1 kg的藻体平均分成10份,转移到10个1 t的培养池中培养。第3周过后,每个1 t的培养池中藻体的生物量增长为1 kg左右。再将1 kg的藻体转移至对应的10 t的培养池中进行培养,第4周过后藻体生物量增长为10 kg。这样100 g悬浮苗种经过4周培养后,藻体总生物量可达100 kg。

2. 浙江象山浅海水陆基栽培模式

我国象山港滩涂采收野生浒苔存在以下问题:① 浒苔品质不可控,常混有其他水草和虾、蟹、泥沙等杂质,口感较差;② 滩涂上仅2~4月浒苔生长较旺盛,其他季节无浒苔可采收,采收的季节性严重影响了浒苔收获量。为此,象山旭文海藻开发有限公司参照日本高知深层海水浒苔陆基培养模式,采用象山浅层海水,建立了一种新型可连续高效化培养及采收技术。该技术包括海水沉淀净化、高产优良苗种筛选、多级不同容积培养池高效栽培等。其技术路线为：母藻→切碎→孢子放散→孢子集块化→育苗培育→室内培养→室外集约化培养→收获。

（1）幼苗培育

将健康浒苔种藻剪切为2~5 mm长的藻段，用淡水冲洗3次后，用盐度为25的消毒海水按照密度为0.8 g/L放入500 ml培养容器进行培养。培养条件为温度25℃、光照强度100 μmol/(m^2·s)、光照周期12 h∶12 h。2 d后孢子放散，收集孢子移入培养皿培养，进行孢子集块化。20℃条件下培养，每3 d换一次海水，7 d左右即可培育出大量浒苔幼苗。

（2）室内培养

将培养皿中的藻体幼苗放入2 L量杯中进行充气培养，2 d后移入3 L量杯培养，第3天移入5 L量杯继续培养2 d(图12-15)。此时藻球直径约1 cm，可作为浒苔悬浮幼苗，放到室外进行设施化培育。

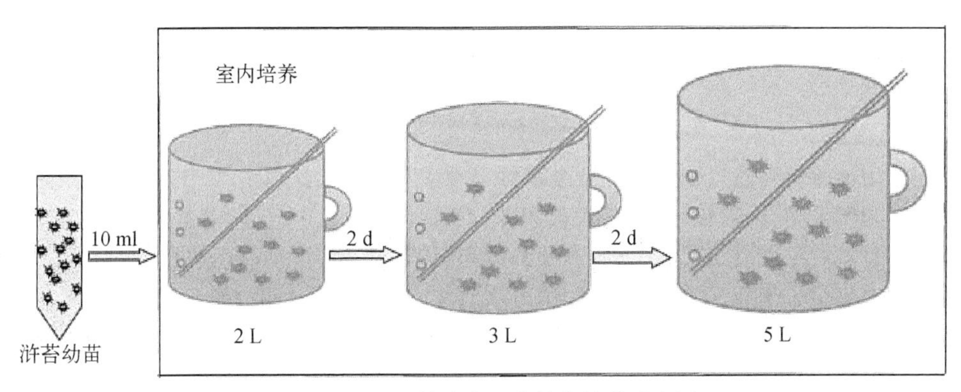

图12-15　浒苔幼苗室内扩大培养示意图

3. 室外培养

该浒苔陆基培养系统将浅层海水抽至沉淀池中，进行黑暗沉淀处理并过滤后，用于浒苔培养。海水24 h不间断流动，经过培养后返回流入近海。浒苔培养过程中，采用底部充气增加水体CO_2溶解量，并使得藻体在水流作用下上下均匀翻滚，充分利用阳光和水体中的营养盐，加速藻体光合作用，实现悬浮藻体高密度快速生长。

该陆基培养模式采用分组3级梯度培养池进行浒苔扩大培养。当浒苔幼苗长度约1 cm时，即可用于室外培养。每组培养池包含1个0.1 t培养池、11个1 t培养池、10个7 t培养池。一般一级培养池(0.1 t)投放10 g悬浮苗种，培养1周后为100 g。然后放入二级培养池(1 t)，培养1周后藻体增长为1 kg，分为10等份(100 g)分别放入10个二级培养池(1 t)，每个培养池培养1周后为1 kg，然后放入三级培养池(7 t)培养，培养1周后，每个三级培养池藻体增长为10 kg，10个三级培养池共可养殖出100 kg浒苔藻体。即10 g悬浮苗种经过4周培养后，可产出100 kg浒苔藻体(图12-16)。

图12-16　养殖8 d收获的藻体

根据培养品系所表现出的生长周期性规律公式,可以设定每个品系的初始投入量、采收时间、采收量。该培养系统将各培养池串联为1个系统,能够在有限空间内获得最大生物量,且收获可持续,大大缩短收获期。

第五节 收获与加工

我国浒苔食品需求量呈快速增长趋势,2016年已达400~500 t,仅"浒苔麻花"一项产品,浒苔粉年需求量就高达200 t,可见浒苔食品已出现供不应求的态势。

一、收获方法

最早浒苔采收方法也是像紫菜采收一样依靠人工采收,我国象山港滩涂自然生长的浒苔至今还是通过人工采收并晾干。随着浒苔栽培产业规模化,以及紫菜机器采收船的广泛使用,浒苔也均采用机器船采收。日本和韩国浒苔规模化栽培业开始较早,均已实现机器船采收筏架栽培的浒苔。

1. 人工采收

我国象山港滩涂自然生长的浒苔至今仍然采用人工采收方法(图12-17)。象山港的西沪港为一个半封闭港湾,风浪较小,拥有大面积滩涂,海水相对稳定,且营养盐丰富,浒苔生长十分旺盛。经日本专家考察,认为这里盛产的浒苔为全球最好品质。每年浒苔生长旺季,当地渔民利用竹耙收集生长于滩涂表面的浒苔,用海水清洗后装入竹匾,用渔船运至码头。以往用传统方法直接将浒苔晾晒在岸边的竹竿细绳上,主要依靠日晒及风干。现已有专业的机器加工设备,可直接将浒苔运至浒苔加工厂进行加工。

图12-17 象山港滩涂浒苔及人工采收

2. 机器船采收

日本和韩国均已研制出浒苔专用机器采收船(图12-18),并已广泛使用。浒苔机器采收船由滚筒、刀片、护栏和船体等部分组成。韩国机器采收船的船体采用玻璃钢整体浇筑,表面干净且方便洗刷,周边易摩擦到的地方均采用圆角不锈钢材质,浒苔网帘可轻松滑过。船体中央为一个长方形的围栏,可收集和堆积存放采收切割下来的藻体。围栏上方横跨一浒苔采收滚筒,配有不同功率的滚刀可供调换。滚筒固定在围栏杆上的位置可调。当浒苔网帘沿着围栏杆从滚筒上方滑过时,依靠滚刀的剪切力将浒苔藻体削切下来,存积在长方形的围栏里。船航行和浒苔网帘采收操作台一般安放在船后部右侧，有的船配有小房间，驾驶员在小房间内操作，可避免风催雨打及太阳晒。船的采收速度很快，一条 100 m 长的浒苔网帘只需 10 min 左右就可采收完。

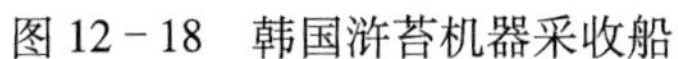

图 12－18　韩国浒苔机器采收船

图 12－19　连云港浒苔采收船与浒苔养殖采收

国内已生产出简易紫菜机器采收船。2015 年，上海海洋大学与淮海工学院在连云港海域共栽培 4 hm^2 浒苔，5 月 7 日采用国内紫菜采收船采收浒苔，4 hm^2 共采收了 24 t（鲜重）浒苔（图 12－19）。

一般在采收前，需先检查网帘，并整理网绳，以免影响机器采收。收割后人工初步筛选，去除杂藻和其他杂质后，人工取藻、装袋（平均约 75 kg/袋）、封口，在装袋和压缩过程中滤去大部分海水。装好的浒苔运至码头，用吊车转运上岸后装车（货车为 20 t 载重量的厢式货车，避免阳光直射），立即送往加工厂，防止藻体变质。运输时应在蛇皮袋之间放入冰块以维持浒苔的低温状态。

二、加工方法

1. 营养成分分析

（1）漂浮和固着浒苔基本营养成分分析

海藻的化学成分与陆生植物有较大的区别，这是由其特殊的生活环境造成的，但随着海藻生长海区和季节的变化，其化学成分也有明显的差别。江苏如东沿岸 3～4 月岸基固着浒苔的各种营养成分变化不明显，粗蛋白含量 29%～32%，粗脂肪 0.77%～0.94%，灰分 17%～19%，粗纤维 5%～7%，碳水化合物 35%～39%，水分 12%～13%，上述数值与在此期间漂浮于如东和大丰海面的浒苔营养成分含量一致。但随着浒苔向北漂移，其营养成分逐渐丧失，如 5 月漂到江苏射阳后，其粗蛋白和粗脂肪含量分别降至 28%和 0.68%；7 月漂到山东青岛后，其粗蛋白和粗脂肪含量分别降到 16%和 0.49%，品质相比前期已严重下降，但碳水化合物和粗纤维含量相对上升。尽管如此，浒苔还是具有一定的利用价值，可根据海藻的不同特点和不同用途而加以利用。总体来说，浒苔是一种富含蛋白质、低脂肪、含较高纤维素的具有利用前景的海藻资源（表 12－2）。现代医学和营养学认为膳食纤维对人体健康有很多重要的生理功能，并称为与传统的六大营养素并列的“第七大营养素”，这已被国内外大量的研究事实与流行病学调查所证实。

（2）浒苔色素时空分布

产品的颜色、色泽通过这些色素表现出来，是产品质量感官鉴定的重要指标。浒苔与海带、紫菜相比较，叶绿素含量较高。从蛋白质、叶绿素等测定结果来看，随着时间的推移，浒苔

表 12－2　2010 年固着浒苔的基本组分及其含量

采集地点	粗蛋白/%	粗脂肪/%	灰分/%	粗纤维/%	碳水化合物/%	水分/%
江苏如东外沙	30.37	0.94	18.23	6.11	38.14	12.32
江苏如东洋口港	30.23	0.84	17.25	6.47	39.25	12.43
江苏如东洋口港	32.83	0.91	18.32	5.21	35.20	12.74
江苏如东洋口港	31.32	0.81	19.21	6.56	36.21	12.45
江苏如东吕泗	32.29	0.74	18.38	5.83	35.98	12.61
江苏如东东安	31.14	0.87	18.11	6.23	37.66	12.22
江苏如东长沙	29.43	0.82	17.93	6.41	39.51	12.31
江苏如东洋口港	30.12	0.92	18.45	6.34	37.93	12.58
江苏如东遥望港	31.24	0.77	18.37	5.85	37.49	12.13

的品质从暴发初期到后期出现前高后低的趋势。叶绿素 a 和叶绿素 b 在 4～5 月江苏浒苔样品中的含量较高，而在 6～7 月山东浒苔样品中的含量偏低；类胡萝卜素的含量从江苏至山东也呈下降趋势。2010 年江苏浒苔样品总叶绿素含量最高可达 12.893 mg/g，类胡萝卜素最高可达 1.863 mg/g，各地均值比山东浒苔样品高（表 12－3）。这与程红艳等对于青岛样品的测定结果存在一定的差异，可能是由于海藻采集时间的不同而造成的。这提示我们，在浒苔暴发初期应及时打捞，以保证原藻品质，同时也能一定程度上防止浒苔的大面积繁殖集聚，而在进行浒苔资源化利用时，要根据浒苔的品质情况进行合理的开发和利用。

表 12－3　2010 年浒苔的叶绿素和类胡萝卜素含量

采集地点	叶绿素 a/(mg/g)	叶绿素 b/(mg/g)	类胡萝卜素/(mg/g)	叶绿素 a+b/(mg/g)
江苏如东环港	8.568	4.325	1.863	12.893
江苏如东洋口港	8.621	4.026	1.631	12.647
江苏大丰港	7.968	3.573	1.326	11.541
江苏射阳港	6.759	3.221	0.856	9.980
江苏如东太阳岛	5.423	3.612	0.349	9.035
江苏如东洋口港	5.214	3.081	0.742	8.295
江苏大丰港	5.135	3.624	0.784	8.759
江苏射阳港	5.109	3.431	0.687	8.540
山东日照电厂	5.066	3.741	0.975	8.807
山东青岛栈桥	2.342	1.067	0.652	3.409
山东青岛	1.481	0.909	0.319	2.390

（3）浒苔氨基酸含量时空分布

根据浒苔出现的时间顺序，2010 年 6 月 6 日在江苏如东太阳岛、7 月 4 日在山东日照电厂和 7 月 26 日在山东青岛近岸的样品进行了氨基酸测定。3 个地点的浒苔样品氨基酸含量分别为 27.56%、19.03%和 11.55%，说明浒苔在漂移过程中品质急剧下降，这就提示资源化利用过程中应在浒苔暴发初期及时打捞浒苔，以保证原藻的品质。从氨基酸组成来看，呈味氨基酸含量较高，谷氨酸含量最高可达到总氨基酸的 16.45%，天冬氨酸含量也较高，最高可达 13.21%。浒苔含有人体不能合成的必需氨基酸，必需氨基酸占氨基酸总量的 34.78%～37.45%，这 3 个浒苔样品中呈味氨基酸（谷氨酸、天冬氨酸、甘氨酸、丙氨酸）分别占氨基酸总量的 41.22%、42.59%和 45.21%，因此浒苔有较强的海藻鲜味，可作为食品、动物饲料等的天然调味剂。根据 FAO/WHO 的理想模式，质量较好的蛋白质氨基酸组成为必需氨基酸与总氨基酸的比值在 40%～60%，必需氨基酸与非必需氨基酸的比值在 60%以上。浒苔的这两个比值接近要求，证明其蛋白质品质较好，氨基酸不仅含量高，且种类较齐全，EAA 比例较高，还含有丰富的呈味氨基酸，是良好的植物蛋白源。另外，浒苔中天冬氨酸（可达氨基酸总量的 13.21%）对于细胞内线粒体的能量代谢、氮代谢，中枢神经系统兴奋神经递质产生及体内尿素循环等方面起着重要作用，在临床医疗中广泛用于治疗肝炎、肝硬化、肝昏迷。因此，浒苔还具有重要的保健功能。

（4）浒苔矿质元素含量时空分布

浒苔含有大量的 P、Ca 和 Fe，且富含 Zn、Cu、Mn 等矿质元素（表 12－4）。Fe 是血红蛋白及许多酶的主要成分，在组织呼吸、生物氧化过程中起着重要作用；Cu 参与造血过程，可防止贫血；Zn 参与多种酶的合成，加速生长发育，并且是一种促进智力发育的元素。浒苔中高含量的矿质元素能够满足人体的正常需要，可作为食品或药品加以开发和利用。在 2010 年的浒苔样品中，Fe、Zn、Cu、Mn 含量随着样品采集时间的推移都出现下降的趋势，而 P 的含量在浒苔中出现相反的趋势，暴发前期的样品中 P 含量低于中后期的含量，这可能是由于浒苔在其漂移过程中，吸收了大量的海水中的磷元素，这与其能净化水质的作用相符合。

表 12－4　浒苔的 P、Ca、Zn、Fe、Cu 和 Mn 含量

采 集 地 点	P/（mg/g）	Ca/（mg/g）	Zn/（mg/g）	Fe/（mg/g）	Cu/（mg/g）	Mn/（mg/g）
江苏如东环港	0.79	16.87	0.064	0.89	0.024	0.046
江苏如东洋口港	0.84	18.54	0.057	0.96	0.027	0.055
江苏大丰港	0.79	17.21	0.072	0.87	0.031	0.047
江苏射阳港	0.93	16.3	0.069	0.82	0.023	0.038
江苏射阳	0.52	14.56	0.035	0.43	0.013	0.032
江苏射阳港	0.77	18.48	0.074	0.77	0.026	0.054
江苏如东太阳岛	0.68	19.22	0.086	0.73	0.018	0.041
江苏如东洋口港	1.31	17.93	0.053	0.56	0.022	0.037
江苏大丰港	1.65	18.59	0.074	0.71	0.028	0.051
江苏射阳港	1.76	19.33	0.067	0.62	0.031	0.042
山东日照电厂	0.71	18.34	0.091	0.58	0.024	0.037
山东青岛栈桥	1.26	16.34	0.062	0.47	0.036	0.031
山东青岛	0.94	14.92	0.025	0.42	0.032	0.026
山东日照万平口	0.46	15.11	0.047	0.53	0.017	0.024
山东青岛	0.38	13.48	0.054	0.32	0.022	0.021

(5) 浒苔重金属含量分布

根据《GB 19643—2005 藻类制品卫生标准》和《NY 5056—2005 无公害食品海藻》中的规定，藻类制品中铅≤1.0 mg/kg，鲜海水藻类中铅≤0.5 mg/kg，镉≤1.0 mg/kg，汞≤1.0 mg/kg。在所测定的2010年浒苔样品中，未发现有Pb、Cd、Cr和Hg超过国家标准中规定的相应的限量值，浒苔无论以干重还是湿重计，其测定结果均低于相应标准限量要求。可见，浒苔符合食用安全的标准，可以进行食品深加工等资源化利用。

2. 浒苔加工技术

(1) 片张制备

2013～2016年，上海海洋大学与江苏盐城海瑞食品有限公司等合作，利用条斑紫菜全自动加工机，研制出了浒苔片张食品制备工艺，该工艺包括：采收、运输、洗涤、切碎、压片、烘干、出片等步骤，其中烘干温度为55～60℃。图12-20为采用条斑紫菜全自动加工机加工固着浒苔和漂浮浒苔的片张产品。

图12-20 漂浮浒苔片张加工产品

(2) 整藻制备

日本和韩国早已研发出浒苔整藻加工技术和浒苔整藻全自动加工机。我国象山旭文海藻开发有限公司依靠国内技术力量，研发并生产出国内第一台浒苔整藻半自动加工机(图12-21A)，并建立了浒苔整藻半自动加工基本工艺：新鲜浒苔→海水清洗→淡水清洗→离心脱水→机械打散→送样上机→机器烘干→收取干样→装袋密封。2016年，上海海洋大学与江苏鲜之源水产食品有限公司联合研制出漂浮浒苔半自动加工机，当年加工浒苔干品16 t(图12-21B)。

图12-21 浒苔半自动加工机及浒苔烘干产品

采收的新鲜浒苔卸货后，开袋将浒苔取出转移至在水泥池中，加入海水暂养，避免藻体变质。捞取浒苔放入清洗设备，先用海水清洗3次，除去泥沙和其他杂质，再换淡水清洗3次，除去盐分。清洗后立即经离心脱水机脱水，转速5 000～10 000 r/min，充分脱水离心20～30 min至出水口不再流水。取出浒苔放入打散机中将藻体打散成蓬松状，再人工将浒苔均匀平铺于鼓风烘干机传送带。烘干机长 30 m,设有多层烘干网格传送设备,共设计 7 道工序,温度先递增再递减,采用穿透力很强的热气鼓风吹干,最高干燥温度为(55±5)℃,干燥时间 20 min,干样卷起装袋,水分含量控制在 10%～15%。

（3）藻粉制备

大部分浒苔产品是以粉末形式加入到各种烘烤类食品中,烘烤后的食品具有浒苔的特殊清香味,深受大众喜爱。

浒苔藻粉加工工艺十分简单,即先用粉碎机将浒苔整藻产品磨成藻粉,再用 40～80 目网筛过筛,即可得到颗粒大小均匀的浒苔藻粉产品。

2016 年,上海海洋大学与浙江象山旭文海藻开发有限公司及江苏鲜之源水产食品有限公司合作生产的漂浮浒苔产品,在色泽、滋味、口感、杂质、水分、铅、无机砷、甲基汞、多氯联苯、菌落总数、大肠杆菌、霉菌、沙门氏菌、副溶血弧菌和金黄色葡萄球菌等方面均符合 GB/T 23596—2009、GB 19643—2005、GB 2762—2012 和 GB 29921—2013 等国家标准,并用以生产浒苔麻花、浒苔花生仁或浒苔瓜子仁等产品。

（4）产品保藏

浒苔片张及浒苔藻粉可以放入−20℃的冷库中长期保存备用。

3. *主要产品*

象山港浒苔整藻加工优质产品主要出口日本,价格高达 20 万元/t。浒苔藻粉产品主要用于各种面粉食品添加原料。将一次加工获得的浒苔粉按照 2%～5%比例加入虾仁、面条、麻花等食品中。我国浙江著名的奉化溪口千层饼,其中一个品系就是加入象山港滩涂野生浒苔,称为“苔条千层饼”或“海苔千层饼”(图 12－22)。溪口制作千层饼已有 100 多年的历史,其外形四方,内分 27 层,层次分明,香酥松脆,加入浒苔烘烤,风味清香独特。此外,还有将浒苔粉掺入面粉中,包裹花生或瓜子仁,经过油炸制成“青海苔花生仁”和“青海苔瓜子仁”系列产品(图 12－23)。

图 12－22　浒苔粉制作的苔条千层饼

图 12-23　浒苔粉制作的麻花食品

参考文献

崔建军,朱文荣,施建华,等. 2014. 浒苔规模化人工育苗技术研究[J]. 上海海洋大学学报,23(5): 697-705.

丁怀宇,马家海,王晓坤,等. 2006. 缘管浒苔的单性生殖[J]. 上海海洋大学学报,15(4): 493-496.

丁兰平. 2013. 中国海藻志 第4卷 绿藻门 第1册 丝藻目 胶毛藻目 褐友藻目 石莼目 溪菜目 刚毛藻目 顶管藻目. 北京:科学出版社.

丁兰平,栾日孝. 2009. 浒苔(*Enteromorpha prolifera*)的分类鉴定生境习性及分布[J]. 海洋与湖沼,40(1): 68-71.

董美玲. 1963. 中国浒苔属植物地理学的初步研究[J]. 海洋与湖沼,5(1): 46-51.

林文庭,朱萍萍,钟礼云. 2009. 浒苔深加工产品的润肠通便和调节血脂作用研究[J]. 营养学报,31(6): 569-573.

刘静雯,董双林. 2001. 温度和盐度对几种大型海藻生长率和氮吸收的影响[J]. 海洋学报,(23)2: 109-116.

马家海,嵇嘉民,徐韧,等. 2009. 长石莼(缘管浒苔)生活史的初步研究[J]. 水产学报,33(1): 45-52.

钱树本,刘东艳,孙军. 2014. 海藻学[M]. 青岛: 中国海洋大学出版社.

孙伟红,冷凯良,王志杰,等. 2009. 浒苔的氨基酸和脂肪酸组成研究[J]. 渔业科学进展,30(2): 106-114.

王建伟,林阿朋,李艳燕,等. 2006. 浒苔(*Enteromorpha prolifera*)藻体发育的显微观察[J]. 生态科学,25(5): 400-404.

王建伟,阎斌伦,林阿朋,等. 2007. 浒苔(*Enteromorpha prolifera*)生长及孢子释放的生态因子研究[J]. 海洋通报,26(2): 60-65.

王明清,姜鹏,王金锋,等. 2008. 2007年夏季青岛石莼科(Ulvaceae)绿藻无机元素含量分析[J]. 生物学杂志,25(4): 37-38.

王文娟,赵宏,米锴,等. 2009. 大型绿藻浒苔属植物研究进展[J]. 湖南农业科学,(10): 1-4.

王晓坤,马家海,叶道才,等. 2007. 浒苔(*Enteromorpha prolifera*)生活史的初步研究[J]. 海洋通报,26(5): 112-116.

吴闯,马家海,高嵩,等. 2013. 2010年绿潮藻营养成分分析及其食用安全性评价[J]. 水产学报,37(1): 141-150.

吴洪喜,徐爱光,吴美宁. 2000. 浒苔实验生态的初步研究[J]. 浙江海洋学院学报(自然科学版),19(3): 230-234.

徐大伦,黄晓春,杨文鸽,等. 2003. 浒苔营养成分分析[J]. 浙江海洋学院学报(自然科学版),22(4): 318-320.

叶静. 2006. 条浒苔转化表达系统的构建[D]. 上海: 上海水产大学.

张必新,王建柱,王乙富,等. 2012. 大型绿藻浒苔藻段及组织块的生长和发育特征[J]. 生态学报,32(2): 421-430.

张寒野,吴望星,宋丽珍,等. 2006. 条浒苔海区试栽培及外界因子对藻体生长的影响[J]. 中国水产科学,13(5): 781-786.

张华伟,马家海,胡翔,等. 2011. 绿潮漂浮浒苔繁殖特性的研究[J]. 上海海洋大学学报,20(4): 600-606.

张璇,禹海文,周君,等. 2016. 浒苔对小鼠营养性肥胖的预防作用[J]. 中国食品学报,(11): 42-48.

张学成,秦松,马家海. 2005. 海藻遗传学[M]. 北京: 中国农业出版社.

周慧萍,蒋巡天,王淑如,等. 1995. 浒苔多糖的降血脂及其对SOD活力和LPO含量的影响[J]. 中国生物化学与分子生物学报,(4): 161-165.

Aguilera-Morales M, Casas-Valdez M, Carrillo-DomíNguez S, *et al*. 2005. Chemical composition and microbiological assays of marine algae *Enteromorpha* spp. as a potential food source[J]. Journal of Food Composition & Analysis, 18(1): 79-88.

Ale M T, Meyer A S. 2011. Differential growth response of *Ulva lactuca* to ammonium and nitrate assimilation[J]. Journal of Applied Phycology, 23(3): 345-351.

Bliding C. 1968. A critical survey of European taxa in Ulvales. Part I: *Capsosiphon*, *Percursaria*, *Blidingia*, *Enteromorpha* [J]. Opera Botanica, 8(3): 1-160.

Carl C, De N R, Lawton R J, *et al*. 2014. Methods for the induction of reproduction in a tropical species of filamentous *Ulva* [J]. PLoS One, 9(5): e97396.

Castelar B, Reis R P, Calheiros A C D S. 2014. *Ulva lactuca* and *U. flexuosa* (Chlorophyta, Ulvophyceae) cultivation in Brazilian tropical waters: recruitment, growth, and ulvan yield [J]. Journal of Applied Phycology, 26(5): 1989-1999.

Cyrus M D, Bolton J J, Scholtz R, *et al*. 2015. The advantages of *Ulva* (Chlorophyta) as an additive in sea urchin formulated feeds: effects on palatability, consumption and digestibility[J]. Aquaculture Nutrition, 21(5): 578-591.

Debusk T A, Blakeslee M, Ryther J H. 1986. Studies on the Outdoor Cultivation of *Ulva lactuca* L. [J]. Botanica Marina, 29(5): 381-386.

Dhargalkar V K, Pereira N. 2005. Seaweed: promising plant of the millennium[J]. Science and Culture, 71(3-4): 60-66.

Haroon A M, Szaniawska A, Normant M, *et al*. 2000. The biochemical composition of *Enteromorpha* spp. from the Gulf of Gdańsk coast on the southern Baltic Sea[J]. Oceanologia, 42(1): 19-28.

Hiraoka M, Ichihara K, Zhu W, *et al*. 2017. Examination of species delimitation of ambiguous DNA-based *Ulva* (Ulvophyceae, Chlorophyta) clades by culturing and hybridization[J]. Phycologia, 56(5): 517-532.

Hiraoka M, Oka N. 2008. Tank cultivation of *Ulva prolifera*, in deep seawater using a new "germling cluster" method [J]. Journal of Applied Phycology,20(1): 97-102.

Hiraoka M. 2003. Different life histories of *Enteromorpha prolifera* (Ulvales, Chlorophyta) from four rivers on Shikoku Island, Japan[J]. Phycologia, 42(3): 275-284.

Innes D J, Yarish C. 1984. Genetic evidence for the occurrence of asexual reproduction in populations of *Enteromorpha linza* (L.) J. Ag. (Chlorophyta, Ulvales) from Long Island Sound[J]. Phycologia, 23(3): 311-320.

Kapraun, D. F. 1970. Field and cultural studies of Ulva and enteromorpha in the vicinity of Port Aransas, Texas Contrib [J]. Mar. Sci. 15: 205-85.

Lin A, Shen S, Wang J, *et al*. 2008. Reproduction diversity of *Enteromorpha prolifera*[J]. Journal of Integrative Plant Biology, 50(5): 622-629.

Mamatha B S, Namitha K K, Senthil A, *et al*. 2007. Studies on use of *Enteromorpha* in snack food[J]. Food Chemistry, 101(4): 1707-1713.

Moss B, Marsland A. 1976. Regeneration of *Enteromorpha*[J]. British Phycological Bulletin, 11(4): 309-313.

Müller-Stoll W R. 1952. Über regeneration und Polarität bei *Enteromorpha*[J]. Flora (Jena), 139: 148-180.

Neilsen R, Burrows E M. 2010. Seaweeds of the British Isles. Vol. 2. Chlorophyta. [J]. Nordic Journal of Botany, 12(6): 706.

Ohno M. 1995. Cultivation of *Monostroma nitidum* (Chlorophyta) in a river estuary, southern Japan[J]. Journal of Applied Phycology, 7(2): 207-213.

Oza R M, Rao P S. 1977. Effect of different culture media on growth and sporulation of laboratory raised germlings of *Ulva fasciata* Delile[J]. Botanica Marina,20(7): 427-432.

Subbaramaiah K. 1970. Growth and reproduction of *Ulva fasciata* Delile in nature and in culture[J]. Botanica Marina, 13(1): 25-27.

主 要 参 考 书

李伟新,朱仲嘉,刘凤贤. 1982. 海藻学概论[M]. 上海：上海科学技术出版社.

刘焕亮,黄樟翰. 2008. 中国水产养殖学[M]. 北京：科学出版社.

钱树本,孙军,刘涛,等. 2014. 海藻学[M]. 青岛：中国海洋大学出版社.

R. E. 李. 2012. 藻类学(原书第 4 版)[M]. 段得麟，胡自民，胡征宇，等译. 北京：科学出版社.

王素娟,徐志东,刘凤贤. 1991. 中国经济海藻超微结构研究 [M]. 杭州：浙江科学技术出版社.

曾呈奎,王素娟,刘思俭,等. 1985. 海藻栽培学[M]. 上海：上海科学技术出版社.

曾呈奎. 1999. 经济海藻种质苗种生物学[M]. 济南：山东科学技术出版社.

张学成,秦松,马家海,等. 2005. 海藻遗传学[M]. 北京：中国农业出版社.

堀辉三. 1993. 藻类の生活史集成 第二卷 褐藻・红藻类[M]. 東京：内田老鶴圃.

堀辉三. 1994. 藻类の生活史集成 第一卷 绿色藻类[M]. 東京：内田老鶴圃.

喜田和四郎. 1992. 食用海藻栽培[M]. 東京：恒生社厚生閣.

Andersen R A. 2005. Algal Culturing Techniques[M]. Burlington：Elsevier Academic Press.

Dring M J. 1992. The Biology of Marine Plants[M]. Cambridge：Cambridge University Press.

Kim S K. 2012. Handbook of Marine Macroalgae：Biotechnology and Applied Phycology [M]. Chichester：John Wiley & Sons, Ltd.

Lobban C S, Harrison P J. 1997. Seaweed Ecology and Physiology[M]. Cambridge：Cambridge University Press.

Pereira L, Neto J M. 2015. Marine Algae：Biodiversity, Taxonomy, Environmental Assessment and Biotechnology[M]. Boca Raton：CRC Press.